DINÂMICA
MECÂNICA PARA ENGENHARIA

14ª edição

DINÂMICA
MECÂNICA PARA ENGENHARIA

14ª edição

R. C. Hibbeler

Conversão para o SI
Kai Beng Yap

Tradução
Daniel Vieira

Revisão técnica
Pablo Siqueira Meirelles
*Professor Doutor do Departamento de Mecânica Computacional
da Faculdade de Engenharia Mecânica da Unicamp*

©2018 by Pearson Education do Brasil Ltda.
© 2017 by R. C. Hibbeler

Todos os direitos reservados. Nenhuma parte desta publicação poderá ser reproduzida ou transmitida de qualquer modo ou por qualquer outro meio, eletrônico ou mecânico, incluindo fotocópia, gravação ou qualquer outro tipo de sistema de armazenamento e transmissão de informação sem prévia autorização por escrito da Pearson Education do Brasil.

Diretora de produtos	Alexandre Mattioli
Supervisora de produção editorial	Silvana Afonso
Coordenador de produção editorial	Jean Xavier
Editora de texto	Sabrina Levensteinas
Editoras assistentes	Karina Ono e Mariana Rodrigues
Preparação	Renata Siqueira Campos
Revisão	Maria Aiko
Capa	Natália Gaio, sobre o projeto original (imagem de capa: Italianvideophotoagency/Shutterstock)
Diagramação e projeto gráfico	Casa de Ideias

Dados Internacionais de Catalogação na Publicação (CIP)
(Câmara Brasileira do Livro, SP, Brasil)

Hibbeler, R. C.
    Dinâmica: mecânica para engenharia / R. C. Hibbeler; [tradução Daniel Vieira]. -- 14. ed. -- São Paulo: Pearson Education do Brasil, 2017.

    Título original: Engineering mechanics : dynamics
    ISBN 978-85-430-1625-2

    1. Dinâmica 2. Engenharia mecânica I. Título.

17-04068   CDD-620.104

Índice para catálogo sistemático:
1. Dinâmica : Mecânica para engenharia : Tecnologia 620.104

Printed in Brazil by Reproset RPSA 227157

Direitos exclusivos cedidos à
Pearson Education do Brasil Ltda.,
uma empresa do grupo Pearson Education
Av. Francisco Matarazzo, 1400,
7º andar, Edifício Milano
CEP 05033-070 - São Paulo - SP - Brasil
Fone: 19 3743-2155
pearsonuniversidades@pearson.com

Distribuição
Grupo A Educação
www.grupoa.com.br
Fone: 0800 703 3444

Ao estudante

Com a esperança de que este trabalho estimule o interesse em mecânica para engenharia e sirva de guia para o entendimento deste assunto.

Sumário

Prefácio XI

Capítulo 12 Cinemática de uma partícula 1
12.1 Introdução 1
12.2 Cinemática retilínea: movimento contínuo 2
12.3 Cinemática retilínea: movimento irregular 16
12.4 Movimento curvilíneo geral 28
12.5 Movimento curvilíneo: componentes retangulares 30
12.6 Movimento de um projétil 35
12.7 Movimento curvilíneo: componentes normal e tangencial ... 48
12.8 Movimento curvilíneo: componentes cilíndricas 62
12.9 Análise de movimento absoluto dependente de duas partículas ... 76
12.10 Movimento relativo de duas partículas usando eixos de translação ... 81

Capítulo 13 Cinética de uma partícula: força e aceleração 101
13.1 Segunda lei do movimento de Newton 101
13.2 A equação do movimento 103
13.3 Equação do movimento para um sistema de partículas 105
13.4 Equações do movimento: coordenadas retangulares 107
13.5 Equações de movimento: coordenadas normais e tangenciais ... 123
13.6 Equações de movimento: coordenadas cilíndricas 135
13.7 Movimento de força central e mecânica espacial 147

Capítulo 14 Cinética de uma partícula: trabalho e energia ... 161
14.1 O trabalho de uma força 161
14.2 Princípio do trabalho e energia 165
14.3 Princípio do trabalho e energia para um sistema de partículas ... 167
14.4 Potência e eficiência 182
14.5 Forças conservativas e energia potencial 190
14.6 Conservação de energia 193

Capítulo 15 Cinética de partículas: impulso e quantidade de movimento ... 211
15.1 Princípio do impulso e quantidade de movimento linear ... 211
15.2 Princípio do impulso e quantidade de movimento linear para um sistema de partículas ... 213
15.3 Conservação da quantidade de movimento linear para um sistema de partículas ... 225
15.4 Impacto 236
15.5 Quantidade de movimento angular 251
15.6 Relação entre o momento de uma força e a quantidade de movimento angular ... 252
15.7 Princípio do impulso e quantidade de movimento angulares ... 254
15.8 Escoamento estacionário de um fluido 264
15.9 Propulsão com massa variável 269

Capítulo 16 Cinemática do movimento plano de um corpo rígido 285
- 16.1 Movimento plano de um corpo rígido 285
- 16.2 Translação 286
- 16.3 Rotação em torno de um eixo fixo 287
- 16.4 Análise do movimento absoluto 302
- 16.5 Análise do movimento relativo: velocidade 308
- 16.6 Centro instantâneo de velocidade nula 320
- 16.7 Análise do movimento relativo: aceleração 330
- 16.8 Análise do movimento relativo usando-se um sistema de eixos em rotação 345

Capítulo 17 Cinética do movimento plano de um corpo rígido: força e aceleração 363
- 17.1 Momento de inércia de massa 363
- 17.2 Equações da cinética do movimento plano 374
- 17.3 Equações de movimento: translação 377
- 17.4 Equações de movimento: rotação em torno de um eixo fixo 390
- 17.5 Equações de movimento: movimento plano geral 404

Capítulo 18 Cinética do movimento plano de um corpo rígido: trabalho e energia 419
- 18.1 Energia cinética 419
- 18.2 O trabalho de uma força 422
- 18.3 Trabalho de um binário 424
- 18.4 Princípio do trabalho e energia 425
- 18.5 Conservação da energia 440

Capítulo 19 Cinética do movimento plano de um corpo rígido: impulso e quantidade de movimento 459
- 19.1 Quantidade de movimento linear e angular 459
- 19.2 Princípio do impulso e quantidade de movimento 464
- 19.3 Conservação da quantidade de movimento 479
- 19.4 Impacto excêntrico 483

Capítulo 20 Cinemática tridimensional de um corpo rígido .. 499
- 20.1 Rotação em torno de um ponto fixo 499
- 20.2 A derivada temporal de um vetor medido a partir de um sistema fixo ou de um sistema transladando e rotacionando 503
- 20.3 Movimento geral 506
- 20.4 Análise do movimento relativo usando eixos transladando e rotacionando 516

Capítulo 21 Cinética tridimensional de um corpo rígido 527
- 21.1 Momentos e produtos de inércia 527
- 21.2 Quantidade de movimento angular 536
- 21.3 Energia cinética 539
- 21.4 Equações de movimento 546
- 21.5 Movimento giroscópico 559
- 21.6 Movimento livre de torque 564

Capítulo 22 Vibrações...575
22.1 Vibração livre não amortecida...575
22.2 Métodos de energia 587
22.3 Vibração forçada não amortecida 592
22.4 Vibração livre amortecida viscosa 595
22.5 Vibração forçada amortecida viscosa....................................598
22.6 Analogias de circuitos elétricos..600

Apêndices 609
A   Expressões matemáticas 609
B   Análise vetorial 611
C   A regra da cadeia 615

Problemas fundamentais: soluções e respostas parciais 621
Problemas preliminares: soluções dinâmicas 639
Soluções dos problemas de revisão..647
Respostas de problemas selecionados.....................................657
Índice 669

Prefácio

Este livro foi desenvolvido com o intuito de proporcionar aos estudantes uma apresentação didática e completa da teoria e das aplicações da mecânica para engenharia. Para alcançar esse objetivo, este trabalho levou em conta os comentários e sugestões de centenas de revisores da área educacional, bem como os de muitos dos alunos do autor.

Novidades desta edição

Problemas preliminares

Este novo recurso pode ser encontrado por todo o texto, e aparece imediatamente antes dos *Problemas fundamentais*. A intenção aqui é testar o conhecimento conceitual da teoria pelo estudante. Normalmente as soluções exigem pouco ou nenhum cálculo e, dessa forma, esses problemas fornecem um conhecimento básico dos conceitos antes de serem aplicados numericamente. Todas as soluções são dadas ao final do livro.

Seções expandidas de pontos importantes

Foram incluídos resumos para reforçar o material de leitura e destacar definições e conceitos importantes das seções.

Reescrita do material do texto

Esta edição incluiu mais esclarecimentos dos conceitos, e as definições importantes agora aparecem em negrito por todo o texto, para realçar sua importância.

Problemas de revisão no final dos capítulos

Todos os problemas de revisão agora têm soluções no final do livro, para que os alunos possam verificar seu trabalho enquanto estudam para as avaliações e revisar suas habilidades ao finalizar o capítulo.

Novas fotografias

A relevância de conhecer bem o assunto é refletida pelas aplicações do mundo real, representadas nas mais de 30 fotos, novas ou atualizadas, espalhadas por todo o livro. Essas fotos geralmente são usadas para explicar como os princípios relevantes se aplicam a situações do mundo real e como os materiais se comportam sob esforços.

Novos problemas

Houve um acréscimo de 30% de problemas inéditos nesta edição, envolvendo aplicações para muitos campos distintos da engenharia.

Recursos característicos

Além dos novos recursos aqui mencionados, outros recursos excepcionais, que definem o conteúdo do texto, incluem os seguintes.

Organização e método

Cada capítulo é organizado em seções bem definidas, que contêm uma explicação de tópicos específicos, exemplos ilustrativos de problemas e um conjunto de problemas para casa. Os tópicos dentro de cada seção são colocados em subgrupos, definidos por títulos, com a finalidade de apresentar um método estruturado para introduzir cada nova definição ou conceito e tornar o livro conveniente para futura referência e revisão.

Conteúdo dos capítulos

Cada capítulo começa com um exemplo demonstrando uma aplicação de grande alcance do material abordado. Uma lista de marcadores com o conteúdo do capítulo é incluída para dar uma visão geral do tema que será desenvolvido.

Ênfase nos diagramas de corpo livre

O desenho de um diagrama de corpo livre é particularmente importante na resolução de problemas e, por esse motivo, essa etapa é fortemente enfatizada no decorrer do livro. Em particular, seções especiais e exemplos são dedicados a mostrar como desenhar diagramas de corpo livre. Para desenvolver essa prática, também são incluídos problemas específicos para casa.

Procedimentos para análise

Um procedimento geral para analisar qualquer problema mecânico é apresentado no final do primeiro capítulo. Depois, esse procedimento é adequado para relacionar-se com os tipos específicos de problemas abordados no decorrer do livro. Esse recurso exclusivo oferece ao estudante um método lógico e ordenado a ser seguido quando estiver aplicando a teoria. Os exemplos de problemas são resolvidos usando esse método esboçado, a fim de esclarecer sua aplicação numérica. Observe, porém, que quando os princípios relevantes tiverem sido dominados e houver confiança e discernimento suficientes, o estudante poderá desenvolver seus próprios procedimentos para resolver problemas.

Pontos importantes

Este recurso oferece uma revisão ou resumo dos conceitos mais importantes em uma seção e destaca os pontos mais significativos, que deverão ser observados na aplicação da teoria para a resolução de problemas.

Problemas fundamentais

Esses conjuntos de problemas são seletivamente colocados logo após a maioria dos exemplos de problemas. Eles oferecem aos alunos aplicações simples dos conceitos e, portanto, a oportunidade de desenvolver suas habilidades de solução de problemas, antes de tentarem resolver qualquer um dos problemas-padrão que se seguem. Além disso, eles podem ser usados na preparação para avaliações.

Conhecimento conceitual

Com o uso de fotografias localizadas ao longo do livro, a teoria é aplicada de uma forma simplificada a fim de serem ilustrados alguns de seus aspectos conceituais mais importantes, instilando o significado físico de muitos dos termos usados nas equações. Essas aplicações simplificadas aumentam o interesse no assunto e preparam melhor o estudante para compreender os exemplos e resolver problemas.

Problemas pós-aula

Além dos *Problemas fundamentais e conceituais*, mencionados anteriormente, outros tipos de problemas contidos no livro incluem os seguintes:

- **Problemas de diagrama de corpo livre.** Algumas seções do livro contêm problemas introdutórios que somente exigem o desenho do diagrama de corpo livre para problemas específicos dentro de um conjunto de problemas. Essas tarefas farão o aluno sentir a importância de dominar essa habilidade como um requisito para uma solução completa de qualquer problema de equilíbrio.

- **Problemas de análise geral e de projeto.** A maioria dos problemas no livro representa situações reais, encontradas na prática da engenharia. Alguns desses problemas vêm de produtos reais usados na indústria. Espera-se que esse realismo estimule o interesse do aluno pela mecânica para engenharia e ofereça um meio para desenvolver a habilidade de reduzir qualquer problema a partir de sua descrição física para um modelo ou representação simbólica à qual os princípios da mecânica possam ser aplicados.

Tentou-se organizar os problemas em ordem crescente de dificuldade, exceto para os problemas de revisão de fim de capítulo, que são apresentados em ordem aleatória.

Nesta edição, os diversos problemas pós-aula foram colocados em duas categorias diferentes. Problemas que são simplesmente indicados por um número têm uma resposta e, em alguns casos, um resultado numérico adicional, dados no final do livro. Um asterisco (*) antes do número, a cada quatro problemas, indica a ausência de sua resposta.

Precisão

Assim como nas edições anteriores, a precisão do texto e das soluções dos problemas foi completamente verificada por quatro outras pessoas além do autor: Scott Hendricks, Virginia Polytechnic Institute and State University; Karim Nohra, University of South Florida; Kurt Norlin, Bittner Development Group; e finalmente Kai Beng, um engenheiro atuante que, além da revisão da precisão, deu sugestões para o desenvolvimento de problemas.

Conteúdo

O livro está dividido em 11 capítulos, onde os princípios são inicialmente aplicados a situações simples, e depois a mais complicadas.

A cinemática de uma partícula é discutida no Capítulo 12, seguida por uma discussão da cinética da partícula no Capítulo 13 (Equação de Movimento), Capítulo 14 (Trabalho e Energia) e Capítulo 15 (Impulso e Quantidade de Movimento). Os conceitos de dinâmica da partícula contidos nesses quatro capítulos são então resumidos em uma seção de "revisão", e o aluno tem a chance de identificar e resolver uma série de problemas. Uma sequência de apresentação semelhante é dada para o movimento plano de um corpo rígido: Capítulo 16 (Cinemática do Movimento Plano), Capítulo 17 (Equações de Movimento), Capítulo 18 (Trabalho e Energia) e Capítulo 19 (Impulso e Quantidade de Movimento), seguidos por um resumo e um conjunto de problemas de revisão para esses capítulos.

Se houver tempo, parte do material envolvendo movimento de corpo rígido tridimensional poderá ser incluída no curso. A cinemática e a cinética desse movimento são discutidas nos capítulos 20 e 21, respectivamente. O Capítulo 22 (Vibrações) poderá ser incluído se o aluno tiver a base matemática necessária. Seções do livro que são consideradas além do escopo do curso básico de dinâmica são indicadas com um asterisco (*) e podem ser omitidas. Observe que este material também oferece uma referência conveniente para os princípios básicos, quando forem discutidos em cursos mais avançados. Finalmente, o Apêndice A oferece uma lista de fórmulas matemáticas necessárias para resolver os problemas no livro, o Apêndice B oferece uma breve revisão de análise vetorial e o Apêndice C revisa a aplicação da regra da cadeia.

Cobertura alternativa

A critério do professor, é possível abordar os capítulos 12 a 19 na seguinte ordem, sem perda de continuidade: capítulos 12 e 16 (Cinemática), capítulos 13 e 17 (Equações de Movimento), capítulos 14 e 18 (Trabalho e Energia) e capítulos 15 e 19 (Impulso e Quantidade de Movimento).

Agradecimentos

Esforcei-me para escrever este livro de modo a convir tanto ao estudante quanto ao professor. Ao longo dos anos, muitas pessoas ajudaram no seu desenvolvimento e serei sempre grato por seus valiosos comentários e sugestões. Especificamente, gostaria de agradecer às pessoas que contribuíram com seus comentários relativos à preparação da décima quarta edição deste trabalho e, em particular, a R. Bankhead do Highline Community College, K. Cook-Chennault de Rutgers, State University of New Jersey, E. Erisman, College of Lake County Illinois, M. Freeman da University of Alabama, H. Lu da University of Texas em Dallas, J. Morgan da Texas A & M University, R. Neptune da University of Texas, I. Orabi da University of New Haven, T. Tan, University of Memphis, R. Viesca da Tufts University, e G. Young, Oklahoma State University.

Sinto que algumas outras pessoas merecem um reconhecimento especial. Gostaria de mencionar os comentários enviados a mim por J. Dix, H. Kuhlman, S. Larwood, D. Pollock e H. Wenzel. Um colaborador e amigo de longa data, Kai Beng Yap, foi de grande ajuda na preparação e verificação das soluções de problemas. Com relação a isso, uma nota de agradecimento especial também vai para Kurt Norlin, do Bittner Development Group. Durante o processo de produção, sou grato pela ajuda de Martha McMaster, minha revisora de provas, e Rose Kernan, minha editora de produção. Agradeço também à minha esposa, Conny, que me ajudou na preparação do manuscrito para publicação.

Por fim, gostaria de agradecer muitíssimo a todos os meus alunos e aos colegas da profissão que têm usado seu tempo livre para me enviar e-mails com sugestões e comentários. Como essa lista é longa demais para mencionar, espero que aqueles que ajudaram dessa forma aceitem este reconhecimento anônimo.

Eu apreciaria muito um contato seu se, em algum momento, você tiver quaisquer comentários, sugestões ou problemas relacionados a quaisquer questões relacionadas a esta edição.

Russell Charles Hibbeler
hibbeler@bellsouth.net

Edição global

Os editores gostariam de agradecer às seguintes pessoas por sua contribuição para a edição global:

Colaborador

Kai Beng Yap

Kai atualmente é engenheiro profissional registrado e trabalha na Malásia. Possui bacharelado e mestrado em Engenharia Civil pela University of Louisiana, Lafayette, Louisiana; também realizou outro trabalho de graduação no Virginia Polytechnic Institute em Blacksberg, Virgínia. Sua experiência profissional inclui ensino na University of Louisiana e consultoria de engenharia relacionada à análise e projeto estruturais e infraestrutura associada.

Revisores

Derek Gransden, Integridade Estrutural & Compostos / Faculty of Aerospace Engineering, *Delft University of Technology*

Christopher Chin, Centro Nacional de Engenharia Marítima e Hidrodinâmica, *University of Tasmania*

Imad Abou-Hayt, Centro de Bacharelato em Estudos de Engenharia, *Technical University of Denmark*

Kris Henrioulle, Tecnologia de Engenharia Mecânica, *KU Leuven University*

Site de apoio do livro

No Site de apoio deste livro (<www.grupoa.com.br>), professores podem acessar os seguintes materiais adicionais:
- Apresentações em PowerPoint;
- Manual de Soluções (em inglês).

Esse material é de uso exclusivo para professores e está protegido por senha. Para ter acesso a ele, os professores que adotam o livro devem entrar em contato com seu representante GrupoA ou enviar e-mail para distribuicao@grupoa.com.br

CAPÍTULO 12

Cinemática de uma partícula

Embora cada um desses barcos seja muito grande, observados de longe, o seu movimento pode ser analisado como se cada um deles fosse uma partícula.

(© Lars Johansson/Fotolia)

12.1 Introdução

Mecânica é o ramo das ciências físicas que trata do estado de repouso ou movimento de corpos sujeitos à ação de forças. A engenharia mecânica é dividida em duas áreas de estudo, a saber, estática e dinâmica. A *estática* diz respeito ao equilíbrio de um corpo que está em repouso ou se move com velocidade constante. Neste volume, abordaremos a *dinâmica*, que trata do movimento acelerado de um corpo. A dinâmica será apresentada em duas partes: *cinemática*, que trata somente dos aspectos geométricos do movimento, e *cinética*, que é a análise das forças que causam o movimento. Para desenvolver esses princípios, a dinâmica de uma partícula será discutida primeiro, seguida por tópicos em dinâmica de corpos rígidos em duas e em três dimensões.

Historicamente, os princípios da dinâmica desenvolveram-se quando foi possível fazer uma medição precisa do tempo. Galileu Galilei (1564-1642) foi um dos primeiros entre os principais contribuintes para esse campo. Seu trabalho consistiu em experimentos utilizando pêndulos e corpos em queda. No entanto, as contribuições mais significativas em dinâmica foram feitas por Isaac Newton (1642-1727), conhecido por sua formulação das três leis fundamentais do movimento e da lei da atração gravitacional universal. Pouco tempo depois de essas leis terem sido postuladas, técnicas importantes para sua aplicação foram desenvolvidas por Euler, D'Alembert, Lagrange e outros.

Existem muitos problemas na engenharia cujas soluções exigem a aplicação dos princípios da dinâmica. Tipicamente, o projeto estrutural de qualquer veículo, como um automóvel ou um avião, exige que se leve em consideração o movimento ao qual ele é submetido. Isso também é verdadeiro para muitos dispositivos mecânicos, como motores, bombas, ferramentas móveis, manipuladores industriais e maquinários. Além disso, previsões dos

Objetivos

- Introduzir os conceitos de posição, deslocamento, velocidade e aceleração.
- Estudar o movimento de uma partícula ao longo de uma linha reta e representar esse movimento graficamente.
- Investigar o movimento de uma partícula ao longo de uma trajetória curva utilizando diferentes sistemas de coordenadas.
- Apresentar uma análise do movimento dependente de duas partículas.
- Examinar os princípios de movimento relativo de duas partículas utilizando eixos em translação.

movimentos de satélites artificiais, projéteis e espaçonaves estão baseados na teoria da dinâmica. Com os avanços da tecnologia, haverá uma necessidade ainda maior de saber como aplicar os princípios dessa matéria.

Solução de problemas

A dinâmica é considerada mais abrangente que a estática, visto que tanto as forças aplicadas a um corpo quanto seu movimento têm de ser levados em consideração. Além disso, muitas aplicações exigem o uso do cálculo, em vez de apenas álgebra e trigonometria. De qualquer maneira, a forma mais efetiva de aprender os princípios da dinâmica é *resolver problemas*. Para ser bem-sucedido nessa tarefa, é necessário apresentar o trabalho de uma maneira lógica e sistemática, como sugerido pela sequência de passos apresentada a seguir.

1. Leia o problema cuidadosamente e tente correlacionar a situação física real com a teoria que você estudou.
2. Desenhe todos os diagramas necessários e tabule os dados do problema.
3. Estabeleça um sistema de coordenadas e aplique os princípios relevantes, geralmente em forma matemática.
4. Resolva as equações necessárias algebricamente até onde for prático; em seguida, utilize um sistema de unidades consistente e complete a solução numericamente. Apresente a resposta com número de algarismos significativos não maior do que a precisão dos dados fornecidos.
5. Analise a resposta fazendo uso de julgamento técnico e bom senso para avaliar se ela parece ou não razoável.
6. Uma vez que a solução tenha sido completada, reveja o problema. Tente pensar em outras maneiras de obter a mesma solução.

Ao aplicar este procedimento geral, faça o trabalho da maneira mais limpa possível. Um trabalho sem rasuras geralmente estimula um pensamento claro e sistemático e vice-versa.

12.2 Cinemática retilínea: movimento contínuo

Começaremos nosso estudo de dinâmica discutindo a cinemática de uma partícula que se move ao longo de uma trajetória retilínea ou de uma linha reta. Lembre-se de que uma *partícula* tem massa, mas dimensão e forma desprezíveis. Portanto, devemos limitar a aplicação aos objetos cujas dimensões não têm consequência na análise do movimento. Na maioria dos problemas, estaremos interessados em corpos de tamanho finito, como foguetes, projéteis ou veículos. Cada um desses objetos pode ser considerado uma partícula, desde que o movimento seja caracterizado pelo movimento de seu centro de massa e qualquer rotação do corpo seja desprezada.

Cinemática retilínea

A cinemática de uma partícula é caracterizada ao se especificar, em qualquer instante, posição, velocidade e aceleração da partícula.

Posição

A trajetória em linha reta de uma partícula será definida utilizando-se um único eixo de coordenada *s* (Figura 12.1*a*). A origem *O* é um ponto fixo na trajetória, e a partir deste ponto a **coordenada da posição** *s* é usada para especificar a posição da partícula em qualquer instante de tempo dado. A intensidade de *s* é a distância de *O* até a partícula, normalmente medida em metros (m), e o sentido da direção é definido pelo sinal algébrico de *s*. Apesar de a escolha ser arbitrária, neste caso, *s* é positivo, visto que o eixo de coordenada foi escolhido positivo à direita da origem. Da mesma maneira, ele é negativo se a partícula for posicionada à esquerda de *O*. Observe que *a posição é uma quantidade vetorial*, já que ela tem intensidade e direção. Aqui, no entanto, ela está sendo representada pelo escalar algébrico *s*, em vez da letra **s** em negrito, uma vez que a direção sempre permanece ao longo do eixo de coordenada.

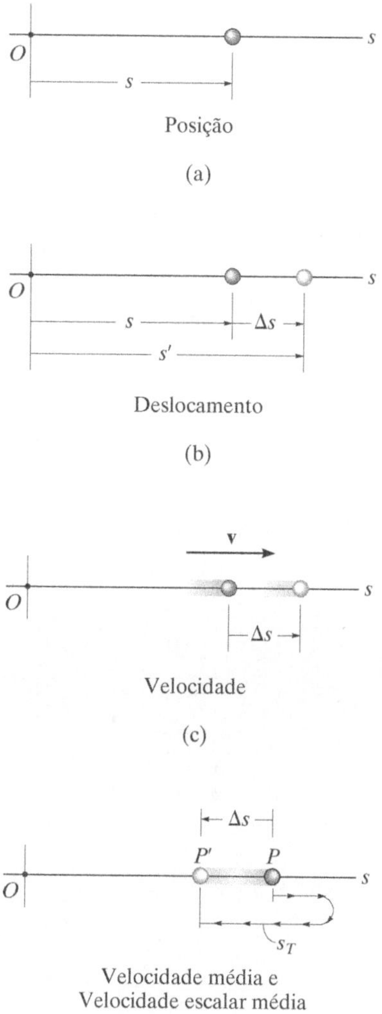

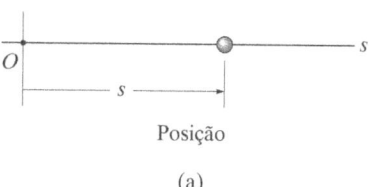

Posição

(a)

Deslocamento

O **deslocamento** de uma partícula é definido como a *variação em sua posição*. Por exemplo, se a partícula se move de um ponto para outro (Figura 12.1*b*), o deslocamento é:

$$\Delta s = s' - s$$

Neste caso, Δs é *positivo*, uma vez que a posição final da partícula está à *direita* de sua posição inicial, ou seja, $s' > s$. Da mesma forma, se a posição final estivesse à *esquerda* de sua posição inicial, Δs seria *negativo*.

O deslocamento de uma partícula também é uma *quantidade vetorial* e não deve ser confundido com a distância que uma partícula percorre. Especificamente, a *distância percorrida* é um *escalar positivo* que representa o comprimento total da trajetória sobre a qual a partícula se move.

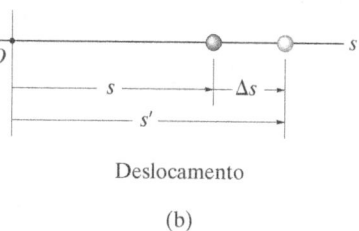

Deslocamento

(b)

Velocidade

Se uma partícula se move com um deslocamento Δs durante o intervalo de tempo Δt, a **velocidade média** da partícula durante este intervalo é

$$v_{\text{méd}} = \frac{\Delta s}{\Delta t}$$

Se tomarmos valores cada vez menores de Δt, a intensidade de Δs torna-se cada vez menor. Consequentemente, a **velocidade instantânea** é um vetor definido como $v = \lim_{\Delta t \to 0}(\Delta s/\Delta t)$, ou

($\xrightarrow{+}$)
$$v = \frac{ds}{dt} \quad (12.1)$$

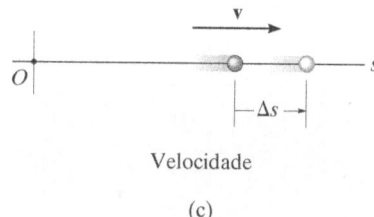

Velocidade

(c)

Visto que Δt ou dt é sempre positivo, o sinal utilizado para definir o *sentido* da velocidade é o mesmo usado para Δs ou ds. Por exemplo, se a partícula está se movendo para a *direita* (Figura 12.1*c*), a velocidade é *positiva*; ao passo que se ela está se deslocando para a *esquerda*, a velocidade é *negativa*. (Isso é enfatizado aqui pela seta escrita à esquerda da Equação 12.1.) A *intensidade* da velocidade é conhecida como a **velocidade escalar**, e é geralmente expressa em unidades de m/s.

Velocidade média e
Velocidade escalar média

(d)

FIGURA 12.1

Ocasionalmente, o termo "velocidade escalar média" é usado. A **velocidade escalar média** é sempre uma grandeza escalar positiva e é definida como a distância total percorrida por uma partícula, s_T, dividida pelo tempo decorrido Δt; ou seja,

$$(v_{esc})_{méd} = \frac{s_T}{\Delta t}$$

Por exemplo, a partícula na Figura 12.1d move-se ao longo da trajetória de comprimento s_T no tempo Δt, de maneira que sua velocidade escalar média é $(v_{esc})_{méd} = s_T/\Delta t$, mas sua velocidade média é $v_{méd} = -\Delta s/\Delta t$.

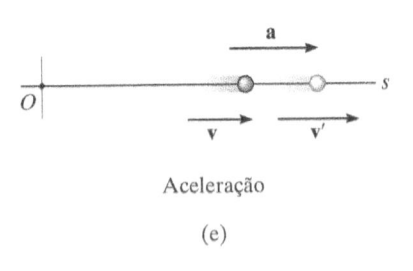

Aceleração

Contando que a velocidade da partícula seja conhecida em dois pontos, a **aceleração média** da partícula durante o intervalo de tempo Δt é definida como

$$a_{méd} = \frac{\Delta v}{\Delta t}$$

Aqui, Δv representa a diferença na velocidade durante o intervalo de tempo Δt, ou seja, $\Delta v = v' - v$ (Figura 12.1e).

A **aceleração instantânea** no tempo t é um vetor que é determinado tomando-se valores cada vez menores de Δt e valores correspondentes de Δv cada vez menores, de maneira que $a = \lim_{\Delta t \to 0}(\Delta v/\Delta t)$, ou

$$(\stackrel{+}{\to}) \qquad \boxed{a = \frac{dv}{dt}} \qquad (12.2)$$

Substituindo a Equação 12.1 neste resultado, também podemos escrever

$$(\stackrel{+}{\to}) \qquad a = \frac{d^2 s}{dt^2}$$

Ambas as acelerações, média e instantânea, podem ser positivas ou negativas. Em particular, quando a partícula está *se movendo mais devagar*, ou sua velocidade escalar está diminuindo, diz-se que a partícula está **desacelerando**. Nesse caso, v' na Figura 12.1f é *menor* que v, e assim $\Delta v = v' - v$ será negativa. Consequentemente, a também será negativa e, portanto, atuará para a *esquerda*, no *sentido oposto* de v. Observe também que, se a partícula está originalmente em repouso, então ela pode ter uma aceleração se, um momento depois, ela tiver velocidade v'; e, se a *velocidade é constante*, a *aceleração é zero*, pois $\Delta v = v - v = 0$. A unidade comumente usada para expressar a intensidade da aceleração é m/s².

Finalmente, uma relação diferencial importante envolvendo deslocamento, velocidade e aceleração ao longo da trajetória pode ser obtida eliminando-se o diferencial de tempo dt entre as equações 12.1 e 12.2, resultando em

$$dt = \frac{ds}{v} = \frac{dv}{a}$$

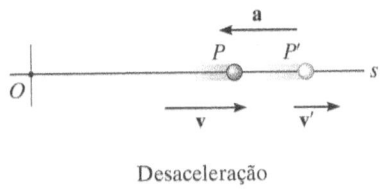

ou

Aceleração

(e)

Desaceleração

(f)

FIGURA 12.1 (cont.)

$(\overset{+}{\rightarrow})$ $$\boxed{a\,ds = v\,dv} \quad (12.3)$$

Embora tenhamos produzido agora três importantes equações cinemáticas, perceba que a Equação 12.3 não é independente das equações 12.1 e 12.2.

Aceleração constante, $a = a_c$

Quando a aceleração é constante, cada uma das três equações cinemáticas $a_c = dv/dt$, $v = ds/dt$ e $a_c ds = v\,dv$ pode ser integrada para obter fórmulas que relacionam a_c, v, s e t.

Quando a bola é largada, ela tem velocidade zero, mas aceleração de 9,81 m/s².

Velocidade como uma função do tempo

Integre $a_c = dv/dt$, supondo que, inicialmente, $v = v_0$ quando $t = 0$.

$$\int_{v_0}^{v} dv = \int_{0}^{t} a_c\,dt$$

$(\overset{+}{\rightarrow})$ $$\boxed{v = v_0 + a_c t} \quad (12.4)$$
Aceleração constante

Posição como uma função do tempo

Integre $v = ds/dt = v_0 + a_c t$, supondo que inicialmente $s = s_0$ quando $t = 0$.

$$\int_{s_0}^{s} ds = \int_{0}^{t} (v_0 + a_c t)\,dt$$

$(\overset{+}{\rightarrow})$ $$\boxed{s = s_0 + v_0 t + \tfrac{1}{2} a_c t^2} \quad (12.5)$$
Aceleração constante

Velocidade como uma função da posição

Pode-se resolver para t na Equação 12.4 e substituir na Equação 12.5, ou integrar $v\,dv = a_c\,ds$, supondo que inicialmente $v = v_0$ em $s = s_0$.

$$\int_{v_0}^{v} v\,dv = \int_{s_0}^{s} a_c\,ds$$

$(\overset{+}{\rightarrow})$ $$\boxed{v^2 = v_0^2 + 2a_c(s - s_0)} \quad (12.6)$$
Aceleração constante

Os sinais algébricos de s_0, v_0 e a_c, usados nas três equações apresentadas anteriormente, são determinados a partir da direção positiva do eixo s como indicado pela seta à esquerda de cada equação. Lembre-se de que essas equações são úteis *somente quando a aceleração é constante e quando* $t = 0$, $s = s_0$, $v = v_0$. Um exemplo típico de movimento com aceleração constante ocorre quando um corpo cai livremente em direção ao solo. Se a resistência do ar é desprezada e a distância da queda é curta, a aceleração direcionada *para baixo* quando o corpo está próximo do solo é constante e de aproximadamente 9,81 m/s². A prova disso é dada no Exemplo 12.3.

Pontos importantes

- A dinâmica trata de corpos que têm movimento com aceleração.
- A cinemática é um estudo da geometria do movimento.
- A cinética é um estudo das forças que causam o movimento.
- A cinemática retilínea refere-se ao movimento em linha reta.
- Velocidade escalar refere-se à intensidade da velocidade.
- Velocidade escalar média é a distância total percorrida dividida pelo tempo total. Isso é diferente da velocidade média, que é o deslocamento dividido pelo tempo.
- Uma partícula que está se movendo cada vez mais devagar está desacelerando.
- Uma partícula pode ter uma aceleração e, no entanto, ter velocidade zero.
- A relação $a\, ds = v\, dv$ é derivada de $a = dv/dt$ e $v = ds/dt$ eliminando-se dt.

Procedimento para análise

Sistema de coordenadas

- Estabeleça uma coordenada de posição s ao longo da trajetória e especifique sua *origem fixa* e direção positiva.
- Visto que o movimento é ao longo de uma linha reta, as quantidades vetoriais de posição, velocidade e aceleração podem ser representadas como grandezas escalares algébricas. Para trabalho analítico, o sentido de s, v e a é, então, definido por seus *sinais algébricos*.
- O sentido positivo para cada um desses escalares pode ser indicado por uma seta mostrada ao lado de cada equação cinemática na forma que ela é aplicada.

Equações cinemáticas

- Se uma relação é conhecida entre quaisquer *duas* das quatro variáveis, a, v, s e t, uma terceira variável pode ser, então, obtida usando-se uma das equações cinemáticas, $a = dv/dt$, $v = ds/dt$ ou $a\, ds = v\, dv$, visto que cada equação relaciona todas as três variáveis.*
- Sempre que uma integração for feita, é importante que a posição e a velocidade sejam conhecidas em um dado instante de tempo a fim de avaliar ou a constante de integração, se uma integral indefinida for usada, ou os limites de integração, se uma integral definida for usada.
- Lembre-se de que as equações 12.4 a 12.6 têm uso limitado. Essas equações podem ser aplicadas *somente* quando a *aceleração é constante* e as condições iniciais são $s = s_0$ e $v = v_0$ quando $t = 0$.

Durante o tempo que este foguete é submetido ao movimento retilíneo, sua altitude como uma função do tempo pode ser medida e expressa como $s = s(t)$. Sua velocidade pode, então, ser encontrada utilizando-se $v = ds/dt$, e sua aceleração pode ser determinada a partir de $a = dv/dt$. (© NASA)

---

* Algumas fórmulas-padrão de diferenciação e integração são dadas no Apêndice A.

EXEMPLO 12.1

O carro à esquerda na foto e na Figura 12.2 move-se em uma linha reta de tal maneira que, por um curto período, sua velocidade é definida por $v = (0,6t^2 + t)$ m/s, onde t está em segundos. Determine sua posição e aceleração quando $t = 3$ s. Quando $t = 0$, $s = 0$.

FIGURA 12.2

SOLUÇÃO

Sistema de coordenadas

A coordenada de posição estende-se da origem fixa O até o carro, positiva para a direita.

Posição

Visto que $v = f(t)$, a posição do carro pode ser determinada a partir de $v = ds/dt$, pois essa equação relaciona v, s e t. Observando que $s = 0$ quando $t = 0$, temos*

$(\xrightarrow{+})$
$$v = \frac{ds}{dt} = (0,6t^2 + t)$$

$$\int_0^s ds = \int_0^t (0,6t^2 + t)dt$$

$$s\Big|_0^s = 0,2t^3 + 0,5t^2 \Big|_0^t$$

$$s = (0,2t^3 + 0,5t^2) \text{ m}$$

Quando $t = 3$ s,

$$s = 0,2(3)^3 + 0,5(3)^2 = 9,90 \text{ m} \qquad \textit{Resposta}$$

Aceleração

Visto que $v = f(t)$, a aceleração é determinada a partir de $a = dv/dt$, pois essa equação relaciona a, v e t.

$(\xrightarrow{+})$
$$a = \frac{dv}{dt} = \frac{d}{dt}(0,6t^2 + t)$$
$$= (1,2t + 1) \text{ m/s}^2$$

Quando $t = 3$ s,

$$a = 1,2(3) + 1 = 4,60 \text{ m/s}^2 \rightarrow \qquad \textit{Resposta}$$

NOTA: as fórmulas para aceleração constante *não podem* ser usadas para solucionar esse problema, porque a aceleração é uma função do tempo.

---

* O *mesmo resultado* pode ser obtido avaliando-se uma constante de integração C em vez de se usarem limites definidos na integral. Por exemplo, integrando $ds = (0,6t^2 + t)dt$ resulta em $s = 0,2t^3 + 0,5t^2 + C$. Utilizando a condição de que em $t = 0$, $s = 0$, então $C = 0$.

EXEMPLO 12.2

Um pequeno projétil é disparado verticalmente *para baixo* em um meio fluido com velocidade inicial de 60 m/s. Em virtude da resistência do arrasto do fluido, o projétil experimenta uma desaceleração de $a = (-0,4v^3)$ m/s², em que v é dada em m/s. Determine a velocidade do projétil e a posição 4 s após ele ser disparado.

SOLUÇÃO

Sistema de coordenadas

Visto que o movimento é para baixo, a coordenada de posição é positiva para baixo, com a origem localizada em O (Figura 12.3).

Velocidade

Aqui, $a = f(v)$ e, assim, temos de determinar a velocidade como uma função do tempo utilizando $a = dv/dt$, pois essa equação relaciona v, a e t. (Por que não usar $v = v_0 + a_c t$?) Separando as variáveis e integrando com $v_0 = 60$ m/s quando $t = 0$ resulta em

$(+\downarrow)$
$$a = \frac{dv}{dt} = -0,4v^3$$

$$\int_{60 \text{ m/s}}^{v} \frac{dv}{-0,4v^3} = \int_0^t dt$$

$$\frac{1}{-0,4}\left(\frac{1}{-2}\right)\frac{1}{v^2}\bigg|_{60}^{v} = t - 0$$

$$\frac{1}{0,8}\left[\frac{1}{v^2} - \frac{1}{(60)^2}\right] = t$$

$$v = \left\{\left[\frac{1}{(60)^2} + 0,8t\right]^{-1/2}\right\} \text{m/s}$$

FIGURA 12.3

Aqui a raiz positiva é usada, já que o projétil vai continuar a se mover para baixo. Quando $t = 4$ s,

$$v = 0,559 \text{ m/s} \downarrow \qquad \textit{Resposta}$$

Posição

Sabendo que $v = f(t)$, podemos obter a posição do projétil de $v = ds/dt$, pois essa equação relaciona s, v e t. Usando a condição inicial $s = 0$, quando $t = 0$, temos

$(+\downarrow)$
$$v = \frac{ds}{dt} = \left[\frac{1}{(60)^2} + 0,8t\right]^{-1/2}$$

$$\int_0^s ds = \int_0^t \left[\frac{1}{(60)^2} + 0,8t\right]^{-1/2} dt$$

$$s = \frac{2}{0,8}\left[\frac{1}{(60)^2} + 0,8t\right]^{1/2}\bigg|_0^t$$

$$s = \frac{1}{0,4}\left\{\left[\frac{1}{(60)^2} + 0,8t\right]^{1/2} - \frac{1}{60}\right\} \text{m}$$

Quando $t = 4$ s,

$$s = 4,43 \text{ m} \qquad \textit{Resposta}$$

EXEMPLO 12.3

Durante um teste, um foguete move-se para cima a 75 m/s e, quando ele está a 40 m do solo, seu motor falha. Determine a altura máxima s_B alcançada pelo foguete e sua velocidade um instante antes de ele bater no solo. Em movimento, o foguete está sujeito a uma aceleração para baixo constante de 9,81 m/s² decorrente da gravidade. Despreze o efeito da resistência do ar.

SOLUÇÃO

Sistema de coordenadas

A origem O para a coordenada de posição s é tomada no nível do chão com sentido positivo para cima (Figura 12.4).

Altura máxima

Já que o foguete está se movendo *para cima*, $v_A = +75$ m/s quando $t = 0$. Na altura máxima, $s = s_B$ e a velocidade $v_B = 0$. Para o movimento inteiro, a aceleração é $a_c = -9,81$ m/s² (negativa, pois age no sentido *oposto* da velocidade positiva ou deslocamento positivo). Visto que a_c é *constante*, a posição do foguete pode ser relacionada à sua velocidade em dois pontos A e B da trajetória utilizando-se a Equação 12.6, a saber,

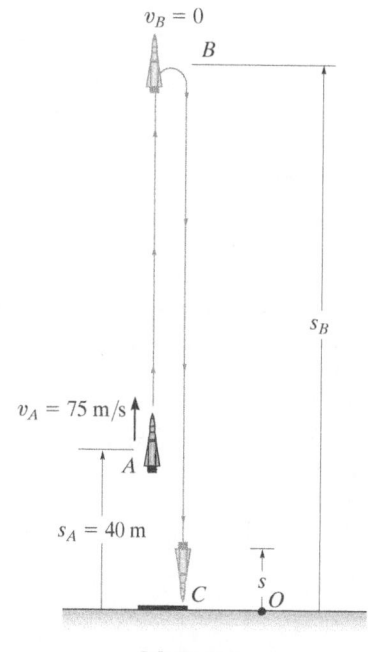

FIGURA 12.4

$(+\uparrow)$
$$v_B^2 = v_A^2 + 2a_c(s_B - s_A)$$
$$0 = (75 \text{ m/s})^2 + 2(-9,81 \text{ m/s}^2)(s_B - 40 \text{ m})$$
$$s_B = 327 \text{ m} \qquad \textit{Resposta}$$

Velocidade

Para obter a velocidade do foguete no instante antes de ele bater no solo, podemos aplicar a Equação 12.6 entre os pontos B e C (Figura 12.4).

$(+\uparrow)$
$$v_C^2 = v_B^2 + 2a_c(s_C - s_B)$$
$$= 0 + 2(-9,81 \text{ m/s}^2)(0 - 327 \text{ m})$$
$$v_C = -80,1 \text{ m/s} = 80,1 \text{ m/s} \downarrow \qquad \textit{Resposta}$$

A raiz negativa foi escolhida, já que o foguete está se deslocando para baixo.

De modo semelhante, a Equação 12.6 também pode ser aplicada entre os pontos A e C, ou seja,

$(+\uparrow)$
$$v_C^2 = v_A^2 + 2a_c(s_C - s_A)$$
$$= (75 \text{ m/s})^2 + 2(-9,81 \text{ m/s}^2)(0 - 40 \text{ m})$$
$$v_C = -80,1 \text{ m/s} = 80,1 \text{ m/s} \downarrow \qquad \textit{Resposta}$$

NOTA: é importante perceber que o foguete está sujeito a uma *desaceleração* de A para B de 9,81 m/s² e, em seguida, de B para C ele é *acelerado* a essa razão. Além disso, apesar de o foguete momentaneamente chegar ao *repouso* em B ($v_B = 0$), a aceleração em B ainda é de 9,81 m/s² para baixo!

EXEMPLO 12.4

Uma partícula metálica está sujeita à influência de um campo magnético à medida que ela se move para baixo através de um fluido que se estende da placa A para a placa B (Figura 12.5). Se a partícula é solta a partir do repouso no ponto médio C, $s = 100$ mm, e a aceleração é $a = (4s)$ m/s², em que s é dado em metros, determine a velocidade da partícula quando ela alcançar a placa B, $s = 200$ mm, e o tempo que ela leva para se mover de C para B.

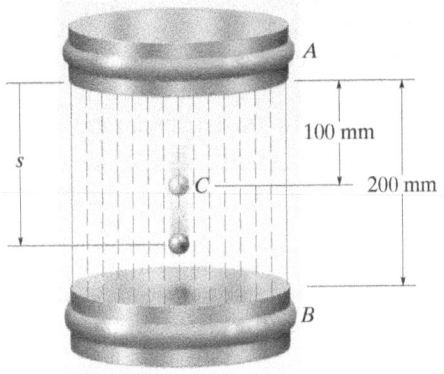

FIGURA 12.5

SOLUÇÃO

Sistema de coordenadas

Como mostrado na Figura 12.5, s é positivo para baixo, medido a partir da placa A.

Velocidade

Visto que $a = f(s)$, a velocidade como uma função da posição pode ser obtida utilizando-se $v\, dv = a\, ds$. Percebendo que $v = 0$ em $s = 0{,}1$ m, temos:

$(+\downarrow)$

$$v\, dv = a\, ds$$

$$\int_0^v v\, dv = \int_{0{,}1\,\text{m}}^s 4s\, ds$$

$$\left.\frac{1}{2}v^2\right|_0^v = \left.\frac{4}{2}s^2\right|_{0{,}1\,\text{m}}^s$$

$$v = 2(s^2 - 0{,}01)^{1/2}\ \text{m/s} \tag{1}$$

Para $s = 200$ mm $= 0{,}2$ m,

$$v_B = 0{,}346\ \text{m/s} = 346\ \text{mm/s} \downarrow \qquad \textit{Resposta}$$

A raiz positiva é escolhida, já que a partícula está se deslocando para baixo, ou seja, na direção $+s$.

Tempo

O tempo para a partícula se mover de C para B pode ser obtido utilizando-se $v = ds/dt$ e a Equação 1, em que $s = 0{,}1$ m quando $t = 0$. Do Apêndice A,

$(+\downarrow)$

$$ds = v\, dt$$
$$= 2(s^2 - 0{,}01)^{1/2} dt$$

$$\int_{0{,}1}^s \frac{ds}{(s^2 - 0{,}01)^{1/2}} = \int_0^t 2\, dt$$

$$\left.\ln\!\left(\sqrt{s^2 - 0{,}01} + s\right)\right|_{0{,}1}^s = \left.2t\right|_0^t$$

$$\ln\!\left(\sqrt{s^2 - 0{,}01} + s\right) + 2{,}303 = 2t$$

Para $s = 0{,}2$ m,

$$t = \frac{\ln\!\left(\sqrt{(0{,}2)^2 - 0{,}01} + 0{,}2\right) + 2{,}303}{2} = 0{,}658\ \text{s} \qquad \textit{Resposta}$$

NOTA: as fórmulas para aceleração constante não podem ser usadas aqui porque a aceleração varia com a posição, ou seja, $a = 4s$.

EXEMPLO 12.5

Uma partícula move-se ao longo de uma trajetória horizontal com velocidade $v = (3t^2 - 6t)$ m/s, onde t é o tempo em segundos. Se ela está localizada inicialmente na origem O, determine a distância percorrida em 3,5 s, a velocidade média e a velocidade escalar média da partícula durante o intervalo de tempo.

SOLUÇÃO

Sistema de coordenadas

Aqui, o movimento positivo é para a direita, medido a partir da origem O (Figura 12.6a).

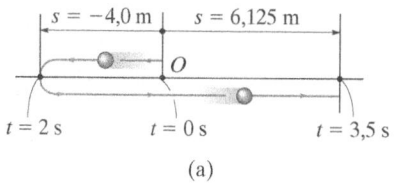

(a)

Distância percorrida

Visto que $v = f(t)$, a posição como uma função do tempo pode ser determinada integrando-se $v = ds/dt$ com $t = 0$, $s = 0$.

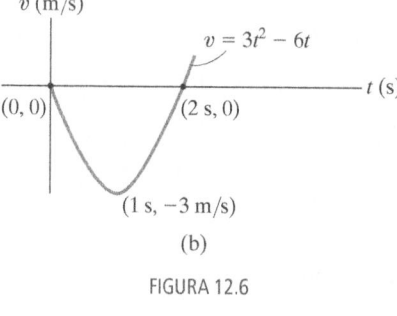

(b)

FIGURA 12.6

$$(\xrightarrow{+})\qquad ds = v\,dt$$
$$= (3t^2 - 6t)\,dt$$
$$\int_0^s ds = \int_0^t (3t^2 - 6t)\,dt$$
$$s = (t^3 - 3t^2)\text{ m} \qquad (1)$$

A fim de se determinar a distância percorrida em 3,5 s, é necessário investigar a trajetória do movimento. Se considerarmos um gráfico da função velocidade (Figura 12.6b), teremos que, para $0 < t < 2$ s, a velocidade é *negativa*, o que significa que a partícula está se deslocando para a *esquerda*, e para $t > 2$s a velocidade é *positiva*, portanto, a partícula está se movendo para a *direita*. Além disso, observe que $v = 0$ em $t = 2$ s. A posição da partícula quando $t = 0$, $t = 2$ s e $t = 3,5$ s pode ser determinada agora a partir da Equação 1. Isso resulta em:

$$s|_{t=0} = 0 \qquad s|_{t=2\text{s}} = -4,0\text{ m} \qquad s|_{t=3,5\text{s}} = 6,125\text{ m}$$

A trajetória é mostrada na Figura 12.6a. Portanto, a distância percorrida em 3,5 s é

$$s_T = 4,0 + 4,0 + 6,125 = 14,125 \text{ m} = 14,1 \text{ m} \qquad \textit{Resposta}$$

Velocidade

O *deslocamento* de $t = 0$ para $t = 3,5$ s é:

$$\Delta s = s|_{t=3,5\text{s}} - s|_{t=0} = 6,125\text{ m} - 0 = 6,125\text{ m}$$

e, então, a velocidade média é:

$$v_{\text{méd}} = \frac{\Delta s}{\Delta t} = \frac{6,125 \text{ m}}{3,5 \text{ s} - 0} = 1,75 \text{ m/s} \rightarrow \qquad \textit{Resposta}$$

A velocidade escalar média é definida em termos da *distância percorrida* s_T. Esse escalar positivo é

$$(v_{\text{esc}})_{\text{méd}} = \frac{s_T}{\Delta t} = \frac{14,125 \text{ m}}{3,5 \text{ s} - 0} = 4,04 \text{ m/s} \qquad \textit{Resposta}$$

NOTA: neste problema, a aceleração é $a = dv/dt = (6t - 6)$ m/s^2, que não é constante.

Sugerimos firmemente que você teste as soluções destes exemplos, cobrindo os resultados e depois tentando descobrir quais equações da cinemática deverão ser usadas e como elas são aplicadas a fim de determinar as incógnitas. Depois, antes de resolver qualquer um dos problemas, experimente e resolva alguns dos Problemas preliminares e fundamentais a seguir. As soluções e as respostas de todos esses problemas podem ser encontradas no fim do livro. **Fazer isso em todos os capítulos do livro o ajudará muito a compreender como aplicar a teoria e, dessa forma, desenvolver suas habilidades na solução de problemas.**

Problema preliminar

P12.1.

a) Se $s = (2t^3)$ m, em que t é dado em segundos, determine v quando $t = 2$ s.

b) Se $v = (5s)$ m/s, em que s é dado em metros, determine a em $s = 1$ m.

c) Se $v = (4t + 5)$ m/s, onde t é dado em segundos, determine a quando $t = 2$ s.

d) Se $a = 2$ m/s², determine v quando $t = 2$ s se $v = 0$ quando $t = 0$.

e) Se $a = 2$ m/s², determine v em $s = 4$ m se $v = 3$ m/s em $s = 0$.

f) Se $a = (s)$ m/s², onde s é dado em metros, determine v quando $s = 5$ m se $v = 0$ em $s = 4$ m.

g) Se $a = 4$ m/s², determine s quando $t = 3$ s se $v = 2$ m/s e $s = 2$ m quando $t = 0$.

h) Se $a = (8t^2)$ m/s², determine v quando $t = 1$ s se $v = 0$ em $t = 0$.

i) Se $s = (3t^2 + 2)$ m, determine v quando $t = 2$ s.

j) Quando $t = 0$, a partícula está em A. Em quatro segundos, ela percorre o trajeto até B; depois, em outros seis segundos, ela segue até C. Determine a velocidade média e a velocidade escalar média. A origem da coordenada está em O.

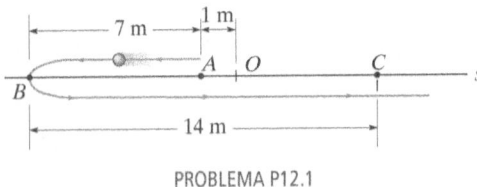

PROBLEMA P12.1

Problemas fundamentais

F12.1. Inicialmente, o carro move-se ao longo de uma estrada reta com velocidade de 35 m/s. Se os freios são aplicados e a velocidade do carro é reduzida a 10 m/s em 15 s, determine a desaceleração constante do carro.

PROBLEMA F12.1

F12.2. Uma bola é jogada verticalmente para cima com uma velocidade de 15 m/s. Determine o tempo do voo quando ela retorna para sua posição original.

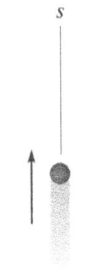

PROBLEMA F12.2

F12.3. Uma partícula move-se ao longo de uma linha reta com velocidade $v = (4t - 3t^2)$ m/s, onde t é dado em segundos. Determine a posição da partícula quando $t = 4$ s. $s = 0$ quando $t = 0$.

F12.4. Uma partícula move-se ao longo de uma linha reta com velocidade $v = (0{,}5t^3 - 8t)$ m/s, em que t é dado em segundos. Determine a aceleração da partícula quando $t = 2$ s.

F12.5. A posição da partícula é dada por $s = (2t^2 - 8t + 6)$ m, em que t é dado em segundos. Determine o tempo em que a velocidade da partícula é zero. Determine também a distância total percorrida pela partícula quando $t = 3$ s.

PROBLEMA F12.5

F12.6. Uma partícula se move ao longo de uma linha reta com aceleração $a = (10 - 0{,}2s)$ m/s^2, em que s é medido em metros. Determine a velocidade da partícula quando $s = 10$ m se $v = 5$ m/s em $s = 0$.

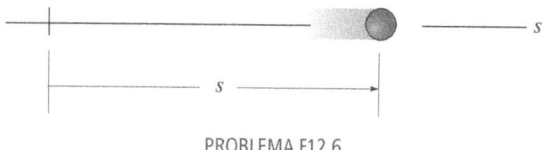

PROBLEMA F12.6

F12.7. Uma partícula move-se ao longo de uma linha reta de maneira que sua aceleração é $a = (4t^2 - 2)$ m/s^2, em que t é dado em segundos. Quando $t = 0$, a partícula está localizada 2 m à esquerda da origem, e quando $t = 2$ s, ela está 20 m à esquerda da origem. Determine a posição da partícula quando $t = 4$ s.

F12.8. Uma partícula move-se ao longo de uma linha reta com velocidade $v = (20 - 0{,}05s^2)$ m/s, em que s é dado em metros. Determine a aceleração da partícula em $s = 15$ m.

Problemas

12.1. Uma partícula parte do repouso e move-se ao longo de uma linha reta com aceleração $a = (2t - 6)$ m/s^2, em que t é dado em segundos. Qual é a velocidade da partícula quando $t = 6$ s, e qual é sua posição quando $t = 11$ s?

12.2. A aceleração de uma partícula à medida que se move ao longo de uma linha reta é dada por $a = (4t^3 - 1)$ m/s^2, em que t é dado em segundos. Se $s = 2$ m e $v = 5$ m/s quando $t = 0$, determine a velocidade da partícula e a posição quando $t = 5$ s. Determine também a distância total que a partícula percorre durante esse período.

12.3. A velocidade de uma partícula movendo-se ao longo de uma linha reta é dada por $v = (6t - 3t^2)$ m/s, em que t é dado em segundos. Se $s = 0$ quando $t = 0$, determine a desaceleração e a posição da partícula quando $t = 3$ s. Qual foi a distância percorrida pela partícula durante o intervalo de tempo de 3 s, e qual é sua velocidade escalar média?

*12.4. Uma partícula está se movendo ao longo de uma linha reta de maneira que sua posição é definida por $s = (10t^2 + 20)$ mm, em que t é dado em segundos. Determine (a) o deslocamento da partícula durante o intervalo de tempo de $t = 1$ s até $t = 5$ s, (b) a velocidade média da partícula durante esse intervalo e (c) a aceleração quando $t = 1$ s.

12.5. Uma partícula move-se ao longo de uma linha reta de modo que sua posição é definida por $s = (t^2 - 6t + 5)$ m. Determine a velocidade média, a velocidade escalar média e a aceleração da partícula quando $t = 6$ s.

12.6. Uma pedra A parte do repouso para dentro de um poço, e em 1 s outra pedra B também parte do repouso. Determine a distância entre as pedras outro segundo depois.

12.7. Um ônibus parte do repouso com aceleração constante de 1 m/s^2. Determine o tempo necessário para que ele alcance uma velocidade de 25 m/s e a distância percorrida.

*12.8. Uma partícula percorre uma linha reta com velocidade $v = (12 - 3t^2)$ m/s, em que t é dado em segundos. Quando $t = 1$ s, a partícula está localizada 10 m à esquerda da origem. Determine a aceleração quando $t = 4$ s, o deslocamento de $t = 0$ até $t = 10$ s e a distância que a partícula percorre durante esse período de tempo.

12.9. Quando dois carros A e B estão próximos um do outro, eles estão viajando na mesma direção com velocidades v_A e v_B, respectivamente. Se B mantém sua velocidade constante, enquanto A começa a desacelerar em a_A, determine a distância d entre os carros no instante em que A para.

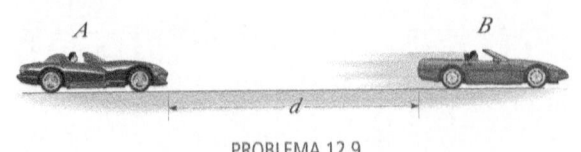

PROBLEMA 12.9

12.10. Uma partícula move-se ao longo de uma linha reta de tal maneira que em 4 s ela se move de uma posição inicial $s_A = -8$ m para uma posição $s_B = +3$ m. Então, em mais 5 s, ela se move de s_B para $s_C = -6$ m. Determine a velocidade média e a velocidade escalar média da partícula durante o intervalo de 9 s.

12.11. Viajando com uma velocidade inicial de 70 km/h, um carro acelera a 6000 km/h² ao longo de uma estrada reta. Quanto tempo ele levará para atingir uma velocidade de 120 km/h? Além disso, qual é a distância percorrida pelo carro durante esse tempo?

*12.12. Uma partícula está se movendo ao longo de uma linha reta com uma aceleração $a = 5/(3s^{1/3} + s^{5/2})$ m/s², em que s é dado em metros. Determine a velocidade da partícula quando $s = 2$ m, se ela parte do repouso quando $s = 1$ m. Use um método numérico para avaliar a integral.

12.13. A aceleração de uma partícula movendo-se ao longo de uma linha reta é $a = (2t - 1)$ m/s², em que t é dado em segundos. Se $s = 1$ m e $v = 2$ m/s quando $t = 0$, determine a velocidade e a posição da partícula quando $t = 6$ s. Além disso, determine a distância total que a partícula percorre durante esse período de tempo.

12.14. Um trem parte do repouso na estação A e acelera a 0,5 m/s² por 60 s. Depois disso, ele viaja com uma velocidade constante por 15 minutos. Depois, desacelera a 1 m/s² até que chegue ao repouso na estação B. Determine a distância entre as estações.

12.15. Uma partícula está se movendo ao longo de uma linha reta de modo que sua velocidade é definida como $v = (-4s^2)$ m/s, em que s está em metros. Se $s = 2$ m quando $t = 0$, determine a velocidade e a aceleração em função do tempo.

*12.16. Determine o tempo necessário para um carro percorrer 1 km ao longo de uma estrada se o carro parte do repouso, alcança uma velocidade máxima em algum ponto intermediário e depois para no final da estrada. O carro pode acelerar a 1,5 m/s² e desacelerar a 2 m/s².

12.17. Uma partícula está se movendo com velocidade v_0 quando $s = 0$ e $t = 0$. Se ela está sujeita a uma desaceleração de $a = -kv^3$, em que k é uma constante, determine sua velocidade e posição em função do tempo.

12.18. Uma partícula move-se ao longo de uma linha reta com velocidade inicial de 6 m/s quando está sujeita a uma desaceleração de $a = (-1,5v^{1/2})$ m/s², em que v está em m/s. Determine que distância ela percorre antes de parar. Quanto tempo isso leva?

12.19. A aceleração de um foguete subindo ao espaço é dada por $a = (6 + 0,02s)$ m/s², em que s é dado em metros. Determine a velocidade do foguete quando $s = 2$ km e o tempo necessário para atingir essa altitude. Inicialmente, $v = 0$ e $s = 0$ quando $t = 0$.

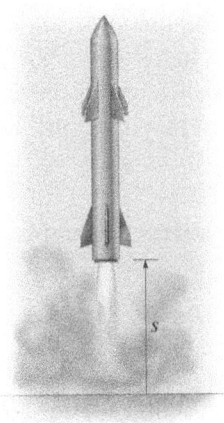

PROBLEMA 12.19

*12.20. A aceleração de um foguete subindo ao espaço é dada por $a = (6 + 0,02s)$ m/s², em que s é dado em metros. Determine o tempo necessário para o foguete atingir uma altitude de $s = 100$ m. Inicialmente, $v = 0$ e $s = 0$ quando $t = 0$.

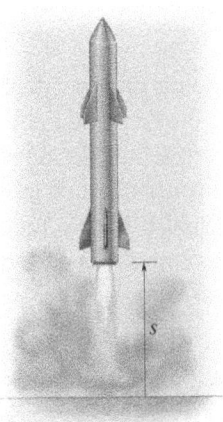

PROBLEMA 12.20

12.21. Quando um trem está percorrendo um trilho reto a 2 m/s, ele começa a acelerar em $a = (60 v^{-4})$ m/s², em que v é dado em m/s. Determine sua velocidade v e a posição 3 s após a aceleração.

PROBLEMA 12.21

12.22. A aceleração de uma partícula ao longo de uma linha reta é definida por $a = (2t-9)$ m/s², em que t é dado em segundos. Em $t=0$, $s=1$ m e $v=10$ m/s. Quando $t=9$ s, determine (a) a posição da partícula, (b) a distância total percorrida e (c) a velocidade.

12.23. Se os efeitos da resistência atmosférica são levados em consideração, um corpo em queda livre tem uma aceleração definida pela equação $a = 9{,}81[1 - v^2(10^{-4})]$ m/s², em que v é dado em m/s e a direção positiva é para baixo. Se o corpo é solto a partir do repouso a uma *grande altitude*, determine (a) a velocidade quando $t=5$ s e (b) a velocidade máxima atingível ou terminal do corpo (quando $t \to \infty$).

*12.24. Um saco de areia é lançado de um balão que está subindo verticalmente a uma velocidade constante de 6 m/s. Se o saco é lançado com a mesma velocidade de 6 m/s para cima quando $t=0$ e atinge o solo quando $t=8$ s, determine a velocidade do saco quando ele atinge o solo e a altitude do balão nesse momento.

12.25. Uma partícula está se movendo ao longo de uma linha reta de maneira que sua aceleração é definida como $a = (-2v)$ m/s², em que v é dado em metros por segundo. Se $v=20$ m/s quando $s=0$ e $t=0$, determine a posição, a velocidade e a aceleração da partícula em função do tempo.

12.26. A aceleração de uma partícula percorrendo uma linha reta é $a = \frac{1}{4}s^{1/2}$ m/s², em que s é dado em metros. Se $v=0$, $s=1$ m quando $t=0$, determine a velocidade da partícula em $s=2$ m.

12.27. Quando uma partícula é largada no ar, sua aceleração inicial $a=g$ diminui até que seja zero e, portanto, ela cai a uma velocidade constante ou terminal v_f. Se essa variação da aceleração pode ser expressa como $a = (g/v^2_f)(v^2_f - v^2)$, determine o tempo necessário para que a velocidade se torne $v = v_f/2$. Inicialmente, a partícula parte do repouso.

*12.28. Uma esfera é atirada para baixo em um meio com uma velocidade inicial de 27 m/s. Se ela experimenta uma desaceleração de $a = (-6t)$ m/s², em que t é dado em segundos, determine a distância percorrida antes de ela parar.

12.29. Uma bola A é jogada verticalmente para cima do topo de um prédio com 30 m de altura, com velocidade inicial de 5 m/s. No mesmo instante, outra bola B é jogada para cima a partir do solo com velocidade inicial de 20 m/s. Determine a altura a partir do solo e o tempo até que elas passem uma pela outra.

12.30. Um menino atira uma bola diretamente para cima a partir do topo de uma torre de 12 m de altura. Se a bola passa de volta por ele 0,75 s depois, determine a velocidade em que ela foi lançada, a velocidade da bola quando ela atinge o solo e o tempo de voo.

12.31. A velocidade de uma partícula percorrendo uma linha reta é $v = v_0 - ks$, em que k é constante. Se $s=0$ quando $t=0$, determine a posição e a aceleração da partícula em função do tempo.

*12.32. A bola A é lançada verticalmente para cima com velocidade v_0. A bola B é lançada para cima a partir do mesmo ponto com a mesma velocidade t segundos depois. Determine o tempo decorrido $t < 2v_0/g$ a partir do instante em que a bola A é lançada até quando as bolas passam uma pela outra, e descubra a velocidade de cada bola nesse instante.

12.33. Quando um corpo é projetado para uma grande altitude acima da *superfície* da Terra, a variação da aceleração da gravidade em relação à altitude y deve ser levada em consideração. Desprezando a resistência do ar, esta aceleração é determinada a partir da fórmula $a = -g_0[R^2/(R+y)^2]$, em que g_0 é a aceleração gravitacional constante ao nível do mar, R é o raio da Terra, e a direção positiva é medida para cima. Se $g_0 = 9{,}81$ m/s² e $R = 6356$ km, determine a velocidade inicial mínima (velocidade de escape) na qual um projétil deve ser lançado verticalmente a partir da superfície terrestre para que não caia de volta na terra. *Dica*: isso requer que $v=0$ quando $y \to \infty$.

12.34. Levando em consideração a variação da aceleração gravitacional a com relação à altitude y (veja o Problema 12.33), deduza uma equação que relacione a velocidade de uma partícula em queda livre com sua altitude. Suponha que a partícula é solta a partir do repouso a uma altitude y_0 da superfície terrestre. Com que velocidade a partícula atinge a Terra se ela for solta do repouso a uma altitude $y_0 = 500$ km? Utilize os dados numéricos do Problema 12.33.

12.3 Cinemática retilínea: movimento irregular

Quando uma partícula tem um movimento irregular ou variável, sua posição, velocidade e aceleração *não podem* ser descritas por uma única função matemática contínua ao longo da trajetória inteira. Em vez disso, uma série de funções será necessária para especificar o movimento em diferentes intervalos. Por esta razão, é conveniente representar o movimento na forma de um gráfico. Se um gráfico do movimento que relaciona quaisquer duas das variáveis s, v, a, t pode ser desenhado, este gráfico pode ser usado para construir gráficos subsequentes relacionando duas outras variáveis, já que as variáveis estão relacionadas pelas relações diferenciais $v = ds/dt$, $a = dv/dt$, ou $a\,ds = v\,dv$. Várias situações como essas ocorrem com frequência.

Os gráficos s–t, v–t e a–t

Para construir o gráfico v–t dado o gráfico s–t (Figura 12.7a), a equação $v = ds/dt$ deve ser usada, visto que ela relaciona as variáveis s e t com v. Essa equação estabelece que:

$$\frac{ds}{dt} = v$$

$$\text{inclinação do gráfico } s\text{–}t = \text{velocidade}$$

Por exemplo, medindo-se a inclinação no gráfico s–t quando $t = t_1$, a velocidade é v_1, a qual está representada graficamente na Figura 12.7b. O gráfico v–t pode ser construído traçando este e outros valores a cada instante de tempo.

O gráfico a–t pode ser construído a partir do gráfico v–t de maneira similar (Figura 12.8), visto que

$$\frac{dv}{dt} = a$$

$$\text{inclinação do gráfico } v\text{–}t = \text{aceleração}$$

Exemplos de várias medidas são mostrados na Figura 12.8a e representados graficamente na Figura 12.8b.

Se a curva s–t para cada intervalo de movimento pode ser expressa por uma função matemática $s = s(t)$, a equação do gráfico v–t para o mesmo intervalo pode ser obtida derivando essa função em relação ao tempo, visto que $v = ds/dt$. Da mesma maneira, a equação do gráfico a–t para o mesmo intervalo pode ser determinada derivando-se $v = v(t)$, visto que $a = dv/dt$. Tendo em vista que a diferenciação reduz um polinômio de grau n para aquele de grau $n - 1$, então, se esse gráfico s–t é parabólico (uma curva de segundo grau), o gráfico v–t será uma linha reta inclinada (uma curva de primeiro grau), e o gráfico a–t será uma linha reta constante ou horizontal (uma curva de grau zero).

Se o gráfico a–t é dado (Figura 12.9a), o gráfico v–t pode ser construído utilizando-se $a = dv/dt$, escrita como

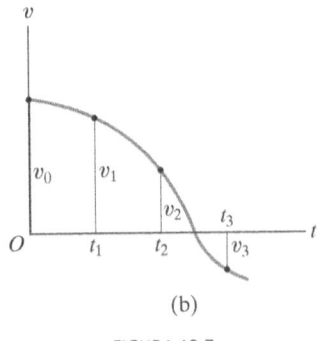

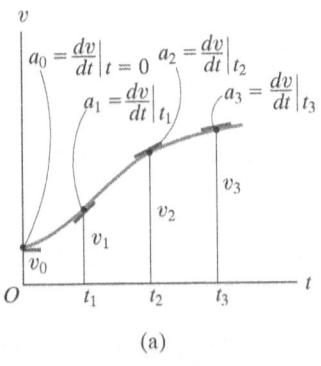

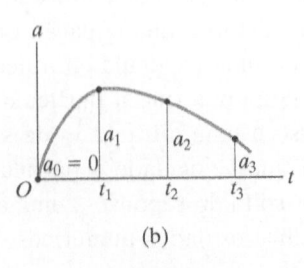

FIGURA 12.7

FIGURA 12.8

$$\Delta v = \int a\, dt$$

variação na velocidade = área sob gráfico a–t

Portanto, para construir o gráfico v–t, começamos com a velocidade inicial da partícula v_0 e, em seguida, adicionamos a pequenos incrementos de área (Δv) determinados a partir do gráfico a–t. Dessa maneira, sucessivos pontos, $v_1 = v_0 + \Delta v$ etc., são determinados para o gráfico v–t (Figura 12.9b). Observe que uma soma algébrica dos incrementos de área do gráfico a–t é necessária, visto que áreas encontradas acima do eixo t correspondem a um aumento em v (área "positiva"), enquanto as encontradas abaixo do eixo indicam uma diminuição em v (área "negativa").

De modo semelhante, se o gráfico v–t é dado (Figura 12.10a), é possível determinar o gráfico s–t usando $v = ds/dt$, escrita como:

$$\Delta s = \int v\, dt$$

deslocamento = área sob gráfico v–t

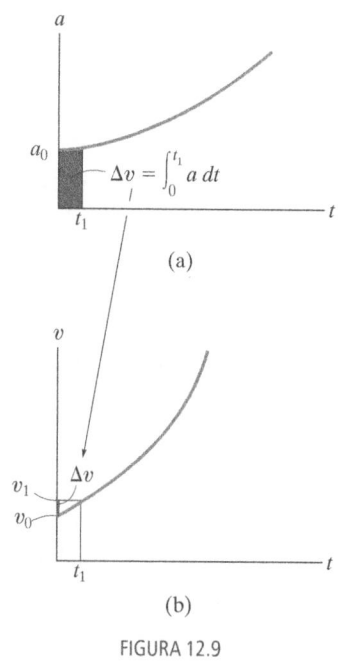

FIGURA 12.9

Da mesma maneira como o estabelecido anteriormente, começamos com a posição inicial da partícula s_0 e acrescentamos (algebricamente) pequenos incrementos de área (Δs) determinados a partir do gráfico v–t (Figura 12.10b).

Se segmentos do gráfico a–t podem ser descritos por uma série de equações, cada uma dessas equações pode ser *integrada* obtendo-se equações descrevendo os segmentos correspondentes do gráfico v–t. De maneira similar, o gráfico s–t pode ser obtido integrando-se as equações que descrevem os segmentos do gráfico v–t. Como resultado, se o gráfico a–t é linear (uma curva de primeiro grau), a integração vai produzir um gráfico v–t que é parabólico (uma curva de segundo grau) e um gráfico s–t que é cúbico (uma curva de terceiro grau).

Os gráficos v–s e a–s

Se o gráfico a–s pode ser construído, pontos no gráfico v–s podem ser determinados utilizando-se $v\, dv = a\, ds$. Integrando essa equação entre os limites $v = v_0$ em $s = s_0$ e $v = v_1$ em $s = s_1$, temos:

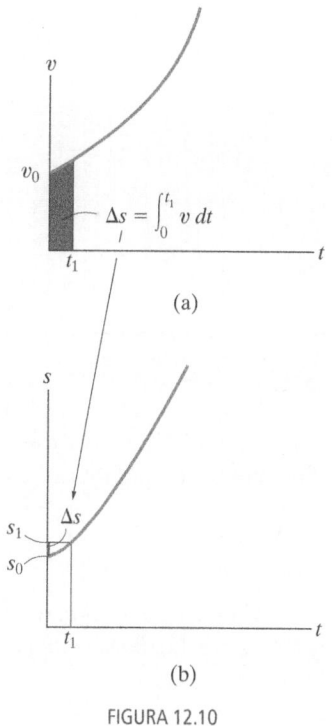

FIGURA 12.10

$$\tfrac{1}{2}(v_1^2 - v_0^2) = \int_{s_0}^{s_1} a\, ds$$

área sob o gráfico a–s

Portanto, se a área cinza na Figura 12.11a for determinada, e a velocidade inicial v_0 em $s_0 = 0$ for conhecida, então $v_1 = \left(2\int_0^{s_1} a\, ds + v_0^2\right)^{1/2}$ (Figura 12.11b). Pontos sucessivos no gráfico v–s podem ser construídos dessa maneira.

18 DINÂMICA

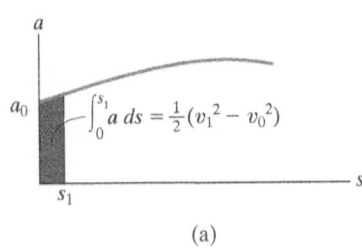

Se o gráfico v–s é conhecido, a aceleração a em qualquer posição s pode ser determinada utilizando-se $a\,ds = v\,dv$, escrita como:

$$a = v\left(\frac{dv}{ds}\right)$$

aceleração = velocidade vezes inclinação do gráfico v–s

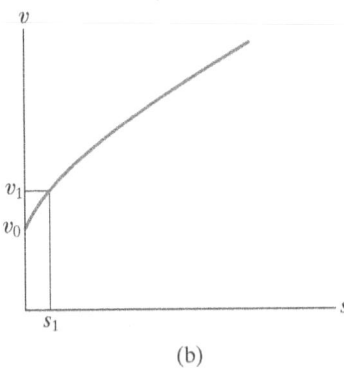

Deste modo, em qualquer ponto (s, v) na Figura 12.12a, a inclinação dv/ds do gráfico v–s é medida. Então, com v e dv/ds conhecidos, o valor de a pode ser calculado (Figura 12.12b).

O gráfico v–s também pode ser construído a partir do gráfico a–s ou vice-versa, aproximando-se o gráfico conhecido em vários intervalos com funções matemáticas, $v = f(s)$ ou $a = g(s)$ e, em seguida, utilizando-se $a\,ds = v\,dv$ para obter o outro gráfico.

FIGURA 12.11

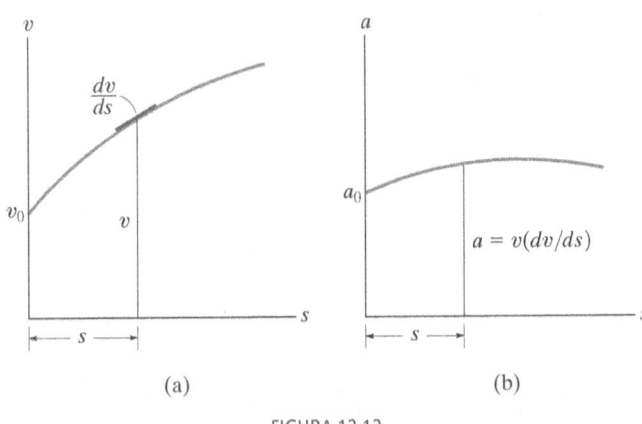

FIGURA 12.12

EXEMPLO 12.6

Uma bicicleta move-se ao longo de uma linha reta de tal maneira que sua posição é descrita pelo gráfico mostrado na Figura 12.13a. Construa os gráficos v–t e a–t para $0 \le t \le 30$ s.

SOLUÇÃO

Gráfico v–t

Visto que $v = ds/dt$, o gráfico v–t pode ser determinado derivando-se as equações definidas no gráfico s–t (Figura 12.13a). Temos:

$$0 \le t < 10 \text{ s}; \qquad s = (0{,}3t^2) \text{ m} \qquad v = \frac{ds}{dt} = (0{,}6t) \text{ m/s}$$

$$10 \text{ s} < t \le 30 \text{ s}; \qquad s = (6t - 30) \text{ m} \qquad v = \frac{ds}{dt} = 6 \text{ m/s}$$

Os resultados estão representados na Figura 12.13b. Também podemos obter valores específicos de v medindo a *inclinação* do gráfico s–t em determinado instante. Por exemplo, em $t = 20$ s, a inclinação do gráfico s–t é determinada a partir da linha reta de 10 s a 30 s, ou seja,

$$t = 20 \text{ s}; \qquad v = \frac{\Delta s}{\Delta t} = \frac{150 \text{ m} - 30 \text{ m}}{30 \text{ s} - 10 \text{ s}} = 6 \text{ m/s}$$

Gráfico a–t

Visto que $a = dv/dt$, o gráfico a–t pode ser determinado derivando-se as equações que definem os segmentos de reta do gráfico v–t. Isso resulta em:

$$0 \leq t < 10 \text{ s}; \quad v = (0{,}6t) \text{ m/s} \quad a = \frac{dv}{dt} = 0{,}6 \text{ m/s}^2$$

$$10 < t \leq 30 \text{ s}; \quad v = 6 \text{ m/s} \quad a = \frac{dv}{dt} = 0$$

Os resultados estão representados na Figura 12.13c.

NOTA: mostre que $a = 0{,}6$ m/s^2 quando $t = 5$ s medindo a inclinação do gráfico v–t.

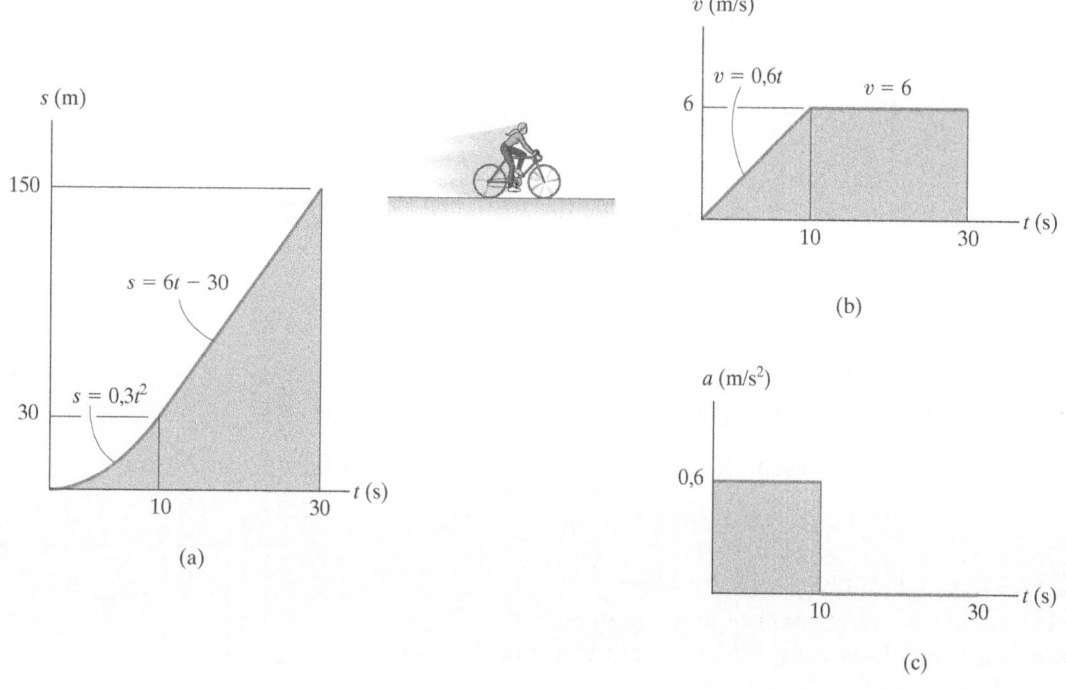

FIGURA 12.13

EXEMPLO 12.7

O carro na Figura 12.14a parte do repouso e move-se ao longo de uma pista reta de tal maneira que acelera a 10 m/s^2 por 10 s e, em seguida, desacelera a 2 m/s^2. Trace os gráficos v–t e s–t e determine o tempo t' necessário para parar o carro. Qual a distância percorrida pelo carro?

SOLUÇÃO

Gráfico v–t

Visto que $dv = a\,dt$, o gráfico v–t é determinado integrando-se os segmentos de linha reta do gráfico a–t. Utilizando a *condição inicial* $v = 0$ quando $t = 0$, temos:

$$0 \leq t < 10 \text{ s}; \quad a = (10) \text{ m/s}^2; \quad \int_0^v dv = \int_0^t 10\,dt, \quad v = 10t$$

Quando $t = 10$ s, $v = 10(10) = 100$ m/s. Utilizando esta como a *condição inicial* para o próximo período, temos:

$$10 \text{ s} < t \leq t'; a = (-2) \text{ m/s}^2; \int_{100\,m/s}^v dv = \int_{10\,s}^t -2\,dt, v = (-2t + 120) \text{ m/s}$$

Quando $t = t'$, precisamos que $v = 0$. Isso resulta (Figura 12.14b)

$$t' = 60 \text{ s} \qquad \textit{Resposta}$$

Uma solução mais direta para t' é possível observando-se que a área sob o gráfico a–t é igual à variação na velocidade do carro. Precisamos que $\Delta v = 0 = A_1 + A_2$ (Figura 12.14a). Desse modo,

$$0 = 10 \text{ m/s}^2(10 \text{ s}) + (-2 \text{ m/s}^2)(t' - 10 \text{ s})$$
$$t' = 60 \text{ s} \qquad \textit{Resposta}$$

Gráfico s–t

Visto que $ds = v\, dt$, integrar as equações do gráfico v–t resulta nas equações correspondentes do gráfico s–t. Utilizando a *condição inicial* $s = 0$ quando $t = 0$, temos:

$$0 \leq t \leq 10 \text{ s}; \quad v = (10t) \text{ m/s}; \quad \int_0^s ds = \int_0^t 10t\, dt, \quad s = (5t^2) \text{ m}$$

Quando $t = 10$ s, $s = 5(10)^2 = 500$ m. Utilizando essa *condição inicial*,

$$10 \text{ s} \leq t \leq 60 \text{ s}; \quad v = (-2t + 120) \text{ m/s}; \quad \int_{500\text{ m}}^s ds = \int_{10\text{ s}}^t (-2t + 120)\, dt$$
$$s - 500 = -t^2 + 120t - [-(10)^2 + 120(10)]$$
$$s = (-t^2 + 120t - 600) \text{ m}$$

Quando $t' = 60$ s, a posição é

$$s = -(60)^2 + 120(60) - 600 = 3000 \text{ m} \qquad \textit{Resposta}$$

O gráfico s–t é mostrado na Figura 12.14c.

NOTA: uma solução direta para s é possível quando $t' = 60$ s, visto que a *área triangular* sob o gráfico v–t produziria o deslocamento $\Delta s = s - 0$ de $t = 0$ a $t' = 60$ s. Portanto,

$$\Delta s = \tfrac{1}{2}(60 \text{ s})(100 \text{ m/s}) = 3000 \text{ m} \qquad \textit{Resposta}$$

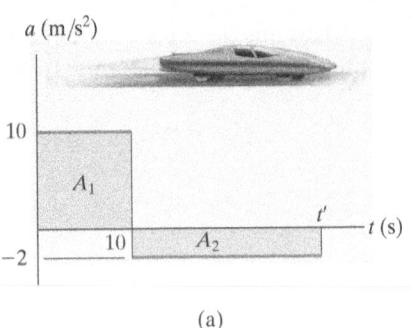

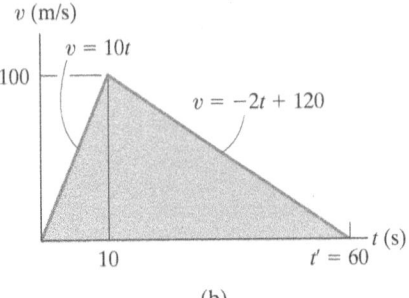

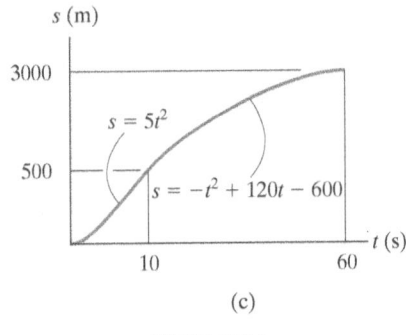

FIGURA 12.14

EXEMPLO 12.8

O gráfico v–s descrevendo o movimento de uma motocicleta é mostrado na Figura 12.15a. Construa o gráfico a–s do movimento e determine o tempo necessário para a motocicleta alcançar a posição $s = 160$ m.

SOLUÇÃO

Gráfico a–s

Visto que as equações para os segmentos do gráfico v–s são dadas, o gráfico a–s pode ser determinado utilizando-se $a\, ds = v\, dv$.

$$0 \leq s < 80 \text{ m}; \qquad v = (0{,}2s + 4) \text{ m/s}$$
$$a = v\frac{dv}{ds} = (0{,}2s + 4)\frac{d}{ds}(0{,}2s + 4) = 0{,}04s + 0{,}8$$
$$80 \text{ m} < s \leq 160 \text{ m}; \qquad v = 20 \text{ m/s}$$
$$a = v\frac{dv}{ds} = (20)\frac{d}{ds}(20) = 0$$

Os resultados estão representados na Figura 12.15b.

Tempo

O tempo pode ser obtido utilizando-se o gráfico v–s e $v = ds/dt$, porque essa equação relaciona v, s e t. Para o primeiro segmento do movimento, $s = 0$ quando $t = 0$, então,

$$0 \le s < 80 \text{ m}; \qquad v = (0{,}2s + 4) \text{ m/s}; \qquad dt = \frac{ds}{v} = \frac{ds}{0{,}2s + 4}$$

$$\int_0^t dt = \int_0^s \frac{ds}{0{,}2s + 4}$$

$$t = \left[5 \ln\left(\frac{0{,}2s + 4}{4}\right)\right] \text{ s}$$

Para $s = 80 \text{ m}$, $t = 5 \ln\left[\dfrac{0{,}2(80) + 4}{4}\right] = 8{,}047$ s. Portanto, utilizando essas condições iniciais para o segundo segmento do movimento,

$$80 \text{ m} < s \le 160 \text{ m}; \qquad v = 20 \text{ m/s}; \qquad dt = \frac{ds}{v} = \frac{ds}{20}$$

$$\int_{8{,}047 \text{ s}}^t dt = \int_{80 \text{ m}}^s \frac{ds}{20};$$

$$t - 8{,}047 = \frac{s}{20} - 4; \quad t = \left(\frac{s}{20} + 4{,}047\right) \text{ s}$$

Portanto, para $s = 160$ m,

$$t = \frac{160}{20} + 4{,}047 = 12{,}0 \text{ s} \hspace{4em} \textit{Resposta}$$

NOTA: os resultados gráficos podem ser conferidos em parte calculando-se as inclinações. Por exemplo, em $s = 0$, $a = v(dv/ds) = 4(20 - 4)/80 = 0{,}8$ m/s². Os resultados também podem ser conferidos em parte por observação. O gráfico v–s indica o aumento inicial da velocidade (aceleração) seguido pela velocidade constante ($a = 0$).

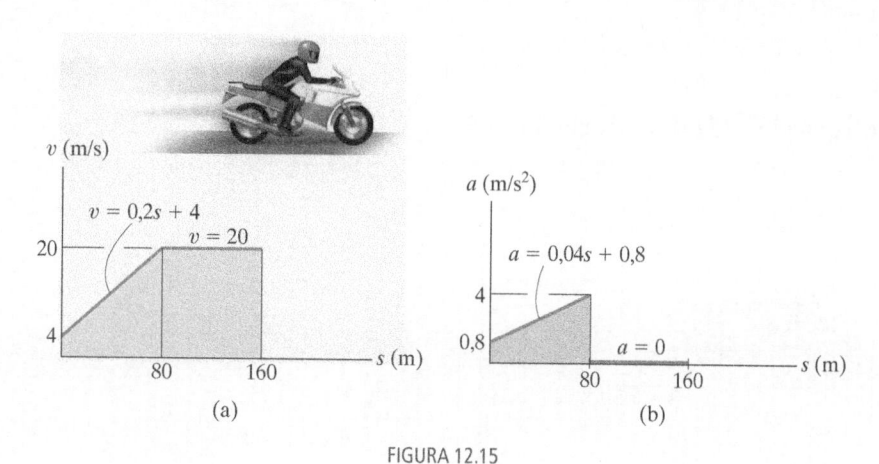

FIGURA 12.15

Problema preliminar

P12.2.

a) Desenhe os gráficos s–t e a–t se $s = 0$ quando $t = 0$.

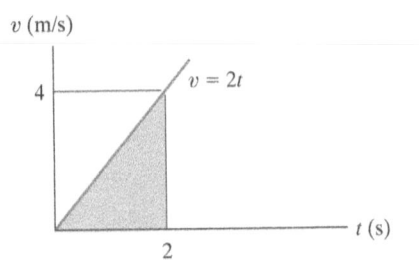

(gráfico v (m/s) vs t (s): reta $v = 2t$ passando pela origem até (2, 4))

b) Desenhe os gráficos a–t e v–t.

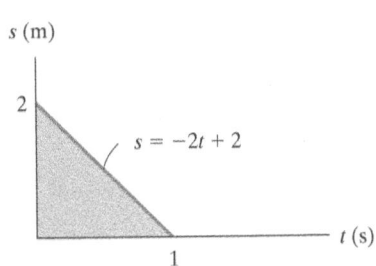

(gráfico s (m) vs t (s): reta $s = -2t + 2$ de (0, 2) a (1, 0))

c) Desenhe os gráficos v–t e s–t se $v = 0$, $s = 0$ quando $t = 0$.

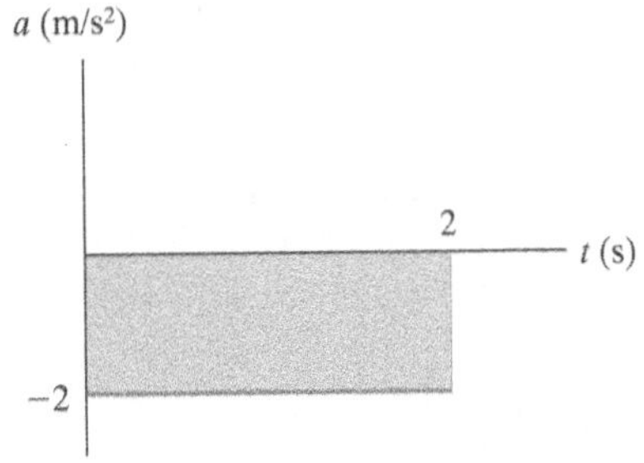

(gráfico a (m/s²) vs t (s): constante em -2 de $t = 0$ a $t = 2$)

d) Determine s e a quando $t = 3$ s se $s = 0$ quando $t = 0$.

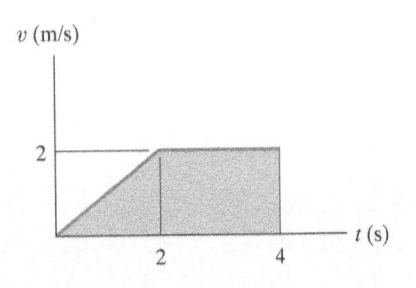

(gráfico v (m/s) vs t (s): cresce linearmente de 0 a 2 entre $t = 0$ e $t = 2$, depois constante em 2 até $t = 4$)

e) Desenhe o gráfico v–t se $v = 0$ quando $t = 0$. Determine a equação $v = f(t)$ para cada segmento.

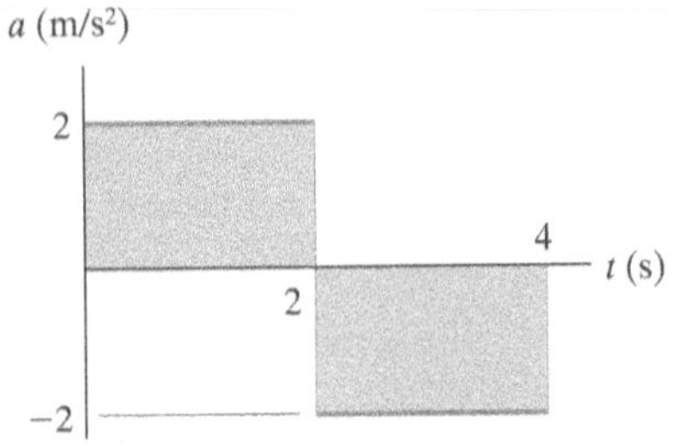

(gráfico a (m/s²) vs t (s): constante em 2 de $t = 0$ a $t = 2$; constante em -2 de $t = 2$ a $t = 4$)

f) Determine v em $s = 2$ m se $v = 1$ m/s em $s = 0$.

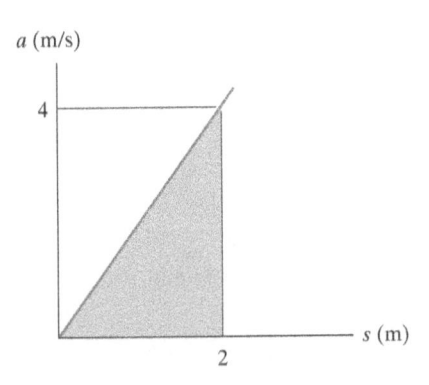

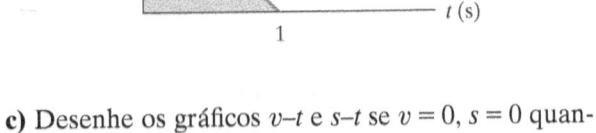

(gráfico a (m/s) vs s (m): reta de (0, 0) a (2, 4))

g) Determine a em $s = 1$ m.

(gráfico v (m/s) vs s (m): reta de (0, 4) a (2, 0))

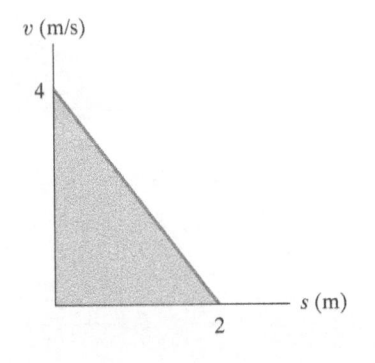

PROBLEMA P12.2

Problemas fundamentais

F12.9. Uma partícula move-se ao longo de uma pista reta de tal maneira que sua posição é descrita pelo gráfico s–t. Construa o gráfico v–t para o mesmo intervalo de tempo.

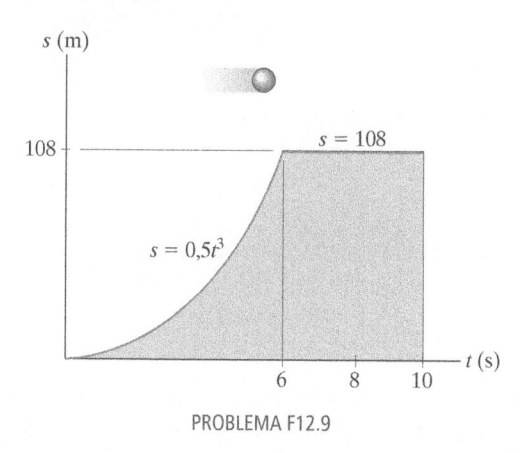

PROBLEMA F12.9

F12.10. O carro esporte move-se ao longo de uma estrada reta de modo que sua posição é descrita pelo gráfico. Trace os gráficos v–t e a–t para o intervalo de tempo $0 \leq t \leq 10$ s.

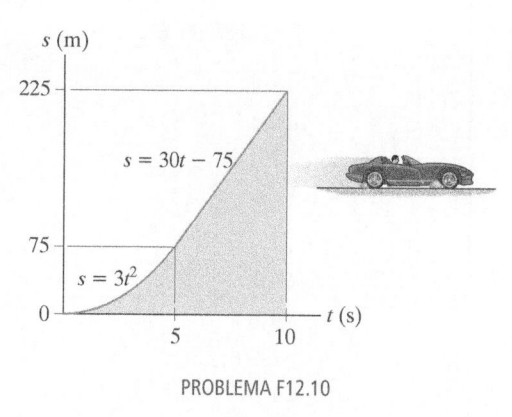

PROBLEMA F12.10

F12.11. Uma bicicleta move-se ao longo de uma estrada reta onde sua velocidade é descrita pelo gráfico v–s. Trace o gráfico a–s para o mesmo intervalo de tempo.

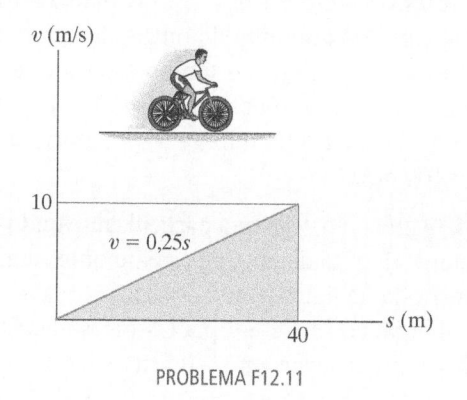

PROBLEMA F12.11

F12.12. Um carro esporte move-se ao longo de uma estrada reta de tal maneira que sua aceleração é descrita pelo gráfico. Trace o gráfico v–s para o mesmo intervalo de tempo e especifique a velocidade do carro quando $s = 10$ e $s = 15$ m.

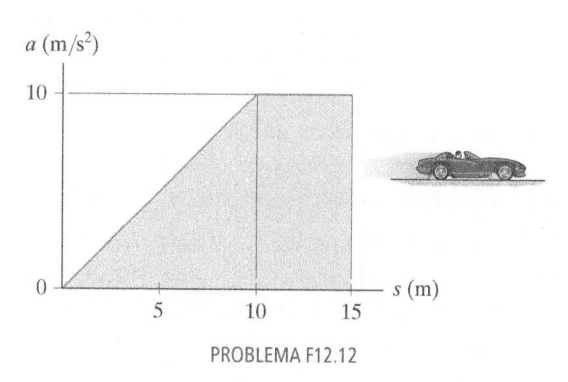

PROBLEMA F12.12

F12.13. Um carro de corridas parte do repouso e tem aceleração descrita pelo gráfico. Trace o gráfico v–t para o intervalo de tempo $0 \leq t \leq t'$, em que t' é o tempo para o carro chegar ao repouso.

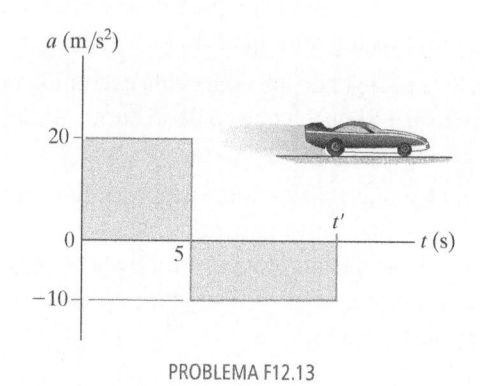

PROBLEMA F12.13

F12.14. Um carro de corrida parte do repouso e tem velocidade descrita pelo gráfico. Trace o gráfico s–t durante o intervalo de tempo $0 \leq t \leq 15$ s. Determine também a distância total percorrida durante esse intervalo.

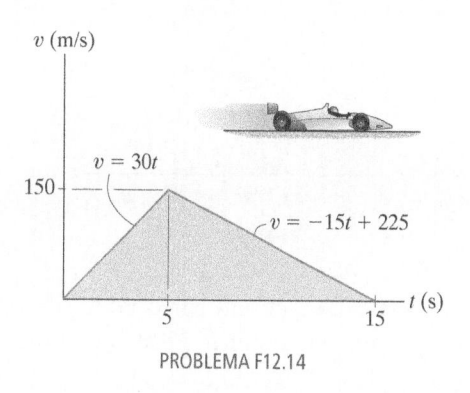

PROBLEMA F12.14

Problemas

12.35. Um trem parte da estação A e, no percurso do primeiro quilômetro, move-se com aceleração uniforme. Depois, pelos próximos 2 quilômetros, move-se com velocidade escalar uniforme. Finalmente, o trem desacelera uniformemente por outro quilômetro antes de chegar ao repouso na estação B. Se o tempo para a viagem inteira é de 6 minutos, trace o gráfico v–t e determine a velocidade escalar máxima do trem.

*12.36. Se a posição de uma partícula é definida por $s = [2 \text{ sen } (\pi/5)t + 4]$ m, em que t é dado em segundos, trace os gráficos s–t, v–t e a–t para $0 \leq t \leq 10$ s.

12.37. Uma partícula parte de $s = 0$ e percorre uma linha reta com velocidade $v = (t^2 - 4t + 3)$ m/s, em que t é dado em segundos. Trace os gráficos v–t e a–t para o intervalo de tempo $0 \leq t \leq 4$ s.

12.38. Dois foguetes partem do repouso na mesma elevação. O foguete A acelera verticalmente a 20 m/s² por 12 s e depois mantém uma velocidade constante. O foguete B acelera a 15 m/s² até alcançar uma velocidade constante de 150 m/s. Trace os gráficos a–t, v–t e s–t para cada foguete até que $t = 20$ s. Qual é a distância entre os foguetes quando $t = 20$ s?

12.39. Se a posição de uma partícula é definida por $s = [3 \text{ sen}(\pi/4)t + 8]$ m, em que t é dado em segundos, trace os gráficos s–t, v–t e a–t para $0 \leq t \leq 10$ s.

*12.40. O gráfico s–t para um trem foi determinado experimentalmente. A partir dos dados, trace os gráficos v–t e a–t para o movimento; $0 \leq t \leq 40$ s. Para $0 \leq t \leq 30$ s, a curva é $s = (0,4t^2)$ m, e então ela se torna reta para $t \geq 30$ s.

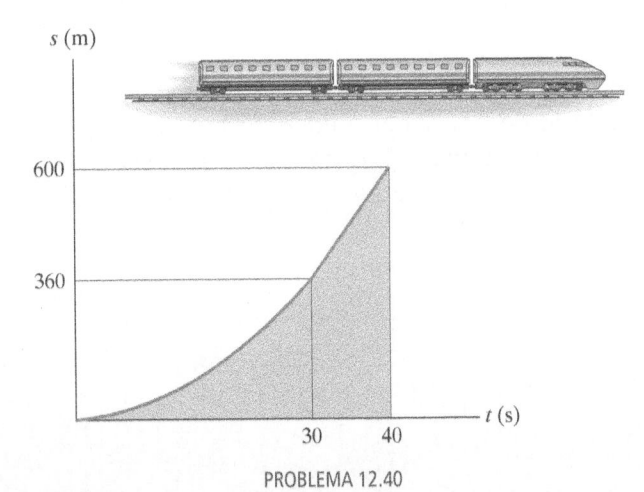

PROBLEMA 12.40

12.41. A velocidade de um carro pode ser vista no gráfico a seguir. Determine a distância total que o carro se move até que ele pare ($t = 80$ s). Trace o gráfico a–t.

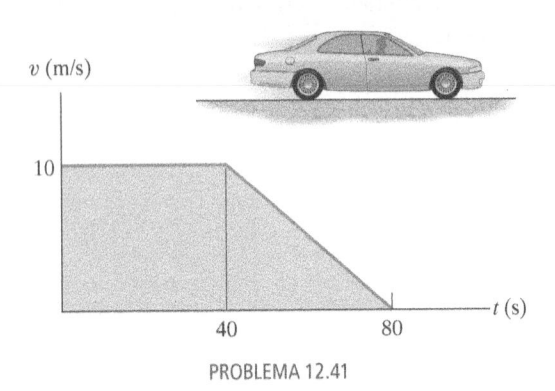

PROBLEMA 12.41

12.42. O trenó motorizado desloca-se ao longo de um percurso reto de acordo com o gráfico v–t. Trace os gráficos s–t e a–t para o mesmo intervalo de tempo de 50 s. Quando $t = 2$, $s = 0$.

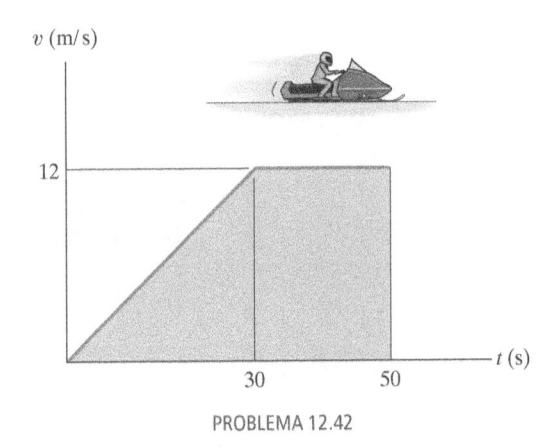

PROBLEMA 12.42

12.43. O gráfico v–t de uma partícula movendo-se por um campo elétrico de uma placa para outra tem a forma mostrada na figura. A aceleração e a desaceleração que ocorrem são constantes e ambas possuem intensidade de 4 m/s². Se as placas estão separadas por 200 mm uma da outra, determine a velocidade máxima $v_{máx}$ e o tempo t' para que a partícula passe de uma placa para a outra. Trace também o gráfico s–t. Quando $t = t'/2$, a partícula está em $s = 100$ mm.

*12.44. O gráfico v–t de uma partícula movendo-se por um campo elétrico de uma placa para outra tem a forma mostrada na figura, onde $t' = 0,2$ s e $v_{máx} = 10$ m/s. Trace os gráficos s–t e a–t para a partícula. Quando $t = t'/2$, a partícula está em $s = 0,5$ m.

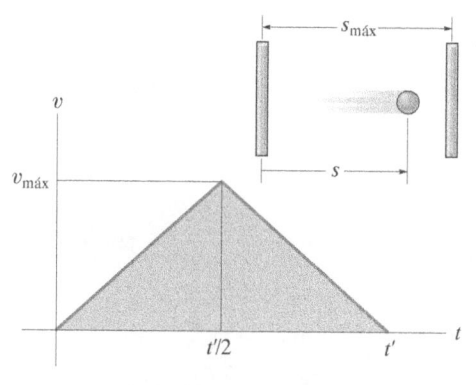

PROBLEMAS 12.43 e 12.44

12.45. O movimento de um avião logo após aterrissar em uma pista é descrito pelo gráfico a–t. Determine o instante t' em que o avião para. Trace os gráficos v–t e s–t para o movimento. Aqui, $s = 0$ e $v = 150$ m/s quando $t = 0$.

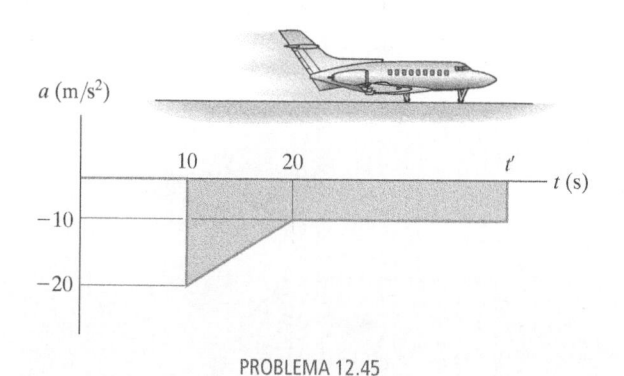

PROBLEMA 12.45

12.46. Um foguete de dois estágios é lançado verticalmente a partir do repouso em $s = 0$ com a aceleração mostrada na figura. Depois de 30 s, o primeiro estágio, A, esgota o combustível e o segundo estágio, B, é ativado. Trace os gráficos v–t e s–t que descrevem o movimento do segundo estágio para $0 \leq t \leq 60$ s.

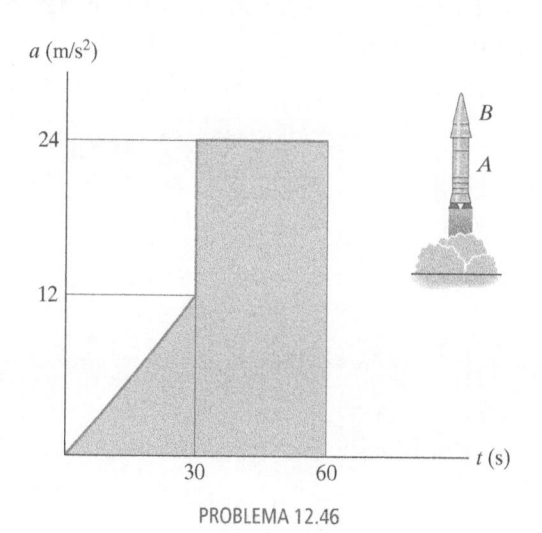

PROBLEMA 12.46

12.47. O gráfico a–t do trem bala é mostrado na figura. Se o trem parte do repouso, determine o tempo decorrido t' antes que ele chegue ao repouso novamente. Qual é a distância total percorrida durante esse intervalo de tempo? Trace os gráficos v–t e s–t.

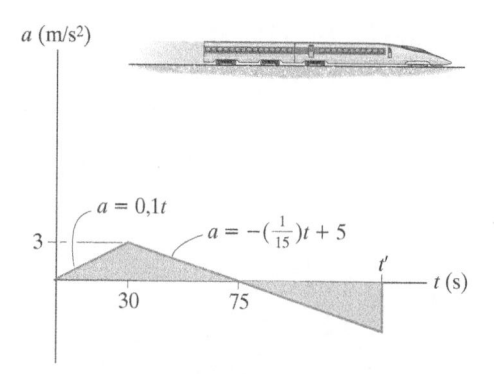

$a = 0{,}1t$

$a = -(\frac{1}{15})t + 5$

PROBLEMA 12.47

*12.48. O gráfico v–t para um trem foi determinado experimentalmente. A partir dos dados, trace os gráficos s–t e a–t para o movimento por $0 \leq t \leq 180$ s. Quando $t = 0$, $s = 0$.

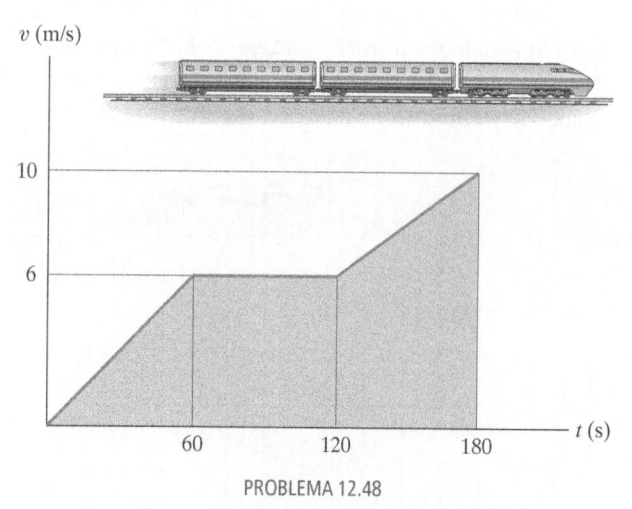

PROBLEMA 12.48

12.49. O gráfico v–s para um carrinho trafegando em uma estrada reta aparece na figura. Determine a aceleração do carrinho em $s = 50$ m e $s = 150$ m. Trace o gráfico a–s.

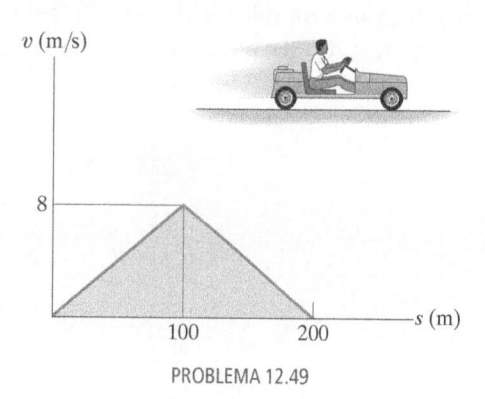

PROBLEMA 12.49

26 DINÂMICA

12.50. O carro a jato está viajando originalmente a uma velocidade de 10 m/s quando está sujeito à aceleração mostrada. Determine a velocidade máxima do carro e o tempo t' quando ele para. Quando $t = 0$, $s = 0$.

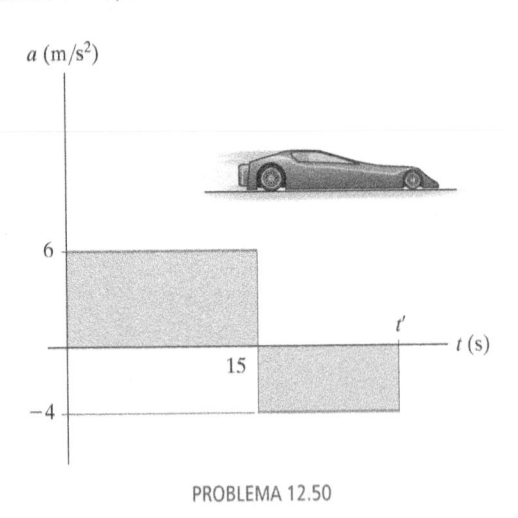

PROBLEMA 12.50

12.51. O carro de corrida parte do repouso e viaja por uma estrada reta até alcançar uma velocidade de 26 m/s em 8 s, como mostra o gráfico v–t. A parte plana do gráfico é causada pela troca de marchas. Trace o gráfico a–t e determine a aceleração máxima do carro.

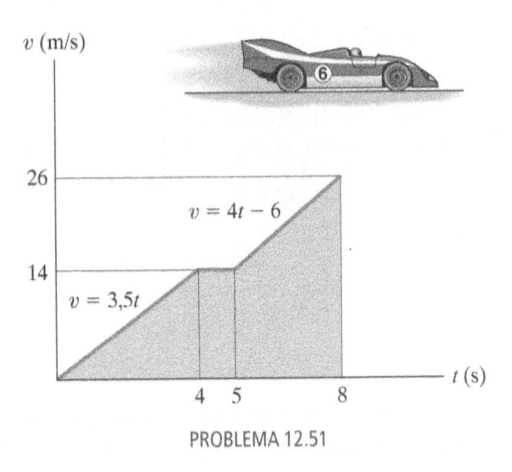

PROBLEMA 12.51

*****12.52.** Um carro parte do repouso e viaja por uma estrada reta com uma velocidade descrita pelo gráfico. Determine a distância total percorrida até que o carro pare. Trace os gráficos s–t e a–t.

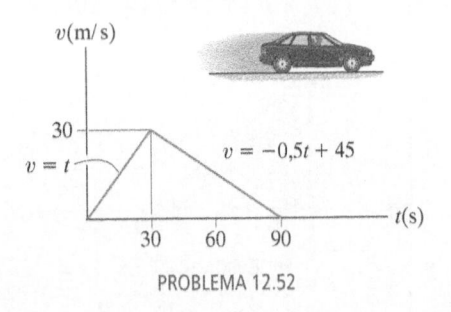

PROBLEMA 12.52

12.53. O gráfico v–s para um avião percorrendo uma pista reta aparece na figura. Determine a aceleração do avião em $s = 100$ m e $s = 150$ m. Trace o gráfico a–s.

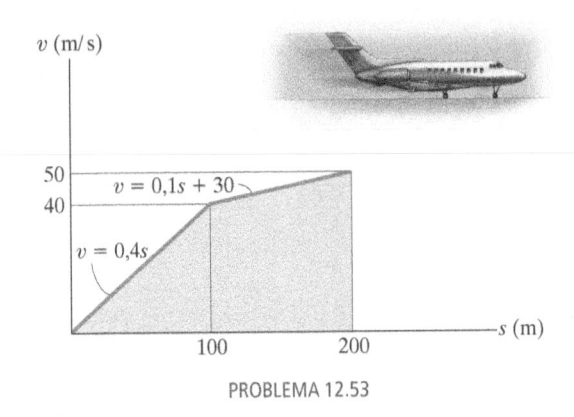

PROBLEMA 12.53

12.54. O gráfico a–s para um jipe percorrendo uma estrada reta é mostrado para os primeiros 300 m de seu movimento. Trace o gráfico v–s. Para $s = 0$, $v = 0$.

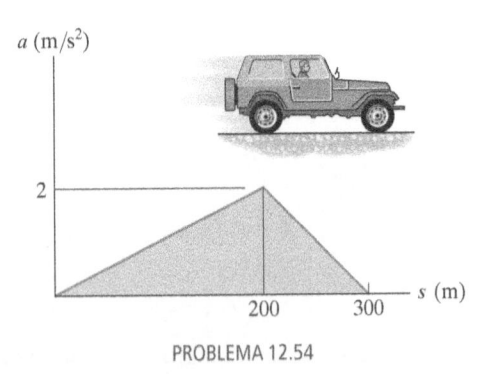

PROBLEMA 12.54

12.55. A figura mostra o gráfico v–t para o movimento de um carro enquanto ele percorre uma estrada reta. Trace os gráficos s–t e a–t. Determine também a velocidade escalar média e a distância percorrida pelo intervalo de tempo de 15 s. Quando $t = 0$, $s = 0$.

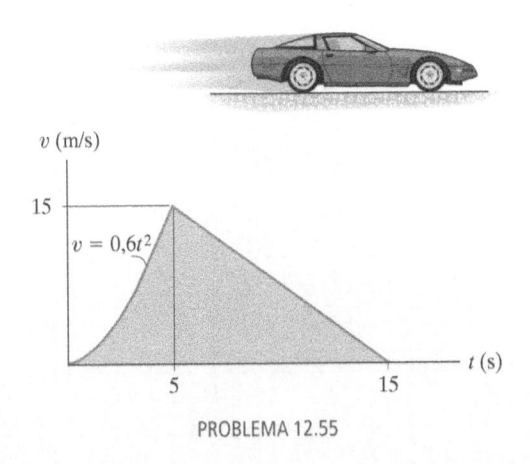

PROBLEMA 12.55

*12.56. Uma motocicleta parte do repouso em $s = 0$ e percorre uma estrada reta com a velocidade escalar mostrada pelo gráfico v–t. Determine a distância total que a motocicleta percorre até parar quando $t = 15$ s. Trace também os gráficos a–t e s–t.

12.57. Uma motocicleta parte do repouso em $s = 0$ e percorre uma estrada reta com a velocidade escalar mostrada pelo gráfico v–t. Determine a aceleração e a posição da motocicleta quando $t = 8$ s e $t = 12$ s.

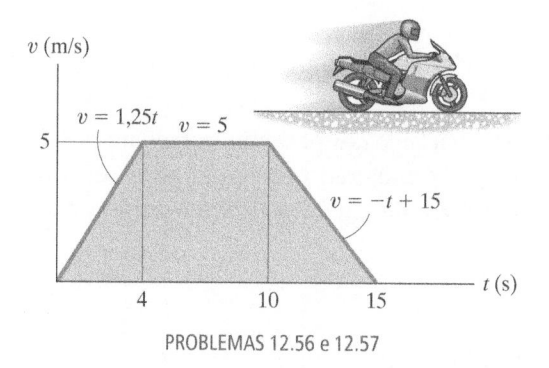

PROBLEMAS 12.56 e 12.57

12.58. Dois carros partem do repouso lado a lado e viajam por uma estrada reta. O carro A acelera a 4 m/s² por 10 s e depois mantém uma velocidade constante. O carro B acelera a 5 m/s² até alcançar uma velocidade constante de 25 m/s e depois mantém essa velocidade escalar. Trace os gráficos a–t, v–t e s–t para cada carro até $t = 15$ s. Qual é a distância entre os dois carros quando $t = 15$ s?

12.59. Uma partícula percorre uma curva definida pela equação $s = (t^3 - 3t^2 + 2t)$ m, em que t é dado em segundos. Trace os gráficos s–t, v–t e a–t para a partícula para $0 \leq t \leq 3$ s.

*12.60. A velocidade escalar de um trem durante o primeiro minuto foi registrada como a seguir:

t (s)	0	20	40	60
v (m/s)	0	16	21	24

Elabore o gráfico v–t, aproximando a curva como segmentos de linha reta entre os pontos dados. Determine a distância total percorrida.

12.61. Um foguete de dois estágios é lançado verticalmente a partir do repouso com a aceleração mostrada na figura. Depois de 15 s, o primeiro estágio, A, esgota o combustível e o segundo estágio, B, é ativado. Trace os gráficos v–t e s–t que descrevem o movimento do segundo estágio para $0 \leq t \leq 40$ s.

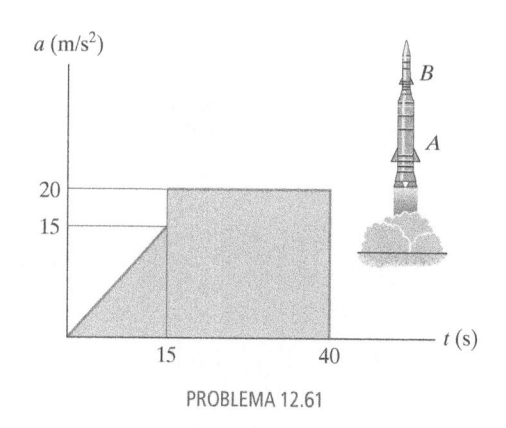

PROBLEMA 12.61

12.62. O movimento do trem é descrito pelo gráfico a–s mostrado na figura. Trace o gráfico v–s se $v = 0$ em $s = 0$.

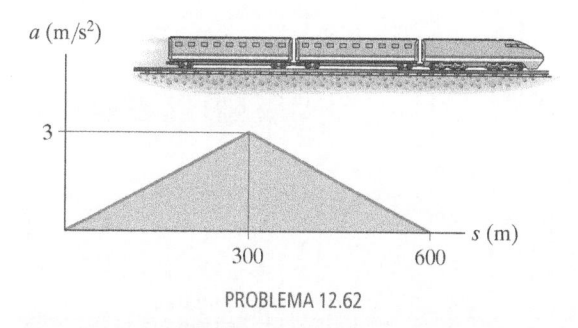

PROBLEMA 12.62

12.63. Se a posição de uma partícula é definida como $s = (5t - 3t^2)$ m, em que t é dado em segundos, trace os gráficos s–t, v–t e a–t para $0 \leq t \leq 2{,}5$ s.

*12.64. A partir de dados experimentais, o movimento de um avião a jato atravessando uma pista é definido pelo gráfico v–t. Trace os gráficos s–t e a–t para o movimento do avião. Quando $t = 0$, $s = 0$.

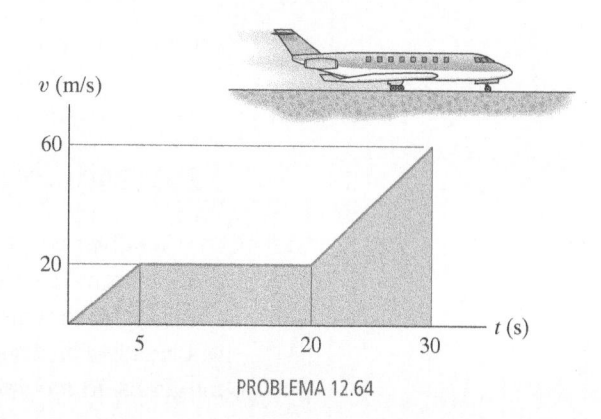

PROBLEMA 12.64

12.65. O gráfico v–s para um veículo de teste é mostrado na figura. Determine sua aceleração quando $s = 100$ m e quando $s = 175$ m.

PROBLEMA 12.65

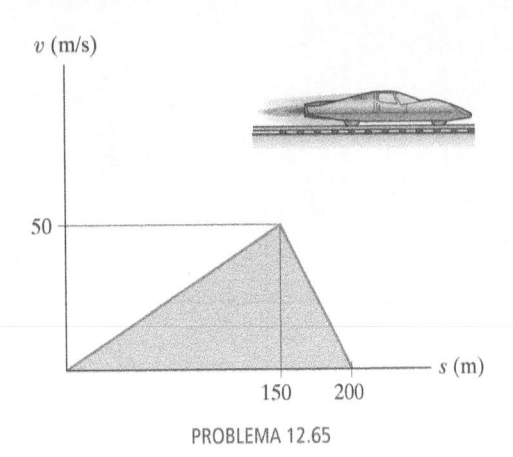

12.66. O gráfico a–t para um carro aparece na figura. Trace os gráficos v–t e s–t se o carro partir do repouso em $t = 0$. Em que instante t' o carro para?

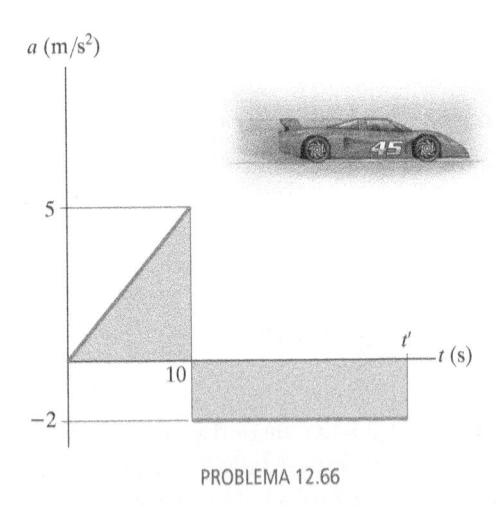

PROBLEMA 12.66

12.67. O barco realiza um percurso em linha reta com a velocidade escalar descrita pelo gráfico. Trace os gráficos s–t e a–s. Além disso, determine o tempo exigido para que o barco viaje por uma distância $s = 400$ m se $s = 0$ quando $t = 0$.

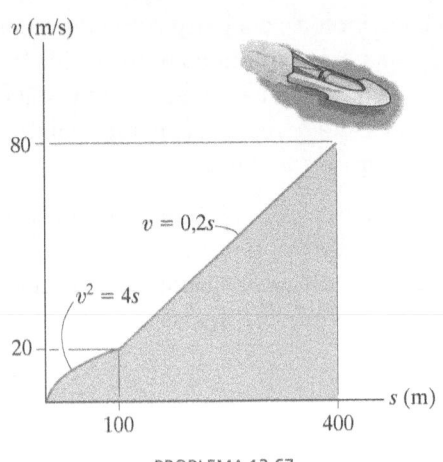

PROBLEMA 12.67

*__12.68.__ O gráfico a–s para um trem viajando por um trilho reto é mostrado na figura para os primeiros 400 m de seu movimento. Trace o gráfico v–s. $v = 0$ em $s = 0$.

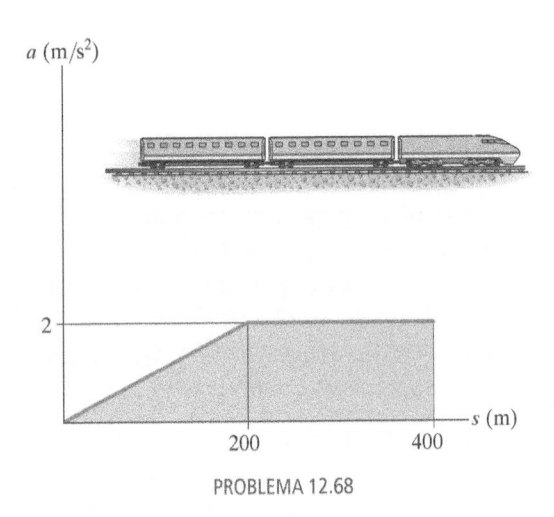

PROBLEMA 12.68

12.4 Movimento curvilíneo geral

O *movimento curvilíneo* ocorre quando uma partícula se move ao longo de uma trajetória curva. Visto que esta trajetória é frequentemente descrita em três dimensões, a análise vetorial será usada para formular posição, velocidade e aceleração da partícula.* Nesta seção, são discutidos os aspectos gerais do movimento curvilíneo, e nas seções subsequentes vamos considerar três tipos de sistemas de coordenadas frequentemente usados para analisar esse movimento.

---

* Um resumo de alguns dos conceitos importantes da análise vetorial é dado no Apêndice B.

Posição

Considere uma partícula localizada em um ponto sobre uma curva espacial definida pela função trajetória $s(t)$, Figura 12.16a. A posição da partícula, medida a partir de um ponto fixo O, será designada pelo *vetor posição* $\mathbf{r} = \mathbf{r}(t)$. Observe que tanto a intensidade quanto a direção desse vetor variarão conforme a partícula se move ao longo da curva.

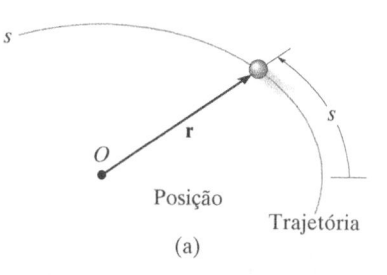

Deslocamento

Suponha que, durante um curto intervalo de tempo Δt, a partícula se move de uma distância Δs ao longo da curva para uma nova posição, definida por $\mathbf{r}' = \mathbf{r} + \Delta \mathbf{r}$ (Figura 12.16b). O *deslocamento* $\Delta \mathbf{r}$ representa a variação na posição da partícula e é determinado pela subtração vetorial, ou seja, $\Delta \mathbf{r} = \mathbf{r}' - \mathbf{r}$.

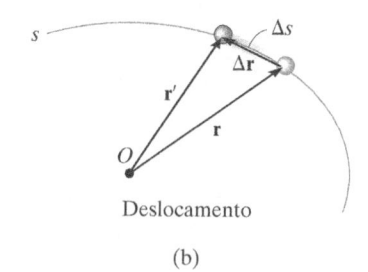

Velocidade

Durante o tempo Δt, a *velocidade média* da partícula é

$$\mathbf{v}_{méd} = \frac{\Delta \mathbf{r}}{\Delta t}$$

A *velocidade instantânea* é determinada a partir dessa equação, fazendo $\Delta t \to 0$, e, consequentemente, a direção de $\Delta \mathbf{r}$ *aproxima-se da tangente* à curva. Por conseguinte, $\mathbf{v} = \lim_{\Delta t \to 0}(\Delta \mathbf{r}/\Delta t)$ ou

$$\boxed{\mathbf{v} = \frac{d\mathbf{r}}{dt}} \tag{12.7}$$

Visto que $d\mathbf{r}$ será tangente à curva, a *direção* de $\mathbf{v}$ também será *tangente à curva* (Figura 12.16c). A *intensidade* de $\mathbf{v}$, a qual é chamada de *velocidade escalar*, é obtida observando-se que o comprimento do segmento de linha reta $\Delta \mathbf{r}$ na Figura 12.16b se aproxima do comprimento de arco Δs quando $\Delta t \to 0$, e temos $v = \lim_{\Delta t \to 0}(\Delta r/\Delta t) = \lim_{\Delta t \to 0}(\Delta s/\Delta t)$, ou

$$\boxed{v = \frac{ds}{dt}} \tag{12.8}$$

Assim, a *velocidade escalar* pode ser obtida derivando a função trajetória s em relação ao tempo.

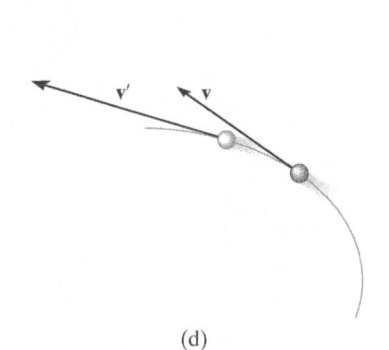

Aceleração

Se a partícula tem uma velocidade $\mathbf{v}$ no tempo t e uma velocidade $\mathbf{v}' = \mathbf{v} + \Delta \mathbf{v}$ em $t + \Delta t$ (Figura 12.16d), então a *aceleração média* da partícula durante o intervalo de tempo Δt é:

$$\mathbf{a}_{méd} = \frac{\Delta \mathbf{v}}{\Delta t}$$

em que $\Delta \mathbf{v} = \mathbf{v}' - \mathbf{v}$. Para estudar esta taxa de variação no tempo, os dois vetores velocidade na Figura 12.16d são traçados na Figura 12.16e de maneira que suas origens estejam localizadas no ponto fixo O' e suas extremidades

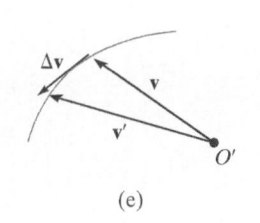

FIGURA 12.16

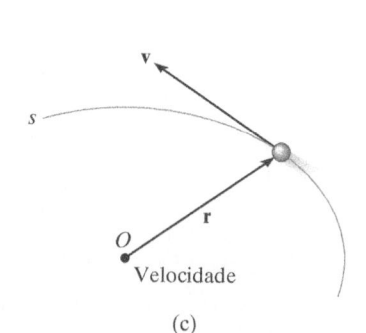

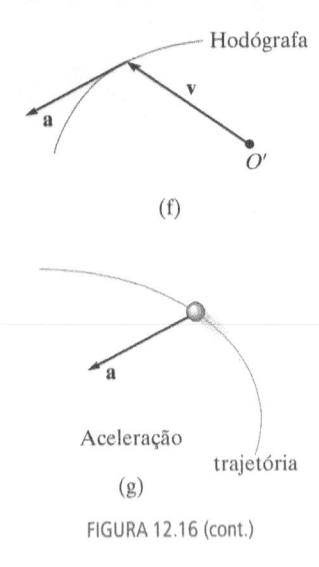

definam os pontos de uma curva. Essa curva é chamada de *hodógrafa* e, quando construída, descreve o lugar geométrico dos pontos da extremidade do vetor velocidade da mesma maneira que a *trajetória s* descreve o lugar geométrico dos pontos da extremidade do vetor posição (Figura 12.16a).

Para obter a *aceleração instantânea*, faz-se $\Delta t \to 0$, na equação anteriormente mostrada. No limite, $\Delta \mathbf{v}$ se aproximará da *tangente à hodógrafa*, e assim $\mathbf{a} = \lim_{\Delta t \to 0} (\Delta \mathbf{v}/\Delta t)$, ou

$$\mathbf{a} = \frac{d\mathbf{v}}{dt} \tag{12.9}$$

Substituindo a Equação 12.7 nesse resultado, também podemos escrever:

$$\mathbf{a} = \frac{d^2\mathbf{r}}{dt^2}$$

Da definição de derivada, **a** atua *tangente à hodógrafa* (Figura 12.16f) e, em geral, ela não é tangente à *trajetória do movimento* (Figura 12.16g). Para esclarecer esse ponto, observe que $\Delta \mathbf{v}$ e, consequentemente, **a**, devem levar em consideração a variação ocorrida *tanto* na intensidade *quanto* na direção da velocidade **v** quando a partícula se move de um ponto para o próximo ao longo da trajetória (Figura 12.16d). Entretanto, para que a partícula siga qualquer trajetória curva, a variação direcional sempre "gira" o vetor velocidade para o "lado interno" ou "lado côncavo" da trajetória e, portanto, **a** *não pode* permanecer tangente à trajetória. Resumindo, **v** é sempre tangente à *trajetória* e **a** é sempre tangente à *hodógrafa*.

12.5 Movimento curvilíneo: componentes retangulares

Ocasionalmente, o movimento de uma partícula pode ser mais bem descrito ao longo de uma trajetória que pode ser expressa em termos de suas coordenadas x, y, z.

Posição

Se a partícula está em um ponto (x, y, z) sobre a trajetória curva s mostrada na Figura 12.17a, sua posição é definida pelo *vetor posição*

$$\mathbf{r} = x\mathbf{i} + y\mathbf{j} + z\mathbf{k} \tag{12.10}$$

Quando a partícula se move, as componentes x, y, z de **r** serão funções do tempo; ou seja, $x = x(t), y = y(t), z = z(t)$, de maneira que $\mathbf{r} = \mathbf{r}(t)$.

Em qualquer instante, a *intensidade* de **r** é definida pela Equação B.3 no Apêndice B, como:

$$r = \sqrt{x^2 + y^2 + z^2}$$

E a *direção* de **r** é especificada pelo vetor unitário $\mathbf{u}_r = \mathbf{r}/r$.

Posição
(a)

Velocidade
(b)

FIGURA 12.17

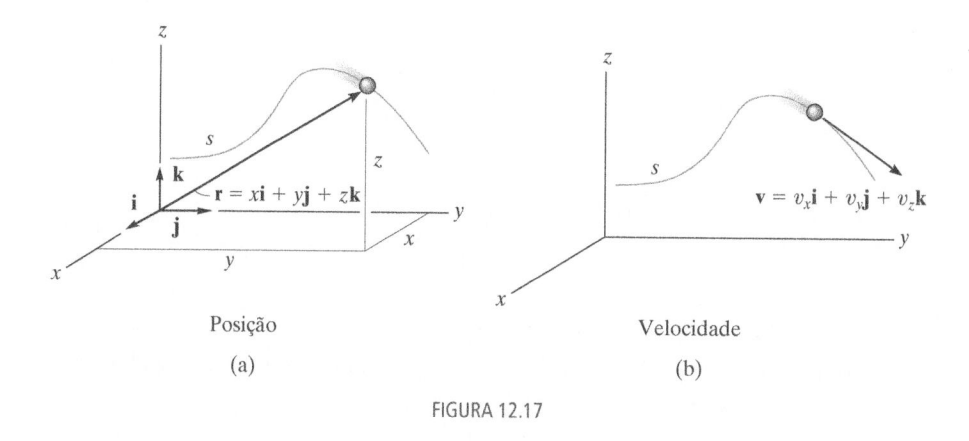

Velocidade

A primeira derivada de **r** em relação ao tempo produz a velocidade da partícula. Por conseguinte,

$$\mathbf{v} = \frac{d\mathbf{r}}{dt} = \frac{d}{dt}(x\mathbf{i}) + \frac{d}{dt}(y\mathbf{j}) + \frac{d}{dt}(z\mathbf{k})$$

Ao realizar essa derivada, é necessário levar em consideração as variações tanto na intensidade quanto na direção de cada uma das componentes do vetor. Por exemplo, a derivada da componente **i** de **r** é:

$$\frac{d}{dt}(x\mathbf{i}) = \frac{dx}{dt}\mathbf{i} + x\frac{d\mathbf{i}}{dt}$$

O segundo termo do lado direito é zero, desde que o sistema de referência x, y, z seja *fixo* e, portanto, a *direção* (e a *intensidade*) de **i** não varie com o tempo. A derivada das componentes **j** e **k** pode ser feita de maneira similar, o que produz o resultado final,

$$\boxed{\mathbf{v} = \frac{d\mathbf{r}}{dt} = v_x\mathbf{i} + v_y\mathbf{j} + v_z\mathbf{k}} \quad (12.11)$$

em que

$$\boxed{v_x = \dot{x} \quad v_y = \dot{y} \quad v_z = \dot{z}} \quad (12.12)$$

A notação com "pontos" $\dot{x}$, $\dot{y}$, $\dot{z}$ representa as derivadas primeiras com relação ao tempo de $x = x(t)$, $y = y(t)$, $z = z(t)$, respectivamente.

A velocidade tem uma *intensidade* que é determinada a partir de

$$v = \sqrt{v_x^2 + v_y^2 + v_z^2}$$

e uma *direção* que é especificada pelo vetor unitário $\mathbf{u}_v = \mathbf{v}/v$. Como discutido na Seção 12.4, essa direção é *sempre tangente à trajetória*, como mostrado na Figura 12.17b.

Aceleração

A aceleração da partícula é obtida tomando-se a primeira derivada da Equação 12.11 em relação ao tempo (ou a derivada segunda da Equação 12.10 em relação ao tempo). Temos

32 DINÂMICA

$$\mathbf{a} = \frac{d\mathbf{v}}{dt} = a_x\mathbf{i} + a_y\mathbf{j} + a_z\mathbf{k} \qquad (12.13)$$

em que

$$\begin{aligned} a_x &= \dot{v}_x = \ddot{x} \\ a_y &= \dot{v}_y = \ddot{y} \\ a_z &= \dot{v}_z = \ddot{z} \end{aligned} \qquad (12.14)$$

Aceleração
(c)

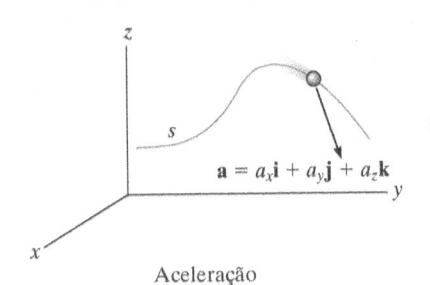

FIGURA 12.17 (cont.)

Aqui a_x, a_y, a_z representam, respectivamente, as primeiras derivadas temporais de $v_x = v_x(t)$, $v_y = v_y(t)$, $v_z = v_z(t)$, ou as segundas derivadas temporais das funções $x = x(t)$, $y = y(t)$, $z = z(t)$.

A aceleração tem uma *intensidade*

$$a = \sqrt{a_x^2 + a_y^2 + a_z^2}$$

e uma *direção* especificada pelo vetor unitário $\mathbf{u}_a = \mathbf{a}/a$. Visto que **a** representa a taxa de *variação* temporal tanto na intensidade quanto na direção da velocidade, em geral **a** *não* será tangente à trajetória (Figura 12.17c).

Pontos importantes

- O movimento curvilíneo pode causar variações *tanto* na intensidade *quanto* na direção dos vetores posição, velocidade e aceleração.
- O vetor velocidade está sempre direcionado *tangente* à trajetória.
- Em geral, o vetor aceleração *não* é tangente à trajetória, mas é sempre tangente à hodógrafa.
- Se o movimento é descrito utilizando-se coordenadas retangulares, as componentes ao longo de cada um dos eixos não variam a direção; somente sua intensidade e sentido (sinal algébrico) variarão.
- Considerando-se os movimentos das componentes, a variação na intensidade e na direção da posição e velocidade da partícula serão automaticamente levadas em consideração.

Procedimento para análise

Sistema de coordenadas

- Um sistema de coordenadas retangulares pode ser usado para solucionar problemas para os quais o movimento pode ser convenientemente expresso em termos de suas componentes x, y, z.

Quantidades cinemáticas

- Visto que o *movimento retilíneo* ocorre ao longo de *cada eixo coordenado*, o movimento ao longo de cada eixo é determinado utilizando $v = ds/dt$ e $a = dv/dt$; ou, nos casos em que o movimento não é expresso como uma função do tempo, a equação $a\,ds = v\,dv$ pode ser usada.
- Em duas dimensões, a equação da trajetória $y = f(x)$ pode ser usada para relacionar as componentes x e y da velocidade e aceleração aplicando a regra da derivação em cadeia. Uma revisão deste conceito é dada no Apêndice C.
- Uma vez que as componentes x, y, z de **v** e **a** tenham sido determinadas, as intensidades desses vetores são obtidas por meio do teorema de Pitágoras, Equação B.3, e seus ângulos de direção (cossenos diretores), pelas coordenadas de seus vetores unitários, equações B.4 e B.5.

EXEMPLO 12.9

Em qualquer instante de tempo, a posição horizontal do balão meteorológico na Figura 12.18a é definida por $x = (2t)$ m, em que t é dado em segundos. Se a equação da trajetória é $y = x^2/5$, determine a intensidade e a direção da velocidade e da aceleração quando $t = 2$ s.

SOLUÇÃO

Velocidade

A componente da velocidade na direção x é

$$v_x = \dot{x} = \frac{d}{dt}(2t) = 2 \text{ m/s} \rightarrow$$

Para encontrar a relação entre as componentes da velocidade, vamos usar a regra da cadeia do cálculo. Quando $t = 2$ s, $x = 2(2) = 4$ m (Figura 12.18a) e, portanto,

$$v_y = \dot{y} = \frac{d}{dt}(x^2/5) = 2x\dot{x}/5 = 2(4)(2)/5 = 3,20 \text{ m/s} \uparrow$$

Quando $t = 2$ s, a intensidade da velocidade é, portanto,

$$v = \sqrt{(2 \text{ m/s})^2 + (3,20 \text{ m/s})^2} = 3,77 \text{ m/s} \qquad \textit{Resposta}$$

A direção é tangente à trajetória (Figura 12.18b), em que

$$\theta_v = \text{tg}^{-1}\frac{v_y}{v_x} = \text{tg}^{-1}\frac{3,20}{2} = 58,0° \qquad \textit{Resposta}$$

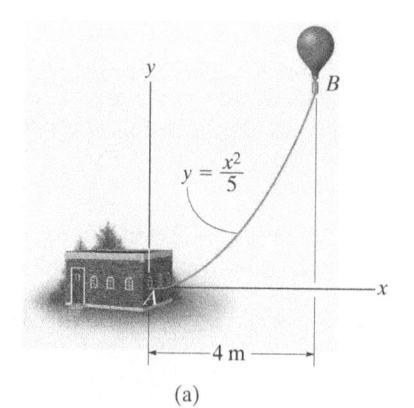

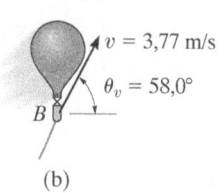

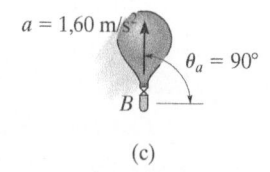

FIGURA 12.18

Aceleração

A relação entre as componentes da aceleração é determinada utilizando-se a regra da cadeia. (Ver Apêndice C.) Temos

$$a_x = \dot{v}_x = \frac{d}{dt}(2) = 0$$

$$a_y = \dot{v}_y = \frac{d}{dt}(2x\dot{x}/5) = 2(\dot{x})\dot{x}/5 + 2x(\ddot{x})/5$$

$$= 2(2)^2/5 + 2(4)(0)/5 = 1,60 \text{ m/s}^2 \uparrow$$

Desse modo,

$$a = \sqrt{(0)^2 + (1,60)^2} = 1,60 \text{ m/s}^2 \qquad \textit{Resposta}$$

A direção de **a**, como mostrado na Figura 12.18c, é

$$\theta_a = \text{tg}^{-1}\frac{1,60}{0} = 90° \qquad \textit{Resposta}$$

NOTA: também podemos obter v_y e a_y primeiro expressando $y = f(t) = (2t)^2/5 = 0,8t^2$ e, em seguida, tomando sucessivas derivadas em relação ao tempo.

EXEMPLO 12.10

Por um curto período de tempo, a trajetória do avião na Figura 12.19a é descrita por $y = (0{,}001x^2)$ m. Se o avião está decolando com uma velocidade constante de 10 m/s, determine as intensidades da velocidade e aceleração do avião quando ele atinge uma altitude de $y = 100$ m.

SOLUÇÃO

Quando $y = 100$ m, então $100 = 0{,}001x^2$ ou $x = 316{,}2$ m. Da mesma forma, em razão da velocidade constante $v_y = 10$ m/s,

$$y = v_y t; \qquad 100 \text{ m} = (10 \text{ m/s}) t \qquad t = 10 \text{ s}$$

Velocidade

Utilizando a regra da cadeia (ver Apêndice C) para encontrar a relação entre as componentes da velocidade, temos:

$$y = 0{,}001x^2$$

$$v_y = \dot{y} = \frac{d}{dt}(0{,}001x^2) = (0{,}002x)\dot{x} = 0{,}002 x v_x \qquad (1)$$

Desse modo,

$$10 \text{ m/s} = 0{,}002(316{,}2 \text{ m})(v_x)$$
$$v_x = 15{,}81 \text{ m/s}$$

Portanto, a intensidade da velocidade é:

$$v = \sqrt{v_x^2 + v_y^2} = \sqrt{(15{,}81 \text{ m/s})^2 + (10 \text{ m/s})^2}$$
$$= 18{,}7 \text{ m/s} \qquad \textit{Resposta}$$

FIGURA 12.19

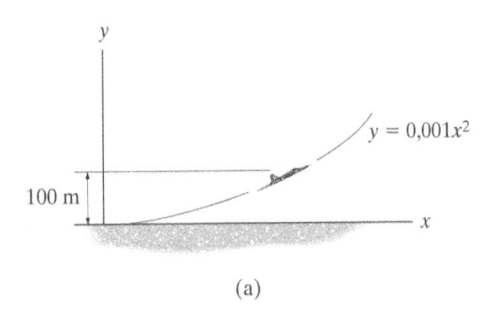

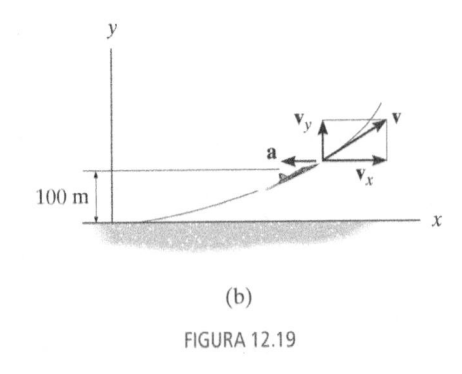

Aceleração

Utilizando a regra da cadeia, a derivada temporal da Equação 1 fornece a relação entre as componentes da aceleração.

$$a_y = \dot{v}_y = (0{,}002\dot{x})\dot{x} + 0{,}002x(\ddot{x}) = 0{,}002(v_x^2 + x a_x)$$

Quando $x = 316{,}2$ m, $v_x = 15{,}81$ m/s, $\dot{v}_y = a_y = 0$,

$$0 = 0{,}002[(15{,}81 \text{ m/s})^2 + 316{,}2 \text{ m}(a_x)]$$
$$a_x = -0{,}791 \text{ m/s}^2$$

Portanto, a intensidade da aceleração do avião é:

$$a = \sqrt{a_x^2 + a_y^2} = \sqrt{(-0{,}791 \text{ m/s}^2)^2 + (0 \text{ m/s}^2)^2}$$
$$= 0{,}791 \text{ m/s}^2 \qquad \textit{Resposta}$$

Esses resultados são mostrados na Figura 12.19b.

12.6 Movimento de um projétil

O movimento de um projétil em voo livre é frequentemente estudado em termos de suas componentes retangulares. Para ilustrar a análise cinemática, considere um projétil lançado no ponto (x_0, y_0), com uma velocidade inicial de $\mathbf{v}_0$, tendo componentes $(\mathbf{v}_0)_x$ e $(\mathbf{v}_0)_y$, Figura 12.20. Quando a resistência do ar é desprezada, a única força agindo sobre o projétil é seu peso, que faz com que o projétil tenha uma *aceleração para baixo constante* de aproximadamente $a_c = g = 9{,}81 \text{ m/s}^2.$*

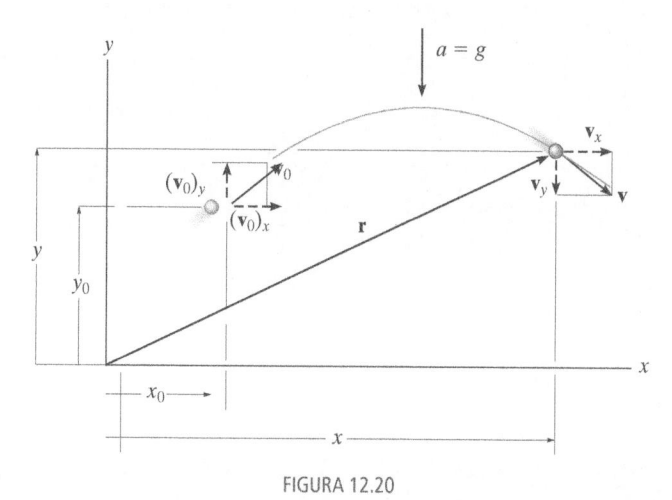

FIGURA 12.20

Movimento horizontal

Visto que $a_x = 0$, a aplicação das equações de aceleração constante, 12.4 a 12.6, resulta em:

$(\xrightarrow{+})$ $\quad v = v_0 + a_c t$ $\qquad v_x = (v_0)_x$

$(\xrightarrow{+})$ $\quad x = x_0 + v_0 t + \frac{1}{2} a_c t^2;$ $\qquad x = x_0 + (v_0)_x t$

$(\xrightarrow{+})$ $\quad v^2 = v_0^2 + 2 a_c (x - x_0);$ $\qquad v_x = (v_0)_x$

A primeira e a última equações indicam *que a componente horizontal da velocidade sempre permanece constante durante o movimento.*

Movimento vertical

Visto que o eixo y positivo está direcionado para cima, então $a_y = -g$. Aplicando as equações 12.4 a 12.6, obtemos

$(+\uparrow)$ $\quad v = v_0 + a_c t;$ $\qquad v_y = (v_0)_y - gt$

$(+\uparrow)$ $\quad y = y_0 + v_0 t + \frac{1}{2} a_c t^2;$ $\qquad y = y_0 + (v_0)_y t - \frac{1}{2} g t^2$

$(+\uparrow)$ $\quad v^2 = v_0^2 + 2 a_c (y - y_0);$ $\qquad v_y^2 = (v_0)_y^2 - 2g(y - y_0)$

Lembre-se de que a última equação pode ser formulada com base na eliminação do tempo t das duas primeiras equações e, portanto, *apenas duas das três equações anteriormente apresentadas são mutuamente independentes.*

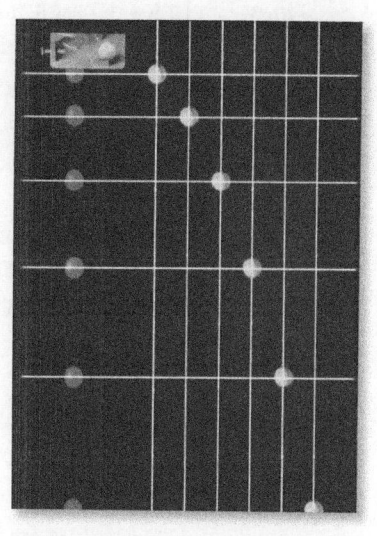

Cada foto nesta sequência é tirada após o mesmo intervalo de tempo. A bola escura cai do repouso, enquanto à bola clara é dada uma velocidade horizontal quando é solta. Ambas as bolas aceleram para baixo com a mesma taxa, e assim elas permanecem à mesma altura em qualquer instante de tempo. Esta aceleração faz a diferença das alturas entre as bolas aumentar entre sucessivas fotos. Observe, também, que a distância horizontal entre sucessivas fotos da bola clara é constante, visto que a velocidade na direção horizontal permanece constante.

---

* Supondo que o campo gravitacional na Terra não varie com a altitude.

Resumindo, problemas envolvendo o movimento de um projétil podem ter no máximo três incógnitas, visto que apenas três equações independentes podem ser escritas; ou seja, *uma* equação na *direção horizontal* e *duas* na *direção vertical*. Uma vez que $\mathbf{v}_x$ e $\mathbf{v}_y$ são obtidos, a velocidade resultante $\mathbf{v}$, que é *sempre tangente* à trajetória, pode ser determinada pela *soma vetorial*, como mostrado na Figura 12.20.

O cascalho caindo da extremidade desta esteira rolante segue uma trajetória que pode ser prevista utilizando-se as equações de aceleração constante. Dessa maneira, a posição da pilha acumulada pode ser determinada. Coordenadas retangulares são usadas para análise, visto que a aceleração só ocorre na direção vertical.

Uma vez lançada, a bola de basquete segue uma trajetória parabólica.

Procedimento para análise

Sistema de coordenadas

- Estabeleça os eixos de coordenadas x, y fixos e esboce a trajetória da partícula. Entre *dois pontos* quaisquer sobre a trajetória, especifique os dados fornecidos pelo problema e identifique as *três incógnitas*. Em todos os casos, a aceleração da gravidade age para baixo e é igual a 9,81 m/s². As velocidades inicial e final da partícula devem ser representadas em termos de suas componentes x e y.
- Lembre-se de que as componentes positivas e negativas de posição, velocidade e aceleração sempre agem de acordo com suas direções coordenadas associadas.

Equações cinemáticas

- Dependendo dos dados conhecidos e do que deve ser determinado, devem-se escolher três das quatro equações seguintes que devem ser aplicadas entre os dois pontos sobre a trajetória para obter a solução mais direta para o problema.

Movimento horizontal

- A *velocidade* na horizontal ou direção x é *constante*, ou seja, $v_x = (v_0)_x$, e

$$x = x_0 + (v_0)_x t$$

Movimento vertical

- Na vertical ou direção y *apenas duas* das três equações seguintes podem ser usadas para a solução.

$$v_y = (v_0)_y + a_c t$$

$$y = y_0 + (v_0)_y t + \tfrac{1}{2} a_c t^2$$

$$v_y^2 = (v_0)_y^2 + 2 a_c (y - y_0)$$

Por exemplo, se a velocidade final da partícula v_y não é necessária, a primeira e a terceira dessas equações não serão úteis.

EXEMPLO 12.11

Um saco desliza da rampa, como mostrado na Figura 12.21, com uma velocidade horizontal de 12 m/s. Se a altura da rampa é de 6 m a partir do piso, determine o tempo necessário para o saco atingir o piso e a distância R até onde os sacos começam a se empilhar.

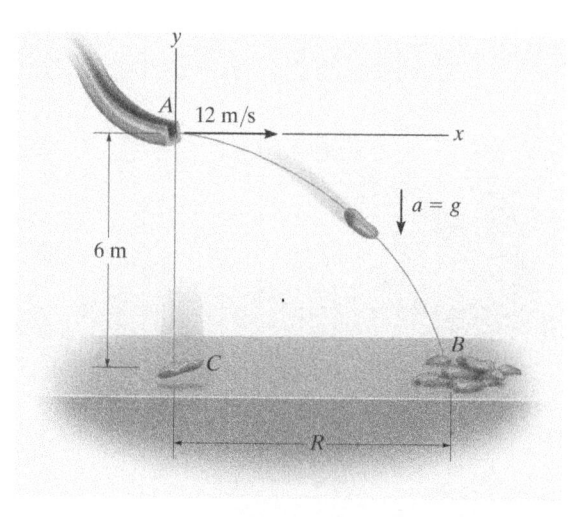

FIGURA 12.21

SOLUÇÃO

Sistema de coordenadas

A origem das coordenadas é estabelecida no início da trajetória, ponto A (Figura 12.21). A velocidade inicial de um saco tem componentes $(v_A)_x = 12$ m/s e $(v_A)_y = 0$. Além disso, entre os pontos A e B, a aceleração é $a_y = -9{,}81$ m/s². Visto que $(v_B)_x = (v_A)_x = 12$ m/s, as três incógnitas são $(v_B)_y$, R e o tempo de voo t_{AB}. Aqui, não precisamos determinar $(v_B)_y$.

Movimento vertical

A distância vertical de A a B é conhecida e, portanto, podemos obter uma solução direta para t_{AB} utilizando a equação

$(+\uparrow)$
$$y_B = y_A + (v_A)_y t_{AB} + \tfrac{1}{2} a_c t_{AB}^2$$

$$-6 \text{ m} = 0 + 0 + \tfrac{1}{2}(-9{,}81 \text{ m/s}^2) t_{AB}^2$$

$$t_{AB} = 1{,}11 \text{ s} \qquad\qquad Resposta$$

Movimento horizontal

Visto que t_{AB} foi calculado, R é determinado como a seguir:

$(\xrightarrow{+})$
$$x_B = x_A + (v_A)_x t_{AB}$$

$$R = 0 + 12 \text{ m/s} (1{,}11 \text{ s})$$

$$R = 13{,}3 \text{ m} \qquad\qquad Resposta$$

NOTA: o cálculo para t_{AB} também indica que, se um saco fosse solto *do repouso* em A, ele levaria o mesmo tempo para atingir o piso em C (Figura 12.21).

EXEMPLO 12.12

A máquina trituradora de madeira é projetada para lançar lascas de madeira a $v_O = 7{,}5$ m/s, como mostrado na Figura 12.22. Se o tubo está orientado a 30° em relação à horizontal, determine quão alto, h, as lascas atingem a pilha se nesse instante de tempo elas caem sobre a pilha a 6 m do tubo.

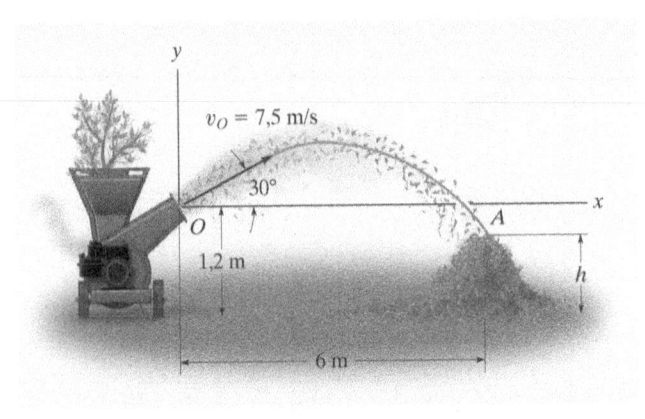

FIGURA 12.22

SOLUÇÃO

Sistema de coordenadas

Quando o movimento é analisado entre os pontos O e A, as três incógnitas são a altura h, o tempo de voo t_{OA} e a componente vertical da velocidade $(v_A)_y$. [Observe que $(v_A)_x = (v_O)_x$.] Com a origem das coordenadas em O (Figura 12.22), a velocidade inicial de uma lasca tem componentes de:

$$(v_O)_x = (7{,}5 \cos 30°) \text{ m/s} = 6{,}50 \text{ m/s} \rightarrow$$

$$(v_O)_y = (7{,}5 \text{ sen } 30°) \text{ m/s} = 3{,}75 \text{ m/s} \uparrow$$

Ademais, $(v_A)_x = (v_O)_x = 6{,}50$ m/s e $a_y = -9{,}81$ m/s². Visto que não precisamos determinar $(v_A)_y$, temos:

Movimento horizontal

$(\xrightarrow{+})$

$$x_A = x_O + (v_O)_x t_{OA}$$

$$6 \text{ m} = 0 + (6{,}50 \text{ m/s}) t_{OA}$$

$$t_{OA} = 0{,}923 \text{ s}$$

Movimento vertical

Relacionando t_{OA} às alturas inicial e final de uma lasca, temos:

$(+\uparrow)$ $\quad y_A = y_O + (v_O)_y t_{OA} + \tfrac{1}{2} a_c t_{OA}^2$

$$(h - 1{,}2 \text{ m}) = 0 + (3{,}75 \text{ m/s})(0{,}923 \text{ s}) + \tfrac{1}{2}(-9{,}81 \text{ m/s}^2)(0{,}923 \text{ s})^2$$

$$h = 0{,}483 \text{ m} \qquad \qquad \textit{Resposta}$$

NOTA: podemos determinar $(v_A)_y$ utilizando $(v_A)_y = (v_O)_y + a_y t_{OA}$.

EXEMPLO 12.13

A pista para esta corrida foi projetada de maneira que os pilotos saltem da rampa de 30°, a partir de uma altura de 1 m. Durante uma corrida, observou-se que o piloto mostrado na Figura 12.23a permaneceu no ar por 1,5 s. Determine a velocidade escalar na qual ele estava deixando a rampa, a distância horizontal que ele percorre antes de atingir o solo e a altura máxima que ele alcança. Despreze o tamanho da motocicleta e o do piloto.

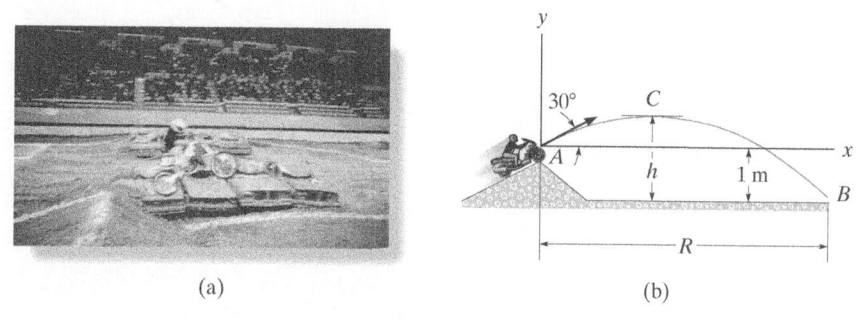

(a) (b)

FIGURA 12.23

SOLUÇÃO

Sistema de coordenadas

Como mostrado na Figura 12.23b, a origem das coordenadas é estabelecida em A. Entre os pontos extremos da trajetória AB, as três incógnitas são a velocidade escalar inicial v_A, a distância R e a componente vertical da velocidade $(v_B)_y$.

Movimento vertical

Visto que o tempo de voo e a distância vertical entre as extremidades da trajetória são conhecidos, podemos determinar v_A.

$(+\uparrow)$
$$y_B = y_A + (v_A)_y t_{AB} + \tfrac{1}{2} a_c t_{AB}^2$$
$$-1 \text{ m} = 0 + v_A \operatorname{sen} 30°(1,5 \text{ s}) + \tfrac{1}{2}(-9,81 \text{ m/s}^2)(1,5 \text{ s})^2$$
$$v_A = 13,38 \text{ m/s} = 13,4 \text{ m/s} \qquad \textit{Resposta}$$

Movimento horizontal

A distância R pode agora ser determinada.

$(\xrightarrow{+})$
$$x_B = x_A + (v_A)_x t_{AB}$$
$$R = 0 + 13,38 \cos 30° \text{ m/s}(1,5 \text{ s})$$
$$= 17,4 \text{ m} \qquad \textit{Resposta}$$

A fim de determinar a altura máxima h, vamos considerar a trajetória AC (Figura 12.23b). Aqui, as três incógnitas são o tempo de voo t_{AC}, a distância horizontal de A a C e a altura h. Na altura máxima $(v_C)_y = 0$, e visto que v_A é conhecida, podemos determinar h *diretamente*, sem considerar t_{AC}, utilizando a equação a seguir.

$$(v_C)_y^2 = (v_A)_y^2 + 2a_c[y_C - y_A]$$
$$0^2 = (13,38 \operatorname{sen} 30° \text{ m/s})^2 + 2(-9,81 \text{ m/s}^2)[(h - 1 \text{ m}) - 0]$$
$$h = 3,28 \text{ m} \qquad \textit{Resposta}$$

NOTA: mostre que a motocicleta vai tocar o solo em B com uma velocidade tendo componentes:

$$(v_B)_x = 11,6 \text{ m/s} \rightarrow, \quad (v_B)_y = 8,02 \text{ m/s} \downarrow$$

Problemas preliminares

P12.3. Use a regra da cadeia e descubra $\dot{y}$ e $\ddot{y}$ em termos de x, $\dot{x}$ e $\ddot{x}$ se

a) $y = 4x^2$

b) $y = 3e^x$

c) $y = 6 \operatorname{sen} x$

P12.4. A partícula segue de A até B. Identifique as três incógnitas e escreva as três equações necessárias para resolvê-las.

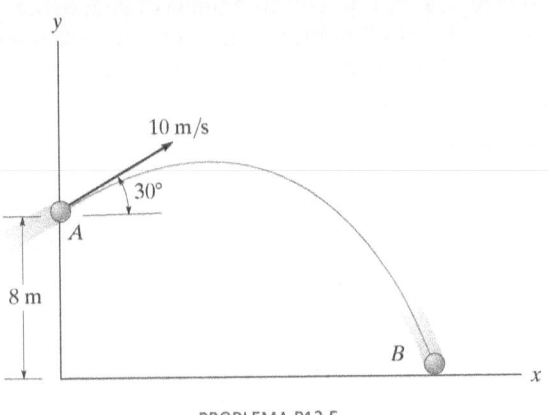

PROBLEMA P12.5

PROBLEMA P12.4

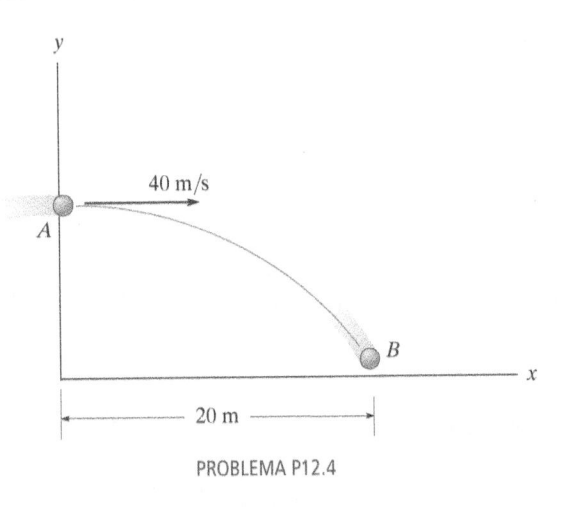

P12.5. A partícula segue de A até B. Identifique as três incógnitas e escreva as três equações necessárias para resolvê-las.

P12.6. A partícula segue de A até B. Identifique as três incógnitas e escreva as três equações necessárias para resolvê-las.

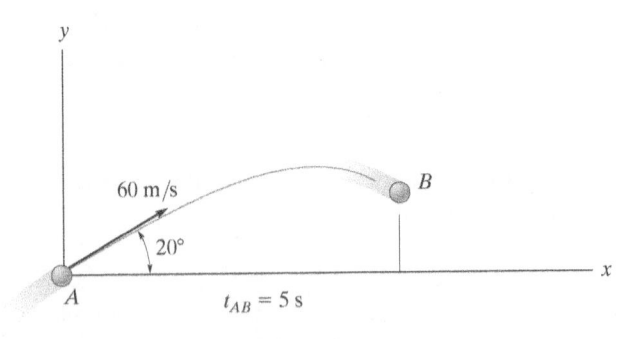

PROBLEMA P12.6

Problemas fundamentais

F12.15. Se as componentes x e y da velocidade de uma partícula são $v_x = (32t)$ m/s e $v_y = 8$ m/s, determine a equação da trajetória $y = f(x)$, se $x = 0$ e $y = 0$ quando $t = 0$.

F12.16. Uma partícula está se movendo ao longo de uma trajetória reta. Se a sua posição ao longo do eixo x é $x = (8t)$ m, em que t é dado em segundos, determine sua velocidade escalar quando $t = 2$ s.

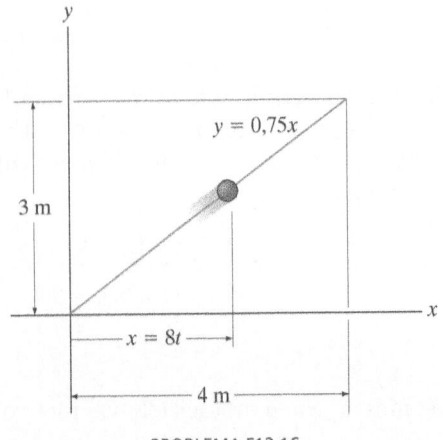

PROBLEMA F12.16

F12.17. Uma partícula é forçada a se mover ao longo da trajetória. Se $x = (4t^4)$ m, em que t é dado em segundos, determine a intensidade da velocidade e da aceleração da partícula quando $t = 0,5$ s.

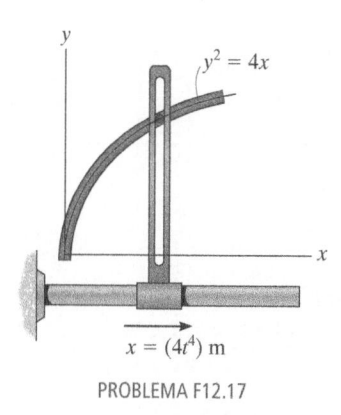

PROBLEMA F12.17

F12.18. Uma partícula move-se ao longo de uma trajetória de uma linha reta $y = 0,5x$. Se a componente x da velocidade da partícula é $v_x = (2t^2)$ m/s, em que t é dado em segundos, determine a intensidade da velocidade e da aceleração da partícula quando $t = 4$ s.

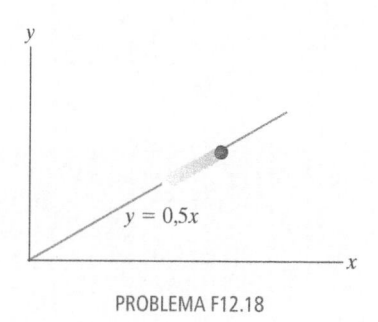

PROBLEMA F12.18

F12.19. Uma partícula está se movendo ao longo de uma trajetória parabólica $y = 0,25x^2$. Se $x = 8$ m, $v_x = 8$ m/s e $a_x = 4$ m/s^2 quando $t = 2$ s, determine a intensidade da velocidade e da aceleração da partícula nesse instante.

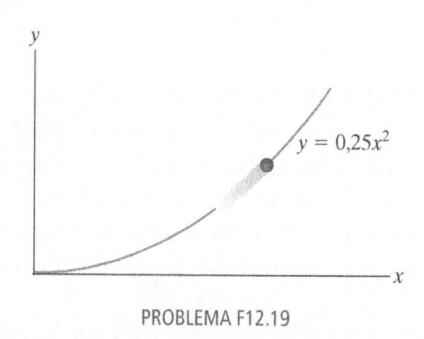

PROBLEMA F12.19

F12.20. A caixa desliza para baixo pela inclinação descrita pela equação $y = (0,05x^2)$ m, em que x é dado em metros. Se a caixa tem componentes x com velocidade e aceleração de $v_x = -3$ m/s e $a_x = -1,5$ m/s^2 em $x = 5$ m, determine as componentes y da velocidade e da aceleração da caixa nesse instante.

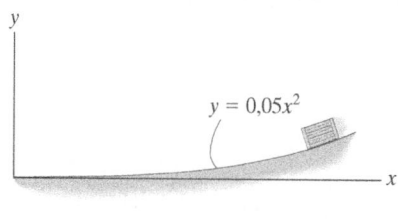

PROBLEMA F12.20

F12.21. Uma bola é chutada do ponto A com velocidade inicial $v_A = 10$ m/s. Determine a altura máxima h que ela alcança.

F12.22. Uma bola é chutada do ponto A com velocidade inicial $v_A = 10$ m/s. Determine o alcance R e a velocidade escalar quando a bola tocar o solo.

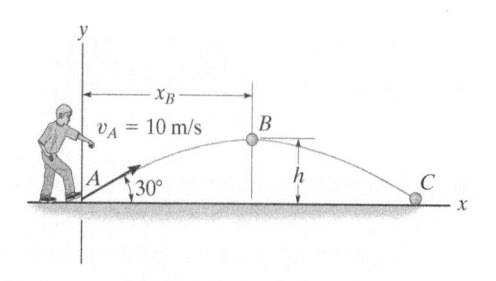

PROBLEMAS F12.21 e 12.22

F12.23. Determine a velocidade escalar na qual uma bola de basquete em A deve ser jogada em um ângulo de 30° de maneira que chegue à cesta em B.

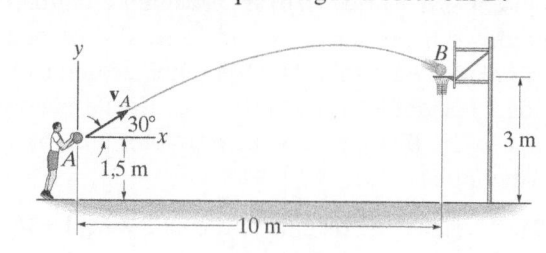

PROBLEMA F12.23

F12.24. A água é esguichada em um ângulo de 90° a partir da inclinação a 20 m/s. Determine o alcance R.

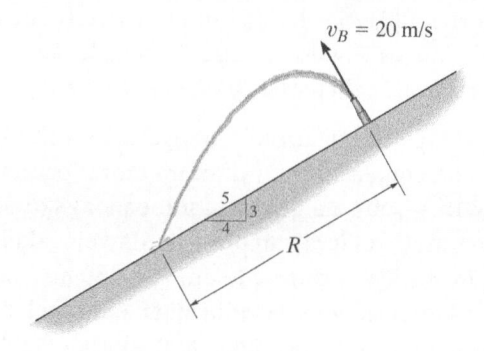

PROBLEMA F12.24

F12.25. Uma bola é jogada de A. Se ela precisa transpor o muro em B, determine a intensidade mínima de sua velocidade inicial $\mathbf{v}_A$.

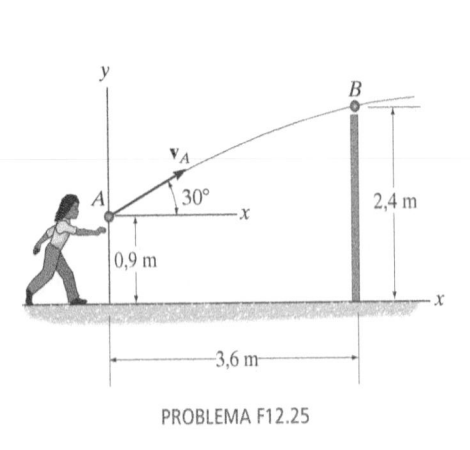

F12.26. Um projétil é disparado com uma velocidade inicial de $v_A = 150$ m/s do telhado do prédio. Determine o alcance R onde ele atinge o solo em B.

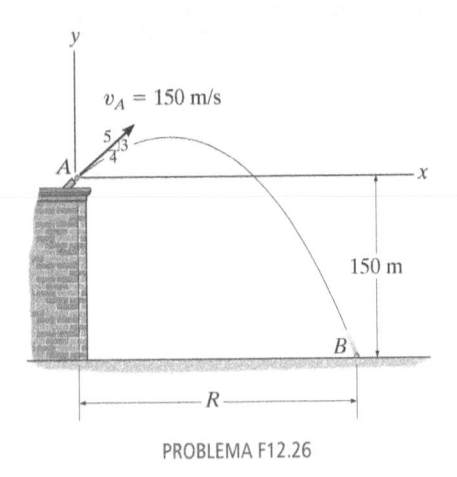

PROBLEMA F12.25

PROBLEMA F12.26

Problemas

12.69. A velocidade de uma partícula é dada por $v = \{16t^2\mathbf{i} + 4t^3\mathbf{j} + (5t + 2)\mathbf{k}\}$ m/s, em que t é dado em segundos. Se a partícula está na origem quando $t = 0$, determine a intensidade da aceleração da partícula quando $t = 2$ s. Além disso, qual é a posição da partícula nas coordenadas x, y, z nesse instante?

12.70. A posição de uma partícula é definida por $r = \{5(\cos 2t)\mathbf{i} + 4(\text{sen } 2t)\mathbf{j}\}$ m, em que t é dado em segundos e os argumentos para o seno e o cosseno são dados em radianos. Determine as intensidades de velocidade e aceleração da partícula quando $t = 1$ s. Além disso, prove que a trajetória da partícula é elíptica.

12.71. A velocidade de uma partícula é $\mathbf{v} = \{3\mathbf{i} + (6 - 2t)\mathbf{j}\}$ m/s, em que t é dado em segundos. Se $\mathbf{r} = \mathbf{0}$ quando $t = 0$, determine o deslocamento da partícula durante o intervalo de tempo $t = 1$ s a $t = 3$ s.

*12.72. Se a velocidade de uma partícula é definida como $\mathbf{v}(t) = \{0,8t^2\mathbf{i} + 12t^{1/2}\mathbf{j} + 5\mathbf{k}\}$ m/s, determine a intensidade e os ângulos de direção coordenados α, β, γ da aceleração da partícula quando $t = 2$ s.

12.73. Quando um foguete atinge uma altitude de 40 m, ele começa a fazer uma trajetória parabólica $(y - 40)^2 = 160x$, na qual as coordenadas são medidas em metros. Se a componente da velocidade na direção vertical é constante em $v_y = 180$ m/s, determine as intensidades da velocidade e da aceleração do foguete quando ele atinge uma altitude de 80 m.

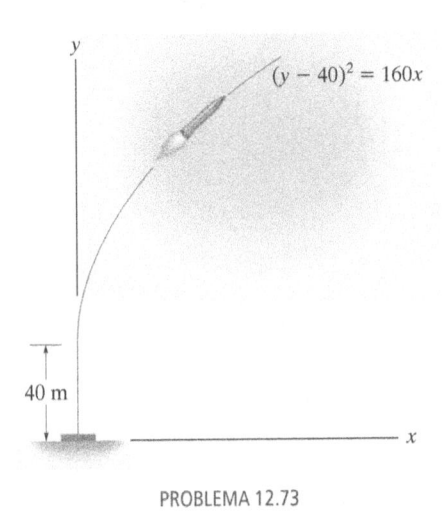

PROBLEMA 12.73

12.74. Uma partícula está viajando a uma velocidade de $\mathbf{v} = \{3\sqrt{t}e^{-0,2t}\mathbf{i} + 4e^{-0,8t^2}\mathbf{j}\}$ m/s, em que t é dado em segundos. Determine a intensidade do deslocamento da partícula de $t = 0$ a $t = 3$ s. Use a regra de Simpson com $n = 100$ para avaliar as integrais. Qual é a intensidade da aceleração da partícula quando $t = 2$ s?

12.75. Uma partícula move-se ao longo da trajetória circular de A para B em 2 s. Ela precisa de 4 s para ir de B para C e, depois, de 3 s para ir de C para D. Determine a velocidade escalar média quando ela vai de A para D.

PROBLEMA 12.75

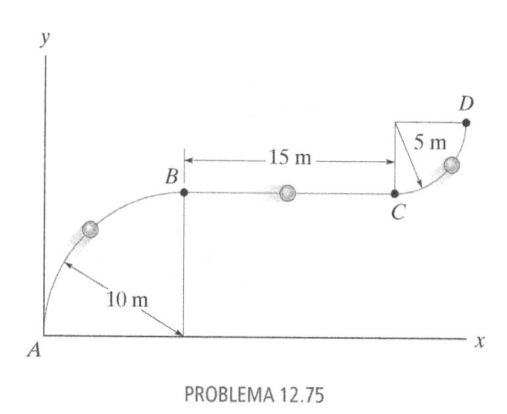

*12.76. Uma partícula move-se ao longo da trajetória circular de A para B em 5s. Ela precisa de 8 s para ir de B para C e, depois, de 10 s para ir de C para A. Determine a velocidade escalar média quando ela percorre a trajetória fechada.

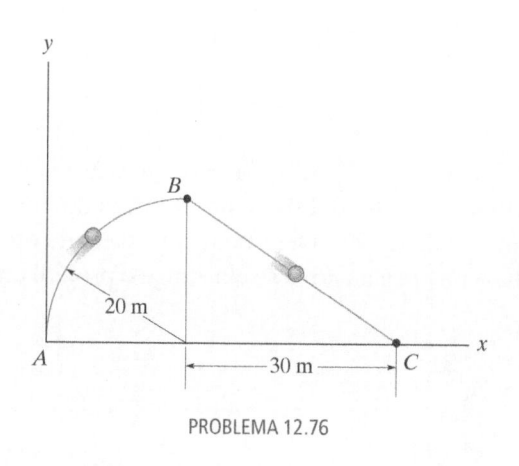

PROBLEMA 12.76

12.77. A posição de uma caixa deslizando por uma rampa é dada por $x = (0,25t^3)$ m, $y = (1,5t^2)$ m, $z = (6 - 0,75t^{5/2})$ m, em que t é dado em segundos. Determine a intensidade da velocidade e da aceleração da caixa quando $t = 2$ s.

12.78. Um foguete parte do repouso em $x = 0$ e percorre uma trajetória parabólica descrita por $y^2 = [120(10^3)x]$ m. Se a componente x da aceleração é $a_x = \left(\frac{1}{4}t^2\right)$ m/s^2, em que t é dado em segundos, determine a intensidade da velocidade e da aceleração do foguete quando $t = 10$ s.

12.79. A partícula move-se ao longo da trajetória definida pela parábola $y = 0,5x^2$. Se a componente da velocidade ao longo do eixo x é $v_x = (5t)$m/s, em que t é dado em segundos, determine a distância da partícula a partir da origem O e a intensidade de sua aceleração quando $t = 1$ s. Quando $t = 0$, $x = 0$, $y = 0$.

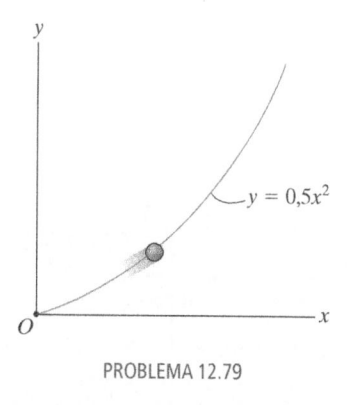

PROBLEMA 12.79

*12.80. Uma motocicleta move-se com uma velocidade escalar constante v_0 ao longo da trajetória que, por uma curta distância, assume a forma de uma curva senoidal. Determine as componentes x e y de sua velocidade sobre a curva em qualquer instante.

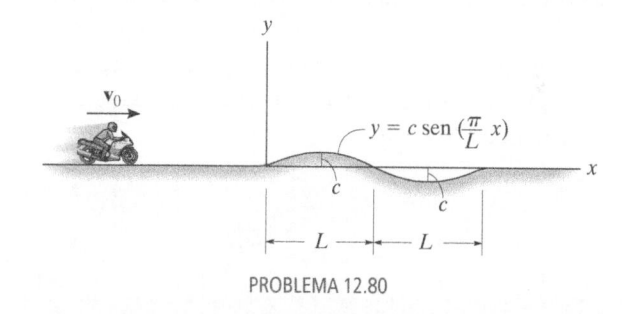

PROBLEMA 12.80

12.81. Uma partícula move-se ao longo da trajetória circular de A para B em 1 s. Se ela leva 3 s para ir de A para C, determine sua *velocidade média* quando ela vai de B para C.

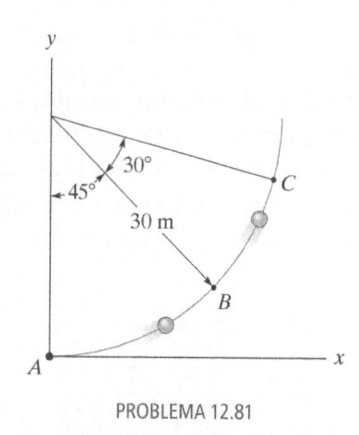

PROBLEMA 12.81

12.82. Um carrinho de montanha-russa desloca-se para baixo em uma trajetória helicoidal com uma velocidade escalar constante de tal maneira que as equações paramétricas que definem sua posição são $x = c$ sen kt, $y = c$ cos kt, $z = h - bt$, em que c, h e b são constantes. Determine as intensidades de sua velocidade e aceleração.

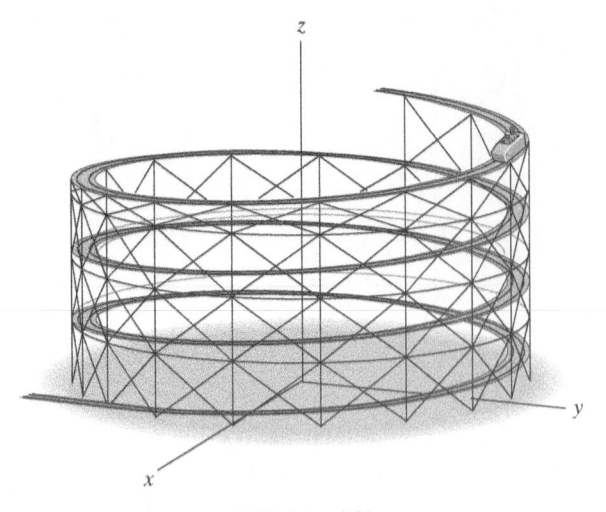

44 DINÂMICA

PROBLEMA 12.82

12.83. A trajetória de voo do helicóptero enquanto decola de A é definida pelas equações paramétricas $x = (2t^2)$ m e $y = (0,04t^3)$ m, em que t é o tempo em segundos. Determine a distância que o helicóptero está do ponto A e as intensidades de sua velocidade e aceleração quando $t = 10$ s.

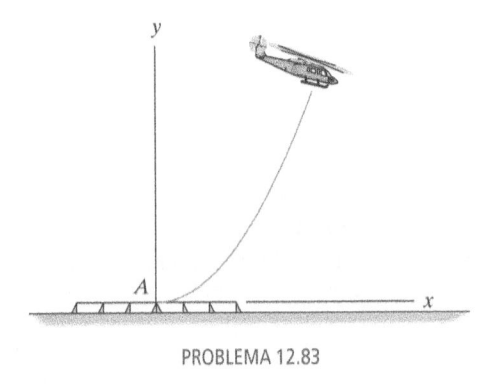

PROBLEMA 12.83

*12.84. As cavilhas A e B estão restritas a moverem-se nas fendas elípticas em razão do movimento da fenda da barra. Se a fenda se desloca com uma velocidade escalar constante de 10 m/s, determine a intensidade da velocidade e aceleração da cavilha A quando $x = 1$ m.

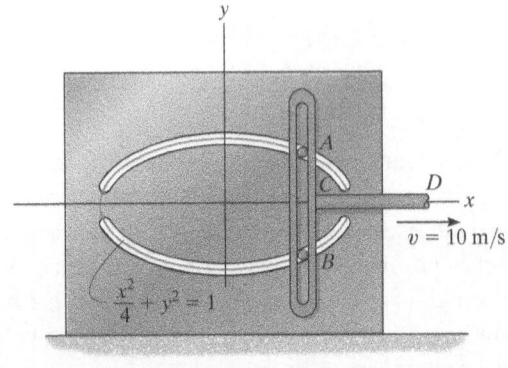

PROBLEMA 12.84

12.85. Observou-se que o tempo para a bola atingir o solo em B é 2,5 s. Determine a velocidade v_A e o ângulo θ_A no qual a bola foi jogada.

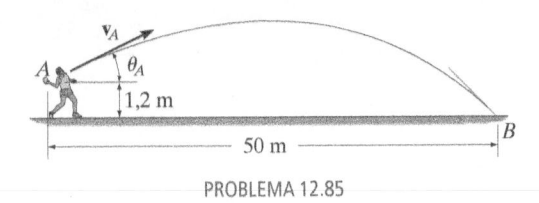

PROBLEMA 12.85

12.86. Desconsiderando o tamanho da bola de basquete, determine a intensidade v_A da velocidade inicial da bola e sua velocidade quando ela passa pela cesta.

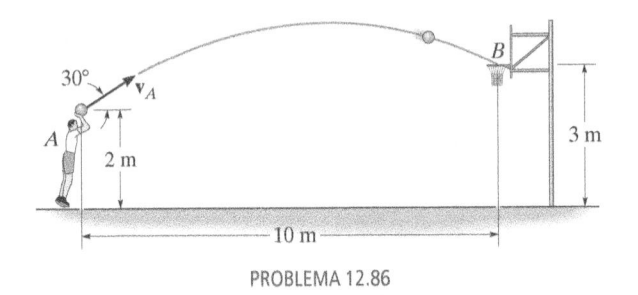

PROBLEMA 12.86

12.87. Um projétil é disparado da plataforma em B. O atirador realiza o disparo de sua arma do ponto A a um ângulo de 30°. Determine a velocidade escalar da bala na boca da arma se ela atinge o projétil em C.

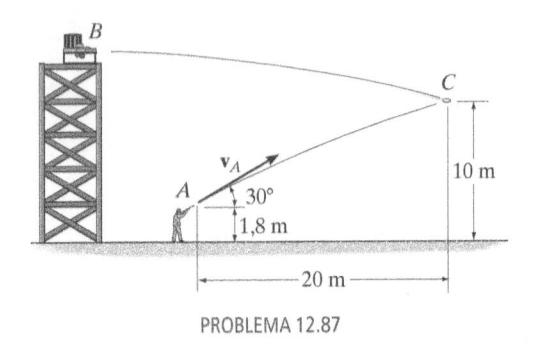

PROBLEMA 12.87

*12.88. Determine a velocidade inicial mínima v_0 e o ângulo correspondente θ_0 em que a bola deve ser chutada a fim de que ela passe sobre a cerca com 3 m de altura.

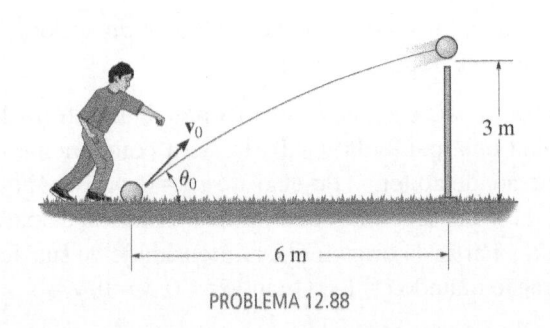

PROBLEMA 12.88

12.89. Um projétil recebe uma velocidade $\mathbf{v}_0$ em um ângulo ϕ acima da horizontal. Determine a distância d até onde ele atinge o solo inclinado. A aceleração da gravidade é g.

12.90. Um projétil recebe uma velocidade $\mathbf{v}_0$. Determine o ângulo ϕ em que ele deve ser disparado de modo que d seja o máximo. A aceleração da gravidade é g.

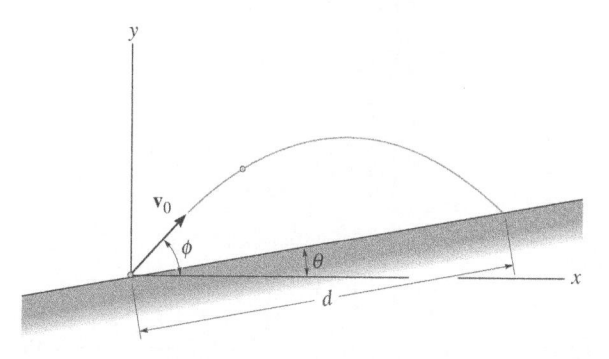

PROBLEMAS 12.89 e 12.90

12.91. A garota em A pode lançar uma bola com $v_A = 10$ m/s. Calcule o máximo alcance possível $R = R_{máx}$ e o ângulo associado θ em que ela deverá ser lançada. Suponha que a bola seja apanhada em B na mesma elevação da qual ela é lançada.

***12.92.** Mostre que a garota em A pode lançar a bola para o garoto em B lançando-a em ângulos iguais, medidos para cima ou para baixo a partir de uma inclinação de 45°. Se $v_A = 10$ m/s, determine a distância R se esse valor for 15°, ou seja, $\theta_1 = 45° - 15° = 30°$ e $\theta_2 = 45° + 15° = 60°$. Suponha que a bola seja apanhada na mesma elevação da qual é lançada.

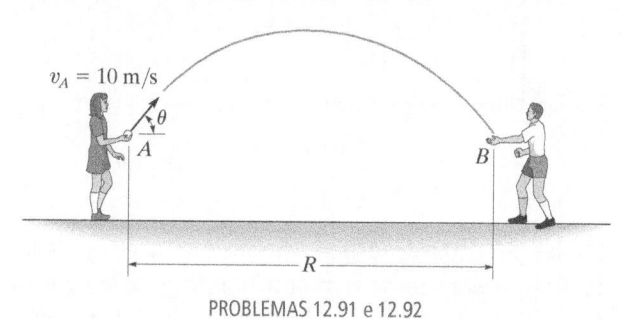

PROBLEMAS 12.91 e 12.92

12.93. Um garoto em A tenta jogar uma bola sobre o telhado de um celeiro com uma velocidade escalar inicial de $v_A = 15$ m/s. Determine o ângulo θ_A no qual a bola deve ser jogada de maneira que ela alcance sua altura máxima em C. Encontre também a distância d de onde o garoto deve estar para fazer o lançamento.

12.94. Um garoto em A tenta jogar uma bola sobre o telhado de um celeiro de tal maneira que ela é lançada em um ângulo $\theta_A = 40°$. Determine a velocidade mínima v_A que ele deve jogar a bola de maneira que ela alcance sua altura máxima em C. Encontre também a distância d de onde o garoto deve estar para fazer o lançamento.

PROBLEMAS 12.93 e 12.94

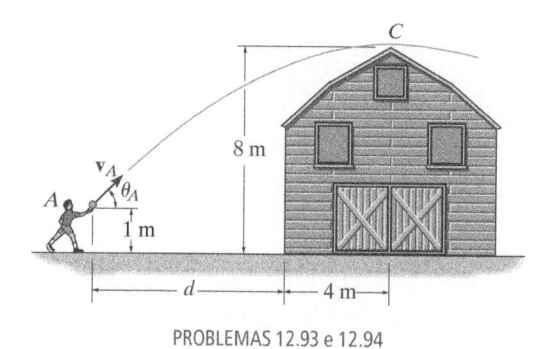

12.95. A figura mostra as medições de um lançamento registradas em um videoteipe durante um jogo de basquete. A bola passou pelo aro, embora mal tenha tocado nas mãos do jogador B, que tentou bloqueá-la. Desprezando o tamanho da bola, determine a intensidade v_A de sua velocidade inicial e a altura h da bola quando ela passa sobre o jogador B.

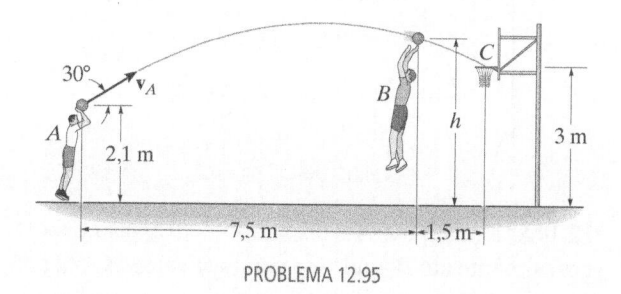

PROBLEMA 12.95

***12.96.** Uma bola de golfe é batida em A com uma velocidade $v_A = 40$ m/s e direcionada em um ângulo de 30° com a horizontal, como mostrado na figura. Determine a distância d onde a bola atinge o terreno inclinado em B.

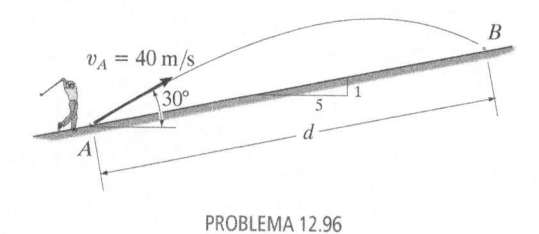

PROBLEMA 12.96

12.97. Observou-se que o esquiador deixa a rampa A em um ângulo $\theta_A = 25°$ com a horizontal. Se ele atinge o solo em B, determine sua velocidade escalar inicial v_A e o tempo de voo t_{AB}.

12.98. Observou-se que o esquiador deixa a rampa A em um ângulo $\theta_A = 25°$ com a horizontal. Se ele atinge o solo em B, determine sua velocidade escalar inicial v_A e a velocidade escalar em que ele alcança o solo.

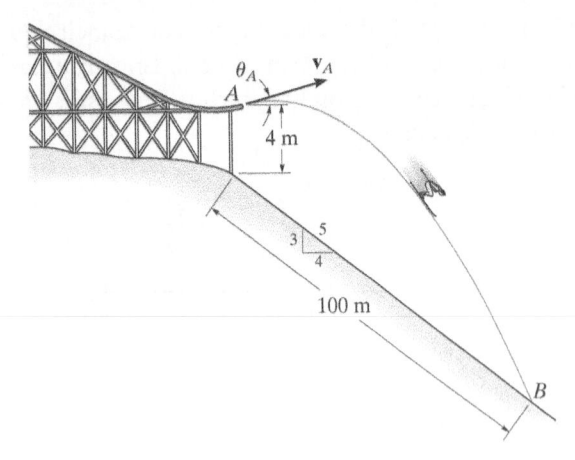

PROBLEMAS 12.97 e 12.98

12.99. O projétil é disparado com uma velocidade v_0. Determine o alcance R, a altura máxima h atingida e o tempo de voo. Expresse os resultados em termos do ângulo θ e v_0. A aceleração da gravidade é g.

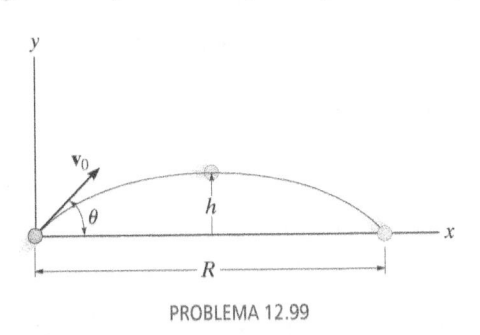

PROBLEMA 12.99

*12.100. O míssil em A é disparado do repouso e sobe verticalmente até B, onde seu combustível se esgota em 8 s. Se a aceleração varia com o tempo, conforme mostrado na figura, determine a altura h_B do míssil e sua velocidade v_B. Se, por controles internos, o míssil de repente apontasse 45°, como mostra a figura, e pudesse viajar em voo livre, determine a altura máxima atingida, h_C, e a distância R até onde ele se choca no solo em D.

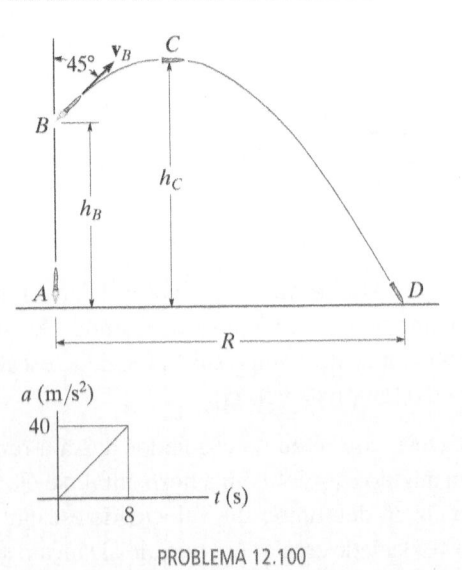

PROBLEMA 12.100

12.101. A velocidade do jato de água saindo do orifício pode ser obtida de $v = \sqrt{2gh}$, em que $h = 2$ m é a distância do orifício até a superfície livre da água. Determine o tempo para uma partícula de água deixando o orifício alcançar o ponto B e a distância horizontal x onde ela bate na superfície.

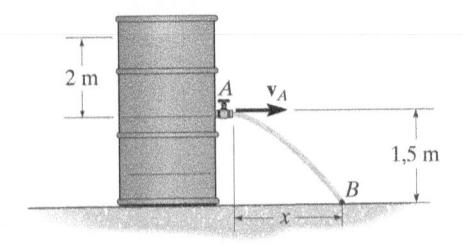

PROBLEMA 12.101

12.102. O homem em A deseja lançar dois dardos no alvo em B de modo que eles cheguem ao *mesmo tempo*. Se cada dardo for lançado com uma velocidade de 10 m/s, determine os ângulos θ_C e θ_D em que deverão ser lançados e o tempo entre cada lançamento. Observe que o primeiro dardo deverá ser lançado em θ_C ($> \theta_D$), e então o segundo dardo é lançado em θ_D.

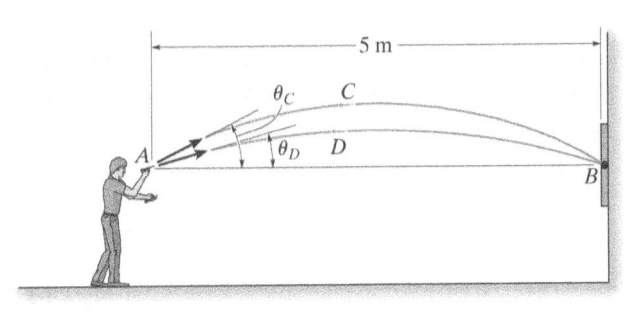

PROBLEMA 12.102

12.103. Se o dardo é lançado com uma velocidade de 10 m/s, determine o menor tempo possível antes que ele alcance o alvo. Além disso, qual é o ângulo θ_A correspondente no qual ele deverá ser lançado e qual é a velocidade do dardo quando ele atinge o alvo?

*12.104. Se o dardo é lançado com uma velocidade de 10 m/s, determine o maior tempo possível antes que ele alcance o alvo. Além disso, qual é o ângulo θ_A correspondente no qual ele deverá ser lançado e qual é a velocidade do dardo quando ele atinge o alvo?

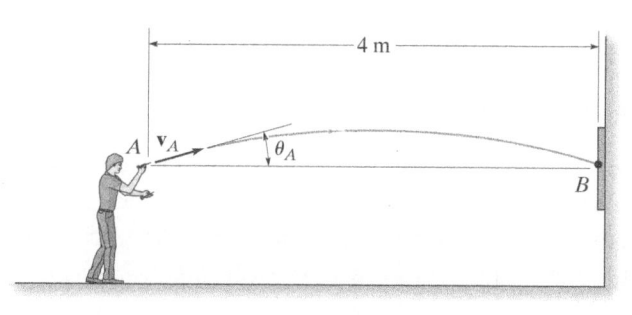

PROBLEMAS 12.103 e 12.104

12.105. O bebedouro foi projetado de modo que o esguicho esteja localizado a partir da borda da cuba, conforme mostra a figura. Determine a velocidade máxima e mínima em que a água pode ser ejetada do esguicho de modo que não caia sobre as laterais da cuba, em B e C.

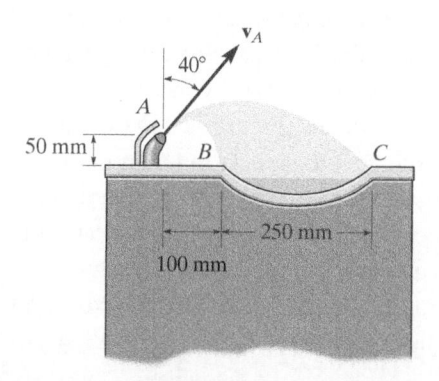

PROBLEMA 12.105

12.106. O balão A está subindo na velocidade $v_A = 12$ km/h e está sendo carregado horizontalmente pelo vento a $v_w = 20$ km/h. Se um saco de lastro for lançado do balão na altura $h = 50$ m, determine o tempo necessário para que ele atinja o solo. Suponha que o saco tenha sido lançado com a mesma velocidade do balão. Além disso, com que velocidade o saco atinge o solo?

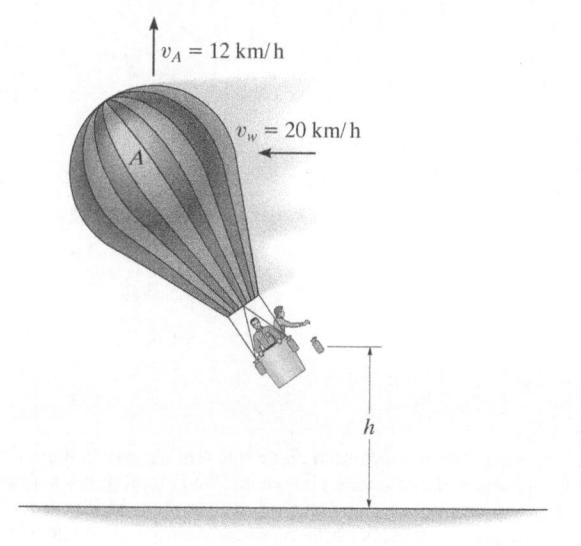

PROBLEMA 12.106

12.107. O trenó de neve está se movendo a 10 m/s quando deixa a encosta em A. Determine o tempo de voo de A para B e a distância R da trajetória.

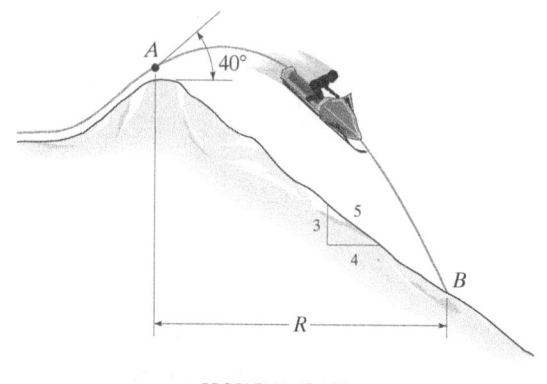

PROBLEMA 12.107

*12.108. Um garoto joga no ar uma bola a partir de O com uma velocidade v_0 em um ângulo θ_1. Se em seguida ele joga outra bola com a mesma velocidade v_0 a um ângulo $\theta_2 < \theta_1$, determine o tempo entre os lançamentos de maneira que as bolas colidam em pleno ar em B.

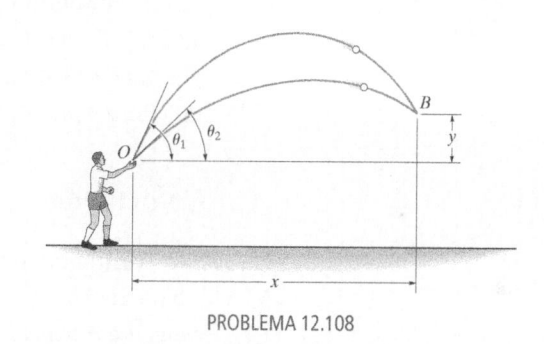

PROBLEMA 12.108

12.109. Pacotes pequenos movendo-se sobre uma esteira transportadora caem dentro de um carrinho de carga de 1 m de comprimento. Se a esteira está se movendo com uma velocidade escalar constante de $v_C = 2$ m/s, determine a menor e a maior distância R na qual a extremidade A do carro possa ser colocada em relação à esteira de modo que os pacotes entrem no carrinho.

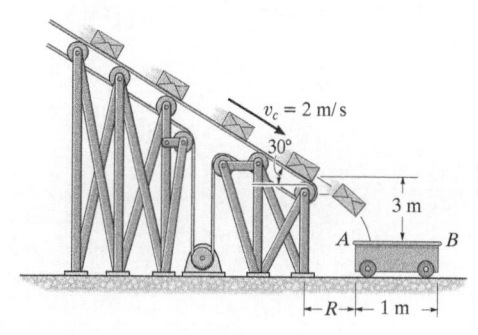

PROBLEMA 12.109

12.7 Movimento curvilíneo: componentes normal e tangencial

Quando a trajetória ao longo da qual uma partícula se move é *conhecida*, costuma ser conveniente descrever o movimento utilizando-se eixos de coordenadas *n* e *t*, os quais atuam normal e tangente à trajetória, respectivamente, e no instante considerado têm sua *origem localizada na partícula*.

Movimento plano

Considere a partícula mostrada na Figura 12.24*a*, que se move em um plano ao longo de uma curva fixa tal que, em um dado instante, ela está na posição *s*, medida a partir do ponto *O*. Agora, vamos considerar um sistema de coordenadas que tem sua origem na curva e, no instante considerado, essa origem *coincide* com a posição da partícula. O eixo *t* é *tangente* à curva nesse ponto e é positivo na direção em que *s aumenta*. Designaremos essa direção positiva com o vetor unitário u_t. Uma escolha única para o *eixo normal* pode ser feita observando-se que geometricamente a curva é construída a partir de uma série de segmentos de arcos diferenciais *ds* (Figura 12.24*b*). Cada segmento *ds* é formado a partir do arco de um círculo associado tendo um *raio de curvatura* ρ (rô) e *centro de curvatura O'*. O eixo normal *n* é perpendicular ao eixo *t* com seu sentido positivo direcionado para o centro da curvatura *O'* (Figura 12.24*a*). Essa direção positiva, que fica *sempre* do lado côncavo da curva, será designada pelo vetor unitário u_n. O plano que contém os eixos *n* e *t* é referido como o *plano osculador*, e nesse caso ele é fixo no plano do movimento.*

Velocidade

Visto que a partícula se move, *s* é uma função do tempo. Como indicado na Seção 12.4, a velocidade **v** da partícula tem uma *direção* que é *sempre tangente à trajetória* (Figura 12.24*c*), e uma *intensidade* que é determinada por meio da derivada temporal da função posição $s = s(t)$, ou seja, $v = ds/dt$ (Equação 12.8). Desse modo,

Posição
(a)

Raio da curva
(b)

Velocidade
(c)

FIGURA 12.24

---

* O plano osculador também pode ser definido como o plano que tem o maior contato com a curva em um ponto. Ele é a posição-limite de um plano contatando tanto o ponto quanto o segmento de arco *ds*. Como observado, o plano osculador é sempre coincidente com o de uma curva plana; entretanto, cada ponto sobre uma curva tridimensional tem um plano osculador único.

$$\mathbf{v} = v\mathbf{u}_t \quad (12.15)$$

em que:

$$v = \dot{s} \quad (12.16)$$

Aceleração

A aceleração da partícula é a taxa de variação temporal da velocidade. Assim,

$$\mathbf{a} = \dot{\mathbf{v}} = \dot{v}\mathbf{u}_t + v\dot{\mathbf{u}}_t \quad (12.17)$$

A fim de determinar a derivada temporal $\dot{\mathbf{u}}_t$, observe que, quando a partícula se move ao longo do arco ds no tempo dt, $\mathbf{u}_t$ preserva sua intensidade unitária; entretanto, sua *direção* varia e torna-se $\mathbf{u}'_t$ (Figura 12.24d). Como mostrado na Figura 12.24e, é preciso que $\mathbf{u}'_t = \mathbf{u}_t + d\mathbf{u}_t$. Aqui, $d\mathbf{u}_t$ estende-se entre as extremidades dos vetores $\mathbf{u}_t$ e $\mathbf{u}'_t$, que se encontram sobre um arco infinitesimal de raio $u_t = 1$. Desse modo, $d\mathbf{u}_t$ tem uma *intensidade* $du_t = (1)\,d\theta$, e sua *direção* é definida por $\mathbf{u}_n$. Consequentemente, $d\mathbf{u}_t = d\theta\mathbf{u}_n$ e, portanto, a derivada temporal torna-se $\dot{\mathbf{u}}_t = \dot{\theta}\,\mathbf{u}_n$. Visto que $ds = \rho\,d\theta$ (Figura 12.24d), então $\dot{\theta} = \dot{s}/\rho$ e, portanto,

$$\dot{\mathbf{u}}_t = \dot{\theta}\mathbf{u}_n = \frac{\dot{s}}{\rho}\mathbf{u}_n = \frac{v}{\rho}\mathbf{u}_n$$

Substituindo na Equação 12.17, $\mathbf{a}$ pode ser escrita como a soma de suas duas componentes,

$$\mathbf{a} = a_t\mathbf{u}_t + a_n\mathbf{u}_n \quad (12.18)$$

em que:

$$a_t = \dot{v} \quad \text{ou} \quad a_t\,ds = v\,dv \quad (12.19)$$

e

$$a_n = \frac{v^2}{\rho} \quad (12.20)$$

Essas duas componentes mutuamente perpendiculares são mostradas na Figura 12.24f. Portanto, a *intensidade* da aceleração é o valor positivo de:

$$a = \sqrt{a_t^2 + a_n^2} \quad (12.21)$$

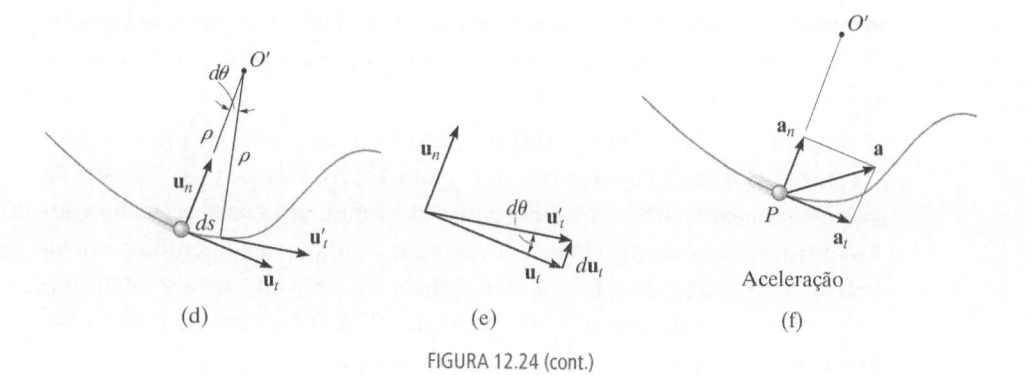

(d)   (e)   (f)

FIGURA 12.24 (cont.)

Enquanto o menino balança para cima com uma velocidade **v**, seu movimento pode ser analisado por meio das coordenadas *n–t*. Enquanto ele sobe, a intensidade de sua velocidade (velocidade escalar) diminui e, portanto, a_t será negativa. A taxa de variação da direção de sua velocidade é a_n, que é sempre positiva, ou seja, em direção ao centro de rotação.

Para compreender melhor esses resultados, considere os dois casos especiais de movimento a seguir.

1. Se a partícula se move ao longo de uma linha reta, então $\rho \to \infty$ e, da Equação 12.20, $a_n = 0$. Desse modo, $a = a_t = \dot{v}$, e podemos concluir que a *componente tangencial da aceleração representa a taxa de variação temporal na intensidade da velocidade*.

2. Se a partícula se desloca ao longo de uma curva com uma velocidade escalar constante, então $a_t = \dot{v} = 0$ e $a = a_n = v^2/\rho$. Portanto, a *componente normal da aceleração representa a taxa de variação temporal na direção da velocidade*. Visto que $\mathbf{a}_n$ *sempre* age na direção do centro de curvatura, essa componente é às vezes referida como a *aceleração centrípeta* (ou que busca o centro).

Como resultado dessas interpretações, uma partícula movendo-se ao longo da trajetória curva na Figura 12.25 terá acelerações direcionadas como mostrado.

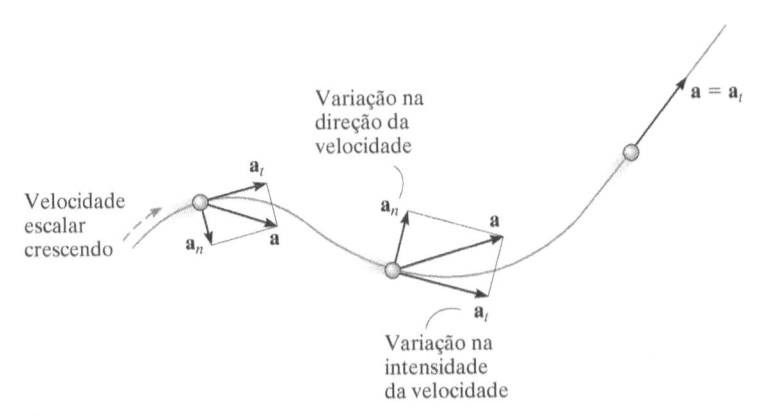

FIGURA 12.25

Movimento tridimensional

Se a partícula se move ao longo de uma curva espacial (Figura 12.26), então em um dado instante o eixo *t* é univocamente especificado; entretanto, um número infinito de linhas retas pode ser construído normal ao eixo tangencial. Como no caso do movimento plano, vamos escolher o eixo *n* positivo direcionado para o centro de curvatura da trajetória *O'*. Esse eixo é referido como *normal principal* à curva. Com os eixos *n* e *t* assim definidos, as equações 12.15 a 12.21 podem ser usadas para determinar **v** e **a**. Visto que $\mathbf{u}_t$ e $\mathbf{u}_n$ são sempre perpendiculares entre si e se encontram no plano osculador, para o movimento espacial um terceiro vetor unitário, $\mathbf{u}_b$, define o *eixo binormal b*, que é perpendicular a $\mathbf{u}_t$ e $\mathbf{u}_n$ (Figura 12.26).

Já que os três vetores unitários estão relacionados entre si pelo produto vetorial, por exemplo, $\mathbf{u}_b = \mathbf{u}_t \times \mathbf{u}_n$ (Figura 12.26), existe a possibilidade de usar essa relação para estabelecer a direção de um dos eixos, se as direções dos outros dois são conhecidas. Por exemplo, nenhum movimento ocorre na direção $\mathbf{u}_b$, e se essa direção e $\mathbf{u}_t$ são conhecidos, então $\mathbf{u}_n$ pode ser determinado, em que, neste caso, $\mathbf{u}_n = \mathbf{u}_b \times \mathbf{u}_t$ (Figura 12.26). Lembre-se, entretanto, de que $\mathbf{u}_n$ está sempre do lado côncavo da curva.

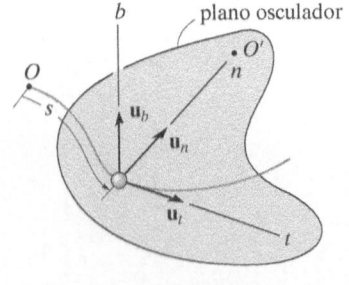

FIGURA 12.26

Procedimento para análise

Sistema de coordenadas

- Contanto que a *trajetória* da partícula seja *conhecida*, podemos estabelecer um conjunto de coordenadas n e t com uma *origem fixa*, a qual é coincidente com a partícula no instante considerado.
- O eixo tangente positivo age na direção do movimento e o eixo normal positivo está direcionado para o centro de curvatura da trajetória.

Velocidade

- A *velocidade* da partícula é sempre tangente à trajetória.
- A intensidade da velocidade é encontrada a partir da derivada temporal da função posição, dada pela coordenada curvilínea s.

$$v = \dot{s}$$

Uma vez que a rotação é constante, as pessoas terão apenas a componente normal de aceleração.

Aceleração tangencial

- A componente tangencial da aceleração é o resultado da taxa de variação temporal na *intensidade* da velocidade. Essa componente age na direção s positiva se a velocidade escalar da partícula estiver aumentando ou na direção oposta se a velocidade escalar estiver diminuindo.
- As relações entre a_t, v, t e s são as mesmas que para o movimento retilíneo, a saber

$$a_t = \dot{v} \qquad a_t ds = v dv$$

- Se a_t é constante, $a_t = (a_t)_c$, as equações anteriormente apresentadas, quando integradas, resultam em

$$s = s_0 + v_0 t + \tfrac{1}{2}(a_t)_c t^2$$
$$v = v_0 + (a_t)_c t$$
$$v^2 = v_0^2 + 2(a_t)_c (s - s_0)$$

Os motoristas que passam por este trevo experimentam uma aceleração normal em virtude da variação na direção de sua velocidade. Uma componente tangencial da aceleração ocorre quando a velocidade dos carros aumenta ou diminui.

Aceleração normal

- A componente normal da aceleração é o resultado da taxa de variação temporal na *direção* da velocidade. Essa componente está *sempre* direcionada para o centro de curvatura da trajetória, ou seja, ao longo do eixo n positivo.
- A intensidade desta componente é determinada por

$$a_n = \frac{v^2}{\rho}$$

- Se a trajetória é expressa como $y = f(x)$, o raio da curvatura ρ em qualquer ponto sobre a trajetória é determinado pela equação

$$\rho = \frac{[1 + (dy/dx)^2]^{3/2}}{|d^2y/dx^2|}$$

A derivação desse resultado é dada em qualquer texto básico de cálculo.

EXEMPLO 12.14

Quando o esquiador alcança o ponto A ao longo da trajetória parabólica na Figura 12.27a, ele tem uma velocidade escalar de 6 m/s, que está aumentando em 2 m/s². Determine a direção de sua velocidade e a direção e intensidade de sua aceleração nesse instante. Despreze o tamanho do esquiador no cálculo.

SOLUÇÃO

Sistema de coordenadas

Embora a trajetória tenha sido expressa nos termos de suas coordenadas x e y, ainda podemos estabelecer a origem dos eixos n, t no ponto fixo A da trajetória e determinar as componentes de **v** e **a** ao longo desses eixos (Figura 12.17a).

Velocidade

Por definição, a velocidade é sempre tangente à trajetória. Visto que $y = \frac{1}{20}x^2$, $dy/dx = \frac{1}{10}x$, então $x = 10$ m, $dy/dx = 1$. Por conseguinte, em A, **v** faz um ângulo de $\theta = \text{tg}^{-1}1 = 45°$ com o eixo x (Figura 12.17b). Portanto,

$$v_A = 6 \text{ m/s} \quad 45° \quad \text{Resposta}$$

A aceleração é determinada a partir de $\mathbf{a} = \dot{v}\mathbf{u}_t + (v^2/\rho)\mathbf{u}_n$. Entretanto, é necessário determinar primeiro o raio de curvatura da trajetória em A (10 m, 5 m). Visto que $d^2y/dx^2 = \frac{1}{10}$, então:

$$\rho = \frac{[1 + (dy/dx)^2]^{3/2}}{|d^2y/dx^2|} = \frac{\left[1 + \left(\frac{1}{10}x\right)^2\right]^{3/2}}{\left|\frac{1}{10}\right|}\bigg|_{x=10 \text{ m}} = 28,28 \text{ m}$$

A aceleração torna-se:

$$\mathbf{a}_A = \dot{v}\mathbf{u}_t + \frac{v^2}{\rho}\mathbf{u}_n$$

$$= 2\mathbf{u}_t + \frac{(6 \text{ m/s})^2}{28,28 \text{ m}}\mathbf{u}_n$$

$$= \{2\mathbf{u}_t + 1,273\mathbf{u}_n\} \text{ m/s}^2$$

Como mostrado na Figura 12.27b,

$$a = \sqrt{(2 \text{ m/s}^2)^2 + (1,273 \text{ m/s}^2)^2} = 2,37 \text{ m/s}^2$$

$$\phi = \text{tg}^{-1}\frac{2}{1,273} = 57,5°$$

Assim, $45° + 90° + 57,5° - 180° = 12,5°$, de maneira que

$$a = 2,37 \text{ m/s}^2 \quad 12,5° \quad \text{Resposta}$$

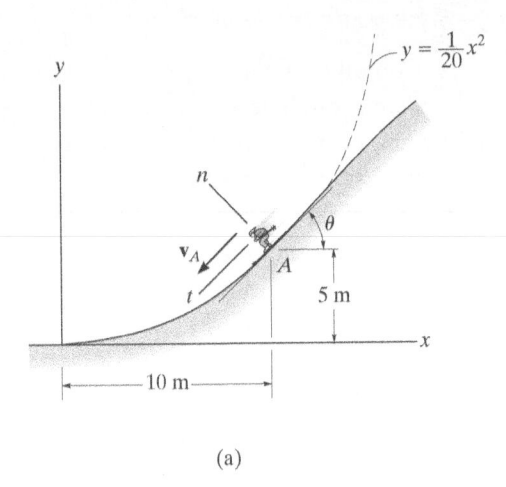

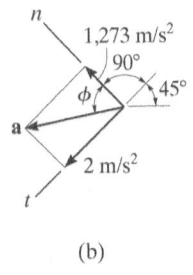

FIGURA 12.27

NOTA: utilizando as coordenadas n, t, fomos capazes de resolver prontamente este problema com o uso da Equação 12.18, visto que ela leva em conta separadamente as variações na intensidade e direção de **v**.

EXEMPLO 12.15

Um carro de corrida C move-se em torno da pista circular com um raio de 300 m (Figura 12.28). Se o carro aumenta sua velocidade escalar a uma razão constante de 1,5 m/s², partindo do repouso, determine o tempo necessário para ele alcançar uma aceleração de 2 m/s². Qual é a velocidade escalar nesse instante?

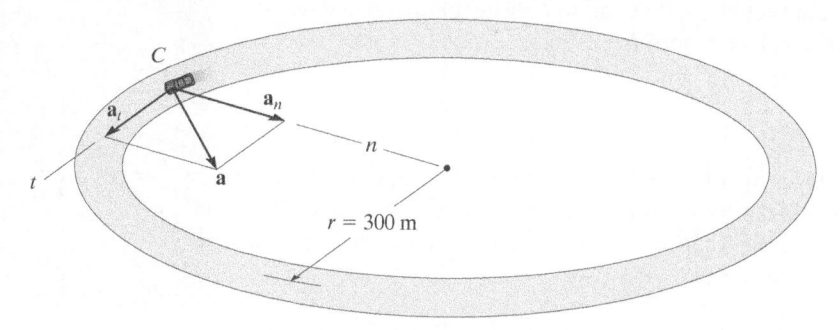

FIGURA 12.28

SOLUÇÃO

Sistema de coordenadas

A origem dos eixos n e t é coincidente com o carro no instante considerado. O eixo t está na direção do movimento e o eixo n positivo é direcionado para o centro do círculo. Esse sistema de coordenadas é escolhido uma vez que a trajetória é conhecida.

Aceleração

A intensidade da aceleração pode ser relacionada às suas componentes utilizando-se $a = \sqrt{a_t^2 + a_n^2}$. Aqui $a_t = 1{,}5$ m/s². Visto que $a_n = v^2/\rho$, a velocidade como uma função do tempo tem de ser determinada primeiro.

$$v = v_0 + (a_t)_c t$$
$$v = 0 + 1{,}5t$$

Desse modo,

$$a_n = \frac{v^2}{\rho} = \frac{(1{,}5t)^2}{300} = 0{,}0075t^2 \text{ m/s}^2$$

O tempo necessário para a aceleração chegar a 2 m/s² é, portanto,

$$a = \sqrt{a_t^2 + a_n^2}$$
$$2 \text{ m/s}^2 = \sqrt{(1{,}5 \text{ m/s}^2)^2 + (0{,}0075t^2)^2}$$

Resolvendo para o valor positivo de t, obtém-se:

$$0{,}0075t^2 = \sqrt{(2 \text{ m/s}^2)^2 - (1{,}5 \text{ m/s}^2)^2}$$
$$t = 13{,}28 \text{ s} = 13{,}3 \text{ s} \qquad \textit{Resposta}$$

Velocidade

A velocidade escalar no tempo $t = 13{,}28$ s é:

$$v = 1{,}5t = 1{,}5(13{,}28) = 19{,}9 \text{ m/s} \qquad \textit{Resposta}$$

NOTA: lembre-se de que a velocidade será sempre tangente à trajetória, ao passo que a aceleração estará direcionada dentro da curvatura da trajetória.

EXEMPLO 12.16

As caixas na Figura 12.29a deslocam-se ao longo do transportador industrial. Se uma caixa como na Figura 12.29b parte do repouso em A e aumenta sua velocidade escalar de maneira que $a_t = (0{,}2t)$ m/s², em que t é dado em segundos, determine a intensidade de sua aceleração quando ela chega ao ponto B.

SOLUÇÃO

Sistema de coordenadas

A posição da caixa em qualquer instante é definida a partir do ponto fixo A utilizando a posição ou coordenada da trajetória s (Figura 12.29b). A aceleração deve ser determinada em B; assim, a origem dos eixos n, t está nesse ponto.

Aceleração

Para determinar as componentes da aceleração $a_t = \dot{v}$ e $a_n = v^2/\rho$, é necessário formular v e $\dot{v}$ de maneira que eles possam ser avaliados em B. Visto que $v_A = 0$ quando $t = 0$, então

$$a_t = \dot{v} = 0{,}2t \qquad (1)$$

$$\int_0^v dv = \int_0^t 0{,}2t\, dt$$

$$v = 0{,}1t^2 \qquad (2)$$

O tempo necessário para a caixa chegar ao ponto B pode ser determinado observando-se que a posição de B é $s_B = 3 + 2\pi(2)/4 = 6{,}142$ m (Figura 12.29b), e visto que $s_A = 0$ quando $t = 0$, temos

$$v = \frac{ds}{dt} = 0{,}1t^2$$

$$\int_0^{6{,}142\,\text{m}} ds = \int_0^{t_B} 0{,}1t^2 dt$$

$$6{,}142\text{ m} = 0{,}0333 t_B^3$$

$$t_B = 5{,}690\text{ s}$$

Substituir nas equações 1 e 2 resulta em

$$(a_B)_t = \dot{v}_B = 0{,}2(5{,}690) = 1{,}138\text{ m/s}^2$$

$$v_B = 0{,}1(5{,}69)^2 = 3{,}238\text{ m/s}$$

Em B, $\rho_B = 2$ m, de maneira que

$$(a_B)_n = \frac{v_B^2}{\rho_B} = \frac{(3{,}238\text{ m/s})^2}{2\text{ m}} = 5{,}242\text{ m/s}^2$$

A intensidade de $\mathbf{a}_B$ (Figura 12.29c) é, portanto,

$$a_B = \sqrt{(1{,}138\text{ m/s}^2)^2 + (5{,}242\text{ m/s}^2)^2} = 5{,}36\text{ m/s}^2 \qquad \textit{Resposta}$$

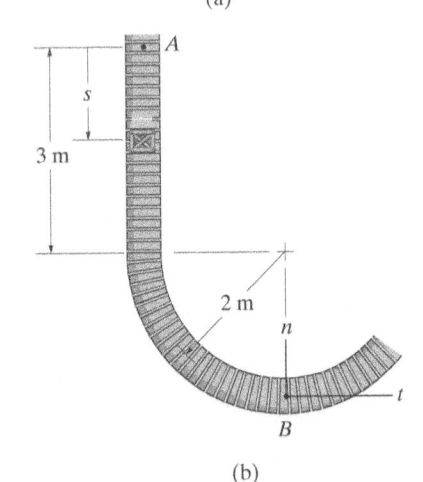

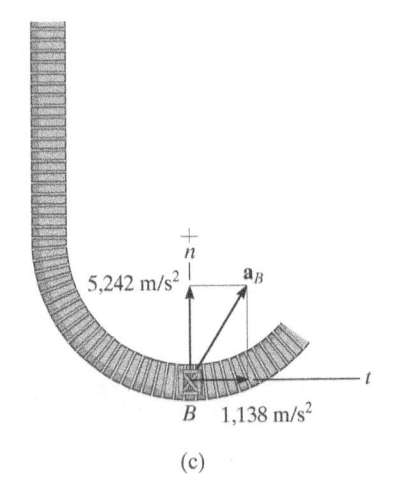

FIGURA 12.29

Problema preliminar

P12.7.

a) Determine a aceleração no instante mostrado na figura.

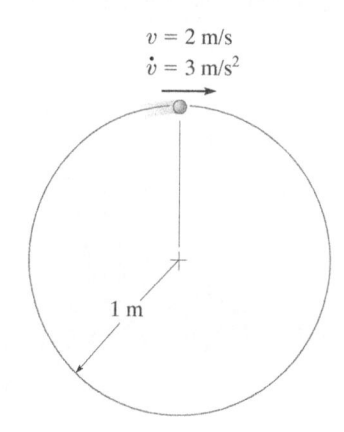

$v = 2$ m/s
$\dot{v} = 3$ m/s²
1 m

b) Determine o aumento na velocidade e a componente normal da aceleração em $s = 2$ m. Para $s = 0$, $v = 0$.

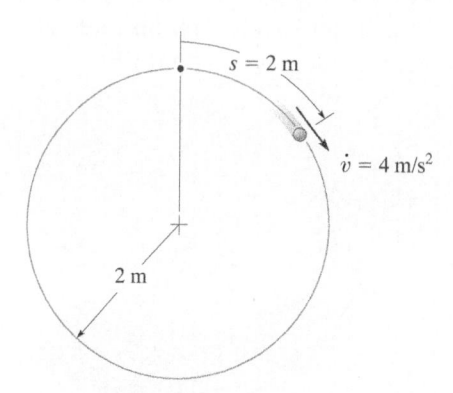

$s = 2$ m
$\dot{v} = 4$ m/s²
2 m

c) Determine a aceleração no instante mostrado na figura. A partícula tem uma velocidade constante de 2 m/s.

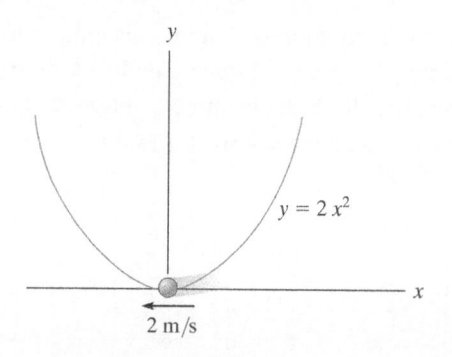

$y = 2x^2$
2 m/s

d) Determine as componentes normal e tangencial da aceleração em $s = 0$ se $v = (4s + 1)$ m/s, em que s é dado em metros.

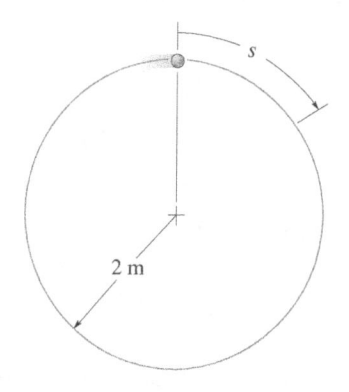

2 m

e) Determine a aceleração em $s = 2$ m se $\dot{v} = (2s)$ m/s², em que s é dado em metros. Para $s = 0$, $v = 1$ m/s.

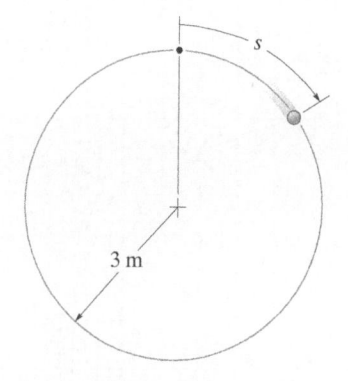

3 m

f) Determine a aceleração quando $t = 1$ s se $v = (4t^2 + 2)$ m/s, em que t é dado em segundos.

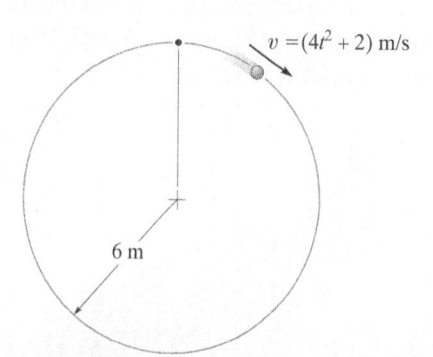

$v = (4t^2 + 2)$ m/s
6 m

PROBLEMA P12.7

Problemas fundamentais

F12.27. Um barco está se movendo ao longo da trajetória circular com velocidade escalar $v = (0{,}0625t^2)$ m/s, em que t é dado em segundos. Determine a intensidade da sua aceleração quando $t = 10$ s.

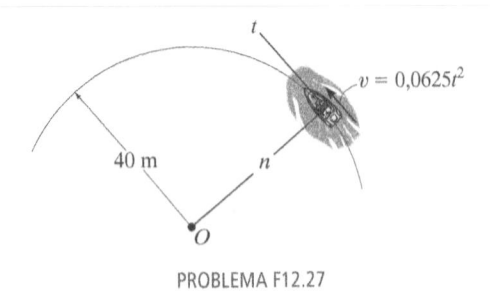

PROBLEMA F12.27

F12.28. Um carro está se movendo ao longo da estrada com velocidade escalar $v = (2s)$ m/s, em que s é dado em metros. Determine a intensidade de sua aceleração quando $s = 10$ m.

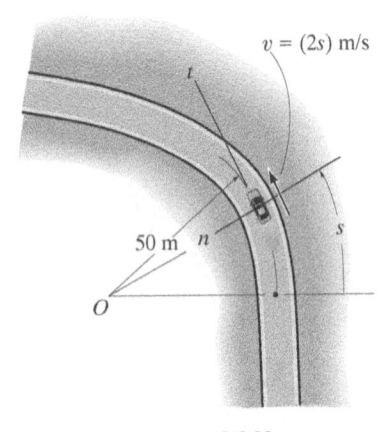

PROBLEMA F12.28

F12.29. Se o carro desacelera uniformemente ao longo da estrada curva de 25 m/s em A para 15 m/s em C, determine a aceleração do carro em B.

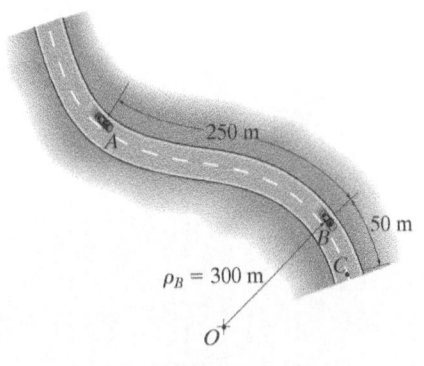

PROBLEMA F12.29

F12.30. Quando $x = 3$ m, o caixote tem uma velocidade escalar de 6 m/s que está aumentando a 2 m/s². Determine a direção da velocidade do caixote e sua intensidade de aceleração nesse instante.

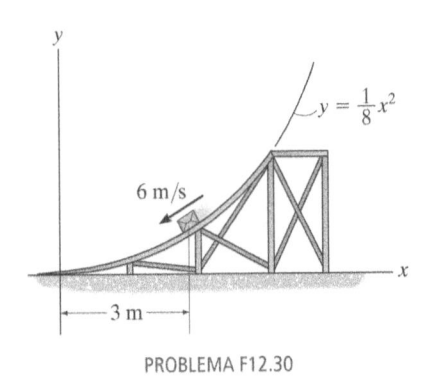

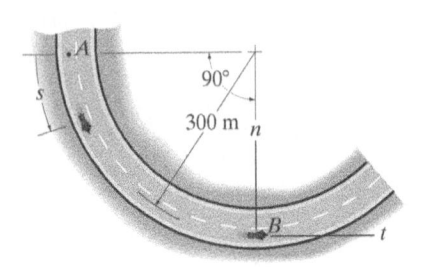

PROBLEMA F12.30

F12.31. Se a motocicleta tem uma desaceleração $a_t = -(0{,}001s)$ m/s² e sua velocidade escalar na posição A é 25 m/s, determine a intensidade de sua aceleração quando ela passa o ponto B.

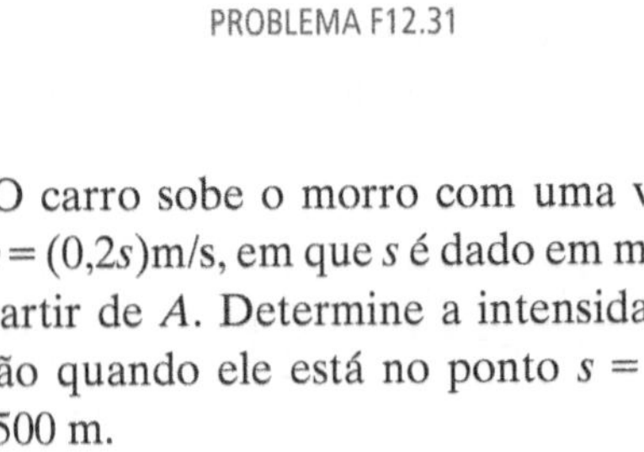

PROBLEMA F12.31

F12.32. O carro sobe o morro com uma velocidade escalar $v = (0{,}2s)$ m/s, em que s é dado em metros, medido a partir de A. Determine a intensidade de sua aceleração quando ele está no ponto $s = 50$ m, em que $\rho = 500$ m.

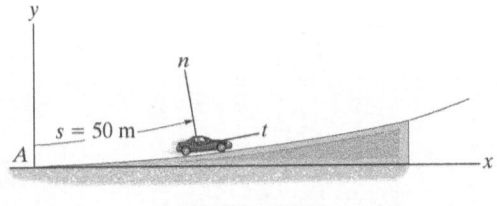

PROBLEMA F12.32

Problemas

12.110. O movimento de uma partícula é definido pelas equações $x = (2t + t^2)$ m e $y = (t^2)$ m, em que t é dado em segundos. Determine as componentes normal e tangencial da velocidade e a aceleração da partícula quando $t = 2$ s.

12.111. Determine a velocidade escalar constante máxima que um carro de corrida pode ter enquanto gira em uma pista tendo um raio de curvatura de 200 m se a aceleração do carro não pode exceder 7,5 m/s².

*12.112. Uma partícula está se deslocando ao longo da curva $y = $ sen x com uma velocidade constante $v = 2$ m/s. Determine as componentes normal e tangencial de sua velocidade e aceleração a qualquer instante.

12.113. A posição de uma partícula é definida por $\mathbf{r} = \{4(t - $ sen $t)\mathbf{i} + (2t^2 - 3)\mathbf{j}\}$ m, em que t é dado em segundos e o argumento para o seno é dado em radianos. Determine a velocidade escalar da partícula e suas componentes normal e tangencial da aceleração quando $t = 1$ s.

12.114. O carro anda ao longo de uma estrada curva que tem raio de 300 m. Se a velocidade escalar é uniformemente aumentada de 15 m/s para 27 m/s em 3 s, determine a intensidade de sua aceleração no instante em que sua velocidade escalar é 20 m/s.

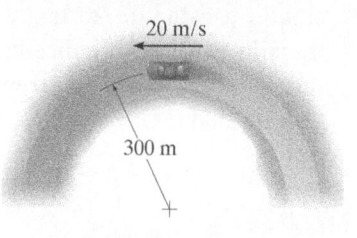

PROBLEMA 12.114

12.115. Quando o carro chega ao ponto A, ele tem velocidade escalar de 25 m/s. Se os freios são acionados, sua velocidade escalar é reduzida por $a_t = \left(-\frac{1}{4}t^{1/2}\right)$ m/s². Determine a intensidade da aceleração do carro imediatamente antes de ele chegar ao ponto C.

*12.116. Quando o carro chega ao ponto A, ele tem velocidade escalar de 25 m/s. Se os freios são acionados, sua velocidade escalar é reduzida por $a_t = (0,001s - 1)$ m/s². Determine a intensidade da aceleração do carro imediatamente antes de ele chegar ao ponto C.

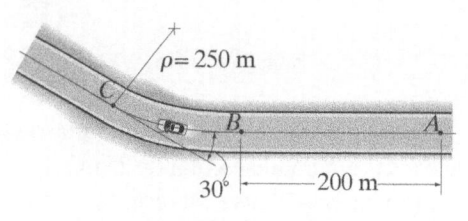

PROBLEMAS 12.115 e 12.116

12.117. Em um dado instante, um carro desloca-se ao longo de uma estrada curva circular com uma velocidade escalar de 20 m/s enquanto diminui sua velocidade escalar em uma taxa de 3 m/s². Se a intensidade da aceleração do carro é 5 m/s², determine o raio de curvatura da estrada.

12.118. O carrinho B faz uma curva de tal maneira que sua velocidade escalar é aumentada por $(a_t)_B = (0,5e^t)$ m/s², em que t é dado em segundos. Se o carrinho parte do repouso quando $\theta = 0°$, determine as intensidades de sua velocidade e aceleração quando o braço AB gira $\theta = 30°$. Despreze a dimensão do carrinho.

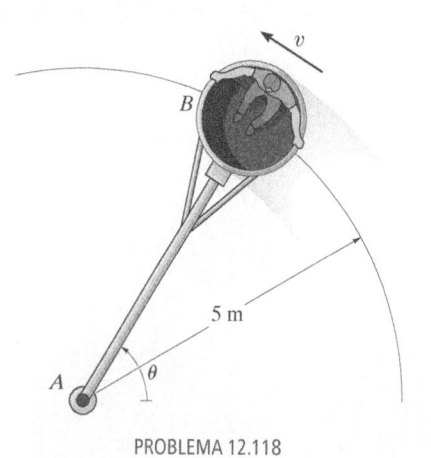

PROBLEMA 12.118

12.119. A motocicleta move-se a 1 m/s quando está em A. Se a velocidade é então aumentada em $\dot{v} = 0,1$ m/s², determine sua velocidade e aceleração no instante $t = 5$ s.

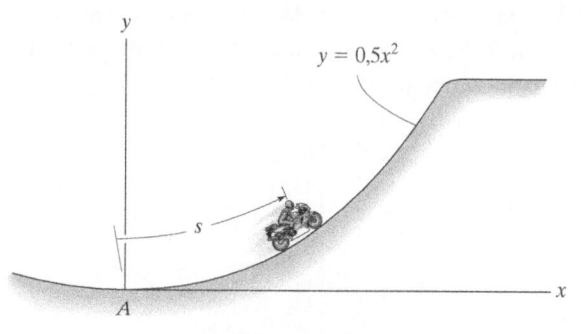

PROBLEMA 12.119

*12.120. O carro passa o ponto A com uma velocidade escalar de 25 m/s, após o qual sua velocidade escalar é definida por $v = (25 - 0,15s)$ m/s. Determine a intensidade da aceleração do carro quando ele chega ao ponto B, onde $s = 51,5$ m e $x = 50$ m.

12.121. Se o carro passa o ponto A com uma velocidade escalar de 20 m/s e começa a aumentar sua velocidade escalar a uma razão constante $a_t = 0{,}5$ m/s^2, determine a intensidade da aceleração do carro quando $s = 101{,}68$ m e $x = 0$.

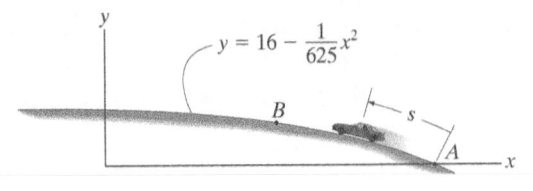

PROBLEMAS 12.120 e 12.121

12.122. Um carro move-se ao longo de uma trajetória circular de tal maneira que sua velocidade escalar é aumentada por $a_t = (0{,}5e^t)$ m/s^2, em que t é dado em segundos. Determine as intensidades de sua velocidade e aceleração após o carro ter se movido $s = 18$ m partindo do repouso. Despreze a dimensão do carro.

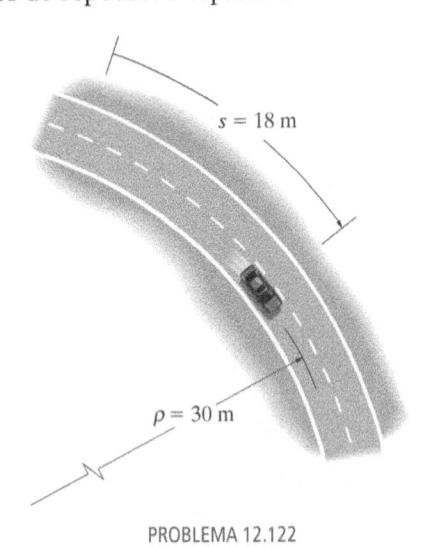

PROBLEMA 12.122

12.123. O satélite S circula a Terra em uma trajetória circular com velocidade escalar constante de 20 Mm/h. Se a aceleração é 2,5 m/s^2, determine a altitude h. Suponha que o diâmetro da Terra seja 12.713 km.

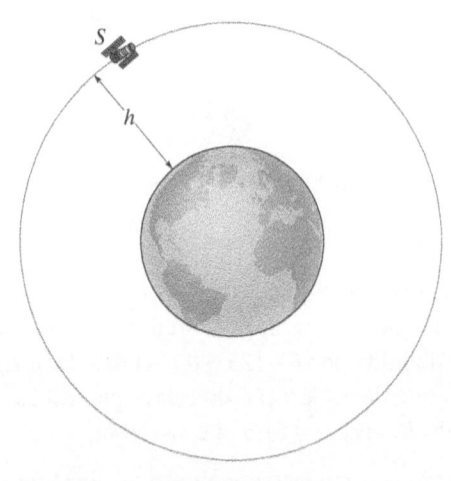

PROBLEMA 12.123

*****12.124.** O carro tem velocidade escalar inicial $v_0 = 20$ m/s. Se ele aumenta sua velocidade ao longo do trajeto circular em $s = 0$, $a_t = (0{,}8s)$ m/s^2, em que s é dado em metros, determine o tempo necessário para o carro percorrer $s = 25$ m.

12.125. O carro parte do repouso em $s = 0$ e aumenta sua velocidade escalar em $a_t = 4$ m/s^2. Determine o tempo até que a intensidade da aceleração se torne 20 m/s^2. Em que posição s isso acontece?

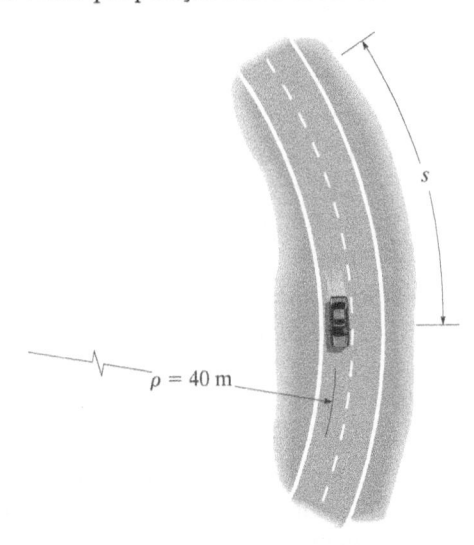

PROBLEMAS 12.124 e 12.125

12.126. Em determinado instante, a locomotiva em E tem velocidade escalar de 20 m/s e aceleração de 14 m/s^2 atuando na direção indicada. Determine a taxa de aumento na velocidade do trem e o raio de curvatura ρ do percurso.

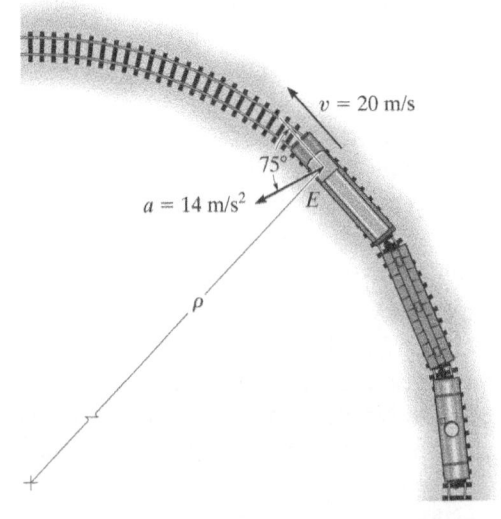

PROBLEMA 12.126

12.127. Quando o carrinho da montanha-russa está em B, ele tem velocidade escalar de 25 m/s, a qual está aumentando em $a_t = 3$ m/s^2. Determine a intensidade da aceleração do carrinho nesse instante e o ângulo de direção que ele faz com o eixo x.

*12.128. Se o carrinho da montanha-russa parte do repouso em A e sua velocidade escalar aumenta em $a_t = (6 - 0{,}06s)$ m/s², determine a intensidade de sua aceleração quando ela alcança B, onde $s_B = 40$ m.

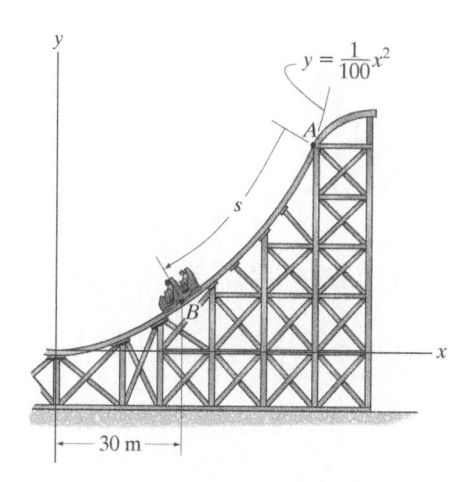

PROBLEMAS 12.127 e 12.128

12.129. A caixa de tamanho desprezível está deslizando para baixo ao longo de uma trajetória curva definida pela parábola $y = 0{,}4x^2$. Quando ela está em A ($x_A = 2$ m, $y_A = 1{,}6$ m), a velocidade escalar é $v = 8$ m/s e o aumento na velocidade escalar é $dv/dt = 4$ m/s². Determine a intensidade da aceleração da caixa nesse instante.

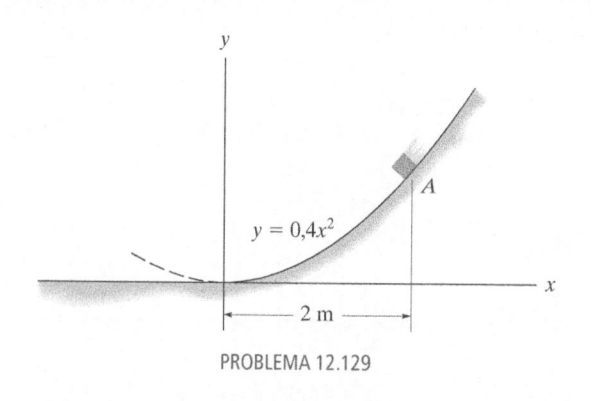

PROBLEMA 12.129

12.130. A posição de uma partícula percorrendo uma trajetória curva é $s = (3t^3 - 4t^2 + 4)$ m, em que t é dado em segundos. Quando $t = 2$ s, a partícula está em uma posição na trajetória onde o raio de curvatura é 25 m. Determine a intensidade da aceleração da partícula nesse instante.

12.131. Uma partícula está se deslocando ao longo de uma trajetória circular tendo um raio de 50 m. Se ela tem velocidade escalar inicial de 10 m/s e em seguida começa a aumentar sua velocidade escalar na razão $\dot{v} = (0{,}05v)$ m/s², determine a intensidade da aceleração da partícula quatro segundos mais tarde.

*12.132. A motocicleta está viajando a 40 m/s quando está em A. Se a velocidade for diminuída em $\dot{v} = -(0{,}05s)$ m/s², em que s é dado em metros medidos a partir de A, determine sua velocidade e aceleração quando ela alcança B.

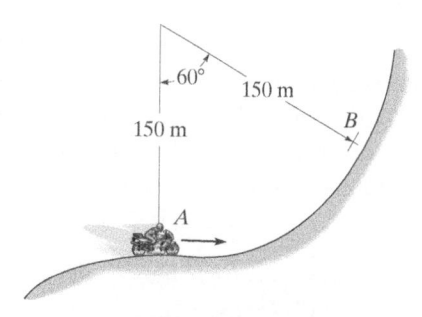

PROBLEMA 12.132

12.133. Em determinado instante, o avião tem velocidade escalar de 550 m/s e aceleração de 50 m/s² atuando na direção mostrada. Determine a taxa de aumento na velocidade escalar do avião e também o raio de curvatura ρ da trajetória.

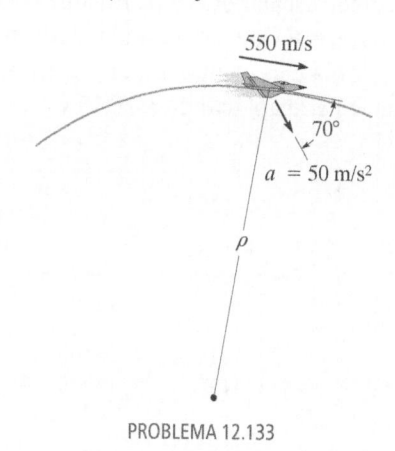

PROBLEMA 12.133

12.134. Um barco está navegando por uma trajetória circular com raio de 20 m. Determine a intensidade da aceleração do barco quando a velocidade escalar é $v = 5$ m/s e a taxa de aumento na velocidade escalar é $\dot{v} = 2$ m/s².

12.135. Partindo do repouso, um ciclista percorre uma trajetória circular horizontal, $\rho = 10$ m, a uma velocidade de $v = (0{,}09t^2 + 0{,}1t)$ m/s, em que t é dado em segundos. Determine as intensidades de sua velocidade e aceleração quando ele tiver percorrido $s = 3$ m.

*12.136. A motocicleta está andando a uma velocidade escalar constante de 60 km/h. Determine a intensidade de sua aceleração quando ela está no ponto A.

60 DINÂMICA

PROBLEMA 12.136

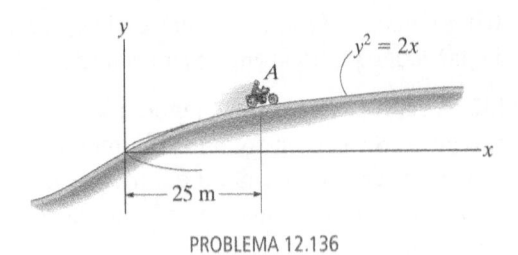

12.137. Quando $t = 0$, o trem tem uma velocidade de 8 m/s, que está aumentando em 0,5 m/s². Determine a intensidade da aceleração da locomotiva quando ela atinge o ponto A, em $t = 20$ s. Aqui, o raio de curvatura dos trilhos é $\rho_A = 400$ m.

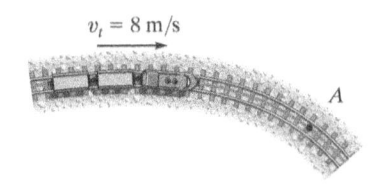

PROBLEMA 12.137

12.138. Uma bola é lançada horizontalmente do tubo com velocidade escalar de 8 m/s. Encontre a equação da trajetória, $y = f(x)$, e, em seguida, determine a velocidade da bola e as componentes normal e tangencial de sua aceleração quando $t = 0,25$ s.

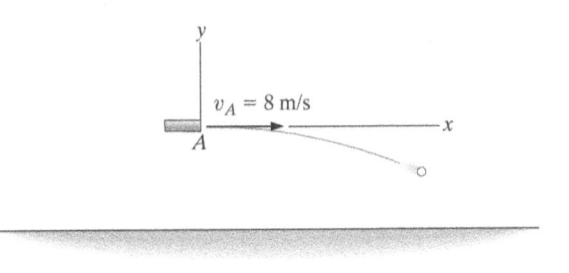

PROBLEMA 12.138

12.139. Uma motocicleta move-se ao longo da pista elíptica a uma velocidade escalar constante v. Determine a maior intensidade da aceleração se $a > b$.

*****12.140.** Uma motocicleta move-se ao longo da pista elíptica a uma velocidade escalar constante v. Determine a menor intensidade da aceleração se $a > b$.

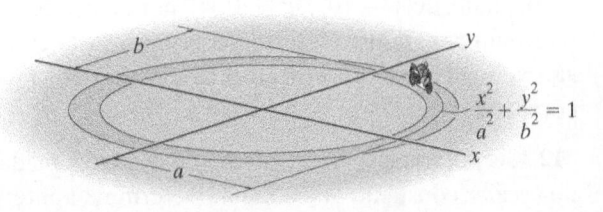

PROBLEMAS 12.139 e 12.140

12.141. O carro de corrida tem velocidade inicial $v_A = 15$ m/s em A. Determine o tempo necessário para que o carro percorra 20 m se ele aumentar sua velocidade ao longo da pista circular na razão de $a_t = (0,4s)$ m/s², com s dado em metros. Considere $\rho = 150$ m.

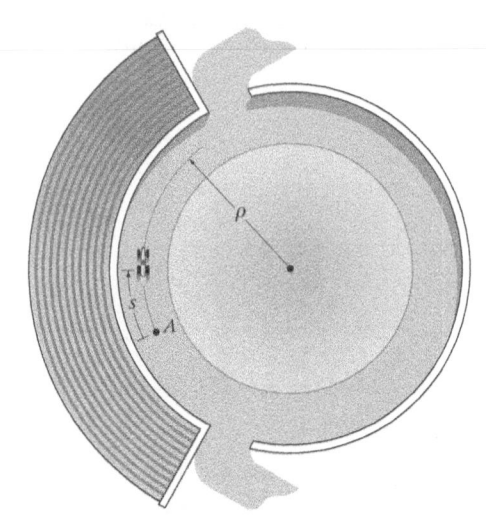

PROBLEMA 12.141

12.142. A bola é chutada com uma velocidade inicial $v_A = 8$ m/s a um ângulo $\theta_A = 40°$ com a horizontal. Determine a equação da trajetória, $y = f(x)$, e depois determine a velocidade da bola e as componentes normal e tangencial de sua aceleração quando $t = 0,25$ s.

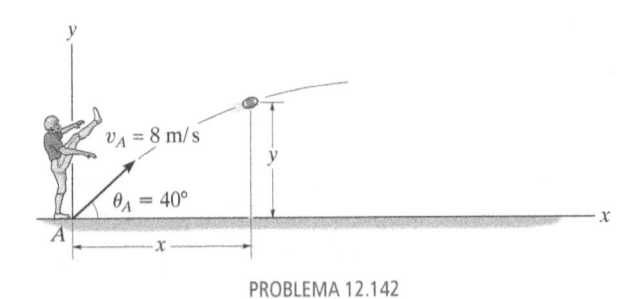

PROBLEMA 12.142

12.143. Os carros se movem ao redor da "rotatória", que tem a forma de uma elipse. Se o limite de velocidade é indicado como 60 km/h, determine a aceleração mínima experimentada pelos passageiros.

*****12.144.** Os carros se movem ao redor da "rotatória", que tem a forma de uma elipse. Se o limite de velocidade é indicado como 60 km/h, determine a aceleração máxima experimentada pelos passageiros.

$$\frac{x^2}{(60)^2} + \frac{y^2}{(40)^2} = 1$$

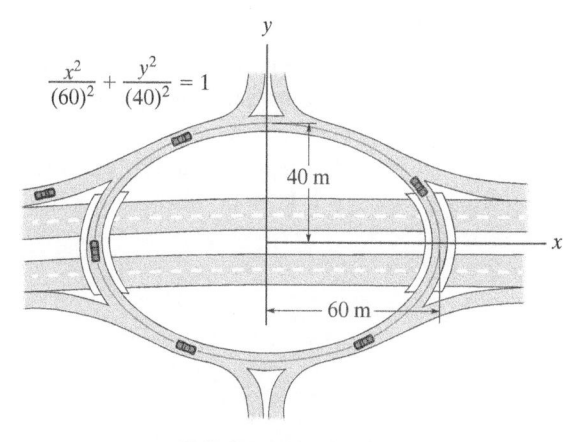

40 m

60 m

PROBLEMAS 12.143 e 12.144

12.145. A partícula se move com velocidade constante de 300 mm/s ao longo da curva. Determine a aceleração da partícula quando ela está localizada no ponto (200 mm, 100 mm) e esboce esse vetor na curva.

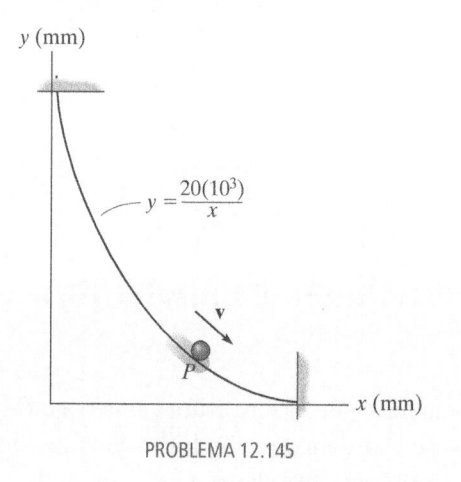

y (mm)

$$y = \frac{20(10^3)}{x}$$

v

P

x (mm)

PROBLEMA 12.145

12.146. Um trem passa pelo ponto B com velocidade escalar de 20 m/s, a qual está diminuindo em $a_t = -0,5$ m/s². Determine a intensidade da aceleração do trem nesse ponto.

12.147. O trem passa pelo ponto A com velocidade escalar de 30 m/s e começa a reduzir sua velocidade escalar a uma razão constante de $a_t = -0,25$ m/s². Determine a intensidade da aceleração do trem quando ele chega ao ponto B, onde $s_{AB} = 412$ m.

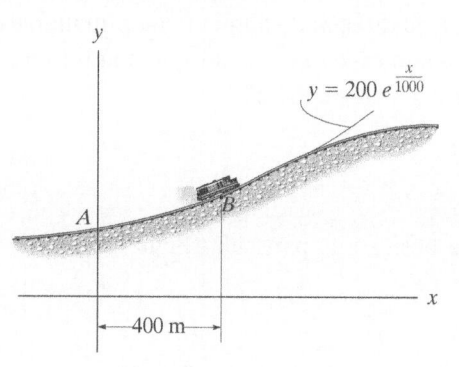

$$y = 200\, e^{\frac{x}{1000}}$$

400 m

PROBLEMAS 12.146 e 12.147

Capítulo 12 – Cinemática de uma partícula 61

*****12.148.** Um avião a jato está se deslocando com velocidade escalar de 120 m/s, que está diminuindo a 40 m/s² quando ele chega ao ponto A. Determine a intensidade de sua aceleração quando ele está nesse ponto. Especifique também a direção do voo, medida a partir do eixo x.

12.149. O avião a jato está se deslocando com uma velocidade escalar constante de 110 m/s ao longo da trajetória curva. Determine a intensidade da aceleração do avião no instante em que ele chega ao ponto A ($y = 0$).

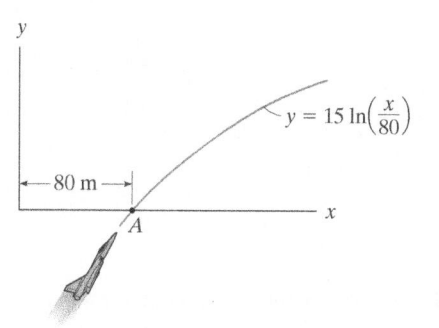

$$y = 15 \ln\left(\frac{x}{80}\right)$$

80 m

A

PROBLEMAS 12.148 e 12.149

12.150. As partículas A e B estão se deslocando no sentido anti-horário em torno de uma pista circular a uma velocidade escalar constante de 8 m/s. Se no instante mostrado a velocidade de A começa a aumentar em $(a_t)_A = (0,4 s_A)$ m/s², em que s_A é dado em metros, determine a distância medida no sentido anti-horário ao longo da pista de B para A quando $t = 1$ s. Qual é a intensidade da aceleração de cada partícula nesse instante?

12.151. As partículas A e B estão se deslocando em torno de uma pista circular a uma velocidade escalar de 8 m/s no instante mostrado. Se a velocidade escalar de B está aumentando por $(a_t)_B = 4$ m/s² e no mesmo instante A tem aumento na velocidade escalar de $(a_t)_A = 0,8t$ m/s², determine quanto tempo leva para ocorrer uma colisão. Qual é a intensidade da aceleração de cada partícula pouco antes de ocorrer a colisão?

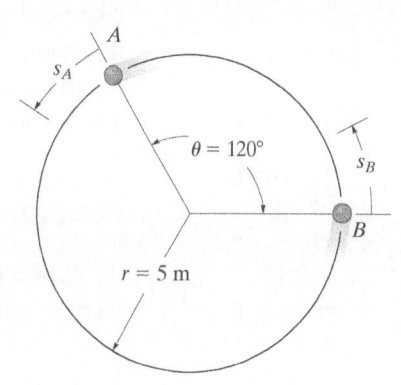

A
s_A
$\theta = 120°$
s_B
B
$r = 5$ m

PROBLEMAS 12.150 e 12.151

*12.152. Uma partícula P move-se ao longo da curva $y = (x^2 - 4)$ m com velocidade constante de 5 m/s. Determine o ponto na curva onde ocorre a intensidade máxima da aceleração e calcule seu valor.

12.153. Quando a bicicleta passa pelo ponto A, ela tem velocidade escalar de 6 m/s, que está aumentando na razão de $\dot{v} = (0,05)$ m/s². Determine a intensidade de sua aceleração quando ela está no ponto A.

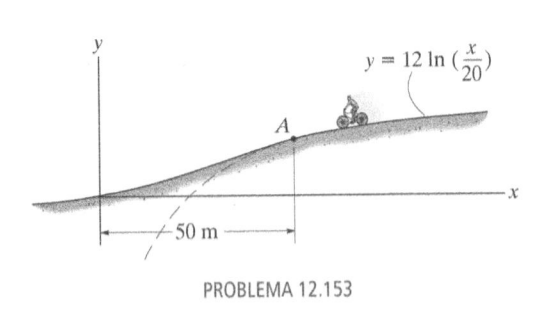

o seno e o cosseno são dados em radianos. Quando $t = 8$ s, determine os ângulos de direção coordenados α, β e γ, que o eixo binormal com o plano osculador faz com os eixos x, y e z. *Dica:* resolva para a velocidade $\mathbf{v}_p$ e aceleração $\mathbf{a}_p$ das partículas em termos de suas componentes $\mathbf{i}$, $\mathbf{j}$, $\mathbf{k}$. A binormal é paralela a $\mathbf{v}_p \times \mathbf{a}_p$. Por quê?

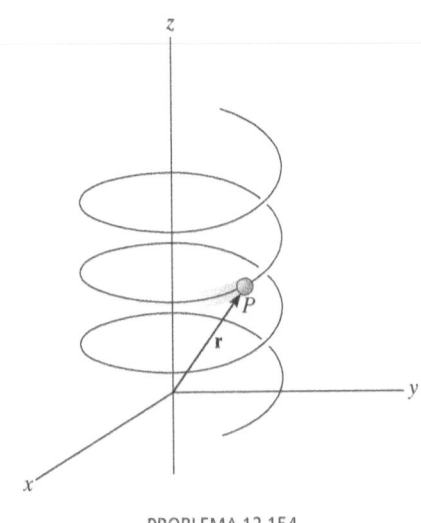

PROBLEMA 12.153

12.154. Uma partícula P percorre uma trajetória espiral elíptica de tal maneira que seu vetor posição $\mathbf{r}$ seja definido por $\mathbf{r} = \{2\cos(0,1t)\mathbf{i} + 1,5\,\text{sen}(0,1t)\mathbf{j} + (2t)\mathbf{k}\}$m, em que t é dado em segundos e os argumentos para

PROBLEMA 12.154

12.8 Movimento curvilíneo: componentes cilíndricas

Às vezes, o movimento da partícula está restrito a uma trajetória que é mais bem descrita utilizando-se coordenadas cilíndricas. Se o movimento é restrito ao plano, são usadas coordenadas polares.

Coordenadas polares

Podemos especificar a posição da partícula mostrada na Figura 12.30*a* utilizando uma *coordenada radial r*, que se estende para fora a partir da origem fixa O até a partícula, e a *coordenada transversal* θ, que é o ângulo no sentido anti-horário entre uma linha de referência fixa e o eixo r. O ângulo geralmente é medido em graus ou radianos, em que 1 rad = 180°/π. As direções positivas das coordenadas r e θ são definidas pelos vetores unitários $\mathbf{u}_r$ e $\mathbf{u}_\theta$, respectivamente. Aqui $\mathbf{u}_r$ é na direção do aumento de r quando θ é mantido fixo, e $\mathbf{u}_\theta$ é na direção do aumento de θ quando r é mantido fixo. Note que essas direções são perpendiculares entre si.

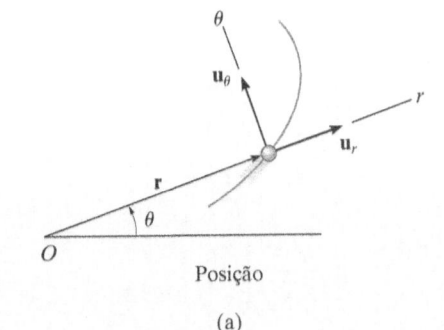

Posição

Em qualquer instante, a posição da partícula (Figura 12.30*a*) é definida pelo vetor posição

$$\mathbf{r} = r\mathbf{u}_r \qquad (12.22)$$

(a)

FIGURA 12.30

Velocidade

A velocidade instantânea **v** é obtida calculando-se a derivada temporal de **r**. Utilizando um ponto para representar a derivada temporal, temos

$$\mathbf{v} = \dot{\mathbf{r}} = \dot{r}\mathbf{u}_r + r\dot{\mathbf{u}}_r$$

Para avaliar $\dot{\mathbf{u}}_r$, observe que apenas a direção de $\mathbf{u}_r$ varia em relação ao tempo, visto que, por definição, a intensidade desse vetor é sempre unitária. Portanto, durante o tempo Δt, uma variação Δr não provocará variação na direção de $\mathbf{u}_r$; entretanto, uma variação $\Delta\theta$ fará com que $\mathbf{u}_r$ se torne $\mathbf{u}'_r$, em que $\mathbf{u}'_r = \mathbf{u}_r + \Delta\mathbf{u}_r$ (Figura 12.30b). A variação temporal de $\mathbf{u}_r$ é, então, $\Delta\mathbf{u}_r$. Para ângulos $\Delta\theta$ pequenos, esse vetor tem intensidade $\Delta u_r \approx 1\,(\Delta\theta)$ e age na direção $\mathbf{u}_\theta$. Portanto, $\Delta\mathbf{u}_r = \Delta\theta\,\mathbf{u}_\theta$ e, assim,

$$\dot{\mathbf{u}}_r = \lim_{\Delta t \to 0} \frac{\Delta \mathbf{u}_r}{\Delta t} = \left(\lim_{\Delta t \to 0} \frac{\Delta\theta}{\Delta t}\right)\mathbf{u}_\theta$$

$$\dot{\mathbf{u}}_r = \dot{\theta}\mathbf{u}_\theta \qquad (12.23)$$

Substituindo na equação anterior, a velocidade pode ser escrita na forma de componentes como

$$\boxed{\mathbf{v} = v_r\mathbf{u}_r + v_\theta\mathbf{u}_\theta} \qquad (12.24)$$

em que:

$$\boxed{\begin{aligned} v_r &= \dot{r} \\ v_\theta &= r\dot{\theta} \end{aligned}} \qquad (12.25)$$

Essas componentes são mostradas graficamente na Figura 12.30c. A *componente radial* $\mathbf{v}_r$ é uma medida da taxa de aumento ou redução no comprimento da coordenada radial, ou seja, $\dot{r}$; enquanto a *componente transversal* $\mathbf{v}_\theta$ pode ser interpretada como a taxa de variação do movimento ao longo da circunferência de um círculo de raio r. Em particular, o termo $\dot{\theta} = d\theta/dt$ é chamado de *velocidade angular*, visto que indica a taxa de variação temporal do ângulo θ. A unidade comumente usada para essa medida é rad/s.

Visto que $\mathbf{v}_r$ e $\mathbf{v}_\theta$ são mutuamente perpendiculares, a *intensidade* da velocidade vetorial ou velocidade escalar é simplesmente o valor positivo de

$$v = \sqrt{(\dot{r})^2 + (r\dot{\theta})^2} \qquad (12.26)$$

e a *direção* de **v** é, sem dúvida, tangente à trajetória (Figura 12.30c).

Aceleração

Calculando as derivadas temporais da Equação 12.24 e utilizando as equações 12.25, obtemos a aceleração instantânea da partícula,

$$\mathbf{a} = \dot{\mathbf{v}} = \ddot{r}\mathbf{u}_r + \dot{r}\dot{\mathbf{u}}_r + \dot{r}\dot{\theta}\mathbf{u}_\theta + r\ddot{\theta}\mathbf{u}_\theta + r\dot{\theta}\dot{\mathbf{u}}_\theta$$

Para avaliar $\dot{\mathbf{u}}_\theta$, basta determinarmos a variação na direção de $\mathbf{u}_\theta$, já que sua intensidade é sempre a unidade. Durante o tempo Δt, uma variação Δr não alterará a direção de $\mathbf{u}_\theta$; entretanto, uma variação $\Delta\theta$ fará com que $\mathbf{u}_\theta$ se

(b)

(c)

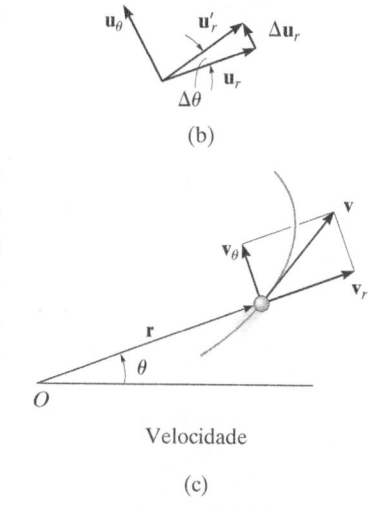

FIGURA 12.30 (cont.)

Velocidade

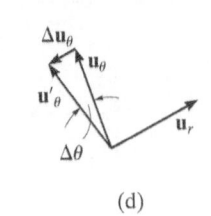

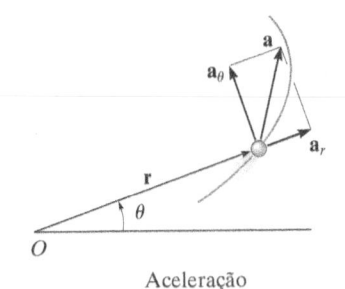

torne $\mathbf{u}'_\theta$, em que $\mathbf{u}'_\theta = \mathbf{u}_\theta + \Delta\mathbf{u}_\theta$ (Figura 12.30d). A variação temporal de $\mathbf{u}_\theta$ é, então, $\Delta\mathbf{u}_\theta$. Para ângulos pequenos, esse vetor tem intensidade $\Delta u_\theta \approx 1(\Delta\theta)$ e atua na direção $-\mathbf{u}_r$; ou seja, $\Delta\mathbf{u}_\theta = -\Delta\theta\mathbf{u}_r$. Assim,

$$\dot{\mathbf{u}}_\theta = \lim_{\Delta t \to 0} \frac{\Delta \mathbf{u}_\theta}{\Delta t} = -\left(\lim_{\Delta t \to 0} \frac{\Delta\theta}{\Delta t}\right)\mathbf{u}_r$$

$$\dot{\mathbf{u}}_\theta = -\dot{\theta}\mathbf{u}_r \qquad (12.27)$$

Substituindo esse resultado e a Equação 12.23 na equação anteriormente apresentada para $\mathbf{a}$, podemos escrever a aceleração na forma de componentes como

$$\mathbf{a} = a_r\mathbf{u}_r + a_\theta\mathbf{u}_\theta \qquad (12.28)$$

em que:

$$\begin{aligned} a_r &= \ddot{r} - r\dot{\theta}^2 \\ a_\theta &= r\ddot{\theta} + 2\dot{r}\dot{\theta} \end{aligned} \qquad (12.29)$$

O termo $\ddot{\theta} = d^2\theta/dt^2 = d/dt(d\theta/dt)$ é chamado de *aceleração angular*, visto que mede a variação ocorrida na velocidade angular durante um instante de tempo. A unidade para essa medida é rad/s².

Visto que $\mathbf{a}_r$ e $\mathbf{a}_\theta$ são sempre perpendiculares, a *intensidade* da aceleração é simplesmente o valor positivo de

$$a = \sqrt{(\ddot{r} - r\dot{\theta}^2)^2 + (r\ddot{\theta} + 2\dot{r}\dot{\theta})^2} \qquad (12.30)$$

A *direção* é determinada a partir da soma vetorial de suas duas componentes. Em geral, $\mathbf{a}$ *não* será tangente à trajetória (Figura 12.30e).

Coordenadas cilíndricas

Se a partícula se move ao longo de uma curva espacial como mostrado na Figura 12.31, sua posição pode ser especificada pelas três *coordenadas cilíndricas*, r, θ, z. A coordenada z é idêntica àquela usada para coordenadas retangulares. Visto que o vetor unitário definindo sua direção, $\mathbf{u}_z$, é constante, as derivadas temporais desse vetor são zero e, portanto, a posição, velocidade e aceleração da partícula podem ser escritas em termos de suas coordenadas cilíndricas, como a seguir:

$$\mathbf{r}_P = r\mathbf{u}_r + z\mathbf{u}_z$$
$$\mathbf{v} = \dot{r}\mathbf{u}_r + r\dot{\theta}\mathbf{u}_\theta + \dot{z}\mathbf{u}_z \qquad (12.31)$$
$$\mathbf{a} = (\ddot{r} - r\dot{\theta}^2)\mathbf{u}_r + (r\ddot{\theta} + 2\dot{r}\dot{\theta})\mathbf{u}_\theta + \ddot{z}\mathbf{u}_z \qquad (12.32)$$

Derivadas temporais

As equações anteriores requerem a obtenção das derivadas temporais $\dot{r}, \ddot{r}, \dot{\theta}$ e $\ddot{\theta}$, a fim de avaliarmos as componentes r e θ de $\mathbf{v}$ e $\mathbf{a}$. Dois tipos de problemas geralmente ocorrem:

1. Se as coordenadas polares são especificadas como equações paramétricas em função do tempo $r = r(t)$ e $\theta = \theta(t)$, as derivadas temporais podem ser determinadas diretamente.

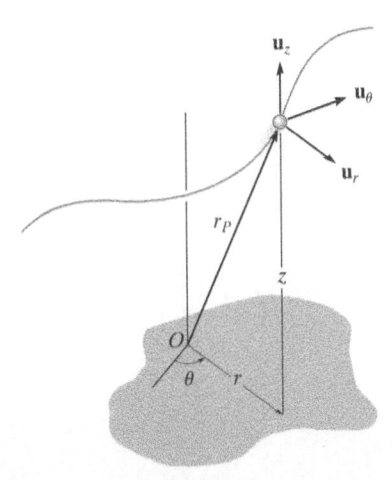

2. Se as equações paramétricas em função do tempo não são dadas, a trajetória $r = f(\theta)$ tem de ser conhecida. Utilizando a regra da cadeia do cálculo, podemos, então, encontrar a relação entre $\dot{r}$ e $\dot{\theta}$ e entre $\ddot{r}$ e $\ddot{\theta}$. A aplicação da regra da cadeia está explicada no Apêndice C, com alguns exemplos.

O movimento espiral desta garota pode ser seguido utilizando-se componentes cilíndricas. Aqui, a coordenada radial r é constante, a coordenada transversal θ aumentará com o tempo à medida que a garota girar em torno da vertical, e sua altitude z diminuirá com o tempo.

Procedimento para análise

Sistema de coordenadas

- Coordenadas polares são uma escolha apropriada para resolver problemas quando os dados relativos ao movimento angular da coordenada radial r descrevem o movimento da partícula. Além disso, algumas trajetórias do movimento podem ser convenientemente descritas em termos dessas coordenadas.
- Para usar coordenadas polares, a origem é estabelecida em um ponto fixo e a linha radial r é direcionada para a partícula.
- A coordenada transversal θ é medida a partir de uma linha de referência fixa até a linha radial.

Velocidade e aceleração

- Uma vez que r e as quatro derivadas temporais $\dot{r}$, $\ddot{r}$, $\dot{\theta}$ e $\ddot{\theta}$ tenham sido avaliadas no instante considerado, seus valores podem ser substituídos nas equações 12.25 e 12.29 para obtermos as componentes radiais e transversais de **v** e **a**.
- Se for necessário calcular as derivadas temporais de $r = f(\theta)$, a regra da cadeia do cálculo tem de ser usada (ver Apêndice C).
- O movimento em três dimensões requer uma extensão simples do procedimento acima para incluir $\dot{z}$ e $\ddot{z}$.

EXEMPLO 12.17

O brinquedo do parque de diversões mostrado na Figura 12.32a consiste em uma cadeira que está girando em uma trajetória circular horizontal de raio r tal que o braço OB tem velocidade angular $\dot{\theta}$ e aceleração angular $\ddot{\theta}$. Determine as componentes radiais e transversais de velocidade e aceleração do passageiro. Despreze suas dimensões no cálculo.

SOLUÇÃO

Sistema de coordenadas

Visto que é dado o movimento angular do braço, as coordenadas polares são escolhidas para a solução (Figura 12.32a). Aqui, θ não está relacionado com r, já que o raio é constante para todo θ.

Velocidade e aceleração

Primeiro, é necessário especificar as primeiras e segundas derivadas de r e θ. Visto que r é *constante*, temos

66 DINÂMICA

$$r = r \quad \dot{r} = 0 \quad \ddot{r} = 0$$

Assim,

$$v_r = \dot{r} = 0 \qquad \textit{Resposta}$$
$$v_\theta = r\dot{\theta} \qquad \textit{Resposta}$$
$$a_r = \ddot{r} - r\dot{\theta}^2 = -r\dot{\theta}^2 \qquad \textit{Resposta}$$
$$a_\theta = r\ddot{\theta} + 2\dot{r}\dot{\theta} = r\ddot{\theta} \qquad \textit{Resposta}$$

Esses resultados são mostrados na Figura 12.32b.

NOTA: os eixos n, t também são mostrados na Figura 12.32b, os quais, neste caso especial de movimento circular, são *colineares* com os eixos r e θ, respectivamente. Visto que $v = v_\theta = v_t = r\dot{\theta}$, então, por comparação,

$$-a_r = a_n = \frac{v^2}{\rho} = \frac{(r\dot{\theta})^2}{r} = r\dot{\theta}^2$$

$$a_\theta = a_t = \frac{dv}{dt} = \frac{d}{dt}(r\dot{\theta}) = \frac{dr}{dt}\dot{\theta} + r\frac{d\dot{\theta}}{dt} = 0 + r\ddot{\theta}$$

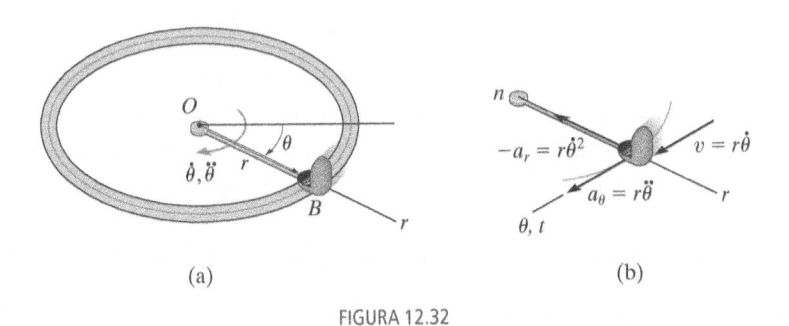

FIGURA 12.32

EXEMPLO 12.18

A barra OA na Figura 12.33a gira no plano horizontal de maneira que $\theta = (t^3)$ rad. Ao mesmo tempo, o anel B está escorregando para fora ao longo de OA de maneira que $r = (100t^2)$ mm. Se em ambos os casos t é dado em segundos, determine a velocidade e a aceleração do anel quando $t = 1$ s.

SOLUÇÃO
Sistema de coordenadas

Visto que são dadas equações paramétricas da trajetória em função do tempo, não é necessário relacionar r com θ.

Velocidade e aceleração

Determinando as derivadas temporais e as avaliando quando $t = 1$ s, temos

$$r = 100t^2 \bigg|_{t=1\,s} = 100\,\text{mm} \quad \theta = t^3 \bigg|_{t=1\,s} = 1\,\text{rad} = 57,3°$$

$$\dot{r} = 200t \bigg|_{t=1\,s} = 200\,\text{mm/s} \quad \dot{\theta} = 3t^2 \bigg|_{t=1\,s} = 3\,\text{rad/s}$$

$$\ddot{r} = 200 \bigg|_{t=1\,s} = 200\,\text{mm/s}^2 \quad \ddot{\theta} = 6t \bigg|_{t=1\,s} = 6\,\text{rad/s}^2.$$

Como mostrado na Figura 12.33b,

$$\mathbf{v} = \dot{r}\mathbf{u}_r + r\dot{\theta}\mathbf{u}_\theta$$

$$= 200\mathbf{u}_r + 100(3)\mathbf{u}_\theta = \{200\mathbf{u}_r + 300\mathbf{u}_\theta\} \text{ mm/s}$$

A intensidade de **v** é:

$$v = \sqrt{(200)^2 + (300)^2} = 361 \text{ mm/s} \qquad \textit{Resposta}$$

$$\delta = \text{tg}^{-1}\left(\frac{300}{200}\right) = 56{,}3° \quad \delta + 57{,}3° = 114° \qquad \textit{Resposta}$$

Como mostrado na Figura 12.33c,

$$\mathbf{a} = (\ddot{r} - r\dot{\theta}^2)\mathbf{u}_r + (r\ddot{\theta} + 2\dot{r}\dot{\theta})\mathbf{u}_\theta$$

$$= [200 - 100(3)^2]\mathbf{u}_r + [100(6) + 2(200)3]\mathbf{u}_\theta$$

$$= \{-700\mathbf{u}_r + 1800\mathbf{u}_\theta\} \text{ mm/s}^2$$

A intensidade de **a** é:

$$a = \sqrt{(-700)^2 + (1800)^2} = 1930 \text{ mm/s}^2 \qquad \textit{Resposta}$$

$$\phi = \text{tg}^{-1}\left(\frac{1800}{700}\right) = 68{,}7° \quad (180° - \phi) + 57{,}3° = 169° \qquad \textit{Resposta}$$

NOTA: a velocidade é tangente à trajetória; entretanto, a aceleração é direcionada para dentro da curvatura da trajetória, como esperado.

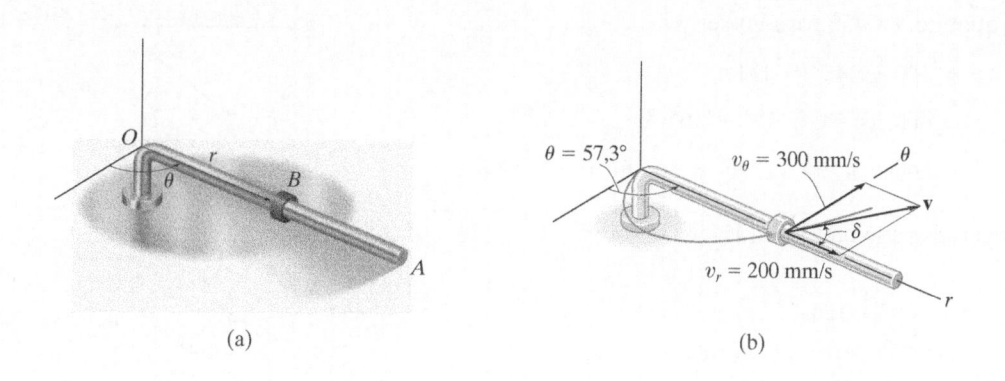

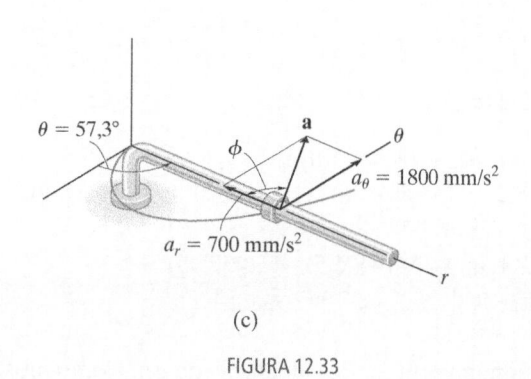

FIGURA 12.33

EXEMPLO 12.19

O holofote na Figura 12.34a joga um feixe de luz na superfície de uma parede que está localizada a 100 m do holofote. Determine as intensidades da velocidade e a aceleração nas quais o feixe parece se mover pela parede no instante $\theta = 45°$. O holofote gira com uma velocidade constante de $\dot\theta = 4$ rad/s.

SOLUÇÃO

Sistema de coordenadas

Coordenadas polares serão usadas para solucionar este problema, visto que é dada a taxa de variação angular do holofote. Para determinar as derivadas temporais, é necessário relacionar r com θ. A partir da Figura 12.34a,

$$r = 100/\cos\theta = 100\sec\theta$$

Velocidade e aceleração

Usando a regra da cadeia do cálculo e observando que $d(\sec\theta) = \sec\theta\,\text{tg}\,\theta\,d\theta$ e $d(\text{tg}\,\theta) = \sec^2\theta\,d\theta$, temos:

$$\dot r = 100(\sec\theta\,\text{tg}\,\theta)\dot\theta$$

$$\ddot r = 100(\sec\theta\,\text{tg}\,\theta)\dot\theta(\text{tg}\,\theta)\dot\theta + 100\sec\theta(\sec^2\theta)\dot\theta(\dot\theta)$$
$$\quad + 100\sec\theta\,\text{tg}\,\theta(\ddot\theta)$$
$$= 100\sec\theta\,\text{tg}^2\theta\,(\dot\theta)^2 + 100\sec^3\theta\,(\dot\theta)^2 + 100(\sec\theta\,\text{tg}\,\theta)\ddot\theta$$

Visto que $\dot\theta = 4$ rad/s = constante, então $\ddot\theta = 0$, e as equações anteriores, quando $\theta = 45°$, tornam-se:

$$r = 100\sec 45° = 141{,}4$$
$$\dot r = 400\sec 45°\,\text{tg}\,45° = 565{,}7$$
$$\ddot r = 1600\,(\sec 45°\,\text{tg}^2 45° + \sec^3 45°) = 6788{,}2$$

Como mostrado na Figura 12.34b,

$$\mathbf{v} = \dot r\mathbf{u}_r + r\dot\theta\mathbf{u}_\theta$$
$$= 565{,}7\mathbf{u}_r + 141{,}4(4)\mathbf{u}_\theta$$
$$= \{565{,}7\mathbf{u}_r + 565{,}7\mathbf{u}_\theta\}\text{ m/s}$$
$$v = \sqrt{v_r^2 + v_\theta^2} = \sqrt{(565{,}7)^2 + (565{,}7)^2}$$
$$= 800\text{ m/s} \qquad \textit{Resposta}$$

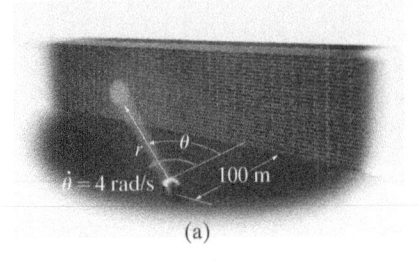

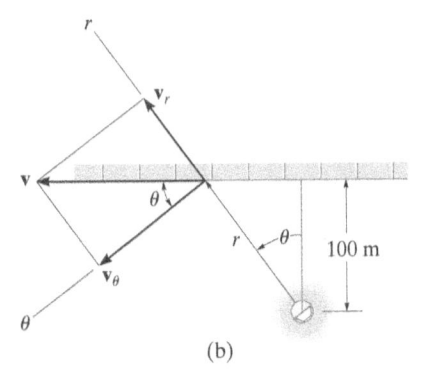

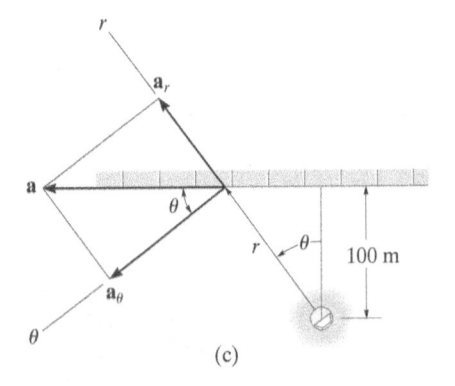

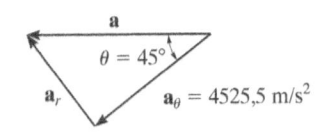

Como mostrado na Figura 12.34c,

$$\mathbf{a} = (\ddot r - r\dot\theta^2)\mathbf{u}_r + (r\ddot\theta + 2\dot r\dot\theta)\mathbf{u}_\theta$$
$$= [6788{,}2 - 141{,}4(4)^2]\mathbf{u}_r + [141{,}4(0) + 2(565{,}7)4]\mathbf{u}_\theta$$
$$= \{4525{,}5\mathbf{u}_r + 4525{,}5\mathbf{u}_\theta\}\text{ m/s}^2$$
$$a = \sqrt{a_r^2 + a_\theta^2} = \sqrt{(4525{,}5)^2 + (4525{,}5)^2}$$
$$= 6400\text{ m/s}^2 \qquad \textit{Resposta}$$

NOTA: também é possível determinar a sem ter de calcular $\ddot r$ (ou a_r). Como mostrado na Figura 12.34d, visto que $a_\theta = 4525{,}5$ m/s², então, por solução vetorial, $a = 4525{,}5/\cos 45° = 6400$ m/s².

FIGURA 12.34

EXEMPLO 12.20

Em virtude da rotação da haste bifurcada, a bola na Figura 12.35a desloca-se pela fenda, descrevendo uma trajetória que em parte está no formato de uma cardioide, $r = 0{,}15(1 - \cos\theta)$ m, em que θ é dado em radianos. Se a velocidade da bola é $v = 1{,}2$ m/s e sua aceleração é $a = 9$ m/s² no instante $\theta = 180°$, determine a velocidade angular $\dot\theta$ e a aceleração angular $\ddot\theta$ da bifurcação.

SOLUÇÃO

Sistema de coordenadas

Essa trajetória é realmente incomum, e matematicamente é mais bem expressa utilizando-se coordenadas polares, como foi feito aqui, em vez de coordenadas retangulares. Além disso, como $\dot\theta$ e $\ddot\theta$ precisam ser calculados, as coordenadas r, θ são escolhas óbvias.

Velocidade e aceleração

As derivadas temporais de r e θ podem ser determinadas utilizando-se a regra da cadeia.

$$r = 0{,}15(1 - \cos\theta)$$
$$\dot r = 0{,}15(\operatorname{sen}\theta)\dot\theta$$
$$\ddot r = 0{,}15(\cos\theta)\dot\theta(\dot\theta) + 0{,}15(\operatorname{sen}\theta)\ddot\theta$$

Avaliando esses resultados em $\theta = 180°$, temos:

$$r = 0{,}3 \text{ m} \qquad \dot r = 0 \qquad \ddot r = -0{,}15\dot\theta^2$$

Visto que $v = 1{,}2$ m/s, e utilizando a Equação 12.26, determina-se $\dot\theta$

$$v = \sqrt{(\dot r)^2 + (r\dot\theta)^2}$$
$$1{,}2 = \sqrt{(0)^2 + (0{,}3\dot\theta)^2}$$
$$\dot\theta = 4 \text{ rad/s} \qquad\qquad\qquad Resposta$$

De maneira similar, $\ddot\theta$ pode ser encontrado usando-se a Equação 12.30.

$$a = \sqrt{(\ddot r - r\dot\theta^2)^2 + (r\ddot\theta + 2\dot r\dot\theta)^2}$$
$$9 = \sqrt{[-0{,}15(4)^2 - 0{,}3(4)^2]^2 + [0{,}3\ddot\theta + 2(0)(4)]^2}$$
$$(9)^2 = (-7{,}2)^2 + 0{,}09\,\ddot\theta^2$$
$$\ddot\theta = 18 \text{ rad/s}^2 \qquad\qquad\qquad Resposta$$

Os vetores **a** e **v** são mostrados na Figura 12.35b.

NOTA: nessa posição, os eixos θ e t (tangencial) coincidirão. O eixo $+n$ (normal) está direcionado para a direita, em oposição a $+r$.

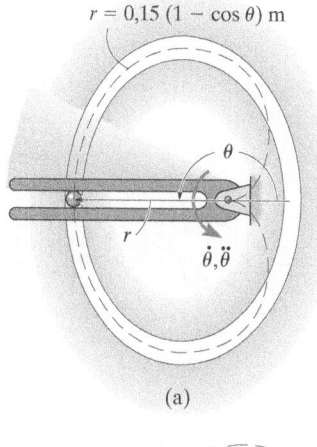

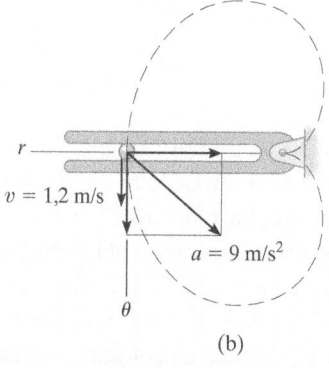

FIGURA 12.35

Problemas fundamentais

F12.33. O carro tem velocidade escalar de 15 m/s. Determine a velocidade angular $\dot{\theta}$ da linha radial OA nesse instante.

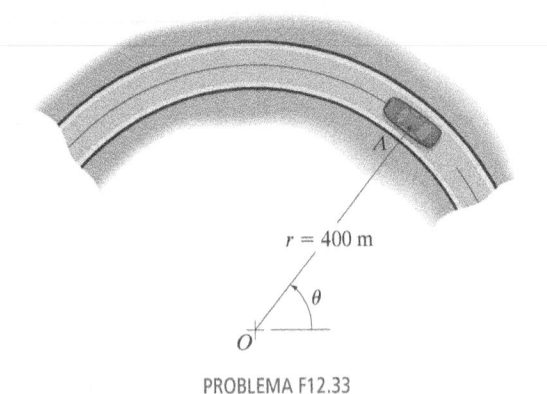

PROBLEMA F12.33

F12.34. A plataforma está girando em torno do eixo vertical de modo que em qualquer instante sua posição angular é $\theta = (4t^{3/2})$ rad, em que t é dado em segundos. Uma bola rola para fora ao longo do sulco radial de maneira que sua posição é $r = (0{,}1t^3)$, em que t é dado em segundos. Determine as intensidades de velocidade e aceleração da bola quando $t = 1{,}5$ s.

PROBLEMA F12.34

F12.35. A cavilha P é impulsionada pelo anel do garfo OA ao longo da trajetória curva descrita por $r = (2\theta)$ m. No instante $\theta = \pi/4$ rad, a velocidade angular e a aceleração angular do anel do garfo são $\dot{\theta} = 3$ rad/s e $\ddot{\theta} = 1$ rad/s². Determine a intensidade da aceleração da cavilha nesse instante.

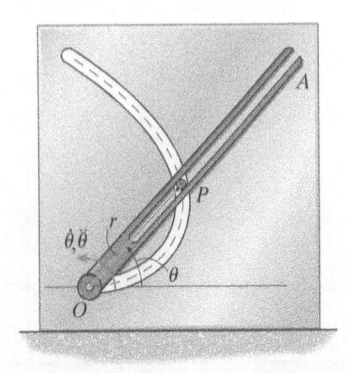

PROBLEMA F12.35

F12.36. A cavilha P é impulsionada pelo anel do garfo OA ao longo da trajetória descrita por $r = e^\theta$, em que r é dado em metros. Quando $\theta = \frac{\pi}{4}$ rad, o anel tem velocidade angular e aceleração angular de $\dot{\theta} = 2$ rad/s e $\ddot{\theta} = 4$ rad/s². Determine as componentes radiais e transversais da aceleração da cavilha nesse instante.

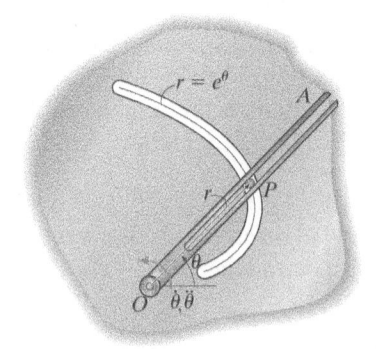

PROBLEMA F12.36

F12.37. Os anéis estão conectados por um pino em B e estão livres para se mover ao longo da haste OA e da guia curva OC, tendo o formato de uma cardioide, $r = [0{,}2(1 + \cos \theta)]$ m. Em $\theta = 30°$, a velocidade angular de OA é $\dot{\theta} = 3$ rad/s. Determine as intensidades da velocidade dos anéis nesse ponto.

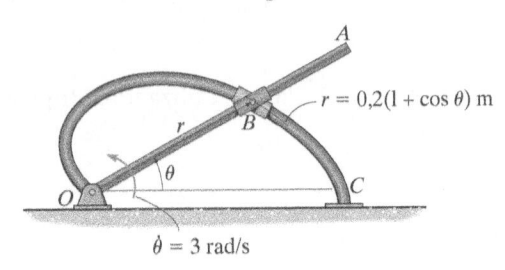

PROBLEMA F12.37

F12.38. No instante $\theta = 45°$, o atleta está correndo com velocidade escalar constante de 2 m/s. Determine a velocidade angular na qual a câmera deve girar a fim de seguir o movimento.

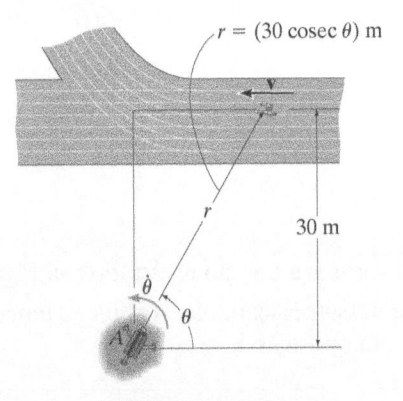

PROBLEMA F12.38

Problemas

12.155. Se a posição de uma partícula é descrita pelas coordenadas polares $r = 4(1 + \text{sen } t)$ m e $\theta = (2e^{-t})$ rad, em que t é dado em segundos e o argumento para o seno é dado em radianos, determine as componentes radial e transversal da velocidade e aceleração da partícula quando $t = 2$ s.

*12.156. Uma partícula move-se ao longo de um limaçon (ou caracol de Pascal) definido pela equação $r = b - a \cos \theta$, em que a e b são constantes. Determine as componentes radiais e transversais da velocidade e aceleração da partícula como uma função de θ e suas derivadas temporais.

12.157. Uma partícula move-se ao longo de uma trajetória circular de raio 300 mm. Se a sua velocidade angular é $\ddot{\theta} = (2t^2)$ rad/s, em que t é dado em segundos, determine a intensidade da aceleração da partícula quando $t = 2$ s.

12.158. Por um curto período de tempo, um foguete voa para cima e para a direita a uma velocidade escalar constante de 800 m/s ao longo da trajetória parabólica $y = 600 - 35x^2$. Determine as componentes radiais e transversais da velocidade do foguete no instante $\theta = 60°$, em que θ é medido em sentido anti-horário a partir do eixo x.

12.159. A caixa desce deslizando pela rampa helicoidal com velocidade escalar constante $v = 2$ m/s. Determine a intensidade de sua aceleração. A rampa desce uma distância vertical de 1 m para cada volta completa. O raio médio da rampa é $r = 0,5$ m.

*12.160. A caixa desce deslizando pela rampa helicoidal que é definida por $r = 0,5$ m, $\theta = (0,5t^3)$ rad e $z = (2 - 0,2t^2)$ m, em que t é dado em segundos. Determine as intensidades da velocidade e aceleração da caixa no instante $\theta = 2\pi$ rad.

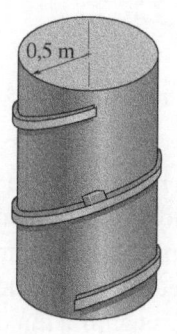

12.161. Se a posição de uma partícula é descrita pelas coordenadas polares $r = (2 \text{ sen } 2\theta)$ m e $\theta = (4t)$ rad, em que t é dado em segundos, determine as componentes radial e transversal da velocidade e aceleração da partícula quando $t = 1$ s.

12.162. Se uma partícula se move ao longo de uma trajetória tal que $r = (e^{at})$ m e $\theta = t$, em que t é dado em segundos, trace a trajetória $r = f(\theta)$ e determine as componentes radial e transversal de velocidade e aceleração.

12.163. Um rastreador de radar em O gira com velocidade angular de $\dot{\theta} = 0,1$ rad/s e aceleração angular de $\ddot{\theta} = 0,025$ rad/s^2, no instante $\theta = 45°$, enquanto acompanha o movimento do carro que trafega ao longo da pista circular com raio $r = 200$ m. Determine as intensidades de velocidade e aceleração do carro nesse instante.

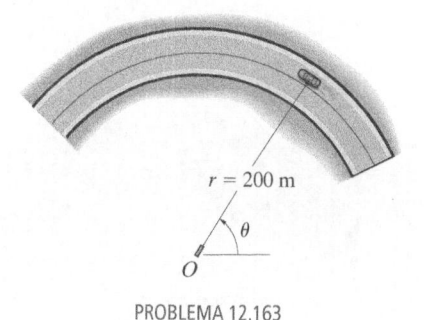

PROBLEMA 12.163

*12.164. A pequena arruela desliza para baixo na corda OA. Quando ela está no meio do caminho, sua velocidade escalar é 28 m/s e sua aceleração é 7 m/s^2. Expresse a velocidade e a aceleração da arruela nesse ponto em termos de suas componentes cilíndricas.

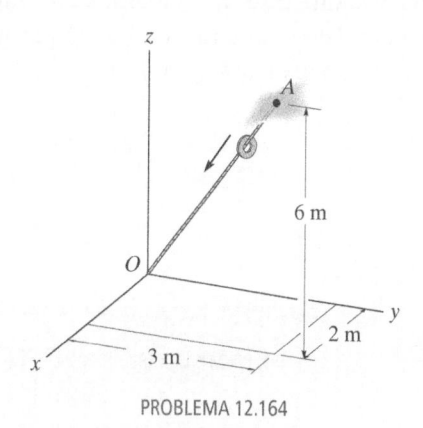

PROBLEMA 12.164

12.165. A taxa de variação de aceleração em função do tempo é conhecida como *jerk*, que é usada

PROBLEMAS 12.159 e 12.160

frequentemente como um meio de medir o desconforto do passageiro. Calcule esse vetor, $\dot{\mathbf{a}}$, em termos de suas componentes cilíndricas, usando a Equação 12.32.

12.166. Uma partícula move-se ao longo de uma trajetória circular tendo raio de 400 mm. Sua posição como uma função do tempo é dada por $\theta = (2t^2)$ rad, em que t é dado em segundos. Determine a intensidade da aceleração da partícula quando $\theta = 30°$. A partícula parte do repouso quando $\theta = 0°$.

12.167. O garfo está preso a um pino em O e, como resultado da velocidade angular constante $\dot{\theta} = 3$ rad/s, ele impulsiona a cavilha P por uma curta distância ao longo da guia espiral $r = (0{,}4\,\theta)$ m, em que θ é dado em radianos. Determine as componentes radial e transversal de velocidade e aceleração de P no instante $\theta = \pi/3$ rad.

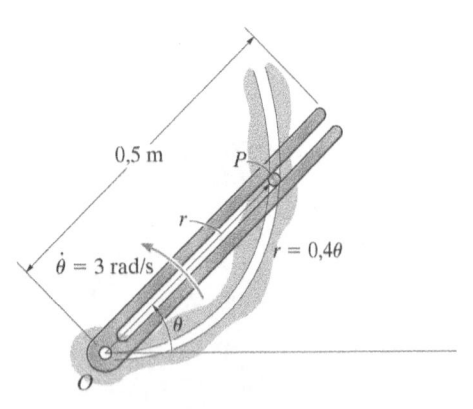

PROBLEMA 12.167

*__**12.168.** No instante mostrado, o aspersor de água está girando com velocidade angular $\dot{\theta} = 2$ rad/s e aceleração angular $\ddot{\theta} = 3$ rad/s². Se o esguicho se encontra no plano vertical e a água passa por ele a uma velocidade constante de 3 m/s, determine as intensidades de velocidade e aceleração de uma partícula de água ao sair pela abertura, $r = 0{,}2$ m.

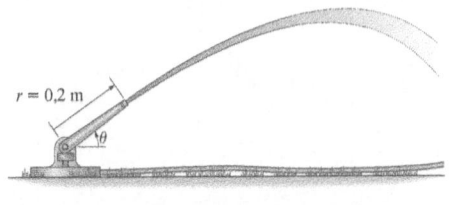

PROBLEMA 12.168

12.169. No instante mostrado, o homem está girando uma mangueira sobre sua cabeça com velocidade angular $\dot{\theta} = 2$ rad/s e aceleração angular $\ddot{\theta} =$ 3 rad/s². Se a mangueira fica em um plano horizontal e a água flui por ela a uma velocidade constante de 3 m/s, determine as intensidades de velocidade e aceleração de uma partícula de água ao sair pela abertura, $r = 1{,}5$ m.

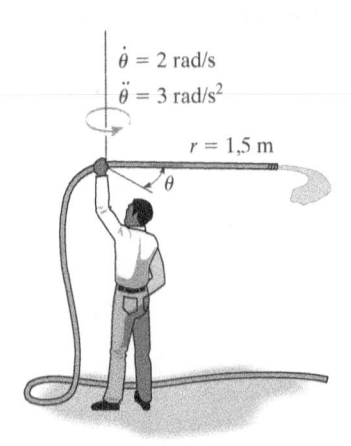

PROBLEMA 12.169

12.170. A superfície parcial da came é uma espiral logarítmica $r = (40e^{0{,}05\theta})$ mm, em que θ é dado em radianos. Se a came gira a uma velocidade angular constante de $\dot{\theta} = 4$ rad/s, determine as intensidades de velocidade e aceleração do ponto na came que contata a haste seguidora no instante $\theta = 30°$.

12.171. Resolva o Problema 12.170 se a came tem aceleração angular de $\ddot{\theta} = 2$ rad/s² quando sua velocidade angular é $\dot{\theta} = 4$ rad/s em $\theta = 30°$.

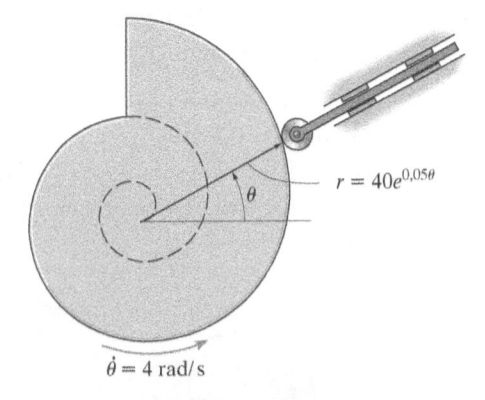

PROBLEMAS 12.170 e 12.171

*__**12.172.** Um *cameraman* parado em A está seguindo o movimento de um carro de corrida, B, que está percorrendo uma pista curva a uma velocidade constante de 30 m/s. Determine a velocidade angular $\dot{\theta}$ em que o homem precisa girar a fim de manter a câmera direcionada para o carro no instante $\theta = 30°$.

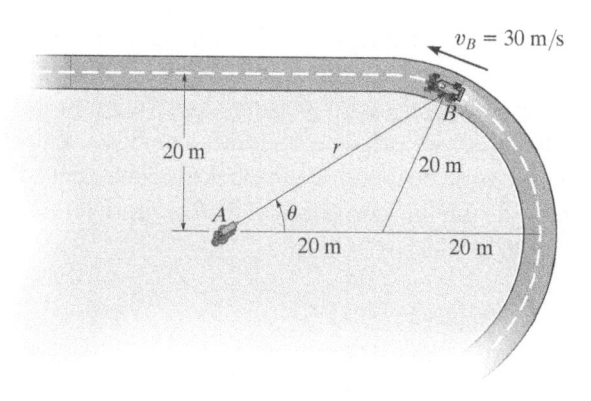

12.176. O pino segue a trajetória descrita pela equação $r = (0,2 + 0,15 \cos \theta)$ m. No instante $\theta = 30°$, $\dot\theta = 0,7$ rad/s e $\ddot\theta = 0,5$ rad/s². Determine as intensidades de velocidade e aceleração do pino nesse instante. Desconsidere o tamanho do pino.

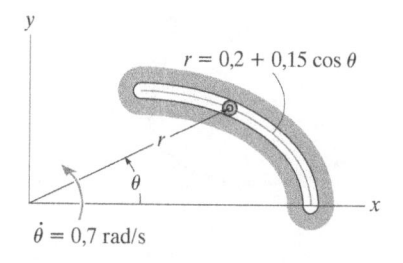

PROBLEMA 12.176

PROBLEMA 12.172

12.173. O carro percorre a pista circular com velocidade escalar constante de 20 m/s. Determine as componentes radial e transversal do carro para velocidade e aceleração no instante $\theta = \pi/4$ rad.

12.174. O carro percorre a pista circular de modo que sua componente transversal é $\theta = (0,006t^2)$ rad, em que t é dado em segundos. Determine as componentes radial e transversal do carro para velocidade e aceleração no instante $t = 4$ s.

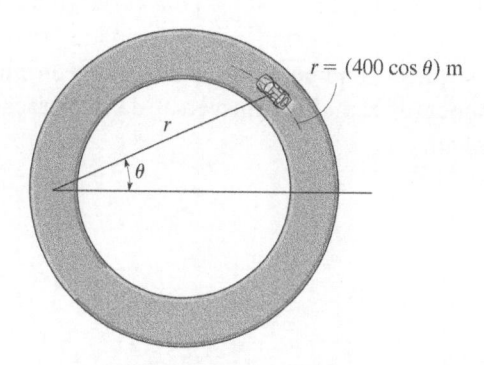

12.177. A haste OA gira no sentido horário com velocidade angular constante de 6 rad/s. Dois blocos deslizantes conectados por pinos, localizados em B, movem-se livremente sobre OA e pela barra curva, que tem um formato do limaçon descrito pela equação $r = 200(2 - \cos \theta)$ mm. Determine a velocidade dos blocos deslizantes no instante $\theta = 150°$.

12.178. Determine a intensidade da aceleração dos blocos deslizantes no Problema 12.177 quando $\theta = 150°$.

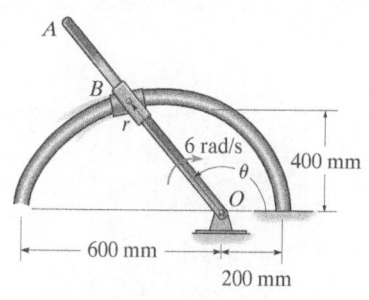

PROBLEMAS 12.173 e 12.174

12.175. Um bloco move-se para fora pela fenda na plataforma com velocidade escalar de $\dot r = (4t)$ m/s, em que t é dado em segundos. A plataforma gira a uma velocidade constante de 6 rad/s. Se o bloco parte do repouso no centro, determine as intensidades de sua velocidade e aceleração quando $t = 1$ s.

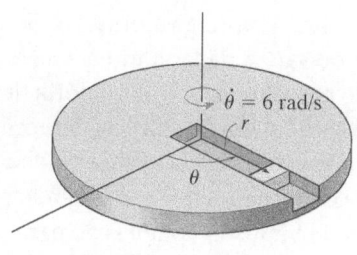

PROBLEMAS 12.177 e 12.178

12.179. A haste OA gira no sentido anti-horário com velocidade angular constante de $\dot\theta = 5$ rad/s. Dois blocos deslizantes conectados por pinos, localizados em B, movem-se livremente sobre OA e pela barra curva, cujo formato é o limaçon descrito pela equação $r = 100(2 - \cos \theta)$ mm. Determine a velocidade dos blocos deslizantes no instante $\theta = 120°$.

12.180. Determine a intensidade da aceleração dos blocos deslizantes no Problema 12.179 quando $\theta = 120°$.

PROBLEMA 12.175

74 DINÂMICA

$\dot\theta = 5$ rad/s

$r = 100(2 - \cos\theta)$ mm

PROBLEMAS 12.179 e 12.180

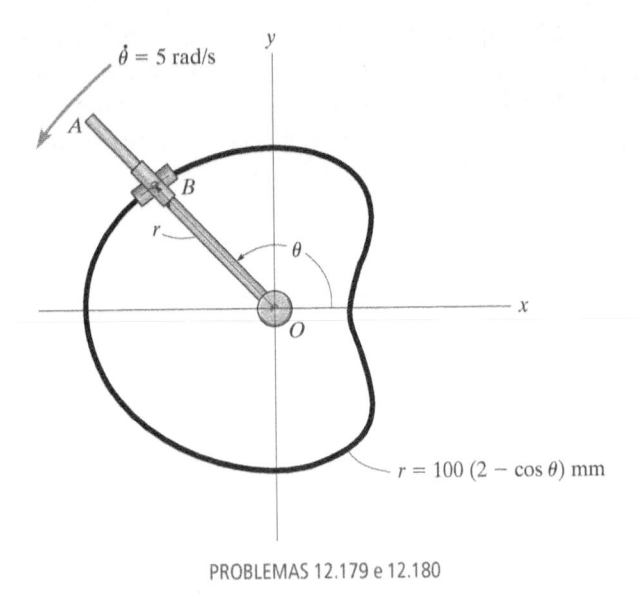

12.181. A fenda do braço AB impulsiona o pino C pela fenda espiral descrita pela equação $r = a\theta$. Se a velocidade angular é constante em $\dot\theta$, determine as componentes radiais e transversais de velocidade e aceleração do pino.

12.182. A fenda do braço AB impulsiona o pino C pela fenda espiral descrita pela equação $r = (1{,}5\,\theta)$ m, em que θ é dado em radianos. Se o braço parte do repouso quando $\theta = 60°$ e é impulsionado a uma velocidade angular de $\dot\theta = (4t)$ rad/s, em que t é dado em segundos, determine as componentes radiais e transversais de velocidade e aceleração do pino C quando $t = 1$ s.

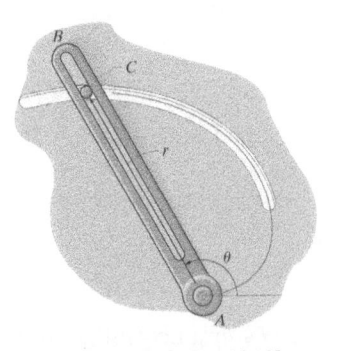

PROBLEMAS 12.181 e 12.182

12.183. Se a came gira no sentido horário com velocidade angular constante de $\dot\theta = 5$ rad/s, determine as intensidades de velocidade e aceleração da haste seguidora AB no instante $\theta = 30°$. A superfície da came tem o formato do limaçon (caracol de Pascal) definido por $r = (200 + 100 \cos\theta)$ mm.

*12.184. No instante $\theta = 30°$, a came gira com velocidade angular no sentido horário de $\dot\theta = 5$ rad/s e aceleração angular de $\ddot\theta = 6$ rad/s². Determine as intensidades de velocidade e aceleração da haste seguidora AB nesse instante. A superfície da came tem o formato de um limaçon (caracol de Pascal) definido por $r = (200 + 100 \cos\theta)$ mm.

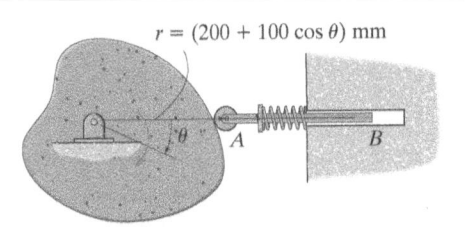

$r = (200 + 100 \cos\theta)$ mm

PROBLEMAS 12.183 e 12.184

12.185. Um caminhão trafega pela curva circular horizontal de raio $r = 60$ m com velocidade escalar constante $v = 20$ m/s. Determine a taxa de rotação angular $\dot\theta$ da linha radial r e a intensidade da aceleração do caminhão.

12.186. Um caminhão trafega pela curva circular horizontal de raio $r = 60$ m com velocidade escalar de 20 m/s, que está aumentando a 3 m/s². Determine as componentes radial e transversal da aceleração do caminhão.

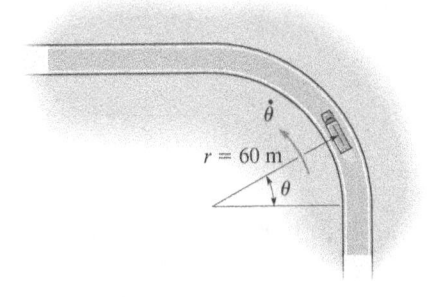

$r = 60$ m

PROBLEMAS 12.185 e 12.186

12.187. O duplo colar C está conectado por pinos de modo que um colar desliza sobre a haste fixa e o outro desliza sobre a haste giratória AB. Se a velocidade angular de AB é dada como $\dot\theta = (e^{0{,}5\,t^2})$ rad/s, em que t é dado em segundos, e a trajetória definida pela haste fixa é $r = |(0{,}4\,\mathrm{sen}\,\theta + 0{,}2)|$ m, determine as componentes radiais e transversais de velocidade e aceleração do colar quando $t = 1$ s. Quando $t = 0$, $\theta = 0$. Use a regra de Simpson com $n = 50$ para determinar θ em $t = 1$ s.

*12.188. O duplo colar C está conectado por pinos de modo que um colar desliza sobre a haste fixa e o outro desliza sobre a haste giratória AB. Se o mecanismo for projetado de modo que a maior velocidade dada ao colar seja 6 m/s, determine a velocidade angular constante exigida $\dot{\theta}$ da haste AB. A trajetória definida pela haste fixa é $r = (0{,}4 \text{ sen } \theta + 0{,}2)$ m.

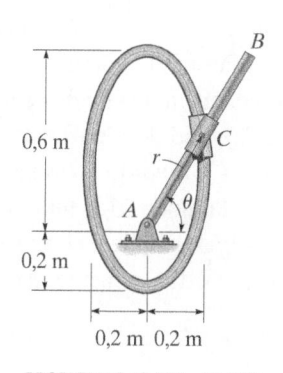

*12.192. Quando $\theta = 15°$, o carro tem velocidade escalar de 50 m/s, a qual está aumentando a 6 m/s². Determine a velocidade angular da câmera acompanhando o carro nesse instante.

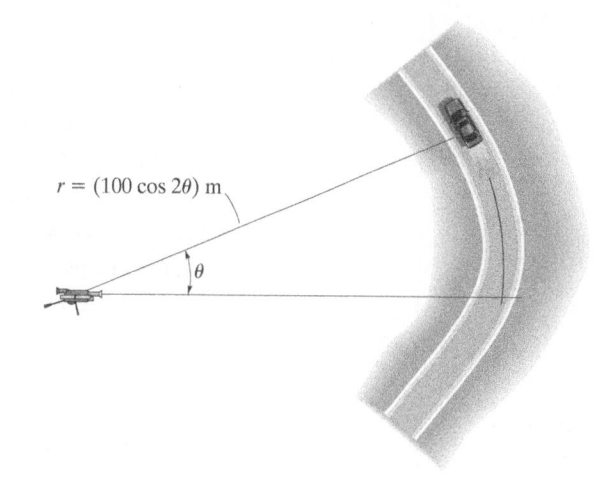

PROBLEMAS 12.187 e 12.188

$r = (100 \cos 2\theta)$ m

PROBLEMAS 12.191 e 12.192

12.189. Por uma *curta distância*, o trem viaja por um trilho com a forma de uma espiral, $r = (1000/\theta)$ m, em que θ é dado em radianos. Se ele mantém uma velocidade escalar constante $v = 20$ m/s, determine as componentes radial e transversal de sua velocidade quando $\theta = (9\pi/4)$ rad.

12.190. Por uma curta distância, o trem viaja por um trilho com a forma de uma espiral, $r = (1000/\theta)$ m, em que θ é dado em radianos. Se a velocidade angular é constante, $\dot{\theta} = 0{,}2$ rad/s, determine as componentes radial e transversal de sua velocidade e aceleração quando $\theta = (9\pi/4)$ rad.

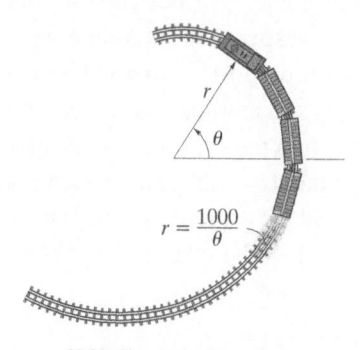

12.193. Se a placa circular gira em sentido horário com velocidade angular constante de $\dot{\theta} = 1{,}5$ rad/s, determine as intensidades de velocidade e aceleração da haste seguidora AB quando $\theta = 2/3\pi$ rad.

12.194. Quando $\theta = 2/3\pi$ rad, a velocidade angular e a aceleração angular da placa circular são $\dot{\theta} = 1{,}5$ rad/s e $\ddot{\theta} = 3$ rad/s², respectivamente. Determine as intensidades de velocidade e aceleração da haste AB nesse instante.

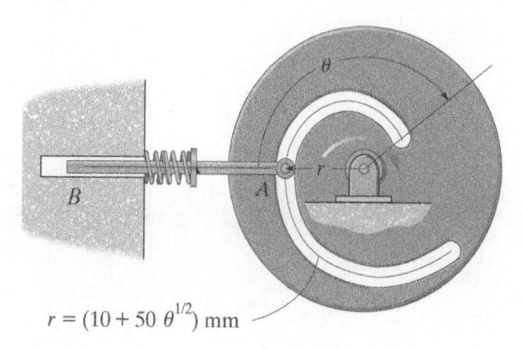

$r = \dfrac{1000}{\theta}$

PROBLEMAS 12.189 e 12.190

12.191. O motorista do carro mantém velocidade escalar constante de 40 m/s. Determine a velocidade angular da câmera acompanhando o carro quando $\theta = 15°$.

$r = (10 + 50\, \theta^{1/2})$ mm

PROBLEMAS 12.193 e 12.194

12.9 Análise de movimento absoluto dependente de duas partículas

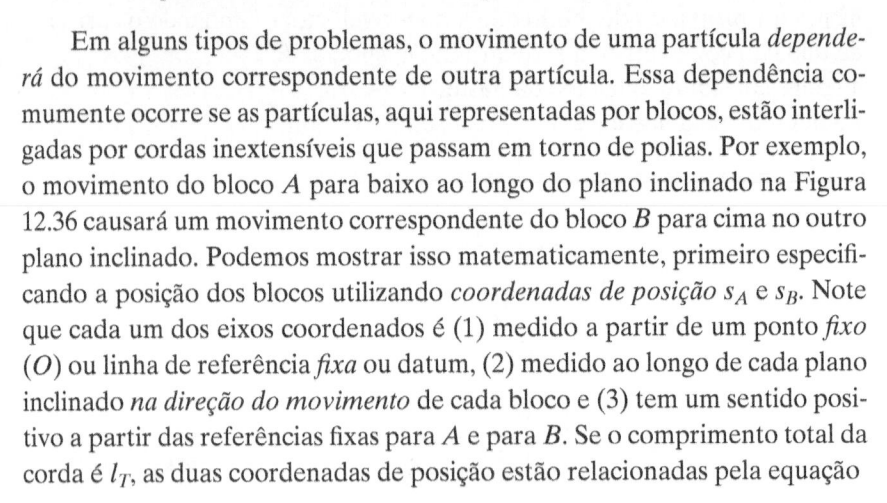

Em alguns tipos de problemas, o movimento de uma partícula *dependerá* do movimento correspondente de outra partícula. Essa dependência comumente ocorre se as partículas, aqui representadas por blocos, estão interligadas por cordas inextensíveis que passam em torno de polias. Por exemplo, o movimento do bloco A para baixo ao longo do plano inclinado na Figura 12.36 causará um movimento correspondente do bloco B para cima no outro plano inclinado. Podemos mostrar isso matematicamente, primeiro especificando a posição dos blocos utilizando *coordenadas de posição* s_A e s_B. Note que cada um dos eixos coordenados é (1) medido a partir de um ponto *fixo* (O) ou linha de referência *fixa* ou datum, (2) medido ao longo de cada plano inclinado *na direção do movimento* de cada bloco e (3) tem um sentido positivo a partir das referências fixas para A e para B. Se o comprimento total da corda é l_T, as duas coordenadas de posição estão relacionadas pela equação

$$s_A + l_{CD} + s_B = l_T$$

Aqui, l_{CD} é o comprimento da corda passando sobre o arco CD. Calculando a derivada temporal dessa expressão, percebendo que l_{CD} e l_T *permanecem constantes*, enquanto s_A e s_B medem os segmentos da corda que variam em comprimento, temos

$$\frac{ds_A}{dt} + \frac{ds_B}{dt} = 0 \quad \text{ou} \quad v_B = -v_A$$

O sinal negativo indica que, quando o bloco A tem uma velocidade para baixo, ou seja, na direção de s_A positivo, isso causa uma velocidade correspondente para cima do bloco B; isto é, B move-se na direção s_B negativa.

De modo semelhante, a derivada temporal das velocidades resulta na relação entre as acelerações, ou seja,

$$a_B = -a_A$$

Um exemplo mais complicado é mostrado na Figura 12.37a. Nesse caso, a posição do bloco A é especificada por s_A, e a posição da *extremidade* da corda a partir da qual o bloco B está suspenso é definida por s_B. Como anteriormente, escolhemos coordenadas de posição que (1) têm suas origens em pontos fixos ou de referência, (2) são medidas na direção do movimento de cada bloco, e (3) sendo s_A positivo para direita e s_B positivo para baixo. Durante o movimento, o comprimento dos segmentos cinza da corda na Figura 12.37a permanece constante. Se *l* representa o comprimento total da corda menos esses segmentos, as coordenadas de posição podem ser relacionadas pela equação

$$2s_B + h + s_A = l$$

Visto que *l* e *h* são constantes durante o movimento, as duas derivadas temporais resultam em

$$2v_B = -v_A \qquad 2a_B = -a_A$$

Por conseguinte, quando B se desloca para baixo ($+s_B$), A move-se para a esquerda ($-s_A$) com duas vezes o movimento.

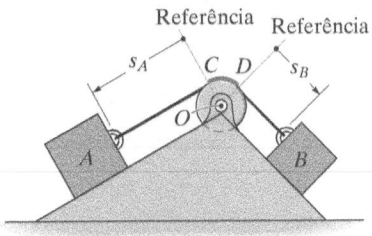

FIGURA 12.36

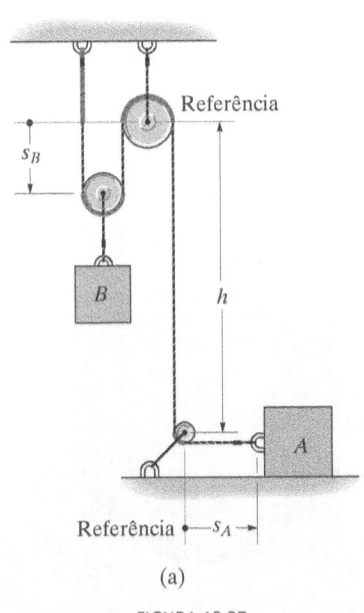

FIGURA 12.37 (a)

Este exemplo também pode ser trabalhado definindo-se a posição do bloco B a partir do centro da polia de baixo (um ponto fixo), Figura 12.37b. Neste caso,

$$2(h - s_B) + h + s_A = l$$

A derivada temporal resulta em

$$2v_B = v_A \qquad 2a_B = a_A$$

Aqui, os sinais são os mesmos. Por quê?

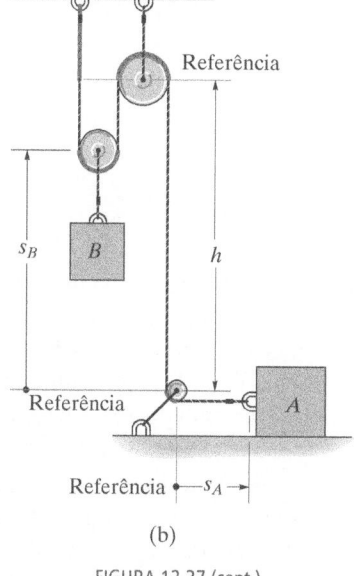

FIGURA 12.37 (cont.)

O cabo é enrolado em torno das polias nesse guindaste, a fim de reduzir a força exigida para içar uma carga.

Procedimento para análise

O método para relacionar o movimento dependente de uma partícula com o de outra partícula pode ser executado utilizando-se escalares algébricos ou coordenadas de posição, contanto que cada partícula se mova ao longo de uma trajetória retilínea. Quando isso acontece, apenas as intensidades de velocidade e aceleração das partículas variarão, ao passo que sua direção permanece inalterada.

Equação das coordenadas de posição

- Estabeleça cada coordenada de posição com uma origem posicionada em um ponto ou referência *fixa* ou datum.
- *Não é necessário* que a *origem* seja a *mesma* para cada uma das coordenadas; entretanto, é *importante* que cada eixo coordenado escolhido esteja direcionado ao longo da *trajetória de movimento* da partícula.
- Utilizando geometria ou trigonometria, relacione as coordenadas de posição ao comprimento total da corda, l_T, ou àquela porção da corda, l, que *exclui* os segmentos que não variam de comprimento à medida que a partícula se move — como segmentos de arco passando em volta de polias.
- Se um problema envolve um *sistema* de duas ou mais cordas passando em volta de polias, a posição de um ponto sobre uma corda deve ser relacionada à posição de um ponto sobre a outra corda utilizando o procedimento anteriormente descrito. Equações separadas estão escritas para um comprimento fixo de cada corda do sistema e as posições das duas partículas são, então, relacionadas por essas equações (ver exemplos 12.22 e 12.23).

Derivadas temporais

- Duas derivadas temporais sucessivas das equações de coordenadas de posições resultam nas equações de velocidade e aceleração necessárias, as quais relacionam os movimentos das partículas.
- Os sinais dos termos nessas equações serão consistentes com os que especificam o sentido positivo e negativo das coordenadas de posição.

EXEMPLO 12.21

Determine a velocidade escalar do bloco A na Figura 12.38 se o bloco B tem uma velocidade escalar para cima de 6 m/s.

SOLUÇÃO

Equação das coordenadas de posição

Neste sistema, há *uma corda* contendo segmentos que variam de comprimento. As coordenadas de posição s_A e s_B serão usadas, visto que cada uma é medida a partir de um ponto fixo (C ou D) e se estende ao longo das *trajetórias de movimento* de cada bloco. Em particular, s_B está direcionado para o ponto E, já que o movimento de B e E é o mesmo.

Os segmentos da corda em cinza na Figura 12.38 permanecem com o comprimento constante e não têm de ser considerados quando os blocos se movem. O comprimento restante da corda, l, também é constante e está relacionado com as variações das coordenadas de posição s_A e s_B pela equação

$$s_A + 3s_B = l$$

Derivada temporal

Calculando-se a derivada temporal, obtém-se

$$v_A + 3v_B = 0$$

de maneira que, quando $v_B = -6$ m/s (para cima),

$$v_A = 18 \text{ m/s} \downarrow \qquad \qquad \textit{Resposta}$$

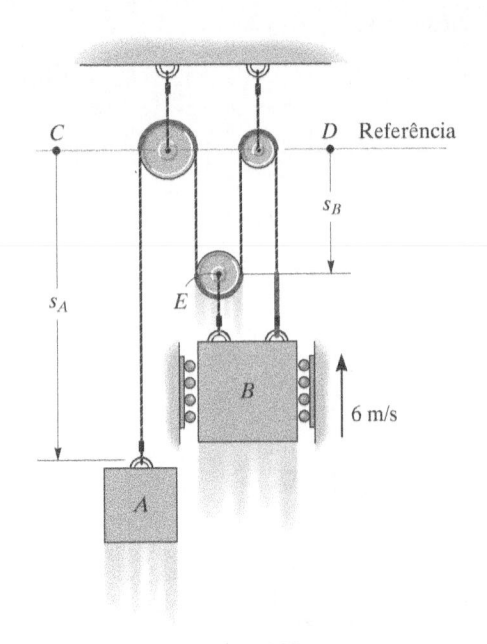

FIGURA 12.38

EXEMPLO 12.22

Determine a velocidade escalar de A na Figura 12.39 se B tem uma velocidade escalar para cima de 6 m/s.

SOLUÇÃO

Equação das coordenadas de posição

Como mostrado, as posições dos blocos A e B são definidas utilizando-se as coordenadas s_A e s_B. Visto que os sistemas têm *duas cordas* com segmentos que variam de comprimento, será necessário utilizar uma terceira coordenada, s_C, a fim de relacionar s_A com s_B. Em outras palavras, o comprimento de uma das cordas pode ser expresso em termos de s_A e s_C, e o comprimento da outra corda pode ser expresso em termos de s_B e s_C.

Os segmentos das cordas em cinza na Figura 12.39 não têm de ser considerados na análise. Por quê? Para os comprimentos de cordas restantes, digamos l_1 e l_2, temos:

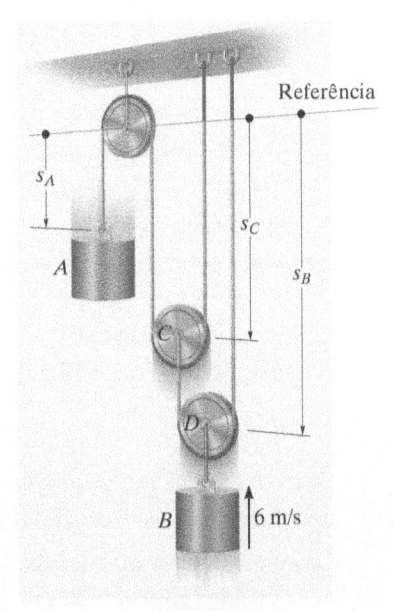

$$s_A + 2s_C = l_1 \qquad \qquad s_B + (s_B - s_C) = l_2$$

FIGURA 12.39

Derivada temporal

Calculando a derivada temporal destas equações, obtém-se

$$v_A + 2v_C = 0 \qquad 2v_B - v_C = 0$$

Eliminando-se v_C, produz-se a relação entre os movimentos de cada cilindro.

$$v_A + 4v_B = 0$$

de maneira que, quando $v_B = -6$ m/s (para cima),

$$v_A = +24 \text{ m/s} = 24 \text{ m/s} \downarrow \qquad \textit{Resposta}$$

EXEMPLO 12.23

Determine a velocidade escalar do bloco B na Figura 12.40 se a extremidade da corda em A é puxada para baixo com uma velocidade escalar de 2 m/s.

SOLUÇÃO

Equação das coordenadas de posição

A posição do ponto A é definida por s_A, e a posição do bloco B é especificada por s_B, visto que o ponto E na polia terá o *mesmo movimento* do bloco. Ambas as coordenadas são medidas a partir de uma referência horizontal passando pelo pino *fixo* na polia D. Uma vez que o sistema consiste em *duas* cordas, as coordenadas s_A e s_B não podem ser relacionadas diretamente. Em vez disso, estabelecendo-se uma terceira coordenada de posição, s_C, podemos agora expressar o comprimento de uma das cordas em termos de s_B e s_C, e o comprimento da outra corda em termos de s_A, s_B e s_C.

Excluindo os segmentos das cordas cinza na Figura 12.40, os comprimentos de corda constantes que restam, l_1 e l_2 (com as dimensões do gancho e do elo), podem ser expressos como

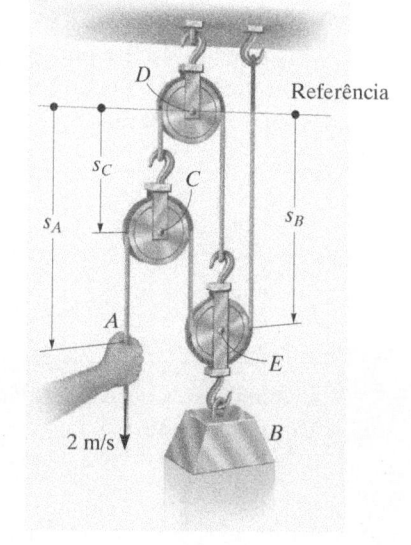

FIGURA 12.40

$$s_C + s_B = l_1$$

$$(s_A - s_C) + (s_B - s_C) + s_B = l_2$$

Derivada temporal

A derivada temporal de cada equação fornece

$$v_C + v_B = 0$$

$$v_A - 2v_C + 2v_B = 0$$

Eliminando v_C, obtemos:

$$v_A + 4\,v_B = 0$$

de maneira que $v_A = 2$ m/s (para baixo),

$$v_B = -0,5 \text{ m/s} = 0,5 \text{ m/s} \uparrow \qquad \textit{Resposta}$$

EXEMPLO 12.24

Um homem em A está içando um cofre S, como mostrado na Figura 12.41, ao caminhar para a direita com uma velocidade constante $v_A = 0{,}5$ m/s. Determine a velocidade e a aceleração do cofre quando ele alcança a altura de 10 m. A corda tem 30 m de comprimento e passa sobre uma pequena polia em D.

SOLUÇÃO

Equação das coordenadas de posição

Este problema é diferente dos exemplos anteriores, pois o segmento de corda DA varia *tanto a direção quanto a intensidade*. Entretanto, as extremidades da corda, que definem as posições de C e A, são especificadas por meio das coordenadas x e y, visto que elas têm de ser medidas a partir de um ponto fixo e *direcionadas ao longo das trajetórias de movimento* das extremidades da corda.

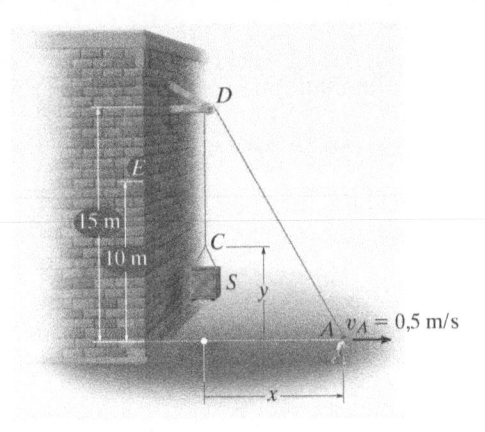

FIGURA 12.41

As coordenadas x e y podem ser relacionadas, já que a corda tem comprimento fixo $l = 30$ m, que em todos os momentos é igual ao comprimento do segmento DA mais CD. Utilizando o teorema de Pitágoras para determinar l_{DA}, temos $l_{DA} = \sqrt{(15)^2 + x^2}$; da mesma forma, $l_{CD} = 15 - y$. Por conseguinte,

$$l = l_{DA} + l_{CD}$$

$$30 = \sqrt{(15)^2 + x^2} + (15 - y)$$

$$y = \sqrt{225 + x^2} - 15 \tag{1}$$

Derivada temporal

Calculando-se a derivada temporal, utilizando a regra da cadeia (ver Apêndice C), em que $v_S = dy/dt$ e $v_A = dx/dt$, obtém-se

$$v_S = \frac{dy}{dt} = \left[\frac{1}{2}\frac{2x}{\sqrt{225+x^2}}\right]\frac{dx}{dt}$$

$$= \frac{x}{\sqrt{225+x^2}} v_A \tag{2}$$

Em $y = 10$ m, x é determinado a partir da Equação 1, ou seja, $x = 20$ m. Por conseguinte, a partir da Equação 2, com $v_A = 0{,}5$ m/s,

$$v_S = \frac{20}{\sqrt{225 + (20)^2}}(0{,}5) = 0{,}4 \text{ m/s} = 400 \text{ mm/s} \uparrow \qquad \textit{Resposta}$$

A aceleração é determinada calculando-se a derivada temporal da Equação 2. Visto que v_A é constante, então $a_A = dv_A/dt = 0$, e temos

$$a_S = \frac{d^2y}{dt^2} = \left[\frac{-x(dx/dt)}{(225+x^2)^{3/2}}\right]xv_A + \left[\frac{1}{\sqrt{225+x^2}}\right]\left(\frac{dx}{dt}\right)v_A + \left[\frac{1}{\sqrt{225+x^2}}\right]x\frac{dv_A}{dt} = \frac{225v_A^2}{(225+x^2)^{3/2}}$$

Em $x = 20$ m, com $v_A = 0{,}5$ m/s, a aceleração torna-se

$$a_S = \frac{225(0{,}5 \text{ m/s})^2}{[225 + (20 \text{ m})^2]^{3/2}} = 0{,}00360 \text{ m/s}^2 = 3{,}60 \text{ mm/s}^2 \uparrow \qquad \textit{Resposta}$$

NOTA: a velocidade constante em A faz com que a outra extremidade C da corda tenha uma aceleração, visto que $\mathbf{v}_A$ faz com que o segmento DA varie sua direção, assim como seu comprimento.

12.10 Movimento relativo de duas partículas usando eixos de translação

Ao longo deste capítulo, o movimento absoluto de uma partícula tem sido determinado usando-se um único sistema de referência fixo. Porém, existem muitos casos nos quais a trajetória do movimento para uma partícula é complicada, de maneira que pode ser mais fácil analisar o movimento em partes, utilizando dois ou mais sistemas de referência. Por exemplo, o movimento de uma partícula localizada na extremidade da hélice de um avião, enquanto o avião está em voo, é mais facilmente descrito se primeiro observarmos o movimento de um avião a partir de uma referência fixa e em seguida superpusermos (vetorialmente) o movimento circular da partícula medida a partir de uma referência fixada ao avião.

Nesta seção, *sistemas de referência de translação* serão considerados para as análises.

Posição

Considere as partículas A e B, as quais se movem ao longo de trajetórias arbitrárias mostradas na Figura 12.42. A *posição absoluta* de cada partícula, $\mathbf{r}_A$ e $\mathbf{r}_B$, é medida a partir da origem comum O do sistema de referência x, y, z fixo. A origem de um segundo sistema de referência x', y', z' está fixada à partícula A e move-se com ela. Os eixos desse sistema *podem realizar apenas translação* em relação a um sistema fixo. A posição de B medida em relação a A é denotada pelo *vetor posição relativa* $\mathbf{r}_{B/A}$. Utilizando-se a adição de vetores, os três vetores mostrados na Figura 12.42 podem ser relacionados pela equação

$$\mathbf{r}_B = \mathbf{r}_A + \mathbf{r}_{B/A} \qquad (12.33)$$

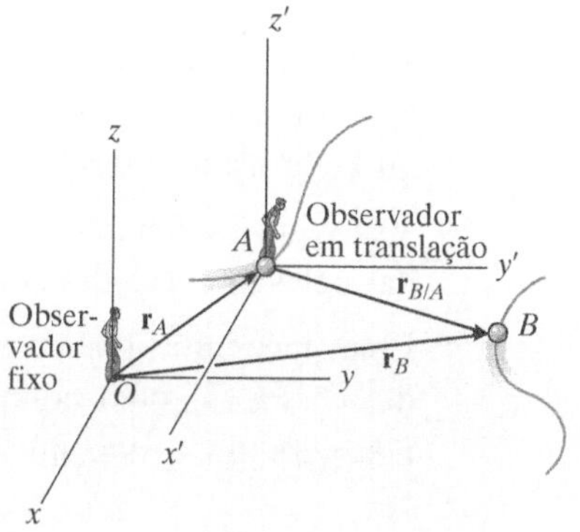

Velocidade

Uma equação que relaciona as velocidades das partículas é determinada calculando-se as derivadas temporais da equação anterior; ou seja,

$$\mathbf{v}_B = \mathbf{v}_A + \mathbf{v}_{B/A} \qquad (12.34)$$

Aqui, $\mathbf{v}_B = d\mathbf{r}_B/dt$ e $\mathbf{v}_A = d\mathbf{r}_A/dt$ referem-se às *velocidades absolutas*, visto que elas são observadas a partir de um sistema fixo; ao passo que a *velocidade relativa* $\mathbf{v}_{B/A} = d\mathbf{r}_{B/A}/dt$ é observada a partir do sistema de translação. É importante observar que, tendo em vista que os eixos x', y', z' transladam, as *componentes* de $\mathbf{r}_{B/A}$ não variam a direção e, portanto, a derivada temporal dessas componentes terá apenas de levar em consideração a variação em suas intensidades. A Equação 12.34 estabelece, portanto, que a velocidade de B é igual à velocidade de A mais (vetorialmente) a velocidade de "B em relação a A", como medido pelo *observador em translação* fixo no sistema de referência x', y', z'.

Aceleração

A derivada temporal da Equação 12.34 produz uma relação vetorial similar entre as *acelerações absoluta* e *relativa* das partículas A e B.

FIGURA 12.42

82 DINÂMICA

$$\mathbf{a}_B = \mathbf{a}_A + \mathbf{a}_{B/A} \qquad (12.35)$$

Aqui, $\mathbf{a}_{B/A}$ é a aceleração de B como vista pelo observador localizado em A e realizando uma translação com o sistema de referência x', y', z'.*

Os pilotos desses aviões acrobáticos precisam estar cientes de suas posições e velocidades relativas o tempo inteiro, a fim de evitar uma colisão.

Procedimento para análise

- Ao aplicar as equações de velocidade e aceleração relativas, primeiro é necessário especificar a partícula A que é a origem dos eixos de translação x', y', z'. Normalmente, esse ponto tem uma velocidade ou aceleração *conhecida*.

- Visto que a soma de vetores forma um triângulo, pode haver no máximo *duas incógnitas*, representadas pelas intensidades e/ou direções das quantidades vetoriais.

- Essas incógnitas podem ser determinadas graficamente, utilizando trigonometria (lei dos senos, lei dos cossenos), ou decompondo cada um dos três vetores em componentes retangulares ou cartesianos, gerando, assim, um conjunto de equações escalares.

EXEMPLO 12.25

Um trem viaja a uma velocidade escalar constante de 60 km/h e cruza uma estrada, como mostrado na Figura 12.43a. Se o automóvel A está se deslocando a 45 km/h ao longo da estrada, determine a intensidade e a direção da velocidade vetorial do trem em relação ao automóvel.

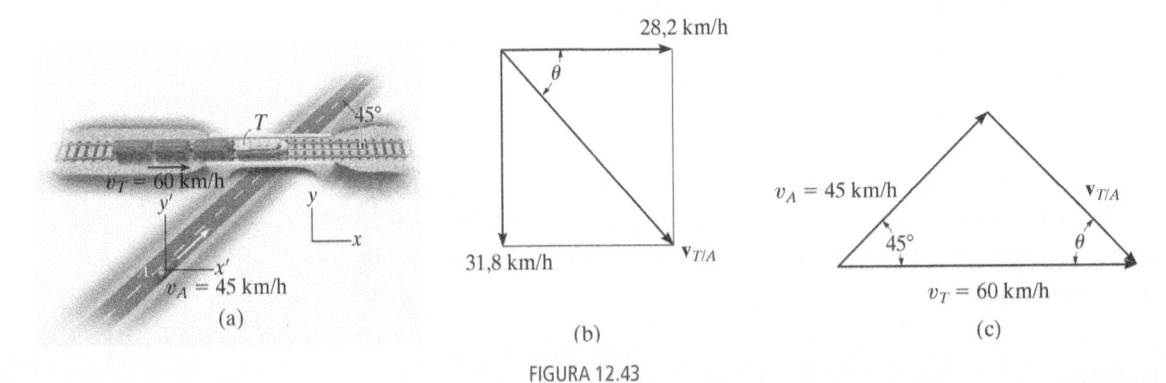

FIGURA 12.43

---

* Uma maneira fácil de lembrar a configuração dessas equações é observar o "cancelamento" do subscrito A entre os dois termos, por exemplo, $\mathbf{a}_B = \mathbf{a}_{\cancel{A}} + \mathbf{a}_{B/\cancel{A}}$.

SOLUÇÃO I
Análise vetorial

A velocidade relativa $\mathbf{v}_{T/A}$ é medida a partir dos eixos de translação x', y' ligados ao automóvel (Figura 12.43a). Ela é determinada por $\mathbf{v}_T = \mathbf{v}_A + \mathbf{v}_{T/A}$. Visto que $\mathbf{v}_T$ e $\mathbf{v}_A$ são conhecidas *tanto* em sua intensidade *quanto* em sua direção, as incógnitas tornam-se as componentes x e y de $\mathbf{v}_{T/A}$. Utilizando os eixos x, y na Figura 12.43a, temos

$$\mathbf{v}_T = \mathbf{v}_A + \mathbf{v}_{T/A}$$
$$60\mathbf{i} = (45\cos 45°\mathbf{i} + 45\operatorname{sen} 45°\mathbf{j}) + \mathbf{v}_{T/A}$$
$$\mathbf{v}_{T/A} = \{28{,}2\mathbf{i} - 31{,}8\mathbf{j}\} \text{ km/h}$$

Portanto, a intensidade de $\mathbf{v}_{T/A}$ é

$$v_{T/A} = \sqrt{(28{,}2)^2 + (-31{,}8)^2} = 42{,}5 \text{ km/h} \qquad \textit{Resposta}$$

Da direção de cada componente (Figura 12.43b), a direção de $\mathbf{v}_{T/A}$ é

$$\operatorname{tg}\theta = \frac{(v_{T/A})_y}{(v_{T/A})_x} = \frac{31{,}8}{28{,}2}$$
$$\theta = 48{,}5° \qquad \textit{Resposta}$$

Observe que a soma de vetores mostrada na Figura 12.43b indica o sentido correto para $\mathbf{v}_{T/A}$. Esta figura antecipa a resposta e pode ser usada para verificá-la.

SOLUÇÃO II
Análise escalar

As componentes incógnitas de $\mathbf{v}_{T/A}$ também podem ser determinadas aplicando-se uma análise escalar. Vamos supor que essas componentes atuem nas direções x e y *positivas*. Assim,

$$\mathbf{v}_T = \mathbf{v}_A + \mathbf{v}_{T/A}$$

$$\begin{bmatrix} 60 \text{ km/h} \\ \rightarrow \end{bmatrix} = \begin{bmatrix} 45 \text{ km/h} \\ a^{45°} \end{bmatrix} + \begin{bmatrix} (v_{T/A})_x \\ \rightarrow \end{bmatrix} + \begin{bmatrix} (v_{T/A})_y \\ \uparrow \end{bmatrix}$$

Decompondo cada vetor em suas componentes x e y, obtém-se

($\xrightarrow{+}$) $\qquad 60 = 45\cos 45° + (v_{T/A})_x + 0$
($+\uparrow$) $\qquad 0 = 45\operatorname{sen} 45° + 0 + (v_{T/A})_y$

Resolvendo, obtemos os resultados anteriores,

$$(v_{T/A})_x = 28{,}2 \text{ km/h} = 28{,}2 \text{ km/h} \rightarrow$$
$$(v_{T/A})_y = -31{,}8 \text{ km/h} = 31{,}8 \text{ km/h} \downarrow$$

EXEMPLO 12.26

O avião A na Figura 12.44a está voando ao longo de uma trajetória em linha reta, enquanto o avião B está voando ao longo de uma trajetória circular tendo um raio de curvatura de $\rho_B = 400$ km. Determine a velocidade e a aceleração de B conforme observado pelo piloto de A.

SOLUÇÃO

Velocidade

As origens dos eixos x e y estão localizadas em um ponto fixo arbitrário. Visto que o movimento relativo ao avião A ainda precisa ser determinado, o *sistema de referência de translação* x', y' está ligado a ele (Figura 12.44a). Aplicando a equação de velocidade relativa na forma escalar, uma vez que os vetores de velocidade de ambos os aviões são paralelos no instante mostrado, temos

$$(+\uparrow) \qquad v_B = v_A + v_{B/A}$$
$$600 \text{ km/h} = 700 \text{ km/h} + v_{B/A}$$
$$v_{B/A} = -100 \text{ km/h} = 100 \text{ km/h} \downarrow \qquad \textit{Resposta}$$

A soma de vetores é mostrada na Figura 12.44b.

Aceleração

O avião B tem ambas as componentes — tangencial e normal — da aceleração, visto que está voando ao longo de uma *trajetória curva*. Da Equação 12.20, a intensidade da componente normal é

$$(a_B)_n = \frac{v_B^2}{\rho} = \frac{(600 \text{ km/h})^2}{400 \text{ km}} = 900 \text{ km/h}^2$$

Aplicando-se a equação de aceleração relativa, obtém-se

$$\mathbf{a}_B = \mathbf{a}_A + \mathbf{a}_{B/A}$$
$$900\mathbf{i} - 100\mathbf{j} = 50\mathbf{j} + \mathbf{a}_{B/A}$$

Assim,

$$\mathbf{a}_{B/A} = \{900\mathbf{i} - 150\mathbf{j}\} \text{ km/h}^2$$

Portanto, da Figura 12.44c, a intensidade e direção de $\mathbf{a}_{B/A}$ são

$$a_{B/A} = 912 \text{ km/h}^2 \qquad \theta = \text{tg}^{-1}\frac{150}{900} = 9{,}46° \qquad \textit{Resposta}$$

NOTA: a solução para este problema foi possível utilizando-se um sistema de referência de translação, visto que o piloto no avião A está "transladando". Entretanto, a observação do movimento do avião A em relação ao piloto do avião B deve ser obtida utilizando-se um sistema de eixos *rotativos* preso ao avião B. (Isso leva em conta, é claro, que o piloto do avião B está fixo no sistema rotativo, de maneira que ele não vira seus olhos para acompanhar o movimento de A.) A análise para este caso é dada no Exemplo 16.20.

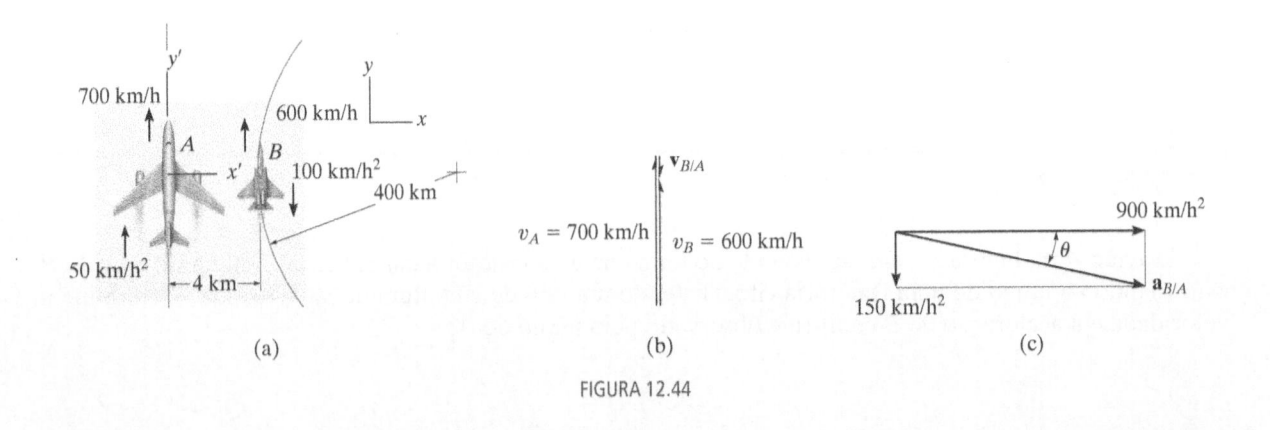

FIGURA 12.44

EXEMPLO 12.27

No instante mostrado na Figura 12.45a, os carros A e B estão viajando com velocidades escalares de 18 m/s e 12 m/s, respectivamente. Também nesse instante, A tem uma redução na velocidade escalar de 2 m/s², e B tem um aumento na velocidade escalar de 3 m/s². Determine a velocidade vetorial e a aceleração de B em relação a A.

SOLUÇÃO

Velocidade

Os eixos fixos x, y estão estabelecidos em um ponto arbitrário no solo e os eixos de translação x', y' estão presos ao carro A, Figura 12.45a. Por quê? A velocidade relativa é determinada a partir de $\mathbf{v}_B = \mathbf{v}_A + \mathbf{v}_{B/A}$. Quais são as incógnitas? Utilizando uma análise vetorial cartesiana, temos:

$$\mathbf{v}_B = \mathbf{v}_A + \mathbf{v}_{B/A}$$
$$-12\mathbf{j} = (-18\cos 60°\mathbf{i} - 18\sin 60°\mathbf{j}) + \mathbf{v}_{B/A}$$
$$\mathbf{v}_{B/A} = \{9\mathbf{i} + 3{,}588\mathbf{j}\} \text{ m/s}$$

Assim,

$$v_{B/A} = \sqrt{(9)^2 + (3{,}588)^2} = 9{,}69 \text{ m/s} \qquad \textit{Resposta}$$

Observando que $\mathbf{v}_{B/A}$ tem componentes $+\mathbf{i}$ e $+\mathbf{j}$ (Figura 12.45b), sua direção é

$$\text{tg } \theta = \frac{(v_{B/A})_y}{(v_{B/A})_x} = \frac{3{,}588}{9}$$
$$\theta = 21{,}7° \qquad \textit{Resposta}$$

Aceleração

O carro B tem as componentes tangencial e normal da aceleração. Por quê? A intensidade da componente normal é

$$(a_B)_n = \frac{v_B^2}{\rho} = \frac{(12 \text{ m/s})^2}{100 \text{ m}} = 1{,}440 \text{ m/s}^2$$

Aplicando a equação para a aceleração relativa, obtém-se

$$\mathbf{a}_B = \mathbf{a}_A + \mathbf{a}_{B/A}$$
$$(-1{,}440\mathbf{i} - 3\mathbf{j}) = (2\cos 60°\mathbf{i} + 2\sin 60°\mathbf{j}) + \mathbf{a}_{B/A}$$
$$\mathbf{a}_{B/A} = \{-2{,}440\mathbf{i} - 4{,}732\mathbf{j}\} \text{ m/s}^2$$

Aqui, $\mathbf{a}_{B/A}$ tem componentes $-\mathbf{i}$ e $-\mathbf{j}$. Assim, da Figura 12.45c,

$$a_{B/A} = \sqrt{(2{,}440)^2 + (4{,}732)^2} = 5{,}32 \text{ m/s}^2 \qquad \textit{Resposta}$$
$$\text{tg } \phi = \frac{(a_{B/A})_y}{(a_{B/A})_x} = \frac{4{,}732}{2{,}440}$$
$$\phi = 62{,}7° \qquad \textit{Resposta}$$

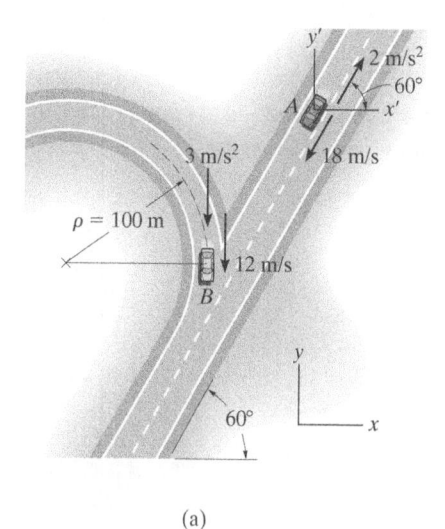

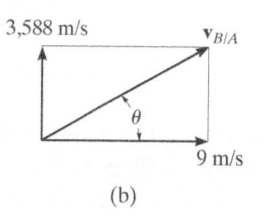

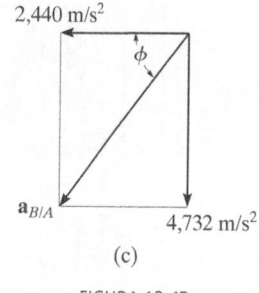

FIGURA 12.45

NOTA: podemos obter a aceleração relativa $\mathbf{a}_{A/B}$ utilizando este método? Veja o comentário feito no fim do Exemplo 12.26.

Problemas fundamentais

F12.39. Determine a velocidade escalar do bloco D se a extremidade A da corda for puxada para baixo com velocidade escalar $v_A = 3$ m/s.

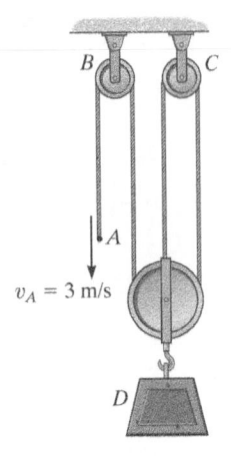

PROBLEMA F12.39

F12.40. Determine a velocidade escalar do bloco A se a extremidade B da corda for puxada para baixo com uma velocidade escalar de 6 m/s.

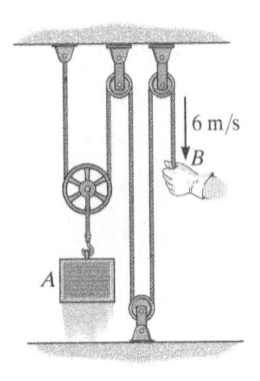

PROBLEMA F12.40

F12.41. Determine a velocidade escalar do bloco A se a extremidade B da corda for puxada para baixo com uma velocidade escalar de 1,5 m/s.

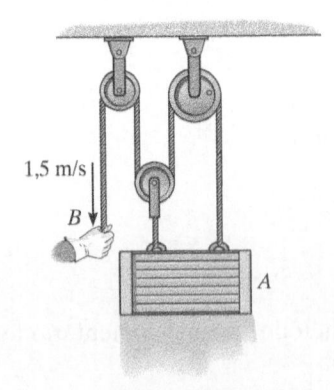

PROBLEMA F12.41

F12.42. Determine a velocidade escalar do bloco A se a extremidade F da corda for puxada para baixo com uma velocidade escalar $v_F = 3$ m/s.

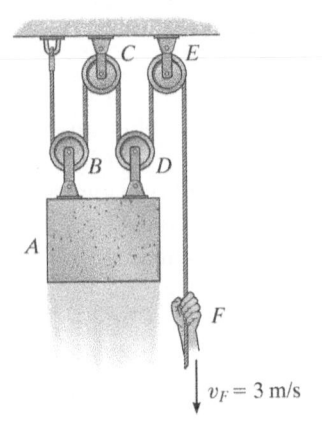

PROBLEMA F12.42

F12.43. Determine a velocidade escalar do carro A se o ponto P no cabo tem uma velocidade escalar de 4 m/s quando o motor M enrola o cabo.

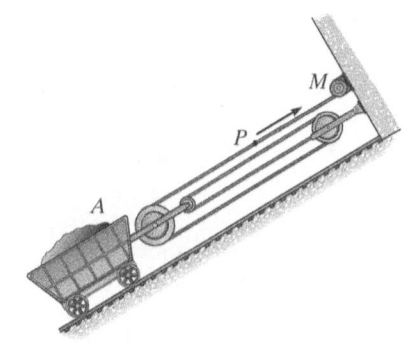

PROBLEMA F12.43

F12.44. Determine a velocidade escalar do cilindro B se o cilindro A se desloca para baixo com uma velocidade escalar $v_A = 4$ m/s.

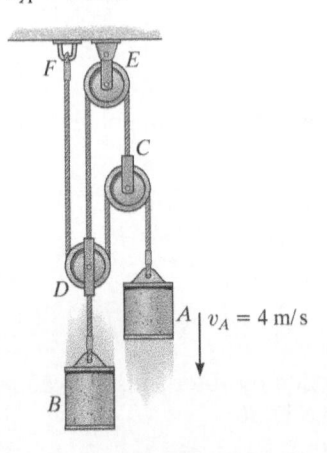

PROBLEMA F12.44

F12.45. O carro A está viajando com uma velocidade escalar constante de 80 km/h na direção norte, enquanto o carro B está viajando com uma velocidade escalar constante de 100 km/h na direção leste. Determine a velocidade do carro B em relação ao carro A.

F12.47. Os barcos A e B viajam com velocidade escalar constante $v_A = 15$ m/s e $v_B = 10$ m/s quando deixam o cais em O ao mesmo tempo. Determine a distância entre eles quando $t = 4$ s.

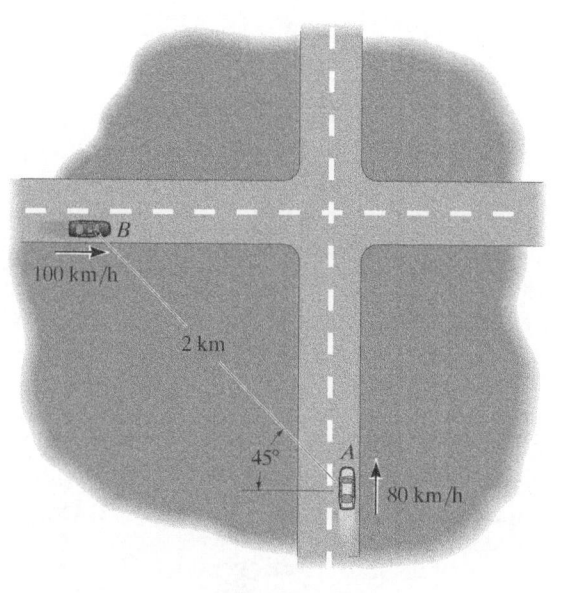

PROBLEMA F12.45

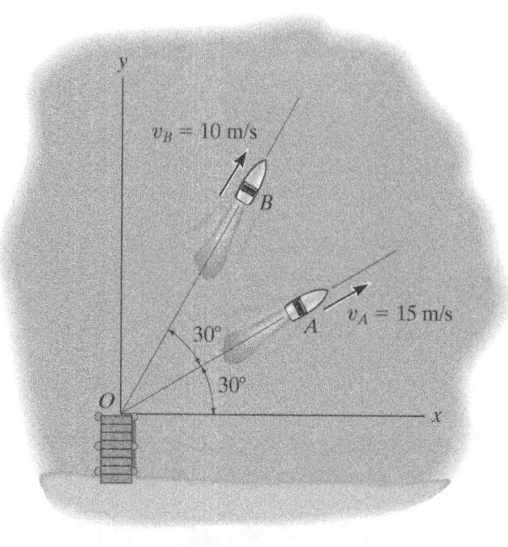

PROBLEMA F12.47

F12.46. Dois aviões A e B estão se movendo com as velocidades constantes mostradas. Determine a intensidade e a direção da velocidade do avião B em relação ao avião A.

F12.48. No instante mostrado, os carros A e B estão se deslocando com as velocidades escalares mostradas. Se B está acelerando a 1200 km/h² enquanto A mantém uma velocidade escalar constante, determine a velocidade e a aceleração de A em relação a B.

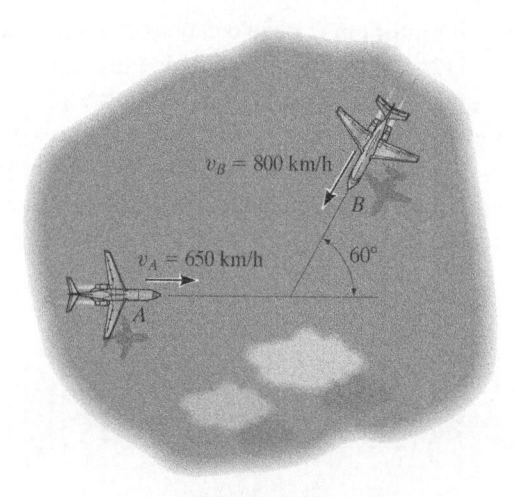

PROBLEMA F12.46

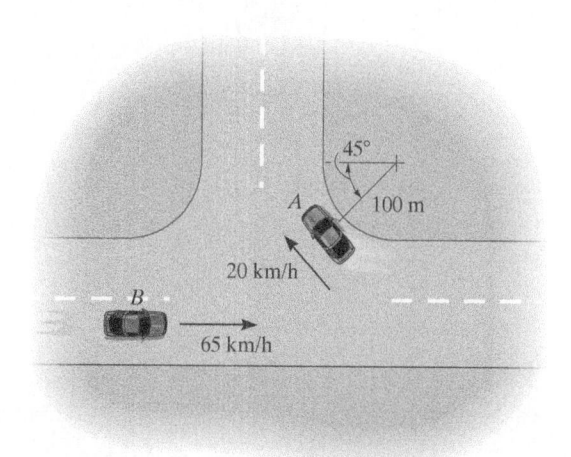

PROBLEMA F12.48

Problemas

12.195. Se a extremidade A da corda se move para baixo com uma velocidade escalar de 5 m/s, determine a velocidade escalar com que o cilindro B sobe.

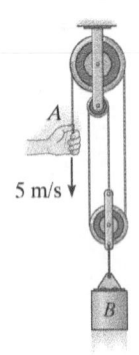

PROBLEMA 12.195

*12.196. Determine o deslocamento do tronco se o caminhão em C puxa o cabo 1,2 m para a direita.

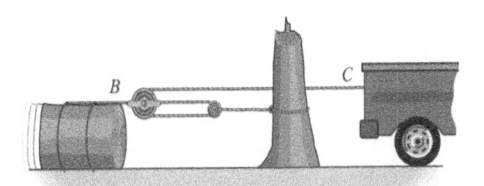

PROBLEMA 12.196

12.197. Se a extremidade do cabo em A é puxada para cima a $v_A = 14$ m/s, determine a velocidade escalar do bloco B.

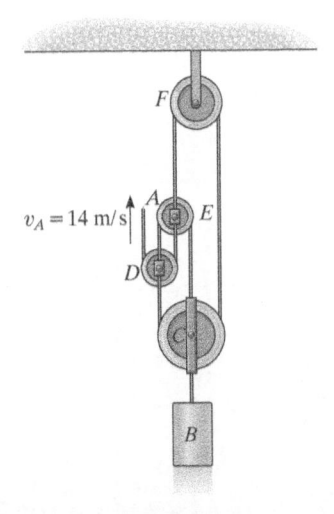

PROBLEMA 12.197

12.198. Determine a velocidade escalar constante em que o cabo em A deverá ser puxado pelo motor a fim de içar a carga por 6 m em 1,5 s.

12.199. Partindo do repouso, o cabo pode ser enrolado no tambor do motor a uma taxa $v_A = (3t^2)$ m/s, em que t é dado em segundos. Determine o tempo necessário para levantar a carga por 7 m.

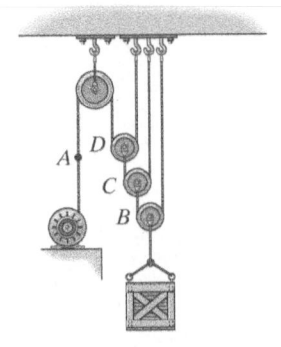

PROBLEMAS 12.198 e 12.199

*12.200. Se a extremidade do cabo em A é puxada para baixo com uma velocidade de 2 m/s, determine a velocidade em que o bloco B sobe.

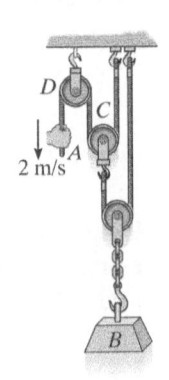

PROBLEMA 12.200

12.201. O motor em C puxa o cabo com uma aceleração $a_C = (3t^2)$ m/s^2, em que t é dado em segundos. O motor em D puxa seu cabo a $a_D = 5$ m/s^2. Se os dois motores partem ao mesmo tempo do repouso quando $d = 3$ m, determine (a) o tempo necessário para $d = 0$ e (b) as velocidades dos blocos A e B quando isso ocorre.

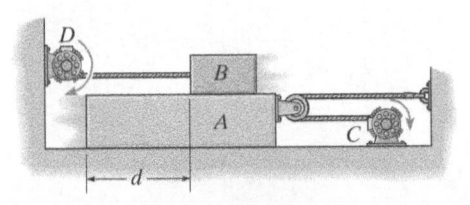

PROBLEMA 12.201

12.202. Determine a velocidade do bloco em B.

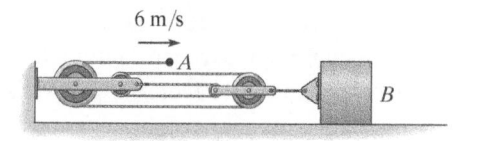

PROBLEMA 12.202

12.203. Se o bloco A está se deslocando para baixo com uma velocidade escalar de 2 m/s enquanto C está se deslocando para cima a 1 m/s, determine a velocidade escalar do bloco B.

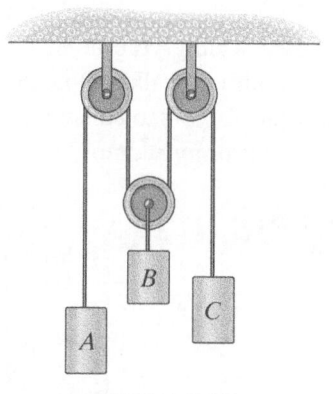

PROBLEMA 12.203

*****12.204.** Determine a velocidade escalar do bloco A quando a extremidade da corda é puxada para baixo com uma velocidade de 4 m/s.

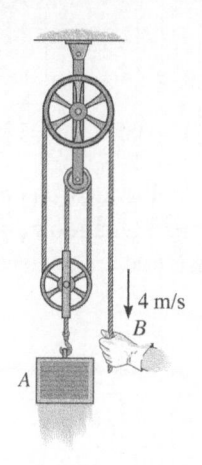

PROBLEMA 12.204

12.205. Se a extremidade A do cabo estiver se movendo a $v_A = 3$ m/s, determine a velocidade do bloco B.

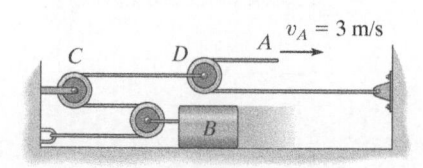

PROBLEMA 12.205

12.206. O motor recolhe o cabo em C com uma velocidade constante $v_C = 4$ m/s. O motor recolhe o cabo em D com uma aceleração constante $a_D = 8$ m/s². Se $v_D = 0$ quando $t = 0$, determine (a) o tempo necessário para que o bloco A suba 3 m e (b) a velocidade relativa do bloco A em relação ao bloco B quando isso ocorre.

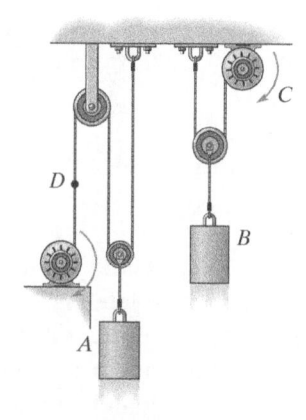

PROBLEMA 12.206

12.207. Determine o tempo necessário para que a carga em B alcance uma velocidade de 10 m/s, partindo do repouso, se o cabo for recolhido para o motor com uma aceleração de 3 m/s².

*****12.208.** O cabo em A está sendo puxado para o motor em $v_A = 8$ m/s. Determine a velocidade do bloco.

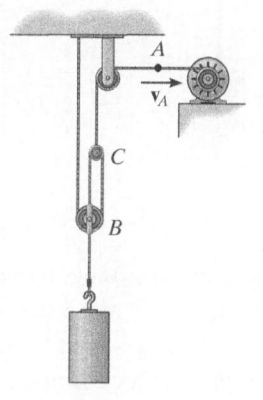

PROBLEMAS 12.207 e 12.208

12.209. Se o cilindro hidráulico H recolhe a haste BC em 1 m/s, determine a velocidade do objeto deslizante A.

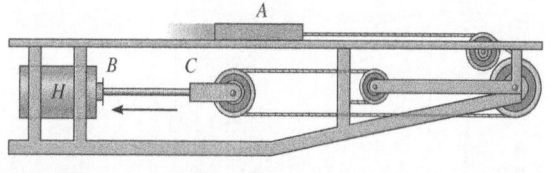

PROBLEMA 12.209

12.210. Se o caminhão se desloca a uma velocidade escalar constante de $v_T = 1,8$ m/s, determine a velocidade escalar da caixa para qualquer ângulo θ da corda. A corda tem comprimento de 30 m e passa sobre uma polia de tamanho desprezível em *A*. *Dica*: relacione as coordenadas x_T e x_C ao comprimento da corda e calcule a derivada temporal. Em seguida, substitua a relação trigonométrica entre x_C e θ.

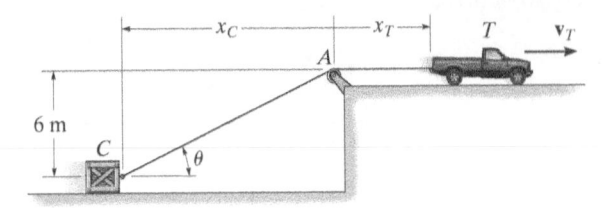

PROBLEMA 12.210

12.211. O caixote *C* está sendo erguido pela movimentação para baixo do rolete em *A* com uma velocidade escalar constante de $v_A = 2$ m/s ao longo da guia. Determine a velocidade e a aceleração do caixote no instante $s = 1$ m. Quando o rolete está em *B*, o caixote se apoia no solo. Despreze o tamanho da polia no cálculo. *Dica*: relacione as coordenadas x_C e x_A usando a geometria do problema, e depois tome a primeira e segunda derivadas temporais.

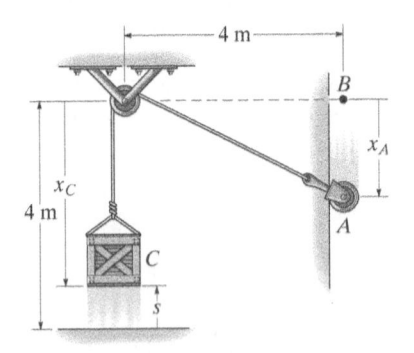

PROBLEMA 12.211

***12.212.** O rolete em *A* está se movimentando com uma velocidade de $v_A = 4$ m/s e tem uma aceleração de $a_A = 2$ m/s² quando $x_A = 3$ m. Determine a velocidade e a aceleração do bloco *B* nesse instante.

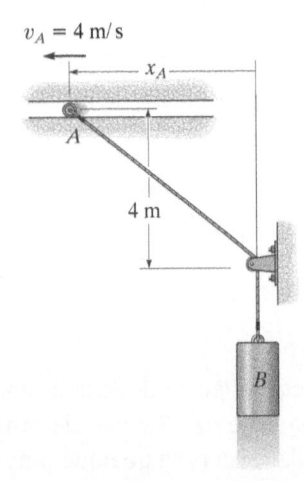

PROBLEMA 12.212

12.213. O homem puxa o garoto para cima do galho da árvore *C* ao caminhar para trás a uma velocidade escalar constante de 1,5 m/s. Determine a velocidade escalar na qual o garoto está sendo içado no instante $x_A = 4$ m. Despreze o tamanho do galho. Quando $x_A = 0$, $y_B = 8$ m, de maneira que *A* e *B* são coincidentes, ou seja, a corda tem 16 m de comprimento.

12.214. O homem puxa o garoto para cima do galho da árvore *C* ao caminhar para trás. Se ele parte do repouso quando $x_A = 0$ e se desloca para trás com uma aceleração constante $a_A = 0,2$ m/s², determine a velocidade escalar do garoto no instante $y_B = 4$ m. Despreze o tamanho do galho. Quando $x_A = 0$, $y_B = 8$ m, de modo que *A* e *B* são coincidentes, ou seja, a corda tem 16 m de comprimento.

PROBLEMAS 12.213 e 12.214

12.215. O motor recolhe a corda em *B* com uma aceleração de $a_B = 2$ m/s². Quando $s_A = 1,5$ m, $v_B = 6$ m/s. Determine a velocidade e a aceleração do colar nesse instante.

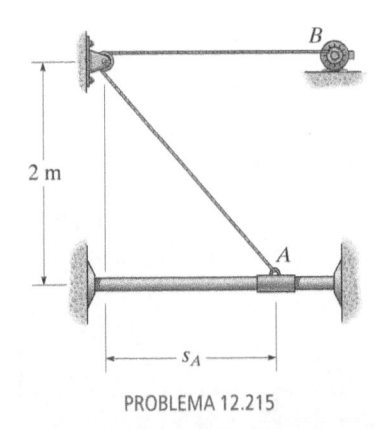

PROBLEMA 12.215

*12.216.** Se o bloco *B* está se movendo para baixo com uma velocidade v_B e tem uma aceleração a_B, determine a velocidade e a aceleração do bloco *A* em termos dos parâmetros mostrados.

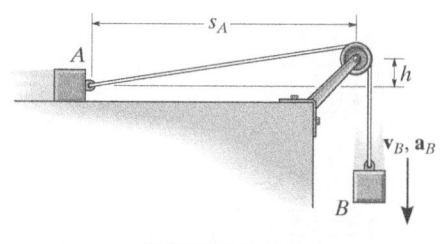

PROBLEMA 12.216

12.217. No instante mostrado, o carro A está se deslocando com uma velocidade de 10 m/s pela curva enquanto aumenta sua velocidade em 5 m/s². O carro em B está se deslocando a 18,5 m/s em linha reta e aumentando sua velocidade em 2 m/s². Determine a velocidade relativa e a aceleração relativa de A em relação a B nesse instante.

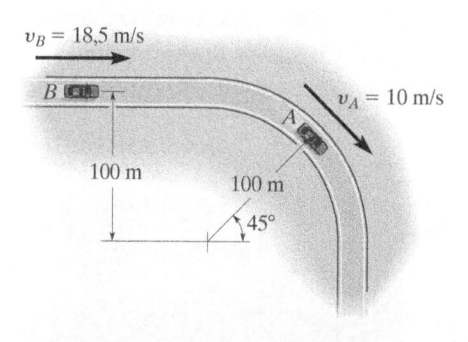

PROBLEMA 12.217

12.218. O barco pode navegar com uma velocidade de 16 km/h em água parada. O ponto de destino está localizado ao longo da linha tracejada. Se a água está se movendo a 4 km/h, determine o ângulo de rumo θ em que o barco precisa navegar para permanecer no curso.

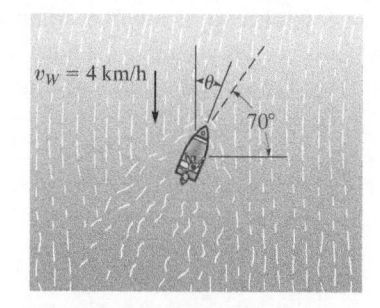

PROBLEMA 12.218

12.219. O carro está se movimentando a uma velocidade constante de 100 km/h. Se a chuva está caindo a 6 m/s na direção mostrada, determine a velocidade da chuva tendo como referência o motorista.

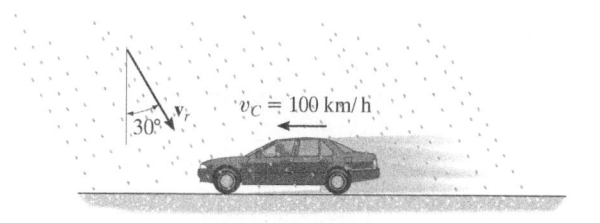

PROBLEMA 12.219

*12.220. Dois aviões, A e B, estão voando à mesma altitude. Se suas velocidades são $v_A = 500$ km/h e $v_B = 700$ km/h, de modo que o ângulo entre seus cursos em linha reta seja $\theta = 60°$, determine a velocidade do avião B em relação ao avião A.

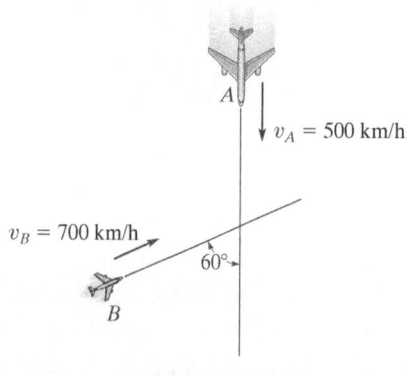

PROBLEMA 12.220

12.221. Um carro está se deslocando na direção norte ao longo de uma estrada reta a 50 km/h. Um instrumento no carro indica que o vento está vindo do leste. Se a velocidade escalar do carro é 80 km/h, o instrumento indica que o vento está vindo do nordeste. Determine a velocidade escalar e a direção do vento.

12.222. Dois barcos deixam a margem ao mesmo tempo e movem-se nas direções mostradas. Se $v_A = 10$ m/s e $v_B = 15$ m/s, determine a velocidade do barco A em relação ao barco B. Quanto tempo depois de terem deixado a margem eles estarão 600 m distantes um do outro?

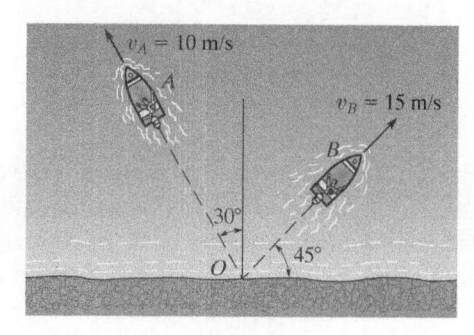

PROBLEMA 12.222

92 DINÂMICA

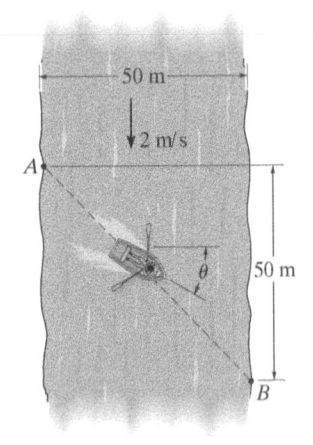

12.223. Um homem pode remar a 5 m/s na água parada. Ele quer atravessar um rio de 50 metros de largura até o ponto B, 50 m correnteza abaixo. Se o rio flui com uma velocidade de 2 m/s, determine a velocidade escalar do barco e o tempo necessário para fazer a travessia.

PROBLEMA 12.223

*12.224. No instante mostrado, o carro A está se deslocando com uma velocidade de 30 m/s e tem uma aceleração de 2 m/s² ao longo da estrada. No mesmo instante, B está se deslocando na curva do trevo rodoviário com uma velocidade escalar de 15 m/s, a qual está se reduzindo a 0,8 m/s². Determine a velocidade relativa e a aceleração relativa de B em relação a A nesse instante.

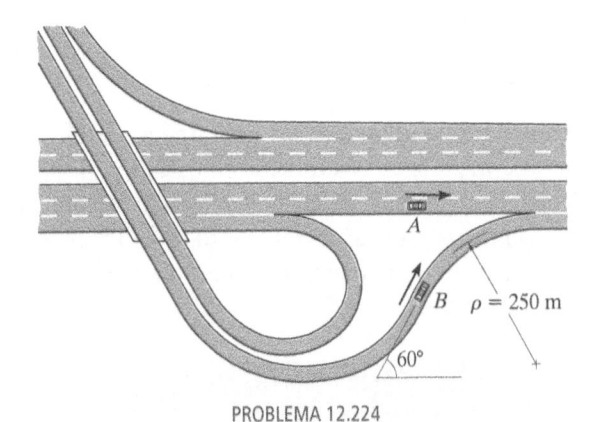

PROBLEMA 12.224

12.225. No instante mostrado, o carro A tem velocidade de 20 km/h, que está sendo aumentada à taxa de 300 km/h² enquanto o carro entra na rodovia. No mesmo instante, o carro B está desacelerando a 250 km/h² enquanto segue a 100 km/h. Determine a velocidade e a aceleração de A em relação a B.

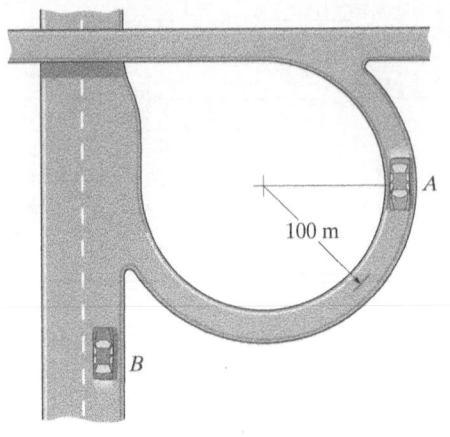

PROBLEMA 12.225

12.226. O homem consegue remar na água parada com uma velocidade escalar de 5 m/s. Se o rio está fluindo a 2 m/s, determine a velocidade escalar do barco e o ângulo θ que ele deve direcionar o barco de maneira que ele se desloque de A para B.

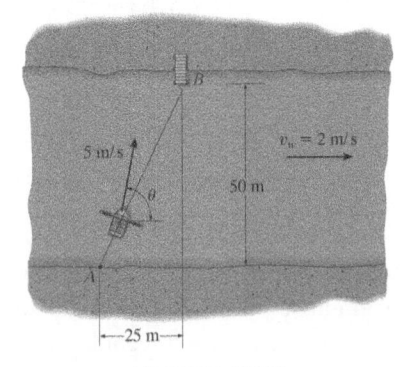

PROBLEMA 12.226

12.227. Um passageiro em um automóvel observa que as gotas de chuva fazem um ângulo de 30° com a horizontal enquanto o automóvel viaja com uma velocidade de 60 km/h adiante. Calcule a velocidade terminal (constante) $\mathbf{v}_r$ da chuva se considerarmos que ela cai verticalmente.

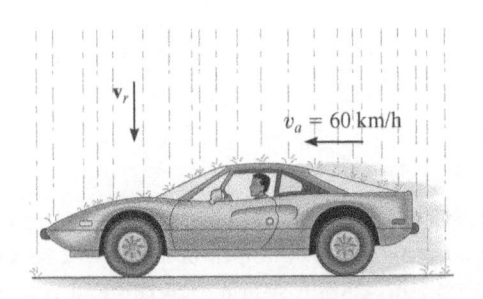

PROBLEMA 12.227

*12.228. No instante mostrado, os carros A e B movem-se a velocidades escalares de 40 m/s e 30 m/s, respectivamente. Se B está aumentando sua velocidade escalar em 2 m/s^2, enquanto A mantém uma velocidade escalar constante, determine a velocidade e a aceleração de B em relação a A. O raio de curvatura em B é $\rho_B = 200$ m.

12.229. No instante mostrado, os carros A e B movem-se a velocidades escalares de 40 m/s e 30 m/s, respectivamente. Se A está aumentando sua velocidade escalar em 4 m/s^2, enquanto a velocidade de B está diminuindo em 3 m/s^2, determine a velocidade e a aceleração de B em relação a A. O raio de curvatura em B é $\rho_B = 200$ m.

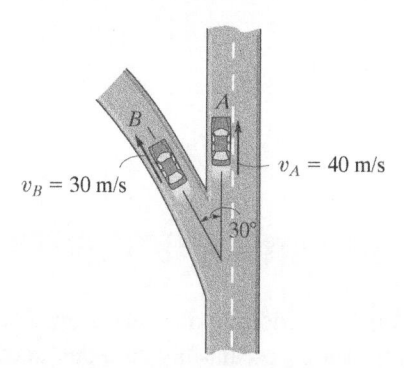

PROBLEMAS 12.228 e 12.229

12.230. Um homem caminha a 5 km/h na direção de um vento de 20 km/h. Se gotas de chuva caem verticalmente a 7 km/h no *ar parado*, determine a direção na qual as gotas parecem cair em relação ao homem.

PROBLEMA 12.230

12.231. No instante mostrado, o carro A percorre a parte reta da estrada com uma velocidade de 25 m/s. Nesse mesmo instante, o carro B percorre a parte circular da estrada com uma velocidade de 15 m/s. Determine a velocidade do carro B em relação ao carro A.

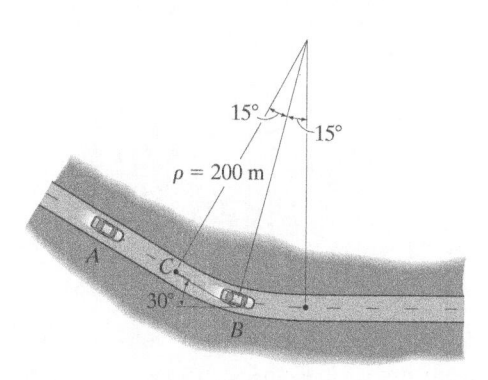

PROBLEMA 12.231

*12.232. Em determinado instante, o jogador de futebol americano em A lança uma bola C com velocidade de 20 m/s na direção mostrada. Determine a velocidade constante com que o jogador em B deverá correr para que apanhe a bola na mesma elevação em que ela foi lançada. Calcule também a velocidade relativa e a aceleração relativa da bola em relação a B no instante em que ele apanha a bola. O jogador B está a 15 m de distância de A quando A faz o lançamento.

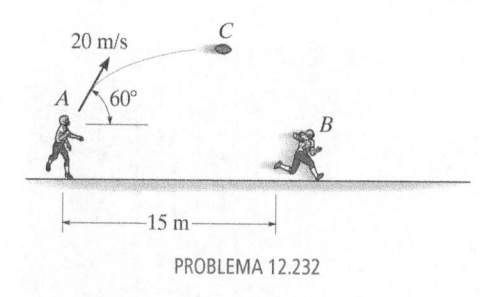

PROBLEMA 12.232

12.233. O carro A percorre uma estrada reta a uma velocidade escalar de 25 m/s enquanto acelera a 1,5 m/s^2. Nesse mesmo instante, o carro C está percorrendo a estrada reta com uma velocidade de 30 m/s enquanto desacelera a 3 m/s^2. Determine a velocidade e a aceleração do carro A em relação ao carro C.

12.234. O carro B percorre a estrada curva com uma velocidade de 15 m/s enquanto diminui sua velocidade em 2 m/s^2. Nesse mesmo instante, o carro C percorre a estrada reta com uma velocidade de

30 m/s enquanto desacelera em 3 m/s². Determine a velocidade e a aceleração do carro B em relação ao carro C.

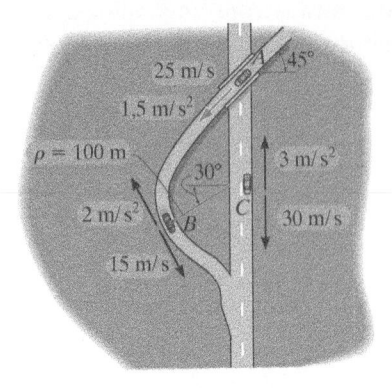

PROBLEMAS 12.233 e 12.234

12.235. O navio viaja a uma velocidade escalar constante de $v_s = 20$ m/s e o vento está soprando a uma velocidade $v_w = 10$ m/s, como mostra a figura. Determine a intensidade e a direção da componente horizontal da velocidade da fumaça saindo da chaminé assim como ela é vista por um passageiro do navio.

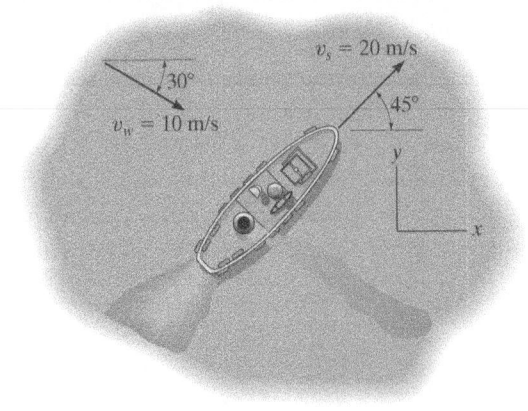

PROBLEMA 12.235

Problemas conceituais

C12.1. Se você medisse o tempo que leva para o elevador de serviço ir do ponto A para B, em seguida, de B para C, e, então, de C para D, e você também soubesse a distância entre cada um dos pontos, como poderia determinar a velocidade média e a aceleração média do elevador à medida que ele sobe de A para D? Use valores numéricos para explicar como isso pode ser feito.

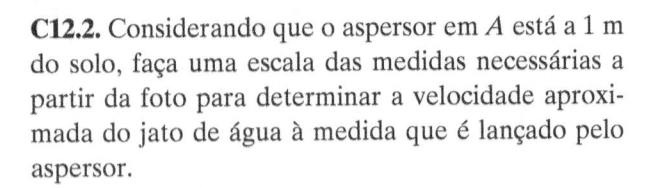

PROBLEMA C12.1

C12.2. Considerando que o aspersor em A está a 1 m do solo, faça uma escala das medidas necessárias a partir da foto para determinar a velocidade aproximada do jato de água à medida que é lançado pelo aspersor.

PROBLEMA C12.2

C12.3. Uma bola de basquete foi jogada a um ângulo medido a partir da horizontal até os braços estendidos do homem. Se a cesta está a 3 m do chão, faça as medidas apropriadas na foto e determine se a bola localizada como mostrado vai passar pela cesta.

PROBLEMA C12.3

C12.4. O piloto diz para você a envergadura do avião e sua velocidade constante no ar. Como você poderia determinar a aceleração do avião no momento mostrado? Use valores numéricos e tome quaisquer medidas necessárias da foto.

PROBLEMA C12.4

Revisão do capítulo

Cinemática retilínea

Cinemática retilínea refere-se ao movimento ao longo de uma linha reta. Uma coordenada de posições s especifica a posição da partícula na linha, e o deslocamento Δs é a variação nessa posição.

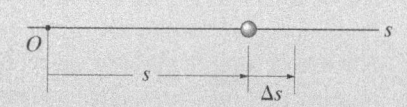

A velocidade média é uma quantidade vetorial, definida como o deslocamento dividido pelo intervalo de tempo.

$$v_{méd} = \frac{\Delta s}{\Delta t}$$

A velocidade escalar média é uma escalar, e é a distância total percorrida dividida pelo tempo decorrido.

$$(v_{esc})_{méd} = \frac{s_T}{\Delta t}$$

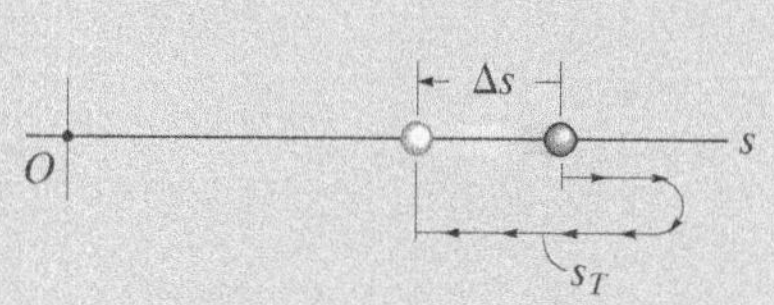

O tempo, a posição, a velocidade e a aceleração estão relacionados por três equações diferenciais.

$$a = \frac{dv}{dt}, \quad v = \frac{ds}{dt}, \quad a\,ds = v\,dv$$

Se é sabido que a aceleração deve ser constante, as equações diferenciais relacionando tempo, posição, velocidade e aceleração podem ser integradas.

$$v = v_0 + a_c t$$
$$s = s_0 + v_0 t + \tfrac{1}{2} a_c t^2$$
$$v^2 = v_0^2 + 2a_c(s - s_0)$$

Soluções gráficas

Se o movimento é irregular, pode ser descrito por um gráfico. Se um desses gráficos é dado, os outros podem ser estabelecidos com a utilização das relações diferenciais entre a, v, s e t.

$$a = \frac{dv}{dt},$$
$$v = \frac{ds}{dt},$$
$$a\,ds = v\,dv$$

Movimento curvilíneo, x, y, z

O movimento curvilíneo ao longo da trajetória pode ser decomposto em um movimento retilíneo ao longo dos eixos x, y, z. A equação da trajetória é usada para relacionar o movimento ao longo de cada eixo.

$v_x = \dot{x} \quad a_x = \dot{v}_x$
$v_y = \dot{y} \quad a_y = \dot{v}_y$
$v_z = \dot{z} \quad a_z = \dot{v}_z$

Movimento de um projétil

O movimento em voo livre de um projétil segue uma trajetória parabólica. Ele tem velocidade constante na direção horizontal e aceleração para baixo constante de $g = 9,81$ m/s^2 na direção vertical. Quaisquer duas das três equações para aceleração constante se aplicam na direção vertical e, na direção horizontal, apenas uma equação se aplica.

$(+\uparrow) \quad v_y = (v_0)_y + a_c t$

$(+\uparrow) \quad y = y_0 + (v_0)_y t + \frac{1}{2} a_c t^2$

$(+\uparrow) \quad v_y^2 = (v_0)_y^2 + 2a_c(y - y_0)$

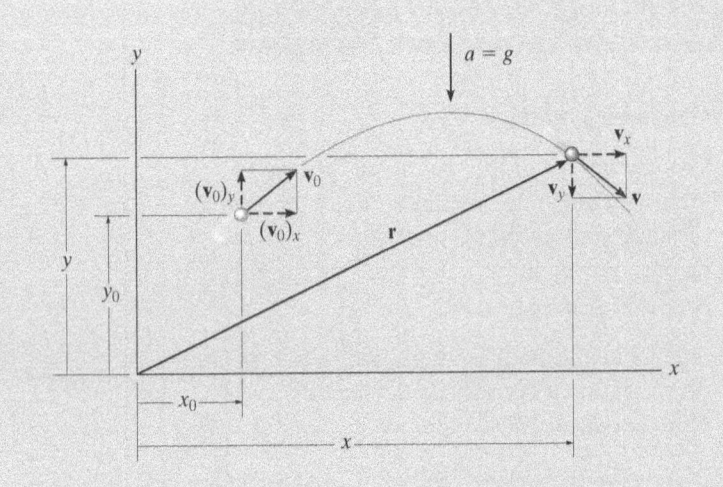

$(\xrightarrow{+}) \quad x = x_0 + (v_0)_x t$

Movimento curvilíneo, n, t

Se eixos normal e tangencial são usados para a análise, então **v** está sempre na direção t positiva.

A aceleração tem duas componentes. A componente tangencial, $\mathbf{a}_t$, leva em consideração a variação na intensidade da velocidade; uma redução na velocidade está na direção t negativa, e um aumento na velocidade está na direção t positiva. A componente normal a_n leva em consideração a variação na direção da velocidade. Essa componente está sempre na direção n positiva.

$a_t = \dot{v} \quad \text{ou} \quad a_t \, ds = v \, dv$

$a_n = \dfrac{v^2}{\rho}$

Movimento curvilíneo, r, θ

Se a trajetória do movimento é expressa em coordenadas polares, as componentes de velocidade e aceleração podem ser relacionadas com as derivadas temporais de r e θ.

$$v_r = \dot{r}$$
$$v_\theta = r\dot{\theta}$$

Para aplicar as equações das derivadas temporais, é necessário determinar $r, \dot{r}, \ddot{r}, \dot{\theta}, \ddot{\theta}$ no instante considerado. Se a trajetória $r = f(\theta)$ é dada, a regra da cadeia do cálculo deverá ser usada para obter as derivadas temporais. (Ver Apêndice C.)

$$a_r = \ddot{r} - r\dot{\theta}^2$$
$$a_\theta = r\ddot{\theta} + 2\dot{r}\dot{\theta}$$

Uma vez que os dados tenham sido substituídos nas equações, o sinal algébrico dos resultados indicará a direção das componentes de **v** ou **a** ao longo de cada eixo.

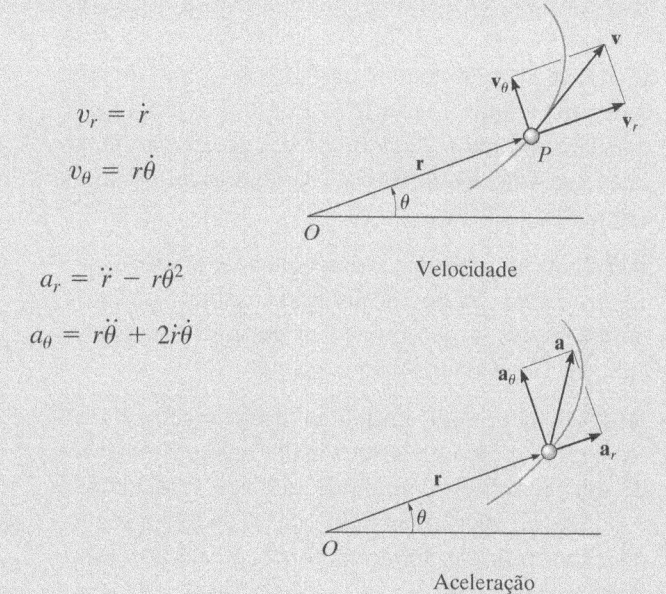

Velocidade

Aceleração

Movimento absoluto dependente de duas partículas

O movimento dependente de blocos que estão suspensos por polias e cabos pode ser relacionado pela geometria do sistema. Isso é feito primeiro estabelecendo-se coordenadas de posição medidas a partir de uma origem fixa para cada bloco. Cada coordenada tem de ser direcionada ao longo da linha de movimento de um bloco.

Utilizando-se geometria e/ou trigonometria, as coordenadas são relacionadas ao comprimento do cabo a fim de formular uma equação de coordenadas de posição.

$$2s_B + h + s_A = l$$

A primeira derivada temporal dessa equação dá uma relação entre as velocidades dos blocos, e a segunda derivada temporal dá a relação entre suas acelerações.

$$2v_B = -v_A$$
$$2a_B = -a_A$$

Análise de movimento relativo utilizando eixos de translação

Se duas partículas A e B realizam movimentos independentes, esses movimentos podem ser relacionados ao seu movimento relativo utilizando-se um *conjunto de eixos de translação* ligados a uma das partículas (A).

$$\mathbf{r}_B = \mathbf{r}_A + \mathbf{r}_{B/A}$$

Para o movimento planar, cada equação vetorial produz duas equações escalares, uma na direção x e outra na direção y. Para a solução, os vetores podem ser expressos na forma cartesiana, ou as componentes escalares x e y podem ser escritas diretamente.

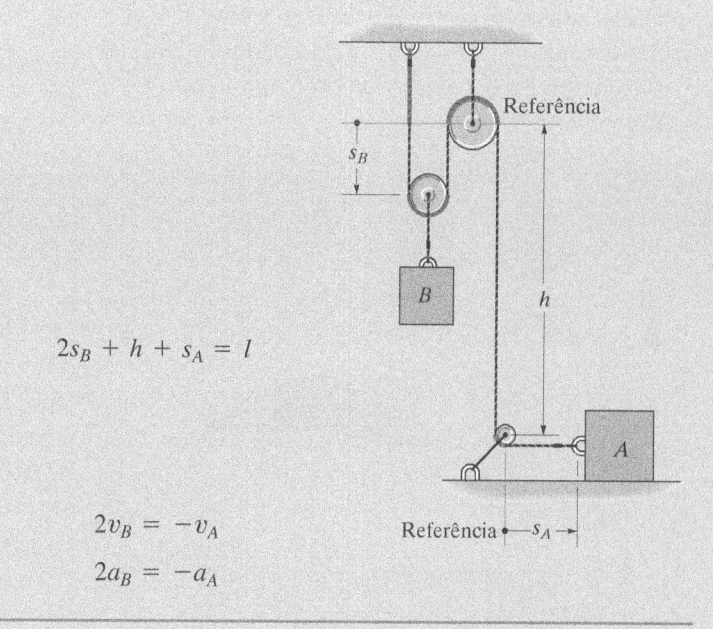

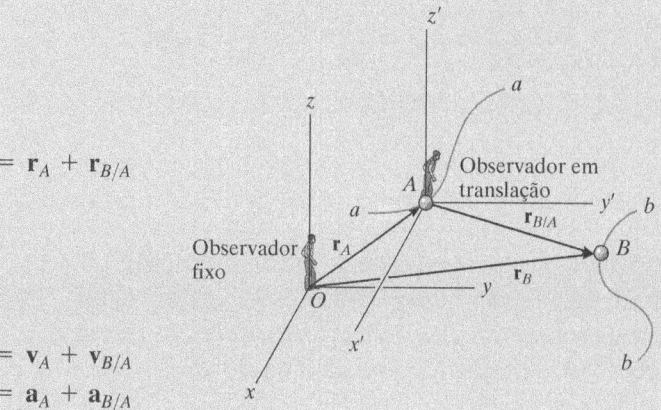

$$\mathbf{v}_B = \mathbf{v}_A + \mathbf{v}_{B/A}$$
$$\mathbf{a}_B = \mathbf{a}_A + \mathbf{a}_{B/A}$$

Problemas de revisão

R12.1. A posição de uma partícula ao longo de uma linha reta é dada por $s = (t^3 - 9t^2 + 15t)$ m, em que t é dado em segundos. Determine sua aceleração máxima e sua velocidade máxima durante o intervalo de tempo $0 \leq t \leq 10$ s.

R12.2. Se uma partícula tem velocidade inicial $v_0 = 12$ m/s para a direita e aceleração constante de 2 m/s² para a esquerda, determine o deslocamento da partícula em 10 s. Originalmente, $s_0 = 0$.

R12.3. Um projétil, inicialmente na origem, move-se ao longo de uma trajetória em linha reta através de um meio fluido, de modo que sua velocidade é $v = 1800(1 - e^{-0,3t})$ mm/s, em que t é dado em segundos. Determine o deslocamento do projétil durante os primeiros 3 s.

R12.4. O gráfico v–t de um carro enquanto viaja por uma estrada aparece na figura. Determine a aceleração quando $t = 2,5$ s, 10 s e 25 s. Além disso, se $s = 0$ quando $t = 0$, calcule sua posição quando $t = 5$ s, 20 s e 30 s.

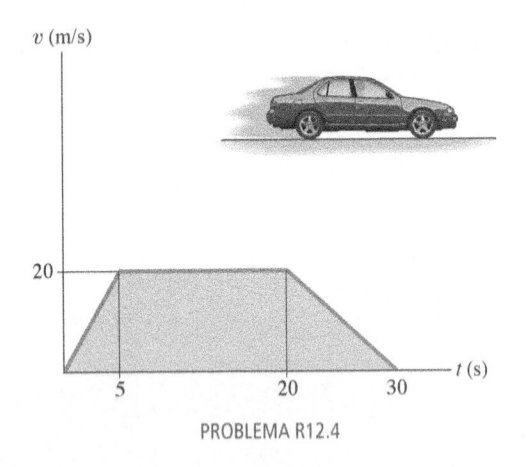

PROBLEMA R12.4

R12.5. Um carro percorrendo as partes retas da estrada tem as velocidades indicadas na figura quando chega aos pontos A, B e C. Se forem gastos 3 s para ir de A para B, e depois 5 s para ir de B para C, determine a aceleração média entre os pontos A e B e entre os pontos A e C.

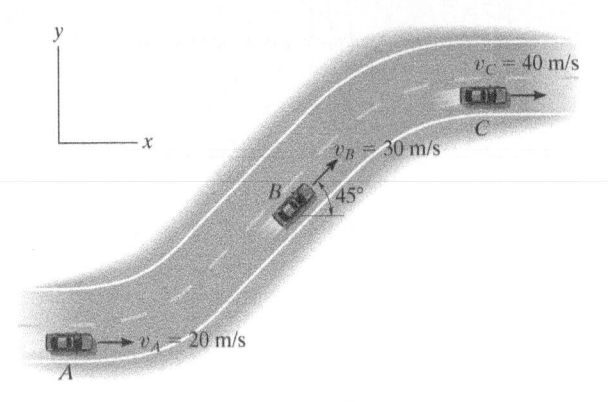

PROBLEMA R12.5

R12.6. Por um videoteipe, observou-se que um jogador chutou uma bola a 40 m durante um tempo medido de 3,6 segundos. Determine a velocidade inicial da bola e o ângulo θ em que ela foi chutada.

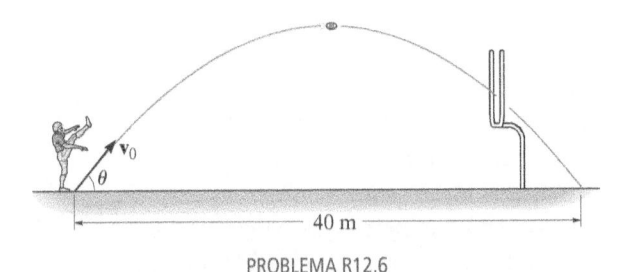

PROBLEMA R12.6

R12.7. O caminhão percorre uma trajetória circular com um raio de 50 m a uma velocidade escalar $v = 4$ m/s. Por uma curta distância a partir de $s = 0$, sua velocidade é aumentada em $\dot{v} = (0,05s)$ m/s², em que s é dado em metros. Determine sua velocidade escalar e a intensidade de sua aceleração quando ele tiver percorrido $s = 10$ m.

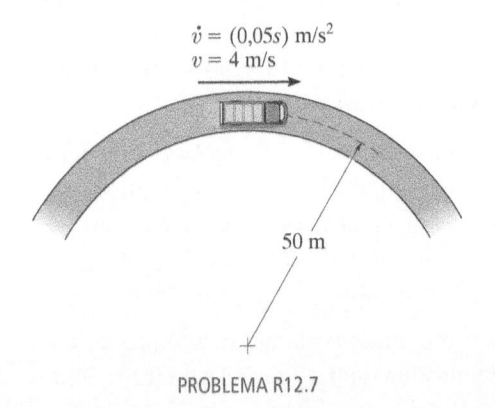

PROBLEMA R12.7

R12.8. O carrinho de parque de diversões B gira de modo que sua velocidade seja aumentada em $(a_t)_B =$

$(0{,}5e^t)$ m/s², em que t é dado em segundos. Se o carrinho parte do repouso quando $\theta = 0°$, determine as intensidades de sua velocidade e aceleração quando $t = 2$ s. Desconsidere o tamanho do carrinho.

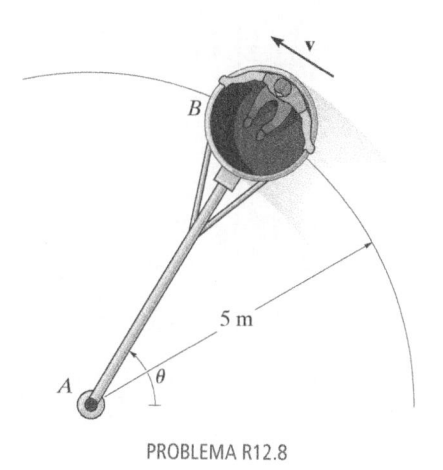

PROBLEMA R12.8

R12.9. Uma partícula move-se ao longo de uma trajetória circular com raio de 2 m, de modo que sua posição em função do tempo é dada por $\theta = (5t^2)$ rad, em que t é dado em segundos. Determine a intensidade da aceleração da partícula quando $\theta = 30°$. A partícula parte do repouso quando $\theta = 0°$.

R12.10. Determine o tempo necessário para a carga em B atingir uma velocidade de 8 m/s, partindo do repouso, se o cabo for recolhido para o motor com aceleração de 0,2 m/s².

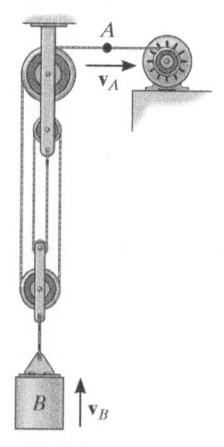

PROBLEMA R12.10

R12.11. Dois aviões, A e B, estão voando na mesma altitude. Se suas velocidades são $v_A = 600$ km/h e $v_B = 500$ km/h, de forma que o ângulo entre seus cursos em linha reta seja $\theta = 75°$, determine a velocidade do avião B em relação ao avião A.

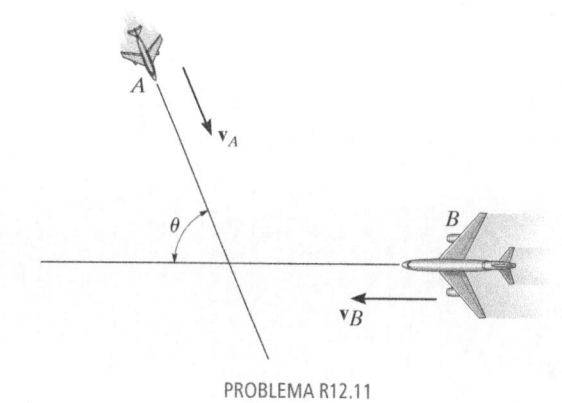

PROBLEMA R12.11

CAPÍTULO 13

Cinética de uma partícula: força e aceleração

Um carro trafegando por esta estrada estará sujeito a forças que criam acelerações normais e tangenciais. Neste capítulo, estudaremos como essas forças estão relacionadas às acelerações que elas criam.

(© Migel/Shutterstock)

13.1 Segunda lei do movimento de Newton

Cinética é um ramo da dinâmica que trata da relação entre a variação do movimento de um corpo e as forças que causam essa variação. A base para a cinética é a segunda lei de Newton, que afirma que, quando uma *força desequilibrada* atua sobre uma partícula, esta *acelerará* na direção da força com uma intensidade proporcional à força.

Essa lei pode ser verificada experimentalmente aplicando uma força desequilibrada **F** a uma partícula e então medindo a aceleração **a**. Visto que a força e a aceleração são diretamente proporcionais, a constante de proporcionalidade, m, pode ser determinada a partir da relação $m = F/a$. Este escalar positivo m é chamado *massa* da partícula. Sendo constante durante qualquer aceleração, m fornece uma medida quantitativa da resistência da partícula a uma variação em sua velocidade, que é sua inércia.

Se a massa da partícula é m, a segunda lei do movimento de Newton pode ser escrita em forma matemática como

$$\mathbf{F} = m\mathbf{a}$$

Esse jipe tomba para trás em razão de sua inércia, que resiste à sua aceleração para a frente.

Objetivos

- Estabelecer a segunda lei do movimento de Newton e definir massa e peso.
- Analisar o movimento acelerado de uma partícula utilizando a equação do movimento com diferentes sistemas de coordenadas.
- Investigar o movimento de força central e aplicá-lo a problemas da mecânica espacial.

Essa equação, que é referida como a *equação do movimento*, é uma das formulações mais importantes da mecânica.* Como foi dito anteriormente, sua validade é baseada unicamente em *evidências experimentais*. Em 1905, no entanto, Albert Einstein desenvolveu a teoria da relatividade e estabeleceu limitações sobre o uso da segunda lei de Newton para descrever o movimento geral das partículas. Por meio de experimentos, ficou provado que o *tempo* não é uma quantidade absoluta como suposto por Newton; como resultado, a equação do movimento não prevê o comportamento exato de uma partícula, especialmente quando sua velocidade se aproxima da velocidade da luz (0,3 Gm/s). Desenvolvimentos da teoria da mecânica quântica por Erwin Schrödinger e outros indicam, também, que conclusões tiradas do uso dessa equação também são inválidas quando as partículas são do tamanho de um átomo e se movem próximo umas das outras. Na maioria das vezes, entretanto, essas exigências com relação à velocidade e à dimensão de uma partícula não são encontradas em problemas de engenharia, de maneira que seus efeitos não serão considerados neste livro.

Lei da atração gravitacional de Newton

Pouco depois de formular suas três leis do movimento, Newton postulou uma lei determinando a atração mútua entre duas partículas quaisquer. Em forma matemática, essa lei pode ser expressa como:

$$F = G\frac{m_1 m_2}{r^2} \tag{13.1}$$

onde:

F = força de atração entre as duas partículas

G = constante universal de gravitação; de acordo com evidências experimentais, $G = 66{,}73(10^{-12})$ m^3/(kg · s^2)

m_1, m_2 = massa de cada uma das duas partículas

r = distância entre os centros das duas partículas

No caso de uma partícula localizada na superfície da Terra ou próximo dela, a única força gravitacional tendo qualquer intensidade considerável é aquela entre a Terra e a partícula. Essa força é denominada "peso" e, para nosso propósito, ela será a única força gravitacional considerada.

A partir da Equação 13.1, podemos desenvolver uma expressão geral para encontrar o peso W de uma partícula tendo massa $m_1 = m$. Considere que $m_2 = M_e$ seja a massa da Terra e r, a distância entre o centro da Terra e a partícula. Então, se $g = GM_e/r^2$, temos

$$W = mg$$

Comparando-se com $F = ma$, denominamos g a aceleração devida à gravidade. Para a maioria dos cálculos de engenharia, g é medido na superfície da Terra no nível do mar e a uma latitude de 45°, que é considerada a "posição-padrão". Aqui, usaremos o valor $g = 9{,}81$ m/s^2 para os cálculos.

---

* Uma vez que m é constante, também podemos escrever $\mathbf{F} = d(m\mathbf{v})/dt$, onde $m\mathbf{v}$ é a quantidade de movimento linear da partícula. Aqui, a força desequilibrada agindo sobre a partícula é proporcional à taxa de variação temporal da quantidade de movimento linear da partícula.

No SI de unidades, a massa de um corpo é especificada em quilogramas, e o peso tem de ser calculado utilizando-se a equação anterior (Figura 13.1). Assim,

$$W = mg \text{ (N)} \quad (g = 9{,}81 \text{ m/s}^2) \tag{13.2}$$

Como consequência disso, um corpo de massa 1 kg tem um peso de 9,81 N; um corpo de 2 kg pesa 19,62 N, e assim por diante.

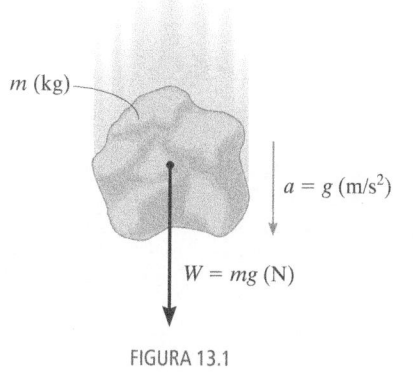

13.2 A equação do movimento

Quando mais de uma força atua sobre uma partícula, a força resultante é determinada por uma soma vetorial de todas as forças, ou seja, $\mathbf{F}_R = \Sigma \mathbf{F}$. Para este caso mais geral, a equação do movimento pode ser escrita como:

$$\Sigma \mathbf{F} = m\mathbf{a} \tag{13.3}$$

Para ilustrar a aplicação desta equação, considere a partícula mostrada na Figura 13.2a, que tem massa m e está sujeita à ação de duas forças, $\mathbf{F}_1$ e $\mathbf{F}_2$. Podemos considerar graficamente a intensidade e a direção de cada força atuando sobre a partícula traçando o *diagrama de corpo livre* da partícula (Figura 13.2b). Visto que a *resultante* dessas forças *produz* o vetor $m\mathbf{a}$, sua intensidade e direção podem ser representadas graficamente no *diagrama cinético*, mostrado na Figura 13.2c.* O sinal de igual escrito entre os diagramas simboliza a equivalência *gráfica* entre o diagrama de corpo livre e o diagrama cinético; ou seja, $\Sigma \mathbf{F} = m\mathbf{a}$.** Em particular, observe que, se $\mathbf{F}_R = \Sigma \mathbf{F} = \mathbf{0}$, a aceleração também é zero, de maneira que a partícula ou permanecerá em *repouso*, ou se moverá ao longo de uma trajetória em linha reta com *velocidade constante*. Estas são as condições do *equilíbrio estático*, a primeira lei do movimento de Newton.

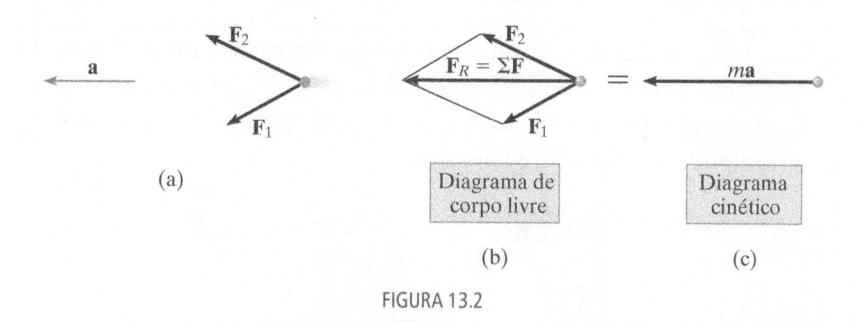

FIGURA 13.1

FIGURA 13.2

---

* Lembre-se de que o diagrama de corpo livre considera que a partícula está livre dos apoios ao seu redor e mostra todas as forças atuando sobre a partícula. O diagrama cinético diz respeito ao movimento da partícula causado pelas forças.

** A equação de movimento também pode ser reescrita na forma $\Sigma \mathbf{F} - m\mathbf{a} = \mathbf{0}$. O vetor $-m\mathbf{a}$ é referido como *vetor força inercial*. Se ele for tratado da mesma maneira que um "vetor força", o estado de "equilíbrio" criado é referido como um *equilíbrio dinâmico*. Esse método de aplicação, que não será usado neste texto, é seguidamente referido como o *princípio de d'Alembert*, em homenagem ao matemático francês Jean le Rond d'Alembert.

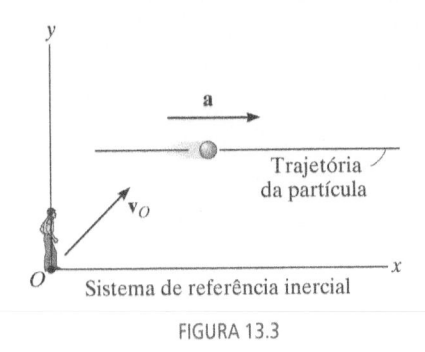

Sistema de referência inercial

Quando se aplica a equação do movimento, é importante que a aceleração da partícula seja medida em relação a um sistema de referência que *seja fixo ou translade com uma velocidade constante*. Desse modo, o observador não acelerará e as medidas da aceleração da partícula serão as *mesmas* de *qualquer referência* desse tipo. Um sistema de referência dessa natureza é comumente denominado *sistema de referência inercial* ou *newtoniano* (Figura 13.3).

Quando se estudam os movimentos de foguetes e satélites, é justificável considerar o sistema de referência inercial como fixo em relação às estrelas, enquanto os problemas de dinâmica relativos a movimentos na superfície terrestre ou próximos a ela podem ser resolvidos utilizando um sistema inercial, o qual se supõe ser fixo à Terra. Apesar de a Terra girar em torno de seu próprio eixo e orbitar em torno do Sol, as acelerações criadas por essas rotações são relativamente pequenas e, portanto, podem ser desprezadas na maioria das aplicações.

FIGURA 13.3

Todos estamos familiarizados com a sensação que se sente quando se está sentado em um carro sujeito a uma aceleração para a frente. Muitas vezes, as pessoas acham que isto é causado por uma "força" que atua sobre elas e tende a empurrá-las para trás em seus assentos; entretanto, esse não é o caso. Em vez disso, essa sensação ocorre pela inércia ou resistência de sua massa à variação da velocidade.

Considere o passageiro que está preso ao assento de um trenó-foguete. Contanto que esse trenó esteja em repouso ou se movendo com uma velocidade constante, nenhuma força é exercida sobre suas costas, como mostrado em seu diagrama de corpo livre.

Quando o empuxo do foguete faz o trenó acelerar, o assento sobre o qual o passageiro está sentado exerce uma força **F** sobre ele, a qual o empurra para a frente com o trenó. Na fotografia, observe que a inércia de sua cabeça resiste a essa variação no movimento (aceleração), e assim a cabeça se move para trás contra o assento e seu rosto, que não é rígido, tende a distorcer-se para trás.

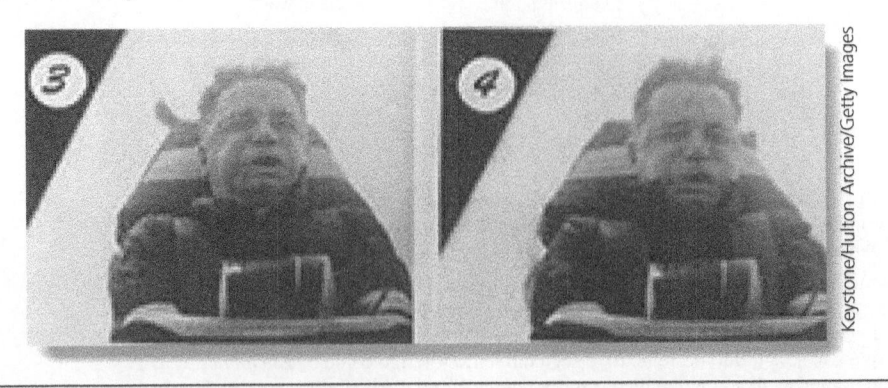

Sob a desaceleração, a força do cinto de segurança **F'** tende a puxar seu corpo até a parada, mas sua cabeça deixa de fazer contato com o encosto do assento e o rosto se distorce para a frente, novamente em razão de sua inércia ou tendência a continuar se movendo para a frente. Nenhuma força está empurrando o passageiro para a frente, embora seja esta a sensação que ele tem.

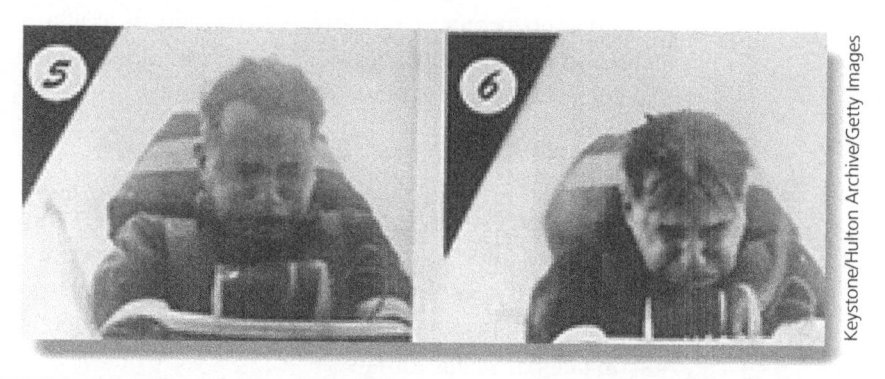

13.3 Equação do movimento para um sistema de partículas

A equação do movimento será agora ampliada para incluir um sistema de partículas isolado dentro de uma região fechada no espaço, como mostrado na Figura 13.4a. Em particular, não há restrição quanto à forma com que as partículas estão ligadas, de modo que a análise a seguir se aplica igualmente bem ao movimento de um sistema sólido, líquido ou gasoso.

No instante considerado, a *i*-ésima partícula arbitrária, de massa m_i, está sujeita a um sistema de forças internas e uma força externa resultante. A *força interna*, representada simbolicamente como $\mathbf{f}_i$, é a resultante de todas as forças que as outras partículas exercem sobre a *i*-ésima partícula. A *força externa resultante* $\mathbf{F}_i$ representa, por exemplo, o efeito de forças gravitacionais, elétricas, magnéticas ou de contato entre a *i*-ésima partícula e corpos ou partículas adjacentes *não* incluídas dentro do sistema.

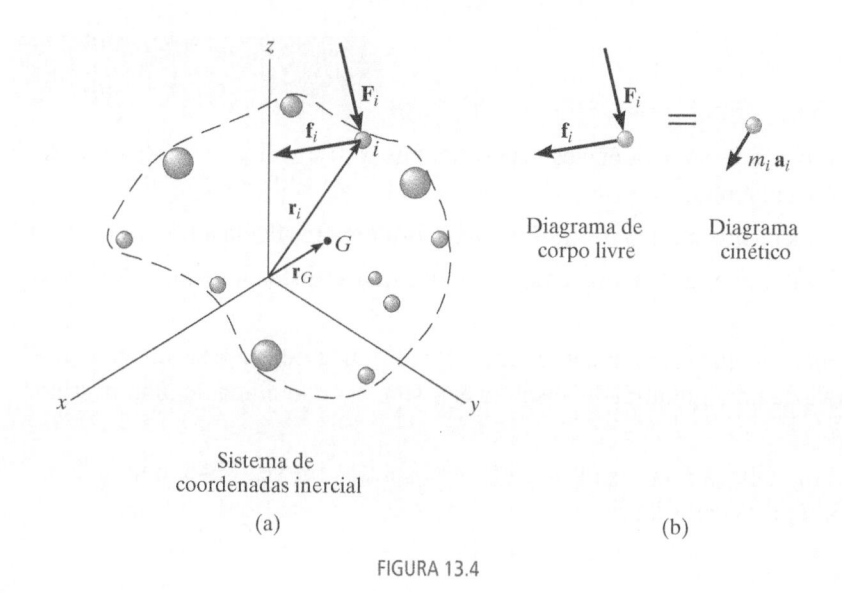

FIGURA 13.4

Os diagramas cinético e de corpo livre para a *i*-ésima partícula são mostrados na Figura 13.4*b*. Aplicando a equação do movimento,

$$\Sigma \mathbf{F} = m\mathbf{a}; \qquad \mathbf{F}_i + \mathbf{f}_i = m_i \mathbf{a}_i$$

Quando a equação do movimento é aplicada a cada uma das outras partículas do sistema, equações similares resultarão. E, se todas estas equações são adicionadas juntas *vetorialmente*, obtemos:

$$\Sigma \mathbf{F}_i + \Sigma \mathbf{f}_i = \Sigma m_i \mathbf{a}_i$$

O somatório das forças internas, se realizado, será igual a zero, visto que as forças internas entre duas partículas quaisquer ocorrem em pares colineares iguais, mas opostos. Consequentemente, apenas a soma das forças externas permanecerá e, portanto, a equação do movimento escrita para o sistema de partículas torna-se:

$$\Sigma \mathbf{F}_i = \Sigma m_i \mathbf{a}_i \tag{13.4}$$

Se $\mathbf{r}_G$ é um vetor posição que localiza o *centro de massa G* das partículas (Figura 13.4*a*), então, pela definição de centro de massa, $m\mathbf{r}_G = \Sigma m_i \mathbf{r}_i$, onde $m = \Sigma m_i$ é a massa total de todas as partículas. Derivando essa equação duas vezes em relação ao tempo, supondo que nenhuma massa esteja entrando ou saindo do sistema, resulta em

$$m\mathbf{a}_G = \Sigma m_i \mathbf{a}_i$$

Substituindo esse resultado na Equação 13.4, obtemos:

$$\boxed{\Sigma \mathbf{F} = m\mathbf{a}_G} \tag{13.5}$$

Por conseguinte, a soma das forças externas atuando sobre o sistema de partículas é igual à massa total das partículas vezes a aceleração de seu centro de massa *G*. Visto que, na realidade, todas as partículas têm de ter uma dimensão finita para possuir massa, a Equação 13.5 justifica a aplicação da equação do movimento a um *corpo* que é representado por uma única partícula.

Pontos importantes

- A equação do movimento está baseada em evidências experimentais e só é válida quando aplicada dentro de um sistema de referência inercial.
- A equação do movimento estabelece que a *força desequilibrada* sobre uma partícula a faz *acelerar*.
- Um sistema de referência inercial não gira; em vez disso, seus eixos ou transladam com velocidade constante ou estão em repouso.
- Massa é uma propriedade da matéria que fornece uma medida quantitativa de sua resistência a uma variação da velocidade. Trata-se de uma quantidade absoluta e, assim, ela não muda de uma posição para outra.
- Peso é uma força causada pela gravitação da Terra. Ele não é absoluto; em vez disso, depende da altitude da massa em relação à superfície da Terra.

13.4 Equações do movimento: coordenadas retangulares

Quando uma partícula se move em relação a um sistema de referência inercial x, y, z, as forças atuando sobre a partícula, assim como sua aceleração, podem ser expressas em termos das suas componentes **i**, **j**, **k** (Figura 13.5). Aplicando a equação do movimento, temos:

$$\Sigma \mathbf{F} = m\mathbf{a}; \qquad \Sigma F_x \mathbf{i} + \Sigma F_y \mathbf{j} + \Sigma F_z \mathbf{k} = m(a_x \mathbf{i} + a_y \mathbf{j} + a_z \mathbf{k})$$

Para esta equação ser satisfeita, as respectivas componentes de **i**, **j**, **k** no lado esquerdo têm de ser iguais às correspondentes componentes do lado direito. Consequentemente, podemos escrever as três equações escalares a seguir:

$$\boxed{\begin{aligned} \Sigma F_x &= ma_x \\ \Sigma F_y &= ma_y \\ \Sigma F_z &= ma_z \end{aligned}} \qquad (13.6)$$

Em particular, se a partícula está restrita a se mover apenas no plano x–y, as duas primeiras equações são usadas para especificar o movimento.

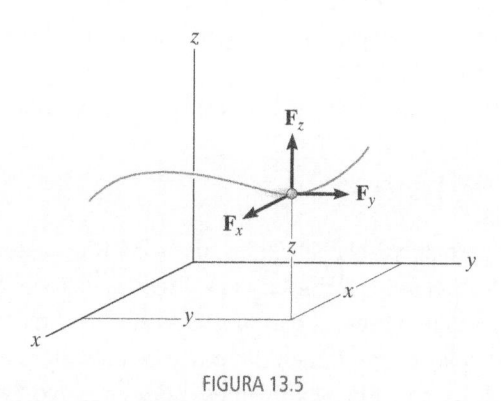

FIGURA 13.5

Procedimento para análise

As equações de movimento são usadas para solucionar problemas que exigem uma relação entre as forças atuando sobre uma partícula e o movimento acelerado que elas causam.

Diagrama de corpo livre

- Escolha o sistema de coordenadas inercial. Na maioria das vezes, coordenadas retangulares ou x, y, z são escolhidas para analisar problemas para os quais a partícula tem um *movimento retilíneo*.
- Uma vez que as coordenadas tenham sido estabelecidas, desenhe o diagrama de corpo livre da partícula. Desenhar esse diagrama é *muito importante*, visto que ele fornece uma representação gráfica que leva em consideração *todas as forças* ($\Sigma \mathbf{F}$) que atuam sobre a partícula, e desse modo torna possível decompor essas forças em suas componentes x, y, z.
- A direção e o sentido da aceleração da partícula **a** também devem ser estabelecidos. Se o sentido é desconhecido, suponha, por conveniência matemática, que o sentido de cada componente da aceleração atua na *mesma direção* que seu eixo de coordenada inercial *positivo*.

- A aceleração pode ser representada como o vetor **ma** no diagrama cinético.*
- Identifique as incógnitas no problema.

Equações de movimento
- Se as forças podem ser obtidas diretamente a partir do diagrama de corpo livre, aplique as equações de movimento em sua forma de componentes escalares.
- Se a geometria do problema parece complicada, o que frequentemente ocorre em três dimensões, a análise vetorial cartesiana pode ser usada para a solução.
- *Atrito*. Se uma partícula em movimento contata uma superfície áspera, pode ser necessário usar a *equação de atrito*, que relaciona forças de atrito e normal, F_f e N, atuando na superfície de contato usando o coeficiente de atrito cinético, ou seja, $F_f = \mu_k N$. Lembre-se de que F_f sempre atua no diagrama de corpo livre de maneira tal a se opor ao movimento da partícula em relação à superfície que ela contata. Se a partícula está *na iminência* do movimento relativo, o coeficiente de atrito estático deve ser usado.
- *Mola*. Se a partícula está ligada a uma *mola elástica* de massa desprezível, a força da mola F_s pode ser relacionada à deformação da mola pela equação $F_s = ks$. Aqui, k é a rigidez da mola medida como uma força por unidade de comprimento, e s é o alongamento ou compressão definido como a diferença entre o comprimento deformado l e o comprimento não deformado l_0, ou seja, $s = l - l_0$.

Cinemática
- Se a velocidade ou posição da partícula tem de ser determinada, será necessário aplicar as equações cinemáticas, uma vez que a aceleração da partícula é determinada por $\Sigma \mathbf{F} = m\mathbf{a}$.
- Se a *aceleração* é uma função do tempo, utilize $a = dv/dt$ e $v = ds/dt$, as quais, quando integradas, resultam na velocidade e posição da partícula, respectivamente.
- Se a *aceleração* é uma função do deslocamento, integre $a\, ds = v\, dv$ para obter a velocidade em função da posição.
- Se a *aceleração é constante*, utilize $v = v_0 + a_c t$, $s = s_0 + v_0 t + \frac{1}{2} a_c t^2$, $v^2 = v_0^2 + 2a_c(s - s_0)$ para determinar a velocidade ou posição da partícula.
- Se o problema envolve o movimento dependente de várias partículas, use o método descrito na Seção 12.9 para relacionar suas acelerações. Em todos os casos, verifique se as direções das coordenadas inerciais positivas usadas para escrever as equações cinemáticas são as mesmas que as usadas para escrever as equações do movimento; caso contrário, a solução simultânea das equações resultará em erros.
- Se a solução para uma componente vetorial desconhecida produz um escalar negativo, isso indica que a componente atua na direção oposta àquela que foi suposta.

---

* É uma convenção neste texto sempre usar o diagrama cinético como uma ajuda gráfica quando se desenvolvem as provas e a teoria. A aceleração da partícula ou suas componentes serão mostradas nos exemplos como vetores cinza-claro próximos do diagrama de corpo livre.

EXEMPLO 13.1

A caixa de 50 kg mostrada na Figura 13.6a repousa sobre uma superfície horizontal para a qual o coeficiente de atrito cinético é $\mu_k = 0{,}3$. Se a caixa está sujeita a uma força de tração de 400 N, como mostrado, determine a velocidade da caixa em 3 s partindo do repouso.

SOLUÇÃO

Utilizando as equações do movimento, podemos relacionar a aceleração da caixa com a força que causa o movimento. A velocidade da caixa pode, então, ser determinada utilizando-se a cinemática.

Diagrama de corpo livre

O peso da caixa é $W = mg = 50$ kg $(9{,}81$ m/s$^2) = 490{,}5$ N. Como mostrado na Figura 13.6b, a força de atrito tem uma intensidade $F = \mu_k N_C$ e atua para a esquerda, visto que ela se opõe ao movimento da caixa. Supõe-se que a aceleração **a** atue horizontalmente, na direção x positiva. Há duas incógnitas, a saber, N_C e a.

Equações de movimento

Utilizando os dados mostrados no diagrama de corpo livre, temos:

$$\xrightarrow{+} \Sigma F_x = ma_x; \quad 400 \cos 30° - 0{,}3N_C = 50a \quad (1)$$
$$+\uparrow \Sigma F_y = ma_y; \quad N_C - 490{,}5 + 400 \operatorname{sen} 30° = 0 \quad (2)$$

Solucionando a Equação 2 para N_C, substituindo o resultado na Equação 1 e resolvendo para a resulta em:

$$N_C = 290{,}5 \text{ N}$$
$$a = 5{,}185 \text{ m/s}^2$$

Cinemática

Observe que a aceleração é *constante*, visto que a força aplicada **P** é constante. Como a velocidade inicial é zero, a velocidade da caixa em 3 s é:

$$(\xrightarrow{+}) \quad v = v_0 + a_c t = 0 + 5{,}185(3)$$
$$= 15{,}6 \text{ m/s} \rightarrow \quad \textit{Resposta}$$

NOTA: também podemos usar o procedimento alternativo de traçar os diagramas cinético *e* de corpo livre da caixa (Figura 13.6c), antes de aplicar as equações de movimento.

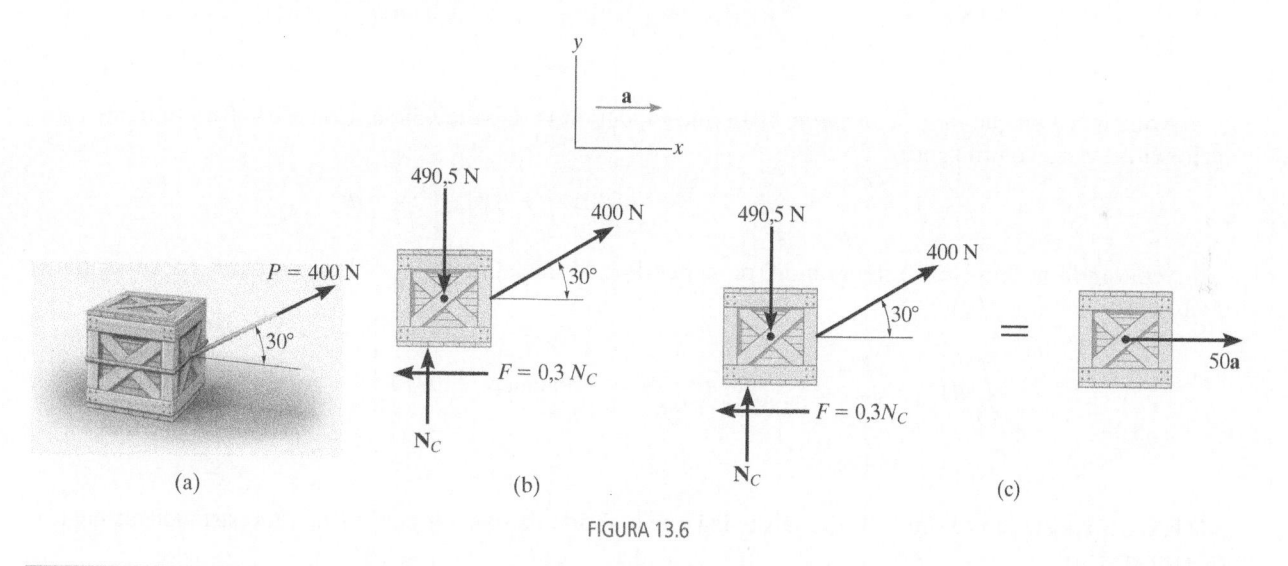

FIGURA 13.6

EXEMPLO 13.2

Um projétil de 10 kg é disparado para cima verticalmente a partir do solo com uma velocidade inicial de 50 m/s (Figura 13.7a). Determine a altura máxima que ele atingirá se: (*a*) a resistência atmosférica for desprezada; e (*b*) a resistência atmosférica for medida como $F_D = (0{,}01v^2)$ N, onde v é a velocidade escalar do projétil a qualquer instante, medida em m/s.

SOLUÇÃO

Em ambos os casos, a força conhecida sobre o projétil pode ser relacionada à sua aceleração utilizando a equação de movimento. A cinemática pode, então, ser usada para relacionar a aceleração do projétil com sua posição.

Parte (a): diagrama de corpo livre

Como mostrado na Figura 13.7b, o peso do projétil é $W = mg = 10(9,81) = 98,1$ N. Vamos supor que a aceleração desconhecida **a** atue para cima na direção *positiva z*.

Equação de movimento

$$+\uparrow \Sigma F_z = ma_z; \qquad -98,1 = 10a, \qquad a = -9,81 \text{ m/s}^2$$

O resultado indica que o projétil, como todo objeto tendo movimento de voo livre próximo da superfície da Terra, está sujeito a uma aceleração para baixo *constante* de 9,81 m/s².

Cinemática

Inicialmente, $z_0 = 0$ e $v_0 = 50$ m/s e, na altura máxima, $z = h$, $v = 0$. Visto que a aceleração é *constante*, então:

$$(+\uparrow) \qquad v^2 = v_0^2 + 2a_c(z - z_0)$$
$$0 = (50)^2 + 2(-9,81)(h - 0)$$
$$h = 127 \text{ m} \qquad \qquad \textit{Resposta}$$

Parte (b): diagrama de corpo livre

Visto que a força $F_D = (0,01v^2)$ N tende a retardar o movimento para cima do projétil, ela atua para baixo, como mostrado no diagrama de corpo livre (Figura 13.7c).

Equação de movimento

$$+\uparrow \Sigma F_z = ma_z; \quad -0,01v^2 - 98,1 = 10a, \quad a = -(0,001v^2 + 9,81)$$

Cinemática

Aqui, a aceleração *não é constante*, visto que F_D depende da velocidade. Como $a = f(v)$, podemos relacionar a à posição utilizando:

$$(+\uparrow) \quad a\,dz = v\,dv; \qquad -(0,001v^2 + 9,81)\,dz = v\,dv$$

Separando as variáveis e integrando, percebendo que inicialmente $z_0 = 0$, $v_0 = 50$ m/s (positivo para cima) e, em $z = h$, $v = 0$, temos:

$$\int_0^h dz = -\int_{50 \text{ m/s}}^0 \frac{v\,dv}{0,001v^2 + 9,81} = -500 \ln(v^2 + 9810)\Big|_{50 \text{ m/s}}^0$$

$$h = 114 \text{ m} \qquad \qquad \textit{Resposta}$$

NOTA: a resposta indica uma altura mais baixa que a obtida na parte (*a*) em razão da resistência atmosférica ou arrasto.

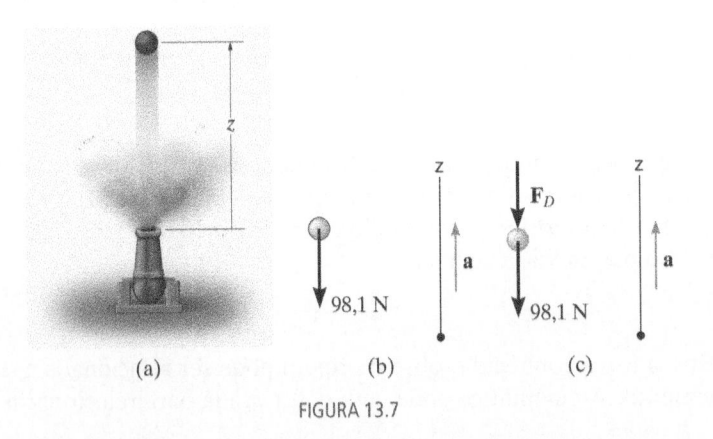

FIGURA 13.7

EXEMPLO 13.3

O trator de bagagem A mostrado na fotografia tem massa de 450 kg e reboca a carreta B de 275 kg e a carreta C de 160 kg. Por um curto período de tempo, a força de atrito motora desenvolvida nas rodas do trator é de $F_A = (200t)$ N, onde t é dado em segundos. Se o trator parte do repouso, determine sua velocidade escalar em 2 segundos. Além disso, qual é a força horizontal atuando sobre o engate entre o trator e a carreta B nesse instante? Despreze a dimensão do trator e das carretas.

SOLUÇÃO
Diagrama de corpo livre

Como mostrado na Figura 13.8a, é a força de atrito motora que dá a ambos, trator e carretas, uma aceleração. Aqui, consideramos os três veículos como um único sistema.

Equação de movimento

Apenas o movimento na direção horizontal tem de ser considerado.

$$\overset{+}{\leftarrow} \Sigma F_x = ma_x; \qquad 200t = (450 + 275 + 160)a$$

$$a = 0{,}2260t$$

Cinemática

Visto que a aceleração é uma função do tempo, a velocidade do trator é obtida usando $a = dv/dt$ com a condição inicial de que $v_0 = 0$ em $t = 0$. Temos:

$$\int_0^v dv = \int_0^{2\,s} 0{,}2260t\, dt; \qquad v = 0{,}1130 t^2 \Big|_0^{2\,s} = 0{,}452 \text{ m/s} \qquad \textit{Resposta}$$

Diagrama de corpo livre

A fim de determinar a força entre o trator e a carreta B, vamos considerar um diagrama de corpo livre do trator de maneira que possamos "expor" a força de engate **T** como externa ao diagrama de corpo livre (Figura 13.8b).

Equação de movimento

Quando $t = 2$ s,

$$\overset{+}{\leftarrow} \Sigma F_x = ma_x: \qquad 200(2) - T = (450)[0{,}2260(2)]$$

$$T = 197 \text{ N} \qquad \textit{Resposta}$$

NOTA: experimente e obtenha esse mesmo resultado considerando um diagrama de corpo livre das carretas B e C como um único sistema.

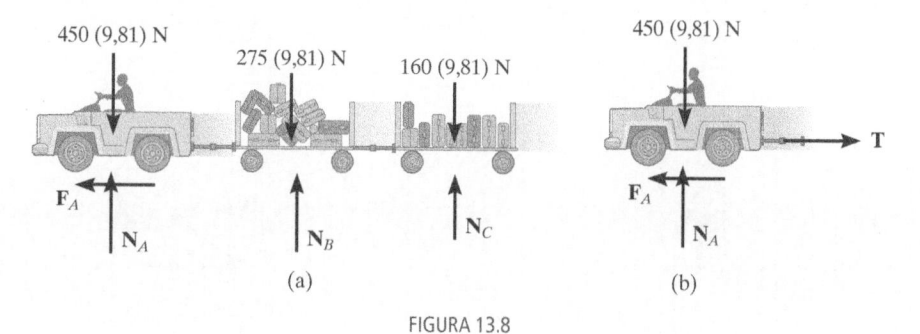

FIGURA 13.8

EXEMPLO 13.4

Um anel liso C de 2 kg, mostrado na Figura 13.9a, está ligado a uma mola de rigidez $k = 3$ N/m e comprimento não deformado de 0,75 m. Se o anel é solto do repouso em A, determine sua aceleração e a força normal da barra sobre o anel no instante $y = 1$ m.

SOLUÇÃO

Diagrama de corpo livre

O diagrama de corpo livre do anel quando ele está localizado na posição arbitrária y é mostrado na Figura 13.9b. Além disso, *supõe-se* que o anel esteja acelerando de maneira que "**a**" atua para baixo na direção y *positiva*. Há quatro incógnitas, a saber, N_C, F_s, a e θ.

Equações de movimento

$$\xrightarrow{+} \Sigma F_x = ma_x; \qquad -N_C + F_s \cos\theta = 0 \qquad (1)$$

$$+\downarrow \Sigma F_y = ma_y; \qquad 19{,}62 - F_s \sin\theta = 2a \qquad (2)$$

Da Equação 2, vê-se que a aceleração depende da intensidade e direção da força da mola. A solução para N_C e a é possível, uma vez que F_s e θ são conhecidos.

A intensidade da força da mola é uma função da extensão s da mola; ou seja, $F_s = ks$. Aqui, o comprimento não deformado é $AB = 0{,}75$ m (Figura 13.9a); portanto, $s = CB - AB = \sqrt{y^2 + (0{,}75)^2} - 0{,}75$. Visto que $k = 3$ N/m, então

$$F_s = ks = 3\left(\sqrt{y^2 + (0{,}75)^2} - 0{,}75\right) \qquad (3)$$

Da Figura 13.9a, o ângulo θ é relacionado a y pela trigonometria.

$$\text{tg}\,\theta = \frac{y}{0{,}75}$$

Substituir $y = 1$ m nas equações 3 e 4 resulta em $F_s = 1{,}50$ N e $\theta = 53{,}1°$. Substituindo estes resultados nas equações 1 e 2, obtemos:

$$N_C = 0{,}900 \text{ N} \qquad\qquad Resposta$$

$$a = 9{,}21 \text{ m/s}^2 \downarrow \qquad\qquad Resposta$$

NOTA: este não é um caso de aceleração constante, visto que a força da mola varia tanto sua intensidade quanto sua direção à medida que o anel se move para baixo.

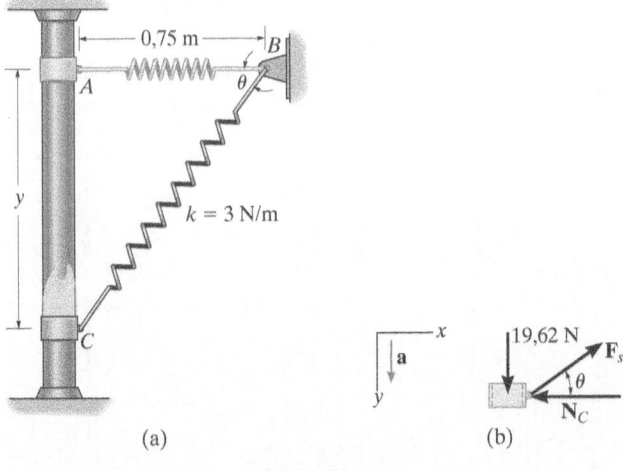

FIGURA 13.9

EXEMPLO 13.5

O bloco A de 100 kg mostrado na Figura 13.10a é solto do repouso. Se as massas das polias e da corda são desprezadas, determine a velocidade escalar do bloco B de 20 kg em 2 s.

SOLUÇÃO
Diagramas de corpo livre

Visto que a massa das polias é *desprezada*, então, para a polia C, $ma = 0$ e podemos aplicar $\Sigma F_y = 0$, como mostrado na Figura 13.10b. Os diagramas de corpo livre para os blocos A e B são mostrados nas Figuras 13.10c e d, respectivamente. Observe que, para A permanecer parado, $T = 490,5$ N, ao passo que, para B permanecer estático, $T = 196,2$ N. Por conseguinte, A se moverá para baixo enquanto B se move para cima. Embora seja esse o caso, vamos supor que ambos os blocos acelerem para baixo, na direção de $+s_A$ e $+s_B$. As três incógnitas são T, a_A e a_B.

Equações de movimento

Bloco A,

$$+\downarrow \Sigma F_y = ma_y; \qquad 981 - 2T = 100a_A \qquad (1)$$

Bloco B,

$$+\downarrow \Sigma F_y = ma_y; \qquad 196,2 - T = 20a_B \qquad (2)$$

Cinemática

A terceira equação necessária é obtida relacionando a_A com a_B utilizando uma análise de movimento dependente, discutida na Seção 12.9. As coordenadas s_A e s_B na Figura 13.10a medem as posições de A e B a partir de um ponto de referência fixo. Vê-se que:

$$2s_A + s_B = l$$

onde l é constante e representa o comprimento vertical total da corda. Derivando essa expressão duas vezes em relação ao tempo, resulta:

$$2a_A = -a_B \qquad (3)$$

Observe que, ao escrever as equações 1 a 3, a *direção positiva sempre foi considerada para baixo*. É muito importante ser *coerente* com essa hipótese, porque estamos buscando a solução de um sistema de equações simultâneas. Os resultados são:

$$T = 327,0 \text{ N}$$
$$a_A = 3,27 \text{ m/s}^2$$
$$a_B = -6,54 \text{ m/s}^2$$

Por conseguinte, quando o bloco A acelera *para baixo*, o bloco B acelera *para cima*, como esperado. Visto que a_B é constante, a velocidade do bloco B em 2 s é, portanto,

$$(+\downarrow) \qquad v = v_0 + a_B t$$
$$= 0 + (-6,54)(2)$$
$$= -13,1 \text{ m/s} \qquad \textit{Resposta}$$

O sinal negativo indica que o bloco B está se movendo para cima.

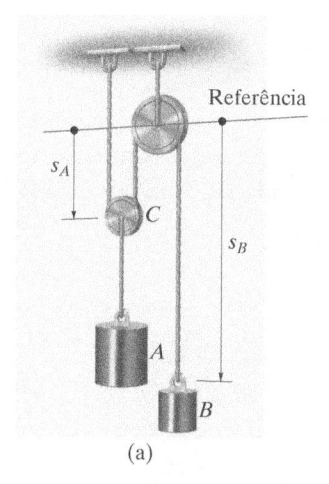

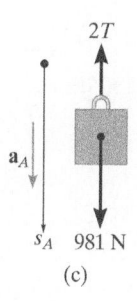

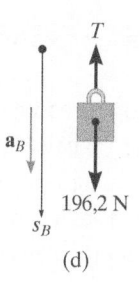

FIGURA 13.10

114 DINÂMICA

Problemas preliminares

P13.1. O bloco de 10 kg está sujeito às forças mostradas na figura. Em cada caso, determine sua velocidade quando $t = 2$ s se $v = 0$ quando $t = 0$.

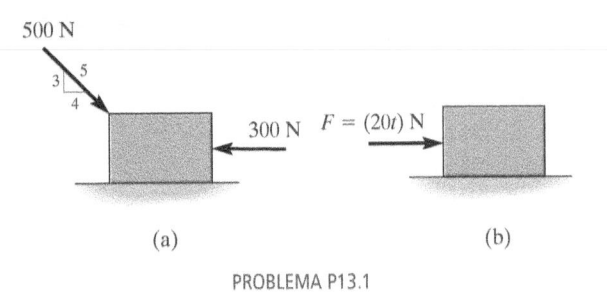

(a) 500 N (3-4-5), 300 N
(b) $F = (20t)$ N

PROBLEMA P13.1

P13.2. O bloco de 10 kg está sujeito às forças mostradas na figura. Em cada caso, determine sua velocidade em $s = 8$ m se $v = 3$ m/s em $s = 0$. O movimento ocorre para a direita.

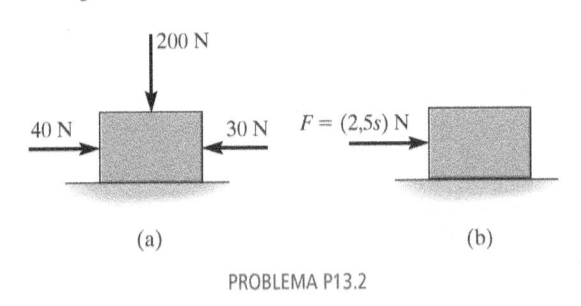

(a) 200 N, 40 N, 30 N
(b) $F = (2,5s)$ N

PROBLEMA P13.2

P13.3. Determine a aceleração inicial do anel liso de 10 kg. A mola tem 1 m de comprimento quando não está esticada.

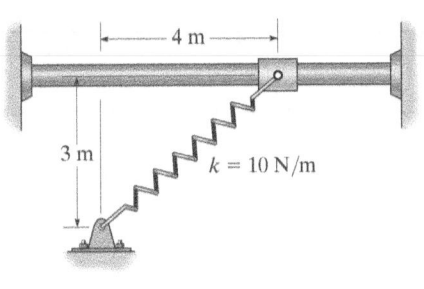

4 m, 3 m, $k = 10$ N/m

PROBLEMA P13.3

P13.4. Escreva as equações de movimento nas direções x e y para o bloco de 10 kg.

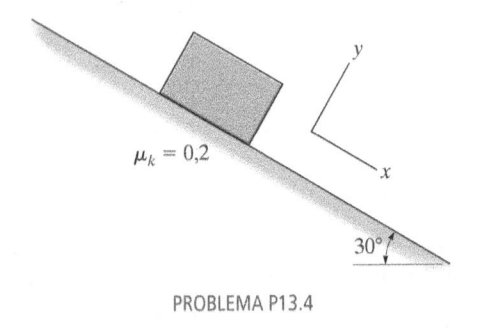

$\mu_k = 0,2$, 30°

PROBLEMA P13.4

Problemas fundamentais

F13.1. O motor recolhe o cabo com uma aceleração constante de maneira que a caixa de 20 kg se move por uma distância $s = 6$ m em 3 s, partindo do repouso. Determine a tração desenvolvida no cabo. O coeficiente de atrito cinético entre a caixa e o plano é $\mu_k = 0,3$.

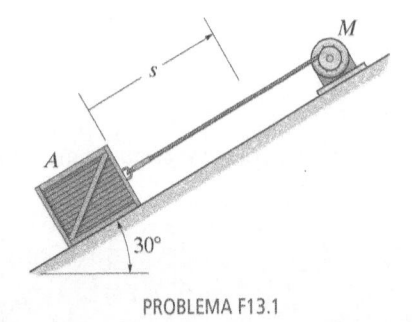

PROBLEMA F13.1

F13.2. Se o motor M exerce uma força $F = (10t^2 + 100)$ N sobre o cabo, onde t é dado em segundos, determine a velocidade da caixa de 25 kg quando $t = 4$ s. Os coeficientes de atrito estático e cinético entre a caixa e o plano são $\mu_s = 0,3$ e $\mu_k = 0,25$, respectivamente. A caixa está inicialmente em repouso.

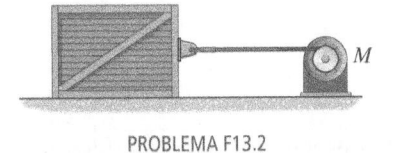

PROBLEMA F13.2

F13.3. Uma mola de rigidez $k = 500$ N/m está montada contra o bloco de 10 kg. Se o bloco está sujeito à força $F = 500$ N, determine sua velocidade quando $s = 0,5$ m. Quando $s = 0$, o bloco está em repouso e a mola está descomprimida. A superfície de contato é lisa.

PROBLEMA F13.3

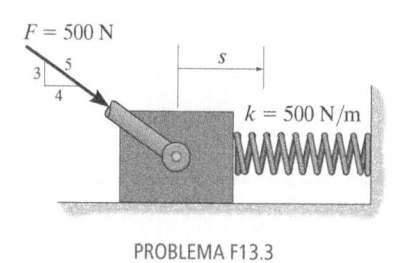

F13.4. O carro de 2 Mg está sendo rebocado por um guincho. Se o guincho exerce uma força de $T = 100(s + 1)$ N sobre o cabo, onde s é o deslocamento do carro em metros, determine a velocidade escalar do carro quando $s = 10$ m, partindo do repouso. Despreze a resistência ao rolamento do carro.

PROBLEMA F13.4

F13.5. A mola tem uma rigidez $k = 200$ N/m e não está deformada quando o bloco de 25 kg está em A. Determine a aceleração do bloco quando $s = 0,4$ m. A superfície de contato entre o bloco e o plano é lisa.

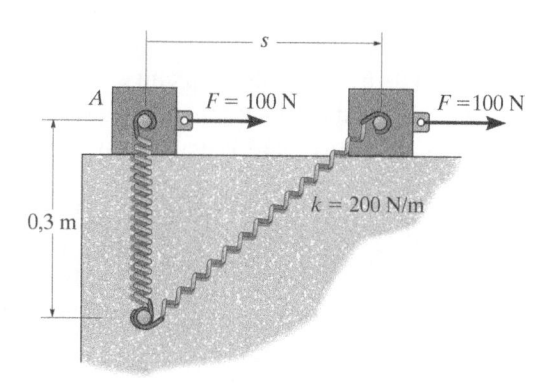

PROBLEMA F13.5

F13.6. O bloco B repousa sobre uma superfície lisa. Se os coeficientes de atrito estático e cinético entre A e B são $\mu_s = 0,4$ e $\mu_k = 0,3$, respectivamente, determine a aceleração de cada bloco se $P = 30$ N.

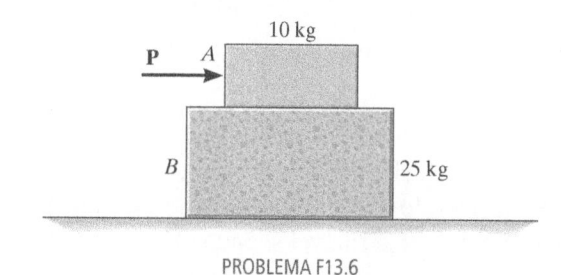

PROBLEMA F13.6

Problemas

13.1. A caixa tem massa de 80 kg e está sendo puxada por uma corrente que está sempre direcionada a 20° da horizontal, como mostrado. Se a intensidade de **P** é aumentada até a caixa começar a escorregar, determine a aceleração inicial da caixa se o coeficiente de atrito estático é $\mu_s = 0,5$ e o coeficiente de atrito cinético é $\mu_k = 0,3$.

13.2. A caixa tem massa de 80 kg e está sendo puxada por uma corrente que está sempre direcionada a 20° da horizontal, como mostrado. Determine a aceleração da caixa em $t = 2$ s se o coeficiente de atrito estático é $\mu_s = 0,4$, o coeficiente de atrito cinético é $\mu_k = 0,3$ e a força de reboque é $P = (90t^2)$ N, onde t é dado em segundos.

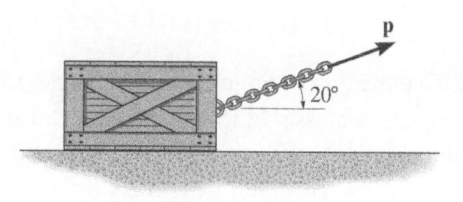

PROBLEMAS 13.1 e 13.2

13.3. Se os blocos A e B, de massa 10 kg e 6 kg, respectivamente, são colocados sobre o plano inclinado e soltos, determine a força desenvolvida na barra de conexão. Os coeficientes de atrito cinético entre os blocos e o plano inclinado são $\mu_A = 0,1$ e $\mu_B = 0,3$. Despreze a massa da barra de conexão.

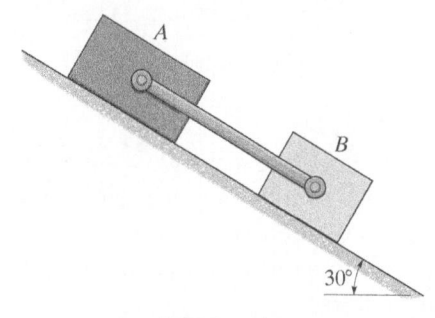

PROBLEMA 13.3

*13.4. Se $P = 400$ N e o coeficiente de atrito cinético entre a caixa de 50 kg e o plano inclinado é $\mu_k = 0,25$, determine a velocidade da caixa depois que ela atravessa 6 m subindo no plano. A caixa parte do repouso.

13.5. Se a caixa de 50 kg parte do repouso e percorre uma distância de 6 m subindo no plano em 4 s, determine a intensidade da força **P** atuando sobre a caixa. O coeficiente de atrito cinético entre a caixa e o plano é $\mu_k = 0{,}25$.

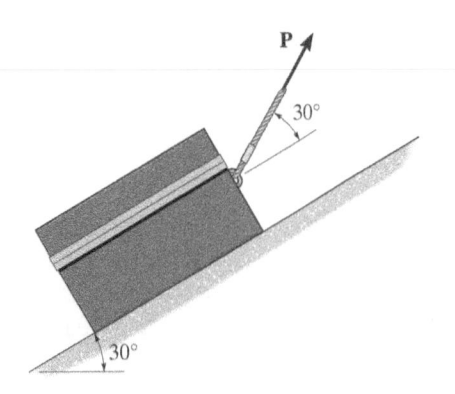

PROBLEMAS 13.4 e 13.5

13.6. Se o coeficiente de atrito cinético entre a caixa de 50 kg e o solo é $\mu_k = 0{,}3$, determine a distância que a caixa percorre e sua velocidade quando $t = 3$ s. A caixa parte do repouso, e $P = 200$ N.

13.7. Se a caixa de 50 kg parte do repouso e atinge uma velocidade $v = 4$ m/s quando percorre uma distância de 5 m para a direita, determine a intensidade da força **P** que atua sobre a caixa. O coeficiente de atrito cinético entre a caixa e o piso é $\mu_k = 0{,}3$.

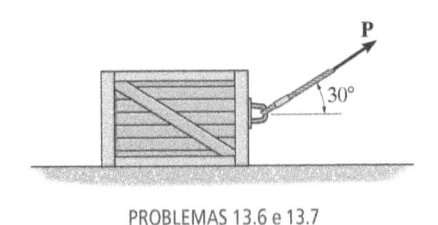

PROBLEMAS 13.6 e 13.7

*****13.8.** A esteira está se movendo a 4 m/s. Se o coeficiente de atrito estático entre a esteira e o pacote de 10 kg B é $\mu_s = 0{,}2$, determine o menor tempo em que a esteira pode parar de modo que o pacote não deslize sobre a esteira.

13.9. A esteira é projetada para transportar pacotes de pesos variados. Cada pacote de 10 kg tem um coeficiente de atrito cinético $\mu_k = 0{,}15$. Se a velocidade da esteira é 5 m/s e ela parar de repente, determine a distância que o pacote deslizará sobre a esteira antes de chegar ao repouso.

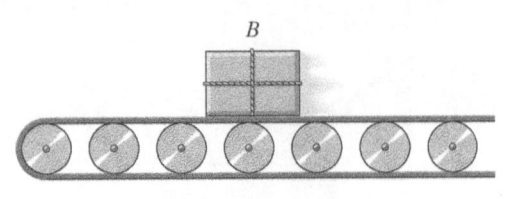

PROBLEMAS 13.8 e 13.9

13.10. O tambor de recolhimento D está puxando o cabo a uma taxa acelerada de 5 m/s². Determine a tração do cabo se a caixa suspensa possui massa de 800 kg.

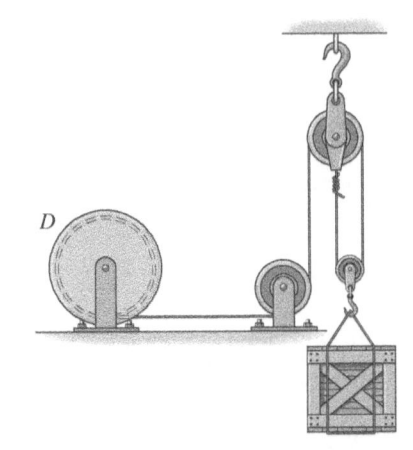

PROBLEMA 13.10

13.11. O cilindro B tem massa m e é suspenso usando o sistema de corda e polia mostrado na figura. Determine a intensidade da força **F** em função da posição vertical y do bloco, de modo que, quando **F** é aplicada, o bloco sobe com uma aceleração constante $\mathbf{a}_B$. Desconsidere a massa da corda e das polias.

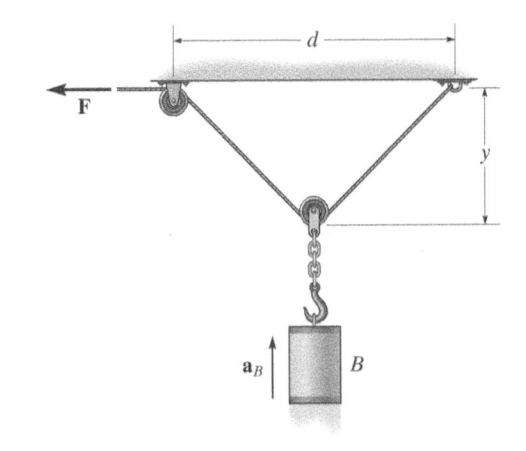

PROBLEMA 13.11

*****13.12.** O elevador E tem massa de 500 kg e o contrapeso em A tem massa de 150 kg. Se o elevador atinge uma velocidade de 10 m/s depois de subir 40 m, determine a força constante desenvolvida no cabo em B. Desconsidere as massas das polias e do cabo.

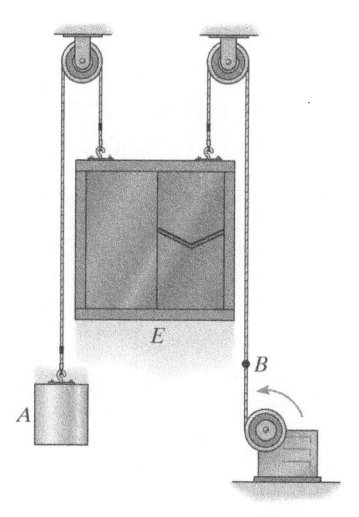

PROBLEMA 13.12

13.13. O vagão de minério de 400 kg é suspenso pelo plano inclinado por meio do cabo e motor M. Por um curto tempo, a força no cabo é $F = (3200t^2)$ N, onde t é dado em segundos. Se o vagão tem velocidade inicial $v_1 = 2$ m/s quando $t = 0$, determine sua velocidade quando $t = 2$ s.

13.14. O vagão de minério de 400 kg é suspenso pelo plano inclinado por meio do cabo e motor M. Por um curto tempo, a força no cabo é $F = (3200t^2)$ N, onde t é dado em segundos. Se o vagão tem velocidade inicial $v_1 = 2$ m/s em $s = 0$ e $t = 0$, determine a distância que ele sobe no plano inclinado quando $t = 2$ s.

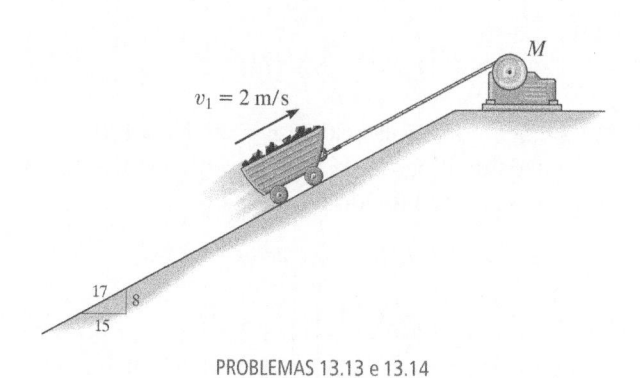

PROBLEMAS 13.13 e 13.14

13.15. Um homem de 75 kg empurra a caixa de 150 kg com uma força horizontal **F**. Se os coeficientes de atrito estático e cinético entre a caixa e a superfície são $\mu_s = 0,3$ e $\mu_k = 0,2$, e o coeficiente de atrito estático entre os sapatos do homem e a superfície é $\mu_s = 0,8$, mostre que o homem consegue mover a caixa. Qual é a maior aceleração que o homem pode dar à caixa?

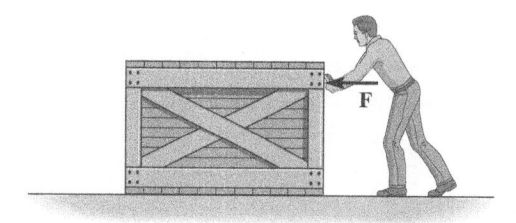

PROBLEMA 13.15

13.16. A caminhonete de 2 Mg está se movendo a 15 m/s quando os freios são aplicados em todas as suas rodas, fazendo com que ela escorregue por uma distância de 10 m antes de chegar ao repouso. Determine a força horizontal constante desenvolvida no engate C, e a força de atrito desenvolvida entre os pneus da caminhonete e a estrada durante esse tempo. A massa total da lancha e do reboque é 1 Mg.

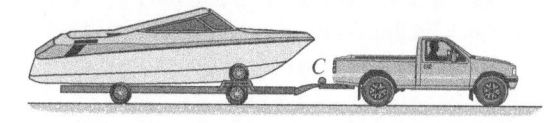

PROBLEMA 13.16

13.17. Determine a aceleração dos blocos quando o sistema é liberado. O coeficiente de atrito cinético é μ_k e a massa de cada bloco é m. Desconsidere a massa das polias e da corda.

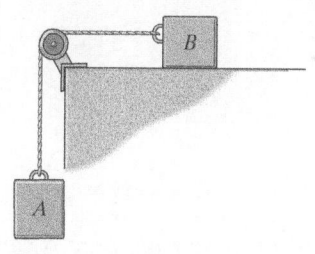

PROBLEMA 13.17

13.18. O motor levanta a caixa de 50 kg com uma aceleração de 6 m/s². Determine as componentes da força de reação e o momento do binário no suporte fixo A.

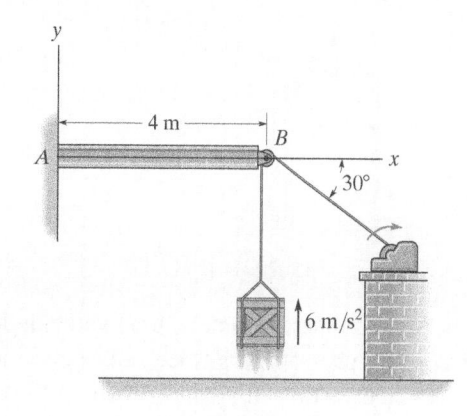

PROBLEMA 13.18

13.19. Uma caixa com massa de 60 kg cai horizontalmente da traseira de uma caminhonete que está trafegando a 80 km/h. Determine o coeficiente de atrito cinético entre a estrada e a caixa se a caixa desliza por 45 m no solo sem tombar ao longo da estrada antes de chegar ao repouso. Suponha que a velocidade inicial da caixa com relação à estrada seja 80 km/h.

PROBLEMA 13.19

***13.20.** Determine a massa necessária do bloco A de maneira que, ao ser solto do repouso, mova o bloco B de 5 kg em uma distância de 0,75 m para cima ao longo do plano inclinado liso em $t = 2$ s. Despreze a massa das polias e das cordas.

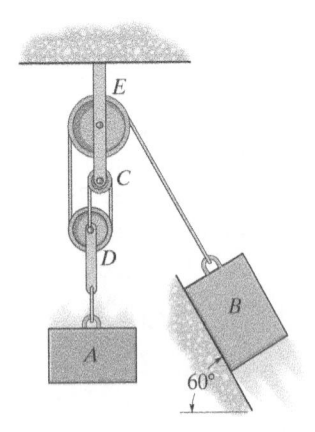

PROBLEMA 13.20

13.21. A força do motor M sobre o cabo é mostrada no gráfico. Determine a velocidade da caixa A de 400 kg quando $t = 2$ s.

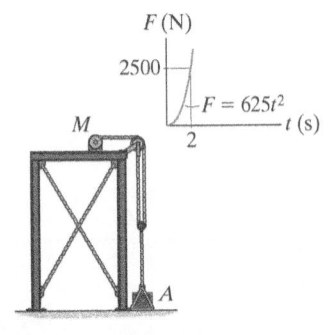

PROBLEMA 13.21

13.22. A bala de massa m recebe uma velocidade em decorrência da pressão do gás causada pela queima de pólvora dentro da câmara do revólver. Supondo que essa pressão crie uma força $F = F_0 \, \text{sen}(\pi t/t_0)$ na bala, determine a velocidade da bala em qualquer instante em que ela está no cano. Qual é a velocidade máxima da bala? Além disso, determine a posição da bala no cano em função do tempo.

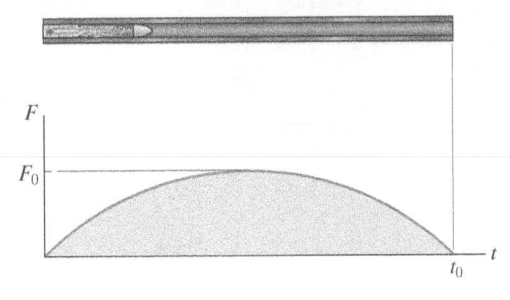

PROBLEMA 13.22

13.23. O bloco A de 50 kg é liberado do repouso. Determine a velocidade do bloco B de 15 kg em 2 s.

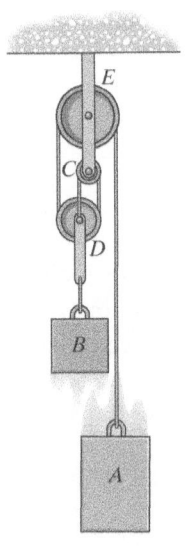

PROBLEMA 13.23

***13.24.** Se a força fornecida é $F = 150$ N, determine a velocidade do bloco A de 50 kg quando ele tiver sido elevado 3 m, partindo do repouso.

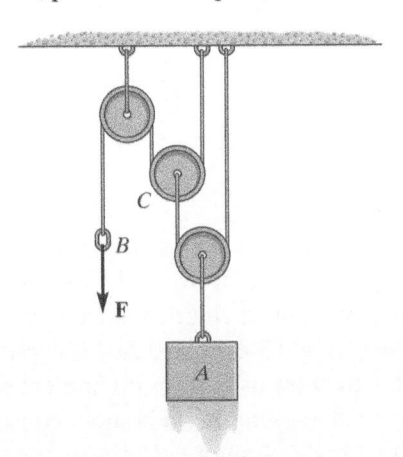

PROBLEMA 13.24

13.25. Uma mala de 60 kg desliza a partir do repouso 5 m abaixo pela rampa lisa. Determine a distância R onde ela atinge o solo em B. Quanto tempo ela leva para ir de A até B?

13.26. Resolva o Problema 13.25 se a mala possui uma velocidade inicial descendo a rampa de $v_A = 2$ m/s, e o coeficiente de atrito cinético ao longo de AC é $\mu_k = 0,2$.

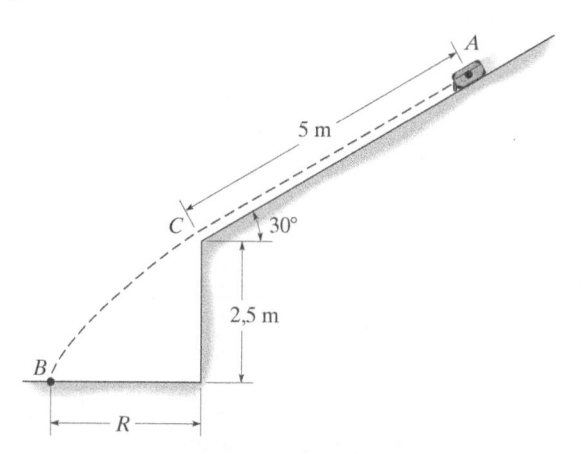

PROBLEMAS 13.25 e 13.26

13.27. A esteira transportadora fornece cada caixa de 12 kg à rampa em A de modo que a velocidade da caixa é $v_A = 2,5$ m/s direcionada para baixo *ao longo* da rampa. Se o coeficiente de atrito cinético entre cada caixa e a rampa é $\mu_k = 0,3$, determine a velocidade escalar com que cada caixa desliza para fora da rampa em B. Suponha que não haja tombamento. Considere $\theta = 30°$.

*13.28. A esteira transportadora fornece cada caixa de 12 kg à rampa em A de modo que a velocidade da caixa é $v_A = 2,5$ m/s, direcionada para baixo *ao longo* da rampa. Se o coeficiente de atrito cinético entre cada caixa e a rampa é $\mu_k = 0,3$, determine a menor inclinação θ da rampa de modo que as caixas deslizem para fora da rampa e caiam no carrinho.

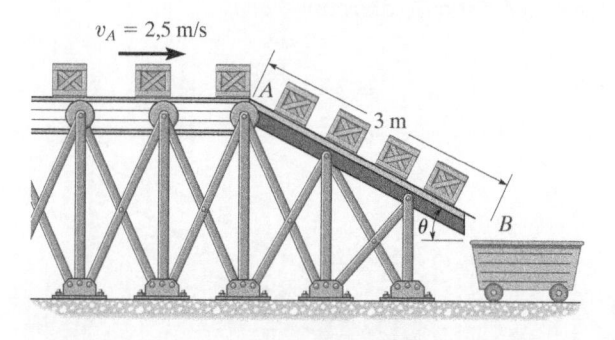

PROBLEMAS 13.27 e 13.28

13.29. A esteira transportadora está se movendo para baixo a 4 m/s. Se o coeficiente de atrito estático entre a esteira e o pacote de 15 kg B é $\mu_s = 0,8$, determine o menor tempo que a esteira pode levar para parar, de modo que o pacote não deslize na esteira.

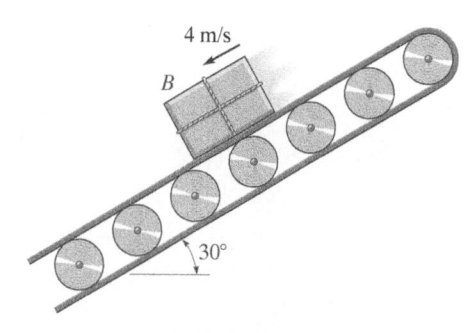

PROBLEMA 13.29

13.30. O carro esporte de 1,5 Mg tem uma força de tração $F = 4,5$ kN. Se ele produz a velocidade descrita pelo gráfico v-t mostrado, trace a resistência do ar R versus t para esse período de tempo.

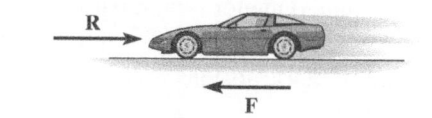

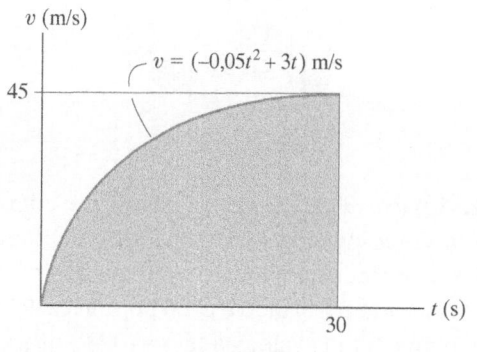

$v = (-0,05t^2 + 3t)$ m/s

PROBLEMA 13.30

13.31. A caixa B tem massa m e parte do repouso quando está no topo do carrinho A, que tem massa $3m$. Determine a tração na corda CD necessária para impedir que o carrinho se mova enquanto B está deslizando para baixo sobre A. Desconsidere o atrito.

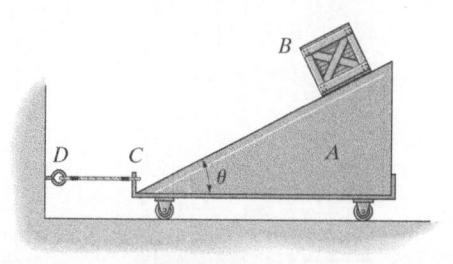

PROBLEMA 13.31

*13.32. O cilindro liso de 4 kg é apoiado pela mola com rigidez $k_{AB} = 120$ N/m. Determine a velocidade do cilindro quando ele se move para baixo por $s = 0,2$ m a partir de sua posição de equilíbrio, um movimento causado pela aplicação da força $F = 60$ N.

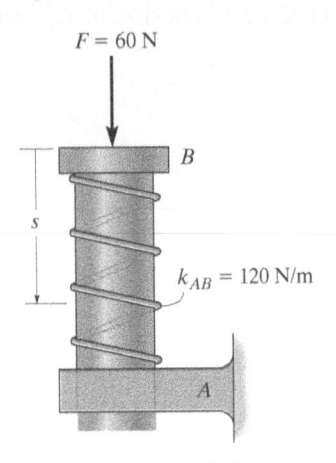

PROBLEMA 13.32

13.33. O coeficiente de atrito estático entre a caixa de 200 kg e a plataforma plana do caminhão é $\mu_s = 0{,}3$. Determine o menor tempo para que o caminhão alcance uma velocidade de 60 km/h, partindo do repouso com aceleração constante, de modo que a caixa não deslize.

PROBLEMA 13.33

13.34. A barra B de 300 kg, originalmente em repouso, está sendo puxada sobre uma série de pequenos roletes. Determine a força no cabo quando $t = 5$ s, se o motor M está enrolando o cabo por um curto período de tempo a uma velocidade $v = (0{,}4t^2)$ m/s, onde t é dado em segundos ($0 \leq t \leq 6$ s). Por qual distância a barra se move em 5 s? Desconsidere a massa do cabo, da polia e dos roletes.

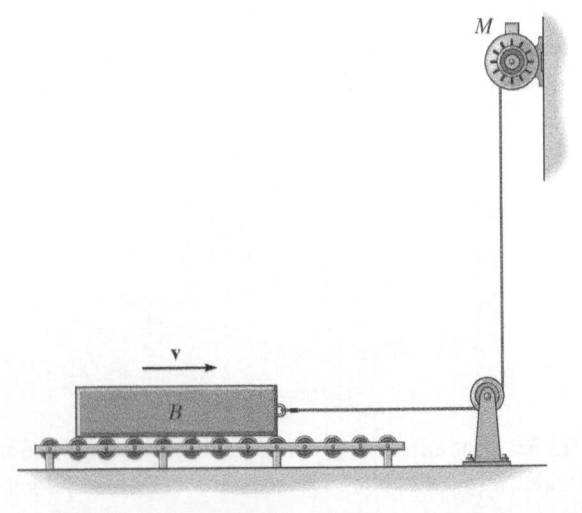

13.35. Um elétron de massa m é descarregado com uma velocidade horizontal inicial de $\mathbf{v}_0$. Se ele está sujeito a dois campos de força para os quais $F_x = F_0$ e $F_y = 0{,}3F_0$, onde F_0 é constante, determine a equação da trajetória e a velocidade do elétron em qualquer instante t.

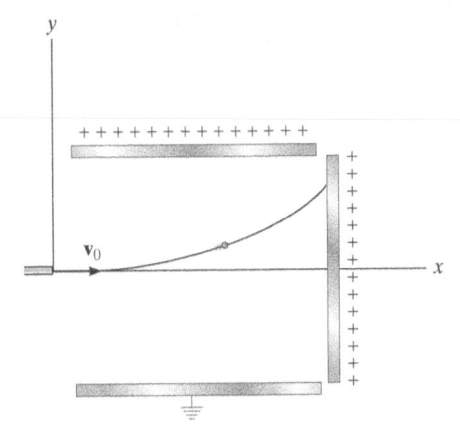

PROBLEMA 13.35

*13.36. Um carro de massa m está trafegando a uma velocidade baixa v_0. Se ele está sujeito à resistência de arrasto do vento, que é proporcional à sua velocidade, ou seja, $F_D = kv$, determine a distância e o tempo que o carro percorrerá antes que sua velocidade se torne $0{,}5v_0$. Suponha que não haja outras forças de atrito sobre o carro.

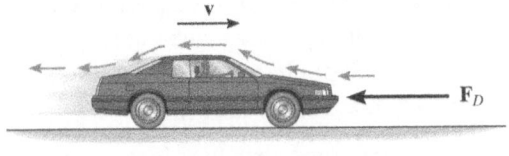

PROBLEMA 13.36

13.37. O bloco A de 10 kg se apoia na placa B de 50 kg na posição mostrada. Desprezando a massa da corda e da polia, e usando os coeficientes de atrito cinético indicados, determine o tempo necessário para o bloco A deslizar por 0,5 m *sobre a placa* quando o sistema é liberado do repouso.

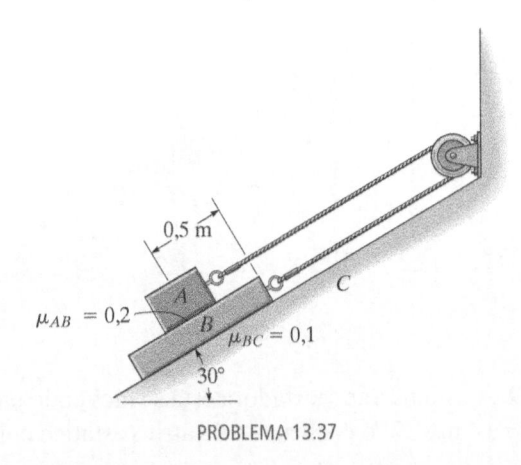

PROBLEMA 13.34

PROBLEMA 13.37

13.38. Cada um dos blocos A e B tem massa m. Determine a maior força horizontal **P** que pode ser aplicada a B de maneira que ele não deslize sobre A. Além disso, qual é a aceleração correspondente? O coeficiente de atrito estático entre A e B é μ_s. Despreze qualquer atrito entre A e a superfície horizontal.

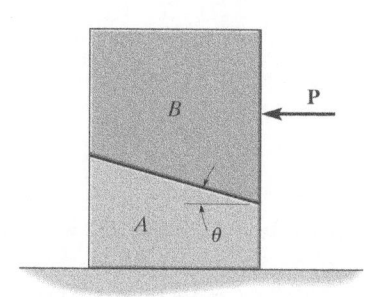

PROBLEMA 13.38

13.39. O trator é usado para levantar a carga B de 150 kg com o sistema corda de 24 m de comprimento, lança e polia. Se o trator se move para a direita com velocidade constante de 4 m/s, determine a tração na corda quando $s_A = 5$ m. Quando $s_A = 0$, $s_B = 0$.

*13.40. O trator é usado para levantar a carga B de 150 kg com o sistema corda de 24 m de comprimento, lança e polia. Se o trator se move para a direita com aceleração de 3 m/s² e tem velocidade de 4 m/s no instante $s_A = 5$ m, determine a tração na corda nesse instante. Quando $s_A = 0$, $s_B = 0$.

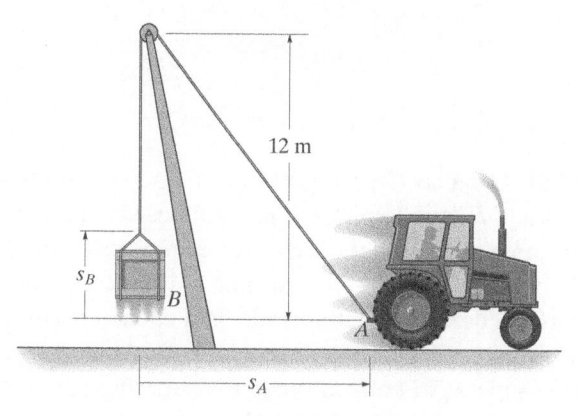

PROBLEMAS 13.39 e 13.40

13.41. Um elevador, incluindo sua carga, tem massa de 1 Mg. Ele é impedido de girar em razão dos trilhos e rodas montados em suas laterais. Se o motor M desenvolve uma tração constante $T = 4$ kN em seu cabo preso, determine a velocidade do elevador quando ele tiver subido 6 m a partir do repouso. Despreze a massa das polias e dos cabos.

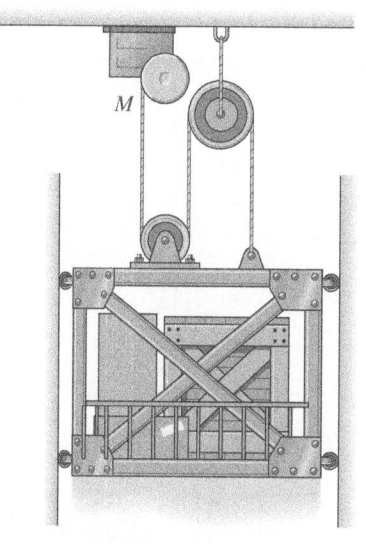

PROBLEMA 13.41

13.42. Se o motor recolhe o cabo com uma aceleração de 3 m/s², determine as reações nos suportes A e B. A viga tem uma massa uniforme de 30 kg/m e a caixa tem uma massa de 200 kg. Despreze a massa do motor e das polias.

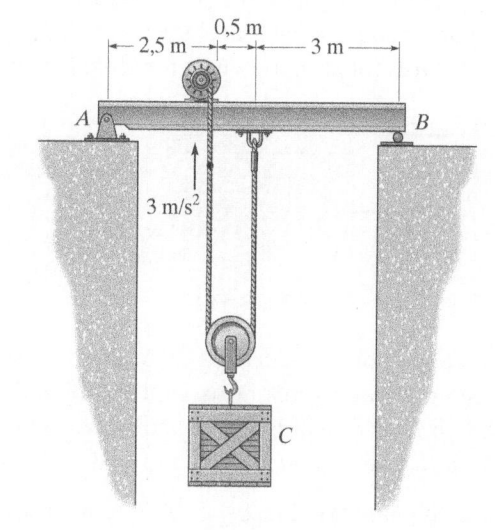

PROBLEMA 13.42

13.43. Se a força exercida sobre o cabo AB pelo motor é $F = (100t^{3/2})$ N, onde t é dado em segundos, determine a velocidade da caixa de 50 kg quando $t = 5$ s. Os coeficientes de atrito estático e cinético entre a caixa e o solo são $\mu_s = 0,4$ e $\mu_k = 0,3$, respectivamente. Inicialmente, a caixa está em repouso.

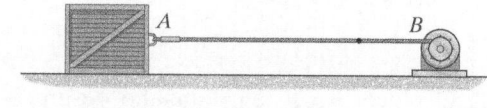

PROBLEMA 13.43

*13.44. Um paraquedista com massa m abre seu paraquedas a partir de uma posição em repouso a uma grande altitude. Se a resistência do arrasto atmosférico é $F_D = kv^2$, onde k é uma constante, determine sua velocidade quando ele tiver caído por um tempo t. Qual é sua velocidade quando ele atinge o solo? Essa velocidade é conhecida como *velocidade terminal*, que é encontrada considerando-se o tempo de queda $t \to \infty$.

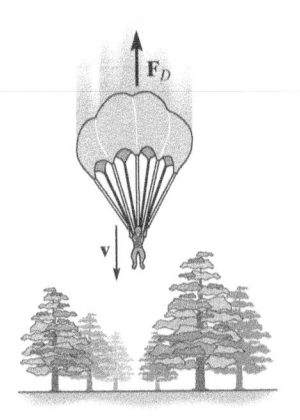

PROBLEMA 13.44

13.45. Cada uma das três placas tem massa de 10 kg. Se os coeficientes de atrito estático e cinético em cada superfície de contato são $\mu_s = 0{,}3$ e $\mu_k = 0{,}2$, respectivamente, determine a aceleração de cada placa quando as três forças horizontais forem aplicadas.

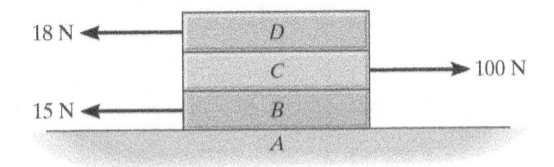

PROBLEMA 13.45

13.46. Cada um dos blocos A e B tem massa m. Determine a maior força horizontal **P** que pode ser aplicada a B de maneira que A não se desloque em relação a B. Todas as superfícies são lisas.

13.47. Cada um dos blocos A e B tem massa m. Determine a maior força horizontal **P** que pode ser aplicada a B de maneira que A não deslize sobre B. O coeficiente de atrito estático entre A e B é μ_s. Despreze qualquer atrito entre B e C.

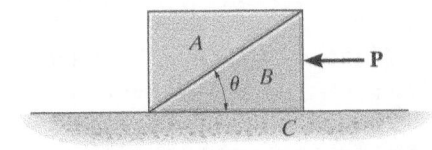

PROBLEMAS 13.46 e 13.47

*****13.48.** O bloco liso B tem tamanho desprezível e massa m, e se apoia sobre o plano horizontal. Se a tábua AC empurra o bloco a um ângulo θ com aceleração constante $\mathbf{a}_0$, determine a velocidade do bloco ao longo da tábua e a distância s que o bloco se move ao longo da tábua em função do tempo t. O bloco parte do repouso quando $s = 0$, $t = 0$.

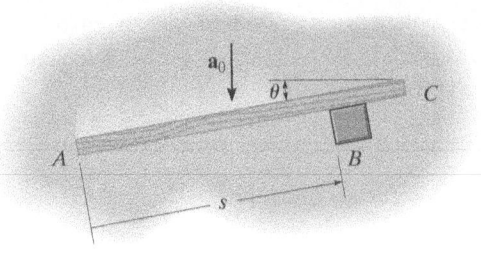

PROBLEMA 13.48

13.49. O bloco A tem massa m_A e está ligado a uma mola de rigidez k e comprimento não deformado l_0. Se outro bloco, B, com massa m_B, é pressionado contra A de maneira que a mola deforme por uma distância d, determine a distância que ambos os blocos deslizam sobre a superfície lisa antes de começarem a se separar. Quais são suas velocidades nesse instante?

13.50. O bloco A tem massa m_A e está ligado a uma mola de rigidez k e comprimento não deformado l_0. Se outro bloco, B, de massa m_B, é pressionado contra A de maneira que a mola deforme por uma distância d, mostre que, para a separação ocorrer, é necessário que $d > 2\mu_k g (m_A + m_B)/k$, onde μ_k é o coeficiente de atrito cinético entre os blocos e o solo. Além disso, qual é a distância que os blocos deslizam sobre a superfície antes de se separarem?

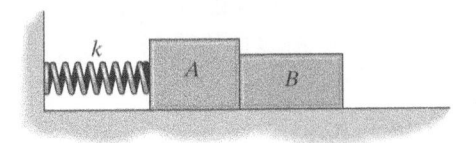

PROBLEMAS 13.49 e 13.50

13.51. O bloco A tem massa m_A e apoia-se sobre a bandeja B, que tem massa m_B. Ambos são apoiados por uma mola com rigidez k, que está presa ao fundo da bandeja e ao solo. Determine a distância d que a bandeja deverá ser empurrada para baixo a partir da posição de equilíbrio e depois largada, de modo que haja separação entre o bloco e a superfície da bandeja no instante em que a mola não estiver esticada.

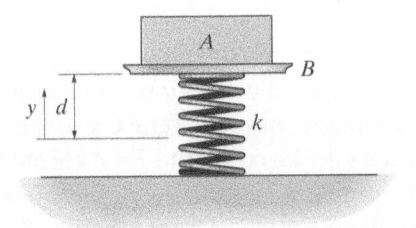

PROBLEMA 13.51

13.5 Equações de movimento: coordenadas normais e tangenciais

Quando uma partícula se move ao longo de uma trajetória curva conhecida, a equação do movimento para a partícula pode ser escrita nas direções tangencial, normal e binormal (Figura 13.11). Observe que não há movimento da partícula na direção binormal, visto que a partícula está restrita a se mover ao longo da trajetória. Temos

$$\Sigma \mathbf{F} = m\mathbf{a}$$

$$\Sigma F_t \mathbf{u}_t + \Sigma F_n \mathbf{u}_n + \Sigma F_b \mathbf{u}_b = m\mathbf{a}_t + m\mathbf{a}_n$$

Essa equação é satisfeita desde que:

$$\begin{array}{c} \Sigma F_t = ma_t \\ \Sigma F_n = ma_n \\ \Sigma F_b = 0 \end{array} \quad (13.7)$$

Sistema de coordenada inercial

FIGURA 13.11

Lembre-se de que a_t ($= dv/dt$) representa a taxa de variação temporal da intensidade da velocidade vetorial. Assim, se $\Sigma \mathbf{F}_t$ atua na direção do movimento, a velocidade escalar da partícula vai aumentar, ao passo que, se ela atua na direção oposta, a partícula vai desacelerar. Da mesma maneira, a_n ($= v^2/\rho$) representa a taxa de variação temporal na direção da velocidade vetorial. Ela é causada por $\Sigma \mathbf{F}_n$, que *sempre* atua na direção n positiva, ou seja, para o centro de curvatura da trajetória. Por essa razão ela é seguidamente referida como a *força centrípeta*.

Quando os carrinhos da montanha-russa descem pelos trilhos, eles possuem componentes normais e tangenciais de aceleração.

Procedimento para análise

Quando um problema envolve o movimento de uma partícula ao longo de uma *trajetória curva conhecida*, as coordenadas normais e tangenciais devem ser consideradas para a análise, visto que as componentes da aceleração podem ser facilmente formuladas. O método para aplicar as equações de movimento, que relaciona as forças com a aceleração, foi descrito em linhas gerais no procedimento dado na Seção 13.4. Especificamente para as coordenadas t, n, b, ele pode ser estabelecido da forma mostrada a seguir.

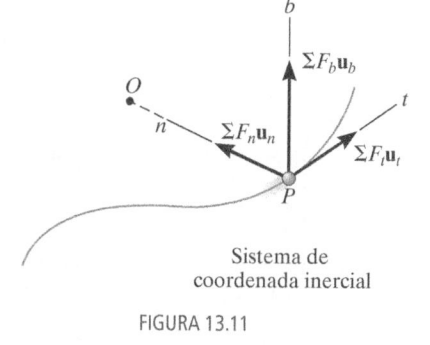

A força desequilibrada da corda do esquiador dá a ele um componente normal de aceleração.

Diagrama de corpo livre

- Estabeleça o sistema de coordenadas inerciais t, n, b na partícula e construa seu diagrama de corpo livre.
- A aceleração normal da partícula $\mathbf{a}_n$ *sempre* atua na direção n positiva.
- Se a aceleração tangencial $\mathbf{a}_t$ é desconhecida, suponha que ela atue na direção t positiva.
- Não há aceleração na direção b.
- Identifique as incógnitas no problema.

Equações de movimento

- Aplique as equações de movimento (equações 13.7).

Cinemática

- Formule as componentes normais e tangenciais da aceleração; ou seja, $a_t = dv/dt$ ou $a_t = v\,dv/ds$ e $a_n = v^2/\rho$.
- Se a trajetória é definida como $y = f(x)$, o raio de curvatura no ponto onde a partícula está localizada pode ser obtido de $\rho = [1 + (dy/dx)^2]^{3/2}/|d^2y/dx^2|$.

EXEMPLO 13.6

Determine o ângulo de inclinação θ para a pista de corrida de maneira que as rodas dos carros de corrida mostrados na Figura 13.12a não tenham de depender do atrito para evitar que qualquer carro escorregue para cima ou para baixo na pista. Suponha que os carros tenham dimensão desprezível, massa m e se desloquem em torno da curva de raio ρ com uma velocidade constante v.

SOLUÇÃO

Antes de olhar para a solução a seguir, pense um pouco sobre por que ela deveria ser resolvida utilizando-se as coordenadas t, n, b.

Diagrama de corpo livre

Como mostrado na Figura 13.12b e estabelecido no problema, nenhuma força de atrito atua sobre o carro. Aqui, $\mathbf{N}_C$ representa a *resultante* do solo em todas as quatro rodas. Visto que a_n pode ser calculado, as incógnitas são N_C e θ.

Equações de movimento

Utilizando os eixos n, b mostrados,

$$\xrightarrow{\pm} \Sigma F_n = ma_n; \qquad N_C \operatorname{sen} \theta = m\frac{v^2}{\rho} \qquad (1)$$

$$+\uparrow \Sigma F_b = 0; \qquad N_C \cos \theta - mg = 0 \qquad (2)$$

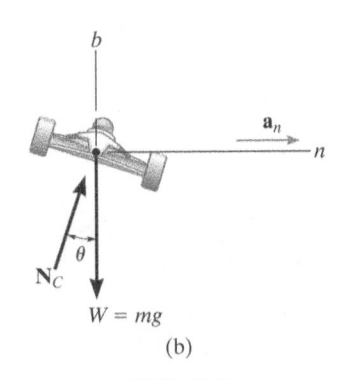

FIGURA 13.12

Eliminando N_C e m dessas equações ao dividir a Equação 1 pela Equação 2, obtemos

$$\operatorname{tg} \theta = \frac{v^2}{g\rho}$$

$$\theta = \operatorname{tg}^{-1}\left(\frac{v^2}{g\rho}\right) \qquad \textit{Resposta}$$

NOTA: o resultado é independente da massa do carro. Além disso, um somatório de forças na direção tangencial não tem consequências para a solução. Se ele fosse considerado, então $a_t = dv/dt = 0$, visto que o carro se move com *velocidade constante*. Uma análise adicional deste problema é discutida no Problema 21.52.

EXEMPLO 13.7

O disco D de 3 kg está ligado à extremidade de uma corda na Figura 13.13a. A outra extremidade da corda está ligada a uma junta universal localizada no centro de uma plataforma. Se a plataforma gira rapidamente e o disco está colocado sobre ela e é solto do repouso, como mostrado, determine o tempo que o disco leva para alcançar uma velocidade grande o suficiente para romper a corda. A tração máxima que a corda pode suportar é 100 N, e o coeficiente de atrito cinético entre o disco e a plataforma é $\mu_k = 0,1$.

SOLUÇÃO
Diagrama de corpo livre

A força de atrito tem intensidade $F = \mu_k N_D = 0,1 N_D$ e sentido de direção que se opõe ao *movimento relativo* do disco em relação à plataforma. É essa força que dá ao disco uma componente tangencial da aceleração fazendo com que v aumente e, dessa maneira, faz T aumentar até atingir 100 N. O peso do disco é $W = 3(9,81)$ N $= 29,43$ N. Visto que a_n pode ser relacionada a v, as incógnitas são N_D, a_t e v.

Equações de movimento

$$\Sigma F_n = m a_n; \qquad T = 3\left(\frac{v^2}{1}\right) \qquad (1)$$

$$\Sigma F_t = m a_t; \qquad 0,1 N_D = 3 a_t \qquad (2)$$

$$\Sigma F_b = 0; \qquad N_D - 29,43 = 0 \qquad (3)$$

Fazendo $T = 100$ N, a Equação 1 pode ser resolvida para a velocidade crítica v_{cr} do disco necessária para romper a corda. Resolvendo todas as equações, obtemos:

$$N_D = 29,43 \text{ N}$$
$$a_t = 0,981 \text{ m/s}^2$$
$$v_{cr} = 5,77 \text{ m/s}$$

Cinemática

Visto que a_t é *constante*, o tempo necessário para romper a corda é

$$v_{cr} = v_0 + a_t t$$
$$5,77 = 0 + (0,981)t$$
$$t = 5,89 \text{ s} \qquad \qquad \textit{Resposta}$$

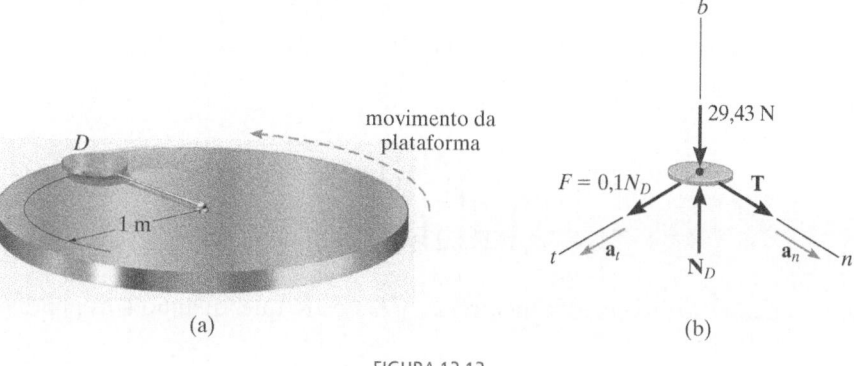

FIGURA 13.13

EXEMPLO 13.8

Projetar a rampa de esqui mostrada na fotografia exige conhecer o tipo de forças que serão exercidas sobre a esquiadora e sua trajetória aproximada. Se, neste caso, o salto pode ser aproximado pela parábola mostrada na Figura 13.14a, determine a força normal sobre a esquiadora de 70 kg no instante em que ela chega ao fim da rampa, ponto A, onde sua velocidade é de 20 m/s. Além disso, qual é sua aceleração nesse ponto?

SOLUÇÃO

Por que considerar a utilização das coordenadas n, t para solucionar este problema?

Diagrama de corpo livre

Visto que $dy/dx = x/30|_{x=0} = 0$, a inclinação em A é horizontal. O diagrama de corpo livre da esquiadora quando ela está em A é mostrado na Figura 13.14b. Uma vez que a trajetória é *curva*, há duas componentes da aceleração, $\mathbf{a}_n$ e $\mathbf{a}_t$. Como a_n pode ser calculada, as incógnitas são a_t e N_A.

Equações de movimento

$$+\uparrow \Sigma F_n = ma_n; \qquad N_A - 70(9{,}81) = 70\left[\frac{(20)^2}{\rho}\right] \qquad (1)$$

$$\overset{+}{\leftarrow} \Sigma F_t = ma_t; \qquad 0 = 70 a_t \qquad (2)$$

O raio de curvatura ρ para a trajetória tem de ser determinado no ponto A (0, –60m). Aqui, $y = \frac{1}{60}x^2 - 60$, $dy/dx = \frac{1}{30}x$, $d^2y/dx^2 = \frac{1}{30}$, de maneira que, em $x = 0$,

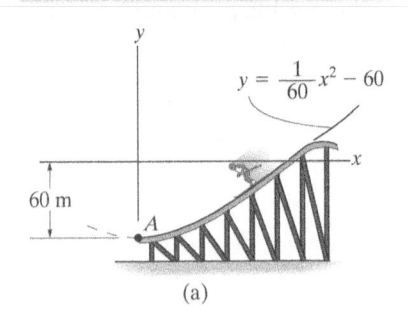

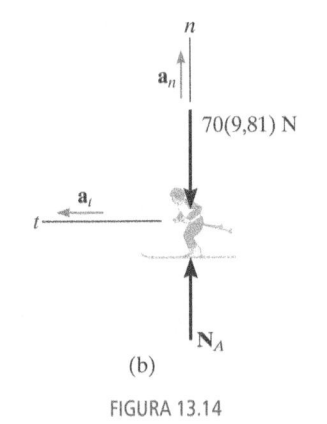

$$\rho = \frac{[1 + (dy/dx)^2]^{3/2}}{|d^2y/dx^2|}\bigg|_{x=0} = \frac{[1 + (0)^2]^{3/2}}{|\frac{1}{30}|} = 30 \text{ m}$$

Substituindo na Equação 1 e resolvendo para N_A, obtemos:

$$N_A = 1620 \text{ N} \qquad \qquad \textit{Resposta}$$

Cinemática

Da Equação 2,

$$a_t = 0$$

Deste modo,

$$a_n = \frac{v^2}{\rho} = \frac{(20)^2}{30} = 13{,}33 \text{ m/s}^2$$

$$a_A = a_n = 13{,}3 \text{ m/s}^2 \uparrow \qquad \qquad \textit{Resposta}$$

NOTA: aplique a equação do movimento na direção y e mostre que, quando a esquiadora está em pleno ar, sua aceleração é de 9,81 m/s².

FIGURA 13.14

EXEMPLO 13.9

O esquiitista de 60 kg na Figura 13.15a desce a rampa da pista circular. Se ele parte do repouso quando $\theta = 0°$, determine a intensidade da reação normal que a pista exerce sobre ele quando $\theta = 60°$. Despreze a dimensão dele para o cálculo.

SOLUÇÃO

Diagrama de corpo livre

O diagrama de corpo livre do esquiitista quando ele está em uma *posição arbitrária* θ é mostrado na Figura 13.15b. Em $\theta = 60°$ há três incógnitas, N_s, a_t e a_n (ou v).

Equações de movimento

$$+\nearrow \Sigma F_n = ma_n; \quad N_s - [60(9,81)\text{N}] \operatorname{sen}\theta = (60 \text{ kg})\left(\frac{v^2}{4 \text{ m}}\right) \quad (1)$$

$$+\searrow \Sigma F_t = ma_t; \quad [60(9,81)\text{N}] \cos\theta = (60 \text{ kg}) a_t$$

$$a_t = 9,81 \cos\theta$$

Cinemática

Visto que a_t é expressa em termos de θ, a equação $v\, dv = a_t\, ds$ deve ser usada para determinar a velocidade escalar do esquiitista quando $\theta = 60°$. Utilizando a relação geométrica $s = \theta r$, onde $ds = r\, d\theta = (4 \text{ m})\, d\theta$ (Figura 13.15c), e a condição inicial $v = 0$ em $\theta = 0°$, temos

$$v\, dv = a_t\, ds$$

$$\int_0^v v\, dv = \int_0^{60°} 9,81 \cos\theta (4\, d\theta)$$

$$\left.\frac{v^2}{2}\right|_0^v = 39,24 \operatorname{sen}\theta \Big|_0^{60°}$$

$$\frac{v^2}{2} - 0 = 39,24(\operatorname{sen} 60° - 0)$$

$$v^2 = 67,97 \text{ m}^2/\text{s}^2$$

Substituindo esse resultado e $\theta = 60°$ na Equação 1, obtém-se

$$N_s = 1529,23 \quad \text{N} = 1,53 \text{ kN} \quad \textit{Resposta}$$

(a) (b) (c)

FIGURA 13.15

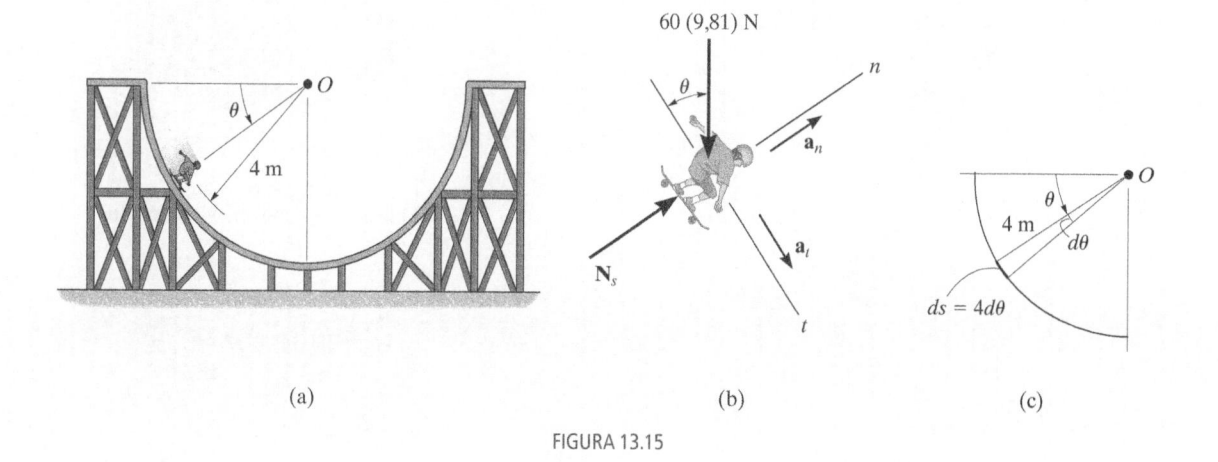

Problemas preliminares

P13.5. Estabeleça os eixos n, t e escreva as equações do movimento para o bloco de 10 kg ao longo de cada um desses eixos.

P13.6. Estabeleça os eixos n, b, t e escreva as equações do movimento para o bloco de 10 kg ao longo de cada um desses eixos.

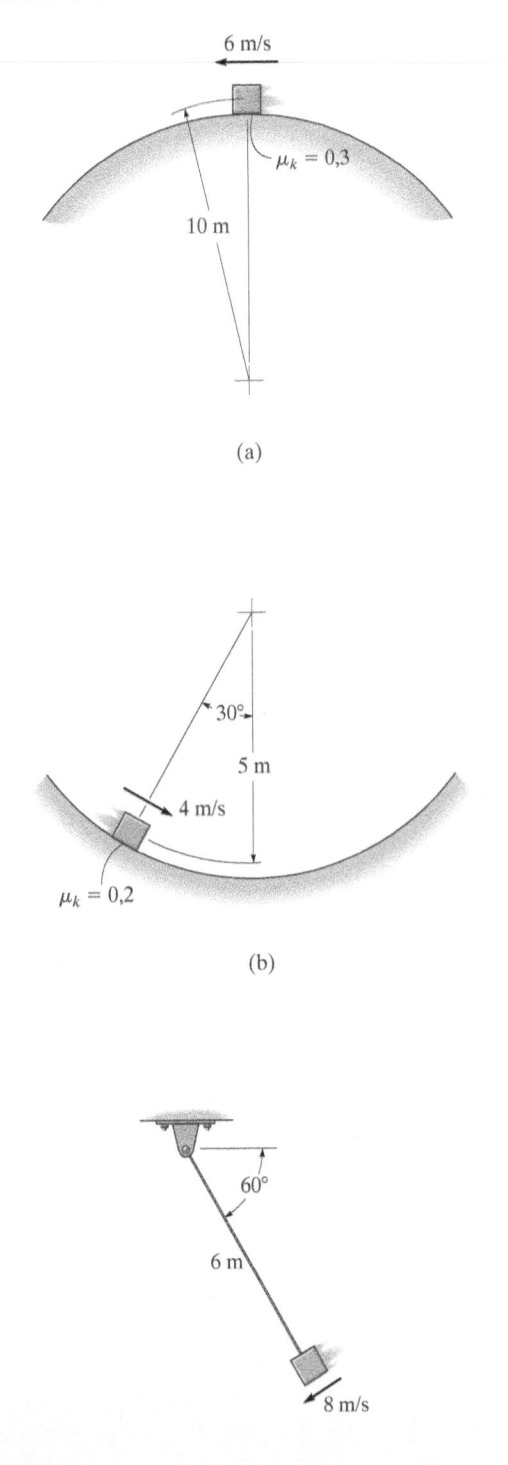

(a) 6 m/s, $\mu_k = 0{,}3$, 10 m

(a) 4 m, $\mu_k = 0{,}2$, 8 m/s

(b) 30°, 5 m, 4 m/s, $\mu_k = 0{,}2$

(b) 2 m, $\mu_s = 0{,}3$, v

Rotação constante
O bloco possui movimento impeditivo

PROBLEMA P13.6

(c) 60°, 6 m, 8 m/s

PROBLEMA P13.5

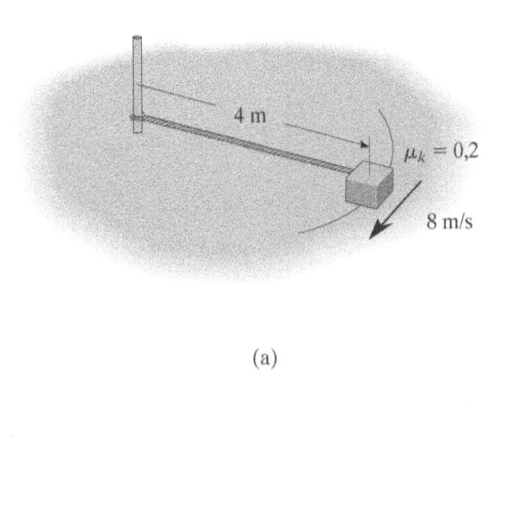

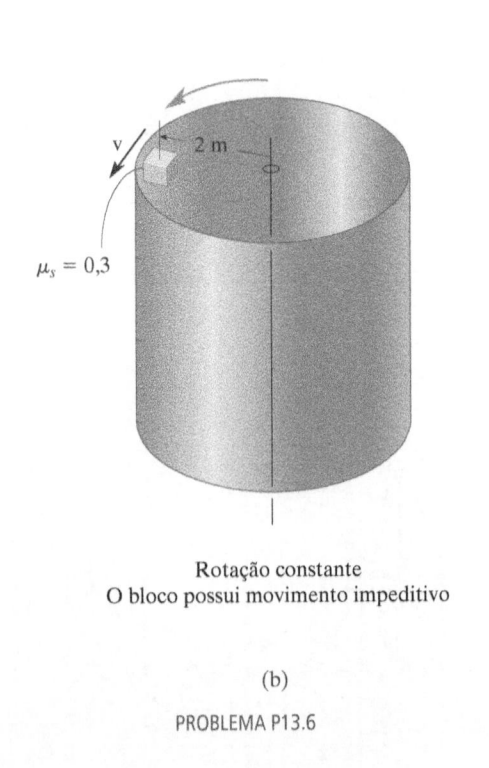

Problemas fundamentais

F13.7. O bloco repousa a uma distância de 2 m do centro da plataforma. Se o coeficiente de atrito estático entre o bloco e a plataforma é $\mu_s = 0{,}3$, determine a velocidade máxima que ele pode alcançar antes que comece a deslizar. Suponha que o movimento angular do disco esteja aumentando lentamente.

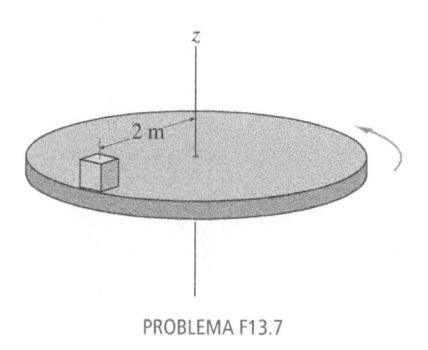

PROBLEMA F13.7

F13.8. Determine a velocidade máxima que o jipe pode se mover sobre o cume do monte sem perder contato com a estrada.

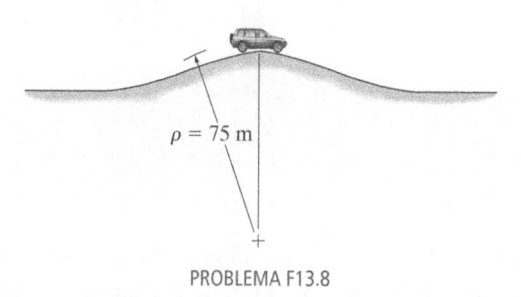

PROBLEMA F13.8

F13.9. Um piloto pesa 70 kg e está se movendo a uma velocidade constante de 36 m/s. Determine a força normal que ele exerce sobre o assento do avião quando está de cabeça para baixo em A. O *loop* tem um raio de curvatura de 120 m.

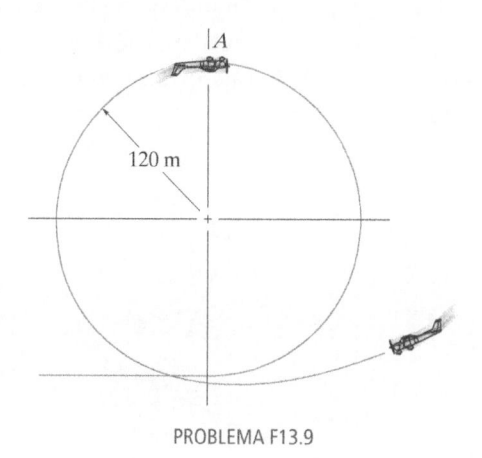

PROBLEMA F13.9

F13.10. Um carro esporte está se movendo ao longo de uma estrada inclinada em 30° cujo raio de curvatura é $\rho = 150$ m. Se o coeficiente de atrito estático entre os pneus e a estrada é $\mu_s = 0{,}2$, determine a velocidade máxima segura para que não ocorra escorregamento. Despreze a dimensão do carro.

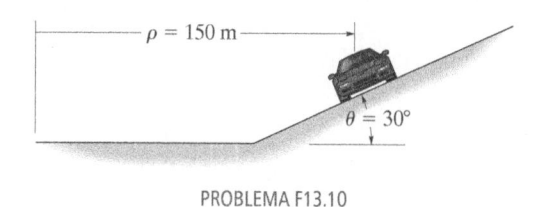

PROBLEMA F13.10

F13.11. Se uma bola de 10 kg tem velocidade de 3 m/s quando está na posição A, ao longo da trajetória vertical, determine a tração na corda e o aumento na velocidade da bola nessa posição.

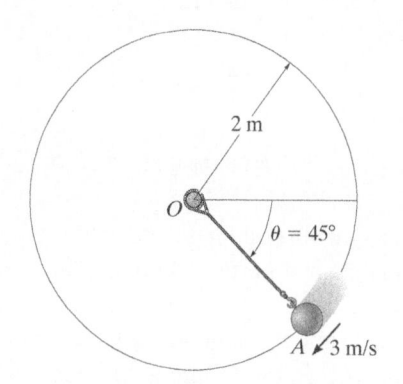

PROBLEMA F13.11

F13.12. A motocicleta tem massa de 0,5 Mg e dimensão desprezível. Ela passa pelo ponto A movendo-se com velocidade de 15 m/s, a qual está aumentando a uma razão constante de 1,5 m/s². Determine a força de atrito resultante exercida pela estrada sobre os pneus nesse instante.

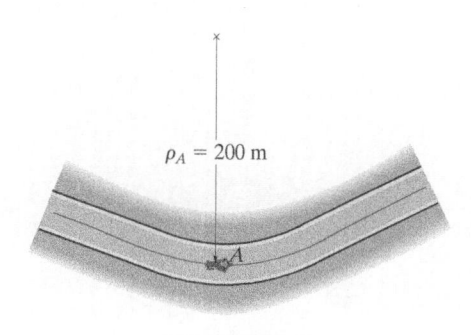

PROBLEMA F13.12

Problemas

***13.52.** Uma garota com massa de 25 kg senta-se na borda do brinquedo, de modo que seu centro de massa G está a uma distância de 1,5 m do eixo de rotação. Se o movimento angular da plataforma aumenta *lentamente*, de modo que a componente tangencial da aceleração da garota possa ser desprezada, determine a velocidade máxima que ela pode ter antes de começar a escorregar para fora do brinquedo. O coeficiente de atrito estático entre a garota e o brinquedo é $\mu_s = 0,3$.

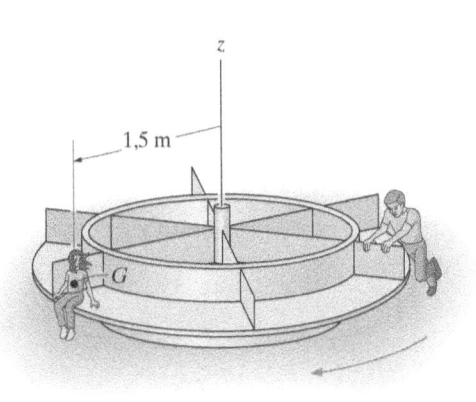

PROBLEMA 13.52

13.53. Uma garota com massa de 15 kg senta-se imóvel em relação à superfície de uma plataforma horizontal a uma distância $r = 5$ m do centro da plataforma. Se o movimento angular da plataforma aumentar *lentamente*, de modo que a componente tangencial da aceleração da garota possa ser desprezada, determine a velocidade máxima que ela pode ter antes de começar a escorregar para fora da plataforma. O coeficiente de atrito estático entre a garota e a plataforma é $\mu_s = 0,2$.

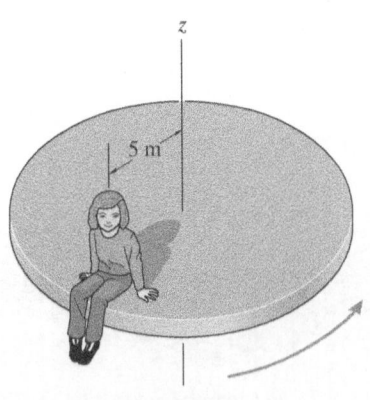

PROBLEMA 13.53

13.54. O colar A, com massa de 0,75 kg, está preso a uma mola com rigidez $k = 200$ N/m. Quando a barra BC gira em torno do eixo vertical, o colar desliza para fora ao longo da barra lisa DE. Se a mola está na posição não alongada quando $s = 0$, determine a velocidade constante do colar a fim de que $s = 100$ mm. Além disso, qual é a força normal da barra sobre o colar? Despreze o tamanho do colar.

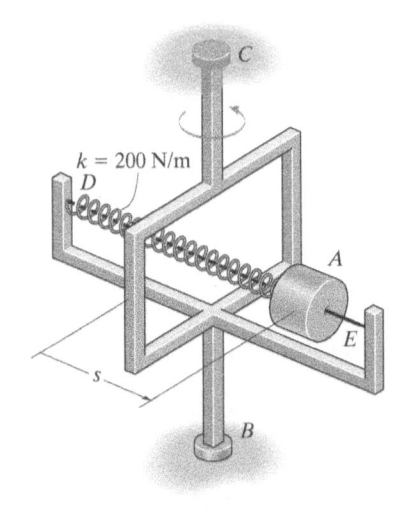

PROBLEMA 13.54

13.55. Um avião de 5 Mg está voando com velocidade constante de 350 km/h ao longo da trajetória circular horizontal de raio $r = 3000$ m. Determine a força de sustentação **L** atuando sobre o avião e o ângulo de inclinação θ. Despreze a dimensão do avião.

***13.56.** Um avião de 5 Mg está voando com velocidade constante de 350 km/h ao longo de uma trajetória circular horizontal. Se o ângulo de inclinação é $\theta = 15°$, determine a força de sustentação **L** atuando sobre o avião e o raio r da trajetória circular. Despreze a dimensão do avião.

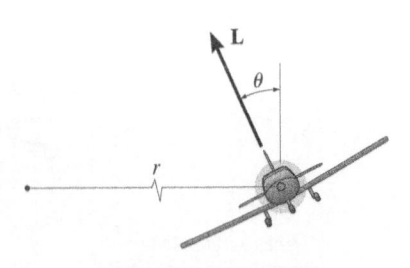

PROBLEMAS 13.55 e 13.56

13.57. O bloco B, de 2 kg, e o cilindro A, de 15 kg, estão ligados por uma corda leve que passa por um furo no centro da mesa lisa. Se ao bloco é dada uma velocidade $v = 10$ m/s, determine o raio r da trajetória circular ao longo da qual ele se move.

13.58. O bloco B, de 2 kg, e o cilindro A, de 15 kg, estão ligados por uma corda leve que passa por um furo no centro da mesa lisa. Se o bloco se move ao longo de uma trajetória circular de raio $r = 1{,}5$ m, determine a velocidade do bloco.

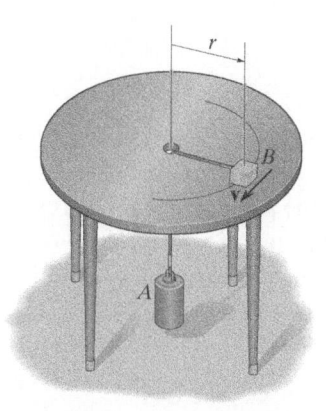

PROBLEMAS 13.57 e 13.58

13.59. Caixas de papelão com massa de 5 kg movem-se ao longo da linha de montagem a uma velocidade constante de 8 m/s. Determine o menor raio de curvatura, ρ, para a esteira, de modo que as caixas não deslizem. Os coeficientes de atrito estático e cinético entre uma caixa de papelão e a esteira são $\mu_s = 0{,}7$ e $\mu_k = 0{,}5$, respectivamente.

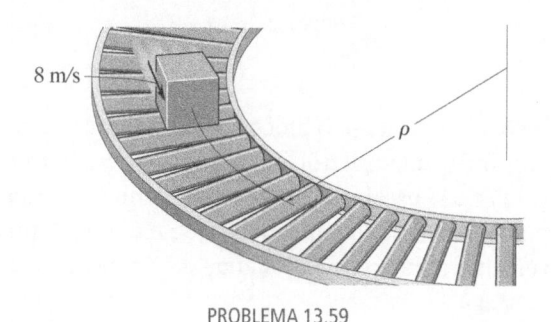

PROBLEMA 13.59

*__13.60.__ Determine a velocidade escalar constante máxima na qual o piloto pode percorrer a curva vertical com um raio de curvatura $\rho = 800$ m, de modo que experimente o máximo de aceleração $a_n = 8g = 78{,}5$ m/s². Se ele tem massa de 70 kg, determine a força normal que ele exerce sobre o assento do avião quando este está viajando nessa velocidade e em seu ponto mais baixo.

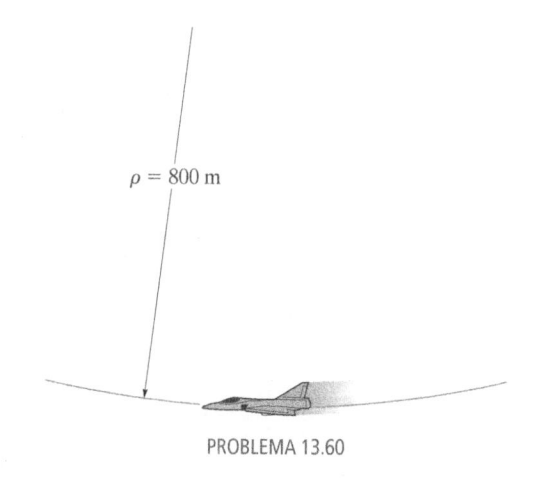

PROBLEMA 13.60

13.61. O carretel S de 2 kg se encaixa livremente na barra inclinada para a qual o coeficiente de atrito estático é $\mu_s = 0{,}2$. Se o carretel está localizado a 0,25 m de A, determine a velocidade escalar constante mínima que ele pode ter de modo que não desça pela barra.

13.62. O carretel S de 2 kg se encaixa livremente na barra inclinada para a qual o coeficiente de atrito estático é $\mu_s = 0{,}2$. Se o carretel está localizado a 0,25 m de A, determine a velocidade escalar constante máxima que ele pode ter de modo que não saia por cima da barra.

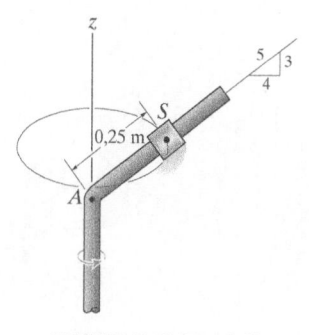

PROBLEMAS 13.61 e 13.62

13.63. O helicóptero de 1,40 Mg está voando a uma velocidade escalar constante de 40 m/s ao longo da trajetória horizontal curva enquanto inclina de $\theta = 30°$. Determine a força que atua normal às pás, na direção y', e o raio de curvatura da trajetória.

*__13.64.__ O helicóptero de 1,40 Mg está voando a uma velocidade escalar constante de 33 m/s ao longo da trajetória horizontal curva com um raio de curvatura $\rho = 300$ m. Determine a força que as pás exercem sobre a estrutura e o ângulo de inclinação θ.

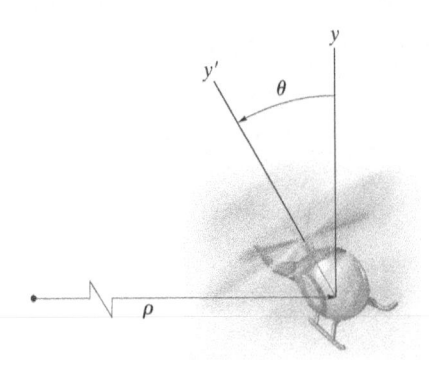

132 DINÂMICA

PROBLEMAS 13.63 e 13.64

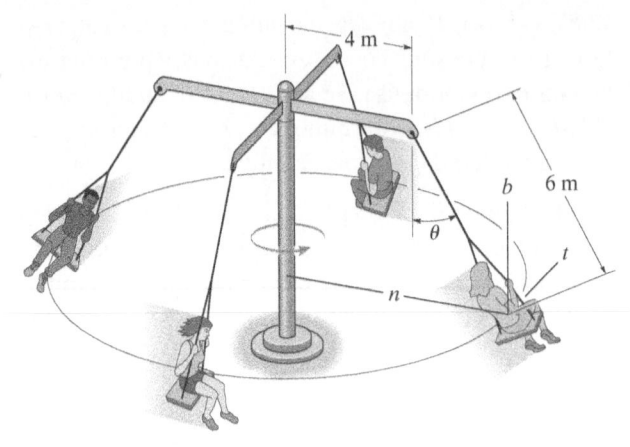

PROBLEMA 13.66

13.65. O veículo é projetado para combinar a sensação de uma motocicleta com o conforto e a segurança de um automóvel. Se o veículo está se movendo a uma velocidade escalar constante de 80 m/h ao longo de uma estrada circular curva com 100 m de raio, determine o ângulo de inclinação θ do veículo de maneira que somente uma força normal do assento atue sobre o motorista. Despreze o tamanho do motorista.

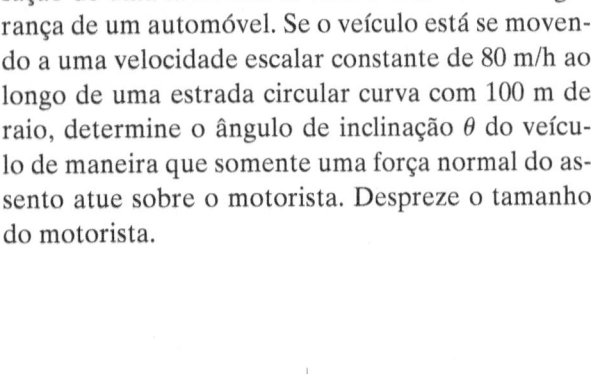

13.67. As bolas A e B, de massa m_A e m_B ($m_A > m_B$), estão presas a uma corda leve e inextensível de comprimento l, que passa pelo anel liso em C. Se a bola B se move como um pêndulo cônico de modo que A é suspensa a uma distância h a partir de C, determine o ângulo θ e a velocidade da bola B. Despreze a dimensão das duas bolas.

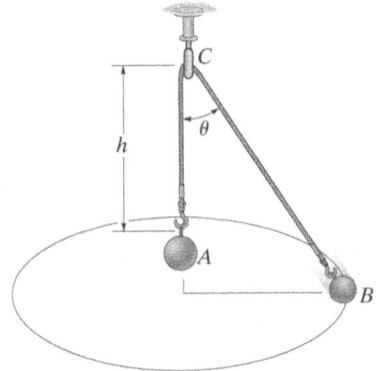

PROBLEMA 13.67

*13.68. Prove que, se o bloco for solto do repouso no ponto B de uma trajetória lisa de *formato arbitrário*, a velocidade escalar a que ele chega quando atinge o ponto A é igual à velocidade que ele atinge quando cai livremente através de uma distância h; ou seja, $v = \sqrt{2gh}$.

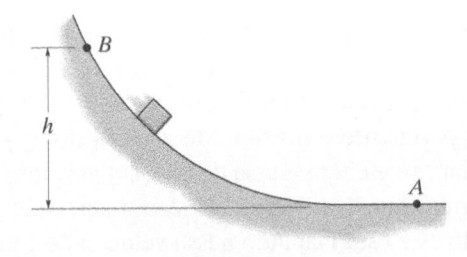

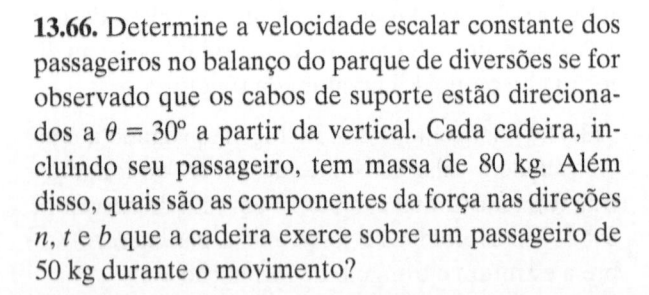

PROBLEMA 13.65

13.66. Determine a velocidade escalar constante dos passageiros no balanço do parque de diversões se for observado que os cabos de suporte estão direcionados a $\theta = 30°$ a partir da vertical. Cada cadeira, incluindo seu passageiro, tem massa de 80 kg. Além disso, quais são as componentes da força nas direções n, t e b que a cadeira exerce sobre um passageiro de 50 kg durante o movimento?

PROBLEMA 13.68

13.69. Uma esquiadora parte do repouso em A (10 m, 0) e desce o declive liso que pode ser aproximado por uma parábola. Se a esquiadora tem massa de 52 kg, determine a força normal que o solo exerce sobre ela no instante em que ela chega ao ponto B. Despreze o tamanho da esquiadora.

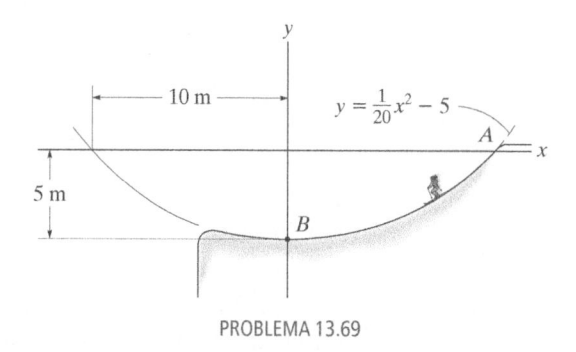

PROBLEMA 13.69

13.70. A motocicleta de 800 kg sobe a colina com uma velocidade escalar constante de 80 km/h. Determine a força normal que a superfície exerce sobre suas rodas quando ela atinge o ponto A. Despreze a dimensão da motocicleta.

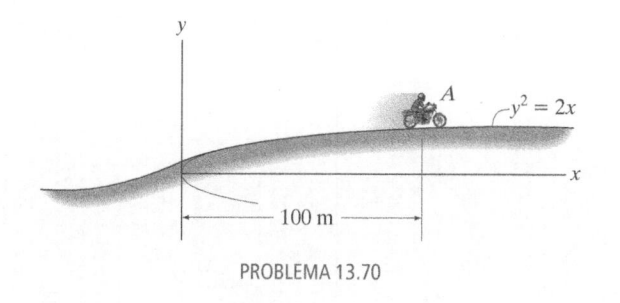

PROBLEMA 13.70

13.71. Uma bola com 2 kg de massa e dimensão desprezível se move dentro de uma fenda circular vertical. Se ela é solta a partir do repouso quando $\theta = 10°$, determine a força da fenda sobre a bola quando esta chega aos pontos A e B.

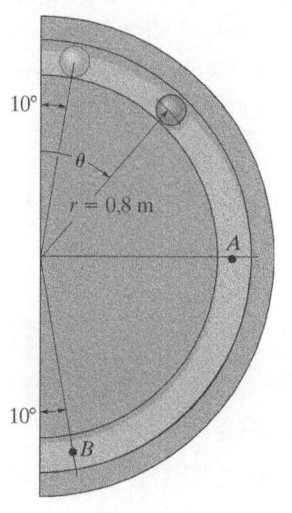

PROBLEMA 13.71

*__13.72.__ Um carro de 0,8 Mg desloca-se sobre um monte com formato de parábola. Se o motorista mantém uma velocidade constante de 9 m/s, determine a força normal resultante e a força de atrito resultante que todas as rodas do carro exercem sobre a estrada no instante em que ele alcança o ponto A. Despreze a dimensão do carro.

13.73. Um carro de 0,8 Mg desloca-se sobre um monte com formato de parábola. Quando o carro está no ponto A, ele está se deslocando a 9 m/s e aumentando sua velocidade em 3 m/s². Determine a força normal resultante e a força de atrito resultante que todas as rodas do carro exercem sobre a estrada nesse instante. Despreze a dimensão do carro.

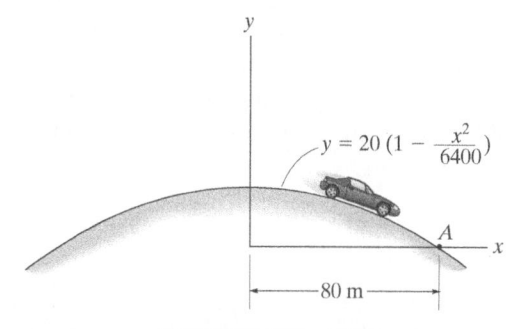

PROBLEMAS 13.72 e 13.73

13.74. O bloco B, com massa de 0,2 kg, está ligado ao vértice A do cone circular reto utilizando uma corda leve. O cone está girando a uma velocidade angular constante em torno do eixo z, de modo que o bloco alcança uma velocidade escalar de 0,5 m/s. Nessa velocidade, determine a tração na corda e a reação que o cone exerce sobre o bloco. Despreze a dimensão do bloco e o efeito do atrito.

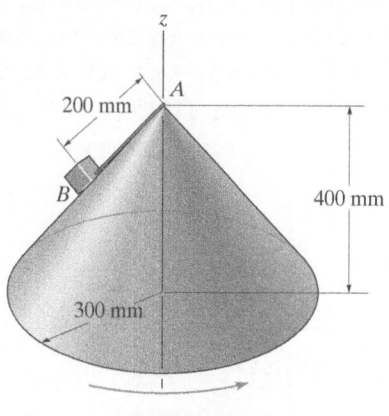

PROBLEMA 13.74

13.75. Determine a velocidade máxima com que o carro com massa m passa sobre o ponto mais alto, A, da estrada curva vertical e ainda mantém contato com a estrada. Se o carro mantiver sua velocidade, qual será a reação normal que a estrada exercerá sobre o carro quando ele passar pelo ponto mais baixo, B, na estrada?

PROBLEMA 13.75

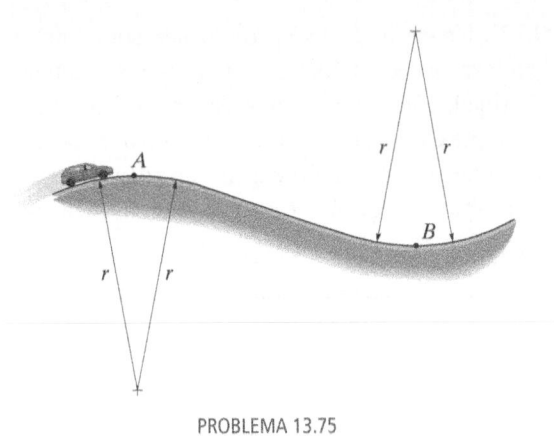

***13.76.** O caixote de 35 kg tem velocidade escalar de 2 m/s quando está no ponto A da rampa lisa. Se a superfície tem a forma de uma parábola, determine a força normal sobre o caixote no instante em que $x = 3$ m. Além disso, qual é a taxa de aumento em sua velocidade nesse instante?

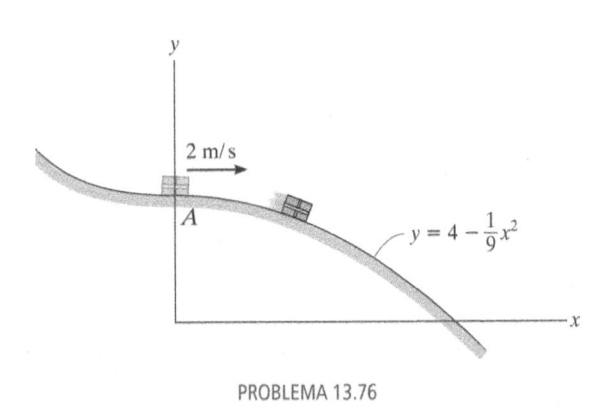

PROBLEMA 13.76

13.77. A caixa tem massa m e desliza para baixo pela encosta lisa com a forma de uma parábola. Se ela tem velocidade inicial de v_0 na origem, determine sua velocidade em função de x. Além disso, qual é a força normal sobre a caixa e a aceleração tangencial em função de x?

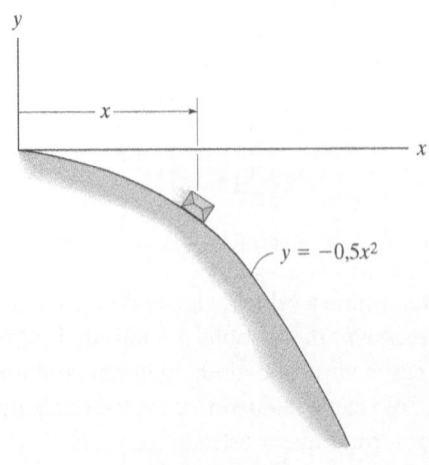

PROBLEMA 13.77

13.78. Determine a velocidade escalar constante máxima em que o carro de 2 Mg pode atravessar o topo da colina em A sem deixar a superfície da estrada. No cálculo, despreze a dimensão do carro.

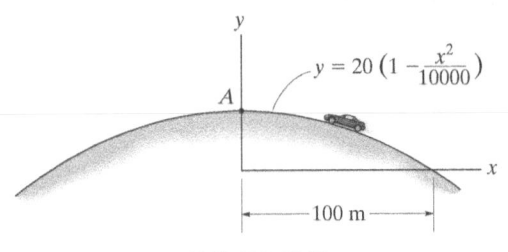

PROBLEMA 13.78

13.79. Um anel com massa de 0,75 kg e tamanho desprezível desliza sobre a superfície de uma barra circular horizontal para a qual o coeficiente de atrito cinético é $\mu_k = 0,3$. Se o anel recebe uma velocidade de 4 m/s e depois é lançado em $\theta = 0°$, determine até que distância s ele desliza na barra antes de chegar ao repouso.

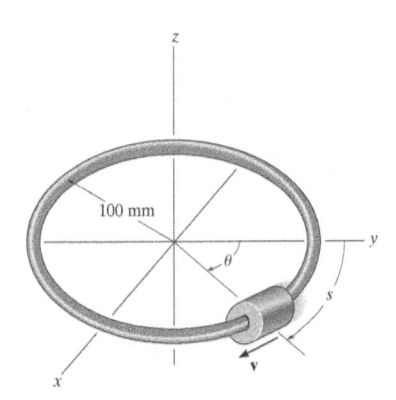

PROBLEMA 13.79

*13.80. O saco de 8 kg desliza para baixo pela rampa lisa. Se ele tem uma velocidade de 1,5 m/s quando $y = 0,2$ m, determine a reação normal que a rampa exerce sobre o saco e a taxa de aumento na velocidade do saco nesse instante.

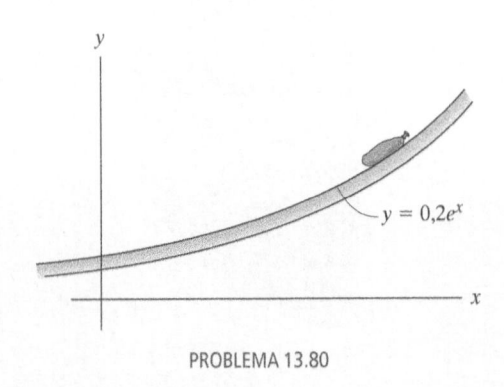

PROBLEMA 13.80

13.81. A bola de pêndulo de 2 kg se move no plano vertical com uma velocidade de 8 m/s quando $\theta = 0°$. Determine a tração inicial na corda e também no instante em que a bola alcança $\theta = 30°$. Despreze o tamanho da bola.

13.82. A bola de pêndulo de 2 kg se move no plano vertical com uma velocidade de 6 m/s quando $\theta = 0°$. Determine o ângulo θ onde a tração na corda torna-se igual a zero.

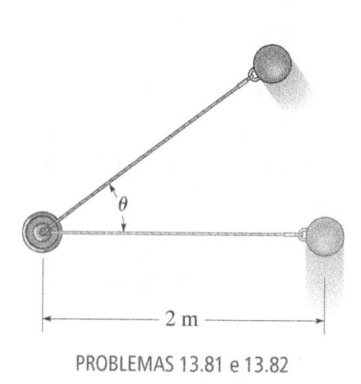

PROBLEMAS 13.81 e 13.82

13.83. O avião, viajando a uma velocidade escalar constante de 50 m/s, está executando uma curva horizontal. Se o avião está inclinado em $\theta = 15°$, quando o piloto experimenta apenas uma força normal sobre o assento do avião, determine o raio de curvatura ρ da curva. Além disso, qual é a força normal do assento sobre o piloto se ele possui massa de 70 kg?

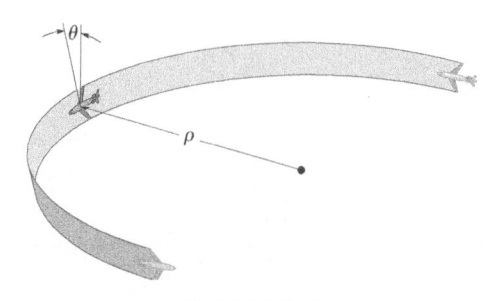

PROBLEMA 13.83

*__13.84.__ Uma bola tem massa m e está ligada à corda de comprimento l. A corda está amarrada no topo a uma argola móvel e é dada uma velocidade $\mathbf{v}_0$ à bola. Demonstre que o ângulo θ que a corda faz com a vertical na medida em que a bola se move em torno da trajetória circular tem de satisfazer à equação tg θ sen $\theta = v_0^2/gl$. Despreze a resistência do ar e a dimensão da bola.

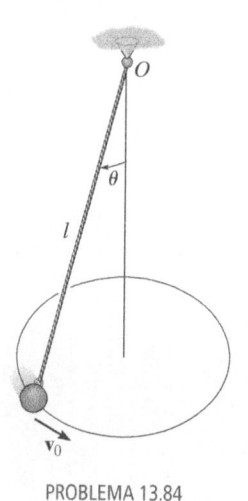

PROBLEMA 13.84

13.6 Equações de movimento: coordenadas cilíndricas

Quando todas as forças atuando sobre uma partícula são decompostas em coordenadas cilíndricas, ou seja, ao longo das direções dos vetores unitários $\mathbf{u}_r$, $\mathbf{u}_\theta$, $\mathbf{u}_z$ (Figura 13.16), a equação do movimento pode ser expressa como

$$\Sigma \mathbf{F} = m\mathbf{a}$$
$$\Sigma F_r \mathbf{u}_r + \Sigma F_\theta \mathbf{u}_\theta + \Sigma F_z \mathbf{u}_z = ma_r \mathbf{u}_r + ma_\theta \mathbf{u}_\theta + ma_z \mathbf{u}_z$$

Para satisfazer essa equação, necessitamos de

$$\Sigma F_r = ma_r$$
$$\Sigma F_\theta = ma_\theta \quad (13.8)$$
$$\Sigma F_z = ma_z$$

Se a partícula está restrita a se mover somente no plano $r-\theta$, somente as duas primeiras das equações 13.8 são usadas para especificar o movimento.

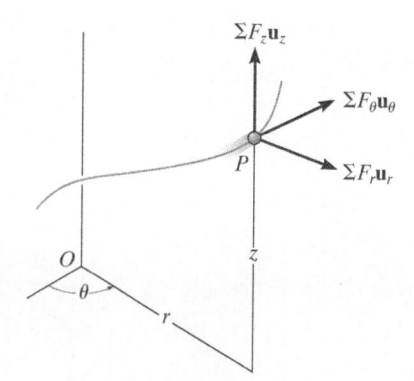

Sistema inercial de coordenadas

FIGURA 13.16

Forças normais e tangenciais

O movimento do carrinho da montanha-russa ao longo desta espiral pode ser estudado com o uso de coordenadas cilíndricas.

O tipo mais direto de problema envolvendo coordenadas cilíndricas exige a determinação das componentes da força resultante $\Sigma F_r, \Sigma F_\theta, \Sigma F_z$, as quais fazem com que uma partícula se desloque com uma aceleração *conhecida*. Se, no entanto, o movimento acelerado da partícula não é completamente especificado no instante dado, alguma informação com relação às direções ou intensidades das forças atuando sobre a partícula tem de ser conhecida ou calculada a fim de solucionarmos as equações 13.8. Por exemplo, a força **P** faz com que a partícula na Figura 13.17a se desloque ao longo de uma trajetória $r = f(\theta)$. A *força normal* **N** que a trajetória exerce sobre a partícula é sempre *perpendicular* à *tangente da trajetória*, enquanto a força de atrito **F** sempre atua ao longo da tangente na direção oposta do movimento. As *direções* de **N** e **F** podem ser especificadas em relação à coordenada radial utilizando o ângulo ψ (psi), Figura 13.17b, o qual é definido entre a linha radial *estendida* e a tangente à curva.

Esse ângulo pode ser obtido observando-se que, quando a partícula é deslocada em uma distância ds ao longo da trajetória (Figura 13.17c), a componente do deslocamento na direção radial é dr e a componente do deslocamento na direção transversal é $r\,d\theta$. Visto que essas duas componentes são mutuamente perpendiculares, o ângulo ψ pode ser determinado a partir de tg $\psi = r\,d\theta/dr$, ou:

$$\operatorname{tg} \psi = \frac{r}{dr/d\theta} \quad (13.9)$$

Se ψ é calculado como uma quantidade positiva, ele é medido a partir da *linha radial estendida* até a tangente em sentido anti-horário ou na direção positiva de θ. Se ele é negativo, é medido na direção oposta de θ positivo. Por exemplo, considere a cardioide $r = a(1 + \cos\theta)$, mostrada na Figura 13.18. Como $dr/d\theta = -a\operatorname{sen}\theta$, então, quando $\theta = 30°$, tg $\psi = a(1 + \cos 30°)/(-a \operatorname{sen} 30°) = -3,732$, ou $\psi = -75°$, medido no sentido horário, oposto a $+\theta$, como mostra a figura.

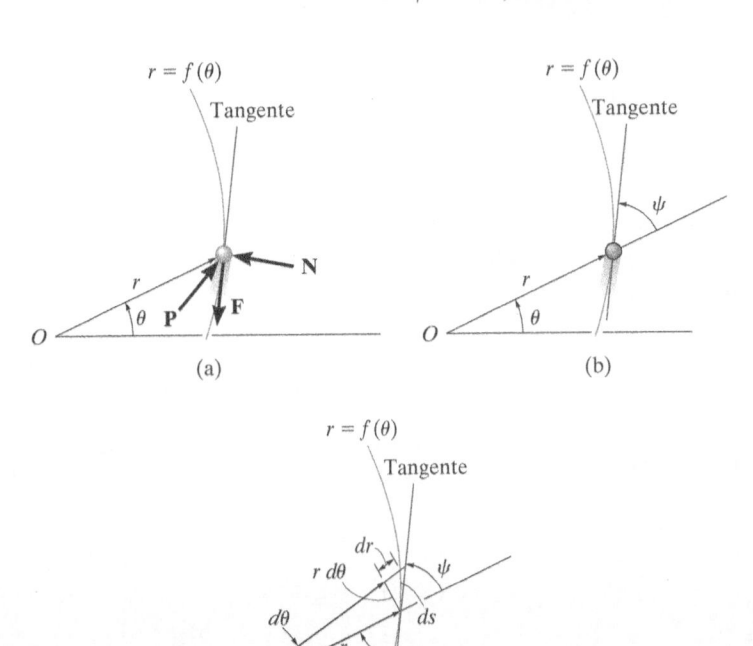

FIGURA 13.17

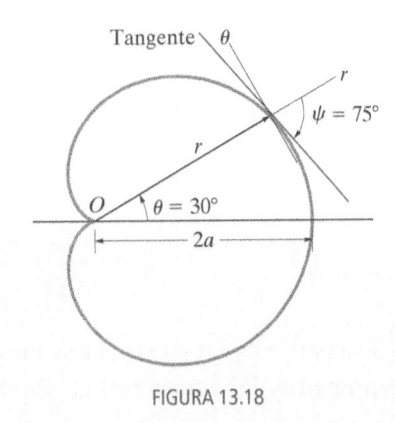

FIGURA 13.18

Capítulo 13 – Cinética de uma partícula: força e aceleração **137**

Procedimento para análise

Coordenadas cilíndricas ou polares são uma escolha adequada para a análise de um problema para o qual os dados relativos ao movimento angular da linha radial *r* são dados, ou em casos nos quais a trajetória pode ser convenientemente expressa em termos dessas coordenadas. Uma vez que essas coordenadas tenham sido estabelecidas, as equações de movimento podem ser aplicadas a fim de se relacionarem às forças atuando na partícula com suas componentes de aceleração. O método para fazer isso foi descrito no procedimento para análise dado na Seção 13.4. O texto a seguir é um resumo desse procedimento.

Diagrama de corpo livre

- Estabeleça o sistema de coordenadas inercial r, θ, z e construa o diagrama de corpo livre da partícula.
- Suponha que $\mathbf{a}_r, \mathbf{a}_\theta, \mathbf{a}_z$ atuam nas direções positivas de r, θ, z, se elas são incógnitas.
- Identifique todas as incógnitas no problema.

Equações de movimento

- Aplique as equações de movimento (equações 13.8).

Cinemática

- Use os métodos da Seção 12.8 para determinar r e as derivadas temporais $\dot{r}, \ddot{r}, \dot{\theta}, \ddot{\theta}, \ddot{z}$ e em seguida avalie as componentes da aceleração $a_r = \ddot{r} - r\dot{\theta}^2, a_\theta = r\ddot{\theta} + 2\dot{r}\dot{\theta}, a_z = \ddot{z}$.
- Se qualquer uma das componentes da aceleração for calculada como uma quantidade negativa, isso indica que ela atua na direção negativa da coordenada.
- Quando determinadas as derivadas temporais de $r = f(\theta)$, é muito importante usar a regra da cadeia do cálculo, a qual é discutida no Apêndice C.

EXEMPLO 13.10

O anel duplo liso de 0,5 kg mostrado na Figura 13.19a pode deslizar livremente no braço *AB* e na barra-guia circular. Se o braço gira com uma velocidade angular constante de $\dot{\theta} = 3$ rad/s, determine a força que o braço exerce sobre o anel no instante $\theta = 45°$. O movimento é no plano horizontal.

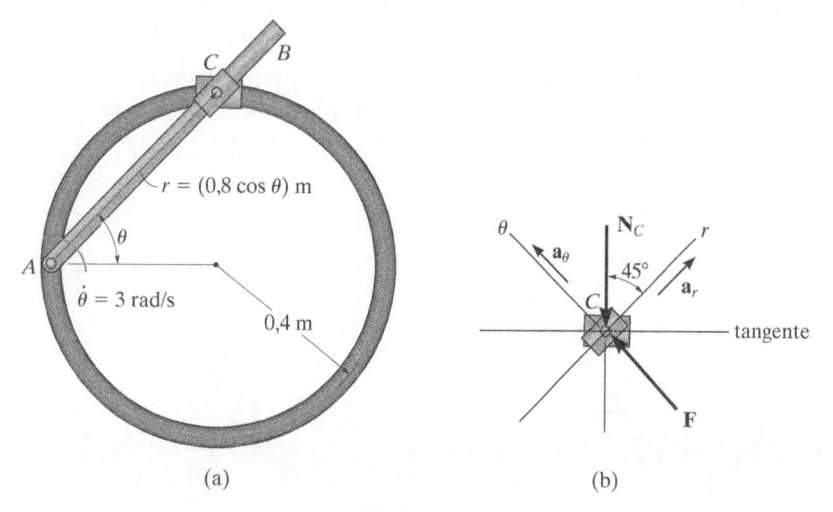

FIGURA 13.19

SOLUÇÃO

Diagrama de corpo livre

A reação normal N_C da barra-guia circular e a força **F** do braço AB atuam sobre o anel no plano do movimento (Figura 13.19b). Observe que **F** atua perpendicular ao eixo do braço AB, isto é, na direção do eixo θ, enquanto N_C atua perpendicular à tangente da trajetória circular em $\theta = 45°$. As quatro incógnitas são N_C, F, a_r, a_θ.

Equações de movimento

$$+\nearrow \Sigma F_r = ma_r: \qquad -N_C \cos 45° = (0{,}5 \text{ kg}) a_r \qquad (1)$$

$$+\nwarrow \Sigma F_\theta = ma_\theta: \qquad F - N_C \sin 45° = (0{,}5 \text{ kg}) a_\theta \qquad (2)$$

Cinemática

Utilizando a regra da cadeia (ver Apêndice C), a primeira e a segunda derivadas temporais de r quando $\theta = 45°$, $\dot\theta = 3$ rad/s, $\ddot\theta = 0$, são

$$r = 0{,}8 \cos\theta = 0{,}8 \cos 45° = 0{,}5657 \text{ m}$$

$$\dot r = -0{,}8 \sin\theta \, \dot\theta = -0{,}8 \sin 45°(3) = -1{,}6971 \text{ m/s}$$

$$\ddot r = -0{,}8\left[\sin\theta \, \ddot\theta + \cos\theta \, \dot\theta^2\right]$$

$$= -0{,}8[\sin 45°(0) + \cos 45°(3^2)] = -5{,}091 \text{ m/s}^2$$

Temos

$$a_r = \ddot r - r\dot\theta^2 = -5{,}091 \text{ m/s}^2 - (0{,}5657 \text{ m})(3 \text{ rad/s})^2 = -10{,}18 \text{ m/s}^2$$

$$a_\theta = r\ddot\theta + 2\dot r\dot\theta = (0{,}5657 \text{ m})(0) + 2(-1{,}6971 \text{ m/s})(3 \text{ rad/s})$$

$$= -10{,}18 \text{ m/s}^2$$

Substituindo estes resultados nas equações 1 e 2 e resolvendo, chegamos a

$$N_C = 7{,}20 \text{ N}$$

$$F = 0 \qquad \qquad \textit{Resposta}$$

EXEMPLO 13.11

O cilindro liso C de 2 kg mostrado na Figura 13.20a tem um pino P através de seu centro que passa pela fenda no braço OA. Se o braço é forçado a girar no *plano vertical* a uma taxa constante $\dot\theta = 0{,}5$ rad/s, determine a força que o braço exerce sobre o pino no instante em que $\theta = 60°$.

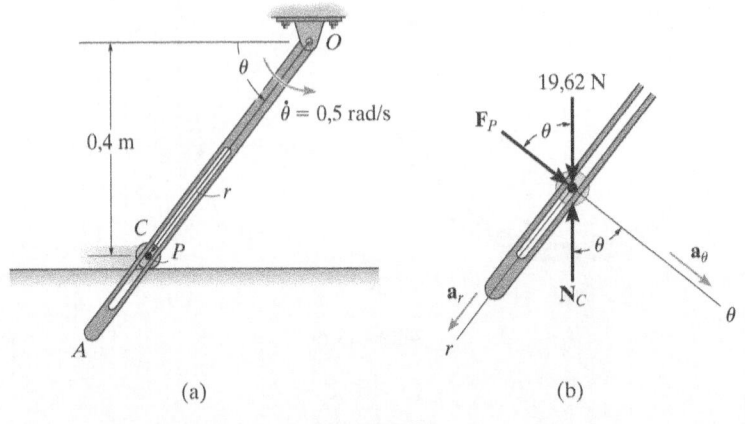

FIGURA 13.20

SOLUÇÃO

Por que é uma boa ideia usar coordenadas polares para solucionar este problema?

Diagrama de corpo livre

O diagrama de corpo livre para o cilindro é mostrado na Figura 13.20b. A força sobre o pino, $\mathbf{F}_P$, atua perpendicular à fenda no braço. Como de costume, suponha que $\mathbf{a}_r$ e $\mathbf{a}_\theta$ atuem nas direções de r e θ *positivos*, respectivamente. Identifique as quatro incógnitas.

Equações de movimento

Utilizando os dados na Figura 13.20b, temos

$$+\swarrow \Sigma F_r = ma_r; \quad 19{,}62\,\text{sen}\,\theta - N_C\,\text{sen}\,\theta = 2a_r \quad (1)$$

$$+\searrow \Sigma F_\theta = ma_\theta; \quad 19{,}62\cos\theta + F_P - N_C\cos\theta = 2a_\theta \quad (2)$$

Cinemática

Da Figura 13.20a, r pode ser relacionado a θ pela equação

$$r = \frac{0{,}4}{\text{sen}\,\theta} = 0{,}4\,\text{cossec}\,\theta$$

Visto que $d(\text{cossec}\,\theta) = -(\text{cossec}\,\theta\,\text{cotg}\,\theta)d\theta$ e $d(\text{cotg}\,\theta) = -(\text{cossec}^2\,\theta)d\theta$, então r e as derivadas temporais necessárias tornam-se

$$\dot\theta = 0{,}5 \quad r = 0{,}4\,\text{cossec}\,\theta$$
$$\ddot\theta = 0 \quad \dot r = -0{,}4(\text{cossec}\,\theta\,\text{cotg}\,\theta)\dot\theta$$
$$\qquad\quad = -0{,}2\,\text{cossec}\,\theta\,\text{cotg}\,\theta$$
$$\qquad \ddot r = -0{,}2(-\text{cossec}\,\theta\,\text{cotg}\,\theta)(\dot\theta)\text{cotg}\,\theta - 0{,}2\,\text{cossec}\,\theta(-\text{cossec}^2\,\theta)\dot\theta$$
$$\qquad\quad = 0{,}1\,\text{cossec}\,\theta(\text{cotg}^2\,\theta + \text{cossec}^2\,\theta)$$

Avaliando estas fórmulas em $\theta = 60°$, obtemos:

$$\dot\theta = 0{,}5 \quad r = 0{,}462$$
$$\ddot\theta = 0 \quad \dot r = -0{,}133$$
$$\qquad\quad \ddot r = 0{,}192$$
$$a_r = \ddot r - r\dot\theta^2 = 0{,}192 - 0{,}462(0{,}5)^2 = 0{,}0770$$
$$a_\theta = r\ddot\theta + 2\dot r\dot\theta = 0 + 2(-0{,}133)(0{,}5) = -0{,}133$$

Substituindo estes resultados nas equações 1 e 2 com $\theta = 60°$ e resolvendo, temos

$$N_C = 19{,}4\,\text{N} \qquad F_P = -0{,}356\,\text{N} \qquad\qquad Resposta$$

O sinal negativo indica que $\mathbf{F}_P$ atua em oposição à direção mostrada na Figura 13.20b.

EXEMPLO 13.12

Uma lata C, com massa de 0,5 kg, desloca-se ao longo de uma ranhura entalhada na horizontal, como mostrado na Figura 13.21a. A ranhura está na forma de uma espiral definida pela equação $r = (0{,}1\theta)$ m, onde θ é dado em radianos. Se o braço OA gira com uma taxa constante $\dot\theta = 4$ rad/s no plano horizontal, determine a força que ele exerce sobre a lata no instante $\theta = \pi$ rad. Despreze o atrito e a dimensão da lata.

140 DINÂMICA

FIGURA 13.21

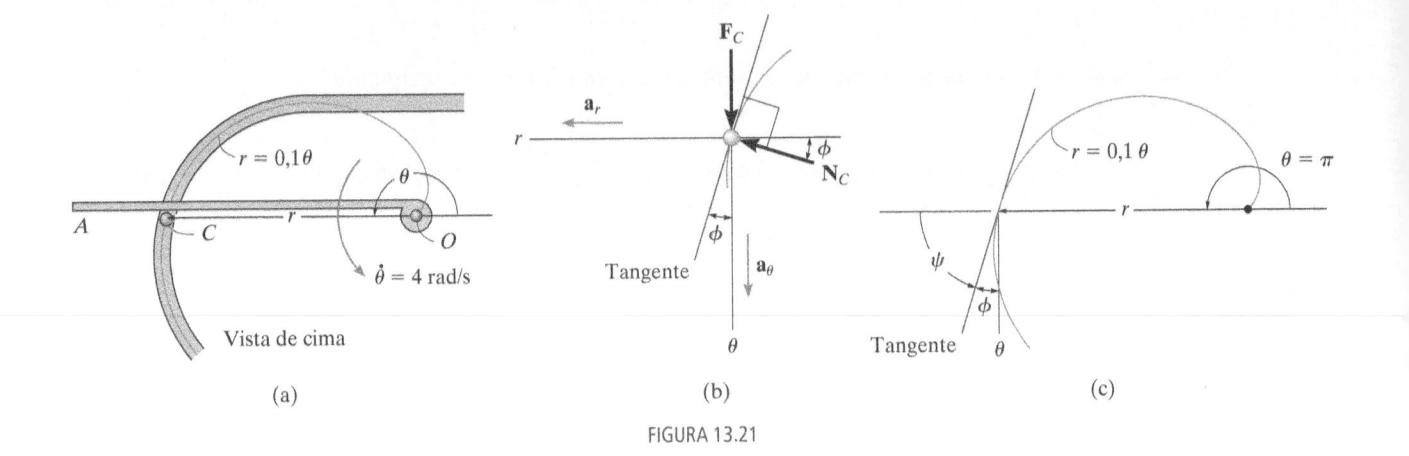

(a) Vista de cima
(b)
(c)

SOLUÇÃO

Diagrama de corpo livre

A força de acionamento $\mathbf{F}_C$ atua perpendicular ao braço OA, enquanto a força normal da parede da ranhura sobre a lata, N_C, atua perpendicular à tangente à curva em $\theta = \pi$ rad (Figura 13.21b). Como de costume, suponha que $\mathbf{a}_r$ e $\mathbf{a}_\theta$ atuem nas *direções positivas* de r e θ, respectivamente. Visto que a trajetória já está especificada, o ângulo ψ que a linha radial estendida r forma com a tangente (Figura 13.21c) pode ser determinado a partir da Equação 13.9. Temos $r = 0{,}1\theta$, de maneira que $dr/d\theta = 0{,}1$ e, portanto,

$$\text{tg}\,\psi = \frac{r}{dr/d\theta} = \frac{0{,}1\theta}{0{,}1} = \theta$$

Quando $\theta = \pi$, $\psi = \text{tg}^{-1}\pi = 72{,}3°$, de maneira que $\phi = 90° - \psi = 17{,}7°$, como mostrado na Figura 13.21c. Identifique as quatro incógnitas na Figura 13.21b.

Equações de movimento

Utilizando $\phi = 17{,}7°$ e os dados mostrados na Figura 13.21b, temos

$$\xrightarrow{+}\Sigma F_r = ma_r; \qquad N_C \cos 17{,}7° = 0{,}5 a_r \quad (1)$$

$$+\downarrow \Sigma F_\theta = ma_\theta; \qquad F_C - N_C \,\text{sen}\, 17{,}7° = 0{,}5 a_\theta \quad (2)$$

Cinemática

As derivadas temporais de r e θ são

$$\dot\theta = 4 \text{ rad/s} \qquad r = 0{,}1\theta$$

$$\ddot\theta = 0 \qquad \dot r = 0{,}1\dot\theta = 0{,}1(4) = 0{,}4 \text{ m/s}$$

$$\ddot r = 0{,}1\ddot\theta = 0$$

No instante $\theta = \pi$ rad,

$$a_r = \ddot r - r\dot\theta^2 = 0 - 0{,}1(\pi)(4)^2 = -5{,}03 \text{ m/s}^2$$

$$a_\theta = r\ddot\theta + 2\dot r \dot\theta = 0 + 2(0{,}4)(4) = 3{,}20 \text{ m/s}^2$$

Substituindo estes resultados nas equações 1 e 2 e resolvendo, temos

$$N_C = -2{,}64 \text{ N}$$

$$F_C = 0{,}800 \text{ N} \qquad\qquad \textit{Resposta}$$

O que significa o sinal negativo de N_C?

Problemas fundamentais

F13.13. Determine a velocidade angular constante $\dot{\theta}$ do eixo vertical do brinquedo do parque de diversões se $\phi = 45°$. Despreze a massa dos cabos e o tamanho dos passageiros.

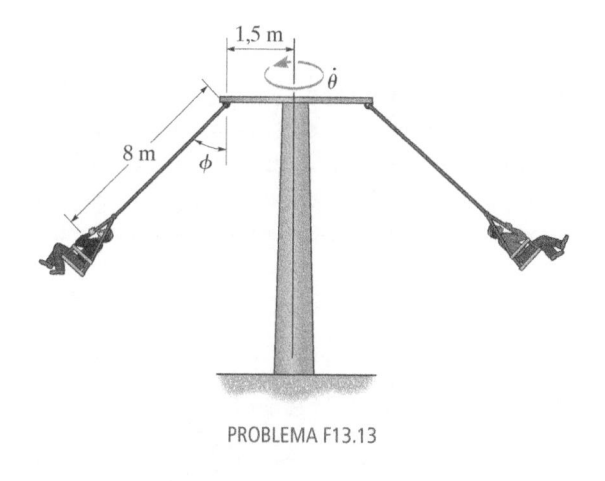

PROBLEMA F13.13

F13.14. Uma bola de 0,2 kg é soprada em um tubo circular vertical liso cuja forma é definida por $r = (0,6 \text{ sen } \theta)$ m, onde θ é dado em radianos. Se $\theta = (\pi t^2)$ rad, onde t é dado em segundos, determine a intensidade de força **F** exercida pelo soprador sobre a bola quando $t = 0,5$ s.

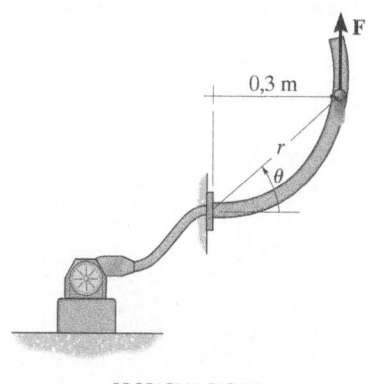

PROBLEMA F13.14

F13.15. O carro de 2 Mg está se deslocando ao longo da estrada curva descrita por $r = (50e^{2\theta})$ m, onde θ é dado em radianos. Se uma câmera está localizada em A e gira com uma velocidade angular de $\dot{\theta} = 0,05$ rad/s e uma aceleração angular de $\ddot{\theta} = 0,01$ rad/s² no instante $\theta = \frac{\pi}{6}$ rad, determine a força de atrito resultante desenvolvida entre os pneus e a estrada nesse instante.

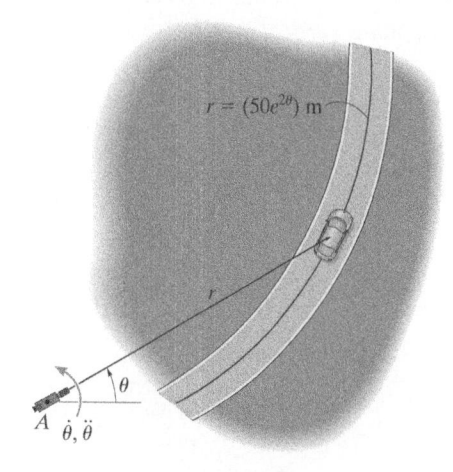

PROBLEMA F13.15

F13.16. O pino P de 0,2 kg está restrito a se mover na fenda curva lisa, definida pela lemniscata $r = (0,6 \cos 2\theta)$ m. Seu movimento é controlado pela rotação do braço bifurcado OA, o qual tem velocidade angular constante no sentido horário de $\dot{\theta} = -3$ rad/s. Determine a força que o braço OA exerce sobre o pino P quando $\theta = 0°$. O movimento está no plano vertical.

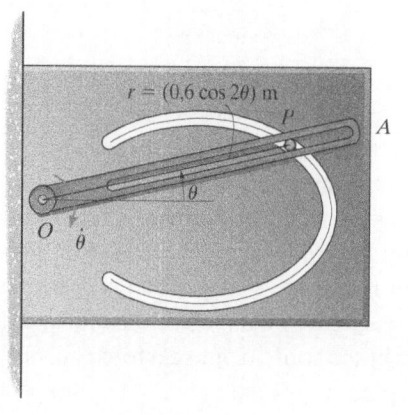

PROBLEMA F13.16

Problemas

13.85. Utilizando a pressão do ar, a bola de 0,5 kg é forçada a se mover por um tubo colocado no *plano horizontal* com o formato de uma espiral logarítmica. Se a força tangencial exercida sobre a bola em decorrência da pressão do ar é de 6 N, determine a taxa de aumento na velocidade da bola no instante $\theta = \pi/2$. Em que direção ela atua?

13.86. Resolva o Problema 13.85 se o tubo se encontra em um *plano vertical*.

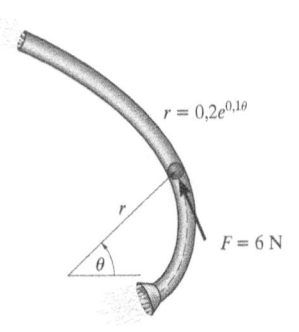

$r = 0,2e^{0,1\theta}$

$F = 6$ N

PROBLEMAS 13.85 e 13.86

13.87. Uma lata lisa de 0,75 kg é guiada ao longo da trajetória circular usando o braço-guia. Se o braço tem velocidade angular $\dot\theta = 2$ rad/s e aceleração angular $\ddot\theta = 0,4$ rad/s² no instante $\theta = 30°$, determine a força do braço sobre a lata. O movimento ocorre no *plano horizontal*.

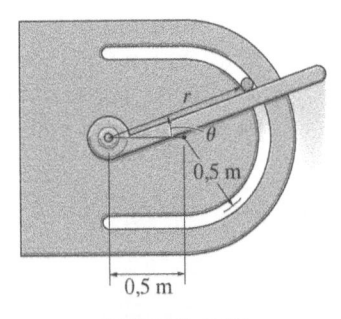

0,5 m
0,5 m

PROBLEMA 13.87

*13.88. Utilizando um braço bifurcado, um pino liso P de 0,5 kg é forçado a movimentar-se ao longo da trajetória da *fenda vertical* $r = (0,5\,\theta)$ m, onde θ é dado em radianos. Se a posição angular do braço é $\theta = (\frac{\pi}{8}t^2)$ rad, onde t é dado em segundos, determine a força do braço sobre o pino e a força normal da fenda sobre o pino no instante $t = 2$ s. O pino está em contato somente com *uma borda* do braço e da fenda em determinado instante.

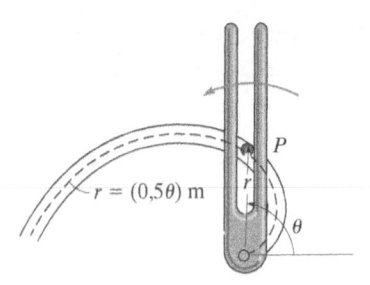

$r = (0,5\theta)$ m

PROBLEMA 13.88

13.89. O braço está girando a uma taxa de $\dot\theta = 4$ rad/s quando $\ddot\theta = 3$ rad/s² e $\theta = 180°$. Determine a força que ele deverá exercer sobre o cilindro liso de 0,5 kg se estiver confinado a mover-se ao longo da trajetória da fenda. O movimento ocorre no plano horizontal.

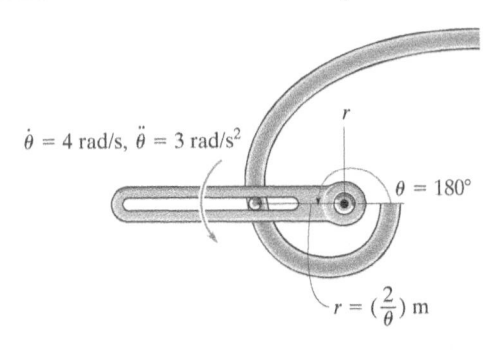

$\dot\theta = 4$ rad/s, $\ddot\theta = 3$ rad/s²
$\theta = 180°$
$r = (\frac{2}{\theta})$ m

PROBLEMA 13.89

13.90. O garoto com massa de 40 kg está descendo pelo escorregador em espiral a uma velocidade constante de modo que sua posição, medida a partir do topo do escorregador, tem componentes $r = 1,5$ m, $\theta = (0,7t)$ rad e $z = (-0,5t)$ m, onde t é dado em segundos. Determine as componentes de força $\mathbf{F}_r$, $\mathbf{F}_\theta$ e $\mathbf{F}_z$ que o escorregador exerce sobre ele no instante $t = 2$ s. Despreze o tamanho do garoto.

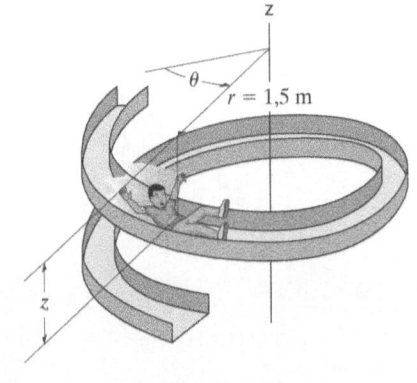

$r = 1,5$ m

PROBLEMA 13.90

13.91. O garoto com massa de 40 kg está descendo pelo escorregador em espiral de modo que $\dot{z} = -2$ m/s e sua velocidade escalar é 4,2 m/s. Determine as componentes r, θ, z da força que o escorregador exerce sobre ele nesse instante. Despreze o tamanho do garoto.

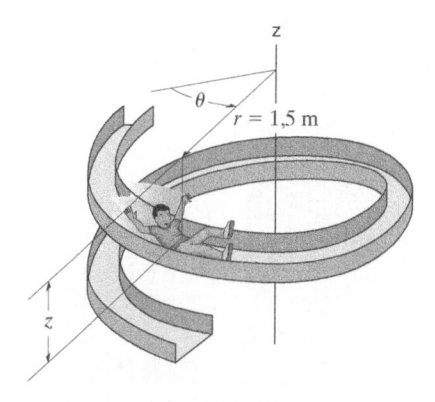

PROBLEMA 13.91

PROBLEMA 13.93

13.94. Usando uma barra bifurcada, um cilindro liso P com massa de 0,4 kg é forçado a se movimentar ao longo da trajetória da *fenda vertical* $r = (0,6\theta)$ m, onde θ é dado em radianos. Se o cilindro tem uma velocidade constante de $v_C = 2$ m/s, determine a força da barra e a força normal da fenda sobre o cilindro no instante $\theta = \pi$ rad. Considere que o cilindro está em contato somente com *uma borda* da barra e da fenda em determinado instante. *Dica:* para obter as derivadas temporais necessárias para calcular as componentes de aceleração do cilindro a_r e a_θ, tome a primeira e a segunda derivadas temporais de $r = 0,6\theta$. Depois, para obter mais informações, use a Equação 12.26 para determinar $\dot{\theta}$. Além disso, tome a derivada temporal da Equação 12.26, observando que $\dot{v} = 0$ para determinar $\ddot{\theta}$.

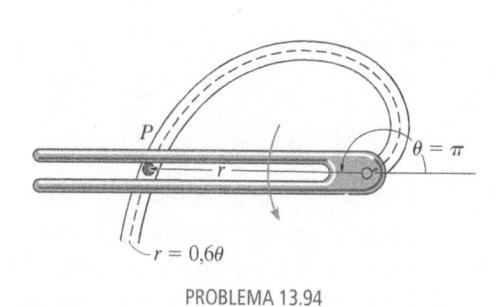

13.92. O tubo gira no plano horizontal com uma taxa constante de $\dot{\theta} = 4$ rad/s. Se a bola B de 0,2 kg parte da origem O com uma velocidade radial inicial de $\dot{r} = 1,5$ m/s e se movimenta para fora do tubo, determine as componentes radial e transversal da velocidade da bola no instante em que ela deixa a extremidade do tubo em C, $r = 0,5$ m. *Dica:* mostre que a equação do movimento na direção r é $\ddot{r} - 16r = 0$. A solução é da forma $r = Ae^{-4t} + Be^{4t}$. Avalie as constantes de integração A e B e determine o tempo t quando $r = 0,5$ m. Proceda para obter v_r e v_θ.

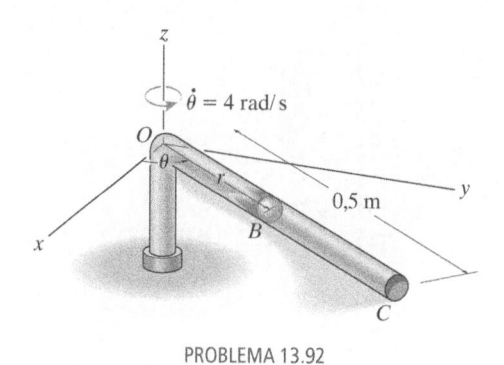

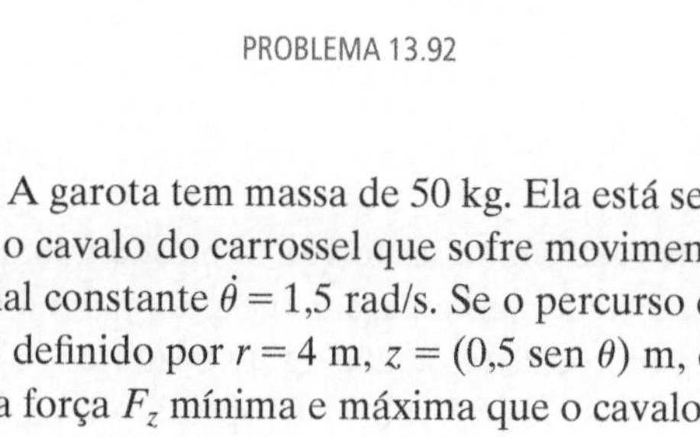

PROBLEMA 13.94

PROBLEMA 13.92

13.93. A garota tem massa de 50 kg. Ela está sentada sobre o cavalo do carrossel que sofre movimento rotacional constante $\dot{\theta} = 1,5$ rad/s. Se o percurso do cavalo é definido por $r = 4$ m, $z = (0,5 \text{ sen } \theta)$ m, determine a força F_z mínima e máxima que o cavalo exerce sobre ela durante o movimento.

13.95. Um carrinho de montanha-russa trafega por trilhos que, por uma curta distância, são definidos pela espiral cônica $r = \frac{3}{4}z$, $\theta = -1,5z$, onde r e z são dados em metros e θ em radianos. Se o movimento angular $\dot{\theta} = 1$ rad/s sempre for mantido, determine as componentes r, θ, z da reação exercida sobre o carrinho pelos trilhos no instante em que $z = 6$ m. O carrinho e os passageiros têm massa total de 200 kg.

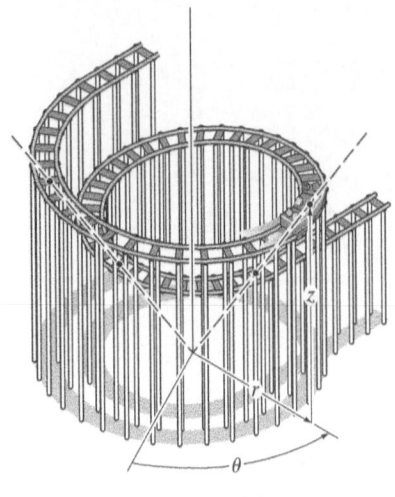

PROBLEMA 13.95

*13.96. A partícula tem massa de 0,5 kg e está confinada a movimentar-se pela fenda vertical em virtude da rotação do braço OA. Determine a força da barra sobre a partícula e a força normal da fenda sobre a partícula quando $\theta = 30°$. A barra está girando com uma velocidade angular constante $\dot{\theta} = 2$ rad/s. Suponha que a partícula esteja em contato somente com um lado da fenda em qualquer instante.

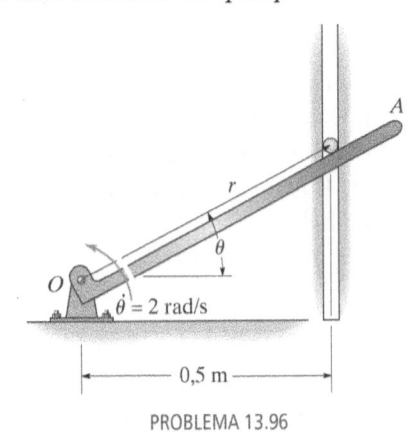

PROBLEMA 13.96

13.97. Uma lata lisa C, com massa de 3 kg, é levantada de um alimentador em A para uma rampa em B por uma haste giratória. Se a haste mantém uma velocidade angular constante $\dot{\theta} = 0,5$ rad/s, determine a força que a haste exerce sobre a lata no instante em que $\theta = 30°$. Despreze os efeitos do atrito no cálculo e o tamanho da lata, de modo que $r = (1,2 \cos \theta)$ m. A rampa de A para B é circular, com um raio de 600 mm.

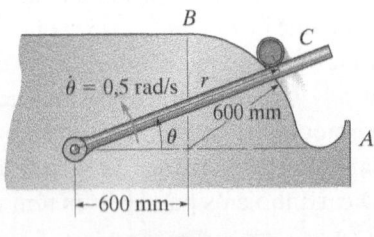

PROBLEMA 13.97

13.98. O mecanismo seguidor mantido por mola AB tem massa de 0,5 kg e move-se para a frente e para trás enquanto sua extremidade rola pela superfície arredondada da came, onde $r = 0,15$ m e $z = (0,02 \cos 2\theta)$ m. Se a came está girando a uma velocidade constante de 30 rad/s, determine a componente de força F_z na extremidade A do mecanismo quando $\theta = 30°$. A mola está na posição descomprimida quando $\theta = 90°$. Despreze o atrito no mancal C.

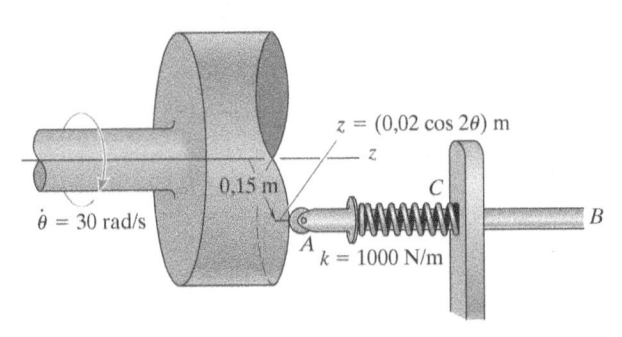

PROBLEMA 13.98

13.99. O mecanismo seguidor mantido por mola AB tem massa de 0,5 kg e move-se para a frente e para trás enquanto sua extremidade rola pela superfície arredondada da came, onde $r = 0,15$ m e $z = (0,02 \cos 2\theta)$ m. Se a came está girando a uma velocidade constante de 30 rad/s, determine as componentes de força mínima e máxima F_z que o mecanismo exerce sobre a came se a mola está na posição descomprimida quando $\theta = 90°$.

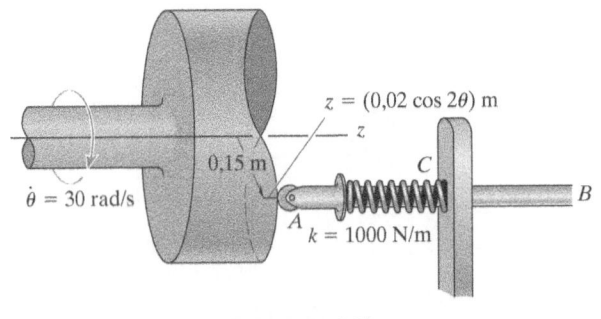

PROBLEMA 13.99

*13.100. Determine as forças impulsionadoras normal e de atrito que o percurso espiral parcial exerce sobre a motocicleta de 200 kg no instante $\theta = \frac{5}{3}\pi$ rad, $\dot{\theta} = 0,4$ rad/s, $\ddot{\theta} = 0,8$ rad/s². Despreze o tamanho da motocicleta.

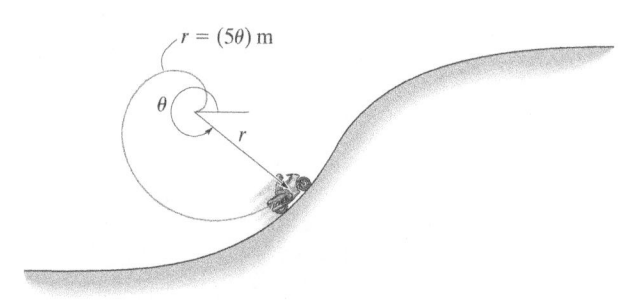

PROBLEMA 13.100

13.101. Uma bola de 0,5 kg é guiada ao longo da trajetória circular vertical $r = 2r_c \cos\theta$ usando o braço OA. Se o braço tem velocidade angular $\dot\theta = 0{,}4$ rad/s e aceleração angular $\ddot\theta = 0{,}8$ rad/s² no instante em que $\theta = 30°$, determine a força do braço sobre a bola. Despreze o atrito e a dimensão da bola. Faça $r_c = 0{,}4$ m.

13.102. Uma bola de massa m é guiada ao longo da trajetória circular vertical $r = 2r_c \cos\theta$ usando o braço OA. Se o braço tem velocidade angular constante $\dot\theta_0$, determine o ângulo $\theta \leq 45°$ no qual a bola começa a deixar a superfície do semicilindro. Despreze o atrito e a dimensão da bola.

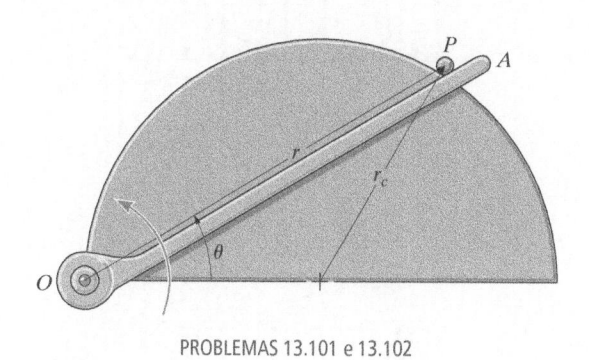

PROBLEMAS 13.101 e 13.102

13.103. O braço OA gira em sentido anti-horário a uma velocidade angular constante $\dot\theta = 4$ rad/s. O duplo anel B está conectado por um pino, de modo que um anel desliza sobre o braço giratório e o outro desliza sobre o braço circular descrito pela equação $r = (1{,}6 \cos\theta)$ m. Se *ambos* os anéis têm uma massa de 0,5 kg, determine a força que o braço circular exerce sobre um dos anéis e a força que OA exerce sobre o outro anel no instante em que $\theta = 45°$. O movimento é no plano horizontal.

*****13.104.** Resolva o Problema 13.103 se o movimento for no plano vertical.

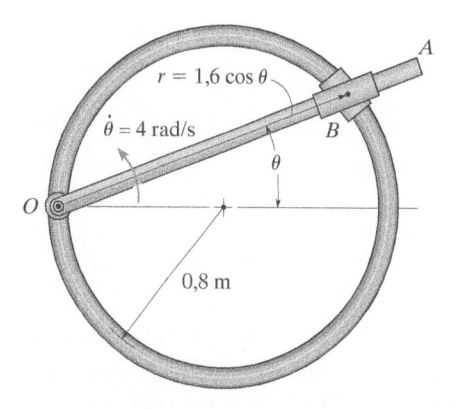

PROBLEMAS 13.103 e 13.104

13.105. A superfície lisa da came vertical é definida em parte pela curva $r = (0{,}2\cos\theta + 0{,}3)$ m. O garfo está girando com uma aceleração angular de $\ddot\theta = 2$ rad/s² e, quando $\theta = 45°$, a velocidade angular é $\dot\theta = 6$ rad/s. Determine a força que a came e o garfo exercem sobre o rolete de 2 kg nesse instante. A mola presa ao garfo tem rigidez $k = 100$ N/m e comprimento de 0,1 m quando não está esticada.

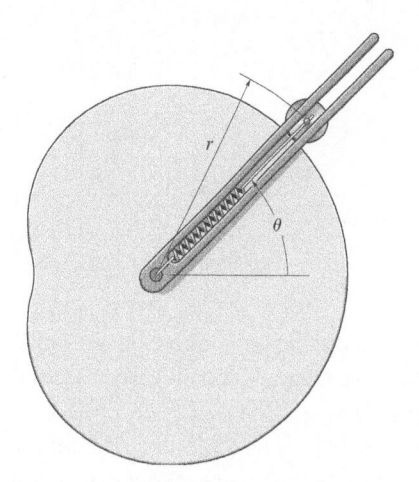

PROBLEMA 13.105

13.106. O anel tem massa de 2 kg e percorre a barra horizontal lisa definida pela espiral equiangular $r = (e^\theta)$ m, onde θ é dado em radianos. Determine a força tangencial F e a força normal N que atuam sobre o anel quando $\theta = 45°$, se a força F mantém um movimento angular constante de $\dot\theta = 2$ rad/s.

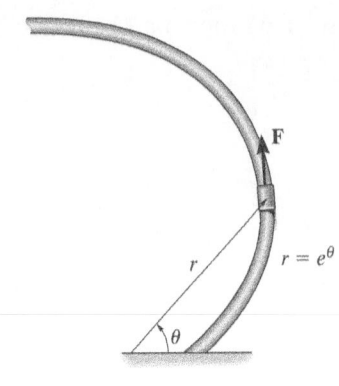

PROBLEMA 13.106

13.107. O piloto do avião executa um *loop* vertical que, em parte, segue a trajetória de uma cardioide, $r = 200(1 + \cos \theta)$ m, onde θ é dado em radianos. Se essa velocidade em A é uma constante $v_p = 85$ m/s, determine a reação vertical que o assento exerce sobre o piloto quando o avião está em A. O piloto tem massa de 80 kg. *Dica:* para determinar as derivadas temporais necessárias para calcular as componentes de aceleração a_r e a_θ, tome a primeira e a segunda derivadas temporais de $r = 200(1 + \cos \theta)$. Depois, para obter mais informações, use a Equação 12.26 para determinar $\dot{\theta}$.

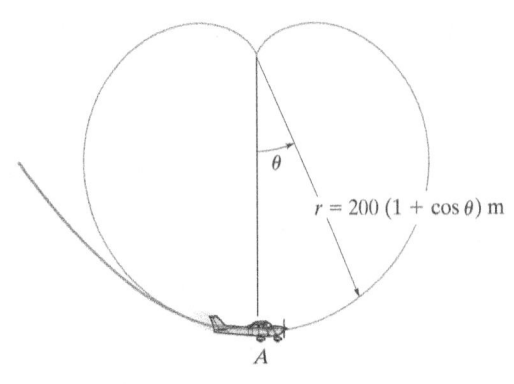

PROBLEMA 13.107

*13.108. O piloto de um avião executa um *loop* vertical que em parte segue a trajetória de uma letra "e" manuscrita, $r = (-180 \cos 2\theta)$ m, onde θ é dado em radianos. Se sua velocidade em A é uma constante $v_p = 24$ m/s, determine a reação vertical que o assento exerce sobre o piloto quando o avião está em A. O piloto pesa 650 N. *Dica:* para determinar as derivadas temporais necessárias para calcular as componentes de aceleração a_r e a_θ, tome a primeira e a segunda derivadas temporais de $r = -180(1 + \cos \theta)$. Depois, para obter mais informações, use a Equação 12.26 para determinar $\dot{\theta}$. Além disso, tome as derivadas temporais da Equação 12.26, observando que $\dot{v}_C = 0$ para determinar $\ddot{\theta}$.

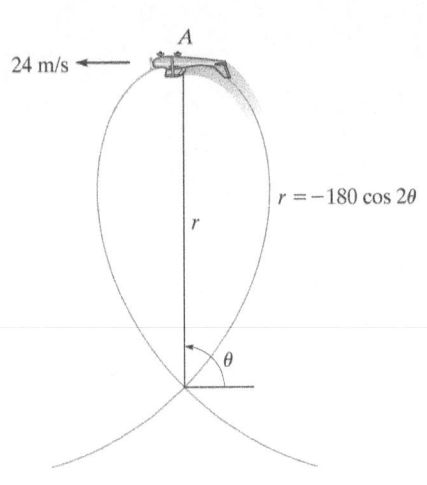

PROBLEMA 13.108

13.109. A partícula tem massa de 0,5 kg e está confinada a movimentar-se ao longo da fenda horizontal lisa em decorrência da rotação do braço OA. Determine a força da barra sobre a partícula e a força normal da fenda sobre a partícula quando $\theta = 30°$. A barra está girando com velocidade angular constante $\dot{\theta} = 2$ rad/s. Suponha que a partícula encoste apenas em um lado da fenda em um instante qualquer.

13.110. Resolva o Problema 13.109 se o braço possui aceleração angular de $\ddot{\theta} = 3$ rad/s² quando $\dot{\theta} = 2$ rad/s na posição $\theta = 30°$.

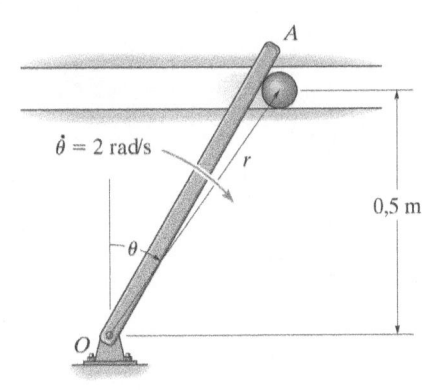

PROBLEMAS 13.109 e 13.110

13.111. O carretel de 0,2 kg desliza ao longo de uma barra lisa. Se a barra possui uma taxa de rotação angular constante $\dot{\theta} = 2$ rad/s no plano vertical, mostre que as equações do movimento para o carretel são $\ddot{r} - 4r - 9{,}81 \operatorname{sen} \theta = 0$ e $0{,}8\dot{r} + N_s - 1{,}962 \cos \theta = 0$, onde N_s é a intensidade da força normal da barra sobre o carretel. Usando os métodos das equações diferenciais, pode-se demonstrar que a solução da primeira dessas equações é $r = C_1 e^{-2t} + C_2 e^{2t} - (9{,}81/8) \operatorname{sen} 2t$. Se r, $\dot{r}$ e θ são zero quando $t = 0$, avalie as constantes C_1 e C_2 para determinar r no instante em que $\theta = \pi/4$ rad.

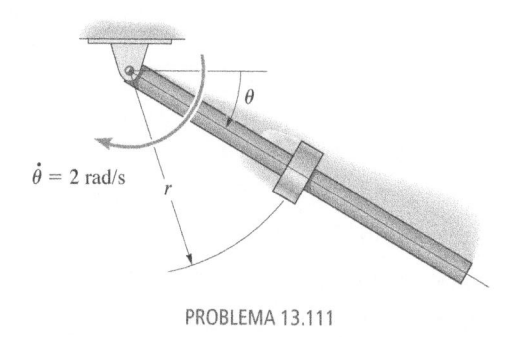

PROBLEMA 13.111

***13.112.** A bola tem massa de 2 kg e tamanho desprezível. Ela está originalmente contornando a trajetória circular horizontal de raio $r_0 = 0{,}5$ m, de modo que a taxa de rotação angular é $\dot{\theta}_0 = 1$ rad/s. Se a corda conectada ABC for puxada para baixo pelo furo a uma velocidade constante de 0,2 m/s, determine a tensão que a corda exerce sobre a bola no instante em que $r = 0{,}25$ m. Além disso, calcule a velocidade angular da bola nesse instante. Despreze os efeitos do atrito entre a bola e o plano horizontal. *Dica:* primeiro, mostre que a equação do movimento na direção θ resulta em $a_\theta = r\ddot{\theta} + 2\dot{r}\dot{\theta} = (1/r)(d(r^2\dot{\theta})/dt) = 0$. Quando integrado, $r^2\dot{\theta} = c$, onde a constante c é determinada a partir dos dados do problema.

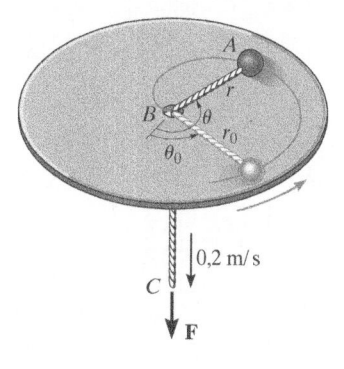

PROBLEMA 13.112

*13.7 Movimento de força central e mecânica espacial

Se uma partícula está se movendo sob a influência de uma força tendo uma linha de ação que é sempre direcionada para um ponto fixo, o movimento é chamado de *movimento de força central*. Esse tipo de movimento é comumente causado por forças eletrostáticas e gravitacionais.

A fim de analisar o movimento, vamos considerar a partícula P, mostrada na Figura 13.22a, que tem massa m e está sob ação apenas da força central **F**. O diagrama de corpo livre para a partícula é mostrado na Figura 13.22b. Utilizando coordenadas polares (r, θ), as equações do movimento (equações 13.8) tornam-se

$$\Sigma F_r = ma_r; \qquad -F = m\left[\frac{d^2r}{dt^2} - r\left(\frac{d\theta}{dt}\right)^2\right]$$

$$\Sigma F_\theta = ma_\theta; \qquad 0 = m\left(r\frac{d^2\theta}{dt^2} + 2\frac{dr}{dt}\frac{d\theta}{dt}\right)$$
(13.10)

FIGURA 13.22

A segunda dessas equações pode ser escrita na forma

$$\frac{1}{r}\left[\frac{d}{dt}\left(r^2\frac{d\theta}{dt}\right)\right] = 0$$

de maneira que a integração resulta em

$$r^2\frac{d\theta}{dt} = h \qquad (13.11)$$

Aqui, h é a constante de integração.

A partir da Figura 13.22a, observe que a área sombreada descrita pelo raio r, na medida em que r se move através de um ângulo $d\theta$, é $dA = \frac{1}{2}r^2\,d\theta$. Se a *velocidade areolar* é definida como

$$\frac{dA}{dt} = \frac{1}{2}r^2\frac{d\theta}{dt} = \frac{h}{2} \qquad (13.12)$$

então é visto que a velocidade areolar para uma partícula submetida ao movimento de força central é *constante*. Em outras palavras, a partícula varrerá segmentos iguais de área por unidade de tempo enquanto se move ao longo da trajetória. Para obter a *trajetória de movimento*, $r = f(\theta)$, a variável independente t tem de ser eliminada da Equação 13.10. Utilizando-se a regra da cadeia do cálculo e a Equação 13.11, as derivadas temporais da Equação 13.10 podem ser substituídas por

$$\frac{dr}{dt} = \frac{dr}{d\theta}\frac{d\theta}{dt} = \frac{h}{r^2}\frac{dr}{d\theta}$$

$$\frac{d^2r}{dt^2} = \frac{d}{dt}\left(\frac{h}{r^2}\frac{dr}{d\theta}\right) = \frac{d}{d\theta}\left(\frac{h}{r^2}\frac{dr}{d\theta}\right)\frac{d\theta}{dt} = \left[\frac{d}{d\theta}\left(\frac{h}{r^2}\frac{dr}{d\theta}\right)\right]\frac{h}{r^2}$$

Substituindo uma nova variável dependente (xi) $\xi = 1/r$ na segunda equação, temos

$$\frac{d^2r}{dt^2} = -h^2\xi^2\frac{d^2\xi}{d\theta^2}$$

Além disso, o quadrado da Equação 13.11 torna-se

$$\left(\frac{d\theta}{dt}\right)^2 = h^2\xi^4$$

Substituindo essas duas equações na primeira Equação 13.10, produz-se

$$-h^2\xi^2\frac{d^2\xi}{d\theta^2} - h^2\xi^3 = -\frac{F}{m}$$

ou

$$\frac{d^2\xi}{d\theta^2} + \xi = \frac{F}{mh^2\xi^2} \qquad (13.13)$$

Essa equação diferencial define a trajetória sobre a qual a partícula se move quando é submetida à força central **F**.*

Este satélite está sujeito a uma força central e seu movimento orbital pode ser previsto com precisão com o uso das equações desenvolvidas nesta seção. (UniversalImagesGroup/Getty Images)

---

* Na derivação, **F** é considerada positiva quando está direcionada para o ponto O. Se **F** está direcionada de forma oposta, o lado direito da Equação 13.13 deve ser negativo.

Para aplicação, a força de atração gravitacional será considerada. Alguns exemplos comuns de sistemas de força central que dependem da gravitação incluem o movimento da Lua e satélites artificiais em torno da Terra, e o movimento de planetas em torno do Sol. Como um típico problema em mecânica espacial, considere a trajetória de um satélite ou veículo espacial lançado em órbita em voo livre com velocidade inicial v_0 (Figura 13.23). Será inferido que essa velocidade é inicialmente *paralela* à tangente na superfície da Terra, como mostrado na figura.* Logo após o satélite ser solto em voo livre, a única força atuando sobre ele é a força gravitacional da Terra. (Atrações gravitacionais envolvendo outros corpos, como a Lua ou o Sol, serão desprezadas, visto que, para órbitas próximas da Terra, seu efeito é pequeno em comparação com a gravitação da Terra.) De acordo com a lei da gravitação de Newton, a força **F** sempre atuará entre os centros de massa da Terra e do satélite (Figura 13.23). Da Equação 13.1, essa força de atração tem intensidade

$$F = G\frac{M_e m}{r^2}$$

onde M_e e m representam a massa da Terra e do satélite, respectivamente, G é a constante gravitacional, e r é a distância entre os centros de massa. Para obter a trajetória orbital, estabelecemos $\xi = 1/r$ na equação anterior e substituímos o resultado na Equação 13.13. Obtemos

$$\frac{d^2\xi}{d\theta^2} + \xi = \frac{GM_e}{h^2} \qquad (13.14)$$

Essa equação diferencial de segunda ordem tem coeficientes constantes e é não homogênea. A solução é a soma das soluções complementar e particular, dada por

$$\xi = \frac{1}{r} = C\cos(\theta - \phi) + \frac{GM_e}{h^2} \qquad (13.15)$$

Essa equação representa a *trajetória de voo livre* do satélite. Ela é a equação de uma seção cônica expressa em termos de coordenadas polares.

Uma interpretação geométrica da Equação 13.15 exige conhecimento da equação para uma seção cônica. Como mostrado na Figura 13.24, uma seção cônica é definida como o lugar geométrico de um ponto P que se move de tal maneira que a razão de sua distância até um *foco*, ou ponto fixo F, com sua distância perpendicular a uma linha fixa DD, chamada de *diretriz*, é constante. Essa razão constante será representada por e e é chamada de a *excentricidade*. Por definição,

$$e = \frac{FP}{PA}$$

Da Figura 13.24,

$$FP = r = e(PA) = e[p - r\cos(\theta - \phi)]$$

ou

---

* O caso em que v_0 atua em algum ângulo inicial θ à tangente é mais bem descrito utilizando-se a conservação da quantidade de movimento angular.

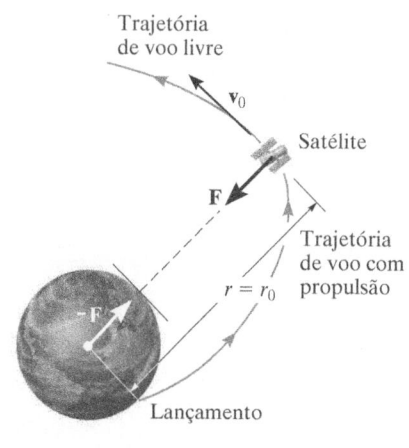

FIGURA 13.23

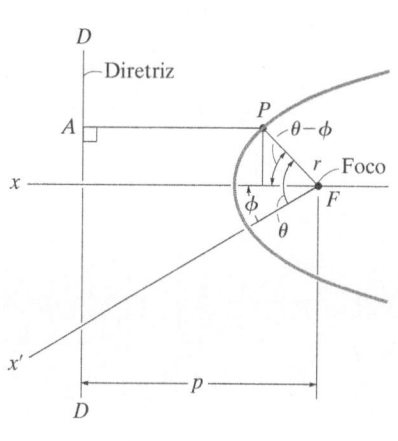

FIGURA 13.24

$$\frac{1}{r} = \frac{1}{p}\cos(\theta - \phi) + \frac{1}{ep}$$

Comparando essa equação com a Equação 13.15, vê-se que a distância fixa do foco até a diretriz é

$$p = \frac{1}{C} \qquad (13.16)$$

E a excentricidade da seção cônica para a trajetória é:

$$\boxed{e = \frac{Ch^2}{GM_e}} \qquad (13.17)$$

Contanto que o ângulo polar θ seja medido a partir do eixo x (um eixo de simetria, já que ele é perpendicular à diretriz), o ângulo ϕ é zero (Figura 13.24) e, portanto, a Equação 13.15 reduz-se a:

$$\frac{1}{r} = C\cos\theta + \frac{GM_e}{h^2} \qquad (13.18)$$

As constantes h e C são determinadas a partir de dados obtidos para a posição e a velocidade do satélite no fim da *trajetória de voo com propulsão*. Por exemplo, se a altura inicial ou distância até o veículo espacial é r_0, medida a partir do centro da Terra, e sua velocidade escalar inicial é v_0 no início de seu voo livre (Figura 13.25), a constante h pode ser obtida da Equação 13.11. Quando $\theta = \phi = 0°$, a velocidade vetorial $\mathbf{v}_0$ não tem componente radial; portanto, da Equação 12.25, $v_0 = r_0(d\theta/dt)$, de maneira que

$$h = r_0^2 \frac{d\theta}{dt}$$

ou

$$\boxed{h = r_0 v_0} \qquad (13.19)$$

Para determinar C, utilize a Equação 13.18 com $\theta = 0°$, $r = r_0$, e substitua a Equação 13.19 para h:

$$\boxed{C = \frac{1}{r_0}\left(1 - \frac{GM_e}{r_0 v_0^2}\right)} \qquad (13.20)$$

A equação para a trajetória de voo livre torna-se, portanto,

$$\boxed{\frac{1}{r} = \frac{1}{r_0}\left(1 - \frac{GM_e}{r_0 v_0^2}\right)\cos\theta + \frac{GM_e}{r_0^2 v_0^2}} \qquad (13.21)$$

O tipo de trajetória deslocada pelo satélite é determinado a partir do valor da excentricidade da seção cônica, encontrado pela Equação 13.17. Se

$$\boxed{\begin{array}{ll} e = 0 & \text{a trajetória de voo livre é um círculo} \\ e = 1 & \text{a trajetória de voo livre é uma parábola} \\ e < 1 & \text{a trajetória de voo livre é uma elipse} \\ e > 1 & \text{a trajetória de voo livre é uma hipérbole} \end{array}} \qquad (13.22)$$

Trajetória parabólica

Cada uma dessas trajetórias é mostrada na Figura 13.25. A partir das curvas, vê-se que, quando o satélite segue uma trajetória parabólica, ele está "no limite" de nunca retornar para seu ponto de partida. A velocidade vetorial de lançamento inicial, $\mathbf{v}_0$, necessária para que o satélite siga uma trajetória parabólica, é chamada de *velocidade de escape*. A velocidade escalar, v_e, pode ser determinada utilizando a segunda Equação 13.22, $e = 1$, com as equações 13.17, 13.19 e 13.20. Fica como um exercício demonstrar que

$$v_e = \sqrt{\frac{2GM_e}{r_0}} \qquad (13.23)$$

Órbita circular

A velocidade escalar v_c exigida para lançar um satélite em uma *órbita circular* pode ser encontrada utilizando-se a primeira Equação 13.22, $e = 0$. Visto que e está relacionado a h e C (Equação 13.17), C tem de ser zero para satisfazer esta equação (da Equação 13.19, h não pode ser zero); e, portanto, utilizando a Equação 13.20, temos:

$$v_c = \sqrt{\frac{GM_e}{r_0}} \qquad (13.24)$$

Contanto que r_0 represente uma altura mínima de lançamento, na qual a resistência ao atrito da atmosfera é desprezada, as velocidades escalares no lançamento que forem menores que v_c vão fazer com que o satélite entre novamente na atmosfera da Terra e seja destruído pelo fogo ou pelo impacto (Figura 13.25).

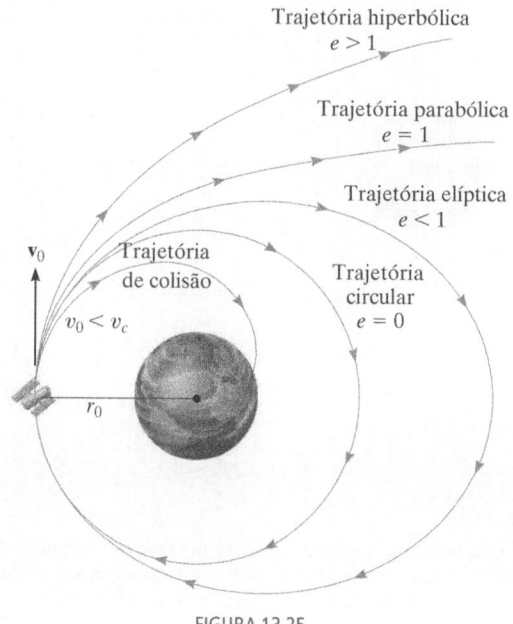

FIGURA 13.25

Órbita elíptica

Todas as trajetórias realizadas pelos planetas e a maioria dos satélites são elípticas (Figura 13.26). Para a órbita de um satélite em torno da Terra, a *distância mínima* da órbita até o centro da Terra O (o qual está localizado em um dos focos da elipse) é r_p e pode ser encontrada utilizando-se a Equação 13.21 com $\theta = 0°$. Portanto,

$$r_p = r_0 \tag{13.25}$$

Essa distância mínima é chamada de *perigeu* da órbita. O *apogeu* ou distância máxima r_a pode ser encontrado utilizando-se a Equação 13.21 com $\theta = 180°$.* Desse modo,

$$r_a = \frac{r_0}{(2GM_e/r_0 v_0^2) - 1} \tag{13.26}$$

Com referência à Figura 13.26, o meio comprimento do eixo maior da elipse é

$$a = \frac{r_p + r_a}{2} \tag{13.27}$$

Utilizando a geometria analítica, pode ser mostrado que o meio comprimento do eixo menor é determinado pela equação

$$b = \sqrt{r_p r_a} \tag{13.28}$$

Além disso, por integração direta, a área de uma elipse é

$$A = \pi a b = \frac{\pi}{2}(r_p + r_a)\sqrt{r_p r_a} \tag{13.29}$$

A velocidade areolar foi definida pela Equação 13.12, $dA/dt = h/2$. A integração resulta em $A = hT/2$, onde T é o *período* de tempo necessário para fazer uma revolução orbital. Da Equação 13.29, o período é

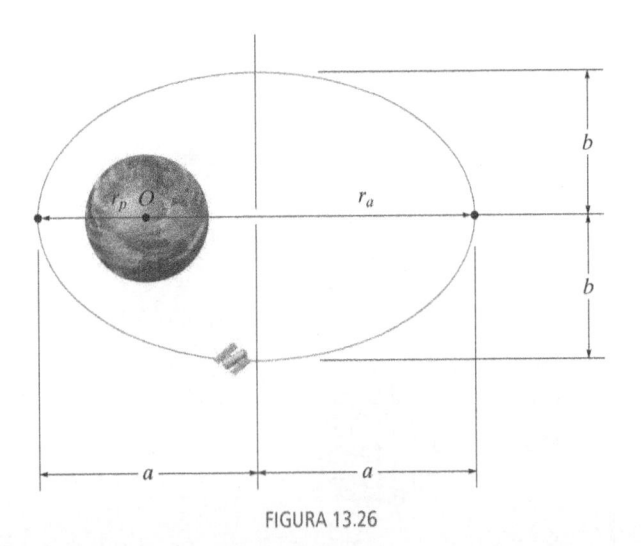

FIGURA 13.26

---

* Na realidade, a terminologia perigeu e apogeu diz respeito apenas a órbitas em torno da Terra. Se qualquer outro corpo celeste estiver localizado no foco de uma órbita elíptica, as distâncias mínima e máxima serão referidas como *periápside* e *apoápside* da órbita, respectivamente.

$$T = \frac{\pi}{h}(r_p + r_a)\sqrt{r_p r_a} \qquad (13.30)$$

Além de prever a trajetória orbital de satélites terrestres, a teoria desenvolvida nesta seção é válida, com surpreendente precisão, para prever o movimento real dos planetas se deslocando em torno do Sol. Nesse caso, a massa do Sol, M_s, deve ser usada no lugar de M_e, quando as fórmulas apropriadas são usadas.

O fato de que os planetas necessariamente seguem órbitas elípticas em torno do Sol foi descoberto pelo astrônomo alemão Johannes Kepler no início do século XVII. Sua descoberta foi feita *antes* que Newton tivesse desenvolvido as leis do movimento e a lei da gravitação, e, assim, na época, ela forneceu uma prova importante quanto à validade dessas leis. As leis de Kepler, desenvolvidas após vinte anos de observação planetária, são resumidas a seguir:

1. Todo planeta se move em sua órbita de tal maneira que a linha que o junta ao centro do Sol varre áreas iguais em intervalos de tempo iguais, qualquer que seja o comprimento da linha.
2. A órbita de todos os planetas é uma elipse com o Sol colocado em um de seus focos.
3. O quadrado do período de qualquer planeta é diretamente proporcional ao cubo do eixo maior de sua órbita.

Uma definição matemática da primeira e segunda leis é dada pelas equações 13.12 e 13.21, respectivamente. A terceira lei pode ser mostrada a partir da Equação 13.30 utilizando-se as equações 13.18, 13.27 e 13.28. (Ver Problema 13.117.)

Problemas

Nos problemas a seguir, exceto onde indicado de outra maneira, suponha que o raio da Terra seja 6378 km, a massa da Terra seja 5,976(10^{24}) kg, a massa do Sol seja 1,99 (10^{30}) kg e a constante gravitacional seja $G = 66,73$ (10^{-12}) m³/(kg · s²).

13.113. A Terra tem uma órbita com excentricidade 0,0167 em torno do Sol. Sabendo que a distância mínima da Terra ao Sol é 146(10^6) km, determine a velocidade escalar na qual a Terra se move quando ela está a essa distância. Determine a equação em coordenadas polares que descreve a órbita da Terra em torno do Sol.

13.114. Um satélite de comunicações está em uma órbita circular acima da Terra de tal maneira que ele sempre permanece diretamente sobre um ponto da superfície terrestre. Como resultado, o período do satélite tem de ser igual à rotação da Terra, que é de aproximadamente 24 horas. Determine a altitude do satélite h acima da superfície da Terra e sua velocidade escalar orbital.

13.115. A velocidade escalar de um satélite lançado em uma órbita circular em torno da Terra é dada pela Equação 13.24. Determine a velocidade escalar de um satélite lançado paralelo à superfície da Terra, de maneira que ele se desloque em uma órbita circular a 800 km da superfície da Terra.

*13.116. Um foguete está em órbita circular em torno da Terra a uma altitude de 20 Mm. Determine o incremento mínimo na velocidade escalar que ele deve ter a fim de escapar do campo gravitacional da Terra.

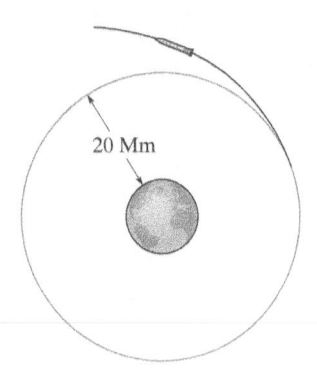

PROBLEMA 13.116

13.117. Prove a terceira lei do movimento de Kepler. *Dica*: utilize as equações 13.18, 13.27, 13.28 e 13.30.

13.118. O satélite está se movendo em uma órbita elíptica com uma excentricidade $e = 0,25$. Determine sua velocidade escalar quando ele está em sua distância máxima A e distância mínima B da Terra.

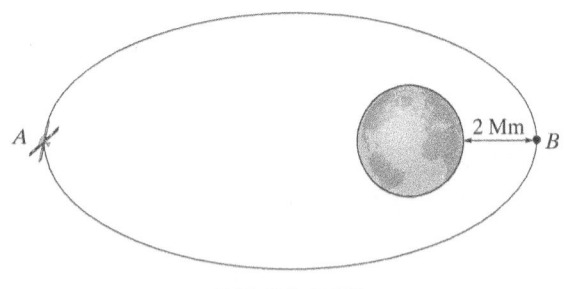

PROBLEMA 13.118

13.119. O foguete está em voo livre ao longo de uma órbita elíptica. O planeta não tem atmosfera, e sua massa é 0,60 vez a da Terra. Se o foguete tem a órbita indicada na figura, determine a velocidade escalar do foguete quando ele está nos pontos A e B.

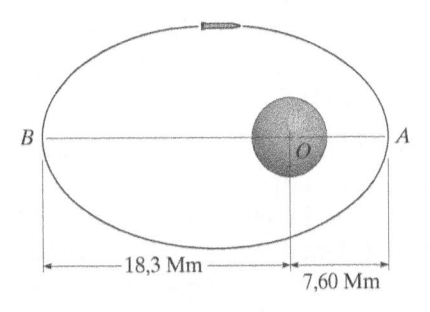

PROBLEMA 13.119

*****13.120.** Determine a velocidade escalar constante do satélite S, de modo que ele circule a Terra com uma órbita de raio $r = 15$ Mm. *Dica*: use a Equação 13.1.

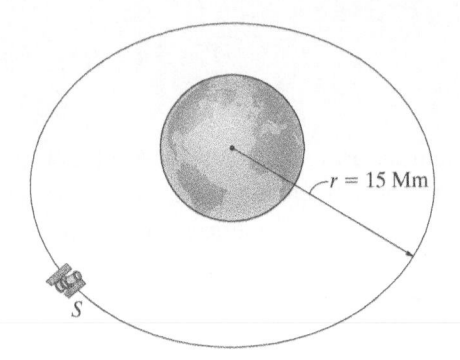

PROBLEMA 13.120

13.121. O foguete está em voo livre ao longo de uma trajetória elíptica $A'A$. O planeta não tem atmosfera, e sua massa é 0,70 vez a da Terra. Se o foguete tem uma apoápside e periápside, como mostrado na figura, determine a velocidade escalar do foguete quando ele está no ponto A.

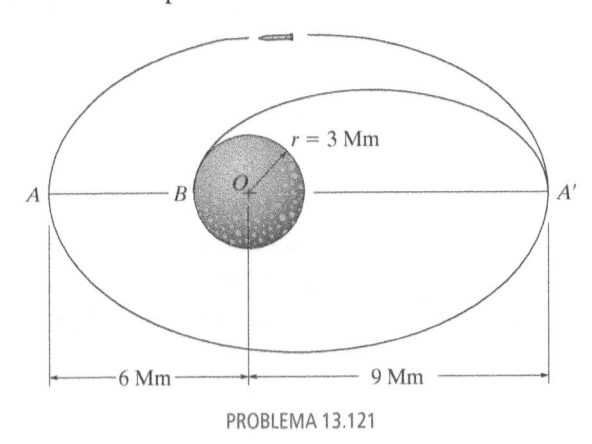

PROBLEMA 13.121

13.122. A sonda Viking Explorer aproxima-se do planeta Marte em uma trajetória parabólica, como mostrado. Quando ela alcança o ponto A, sua velocidade é de 10 Mm/h. Determine r_0 e a mudança necessária na velocidade em A de maneira que ela possa manter uma órbita circular, como mostrado. A massa de Marte é 0,1074 vez a massa da Terra.

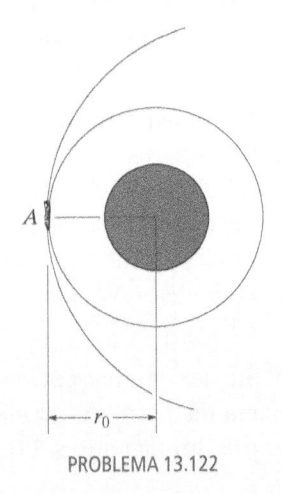

PROBLEMA 13.122

13.123. O foguete está inicialmente em uma órbita circular de voo livre em torno da Terra. Determine sua velocidade escalar em A. Que variação na velocidade em A é necessária para que ele possa se mover em uma órbita elíptica para atingir o ponto A'?

*13.124. O foguete está inicialmente em uma órbita circular de voo livre em torno da Terra. Determine o tempo necessário para que ele viaje da órbita interna em A para a órbita externa em A'.

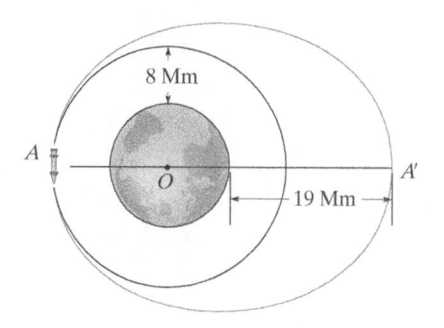

PROBLEMAS 13.123 e 13.124

13.125. Um foguete está em uma órbita elíptica de voo livre em torno da Terra de tal maneira que a excentricidade de sua órbita é e e seu perigeu é r_0. Determine o incremento mínimo de velocidade escalar que ele deve ter a fim de escapar do campo gravitacional da Terra quando ele está nesse ponto ao longo de sua órbita.

13.126. O foguete está contornando a Terra em voo livre ao longo da órbita elíptica. Se o foguete tem a órbita mostrada na figura, determine a velocidade do foguete quando ele está em A e em B.

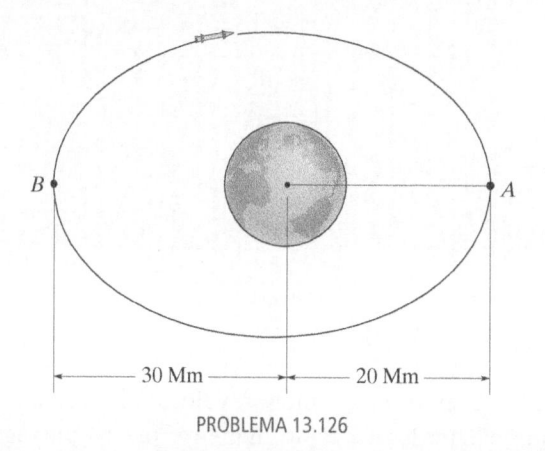

PROBLEMA 13.126

13.127. Uma trajetória elíptica de um satélite tem uma excentricidade $e = 0{,}130$. Se ele possui uma velocidade escalar de 15 Mm/h quando está no perigeu, P, determine sua velocidade quando ele atinge o apogeu, A. Além disso, a que distância ele está da superfície da Terra quando está em A?

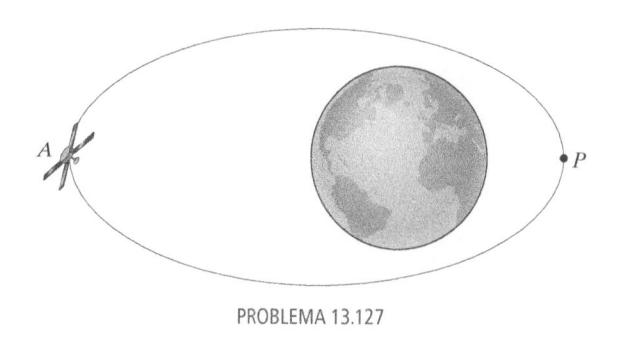

PROBLEMA 13.127

*13.128. Um foguete está em uma órbita elíptica em voo livre ao redor do planeta Vênus. Sabendo que a apoápside e a periápside da órbita são 26 Mm e 8 Mm, respectivamente, determine (a) a velocidade escalar do foguete no ponto A', (b) a velocidade escalar necessária que ele deve ter em A logo após frear, de modo que realize uma órbita circular de voo livre de 8 Mm em torno de Vênus, e (c) os períodos das órbitas circular e elíptica. A massa de Vênus é $0{,}816$ vez a massa da Terra.

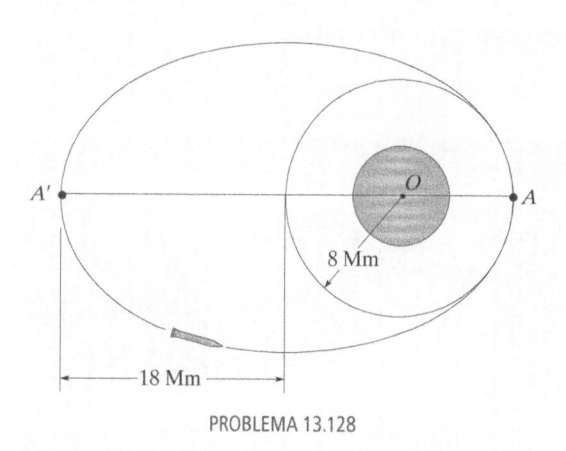

PROBLEMA 13.128

13.129. O foguete está em voo livre ao longo de uma trajetória elíptica $A'A$. O planeta não tem atmosfera, e sua massa é $0{,}60$ vez a da Terra. Se o foguete tem a órbita mostrada na figura, determine a velocidade escalar do foguete quando ele está no ponto A.

13.130. Se o foguete deve pousar na superfície do planeta, determine a velocidade escalar de voo livre que ele deve ter em A' de maneira que o pouso ocorra em B. Quanto tempo o foguete leva para pousar, indo de A' para B? O planeta não tem atmosfera, e sua massa é $0{,}6$ vez a da Terra.

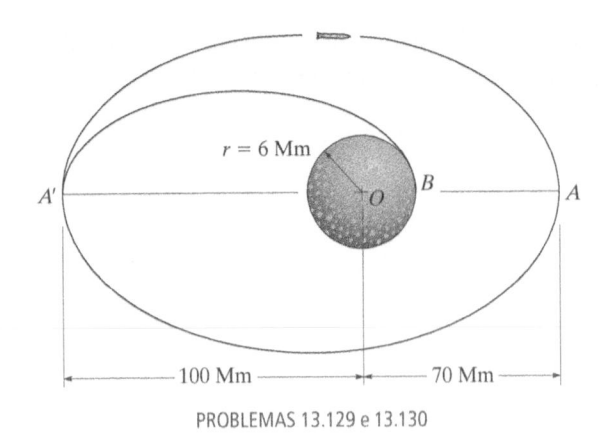

13.131. O foguete está contornando a Terra em voo livre ao longo da órbita elíptica AC. Se o foguete tem a órbita indicada na figura, determine sua velocidade escalar quando ele está no ponto A.

*13.132. O foguete está contornando a Terra em voo livre ao longo da órbita elíptica AC. Determine a variação na velocidade escalar do foguete quando ele atingir o ponto A, de modo que percorra a órbita elíptica AB.

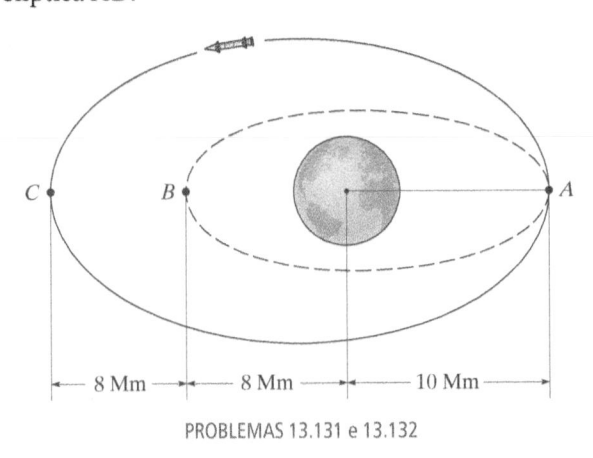

PROBLEMAS 13.129 e 13.130

PROBLEMAS 13.131 e 13.132

Problemas conceituais

C13.1. Se uma caixa é solta do repouso em A, use valores numéricos para demonstrar como você estimaria o tempo para ela chegar em B. Além disso, liste as hipóteses para sua análise.

C13.2. Um rebocador tem massa conhecida, e sua hélice fornece um impulso máximo conhecido. Quando o rebocador está em potência máxima, você observa o tempo que ele leva para chegar a uma velocidade escalar de valor conhecido partindo do repouso. Demonstre como você poderia determinar a massa da barcaça. Despreze a força de arrasto da água sobre o rebocador. Utilize valores numéricos para explicar sua resposta.

PROBLEMA C13.1

PROBLEMA C13.2

C13.3. Determine a menor velocidade escalar de cada carrinho A e B de maneira que os passageiros não percam contato com o assento enquanto os braços giram com uma velocidade constante. Qual é a maior força normal do assento sobre cada passageiro? Use valores numéricos para explicar sua resposta.

Capítulo 13 – Cinética de uma partícula: força e aceleração 157

C13.4. Cada carrinho está preso por pinos em suas extremidades ao aro da roda que gira com uma velocidade escalar constante. Utilizando valores numéricos, demonstre como determinar a força resultante que o assento exerce sobre o passageiro localizado no carrinho no topo *A*. Os passageiros estão sentados na direção do centro da roda. Além disso, liste as hipóteses para sua análise.

PROBLEMA C13.3

PROBLEMA C13.4

Revisão do capítulo

Cinética

A cinética é o estudo da relação entre forças e a aceleração que elas causam. Essa relação é baseada na segunda lei do movimento de Newton, expressa matematicamente como $\Sigma \mathbf{F} = m\mathbf{a}$.

Antes de aplicar a equação de movimento, é importante construir o *diagrama de corpo livre* da partícula, a fim de levar em consideração todas as forças que atuam sobre a partícula. Graficamente, esse diagrama é igual ao *diagrama cinético*, que mostra o resultado das forças, isto é, o vetor $m\mathbf{a}$.

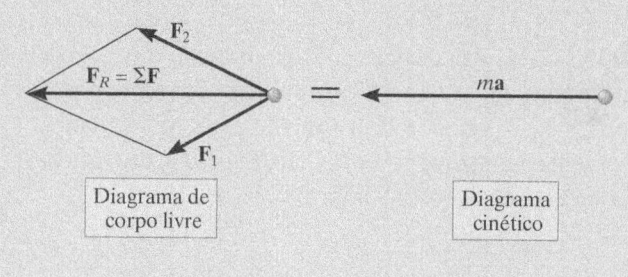

Sistemas de coordenadas inerciais

Uma vez aplicada a equação de movimento, é importante medir a aceleração a partir de um sistema de coordenadas inercial. Esse sistema tem eixos que não giram, mas são fixos ou transladam com velocidade constante. Vários tipos de sistemas de coordenadas inerciais podem ser usados para aplicar $\Sigma \mathbf{F} = m\mathbf{a}$ em forma de componente.

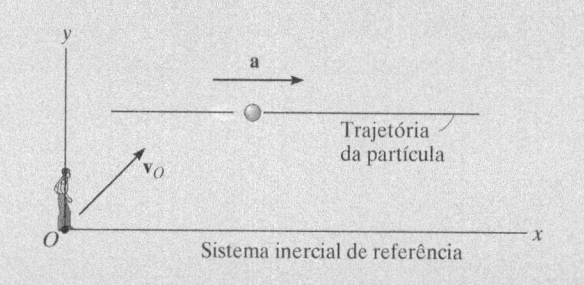

Eixos retangulares *x*, *y*, *z* são usados para descrever o movimento ao longo de cada um dos eixos.

$$\Sigma F_x = ma_x,\ \Sigma F_y = ma_y,\ \Sigma F_z = ma_z$$

158 DINÂMICA

Eixos normais, tangenciais e binormais n, t, b são frequentemente usados quando a trajetória é conhecida. Lembre-se de que $\mathbf{a}_n$ está sempre voltada à direção $+n$. Ela indica a variação na direção da velocidade vetorial. Lembre-se também de que $\mathbf{a}_t$ é tangente à trajetória. Ela indica a variação na intensidade da velocidade vetorial.

$$\Sigma F_t = ma_t, \quad \Sigma F_n = ma_n, \quad \Sigma F_b = 0$$
$$a_t = dv/dt \quad \text{ou} \quad a_t = v\, dv/ds$$

$$a_n = v^2/\rho \quad \text{onde} \quad \rho = \frac{[1 + (dy/dx)^2]^{3/2}}{|d^2y/dx^2|}$$

Coordenadas cilíndricas são úteis quando o movimento angular da linha radial r é especificado ou quando a trajetória pode ser convenientemente descrita com essas coordenadas.

$$\Sigma F_r = m(\ddot{r} - r\dot{\theta}^2)$$
$$\Sigma F_\theta = m(r\ddot{\theta} + 2\dot{r}\dot{\theta})$$
$$\Sigma F_z = m\ddot{z}$$

Movimento de força central

Quando uma única força atua sobre uma partícula, como durante a trajetória de voo livre de um satélite em um campo gravitacional, o movimento é referido como movimento de força central. A órbita depende da excentricidade e; e como resultado, a trajetória pode ser circular, parabólica, elíptica ou hiperbólica.

Problemas de revisão

R13.1. A van se desloca a 20 km/h quando o engate do trailer em A quebra. Se o trailer tem uma massa de 250 kg e percorre 45 m antes de parar, determine a força horizontal constante F criada pelo atrito de rolamento que faz o trailer parar.

PROBLEMA R13.1

R13.2. O motor M recolhe a corda com uma aceleração $a_p = 6$ m/s². Determine a força de içamento exercida por M sobre a corda a fim de mover a caixa de 50 kg para cima pelo plano inclinado. O coeficiente de atrito cinético entre a caixa e o plano é $\mu_k = 0{,}3$. Despreze a massa das polias e da corda.

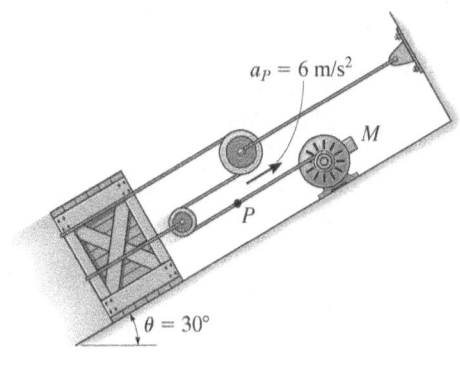

PROBLEMA R13.2

R13.3. O bloco B está apoiado sobre uma superfície lisa. Se os coeficientes de atrito entre A e B são $\mu_s = 0{,}4$ e $\mu_k = 0{,}3$, determine a aceleração de cada bloco se $F = 250$ N.

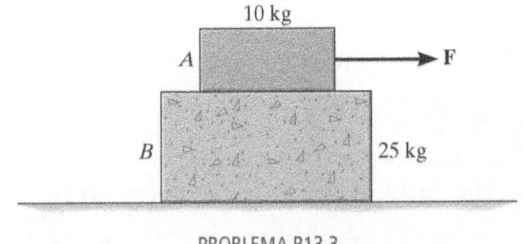

PROBLEMA R13.3

R13.4. Se o motor recolhe o cabo a uma velocidade de $v = (0{,}05s^{3/2})$ m/s, onde s é dado em metros, determine a tração desenvolvida no cabo quando $s = 10$ m. A caixa tem massa de 20 kg, e o coeficiente de atrito cinético entre a caixa e o solo é $\mu_k = 0{,}2$.

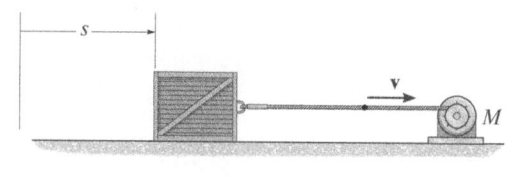

PROBLEMA R13.4

R13.5. A bola tem massa de 30 kg e velocidade escalar $v = 4$ m/s no instante em que está no ponto mais baixo, $\theta = 0°$. Determine a tração na corda e a taxa em que a velocidade escalar da bola está diminuindo no instante $\theta = 20°$. Despreze o tamanho da bola.

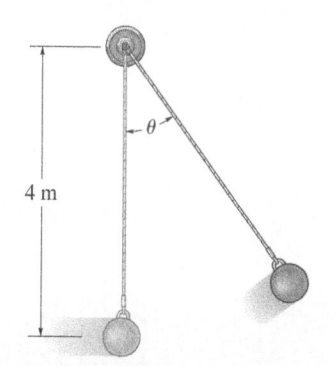

PROBLEMA R13.5

R13.6. A garrafa se encontra a uma distância de 1,5 m do centro da plataforma horizontal. Se o coeficiente de atrito estático entre a garrafa e a plataforma é $\mu_s = 0{,}3$, determine a velocidade escalar máxima que a garrafa pode alcançar antes de deslizar. Suponha que o movimento angular da plataforma esteja aumentando lentamente.

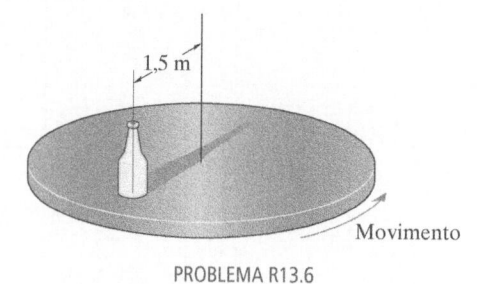

PROBLEMA R13.6

R13.7. A mala de 5 kg desce deslizando pela rampa curva para a qual o coeficiente de atrito cinético é $\mu_k = 0{,}2$. Se, no momento em que atinge o ponto A, ela possui velocidade escalar de 2 m/s, determine a força normal na mala e a taxa de aumento de sua velocidade.

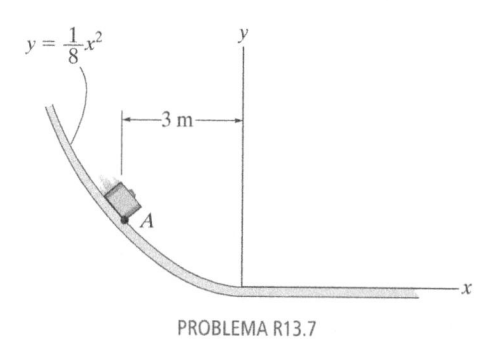

PROBLEMA R13.7

R13.8. O carretel, que tem massa de 4 kg, desliza ao longo da barra giratória. No instante mostrado, a taxa angular de rotação da barra é $\dot\theta = 6$ rad/s, e essa rotação está aumentando a $\ddot\theta = 2$ rad/s². Nesse mesmo instante, o carretel tem uma velocidade escalar de 3 m/s e uma aceleração de 1 m/s², ambas medidas em relação à barra e direcionadas para fora do centro O quando $r = 0{,}5$ m. Determine a força de atrito radial e a força normal nesse instante, ambas exercidas pela barra sobre o carretel.

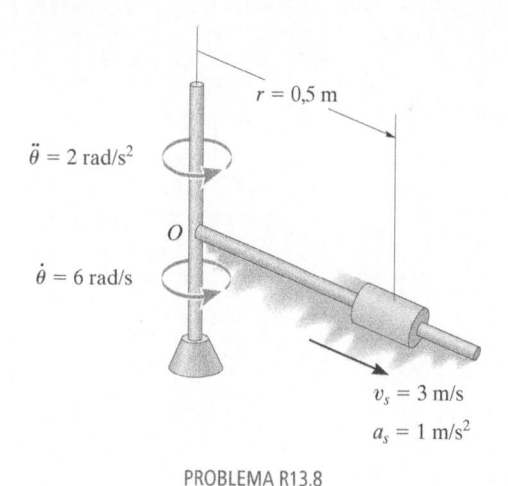

PROBLEMA R13.8

CAPÍTULO 14

Cinética de uma partícula: trabalho e energia

Enquanto a mulher cai, sua energia terá de ser absorvida pela corda elástica. Os princípios de trabalho e energia podem ser usados para prever o movimento.

(© Oliver Furrer/Ocean/Corbis)

14.1 O trabalho de uma força

Neste capítulo, vamos analisar o movimento de uma partícula utilizando os conceitos de trabalho e energia. A equação resultante será útil para resolver problemas que envolvem força, velocidade e deslocamento. Antes disso, entretanto, primeiro temos de definir o trabalho de uma força. Especificamente, uma força **F** realiza *trabalho* sobre uma partícula somente quando esta sofre um *deslocamento na direção de aplicação da força*. Por exemplo, se a força **F** na Figura 14.1 faz com que a partícula se desloque ao longo da trajetória *s* da posição **r** para uma nova posição **r'**, o deslocamento é, então, $d\mathbf{r} = \mathbf{r}' - \mathbf{r}$. A intensidade de $d\mathbf{r}$ é ds, o comprimento do segmento diferencial ao longo da trajetória. Se o ângulo entre as direções de $d\mathbf{r}$ e **F** é θ (Figura 14.1), o trabalho realizado por **F** é uma *quantidade escalar*, definida por:

$$dU = F\, ds \cos\theta$$

Pela definição do produto escalar (ver Equação B.14), esta equação também pode ser escrita como

Objetivos

- Desenvolver o princípio do trabalho e energia e aplicá-lo para resolver problemas que envolvem força, velocidade e deslocamento.
- Estudar problemas que envolvem potência e eficiência.
- Introduzir o conceito de uma força conservativa e aplicar o teorema da conservação da energia para resolver problemas de cinética.

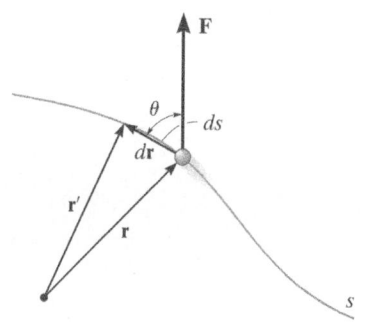

FIGURA 14.1

$$dU = \mathbf{F} \cdot d\mathbf{r}$$

Esse resultado pode ser interpretado de duas maneiras: como produto de F e a componente do deslocamento $ds \cos \theta$ na direção da força, ou como produto de ds e a componente da força, $F \cos \theta$, na direção do deslocamento. Observe que, se $0° \leq \theta < 90°$, a componente da força e do deslocamento têm o *mesmo sentido*, de modo que o trabalho é *positivo*, ao passo que, se $90° < \theta \leq 180°$, esses vetores terão *sentidos opostos* e o trabalho será *negativo*. Além disso, $dU = 0$ se a força for *perpendicular* ao deslocamento, visto que $\cos 90° = 0$, ou se ela for aplicada em um *ponto fixo*, onde o deslocamento é zero.

A unidade de trabalho no sistema internacional de unidades (SI) é o joule (J), que é a quantidade de trabalho realizado por uma força de 1 Newton quando ela se desloca por uma distância de 1 metro na direção da força ($1 \text{ J} = 1 \text{ N} \cdot \text{m}$).

Trabalho de uma força variável

Se a partícula submetida à força **F** sofre um deslocamento finito ao longo de sua trajetória de $\mathbf{r}_1$ para $\mathbf{r}_2$ ou s_1 para s_2 (Figura 14.2a), o trabalho da força **F** é determinado por integração. Contanto que **F** e θ possam ser expressos como uma função da posição, então

$$U_{1-2} = \int_{\mathbf{r}_1}^{\mathbf{r}_2} \mathbf{F} \cdot d\mathbf{r} = \int_{s_1}^{s_2} F \cos \theta \, ds \qquad (14.1)$$

Às vezes, essa relação pode ser obtida utilizando-se dados experimentais para traçar um gráfico de $F \cos \theta$ *versus* s. Então, a área sob esse gráfico limitada por s_1 e s_2 representa o trabalho total (Figura 14.2b).

Trabalho de uma força constante se deslocando ao longo de uma linha reta

Se a força $\mathbf{F}_c$ tem uma intensidade constante e atua em um ângulo constante θ a partir de sua trajetória em linha reta (Figura 14.3a), a componente de $\mathbf{F}_c$ na direção do deslocamento é sempre $F_c \cos \theta$. O trabalho realizado por $\mathbf{F}_c$ quando a partícula é deslocada de s_1 para s_2 é determinado a partir da Equação 14.1, caso em que

$$U_{1-2} = F_c \cos \theta \int_{s_1}^{s_2} ds$$

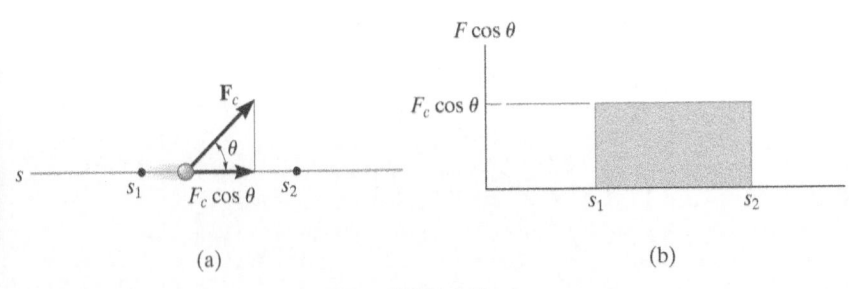

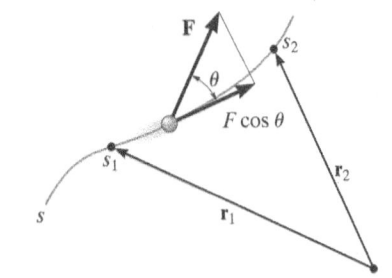

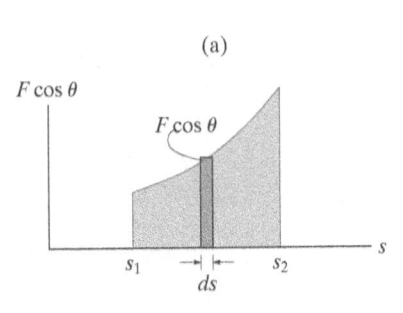

FIGURA 14.2

O guindaste precisa realizar trabalho para levantar o peso do tubo.

FIGURA 14.3

ou

$$U_{1-2} = F_c \cos \theta (s_2 - s_1) \qquad (14.2)$$

Aqui, o trabalho de F_c representa a *área do retângulo* na Figura 14.3b.

Trabalho de um peso

Considere uma partícula de peso **W**, que se desloca para cima ao longo da trajetória s mostrada na Figura 14.4 da posição s_1 para a posição s_2. Em um ponto intermediário, o deslocamento é $d\mathbf{r} = dx\mathbf{i} + dy\mathbf{j} + dz\mathbf{k}$. Visto que $\mathbf{W} = -W\mathbf{j}$, aplicando a Equação 14.1, temos:

$$U_{1-2} = \int \mathbf{F} \cdot d\mathbf{r} = \int_{\mathbf{r}_1}^{\mathbf{r}_2} (-W\mathbf{j}) \cdot (dx\mathbf{i} + dy\mathbf{j} + dz\mathbf{k})$$

$$= \int_{y_1}^{y_2} -W\, dy = -W(y_2 - y_1)$$

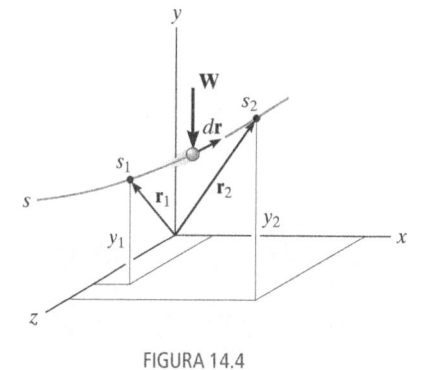

ou

$$U_{1-2} = -W\Delta y \qquad (14.3)$$

FIGURA 14.4

Desse modo, o trabalho é independente da trajetória e igual à intensidade do peso da partícula multiplicada pelo seu deslocamento vertical. No caso mostrado na Figura 14.4, o trabalho é *negativo*, visto que W está dirigido para baixo e Δy, para cima. Observe, entretanto, que, se a partícula for deslocada *para baixo* ($-\Delta y$), o trabalho do peso será *positivo*. Por quê?

Trabalho da força de uma mola

Se uma mola elástica é deformada por uma distância ds (Figura 14.5a), o trabalho realizado pela força que atua sobre a partícula ligada à mola é $dU = -F_s ds = -ks\, ds$. O trabalho é *negativo*, visto que F_s atua no sentido oposto a ds. Se a partícula se desloca de s_1 para s_2, o trabalho de F_s é, então,

(a)

FIGURA 14.5

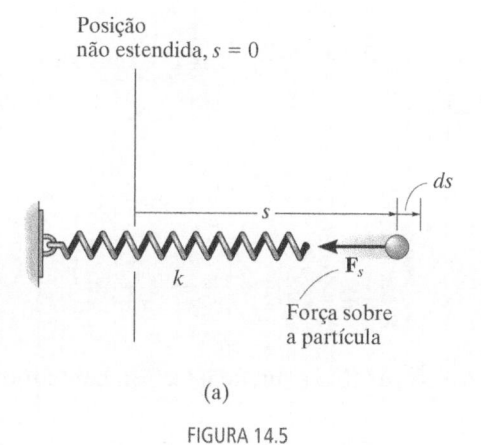

164 DINÂMICA

$$U_{1-2} = \int_{s_1}^{s_2} F_s\, ds = \int_{s_1}^{s_2} -ks\, ds$$

$$\boxed{U_{1-2} = -\left(\tfrac{1}{2}ks_2^2 - \tfrac{1}{2}ks_1^2\right)} \qquad (14.4)$$

Esse trabalho representa a área trapezoidal sob a linha $F_s = ks$ (Figura 14.5b).

Um erro no sinal pode ser evitado, quando da aplicação dessa equação, se você simplesmente observar a direção da força de mola atuando sobre a partícula e compará-la com o sentido da direção do deslocamento da partícula — se ambos estão no *mesmo sentido*, resulta em um *trabalho positivo*; se são *opostos*, o *trabalho é negativo*.

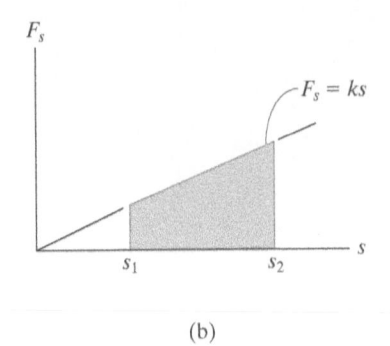

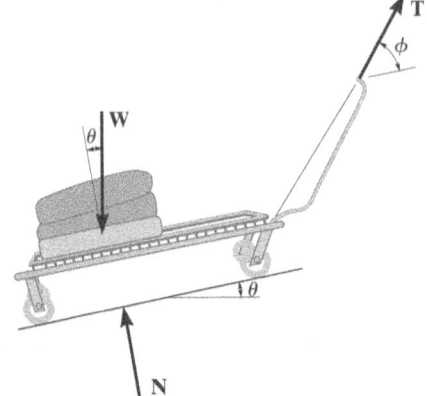

FIGURA 14.5 (continuação)

As forças atuando sobre o carrinho quando ele é puxado por uma distância s aclive acima são mostradas em seu diagrama de corpo livre. A força de reboque constante **T** realiza um trabalho positivo de $U_T = (T\cos\phi)s$, o peso realiza trabalho negativo de $U_W = -(W\,\text{sen}\,\theta)s$, e a força normal **N** não realiza trabalho algum, visto que não há deslocamento dessa força ao longo de sua linha de ação.

EXEMPLO 14.1

O bloco de 10 kg mostrado na Figura 14.6a repousa sobre o plano inclinado liso. Se a mola está originalmente 0,5 m deformada, determine o trabalho total realizado por todas as forças atuando sobre o bloco quando uma força horizontal $P = 400$ N empurra o bloco plano acima de $s = 2$ m.

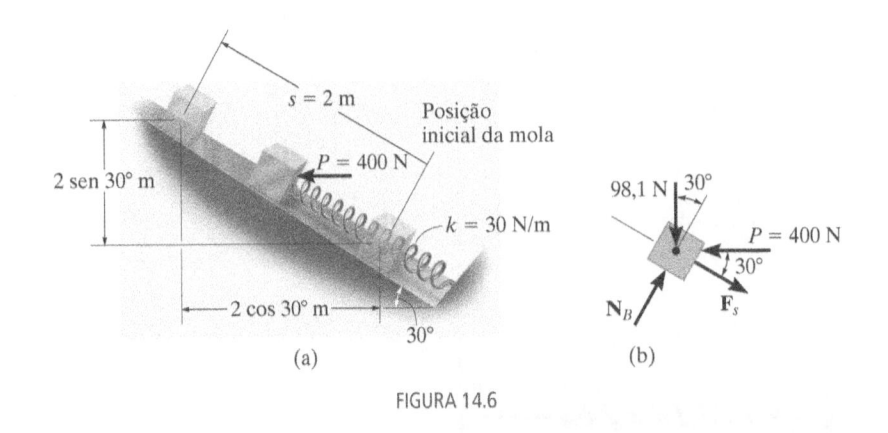

FIGURA 14.6

SOLUÇÃO

Primeiro, o diagrama de corpo livre do bloco é construído a fim de levar em conta todas as forças que atuam sobre o bloco (Figura 14.6b).

Força horizontal P

Visto que esta força é *constante*, o trabalho é determinado utilizando-se a Equação 14.2. O resultado pode ser calculado como a força multiplicada pela componente do deslocamento na direção da força; ou seja,

$$U_P = 400 \text{ N } (2 \text{ m} \cos 30°) = 692,8 \text{ J}$$

ou o deslocamento multiplicado pela componente de força na direção do deslocamento, ou seja,

$$U_P = 400 \text{ N} \cos 30°(2 \text{ m}) = 692,8 \text{ J}$$

Força de mola F_s

Na posição inicial, a mola está deformada $s_1 = 0,5$ m e na posição final, ela está deformada $s_2 = 0,5$ m + 2 m = 2,5 m. Estipulamos que o trabalho é negativo, visto que a força e o deslocamento são opostos um ao outro. O trabalho de $\mathbf{F}_s$ é, portanto,

$$U_s = -\left[\tfrac{1}{2}(30 \text{ N/m})(2,5 \text{ m})^2 - \tfrac{1}{2}(30 \text{ N/m})(0,5 \text{ m})^2\right] = -90 \text{ J}$$

Peso W

Visto que o peso atua no sentido oposto ao seu deslocamento vertical, o trabalho é negativo; ou seja,

$$U_W = -(98,1 \text{ N}) (2 \text{ m sen } 30°) = -98,1 \text{ J}$$

Observe que também é possível considerar a componente do peso na direção do deslocamento; ou seja,

$$U_W = -(98,1 \text{ sen } 30° \text{ N}) (2 \text{ m}) = -98,1 \text{ J}$$

Força normal N_B

Esta força *não realiza trabalho*, visto que ela é *sempre* perpendicular ao deslocamento.

Trabalho total

O trabalho de todas as forças quando o bloco é deslocado por 2 m é, por conseguinte,

$$U_T = 692,8 \text{ J} - 90 \text{ J} - 98,1 \text{ J} = 505 \text{ J} \qquad \textit{Resposta}$$

14.2 Princípio do trabalho e energia

Considere a partícula na Figura 14.7, que está posicionada sobre a trajetória definida em relação a um sistema de coordenadas inercial. Se a partícula tem massa m e está submetida a um sistema de forças externas representado pela resultante $\mathbf{F}_R = \Sigma\mathbf{F}$, a equação do movimento para a partícula na direção tangencial é $\Sigma F_t = ma_t$. Aplicando a equação cinemática $a_t = v \, dv/ds$ e integrando ambos os lados, supondo inicialmente que a partícula tem uma posição $s = s_1$ e velocidade escalar $v = v_1$, e mais tarde em $s = s_2$, $v = v_2$, temos

$$\Sigma \int_{s_1}^{s_2} F_t \, ds = \int_{v_1}^{v_2} mv \, dv$$

$$\Sigma \int_{s_1}^{s_2} F_t \, ds = \tfrac{1}{2}mv_2^2 - \tfrac{1}{2}mv_1^2 \qquad (14.5)$$

Pela Figura 14.7, observe que $\Sigma F_t = \Sigma F \cos \theta$, e visto que o trabalho é definido a partir da Equação 14.1, o resultado final pode ser escrito como

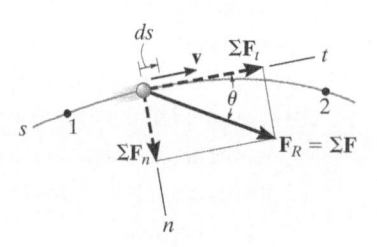

FIGURA 14.7

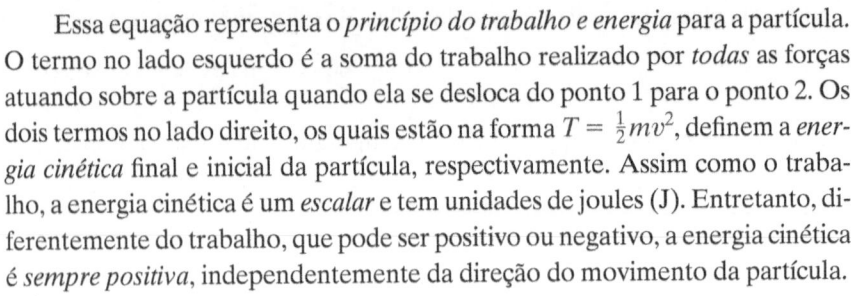

$$\Sigma U_{1-2} = \tfrac{1}{2}mv_2^2 - \tfrac{1}{2}mv_1^2 \qquad (14.6)$$

Essa equação representa o *princípio do trabalho e energia* para a partícula. O termo no lado esquerdo é a soma do trabalho realizado por *todas* as forças atuando sobre a partícula quando ela se desloca do ponto 1 para o ponto 2. Os dois termos no lado direito, os quais estão na forma $T = \tfrac{1}{2}mv^2$, definem a *energia cinética* final e inicial da partícula, respectivamente. Assim como o trabalho, a energia cinética é um *escalar* e tem unidades de joules (J). Entretanto, diferentemente do trabalho, que pode ser positivo ou negativo, a energia cinética é *sempre positiva*, independentemente da direção do movimento da partícula.

Quando a Equação 14.6 é aplicada, ela é frequentemente expressa na forma

$$\boxed{T_1 + \Sigma U_{1-2} = T_2} \qquad (14.7)$$

a qual estabelece que a energia cinética inicial da partícula mais o trabalho realizado por todas as forças atuando sobre a partícula quando ela se desloca de sua posição inicial para sua posição final é igual à energia cinética final da partícula.

Como observado a partir da derivação, o princípio do trabalho e energia representa uma forma integrada de $\Sigma F_t = ma_t$, obtida usando-se a equação cinemática $a_t = v\, dv/ds$. Como resultado, esse princípio fornece uma *substituição* conveniente para $\Sigma F_t = ma_t$ na solução daqueles tipos de problemas cinéticos que envolvem *força*, *velocidade* e *deslocamento*, visto que essas quantidades estão envolvidas na Equação 14.7. Para aplicação, sugere-se que seja usado o procedimento a seguir.

A aplicação numérica desse procedimento é ilustrada nos exemplos seguintes à Seção 14.3.

Se um carro atingir esses barris de colisão, a energia cinética do carro será transformada em trabalho, fazendo com que os barris, e até mesmo o carro, sejam deformados. Sabendo a quantidade de energia que pode ser absorvida por cada barril, é possível projetar um amortecedor de colisão como este.

Procedimento para análise

Trabalho (diagrama de corpo livre)

- Estabeleça o sistema de coordenadas inercial e construa um diagrama de corpo livre da partícula a fim de levar em consideração todas as forças que realizam trabalho na partícula à medida que ela se desloca ao longo de sua trajetória.

Princípio do trabalho e energia

- Aplique o princípio do trabalho e energia, $T_1 + \Sigma U_{1-2} = T_2$.
- A energia cinética nos pontos inicial e final é *sempre positiva*, visto que ela envolve a velocidade ao quadrado $\left(T = \tfrac{1}{2}mv^2\right)$.
- Uma força realiza trabalho quando ela se move através de um deslocamento na direção da força.
- O trabalho é *positivo* quando a componente da força está no *mesmo sentido de direção* que seu deslocamento; de outra forma, ele é negativo.
- Forças que são funções do deslocamento devem ser integradas para obter o trabalho. Graficamente, o trabalho é igual à área sob a curva força-deslocamento.
- O trabalho de um peso é o produto da intensidade do peso e o deslocamento vertical, $U_W = \pm Wy$. Ele é positivo quando o peso se desloca para baixo.
- O trabalho de uma mola é da forma $U_s = \tfrac{1}{2}ks^2$, onde k é a rigidez da mola e s é sua extensão ou compressão.

14.3 Princípio do trabalho e energia para um sistema de partículas

O princípio do trabalho e energia pode ser estendido para incluir um sistema de partículas isoladas dentro de uma região fechada do espaço, como mostrado na Figura 14.8. Aqui, a *i*-ésima partícula arbitrária, de massa m_i, é submetida a uma força externa resultante $\mathbf{F}_i$ e uma força interna resultante $\mathbf{f}_i$, que todas as outras partículas exercem sobre a *i*-ésima partícula. Se aplicarmos o princípio do trabalho e energia para esta e cada uma das outras partículas do sistema, então, visto que o trabalho e a energia são quantidades escalares, as equações podem ser somadas algebricamente, o que resulta em

$$\Sigma T_1 + \Sigma U_{1-2} = \Sigma T_2 \tag{14.8}$$

Nesse caso, a energia cinética inicial do sistema mais o trabalho realizado por todas as forças internas e externas atuando sobre o sistema é igual à energia cinética final do sistema.

Se o sistema representa um *corpo rígido em translação*, ou uma série de corpos em translação conectados, todas as partículas em cada corpo sofrerão o *mesmo deslocamento*. Portanto, o trabalho de todas as forças internas ocorrerá em pares colineares iguais, mas opostos e, assim, eles se anularão mutuamente. Por outro lado, se é suposto que o corpo *não é rígido*, suas partículas podem ser deslocadas ao longo de *trajetórias diferentes*, e parte da energia devida às interações das forças seria desprendida e perdida como calor ou armazenada no corpo caso ocorram deformações permanentes. Discutiremos esses efeitos brevemente no fim desta seção e na Seção 15.4. Em todo este texto, entretanto, o princípio do trabalho e energia será aplicado aos problemas nos quais uma avaliação direta de tais perdas de energia não tem de ser considerada.

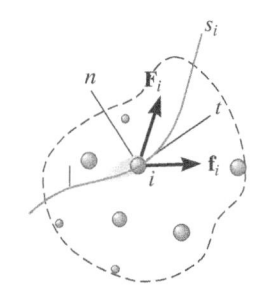

Sistema de coordenadas inercial
FIGURA 14.8

Trabalho de atrito causado por deslizamento

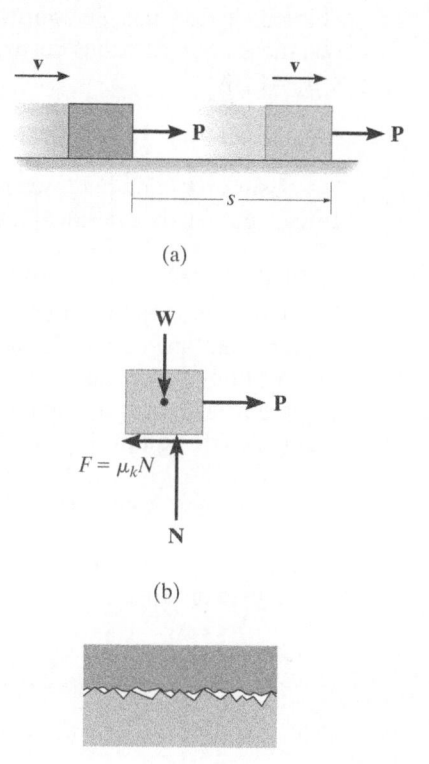

Uma classe especial de problemas será investigada agora, exigindo uma aplicação cuidadosa da Equação 14.8. Esses problemas envolvem casos nos quais um corpo desliza sobre a superfície de outro corpo na presença de atrito. Considere, por exemplo, um bloco que está transladando de uma distância *s* sobre uma superfície áspera, como mostrado na Figura 14.9a. Se a força aplicada $\mathbf{P}$ apenas equilibra a força de atrito resultante $\mu_k N$ (Figura 14.9b), então, em razão do equilíbrio, uma velocidade constante $\mathbf{v}$ é mantida, e seria esperado que a Equação 14.8 fosse aplicada como a seguir:

$$\tfrac{1}{2}mv^2 + Ps - \mu_k Ns = \tfrac{1}{2}mv^2$$

De fato, esta equação é satisfeita se $P = \mu_k N$; entretanto, como se percebe com a experiência, o movimento de deslizamento *gerará calor*, uma forma de energia que parece não ser levada em consideração na equação de trabalho-energia. Para explicar esse paradoxo e, por conseguinte, representar mais proximamente a natureza do atrito, deveríamos, na realidade, modelar o bloco de maneira que as superfícies de contato

FIGURA 14.9

fossem *deformáveis* (não rígidas).* Lembre-se de que as partes ásperas na parte de baixo do bloco atuam como "dentes" e, quando o bloco desliza, esses dentes *deformam ligeiramente* e/ou quebram ou vibram quando se afastam dos "dentes" na superfície de contato (Figura 14.9c). Como resultado, as forças de atrito que atuam sobre o bloco nesses pontos são ligeiramente deslocadas, em razão das deformações localizadas, e mais tarde elas são substituídas por outras forças de atrito à medida que outros pontos de contato são feitos. Em qualquer instante, a *resultante* **F** de todas essas forças de atrito permanece essencialmente constante, ou seja, $\mu_k N$; entretanto, em virtude de muitas *deformações localizadas*, o deslocamento real s' de $\mu_k N$ não é o mesmo que o deslocamento s da força aplicada **P**. Em vez disso, s' será *menor* que s ($s' < s$), e, portanto, o *trabalho externo* realizado pela força de atrito resultante será $\mu_k N s'$, e não $\mu_k N s$. A quantidade de trabalho restante, $\mu_k N(s - s')$, manifesta-se como um aumento da *energia interna*, a qual de fato faz a temperatura do bloco subir.

Resumindo, então, a Equação 14.8 pode ser aplicada a problemas envolvendo atrito de deslizamento; entretanto, é preciso entender plenamente que o trabalho da força de atrito resultante não é representado por $\mu_k N s$; em vez disso, esse termo representa *tanto* o trabalho externo de atrito ($\mu_k N s'$) *quanto* o trabalho interno [$\mu_k N(s - s')$], o qual é convertido em várias formas de energia, como o calor.**

EXEMPLO 14.2

O automóvel de 1750 kg mostrado na Figura 14.10a desce a estrada com uma inclinação de 10° a uma velocidade de 6 m/s. Se o motorista pisar fundo no freio, fazendo com que suas rodas travem, determine a distância s que os pneus deslizarão pela estrada. O coeficiente de atrito cinético entre as rodas e a estrada é $\mu_k = 0{,}5$.

SOLUÇÃO

Este problema pode ser resolvido usando-se o princípio do trabalho e energia, visto que ele envolve força, velocidade e deslocamento.

Trabalho (diagrama de corpo livre)

Como mostrado na Figura 14.10b, a força normal $\mathbf{N}_A$ não realiza trabalho, já que ela nunca sofre deslocamento ao longo de sua linha de ação. O peso, 1750(9,81)N, é deslocado s sen 10° e realiza trabalho positivo. Por quê? A força de atrito $\mathbf{F}_A$ realiza ambos os trabalhos — externo e interno — quando sofre um deslocamento s. Esse trabalho é negativo, visto que é no sentido oposto à direção do deslocamento. Aplicando a equação do equilíbrio normal à estrada, temos

$$+\nwarrow \Sigma F_n = 0; \quad N_A - 1750(9{,}81) \cos 10° \text{ N} = 0 \quad N_A = 16906{,}7 \text{ N}$$

Desse modo,

$$F_A = \mu_k N_A = 0{,}5 \ (16906{,}7 \text{ N}) = 8453{,}35 \text{ N}$$

---

* Ver Capítulo 8 de *Estática: mecânica para engenharia*, 14. ed., 2017.

** Ver B. A. Sherwood e W. H. Bernard, "Work and heat transfer in the presence of sliding friction", *Am. J. Phys.* 52, 1001 (1984).

Princípio do trabalho e energia

$$T_1 + \Sigma U_{1-2} = T_2$$

$$\frac{1}{2}(1750 \text{ kg})(6 \text{ m/s})^2 + 1750(9{,}81)\text{N} \, (s \text{ sen } 10°) - (8453{,}35 \text{ N})s = 0$$

Resolvendo para s temos:

$$s = 5{,}76 \text{ m} \qquad \textit{Resposta}$$

NOTA: se este problema for resolvido utilizando-se a equação do movimento, *dois passos* estarão envolvidos. Primeiro, do diagrama de corpo livre (Figura 14.10b), a equação do movimento é aplicada ao longo do plano inclinado. Isso resulta em

$$+\swarrow \Sigma F_s = ma_s; \qquad 1750(9{,}81) \text{ sen } 10° \text{ N} - 8453{,}35 \text{ N} = (1750 \text{ kg}) \, a$$

$$a = -3{,}127 \text{ m/s}^2$$

Em seguida, como a é constante, temos:

$$(+\swarrow) \quad v^2 = v_0^2 + 2a_c(s - s_0);$$

$$(0)^2 = (6 \text{ m/s})^2 + 2(-3{,}127 \text{ m/s}^2)(s - 0)$$

$$s = 5{,}76 \text{ m} \qquad \textit{Resposta}$$

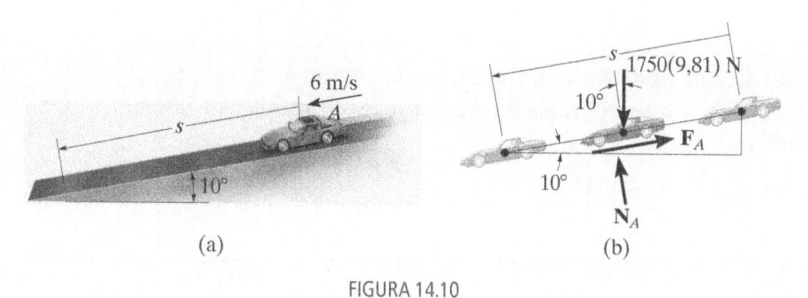

FIGURA 14.10

EXEMPLO 14.3

Por um curto período, o guindaste na Figura 14.11a iça a viga de 2,50 Mg com força $F = (28 + 3s^2)$ kN. Determine a velocidade da viga quando ela for erguida $s = 3$ m. Além disso, quanto tempo ela leva para alcançar essa altura partindo do repouso?

SOLUÇÃO

Podemos resolver parte deste problema utilizando o princípio do trabalho e energia, pois ele envolve força, velocidade e deslocamento. A cinemática deve ser usada para determinar o tempo. Observe que, em $s = 0$, $F = 28(10^3)$ N $> W = 2{,}50(10^3)(9{,}81)$N, de maneira que o movimento ocorrerá.

Trabalho (diagrama de corpo livre)

Como mostrado no diagrama de corpo livre (Figura 14.11b), a força **F** de içamento realiza trabalho positivo, o qual deve ser determinado por meio de integração, visto que essa força é uma variável. Além disso, o peso é constante e realizará trabalho negativo, visto que o deslocamento é para cima.

Princípios do trabalho e energia

$$T_1 + \Sigma U_{1-2} = T_2$$

$$0 + \int_0^s (28 + 3s^2)(10^3)\, ds - (2{,}50)(10^3)(9{,}81)s = \tfrac{1}{2}(2{,}50)(10^3)v^2$$

$$28(10^3)s + (10^3)s^3 - 24{,}525(10^3)s = 1{,}25(10^3)v^2$$

$$v = (2{,}78s + 0{,}8s^3)^{\frac{1}{2}} \qquad (1)$$

Quando $s = 3$ m,

$$v = 5{,}47 \text{ m/s} \qquad \textit{Resposta}$$

Cinemática

Como fomos capazes de expressar a velocidade como uma função do deslocamento, o tempo pode ser determinado utilizando $v = ds/dt$. Nesse caso,

$$(2{,}78s + 0{,}8s^3)^{\frac{1}{2}} = \frac{ds}{dt}$$

$$t = \int_0^3 \frac{ds}{(2{,}78s + 0{,}8s^3)^{\frac{1}{2}}}$$

A integração pode ser realizada numericamente utilizando-se uma calculadora de bolso. O resultado é

$$t = 1{,}79 \text{ s} \qquad \textit{Resposta}$$

NOTA: a aceleração da viga pode ser determinada integrando-se a Equação 1 utilizando $v\, dv = a\, ds$ ou, mais diretamente, aplicando-se a equação do movimento, $\Sigma F = ma$.

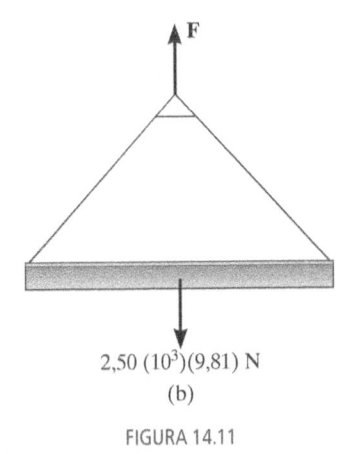

(a)

(b)

FIGURA 14.11

EXEMPLO 14.4

A plataforma P, mostrada na Figura 14.12a, tem massa desprezível e está presa ao solo de maneira que a corda de 0,4 m mantém uma mola de 1 m comprimida por 0,6 m quando não há *nada* sobre a plataforma. Se um bloco de 2 kg é colocado sobre a plataforma e solto do repouso após a plataforma ser empurrada 0,1 m para baixo (Figura 14.12b), determine a altura máxima h que o bloco sobe no ar, medida a partir do solo.

SOLUÇÃO

Trabalho (diagrama de corpo livre)

Visto que o bloco é solto do repouso e depois alcança sua altura máxima, as velocidades inicial e final são zero. O diagrama de corpo livre do bloco quando ele ainda está em contato com a plataforma é mostrado na Figura 14.12c. Observe que o peso realiza trabalho negativo e a força da mola realiza trabalho positivo. Por quê? Em particular, a *compressão inicial* na mola é $s_1 = 0{,}6$ m $+ 0{,}1$ m $= 0{,}7$ m. Por causa das cordas, a *compressão final* da mola é $s_2 = 0{,}6$ m (após o bloco deixar a plataforma). A parte de baixo do bloco sobe de uma altura de $(0{,}4$ m $- 0{,}1$ m$) = 0{,}3$ m para uma altura final h.

Princípio do trabalho e energia

$$T_1 + \Sigma U_{1-2} = T_2$$

$$\tfrac{1}{2}mv_1^2 + \left\{ -\left(\tfrac{1}{2}ks_2^2 - \tfrac{1}{2}ks_1^2\right) - W\Delta y \right\} = \tfrac{1}{2}mv_2^2$$

Observe que, aqui, $s_1 = 0{,}7$ m $> s_2 = 0{,}6$ m e, assim, o trabalho da mola como determinado pela Equação 14.4 será necessariamente positivo, uma vez que o cálculo seja feito. Desse modo,

$$0 + \left\{ -\left[\tfrac{1}{2}(200 \text{ N/m})(0{,}6 \text{ m})^2 - \tfrac{1}{2}(200 \text{ N/m})(0{,}7 \text{ m})^2 \right] - (19{,}62 \text{ N})[h - (0{,}3 \text{ m})] \right\} = 0$$

Resolvendo, obtemos

$$h = 0{,}963 \text{ m} \qquad \textit{Resposta}$$

FIGURA 14.12

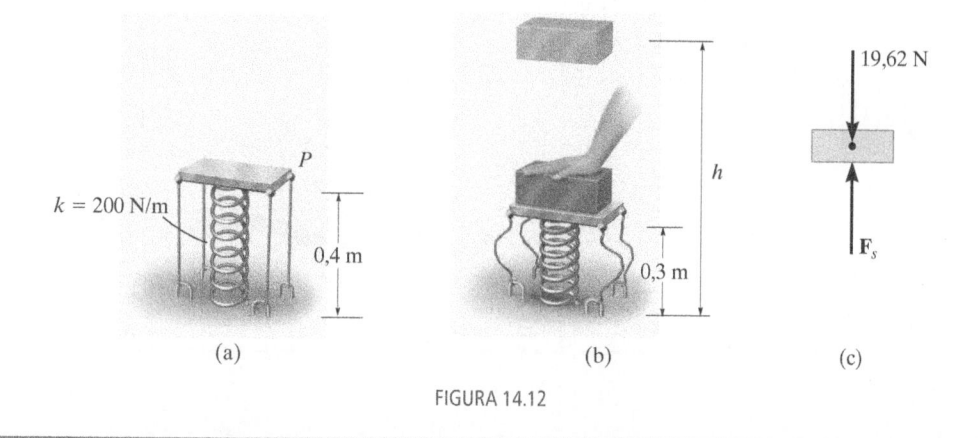

EXEMPLO 14.5

O garoto de 40 kg na Figura 14.13a desliza pelo escorregador aquático liso. Se ele parte do repouso em A, determine sua velocidade quando ele chega a B e a reação normal que a rampa exerce sobre o garoto nessa posição.

SOLUÇÃO

Trabalho (diagrama de corpo livre)

Como mostrado no diagrama de corpo livre (Figura 14.13b), há duas forças atuando sobre o garoto à medida que ele desce a rampa. Observe que a força normal não realiza trabalho.

Princípio do trabalho e energia

$$T_A + \Sigma U_{A-B} = T_B$$

$$0 + (40(9{,}81)\text{N})(7{,}5 \text{ m}) = \tfrac{1}{2}(40 \text{ kg})v_B^2$$

$$v_B = 12{,}13 \text{ m/s} = 12{,}1 \text{ m/s} \qquad \textit{Resposta}$$

Equação do movimento

Referindo-se ao diagrama de corpo livre do garoto quando ele está em B (Figura 14.13c), a reação normal N_B pode ser obtida agora aplicando-se a equação do movimento ao longo do eixo n. Aqui, o raio de curvatura da trajetória é

$$\rho_B = \frac{\left[1 + \left(\dfrac{dy}{dx}\right)^2\right]^{3/2}}{|d^2y/dx^2|} = \left.\frac{[1 + (0{,}15x)^2]^{3/2}}{|0{,}15|}\right|_{x=0} = 6{,}667 \text{ m}$$

Desse modo,

$$+\uparrow \Sigma F_n = ma_n; \quad N_B - 40(9{,}81)\text{ N} = 40\text{ kg}\left(\frac{(12{,}13 \text{ m/s})^2}{6{,}667 \text{ m}}\right)$$

$$N_B = 1275{,}3 \text{ N} = 1{,}28 \text{ kN} \qquad \textit{Resposta}$$

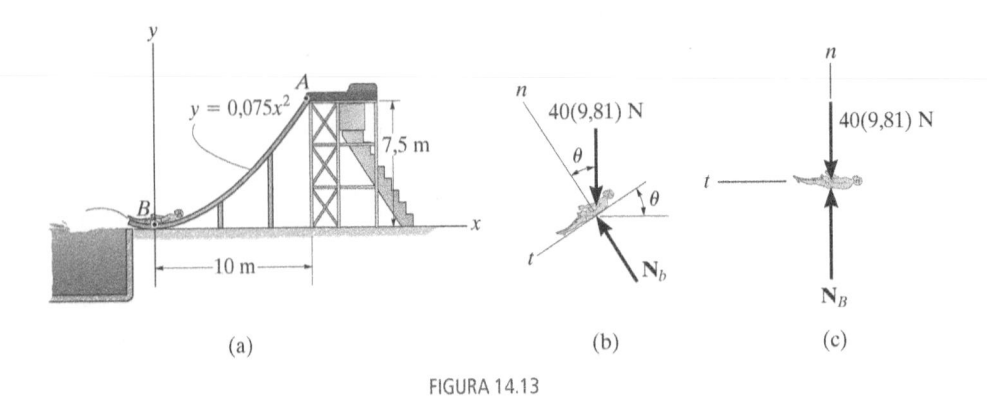

FIGURA 14.13

EXEMPLO 14.6

Os blocos A e B mostrados na Figura 14.14a têm massa de 10 kg e 100 kg, respectivamente. Determine a distância que B se desloca quando é solto do repouso até o ponto em que sua velocidade se torna 2 m/s.

SOLUÇÃO

Este problema pode ser resolvido considerando-se os blocos separadamente e aplicando-se o princípio do trabalho e energia a cada bloco. Entretanto, o trabalho da tração do cabo (incógnita) pode ser eliminado da análise ao considerar os blocos A e B juntos como um *sistema único*.

Trabalho (diagrama de corpo livre)

Como mostrado no diagrama de corpo livre do sistema (Figura 14.14b), a força do cabo **T** e as reações **R**$_1$ e **R**$_2$ *não realizam trabalho*, visto que essas forças representam as reações nos apoios e, consequentemente, elas não se movem enquanto os blocos são deslocados. Os dois pesos realizam trabalho positivo se *supomos* que ambos se movem para baixo, no sentido da direção positiva de s_A e s_B.

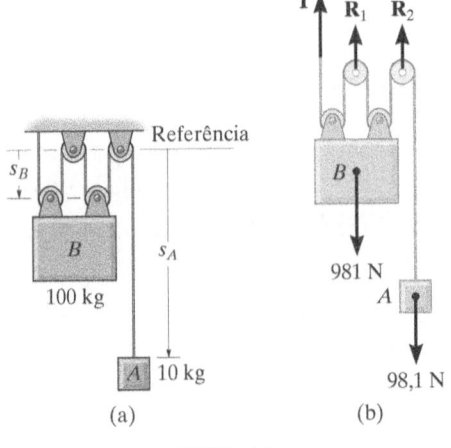

FIGURA 14.14

Princípio do trabalho e energia

Considerando que os blocos são soltos do repouso, temos

$$\Sigma T_1 + \Sigma U_{1-2} = \Sigma T_2$$

$$\{\tfrac{1}{2}m_A(v_A)_1^2 + \tfrac{1}{2}m_B(v_B)_1^2\} + \{W_A \Delta s_A + W_B \Delta s_B\} = \{\tfrac{1}{2}m_A(v_A)_2^2 + \tfrac{1}{2}m_B(v_B)_2^2\}$$

$$\{0 + 0\} + \{98{,}1 \text{ N }(\Delta s_A) + 981 \text{ N }(\Delta s_B)\} = \{\tfrac{1}{2}(10 \text{ kg})(v_A)_2^2 + \tfrac{1}{2}(100 \text{ kg})(2 \text{ m/s})^2\} \qquad (1)$$

Cinemática

Utilizando os métodos da cinemática discutidos na Seção 12.9, pode-se ver, na Figura 14.14a, que o comprimento total l de todos os segmentos verticais do cabo pode ser expresso em termos das coordenadas de posição s_A e s_B como

$$s_A + 4s_B = l$$

Por conseguinte, uma variação na posição resulta na equação de deslocamento

$$\Delta s_A + 4\,\Delta s_B = 0$$
$$\Delta s_A = -4\,\Delta s_B$$

Aqui, vemos que um deslocamento para baixo de um bloco produz um deslocamento para cima do outro bloco. Observe que Δs_A e Δs_B têm de ter a *mesma* convenção de sinais nas equações 1 e 2. Fazendo a derivada temporal resulta em

$$v_A = -4v_B = -4(2\text{ m/s}) = -8\text{ m/s} \tag{2}$$

Conservando o sinal negativo na Equação 2 e substituindo na Equação 1, resulta em

$$\Delta s_B = 0{,}883\text{ m} \downarrow \qquad\qquad Resposta$$

Problemas preliminares

P14.1. Determine o trabalho da força quando ela se desloca 2 m.

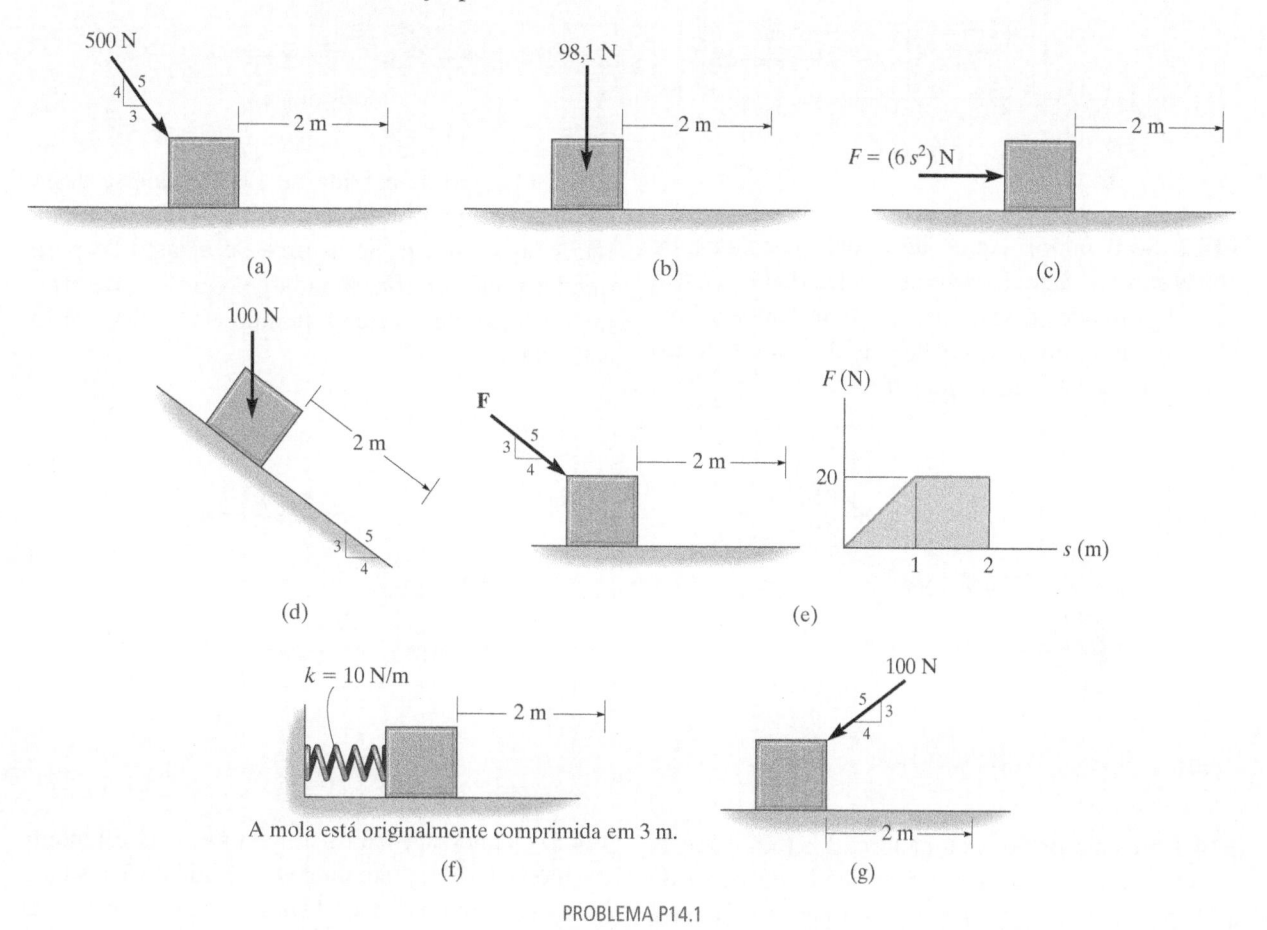

PROBLEMA P14.1

174 DINÂMICA

P14.2. Determine a energia cinética do bloco de 10 kg.

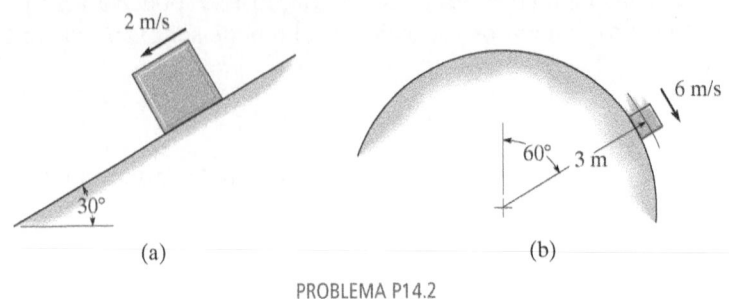

(a)

(b)

PROBLEMA P14.2

Problemas fundamentais

F14.1. A mola é colocada entre a parede e o bloco de 10 kg. Se o bloco é submetido a uma força $F = 500$ N, determine sua velocidade quando $s = 0,5$ m. Quando $s = 0$, o bloco está em repouso e a mola está descomprimida. A superfície de contato é lisa.

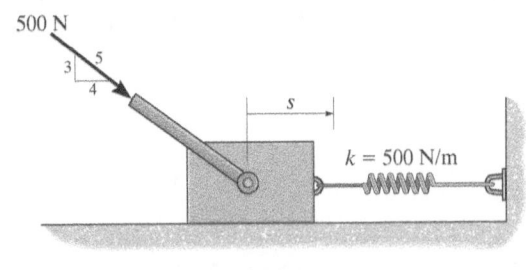

$k = 500$ N/m

PROBLEMA F14.1

F14.2. Se o motor exerce uma força constante de 300 N sobre o cabo, determine a velocidade da caixa de 20 kg quando ela se desloca $s = 10$ m rampa acima, partindo do repouso. O coeficiente de atrito cinético entre a caixa e a rampa é $\mu_k = 0,3$.

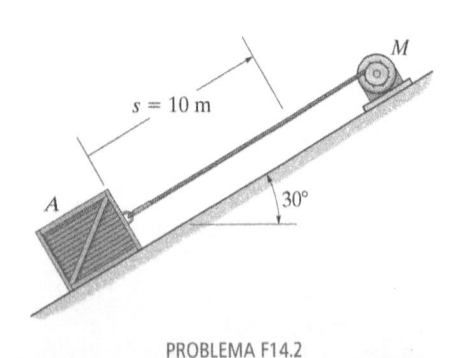

PROBLEMA F14.2

F14.3. Se o motor exerce uma força $F = (600 + 2s^2)$ N sobre o cabo, determine a velocidade da caixa de 100 kg quando ela é içada para $s = 15$ m. A caixa está inicialmente em repouso no solo.

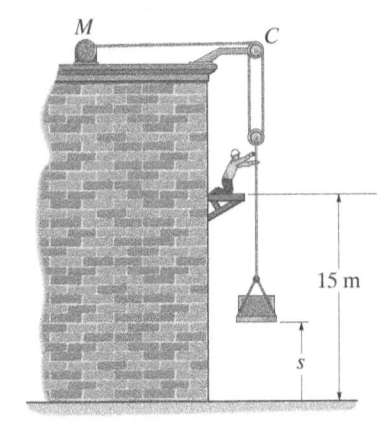

PROBLEMA F14.3

F14.4. O carro de corrida de 1,8 Mg está se deslocando a 125 m/s quando o motor é desligado e o paraquedas é aberto. Se a força de arrasto do paraquedas pode ser aproximada pelo gráfico, determine a velocidade do carro quando ele tiver se deslocado 400 m.

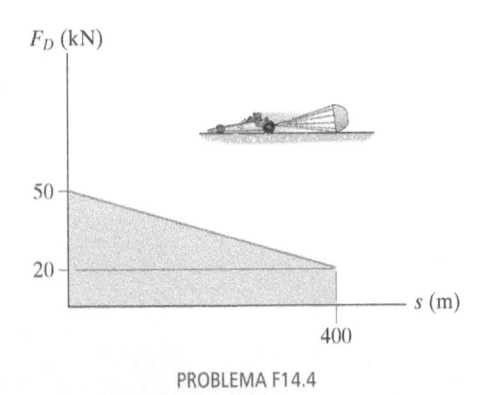

PROBLEMA F14.4

F14.5. Quando $s = 0,6$ m, a mola não está estendida e o bloco de 10 kg tem uma velocidade de 5 m/s para baixo do plano inclinado liso. Determine a distância s quando o bloco para.

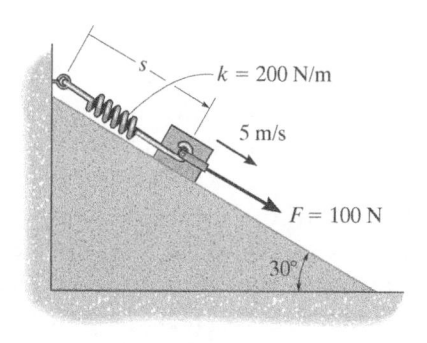

PROBLEMA F14.5

F14.6. O anel de 2,5 kg é puxado por uma corda que passa em torno de um pino pequeno em C. Se a corda é submetida a uma força constante de $F = 50$ N, e o anel está em repouso quando ele está em A, determine sua velocidade quando ele chega a B. Despreze o atrito.

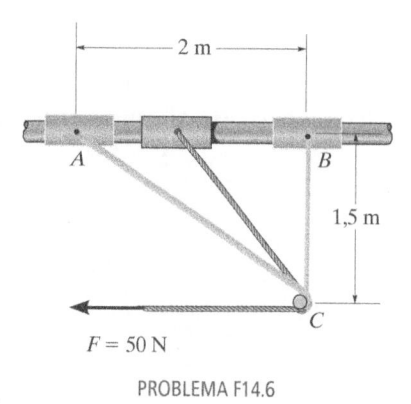

PROBLEMA F14.6

Problemas

14.1. A caixa de 20 kg é submetida a uma força com uma direção constante e uma intensidade $F = 100$ N. Quando $s = 15$ m, a caixa está se movendo para a direita com uma velocidade de 8 m/s. Determine sua velocidade quando $s = 25$ m. O coeficiente de atrito cinético entre a caixa e o solo é $\mu_k = 0,25$.

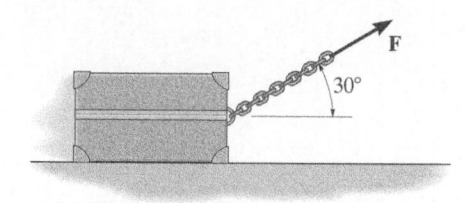

PROBLEMA 14.1

14.2. A caixa, que tem massa de 100 kg, é submetida à ação das duas forças. Se ela está originariamente em repouso, determine a distância que ela desliza a fim de alcançar uma velocidade de 6 m/s. O coeficiente de atrito cinético entre a caixa e a superfície é $\mu_k = 0,2$.

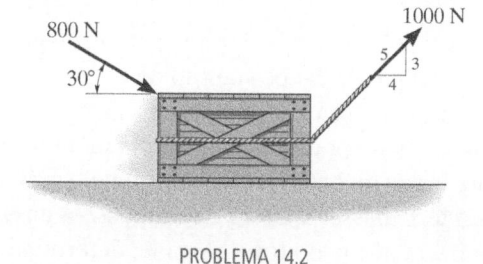

PROBLEMA 14.2

14.3. A caixa de 100 kg é submetida às forças indicadas na figura. Se ela está originariamente em repouso, determine a distância que desliza a fim de alcançar uma velocidade $v = 8$ m/s. O coeficiente de atrito cinético entre a caixa e a superfície é $\mu_k = 0,2$.

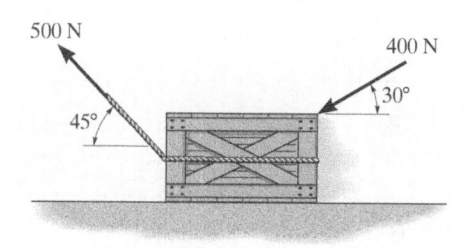

PROBLEMA 14.3

*14.4. Determine a altura h necessária para a montanha-russa de modo que, quando o carrinho estiver basicamente em repouso no topo da montanha A, ele alcance uma velocidade de 100 km/h quando chegar ao fundo B. Além disso, qual deverá ser o raio de curvatura ρ mínimo para o trilho em B de modo que os passageiros não experimentem uma força normal maior que $4mg = (39,24m)$ N? Despreze os tamanhos do carrinho e dos passageiros.

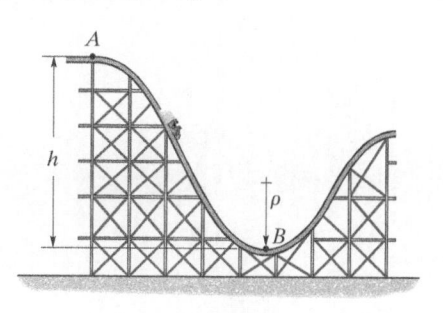

PROBLEMA 14.4

14.5. Por proteção, a barreira amortecedora é colocada na frente da coluna da ponte. Se a relação entre a força e a deflexão da barreira é $F = [800(10^3)x^{1/2}]$ N, onde x é dado em m, determine a penetração máxima do carro na barreira. O carro tem massa de 2 Mg e está se movendo com uma velocidade escalar de 20 m/s imediatamente antes de atingir a barreira.

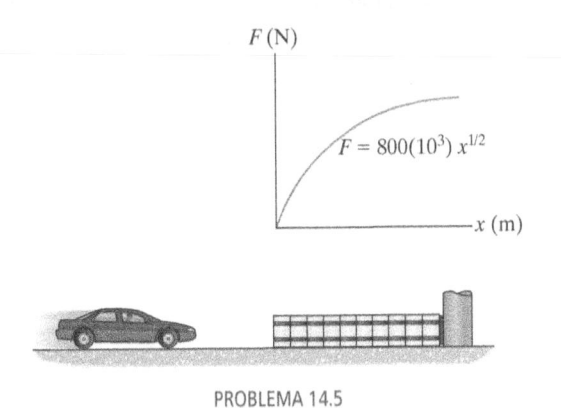

PROBLEMA 14.5

14.6. A força $F = 50$ N é aplicada à corda quando $s = 2$ m. Se o anel de 6 kg está originalmente em repouso, determine sua velocidade em $s = 0$. Despreze o atrito.

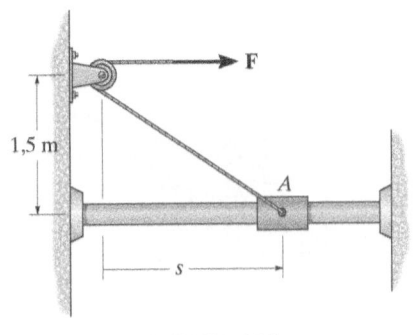

PROBLEMA 14.6

14.7. Uma força $F = 250$ N é aplicada à extremidade em B. Determine a velocidade do bloco de 10 kg quando ele tiver se movimentado em 1,5 m, partindo do repouso.

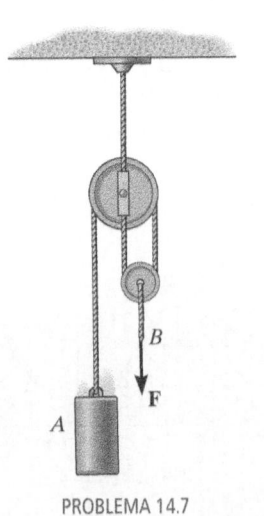

PROBLEMA 14.7

***14.8.** Como observado da derivação, o princípio do trabalho e energia é válido para observadores em *qualquer* sistema de referência inercial. Mostre que isso é verdade, considerando o bloco de 10 kg que se apoia sobre a superfície lisa e está sujeito a uma força horizontal de 6 N. Se o observador A está em um sistema *fixo x*, determine a velocidade final do bloco se ele possui velocidade inicial de 5 m/s e percorre 10 m, ambos direcionados para a direita e medidos a partir do sistema fixo. Compare o resultado com aquele obtido por um observador B, preso ao eixo x' e movendo-se a uma velocidade constante de 2 m/s em relação a A. *Dica:* primeiro, a distância que o bloco atravessa terá de ser calculada para o observador B, antes de se aplicar o princípio de trabalho e energia.

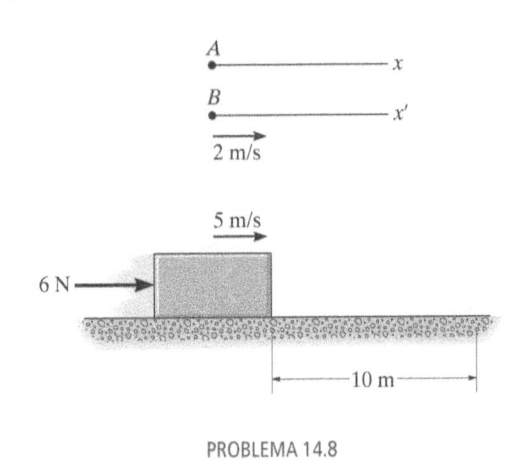

PROBLEMA 14.8

14.9. Quando o motorista aciona os freios de uma camioneta se deslocando a 40 km/h, ela derrapa 3 m antes de parar. A que distância a camioneta derraparia se estivesse se deslocando a 80 km/h quando os freios fossem acionados?

PROBLEMA 14.9

14.10. A "mola de ar" A é usada para proteger o suporte B e impedir danos ao peso de tração C da correia transportadora no caso de um rompimento da correia D. A força desenvolvida pela mola de ar em função de sua deflexão pode ser vista pelo gráfico. Se o bloco tem massa de 20 kg e é suspenso a uma altura $d = 0,4$ m acima do topo da mola, determine a deformação máxima da mola no caso de rompimento da correia transportadora. Despreze a massa da polia e da correia.

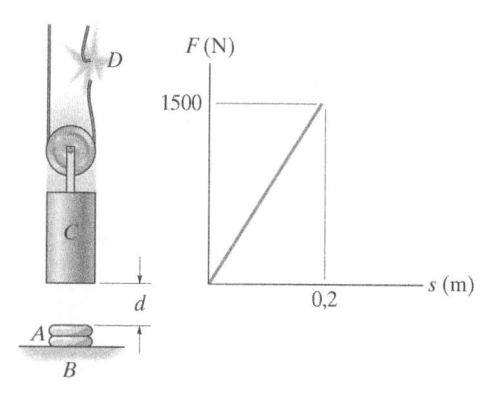

Capítulo 14 – Cinética de uma partícula: trabalho e energia   177

PROBLEMA 14.10

14.11. A força **F**, atuando em uma direção constante sobre o bloco de 20 kg, tem uma intensidade que varia com a posição s do bloco. Determine a distância que o bloco desliza antes que sua velocidade se torne 15 m/s. Quando $s = 0$, o bloco está se deslocando para a direita a $v = 6$ m/s. O coeficiente de atrito cinético entre o bloco e a superfície é $\mu_k = 0{,}3$.

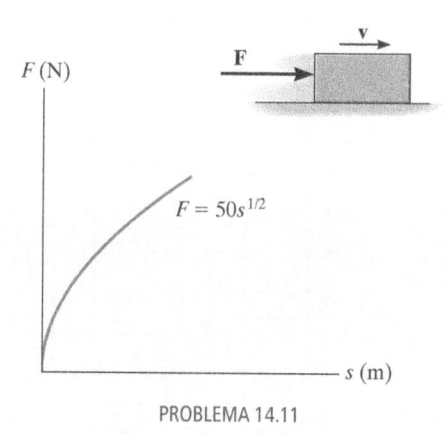

PROBLEMA 14.11

*14.12. O esquiador parte do repouso em A e desloca-se rampa abaixo. Se o atrito e a resistência do ar podem ser desprezados, determine sua velocidade v_B quando ele chega a B. Além disso, determine a distância s até onde ele atinge o solo em C, se ele faz o salto se deslocando horizontalmente em B. Despreze o tamanho do esquiador. Ele tem massa de 70 kg.

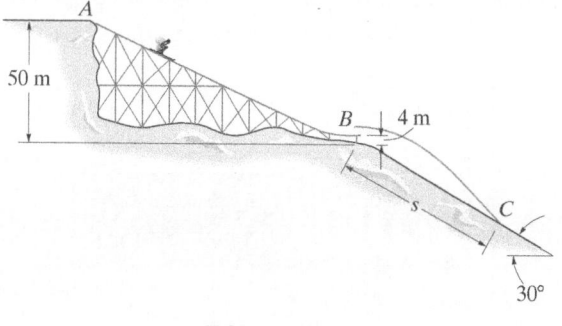

PROBLEMA 14.12

14.13. Considerações de projeto para o amortecedor B no vagão de trem de 5 Mg exigem o uso de uma mola não linear com as características de deflexão de carga mostradas no gráfico. Selecione o valor apropriado de k de modo que a deflexão máxima da mola seja limitada a 0,2 m quando o vagão, movendo-se a 4 m/s, atinge o anteparo rígido. Despreze a massa das rodas do vagão.

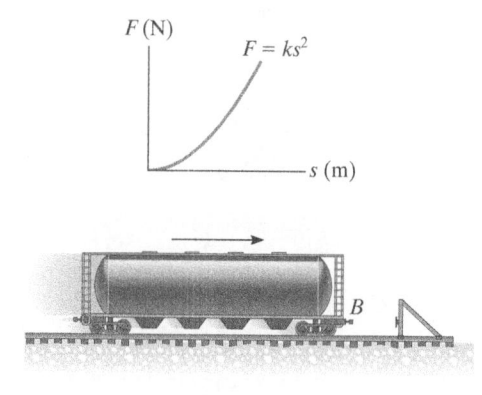

PROBLEMA 14.13

14.14. O cilindro de 8 kg A e o cilindro de 3 kg B são liberados partindo do repouso. Determine a velocidade de A depois que ele tiver se movido por 2 m a partir do repouso. Despreze a massa da corda e das polias.

14.15. O cilindro A tem massa de 3 kg e o cilindro B, de 8 kg. Determine a velocidade de A depois que ele tiver se movido 2 m a partir do repouso. Despreze a massa da corda e das polias.

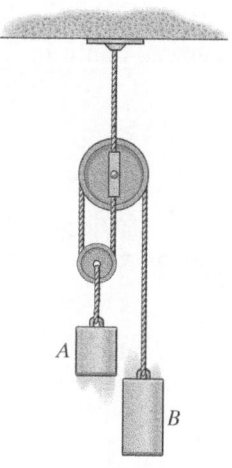

PROBLEMAS 14.14 e 14.15

*14.16. O anel tem massa de 20 kg e repousa sobre a haste lisa. Duas molas estão ligadas a ele e estão sem deformação quando $d = 0{,}5$ m. Determine a velocidade escalar do anel depois que a força aplicada $F = 100$ N faz com que ele seja deslocado, de modo

178 DINÂMICA

que $d = 0{,}3$ m. Quando $d = 0{,}5$ m, o anel está em repouso.

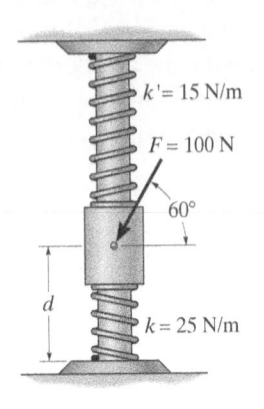

PROBLEMA 14.16

14.17. Uma pequena caixa de massa m recebe uma velocidade $v = \sqrt{\frac{1}{4}gr}$ no topo do semicilindro liso. Determine o ângulo θ em que a caixa sai da superfície do cilindro.

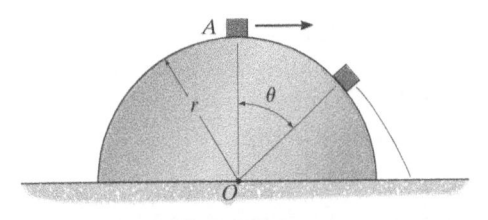

PROBLEMA 14.17

14.18. Se a corda é submetida a uma força constante de $F = 300$ N, e o anel liso de 15 kg parte do repouso quando está em A, determine sua velocidade quando ele chega ao ponto B. Despreze o tamanho da polia.

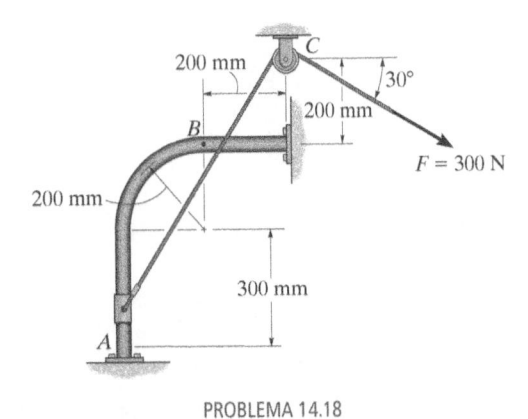

PROBLEMA 14.18

14.19. Se a força exercida pelo motor M sobre o cabo é 250 N, determine a velocidade escalar da caixa de 100 kg quando ela é içada para $s = 3$ m. A caixa está em repouso quando $s = 0$.

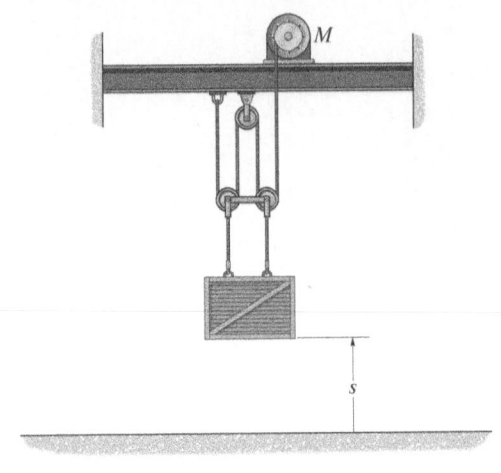

PROBLEMA 14.19

*14.20. Quando um projétil de 7 kg é disparado de um cano de canhão com 2 m de comprimento, a força explosiva sobre o projétil, enquanto ele está no cano, varia da maneira mostrada. Determine a velocidade aproximada do projétil na boca do canhão no instante em que ele deixa o cano. Despreze os efeitos do atrito dentro do cano e considere que ele seja horizontal.

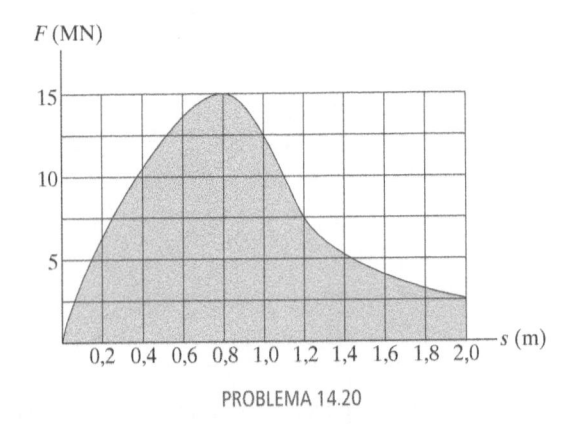

PROBLEMA 14.20

14.21. O lingote de aço tem massa de 1800 kg. Ele percorre a esteira a uma velocidade escalar $v = 0{,}5$ m/s quando colide com a montagem de molas "aninhadas". Se a rigidez da mola externa é $k_A = 5$ kN/m, determine a rigidez necessária k_B da mola interna, de modo que o movimento do lingote seja interrompido no momento em que a frente do lingote, C, está a 0,3 m da parede.

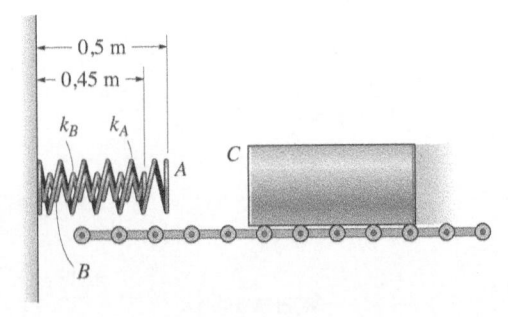

PROBLEMA 14.21

14.22. O bloco de 1,5 kg desliza ao longo de um plano liso e bate em uma *mola não linear* com velocidade $v = 4$ m/s. A mola é denominada "não linear" porque ela tem uma resistência de $F_s = ks^2$, onde $k = 900$ N/m². Determine a velocidade do bloco após ele ter comprimido a mola $s = 0,2$ m.

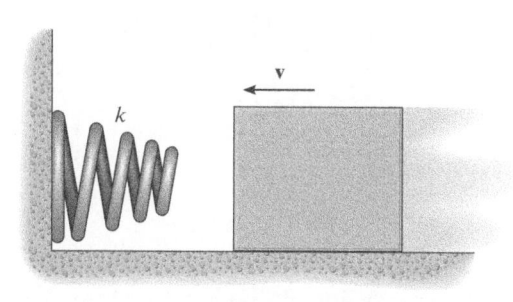

PROBLEMA 14.22

14.23. O carro é equipado com um para-choque B projetado para absorver colisões. O para-choque é montado no carro usando partes de uma tubulação flexível T. Na colisão com uma barreira rígida em A, uma força horizontal constante **F** é desenvolvida, fazendo com que o carro tenha desaceleração de $3g = 29,43$ m/s² (a mais alta desaceleração de segurança para um passageiro sem cinto de segurança). Se o carro e o passageiro têm massa total de 1,5 Mg e o carro está inicialmente trafegando com velocidade de 1,5 m/s, determine a intensidade de **F** necessária para parar o carro e a deformação x da tubulação do para-choque.

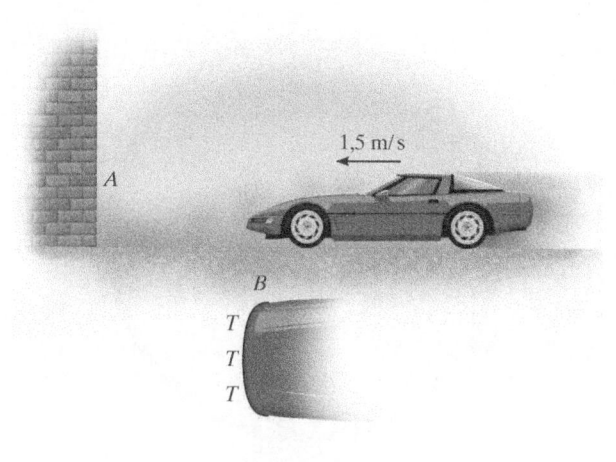

PROBLEMA 14.23

*****14.24.** O mecanismo de catapulta é usado para impulsionar a peça A de 10 kg para a direita ao longo do trilho liso. A ação de impulso é obtida puxando-se a polia conectada à haste BC rapidamente para a esquerda, por meio de um pistão P. Se o pistão aplica uma força constante $F = 20$ kN à haste BC, de modo que se move 0,2 m, determine a velocidade alcançada pela peça se ela estava originalmente em repouso. Despreze a massa das polias, do cabo, do pistão e da barra BC.

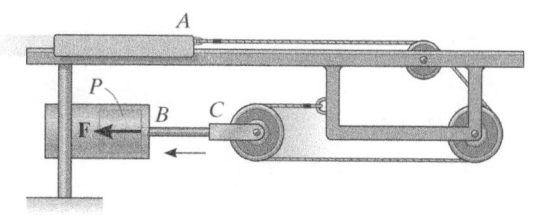

PROBLEMA 14.24

14.25. O bloco de 12 kg tem velocidade inicial $v_0 = 4$ m/s quando está a meio caminho entre as molas A e B. Depois de atingir a mola B, ele retorna e desliza pelo plano horizontal em direção à mola A etc. Se o coeficiente de atrito cinético entre o plano e o bloco é $\mu_k = 0,4$, determine a distância total percorrida pelo bloco antes que ele chegue ao repouso.

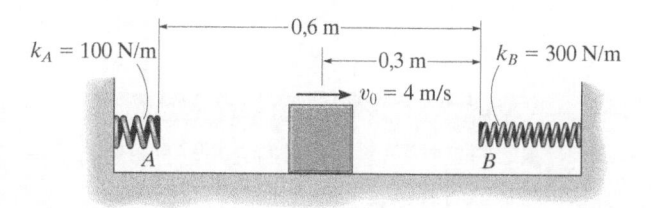

PROBLEMA 14.25

14.26. O bloco de 8 kg move-se com uma velocidade inicial de 5 m/s. Se o coeficiente de atrito cinético entre o bloco e o plano é $\mu_k = 0,25$, determine a compressão na mola quando o bloco para momentaneamente.

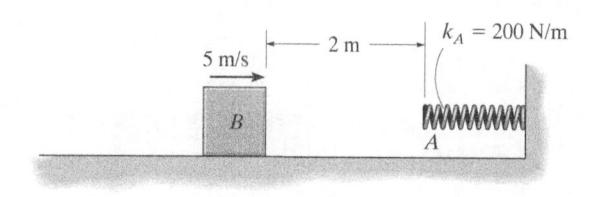

PROBLEMA 14.26

14.27. Bolas de gude com massa de 5 g caem do repouso em A através do tubo de vidro liso e se acumulam na vasilha em C. Determine a posição R da vasilha a partir do fim do tubo e a velocidade com a qual as bolas caem dentro da vasilha. Despreze a dimensão da vasilha.

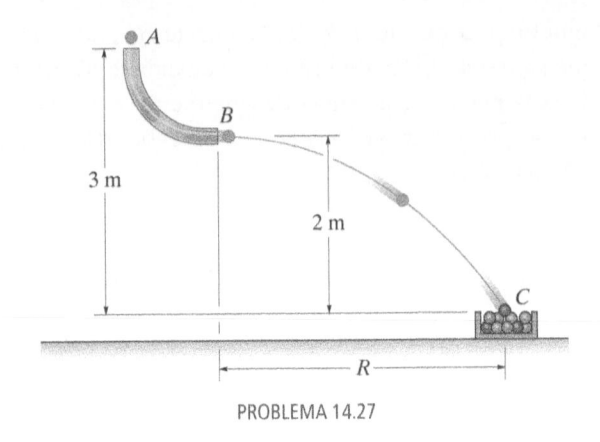

PROBLEMA 14.27

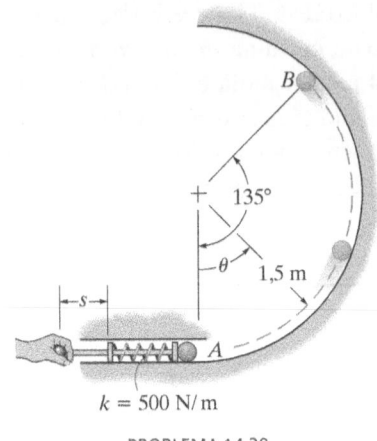

*14.28. O anel tem massa de 20 kg e desliza ao longo da haste lisa. Duas molas são presas a ele e às extremidades da haste, como mostra a figura. Se cada mola tem comprimento de 1 m quando não estendida e o anel tem velocidade de 2 m/s quando $s = 0$, determine a compressão máxima de cada mola em virtude do movimento oscilatório (para a frente e para trás) do anel.

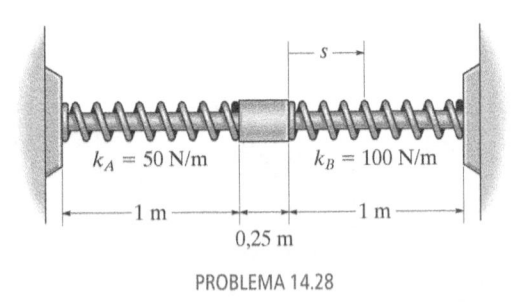

PROBLEMA 14.28

14.29. O vagão do trem tem massa de 10 Mg e está viajando a 5 m/s quando atinge A. Se a resistência ao rolamento é 1/100 do peso do vagão, determine a compressão de cada mola quando o carro é momentaneamente levado ao repouso.

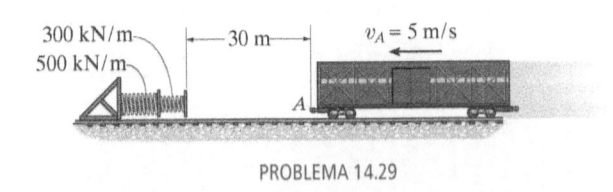

PROBLEMA 14.29

14.30. A bola de 0,5 kg é lançada para cima na pista circular vertical lisa usando o pistão com mola. O pistão mantém a mola comprimida 0,08 m quando $s = 0$. Determine até que distância s ele deve ser puxado para trás e solto de maneira que a bola comece a deixar a pista quando $\theta = 135°$.

PROBLEMA 14.30

14.31. O "carro voador" é um circuito em um parque de diversões que consiste em um carro com rodas que percorre uma pista montada dentro de um tambor giratório. Pelo projeto, o carro não pode cair da pista, porém seu movimento é desenvolvido acionando-se o freio, agarrando-o à pista e permitindo que ele se mova com a velocidade constante da pista, $v_t = 3$ m/s. Se o motorista aciona o freio enquanto vai de B para A e depois o solta no alto do tambor, A, de modo que o carro se desloca livremente ao longo da pista para B ($\theta = \pi$ rad), determine a velocidade do carro em B e a reação normal que o tambor exerce sobre ele em B. Despreze o atrito durante o movimento de A para B. O motorista e o carro têm massa total de 250 kg e o centro de massa do carro e do motorista move-se ao longo de uma trajetória circular com raio de 8 m.

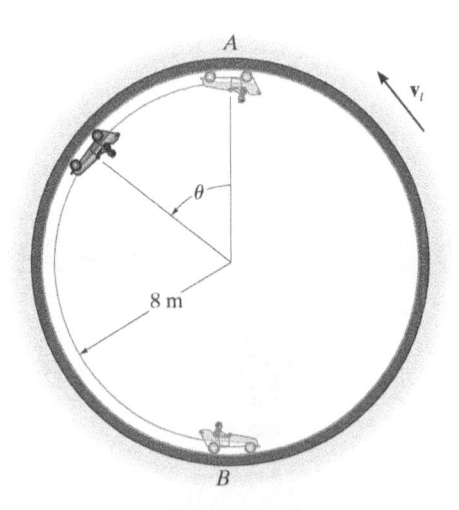

PROBLEMA 14.31

*14.32. O homem na janela A deseja lançar o saco de 30 kg no solo. Para fazer isso, ele deixa o saco balançar do repouso em B até o ponto C, quando solta a corda em $\theta = 30°$. Determine a velocidade com que ele atinge o solo e a distância R.

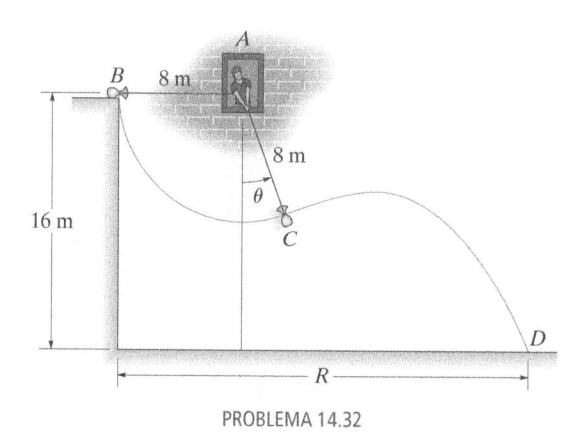

14.35. O bloco tem massa de 0,8 kg e move-se dentro da fenda vertical lisa. Se ele parte do repouso quando a mola *presa* está na posição não alongada em A, determine a força vertical *constante* F que deverá ser aplicada à corda para que o bloco alcance uma velocidade $v_B = 2{,}5$ m/s quando atinge B; $s_B = 0{,}15$ m. Despreze o tamanho e a massa da polia. *Dica:* o trabalho de **F** pode ser determinado achando-se a diferença Δl nos comprimentos de corda AC e BC e usando $U_F = F\,\Delta l$.

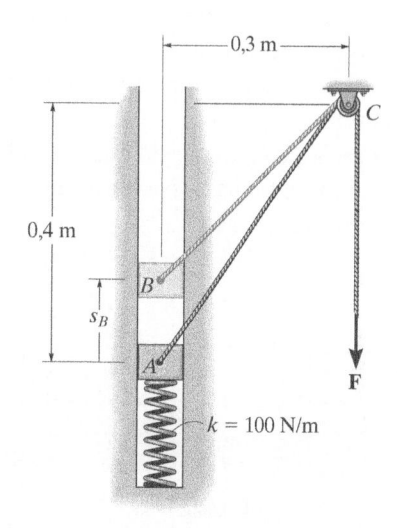

PROBLEMA 14.32

14.33. O ciclista pedala até o ponto A alcançando uma velocidade $v_A = 4$ m/s. Depois, ele se desloca livremente pela superfície curva. Determine a altura que ele atinge a partir da superfície plana antes de parar. Além disso, quais são a força normal resultante na superfície nesse ponto e sua aceleração? A massa total da bicicleta e do homem é 75 kg. Despreze o atrito, a massa das rodas e a dimensão da bicicleta.

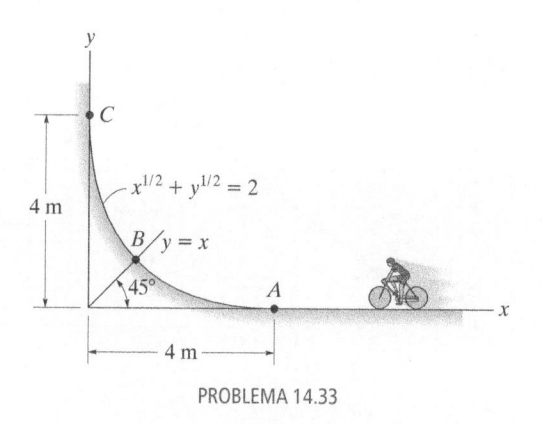

PROBLEMA 14.35

*14.36.** Se o esquiador de 60 kg passa o ponto A com uma velocidade de 5 m/s, determine sua velocidade quando chega ao ponto B. Determine também a força normal exercida sobre ele pelo terreno inclinado nesse ponto. Despreze o atrito.

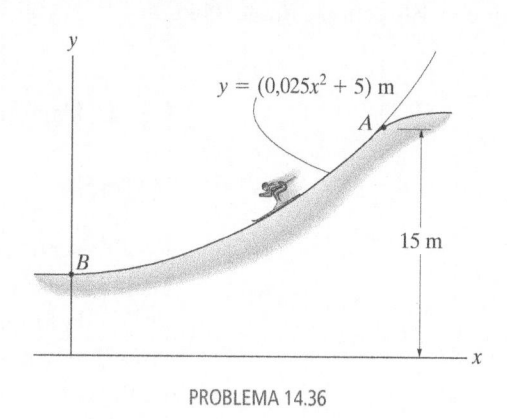

PROBLEMA 14.33

14.34. A esteira transportadora entrega cada caixa de 12 kg à rampa em A de modo que a velocidade da caixa é $v_A = 2{,}5$ m/s, direcionada para baixo *ao longo* da rampa. Se o coeficiente de atrito cinético entre cada caixa e a rampa é $\mu_k = 0{,}3$, determine a velocidade com que cada caixa desliza para fora da rampa em B. Suponha que não ocorra tombamento.

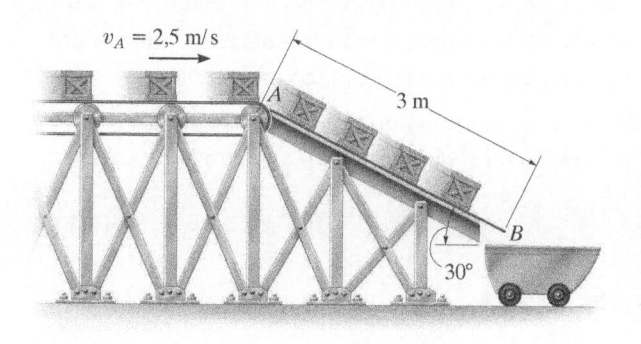

PROBLEMA 14.36

14.37. A mola na arma de brinquedo tem comprimento de 100 mm quando não está alongada. Ela é comprimida e travada na posição mostrada. Quando o gatilho é puxado, a mola distende 12,5 mm e a bola de 20 g se move pelo cano. Determine a velocidade da bola quando ela sai da arma. Despreze o atrito.

PROBLEMA 14.34

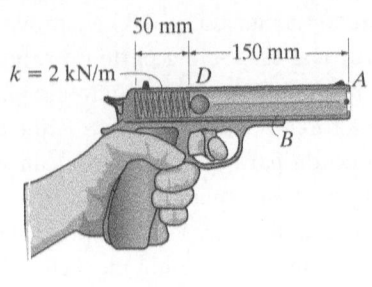

PROBLEMA 14.37

14.38. Se os trilhos tiverem de ser projetados de modo que os passageiros do carrinho da montanha-russa não experimentem uma força normal igual a zero ou mais que 4 vezes seu peso, determine as alturas limitadoras h_A e h_C de modo que isso não ocorra. O carrinho da montanha-russa parte do repouso na posição A. Despreze o atrito.

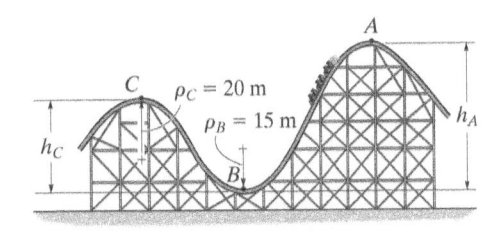

PROBLEMA 14.38

14.39. O esquiador parte do repouso em A e desce a rampa. Se o atrito e a resistência do ar puderem ser desprezados, determine sua velocidade v_B quando ele atinge B. Além disso, encontre a distância s até onde ele atinge o solo em C, se fizer o salto esquiando horizontalmente em B. Despreze o tamanho do esquiador. Ele tem massa de 75 kg.

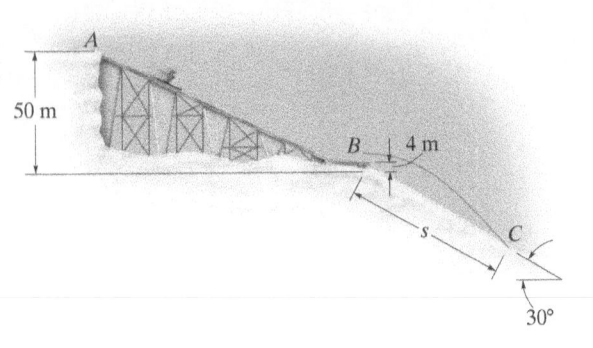

PROBLEMA 14.39

*****14.40.** Se a caixa de 75 kg parte do repouso em A, determine sua velocidade quando ela chega ao ponto B. O cabo é submetido a uma força constante de $F = 300$ N. Despreze o atrito e a dimensão da polia.

14.41. Se a caixa de 75 kg parte do repouso em A, e sua velocidade é 6 m/s quando passa o ponto B, determine a força constante $\mathbf{F}$ exercida sobre o cabo. Despreze o atrito e a dimensão da polia.

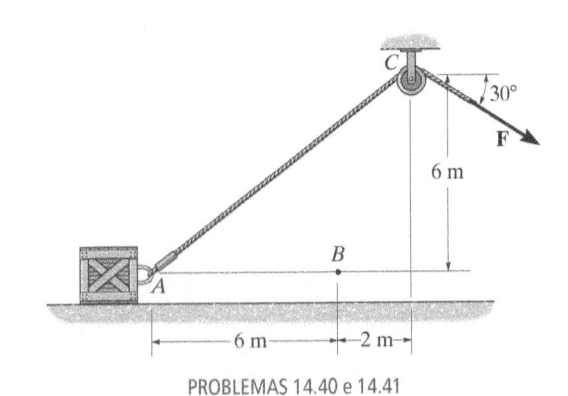

PROBLEMAS 14.40 e 14.41

14.4 Potência e eficiência

Potência

O termo "potência" fornece uma base útil para escolher o tipo de motor ou máquina que é necessária para realizar certa quantidade de trabalho em um dado tempo. Por exemplo, duas bombas podem, cada uma, ser capazes de esvaziar um reservatório se tiverem tempo suficiente; entretanto, a bomba com a maior potência vai terminar o serviço mais cedo.

A *potência* gerada por uma máquina ou motor que realiza uma quantidade de trabalho dU dentro do intervalo de tempo dt é, portanto,

$$P = \frac{dU}{dt} \tag{14.9}$$

Se o trabalho dU é expresso como $dU = \mathbf{F} \cdot d\mathbf{r}$, então,

$$P = \frac{dU}{dt} = \frac{\mathbf{F} \cdot d\mathbf{r}}{dt} = \mathbf{F} \cdot \frac{d\mathbf{r}}{dt}$$

ou

$$\boxed{P = \mathbf{F} \cdot \mathbf{v}} \qquad (14.10)$$

Por conseguinte, potência é um *escalar*, onde, nessa formulação, **v** representa a velocidade da partícula que recebe a ação da força **F**.

A unidade básica de potência usada no SI é o watt (W). Essa unidade é definida como

$$1\ W = 1\ J/s = 1\ N \cdot m/s$$

A saída de potência dessa locomotiva vem da força de atrito propulsor desenvolvido em suas rodas. É essa força que vence a resistência ao atrito dos vagões e é capaz de carregar todo o peso do trem.

Eficiência

A *eficiência mecânica* de uma máquina é definida como a razão entre a potência útil de saída produzida pela máquina e a potência de entrada que lhe é fornecida. Logo,

$$\boxed{\varepsilon = \frac{\text{potência de saída}}{\text{potência de entrada}}} \qquad (14.11)$$

Se a energia fornecida à máquina ocorre durante o *mesmo intervalo de tempo* no qual ela é consumida, então a eficiência também pode ser expressa em termos da relação

$$\boxed{\varepsilon = \frac{\text{energia de saída}}{\text{energia de entrada}}} \qquad (14.12)$$

Visto que as máquinas consistem em uma série de peças móveis, forças de atrito sempre serão desenvolvidas dentro da máquina e, como resultado, é preciso energia ou potência extra para superar essas forças. Consequentemente, a potência de saída será menor que a potência de entrada e, assim, *a eficiência de uma máquina é sempre menor que 1*.

A potência fornecida a um corpo pode ser determinada utilizando-se o procedimento mostrado a seguir.

Os requisitos de potência desse elevador dependem da força vertical **F** que atua sobre o elevador e faz com que ele se desloque para cima. Se a velocidade do elevador é **v**, a potência de saída é $P = \mathbf{F} \cdot \mathbf{v}$.

Procedimento para análise

- Primeiro, determine a força externa **F** que atua sobre o corpo que causa o movimento. Essa força normalmente é desenvolvida por uma máquina ou motor colocado dentro ou fora do corpo.
- Se o corpo está acelerando, pode ser necessário construir seu diagrama de corpo livre e aplicar a equação de movimento ($\Sigma \mathbf{F} = m\mathbf{a}$) para determinar **F**.
- Uma vez que **F** e a velocidade **v** da partícula onde **F** é aplicado tenham sido encontrados, a potência é determinada multiplicando-se a intensidade da força pela componente da velocidade que atua na direção de **F**, ou seja, $P = \mathbf{F} \cdot \mathbf{v} = Fv \cos \theta$.
- Em alguns problemas a potência pode ser encontrada calculando-se o trabalho realizado por **F** por unidade de tempo ($P_{méd} = \Delta U / \Delta t$).

EXEMPLO 14.7

O homem na Figura 14.15a empurra a caixa de 50 kg com uma força de $F = 150$ N. Determine a potência fornecida pelo homem quando $t = 4$ s. O coeficiente de atrito cinético entre o solo e a caixa é $\mu_k = 0{,}2$. Inicialmente, a caixa está em repouso.

SOLUÇÃO

Para determinar a potência desenvolvida pelo homem, a velocidade da força de 150 N precisa ser obtida primeiro. O diagrama de corpo livre da caixa é mostrado na Figura 14.15b. Aplicando-se a equação do movimento,

$$+\uparrow \Sigma F_y = ma_y; \qquad N - \left(\tfrac{3}{5}\right)150\text{ N} - 50(9{,}81)\text{ N} = 0$$

$$N = 580{,}5\text{ N}$$

$$\xrightarrow{+} \Sigma F_x = ma_x; \qquad \left(\tfrac{4}{5}\right)150\text{ N} - 0{,}2(580{,}5\text{ N}) = (50\text{ kg})a$$

$$a = 0{,}078\text{ m/s}^2$$

A velocidade da caixa quando $t = 4$ s é, portanto,

$$(\xrightarrow{+}) \qquad v = v_0 + a_c t$$

$$v = 0 + (0{,}078\text{ m/s}^2)(4\text{ s}) = 0{,}312\text{ m/s}$$

A potência fornecida à caixa pelo homem quando $t = 4$ s é, portanto,

$$P = \mathbf{F} \cdot \mathbf{v} = F_x v = \left(\tfrac{4}{5}\right)(150\text{ N})(0{,}312\text{ m/s})$$

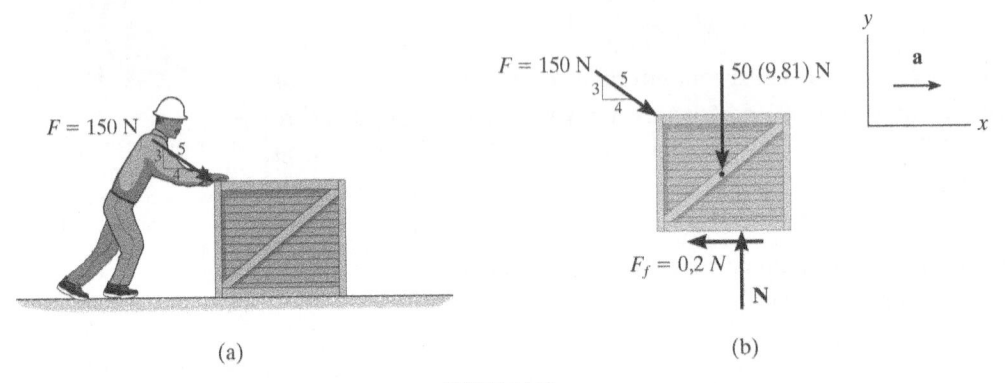

$$= 37{,}4\text{ W} \qquad\qquad Resposta$$

(a) (b)

FIGURA 14.15

EXEMPLO 14.8

O motor M do guindaste mostrado na Figura 14.16a ergue a caixa C de 35 kg de maneira que a aceleração do ponto P é 1,2 m/s². Determine a potência que tem de ser fornecida ao motor no instante em que P tem velocidade de 0,6 m/s. Despreze a massa da polia e do cabo e considere $\varepsilon = 0{,}85$.

SOLUÇÃO

A fim de determinar a potência de saída do motor, primeiro é necessário determinar a tração no cabo, visto que essa força é desenvolvida pelo motor.

Do diagrama de corpo livre (Figura 14.16b), temos

$$+\downarrow \quad \Sigma F_y = ma_y; \quad -2T + 35(9{,}81)\,\text{N} = (35\,\text{kg})\,a_c \quad (1)$$

A aceleração da caixa pode ser obtida utilizando-se a cinemática para relacioná-la com a aceleração conhecida do ponto P (Figura 14.16a). Utilizando-se os métodos de movimento dependente absoluto, as coordenadas s_C e s_P podem ser relacionadas a uma porção constante do comprimento do cabo l que está variando nas direções vertical e horizontal. Temos $2s_C + s_P = l$. Fazendo a segunda derivada temporal dessa equação resulta

$$2a_C = -a_P \quad (2)$$

Visto que $a_P = +1{,}2$ m/s², então $a_C = -(1{,}2 \text{ m/s}^2)/2 = -0{,}6$ m/s². O que o sinal negativo indica? Substituindo esse resultado na Equação 1 e *mantendo* o sinal negativo, visto que a aceleração na Equação 1 e na Equação 2 foi considerada positiva para baixo, temos

$$-2T + 35(9{,}81)\,\text{N} = (35\,\text{kg})(-0{,}6\,\text{m/s}^2)$$

$$T = 182{,}2\,\text{N}$$

A potência de saída necessária para recolher o cabo a uma taxa de 0,6 m/s é, portanto,

$$P = \mathbf{T} \cdot \mathbf{v} = (182{,}2\,\text{N})(0{,}6\,\text{m/s})$$

$$= 109{,}3\,\text{W}$$

Essa *potência de saída* requer que o motor forneça uma *potência de entrada* de

$$\text{potência de entrada} = \frac{1}{\varepsilon}\,(\text{potência de saída})$$

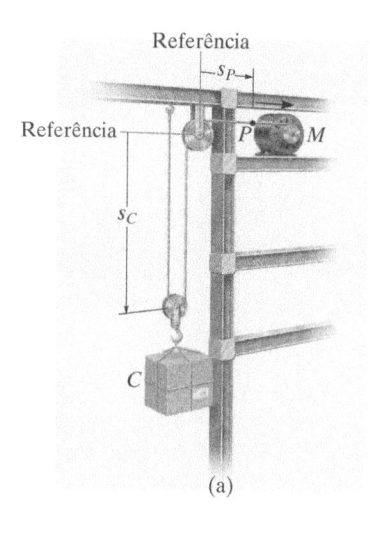

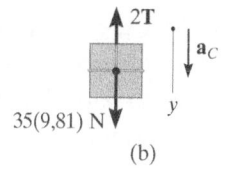

$$= \frac{1}{0{,}85}(109{,}3\,\text{W}) = 129\,\text{W} \qquad \textit{Resposta}$$

FIGURA 14.16

NOTA: visto que a velocidade da caixa está constantemente variando, o requisito de potência é *instantâneo*.

Problemas fundamentais

F14.7. Se a superfície de contato entre o bloco de 20 kg e o solo é lisa, determine a potência da força **F** quando $t = 4$ s. Inicialmente, o bloco está em repouso.

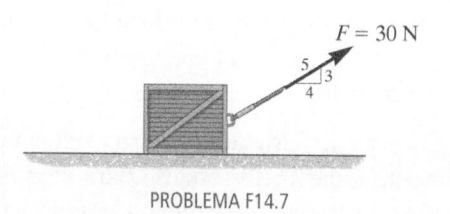

PROBLEMA F14.7

F14.8. Se $F = (10s)$ N, onde s é dado em metros e a superfície de contato entre o bloco e o solo é lisa, determine a potência de força **F** quando $s = 5$ m. Quando $s = 0$, o bloco de 20 kg está se movendo a $v = 1$ m/s.

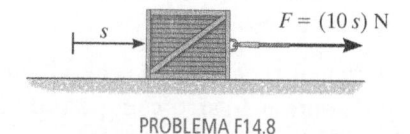

PROBLEMA F14.8

F14.9. Se o motor recolhe o cabo com uma velocidade constante de $v = 3$ m/s, determine a potência fornecida ao motor. A carga pesa 100 N e a eficiência do motor é $\varepsilon = 0{,}8$. Despreze a massa das polias.

186 DINÂMICA

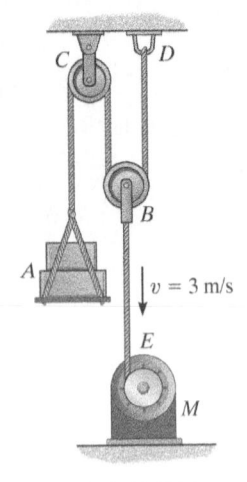

PROBLEMA F14.9

F14.10. O coeficiente de atrito cinético entre o bloco de 20 kg e o plano inclinado é $\mu_k = 0{,}2$. Se o bloco está se deslocando para cima no plano inclinado com velocidade constante de $v = 5$ m/s, determine a potência da força **F**.

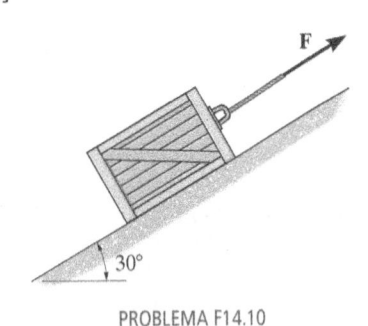

PROBLEMA F14.10

F14.11. Se a carga de 50 kg A é içada pelo motor M de maneira que a carga tenha velocidade constante de 1,5 m/s, determine a potência de entrada do motor, o qual opera com uma eficiência de $\varepsilon = 0{,}8$.

PROBLEMA F14.11

F14.12. No instante mostrado, o ponto P no cabo tem uma velocidade $v_P = 12$ m/s, que está aumentando a uma taxa de $a_P = 6$ m/s². Determine a potência de entrada do motor M nesse instante se ele opera com uma eficiência de $\varepsilon = 0{,}8$. A massa do bloco A é 50 kg.

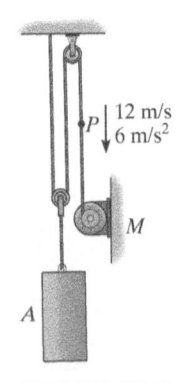

PROBLEMA F14.12

Problemas

14.42. Uma mola com rigidez de 5 kN/m é comprimida por 400 mm. A energia armazenada na mola é usada para impulsionar uma máquina que requer 90 W de potência. Determine quanto tempo a mola poderá fornecer energia na taxa exigida.

14.43. Para dramatizar a perda de energia em um automóvel, considere um carro com peso de 25000 N trafegando a 56 km/h. Se o carro parar, determine por quanto tempo uma lâmpada de 100 W deverá ficar acesa para gastar a mesma quantidade de energia.

*14.44. Se o motor de um carro de 1,5 Mg gera uma potência constante de 15 kW, determine a velocidade do carro depois que ele tiver atravessado uma distância de 200 m em uma estrada nivelada, partindo do repouso. Despreze o atrito.

14.45. Se o motor de um carro de 1,5 Mg gera uma potência constante de 15 kW, determine a velocidade do carro após ele ter se deslocado uma distância de 200 m em uma estrada plana partindo do repouso. Despreze o atrito.

14.46. O carro de 2 Mg aumenta sua velocidade uniformemente a partir do repouso para 25 m/s em 30 s subindo a estrada. Determine a potência máxima que deve ser fornecida pelo motor, que opera com eficiência de $\varepsilon = 0{,}8$. Determine também a potência média fornecida pelo motor.

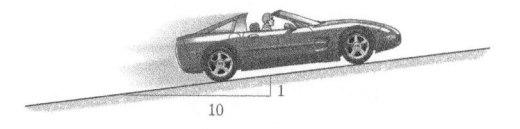

PROBLEMA 14.46

14.47. Um carro tem massa m e acelera ao longo de uma estrada horizontal reta partindo do repouso, de modo que a potência sempre tem intensidade constante P. Determine até que distância ele deverá percorrer para atingir uma velocidade v.

***14.48.** Um automóvel com massa de 2 Mg sobe um aclive de 7° a uma velocidade constante de v = 100 km/h. Se o atrito mecânico e a resistência do vento são desprezados, determine a potência desenvolvida pelo motor se o automóvel tem eficiência de $\varepsilon = 0{,}65$.

PROBLEMA 14.48

14.49. Um foguete com massa total de 8 Mg é lançado verticalmente do repouso. Se os motores fornecem um empuxo constante de $T = 300$ kN, determine a potência de saída dos motores em função do tempo. Despreze o efeito da resistência do arrasto e a perda de massa e peso do combustível.

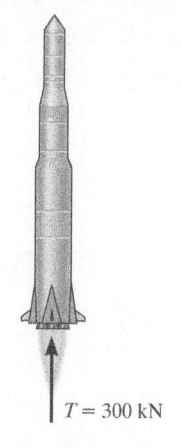

$T = 300$ kN

PROBLEMA 14.49

14.50. O carro esporte tem massa de 2,3 Mg e, enquanto está trafegando a 28 m/s, o motorista faz com que ele acelere a 5 m/s². Se a resistência ao arrasto no carro pelo vento é $F_D = (0{,}3v^2)$ N, onde v é a velocidade em m/s, determine a potência fornecida ao motor nesse instante. O motor tem eficiência operacional de $\varepsilon = 0{,}68$.

14.51. O carro esporte tem massa de 2,3 Mg e acelera a 6 m/s², partindo do repouso. Se a resistência ao arrasto no carro pelo vento é $F_D = (10v)$ N, onde v é a velocidade em m/s, determine a potência fornecida ao motor quando $t = 5$ s. O motor tem eficiência operacional de $\varepsilon = 0{,}68$.

PROBLEMAS 14.50 e 14.51

*14.52. Um motor ergue uma caixa de 60 kg a uma velocidade constante até uma altura $h = 5$ m em 2 s. Se a potência indicada do motor é 3,2 kW, determine a eficiência do motor.

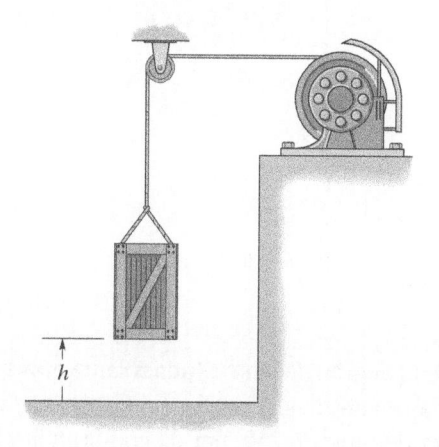

PROBLEMA 14.52

14.53. A caixa de 50 kg é içada no plano inclinado de 30° pelo sistema de polias e o motor M. Se a caixa parte do repouso e, com uma aceleração constante, alcança velocidade de 4 m/s após se deslocar 8 m ao longo do plano, determine a potência que deve ser fornecida ao motor nesse instante. Despreze o atrito ao longo do plano. O motor tem eficiência de $\varepsilon = 0{,}74$.

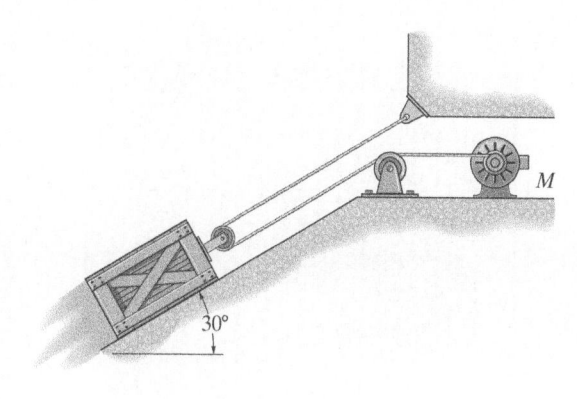

PROBLEMA 14.53

14.54. O elevador de 500 kg parte do repouso e se desloca para cima com uma aceleração constante de $a_c = 2$ m/s². Determine a potência de saída do motor M quando $t = 3$ s. Despreze a massa das polias e do cabo.

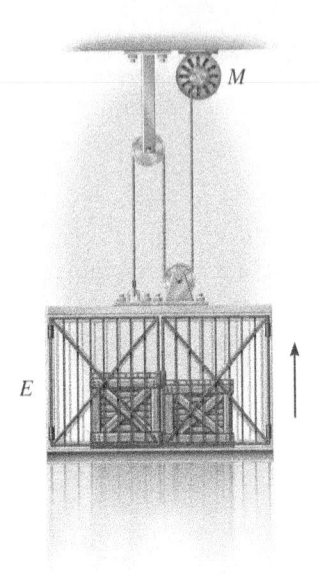

14.57. O elevador E e sua carga possuem massa total de 400 kg. O levantamento é fornecido pelo motor M e o bloco C de 60 kg. Se o motor tem eficiência de $\varepsilon = 0{,}6$, determine a potência que precisa ser fornecida ao motor quando o elevador é erguido a uma velocidade constante de $v_E = 4$ m/s.

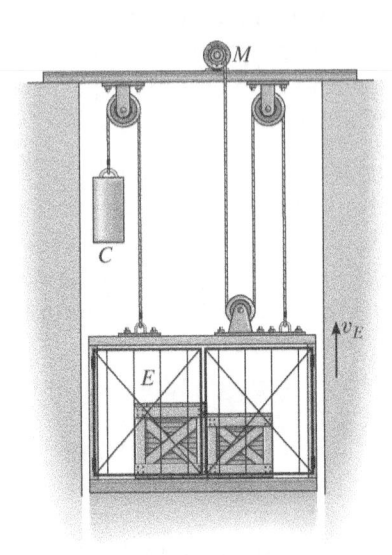

PROBLEMA 14.54

PROBLEMA 14.57

14.55. Um degrau de uma escada rolante move-se com velocidade constante de 0,6 m/s. Se os degraus têm 125 mm de altura e 250 mm de comprimento, determine a potência necessária de um motor para levantar uma massa média de 150 kg por degrau. Há 32 degraus.

*14.56. Se a escada rolante no Problema 14.55 não está se movendo, determine a velocidade constante com que um homem com massa de 80 kg deverá subir os degraus para gerar 100 W de potência — a mesma intensidade necessária para alimentar uma lâmpada comum.

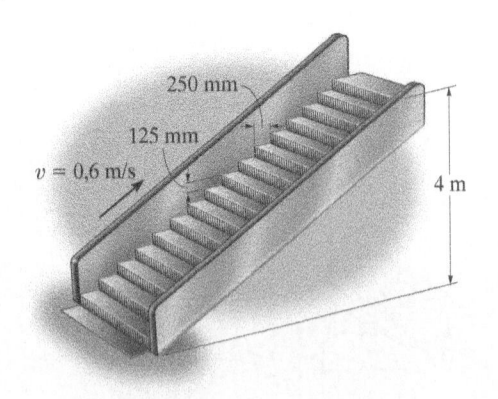

14.58. A caixa tem massa de 150 kg e repousa em uma superfície para a qual os coeficientes de atrito estático e cinético são $\mu_s = 0{,}3$ e $\mu_k = 0{,}2$, respectivamente. Se o motor M fornece uma força no cabo $F = (8t^2 + 20)$ N, onde t é dado em segundos, determine a potência de saída desenvolvida pelo motor quando $t = 5$ s.

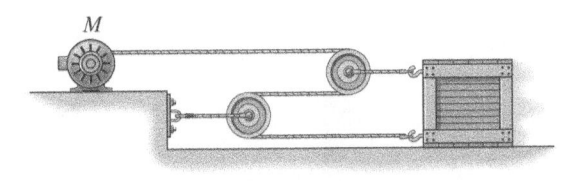

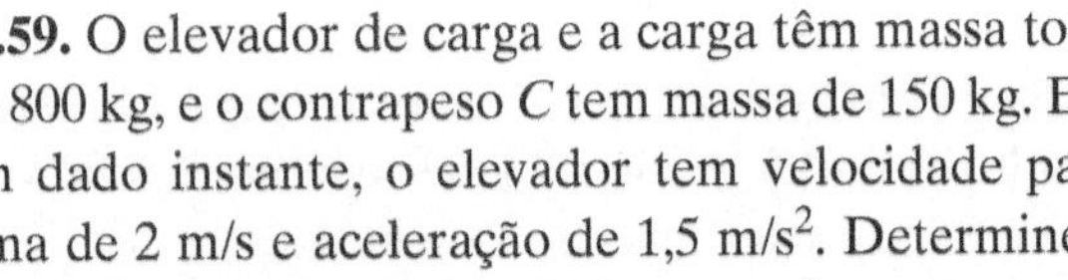

PROBLEMA 14.58

14.59. O elevador de carga e a carga têm massa total de 800 kg, e o contrapeso C tem massa de 150 kg. Em um dado instante, o elevador tem velocidade para cima de 2 m/s e aceleração de 1,5 m/s². Determine a potência gerada pelo motor M nesse instante se ele opera com eficiência $\varepsilon = 0{,}8$.

*14.60. O elevador de carga e a carga têm massa total de 800 kg, e o contrapeso C tem massa de 150 kg. Se a velocidade para cima do elevador aumenta uniformemente de 0,5 m/s para 1,5 m/s em

PROBLEMAS 14.55 e 14.56

1,5 s, determine a potência média gerada pelo motor M durante esse tempo. O motor opera com eficiência $\varepsilon = 0,8$.

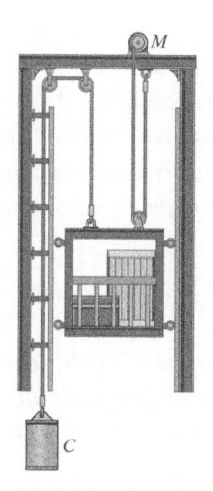

PROBLEMAS 14.59 e 14.60

14.61. Um atleta empurra um aparelho de exercícios com uma força que varia com o tempo, como mostra o primeiro gráfico. Além disso, a velocidade do braço do atleta atuando na mesma direção da força varia com o tempo, como mostra o segundo gráfico. Determine a potência aplicada em função do tempo e o trabalho realizado em $t = 0,3$ s.

14.62. Um atleta empurra um aparelho de exercícios com uma força que varia com o tempo, como mostra o primeiro gráfico. Além disso, a velocidade do braço do atleta atuando na mesma direção da força varia com o tempo, como mostra o segundo gráfico. Determine a potência máxima desenvolvida durante o período de tempo de 0,3 s.

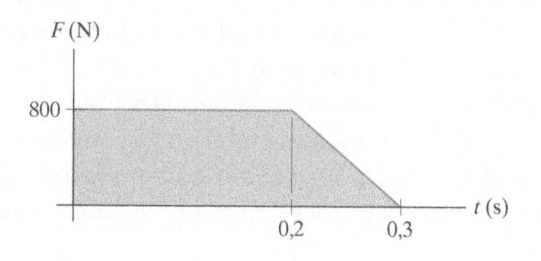

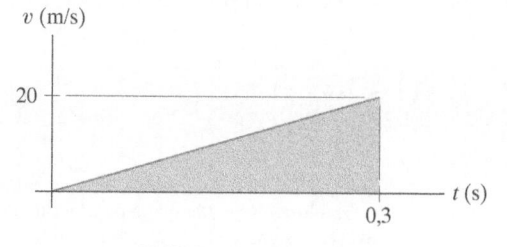

PROBLEMAS 14.61 e 14.62

14.63. Se o jato no carro de corrida fornece um empuxo constante de $T = 20$ kN, determine a potência gerada pelo jato em função do tempo. Despreze o arrasto e a resistência ao rolamento, assim como a perda de combustível. O carro tem massa de 1 Mg e parte do repouso.

PROBLEMA 14.63

*14.64. O trenó foguete tem massa de 4 Mg e parte do repouso ao longo do trilho horizontal para o qual o coeficiente de atrito cinético é $\mu_k = 0,20$. Se o motor fornece um impulso constante $T = 150$ kN, determine a potência de saída do motor em função do tempo. Despreze a massa da perda de combustível e a resistência do ar.

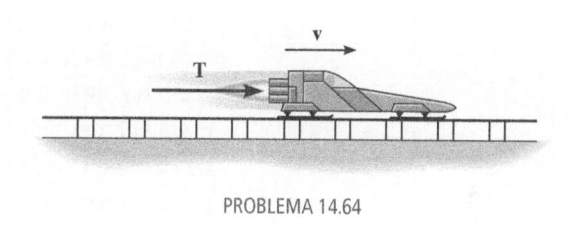

PROBLEMA 14.64

14.65. O bloco tem massa de 150 kg e está apoiado sobre uma superfície para a qual os coeficientes de atrito estático e cinético são $\mu_s = 0,5$ e $\mu_k = 0,4$, respectivamente. Se uma força $F = (60t^2)$ N, onde t é dado em segundos, é aplicada ao cabo, determine a potência desenvolvida pela força quando $t = 5$ s. *Dica:* primeiro, determine o tempo necessário para a força causar movimento.

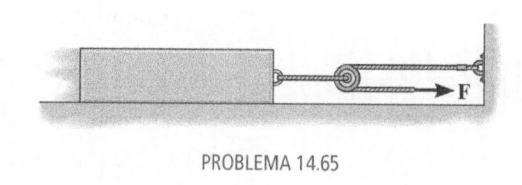

PROBLEMA 14.65

14.5 Forças conservativas e energia potencial

Força conservativa

Se o trabalho de uma força é *independente da trajetória* e depende somente das posições inicial e final da força na trajetória, podemos classificar essa força como uma *força conservativa*. Exemplos de forças conservativas são o peso de uma partícula e a força desenvolvida por uma mola. O trabalho realizado pelo peso depende *somente* do *deslocamento vertical* do peso, e o trabalho realizado por uma força de mola depende *somente* da *extensão* ou *compressão* da mola.

Em contraste com uma força conservativa, considere a força de atrito exercida *sobre um objeto deslizando* por uma superfície fixa. O trabalho realizado pela força de atrito *depende da trajetória* — quanto maior a trajetória, maior o trabalho. Consequentemente, as *forças de atrito não são conservativas*. O trabalho é dissipado do corpo na forma de calor.

Energia

Energia é definida como a capacidade para realizar trabalho. Por exemplo, se uma partícula está originalmente em repouso, o princípio do trabalho e energia estabelece que $\Sigma U_{1 \to 2} = T_2$. Em outras palavras, a energia cinética é igual ao trabalho que deve ser realizado sobre a partícula para levá-la de um estado de repouso para uma velocidade v. Desse modo, a *energia cinética* é uma medida da *capacidade de realizar trabalho* da partícula, a qual está associada com o *movimento* da partícula. Quando a energia vem da *posição* da partícula, medida a partir de um ponto ou plano de referência fixo, ela é chamada de energia potencial. Assim, *energia potencial* é uma medida da quantidade de trabalho que uma força conservativa realizará quando ela se mover de uma dada posição até a referência. Na mecânica, a energia potencial criada pela gravidade (peso) ou uma mola elástica é importante.

Energia potencial gravitacional

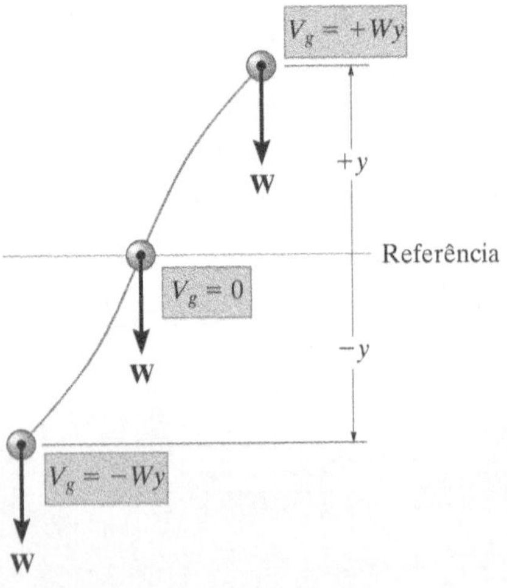

Se uma partícula está localizada a uma distância y *acima* de uma referência arbitrariamente escolhida, como mostrado na Figura 14.17, o peso **W** da partícula tem uma *energia potencial gravitacional*, V_g, visto que **W** tem a capacidade de realizar trabalho positivo quando a partícula é levada de volta para baixo, até a referência. Da mesma forma, se a partícula está localizada a uma distância y *abaixo* da referência, V_g é negativa, visto que o peso realiza um trabalho negativo quando a partícula é levada de volta para cima, até a referência. Na referência, $V_g = 0$.

Em geral, se y é *positivo para cima*, a energia potencial gravitacional da partícula de peso W é*

$$V_g = Wy \qquad (14.13)$$

Energia potencial gravitacional

FIGURA 14.17

---

* Aqui, presume-se que o peso seja *constante*. Essa hipótese é adequada para pequenas diferenças de elevação Δy. Se a variação da elevação é significativa, entretanto, uma variação do peso com a elevação deve ser levada em consideração (ver Problema 14.81).

Energia potencial elástica

Quando uma mola elástica é distendida ou comprimida a uma distância s de sua posição não deformada, a energia potencial elástica V_e pode ser armazenada na mola. Essa energia é:

$$V_e = +\tfrac{1}{2}ks^2 \tag{14.14}$$

Aqui, V_e é *sempre positiva*, visto que, na posição deformada, a força da mola tem a *capacidade* ou "potencial" para sempre realizar trabalho positivo sobre a partícula quando a mola retorna para sua posição não deformada (Figura 14.18).

Função potencial

No caso geral, se uma partícula é submetida tanto à força gravitacional quanto à elástica, a energia potencial da partícula pode ser expressa como uma *função potencial*, a qual é a soma algébrica

$$V = V_g + V_e \tag{14.15}$$

A medição de V depende da posição da partícula em relação a uma referência escolhida de acordo com as equações 14.13 e 14.14.

O trabalho realizado por uma força conservativa em mover a partícula de um ponto para outro é medido pela *diferença* dessa função, ou seja,

$$U_{1-2} = V_1 - V_2 \tag{14.16}$$

Por exemplo, a função potencial para uma partícula de peso W suspensa de uma mola pode ser expressa em termos de sua posição, s, medida a partir de uma referência localizada no comprimento não deformado da mola (Figura 14.19). Temos

$$V = V_g + V_e$$
$$= -Ws + \tfrac{1}{2}ks^2$$

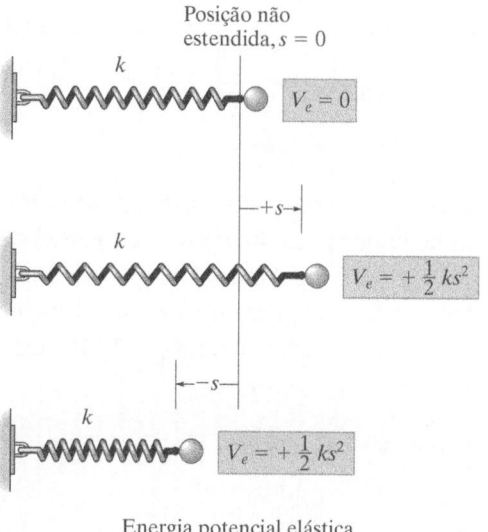

A energia potencial gravitacional desse peso é aumentada enquanto ele é erguido pelo guindaste.

O peso dos sacos sobre esta plataforma faz com que a energia potencial seja armazenada nas molas de suporte. À medida que cada saco é removido, a plataforma *aumenta* ligeiramente, pois parte da energia potencial dentro das molas será transformada em um aumento na energia potencial gravitacional dos sacos restantes. Esse dispositivo é útil para remover os sacos sem ter de se inclinar para apanhá-los enquanto são descarregados.

Energia potencial elástica

FIGURA 14.18

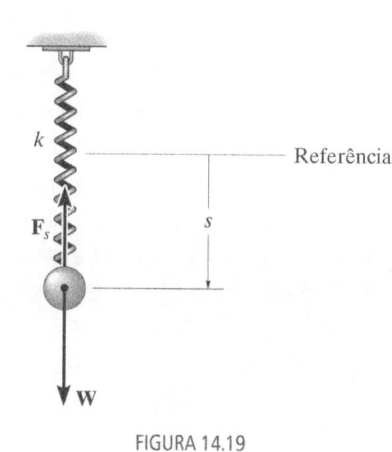

FIGURA 14.19

Se a partícula vai de s_1 a uma posição mais baixa s_2, aplicando a Equação 14.16 pode-se ver que o trabalho de **W** e $\mathbf{F}_s$ é

$$U_{1-2} = V_1 - V_2 = \left(-Ws_1 + \tfrac{1}{2}ks_1^2\right) - \left(-Ws_2 + \tfrac{1}{2}ks_2^2\right)$$
$$= W(s_2 - s_1) - \left(\tfrac{1}{2}ks_2^2 - \tfrac{1}{2}ks_1^2\right)$$

Quando o deslocamento ao longo da trajetória é infinitesimal, ou seja, do ponto (x, y, z) para $(x + dx, y + dy, z + dz)$, a Equação 14.16 torna-se

$$dU = V(x, y, z) - V(x + dx, y + dy, z + dz)$$
$$= -dV(x, y, z) \tag{14.17}$$

Se representarmos tanto a força quanto seu deslocamento como vetores cartesianos, o trabalho também pode ser expresso como

$$dU = \mathbf{F} \cdot d\mathbf{r} = (F_x\mathbf{i} + F_y\mathbf{j} + F_z\mathbf{k}) \cdot (dx\mathbf{i} + dy\mathbf{j} + dz\mathbf{k})$$
$$= F_x\,dx + F_y\,dy + F_z\,dz$$

Substituindo esse resultado na Equação 14.17 e expressando o diferencial $dV(x, y, z)$ em termos das suas derivadas parciais resulta

$$F_x\,dx + F_y\,dy + F_z\,dz = -\left(\frac{\partial V}{\partial x}dx + \frac{\partial V}{\partial y}dy + \frac{\partial V}{\partial z}dz\right)$$

Visto que variações em x, y e z são todas independentes umas das outras, essa equação é satisfeita desde que

$$F_x = -\frac{\partial V}{\partial x}, \qquad F_y = -\frac{\partial V}{\partial y}, \qquad F_z = -\frac{\partial V}{\partial z} \tag{14.18}$$

Desse modo,

$$\mathbf{F} = -\frac{\partial V}{\partial x}\mathbf{i} - \frac{\partial V}{\partial y}\mathbf{j} - \frac{\partial V}{\partial z}\mathbf{k}$$
$$= -\left(\frac{\partial}{\partial x}\mathbf{i} + \frac{\partial}{\partial y}\mathbf{j} + \frac{\partial}{\partial z}\mathbf{k}\right)V$$

ou

$$\mathbf{F} = -\nabla V \tag{14.19}$$

onde ∇ (del) representa o operador diferencial vetorial

$$\nabla = (\partial/\partial x)\mathbf{i} + (\partial/\partial y)\mathbf{j} + (\partial/\partial z)\mathbf{k}.$$

A Equação 14.19 relaciona uma força **F** com sua função potencial V e, desse modo, fornece um critério matemático para provar que **F** é conservativa. Por exemplo, a função potencial gravitacional para um peso localizado a uma distância y acima da referência é $V_g = Wy$. Para provar que **W** é conservativo, é necessário demonstrar que ele satisfaz a Equação 14.18 (ou a Equação 14.19), caso em que

$$F_y = -\frac{\partial V}{\partial y}; \qquad F_y = -\frac{\partial}{\partial y}(Wy) = -W$$

O sinal negativo indica que **W** atua para baixo, em oposição ao y positivo, que é para cima.

14.6 Conservação de energia

Quando uma partícula sofre a influência de um sistema com forças *tanto* conservativas *quanto* não conservativas, a porção do trabalho realizado pelas *forças conservativas* pode ser escrita em termos da diferença em suas energias potenciais, utilizando-se a Equação 14.16, ou seja, $(\Sigma U_{1-2})_{\text{cons.}} = V_1 - V_2$. Como resultado, o princípio do trabalho e energia pode ser escrito como

$$T_1 + V_1 + (\Sigma U_{1-2})_{\text{não cons.}} = T_2 + V_2 \qquad (14.20)$$

Aqui, $(\Sigma U_{1-2})_{\text{não cons.}}$ representa o trabalho das forças não conservativas atuando sobre a partícula. Se *apenas forças conservativas* realizam trabalho, então temos

$$\boxed{T_1 + V_1 = T_2 + V_2} \qquad (14.21)$$

Essa equação é referida como a *conservação da energia mecânica* ou simplesmente a *conservação da energia*. Ela afirma que, durante o movimento, a soma das energias potencial e cinética da partícula permanece *constante*. Para isso ocorrer, a energia cinética tem de ser transformada em energia potencial e vice-versa. Por exemplo, se uma bola de peso **W** é largada de uma altura h acima do solo (referência) (Figura 14.20), a energia potencial da bola é máxima antes que ela seja largada, momento em que sua energia cinética é zero. A energia mecânica total da bola em sua posição inicial é, por conseguinte,

$$E = T_1 + V_1 = 0 + Wh = Wh$$

Quando a bola tiver caído uma distância $h/2$, sua velocidade pode ser determinada utilizando-se $v^2 = v_0^2 + 2a_c(y - y_0)$, que resulta em $v = \sqrt{2g(h/2)} = \sqrt{gh}$. A energia da bola na posição de meia altura é, portanto,

$$E = T_2 + V_2 = \frac{1}{2}\frac{W}{g}(\sqrt{gh})^2 + W\left(\frac{h}{2}\right) = Wh$$

Imediatamente antes de a bola atingir o solo, sua energia potencial é zero e sua velocidade é $v = \sqrt{2gh}$. Aqui, novamente, a energia total da bola é

$$E = T_3 + V_3 = \frac{1}{2}\frac{W}{g}(\sqrt{2gh})^2 + 0 = Wh$$

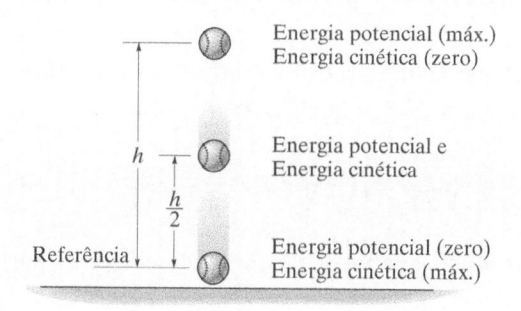

Energia potencial (máx.)
Energia cinética (zero)

Energia potencial e
Energia cinética

Energia potencial (zero)
Energia cinética (máx.)

FIGURA 14.20

Observe que, quando a bola entra em contato com o solo, ela se deforma de certa maneira e, desde que o solo seja duro o suficiente, a bola rebaterá na superfície, alcançando uma nova altura h', que será *menor* que a altura h da qual ela foi solta primeiro. Desprezando-se o atrito do ar, a diferença em altura explica uma perda de energia, $E_l = W(h - h')$, que ocorre durante a colisão. Partes dessa perda produzem ruído, deformação da bola e do solo e calor.

Sistema de partículas

Se um sistema de partículas é *submetido somente a forças conservativas*, uma equação similar à Equação 14.21 pode ser escrita para as partículas. Aplicando as ideias da discussão anterior, a Equação 14.8 ($\Sigma T_1 + \Sigma U_{1-2} = \Sigma T_2$) torna-se

$$\Sigma T_1 + \Sigma V_1 = \Sigma T_2 + \Sigma V_2 \tag{14.22}$$

Aqui, a soma das energias potencial e cinética iniciais do sistema é igual à soma das energias potencial e cinética finais do sistema. Em outras palavras, $\Sigma T + \Sigma V = \text{const.}$

Procedimento para análise

A equação da conservação da energia pode ser usada para resolver problemas envolvendo *velocidade, deslocamento* e *sistemas de força conservativa*. Ela é, geralmente, *mais fácil de aplicar* que o princípio do trabalho e energia, porque essa equação requer a especificação das energias potencial e cinética da partícula em apenas *dois pontos* ao longo da trajetória, em vez de determinar o trabalho quando a partícula realiza um *deslocamento*. Para aplicação, sugere-se que seja usado o procedimento mostrado a seguir.

Energia potencial

- Construa dois diagramas mostrando a partícula localizada em seus pontos inicial e final ao longo da trajetória.
- Se a partícula está submetida a um deslocamento vertical, estabeleça a referência horizontal fixa a partir da qual a energia potencial gravitacional da partícula V_g pode ser medida.
- Dados relativos à elevação y da partícula a partir da referência e a extensão ou compressão s de quaisquer molas conectadas podem ser determinados a partir da geometria associada com os dois diagramas.
- Lembre-se de que $V_g = Wy$, onde y é positivo para cima a partir da referência e negativo para baixo a partir da referência; também para uma mola, $V_e = \frac{1}{2}ks^2$, o qual é *sempre positivo*.

Conservação da energia

- Aplique a equação $T_1 + V_1 = T_2 + V_2$.
- Uma vez determinada a energia cinética, $T = \frac{1}{2}mv^2$, lembre-se de que a velocidade da partícula v deve ser medida a partir do sistema de referência inercial.

EXEMPLO 14.9

A estrutura de pórtico na fotografia é usada para testar a resposta de um avião durante uma colisão. Como mostrado na Figura 14.21a, o avião, tendo massa de 8 Mg, é içado para trás até que $\theta = 60°$, e então o cabo utilizado para puxá-lo para trás, AC, é solto quando o avião está em repouso. Determine a velocidade do avião imediatamente antes de ele colidir no solo, $\theta = 15°$. Além disso, qual é a tração máxima desenvolvida no cabo de sustentação durante o movimento? Despreze a dimensão do avião e o efeito de sustentação causado pelas asas durante o movimento.

SOLUÇÃO

Visto que a força do cabo *não realiza trabalho* sobre o avião, ela deve ser obtida utilizando-se a equação do movimento. Contudo, primeiro devemos determinar a velocidade do avião em B.

Energia potencial

Por conveniência, a referência foi estabelecida no topo do pórtico (Figura 14.21a).

Conservação da energia

$$T_A + V_A = T_B + V_B$$

$$0 - 8000 \text{ kg } (9{,}81 \text{ m/s}^2)(20 \cos 60° \text{ m}) =$$

$$\tfrac{1}{2}(8000 \text{ kg})v_B^2 - 8000 \text{ kg } (9{,}81 \text{ m/s}^2)(20 \cos 15° \text{ m})$$

$$v_B = 13{,}52 \text{ m/s} = 13{,}5 \text{ m/s} \qquad \textit{Resposta}$$

Equação do movimento

A partir do diagrama de corpo livre quando o avião está em B (Figura 14.21b), temos

$$+\nwarrow \ \Sigma F_n = ma_n;$$

$$T - (8000(9{,}81) \text{ N}) \cos 15° = (8000 \text{ kg})\frac{(13{,}52 \text{ m/s})^2}{20 \text{ m}}$$

$$T = 149 \text{ kN} \qquad \textit{Resposta}$$

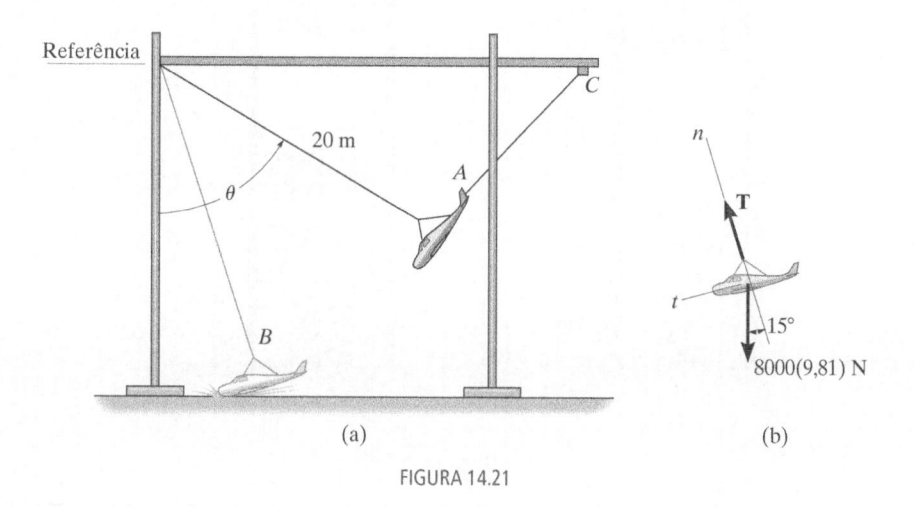

FIGURA 14.21

EXEMPLO 14.10

O aríete do bate-estaca R mostrado na Figura 14.22a tem massa de 100 kg e é solto do repouso a 0,75 m do topo de uma mola, A, que tem rigidez $k_A = 12$ kN/m. Se uma segunda mola, B, com rigidez $k_B = 15$ kN/m, está no interior de A, determine o deslocamento máximo de A necessário para parar o movimento para baixo do aríete. O comprimento não deformado de cada mola é indicado na figura. Despreze a massa das molas.

SOLUÇÃO

Energia potencial

Vamos *supor* que o aríete comprima *ambas* as molas no instante em que ele chega ao repouso. A referência está localizada no centro de gravidade do aríete em sua posição inicial (Figura 14.22b). Quando a energia cinética é reduzida a zero ($v_2 = 0$), A é comprimido de uma distância s_A e B comprime-se $s_B = s_A - 0,1$ m.

Conservação da energia

$$T_1 + V_1 = T_2 + V_2$$

$$0 + 0 = 0 + \left\{ \tfrac{1}{2} k_A s_A^2 + \tfrac{1}{2} k_B (s_A - 0,1)^2 - Wh \right\}$$

$$0 + 0 = 0 + \left\{ \tfrac{1}{2}(12000 \text{ N/m}) s_A^2 + \tfrac{1}{2}(15000 \text{ N/m})(s_A - 0,1 \text{ m})^2 \right.$$
$$\left. - 981 \text{ N} (0,75 \text{ m} + s_A) \right\}$$

Rearranjando os termos,

$$13500 s_A^2 - 2481 s_A - 660,75 = 0$$

Utilizando a fórmula quadrática e resolvendo para a raiz positiva, temos

$$s_A = 0,331 \text{ m} \qquad \qquad \textit{Resposta}$$

Visto que $s_B = 0,331$ m $- 0,1$ m $= 0,231$ m, o qual é positivo, a hipótese de que *ambas* as molas são comprimidas pelo aríete está correta.

NOTA: a segunda raiz, $s_A = -0,148$ m, não representa a situação física. Visto que s positivo é medido para baixo, o sinal negativo indica que a mola A teria de ser "distendida" em uma quantidade de 0,148 m para parar o aríete.

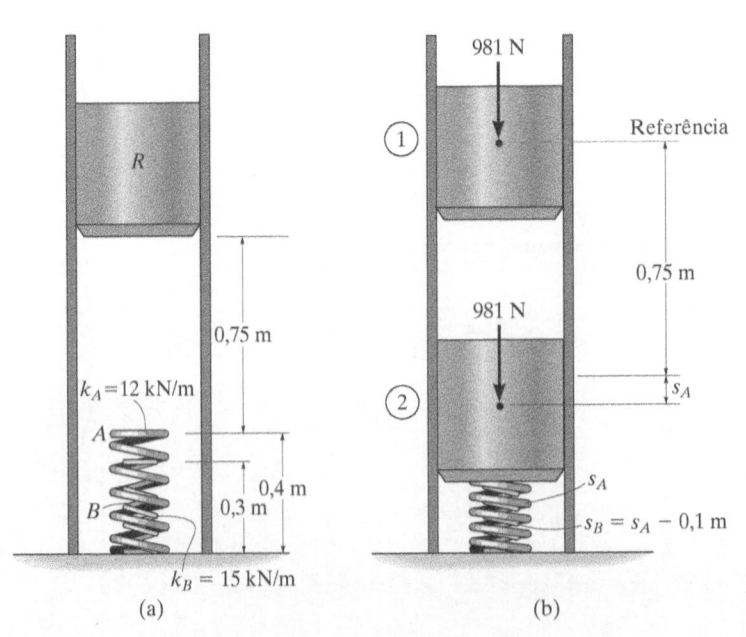

FIGURA 14.22

EXEMPLO 14.11

Um anel liso de 2 kg, mostrado na Figura 14.23a, encaixa-se folgadamente na barra vertical. Se a mola não está deformada quando o anel está na posição A, determine a velocidade com a qual o anel está se deslocando quando $y = 1$ m, se (a) ele é solto do repouso em A e (b) se ele é solto em A com velocidade $v_A = 2$ m/s *para cima*.

SOLUÇÃO

Parte (a): Energia potencial

Por conveniência, a referência é estabelecida em AB (Figura 14.23b). Quando o anel está em C, a energia potencial gravitacional é $-(mg)y$, visto que o anel está *abaixo* da referência, e a energia potencial elástica é $\frac{1}{2}ks_{CB}^2$. Aqui, $s_{CB} = 0,5$ m, que representa a *extensão* na mola, como mostrado na figura.

Conservação da energia

$$T_A + V_A = T_C + V_C$$
$$0 + 0 = \tfrac{1}{2}mv_C^2 + \left\{\tfrac{1}{2}ks_{CB}^2 - mgy\right\}$$
$$0 + 0 = \left\{\tfrac{1}{2}(2 \text{ kg})v_C^2\right\} + \left\{\tfrac{1}{2}(3 \text{ N/m})(0,5 \text{ m})^2 - 2(9,81) \text{ N}(1 \text{ m})\right\}$$
$$v_C = 4,39 \text{ m/s} \downarrow \qquad \textit{Resposta}$$

Este problema também pode ser resolvido utilizando-se a equação de movimento ou o princípio do trabalho e energia. Observe que, para *ambos* os métodos, a variação da intensidade e direção da força da mola tem de ser levada em consideração (ver Exemplo 13.4). Aqui, entretanto, a solução apresentada é claramente vantajosa, visto que os cálculos dependem *somente* de dados calculados nos pontos inicial e final da trajetória.

Parte (b): Conservação da energia

Se $v_A = 2$ m/s, usando os dados na Figura 14.23b, temos

$$T_A + V_A = T_C + V_C$$
$$\tfrac{1}{2}mv_A^2 + 0 = \tfrac{1}{2}mv_C^2 + \left\{\tfrac{1}{2}ks_{CB}^2 - mgy\right\}$$
$$\tfrac{1}{2}(2 \text{ kg})(2 \text{ m/s})^2 + 0 = \tfrac{1}{2}(2 \text{ kg})v_C^2 + \left\{\tfrac{1}{2}(3 \text{ N/m})(0,5 \text{ m})^2 - 2(9,81) \text{ N}(1 \text{ m})\right\}$$
$$v_C = 4,82 \text{ m/s} \downarrow \qquad \textit{Resposta}$$

NOTA: a energia cinética do anel depende somente da *intensidade* da velocidade e, portanto, é irrelevante se o anel está se deslocando para cima ou para baixo a 2 m/s quando solto em A.

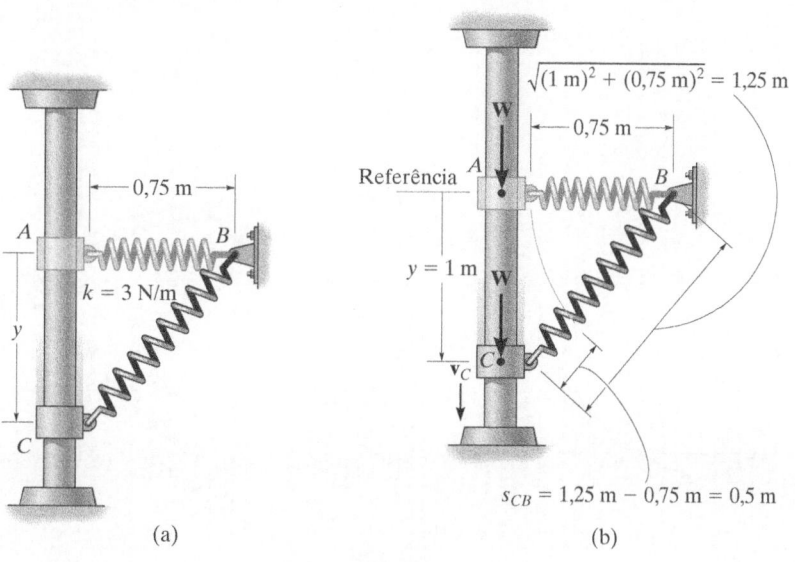

FIGURA 14.23

Problemas preliminares

P14.3. Determine a energia potencial do bloco que possui um peso de 100 N.

P14.4. Determine a energia potencial na mola que possui um comprimento não deformado de 4 m.

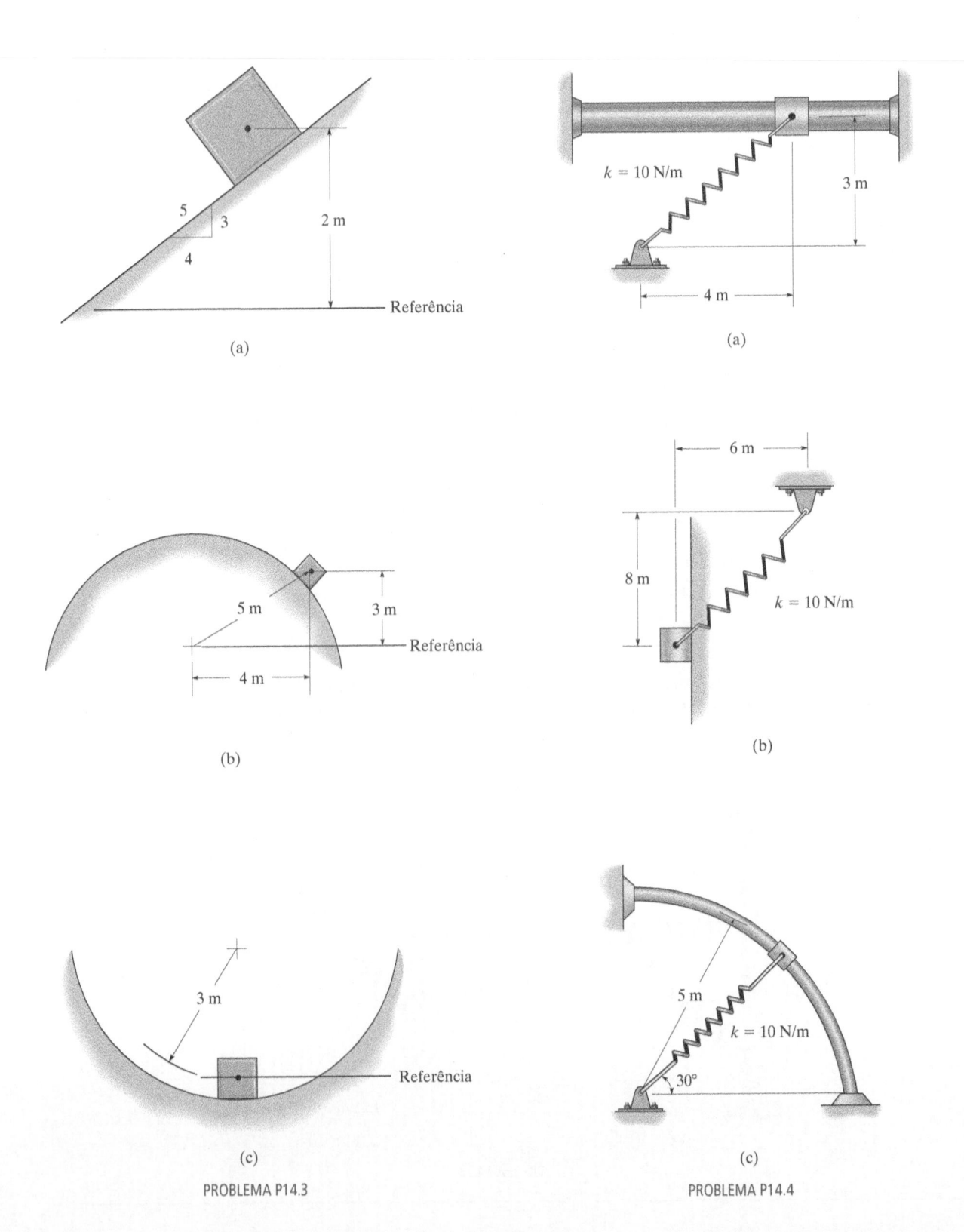

PROBLEMA P14.3

PROBLEMA P14.4

Problemas fundamentais

F14.13. A esfera do pêndulo de 2 kg é solta do repouso quando está em A. Determine a velocidade da esfera e a tração na corda quando ele passa por sua posição mais baixa, B.

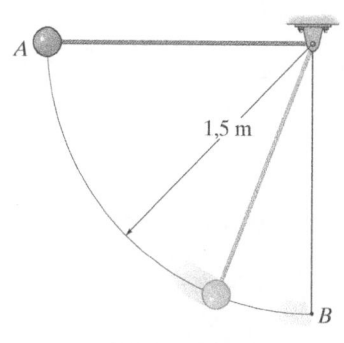

PROBLEMA F14.13

F14.14. O pacote de 2 kg deixa a esteira transportadora em A com uma velocidade $v_A = 1$ m/s e desliza na rampa lisa para baixo. Determine a velocidade necessária da esteira transportadora em B de maneira que o pacote possa ser entregue sem escorregar. Determine também a reação normal que a porção curva da rampa exerce sobre os pacotes em B se $\rho_B = 2$ m.

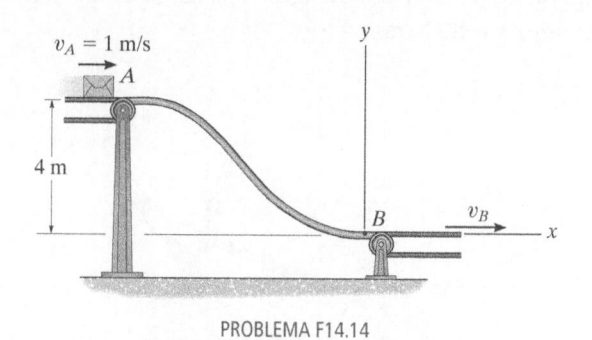

PROBLEMA F14.14

F14.15. O anel de 2 kg é submetido a uma velocidade para baixo de 4 m/s quando está em A. Se a mola tem comprimento não deformado de 1 m e rigidez $k = 30$ N/m, determine a velocidade do anel em $s = 1$ m.

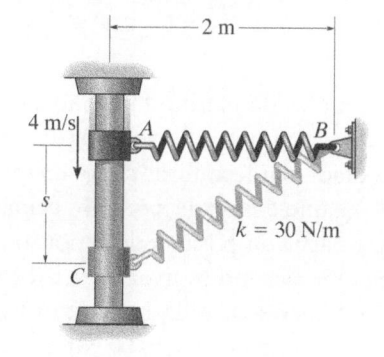

PROBLEMA F14.15

F14.16. O anel de 5 kg é solto do repouso em A e desloca-se ao longo da guia sem atrito. Determine a velocidade do anel quando ele bate no apoio B. A mola tem comprimento não deformado de 0,5 m.

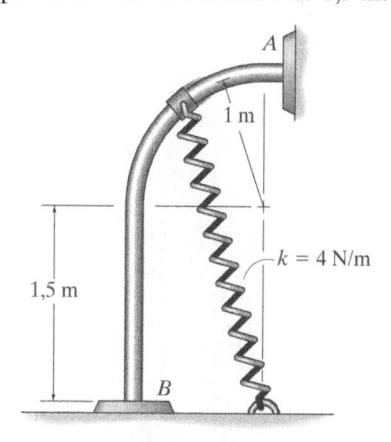

PROBLEMA F14.16

F14.17. O bloco de 35 kg é solto do repouso 1,5 m acima da placa. Determine a compressão de cada mola quando o bloco momentaneamente chega ao repouso após bater na placa. Despreze a massa da placa. As molas estão inicialmente não deformadas.

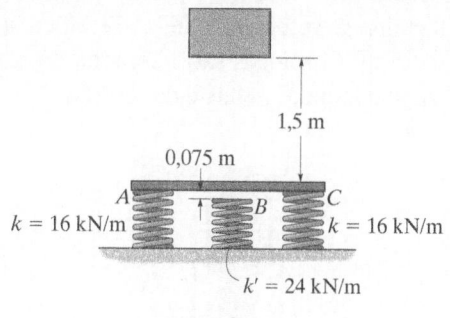

PROBLEMA F14.17

F14.18. O anel C de 4 kg tem velocidade $v_A = 2$ m/s quando está em A. Se a barra-guia é lisa, determine a velocidade do anel quando ele está em B. A mola tem comprimento não deformado $l_0 = 0,2$ m.

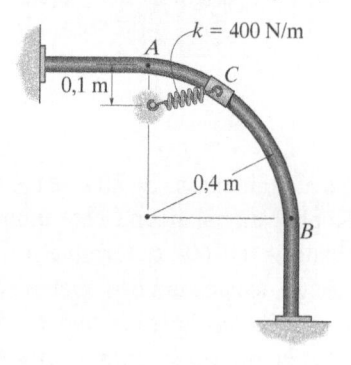

PROBLEMA F14.18

Problemas

14.66. O conjunto consiste em dois blocos A e B, que possuem massa de 20 e 30 kg, respectivamente. Determine a distância que B precisa descer a fim de que A atinja uma velocidade de 3 m/s partindo do repouso.

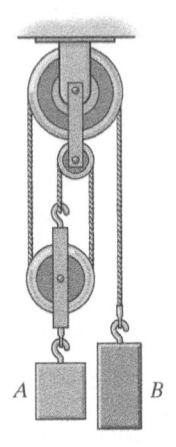

PROBLEMA 14.66

14.67. O conjunto consiste em dois blocos A e B, que possuem massa de 20 e 30 kg, respectivamente. Determine a velocidade de cada bloco quando B desce 1,5 m. Os blocos são liberados do repouso. Despreze a massa das polias e das cordas.

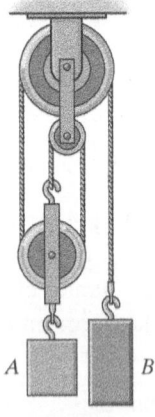

PROBLEMA 14.67

*__14.68.__ A garota tem massa de 40 kg e centro de massa em G. Se ela está balançando até uma altura máxima definida por $\theta = 60°$, determine a força desenvolvida ao longo de cada um dos quatro postes de suporte, como AB, no instante em que $\theta = 0°$. O balanço está localizado no centro entre os postes.

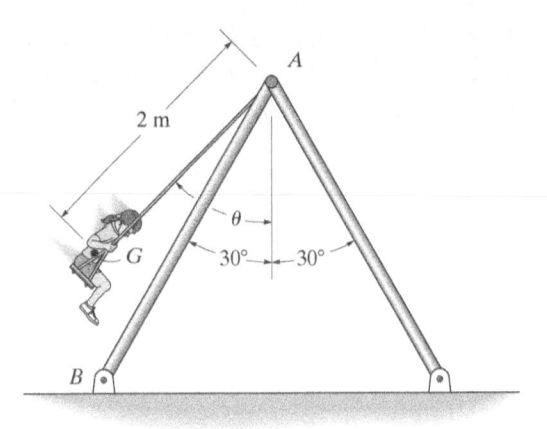

PROBLEMA 14.68

14.69. Cada uma das duas tiras de elástico do estilingue tem um comprimento não estendido de 180 mm. Se elas são puxadas para trás para a posição mostrada e soltas do repouso, determine a altura máxima que a pedra de 30 gramas alcançará se for disparada verticalmente para cima. Despreze a massa das tiras de borracha e a variação na elevação da pedra enquanto é restrita pelas tiras de elástico. Cada tira tem rigidez $k = 80$ N/m.

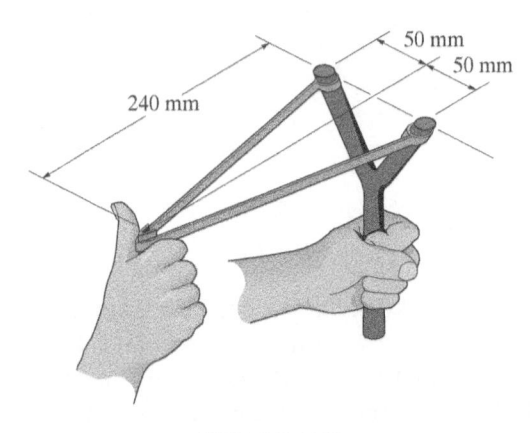

PROBLEMA 14.69

14.70. Duas molas de mesmo tamanho são "aninhadas" a fim de formar um amortecedor de impacto. Se ele for projetado para capturar o movimento de uma massa de 2 kg que é largada $s = 0,5$ m acima do topo das molas a partir da posição de repouso, e a compressão máxima das molas tiver de ser 0,2 m, determine a rigidez necessária da mola interna, k_B, se a mola externa tem rigidez $k_A = 400$ N/m.

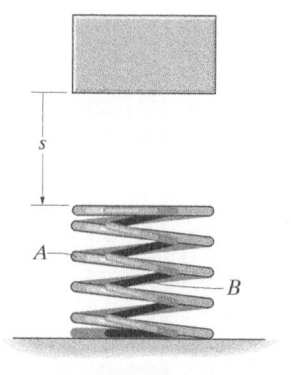

PROBLEMA 14.70

14.71. O anel de 5 kg tem velocidade de 5 m/s para a direita quando está em A. Depois, ele desce pela guia lisa. Determine a velocidade do anel quando ele atinge o ponto B. A mola tem comprimento não deformado de 100 mm e B está localizado imediatamente antes do final da parte curva da barra.

*****14.72.** O anel de 5 kg tem velocidade de 5 m/s para a direita quando está em A. Depois, ele atravessa a guia lisa. Determine sua velocidade quando seu centro atinge o ponto B e a força normal que ele exerce sobre a barra nesse ponto. A mola tem comprimento não deformado de 100 mm e B está localizado imediatamente antes do final da parte curva da barra.

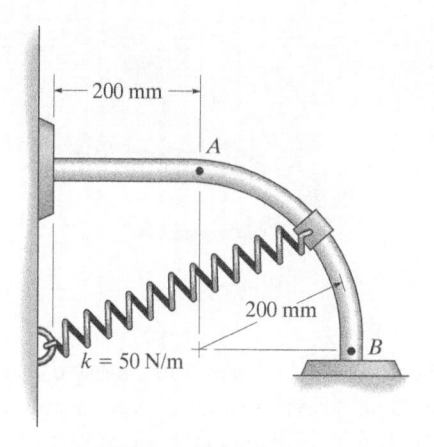

PROBLEMAS 14.71 e 14.72

14.73. O carrinho de montanha-russa tem massa de 700 kg, incluindo seu passageiro, e parte do topo da estrutura A com velocidade $v_A = 3$ m/s. Determine a altura mínima h da estrutura de maneira que o carrinho dê a volta nos dois *loops* internos sem sair dos trilhos. Despreze o atrito, a massa das rodas e a dimensão do carrinho. Qual é a reação normal sobre o carrinho quando ele está em B e em C? Considere $\rho_B = 7{,}5$ m e $\rho_C = 5$ m.

14.74. O carrinho de montanha-russa tem massa de 700 kg, incluindo seu passageiro. Se ele é solto do repouso no topo da estrutura A, determine a altura mínima h da estrutura de maneira que o carrinho dê a volta nos dois *loops* internos sem deixar os trilhos. Despreze o atrito, a massa das rodas e a dimensão do carrinho. Qual é a reação normal sobre o carrinho quando ele está em B e em C? Considere $\rho_B = 7{,}5$ m e $\rho_C = 5$ m.

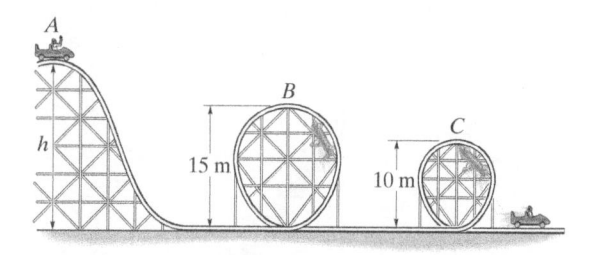

PROBLEMAS 14.73 e 14.74

14.75. A bola de 2 kg de tamanho desprezível é disparada do ponto A com velocidade inicial de 10 m/s subindo o plano liso inclinado. Determine a distância do ponto C até onde ela atinge a superfície horizontal em D. Além disso, qual é sua velocidade quando ela atinge a superfície?

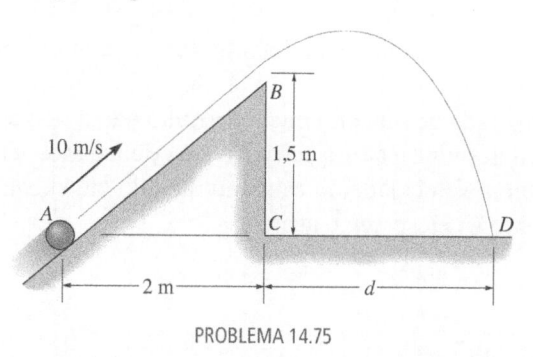

PROBLEMA 14.75

*****14.76.** O anel liso de 4 kg tem velocidade de 3 m/s quando está em $s = 0$. Determine a distância máxima s que ele atravessa antes de parar momentaneamente. A mola tem um comprimento não deformado de 1 m.

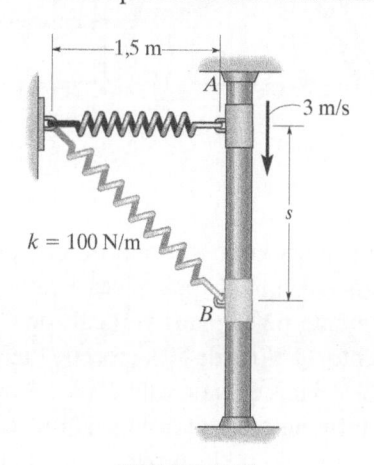

PROBLEMA 14.76

14.77. A mola tem rigidez $k = 200$ N/m e comprimento não deformado de 0,5 m. Se ela estiver presa a um anel liso de 3 kg e o anel parte do repouso em A, determine a velocidade do anel quando ele atinge B. Despreze o tamanho do anel.

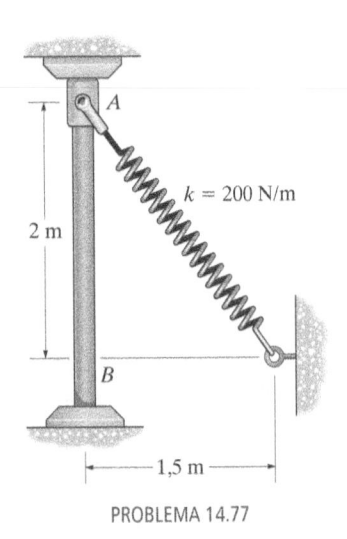

PROBLEMA 14.77

14.78. O carrinho de montanha-russa, de massa m, é solto do repouso no ponto A. Se a pista precisa ser projetada de maneira que o carrinho não a deixe em B, determine a altura necessária h. Além disso, determine a velocidade do carrinho quando ele chega ao ponto C. Despreze o atrito.

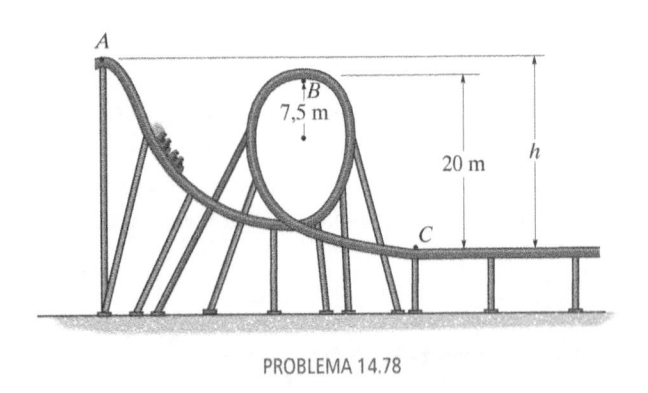

PROBLEMA 14.78

14.79. Uma mola com 750 mm de comprimento é comprimida e confinada pela placa P, que pode deslizar livremente pelos pinos verticais de 600 mm de comprimento. O bloco de 40 kg recebe uma velocidade inicial $v = 5$ m/s quando está em $h = 2$ m acima da placa. Determine até que distância a placa se move para baixo quando o bloco para momentaneamente após atingi-la. Despreze a massa da placa.

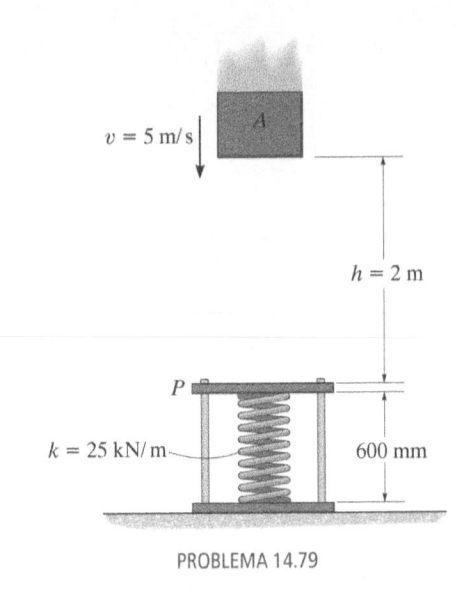

PROBLEMA 14.79

*14.80. A mola tem rigidez $k = 50$ N/m e comprimento não deformado de 0,3 m. Se ela estiver presa ao anel liso de 2 kg e o anel parte do repouso em A ($\theta = 0°$), determine a velocidade do anel quando $\theta = 60°$. O movimento ocorre no plano horizontal. Despreze o tamanho do anel.

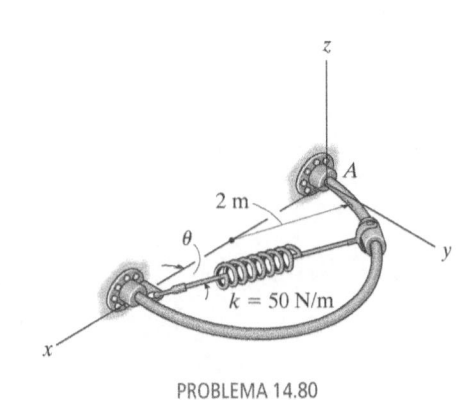

PROBLEMA 14.80

14.81. Se a massa da Terra é M_e, mostre que a energia potencial gravitacional de um corpo de massa m localizado à distância r do centro da Terra é $V_g = -GM_em/r$. Lembre-se de que a força gravitacional que atua entre a Terra e o corpo é $F = G(M_em/r^2)$, Equação 13.1. Para o cálculo, estabeleça a referência $r \to \infty$. Além disso, prove que F é uma força conservativa.

14.82. Um foguete de massa m é lançado verticalmente da superfície da Terra, ou seja, em $r = r_1$. Supondo que nenhuma massa seja perdida enquanto ele sobe, determine o trabalho que ele deverá realizar contra a gravidade para atingir uma distância r_2. A força da gravidade é $F = GM_em/r^2$, Equação 13.1, onde M_e é a massa da Terra e r é a distância entre o foguete e o centro da Terra.

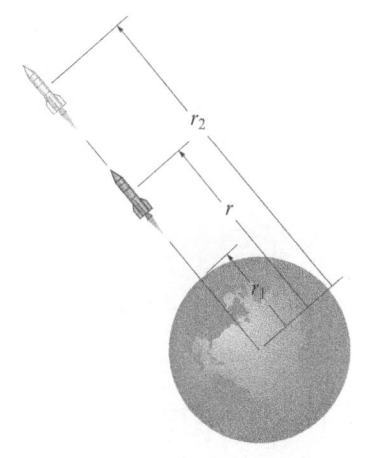

PROBLEMAS 14.81 e 14.82

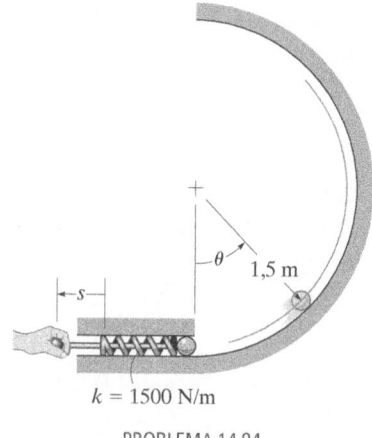

PROBLEMA 14.84

14.83. Quando $s = 0$, a mola no mecanismo de disparo está não deformada. Se o braço for puxado para trás, de modo que $s = 100$ mm, e liberado, determine a velocidade da bola de 0,3 kg e a reação normal da pista circular sobre a bola quando $\theta = 60°$. Suponha que todas as superfícies de contato sejam lisas. Despreze a massa da mola e a dimensão da bola.

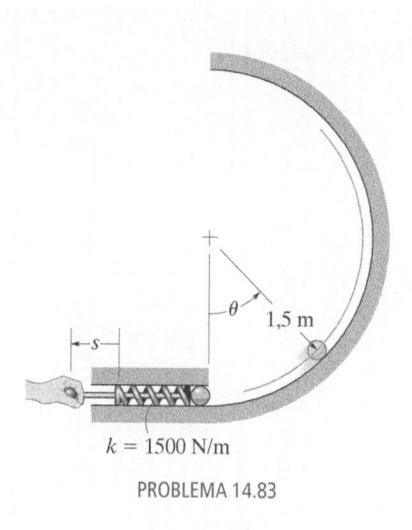

PROBLEMA 14.83

*__14.84.__ Quando $s = 0$, a mola no mecanismo de disparo está não deformada. Se o braço for puxado para trás, de modo que $s = 100$ mm, e liberado, determine o ângulo θ máximo que a bola atingirá sem sair da pista circular. Suponha que todas as superfícies de contato sejam lisas. Despreze a massa da mola e a dimensão da bola.

14.85. Quando a caixa de 5 kg atinge o ponto A, ela tem velocidade escalar $v_A = 10$ m/s. Determine a força normal que a caixa exerce sobre a superfície quando ela atinge o ponto B. Despreze o atrito e a dimensão da caixa.

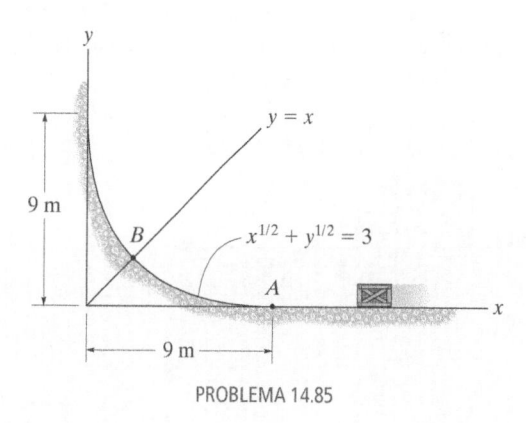

PROBLEMA 14.85

14.86. Quando a caixa de 5 kg atinge o ponto A, ela tem uma velocidade escalar $v_A = 10$ m/s. Determine que altura a caixa sobe pela superfície antes de parar. Além disso, qual é a força normal resultante sobre a superfície nesse ponto e sua aceleração? Despreze o atrito e a dimensão da caixa.

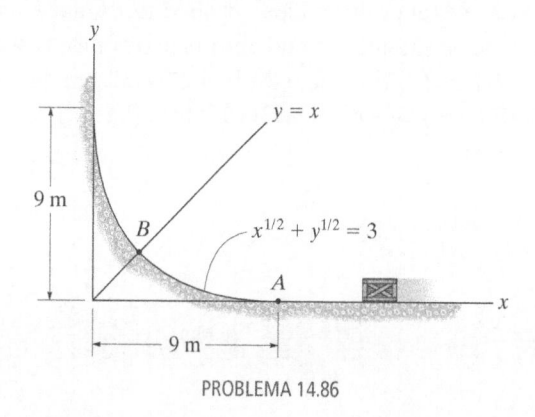

PROBLEMA 14.86

14.87. Quando a caixa de 6 kg atinge o ponto A, ela tem velocidade escalar $v_A = 2$ m/s. Determine o ângulo θ em que ela sai da rampa circular lisa e a distância s até onde ela cai no carrinho. Despreze o atrito.

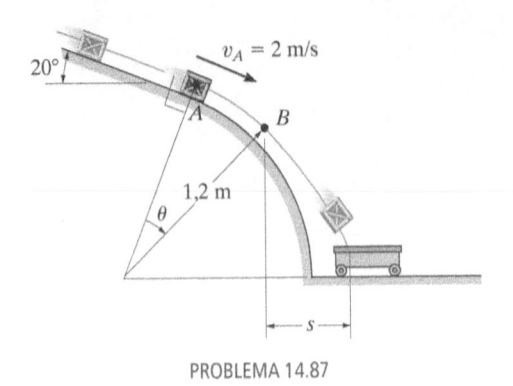

PROBLEMA 14.87

***14.88.** O esquiador parte do repouso em A e desce a rampa. Se o atrito e a resistência do ar puderem ser desprezados, determine sua velocidade v_B quando ele atinge B. Além disso, calcule a distância s até onde ele atinge o solo em C, se fizer o salto passando horizontalmente por B. Despreze o tamanho do esquiador. Ele tem massa de 70 kg.

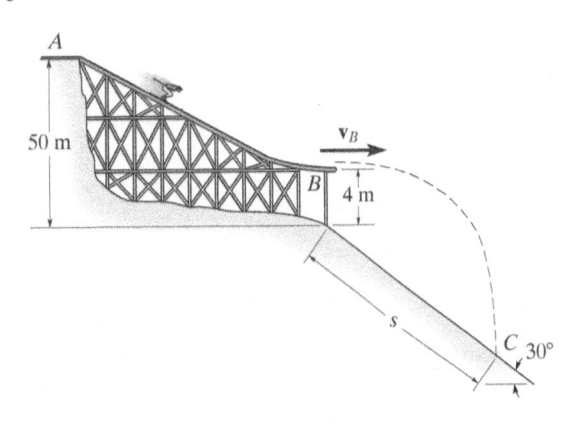

PROBLEMA 14.88

14.89. Um satélite de 60 kg viaja em voo livre ao longo de uma órbita elíptica de modo que, em A, onde $r_A =$ 20 Mm, ele tem velocidade $v_A = 40$ Mm/h. Qual é a velocidade do satélite quando ele atinge o ponto B, onde $r_B = 80$ Mm? *Dica:* veja o Problema 14.81, em que M_e = 5,976(10^{24}) kg e $G = 66,73(10^{-12})$ m³/(kg · s²).

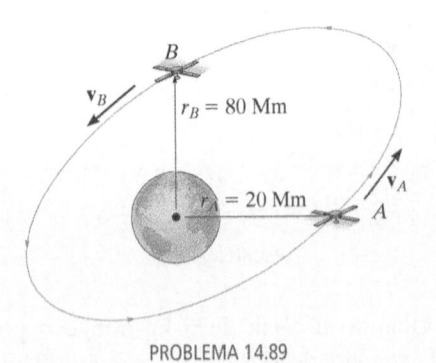

PROBLEMA 14.89

14.90. O bloco tem massa de 20 kg e é lançado do repouso quando $s = 0,5$ m. Se a massa dos amortecedores A e B puder ser desprezada, determine a deformação máxima de cada mola em decorrência da colisão.

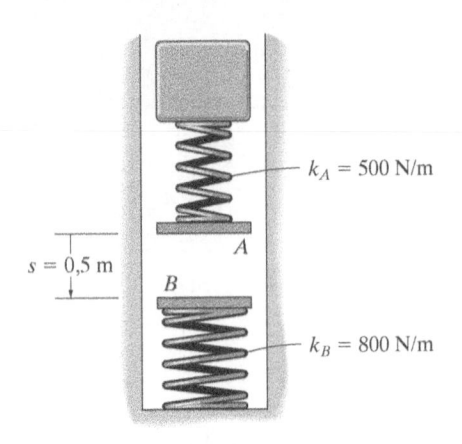

PROBLEMA 14.90

14.91. A esfera de 0,75 kg de um pêndulo é lançada do repouso na posição A por uma mola com rigidez $k = 6$ kN/m e que está comprimida em 125 mm. Determine a velocidade da esfera e a tensão na corda quando a esfera está nas posições B e C. O ponto B está localizado no percurso onde o raio de curvatura ainda é 0,6 m, ou seja, imediatamente antes que a corda se torne horizontal.

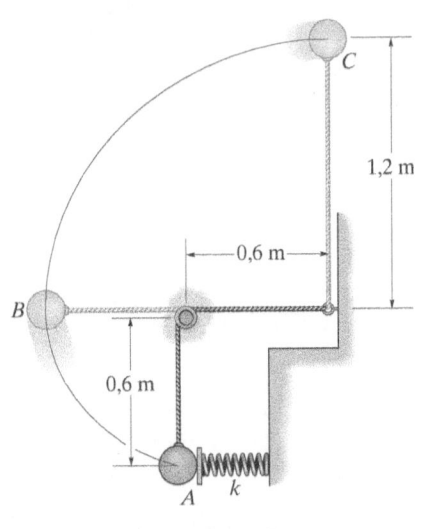

PROBLEMA 14.91

*****14.92.** O Raptor é uma montanha-russa de trilho externo em que os passageiros são presos a assentos semelhantes a cadeiras de um teleférico. Se os carrinhos viajam a $v_0 = 4$ m/s quando estão no topo da estrutura, determine sua velocidade quando eles estão no topo do *loop* e a reação de um passageiro de 70 kg em seu assento nesse instante. O carrinho tem massa de 50 kg. Considere $h = 12$ m, $\rho = 5$ m. Despreze o atrito e a dimensão do carrinho e do passageiro.

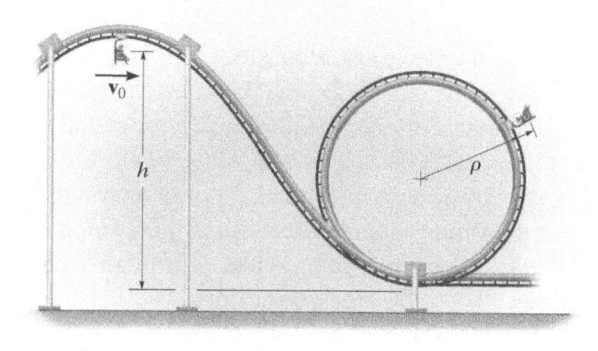

PROBLEMA 14.92

14.93. Se o cilindro de 20 kg é solto a partir do repouso em $h = 0$, determine a rigidez k necessária de cada mola, de modo que seu movimento pare quando $h = 0{,}5$ m. Cada mola tem um comprimento não deformado de 1 m.

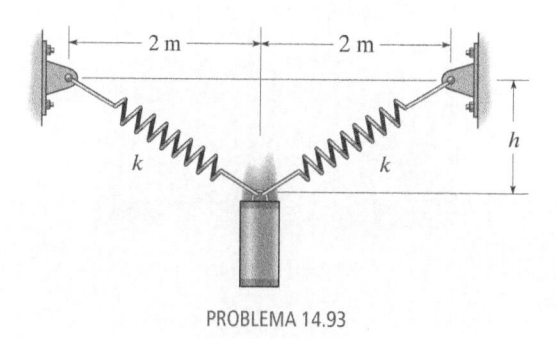

PROBLEMA 14.93

14.94. O cilindro tem massa de 20 kg e é solto do repouso quando $h = 0$. Determine sua velocidade quando $h = 3$ m. Cada mola tem rigidez $k = 40$ N/m e comprimento não deformado de 2 m.

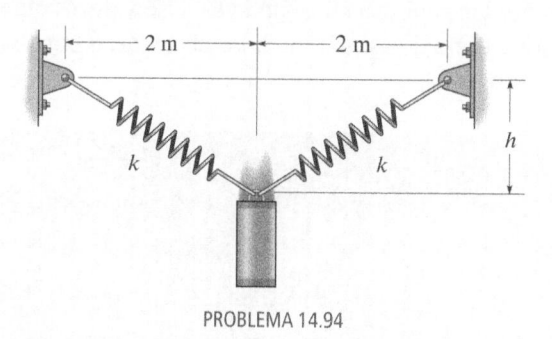

PROBLEMA 14.94

14.95. Um tubo com um quarto de circunferência AB e raio médio r contém uma corrente lisa que possui massa por comprimento unitário de m_0. Se a corrente for solta do repouso a partir da posição mostrada, determine sua velocidade quando ela aparecer completamente fora do tubo.

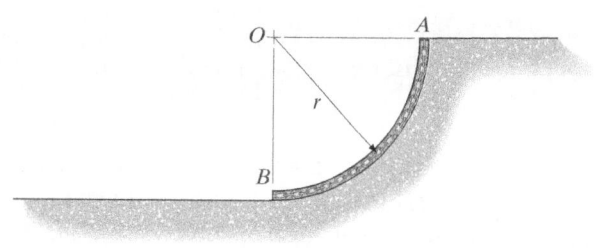

PROBLEMA 14.95

*14.96. A esfera C de 10 kg é lançada do repouso quando $\theta = 0°$ e a tração na mola é de 100 N. Determine a velocidade da esfera no instante em que $\theta = 90°$. Despreze a massa da haste AB e a dimensão da esfera.

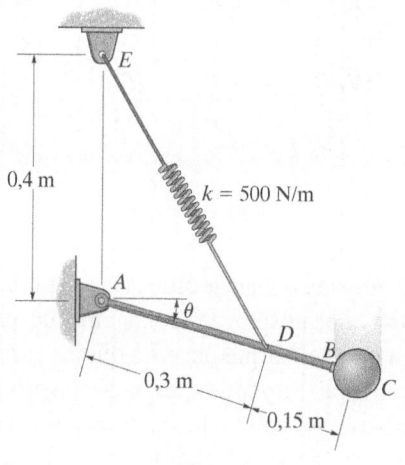

PROBLEMA 14.96

14.97. A bandeja de massa desprezível é presa a duas molas idênticas de rigidez $k = 250$ N/m. Se uma caixa de 10 kg é solta de uma altura de 0,5 m acima da bandeja, determine o deslocamento vertical d máximo. Inicialmente, cada mola tem tração de 50 N.

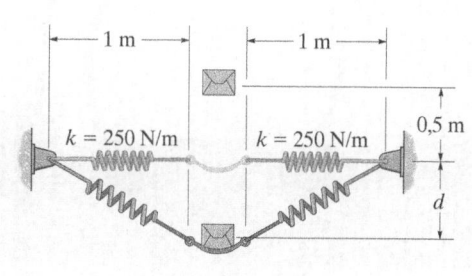

PROBLEMA 14.97

Problemas conceituais

C14.1. O carrinho da montanha-russa está momentaneamente em repouso em A. Determine a força normal aproximada que ele exerce sobre a pista em B. Determine também sua aceleração aproximada nesse ponto. Utilize dados numéricos e faça medidas em escala a partir da fotografia com uma altura conhecida em A.

PROBLEMA C14.1

C14.2. Conforme o anel grande gira, o operador pode aplicar um mecanismo de frenagem que prende os carrinhos ao anel, o que permite que os carrinhos girem com o anel. Supondo que os passageiros não estejam presos com cintos de segurança nos carrinhos, determine a menor velocidade do anel (carrinhos), de maneira que nenhum passageiro caia. Quando o operador deve soltar o freio de maneira que os carrinhos possam alcançar sua maior velocidade enquanto deslizam livremente no anel? Estime a maior força normal do assento sobre um passageiro quando essa velocidade é alcançada. Utilize valores numéricos para explicar sua resposta.

C14.3. A mulher puxa o lançador de balão de água para trás, esticando cada uma das quatro cordas elásticas. Estime a altura máxima e o alcance máximo do balão colocado dentro do recipiente se ele for solto a partir da posição mostrada. Use valores numéricos e quaisquer medidas necessárias pela fotografia. Suponha que o comprimento não deformado e a rigidez de cada corda sejam conhecidos.

PROBLEMA C14.3

C14.4. A garota está momentaneamente em repouso na posição mostrada. Se o comprimento não deformado e a rigidez de cada uma das duas cordas elásticas são conhecidos, determine aproximadamente até onde a garota desce antes que fique momentaneamente em repouso mais uma vez. Use valores numéricos e tome quaisquer medidas necessárias com base na fotografia.

PROBLEMA C14.2

PROBLEMA C14.4

Revisão do capítulo

Trabalho de uma força

Uma força realiza trabalho quando sofre um deslocamento ao longo de sua linha de ação. Se a força varia com o deslocamento, o trabalho é $U = \int F \cos\theta \, ds$.

Graficamente, isso representa a área sob o diagrama $F - s$.

Se a força é constante, para um deslocamento Δs na direção da força, $U = F_c \, \Delta s$. Um exemplo típico deste caso é o trabalho de um peso, $U = -W \Delta y$. Aqui, Δy é o deslocamento vertical.

O trabalho realizado por uma força de mola, $F = ks$, depende da extensão ou compressão s da mola.

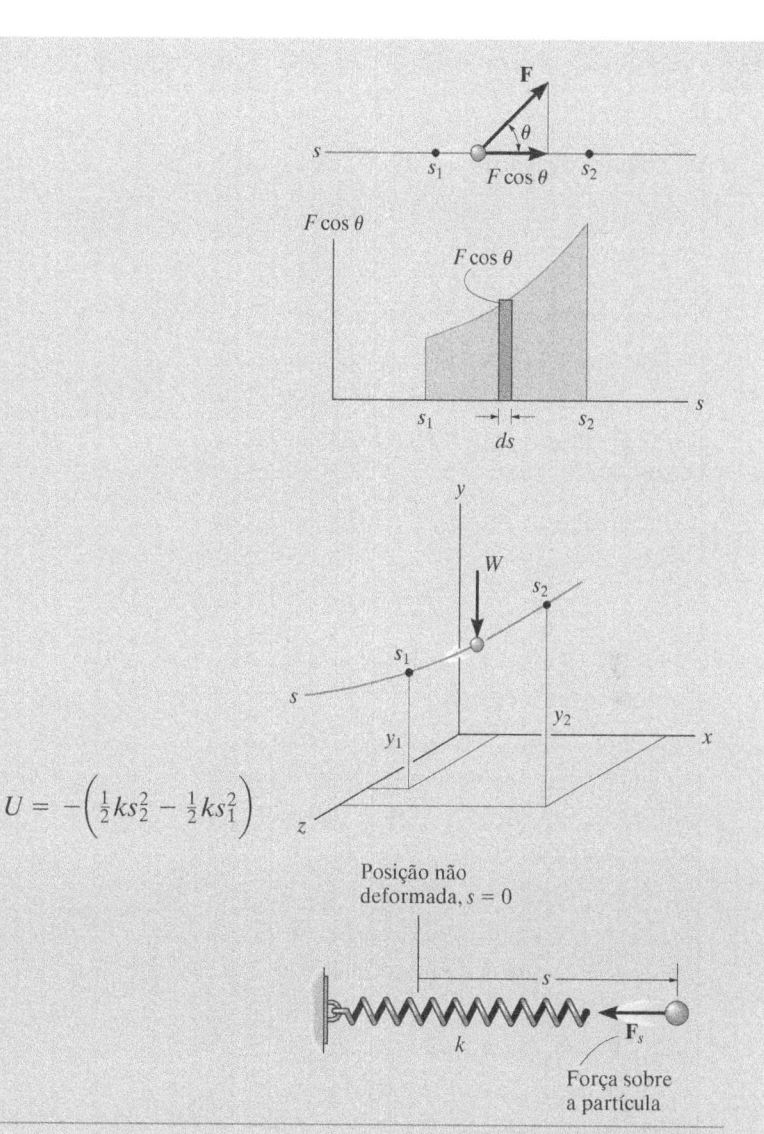

$$U = -\left(\tfrac{1}{2}ks_2^2 - \tfrac{1}{2}ks_1^2\right)$$

O princípio do trabalho e energia

Se a equação do movimento na direção tangencial, $\Sigma F_t = ma_t$, é combinada com a equação cinemática, $a_t \, ds = v \, dv$, obtemos o princípio do trabalho e energia. Essa equação estabelece que a energia cinética inicial T, mais o trabalho realizado ΣU_{1-2}, é igual à energia cinética final.

$$T_1 + \Sigma U_{1-2} = T_2$$

O princípio do trabalho e energia é útil para resolver problemas que envolvem força, velocidade e deslocamento. Para aplicação, o diagrama de corpo livre da partícula deve ser construído a fim de identificar as forças que realizam trabalho.

Potência e eficiência

Potência é a taxa temporal com que um trabalho é realizado. Para aplicação, a força **F** desenvolvendo a potência e sua velocidade **v** têm de ser especificadas.

$$P = \frac{dU}{dt}$$

$$P = \mathbf{F} \cdot \mathbf{v}$$

Eficiência representa a razão entre a potência de saída e a potência de entrada. Em razão de perdas por atrito, ela é sempre menor que um.

$$\varepsilon = \frac{\text{potência de saída}}{\text{potência de entrada}}$$

Conservação da energia

Uma força conservativa realiza trabalho que é independente de sua trajetória. Dois exemplos são o peso de uma partícula e a força de mola.

Atrito é uma força não conservativa, visto que o trabalho depende do comprimento da trajetória. Quanto mais longa a trajetória, maior o trabalho realizado.

O trabalho realizado por uma força conservativa depende de sua posição em relação a uma referência. Quando este trabalho é calculado com relação a uma referência, ele é chamado de energia potencial. Para um peso, ele é $V_g = \pm Wy$, e para uma mola ele é $V_e = +\frac{1}{2}ks^2$.

Energia mecânica consiste na energia cinética T e energias potenciais gravitacionais e elásticas V. De acordo com a conservação de energia, essa soma é constante e tem o mesmo valor em qualquer posição na trajetória. Se apenas forças gravitacionais e de mola causam movimento da partícula, a equação da conservação da energia pode ser usada para solucionar problemas envolvendo essas forças conservativas, deslocamento e velocidade.

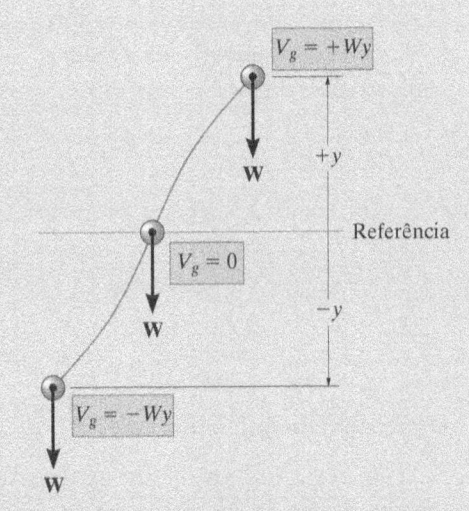

Energia potencial gravitacional

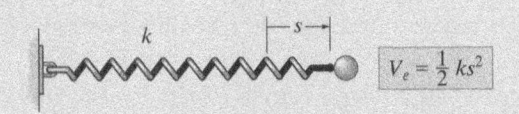

Energia potencial elástica

$$T_1 + V_1 = T_2 + V_2$$

Problemas de revisão

R14.1. Se uma caixa de 50 kg é lançada do repouso em A, determine sua velocidade escalar depois que ela deslizou por 10 m plano abaixo. O coeficiente de atrito cinético entre a caixa e o plano é $\mu_k = 0{,}3$.

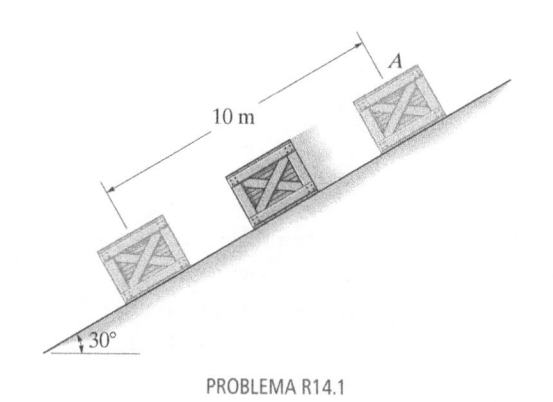

PROBLEMA R14.1

R14.2. O pequeno anel de 1 kg partindo do repouso em A desliza para baixo pela barra lisa. Durante o movimento, o anel sofre uma força $\mathbf{F} = \{50\mathbf{i} + 30y\mathbf{j} + 10z\mathbf{k}\}$ N, em que x, y, z são dados em metros. Determine a velocidade escalar do anel quando ele atinge a parede em B.

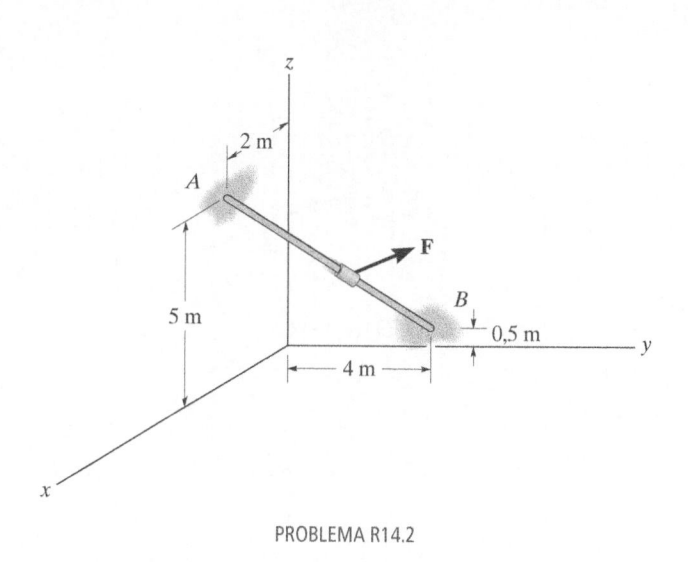

PROBLEMA R14.2

R14.3. O bloco tem massa de 0,75 kg e desliza ao longo da calha lisa AB. Ele é lançado do repouso em A, que possui coordenadas $A(2{,}5\text{ m}; 0{,}5\text{ m})$. Determine a velocidade escalar com que ele desliza ao sair em B, que possui coordenadas $B(0{,}4\text{ m}; 0)$.

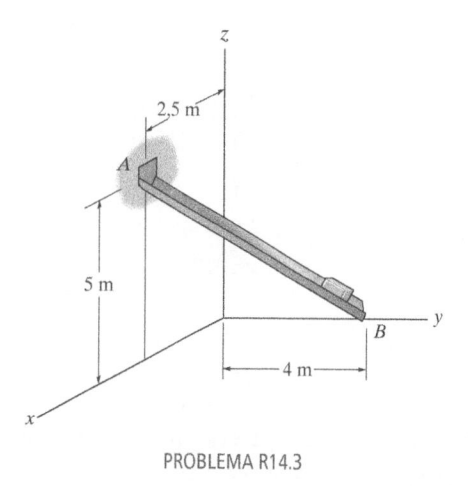

PROBLEMA R14.3

R14.4. O bloco tem massa de 0,5 kg e move-se dentro da fenda vertical lisa. Se o bloco parte do repouso quando a mola *conectada* está na posição não deformada em A, determine a força vertical *constante* F que deve ser aplicada à corda de modo que o bloco alcance uma velocidade $v_B = 2{,}5$ m/s quando atinge B; $s_B = 0{,}15$ m. Despreze a massa da corda e da polia.

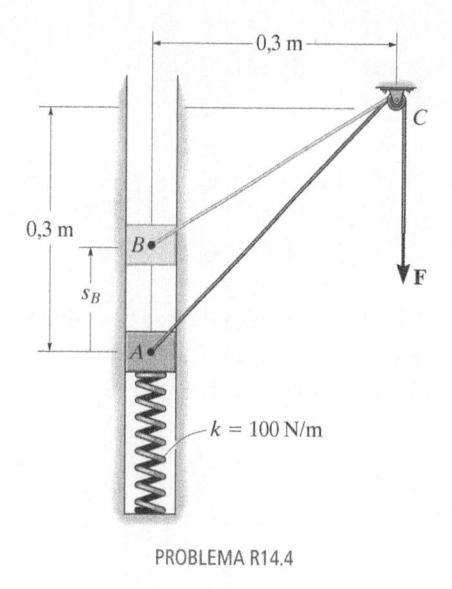

PROBLEMA R14.4

R14.5. A caixa, com massa de 25 kg, é erguida pelo sistema de polia e motor M. Se a caixa parte do repouso e, por aceleração constante, atinge velocidade de 6 m/s depois de subir por 3 m, determine a potência que precisa ser fornecida ao motor no instante $s = 3$ m. O motor tem eficiência $\varepsilon = 0{,}74$.

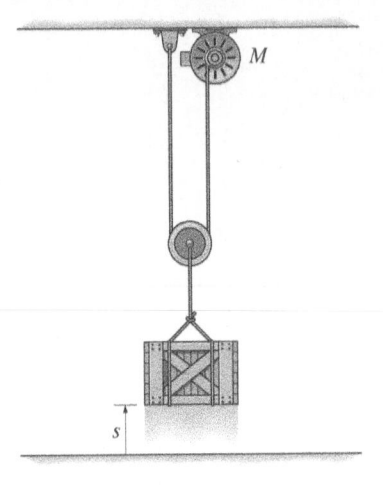

R14.6. A carga de 25 kg é erguida pelo sistema de polias e motor M. Se o motor exerce uma força constante de 150 N sobre o cabo, determine a potência que deverá ser fornecida ao motor se a carga foi erguida por $s = 3$ m partindo do repouso. O motor tem eficiência $\varepsilon = 0{,}76$.

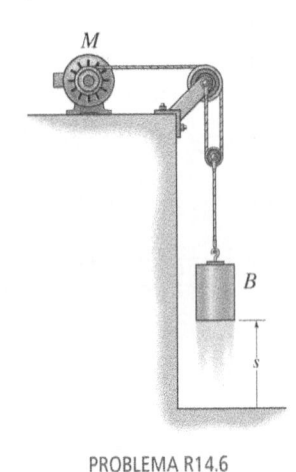

R14.7. O anel de tamanho desprezível tem massa de 0,25 kg e está preso a uma mola com um comprimento não deformado de 100 mm. Se o anel é solto do repouso em A e percorre a guia lisa, determine sua velocidade imediatamente antes de alcançar o ponto B.

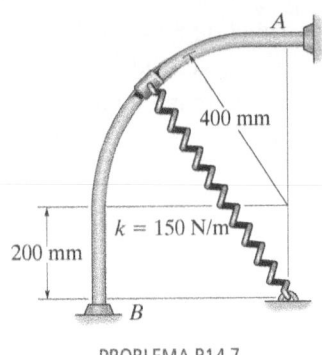

R14.8. Os blocos A e B têm massa de 5 kg e 15 kg, respectivamente. Eles são conectados por uma corda leve e correm pelos sulcos sem atrito. Determine a velocidade de cada bloco depois que A se move 2 m para cima ao longo do plano. Os blocos partem do repouso.

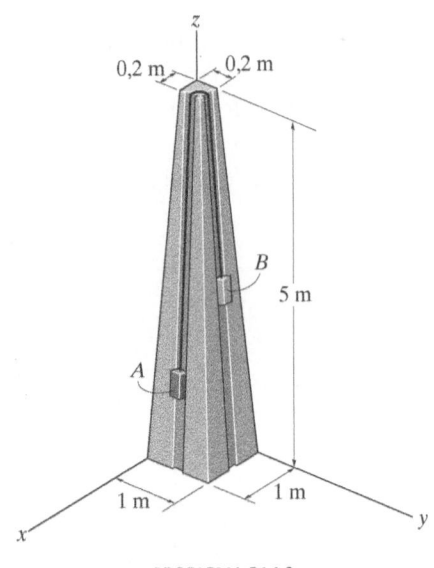

CAPÍTULO 15

Cinética de partículas: impulso e quantidade de movimento

O projeto dos carros bate-bate usados nesse parque de diversões requer o conhecimento dos princípios de impulso e quantidade de movimento linear.

(© David J. Green/Alamy)

15.1 Princípio do impulso e quantidade de movimento linear

Objetivos

- Desenvolver o princípio do impulso e quantidade de movimento linear de uma partícula e aplicá-lo à resolução de problemas que envolvem força, velocidade e tempo.
- Estudar a conservação da quantidade de movimento linear de partículas.
- Analisar a mecânica do impacto.
- Introduzir o conceito do impulso e quantidade de movimento angular.
- Resolver problemas que envolvem fluidos com escoamento estacionário e propulsão com massa variável.

Nesta seção, integraremos a equação do movimento em relação ao tempo, obtendo, dessa forma, o princípio do impulso e quantidade de movimento. A equação resultante será útil para resolver problemas que envolvem força, velocidade e tempo.

Usando a cinemática, a equação do movimento de uma partícula de massa m pode ser escrita como

$$\Sigma \mathbf{F} = m\mathbf{a} = m\frac{d\mathbf{v}}{dt} \qquad (15.1)$$

onde $\mathbf{a}$ e $\mathbf{v}$ são medidas a partir de um sistema de referência inercial. Rearranjando os termos e integrando entre os limites $\mathbf{v} = \mathbf{v}_1$ em $t = t_1$ e $\mathbf{v} = \mathbf{v}_2$ em $t = t_2$, temos

$$\Sigma \int_{t_1}^{t_2} \mathbf{F} dt = m \int_{\mathbf{v}_1}^{\mathbf{v}_2} d\mathbf{v}$$

ou

$$\Sigma \int_{t_1}^{t_2} \mathbf{F} dt = m\mathbf{v}_2 - m\mathbf{v}_1 \qquad (15.2)$$

Essa equação é chamada de *princípio do impulso e quantidade de movimento linear*. Da derivação pode ser visto que ela é simplesmente uma integração no tempo da equação de movimento. Fornece uma *forma direta* de obtenção da velocidade final da partícula, $\mathbf{v}_2$, após um período de tempo específico, quando a velocidade inicial da partícula é conhecida e as forças que atuam sobre a partícula são constantes ou podem ser expressas como funções do tempo. Em comparação, se $\mathbf{v}_2$ fosse determinada usando a equação de movimento, seria necessário um processo em dois passos; ou seja, aplicar $\Sigma \mathbf{F} = m\mathbf{a}$ para obter $\mathbf{a}$, e em seguida integrar $\mathbf{a} = d\mathbf{v}/dt$ para obter $\mathbf{v}_2$.

Quantidade de movimento linear

Cada um dos dois vetores da forma $\mathbf{L} = m\mathbf{v}$ na Equação 15.2 é chamado de quantidade de movimento linear da partícula. Visto que m é um escalar positivo, o vetor quantidade de movimento linear tem a mesma direção de $\mathbf{v}$, e sua intensidade mv tem unidades de massa vezes velocidade, por exemplo, kg · m/s.

Impulso linear

A integral $\mathbf{I} = \int \mathbf{F}\, dt$ na Equação 15.2 é chamada de *impulso linear*. Esse termo é uma quantidade vetorial que mede o efeito de uma força durante o tempo em que atua. Visto que o tempo é um escalar positivo, o impulso age na mesma direção que a força, e sua intensidade tem unidades de força vezes tempo; por exemplo, N · s.*

Se a força for expressa como uma função de tempo, o impulso pode ser determinado por avaliação direta da integral. Em particular, se a força for constante tanto em intensidade quanto em direção, o impulso resultante será

$$\mathbf{I} = \int_{t_1}^{t_2} \mathbf{F}_c\, dt = \mathbf{F}_c(t_2 - t_1).$$

A intensidade do impulso pode ser representada graficamente pela área sombreada sob a curva de força *versus* tempo (Figura 15.1). Uma força constante cria a área sombreada retangular mostrada na Figura 15.2.

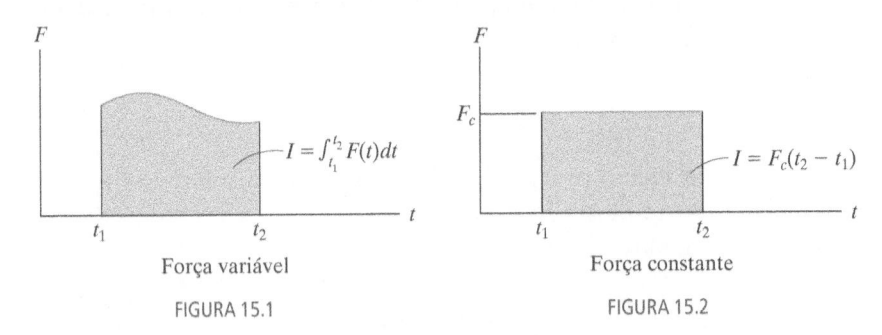

A ferramenta de impulso é usada para consertar o amassado no para-lama do *trailer*. Para fazer isso, primeiro sua extremidade é parafusada em um furo feito no para-lama, depois o peso é segurado e puxado para cima, atingindo o anel de retenção. O impulso desenvolvido é transferido ao longo do eixo da ferramenta e puxa o amassado de uma vez.

Força variável
FIGURA 15.1

Força constante
FIGURA 15.2

Princípio do impulso e quantidade de movimento linear

Para resolução de problemas, a Equação 15.2 será reescrita na forma

$$m\mathbf{v}_1 + \Sigma \int_{t_1}^{t_2} \mathbf{F}\, dt = m\mathbf{v}_2 \qquad (15.3)$$

---

* Embora as unidades de impulso e quantidade de movimento sejam definidas de modo diferente, pode-se demonstrar que a Equação 15.2 é dimensionalmente homogênea.

que estabelece que a quantidade de movimento inicial da partícula, no tempo t_1, mais a soma de todos os impulsos aplicados na partícula de t_1 a t_2, é equivalente à quantidade de movimento final da partícula no tempo t_2. Esses três termos estão ilustrados graficamente nos *diagramas do impulso e quantidade de movimento* mostrados na Figura 15.3. Os dois *diagramas da quantidade de movimento* são simplesmente formas delineadas da partícula, que indicam a direção e a intensidade das quantidades de movimento inicial e final da partícula, $m\mathbf{v}_1$ e $m\mathbf{v}_2$. Semelhante ao diagrama de corpo livre, o *diagrama do impulso* é uma forma delineada da partícula, que mostra todos os impulsos que atuam na partícula quando ela está localizada em algum ponto intermediário ao longo de sua trajetória.

O estudo de muitos tipos de esportes, como o golfe, requer a aplicação do princípio do impulso e quantidade de movimento linear.

Se cada um dos vetores na Equação 15.3 for decomposto em suas componentes x, y e z, podemos escrever as três equações escalares seguintes, do impulso e quantidade de movimento linear.

$$m(v_x)_1 + \Sigma \int_{t_1}^{t_2} F_x \, dt = m(v_x)_2$$

$$m(v_y)_1 + \Sigma \int_{t_1}^{t_2} F_y \, dt = m(v_y)_2 \qquad (15.4)$$

$$m(v_z)_1 + \Sigma \int_{t_1}^{t_2} F_z \, dt = m(v_z)_2$$

15.2 Princípio do impulso e quantidade de movimento linear para um sistema de partículas

O princípio do impulso e quantidade de movimento linear para um sistema de partículas movendo-se em relação a um referencial inercial (Figura 15.4) é obtido da equação do movimento aplicada a todas as partículas do sistema, ou seja,

$$\Sigma \mathbf{F}_i = \Sigma m_i \frac{d\mathbf{v}_i}{dt} \qquad (15.5)$$

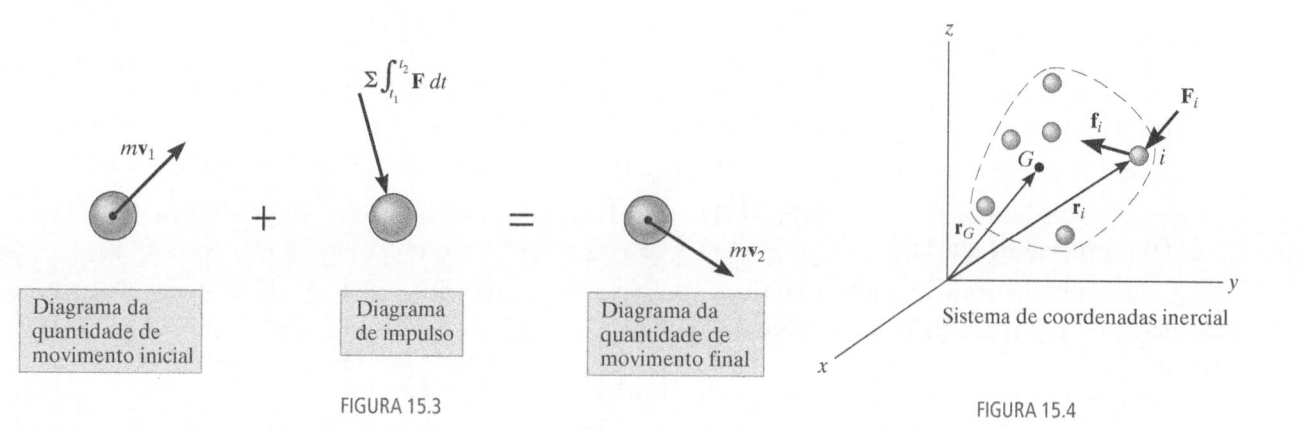

Diagrama da quantidade de movimento inicial + Diagrama de impulso = Diagrama da quantidade de movimento final

FIGURA 15.3

Sistema de coordenadas inercial

FIGURA 15.4

O termo do lado esquerdo representa somente a soma das *forças externas* atuando nas partículas. Lembre-se de que as forças internas $\mathbf{f}_i$ atuando entre partículas não aparecem nessa soma, visto que, pela terceira lei de Newton, elas ocorrem em pares colineares iguais, mas opostos e, portanto, cancelam-se. Multiplicando-se ambos os lados da Equação 15.5 por dt e integrando-se entre os limites $t = t_1$, $\mathbf{v}_i = (\mathbf{v}_i)_1$ e $t = t_2$, $\mathbf{v}_i = (\mathbf{v}_i)_2$, obtém-se

$$\Sigma m_i(\mathbf{v}_i)_1 + \Sigma \int_{t_1}^{t_2} \mathbf{F}_i\, dt = \Sigma m_i(\mathbf{v}_i)_2 \qquad (15.6)$$

Essa equação estabelece que a quantidade de movimento linear inicial do sistema, mais os impulsos de todas as *forças externas* que agem no sistema, de t_1 a t_2, são iguais à quantidade de movimento linear final do sistema.

Visto que a posição do centro de massa G do sistema é determinada a partir de $m\mathbf{r}_G = \Sigma m_i \mathbf{r}_i$, onde $m = \Sigma m_i$ é a massa total de todas as partículas (Figura 15.4), fazendo-se a derivada temporal, teremos

$$m\mathbf{v}_G = \Sigma m_i \mathbf{v}_i$$

a qual estabelece que a quantidade de movimento linear total do sistema de partículas é equivalente à quantidade de movimento linear de uma partícula agregada "fictícia" de massa $m = \Sigma m_i$ movendo-se com a velocidade do centro de massa do sistema. A substituição na Equação 15.6 resulta em

$$m(\mathbf{v}_G)_1 + \Sigma \int_{t_1}^{t_2} \mathbf{F}_i\, dt = m(\mathbf{v}_G)_2 \qquad (15.7)$$

Aqui, a quantidade de movimento linear inicial da partícula agregada, mais os impulsos externos que atuam sobre o sistema de partículas, de t_1 a t_2, é igual à quantidade de movimento linear final da partícula agregada. Como resultado, a equação anterior justifica a aplicação do princípio do impulso e quantidade de movimento linear a um sistema de partículas que compõem um corpo rígido.

Procedimento para análise

O princípio do impulso e quantidade de movimento linear é usado para resolver problemas que envolvem *força*, *tempo* e *velocidade*, visto que esses termos estão envolvidos na formulação. Para a aplicação, sugere-se que seja usado o procedimento indicado a seguir.[*]

Diagrama de corpo livre

- Estabeleça o sistema de referência inercial x, y, z e construa o diagrama de corpo livre da partícula, de modo a considerar todas as forças que produzem impulsos nela.
- A direção e o sentido das velocidades inicial e final da partícula devem ser estabelecidos.
- Se um vetor for desconhecido, suponha que o sentido de suas componentes está na direção positiva das coordenadas inerciais.
- Como procedimento alternativo, construa os diagramas do impulso e quantidade de movimento da partícula, como discutido em referência à Figura 15.3.

---

[*] Esse procedimento será seguido quando se desenvolverem as provas e a teoria no texto.

Princípio do impulso e quantidade de movimento

- De acordo com o sistema de coordenadas estabelecido, aplique o princípio do impulso e quantidade de movimento linear, $m\mathbf{v}_1 + \Sigma \int_{t_1}^{t_2} \mathbf{F}\, dt = m\mathbf{v}_2$. Se o movimento ocorrer no plano x–y, as duas equações escalares componentes podem ser formuladas ou decompondo as componentes do vetor $\mathbf{F}$, a partir do diagrama de corpo livre, ou usando os dados dos diagramas do impulso e quantidade de movimento.

- Observe que cada força que atua no diagrama de corpo livre da partícula criará um impulso, embora algumas dessas forças não realizem nenhum trabalho.

- Forças que forem funções do tempo devem ser integradas para obter o impulso. Graficamente, o impulso é igual à área sob a curva força-tempo.

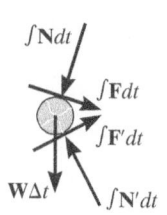

Quando as rodas da máquina lançadora giram, elas aplicam impulsos de atrito à bola de beisebol, dando-lhe, assim, uma quantidade de movimento linear. Esses impulsos são mostrados no diagrama de impulsos. Aqui, tanto os impulsos de atrito quanto os normais variam com o tempo. Em comparação, o impulso do peso é constante e muito pequeno, visto que o tempo Δt durante o qual a bola fica em contato com as rodas é muito pequeno.

EXEMPLO 15.1

A caixa de 100 kg mostrada na Figura 15.5a está originalmente em repouso sobre a superfície horizontal lisa. Se uma força de reboque de 200 N, atuando em um ângulo de 45°, for aplicada à caixa por 10 s, determine a velocidade final e a força normal que a superfície exerce sobre a caixa durante esse intervalo de tempo.

SOLUÇÃO

Este problema pode ser resolvido usando o princípio do impulso e quantidade de movimento, visto que envolve força, velocidade e tempo.

Diagrama de corpo livre

Veja a Figura 15.5b. Como todas as forças atuando são *constantes*, os impulsos são simplesmente o produto da intensidade da força e dos 10 s [$\mathbf{I} = \mathbf{F}_c(t_2 - t_1)$]. Observe o procedimento alternativo de construir os diagramas do impulso e quantidade de movimento da caixa (Figura 15.5c).

Princípio de impulso e quantidade de movimento

Aplicar a Equação 15.4 resulta em

$(\xrightarrow{+})$
$$m(v_x)_1 + \Sigma \int_{t_1}^{t_2} F_x\, dt = m(v_x)_2$$

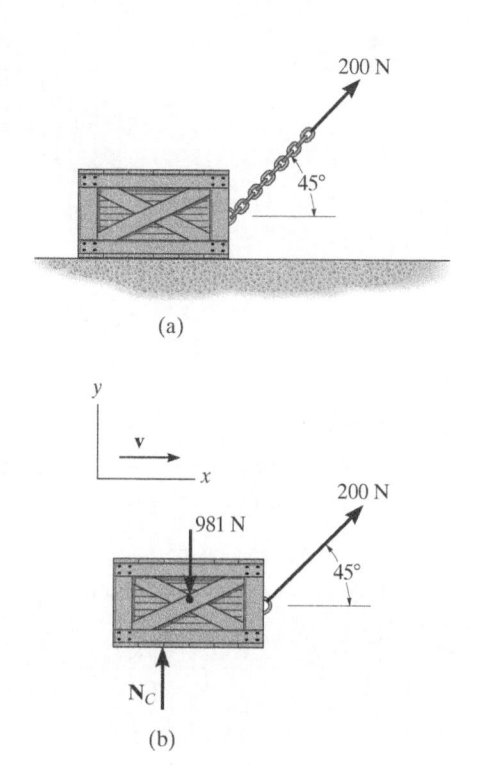

$$0 + 200\text{ N}\cos 45°(10\text{ s}) = (100\text{ kg})v_2$$

$$v_2 = 14{,}1\text{ m/s} \quad \textit{Resposta}$$

FIGURA 15.5

$$(+\uparrow) \qquad m(v_y)_1 + \Sigma \int_{t_1}^{t_2} F_y\, dt = m(v_y)_2$$

$$0 + N_C(10\text{ s}) - 981\text{ N}(10\text{ s}) + 200\text{ N sen } 45°(10\text{ s}) = 0$$

$$N_C = 840\text{ N} \qquad\qquad \textit{Resposta}$$

NOTA: visto que nenhum movimento ocorre na direção y, a aplicação direta da equação de equilíbrio $\Sigma F_y = 0$ dá o mesmo resultado para N_C. Tente resolver o problema aplicando primeiro $\Sigma F_x = ma_x$, depois $v = v_0 + a_c t$.

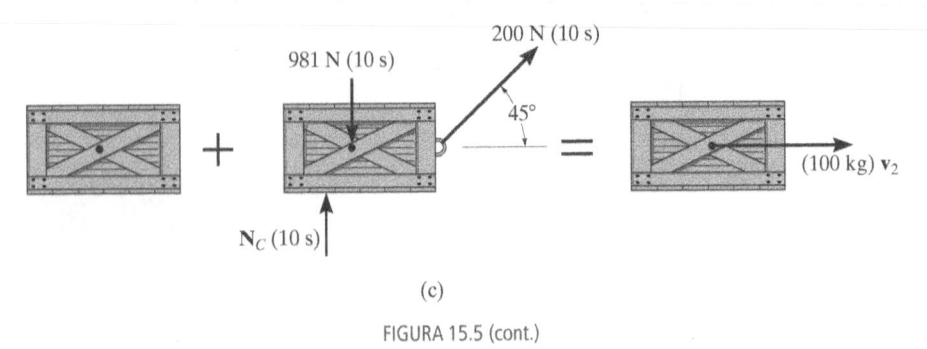

FIGURA 15.5 (cont.)

EXEMPLO 15.2

Na caixa de 25 kg mostrada na Figura 15.6a, é exercida uma força que tem intensidade variável $P = (100t)$ N, onde t está em segundos. Determine a velocidade da caixa 2 s depois de **P** ter sido aplicada. A velocidade inicial é $v_1 = 1$ m/s, descendo o plano inclinado, e o coeficiente de atrito cinético entre a caixa e o plano é $\mu_k = 0{,}3$.

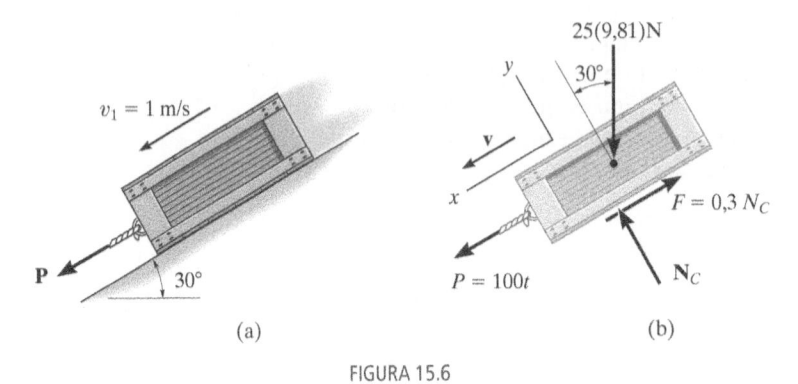

FIGURA 15.6

SOLUÇÃO

Diagrama de corpo livre

Veja a Figura 15.6b. Visto que a intensidade da força $P = 100t$ varia com o tempo, o impulso criado deve ser determinado integrando-se sobre o intervalo de tempo de 2 s.

Princípio do impulso e quantidade de movimento

Aplicando a Equação 15.4 na direção x, temos

$$(+\swarrow) \qquad m(v_x)_1 + \Sigma \int_{t_1}^{t_2} F_x\, dt = m(v_x)_2$$

$$(25\text{ kg})(1\text{ m/s}) + \int_0^{2\text{ s}} 100t\, dt - 0{,}3 N_C(2\text{ s}) + (25\text{ kg})(9{,}81\text{ m/s}^2)\operatorname{sen} 30°(2\text{ s}) = (25\text{ kg})v_2$$

$$25 + 200 - 0{,}6 N_C + 245{,}25 = 25 v_2$$

Capítulo 15 – Cinética de partículas: impulso e quantidade de movimento **217**

A equação de equilíbrio pode ser aplicada na direção y. Por quê?

$$+\nwarrow \Sigma F_y = 0; \qquad N_C - 25(9{,}81) \cos 30° \text{ N} = 0$$

Resolvendo,

$$N_C = 212{,}39 \text{ N}$$
$$v_2 = 13{,}7 \text{ m/s} \checkmark \qquad \textit{Resposta}$$

NOTA: também podemos resolver este problema usando a equação do movimento. Da Figura 15.6b,

$$+\swarrow \Sigma F_x = ma_x; \quad 100t - 0{,}3(212{,}39) + 25(9{,}81) \operatorname{sen} 30° = 25a$$
$$a = 4t + 2{,}356$$

Utilizando a cinemática,

$$+\swarrow dv = a\,dt; \qquad \int_{1\text{ m/s}}^{v} dv = \int_{0}^{2\,s} (4t + 2{,}356)\,dt$$
$$v = 13{,}7 \text{ m/s} \qquad \textit{Resposta}$$

Em comparação, a aplicação do princípio do impulso e quantidade de movimento elimina a necessidade de usar cinemática ($a = dv/dt$) e, portanto, fornece um método de solução mais fácil.

EXEMPLO 15.3

Os blocos A e B mostrados na Figura 15.7a têm massa de 3 e 5 kg, respectivamente. Se o sistema for liberado do repouso, determine a velocidade do bloco B em 6 s. Despreze a massa das polias e do cabo.

SOLUÇÃO
Diagrama de corpo livre

Veja a Figura 15.7b. Visto que o peso de cada bloco é constante, as trações no cabo também serão constantes. Além do mais, visto que a massa da polia D é desprezada, a tração no cabo será $T_A = 2T_B$. Note que se presume que ambos os blocos estão se movendo para baixo nas direções coordenadas positivas, s_A e s_B.

Princípio do impulso e quantidade de movimento

Bloco A:

$(+\downarrow) \qquad m(v_A)_1 + \Sigma \int_{t_1}^{t_2} F_y\,dt = m(v_A)_2$

$$0 - 2T_B(6 \text{ s}) + 3(9{,}81)\text{ N}(6 \text{ s}) = (3 \text{ kg})(v_A)_2 \qquad (1)$$

Bloco B:

$(+\downarrow) \qquad m(v_B)_1 + \Sigma \int_{t_1}^{t_2} F_y\,dt = m(v_B)_2$

$$0 + 5(9{,}81)\text{ N}(6 \text{ s}) - T_B(6 \text{ s}) = (5 \text{ kg})(v_B)_2 \qquad (2)$$

(a)

FIGURA 15.7

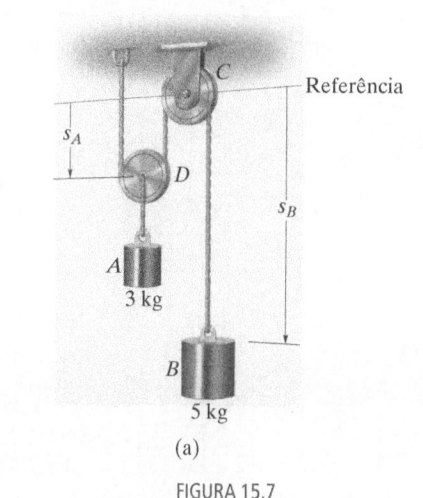

218 DINÂMICA

Cinemática

Visto que os blocos estão sujeitos a movimentos dependentes, a velocidade de A pode ser relacionada à de B, utilizando-se a análise cinemática discutida na Seção 12.9. Uma referência horizontal é estabelecida pelo ponto fixo em C (Figura 15.7a), e as coordenadas de posição, s_A e s_B, estão relacionadas ao comprimento total constante l, dos segmentos verticais do cabo, pela equação

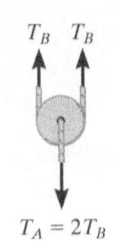

$$2s_A + s_B = l$$

Fazendo-se a derivada temporal, temos

$$2v_A = -v_B \qquad (3)$$

Como indicado pelo sinal negativo, quando B se move para baixo, A move-se para cima. Substituindo-se esse resultado na Equação 1 e resolvendo-se as equações 1 e 2, obtém-se

$$(v_B)_2 = 35{,}8 \text{ m/s} \downarrow$$

$$T_B = 19{,}2 \text{ N} \qquad \qquad \textit{Resposta}$$

NOTA: perceba que a direção *positiva* (para baixo) para $\mathbf{v}_A$ e $\mathbf{v}_B$ é *consistente* nas figuras 15.7a e 15.7b, e nas equações 1 a 3. Isso é importante, porque procuramos uma solução simultânea das equações.

(b)

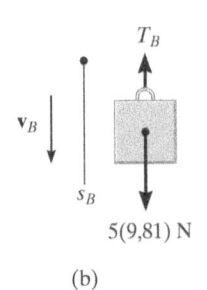

FIGURA 15.7 (cont.)

Problemas preliminares

P15.1. Determine o impulso da força para $t = 2$ s.

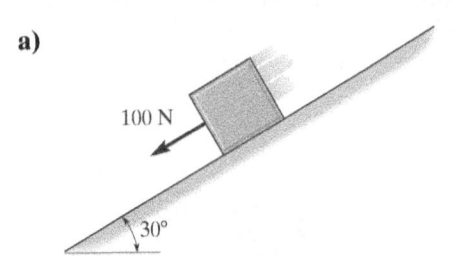

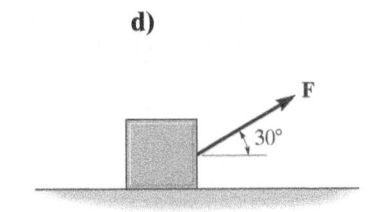

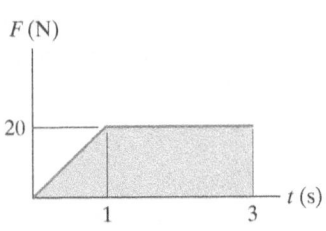

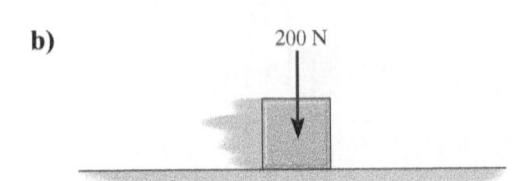

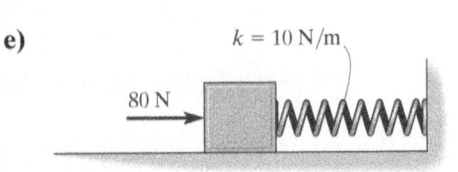

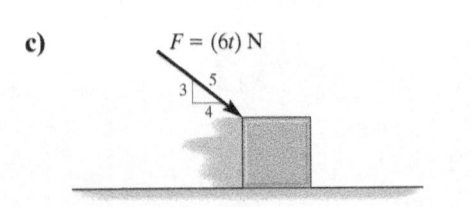

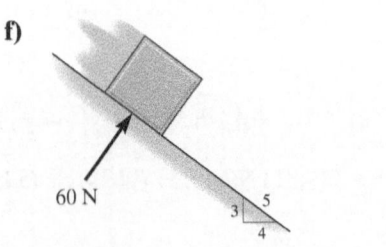

a) 100 N, 30°

b) 200 N

c) $F = (6t)$ N, 3-4-5

d) F, 30°; F(N) gráfico: 20 N, trapézio de 0 a 1 a 3 s

e) 80 N, $k = 10$ N/m

f) 60 N, 3-4-5

PROBLEMA P15.1

P15.2. Determine a quantidade de movimento linear do bloco de 10 kg.

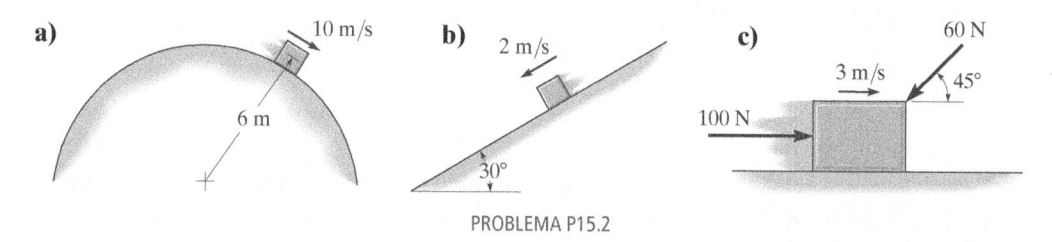

a) 10 m/s, 6 m

b) 2 m/s, 30°

c) 100 N, 3 m/s, 60 N a 45°

PROBLEMA P15.2

Problemas fundamentais

F15.1. A bola de 0,5 kg atinge o solo áspero e ricocheteia com as velocidades mostradas. Determine a intensidade do impulso que o solo exerce sobre a bola. Suponha que a bola não deslize quando atinge o solo, e despreze a dimensão da bola e o impulso produzido pelo peso dela.

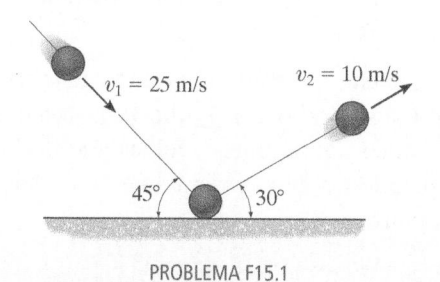

$v_1 = 25$ m/s, 45°; $v_2 = 10$ m/s, 30°

PROBLEMA F15.1

F15.2. Se o coeficiente de atrito cinético entre a caixa de 75 kg e o solo é $\mu_k = 0,2$, determine a velocidade da caixa quando $t = 4$ s. A caixa parte do repouso e é arrastada pela força de 500 N.

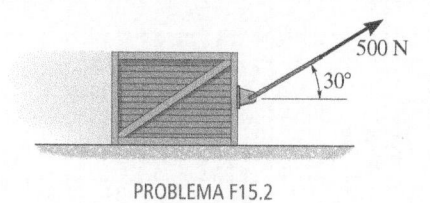

500 N, 30°

PROBLEMA F15.2

F15.3. O motor exerce uma força de $F = (20t^2)$ N sobre o cabo, onde t é dado em segundos. Determine a velocidade da caixa quando $t = 4$ s. Os coeficientes de atrito estático e cinético entre a caixa e o plano são $\mu_s = 0,3$ e $\mu_k = 0,25$, respectivamente.

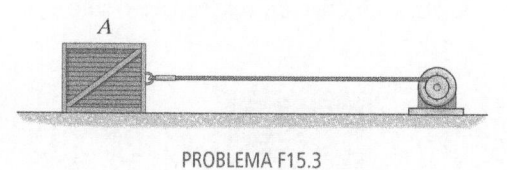

PROBLEMA F15.3

F15.4. As rodas do carro de 1,5 Mg geram a força de tração **F** descrita pelo gráfico. Se o carro parte do repouso, determine sua velocidade quando $t = 6$ s.

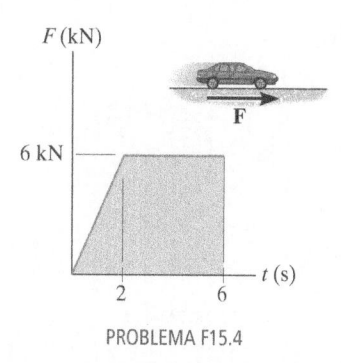

F (kN); 6 kN; 2, 6 t (s)

PROBLEMA F15.4

F15.5. O veículo de tração nas quatro rodas de 2,5 Mg puxa um reboque de 1,5 Mg. A força de tração desenvolvida nas rodas é $F_D = 9$ kN. Determine a velocidade do veículo em 20 segundos, partindo do repouso. Além disso, determine a tração desenvolvida no engate A entre o veículo e o reboque. Despreze a massa das rodas.

PROBLEMA F15.5

F15.6. O bloco A, de 10 kg, atinge uma velocidade de 1 m/s em 5 segundos, partindo do repouso. Determine a tração no cabo e o coeficiente de atrito cinético entre o bloco A e o plano horizontal. Despreze o peso da polia. O bloco B tem massa de 8 kg.

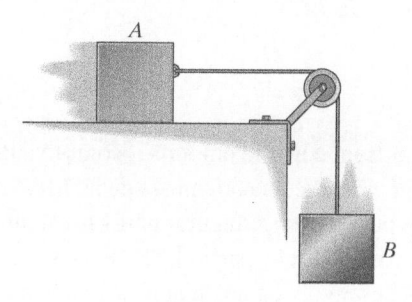

PROBLEMA F15.6

Problemas

15.1. Um homem chuta a bola de 150 g de modo que ela deixa o solo a um ângulo de 60° e o atinge na mesma elevação a uma distância de 12 m. Determine o impulso de seu pé na bola em A. Despreze o impulso causado pelo peso da bola enquanto ela está sendo chutada.

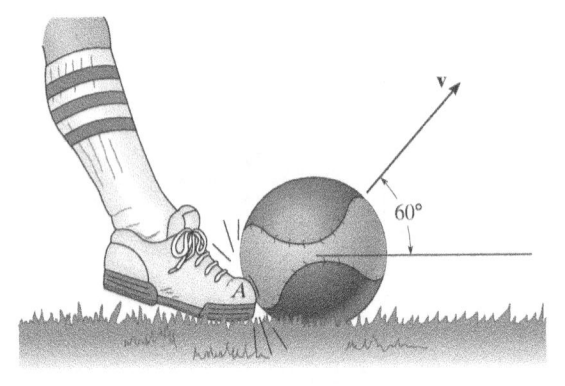

PROBLEMA 15.1

15.2. A um bloco de 2,5 kg é dada uma velocidade inicial de 3 m/s, subindo um aclive liso de 45°. Determine o tempo que o bloco levará para mover-se aclive acima antes de parar.

15.3. Um disco de hóquei está se movendo para a esquerda com velocidade $v_1 = 10$ m/s quando é atingido pelo taco e recebe uma velocidade $v_2 = 20$ m/s, conforme mostrado. Determine a intensidade do impulso líquido exercido pelo taco de hóquei sobre o disco. O disco tem massa de 0,2 kg.

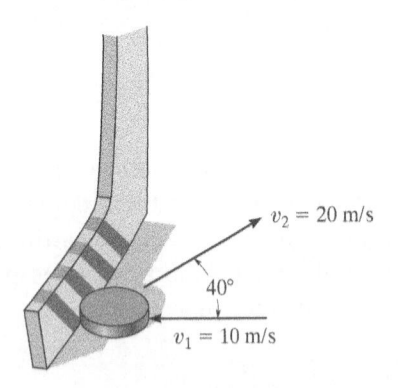

PROBLEMA 15.3

*****15.4.** Um trem consiste em uma locomotiva de 50 Mg e três vagões, cada um com massa de 30 Mg. Se leva 80 segundos para o trem aumentar uniformemente sua velocidade para 40 km/h, partindo do repouso, determine a força T desenvolvida no engate entre a locomotiva E e o primeiro vagão A. As rodas da locomotiva fornecem uma força trativa de atrito resultante $\mathbf{F}$, que dá ao trem o movimento para a frente, enquanto as rodas do vagão giram livremente. Além disso, determine F atuando sobre as rodas da locomotiva.

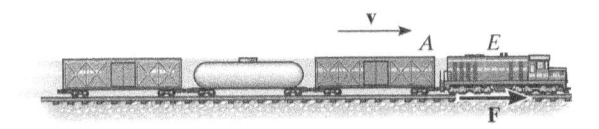

PROBLEMA 15.4

15.5. O guincho transmite uma força de reboque horizontal $\mathbf{F}$ a seu cabo em A, que varia como mostrado no gráfico. Determine a velocidade do balde de 70 kg quando $t = 18$ s. Originalmente o balde está se movendo para cima com $v_1 = 3$ m/s.

15.6. O guincho transmite uma força de reboque horizontal $\mathbf{F}$ a seu cabo em A, que varia como mostrado no gráfico. Determine a velocidade do balde de 80 kg quando $t = 24$ s. Originalmente o balde é solto do repouso.

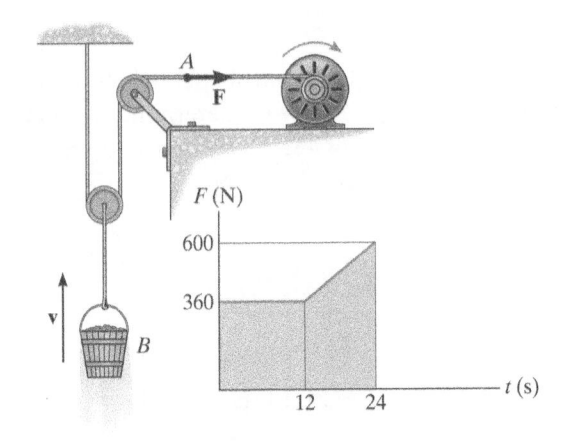

PROBLEMAS 15.5 e 15.6

15.7. A caixa de 50 kg é puxada pela força constante $\mathbf{P}$. Se a caixa parte do repouso e alcança uma velocidade de 10 m/s em 5 s, determine a intensidade de $\mathbf{P}$. O coeficiente de atrito cinético entre a caixa e o solo é $\mu_k = 0,2$.

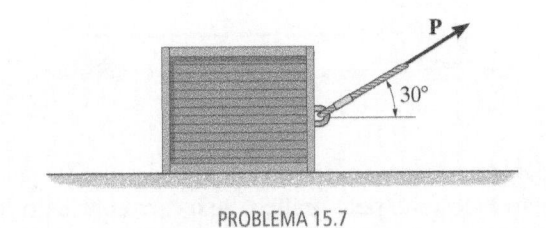

PROBLEMA 15.7

15.8. Se os jatos exercem um impulso vertical $T = (500t^{3/2})$ N, onde t é dado em segundos, determine a velocidade do homem quando $t = 3$ s. A massa total do homem e do aparelho a jato é 100 kg. Despreze a perda de massa em decorrência do combustível consumido durante o levantamento, que parte do repouso no solo.

PROBLEMA 15.8

15.9. O trem consiste em uma locomotiva E de 30 Mg e dos vagões A, B e C, que têm massas de 15, 10 e 8 Mg, respectivamente. Se os trilhos proporcionam uma força de tração de $F = 30$ kN às rodas da locomotiva, determine a velocidade do trem quando $t = 30$ s, partindo do repouso. Além disso, descubra a força de interação horizontal em D entre a locomotiva E e o vagão A. Despreze a resistência ao rolamento.

PROBLEMA 15.9

15.10. A caixa de 200 kg se apoia no solo, para o qual os coeficientes de atrito estático e cinético são $\mu_s = 0{,}5$ e $\mu_k = 0{,}4$, respectivamente. O guincho fornece uma força de reboque horizontal **T** a seu cabo em A, que varia conforme mostrado no gráfico. Determine a velocidade da caixa quando $t = 4$ s. Originalmente, a tensão no cabo é zero. *Dica:* primeiro, determine a força necessária para iniciar o movimento da caixa.

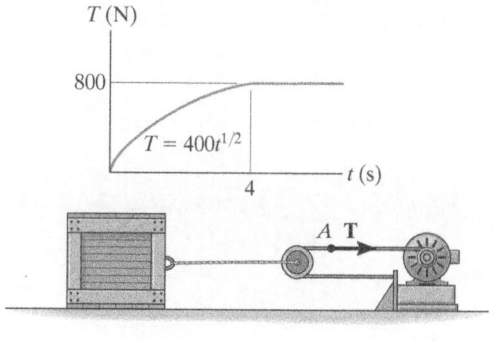

PROBLEMA 15.10

15.11. O automóvel de 2,5 Mg está trafegando com uma velocidade de 100 km/h quando os freios são acionados e todas as quatro rodas são travadas. Se a velocidade diminui para 40 km/h em 5 s, determine o coeficiente de atrito cinético entre os pneus e a estrada.

PROBLEMA 15.11

*15.12. Durante a operação, o martelete atinge a superfície de concreto com uma força que é indicada no gráfico. Para conseguir isso, a ponta S de 2 kg atinge a superfície a 90 m/s. Determine a velocidade da ponta imediatamente após ricochetear.

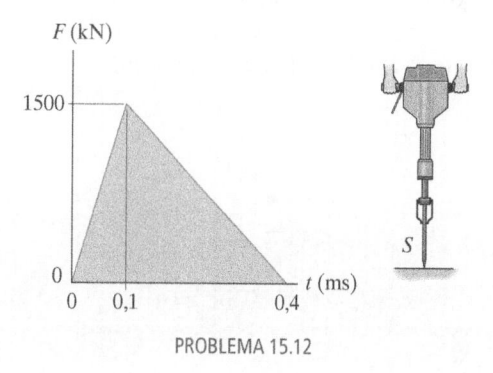

PROBLEMA 15.12

15.13. Por um curto período de tempo, a força motriz de atrito que atua sobre os pneus do automóvel de 2,5 Mg é $F_D = (600t^2)$ N, onde t é dado em segundos. Se a van tem velocidade de 20 km/h quando $t = 0$, determine sua velocidade quando $t = 5$ s.

PROBLEMA 15.13

15.14. O motor M puxa o cabo com uma força $F = (10t^2 + 300)$ N, onde t é dado em segundos. Se a caixa de 100 kg está inicialmente em repouso em $t = 0$, determine sua velocidade quando $t = 4$ s. Despreze a massa do cabo e das polias. *Dica:* primeiro, determine o tempo necessário para iniciar o levantamento da caixa.

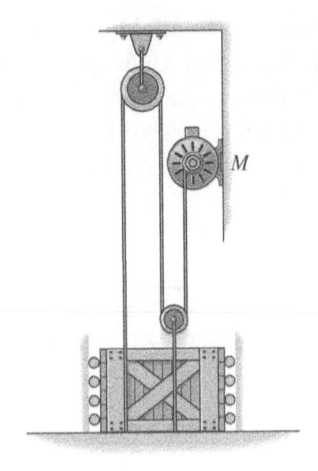

PROBLEMA 15.14

15.15. Um vagão-tanque com massa de 20 Mg está trafegando livremente para a direita com velocidade de 0,75 m/s. Se ele atingir a barreira, determine o impulso horizontal necessário para parar o vagão se a mola no para-choque B tem rigidez (a) $k \to \infty$ (o para-choque é rígido) e (b) $k = 15$ kN/m.

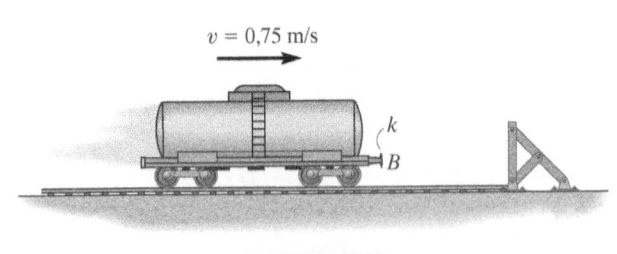

PROBLEMA 15.15

*****15.16.** Sob um impulso constante de $T = 40$ kN, o carro de corrida de 1,5 Mg atinge sua velocidade máxima de 125 m/s em 8 s a partir do repouso. Determine a resistência de arrasto médio $\mathbf{F}_D$ durante esse período de tempo.

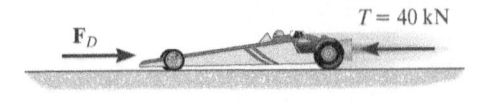

PROBLEMA 15.16

15.17. O impulso do trenó-foguete de 4 Mg pode ser visto no gráfico da figura. Determine a velocidade máxima do trenó e a distância que ele percorre quando $t = 35$ s. Despreze o atrito.

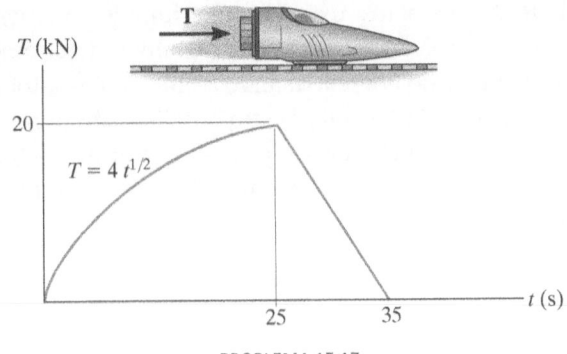

PROBLEMA 15.17

15.18. Uma caixa de 50 kg está apoiada contra um bloco de retenção s, que impede que a caixa desça pelo plano inclinado. Se os coeficientes de atrito estático e cinético entre o plano e a caixa são $\mu_s = 0{,}3$ e $\mu_k = 0{,}2$, respectivamente, determine o tempo necessário para que a força $\mathbf{F}$ dê à caixa uma velocidade de 2 m/s subindo no plano. A força sempre atua paralela ao plano e tem intensidade $F = (300t)$ N, onde t é dado em segundos. *Dica:* primeiro, determine o tempo necessário para contornar o atrito estático e iniciar o movimento da caixa.

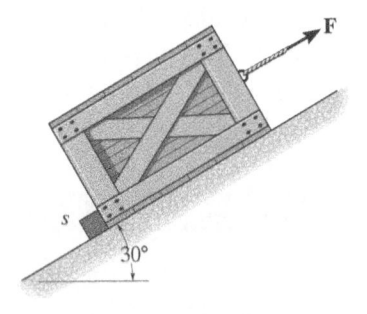

PROBLEMA 15.18

15.19. A força de reboque que atua sobre o cofre de 400 kg varia como mostra o gráfico. Determine sua velocidade, partindo do repouso, quando $t = 8$ s. Que distância ele terá percorrido durante esse tempo?

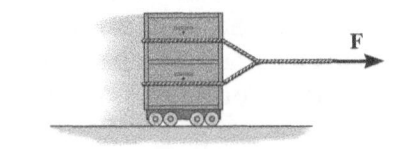

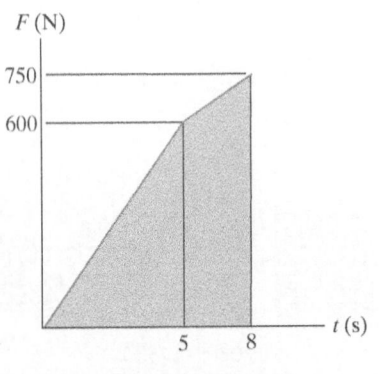

PROBLEMA 15.19

15.20. A escolha do material do assento para veículos móveis depende de sua capacidade de resistir a choques e vibrações. Pelos dados mostrados no gráfico, determine os impulsos criados por um corpo que cai em uma amostra de espuma de uretano e espuma CONFOR.

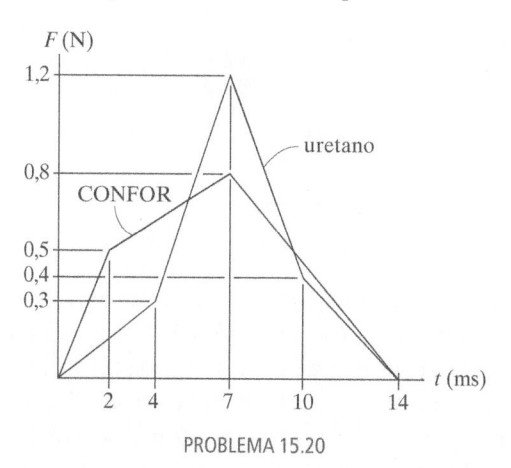

PROBLEMA 15.20

15.21. Se são necessários 35 s para que o rebocador de 50 Mg aumente sua velocidade uniformemente até 25 km/h, partindo do repouso, determine a força da corda no rebocador. A hélice fornece a força de propulsão **F** que gera o movimento para a frente do rebocador, enquanto a balsa move-se livremente. Além disso, determine F que atua sobre o rebocador. A balsa tem massa de 75 Mg.

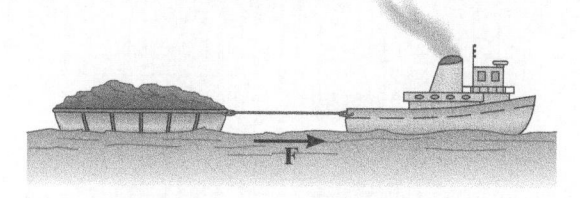

PROBLEMA 15.21

15.22. A caixa B e o cilindro A têm massa de 200 kg e 75 kg, respectivamente. Se o sistema for liberado do repouso, determine a velocidade da caixa e do cilindro quando $t = 3$ s. Despreze a massa das polias.

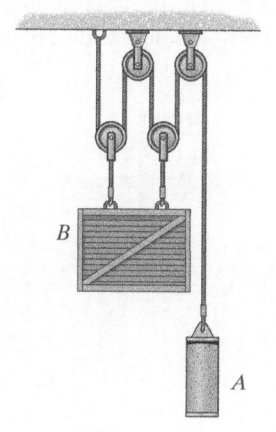

PROBLEMA 15.22

15.23. O motor exerce uma força **F** sobre a caixa de 40 kg, como mostra o gráfico. Determine a velocidade da caixa quando $t = 3$ s e quando $t = 6$ s. Quando $t = 0$, a caixa move-se para baixo a 10 m/s.

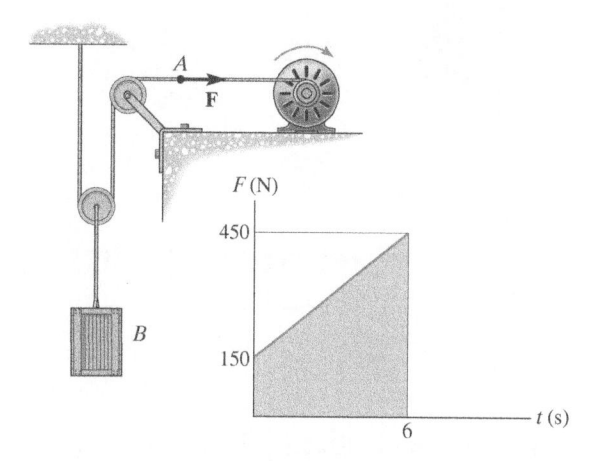

PROBLEMA 15.23

15.24. O bloco deslizante de 30 kg move-se para a direita com uma velocidade de 5 m/s quando as forças F_1 e F_2 atuam sobre ele. Se essas cargas variam da maneira mostrada no gráfico, determine a velocidade do bloco em $t = 6$ s. Despreze o atrito e a massa das polias e cordas.

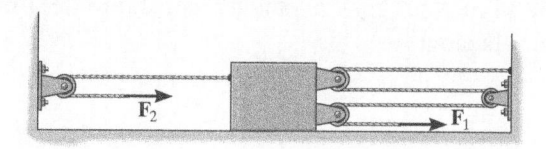

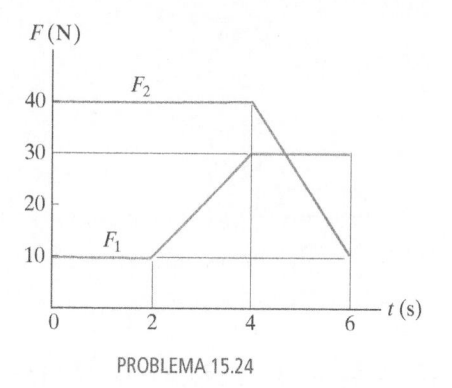

PROBLEMA 15.24

15.25. O balão tem massa total de 400 kg, incluindo os passageiros e o lastro. O balão sobe a uma velocidade constante de 18 km/h quando $h = 10$ m. Se o homem solta o saco de areia de 40 kg, determine a velocidade do balão quando o saco atinge o solo. Despreze a resistência do ar.

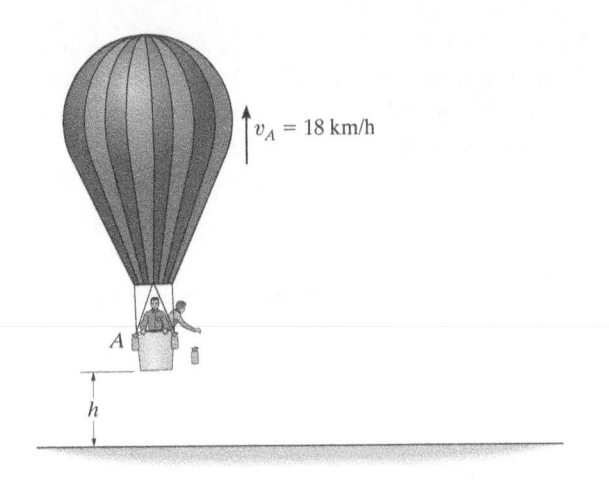

PROBLEMA 15.25

15.26. Conforme indicado pela derivação, o princípio do impulso e da quantidade de movimento é válido para observadores em *qualquer* sistema de referência inercial. Mostre que isto é verdade considerando o bloco de 10 kg que desliza ao longo da superfície lisa e está sujeito a uma força horizontal de 6 N. Se o observador A está em um sistema *fixo* x, determine a velocidade final do bloco em 4 s, se ele tem velocidade inicial de 5 m/s, medida a partir do sistema fixo. Compare o resultado com aquele obtido por um observador B, ligado ao eixo x', que se move a uma velocidade constante de 2 m/s em relação a A.

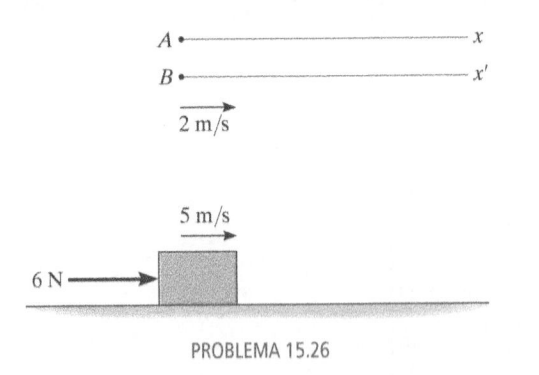

PROBLEMA 15.26

15.27. A caixa de 20 kg é erguida por uma força $F = (100 + 5t^2)$ N, onde t é dado em segundos. Determine a velocidade da caixa quando $t = 3$ s, partindo do repouso.

*****15.28.** A caixa de 20 kg é erguida por uma força $F = (100 + 5t^2)$ N, onde t é dado em segundos. Determine a que altura a caixa terá sido erguida quando $t = 3$ s, partindo do repouso.

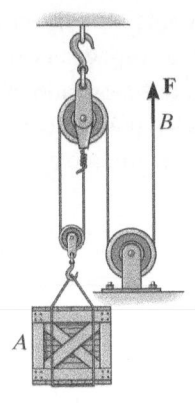

PROBLEMAS 15.27 e 15.28

15.29. Em caso de emergência, o atuador de gás é usado para mover o bloco B de 75 kg explodindo uma carga C próxima de um cilindro pressurizado de massa desprezível. Como resultado da explosão, o cilindro é partido e o gás liberado força a parte da frente do cilindro, A, para que mova B para a frente, dando-lhe uma velocidade de 200 mm/s em 0,4 s. Se o coeficiente de atrito cinético entre B e o piso é $\mu_k = 0,5$, determine o impulso que o atuador transmite a B.

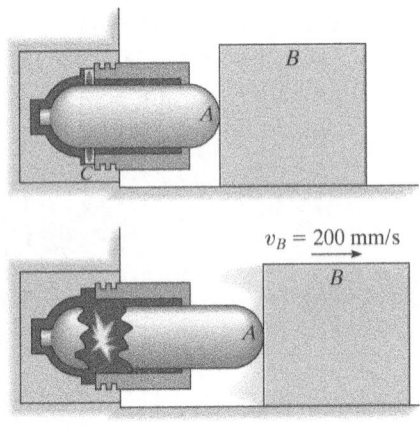

PROBLEMA 15.29

15.30. Um avião a jato com massa de 7 Mg decola de um porta-aviões de modo que o impulso do motor varia conforme mostra o gráfico. Se o porta-aviões está navegando para a frente com uma velocidade de 40 km/h, determine a velocidade do avião após 5 s.

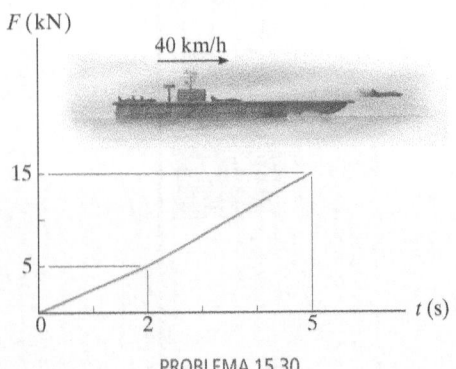

PROBLEMA 15.30

15.31. O bloco de 6 kg está se movendo para baixo a $v_1 = 3$ m/s quando está a 8 m da superfície arenosa. Determine o impulso da areia sobre o bloco necessário para interromper seu movimento. Despreze a distância em que o bloco entra na areia e considere que o bloco não ricocheteia. Despreze o peso do bloco durante o impacto com a areia.

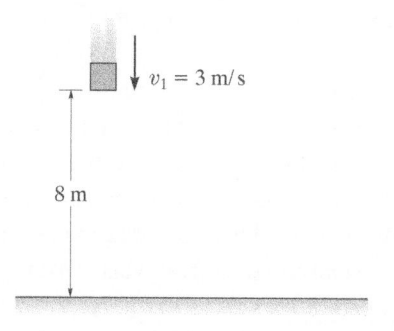

PROBLEMA 15.31

*15.32. O bloco de 6 kg está caindo verticalmente a $v_1 = 3$ m/s quando está a 8 m da superfície arenosa. Determine a força impulsiva média que atua sobre o bloco pela areia se o movimento do bloco for interrompido 1,2 s depois que ele atinge a areia. Despreze a distância em que o bloco entra na areia e considere que ele não ricocheteia. Despreze o peso do bloco durante o impacto com a areia.

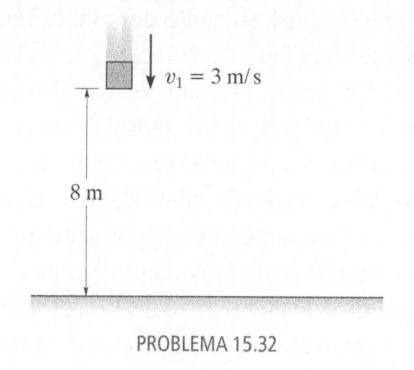

PROBLEMA 15.32

15.33. A tora de madeira tem massa de 500 kg e está apoiada sobre o solo, para o qual os coeficientes de atrito estático e cinético são $\mu_s = 0{,}5$ e $\mu_k = 0{,}4$, respectivamente. O guincho fornece uma força de reboque horizontal T a seu cabo em A, que varia conforme mostra o gráfico. Determine a velocidade da tora quando $t = 5$ s. Originalmente, a tração no cabo é zero. *Dica:* primeiro determine a força necessária para iniciar o movimento da tora.

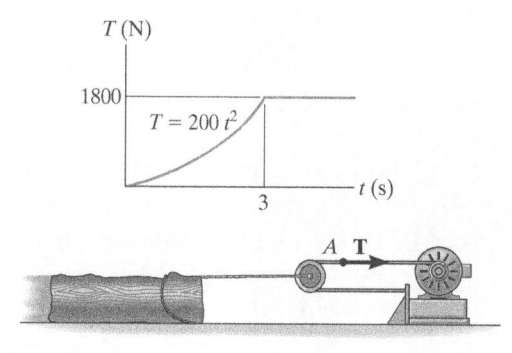

PROBLEMA 15.33

15.34. A bola de beisebol de 0,15 kg tem velocidade de $v = 30$ m/s, imediatamente antes de ser atingida pelo taco. Após isso, ela se desloca ao longo da trajetória mostrada, antes que o apanhador a pegue. Determine a intensidade da força impulsiva média transmitida à bola, se esta esteve em contato com o taco durante 0,75 ms.

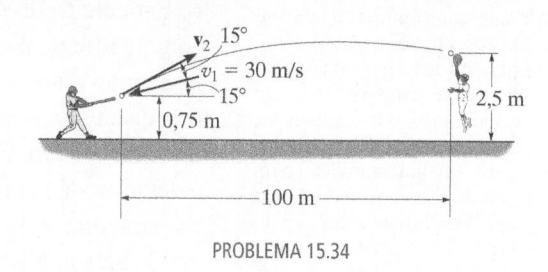

PROBLEMA 15.34

15.3 Conservação da quantidade de movimento linear para um sistema de partículas

Quando a soma dos *impulsos externos* atuando sobre um sistema de partículas for *zero*, a Equação 15.6 se reduz a uma forma simplificada, a saber,

$$\Sigma m_i(\mathbf{v}_i)_1 = \Sigma m_i(\mathbf{v}_i)_2 \qquad (15.8)$$

Esta equação é referida como a *conservação de quantidade de movimento linear*. Ela estabelece que a quantidade de movimento linear total para um sistema de partículas permanece constante durante o período de tempo t_1 a t_2. Substituindo-se $m\mathbf{v}_G = \Sigma m_i\mathbf{v}_i$ na Equação 15.8, também podemos escrever

$$(\mathbf{v}_G)_1 = (\mathbf{v}_G)_2 \qquad (15.9)$$

a qual indica que a velocidade $\mathbf{v}_G$ do centro de massa do sistema de partículas não muda se nenhum impulso externo for aplicado ao sistema.

A conservação da quantidade de movimento linear é aplicada com frequência quando partículas colidem ou interagem. Para a aplicação, deve ser feito um estudo cuidadoso do diagrama de corpo livre de *todo* o sistema de partículas, de modo a identificar as forças que criam os impulsos tanto externos quanto os internos e, portanto, determinam em qual(ais) direção(ões) a quantidade de movimento linear é conservada. Como já foi dito, os *impulsos internos* do sistema sempre se cancelarão, visto que ocorrem em pares colineares iguais, mas opostos. Se o período de tempo durante o qual o movimento é estudado for *muito curto*, alguns dos impulsos externos também podem ser desconsiderados, ou considerados aproximadamente iguais a zero. As forças que causam esses impulsos desprezíveis são chamadas *forças não impulsivas*. Em comparação, forças que são muito grandes e atuam por um período de tempo muito curto produzem uma variação significativa na quantidade de movimento, e são chamadas *forças impulsivas*. Estas, sem dúvida, não podem ser desprezadas na análise do impulso-quantidade de movimento.

Forças impulsivas ocorrem normalmente em decorrência de uma explosão ou do choque de um corpo contra outro, enquanto forças não impulsivas podem incluir o peso de um corpo, a força transmitida por uma mola ligeiramente deformada de rigidez relativamente pequena ou, pelo mesmo motivo, qualquer força que seja muito pequena comparada a outras forças (impulsivas) maiores. Ao fazer essa distinção entre forças impulsivas e não impulsivas, é importante entender que isso se aplica somente durante os tempos t_1 a t_2. Para efeito de ilustração, considere o efeito de golpear uma bola de tênis com a raquete, como mostrado na fotografia. Durante esse tempo *muito curto* de interação, a força da raquete sobre a bola é impulsiva, visto que muda drasticamente a quantidade de movimento da bola. Em comparação, o peso da bola terá um efeito desprezível na variação da quantidade de movimento, e desse modo será não impulsivo. Consequentemente, pode ser desconsiderada para uma análise de impulso-quantidade de movimento durante esse tempo. Se uma análise de impulso-quantidade de movimento for considerada durante o tempo de voo muito mais longo após a interação raquete-bola, o impulso do peso da bola será importante, visto que, assim como a resistência do ar, ele causa a variação na quantidade de movimento da bola.

A marreta na foto superior aplica uma força impulsiva ao ponteiro. Durante esse tempo de contato extremamente curto, o peso do ponteiro pode ser considerado não impulsivo, e desde que o ponteiro seja enterrado em solo macio, o impulso do solo que atua sobre o ponteiro também pode ser considerado não impulsivo. Ao contrário, se o ponteiro for usado em um martelete para quebrar concreto, duas forças impulsivas atuam sobre o ponteiro: uma no seu topo, pela pancada do martelete, e outra na sua ponta, pela rigidez do concreto.

Procedimento para análise

Geralmente, o princípio do impulso e quantidade de movimento linear ou o da conservação da quantidade de movimento linear são aplicados a um *sistema de partículas*, a fim de determinar as velocidades finais das partículas *logo após* o período de tempo considerado. Aplicando-se esse princípio ao sistema inteiro, os impulsos internos que agem dentro do sistema, os quais podem ser desconhecidos, são *eliminados* da análise. Para aplicação, sugere-se que seja utilizado o procedimento indicado a seguir.

Diagrama de corpo livre

- Estabeleça o sistema de referência inercial x, y, z e construa o diagrama de corpo livre para cada partícula do sistema, de modo a identificar as forças internas e externas.
- A conservação da quantidade de movimento linear aplica-se ao sistema em uma direção na qual ou não tenha forças externas, ou essas forças possam ser consideradas não impulsivas.
- Estabeleça a direção e o sentido das velocidades inicial e final das partículas. Se o sentido for desconhecido, pressupõe-se que seja ao longo de um eixo coordenado inercial positivo.
- Como procedimento alternativo, trace os diagramas de impulso e quantidade de movimento para cada partícula do sistema.

Equações da quantidade de movimento

- Aplique o princípio do impulso e quantidade de movimento linear, ou da conservação da quantidade de movimento linear nas direções apropriadas.
- Se for necessário determinar o *impulso interno* $\int F\, dt$ que atua em uma só partícula de um sistema, essa partícula deve ser *isolada* (diagrama de corpo livre), e o princípio do impulso e quantidade de movimento linear deve ser aplicado *a essa partícula*.
- Depois de o impulso ser calculado, e contanto que seja conhecido o tempo Δt durante o qual o impulso atua, a *força impulsiva média* $F_{méd}$ pode ser determinada a partir de $F_{méd} = \int F\, dt / \Delta t$.

EXEMPLO 15.4

O vagão de carga A, de 15 Mg, está se movendo a 1,5 m/s sobre os trilhos horizontais, quando encontra um vagão-tanque B, de 12 Mg, que está se movendo em sua direção a 0,75 m/s, como mostra a Figura 15.8a. Se os vagões colidirem e se acoplarem, determine: (a) a velocidade de ambos os vagões logo após o acoplamento; (b) a força média entre eles se o acoplamento acontecer em 0,8 s.

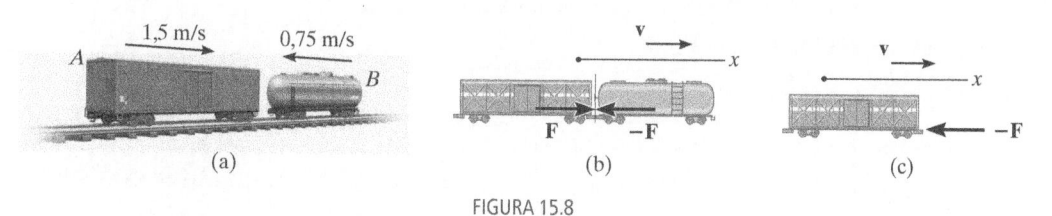

FIGURA 15.8

SOLUÇÃO

Parte (a): Diagrama de corpo livre*

Aqui consideramos *os dois* vagões como um único sistema (Figura 15.8b). Por observação, a quantidade de movimento é conservada na direção x, visto que a força de acoplamento $\mathbf{F}$ é *interna* ao

---

* Apenas forças horizontais são mostradas no diagrama de corpo livre.

sistema e por isso se cancelará. Supõe-se que os dois vagões, quando acoplados, movam-se a $\mathbf{v}_2$ na direção positiva x.

Conservação da quantidade de movimento linear

$(\xrightarrow{+})$
$$m_A(v_A)_1 + m_B(v_B)_1 = (m_A + m_B)v_2$$
$$(15000 \text{ kg})(1,5 \text{ m/s}) - 12000 \text{ kg}(0,75 \text{ m/s}) = (27000 \text{ kg})v_2$$
$$v_2 = 0,5 \text{ m/s} \rightarrow \qquad \textit{Resposta}$$

Parte (b)

A força média de acoplamento (impulsiva), $\mathbf{F}_{méd}$, pode ser determinada ao se aplicar o princípio da quantidade de movimento linear a *qualquer um* dos vagões.

Diagrama de corpo livre

Como mostra a Figura 15.8c, ao se isolar o vagão de carga, a força de acoplamento será *externa* ao vagão.

Princípio do impulso e quantidade de movimento

Visto que $\int F \, dt = F_{méd} \, \Delta t = F_{méd}(0,8 \text{ s})$, temos

$(\xrightarrow{+})$
$$m_A(v_A)_1 + \Sigma \int F \, dt = m_A v_2$$
$$(15000 \text{ kg})(1,5 \text{ m/s}) - F_{méd}(0,8 \text{ s}) = (15000 \text{ kg})(0,5 \text{ m/s})$$
$$F_{méd} = 18,8 \text{ kN} \qquad \textit{Resposta}$$

NOTA: aqui, a solução foi possível porque a velocidade final do vagão de carga foi obtida na Parte (a). Tente resolver para $F_{méd}$, aplicando o princípio do impulso e quantidade de movimento ao vagão-tanque.

EXEMPLO 15.5

Os carros bate-bate A e B na Figura 15.9a têm, cada um, massa de 150 kg e estão se movendo às velocidades mostradas, antes de colidirem de frente, livremente. Se nenhuma energia é perdida durante a colisão, determine suas velocidades após a colisão.

SOLUÇÃO

Diagrama de corpo livre

Os carros serão considerados um sistema único. O diagrama de corpo livre é mostrado na Figura 15.9b.

Conservação da quantidade de movimento

$(\xrightarrow{+})$
$$m_A(v_A)_1 + m_B(v_B)_1 = m_A(v_A)_2 + m_B(v_B)_2$$
$$(150 \text{ kg})(3 \text{ m/s}) + (150 \text{ kg})(-2 \text{ m/s}) = (150 \text{ kg})(v_A)_2 + (150 \text{ kg})(v_B)_2$$
$$(v_A)_2 = 1 - (v_B)_2 \qquad (1)$$

FIGURA 15.9

Conservação da energia

Visto que nenhuma energia é perdida, o teorema da conservação da energia produz

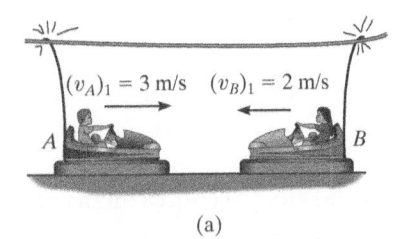

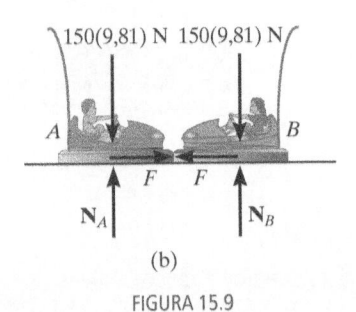

$$T_1 + V_1 = T_2 + V_2$$

$$\frac{1}{2}m_A(v_A)_1^2 + \frac{1}{2}m_B(v_B)_1^2 + 0 = \frac{1}{2}m_A(v_A)_2^2 + \frac{1}{2}m_B(v_B)_2^2 + 0$$

$$\frac{1}{2}(150 \text{ kg})(3 \text{ m/s})^2 + \frac{1}{2}(150 \text{ kg})(2 \text{ m/s})^2 + 0 = \frac{1}{2}(150 \text{ kg})(v_A)_2^2$$
$$+ \frac{1}{2}(150 \text{ kg})(v_B)_2^2 + 0$$

$$(v_A)_2^2 + (v_B)_2^2 = 13 \qquad (2)$$

Substituindo-se a Equação (1) na (2) e simplificando, obtemos

$$(v_B)_2^2 - (v_B)_2 - 6 = 0$$

Resolvendo para as duas raízes,

$$(v_B)_2 = 3 \text{ m/s} \qquad \text{e} \qquad (v_B)_2 = -2 \text{ m/s}$$

Visto que $(v_B)_2 = -2$ m/s refere-se à velocidade de B imediatamente *antes* da colisão, a velocidade de B logo após a colisão deverá ser

$$(v_B)_2 = 3 \text{ m/s} \rightarrow \qquad \qquad \textit{Resposta}$$

Substituindo-se esse resultado na Equação (1), obtemos

$$(v_A)_2 = 1 - 3 \text{ m/s} = -2 \text{ m/s} = 2 \text{ m/s} \leftarrow \qquad \textit{Resposta}$$

EXEMPLO 15.6

Uma estaca rígida de 800 kg, mostrada na Figura 15.10a, é introduzida no solo por um martelo bate-estaca de 300 kg. O martelo cai do repouso a uma altura $y_0 = 0,5$ m e atinge o topo da estaca. Determine o impulso que a estaca exerce sobre o martelo se esta estiver totalmente cercada por areia solta, de modo que, após o golpe, o martelo *não* ricocheteie na estaca.

SOLUÇÃO

Conservação da energia

A velocidade com a qual o martelo atinge a estaca pode ser determinada usando-se a equação de conservação da energia aplicada ao martelo. Com o ponto de referência no topo da estaca (Figura 15.10a), temos

$$T_0 + V_0 = T_1 + V_1$$

$$\frac{1}{2}m_H(v_H)_0^2 + W_H y_0 = \frac{1}{2}m_H(v_H)_1^2 + W_H y_1$$

$$0 + 300(9,81) \text{ N}(0,5 \text{ m}) = \frac{1}{2}(300 \text{ kg})(v_H)_1^2 + 0$$

$$(v_H)_1 = 3,132 \text{ m/s}$$

(a)

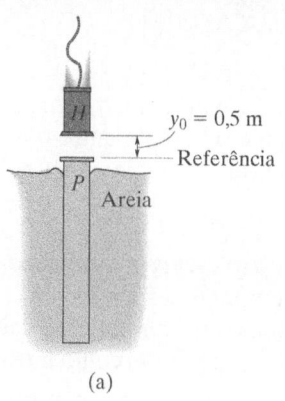

FIGURA 15.10

Diagrama de corpo livre

A partir dos aspectos físicos do problema, o diagrama de corpo livre do martelo e da estaca (Figura 15.10b) indica que, durante o *curto intervalo de tempo* entre *imediatamente antes* e *logo após* a colisão, os pesos do martelo e da estaca e a força de resistência $\mathbf{F}_s$ na areia são todos *não impulsivos*. A força impulsiva $\mathbf{R}$ é interna ao sistema e, por isso, se cancela. Consequentemente, a quantidade de movimento é conservada na direção vertical durante esse curto período.

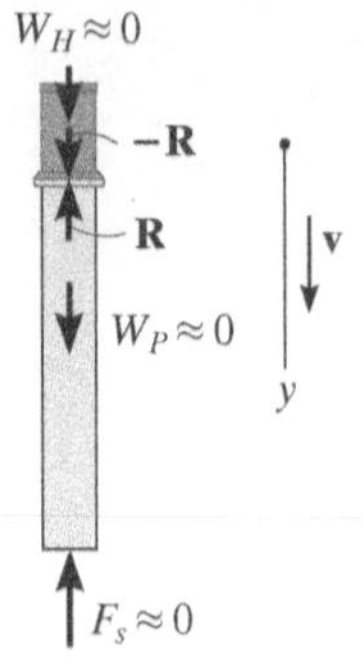

Conservação da quantidade de movimento

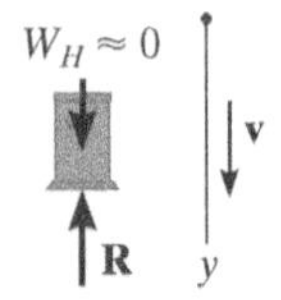

Visto que o martelo não ricocheteia na estaca logo após a colisão, então $(v_H)_2 = (v_P)_2 = v_2$.

$$(+\downarrow) \qquad m_H(v_H)_1 + m_P(v_P)_1 = m_H v_2 + m_P v_2$$

$$(300 \text{ kg})(3{,}132 \text{ m/s}) + 0 = (300 \text{ kg})v_2 + (800 \text{ kg})v_2$$

$$v_2 = 0{,}8542 \text{ m/s}$$

Princípio do impulso e quantidade de movimento

O impulso que a estaca transmite ao martelo agora pode ser determinado, visto que v_2 é conhecida. A partir do diagrama de corpo livre do martelo (Figura 15.10c), temos

$$(+\downarrow) \qquad m_H(v_H)_1 + \Sigma \int_{t_1}^{t_2} F_y \, dt = m_H v_2$$

$$(300 \text{ kg})(3{,}132 \text{ m/s}) - \int R \, dt = (300 \text{ kg})(0{,}8542 \text{ m/s})$$

$$\int R \, dt = 683 \text{ N} \cdot \text{s} \qquad \qquad Resposta$$

FIGURA 15.10 (cont.)

NOTA: o impulso igual, mas oposto, age sobre a estaca. Tente encontrar esse impulso aplicando o princípio do impulso e quantidade de movimento à estaca.

EXEMPLO 15.7

O homem de 80 kg pode lançar a caixa de 20 kg horizontal a 4 m/s quando está em pé no chão. Se, em vez disso, ele se encontrar em pé no barco de 120 kg e lançar a caixa, como mostra a foto, determine até que distância o barco se moverá em três segundos. Despreze a resistência da água.

SOLUÇÃO

Diagrama de corpo livre

Se o homem, o barco e a caixa forem considerados um sistema único, as forças horizontais entre o homem e o barco e entre o homem e a caixa tornam-se internas ao sistema (Figura 15.11a), de modo que a quantidade de movimento linear será conservada ao longo do eixo x.

Conservação da quantidade de movimento

Ao escrever a equação de conservação da quantidade de movimento, é *importante* que as velocidades sejam medidas a partir do mesmo sistema de coordenadas inercial, que aqui é considerado fixo. Por esse sistema de coordenadas, vamos considerar que o barco e o homem vão para a direita enquanto a caixa vai para a esquerda, como mostra a Figura 15.11b.

Aplicando-se a conservação da quantidade de movimento linear ao sistema homem, barco, caixa,

$(\xrightarrow{+})$ $0 + 0 + 0 = (m_m + m_b)\, v_b - m_{caixa}\, v_{caixa}$

$0 = (80\text{ kg} + 120\text{ kg})\, v_b - (20\text{ kg})\, v_{caixa}$

$v_{caixa} = 10\, v_b$ \hfill (1)

Cinemática

Visto que a velocidade da caixa *relativa* ao homem (e ao barco), $v_{caixa/b}$ é conhecida, v_b também pode ser relacionada a v_{caixa} usando-se a equação da velocidade relativa.

$(\xrightarrow{+})$ $v_{caixa} = v_b + v_{caixa/b}$

$-v_{caixa} = v_b - 4\text{ m/s}$ \hfill (2)

Resolvendo-se as equações 1 e 2,

$v_{caixa} = 3{,}64\text{ m/s} \leftarrow$

$v_b = 0{,}3636\text{ m/s} \rightarrow$

O deslocamento do barco em três segundos é, portanto,

$s_b = v_b t = (0{,}3636\text{ m/s})(3\text{ s}) = 1{,}09\text{ m}$ \hfill *Resposta*

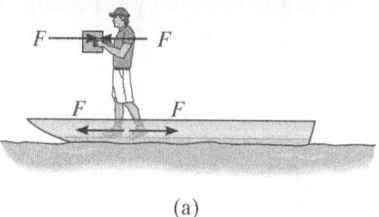

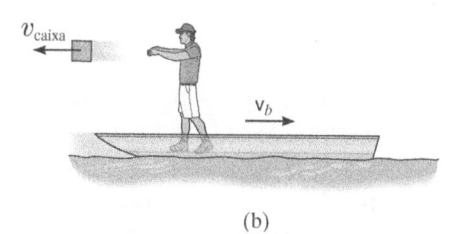

FIGURA 15.11

EXEMPLO 15.8

O canhão de 600 kg mostrado na Figura 15.12*a* dispara um projétil de 4 kg, com uma velocidade de saída de 450 m/s, relativa ao solo. Se o disparo acontece em 0,03 s, determine a velocidade de recuo do canhão logo após o disparo. O apoio do canhão está fixo ao solo, e seu recuo horizontal é absorvido por duas molas.

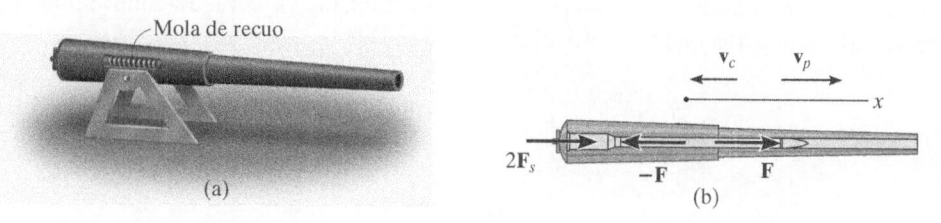

FIGURA 15.12

SOLUÇÃO

Parte (a) Diagrama de corpo livre[*]

Como mostra a Figura 15.12*b*, consideraremos o projétil e o canhão como um único sistema, visto que as forças impulsivas, **F** e **−F**, entre o canhão e o projétil, são *internas* ao sistema e por isso cancelam-se da análise. Além do mais, durante o tempo $\Delta t = 0{,}03$ s, cada uma das duas molas de recuo presas ao apoio exerce uma *força não impulsiva* $\mathbf{F}_s$ sobre o canhão. Isso acontece porque Δt é muito curto e assim, durante esse tempo, o canhão move-se apenas por uma distância s, *muito pequena*. Consequentemente, $F_s = ks \approx 0$, onde k é a rigidez da mola, que também é considerada relativamente pequena. Daí pode-se concluir que a quantidade de movimento do sistema é conservada na *direção horizontal*.

---

[*] Apenas forças horizontais são mostradas no diagrama de corpo livre.

232 DINÂMICA

Conservação da quantidade de movimento linear

$$(\xrightarrow{+}) \qquad m_c(v_c)_1 + m_p(v_p)_1 = -m_c(v_c)_2 + m_p(v_p)_2$$

$$0 + 0 = -(600 \text{ kg})(v_c)_2 + (4 \text{ kg})(v_p)_2$$

$$(v_p)_2 = 150\,(v_c)_2 \qquad (1)$$

Essas velocidades desconhecidas são medidas por um observador *fixo*. Como no Exemplo 15.7, elas também podem ser relacionadas usando a equação da velocidade relativa.

$$\xrightarrow{+} \qquad (v_p)_2 = (v_c)_2 + v_{p/c}$$

$$(v_p)_2 = -(v_c)_2 + 450 \text{ m/s} \qquad (2)$$

Resolvendo as equações 1 e 2, obtém-se

$$(v_c)_2 = 2{,}98 \text{ m/s}$$

$$(v_p)_2 = 447{,}0 \text{ m/s} \qquad \textit{Resposta}$$

Aplique o princípio do impulso e quantidade de movimento ao projétil (ou ao canhão) e mostre que a força impulsiva média no projétil é 59,6 kN.

NOTA: se o canhão estiver fixado firmemente ao seu apoio (sem molas), a força reativa do apoio sobre o canhão deve ser considerada um impulso externo ao sistema, visto que o apoio não permite nenhum movimento do canhão. Neste caso, a quantidade de movimento *não* é conservada.

Problemas fundamentais

F15.7. Os vagões de carga A e B têm massas de 20 Mg e 15 Mg, respectivamente. Determine a velocidade de A após a colisão se os carros colidirem e recuarem, de modo que B mova-se para a direita a uma velocidade escalar de 2 m/s. Se A e B estiverem em contato por 0,5 s, descubra a força impulsiva média que age entre eles.

PROBLEMA F15.7

F15.8. O carrinho e o pacote têm massas de 20 e 5 kg, respectivamente. Se o carrinho tem uma superfície lisa e está inicialmente em repouso, enquanto a velocidade do pacote é mostrada, determine a velocidade final comum do carrinho e do pacote após o impacto.

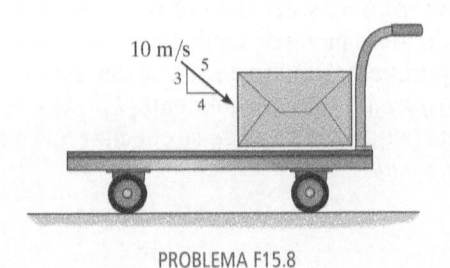

PROBLEMA F15.8

F15.9. O bloco A, de 5 kg, tem velocidade inicial de 5 m/s ao descer por uma rampa lisa, após o que colide com o bloco estacionado B, de massa 8 kg. Se os dois blocos se acoplarem depois de colidirem, determine sua velocidade comum logo após a colisão.

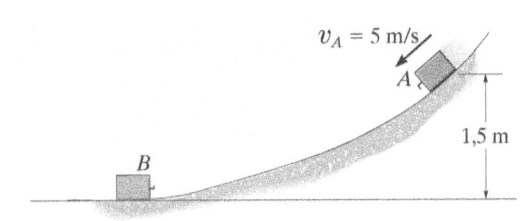

PROBLEMA F15.9

F15.10. A mola está fixada ao bloco A e o bloco B é pressionado contra a mola. Se a mola está comprimida $s = 200$ mm, e os blocos são liberados, determine suas velocidades no instante em que o bloco B perde contato com a mola. As massas dos blocos A e B são 10 kg e 15 kg, respectivamente.

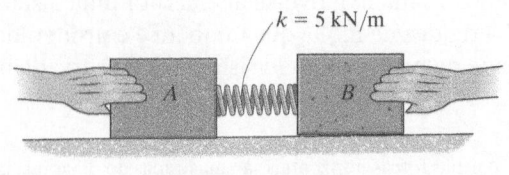

PROBLEMA F15.10

F15.11. Os blocos A e B têm massas de 15 e 10 kg, respectivamente. Se A está parado e B tem uma velocidade de 15 m/s imediatamente antes da colisão, e os blocos se acoplam logo após o impacto, determine a compressão máxima da mola.

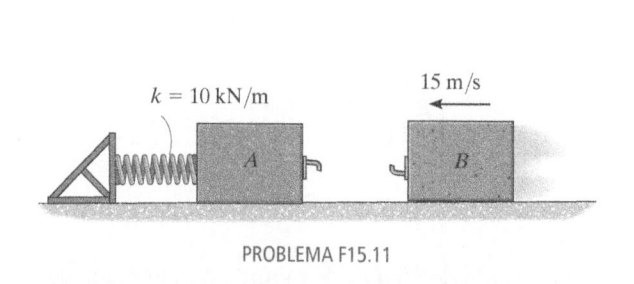

F15.12. O canhão e o apoio, sem o projétil, têm massa de 250 kg. Se um projétil de 20 kg é disparado do canhão com velocidade de 400 m/s, medida *relativamente* ao canhão, determine a velocidade do projétil quando sai do cano do canhão. Despreze a resistência ao rolamento.

PROBLEMA F15.11

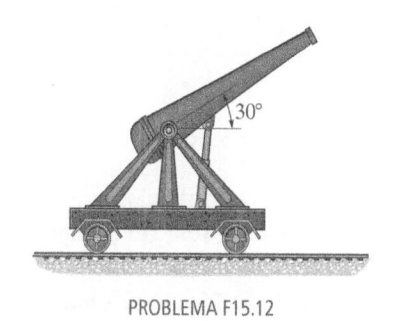

PROBLEMA F15.12

Problemas

15.35. O ônibus B de 5 Mg está se movendo para a direita a 20 m/s. Enquanto isso, um carro A de 2 Mg está se movendo a 15 m/s para a direita. Se os veículos colidem e ficam presos um ao outro, determine sua velocidade comum imediatamente após a colisão. Suponha que os veículos estejam livres para rolar durante a colisão.

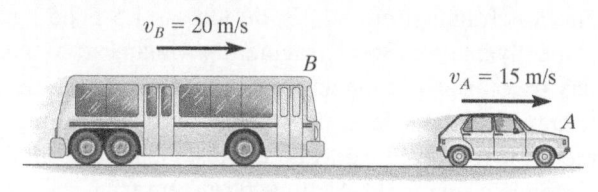

caminhonete está se movendo com uma velocidade de 30 km/h quando o cabo está frouxo, determine a velocidade comum da caminhonete e do automóvel logo depois que o cabo se torna esticado. Além disso, determine a perda de energia.

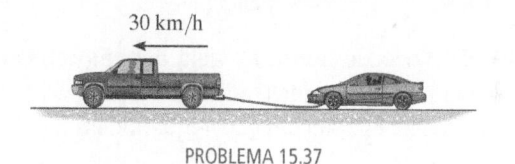

PROBLEMA 15.35

PROBLEMA 15.37

***15.36.** O menino de 50 kg salta sobre o *skate* de 5 kg com uma velocidade horizontal de 5 m/s. Determine a distância s que o menino alcança pelo plano inclinado antes de parar momentaneamente. Despreze a resistência ao rolamento do *skate*.

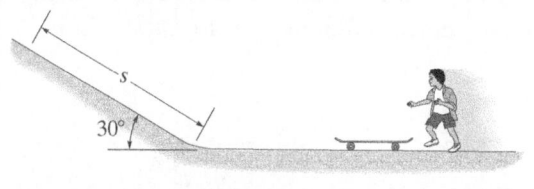

15.38. Um vagão com massa de 15 Mg está se movendo a 1,5 m/s sobre trilhos horizontais. Ao mesmo tempo, outro vagão, que tem massa de 12 Mg, está se movendo a 0,75 m/s na direção oposta. Se os vagões se encontram e se acoplam, determine a velocidade de ambos logo após o acoplamento. Encontre a diferença entre a energia cinética total antes e depois de o acoplamento haver ocorrido, e explique qualitativamente o que aconteceu com essa energia.

15.39. Um pêndulo balístico consiste em um bloco de madeira de 4 kg originalmente em repouso, $\theta = 0°$. Quando uma bala de 2 g o atinge e fica presa a ele, observa-se que o bloco balança para cima até um ângulo máximo de $\theta = 6°$. Estime a velocidade inicial da bala.

PROBLEMA 15.36

15.37. A caminhonete de 2,5 Mg está rebocando o automóvel de 1,5 Mg usando um cabo, como mostra a figura. Se o carro está inicialmente em repouso e a

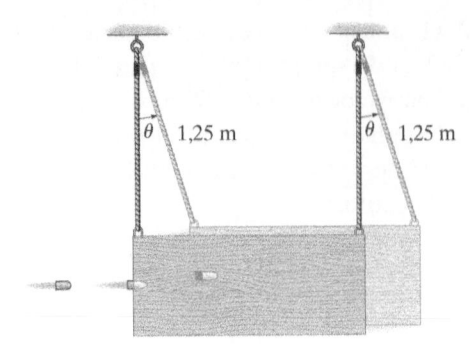

PROBLEMA 15.39

*15.40. O garoto, B, salta da canoa em A com uma velocidade de 5 m/s em relação à canoa, conforme mostrado na figura. Se ele para na segunda canoa, C, determine a velocidade das duas canoas após o movimento. Cada canoa tem massa de 40 kg. A massa do garoto é de 30 kg, e a garota, D, tem massa de 25 kg. As duas canoas estão inicialmente em repouso.

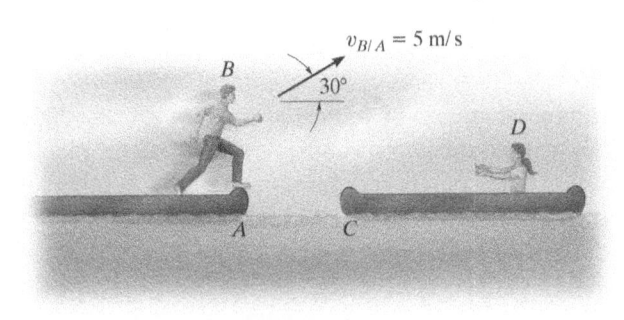

PROBLEMA 15.40

15.41. O bloco de massa m viaja a v_1 na direção θ_1, mostrada no alto do declive liso. Determine sua velocidade escalar v_2 e sua direção θ_2 quando atinge a base.

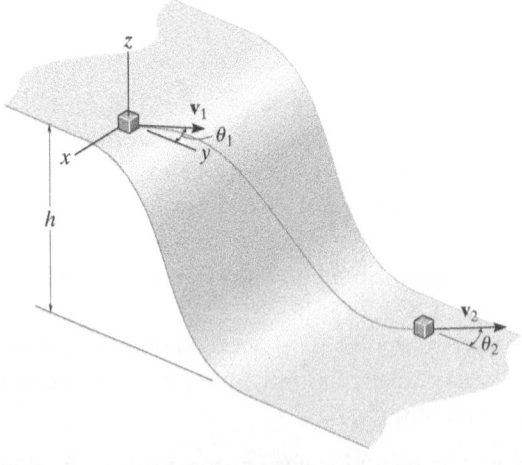

PROBLEMA 15.41

15.42. Um trenó com massa de 10 kg parte do repouso em A e carrega uma garota e um garoto com massa de 40 e 45 kg, respectivamente. Quando o trenó atinge a base da inclinação em B, o garoto é empurrado para trás com velocidade horizontal de $v_{b/t} = 2$ m/s, medida em relação ao trenó. Determine a velocidade do trenó depois disso. Despreze o atrito no cálculo.

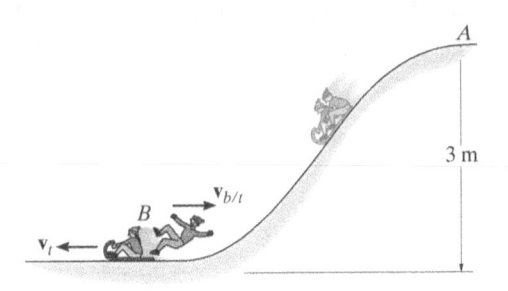

PROBLEMA 15.42

15.43. A bala de 20 g está viajando a uma velocidade de 400 m/s quando encontra o bloco estacionário de 2 kg e se prende a ele. Determine a distância que o bloco deslizará antes de parar. O coeficiente de atrito cinético entre o bloco e o plano é $\mu_k = 0{,}2$.

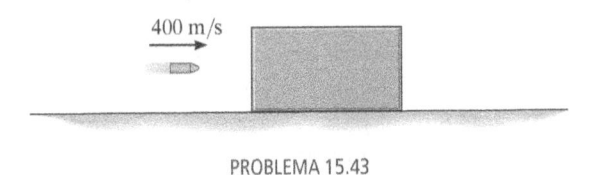

PROBLEMA 15.43

*15.44. Um projétil de 4 kg viaja a uma velocidade horizontal de 600 m/s, antes de explodir e partir-se em dois fragmentos, A e B, de massas 1,5 e 2,5 kg, respectivamente. Se os fragmentos viajam ao longo das trajetórias parabólicas mostradas na figura, determine a intensidade da velocidade de cada fragmento logo após a explosão e a distância horizontal d_A, onde o segmento A atinge o solo em C.

15.45. Um projétil de 4 kg viaja a uma velocidade horizontal de 600 m/s, antes de explodir e partir-se em dois fragmentos, A e B, de massas 1,5 e 2,5 kg, respectivamente. Se os fragmentos viajam ao longo das trajetórias parabólicas mostradas na figura, determine a intensidade da velocidade de cada fragmento logo após a explosão e a distância horizontal d_B, onde o segmento B atinge o solo em D.

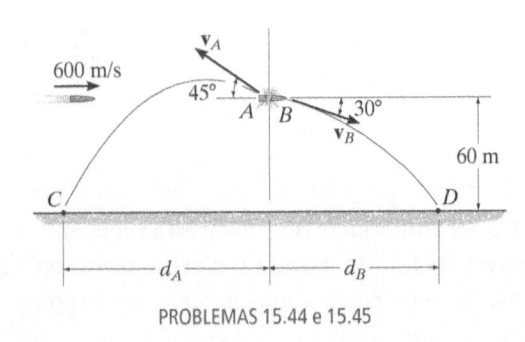

PROBLEMAS 15.44 e 15.45

Capítulo 15 – Cinética de partículas: impulso e quantidade de movimento

15.46. A balsa B de 10 Mg suporta um automóvel de 2 Mg A. Se alguém dirige o automóvel para o outro lado da balsa, determine até que distância a balsa se move. Despreze a resistência da água.

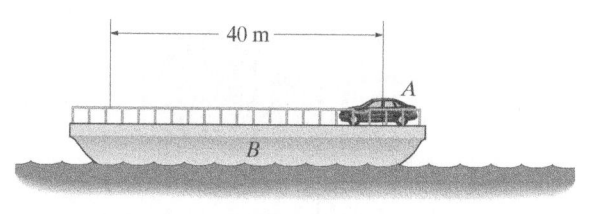

PROBLEMA 15.46

15.47. O bloco A tem massa de 2 kg e desliza para dentro de uma caixa B com as extremidades abertas a uma velocidade de 2 m/s. Se a caixa B tem massa de 3 kg e está em repouso sobre a placa P, que tem massa de 3 kg, determine a distância que a placa percorre depois que para de deslizar sobre o solo. Além disso, quanto tempo se passa depois do impacto antes que cesse todo o movimento? O coeficiente de atrito cinético entre a caixa e a placa é $\mu_k = 0{,}2$, e entre a placa e o solo é $\mu'_k = 0{,}4$. E, ainda, o coeficiente de atrito estático entre a placa e o solo é $\mu'_s = 0{,}5$.

*15.48. O bloco A tem massa de 2 kg e desliza para dentro de uma caixa B com as extremidades abertas a uma velocidade de 2 m/s. Se a caixa B tem massa de 3 kg e está em repouso sobre a placa P, que tem massa de 3 kg, determine a distância que a placa percorre depois de parar de deslizar sobre o solo. Além disso, quanto tempo se passa depois do impacto antes que todo o movimento cesse? O coeficiente de atrito cinético entre a caixa e a placa é $\mu_k = 0{,}2$, e entre a placa e o solo é $\mu'_k = 0{,}1$. E, ainda, o coeficiente de atrito estático entre a placa e o solo é $\mu'_s = 0{,}12$.

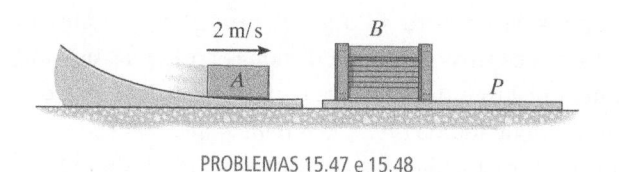

PROBLEMAS 15.47 e 15.48

15.49. O bloco de 10 kg é mantido em repouso no plano inclinado pelo bloco de retenção em A. Se a bala de 10 g está viajando a 300 m/s quando encontra o bloco de 10 kg e fica presa a ele, determine a distância que o bloco deslizará para cima pelo plano antes de parar momentaneamente.

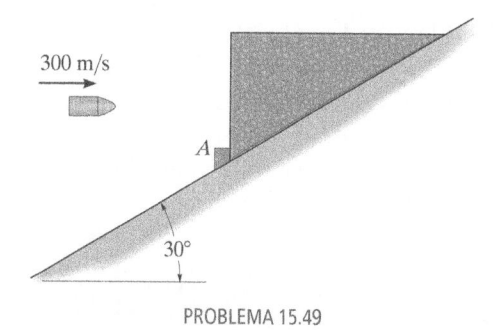

PROBLEMA 15.49

15.50. O carrinho tem massa de 3 kg e desce livremente pela encosta. Quando ele atinge a parte mais baixa, uma arma acionada por mola dispara uma bala de 0,5 kg na traseira, com velocidade horizontal de $v_{b/c} = 0{,}6$ m/s, medida em relação ao carrinho. Determine a velocidade final do carrinho.

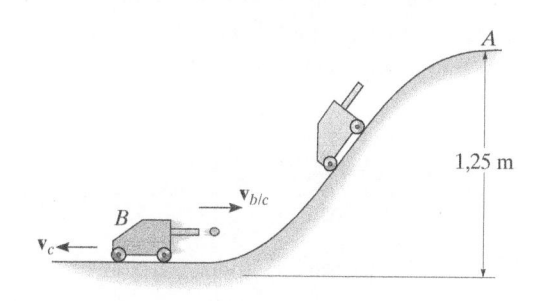

PROBLEMA 15.50

15.51. O vagão de carga A, com 30 Mg, e o vagão de carga B, com 15 Mg, estão se movendo um em direção ao outro com as velocidades mostradas na figura. Determine a compressão máxima da mola montada no carro A. Despreze a resistência ao rolamento.

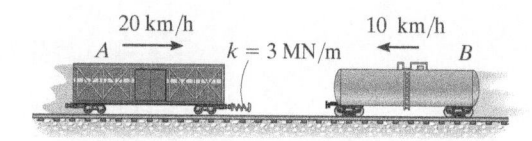

PROBLEMA 15.51

*15.52. Os dois blocos, A e B, têm, cada um, massa de 5 kg e estão suspensos por cabos paralelos. Uma mola, cuja rigidez é $k = 60$ N/m, está presa a B e comprimida 0,3 m contra A e B, como mostra a figura. Determine os ângulos máximos θ e ϕ dos cabos, depois de os blocos serem liberados do repouso e a mola tornar-se não deformada.

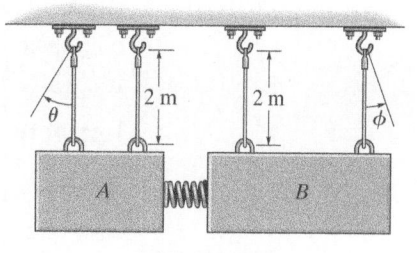

PROBLEMA 15.52

15.53. Os blocos A e B têm massas de 40 e 60 kg, respectivamente. Eles são colocados em uma superfície lisa e a mola conectada entre eles é esticada 2 m. Se eles são lançados do repouso, determine as velocidades dos dois blocos no instante em que a mola se torna não deformada.

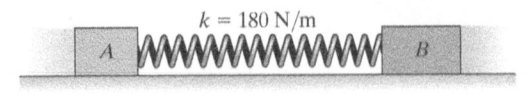

PROBLEMA 15.53

15.54. As caixas A e B, cada uma com massa de 80 kg, situam-se sobre a esteira transportadora de 250 kg que está livre para rolar no solo. Se a esteira parte do repouso e começa a correr com uma velocidade de 1 m/s, determine a velocidade final da esteira transportadora se (a) as caixas não estão empilhadas e A cai, e depois B cai, e (b) A está empilhada sobre B e ambas caem juntas.

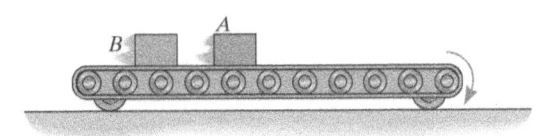

PROBLEMA 15.54

15.55. O bloco A tem massa de 5 kg e é colocado sobre o bloco triangular liso B, com massa de 30 kg. Se o sistema é lançado do repouso, determine a distância que B se move do ponto O quando A atinge a base. Despreze o tamanho do bloco A.

*****15.56.** Resolva o Problema 15.55 se o coeficiente de atrito cinético entre A e B é $\mu_k = 0{,}3$. Despreze o atrito entre o bloco B e o plano horizontal.

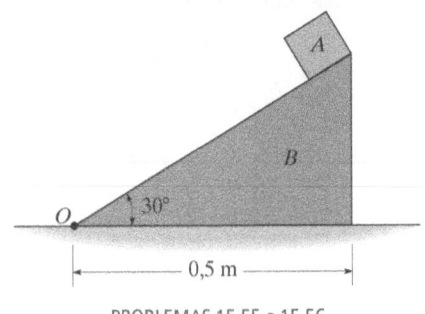

PROBLEMAS 15.55 e 15.56

15.57. A rampa de rolagem livre tem massa de 40 kg. Uma caixa de 10 kg desliza, partindo do repouso em A, 3,5 m rampa abaixo até B. Se a superfície da rampa é lisa, determine a velocidade da rampa quando a caixa alcança B. Além disso, qual é a velocidade da caixa?

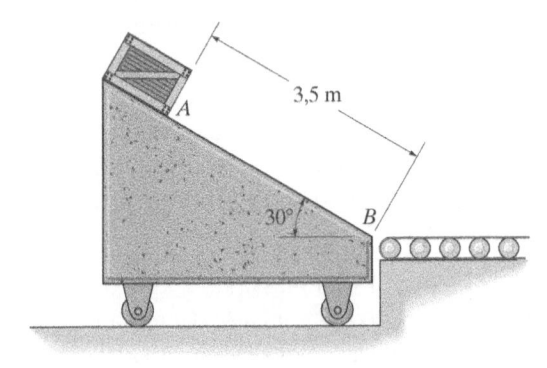

PROBLEMA 15.57

15.4 Impacto

O *impacto* ocorre quando dois corpos colidem entre si durante um período muito *curto* de tempo, fazendo com que forças relativamente grandes (impulsivas) sejam exercidas entre os corpos. O golpe de um martelo sobre um prego, ou de um taco de golfe sobre uma bola, são exemplos comuns de cargas de impacto.

Em geral, há dois tipos de impacto. O *impacto central* ocorre quando a direção de movimento dos centros de massa das duas partículas em colisão está ao longo de uma linha que passa através dos centros de massa dessas partículas. Essa linha é chamada de *linha de impacto*, que é perpendicular ao plano de contato (Figura 15.13a). Quando o movimento de uma ou ambas as partículas faz um ângulo com a linha de impacto (Figura 15.13b), o impacto é chamado de *oblíquo*.

Impacto central

Para ilustrar o método de análise da mecânica do impacto, considere o caso que envolve o impacto central de duas partículas, A e B, mostrado na Figura 15.14.

Capítulo 15 – Cinética de partículas: impulso e quantidade de movimento **237**

Figura 15.13 — (a) Impacto central; (b) Impacto oblíquo. Plano de contato, Linha de impacto.

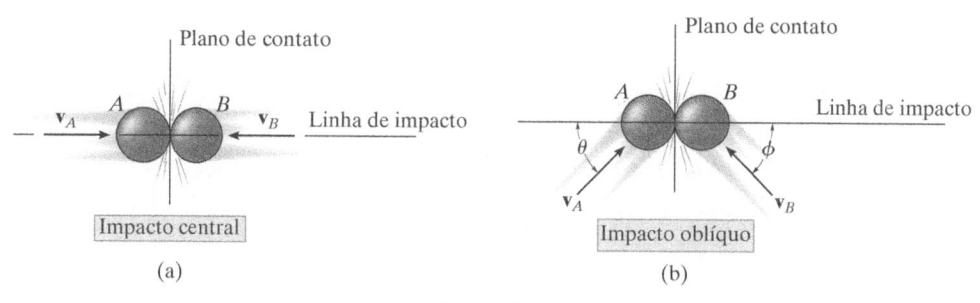

FIGURA 15.13

- As partículas têm a quantidade de movimento inicial mostrada na Figura 15.14*a*. Contanto que $(v_A)_1 > (v_B)_1$, a colisão finalmente ocorrerá.
- Durante a colisão, as partículas devem ser consideradas *deformáveis* ou não rígidas. As partículas sofrerão um *período de deformação* de tal forma que exerçam uma sobre a outra um impulso de deformação igual, mas oposto, $\int \mathbf{P}\,dt$ (Figura 15.14*b*).
- Apenas no instante da *deformação máxima* as duas partículas se moverão com uma velocidade comum **v**, visto que seu movimento relativo é zero (Figura 15.14*c*).
- Em seguida, ocorre *um período de restituição*, no qual as partículas retornam à sua forma original ou continuam deformadas permanentemente. O *impulso de restituição* igual, mas oposto ($\int \mathbf{R}\,dt$), empurra as partículas para longe uma da outra (Figura 15.14*d*). Na realidade, as propriedades físicas de quaisquer dois corpos são tais que o impulso de deformação *sempre será maior* que o de restituição, ou seja, $\int P\,dt > \int R\,dt$.
- Logo após a separação, as partículas terão a quantidade de movimento final mostrada na Figura 15.14*e*, onde $(v_B)_2 > (v_A)_2$.

Na maioria dos problemas, as velocidades iniciais das partículas serão *conhecidas*, e será necessário determinar suas velocidades finais $(v_A)_2$ e $(v_B)_2$. Nesse aspecto, *a quantidade de movimento* do *sistema de partículas é conservada*, visto que, durante a colisão, os impulsos internos de deformação e restituição *cancelam-se*. Então, referindo-se às figuras 15.14*a* e 15.14*e*, necessitamos de:

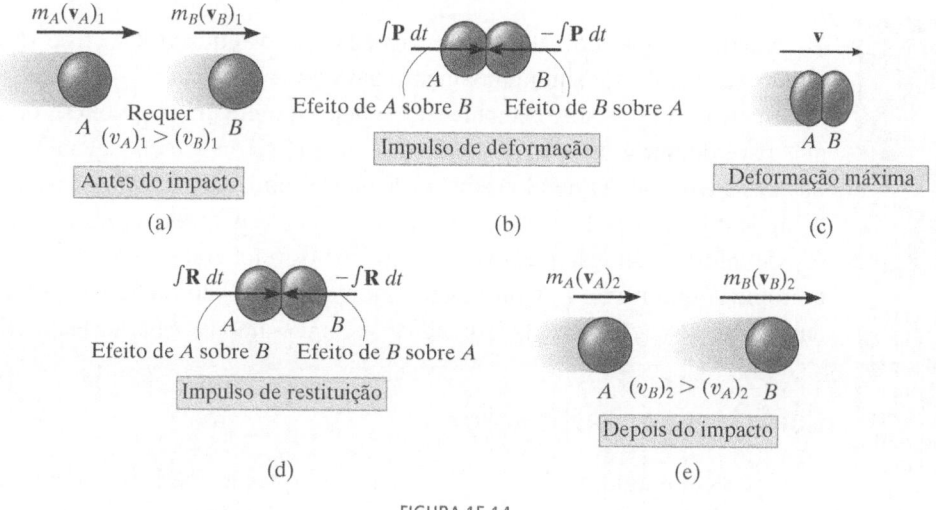

FIGURA 15.14

$$(\xrightarrow{+}) \qquad m_A(v_A)_1 + m_B(v_B)_1 = m_A(v_A)_2 + m_B(v_B)_2 \qquad (15.10)$$

De modo a obter a segunda equação necessária para resolver $(v_A)_2$ e $(v_B)_2$, devemos aplicar o princípio do impulso e quantidade de movimento a *cada partícula*. Por exemplo, durante a fase de deformação da partícula A (figuras 15.14a, 15.14b e 15.14c), temos

$$(\xrightarrow{+}) \qquad m_A(v_A)_1 - \int P\,dt = m_A v$$

Para a fase de restituição (figuras 15.14c, 15.14d e 15.14e),

$$(\xrightarrow{+}) \qquad m_A v - \int R\,dt = m_A(v_A)_2$$

A razão do impulso de restituição e o impulso de deformação é chamada de *coeficiente de restituição, e*. A partir das equações anteriores, esse valor para a partícula A é

$$e = \frac{\int R\,dt}{\int P\,dt} = \frac{v - (v_A)_2}{(v_A)_1 - v}$$

De maneira similar, podemos estabelecer e considerando-se a partícula B (Figura 15.14). Isto resulta em

$$e = \frac{\int R\,dt}{\int P\,dt} = \frac{(v_B)_2 - v}{v - (v_B)_1}$$

Se a incógnita v for eliminada das duas equações anteriores, o coeficiente de restituição pode ser expresso em termos das velocidades iniciais e finais das partículas como

$$(\xrightarrow{+}) \qquad \boxed{e = \frac{(v_B)_2 - (v_A)_2}{(v_A)_1 - (v_B)_1}} \qquad (15.11)$$

Contanto que um valor e seja especificado, as equações 15.10 e 15.11 podem ser resolvidas simultaneamente para obter $(v_A)_2$ e $(v_B)_2$. Ao fazê-lo, no entanto, é importante estabelecer cuidadosamente uma convenção de sinais para definir a direção positiva para ambas, $\mathbf{v}_A$ e $\mathbf{v}_B$, e em seguida usá-la *consistentemente* quando escrever *ambas* as equações. Como observado da aplicação mostrada, e indicado simbolicamente pela seta entre parênteses, definimos a direção positiva à direita ao nos referirmos aos movimentos tanto de A quanto de B. Consequentemente, se um valor negativo resultar da solução de $(v_A)_2$ ou $(v_B)_2$, isso indica que o movimento é para a esquerda.

Coeficiente de restituição

Vê-se, nas figuras 15.14a e 15.14e, que a Equação 15.11 determina que e é igual à razão da velocidade relativa de separação das partículas *logo*

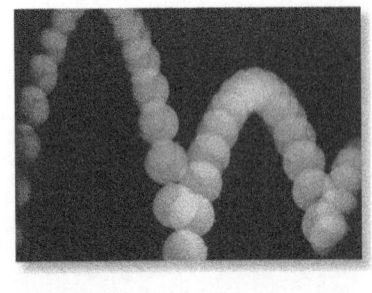

A qualidade de uma bola de tênis fabricada é medida pela altura que ela quica, que pode ser relacionada ao seu coeficiente de restituição. Usando a mecânica do impacto oblíquo, os engenheiros podem projetar um dispositivo de separação para remover da linha de produção as bolas abaixo do padrão.
(© Gary S. Settles/Science Source)

após o impacto, $(v_B)_2 - (v_A)_2$, e a velocidade relativa de aproximação *imediatamente antes do impacto*, $(v_A)_1 - (v_B)_1$. Medindo-se experimentalmente essas velocidades relativas, descobriu-se que *e* varia consideravelmente com a velocidade de impacto, assim como com a dimensão e a forma dos corpos em colisão. Por essas razões, o coeficiente de restituição é confiável apenas quando usado com dados que se aproximem bastante das condições existentes quando suas medições foram feitas. Em geral, *e* tem um valor entre zero e um, e deve-se estar ciente do significado físico desses dois limites.

A mecânica de um jogo de sinuca depende da aplicação da conservação de quantidade de movimento e do coeficiente de restituição.

Impacto elástico (*e* = 1)

Se a colisão entre duas partículas for *perfeitamente elástica*, o impulso de deformação $\left(\int \mathbf{P}\, dt\right)$ será igual e oposto ao impulso de restituição $\left(\int \mathbf{R}\, dt\right)$. Embora, na realidade, isso jamais possa ser obtido, *e* = 1 para uma colisão elástica.

Impacto plástico (*e* = 0)

O impacto é chamado de *inelástico ou plástico* quando *e* = 0. Nesse caso, não há impulso de restituição $\left(\int \mathbf{R}\, dt = \mathbf{0}\right)$, de modo que, após a colisão, ambas as partículas se acoplam ou se aderem, e passam a se mover a uma velocidade comum.

A partir da derivação anterior, deve ficar claro que o princípio do trabalho e energia não pode ser usado para analisar problemas de impacto, visto que não é possível saber como as *forças internas* de deformação e restituição variam ou se deslocam durante a colisão. No entanto, sabendo-se as velocidades das partículas antes e depois da colisão, pode-se calcular a perda de energia durante a colisão, com base na diferença na energia cinética da partícula. Essa perda de energia, $\Sigma U_{1-2} = \Sigma T_2 - \Sigma T_1$, ocorre porque parte da energia cinética inicial da partícula é transformada em energia térmica, assim como na geração de som e deformação localizada do material quando a colisão ocorre. Em particular, se o impacto for *perfeitamente elástico*, nenhuma energia se perde na colisão; ao passo que, se a colisão for *plástica*, a energia perdida durante a colisão é máxima.

Procedimento para análise (impacto central)

Na maior parte dos casos, as *velocidades finais* de duas partículas lisas serão determinadas *somente após* elas serem submetidas ao impacto central direto. Desde que o coeficiente de restituição, a massa e a velocidade inicial de cada partícula *imediatamente antes* do impacto sejam conhecidos, a solução para esse problema pode ser obtida usando-se as duas equações a seguir:

- A conservação da quantidade de movimento aplica-se ao sistema de partículas, $\Sigma m v_1 = \Sigma m v_2$.
- O coeficiente de restituição, $e = [(v_B)_2 - (v_A)_2]/[(v_A)_1 - (v_B)_1]$, relaciona as velocidades relativas das partículas ao longo da linha de impacto, imediatamente antes e logo após a colisão.

Ao se aplicarem essas duas equações, o sentido de uma velocidade desconhecida pode ser presumido. Se a solução resultar em uma intensidade negativa, a velocidade atua no sentido oposto.

Impacto oblíquo

Quando o impacto oblíquo ocorre entre duas partículas lisas, estas se movem para longe uma da outra com velocidades com direções e intensidades desconhecidas. Uma vez que as velocidades iniciais sejam conhecidas, quatro incógnitas estarão presentes no problema. Como mostrado na Figura 15.15a, essas incógnitas podem ser representadas como $(v_A)_2$, $(v_B)_2$, θ_2 e ϕ_2, ou como as componentes x e y das velocidades finais.

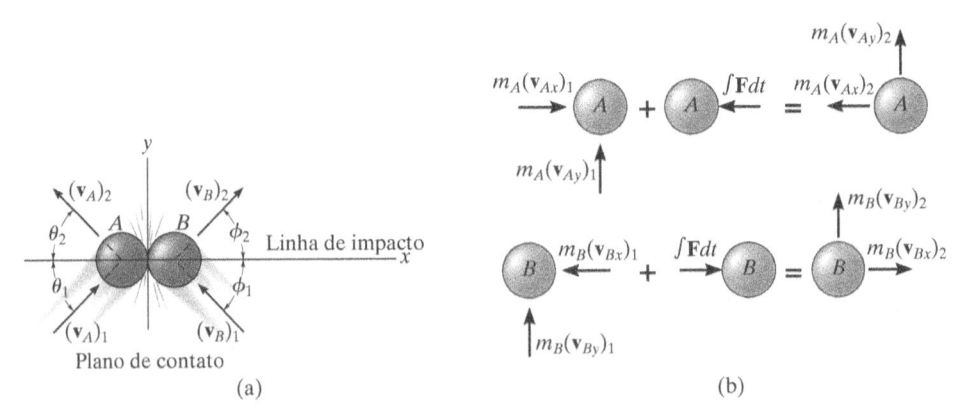

FIGURA 15.15

Procedimento para análise (impacto oblíquo)

Se o eixo y for estabelecido dentro do plano de contato, e o eixo x, ao longo da linha de impacto, as forças impulsivas de deformação e restituição agem *somente na direção x* (Figura 15.15b). Decompondo-se os vetores velocidade ou quantidade de movimento em componentes ao longo dos eixos x e y (Figura 15.15b), é possível escrever quatro equações escalares independentes, de maneira a determinar $(v_{Ax})_2$, $(v_{Ay})_2$, $(v_{Bx})_2$ e $(v_{By})_2$.

- A quantidade de movimento do sistema é conservada ao longo da linha de impacto, eixo x, de modo que $\Sigma m(v_x)_1 = \Sigma m(v_x)_2$.
- O coeficiente de restituição, $e = [(v_{Bx})_2 - (v_{Ax})_2]/[(v_{Ax})_1 - (v_{Bx})_1]$, relaciona as *componentes* da velocidade relativa das partículas *ao longo da linha de impacto* (eixo x).
- Se essas duas equações forem resolvidas simultaneamente, obteremos $(v_{Ax})_2$ e $(v_{Bx})_2$.
- A quantidade de movimento da partícula A é conservada ao longo do eixo y, perpendicular à linha de impacto, visto que nenhum impulso age na partícula A nessa direção. Como resultado, $m_A(v_{Ay})_1 = m_A(v_{Ay})_2$ ou $(v_{Ay})_1 = (v_{Ay})_2$.
- A quantidade de movimento da partícula B é conservada ao longo do eixo y, perpendicular à linha de impacto, visto que nenhum impulso atua na partícula B nessa direção. Consequentemente, $(v_{By})_1 = (v_{By})_2$.

A aplicação dessas quatro equações está ilustrada no Exemplo 15.11.

EXEMPLO 15.9

O saco A, que tem peso de 3 kg, é liberado do repouso na posição $\theta = 0°$, como mostra a Figura 15.16a. Depois de cair até $\theta = 90°$, ele atinge uma caixa B, de 9 kg. Se o coeficiente de restituição entre o saco e a caixa é $e = 0,5$, determine as velocidades do saco e da caixa logo após o impacto. Qual é a perda de energia durante a colisão?

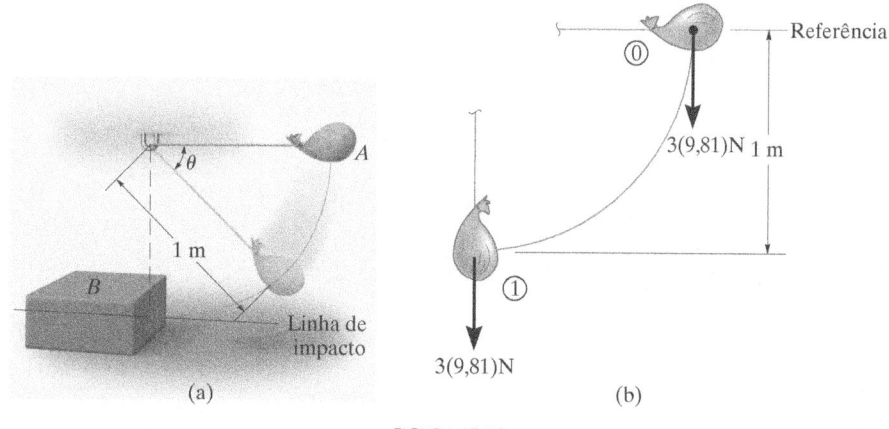

Capítulo 15 – Cinética de partículas: impulso e quantidade de movimento

FIGURA 15.16

SOLUÇÃO

Este problema envolve impacto central. Por quê? Antes de analisar a mecânica do impacto, no entanto, primeiro é preciso obter a velocidade do saco *imediatamente antes* de ele atingir a caixa.

Conservação da energia

Com a referência em $\theta = 0°$ (Figura 15.16b), temos

$$T_0 + V_0 = T_1 + V_1$$

$$0 + 0 = \frac{1}{2}(3\,\text{kg})(v_A)_1^2 - 3\,\text{kg}(9,81\,\text{m/s}^2)(1\,\text{m}); \quad (v_A)_1 = 4,429\,\text{m/s}$$

Conservação da quantidade de movimento

Depois do impacto, supomos que A e B movem-se para a esquerda. Aplicando a conservação da quantidade de movimento ao sistema (Figura 15.16c), temos

$$(\pm) \quad m_B(v_B)_1 + m_A(v_A)_1 = m_B(v_B)_2 + m_A(v_A)_2$$

$$0 + (3\,\text{kg})(4,429\,\text{m/s}) = (9\,\text{kg})(v_B)_2 = (3\,\text{kg})(v_A)_2$$

$$(v_A)_2 = 4,429 - 3(v_B)_2 \qquad (1)$$

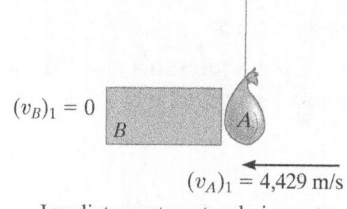

Coeficiente de restituição

Sabendo que para a separação ocorrer após a colisão $(v_B)_2 > (v_A)_2$ (Figura 15.16c), temos

$$(\pm) \quad e = \frac{(v_B)_2 - (v_A)_2}{(v_A)_1 - (v_B)_1}; \quad 0,5 = \frac{(v_B)_2 - (v_A)_2}{4,429\,\text{m/s} - 0}$$

$$(v_A)_2 = (v_B)_2 - 2,2145 \qquad (2)$$

Resolver as equações 1 e 2 simultaneamente resulta em

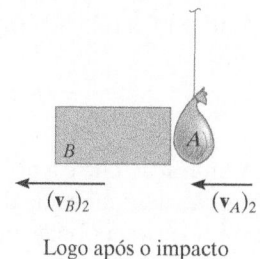

$$(v_A)_2 = -0,554\,\text{m/s} = 0,554\,\text{m/s} \rightarrow \quad \text{e} \quad (v_B)_2 = 1,66\,\text{m/s} \leftarrow \qquad \textit{Resposta}$$

FIGURA 15.16 (cont.)

Perda de energia

Aplicando o princípio do trabalho e energia ao saco e à caixa imediatamente antes e logo após a colisão, temos

242 DINÂMICA

$$\Sigma U_{1-2} = T_2 - T_1;$$

$$\Sigma U_{1-2} = \left[\frac{1}{2}(9 \text{ kg})(1{,}661 \text{ m/s})^2 + \frac{1}{2}(3 \text{ kg})(0{,}554 \text{ m/s})^2\right]$$

$$- \left[\frac{1}{2}(3 \text{ kg})(4{,}429 \text{ m/s})^2\right]$$

$$\Sigma U_{1-2} = -16{,}6 \text{ J} \qquad\qquad\qquad Resposta$$

NOTA: a perda de energia ocorre pela deformação inelástica durante a colisão.

EXEMPLO 15.10

A bola B, mostrada na Figura 15.17a, tem massa de 1,5 kg e está suspensa do teto por uma corda elástica de 1 m de comprimento. Se a corda for *deformada* 0,25 m para baixo e a bola for liberada do repouso, determine o quanto a corda se estende após a bola ricochetear do teto. A rigidez da corda é $k = 800$ N/m, e o coeficiente de restituição entre a bola e o teto é $e = 0{,}8$. A bola faz um impacto central com o teto.

SOLUÇÃO

Primeiro devemos obter a velocidade da bola *imediatamente antes* que ela atinja o teto usando métodos de energia, depois consideramos o impulso e a quantidade de movimento entre a bola e o teto e, finalmente, usaremos novamente os métodos de energia para determinar o alongamento da corda.

Conservação da energia

Com a referência localizada onde mostra a Figura 15.17a, e sabendo inicialmente que $y = y_0 = (1 + 0{,}25)$ m $= 1{,}25$ m, temos

$$T_0 + V_0 = T_1 + V_1$$

$$\tfrac{1}{2}m(v_B)_0^2 - W_B y_0 + \tfrac{1}{2}ks^2 = \tfrac{1}{2}m(v_B)_1^2 + 0$$

$$0 - 1{,}5(9{,}81)\text{N}(1{,}25 \text{ m}) + \tfrac{1}{2}(800 \text{ N/m})(0{,}25 \text{ m})^2 = \tfrac{1}{2}(1{,}5 \text{ kg})(v_B)_1^2$$

$$(v_B)_1 = 2{,}968 \text{ m/s} \uparrow$$

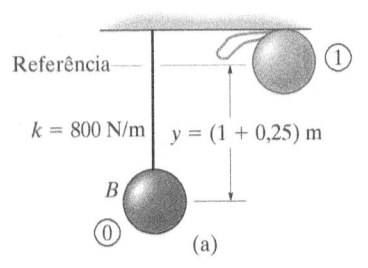

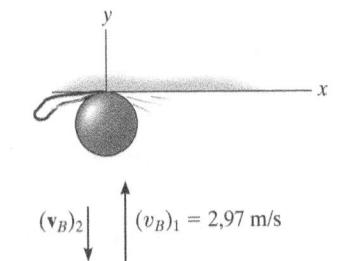

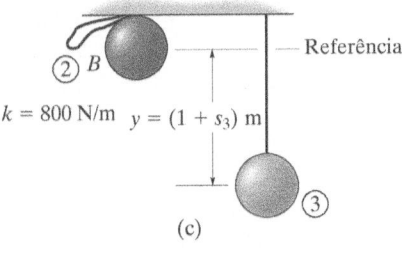

FIGURA 15.17

A interação entre a bola e o teto será agora considerada usando-se os princípios do impacto.* Visto que uma porção desconhecida da massa do teto está envolvida no impacto, a conservação da quantidade de movimento do sistema bola-teto não será escrita. A "velocidade" dessa parte do teto é zero, porque se supõe que o teto (ou a Terra) permanece em repouso *tanto* antes *quanto* depois do impacto.

Coeficiente de restituição

(Figura 15.17b)

$$(+\uparrow) \quad e = \frac{(v_B)_2 - (v_A)_2}{(v_A)_1 - (v_B)_1}; \qquad 0{,}8 = \frac{(v_B)_2 - 0}{0 - 2{,}968 \text{ m/s}}$$

$$(v_B)_2 = -2{,}374 \text{ m/s} = 2{,}374 \text{ m/s} \downarrow$$

---

* O peso da bola é considerado uma força não impulsiva.

Conservação da energia

A máxima extensão s_3 na corda pode ser determinada aplicando-se outra vez a equação de conservação da energia para a bola logo após a colisão. Supondo que $y = y_3 = (1 + s_3)$ m (Figura 15.17c), então

$$T_2 + V_2 = T_3 + V_3$$
$$\tfrac{1}{2}m(v_B)_2^2 + 0 = \tfrac{1}{2}m(v_B)_3^2 - W_B y_3 + \tfrac{1}{2}k s_3^2$$
$$\tfrac{1}{2}(1,5 \text{ kg})(2,37 \text{ m/s})^2 = 0 - 9,81(1,5)\text{N}(1 \text{ m} + s_3) + \tfrac{1}{2}(800 \text{ N/m})s_3^2$$
$$400 s_3^2 - 14,715 s_3 - 18,94 = 0$$

Resolver essa equação quadrática para a raiz positiva resulta em

$$s_3 = 0,237 \text{ m} = 237 \text{ mm} \qquad \textit{Resposta}$$

EXEMPLO 15.11

Dois discos lisos, A e B, com massas de 1 e 2 kg, respectivamente, colidem com as velocidades mostradas na Figura 15.18a. Se o coeficiente de restituição para os discos é $e = 0,75$, determine as componentes x e y da velocidade final de cada disco, logo após a colisão.

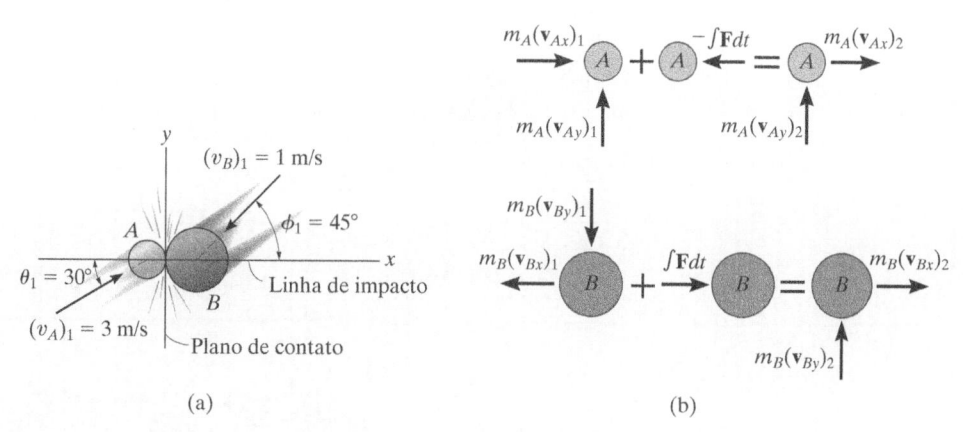

FIGURA 15.18

SOLUÇÃO

Este problema envolve o *impacto oblíquo*. Por quê? Para resolvê-lo, estabelecemos os eixos x e y ao longo da linha de impacto e o plano de contato, respectivamente (Figura 15.18a).

Decompondo cada velocidade inicial em componentes x e y, temos

$$(v_{Ax})_1 = 3 \cos 30° = 2,598 \text{ m/s} \qquad (v_{Ay})_1 = 3 \text{ sen } 30° = 1,50 \text{ m/s}$$
$$(v_{Bx})_1 = -1 \cos 45° = -0,7071 \text{ m/s} \qquad (v_{By})_1 = -1 \text{ sen } 45° = -0,7071 \text{ m/s}$$

As quatro incógnitas das componentes de velocidade, após a colisão, *são presumidas para atuarem nas direções positivas* (Figura 15.18b). Visto que o impacto ocorre na direção x (linha de impacto), a conservação da quantidade de movimento de *ambos* os discos pode ser aplicada nessa direção. Por quê?

Conservação da quantidade de movimento "x"

Em referência aos diagramas da quantidade de movimento, temos

$$(\xrightarrow{+}) \qquad m_A(v_{Ax})_1 + m_B(v_{Bx})_1 = m_A(v_{Ax})_2 + m_B(v_{Bx})_2$$
$$1 \text{ kg}(2,598 \text{ m/s}) + 2 \text{ kg}(-0,707 \text{ m/s}) = 1 \text{ kg}(v_{Ax})_2 + 2 \text{ kg}(v_{Bx})_2$$
$$(v_{Ax})_2 + 2(v_{Bx})_2 = 1,184 \qquad (1)$$

244 DINÂMICA

Coeficiente de restituição (x)

$$(\xrightarrow{+}) \quad e = \frac{(v_{Bx})_2 - (v_{Ax})_2}{(v_{Ax})_1 - (v_{Bx})_1}; \quad 0{,}75 = \frac{(v_{Bx})_2 - (v_{Ax})_2}{2{,}598 \text{ m/s} - (-0{,}7071 \text{ m/s})}$$

$$(v_{Bx})_2 - (v_{Ax})_2 = 2{,}482 \qquad (2)$$

Resolver as equações 1 e 2 para $(v_{Ax})_2$ e $(v_{Bx})_2$ resulta em

$$(v_{Ax})_2 = -1{,}26 \text{ m/s} = 1{,}26 \text{ m/s} \leftarrow \quad (v_{Bx})_2 = 1{,}22 \text{ m/s} \rightarrow \qquad \textit{Resposta}$$

Conservação da quantidade de movimento "y"

A quantidade de movimento de *cada disco* é *conservada* na direção y (plano de contato), visto que os discos são lisos e, por isso, *nenhum* impulso externo atua nesta direção. Da Figura 15.18b,

$$(+\uparrow) \, m_A(v_{Ay})_1 = m_A(v_{Ay})_2; \quad (v_{Ay})_2 = 1{,}50 \text{ m/s} \uparrow \qquad \textit{Resposta}$$

$$(+\uparrow) \, m_B(v_{By})_1 = m_B(v_{By})_2; \quad (v_{By})_2 = -0{,}707 \text{ m/s} = 0{,}707 \text{ m/s} \downarrow \qquad \textit{Resposta}$$

NOTA: mostre que, quando as componentes da velocidade são somadas vetorialmente, obtêm-se os resultados mostrados na Figura 15.18c.

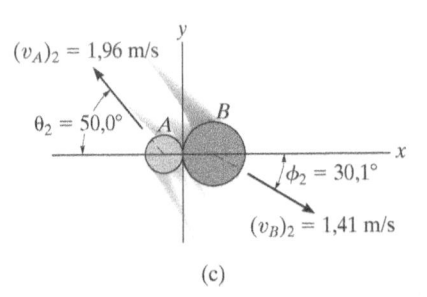

(c)

FIGURA 15.18 (cont.)

Problemas fundamentais

F15.13. Determine o coeficiente de restituição *e* entre a bola *A* e a bola *B*. As velocidades de *A* e *B* antes e após a colisão são as mostradas.

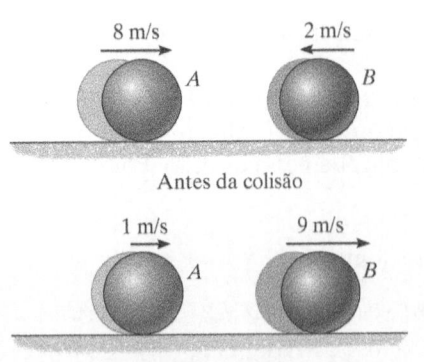

PROBLEMA F15.13

F15.14. O vagão-tanque *A*, de 15 Mg, e o vagão de carga *B*, de 25 Mg, viajam em direção um ao outro com as velocidades mostradas. Se o coeficiente de restituição entre os para-choques é *e* = 0,6, determine a velocidade de cada vagão imediatamente depois da colisão.

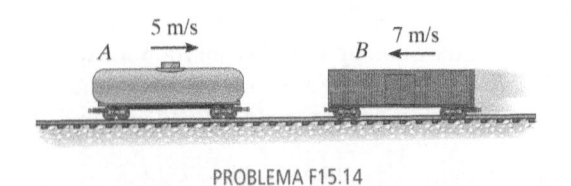

PROBLEMA F15.14

F15.15. O pacote *A*, de 15 kg, tem velocidade de 1,5 m/s ao entrar na rampa lisa. Enquanto desliza rampa abaixo, atinge o pacote *B*, de 40 kg, que está inicialmente em repouso. Se o coeficiente de restituição entre A e B é $e = 0,6$, determine a velocidade de B logo após o impacto.

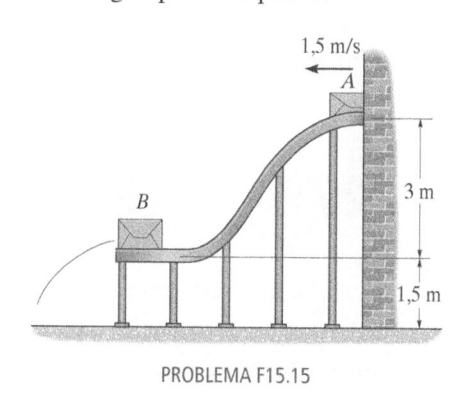

PROBLEMA F15.15

F15.16. A bola atinge a parede lisa a uma velocidade $(v_b)_1 = 20$ m/s. Se o coeficiente de restituição entre a bola e a parede é $e = 0,75$, determine a velocidade da bola logo após o impacto.

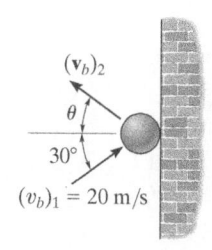

PROBLEMA F15.16

F15.17. O disco A tem massa de 2 kg e desliza sobre o plano horizontal liso a uma velocidade de 3 m/s. O disco B tem 11 kg de massa e está inicialmente em repouso. Se, após o impacto, A tem velocidade de 1 m/s, paralela ao eixo positivo x, determine a velocidade escalar do disco B após o impacto.

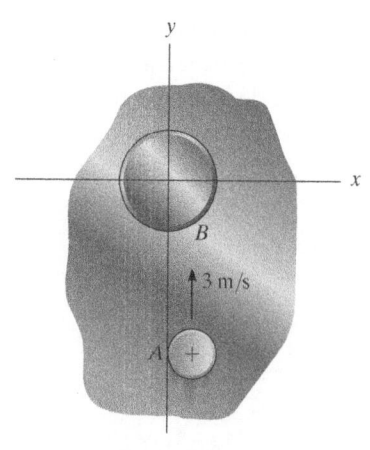

PROBLEMA F15.17

F15.18. Os discos A e B possuem massa de 1 kg cada e as velocidades iniciais mostradas, imediatamente antes de colidirem. Se o coeficiente de restituição é $e = 0,5$, determine suas velocidades imediatamente após o impacto.

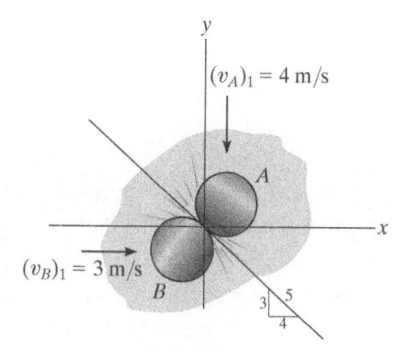

PROBLEMA F15.18

Problemas

15.58. O disco A tem massa de 250 g e desliza sobre o plano horizontal *liso* a uma velocidade inicial $(v_A)_1 = 2$ m/s. Ele faz uma colisão direta com o disco B, que tem massa de 175 g e está originalmente em repouso. Se os dois discos têm o mesmo tamanho e a colisão é perfeitamente elástica ($e = 1$), determine a velocidade de cada disco logo após a colisão. Mostre que a energia cinética dos discos antes e depois da colisão é a mesma.

15.59. O caminhão de 5 Mg e o carro de 2 Mg estão viajando com rolamento livre nas velocidades mostradas imediatamente antes de colidirem. Após a colisão, o carro move-se com uma velocidade de 15 km/h para a direita *em relação* ao caminhão. Determine o coeficiente de restituição entre o caminhão e o carro, e a perda de energia decorrente da colisão.

PROBLEMA 15.59

15.60. O disco A tem massa de 2 kg e desliza para a frente sobre a superfície *lisa* com uma velocidade $(v_A)_1 = 5$ m/s quando atinge o disco B de 4 kg, que está deslizando na direção de A a $(v_B)_1 = 2$ m/s, com impacto central direto. Se o coeficiente de restituição entre os discos é $e = 0,4$, calcule as velocidades de A e B logo após a colisão.

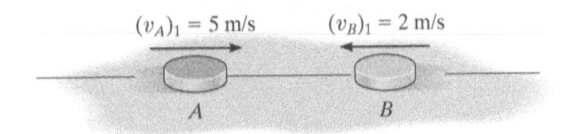

PROBLEMA 15.60

15.61. A bola A tem massa de 3 kg e está se movendo com uma velocidade de 8 m/s quando faz uma colisão direta com a bola B, que tem massa de 2 kg e está se movendo com uma velocidade de 4 m/s. Se $e = 0,7$, determine a velocidade de cada bola logo após a colisão. Despreze o tamanho das bolas.

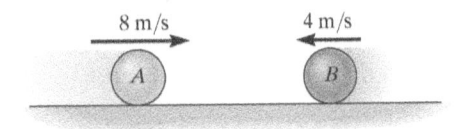

PROBLEMA 15.61

15.62. O bloco A de 15 kg desliza sobre a superfície para a qual $\mu_k = 0,3$. O bloco tem velocidade $v = 10$ m/s quando está a $s = 4$ m do bloco B de 10 kg. Se a mola não deformada tem rigidez $k = 1000$ N/m, determine a compressão máxima da mola decorrente da colisão. Considere $e = 0,6$.

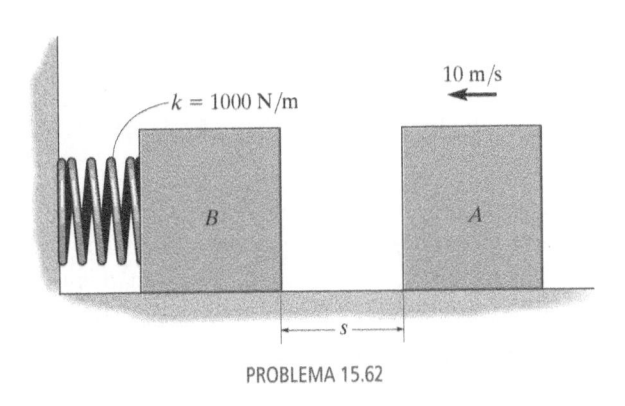

PROBLEMA 15.62

15.63. As quatro bolas lisas possuem a mesma massa m. Se A e B estão rolando para a frente com velocidade $\mathbf{v}$ e atingem C, explique por que, depois da colisão, C e D movem-se com velocidade $\mathbf{v}$. Por que D não se move com velocidade $2\mathbf{v}$? A colisão é elástica, $e = 1$. Despreze a dimensão de cada bola.

15.64. As quatro bolas lisas possuem a mesma massa m. Se A e B estão rolando para a frente com velocidade $\mathbf{v}$ e atingem C, determine a velocidade de cada bola após as primeiras três colisões. Considere $e = 0,5$ entre cada bola.

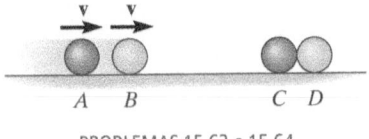

PROBLEMAS 15.63 e 15.64

15.65. Cada uma das duas esferas lisas, A e B, possui massa m. Se A recebe uma velocidade v_0, enquanto a esfera B está em repouso, determine a velocidade de B logo após atingir a parede. O coeficiente de restituição para qualquer colisão é e.

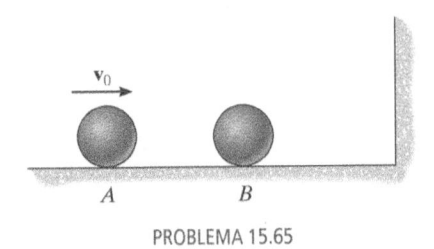

PROBLEMA 15.65

15.66. Uma máquina de lançamento arremessa a bola de 0,5 kg em direção à parede com uma velocidade inicial $v_A = 10$ m/s, conforme mostrado na figura. Determine (a) a velocidade com que ela atinge a parede em B, (b) a velocidade com que ela ricocheteia na parede se $e = 0,5$, e (c) a distância s da parede até a bola quando ela atinge o solo em C.

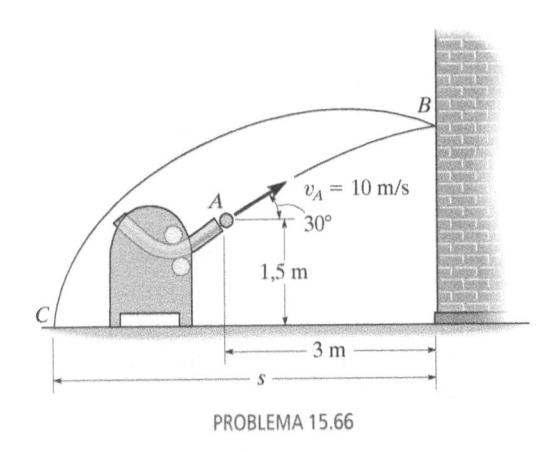

PROBLEMA 15.66

15.67. Uma bola de 300 g é chutada com velocidade $v_A = 25$ m/s no ponto A, como mostra a figura. Se o coeficiente de restituição entre a bola e o campo é $e = 0,4$, determine a intensidade e a direção θ da velocidade da bola ricocheteando em B.

PROBLEMA 15.67

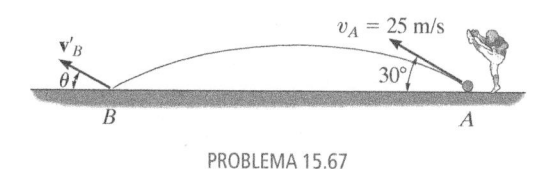

*****15.68.** Uma bola de 1 kg está se movendo horizontalmente a 20 m/s quando atinge um bloco B de 10 kg que está em repouso. Se o coeficiente de restituição entre A e B é $e = 0,6$ e o coeficiente de atrito cinético entre o plano e o bloco é $\mu_k = 0,4$, determine o tempo que o bloco B leva para parar de deslizar.

15.69. Cada uma de três bolas tem massa m. Se A tem uma velocidade v imediatamente antes da colisão direta com B, determine a velocidade de C após a colisão. O coeficiente de restituição entre cada bola é e. Despreze a dimensão de cada bola.

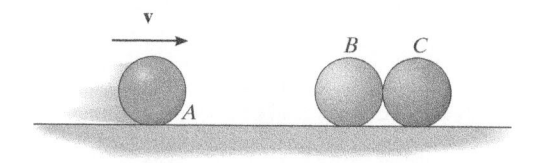

PROBLEMA 15.69

15.70. O bloco A, de massa m, é solto do repouso, cai de uma altura h e atinge a placa B, de massa $2m$. Se o coeficiente de restituição entre A e B é e, determine a velocidade da placa logo após a colisão. A mola tem rigidez k.

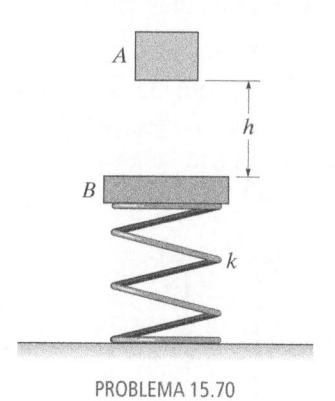

PROBLEMA 15.70

15.71. À bola branca A é dada uma velocidade inicial $(v_A)_1 = 5$ m/s. Se ela colide diretamente com a bola B ($e = 0,8$), determine a velocidade de B e o ângulo θ, logo após ela ricochetear na borda em C ($e' = 0,6$). Cada bola tem massa de 0,4 kg. Despreze a dimensão de cada bola.

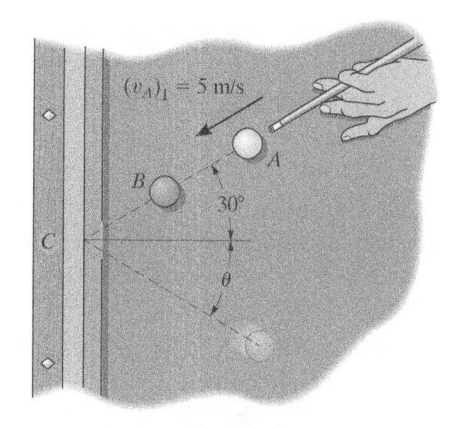

PROBLEMA 15.71

*****15.72.** Dois discos, A e B, têm massa de 3 e 5 kg, respectivamente. Se eles colidem com as velocidades iniciais mostradas, determine suas velocidades logo após o impacto. O coeficiente de restituição é $e = 0,65$.

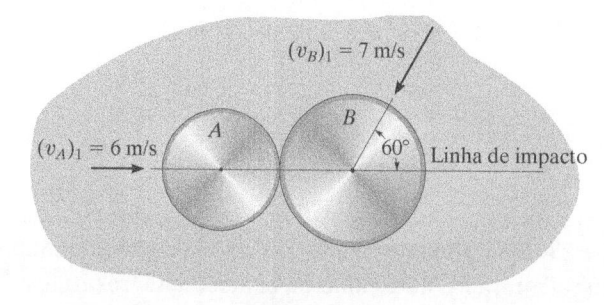

PROBLEMA 15.72

15.73. A bola de 0,5 kg é lançada do tubo em A com velocidade $v = 6$ m/s. Se o coeficiente de restituição entre a bola e a superfície é $e = 0,8$, determine a altura h após ela quicar na superfície.

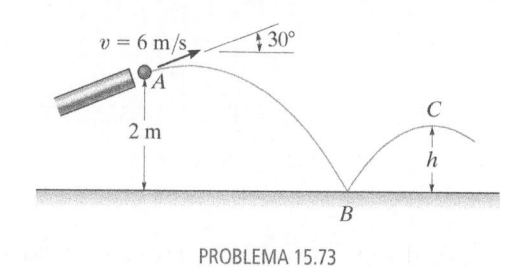

PROBLEMA 15.73

15.74. A estaca P tem massa de 800 kg e está sendo enterrada na *areia solta* por um martelo C de 300 kg, que é largado de uma distância de 0,5 m a partir do topo da estaca. Determine a velocidade inicial da estaca logo após ser atingida pelo martelo. O coeficiente de restituição entre martelo e estaca é $e = 0,1$. Despreze os impulsos decorrentes dos pesos da estaca e do martelo e o impulso decorrente da areia durante o impacto.

15.75. A estaca P tem massa de 800 kg e está sendo enterrada na *areia solta* por um martelo C, de 300 kg, que é largado de uma distância de 0,5 m do topo da estaca. Determine a distância que a estaca penetra na areia após um golpe, se a areia oferece uma resistência de atrito de 18 kN contra a estaca. O coeficiente de restituição entre martelo e estaca é $e = 0{,}1$. Despreze os impulsos decorrentes dos pesos da estaca e do martelo e o impulso decorrente da areia durante o impacto.

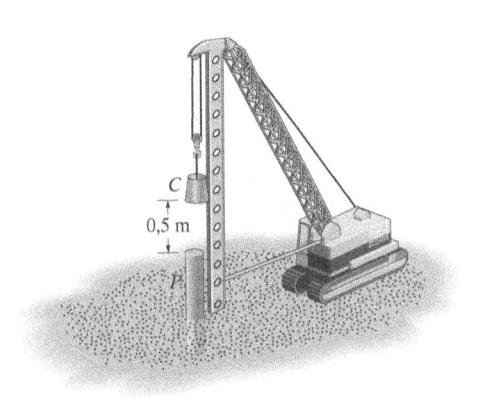

PROBLEMAS 15.74 e 15.75

*15.76.** Uma bola de massa m é largada verticalmente de uma altura h_0 acima do solo. Se ela quica até uma altura h_1, determine o coeficiente de restituição entre a bola e o solo.

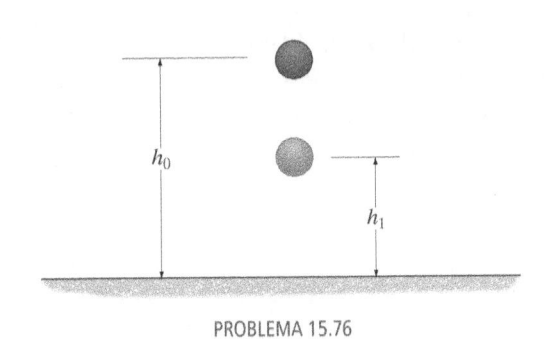

PROBLEMA 15.76

15.77. Dois discos lisos, A e B, possuem massa de 0,5 kg cada. Se os dois discos estão se movendo com as velocidades mostradas na figura quando colidem, determine suas velocidades finais logo após a colisão. O coeficiente de restituição é $e = 0{,}75$.

15.78. Dois discos lisos, A e B, possuem massa de 0,5 kg cada. Se os dois discos estão se movendo com as velocidades mostradas na figura quando colidem, determine o coeficiente de restituição entre os discos se, após a colisão, B percorre uma linha, 30° em sentido anti-horário a partir do eixo y.

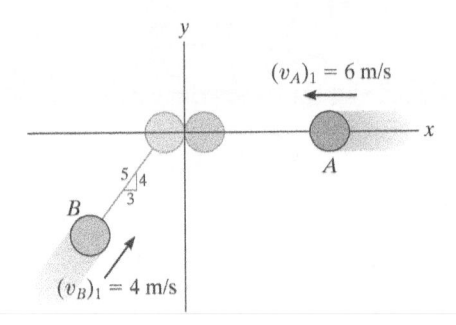

PROBLEMAS 15.77 e 15.78

15.79. Uma bola de tamanho desprezível e massa m recebe uma velocidade $\mathbf{v}_0$ no centro do carrinho com massa M e que está inicialmente em repouso. Se o coeficiente de restituição entre a bola e as paredes A e B é e, determine a velocidade da bola e do carrinho logo após a bola atingir A. Além disso, determine o tempo total necessário para a bola atingir A, ricochetear, depois atingir B, ricochetear e depois retornar ao centro do carrinho. Despreze o atrito.

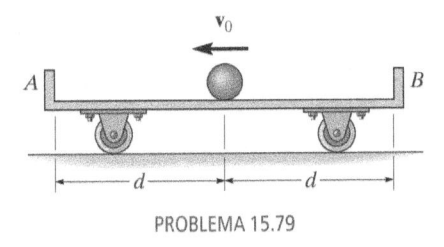

PROBLEMA 15.79

*15.80.** A bola de 2 kg é lançada até o bloco suspenso de 20 kg a uma velocidade de 4 m/s. Se o coeficiente de restituição entre a bola e o bloco é $e = 0{,}8$, determine a altura máxima h até onde o bloco balançará antes de parar momentaneamente.

15.81. A bola de 2 kg é lançada até o bloco suspenso de 20 kg a uma velocidade de 4 m/s. Se o tempo de impacto entre a bola e o bloco é 0,005 s, determine a força normal média exercida sobre o bloco durante esse tempo. Considere $e = 0{,}8$.

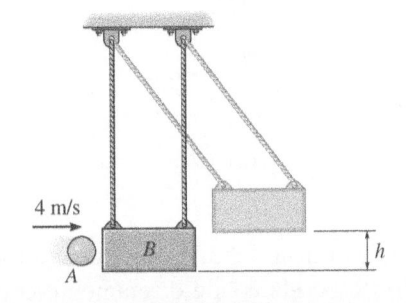

PROBLEMAS 15.80 e 15.81

15.82. Cada uma das três bolas tem massa m. Se A é liberada do repouso em θ, determine o ângulo ϕ

formado por C após a colisão. O coeficiente de restituição entre cada bola é e.

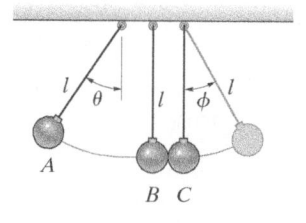

PROBLEMA 15.82

15.83. A garota lança a bola de 0,5 kg na direção da parede, a uma velocidade inicial v_A = 10 m/s. Determine: (a) a velocidade com que a bola atinge a parede em B; (b) a velocidade com a qual ela quica na parede se o coeficiente de restituição for $e = 0,5$; e (c) a distância s da parede até onde ela atinge o solo em C.

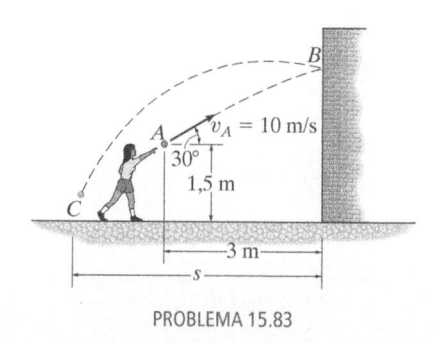

PROBLEMA 15.83

*15.84. A bola de 1 kg é lançada do repouso no ponto A, 2 m acima do plano liso. Se o coeficiente de restituição entre a bola e o plano é $e = 0,6$, determine a distância d onde a bola atinge o plano novamente.

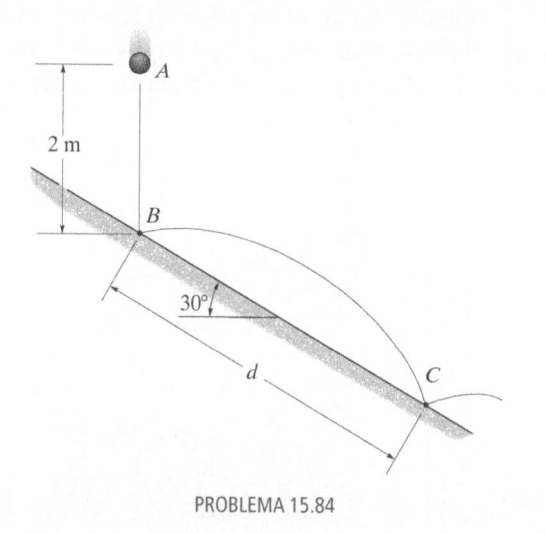

PROBLEMA 15.84

15.85. Os discos A e B têm massa de 15 e 10 kg, respectivamente. Se eles deslizam sobre um plano horizontal liso com as velocidades mostradas, determine suas velocidades escalares logo após o impacto. O coeficiente de restituição entre eles é $e = 0,8$.

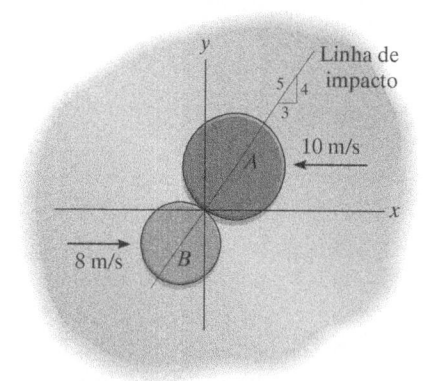

PROBLEMA 15.85

15.86. Duas bolas de bilhar, A e B, possuem massa de 200 g cada. Se A atinge B com uma velocidade $(v_A)_1 = 1,5$ m/s, conforme mostrado, determine suas velocidades finais logo após a colisão. A bola B está originalmente em repouso e o coeficiente de restituição é $e = 0,85$. Despreze a dimensão de cada bola.

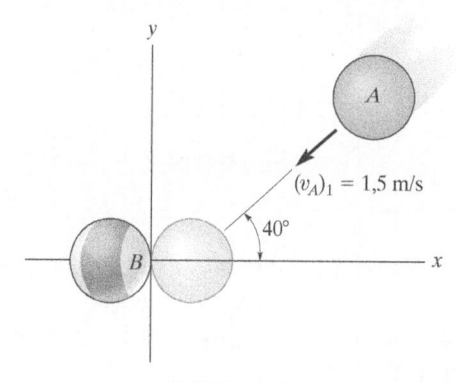

PROBLEMA 15.86

15.87. Uma bola é lançada contra um piso áspero a um ângulo θ. Se ela quica a um ângulo ϕ e o coeficiente de atrito cinético é μ, determine o coeficiente de restituição e. Despreze a dimensão da bola. *Dica:* mostre que, durante o impacto, os impulsos médios nas direções x e y são relacionados por $I_x = \mu I_y$. Visto que o tempo de impacto é o mesmo, $F_x \Delta t = \mu F_y \Delta t$ ou $F_x = \mu F_y$.

*15.88. Uma bola é lançada contra um piso áspero a um ângulo $\theta = 45°$. Se ela quica no mesmo ângulo $\phi = 45°$, determine o coeficiente de atrito cinético entre o piso e a bola. O coeficiente de restituição é $e = 0,6$. *Dica:* mostre que, durante o impacto, os impulsos médios nas direções x e y são relacionados por $I_x = \mu I_y$. Visto que o tempo de impacto é o mesmo, $F_x \Delta t = \mu F_y \Delta t$ ou $F_x = \mu F_y$.

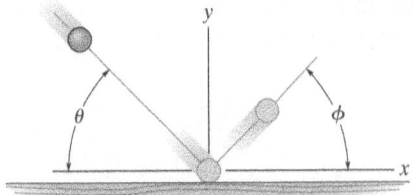

PROBLEMAS 15.87 e 15.88

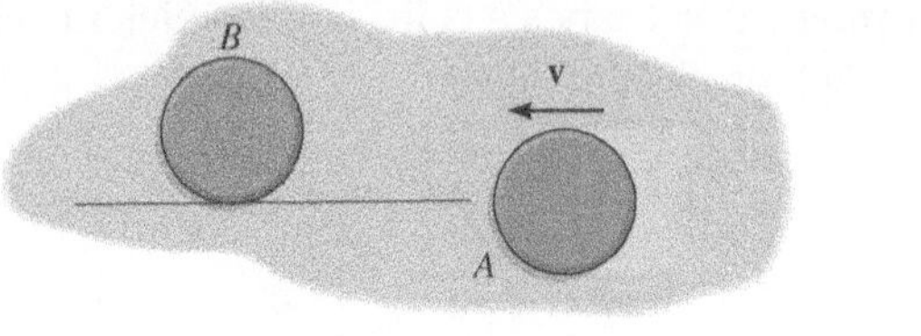

PROBLEMA 15.91

15.89. As duas bolas de bilhar, A e B, estão originalmente em contato uma com a outra quando uma terceira bola, C, atinge cada uma delas ao mesmo tempo, como mostra a figura. Se a bola C permanece em repouso após a colisão, determine o coeficiente de restituição. Todas as bolas têm a mesma massa. Despreze a dimensão de cada bola.

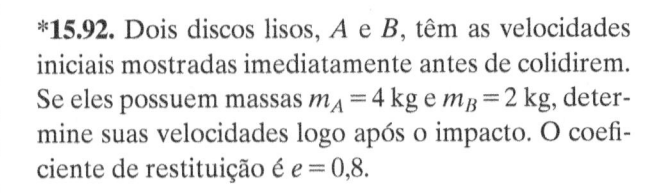

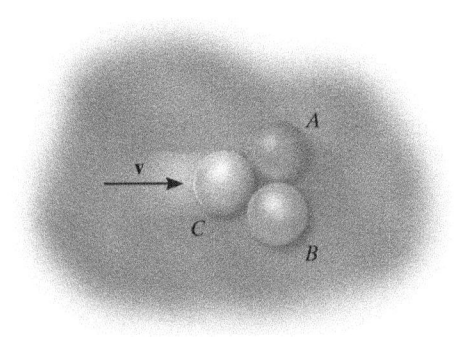

*15.92. Dois discos lisos, A e B, têm as velocidades iniciais mostradas imediatamente antes de colidirem. Se eles possuem massas $m_A = 4$ kg e $m_B = 2$ kg, determine suas velocidades logo após o impacto. O coeficiente de restituição é $e = 0,8$.

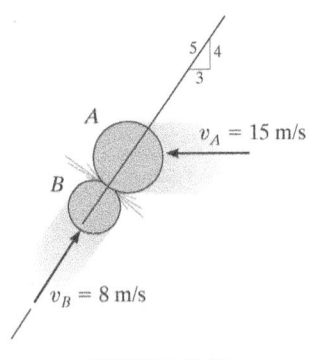

PROBLEMA 15.89

PROBLEMA 15.92

15.90. Os discos A e B têm massas de 2 e 4 kg, respectivamente. Se eles possuem as velocidades mostradas e $e = 0,4$, determine suas velocidades logo após o impacto central direto.

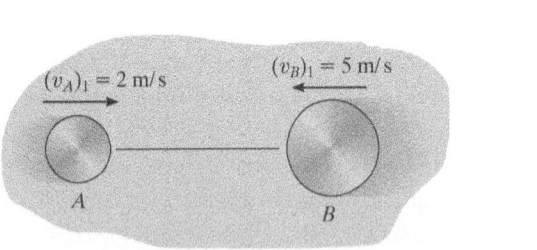

15.93. A bola de bilhar de 200 g está se movendo com uma velocidade de 2,5 m/s quando atinge a lateral da mesa em A. Se o coeficiente de restituição entre a bola e a lateral da mesa é $e = 0,6$, determine a velocidade da bola logo após atingir a mesa duas vezes, ou seja, em A e depois em B. Despreze a dimensão da bola.

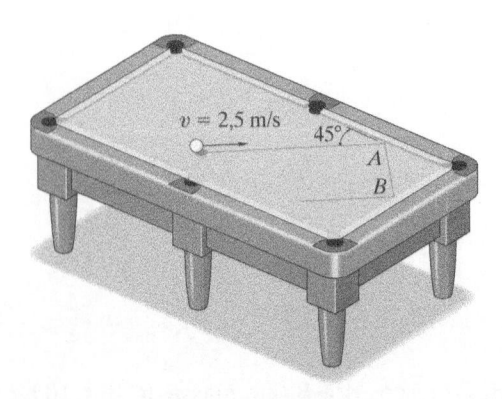

PROBLEMA 15.90

15.91. Se o disco A está deslizando ao longo da tangente ao disco B e atinge B com uma velocidade $\mathbf{v}$, determine a velocidade de B após a colisão e calcule a perda de energia cinética durante a colisão. Despreze o atrito. O disco B está inicialmente em repouso. O coeficiente de restituição é e, e cada disco tem a mesma dimensão e massa m.

PROBLEMA 15.93

15.5 Quantidade de movimento angular

A *quantidade de movimento angular* de uma partícula em relação ao ponto O é definida como o "momento" da quantidade de movimento linear da partícula em torno de O. Visto que esse conceito é semelhante a encontrar o momento de uma força em relação a um ponto, a quantidade de movimento angular, $\mathbf{H}_O$, às vezes é chamada de *momento da quantidade de movimento*.

Formulação escalar

Se uma partícula se move ao longo de uma curva no plano x–y (Figura 15.19), a quantidade de movimento angular em qualquer instante pode ser determinada em relação ao ponto O (na verdade, o eixo z), usando-se uma formulação escalar. A *intensidade* de $\mathbf{H}_O$ é

$$(H_O)_z = (d)(mv) \qquad (15.12)$$

Aqui d é o braço do momento, ou a distância perpendicular de O até a linha de ação de $m\mathbf{v}$. Unidades comuns para $(H_O)_z$ são kg · m²/s. A *direção* de $\mathbf{H}_O$ é definida pela regra da mão direita. Como mostrado na figura, a dobra dos dedos da mão direita indica o sentido da rotação de $m\mathbf{v}$ em torno de O, de maneira que, neste caso, o polegar (ou $\mathbf{H}_O$) está direcionado perpendicularmente ao plano x–y, ao longo do eixo $+z$.

Formulação vetorial

Se a partícula se move ao longo de um espaço curvo (Figura 15.20), o produto vetorial pode ser usado para determinar a *quantidade de movimento angular* em torno de O. Nesse caso

$$\mathbf{H}_O = \mathbf{r} \times m\mathbf{v} \qquad (15.13)$$

Aqui, $\mathbf{r}$ indica um vetor posição traçado do ponto O até a partícula. Como mostra a figura, $\mathbf{H}_O$ é *perpendicular* ao plano sombreado contendo $\mathbf{r}$ e $m\mathbf{v}$.

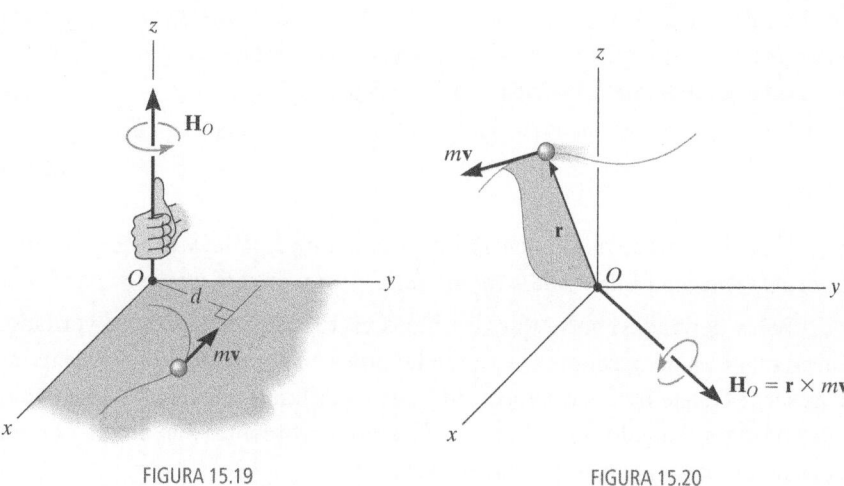

FIGURA 15.19

FIGURA 15.20

De modo a avaliar o produto vetorial, **r** e m**v** devem ser expressos em termos de suas componentes cartesianas, para que a quantidade de movimento angular possa ser calculada ao se avaliar o determinante:

$$\mathbf{H}_O = \begin{vmatrix} \mathbf{i} & \mathbf{j} & \mathbf{k} \\ r_x & r_y & r_z \\ mv_x & mv_y & mv_z \end{vmatrix} \qquad (15.14)$$

15.6 Relação entre o momento de uma força e a quantidade de movimento angular

Os momentos em relação ao ponto O, de todas as forças que atuam sobre a partícula na Figura 15.21a, podem ser relacionados à quantidade de movimento angular da partícula, aplicando-se a equação do movimento. Se a massa da partícula é constante, podemos escrever

$$\Sigma \mathbf{F} = m\dot{\mathbf{v}}$$

Os momentos das forças em relação ao ponto O podem ser obtidos efetuando-se o produto vetorial de cada lado dessa equação pelo vetor posição **r**, que é medido a partir do sistema de referência inercial x, y, z. Temos

$$\Sigma \mathbf{M}_O = \mathbf{r} \times \Sigma \mathbf{F} = \mathbf{r} \times m\dot{\mathbf{v}}$$

Do Apêndice B, a derivada de $\mathbf{r} \times m\mathbf{v}$ pode ser escrita como

$$\dot{\mathbf{H}}_O = \frac{d}{dt}(\mathbf{r} \times m\mathbf{v}) = \dot{\mathbf{r}} \times m\mathbf{v} + \mathbf{r} \times m\dot{\mathbf{v}}$$

O primeiro termo à direita, $\dot{\mathbf{r}} \times m\mathbf{v} = m(\dot{\mathbf{r}} \times \dot{\mathbf{r}}) = \mathbf{0}$, visto que o produto vetorial de um vetor por ele mesmo é zero. Assim, a equação anterior torna-se

$$\boxed{\Sigma \mathbf{M}_O = \dot{\mathbf{H}}_O} \qquad (15.15)$$

a qual estabelece que o *momento resultante em relação ao ponto O, de todas as forças que atuam sobre a partícula, é igual à taxa de variação temporal da quantidade de movimento angular da partícula em relação ao ponto O*. O resultado é semelhante à Equação 15.1, ou seja,

$$\boxed{\Sigma \mathbf{F} = \dot{\mathbf{L}}} \qquad (15.16)$$

Aqui $\mathbf{L} = m\mathbf{v}$, de modo que *a força resultante que atua na partícula é igual à taxa de variação temporal da quantidade de movimento linear da partícula*.

Pelas derivadas, vê-se que as equações 15.15 e 15.16 são, na verdade, outra maneira de exprimir a segunda lei do movimento de Newton. Em outras seções deste livro, será mostrado que essas equações têm várias aplicações práticas, quando estendidas e aplicadas a problemas que envolvem um sistema de partículas ou um corpo rígido.

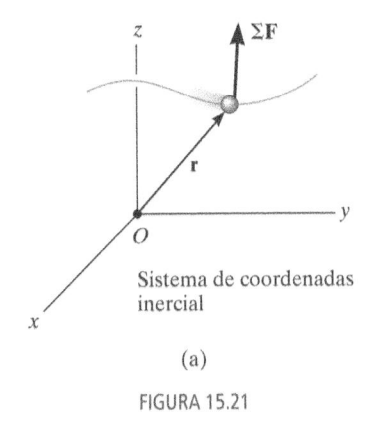

FIGURA 15.21
Sistema de coordenadas inercial
(a)

Sistema de partículas

Uma equação com a mesma forma da Equação 15.15 pode ser derivada para o sistema de partículas mostrado na Figura 15.21b. As forças que agem arbitrariamente na *i-ésima* partícula do sistema consistem em uma força *resultante externa* $\mathbf{F}_i$ e uma força *resultante interna* $\mathbf{f}_i$. Ao expressar os momentos dessas forças em relação ao ponto O, usando a forma da Equação 15.15, temos

$$(\mathbf{r}_i \times \mathbf{F}_i) + (\mathbf{r}_i \times \mathbf{f}_i) = (\dot{\mathbf{H}}_i)_O$$

Aqui, $(\dot{\mathbf{H}}_i)_O$ é a taxa de variação temporal da quantidade de movimento angular da *i-ésima* partícula em relação a O. Equações semelhantes podem ser escritas para cada uma das outras partículas do sistema. Quando os resultados são somados vetorialmente, o resultado é

$$\Sigma(\mathbf{r}_i \times \mathbf{F}_i) + \Sigma(\mathbf{r}_i \times \mathbf{f}_i) = \Sigma(\dot{\mathbf{H}}_i)_O$$

O segundo termo é zero, visto que as forças internas ocorrem em pares colineares iguais, mas opostos e, portanto, a quantidade de movimento de cada par em relação a O é zero. Abandonando-se a notação de índice, a equação anterior pode ser escrita, de forma simplificada, como

$$\Sigma \mathbf{M}_O = \dot{\mathbf{H}}_O \qquad (15.17)$$

a qual estabelece que *a soma dos momentos em relação ao ponto O, de todas as forças externas que atuam sobre um sistema de partículas, é igual à taxa de variação temporal da quantidade de movimento angular total do sistema em relação ao ponto O*. Embora O tenha sido escolhido aqui como a origem das coordenadas, ele pode, na verdade, representar qualquer *ponto fixo* no sistema de referência inercial.

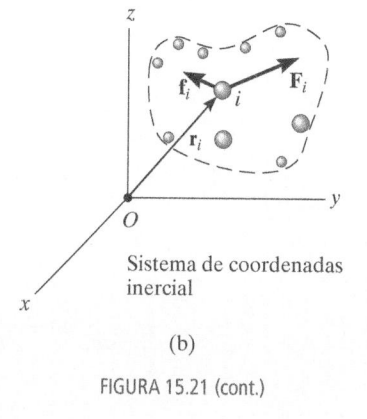

Sistema de coordenadas inercial

(b)

FIGURA 15.21 (cont.)

EXEMPLO 15.12

A caixa mostrada na Figura 15.22a tem massa m e desce a rampa circular lisa, de modo que, quando atinge o ângulo θ, tem velocidade v. Determine sua quantidade de movimento angular em relação ao ponto O nesse instante, e a taxa de aumento em sua velocidade escalar, ou seja, a_t.

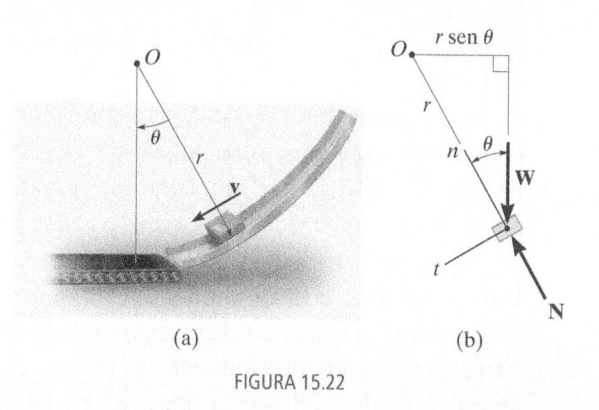

FIGURA 15.22

SOLUÇÃO

Visto que $\mathbf{v}$ é tangente à trajetória, aplicando-se a Equação 15.12, a quantidade de movimento angular é

$$H_O = r\,mv$$ *Resposta*

A taxa de aumento de sua velocidade escalar (dv/dt) pode ser determinada ao se aplicar a Equação 15.15. A partir do diagrama de corpo livre da caixa (Figura 15.22b), pode-se ver que apenas o peso $W = mg$ contribui com um momento em relação ao ponto O. Temos

$$\zeta + \Sigma M_O = \dot{H}_O; \qquad mg(r\,\text{sen}\,\theta) = \frac{d}{dt}(r\,mv)$$

Visto que r e m são constantes,

$$mgr\,\text{sen}\,\theta = rm\frac{dv}{dt}$$

$$\frac{dv}{dt} = g\,\text{sen}\,\theta \qquad \textit{Resposta}$$

NOTA: o mesmo resultado pode, sem dúvida, ser obtido a partir da equação de movimento aplicada na direção tangencial (Figura 15.22b), ou seja,

$$+\swarrow \Sigma F_t = ma_t; \qquad mg\,\text{sen}\,\theta = m\left(\frac{dv}{dt}\right)$$

$$\frac{dv}{dt} = g\,\text{sen}\,\theta \qquad \textit{Resposta}$$

15.7 Princípio do impulso e quantidade de movimento angulares

Princípio do impulso e quantidade de movimento angulares

Se a Equação 15.15 for reescrita na forma $\Sigma \mathbf{M}_O dt = d\mathbf{H}_O$ e integrada, supondo-se que no tempo $t = t_1$, $\mathbf{H}_O = (\mathbf{H}_O)_1$ e no tempo $t = t_2$, $\mathbf{H}_O = (\mathbf{H}_O)_2$, temos

$$\Sigma \int_{t_1}^{t_2} \mathbf{M}_O dt = (\mathbf{H}_O)_2 - (\mathbf{H}_O)_1$$

ou

$$(\mathbf{H}_O)_1 + \Sigma \int_{t_1}^{t_2} \mathbf{M}_O dt = (\mathbf{H}_O)_2 \qquad (15.18)$$

Essa equação é referida como o *princípio do impulso e quantidade de movimento angulares*. As quantidades de movimento angulares inicial e final $(\mathbf{H}_O)_1$ e $(\mathbf{H}_O)_2$ são definidas como o momento da quantidade de movimento linear da partícula ($\mathbf{H}_O = \mathbf{r} \times m\mathbf{v}$) nos instantes t_1 e t_2, respectivamente. O segundo termo à esquerda, $\Sigma \int \mathbf{M}_O dt$, é chamado de *impulso angular*. Ele é determinado integrando-se, em relação ao tempo, os momentos de todas as forças que atuam sobre a partícula durante o período de tempo t_1 a t_2. Visto que o momento de uma força em relação ao ponto O é $\mathbf{M}_O = \mathbf{r} \times \mathbf{F}$, o impulso angular pode ser expresso na forma vetorial, como

$$\boxed{\text{impulso angular} = \int_{t_1}^{t_2} \mathbf{M}_O dt = \int_{t_1}^{t_2} (\mathbf{r} \times \mathbf{F})\,dt} \qquad (15.19)$$

Aqui, **r** é um vetor posição que se estende do ponto O a qualquer ponto da linha de ação de **F**.

De forma similar, usando-se a Equação 15.18, o princípio do impulso e quantidade de movimento angular para um sistema de partículas pode ser escrito como

$$\Sigma(\mathbf{H}_O)_1 + \Sigma \int_{t_1}^{t_2} \mathbf{M}_O \, dt = \Sigma(\mathbf{H}_O)_2 \qquad (15.20)$$

Aqui, o primeiro e o terceiro termos representam as quantidades de movimento angulares de todas as partículas $[\Sigma \mathbf{H}_O = \Sigma(\mathbf{r}_i \times m\mathbf{v}_i)]$ nos instantes t_1 e t_2. O segundo termo é a soma dos impulsos angulares dados a todas as partículas de t_1 a t_2. Lembre-se de que esses impulsos são criados somente pelos momentos das forças externas que agem no sistema onde, para a *i*-ésima partícula, $\mathbf{M}_O = \mathbf{r}_i \times \mathbf{F}_i$.

Formulação vetorial

Usando-se os princípios do impulso e quantidade de movimento, é possível escrever duas equações que definem o movimento da partícula, a saber, as equações 15.3 e 15.18, reformuladas como

$$\begin{aligned} m\mathbf{v}_1 + \Sigma \int_{t_1}^{t_2} \mathbf{F} \, dt &= m\mathbf{v}_2 \\ (\mathbf{H}_O)_1 + \Sigma \int_{t_1}^{t_2} \mathbf{M}_O \, dt &= (\mathbf{H}_O)_2 \end{aligned} \qquad (15.21)$$

Formulação escalar

Em geral, as equações anteriores podem ser expressas na forma de componentes x, y, z, resultando em um total de seis equações escalares. Se a partícula está confinada a mover-se no plano x–y, três equações escalares podem ser escritas para expressar movimento, a saber,

$$\begin{aligned} m(v_x)_1 + \Sigma \int_{t_1}^{t_2} F_x \, dt &= m(v_x)_2 \\ m(v_y)_1 + \Sigma \int_{t_1}^{t_2} F_y \, dt &= m(v_y)_2 \\ (H_O)_1 + \Sigma \int_{t_1}^{t_2} M_O \, dt &= (H_O)_2 \end{aligned} \qquad (15.22)$$

As duas primeiras equações representam o princípio do impulso e quantidade de movimento linear nas direções x e y, o que já foi discutido na Seção 15.1, e a terceira equação representa o princípio do impulso e quantidade de movimento angular em relação ao eixo z.

Conservação da quantidade de movimento angular

Quando os impulsos angulares que atuam em uma partícula são todos zero durante o tempo t_1 a t_2, a Equação 15.18 reduz-se à seguinte forma simplificada:

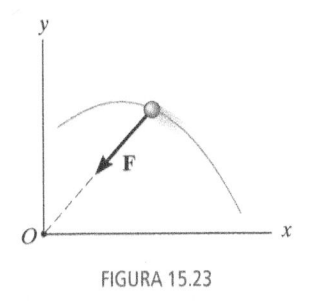

$$(\mathbf{H}_O)_1 = (\mathbf{H}_O)_2 \quad (15.23)$$

Essa equação é conhecida como a *conservação da quantidade de movimento angular*. Ela estabelece que, de t_1 a t_2, a quantidade de movimento angular da partícula permanece constante. Obviamente, se nenhum impulso externo for aplicado à partícula, tanto a quantidade de movimento linear quanto a angular serão conservadas. Em alguns casos, porém, a quantidade de movimento angular da partícula será conservada e a quantidade de movimento linear poderá não ser. Um exemplo disso ocorre quando a partícula está sujeita *apenas* a uma *força central* (ver Seção 13.7). Como mostrado na Figura 15.23, a força central impulsiva **F** está sempre direcionada ao ponto O quando a partícula se move ao longo da trajetória. Portanto, o impulso angular (momento) criado por **F** em relação ao eixo z é sempre zero, e por isso a quantidade de movimento angular da partícula é conservada em relação a esse eixo.

Da Equação 15.20, também podemos escrever a conservação da quantidade de movimento angular para um sistema de partículas como

$$\Sigma(\mathbf{H}_O)_1 = \Sigma(\mathbf{H}_O)_2 \quad (15.24)$$

Neste caso, o somatório deve incluir as quantidades de movimento angulares de todas as partículas no sistema.

FIGURA 15.23

(© Petra Hilke/Fotolia)

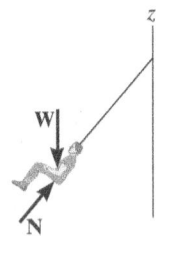

Desde que a resistência do ar seja desconsiderada, os passageiros desse brinquedo de um parque de diversões estão sujeitos a uma conservação da quantidade de movimento angular em relação ao eixo de rotação z. Como mostrado no diagrama de corpo livre, a linha de ação da força normal **N**, do assento sobre o passageiro, passa através desse eixo, e o peso **W** do passageiro é paralelo a ele. Assim, nenhum impulso angular age em relação ao eixo z.

Procedimento para análise

Ao aplicar os princípios do impulso e quantidade de movimento angular, ou da conservação da quantidade de movimento angular, sugere-se que seja usado o procedimento indicado a seguir.

Diagrama de corpo livre

- Construa o diagrama de corpo livre da partícula, de modo a determinar algum eixo em relação ao qual a quantidade de movimento angular possa ser conservada. Para que isso ocorra, os momentos de todas as forças (ou impulsos) devem ser paralelos ao eixo ou passar através dele, de modo a criar momento zero durante todo o período t_1 a t_2.
- A direção e o sentido das velocidades inicial e final da partícula também devem ser estabelecidos.
- Um procedimento alternativo seria desenhar os diagramas de impulso e quantidade de movimento para a partícula.

Equações da quantidade de movimento

- Aplique o princípio do impulso e quantidade de movimento angular, $(\mathbf{H}_O)_1 + \Sigma \int_{t_1}^{t_2} \mathbf{M}_O dt = (\mathbf{H}_O)_2$, ou, se for apropriado, a conservação da quantidade de movimento angular $(\mathbf{H}_O)_1 = (\mathbf{H}_O)_2$.

EXEMPLO 15.13

O carro de 1,5 Mg viaja ao longo da estrada circular, como mostrado na Figura 15.24a. Se a força de tração das rodas sobre a estrada é $F = (150t^2)$ N, onde t está em segundos, determine a velocidade escalar do carro quando $t = 5$ s. O carro inicialmente viaja a uma velocidade escalar de 5 m/s. Despreze a dimensão do carro.

SOLUÇÃO

Diagrama de corpo livre

O diagrama de corpo livre do carro aparece na Figura 15.24b. Se aplicarmos o princípio do impulso e quantidade de movimento angular em relação ao eixo z, são eliminados o impulso angular criado pelo peso, a força normal e a componente radial da força de atrito, visto que todas essas forças agem paralelas ao eixo z ou passam através dele.

Princípio do impulso e quantidade de movimento angular

$$(H_z)_1 + \Sigma \int_{t_1}^{t_2} M_z \, dt = (H_z)_2$$

$$r\, m_c(v_c)_1 + \int_{t_1}^{t_2} r F \, dt = r\, m_c(v_c)_2$$

$$(100\text{ m})(1500\text{ kg})(5\text{ m/s}) + \int_0^{5\text{ s}} (100\text{ m})[(150t^2)\text{ N}]\, dt$$
$$= (100\text{ m})(1500\text{ kg})(v_c)_2$$

$$750(10^3) + 5000 t^3 \Big|_0^{5\text{ s}} = 150(10^3)(v_c)_2$$

$$(v_c)_2 = 9{,}17 \text{ m/s} \qquad \textit{Resposta}$$

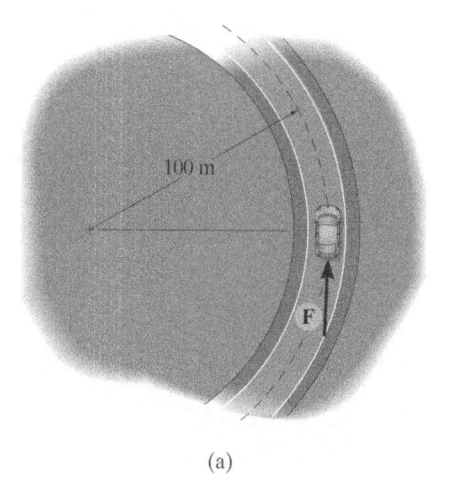

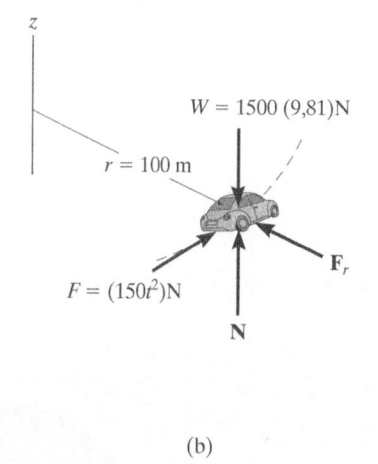

FIGURA 15.24

EXEMPLO 15.14

A bola B de 0,8 kg, mostrada na Figura 15.25a, está presa a uma corda que passa através de um furo em A sobre uma mesa lisa. Quando a bola está a $r_1 = 0{,}875$ m do furo, ela gira em círculo a uma velocidade escalar $v_1 = 2$ m/s. Aplicando-se a força **F**, a corda é puxada para baixo através do furo a uma velocidade escalar constante $v_c = 3$ m/s. Determine: (a) a velocidade escalar da bola no instante em que estiver a $r_2 = 0{,}3$ m do furo; e (b) a quantidade de trabalho realizado por **F** ao encurtar a distância radial de r_1 para r_2. Despreze a dimensão da bola.

SOLUÇÃO

Parte (a): Diagrama de corpo livre

Quando a bola se move de r_1 para r_2 (Figura 15.25b), a força **F** da corda sobre a bola sempre passa através do eixo z, e o peso e $\mathbf{N}_B$ são paralelos a ele. Portanto, as quantidades de movimento, ou impulsos angulares criados por essas forças, são todas *zero* em relação a esse eixo. Assim, a quantidade de movimento angular é conservada em relação ao eixo z.

Conservação da quantidade de movimento angular

A velocidade da bola $\mathbf{v}_2$ é decomposta em duas componentes. A componente radial, 3 m/s, é conhecida; porém, ela produz quantidade de movimento angular zero em relação ao eixo z. Desse modo,

$$\mathbf{H}_1 = \mathbf{H}_2$$

$$r_1 m_B v_1 = r_2 m_B v_2'$$

$$0{,}875 \text{ m}(0{,}8 \text{ kg}) \, 2 \text{ m/s} = 0{,}3 \text{ m}(0{,}8 \text{ kg})v_2'$$

$$v_2' = 5{,}833 \text{ m/s}$$

A velocidade da bola é, portanto,

$$v_2 = \sqrt{(5{,}833 \text{ m/s})^2 + (3 \text{ m/s})^2}$$

$$= 6{,}56 \text{ m/s} \qquad \textit{Resposta}$$

Parte (b)

A única força que realiza trabalho sobre a bola é **F**. (A força normal e o peso não se movem verticalmente.) As energias cinéticas inicial e final da bola podem ser determinadas de tal forma que, pelo princípio do trabalho e energia, teremos

$$T_1 + \Sigma U_{1-2} = T_2$$

$$\frac{1}{2}(0{,}8 \text{ kg})(2 \text{ m/s})^2 + U_F = \frac{1}{2}(0{,}8 \text{ kg})(6{,}559 \text{ m/s})^2$$

$$U_F = 15{,}6 \text{ J} \qquad \textit{Resposta}$$

NOTA: a força F não é constante porque a componente normal da aceleração, $a_n = v^2/r$, varia quando r varia.

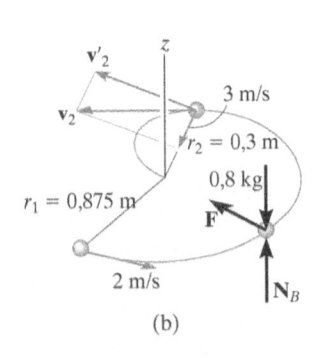

FIGURA 15.25

EXEMPLO 15.15

O disco de 2 kg mostrado na Figura 15.26a repousa sobre uma superfície horizontal lisa e está preso a uma corda elástica que tem rigidez $k_c = 20$ N/m e está inicialmente não deformada. Se ao disco é dada uma velocidade $(v_D)_1 = 1{,}5$ m/s, perpendicular à corda, determine a taxa à qual a corda está sendo deformada e a velocidade escalar do disco no instante em que a corda é esticada 0,2 m.

SOLUÇÃO

Diagrama de corpo livre

Após o disco ser lançado, ele desliza ao longo da trajetória mostrada na Figura 15.26b. Por observação, a quantidade de movimento angular em relação ao ponto O (ou ao eixo z) é *conservada*, visto que nenhuma das forças produz um impulso angular em relação a esse eixo. Além disso, quando a distância é 0,7 m, apenas a componente transversal $(\mathbf{v}'_D)_2$ produz uma quantidade de movimento angular do disco em relação a O.

Conservação da quantidade de movimento angular

A componente $(\mathbf{v}'_D)_2$ pode ser obtida aplicando-se a conservação da quantidade de movimento angular em relação a O (o eixo z).

$$(\mathbf{H}_O)_1 = (\mathbf{H}_O)_2$$

$$r_1 m_D (v_D)_1 = r_2 m_D (v'_D)_2$$

$$0{,}5 \text{ m } (2 \text{ kg})(1{,}5 \text{ m/s}) = 0{,}7 \text{ m}(2 \text{ kg})(v'_D)_2$$

$$(v'_D)_2 = 1{,}071 \text{ m/s}$$

Conservação da energia

A velocidade escalar do disco pode ser obtida aplicando-se a equação de conservação da energia no ponto em que o disco foi lançado e no ponto em que a corda está esticada 0,2 m.

$$T_1 + V_1 = T_2 + V_2$$

$$\tfrac{1}{2} m_D (v_D)_1^2 + \tfrac{1}{2} k x_1^2 = \tfrac{1}{2} m_D (v_D)_2^2 + \tfrac{1}{2} k x_2^2$$

$$\tfrac{1}{2}(2 \text{ kg})(1{,}5 \text{ m/s})^2 + 0 = \tfrac{1}{2}(2 \text{ kg})(v_D)_2^2 + \tfrac{1}{2}(20 \text{ N/m})(0{,}2 \text{ m})^2$$

Resposta

$$(v_D)_2 = 1{,}360 \text{ m/s} = 1{,}36 \text{ m/s}$$

Tendo determinado $(v_D)_2$ e sua componente $(v'_D)_2$, a taxa de extensão da corda, ou componente radial, $(v''_D)_2$ é determinada a partir do teorema de Pitágoras,

$$(v''_D)_2 = \sqrt{(v_D)_2^2 - (v'_D)_2^2}$$

$$= \sqrt{(1{,}360 \text{ m/s})^2 - (1{,}071 \text{ m/s})^2}$$

$$= 0{,}838 \text{ m/s}$$

Resposta

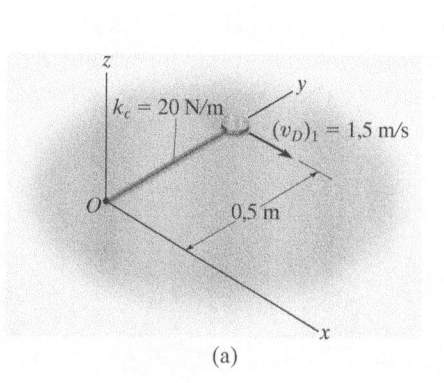

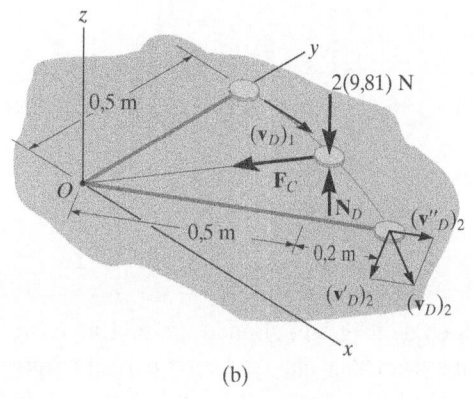

FIGURA 15.26

Problemas fundamentais

F15.19. A partícula A de 2 kg tem a velocidade mostrada. Determine sua quantidade de movimento angular H_O em relação ao ponto O.

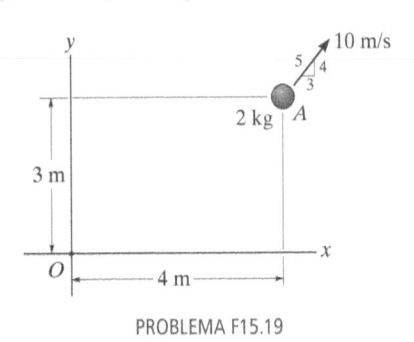

PROBLEMA F15.19

F15.20. A partícula A de 2 kg tem a velocidade mostrada. Determine sua quantidade de movimento angular H_P em relação ao ponto P.

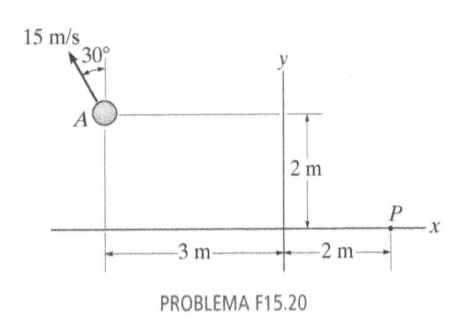

PROBLEMA F15.20

F15.21. Inicialmente, o bloco de 5 kg está girando a uma velocidade escalar constante de 2 m/s, em relação à trajetória circular centrada em O, sobre o plano horizontal liso. Se uma força tangencial constante $F = 5$ N é aplicada ao bloco, determine sua velocidade escalar quando $t = 3$ s. Despreze a dimensão do bloco.

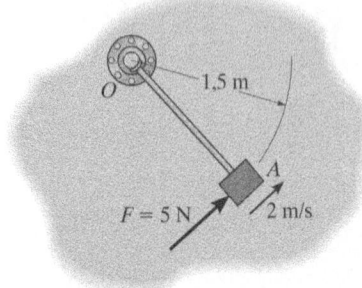

PROBLEMA F15.21

F15.22. O bloco de 5 kg está girando em relação à trajetória circular centrada em O, sobre o plano horizontal liso, quando é submetido à força $F = (10t)$ N, onde t é dado em segundos. Se o bloco parte do repouso, determine sua velocidade escalar quando $t = 4$ s. Despreze a dimensão do bloco. A força mantém o mesmo ângulo constante com relação à tangente à trajetória.

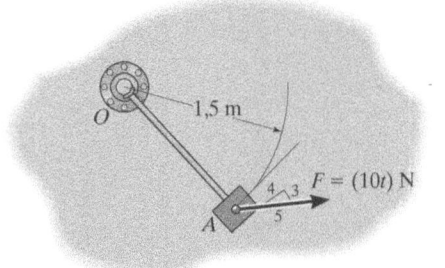

PROBLEMA F15.22

F15.23. A esfera de 2 kg está presa em uma barra leve e rígida, que gira no *plano horizontal* centrada em O. Se o sistema está sujeito a um momento de binário $M = (0,9t^2)$ N · m, onde t é dado em segundos, determine a velocidade escalar da esfera no instante $t = 5$ s, partindo do repouso.

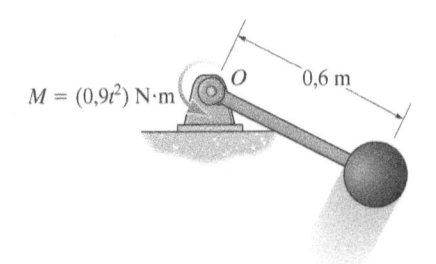

PROBLEMA F15.23

F15.24. Duas esferas idênticas de 10 kg estão fixadas em uma barra leve e rígida, a qual gira no *plano horizontal* centrada em O. Se as esferas estão sujeitas a forças tangenciais $P = 10$ N, e a barra está sujeita a um momento de binário $M = (8t)$ N · m, onde t é dado em segundos, determine a velocidade das esferas no instante $t = 4$ s. O sistema parte do repouso. Despreze a dimensão das esferas.

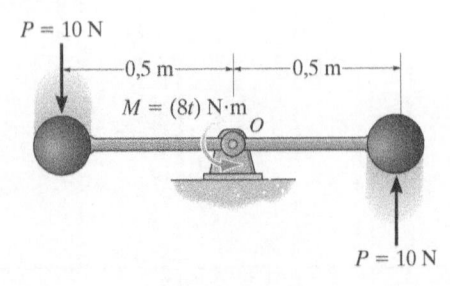

PROBLEMA F15.24

Problemas

15.94. Determine a quantidade de movimento angular H_O de cada uma das partículas em torno do ponto O.

15.95. Determine a quantidade de movimento angular H_P de cada uma das partículas em torno do ponto P.

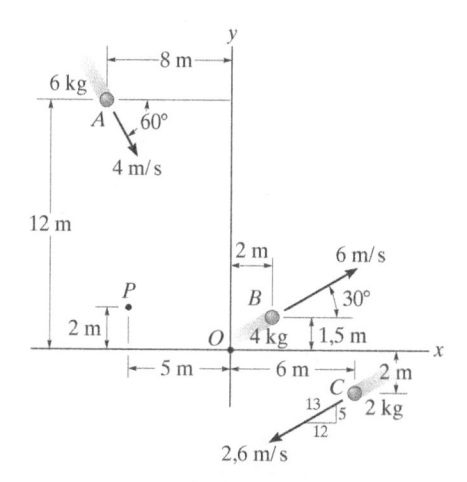

PROBLEMAS 15.94 e 15.95

*15.96. Determine a quantidade de movimento angular H_O de cada uma das partículas em torno do ponto O.

15.97. Determine a quantidade de movimento angular H_P de cada uma das partículas em torno do ponto P.

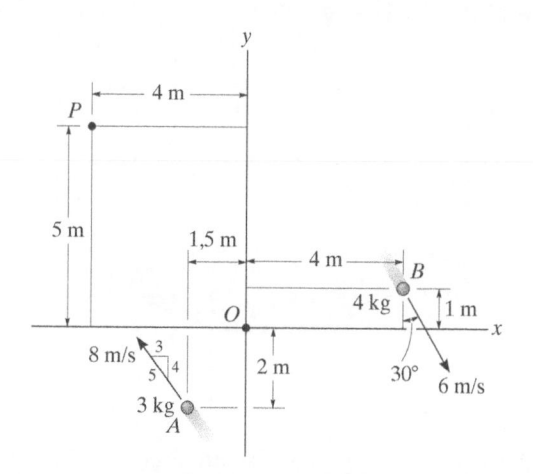

PROBLEMAS 15.96 e 15.97

15.98. Determine a quantidade de movimento angular H_O da partícula de 3 kg em torno do ponto O.

15.99. Determine a quantidade de movimento angular H_P da partícula de 3 kg em torno do ponto P.

PROBLEMAS 15.98 e 15.99

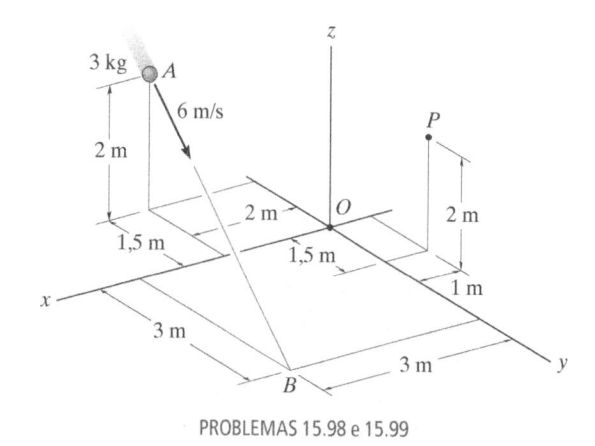

*15.100. Cada esfera possui tamanho desprezível e massa de 10 kg, estando presa à extremidade de uma barra cuja massa pode ser desprezada. Se a barra está sujeita a um torque $M = (t^2 + 2)$ N · m, onde t é dado em segundos, determine a velocidade de cada esfera quando $t = 3$ s. Cada esfera possui velocidade $v = 2$ m/s quando $t = 0$.

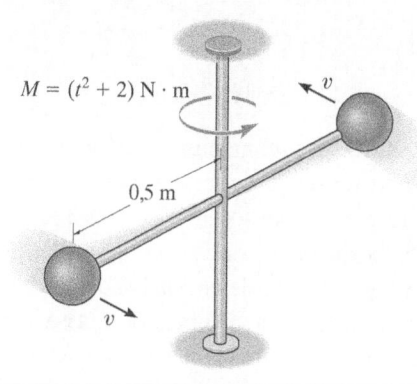

PROBLEMA 15.100

15.101. As duas esferas possuem massa de 3 kg cada e estão presas à barra de massa desprezível. Se um torque $M = (6e^{0,2t})$ N · m, onde t é dado em segundos, é aplicado à barra conforme mostra a figura, determine a velocidade de cada uma das esferas em 2 s, partindo do repouso.

15.102. As duas esferas possuem massa de 3 kg cada e estão presas à barra de massa desprezível. Determine o tempo que o torque $M = (8t)$ N · m, onde t é dado em segundos, deve ser aplicado à barra, de modo que cada esfera alcance uma velocidade de 3 m/s, partindo do repouso.

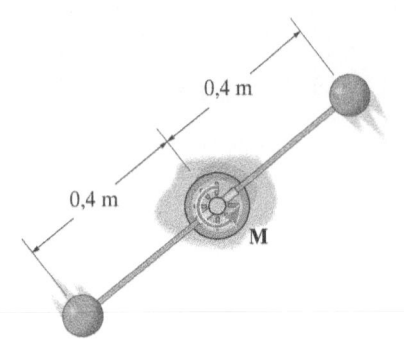

PROBLEMAS 15.101 e 15.102

15.103. Se uma barra de massa desprezível está sujeita a um momento de binário $M = (30t^2)$ N · m, e o motor do carro fornece uma força de tração $F = (15t)$ N às rodas, onde t está em segundos, determine a velocidade do carro no instante $t = 5$ s. O carro parte do repouso. A massa total do carro e do motorista é 150 kg. Despreze a dimensão do carro.

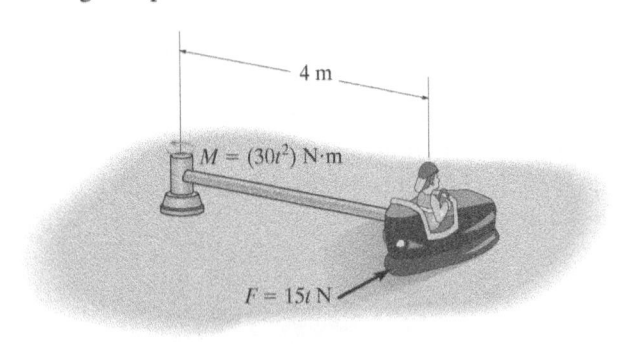

PROBLEMA 15.103

*__**15.104.**__ Uma criança com massa de 50 kg mantém suas pernas como mostra a figura, enquanto balança para baixo a partir do repouso em $\theta_1 = 30°$. Seu centro de massa está localizado no ponto G_1. Quando está na posição mais baixa, $\theta = 0°$, ela *de repente* deixa suas pernas descerem, deslocando seu centro de massa para a posição G_2. Determine sua velocidade na subida em decorrência desse movimento repentino e o ângulo θ_2 ao qual ela balança antes de chegar momentaneamente ao repouso. Trate o corpo da menina como uma partícula.

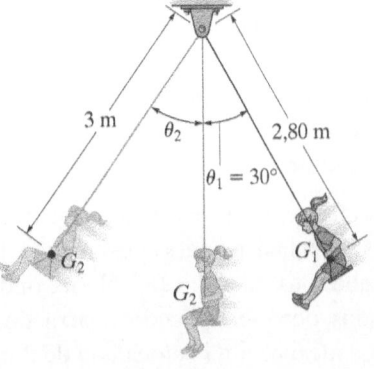

PROBLEMA 15.104

15.105. Quando se dá ao pêndulo de 2 kg uma velocidade horizontal de 1,5 m/s, ele começa a girar em torno da trajetória circular horizontal A. Se a força **F** na corda é aumentada, o pêndulo sobe e gira em torno da trajetória circular horizontal B. Determine a velocidade do pêndulo em torno da trajetória B. Além disso, descubra o trabalho realizado pela força **F**.

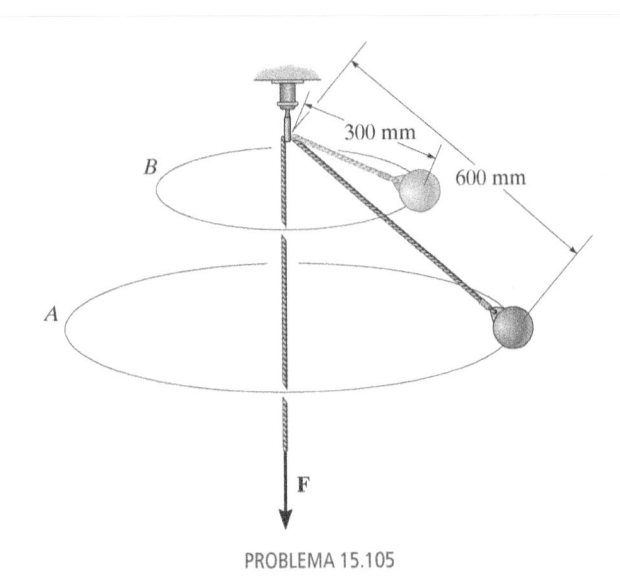

PROBLEMA 15.105

15.106. Uma pequena partícula com massa m é colocada dentro do tubo semicircular. A partícula é colocada na posição mostrada e é largada. Aplique o princípio da quantidade de movimento angular em torno do ponto O ($\Sigma M_O = H_O$) e mostre que o movimento da partícula é controlado pela equação diferencial $\ddot{\theta} + (g/R)\,\mathrm{sen}\,\theta = 0$.

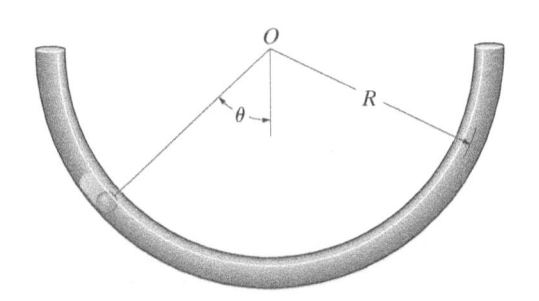

PROBLEMA 15.106

15.107. No instante $r = 1,5$ m, ao disco de 5 kg é dada uma velocidade $v = 5$ m/s, perpendicular à corda elástica. Determine a velocidade do disco e a taxa de encurtamento da corda elástica no instante $r = 1,2$ m. O disco desliza sobre o plano horizontal liso. Despreze sua dimensão. A corda tem comprimento não estendido de 0,5 m.

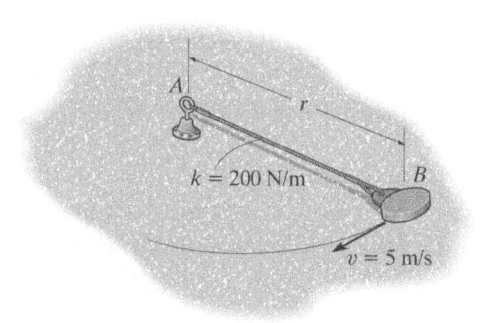

Capítulo 15 – Cinética de partículas: impulso e quantidade de movimento 263

PROBLEMA 15.107

*15.108. Os dois blocos, A e B, possuem cada um uma massa de 400 g. Os blocos estão fixados às barras horizontais e sua velocidade inicial ao longo da trajetória circular é 2 m/s. Se um momento de binário $M = 0,6$ N· m for aplicado em torno de CD da estrutura, determine a velocidade dos blocos quando $t = 3$ s. A massa da estrutura é desprezível, e ela está livre para girar em torno de CD. Despreze a dimensão dos blocos.

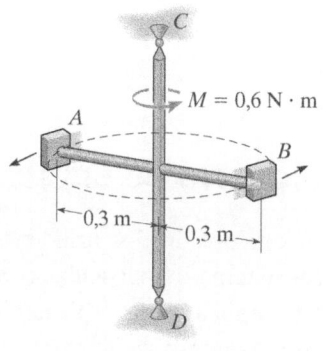

PROBLEMA 15.108

15.109. A bola B tem massa de 10 kg e está fixada à ponta de uma barra cuja massa pode ser desprezada. Se a barra é submetida a um torque $M = (3t^2 + 5t + 2)$ N · m, onde t é dado em segundos, determine a velocidade da bola quando $t = 2$ s. A bola tem velocidade $v = 2$ m/s quando $t = 0$.

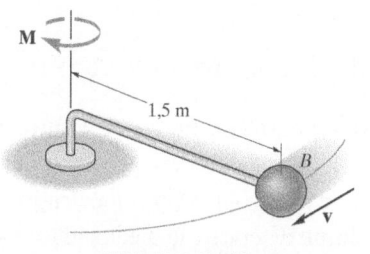

PROBLEMA 15.109

15.110. Uma atração de parque de diversões consiste em um carro de 200 kg e um passageiro está viajando a 3 m/s ao longo de uma trajetória circular com raio de 8 m. Se, em $t = 0$, o cabo OA é puxado para O a 0,5 m/s, determine a velocidade do carrinho quando $t = 4$ s. Além disso, determine o trabalho realizado para recolher o cabo.

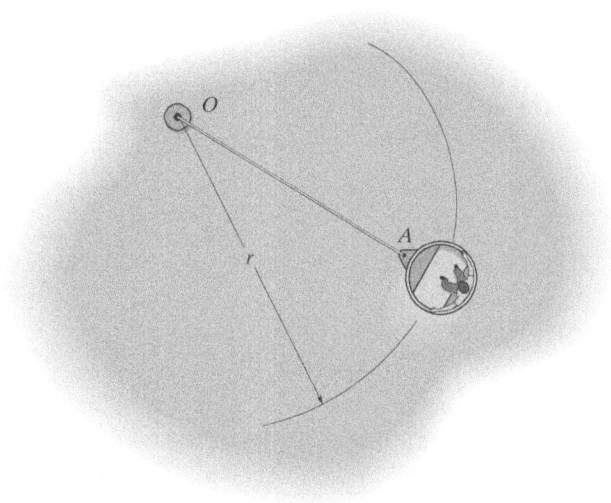

PROBLEMA 15.110

15.111. Ao pequeno bloco com massa de 0,1 kg é dada uma velocidade horizontal $v_1 = 0,4$ m/s quando $r_1 = 500$ mm. Ele desliza ao longo da superfície cônica lisa. Determine a distância h que ele deve descer a partir disso para alcançar uma velocidade de $v_2 = 2$ m/s. Além disso, qual é o ângulo de descida θ, ou seja, o ângulo medido a partir da horizontal até a tangente da trajetória?

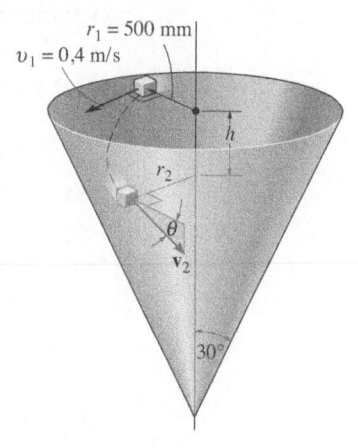

PROBLEMA 15.111

*15.112. Um tobogã e seu passageiro, com massa total de 150 kg, entram horizontalmente tangentes a uma curva de 90° com uma velocidade de $v_A = 70$ km/h. Se a pista é plana e inclinada a um ângulo de 60°, determine a velocidade v_B e o ângulo θ da "descida", medidos a partir da horizontal em um plano x–z vertical, que contém o tobogã em B. Despreze o atrito no cálculo.

PROBLEMA 15.112

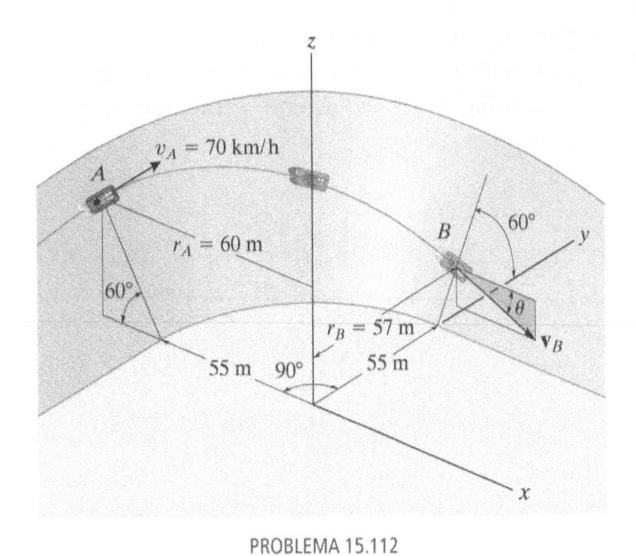

15.113. Um satélite com 700 kg de massa é lançado em uma trajetória de voo livre em torno da Terra a uma velocidade inicial $v_A = 10$ km/s, quando a distância do centro da Terra é $r_A = 15$ Mm. Se o ângulo de lançamento nessa posição é $\phi_A = 70°$, determine a velocidade v_B do satélite e sua distância mais próxima, r_B, do centro da Terra. A Terra tem massa $M_e = 5,976(10^{24})$ kg. *Dica*: sob essas condições, o satélite está sujeito apenas à força gravitacional da Terra, $F = GM_e m_s/r^2$ (Equação 13.1). Para obter parte da solução, use a conservação da energia.

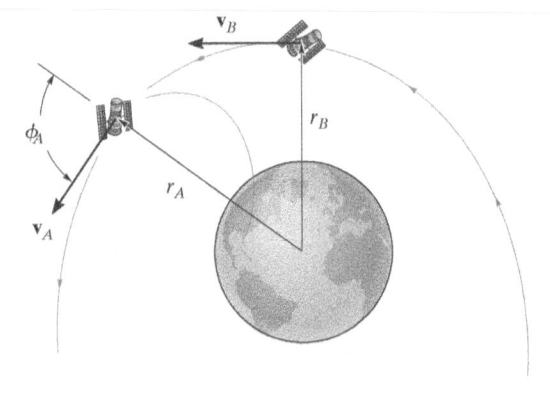

PROBLEMA 15.113

15.8 Escoamento estacionário de um fluido

Até este ponto, restringimos nosso estudo dos princípios do impulso e quantidade de movimento a um sistema de partículas contido em um *volume fechado*. Nesta seção, porém, aplicaremos o princípio do impulso e quantidade de movimento ao escoamento estacionário da massa de partículas de fluido entrando e saindo de um *volume de controle*. Esse volume é definido como uma região do espaço onde as partículas de fluido podem escoar para dentro ou para fora da região. A dimensão e a forma de um volume de controle são frequentemente levadas a coincidir com os contornos sólidos e aberturas de um cano, uma turbina ou uma bomba. Desde que o escoamento do fluido para dentro do volume de controle seja igual ao escoamento para fora, pode-se classificá-lo como *escoamento estacionário*.

Princípio do impulso e quantidade de movimento

Considere o escoamento estacionário de fluido na Figura 15.27a, que passa por dentro de um cano. A região dentro do cano e suas aberturas serão consideradas como o volume de controle. Como mostrado, o fluido escoa para dentro e para fora do volume de controle a velocidades $\mathbf{v}_A$ e $\mathbf{v}_B$, respectivamente. A variação na direção do escoamento do fluido dentro do volume de controle é causada por um impulso produzido pela força resultante externa exercida sobre a superfície de controle pela parede do cano. Essa força resultante pode ser determinada aplicando-se o princípio do impulso e quantidade de movimento ao volume de controle.

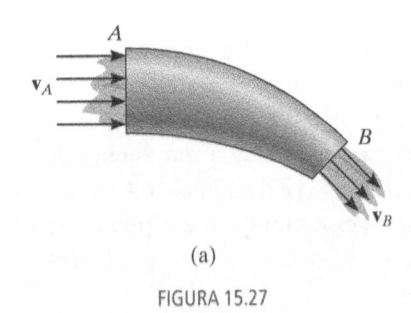

(a)

FIGURA 15.27

Capítulo 15 – Cinética de partículas: impulso e quantidade de movimento   **265**

(b)

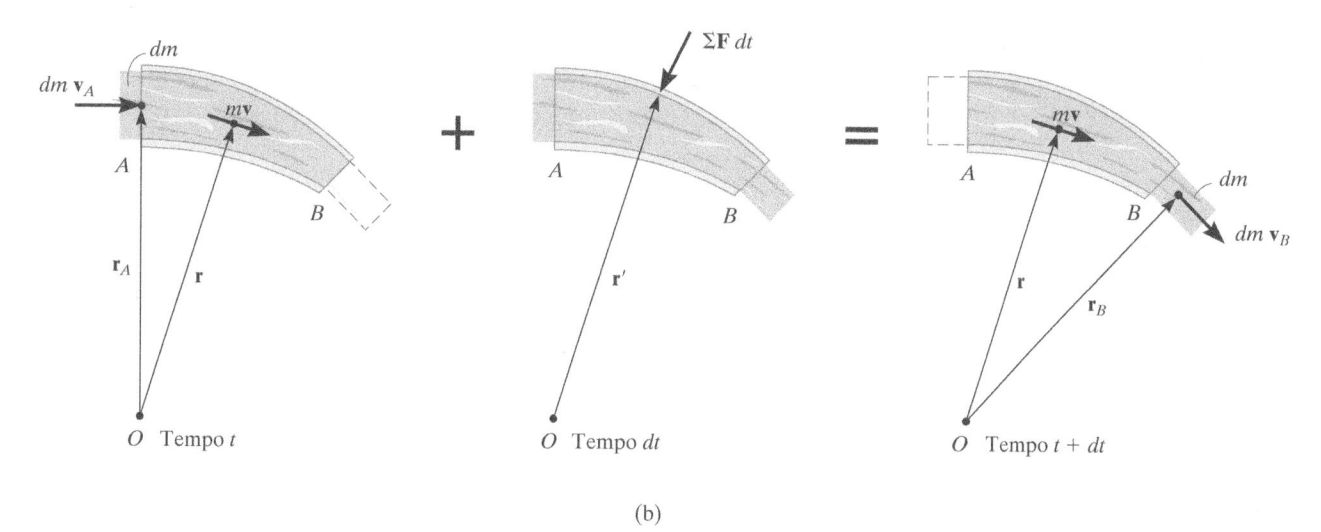

FIGURA 15.27 (cont.)

Como indicado na Figura 15.27b, uma pequena quantidade de fluido de massa dm está para entrar no volume de controle através da abertura A, com velocidade $\mathbf{v}_A$, no tempo t. Visto que o escoamento é considerado estacionário, no tempo $t + dt$ a mesma quantidade de fluido sairá do volume de controle através da abertura B, a uma velocidade $\mathbf{v}_B$. As quantidades de movimento do fluido que entra no volume de controle e sai dele são, portanto, $dm\,\mathbf{v}_A$ e $dm\,\mathbf{v}_B$, respectivamente. Além do mais, durante o tempo dt, a quantidade de movimento da massa de fluido dentro do volume de controle permanece constante e é denotada como $m\mathbf{v}$. Como mostrado no diagrama central, a força externa resultante exercida sobre o volume de controle produz o impulso $\Sigma \mathbf{F}\,dt$. Se aplicarmos o princípio do impulso e quantidade de movimento linear, temos

$$dm\,\mathbf{v}_A + m\mathbf{v} + \Sigma \mathbf{F}\,dt = dm\,\mathbf{v}_B + m\mathbf{v}$$

A esteira transportadora precisa fornecer forças de atrito aos grãos que caem nela a fim de mudar a quantidade de movimento do fluxo de grãos, de modo que comece a correr ao longo da correia.

O ar em um lado desse ventilador está basicamente em repouso e, quando ele passa pelas pás, sua quantidade de movimento aumenta. Para mudar a quantidade de movimento do fluxo de ar dessa maneira, as pás precisam exercer um empuxo horizontal sobre o fluxo de ar. À medida que as pás giram mais rapidamente, o empuxo do ar igual, porém oposto, sobre as pás, poderia superar a resistência ao rolamento das rodas no solo e começar a mover a estrutura do ventilador.

266 DINÂMICA

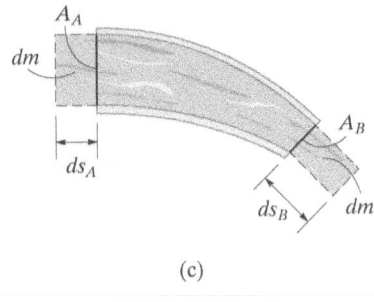

FIGURA 15.27 (cont.)

Se $\mathbf{r}$, $\mathbf{r}_A$ e $\mathbf{r}_B$ são vetores posição medidos a partir do ponto O até os centros geométricos do volume de controle e das aberturas em A e B (Figura 15.27b), o princípio do impulso e quantidade de movimento angular em relação a O torna-se

$$\mathbf{r}_A \times dm\, \mathbf{v}_A + \mathbf{r} \times m\mathbf{v} + \mathbf{r}' \times \Sigma\mathbf{F}\, dt = \mathbf{r} \times m\mathbf{v} + \mathbf{r}_B \times dm\, \mathbf{v}_B$$

Dividindo ambos os lados das duas equações anteriores por dt e simplificando, teremos

$$\boxed{\Sigma\mathbf{F} = \frac{dm}{dt}(\mathbf{v}_B - \mathbf{v}_A)} \qquad (15.25)$$

$$\boxed{\Sigma\mathbf{M}_O = \frac{dm}{dt}(\mathbf{r}_B \times \mathbf{v}_B - \mathbf{r}_A \times \mathbf{v}_A)} \qquad (15.26)$$

O termo dm/dt é chamado de *fluxo de massa*. Ele indica a quantidade constante de fluido que flui para dentro ou para fora do volume de controle por unidade de tempo. Se as áreas da seção transversal e densidades do fluido na entrada A são A_A, ρ_A e na saída B, A_B, ρ_B (Figura 15.27c), então, para um fluido incompressível, a *continuidade de massa* exige $dm = \rho dV = \rho_A(ds_A A_A) = \rho_B(ds_B A_B)$. Portanto, durante o tempo dt, visto que $v_A = ds_A/dt$ e $v_B = ds_B/dt$, temos $dm/dt = \rho_A v_A A_A = \rho_B v_B A_B$ ou, em geral,

$$\boxed{\frac{dm}{dt} = \rho v A = \rho Q} \qquad (15.27)$$

O termo $Q = vA$ mede o volume do escoamento do fluido por unidade de tempo, e é chamado de *vazão*, *descarga* ou *fluxo volumétrico*.

Procedimento para análise

Problemas envolvendo escoamento estacionário podem ser resolvidos utilizando-se o procedimento indicado a seguir.

Diagrama cinemático

- Identifique o volume de controle. Se estiver se *movendo*, um *diagrama cinemático* pode ser útil para determinar as velocidades de entrada e saída do fluido que escoa para dentro e para fora de suas aberturas, visto que uma *análise de movimento relativo* da velocidade estará envolvida.
- A medida das velocidades v_A e v_B deve ser efetuada por um observador fixo em um sistema de referência inercial.
- Uma vez que a velocidade do fluido que escoa para dentro do volume de controle seja determinada, o fluxo de massa é calculado usando-se a Equação 15.27.

Diagrama de corpo livre

- Construa o diagrama de corpo livre do volume de controle para estabelecer as forças $\Sigma\mathbf{F}$ que atuam sobre ele. Essas forças incluirão as reações de apoio, o peso de todas as partes sólidas e do fluido contido no volume de controle, e as forças da pressão estática do fluido sobre as seções da entrada e saída.[*]

---

[*] No sistema SI, a pressão é medida usando-se o pascal (Pa), onde $1\text{Pa} = 1\text{ N/m}^2$.

Capítulo 15 – Cinética de partículas: impulso e quantidade de movimento

> A pressão é aquela medida acima da pressão atmosférica e, assim, se uma abertura estiver exposta à atmosfera, a pressão ali será zero.
>
> **Equações do escoamento estacionário**
>
> - Aplique as equações do escoamento estacionário (equações 15.25 e 15.26) usando as componentes apropriadas de velocidade e força, mostradas nos diagramas cinemático e de corpo livre.

EXEMPLO 15.16

Determine as componentes da reação que a junta fixa do cano em A exerce sobre o cotovelo na Figura 15.28a, se a água que flui pelo cano está submetida a uma pressão estática de 100 kPa em A. A descarga em B é $Q_B = 0{,}2$ m³/s. A densidade da água é $\rho_w = 1000$ kg/m³, e o cotovelo cheio de água tem massa de 20 kg e centro de massa em G.

SOLUÇÃO

Consideraremos como volume de controle a superfície externa do cotovelo. Usando-se um sistema fixo de coordenadas inerciais, a velocidade do escoamento em A e B e o fluxo de massa podem ser obtidos da Equação 15.27. Visto que a densidade da água é constante, $Q_B = Q_A = Q$. Portanto,

$$\frac{dm}{dt} = \rho_w Q = (1000 \text{ kg/m}^3)(0{,}2 \text{ m}^3/\text{s}) = 200 \text{ kg/s}$$

$$v_B = \frac{Q}{A_B} = \frac{0{,}2 \text{ m}^3/\text{s}}{\pi(0{,}05 \text{ m})^2} = 25{,}46 \text{ m/s} \downarrow$$

$$v_A = \frac{Q}{A_A} = \frac{0{,}2 \text{ m}^3/\text{s}}{\pi(0{,}1 \text{ m})^2} = 6{,}37 \text{ m/s} \rightarrow$$

Diagrama de corpo livre

Como mostrado no diagrama de corpo livre do volume de controle (cotovelo) (Figura 15.28b), a junta *fixa* em A exerce um momento de binário resultante $\mathbf{M}_O$ e componentes de força $\mathbf{F}_x$ e $\mathbf{F}_y$ sobre o cotovelo. Em virtude da pressão estática da água no cano, a força de pressão que age na superfície de controle aberta em A é $F_A = p_A A_A$. Visto que 1 kPa = 1000 N/m²,

$$F_A = p_A A_A = [100(10^3) \text{ N/m}^2][\pi(0{,}1 \text{ m})^2] = 3141{,}6 \text{ N}$$

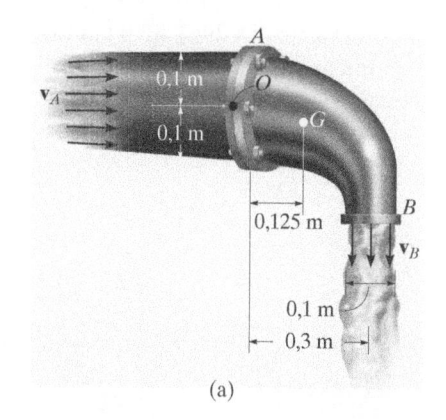

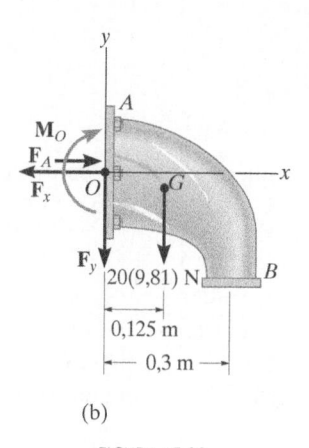

FIGURA 15.28

Não há pressão estática agindo em B, visto que a água é descarregada à pressão atmosférica; ou seja, a pressão medida por um manômetro em B é igual a zero, $p_B = 0$.

Equações do escoamento estacionário

$$\xrightarrow{+} \Sigma F_x = \frac{dm}{dt}(v_{Bx} - v_{Ax}); \quad -F_x + 3141{,}6 \text{ N} = 200 \text{ kg/s}(0 - 6{,}37 \text{ m/s})$$

$$F_x = 4{,}41 \text{ kN} \qquad\qquad Resposta$$

$$+\uparrow \Sigma F_y = \frac{dm}{dt}(v_{By} - v_{Ay}); \quad -F_y - 20(9{,}81) \text{ N} = 200 \text{ kg/s}(-25{,}46 \text{ m/s} - 0)$$

$$F_y = 4{,}90 \text{ kN} \qquad\qquad Resposta$$

Se os momentos forem somados em relação ao ponto O (Figura 15.28b), $\mathbf{F}_x$, $\mathbf{F}_y$ e a pressão estática $\mathbf{F}_A$ são eliminados, bem como o momento da quantidade de movimento da água entrando em A (Figura 15.28a). Por conseguinte,

$$\zeta + \Sigma M_O = \frac{dm}{dt}(d_{OB}v_B - d_{OA}v_A)$$

$$M_O + 20(9,81)\,\text{N}\,(0,125\,\text{m}) = 200\,\text{kg/s}[(0,3\,\text{m})(25,46\,\text{m/s}) - 0]$$

$$M_O = 1,50\,\text{kN}\cdot\text{m} \qquad \text{Resposta}$$

EXEMPLO 15.17

Um jato de água de 50 mm de diâmetro com velocidade de 7,5 m/s se choca com uma lâmina em movimento (Figura 15.29a). Se a lâmina se move a uma velocidade constante de 1,5 m/s para longe do jato, determine as componentes de força horizontal e vertical que a lâmina está exercendo sobre a água. Que potência a água gera sobre a lâmina? A água tem densidade de $\rho_w = 1000\,\text{kg/m}^3$.

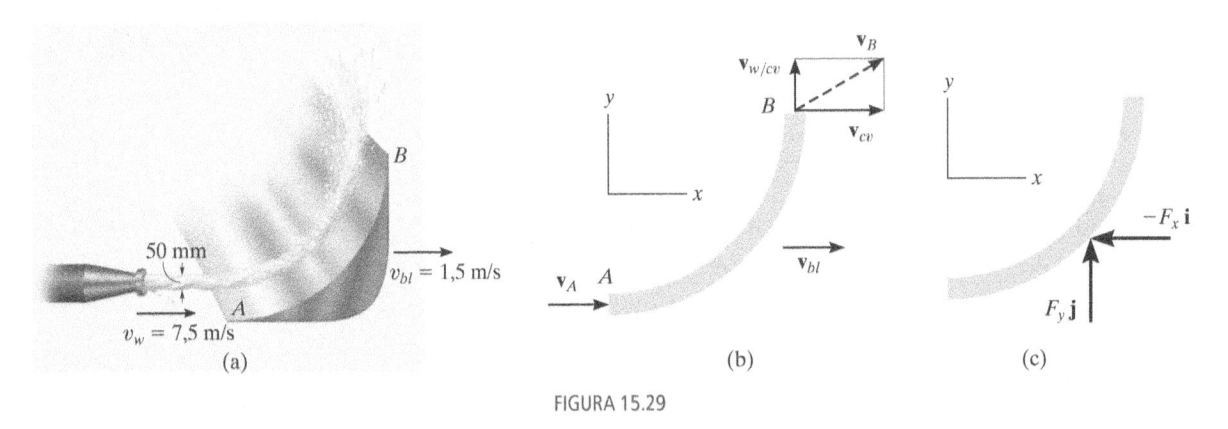

FIGURA 15.29

SOLUÇÃO

Diagrama cinemático

Aqui, o volume de controle será o curso da água sobre a lâmina. Em um sistema de coordenadas inerciais fixo (Figura 15.29b), a taxa com a qual a água entra no volume de controle em A é

$$\mathbf{v}_A = \{7,5\mathbf{i}\}\,\text{m/s}$$

A *velocidade relativa do escoamento* dentro do volume de controle é $\mathbf{v}_{w/cv} = \mathbf{v}_w - \mathbf{v}_{cv} = 7,5\mathbf{i} - 1,5\mathbf{i} = \{6\mathbf{i}\}$ m/s. Visto que o volume de controle está se movendo a uma velocidade $\mathbf{v}_{cv} = \{1,5\mathbf{i}\}$ m/s, a velocidade do escoamento em B medida a partir dos eixos fixos x, y é a soma vetorial mostrada na Figura 15.29b. Aqui,

$$\mathbf{v}_B = \mathbf{v}_{cv} + \mathbf{v}_{w/cv}$$
$$= \{1,5\mathbf{i} + 6\mathbf{j}\}\,\text{m/s}$$

Assim, o fluxo de massa da água *sobre o* volume de controle que sofre uma variação da quantidade de movimento é

$$\frac{dm}{dt} = \rho_w(v_{w/cv})A_A = (1000)(6)\left[\pi\left(\frac{25}{1000}\right)^2\right] = 3,75\pi\,\text{kg/s}$$

Diagrama de corpo livre

O diagrama de corpo livre do volume de controle está mostrado na Figura 15.29c. O peso da água será desprezado no cálculo, visto que essa força será pequena quando comparada às componentes reativas $\mathbf{F}_x$ e $\mathbf{F}_y$.

Equações do escoamento estacionário

$$\Sigma \mathbf{F} = \frac{dm}{dt}(\mathbf{v}_B - \mathbf{v}_A)$$

$$-F_x\mathbf{i} + F_y\mathbf{j} = 3{,}75\,\pi(1{,}5\mathbf{i} + 6\mathbf{j} - 7{,}5\mathbf{i})$$

Igualando as respectivas componentes **i** e **j**, teremos

$$F_x = 3{,}75\pi\,(6) = 70{,}69\text{ N} = 70{,}7\text{ N} \leftarrow \qquad \textit{Resposta}$$
$$F_y = 3{,}75\pi(6) = 70{,}69\text{ N} = 70{,}7\text{ N} \uparrow \qquad \textit{Resposta}$$

A água exerce forças iguais, mas opostas, sobre a lâmina.

Visto que a força da água, que faz a lâmina se mover adiante horizontalmente a uma velocidade de 1,5 m/s, é $F_x = 70{,}69$ N, então, pela Equação 14.10, a potência é

$$P = \mathbf{F} \cdot \mathbf{v}; \qquad P = (70{,}69\text{ N})\,\text{N}(1{,}5\text{ m/s}) = 106\text{ W}$$

---

*15.9 Propulsão com massa variável

Um volume de controle que perde massa

Considere um dispositivo, como um foguete, que em um instante de tempo tem uma massa m e está se deslocando para a frente a uma velocidade **v** (Figura 15.30*a*). Nesse mesmo instante, a quantidade de massa m_e é expelida do dispositivo com uma velocidade de fluxo de massa $\mathbf{v}_e$. Para análise, o volume de controle incluirá *tanto a massa m do dispositivo quanto a massa expelida m_e*. Os diagramas de impulso e quantidade de movimento para o volume de controle são mostrados na Figura 15.30*b*. Durante o tempo dt, sua velocidade é aumentada de **v** para $\mathbf{v} + d\mathbf{v}$, visto que uma quantidade de massa dm_e foi ejetada e, por isso, ganha na exaustão. Esse aumento da velocidade para a frente, no entanto, não varia a velocidade $\mathbf{v}_e$ da massa expelida, quando vista por um observador fixo, visto que essa massa se desloca com velocidade constante uma vez que tenha sido ejetada. Os impulsos são criados por $\Sigma \mathbf{F}_{cv}$, que representa a resultante de todas as forças externas, como arrasto ou peso, que *atuam sobre o volume de controle* na direção do movimento. Essa força resultante *não inclui* a força que gera o movimento para adiante do volume de controle, visto que essa força (chamada de *empuxo*) é *interna ao volume de controle*; isto é, o empuxo age com intensidade igual, mas direção oposta, sobre a massa m do dispositivo e a massa de exaustão expelida m_e.* Aplicando o princípio do impulso e quantidade de movimento ao volume de controle (Figura 15.30*b*), temos

$$(\xrightarrow{+}) \qquad mv - m_e v_e + \Sigma F_{cv}\,dt = (m - dm_e)(v + dv) - (m_e + dm_e)v_e$$

ou

$$\Sigma F_{cv}\,dt = -v\,dm_e + m\,dv - dm_e\,dv - v_e\,dm_e$$

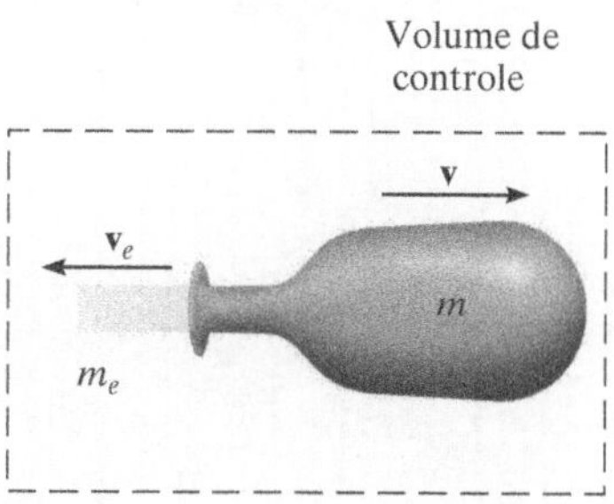

---

* $\Sigma \mathbf{F}$ representa a força externa resultante *que atua sobre o volume de controle*, que é diferente de **F**, a força resultante que atua somente no dispositivo.

Volume de controle

(a)

FIGURA 15.30

270 DINÂMICA

FIGURA 15.30 (cont.)

(b)

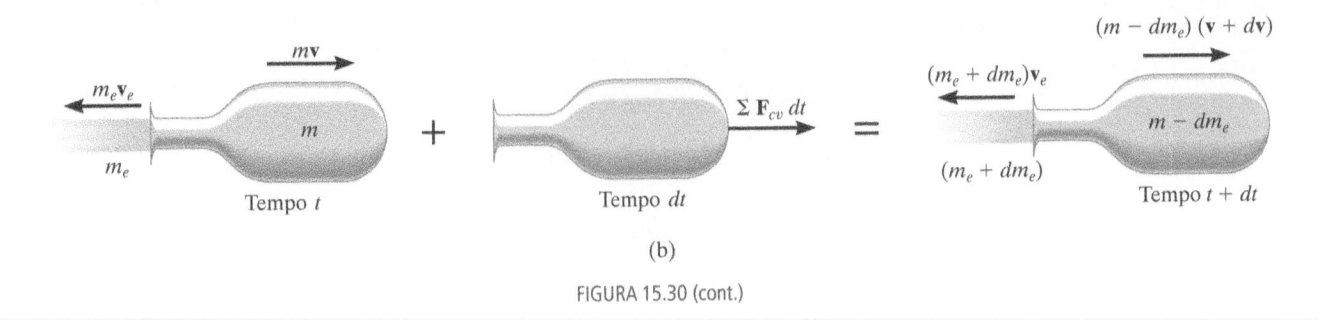

Sem perda de precisão, o terceiro termo do lado direito pode ser desprezado, visto que é um diferencial de "segunda ordem". Dividindo-se por dt, obtém-se

$$\Sigma F_{cv} = m\frac{dv}{dt} - (v + v_e)\frac{dm_e}{dt}$$

A velocidade do dispositivo, tal como vista por um observador deslocando-se com as partículas de massa ejetada, é $v_{D/e} = (v + v_e)$, de modo que o resultado final pode ser escrito como

$$\Sigma F_{cv} = m\frac{dv}{dt} - v_{D/e}\frac{dm_e}{dt} \quad (15.28)$$

Aqui, o termo dm_e/dt representa a taxa com que a massa está sendo ejetada.

Para ilustrar uma aplicação da Equação 15.28, considere o foguete mostrado na Figura 15.31, que tem peso **W** e está se movendo para cima contra uma força de arrasto atmosférico $\mathbf{F}_D$. O volume de controle a ser considerado consiste na massa do foguete e do gás ejetado m_e. A aplicação da Equação 15.28 resulta em

$$(+\uparrow) \qquad -F_D - W = \frac{W}{g}\frac{dv}{dt} - v_{D/e}\frac{dm_e}{dt}$$

O último termo dessa equação representa o *empuxo* **T** que a exaustão do motor exerce sobre o foguete (Figura 15.31). Observando que $dv/dt = a$, podemos, portanto, escrever

$$(+\uparrow) \qquad T - F_D - W = \frac{W}{g}a$$

Se um diagrama de corpo livre do foguete for construído, torna-se óbvio que essa equação representa uma aplicação de $\Sigma \mathbf{F} = m\mathbf{a}$ para o foguete.

Um volume de controle que ganha massa

Um dispositivo, como uma concha ou pá, pode ganhar massa enquanto se desloca para a frente. Por exemplo, o dispositivo mostrado na Figura 15.32a tem massa m e se desloca para a frente a uma velocidade **v**. Nesse instante, o dispositivo está coletando um fluxo de partículas de massa m_i. A velocidade de fluxo $\mathbf{v}_i$ dessa massa injetada é constante e independente da velocidade **v**, de modo que $v > v_i$. O volume de controle a ser considerado aqui inclui a massa do dispositivo e a massa das partículas injetadas.

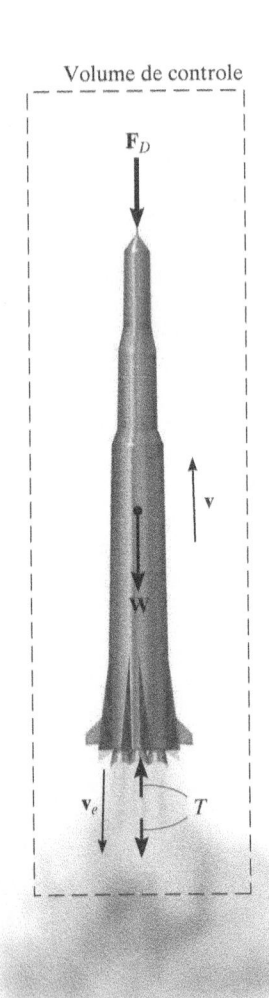

FIGURA 15.31

Capítulo 15 – Cinética de partículas: impulso e quantidade de movimento

Os diagramas de impulso e quantidade de movimento estão mostrados na Figura 15.32b. Com um aumento de massa dm_i, ganho pelo dispositivo, há um suposto aumento na velocidade $d\mathbf{v}$ durante o intervalo de tempo dt. Esse aumento é causado pelo impulso criado por $\Sigma \mathbf{F}_{cv}$, resultante de todas as forças externas *que atuam sobre o volume de controle* na direção do movimento. O somatório das forças não inclui a força retardadora da massa injetada que atua sobre o dispositivo. Por quê? Aplicando o princípio do impulso e quantidade de movimento, temos

$$(\overset{+}{\rightarrow}) \qquad mv + m_i v_i + \Sigma F_{cv}\, dt = (m + dm_i)(v + dv) + (m_i - dm_i)v_i$$

Usando o mesmo procedimento do caso anterior, podemos escrever essa equação como

$$\Sigma F_{cv} = m\frac{dv}{dt} + (v - v_i)\frac{dm_i}{dt}$$

Visto que a velocidade do dispositivo, tal como vista por um observador se deslocando com as partículas de massa injetada, é $v_{D/i} = (v - v_i)$, o resultado final pode ser escrito como

$$\boxed{\Sigma F_{cv} = m\frac{dv}{dt} + v_{D/i}\frac{dm_i}{dt}} \qquad (15.29)$$

onde dm_i/dt é a taxa de massa injetada no dispositivo. O último termo dessa equação representa a intensidade da força **R**, que a massa injetada *exerce sobre o dispositivo* (Figura 15.32c). Visto que $dv/dt = a$, a Equação 15.29 torna-se

$$\Sigma F_{cv} - R = ma$$

Esta é a aplicação de $\Sigma \mathbf{F} = m\mathbf{a}$.

Como no caso do escoamento estacionário, problemas resolvidos com o uso das equações 15.28 e 15.29 devem ser acompanhados por um volume de controle identificado e o diagrama de corpo livre necessário. Com esse diagrama, pode-se então determinar ΣF_{cv}, e isolar a força exercida sobre o dispositivo pelo fluxo de partículas.

A caixa niveladora de solo atrás desse trator representa um dispositivo que ganha massa. Se o trator mantém velocidade constante v, então $dv/dt = 0$ e, como o solo está originalmente em repouso, $v_{D/i} = v$. Aplicando-se a Equação 15.29, a força de reboque horizontal sobre a caixa niveladora é $T = 0 + v(dm/dt)$, onde dm/dt é a taxa de acúmulo de terra na caixa.

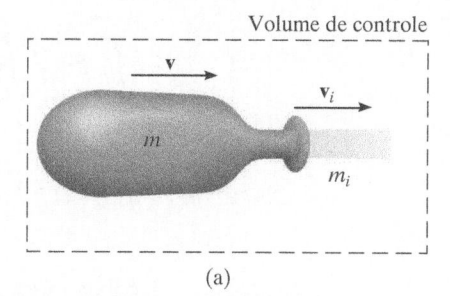

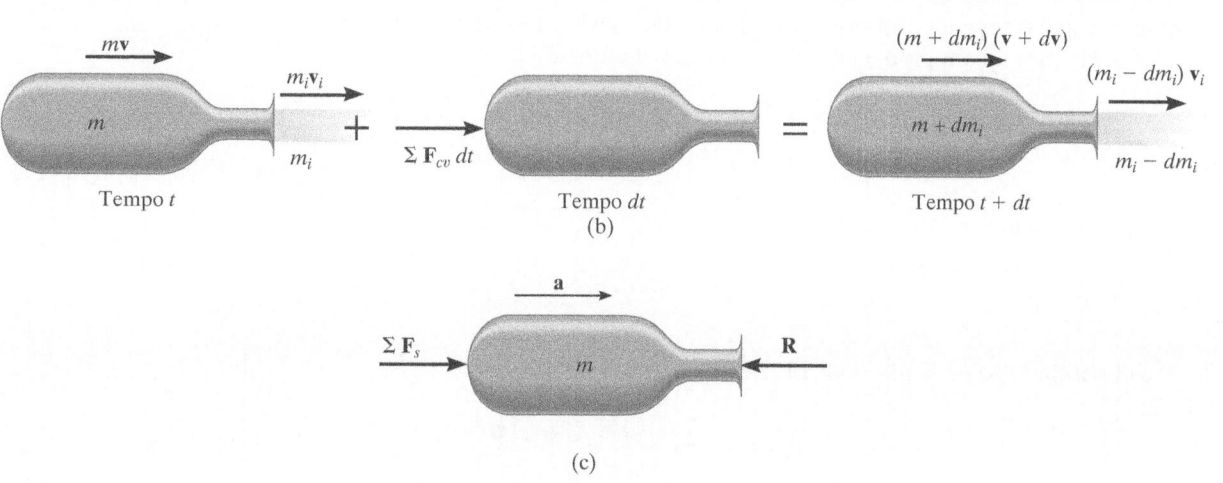

FIGURA 15.32

EXEMPLO 15.18

A massa inicial combinada de um foguete e seu combustível é m_0. Uma massa total m_f de combustível é consumida a uma taxa constante $dm_e/dt = c$ e expelida a uma velocidade constante u em relação ao foguete. Determine a velocidade máxima do foguete, ou seja, no instante em que o combustível acaba. Despreze a variação do peso do foguete com a altitude e a resistência ao arrasto do ar. O foguete é lançado verticalmente, partindo do repouso.

SOLUÇÃO

Visto que o foguete perde massa enquanto se desloca para cima, a Equação 15.28 pode ser usada para a solução. A única *força externa* atuando sobre o *volume de controle*, consistindo na massa do foguete e uma porção da massa expelida, é o peso do foguete **W** (Figura 15.33). Então,

$$+\uparrow \Sigma F_{cv} = m\frac{dv}{dt} - v_{D/e}\frac{dm_e}{dt}; \qquad -W = m\frac{dv}{dt} - uc \qquad (1)$$

A velocidade do foguete é obtida integrando-se essa equação.

Em qualquer dado instante t durante o voo, a massa do foguete pode ser expressa como $m = m_0 - (dm_e/dt)t = m_0 - ct$. Visto que $W = mg$, a Equação 1 torna-se

$$-(m_0 - ct)g = (m_0 - ct)\frac{dv}{dt} - uc$$

Separando as variáveis e integrando, e sabendo que $v = 0$ em $t = 0$, temos

$$\int_0^v dv = \int_0^t \left(\frac{uc}{m_0 - ct} - g\right) dt$$

$$v = -u\ln(m_0 - ct) - gt \Big|_0^t = u\ln\left(\frac{m_0}{m_0 - ct}\right) - gt \qquad (2)$$

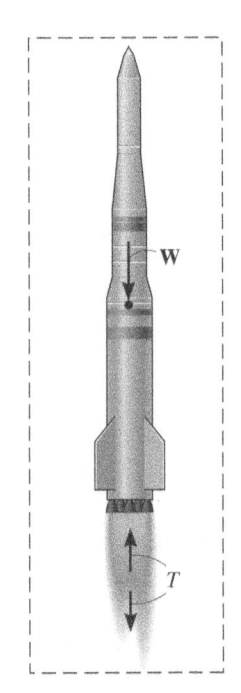

Note que a decolagem exige que o primeiro termo do lado direito seja maior que o segundo durante a fase inicial do movimento. O tempo t' necessário para que todo o combustível seja consumido é

$$m_f = \left(\frac{dm_e}{dt}\right)t' = ct'$$

Por conseguinte,

$$t' = m_f/c$$

Substituindo-se na Equação 2, obtém-se

$$v_{\text{máx}} = u\ln\left(\frac{m_0}{m_0 - m_f}\right) - \frac{gm_f}{c} \qquad \textit{Resposta}$$

FIGURA 15.33

EXEMPLO 15.19

Uma corrente de comprimento l (Figura 15.34a), tem massa m. Determine a intensidade da força **F** necessária para: (a) elevar a corrente a uma velocidade constante v_c, partindo do repouso quando $y = 0$; e (b) abaixar a corrente a uma velocidade constante v_c, partindo do repouso quando $y = l$.

SOLUÇÃO

Parte (a)

Enquanto a corrente é elevada, todos os elos suspensos são submetidos a um novo impulso súbito para baixo por cada um dos outros elos que forem elevados do solo. Assim, a *parte suspensa* da corrente pode ser vista como um dispositivo que está *ganhando massa*. O volume de controle a ser considerado é o comprimento de corrente y, que é suspenso por **F** a qualquer instante, incluindo o próximo elo que será adicionado, mas que ainda está em repouso (Figura 15.34b). As forças que agem sobre o volume de controle *excluem* as forças internas **P** e **–P**, que agem entre o elo adicionado e a porção suspensa da corrente. Portanto, $\Sigma F_{cv} = F - mg(y/l)$.

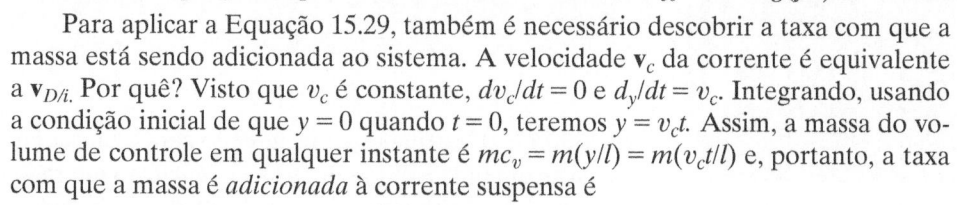

Para aplicar a Equação 15.29, também é necessário descobrir a taxa com que a massa está sendo adicionada ao sistema. A velocidade $\mathbf{v}_c$ da corrente é equivalente a $\mathbf{v}_{D/i}$. Por quê? Visto que v_c é constante, $dv_c/dt = 0$ e $dy/dt = v_c$. Integrando, usando a condição inicial de que $y = 0$ quando $t = 0$, teremos $y = v_c t$. Assim, a massa do volume de controle em qualquer instante é $m_{cv} = m(y/l) = m(v_c t/l)$ e, portanto, a taxa com que a massa é *adicionada* à corrente suspensa é

$$\frac{dm_i}{dt} = m\left(\frac{v_c}{l}\right)$$

Usando esses dados na aplicação da Equação 15.29, temos

$$+\uparrow \Sigma F_{cv} = m\frac{dv_c}{dt} + v_{D/i}\frac{dm_i}{dt}$$

$$F - mg\left(\frac{y}{l}\right) = 0 + v_c m\left(\frac{v_c}{l}\right)$$

Por conseguinte,

$$F = (m/l)(gy + v_c^2) \qquad Resposta$$

Parte (b)

Quando a corrente está sendo abaixada, os elos expelidos (aos quais se dá velocidade zero) *não* transmitem um impulso aos elos *que permanecem* suspensos. Por quê? Assim, o volume de controle na Parte (*a*) não será considerado. Em vez disso, a equação de movimento será usada para obter a solução. No tempo t, a porção de corrente ainda fora do solo é y. O diagrama de corpo livre para uma porção suspensa da corrente é mostrado na Figura 15.34c. Assim,

$$+\uparrow \Sigma F = ma; \qquad F - mg\left(\frac{y}{l}\right) = 0$$

$$F = mg\left(\frac{y}{l}\right) \qquad Resposta$$

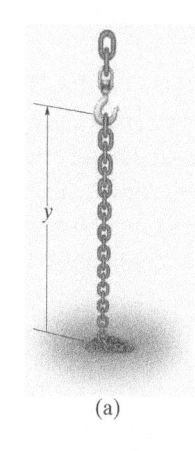

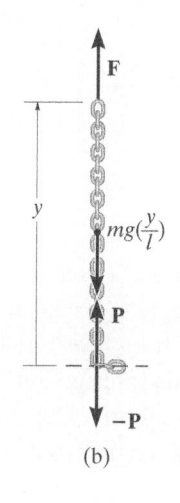

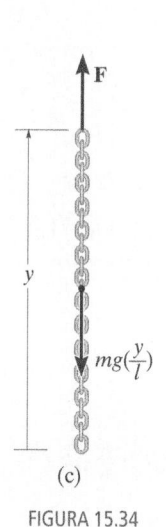

FIGURA 15.34

Problemas

15.114. O barco-bombeiro descarrega dois jatos de água do mar, cada um com vazão de 0,25 m³/s e a uma velocidade de saída de 50 m/s. Determine a tração desenvolvida na corrente da âncora, necessária para segurar o barco. A densidade da água do mar é $\rho_{sw} = 1020$ kg/m³.

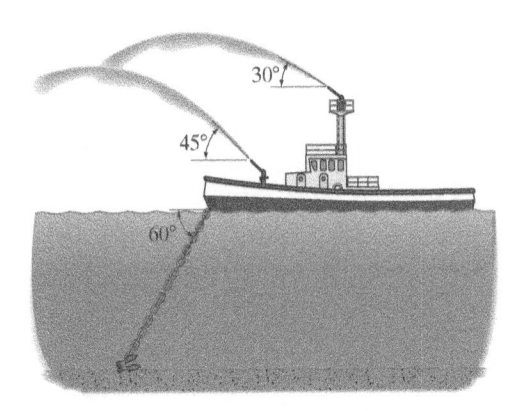

PROBLEMA 15.114

15.115. O escoadouro é usado para desviar o curso da água, $Q = 0,6$ m³/s. Se a água tem uma área de seção transversal de 0,05 m², determine as componentes da força, no pino D e no rolete C, necessárias para o equilíbrio. Despreze o peso do escoadouro e o peso da água dentro dele. $\rho_w = 1$ Mg/m³.

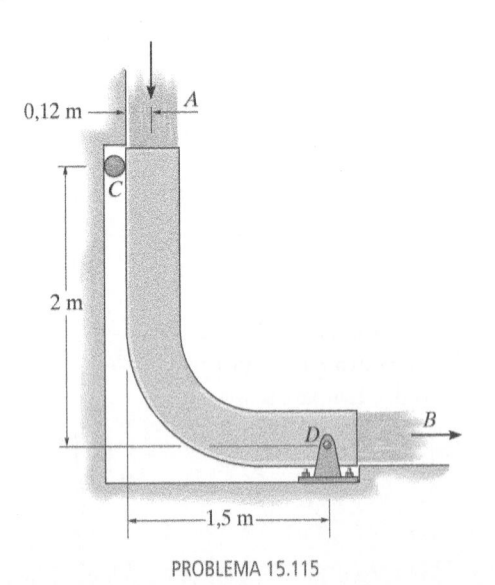

PROBLEMA 15.115

*****15.116.** O barco de 200 kg é impulsionado por um ventilador que desenvolve um efeito de sopro com um diâmetro de 0,75 m. Se o ventilador ejeta ar com velocidade de 14 m/s, medidos em relação ao barco, determine a aceleração inicial do barco se ele estiver inicialmente em repouso. Suponha que o ar tenha uma densidade constante de $\rho_w = 1,22$ kg/m³ e que o ar que entra esteja basicamente em repouso. Despreze a resistência de arrasto da água.

PROBLEMA 15.116

15.117. O borrifador de brinquedo para crianças consiste em uma coberta de 0,2 kg e uma mangueira que tem massa por comprimento de 30 g/m. Determine a vazão da água através do tubo de 5 mm de diâmetro, de modo que o borrifador erga-se 1,5 m do solo e paire nesta posição. Despreze o peso da água no tubo. $\rho_w = 1$ Mg/m³.

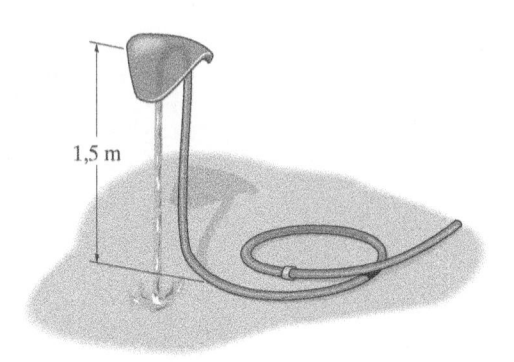

PROBLEMA 15.117

15.118. A curva está conectada ao cano nos flanges em A e B, como mostra a figura. Se o diâmetro de cano é 0,3 m e ele transmite uma descarga de 1,35 m³/s, determine as componentes horizontal e vertical da reação da força e da reação do momento exercidas sobre a base fixa D do suporte. O peso total da curva e da água dentro dela é 2500 N, com centro de massa no ponto G. A pressão da água nos flanges A e B é 120 kN/m² e 96 kN/m², respectivamente. Suponha que nenhuma força é transferida aos flanges em A e B. O peso específico da água é $\gamma_\omega = 10$ kN/m³.

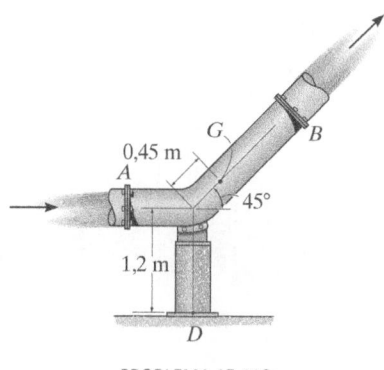

PROBLEMA 15.118

15.119. A água é lançada a 16 m/s contra o difusor cônico fixo. Se o diâmetro de abertura do esguicho é de 40 mm, determine a força horizontal exercida pela água no difusor, $\rho_w = 1$ Mg/m³.

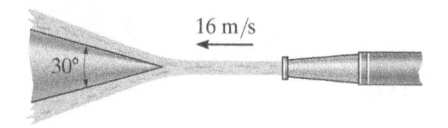

PROBLEMA 15.119

*15.120. A cúpula hemisférica de massa m é mantida em equilíbrio pelo jato vertical de água descarregado por um bocal de diâmetro d. Se a descarga de água através do bocal é Q, determine a altura h a que a cúpula está suspensa. A densidade da água é ρ_w. Despreze o peso do jato de água.

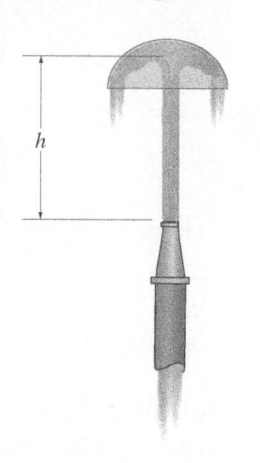

PROBLEMA 15.120

15.121. O aparelho limpador de neve possui uma boca S com área $A_s = 0,12$ m² e é empurrado na neve com uma velocidade $v_s = 0,5$ m/s. A máquina descarrega a neve por meio de um tubo T com área $A_T = 0,03$ m² e está direcionada 60° acima da horizontal. Se a densidade da neve é $\rho_s = 104$ kg/m³, determine a força horizontal P exigida para empurrar o limpador e a força de atrito F resultante das rodas sobre o solo, necessária para impedir que o aparelho se mova de lado. As rodas giram livremente.

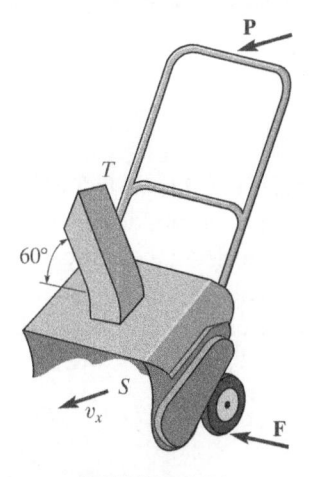

PROBLEMA 15.121

15.122. A pressão manométrica da água em A é 150,5 kPa. A água escoa pelo tubo em A com velocidade de 18 m/s, e sai pelo tubo em B e C com a mesma velocidade v. Determine as componentes horizontal e vertical da força exercida sobre o joelho necessária para manter o conjunto de tubos em equilíbrio. Despreze o peso da água dentro do tubo e o peso do tubo. O tubo tem diâmetro de 50 mm em A, e em B e C o diâmetro é 30 mm. $\rho_w = 1000$ kg/m³.

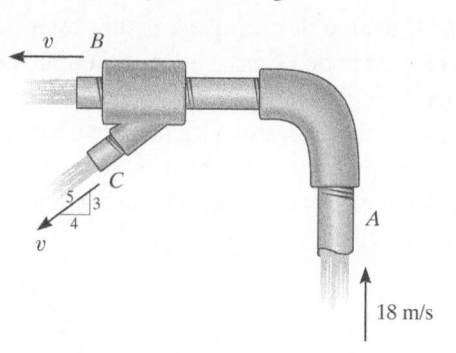

PROBLEMA 15.122

15.123. A pá à frente do trator coleta neve a uma taxa de 200 kg/s. Determine a força de tração resultante **T**, que deve ser desenvolvida em todas as rodas enquanto ele se move para a frente sobre o terreno plano a uma velocidade constante de 5 km/h. O trator tem massa de 5 Mg.

*15.124. O barco tem massa de 180 kg e está viajando por um rio a uma velocidade constante de 70 km/h, medida *em relação* ao rio. O rio está fluindo na direção oposta a 5 km/h. Se um tubo é colocado na água, como mostrado, e coleta 40 kg de água para dentro do barco em 80 segundos, determine o empuxo horizontal T sobre o tubo, necessário para superar a resistência ocasionada pela coleta de água e ainda assim manter a velocidade constante do barco. $\rho_w = 1$ Mg/m³.

276 DINÂMICA

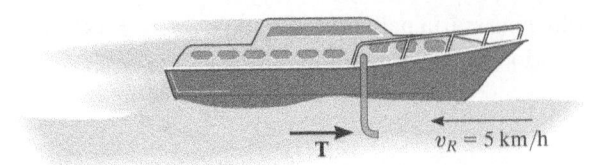

PROBLEMA 15.124

$v_R = 5$ km/h

15.125. A água está fluindo pelo hidrante com 150 mm de diâmetro com uma velocidade $v_B = 15$ m/s. Determine as componentes horizontal e vertical da força e o momento desenvolvido no flange A se a pressão (manométrica) estática em A é 50 kPa. O diâmetro do hidrante em A é 200 mm. $\rho_w = 1$ Mg/m³.

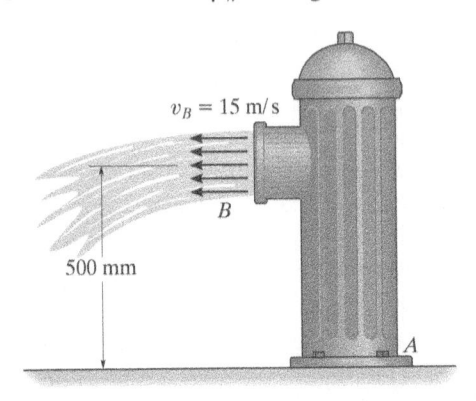

PROBLEMA 15.125

15.126. A água é descarregada de um esguicho com uma velocidade de 12 m/s e atinge a lâmina montada no carrinho de 20 kg. Determine a tração desenvolvida na corda, necessária para manter o carrinho parado, e a reação normal das rodas sobre o carrinho. O esguicho tem diâmetro de 50 mm e a densidade da água é $\rho_w = 1000$ kg/m³.

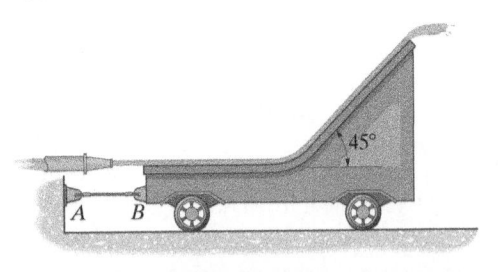

PROBLEMA 15.126

15.127. Em operação, o ventilador de jato de ar descarrega o ar a uma velocidade $v_B = 20$ m/s para dentro de um bocal com diâmetro de 0,5 m. Se o ar tem densidade de 1,22 kg/m³, determine as componentes da reação horizontal e vertical em C e a reação vertical em cada uma das duas rodas, D, quando o ventilador está em operação. O ventilador e o motor têm massa de 20 kg e centro de massa em G. Despreze o peso da estrutura. Em razão da simetria, as duas rodas suportam cargas iguais. Suponha que o ar que entra no ventilador em A esteja essencialmente em repouso.

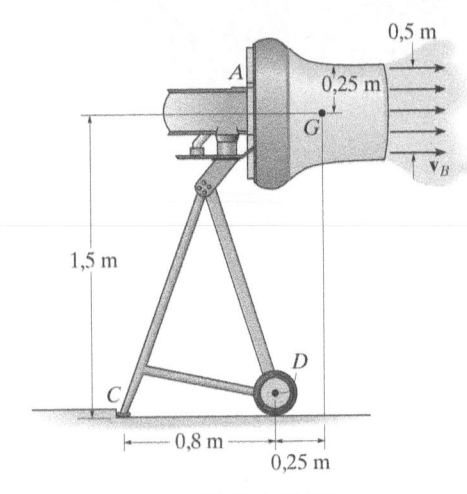

PROBLEMA 15.127

*15.128. A areia é descarregada do silo em A a uma taxa de 50 kg/s, com velocidade vertical de 10 m/s na esteira transportadora, que se move com uma velocidade constante de 1,5 m/s. Se o sistema transportador e a areia nele possuem massa total de 750 kg e centro de massa no ponto G, determine as componentes horizontal e vertical da reação no suporte de pino B e no suporte de rolete A. Despreze a espessura da esteira transportadora.

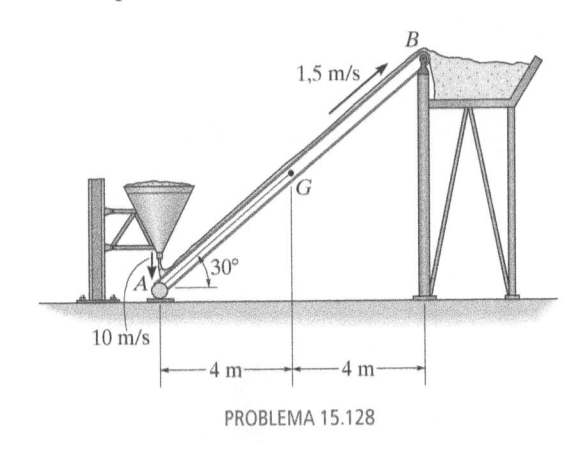

PROBLEMA 15.128

15.129. Cada um dos dois estágios A e B do foguete tem massa de 2 Mg quando seus tanques de combustível estão vazios. Cada um deles transporta 500 kg de combustível e é capaz de consumi-lo a uma taxa de 50 kg/s e ejetá-lo com velocidade constante de 2500 m/s, medidos em relação ao foguete. Este é lançado verticalmente a partir do repouso, acionando primeiro o estágio B. Depois, o estágio A é acionado imediatamente depois que todo o combustível em B é consumido e A é separado de B. Determine a velocidade máxima do estágio A. Despreze a resistência ao arrasto e a variação do peso do foguete com a altitude.

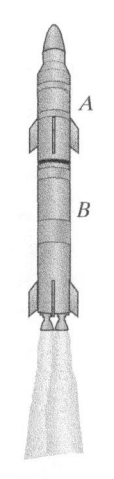

PROBLEMA 15.129

15.130. A areia é depositada de uma calha para uma esteira transportadora que está se movendo a 0,5 m/s. Se considerarmos que a areia cai verticalmente na esteira em A a uma taxa de 4 kg/s, determine a tração da esteira F_B à direita de A. A esteira está livre para se mover sobre os roletes transportadores e sua tração à esquerda de A é $F_C = 400$ N.

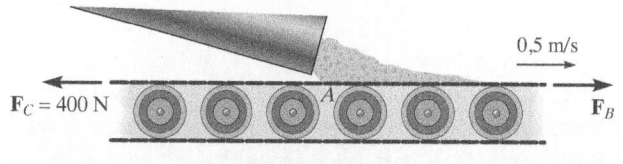

PROBLEMA 15.130

15.131. O fluxo de água entra por debaixo do hidrante em C a uma taxa de 0,75 m³/s. Depois, ela é dividida igualmente entre duas saídas em A e B. Se a pressão manométrica em C é 300 kPa, determine as reações de força horizontal e vertical e a reação do momento no suporte fixo em C. O diâmetro das duas saídas em A e B é 75 mm, e o diâmetro do tubo de entrada em C é 150 mm. A densidade da água é $\rho_w = 1000$ kg/m³. Despreze a massa da água contida e do hidrante.

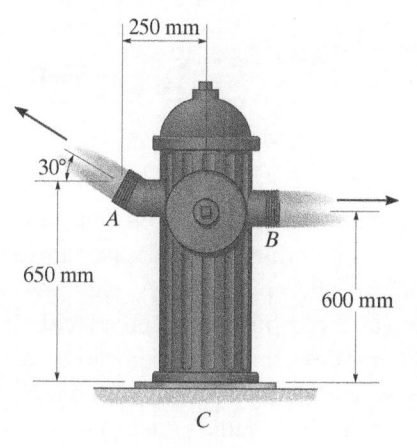

PROBLEMA 15.131

*15.132. O esguicho tem diâmetro de 40 mm. Se ele jorra água uniformemente com uma velocidade de cima para baixo de 20 m/s contra a lâmina fixa, determine a força vertical exercida pela água sobre a lâmina. $\rho_w = 1$ Mg/m³.

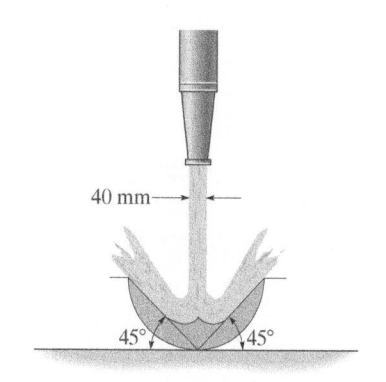

PROBLEMA 15.132

15.133. A areia cai no vagão vazio de 2 Mg a 50 kg/s a partir de uma esteira transportadora. Se o vagão está inicialmente trafegando a 4 m/s, determine sua velocidade em função do tempo.

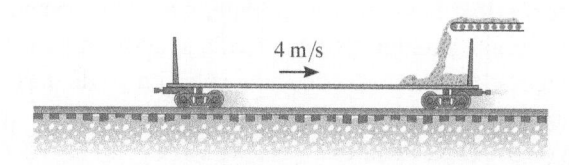

PROBLEMA 15.133

15.134. O trator com o tanque vazio tem massa total de 4 Mg. O tanque fica cheio com 2 Mg de água. A água é descarregada a uma taxa constante de 50 kg/s, a uma velocidade constante de 5 m/s, medida em relação ao trator. Se o trator parte do repouso, e as rodas traseiras fornecem uma força de tração resultante de 250 N, determine a velocidade e a aceleração do trator no instante em que o tanque se esvazia.

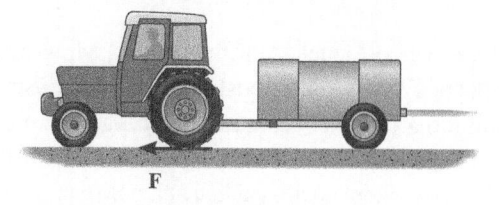

PROBLEMA 15.134

15.135. A escavadeira inicialmente carrega 10 m³ de areia com densidade de 1520 kg/m³. A areia é descarregada horizontalmente através de uma portinhola P, de 2,5 m², a uma taxa de 900 kg/s, medida em relação à portinhola. Determine a força de tração resultante F em suas rodas dianteiras, se a aceleração da escavadeira é 0,1 m/s² quando metade da areia for descarregada. Quando vazia, a escavadeira tem massa de 30 Mg. Despreze qualquer resistência ao movimento para a frente e a massa das rodas. As rodas traseiras estão livres para rodar.

PROBLEMA 15.135

*15.136. Um cortador de grama paira bem próximo do solo. Isso é feito injetando-se o ar a uma velocidade de 6 m/s através de uma unidade de entrada A, que possui área de $A_A = 0{,}25$ m², e depois descarregando-o no solo, B, onde a área é $A_B = 0{,}35$ m². Se o ar em A está sujeito apenas à pressão atmosférica, determine a pressão do ar que o cortador exerce sobre o solo quando o peso do equipamento é apoiado livremente e nenhuma carga é colocada sobre o cabo. O cortador tem massa de 15 kg com centro de massa em G. Considere que o ar possui densidade constante de $\rho_a = 1{,}22$ kg/m³.

PROBLEMA 15.136

15.137. O carro-foguete tem massa de 2 Mg (vazio) e transporta 120 kg de combustível. Se o combustível é consumido a uma taxa constante de 6 kg/s e é ejetado do carro com uma velocidade relativa de 800 m/s, determine a velocidade máxima alcançada pelo carro partindo do repouso. A resistência ao arrasto em razão da atmosfera é $F_D = (6{,}8v^2)$ N, onde v é a velocidade em m/s.

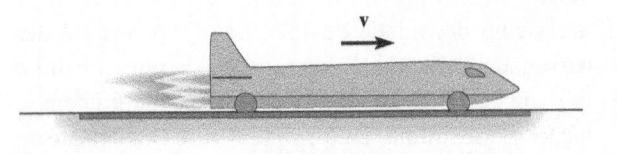

PROBLEMA 15.137

15.138. O foguete tem massa inicial m_0, incluindo o combustível. Por razões práticas de conveniência da tripulação, é necessário que ele mantenha uma aceleração ascendente constante a_0. Se o combustível é expelido do foguete a uma velocidade relativa $v_{e/r}$ determine a que taxa o combustível deve ser consumido para manter o movimento. Despreze a resistência do ar e suponha que a aceleração gravitacional seja constante.

PROBLEMA 15.138

15.139. O avião a jato de 12 Mg tem velocidade constante de 950 km/h ao voar ao longo de uma linha reta horizontal. O ar penetra nas cavidades de entrada de ar S a uma taxa de 50 m³/s. Se o motor queima o combustível a uma taxa de 0,4 kg/s e o gás (ar e combustível) é exaurido em relação ao avião, a uma velocidade de 450 m/s, determine a força de arrasto resultante exercida sobre o avião pela resistência do ar. Suponha que o ar tenha densidade constante de 1,22 kg/m³. *Dica*: visto que a massa entra no avião e sai dele, as equações 15.28 e 15.29 devem ser combinadas para resultar em $\Sigma F_s = m\dfrac{dv}{dt} - v_{D/e}\dfrac{dm_e}{dt} + v_{D/i}\dfrac{dm_i}{dt}$.

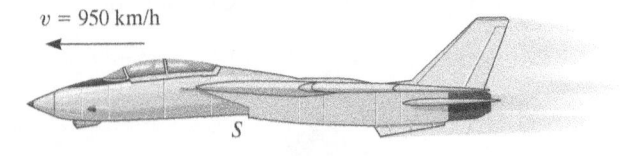

$v = 950$ km/h

PROBLEMA 15.139

*15.140. Um jato está viajando a uma velocidade de 720 km/h. Se o combustível está sendo gasto a 0,8 kg/s e o motor recebe ar a 200 kg/s, enquanto o gás da exaustão (ar e combustível) tem velocidade relativa de 12000 m/s, determine a aceleração do avião nesse instante. A resistência ao arrasto do ar é $F_D = (55v^2)$, onde a velocidade é medida em m/s. O jato tem massa de 7 Mg.

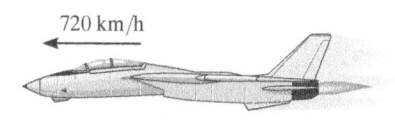

PROBLEMA 15.140

15.141. A corda tem massa m' por unidade de comprimento. Se o comprimento da extremidade $y = h$ é solto na borda da mesa e liberado, determine a velocidade de sua extremidade A para qualquer posição y, à medida que a corda se desenrola e começa a cair.

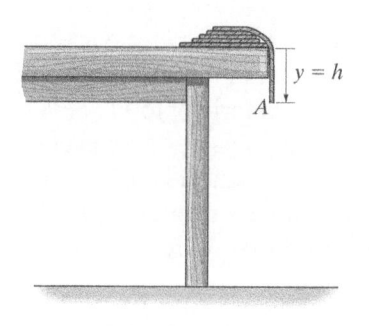

PROBLEMA 15.141

15.142. Um rolo de corrente aberta e pesada é usado para reduzir a distância de parada de um trenó, que tem massa M e viaja a uma velocidade v_0. Determine a massa por unidade de comprimento da corrente, necessária para desacelerar o trenó até $(1/2)v_0$, dentro de uma distância $x = s$, se o trenó está preso à corrente em $x = 0$. Despreze o atrito entre a corrente e o solo.

15.143. Um jumbo comercial de quatro motores está em cruzeiro a uma velocidade constante de 800 km/h, em voo nivelado com os quatro motores em operação. Cada um dos motores é capaz de descarregar gases da combustão a uma velocidade de 775 m/s em relação ao avião. Se, durante um teste, são desligados dois dos motores, um de cada lado do avião, determine a nova velocidade de cruzeiro do jato. Suponha que a resistência do ar (arrasto) é proporcional ao quadrado da velocidade, isto é, $F_D = cv^2$, onde c é uma constante a ser determinada. Despreze a perda de massa pelo consumo de combustível.

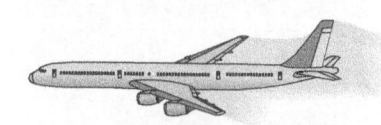

PROBLEMA 15.143

*15.144. Um avião comercial a jato tem massa de 150 Mg e está viajando a uma velocidade constante de 850 km/h em um voo nivelado ($\theta = 0°$). Se cada um dos dois motores absorve ar a uma taxa de 1000 kg/s e o ejeta a uma velocidade de 900 m/s, em relação à aeronave, determine o ângulo máximo de inclinação θ em que a aeronave pode voar com uma velocidade constante de 750 km/h. Suponha que a resistência do ar (arrasto) é proporcional ao quadrado da velocidade, isto é, $F_D = cv^2$, onde c é uma constante a ser determinada. Os motores estão operando com a mesma potência em ambos os casos. Despreze a quantidade de combustível consumida.

PROBLEMA 15.144

15.145. Um rolo de corrente aberta e pesada é usado para reduzir a distância de parada de um trenó, que tem massa M e viaja a uma velocidade v_0. Determine a massa por unidade de comprimento da corrente, necessária para desacelerar o trenó até $(1/4)v_0$, dentro de uma distância $x = s$, se o trenó está preso à corrente em $x = 0$. Despreze o atrito entre a corrente e o solo.

15.146. Determine a intensidade da força **F** como uma função do tempo, que deve ser aplicada à extremidade da corda em A para levantar o gancho H com uma velocidade constante $v = 0{,}4$ m/s. Inicialmente, a corrente está em repouso sobre o solo. Despreze a massa da corda e do gancho. A corrente tem massa de 2 kg/m.

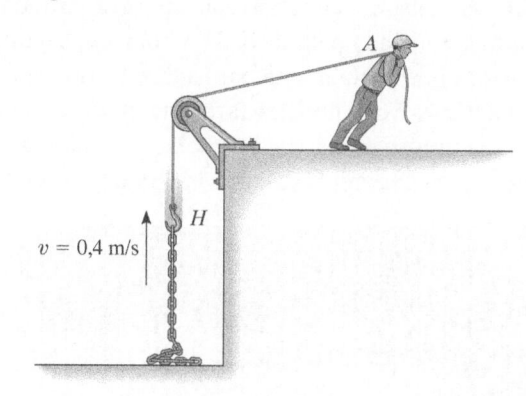

PROBLEMA 15.146

15.147. O helicóptero de 10 Mg carrega um recipiente contendo 500 kg de água, que é usada para combater incêndios. Se ele paira sobre a Terra em uma posição fixa e, em seguida, libera 50 kg/s de água a 10 m/s, medidos em relação ao helicóptero, determine a aceleração inicial ascendente que o helicóptero experimenta enquanto a água é liberada.

PROBLEMA 15.147

*15.148. O caminhão tem massa de 50 Mg quando está vazio. Quando está descarregando 5 m³ de areia a uma taxa constante de 0,8 m³/s, a areia tomba a uma velocidade de 7 m/s, medida em relação ao caminhão, na direção mostrada. Se o caminhão está livre para rodar, determine sua aceleração inicial assim que a carga começa a ser esvaziada. Despreze a massa das rodas e qualquer resistência ao atrito do movimento. A densidade da areia é $\rho_s = 1520$ kg/m³.

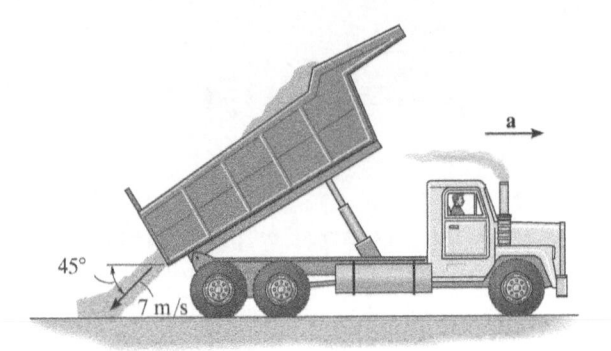

PROBLEMA 15.148

15.149. O carro tem massa m_0 e é usado para rebocar a corrente lisa com um comprimento total l e massa por unidade de comprimento m'. Se a corrente está originalmente empilhada, determine a força de tração F que deve ser fornecida pelas rodas traseiras do carro, necessária para manter uma velocidade constante v enquanto a corrente está sendo arrastada.

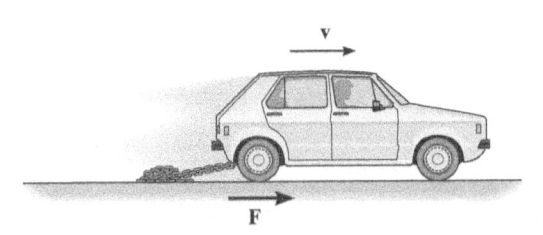

PROBLEMA 15.149

Problemas conceituais

C15.1. A bola de beisebol viaja para a esquerda quando é golpeada pelo taco. Se a bola, em seguida, se desloca horizontalmente para a direita, determine que medições você poderia fazer, de modo a determinar o impulso líquido dado à bola. Use valores numéricos para exemplificar como isso pode ser feito.

C15.2. A "bola" de demolição de aço está suspensa da lança por um velho pneu de borracha, A. O operador do guindaste ergue a bola e então permite que ela caia livremente para quebrar o concreto. Explique, usando dados numéricos apropriados, por que é uma boa ideia usar o pneu para esse trabalho.

PROBLEMA C15.1

PROBLEMA C15.2

C15.3. A locomotiva à esquerda, A, está em repouso, e a outra à direita, B, está deslizando para a esquerda. Se as locomotivas são idênticas, use valores numéricos para mostrar como determinar a compressão máxima em cada um dos para-choques de mola instalados na frente das locomotivas. Cada locomotiva está livre para rodar.

C15.4. Três vagões têm a mesma massa e estão rodando livremente quando atingem o para-choque fixo. As pernas AB e BC estão parafusadas uma à outra nas extremidades, o ângulo BAC é $30°$ e BCA é $60°$. Compare o impulso médio em cada perna necessário para parar o movimento se os vagões não tiverem para-choques e se os vagões tiverem para-choques de mola. Use valores numéricos apropriados para explicar sua resposta.

PROBLEMA C15.3

PROBLEMA C15.4

Revisão do capítulo

Impulso

Um impulso é definido como o produto de força e tempo. Graficamente, ele representa a área sob o gráfico F–t. Se a força for constante, o impulso torna-se $I = F_c(t_2 - t_1)$.

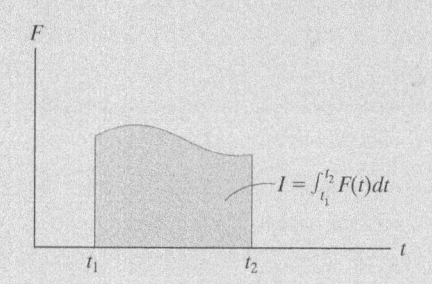

$$I = \int_{t_1}^{t_2} F(t)\,dt$$

Princípio do impulso e quantidade de movimento

Quando a equação de movimento $\Sigma \mathbf{F} = m\mathbf{a}$, e a equação cinemática, $a = dv/dt$, são combinadas, obtemos o princípio do impulso e quantidade de movimento. Esta é uma equação vetorial que pode ser decomposta em componentes retangulares e usada para resolver problemas que envolvem força, velocidade e tempo. Para aplicação, o diagrama de corpo livre deve ser construído, de modo a considerar todos os impulsos que agem sobre a partícula.

$$m\mathbf{v}_1 + \Sigma \int_{t_1}^{t_2} \mathbf{F}\,dt = m\mathbf{v}_2$$

Conservação da quantidade de movimento linear

Se o princípio do impulso e quantidade de movimento é aplicado a um *sistema de partículas*, as colisões entre elas produzem impulsos internos que são iguais, opostos e colineares e que, portanto, cancelam-se na equação. Além disso, se um impulso externo é pequeno, isto é, a força é pequena e o tempo é curto, o impulso pode ser classificado como não impulsivo e ser desprezado. Consequentemente, a quantidade de movimento para o sistema de partículas é conservada.

$$\Sigma m_i(\mathbf{v}_i)_1 = \Sigma m_i(\mathbf{v}_i)_2$$

A equação da conservação da quantidade de movimento é útil para achar a velocidade final de uma partícula quando impulsos internos são exercidos entre duas partículas e as velocidades iniciais das partículas são conhecidas. Se o impulso interno deve ser determinado, uma das partículas é isolada e o princípio do impulso e quantidade de movimento é aplicado a essa partícula.

Impacto

Quando duas partículas, A e B, têm impacto direto, o impulso interno entre elas é igual, oposto e colinear. Consequentemente, a conservação da quantidade de movimento para esse sistema aplica-se ao longo da linha de impacto.

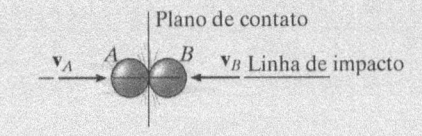

$$m_A(v_A)_1 + m_B(v_B)_1 = m_A(v_A)_2 + m_B(v_B)_2$$

Se as velocidades finais são desconhecidas, uma segunda equação é necessária para a solução. Devemos usar o coeficiente de restituição, e. Este coeficiente, determinado experimentalmente, depende das propriedades físicas das partículas em colisão. Ele pode ser expresso como a razão entre suas velocidades relativas após a colisão e suas velocidades relativas antes da colisão. Se a colisão é elástica, nenhuma energia é perdida e $e = 1$. Para uma colisão plástica, $e = 0$.

$$e = \frac{(v_B)_2 - (v_A)_2}{(v_A)_1 - (v_B)_1}$$

Se o impacto é oblíquo, a conservação da quantidade de movimento para o sistema e a equação do coeficiente de restituição aplicam-se ao longo da linha de impacto. Além disso, a conservação da quantidade de movimento para cada partícula aplica-se perpendicular a essa linha (plano de impacto), porque nenhum impulso atua sobre as partículas nessa direção.

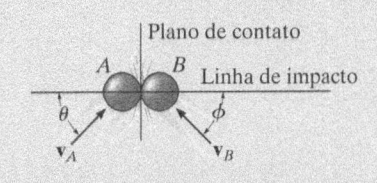

Princípio do impulso e quantidade de movimento angular

O momento da quantidade de movimento linear em relação a um eixo (z) é chamado de quantidade de movimento angular.

$$(H_O)_z = (d)(mv)$$

$$(\mathbf{H}_O)_1 + \Sigma \int_{t_1}^{t_2} \mathbf{M}_O \, dt = (\mathbf{H}_O)_2$$

O princípio do impulso e quantidade de movimento angular é usado com frequência para eliminar impulsos desconhecidos somando-se os momentos em relação a um eixo através do qual as linhas de ação desses impulsos não produzem movimento. Por essa razão, um diagrama de corpo livre deve acompanhar a solução.

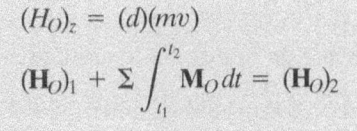

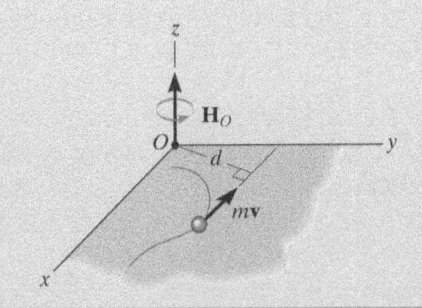

Escoamento estacionário de fluidos

Métodos do impulso e quantidade de movimento são usados com frequência para determinar forças que um dispositivo exerce sobre o escoamento da massa de um fluido — líquido ou gás. Para fazê-lo, é construído um diagrama de corpo livre da massa do fluido em contato com o dispositivo, de modo a identificar essas forças. Além disso, é calculada a velocidade do fluido quando este escoa para dentro e para fora de um volume de controle do dispositivo. As equações do escoamento estacionário envolvem o somatório das forças e dos momentos para determinar essas reações.

$$\Sigma \mathbf{F} = \frac{dm}{dt}(\mathbf{v}_B - \mathbf{v}_A)$$

$$\Sigma \mathbf{M}_O = \frac{dm}{dt}(\mathbf{r}_B \times \mathbf{v}_B - \mathbf{r}_A \times \mathbf{v}_A)$$

Propulsão com massa variável

Alguns dispositivos, como um foguete, perdem massa ao serem propelidos para a frente. Outros ganham massa, tal como uma pá. Podemos calcular esse ganho ou perda de massa ao aplicar o princípio do impulso e quantidade de movimento ao volume de controle do dispositivo. A partir dessa equação, a força exercida sobre o dispositivo pelo fluxo de massa pode ser determinada.

$$\Sigma F_{cv} = m\frac{dv}{dt} - v_{D/e}\frac{dm_e}{dt}$$

Perde massa

$$\Sigma F_{cv} = m\frac{dv}{dt} + v_{D/i}\frac{dm_i}{dt}$$

Ganha massa

Problemas de revisão fundamentais

R15.1. Pacotes com uma massa de 6 kg descem deslizando por uma calha lisa e param horizontalmente com velocidade de 3 m/s na superfície de uma esteira transportadora. Se o coeficiente de atrito cinético entre a correia e um pacote é $\mu_k = 0,2$, determine o tempo necessário para levar o pacote até o repouso na esteira se ela estiver se movendo na mesma direção do pacote com velocidade $v = 1$ m/s.

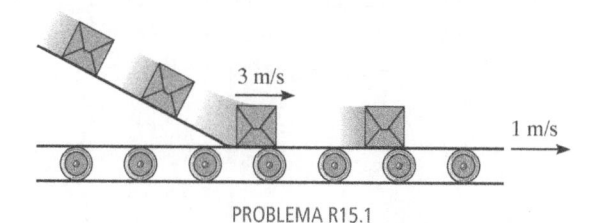

PROBLEMA R15.1

R15.2. O bloco de 50 kg é içado pelo plano inclinado por meio do arranjo de cabo e motor mostrado na figura. O coeficiente de atrito cinético entre o bloco e a superfície é $\mu_k = 0,4$. Se o bloco estiver inicialmente se movendo plano acima a $v_0 = 2$ m/s, e nesse instante ($t = 0$) o motor desenvolve na corda uma tração de $T = (300 + 120\sqrt{t})$ N, onde t é dado em segundos, determine a velocidade do bloco quando $t = 2$ s.

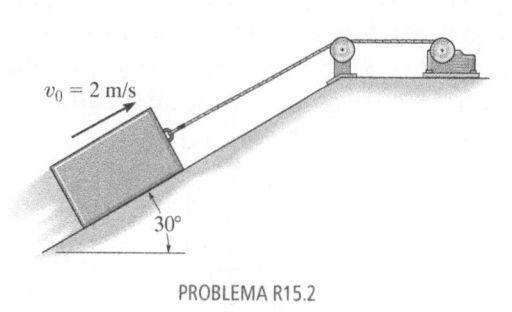

PROBLEMA R15.2

R15.3. Um bloco de 20 kg está inicialmente em repouso sobre uma superfície horizontal para a qual o coeficiente de atrito estático é $\mu_s = 0,6$ e o coeficiente de atrito cinético é $\mu_k = 0,5$. Se uma força horizontal F for aplicada de modo que varie com o tempo, conforme mostrado, determine a velocidade do bloco em 10 s. *Dica:* primeiro, determine o tempo necessário para vencer o atrito e iniciar o movimento do bloco.

PROBLEMA R15.3

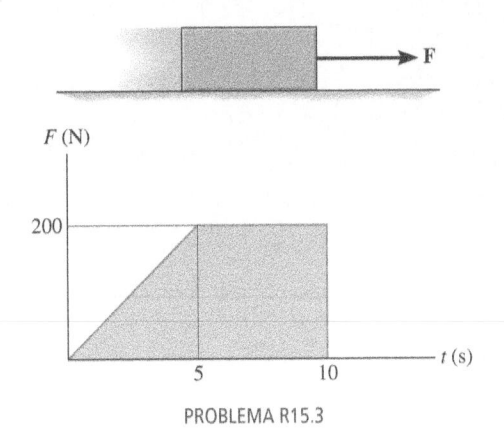

R15.4. Os três vagões de carga A, B e C possuem massas de 10 Mg, 5 Mg e 20 Mg, respectivamente. Eles estão viajando pelos trilhos com as velocidades mostradas. O vagão A colide com o vagão B primeiro, seguido pelo vagão C. Se os três vagões são acoplados após a colisão, determine a velocidade comum dos vagões após as duas colisões.

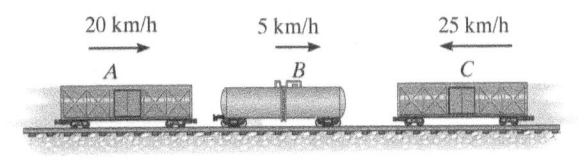

PROBLEMA R15.4

R15.5. O projétil de 200 g é disparado com uma velocidade de 900 m/s em direção ao centro do bloco de madeira de 15 kg, que está apoiado sobre uma superfície áspera. Se o projétil penetra e atravessa o bloco com uma velocidade de 300 m/s, determine a velocidade do bloco logo após a saída do projétil. Por quanto tempo o bloco desliza sobre a superfície áspera, depois que o projétil atravessa o bloco e antes que ele volte ao repouso? O coeficiente de atrito cinético entre a superfície e o bloco é $\mu_k = 0{,}2$.

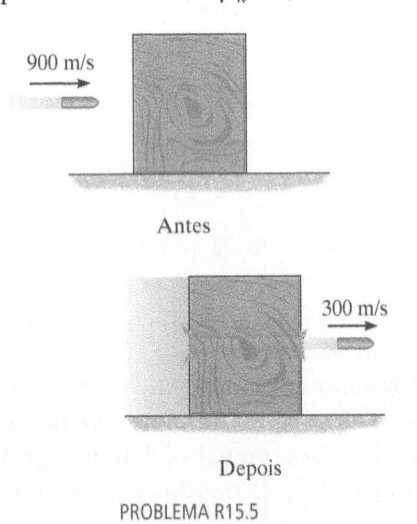

PROBLEMA R15.5

R15.6. O bloco A tem massa de 3 kg e está deslizando sobre uma superfície horizontal áspera com velocidade $(v_A)_1 = 2$ m/s, quando sofre uma colisão direta com o bloco B, que tem massa de 2 kg e está originalmente em repouso. Se a colisão é perfeitamente elástica ($e = 1$), determine a velocidade de cada bloco logo após a colisão e a distância entre os blocos quando eles param de deslizar. O coeficiente de atrito cinético entre os blocos e o plano é $\mu_k = 0{,}3$.

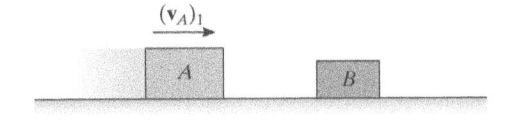

PROBLEMA R15.6

R15.7. As bolas de bilhar lisas A e B possuem massa igual de $m = 200$ g. Se A atinge B com uma velocidade de $(v_A)_1 = 2$ m/s, conforme mostrado, determine suas velocidades finais logo após a colisão. A bola B está originalmente em repouso e o coeficiente de restituição é $e = 0{,}75$.

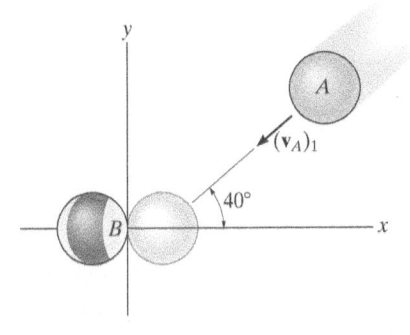

PROBLEMA R15.7

R15.8. O pequeno cilindro C tem massa de 10 kg e está preso à extremidade de uma haste cuja massa pode ser desprezada. Se a estrutura está sujeita a um binário $M = (8t^2 + 5)$ N·m, onde t é dado em segundos, e o cilindro está sujeito a uma força de 60 N, que é sempre direcionada conforme mostrado, determine a velocidade do cilindro quando $t = 2$ s. O cilindro tem velocidade $v_0 = 2$ m/s quando $t = 0$.

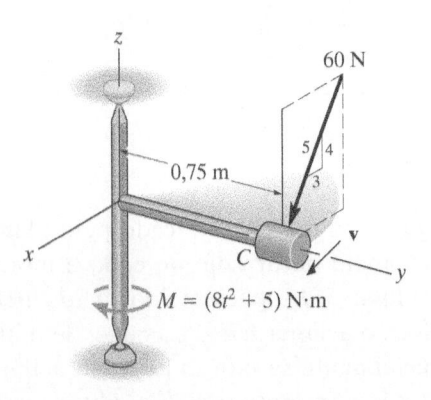

PROBLEMA R15.8

CAPÍTULO 16
Cinemática do movimento plano de um corpo rígido

A cinemática é importante para o projeto do mecanismo usado na caçamba deste caminhão.

(© TFoxFoto/Shutterstock)

16.1 Movimento plano de um corpo rígido

Neste capítulo, discutiremos a cinemática do movimento plano de um corpo rígido. Este estudo é importante para o projeto de engrenagens, cames e mecanismos utilizados para muitas operações mecânicas. Assim que a cinemática esteja plenamente compreendida, poderemos aplicar as equações do movimento, que relacionam as forças sobre o corpo ao movimento do corpo.

O *movimento plano* de um corpo ocorre quando todas as partículas de um corpo rígido se deslocam ao longo de trajetórias equidistantes de um plano fixo. Há três tipos de movimento plano de um corpo rígido; em ordem crescente de complexidade, são eles:

- *Translação.* Este tipo de movimento ocorre quando uma linha sobre o corpo permanece paralela à sua orientação original durante o movimento. Quando as trajetórias do movimento para quaisquer dois pontos sobre o corpo são linhas paralelas, o movimento é chamado de *translação retilínea* (Figura 16.1a). Se as trajetórias do movimento são ao longo de linhas curvas equidistantes, o movimento é chamado de *translação curvilínea* (Figura 16.1b).
- *Rotação em torno de um eixo fixo.* Quando um corpo rígido rotaciona em torno de um eixo fixo, todas as partículas do corpo, exceto as que se encontram sobre o eixo de rotação, se deslocam ao longo de trajetórias circulares (Figura 16.1c).
- *Movimento plano geral.* Quando um corpo é submetido ao movimento plano geral, ele sofre uma combinação de translação *e* rotação (Figura 16.1d). A translação ocorre dentro de um plano de referência e a rotação ocorre em torno de um eixo perpendicular a esse plano.

Objetivos

- Classificar os vários tipos de movimento plano de um corpo rígido.
- Investigar a translação de um corpo rígido e o movimento angular em torno de um eixo fixo.
- Estudar o movimento plano utilizando uma análise de movimento absoluto.
- Fornecer uma análise de movimento relativo para velocidade e aceleração utilizando um sistema de referência em translação.
- Mostrar como determinar o centro instantâneo de velocidade nula e determinar a velocidade de um ponto sobre um corpo utilizando esse método.
- Fornecer uma análise de movimento relativo para velocidade e aceleração utilizando um sistema de referência em rotação.

Nas seções a seguir, consideraremos cada um desses movimentos em detalhe. Exemplos de corpos sofrendo esses movimentos são mostrados na Figura 16.2.

Trajetória de translação retilínea
(a)

Trajetória de translação curvilínea
(b)

Rotação em torno de um eixo fixo
(c)

Movimento plano geral
(d)

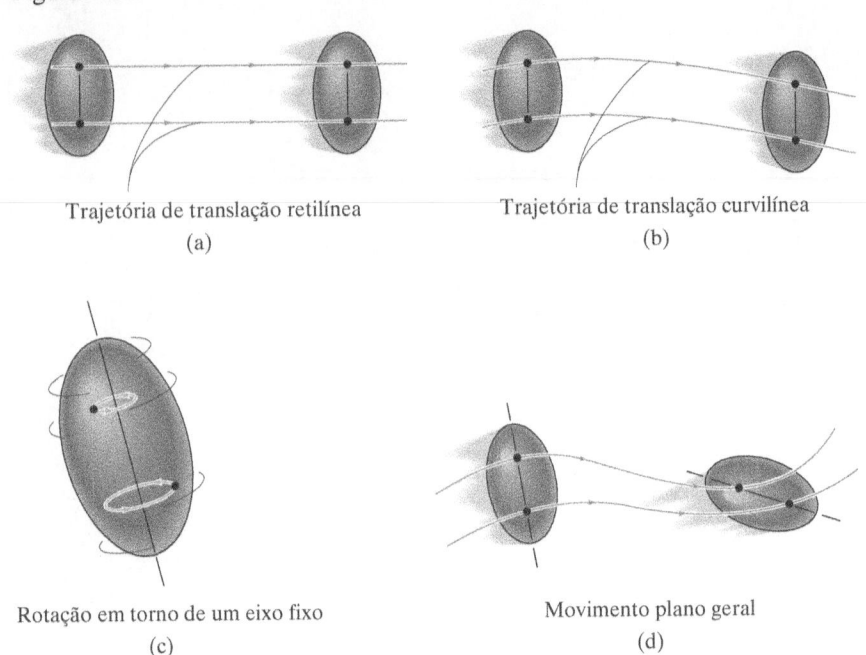

FIGURA 16.1

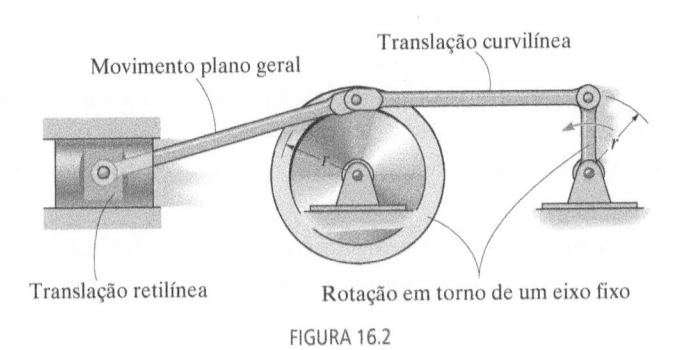

Movimento plano geral

Translação curvilínea

Translação retilínea

Rotação em torno de um eixo fixo

FIGURA 16.2

16.2 Translação

Considere um corpo rígido submetido a uma translação retilínea ou curvilínea no plano x–y (Figura 16.3).

Posição

As posições dos pontos A e B sobre o corpo são definidas em relação a um sistema de referência fixo x, y utilizando-se os *vetores posição* $\mathbf{r}_A$ e $\mathbf{r}_B$. O sistema de coordenadas em translação x', y' está *fixo no corpo* e tem sua origem em A, daqui em diante referido como o *ponto base*. A posição de B em relação a A é denotada pelo *vetor posição relativa* $\mathbf{r}_{B/A}$ ("$\mathbf{r}$ de B em relação a A"). Pela adição vetorial,

$$\mathbf{r}_B = \mathbf{r}_A + \mathbf{r}_{B/A}$$

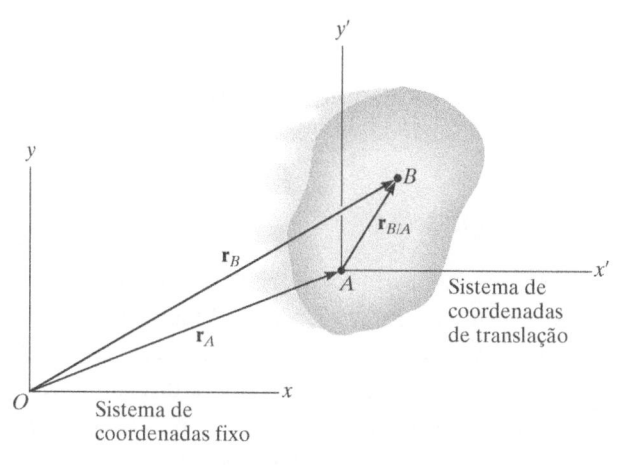

Capítulo 16 – Cinemática do movimento plano de um corpo rígido   287

FIGURA 16.3

Os passageiros nesta roda gigante estão sujeitos à translação curvilínea, visto que as gôndolas se movem em uma trajetória circular, embora sempre permaneçam na posição vertical.

Velocidade

Uma relação entre as velocidades instantâneas de A e B é obtida fazendo a derivada temporal desta equação, que resulta em $\mathbf{v}_B = \mathbf{v}_A + d\mathbf{r}_{B/A}/dt$. Aqui, $\mathbf{v}_A$ e $\mathbf{v}_B$ denotam *velocidades absolutas*, já que esses vetores são medidos em relação aos eixos x, y. O termo $d\mathbf{r}_{B/A}/dt = \mathbf{0}$, visto que a *intensidade* de $\mathbf{r}_{B/A}$ é constante por definição de um corpo rígido, e porque o corpo está transladando, a *direção* de $\mathbf{r}_{B/A}$ também é *constante*. Portanto,

$$\mathbf{v}_B = \mathbf{v}_A$$

Aceleração

Fazendo a derivada temporal da equação da velocidade, obtém-se uma relação similar entre as acelerações instantâneas de A e B:

$$\mathbf{a}_B = \mathbf{a}_A$$

As duas equações anteriores indicam que *todos os pontos de um corpo rígido submetidos a uma translação retilínea ou curvilínea se deslocam com a mesma velocidade e aceleração*. Como resultado, a cinemática do movimento da partícula, discutida no Capítulo 12, também pode ser usada para especificar a cinemática de pontos localizados em um corpo rígido em translação.

16.3 Rotação em torno de um eixo fixo

Quando um corpo rotaciona em torno de um eixo fixo, qualquer ponto P localizado no corpo se desloca ao longo de uma *trajetória circular*. Para estudar esse movimento, primeiro é necessário discutir o movimento angular do corpo em torno do eixo.

Movimento angular

Visto que um ponto é adimensional, ele não pode ter movimento angular. *Apenas linhas ou corpos sofrem movimento angular*. Por exemplo, considere o corpo mostrado na Figura 16.4a e o movimento angular de uma linha radial r localizada dentro do plano sombreado.

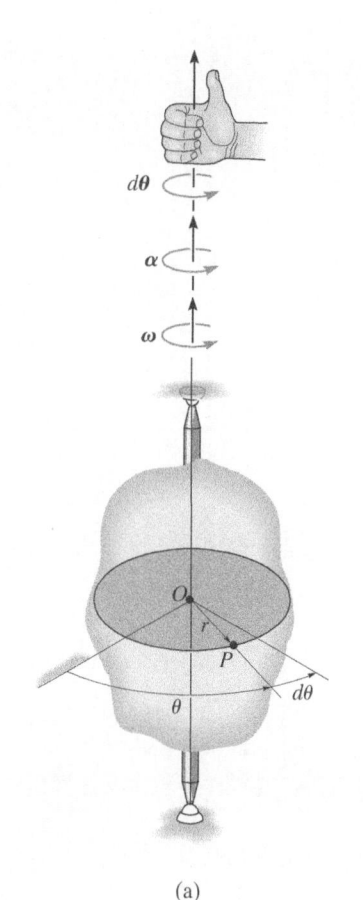

(a)

FIGURA 16.4

(b)

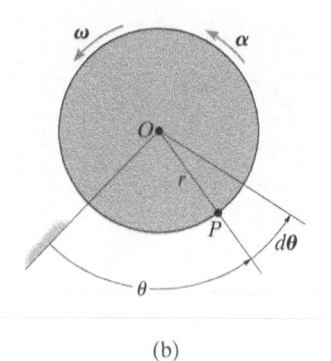

FIGURA 16.4 (cont.)

Posição angular

No instante mostrado, a *posição angular* de r é definida pelo ângulo θ, medido a partir de uma linha de referência *fixa* até r.

Deslocamento angular

A variação na posição angular, que pode ser medida como um diferencial $d\theta$, é chamada de *deslocamento angular*.* Esse vetor tem uma *intensidade* $d\theta$, medida em graus, radianos ou revoluções, onde 1 rev = 2π rad. Visto que o movimento é em torno de um *eixo fixo*, a direção de $d\theta$ é *sempre* ao longo desse eixo. Especificamente, a *direção* é determinada pela regra da mão direita; isto é, os dedos da mão direita são fechados no sentido da rotação, de maneira que neste caso o polegar, ou $d\theta$, aponte para cima (Figura 16.4a). Em duas dimensões, como mostrado pela vista de cima do plano sombreado (Figura 16.4b), tanto θ quanto $d\theta$ giram no sentido anti-horário, e assim o polegar aponta para fora da página.

Velocidade angular

A taxa temporal de variação na posição angular é chamada *velocidade angular* ω (ômega). Visto que $d\theta$ ocorre durante um instante de tempo dt, então,

$$\omega = \frac{d\theta}{dt} \qquad (16.1)$$

Este vetor tem uma *intensidade* que frequentemente é medida em rad/s. Ele é expresso aqui na forma escalar, visto que sua *direção* também está ao longo do eixo de rotação (Figura 16.4a). Quando indicamos o movimento angular no plano sombreado (Figura 16.4b), podemos nos referir ao sentido da rotação como horário ou anti-horário. Aqui, escolhemos *arbitrariamente* rotações anti-horárias como *positivas* e indicamos isso pela flecha circular mostrada em parênteses ao lado da Equação 16.1. Observe, contudo, que o sentido da direção de ω é, neste caso, para fora da página.

Aceleração angular

A *aceleração angular* α (alfa) mede a taxa temporal de variação da velocidade angular. A *intensidade* desse vetor é

$$\alpha = \frac{d\omega}{dt} \qquad (16.2)$$

Utilizando a Equação 16.1, também é possível expressar α como

$$\alpha = \frac{d^2\theta}{dt^2} \qquad (16.3)$$

A linha de ação de α é a mesma que para ω (Figura 16.4a); entretanto, seu sentido de *direção* depende se ω está aumentando ou diminuindo. Se

---

* Na Seção 20.1, é mostrado que rotações finitas ou deslocamentos angulares finitos *não* são quantidades vetoriais, embora rotações diferenciais $d\theta$ sejam vetores.

ω está diminuindo, α é chamado de uma *desaceleração angular* e, portanto, tem um sentido de direção oposto a ω.

Eliminando dt das equações 16.1 e 16.2, obtemos uma relação diferencial entre aceleração angular, velocidade angular e deslocamento angular, a saber,

(ζ+)
$$\alpha\, d\theta = \omega\, d\omega \quad (16.4)$$

A semelhança entre as relações diferenciais para o movimento angular e as desenvolvidas para o movimento retilíneo de uma partícula ($v = ds/dt$, $a = dv/dt$ e $a\, ds = v\, dv$) deve ser evidente.

Aceleração angular constante

Se a aceleração angular do corpo é *constante*, $\alpha = \alpha_c$, as equações 16.1, 16.2 e 16.4, quando integradas, resultam em um conjunto de fórmulas que relacionam velocidade e posição angular do corpo e o tempo. Essas equações são semelhantes às equações 12.4 a 12.6 utilizadas para o movimento retilíneo. Os resultados são

(ζ+) $$\omega = \omega_0 + \alpha_c t \quad (16.5)$$
(ζ+) $$\theta = \theta_0 + \omega_0 t + \tfrac{1}{2}\alpha_c t^2 \quad (16.6)$$
(ζ+) $$\omega^2 = \omega_0^2 + 2\alpha_c(\theta - \theta_0) \quad (16.7)$$
Aceleração angular constante

Todas as engrenagens usadas na operação de um guindaste giram em relação a eixos fixos. Os engenheiros precisam ser capazes de relacionar seus movimentos angulares a fim de projetar corretamente esse sistema de engrenagens.

Aqui, θ_0 e ω_0 são os valores iniciais da posição angular e velocidade angular do corpo, respectivamente.

Movimento do ponto P

À medida que o corpo rígido na Figura 16.4c gira, o ponto P se desloca ao longo de uma *trajetória circular* de raio r com centro no ponto O. Essa trajetória está contida dentro do plano sombreado mostrado na vista de cima (Figura 16.4d).

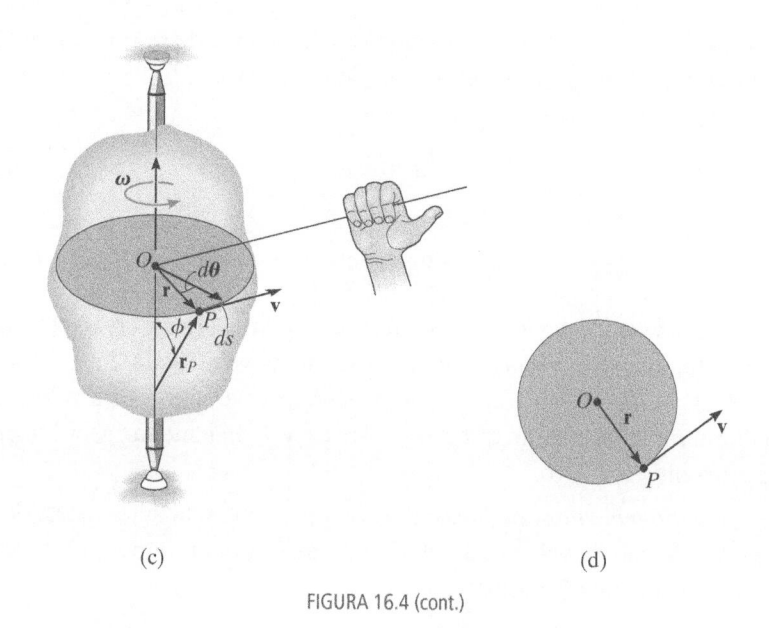

(c)   (d)

FIGURA 16.4 (cont.)

Posição e deslocamento

A posição de P é definida pelo vetor posição $\mathbf{r}$, que se estende de O a P. Se o corpo gira $d\theta$, P se deslocará $ds = r\, d\theta$.

Velocidade

A velocidade de P tem uma intensidade que pode ser determinada dividindo-se $ds = r\, d\theta$ por dt de maneira que

$$v = \omega r \qquad (16.8)$$

Como mostrado nas figuras 16.4c e 16.4d, a *direção* de $\mathbf{v}$ é *tangente* à trajetória circular.

A intensidade e a direção de $\mathbf{v}$ também podem ser calculadas utilizando-se o produto vetorial de $\boldsymbol{\omega}$ e $\mathbf{r}_P$ (ver Apêndice B). Aqui, $\mathbf{r}_P$ está dirigido de *qualquer ponto* sobre o eixo de rotação até o ponto P (Figura 16.4c). Temos

$$\mathbf{v} = \boldsymbol{\omega} \times \mathbf{r}_P \qquad (16.9)$$

A ordem dos vetores nessa formulação é importante, visto que o produto vetorial não é comutativo, ou seja, $\boldsymbol{\omega} \times \mathbf{r}_P \neq \mathbf{r}_P \times \boldsymbol{\omega}$. Observe, na Figura 16.4c, como a direção correta de $\mathbf{v}$ é estabelecida pela regra da mão direita. Os dedos dessa mão estão curvados de $\boldsymbol{\omega}$ em direção a $\mathbf{r}_P$ ($\boldsymbol{\omega}$ "vetor" $\mathbf{r}_P$). O polegar indica a direção correta de $\mathbf{v}$, que é tangente à trajetória na direção do movimento. Da Equação B.8, a intensidade de $\mathbf{v}$ na Equação 16.9 é $v = \omega r_P \,\text{sen}\,\phi$, e visto que $r = r_P \,\text{sen}\,\phi$ (Figura 16.4c), $v = \omega r$, o que concorda com a Equação 16.8. Como um caso especial, o vetor posição $\mathbf{r}$ pode ser escolhido para $\mathbf{r}_P$. Aqui, $\mathbf{r}$ se encontra no plano do movimento e novamente a velocidade do ponto P é

$$\mathbf{v} = \boldsymbol{\omega} \times \mathbf{r} \qquad (16.10)$$

Aceleração

A aceleração de P pode ser expressa em termos de suas componentes normais e tangenciais. Aplicando as equações 12.19 e 12.20, $a_t = dv/dt$ e $a_n = v^2/\rho$, onde $\rho = r$, $v = \omega r$ e $\alpha = d\omega/dt$, temos

$$a_t = \alpha r \qquad (16.11)$$

$$a_n = \omega^2 r \qquad (16.12)$$

A *componente tangencial da aceleração* (figuras 16.4e e 16.4f) representa a taxa temporal de variação na intensidade da velocidade. Se a velocidade de P está aumentando, $\mathbf{a}_t$ atua na mesma direção que $\mathbf{v}$; se a velocidade está diminuindo, $\mathbf{a}_t$ atua na direção oposta de $\mathbf{v}$; e, finalmente, se a velocidade é constante, $\mathbf{a}_t$ é zero.

A *componente normal da aceleração* representa a taxa temporal de variação na direção da velocidade. A *direção* de $\mathbf{a}_n$ é sempre para O, o centro da trajetória circular (figuras 16.4e e 16.4f).

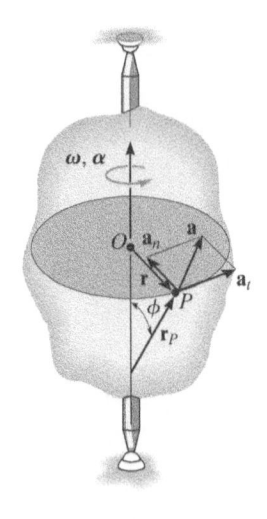

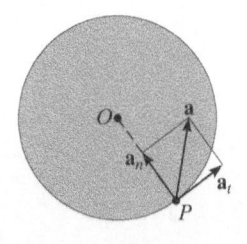

FIGURA 16.4 (cont.)

Assim como a velocidade, a aceleração do ponto P pode ser expressa em termos do produto vetorial. Fazendo a derivada temporal da Equação 16.9, temos

$$\mathbf{a} = \frac{d\mathbf{v}}{dt} = \frac{d\boldsymbol{\omega}}{dt} \times \mathbf{r}_P + \boldsymbol{\omega} \times \frac{d\mathbf{r}_P}{dt}$$

Relembrando que $\boldsymbol{\alpha} = d\boldsymbol{\omega}/dt$ e utilizando a Equação 16.9 ($d\mathbf{r}_P/dt = \mathbf{v} = \boldsymbol{\omega} \times \mathbf{r}_P$), temos

$$\mathbf{a} = \boldsymbol{\alpha} \times \mathbf{r}_P + \boldsymbol{\omega} \times (\boldsymbol{\omega} \times \mathbf{r}_P) \qquad (16.13)$$

Da definição do produto vetorial, o primeiro termo à direita tem intensidade $a_t = \alpha r_P \operatorname{sen}\phi = \alpha r$ e, pela regra da mão direita, $\boldsymbol{\alpha} \times \mathbf{r}_P$ está na direção de $\mathbf{a}_t$ (Figura 16.4e). Da mesma maneira, o segundo termo tem intensidade $a_n = \omega^2 r_P \operatorname{sen}\phi = \omega^2 r$ e, aplicando a regra da mão direita duas vezes, primeiro para determinar o resultado $\mathbf{v}_P = \boldsymbol{\omega} \times \mathbf{r}_P$, em seguida $\boldsymbol{\omega} \times \mathbf{v}_P$, pode ser visto que esse resultado está na mesma direção que $\mathbf{a}_n$, mostrado na Figura 16.4e. Observando que essa também é a *mesma* direção que $-\mathbf{r}$, que se encontra no plano do movimento, podemos expressar $\mathbf{a}_n$ de forma muito mais simples como $\mathbf{a}_n = -\omega^2 \mathbf{r}$. Por conseguinte, a Equação 16.13 pode ser identificada por suas duas componentes como

$$\boxed{\begin{aligned}\mathbf{a} &= \mathbf{a}_t + \mathbf{a}_n \\ &= \boldsymbol{\alpha} \times \mathbf{r} - \omega^2 \mathbf{r}\end{aligned}} \qquad (16.14)$$

Visto que $\mathbf{a}_t$ e $\mathbf{a}_n$ são perpendiculares um ao outro, se necessário a intensidade da aceleração pode ser determinada a partir do teorema de Pitágoras; a saber, $a = \sqrt{a_n^2 + a_t^2}$ (Figura 16.4f).

Se dois corpos girando estão em contato um com o outro, os *pontos em contato* se movem ao longo de *trajetórias circulares diferentes*, e a velocidade e as *componentes tangenciais* da aceleração dos pontos serão as *mesmas*: no entanto, as *componentes normais* da aceleração *não* serão as mesmas. Por exemplo, considere as duas engrenagens mescladas da Figura 16.5a. O ponto A está localizado na engrenagem B e um ponto coincidente A' está localizado na engrenagem C. Em razão do movimento rotacional, $\mathbf{v}_A = \mathbf{v}_{A'}$ (Figura 16.5b) e, como resultado, $\omega_B r_B = \omega_C r_C$ ou $\omega_B = \omega_C(r_C/r_B)$. Além disso, pela Figura 16.5c, $(\mathbf{a}_A)_t = (\mathbf{a}_{A'})_t$, de modo que $\alpha_B = \alpha_C(r_C/r_B)$; porém, como os dois pontos seguem trajetórias circulares diferentes, $(\mathbf{a}_A)_n \neq (\mathbf{a}_{A'})_n$ e, portanto, conforme mostrado, $\mathbf{a}_A \neq \mathbf{a}_{A'}$.

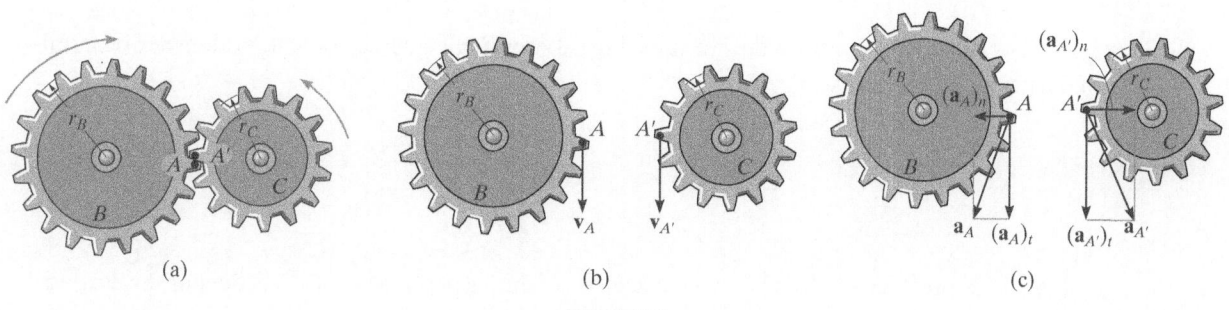

FIGURA 16.5

Pontos importantes

- Um corpo pode sofrer dois tipos de translação. Durante a translação retilínea, todos os pontos seguem trajetórias em linha reta paralelas e, durante a translação curvilínea, os pontos seguem trajetórias curvas que têm o mesmo formato e são equidistantes umas das outras.
- Todos os pontos em um corpo em translação se deslocam com a mesma velocidade e aceleração.
- Pontos localizados em um corpo que gira em torno de um eixo fixo seguem trajetórias circulares.
- A relação $\alpha\, d\theta = \omega\, d\omega$ é derivada de $\alpha = d\omega/dt$ e $\omega = d\theta/dt$, eliminando-se dt.
- Uma vez que os movimentos angulares ω e α são conhecidos, a velocidade e aceleração de qualquer ponto no corpo podem ser determinadas.
- A velocidade sempre atua tangente à trajetória de movimento.
- A aceleração tem duas componentes. A aceleração tangencial mede a taxa de variação na intensidade da velocidade e pode ser determinada a partir de $a_t = \alpha r$. A aceleração normal mede a taxa de variação na direção da velocidade e pode ser determinada a partir de $a_n = \omega^2 r$.

Procedimento para análise

A velocidade e aceleração de um ponto localizado em um corpo rígido que está girando em torno de um eixo fixo podem ser determinadas utilizando o procedimento indicado a seguir.

Movimento angular

- Estabeleça o sentido positivo de rotação em torno do eixo de rotação e mostre-o ao lado de cada equação cinemática, conforme se aplique.
- Se uma relação é conhecida entre quaisquer *duas* das quatro variáveis α, ω, θ e t, uma terceira variável pode ser obtida utilizando uma das equações cinemáticas seguintes que relacionam todas as três variáveis.

$$\omega = \frac{d\theta}{dt} \qquad \alpha = \frac{d\omega}{dt} \qquad \alpha\, d\theta = \omega\, d\omega$$

- Se a aceleração angular do corpo é *constante*, as seguintes equações podem ser usadas:

$$\omega = \omega_0 + \alpha_c t$$
$$\theta = \theta_0 + \omega_0 t + \tfrac{1}{2}\alpha_c t^2$$
$$\omega^2 = \omega_0^2 + 2\alpha_c(\theta - \theta_0)$$

- Uma vez que a solução seja obtida, o sentido de θ, ω e α é determinado a partir dos sinais algébricos de suas quantidades numéricas.

Movimento do ponto P

- Na maioria dos casos, a velocidade de P e suas duas componentes de aceleração podem ser determinadas a partir das equações escalares:

$$v = \omega r$$
$$a_t = \alpha r$$
$$a_n = \omega^2 r$$

- Se a geometria do problema é difícil de visualizar, as seguintes equações vetoriais devem ser usadas:

Capítulo 16 – Cinemática do movimento plano de um corpo rígido   293

$$\mathbf{v} = \boldsymbol{\omega} \times \mathbf{r}_P = \boldsymbol{\omega} \times \mathbf{r}$$

$$\mathbf{a}_t = \boldsymbol{\alpha} \times \mathbf{r}_P = \boldsymbol{\alpha} \times \mathbf{r}$$

$$\mathbf{a}_n = \boldsymbol{\omega} \times (\boldsymbol{\omega} \times \mathbf{r}_P) = -\omega^2 \mathbf{r}$$

- Aqui, $\mathbf{r}_P$ é direcionado de qualquer ponto sobre o eixo de rotação até o ponto P, enquanto $\mathbf{r}$ se encontra no plano do movimento de P. Qualquer um desses vetores, assim como $\boldsymbol{\omega}$ e $\boldsymbol{\alpha}$, deve ser expresso em termos de suas componentes $\mathbf{i}, \mathbf{j}, \mathbf{k}$, e, se necessário, os produtos vetoriais determinados utilizando uma expansão do determinante (ver Equação B.12).

EXEMPLO 16.1

Uma corda está enrolada em torno de uma roda na Figura 16.6, que está inicialmente em repouso quando $\theta = 0$. Se uma força é aplicada à corda e fornece a ela uma aceleração $a = (4t)$ m/s^2, onde t é dado em segundos, determine, como uma função de tempo, (a) a velocidade angular da roda e (b) a posição angular da linha OP em radianos.

SOLUÇÃO

Parte (a)

A roda está submetida à rotação em torno de um eixo fixo passando pelo ponto O. Desse modo, o ponto P na roda tem movimento em torno de uma trajetória circular, e a aceleração desse ponto tem componentes normal e tangencial. A componente tangencial é $(a_P)_t = (4t)$ m/s^2, visto que a corda está enrolada em torno da roda e se desloca *tangente* a ela. Por conseguinte, a aceleração angular da roda é

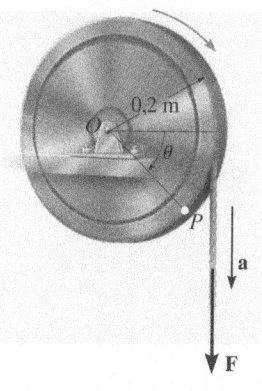

FIGURA 16.6

$$(\zeta +) \qquad (a_P)_t = \alpha r$$

$$(4t) \text{ m/s}^2 = \alpha(0,2 \text{ m})$$

$$\alpha = (20t) \text{ rad/s}^2 \, \zeta$$

Utilizando esse resultado, a velocidade angular da roda ω agora pode ser determinada de $\alpha = d\omega/dt$, visto que essa equação relaciona α, t e ω. Integrando, com a condição inicial de que $\omega = 0$ quando $t = 0$, resulta em

$$(\zeta +) \qquad \alpha = \frac{d\omega}{dt} = (20t) \text{ rad/s}^2$$

$$\int_0^\omega d\omega = \int_0^t 20t \, dt$$

$$\omega = 10t^2 \text{ rad/s} \, \zeta \qquad \qquad \textit{Resposta}$$

Parte (b)

Utilizando esse resultado, a posição angular θ de OP pode ser encontrada a partir de $\omega = d\theta/dt$, visto que essa equação relaciona θ, ω e t. Integrando, com a condição inicial $\theta = 0$ quando $t = 0$, temos

$$(\zeta +) \qquad \frac{d\theta}{dt} = \omega = (10t^2) \text{ rad/s}$$

$$\int_0^\theta d\theta = \int_0^t 10t^2 \, dt$$

$$\theta = 3{,}33t^3 \text{ rad} \qquad \qquad \textit{Resposta}$$

NOTA: não podemos usar a equação de aceleração angular constante, visto que α é uma função do tempo.

EXEMPLO 16.2

O motor mostrado na fotografia é utilizado para girar uma roda e um ventilador preso a ela mantido como um conjunto. Os detalhes do projeto são mostrados na Figura 16.7a. Se a polia A conectada ao motor começa a girar do repouso com uma aceleração angular constante de $\alpha_A = 2$ rad/s², determine as intensidades da velocidade e aceleração do ponto P na roda, após a polia ter dado duas voltas. Suponha que a correia de transmissão não deslize sobre a polia e a roda.

SOLUÇÃO
Movimento angular

Primeiro vamos converter as duas revoluções para radianos. Visto que há 2π rad em uma revolução, então

$$\theta_A = 2 \text{ rev}\left(\frac{2\pi \text{ rad}}{1 \text{ rev}}\right) = 12{,}57 \text{ rad}$$

Visto que α_A é constante, a velocidade angular da polia A é, portanto,

$(\zeta +)$
$$\omega^2 = \omega_0^2 + 2\alpha_c(\theta - \theta_0)$$

$$\omega_A^2 = 0 + 2(2 \text{ rad/s}^2)(12{,}57 \text{ rad} - 0)$$

$$\omega_A = 7{,}090 \text{ rad/s}$$

A correia tem a mesma velocidade e componente tangencial da aceleração quando ela passa sobre a polia e a roda. Desse modo,

$$v = \omega_A r_A = \omega_B r_B; \quad 7{,}090 \text{ rad/s } (0{,}15 \text{ m}) = \omega_B(0{,}4 \text{ m})$$

$$\omega_B = 2{,}659 \text{ rad/s}$$

$$a_t = \alpha_A r_A = \alpha_B r_B; \quad 2 \text{ rad/s}^2 (0{,}15 \text{ m}) = \alpha_B(0{,}4 \text{ m})$$

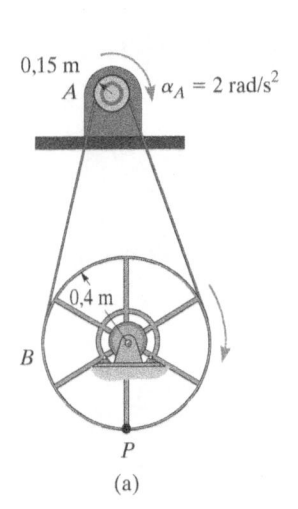

$$\alpha_B = 0{,}750 \text{ rad/s}^2$$

Movimento de P

Como mostrado no diagrama cinemático na Figura 16.7b, temos

$$v_P = \omega_B r_B = 2{,}659 \text{ rad/s } (0{,}4 \text{ m}) = 1{,}06 \text{ m/s} \qquad \textit{Resposta}$$

$$(a_P)_t = \alpha_B r_B = 0{,}750 \text{ rad/s}^2 (0{,}4 \text{ m}) = 0{,}3 \text{ m/s}^2$$

$$(a_P)_n = \omega_B^2 r_B = (2{,}659 \text{ rad/s})^2(0{,}4 \text{ m}) = 2{,}827 \text{ m/s}^2$$

Deste modo,

$$a_P = \sqrt{(0{,}3 \text{ m/s}^2)^2 + (2{,}827 \text{ m/s}^2)^2} = 2{,}84 \text{ m/s}^2 \qquad \textit{Resposta}$$

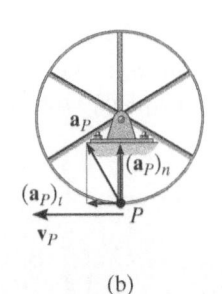

FIGURA 16.7

Problemas fundamentais

F16.1. Quando a engrenagem gira 20 revoluções, ela alcança uma velocidade angular $\omega = 30$ rad/s, partindo do repouso. Determine sua aceleração angular constante e o tempo necessário.

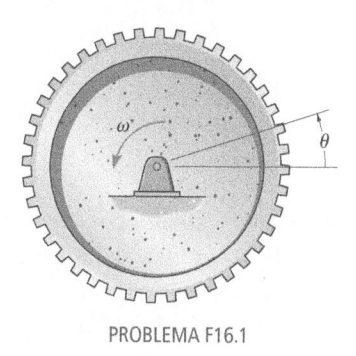

PROBLEMA F16.1

F16.2. O volante gira com uma velocidade angular $\omega = (0{,}005\theta^2)$ rad/s, onde θ é dado em radianos. Determine a aceleração angular quando ele tiver girado 20 revoluções.

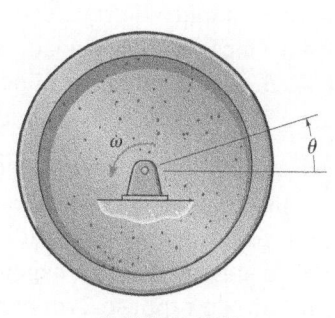

PROBLEMA F16.2

F16.3. O volante gira com uma velocidade angular $\omega = (4\theta^{1/2})$ rad/s, onde θ é dado em radianos. Determine o tempo que ele leva para alcançar uma velocidade angular $\omega = 150$ rad/s. Quando $t = 0$, $\theta = 1$ rad.

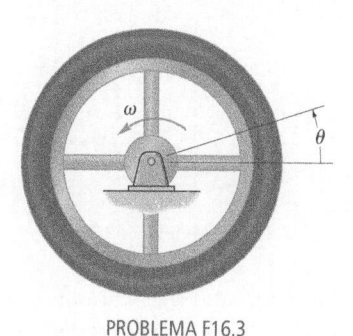

PROBLEMA F16.3

F16.4. O balde é içado pela corda que se enrola em torno da roda. Se o deslocamento angular da roda é $\theta = (0{,}5t^3 + 15t)$ rad, onde t é dado em segundos, determine a velocidade e a aceleração do balde quando $t = 3$ s.

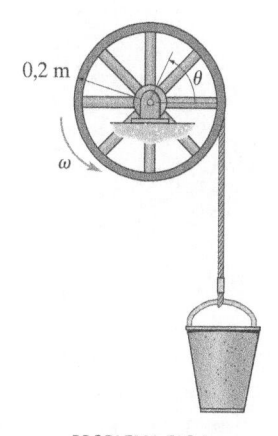

PROBLEMA F16.4

F16.5. Uma roda tem aceleração angular $\alpha = (0{,}5\theta)$ rad/s^2, onde θ é dado em radianos. Determine a intensidade da velocidade e a aceleração de um ponto P localizado em sua borda após a roda ter girado 2 revoluções. A roda tem raio de 0,2 m e parte de $\omega_0 = 2$ rad/s.

F16.6. Por um curto período de tempo, o motor gira a engrenagem A com aceleração angular constante $\alpha_A = 4{,}5$ rad/s^2, partindo do repouso. Determine a velocidade do cilindro e a distância que ele se desloca em três segundos. A corda está enrolada em torno da polia D, que está rigidamente ligada à engrenagem B.

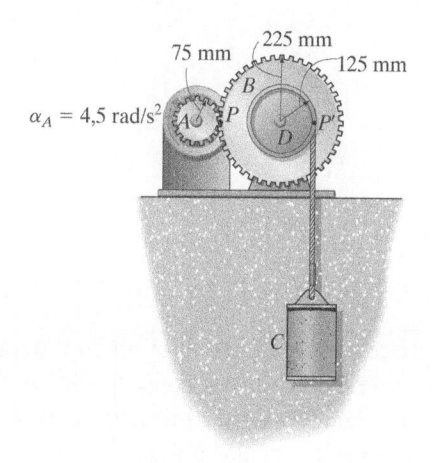

PROBLEMA F16.6

Problemas

16.1. A velocidade angular do disco é definida por $\omega = (5t^2 + 2)$ rad/s, onde t é dado em segundos. Determine as intensidades da velocidade e aceleração do ponto A no disco quando $t = 0,5$ s.

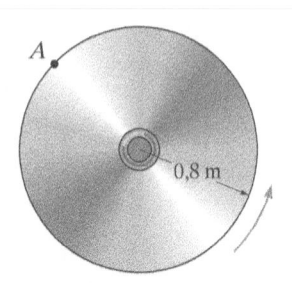

PROBLEMA 16.1

16.2. A velocidade angular do disco é definida por $\alpha = 3t^2 + 12$ rad/s², onde t é dado em segundos. Se o disco está originalmente girando a $\omega_0 = 12$ rad/s, determine a intensidade da velocidade e as componentes n e t da aceleração do ponto A no disco quando $t = 2$ s.

16.3. O disco está originalmente girando a $\omega_0 = 12$ rad/s. Se ele é submetido a uma aceleração angular constante $\alpha = 20$ rad/s², determine as intensidades da velocidade e das componentes n e t da aceleração do ponto A no instante $t = 2$ s.

*16.4. O disco está originalmente girando a $\omega_0 = 12$ rad/s. Se ele é submetido a uma aceleração angular constante $\alpha = 20$ rad/s², determine as intensidades da velocidade e das componentes n e t da aceleração do ponto B logo após o disco sofrer 2 revoluções.

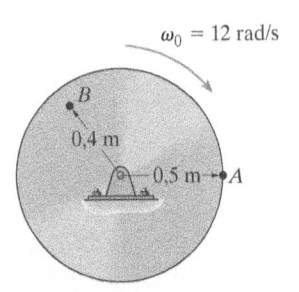

PROBLEMAS 16.2 a 16.4

16.5. O disco é impulsionado por um motor, de modo que a posição é definida por $\theta = (20t + 4t^2)$ rad, onde t é dado em segundos. Determine o número de revoluções, a velocidade angular e a aceleração angular do disco quando $t = 90$s.

PROBLEMA 16.5

16.6. Uma roda tem velocidade angular inicial no sentido horário de 10 rad/s e uma aceleração angular constante de 3 rad/s². Determine o número de revoluções que ela precisa passar para adquirir uma velocidade angular no sentido horário de 15 rad/s. Que tempo é necessário?

16.7. Se a engrenagem A gira com aceleração angular constante $\alpha_A = 90$ rad/s², partindo do repouso, determine o tempo necessário para a engrenagem D alcançar uma velocidade angular de 600 rpm. Além disso, determine o número de revoluções da engrenagem D para alcançar essa velocidade angular. As engrenagens A, B, C e D possuem raios de 15 mm, 50 mm, 25 mm e 75 mm, respectivamente.

*16.8. Se a engrenagem A gira com velocidade angular $\omega_A = (\theta_A + 1)$ rad/s, onde θ_A é o deslocamento angular da engrenagem A, medido em radianos, determine a aceleração angular da engrenagem D quando $\theta_A = 3$ rad, partindo do repouso. As engrenagens A, B, C e D têm raios de 15 mm, 50 mm, 25 mm e 75 mm, respectivamente.

PROBLEMAS 16.7 e 16.8

16.9. No instante em que $\omega_A = 5$ rad/s, a polia A recebe aceleração angular $\alpha = (0,8\theta)$ rad/s², onde θ é dado em radianos. Determine a intensidade da aceleração do ponto B na polia C quando A gira por 3 revoluções. A polia C possui um eixo interno que é fixado a sua parte externa e gira com ele.

16.10. No instante em que $\omega_A = 5$ rad/s, a polia A recebe uma aceleração angular constante $\alpha_A = 6$ rad/s^2. Determine a intensidade da aceleração do ponto B na polia C quando A gira por 2 revoluções. A polia C tem um eixo interno que é fixado a sua parte externa e gira com ele.

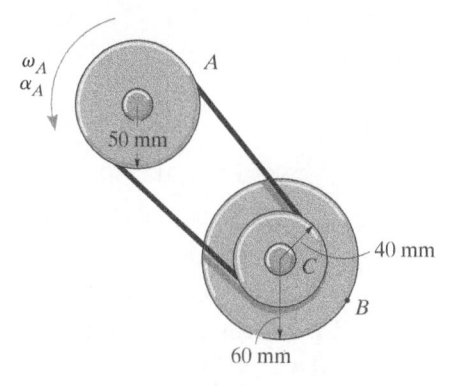

PROBLEMAS 16.9 e 16.10

16.11. A corda, que é enrolada em torno do disco, recebe uma aceleração $a = (10t)$ m/s^2, onde t é dado em segundos. Partindo do repouso, determine o deslocamento, a velocidade e a aceleração angulares do disco quando $t = 3$ s.

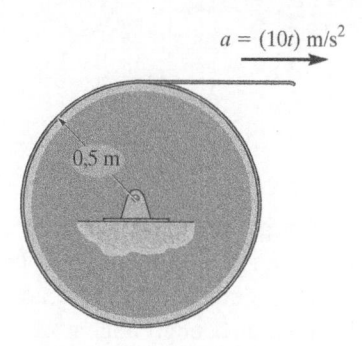

PROBLEMA 16.11

*****16.12.** A potência do motor de um ônibus é transmitida usando o arranjo de correia e polia mostrado na figura. Se o motor gira a polia A a $\omega_A = (20t + 40)$ rad/s, onde t é dado em segundos, determine as velocidades angulares da polia do gerador B e da polia do ar-condicionado C quando $t = 3$ s.

16.13. A potência do motor de um ônibus é transmitida usando o arranjo de correia e polia mostrado na figura. Se o motor gira a polia A a $\omega_A = 60$ rad/s, determine as velocidades angulares da polia do gerador B e da polia do ar-condicionado C. O eixo em D está rigidamente *conectado* a B e gira com ela.

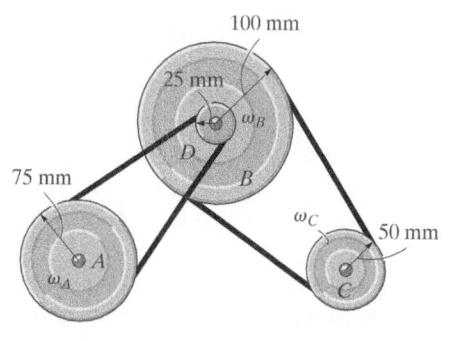

PROBLEMAS 16.12 e 16.13

16.14. O disco parte do repouso e recebe aceleração angular $\alpha = (2t^2)$ rad/s^2, onde t é dado em segundos. Determine a velocidade angular do disco e seu deslocamento angular quando $t = 4$ s.

16.15. O disco parte do repouso e recebe aceleração angular $\alpha = (5t^{1/2})$ rad/s^2, onde t é dado em segundos. Determine as intensidades das componentes normal e tangencial da aceleração de um ponto P na borda do disco quando $t = 2$ s.

*****16.16.** O disco parte com $\omega_0 = 1$ rad/s quando $\theta = 0$, e recebe aceleração angular $\alpha = (0,3\theta)$ rad/s^2, onde θ é dado em radianos. Determine as intensidades das componentes normal e tangencial da aceleração de um ponto P na borda do disco quando $\theta = 1$ rev.

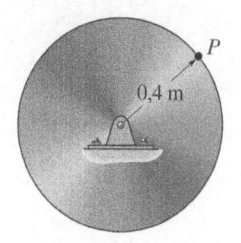

PROBLEMAS 16.14 a 16.16

16.17. Um motor dá à engrenagem A uma aceleração angular $\alpha_A = (2 + 0,006\, \theta^2)$ rad/s^2, onde θ é dado em radianos. Se essa engrenagem está inicialmente girando a $\omega_A = 15$ rad/s, determine a velocidade angular da engrenagem B depois que A sofre um deslocamento angular de 10 rev.

16.18. Um motor dá à engrenagem A uma aceleração angular $\alpha_A = (2t^3)$ rad/s^2, onde t é dado em segundos. Se essa engrenagem está inicialmente girando a $\omega_A = 15$ rad/s, determine a velocidade angular da engrenagem B quando $t = 3$ s.

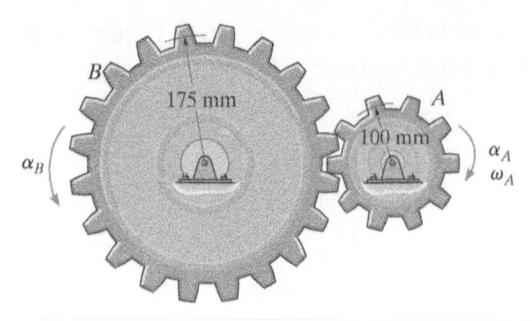

PROBLEMAS 16.17 e 16.18

16.19. A Morse Industrial fabrica o redutor de velocidade mostrado na figura. Se um motor impulsiona o eixo da engrenagem S com aceleração angular $\alpha = (4\omega^{-3})$ rad/s², onde ω é dado em rad/s, determine a velocidade angular do eixo E no instante $t = 2$ s depois de partir de uma velocidade angular 1 rad/s quando $t = 0$. O raio de cada engrenagem é listado na figura. Observe que as engrenagens B e C estão conectadas e fixadas ao mesmo eixo.

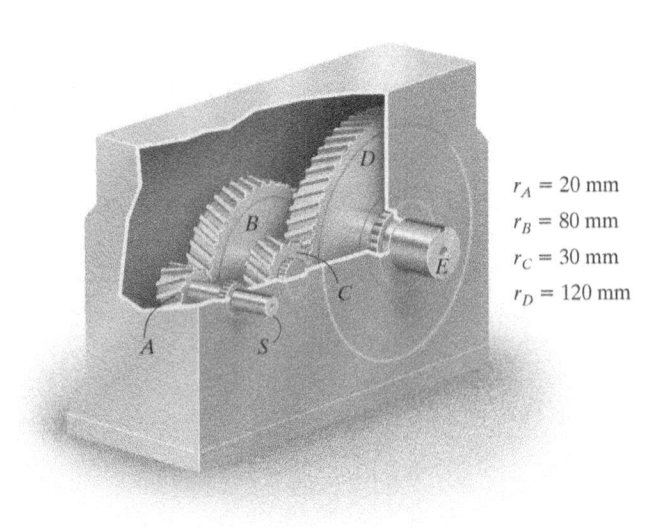

$r_A = 20$ mm
$r_B = 80$ mm
$r_C = 30$ mm
$r_D = 120$ mm

PROBLEMA 16.19

*16.20. Um motor dá à engrenagem A uma aceleração angular de $\alpha_A = (4t^3)$ rad/s², onde t é dado em segundos. Se essa engrenagem está inicialmente girando a $(\omega_A)_0 = 20$ rad/s, determine a velocidade angular da engrenagem B quando $t = 2$ s.

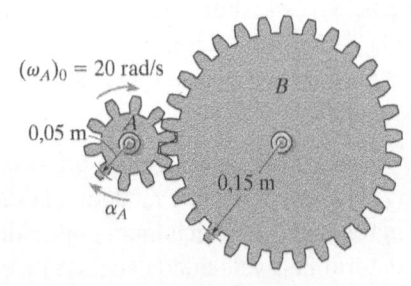

PROBLEMA 16.20

16.21. O motor gira o disco com velocidade angular $\omega = (5t^2 + 3t)$ rad/s, onde t é dado em segundos. Determine as intensidades da velocidade e as componentes n e t da aceleração do ponto A no disco quando $t = 3$ s.

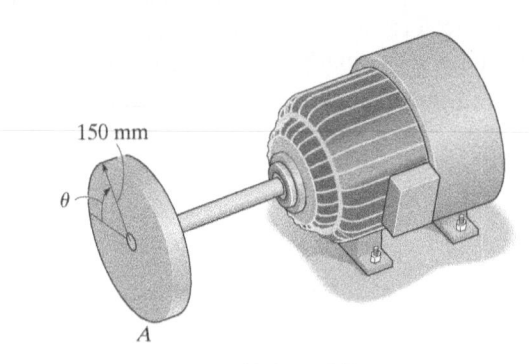

PROBLEMA 16.21

16.22. Se o motor gira a engrenagem A com aceleração angular $\alpha_A = 2$ rad/s² quando a velocidade angular é $\omega_A = 20$ rad/s, determine a aceleração angular e a velocidade angular da engrenagem D.

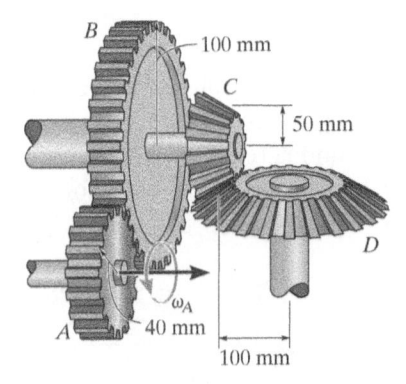

PROBLEMA 16.22

16.23. Se o motor gira a engrenagem A com aceleração angular $\alpha_A = 3$ rad/s² quando a velocidade angular é $\omega_A = 60$ rad/s, determine a aceleração angular e a velocidade angular da engrenagem D.

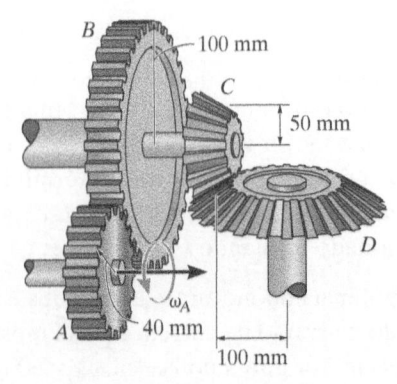

PROBLEMA 16.23

*16.24. A polia A com raio de 50 mm do secador de roupas gira com aceleração angular $\alpha_A = (27\theta_A^{1/2})$ rad/s², onde θ_A é dado em radianos. Determine sua aceleração angular quando $t = 1$ s, partindo do repouso.

16.25. Se a polia A com raio de 50 mm do secador de roupas gira com aceleração angular $\alpha_A = (10 + 50t)$ rad/s², onde t é dado em segundos, determine sua velocidade angular quando $t = 3$ s, partindo do repouso.

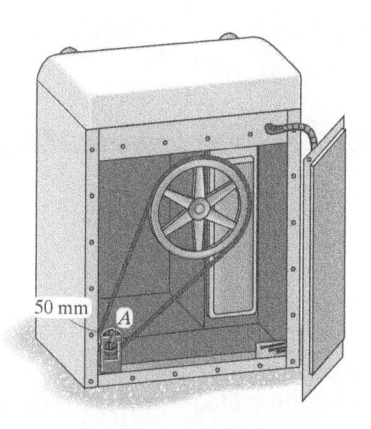

PROBLEMAS 16.24 e 16.25

16.26. A engrenagem de pinhão A no eixo do motor recebe uma aceleração angular constante $\alpha = 3$ rad/s². Se as engrenagens A e B têm as dimensões mostradas, determine a velocidade angular e o deslocamento angular do eixo de saída C, quando $t = 2$ s partindo do repouso. O eixo é fixo em B e gira com ele.

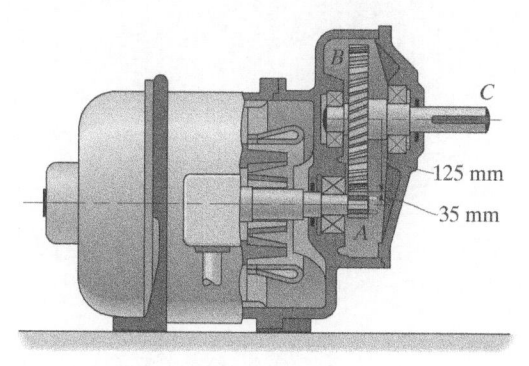

PROBLEMA 16.26

16.27. Um carimbo S, localizado no tambor giratório, é usado para rotular latas. Se as latas estão centralizadas a 200 mm da esteira, determine o raio r_A da roda propulsora A e o raio r_B do tambor da esteira transportadora de modo que, para cada revolução do carimbo, ele marque o topo de uma lata. Quantas latas são marcadas por minuto se o tambor em B está girando a $\omega_B = 0{,}2$ rad/s? Observe que a correia acionadora é cruzada entre as rodas.

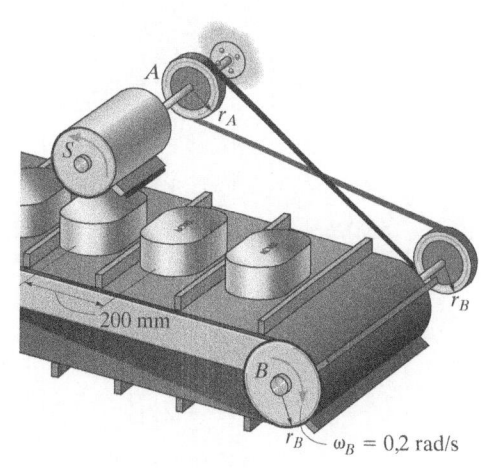

PROBLEMA 16.27

*16.28. No instante mostrado, a engrenagem A está girando com velocidade angular constante $\omega_A = 6$ rad/s. Determine a maior velocidade angular da engrenagem B e a velocidade máxima do ponto C.

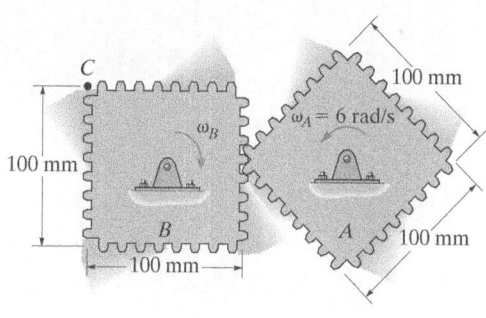

PROBLEMA 16.28

16.29. Por um curto período de tempo, um motor da lixadeira orbital aleatória impulsiona a engrenagem A com velocidade angular $\omega_A = 40(t^3 + 6t)$ rad/s, onde t é dado em segundos. A engrenagem está conectada à engrenagem B, que está conectada fixamente ao eixo CD. A extremidade do eixo está conectada ao eixo excêntrico EF e à plataforma P, que faz com que a plataforma orbite em torno do eixo CD a um raio de 15 mm. Determine as intensidades da velocidade e as componentes tangencial e normal da aceleração do eixo EF quando $t = 2$ s após partir do repouso.

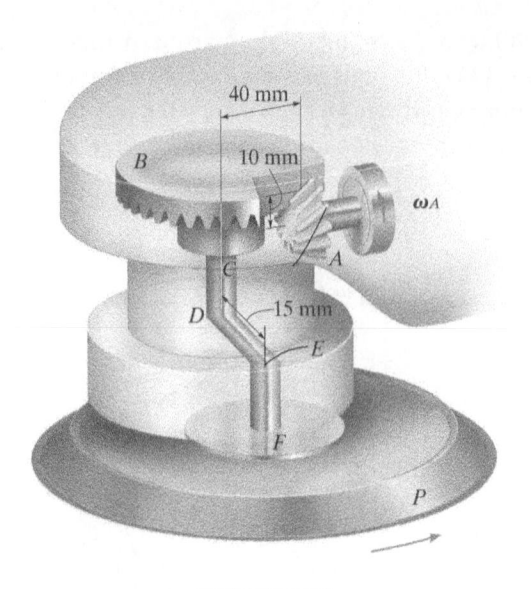

*16.32. A correia motriz está trançada de modo que a polia B gira na direção oposta à da roda de direção A. Se A tem aceleração angular constante de $\alpha_A = 30$ rad/s^2, determine as componentes tangencial e normal da aceleração de um ponto localizado na borda de B quando $t = 3$ s, partindo do repouso.

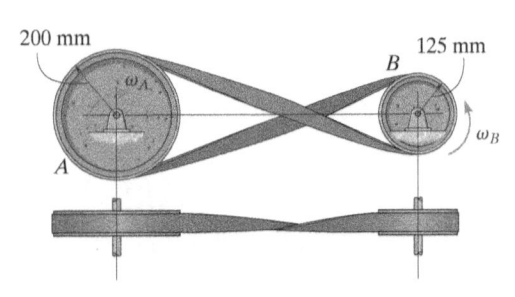

PROBLEMA 16.32

16.30. Determine a distância que a carga W é levantada em $t = 5$ s usando o guincho. O eixo do motor M gira com velocidade angular $\omega = 100(4 + t)$ rad/s, onde t é dado em segundos.

16.33. A corda de diâmetro d está enrolada em volta do tambor afunilado que possui as dimensões mostradas na figura. Se o tambor está girando a uma velocidade constante ω, determine a aceleração do bloco para cima. Despreze o pequeno deslocamento horizontal do bloco.

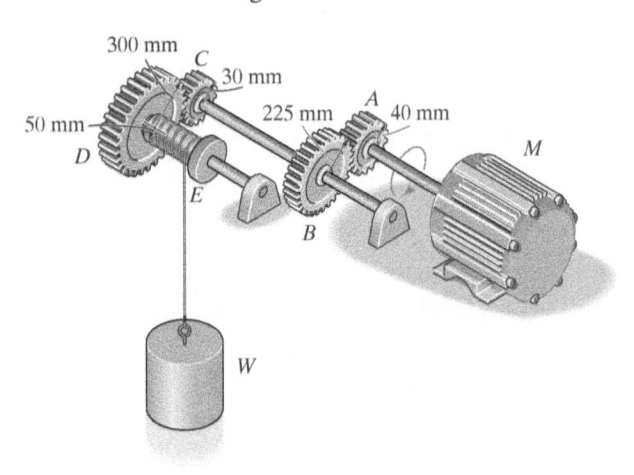

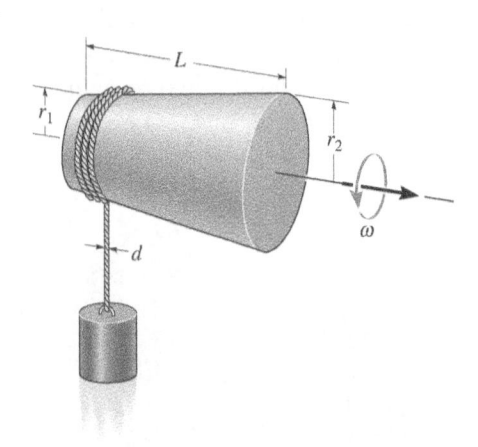

PROBLEMA 16.30

16.31. A correia motriz está trançada de modo que a polia B gira na direção oposta à da roda de direção A. Se o deslocamento angular de A é $\theta_A = (5t^3 + 10t^2)$ rad, onde t é dado em segundos, determine a velocidade angular e a aceleração angular de B quando $t = 3$ s.

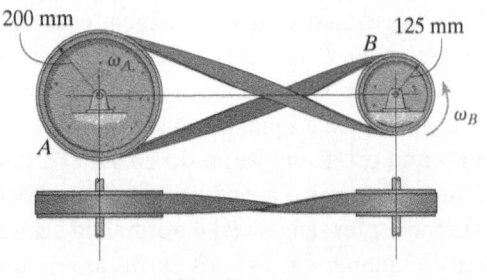

PROBLEMA 16.33

16.34. Uma fita com espessura s é enrolada no carretel que está girando a uma velocidade constante ω. Supondo que a parte não enrolada da fita permanece na horizontal, determine a aceleração do ponto P da fita não enrolada quando o raio da fita enrolada é r. *Dica:* visto que $v_P = \omega r$, tome a derivada temporal e observe que $dr/dt = \omega(s/2\pi)$.

PROBLEMA 16.31

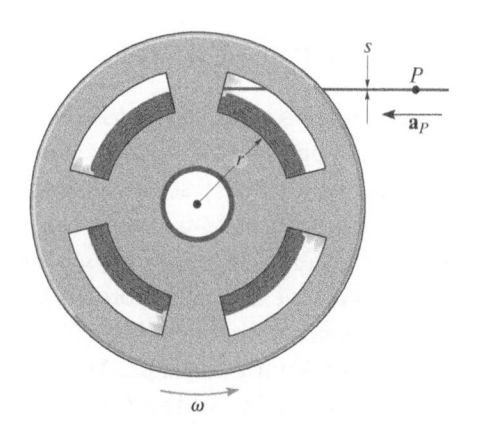

16.37. O conjunto de barras é apoiado pelas juntas esféricas em A e B. No instante mostrado, ele está girando em relação ao eixo y com velocidade angular $\omega = 5$ rad/s e tem aceleração angular $\alpha = 8$ rad/s². Determine as intensidades da velocidade e aceleração do ponto C nesse instante. Resolva o problema usando vetores cartesianos e as equações 16.9 e 16.13.

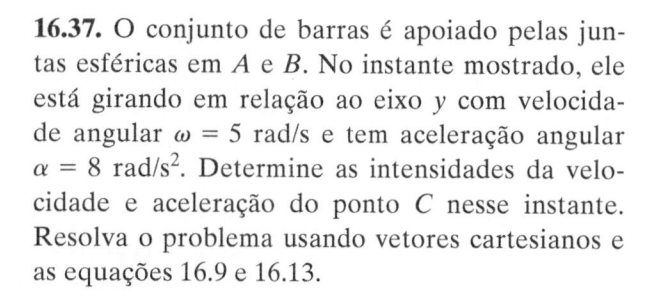

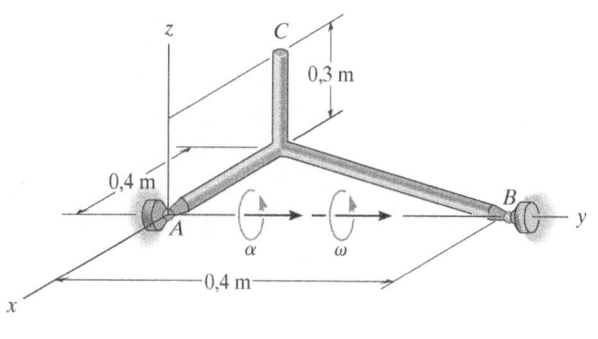

PROBLEMA 16.34

16.35. Se o eixo e a placa giram com velocidade angular constante $\omega = 14$ rad/s, determine a velocidade e a aceleração do ponto C localizado no canto da placa no instante mostrado. Expresse o resultado na forma de vetor cartesiano.

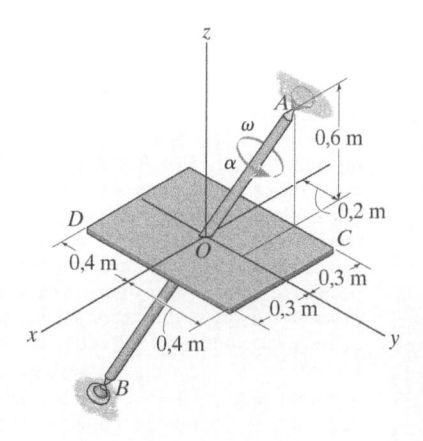

PROBLEMA 16.37

PROBLEMA 16.35

16.38. O mecanismo para uma manivela de janela de carro pode ser visto na figura. Aqui, a manivela gira a pequena engrenagem C, que gira a engrenagem S, girando, assim, a alavanca fixa conectada AB, que levanta o trilho D em que a janela se apoia. A janela é livre para deslizar no trilho. Se a manivela é enrolada em 0,5 rad/s, determine a velocidade dos pontos A e E e a velocidade v_w da janela no instante $\theta = 30°$.

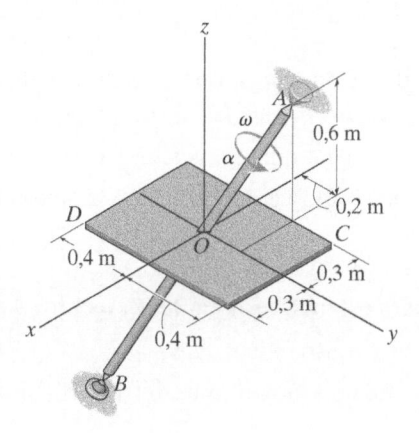

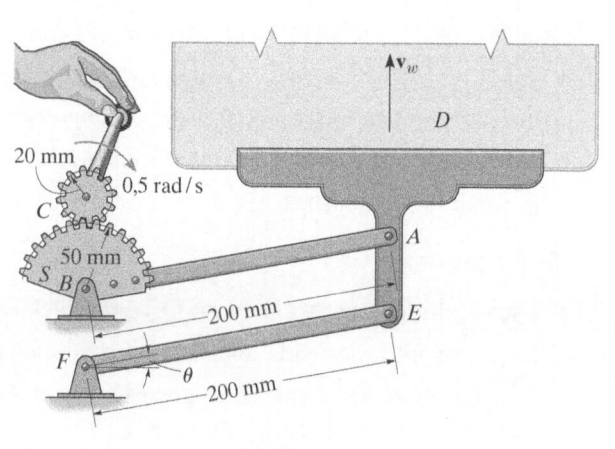

16.36. No instante mostrado, o eixo e a placa giram com velocidade angular $\omega = 14$ rad/s e aceleração angular $\alpha = 7$ rad/s². Determine a velocidade e aceleração do ponto D localizado no canto da placa nesse instante. Expresse o resultado na forma de vetor cartesiano.

PROBLEMA 16.36

PROBLEMA 16.38

16.4 Análise do movimento absoluto

Um corpo submetido ao *movimento plano geral* sofre translação e rotação *simultâneas*. Se o corpo é representado por uma placa fina, a placa translada em seu plano e gira em torno de um eixo perpendicular a esse plano. O movimento pode ser completamente especificado conhecendo-se *ambos*, a rotação angular de uma linha fixa sobre o corpo e o movimento de um ponto sobre o corpo. Uma maneira de relacionar esses movimentos é usar uma coordenada de posição retilínea s para localizar o ponto ao longo de sua trajetória e uma coordenada de posição angular θ para especificar a orientação da linha. As duas coordenadas são, então, relacionadas utilizando a geometria do problema. Por *aplicação direta* das equações diferenciais em relação ao tempo $v = ds/dt$, $a = dv/dt$, $\omega = d\theta/dt$ e $\alpha = d\omega/dt$, o *movimento* do ponto e o *movimento angular* da linha podem, então, ser relacionados. Esse procedimento é similar ao utilizado para resolver problemas com movimento dependente envolvendo polias (Seção 12.9). Em alguns casos, esse mesmo procedimento pode ser utilizado para relacionar o movimento de um corpo, sofrendo rotação em torno de um eixo fixo ou translação, até aquele de um corpo conectado sofrendo movimento plano geral.

A caçamba basculante do caminhão gira em torno de um eixo fixo passando pelo pino em A. Ela é operada pela extensão do cilindro hidráulico BC. A posição angular da caçamba pode ser especificada utilizando a coordenada de posição angular θ, e a posição do ponto C na caçamba é especificada utilizando a coordenada de posição retilínea s. Visto que a e b são comprimentos fixos, as duas coordenadas podem ser relacionadas pela lei dos cossenos, $s = \sqrt{a^2 + b^2 - 2ab\cos\theta}$. A derivada temporal desta equação relaciona a velocidade na qual o cilindro hidráulico se estende com a velocidade angular da caçamba.

Procedimento para análise

A velocidade e aceleração de um ponto P que sofre um movimento retilíneo podem ser relacionadas à velocidade angular e aceleração angular de uma linha contida dentro de um corpo utilizando o procedimento indicado a seguir.

Equação das coordenadas de posição

- Localize o ponto P sobre o corpo utilizando uma coordenada de posição s, que é medida a partir de uma *origem fixa* e está *direcionada ao longo da trajetória do movimento em linha reta* do ponto P.
- Meça, a partir de uma linha de referência fixa, a posição angular θ de uma linha situada no corpo.
- A partir das dimensões do corpo, relacione s com θ, $s = f(\theta)$, utilizando geometria e/ou trigonometria.

Derivadas temporais

- Faça a primeira derivada de $s = f(\theta)$ em relação ao tempo para estabelecer uma relação entre v e ω.
- Faça a segunda derivada temporal para estabelecer uma relação entre a e α.
- Em cada caso, a regra da cadeia de cálculo tem de ser usada quando são feitas as derivadas temporais da equação da coordenada de posição. Veja o Apêndice C.

EXEMPLO 16.3

A extremidade da haste R mostrada na Figura 16.8 mantém contato com o came através de uma mola. Se o came gira em torno de um eixo passando pelo ponto O com aceleração angular α e velocidade angular ω, determine a velocidade e aceleração da haste quando o came está na posição arbitrária θ.

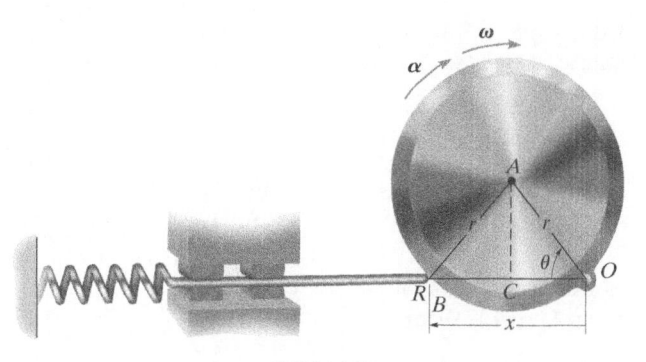

FIGURA 16.8

SOLUÇÃO

Equação da coordenada de posição

As coordenadas θ e x são escolhidas a fim de relacionar o *movimento de rotação* do segmento de linha OA no came com a *translação retilínea* da haste. Essas coordenadas são medidas a partir do *ponto fixo* O e podem ser relacionadas uma com a outra utilizando trigonometria. Visto que $OC = CB = r\cos\theta$ (Figura 16.7), então

$$x = 2r\cos\theta$$

Derivadas temporais

Utilizando a regra da cadeia de cálculo, temos

$$\frac{dx}{dt} = -2r(\text{sen}\,\theta)\frac{d\theta}{dt}$$

$$v = -2r\omega\,\text{sen}\,\theta \qquad \textit{Resposta}$$

$$\frac{dv}{dt} = -2r\left(\frac{d\omega}{dt}\right)\text{sen}\,\theta - 2r\omega(\cos\theta)\frac{d\theta}{dt}$$

$$a = -2r(\alpha\,\text{sen}\,\theta + \omega^2\cos\theta) \qquad \textit{Resposta}$$

NOTA: os sinais negativos indicam que v e a são opostas à direção positiva de x. Isso parece razoável quando você visualiza o movimento.

EXEMPLO 16.4

Em um dado instante, o cilindro de raio r, mostrado na Figura 16.9, tem velocidade angular ω e aceleração angular α. Determine a velocidade e aceleração de seu centro G se o cilindro rola sem deslizar.

SOLUÇÃO

Equação da coordenada de posição

O cilindro sofre movimento plano geral, visto que ele simultaneamente translada e rotaciona. Por simples inspeção, o ponto G se desloca em uma *linha reta* para a esquerda, de G para G', à medida que o cilindro rola (Figura 16.9). Consequentemente, sua nova posição G' será especificada pela coordenada da posição *horizontal* s_G, que é medida de G para G'. Também, à medida que o cilindro rola (sem deslizar), o

304 DINÂMICA

comprimento do arco $A'B$ na borda que estava em contato com o solo de A para B é equivalente a s_G. Consequentemente, o movimento necessita que a linha radial GA gire θ para a posição $G'A'$. Visto que o arco $A'B = r\theta$, G se desloca em uma distância

$$s_G = r\theta$$

Derivadas temporais

Fazendo-se sucessivas derivadas temporais dessa equação, observando-se que r é constante, $\omega = d\theta/dt$ e $\alpha = d\omega/dt$, obtêm-se as relações necessárias

$$s_G = r\theta$$
$$v_G = r\omega \qquad Resposta$$
$$a_G = r\alpha \qquad Resposta$$

NOTA: lembre-se de que essas relações são válidas somente se o cilindro (disco, roda, bola etc.) rola *sem* deslizar.

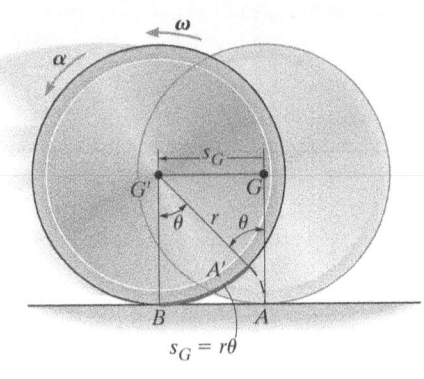

FIGURA 16.9

EXEMPLO 16.5

Uma grande janela na Figura 16.10 é aberta usando um cilindro hidráulico AB. Se o cilindro se estende a uma taxa constante de 0,5 m/s, determine velocidade e aceleração angulares da janela no instante $\theta = 30°$.

SOLUÇÃO

Equação da coordenada de posição

O movimento angular da janela pode ser obtido utilizando a coordenada θ, enquanto a extensão ou o movimento *ao longo do cilindro hidráulico* é definido utilizando uma coordenada s, que mede seu comprimento do ponto fixo A até o ponto em movimento B. Essas coordenadas podem ser relacionadas utilizando-se a lei dos cossenos, a saber,

$$s^2 = (2\text{ m})^2 + (1\text{ m})^2 - 2(2\text{ m})(1\text{ m})\cos\theta$$

$$s^2 = 5 - 4\cos\theta \qquad (1)$$

Quando $\theta = 30°$,

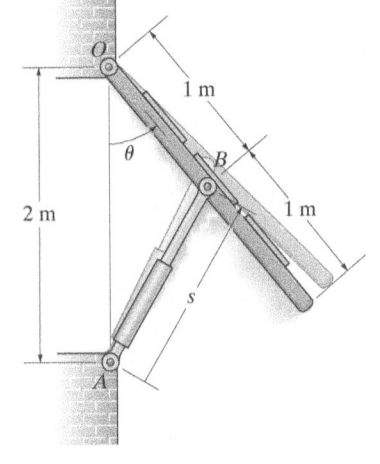

$$s = 1{,}239\text{ m}$$

FIGURA 16.10

Derivadas temporais

Fazendo-se as derivadas temporais da Equação 1, temos

$$2s\frac{ds}{dt} = 0 - 4(-\text{sen }\theta)\frac{d\theta}{dt}$$

$$s(v_s) = 2(\text{sen }\theta)\omega \qquad (2)$$

Visto que $v_s = 0{,}5$ m/s, então $\theta = 30°$,

$$(1{,}239\text{ m})(0{,}5\text{ m/s}) = 2\text{ sen }30°\omega$$

$$\omega = 0{,}6197\text{ rad/s} = 0{,}620\text{ rad/s} \qquad Resposta$$

Fazendo a derivada temporal da Equação 2, temos

$$\frac{ds}{dt}v_s + s\frac{dv_s}{dt} = 2(\cos\theta)\frac{d\theta}{dt}\omega + 2(\text{sen }\theta)\frac{d\omega}{dt}$$

$$v_s^2 + sa_s = 2(\cos\theta)\omega^2 + 2(\text{sen }\theta)\alpha$$

Visto que $a_s = dv_s/dt = 0$, então

$$(0.5 \text{ m/s})^2 + 0 = 2\cos 30°(0.6197 \text{ rad/s})^2 + 2\text{ sen }30°\alpha$$

$$\alpha = -0.415 \text{ rad/s}^2 \qquad \text{Resposta}$$

Como o resultado é negativo, isso indica que a janela tem uma desaceleração angular.

Problemas

16.39. A extremidade A da barra se desloca para baixo ao longo da guia com fenda, com velocidade constante $\mathbf{v}_A$. Determine a velocidade angular $\boldsymbol{\omega}$ e a aceleração angular $\boldsymbol{\alpha}$ da barra em função de sua posição y.

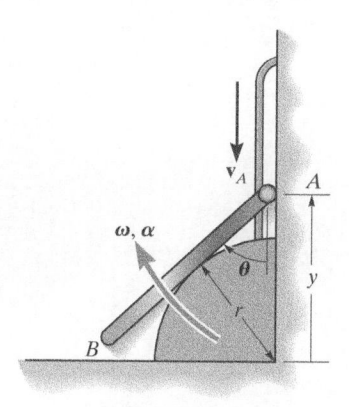

PROBLEMA 16.39

*16.40. No instante $\theta = 60°$, a barra de guia com fenda está se movendo para a esquerda com aceleração de 2 m/s² e velocidade de 5 m/s. Determine aceleração e velocidade angulares do tirante AB nesse instante.

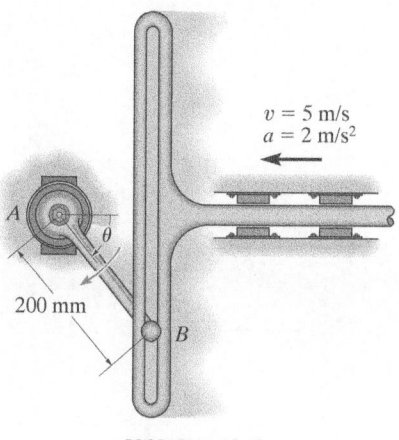

PROBLEMA 16.40

16.41. No instante $\theta = 50°$, a barra de guia com fenda está se movendo para cima com aceleração de 3 m/s² e velocidade de 2 m/s. Determine aceleração e velocidade angulares do tirante AB nesse instante. *Nota:* o movimento da guia para cima está na direção y negativa.

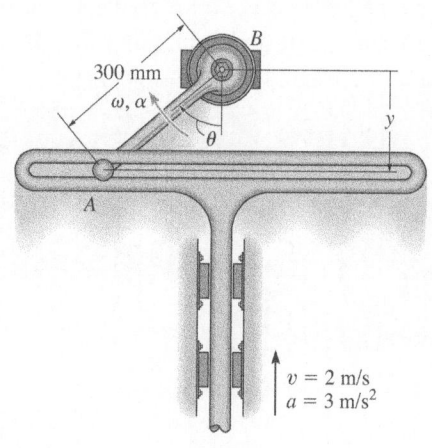

PROBLEMA 16.41

16.42. No instante mostrado, $\theta = 60°$ e a barra AB é submetida a uma desaceleração de 16 m/s² quando a velocidade é 10 m/s. Determine velocidade e aceleração angulares da barra CD nesse instante.

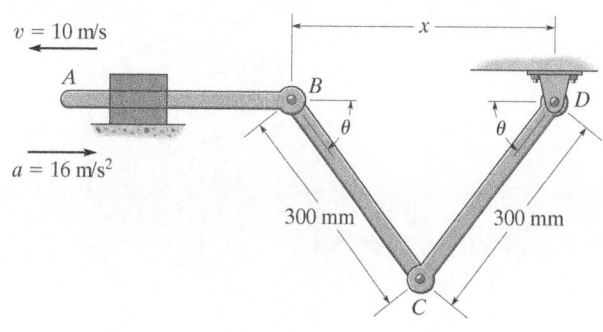

PROBLEMA 16.42

16.43. A manivela AB está girando com velocidade angular constante de 4 rad/s. Determine a velocidade angular da barra conectora CD no instante $\theta = 30°$.

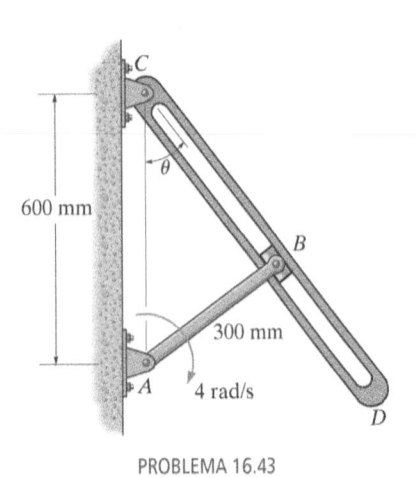

PROBLEMA 16.43

*****16.44.** Determine a velocidade e aceleração da barra seguidora CD em função de θ quando o contato entre o came e o seguidor está ao longo da região reta AB na face do came. Este gira com uma velocidade angular constante em sentido anti-horário ω.

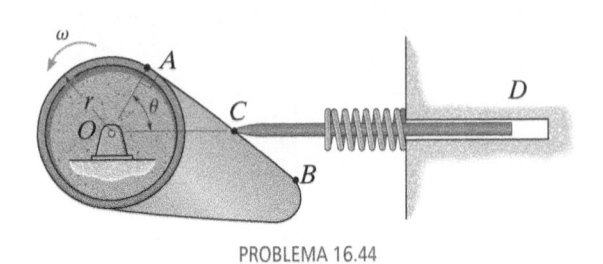

PROBLEMA 16.44

16.45. Determine a velocidade da barra R para qualquer ângulo θ do came C se este gira com velocidade angular constante ω. A conexão por pino em O não causa interferência no movimento de A em C.

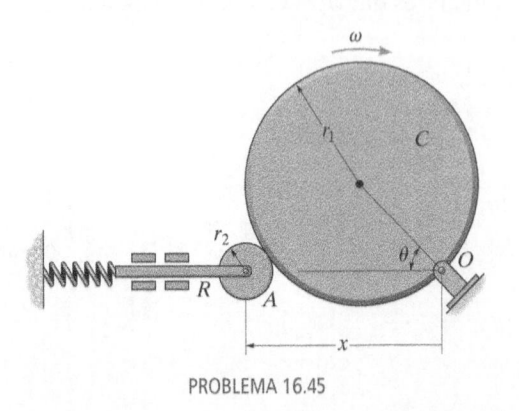

PROBLEMA 16.45

16.46. O came circular gira em torno do ponto fixo O com velocidade angular constante ω. Determine a velocidade v da barra seguidora AB em função de θ.

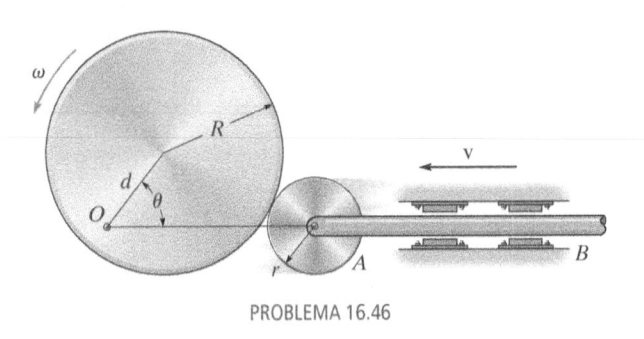

PROBLEMA 16.46

16.47. Determine a velocidade da barra R para qualquer ângulo θ do came C à medida que o came gira com velocidade angular constante ω. A conexão por pino em O não causa interferência com o movimento da placa A em C.

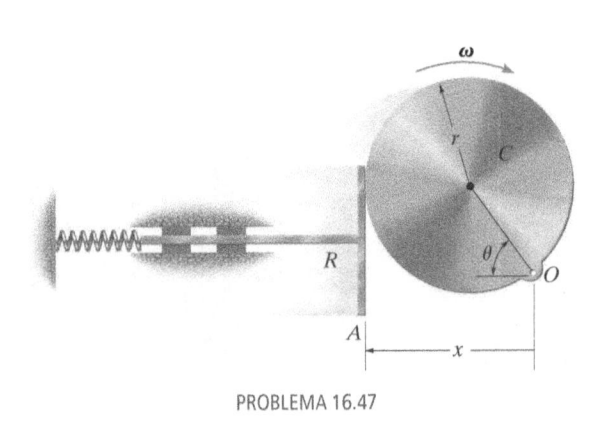

PROBLEMA 16.47

*****16.48.** Determine a velocidade e aceleração do pino A que está confinado entre a guia vertical e a barra rotativa com fenda.

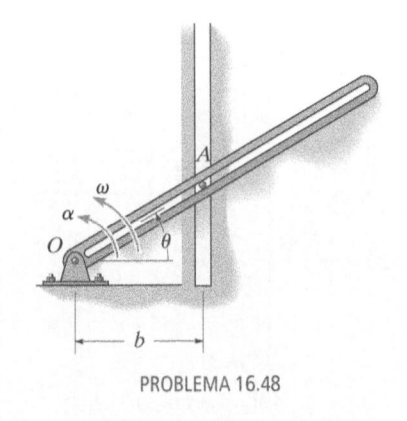

PROBLEMA 16.48

16.49. A barra AB gira uniformemente em torno do pino fixo A com velocidade angular constante ω. Determine a velocidade e aceleração do bloco C no instante $\theta = 60°$.

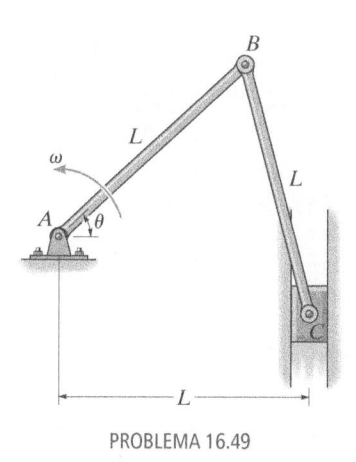

PROBLEMA 16.49

16.50. O centro do cilindro está se movendo para a esquerda com velocidade constante v_0. Determine a velocidade angular ω e a aceleração angular α da barra. Despreze a espessura da barra.

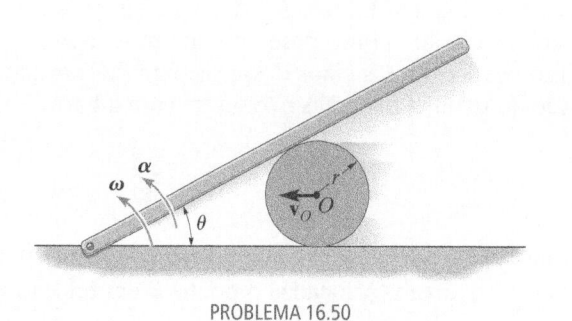

PROBLEMA 16.50

16.51. Os pinos em A e B estão confinados para que se movam nas pistas vertical e horizontal. Se o braço com fenda está fazendo com que A se mova para baixo com velocidade v_A, determine a velocidade de B no instante mostrado.

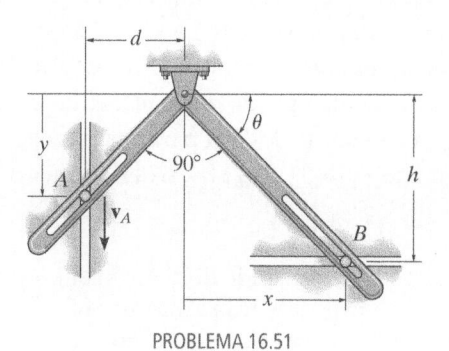

PROBLEMA 16.51

*16.52. A manivela AB tem velocidade angular constante ω. Determine a velocidade e a aceleração da peça deslizante em C em função de θ. *Sugestão:* use a coordenada x para expressar o movimento de C e a coordenada ϕ para CB. $x = 0$ quando $\phi = 0°$.

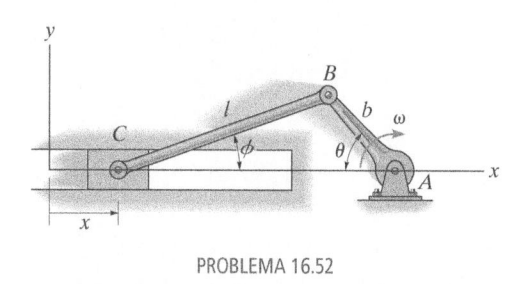

PROBLEMA 16.52

16.53. Se a cunha se desloca para a esquerda com velocidade constante v, determine a velocidade angular da haste como uma função de θ.

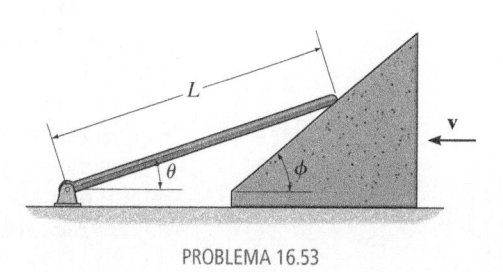

PROBLEMA 16.53

16.54. A caixa é transportada sobre uma plataforma que se apoia sobre roletes, cada um tendo raio r. Se os roletes não deslizam, determine sua velocidade angular se a plataforma se move para a frente com velocidade v.

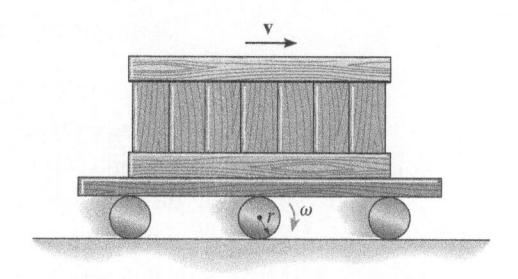

PROBLEMA 16.54

16.55. O braço AB tem velocidade angular ω e aceleração angular α. Se não houver deslizamento entre o disco D e a superfície curva fixa, determine velocidade e aceleração angulares do disco.

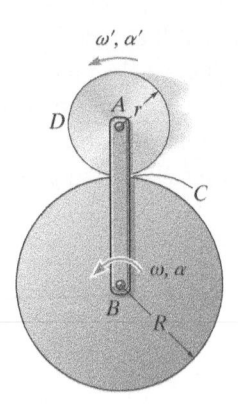

PROBLEMA 16.55

*16.56. A viga G de uma ponte levadiça é erguida e baixada utilizando o mecanismo de acionamento mostrado. Se o cilindro hidráulico AB encurta a uma taxa constante de 0,15 m/s, determine a velocidade angular da viga da ponte no instante $\theta = 60°$.

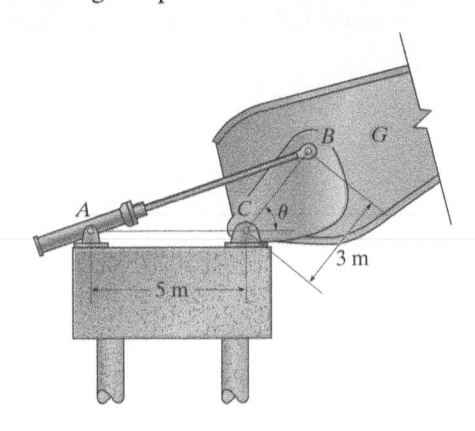

PROBLEMA 16.56

16.5 Análise do movimento relativo: velocidade

O movimento plano geral de um corpo rígido pode ser descrito como uma *combinação* de translação e rotação. Para ver esses movimentos "componentes" *separadamente*, usaremos uma *análise do movimento relativo* envolvendo dois conjuntos de eixos coordenados. O sistema de coordenadas x, y é fixo e mede a posição *absoluta* de dois pontos A e B sobre o corpo, aqui representado como uma barra (Figura 16.11a). A origem do sistema de coordenadas x', y' estará conectada ao "ponto base" escolhido A, que geralmente tem um movimento *conhecido*. Os eixos desse sistema de coordenadas *transladam* em relação ao sistema fixo, mas não giram com a barra.

Posição

O vetor posição $\mathbf{r}_A$ na Figura 16.11a especifica a localização do "ponto base" A, e o vetor posição relativa $\mathbf{r}_{B/A}$ localiza o ponto B em relação ao ponto A. Pela adição de vetores, a *posição* de B é, então,

$$\mathbf{r}_B = \mathbf{r}_A + \mathbf{r}_{B/A}$$

Deslocamento

Durante um instante de tempo dt, os pontos A e B sofrem deslocamentos $d\mathbf{r}_A$ e $d\mathbf{r}_B$, como mostrado na Figura 16.11b. Se considerarmos o movimento plano geral por suas partes componentes, a *barra inteira* primeiro *translada* de uma quantidade $d\mathbf{r}_A$ de maneira que A, o ponto base, se desloca para sua *posição final* e o ponto B se desloca para B' (Figura 16.11c). A barra é, em seguida, *girada* em torno de A por uma quantidade $d\theta$ de maneira que B' sofre um *deslocamento relativo* $d\mathbf{r}_{B/A}$ e, assim, se desloca para sua posição final B. Em virtude da rotação em torno de A, $dr_{B/A} = r_{B/A}\, d\theta$, o deslocamento de B é

$$d\mathbf{r}_B = d\mathbf{r}_A + d\mathbf{r}_{B/A}$$

em virtude da rotação em torno de A
em virtude da translação de A
em virtude da translação e rotação

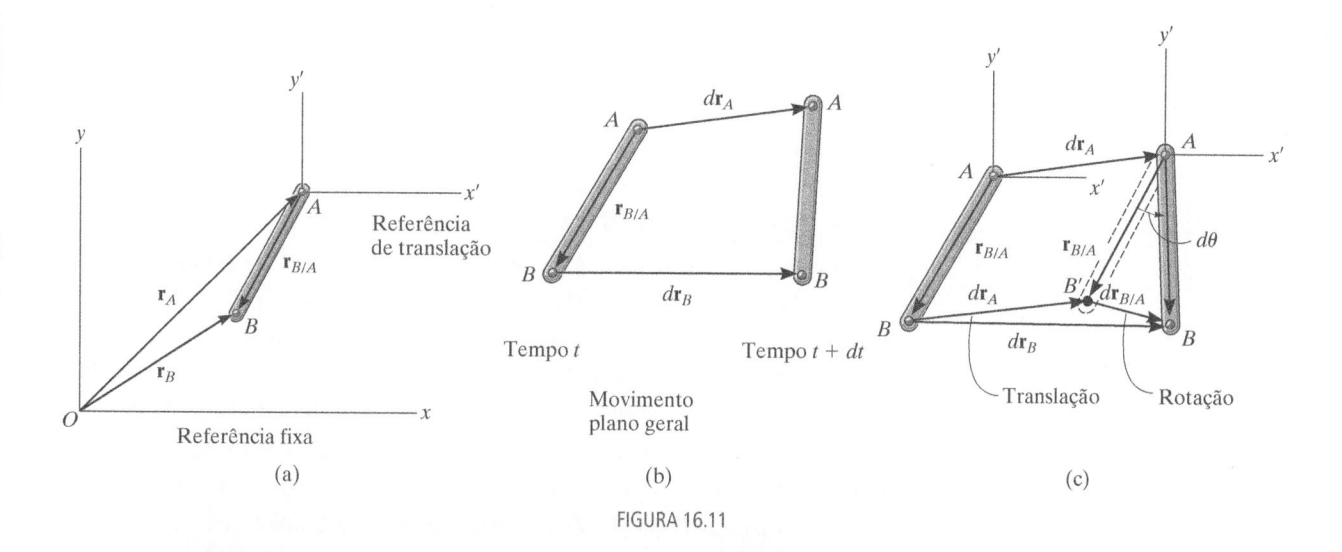

Capítulo 16 – Cinemática do movimento plano de um corpo rígido

FIGURA 16.11
(a) Referência fixa / Referência de translação
(b) Movimento plano geral – Tempo t / Tempo $t + dt$
(c) Translação / Rotação

À medida que o bloco deslizante A se desloca horizontalmente para a esquerda com velocidade $\mathbf{v}_A$, ele faz com que a manivela CB gire no sentido anti-horário, de maneira que $\mathbf{v}_B$ é dirigido tangente à sua trajetória circular, ou seja, para cima à esquerda. A barra de conexão AB é submetida ao movimento plano geral, e no instante mostrado ela tem velocidade angular $\boldsymbol{\omega}$.

Velocidade

Para determinar a relação entre as velocidades dos pontos A e B, é necessário fazer a derivada temporal da equação da posição, ou simplesmente dividir a equação do deslocamento por dt. Isso resulta em

$$\frac{d\mathbf{r}_B}{dt} = \frac{d\mathbf{r}_A}{dt} + \frac{d\mathbf{r}_{B/A}}{dt}$$

Os termos $d\mathbf{r}_B/dt = \mathbf{v}_B$ e $d\mathbf{r}_A/dt = \mathbf{v}_A$ são medidos em relação aos eixos fixos x, y e representam as *velocidades absolutas* dos pontos A e B, respectivamente. Visto que o deslocamento relativo é causado por uma rotação, a intensidade do terceiro termo é $dr_{B/A}/dt = r_{B/A}\, d\theta/dt = r_{B/A}\,\dot{\theta} = r_{B/A}\omega$, onde ω é a velocidade angular do corpo no instante considerado. Vamos denotar esse termo como a *velocidade relativa* $\mathbf{v}_{B/A}$, visto que ela representa a velocidade de B em relação a A conforme medida por um observador fixo aos eixos de translação x', y'. Em outras palavras, *a barra parece se deslocar como se estivesse girando com velocidade angular $\boldsymbol{\omega}$ em torno do eixo z' passando por A*. Consequentemente, $\mathbf{v}_{B/A}$ tem intensidade $v_{B/A} = \omega r_{B/A}$ e uma *direção* que é perpendicular a $\mathbf{r}_{B/A}$. Temos, portanto,

$$\mathbf{v}_B = \mathbf{v}_A + \mathbf{v}_{B/A} \tag{16.15}$$

onde

$\mathbf{v}_B$ = velocidade do ponto B
$\mathbf{v}_A$ = velocidade do ponto base A
$\mathbf{v}_{B/A}$ = velocidade de B em relação a A

O que a equação $\mathbf{v}_B = \mathbf{v}_A + \mathbf{v}_{B/A}$ estabelece é que a velocidade de B (Figura 16.11d) é determinada considerando-se que a barra inteira realiza translação com velocidade $\mathbf{v}_A$ (Figura 16.11e), e rotaciona em torno de A com velocidade angular $\boldsymbol{\omega}$ (Figura 16.11f). A adição vetorial desses dois efeitos, aplicada a B, resulta em $\mathbf{v}_B$, como mostrado na Figura 16.11g.

Visto que a velocidade relativa $\mathbf{v}_{B/A}$ representa o efeito do *movimento circular*, em torno de A, esse termo pode ser expresso pelo produto vetorial $\mathbf{v}_{B/A} = \boldsymbol{\omega} \times \mathbf{r}_{B/A}$ (Equação 16.9). Por conseguinte, para aplicações utilizando a análise vetorial cartesiana, também podemos escrever a Equação 16.15 como

$$\mathbf{v}_B = \mathbf{v}_A + \boldsymbol{\omega} \times \mathbf{r}_{B/A} \tag{16.16}$$

onde

$\mathbf{v}_B$ = velocidade de B
$\mathbf{v}_A$ = velocidade do ponto base A
$\boldsymbol{\omega}$ = velocidade angular do corpo
$\mathbf{r}_{B/A}$ = vetor posição direcionado de A para B

A equação da velocidade 16.15 ou 16.16 pode ser usada de uma maneira prática para estudar o movimento plano geral de um corpo rígido que esteja conectado por pino ou em contato com outros corpos em movimento. Quando aplicamos essa equação, os pontos A e B geralmente devem ser escolhidos como pontos sobre o corpo que estejam conectados por pino a outros corpos, ou como pontos em contato com corpos adjacentes que têm um *movimento conhecido*. Por exemplo, o ponto A na barra de ligação AB na Figura 16.12a tem de se deslocar ao longo de uma trajetória horizontal, enquanto o ponto B se desloca ao longo de uma trajetória circular. As *direções* de $\mathbf{v}_A$ e $\mathbf{v}_B$ podem, portanto, ser estabelecidas, visto que elas são sempre tangentes às suas trajetórias de movimento (Figura 16.12b). No caso da roda na Figura 16.13, que rola *sem deslizar*, o ponto A na roda pode ser escolhido no solo. Aqui, A (momentaneamente) tem velocidade zero, visto que o solo não se move. Além disso, o centro da roda, B, se desloca ao longo de uma trajetória horizontal, de maneira que $\mathbf{v}_B$ é horizontal.

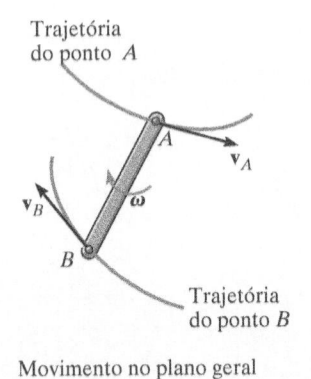

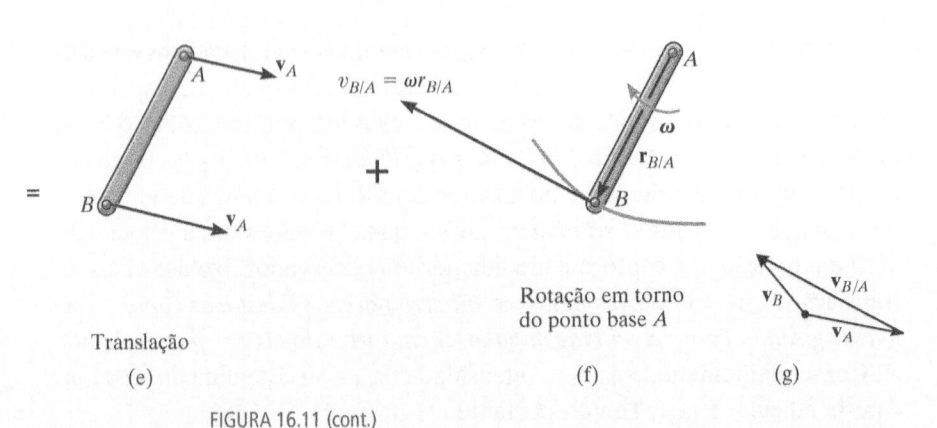

Trajetória do ponto A

Trajetória do ponto B

Movimento no plano geral
(d)

Translação
(e)

$v_{B/A} = \omega r_{B/A}$

Rotação em torno do ponto base A
(f)

(g)

FIGURA 16.11 (cont.)

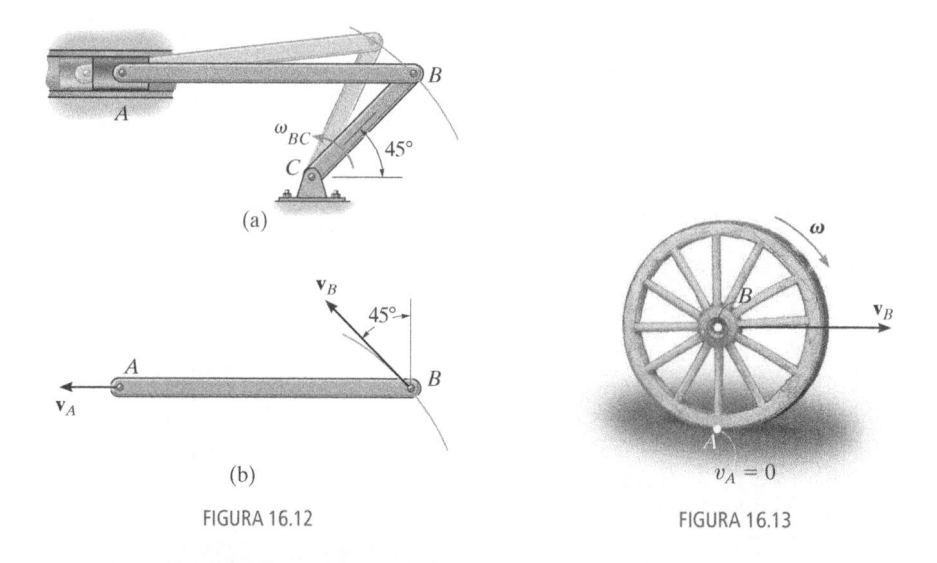

Capítulo 16 – Cinemática do movimento plano de um corpo rígido **311**

(a)

(b)

FIGURA 16.12

FIGURA 16.13

Procedimento para análise

A equação de velocidade relativa pode ser aplicada utilizando-se a análise vetorial cartesiana, ou escrevendo-se a equação das componentes escalares x e y diretamente. Para aplicação, é sugerido que seja utilizado o procedimento indicado a seguir.

Análise vetorial
Diagrama cinemático

- Estabeleça as direções das coordenadas x, y fixas e trace um diagrama cinemático do corpo. Indique nele as velocidades $\mathbf{v}_A$, $\mathbf{v}_B$ dos pontos A e B, a velocidade angular $\boldsymbol{\omega}$ e o vetor posição relativa $\mathbf{r}_{B/A}$.
- Se as grandezas $\mathbf{v}_A$, $\mathbf{v}_B$, ou $\boldsymbol{\omega}$ são desconhecidas, a direção e sentido desses vetores podem ser supostos.

Equação da velocidade

- Para aplicar $\mathbf{v}_B = \mathbf{v}_A + \boldsymbol{\omega} \times \mathbf{r}_{B/A}$, expresse os vetores na forma de vetores cartesianos e os substitua na equação. Calcule o produto vetorial e em seguida equacione as respectivas componentes $\mathbf{i}$ e $\mathbf{j}$ para obter duas equações escalares.
- Se a solução produzir uma resposta *negativa* para uma intensidade *desconhecida*, isso indica que o sentido da direção do vetor é oposto ao mostrado no diagrama cinemático.

Análise escalar
Diagrama cinemático

- Se a equação da velocidade for aplicada na forma escalar, a intensidade e a direção da velocidade relativa $\mathbf{v}_{B/A}$ têm de ser estabelecidas. Trace um diagrama cinemático como o mostrado na Figura 16.11g, que mostra o movimento relativo. Visto que se considera que o corpo está momentaneamente "preso com pino" ao ponto base A, a intensidade de $\mathbf{v}_{B/A}$ é $v_{B/A} = \omega r_{B/A}$. O sentido de direção de $\mathbf{v}_{B/A}$ é sempre perpendicular a $\mathbf{r}_{B/A}$, de acordo com o movimento de rotação $\boldsymbol{\omega}$ do corpo.*

Equação da velocidade

- Escreva a Equação 16.15 na forma simbólica, $\mathbf{v}_B = \mathbf{v}_A + \mathbf{v}_{B/A}$, e embaixo de cada um dos termos represente os vetores graficamente mostrando suas intensidades e direções. As equações escalares são determinadas a partir das componentes x e y destes vetores.

---

* A notação $\mathbf{v}_B = \mathbf{v}_A + \mathbf{v}_{B/A(\text{pino})}$ pode ser útil em lembrar que A está "preso com pino".

EXEMPLO 16.6

A barra de ligação mostrada na Figura 16.14a é guiada por dois blocos em A e B, que se deslocam nas ranhuras fixas. Se a velocidade de A é 2 m/s para baixo, determine a velocidade de B no instante $\theta = 45°$.

SOLUÇÃO I (ANÁLISE VETORIAL)

Diagrama cinemático

Visto que os pontos A e B estão restritos a se deslocar ao longo de ranhuras fixas e $\mathbf{v}_A$ está direcionada para baixo, a velocidade $\mathbf{v}_B$ tem de estar direcionada horizontalmente para a direita (Figura 16.14b). Esse movimento faz com que a barra de ligação gire no sentido anti-horário; isto é, pela regra da mão direita, a velocidade angular $\boldsymbol{\omega}$ está direcionada para fora, perpendicular ao plano do movimento.

Equação da velocidade

Expressando cada um dos vetores na Figura 16.14b em termos das suas componentes $\mathbf{i}, \mathbf{j}, \mathbf{k}$ e aplicando a Equação 16.16 para A, o ponto base, e B, temos

$$\mathbf{v}_B = \mathbf{v}_A + \boldsymbol{\omega} \times \mathbf{r}_{B/A}$$
$$v_B \mathbf{i} = -2\mathbf{j} + [\omega \mathbf{k} \times (0{,}2 \operatorname{sen} 45° \mathbf{i} - 0{,}2 \cos 45° \mathbf{j})]$$
$$v_B \mathbf{i} = -2\mathbf{j} + 0{,}2\omega \operatorname{sen} 45° \mathbf{j} + 0{,}2\omega \cos 45° \mathbf{i}$$

Equacionando as componentes $\mathbf{i}$ e $\mathbf{j}$, temos

$$v_B = 0{,}2\omega \cos 45° \quad 0 = -2 + 0{,}2\omega \operatorname{sen} 45°$$

Deste modo,

$$\omega = 14{,}1 \text{ rad/s} \circlearrowleft \quad v_B = 2 \text{ m/s} \rightarrow \quad \textit{Resposta}$$

SOLUÇÃO II (ANÁLISE ESCALAR)

O diagrama cinemático do "movimento circular" relativo, que produz $\mathbf{v}_{B/A}$, aparece na Figura 16.14c. Aqui, $v_{B/A} = \omega(0{,}2 \text{ m})$.

Assim,

$$v_B = v_A + v_{B/A}$$
$$\begin{bmatrix} v_B \\ \rightarrow \end{bmatrix} = \begin{bmatrix} 2 \text{ m/s} \\ \downarrow \end{bmatrix} + \begin{bmatrix} \omega(0{,}2 \text{ m}) \\ \measuredangle 45° \end{bmatrix}$$

$(\xrightarrow{+}) \quad v_B = 0 + \omega(0{,}2) \cos 45°$

$(+\uparrow) \quad 0 = -2 + \omega(0{,}2) \operatorname{sen} 45°$

A solução produz os resultados mostrados.

Deve ser enfatizado que esses resultados são *válidos somente* no instante $\theta = 45°$. Um recálculo para $\theta = 44°$ resulta em $v_B = 2{,}07$ m/s e $\omega = 14{,}4$ rad/s; ao passo que, quando $\theta = 46°$, $v_B = 1{,}93$ m/s e $\omega = 13{,}9$ rad/s etc.

NOTA: uma vez que v_A e ω sejam *conhecidos*, a velocidade de qualquer outro ponto sobre a barra de ligação pode ser determinada. A título de exercício, veja se você consegue aplicar a Equação 16.16 aos pontos A e C ou aos pontos B e C e mostre que, quando $\theta = 45°$, $v_C = 3{,}16$ m/s, direcionada a um ângulo de 18,4° acima da horizontal.

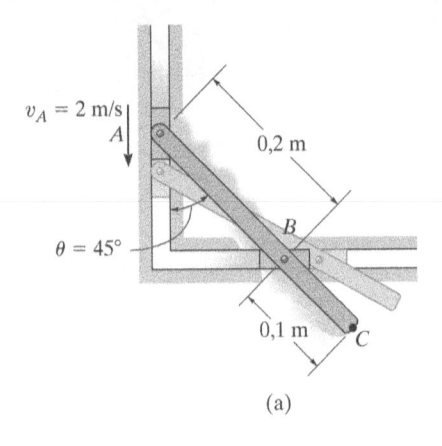

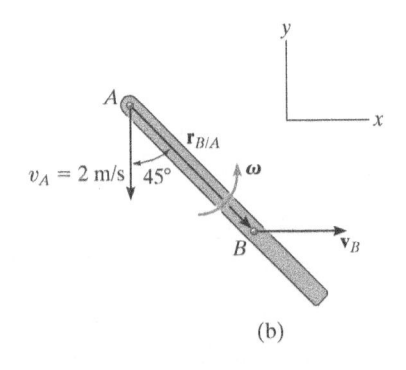

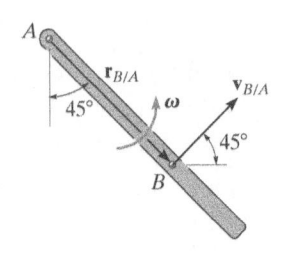

FIGURA 16.14

EXEMPLO 16.7

O cilindro mostrado na Figura 16.15a rola sem deslizar sobre a superfície de uma esteira transportadora que está se deslocando a 0,6 m/s. Determine a velocidade do ponto A. O cilindro tem velocidade angular no sentido horário $\omega = 15$ rad/s no instante mostrado.

SOLUÇÃO I (ANÁLISE VETORIAL)

Diagrama cinemático

Visto que não ocorre nenhum deslizamento, o ponto B no cilindro tem a mesma velocidade que o transportador (Figura 16.15b). A velocidade angular do cilindro também é conhecida, de maneira que podemos aplicar a equação da velocidade a B, o ponto base, e A para determinar $\mathbf{v}_A$.

Equação da velocidade

$$\mathbf{v}_A = \mathbf{v}_B + \boldsymbol{\omega} \times \mathbf{r}_{A/B}$$

$$(v_A)_x \mathbf{i} + (v_A)_y \mathbf{j} = 0{,}6\mathbf{i} + (-15\mathbf{k}) \times (-0{,}5\mathbf{i} + 0{,}5\mathbf{j})$$

$$(v_A)_x \mathbf{i} + (v_A)_y \mathbf{j} = 0{,}6\mathbf{i} + 2{,}25\mathbf{j} + 2{,}25\mathbf{i}$$

de maneira que

$$(v_A)_x = 0{,}6 + 2{,}25 = 2{,}85 \text{ m/s} \quad (1)$$

$$(v_A)_y = 2{,}25 \text{ m/s} \quad (2)$$

Assim,

$$v_A = \sqrt{(2{,}85)^2 + (2{,}25)^2} = 3{,}63 \text{ m/s} \quad \textit{Resposta}$$

$$\theta = \text{tg}^{-1}\left(\frac{2{,}25}{2{,}85}\right) = 38{,}3° \quad \textit{Resposta}$$

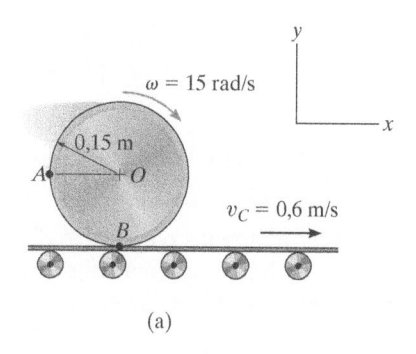

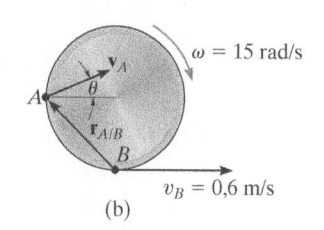

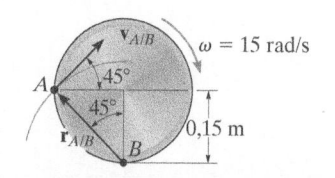

FIGURA 16.15

SOLUÇÃO II (ANÁLISE ESCALAR)

Como um procedimento alternativo, as componentes escalares de $\mathbf{v}_A = \mathbf{v}_B + \mathbf{v}_{A/B}$ podem ser obtidas diretamente. Do diagrama cinemático mostrando o movimento "circular" relativo que produz $\mathbf{v}_{A/B}$ (Figura 16.15c), temos

$$v_{A/B} = \omega r_{A/B} = (15 \text{ rad/s})\left(\frac{0{,}15 \text{ m}}{\cos 45°}\right) = 3{,}18 \text{ m/s}$$

Desse modo,

$$\mathbf{v}_A = \mathbf{v}_B + \mathbf{v}_{A/B}$$

$$\begin{bmatrix}(v_A)_x \\ \rightarrow\end{bmatrix} + \begin{bmatrix}(v_A)_y \\ \uparrow\end{bmatrix} = \begin{bmatrix}0{,}6 \text{ m/s} \\ \rightarrow\end{bmatrix} + \begin{bmatrix}3{,}18 \text{ m/s} \\ \measuredangle 45°\end{bmatrix}$$

Igualando as componentes x e y, obtêm-se os mesmos resultados que antes, a saber,

$(\xrightarrow{+})$ $\quad (v_A)_x = 0{,}6 + 3{,}18 \cos 45° = 2{,}85 \text{ m/s}$

$(+\uparrow)$ $\quad (v_A)_y = 0 \;\; + 3{,}18 \text{ sen } 45° = 2{,}25 \text{ m/s}$

EXEMPLO 16.8

O anel C na Figura 16.16a está se deslocando para baixo com uma velocidade de 2 m/s. Determine a velocidade angular de CB nesse instante.

SOLUÇÃO I (ANÁLISE VETORIAL)

Diagrama cinemático

O movimento para baixo de C faz com que B se desloque para a direita ao longo de uma trajetória curva. Da mesma forma, CB e AB giram no sentido anti-horário.

Equação de velocidade

Barra de ligação CB (movimento plano geral): ver Figura 16.16b.

$$\mathbf{v}_B = \mathbf{v}_C + \boldsymbol{\omega}_{CB} \times \mathbf{r}_{B/C}$$

$$v_B \mathbf{i} = -2\mathbf{j} + \omega_{CB}\mathbf{k} \times (0{,}2\mathbf{i} - 0{,}2\mathbf{j})$$

$$v_B \mathbf{i} = -2\mathbf{j} + 0{,}2\omega_{CB}\mathbf{j} + 0{,}2\omega_{CB}\mathbf{i}$$

$$v_B = 0{,}2\omega_{CB} \qquad (1)$$

$$0 = -2 + 0{,}2\omega_{CB} \qquad (2)$$

$$\omega_{CB} = 10 \text{ rad/s} \circlearrowleft \qquad \textit{Resposta}$$

$$v_B = 2 \text{ m/s} \rightarrow$$

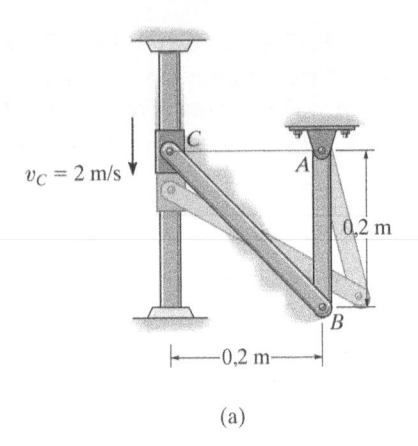

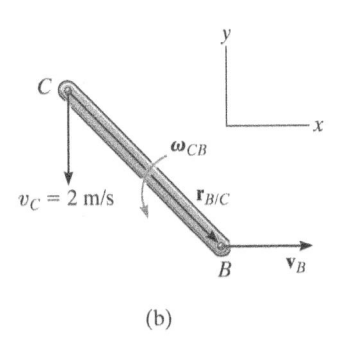

SOLUÇÃO II (ANÁLISE ESCALAR)

As equações das componentes escalares de $\mathbf{v}_B = \mathbf{v}_C + \mathbf{v}_{B/C}$ podem ser obtidas diretamente. O diagrama cinemático na Figura 16.16c mostra o movimento "circular" relativo que produz $\mathbf{v}_{B/C}$. Temos

$$\mathbf{v}_B = \mathbf{v}_C + \mathbf{v}_{B/C}$$

$$\begin{bmatrix} v_B \\ \rightarrow \end{bmatrix} = \begin{bmatrix} 2 \text{ m/s} \\ \downarrow \end{bmatrix} + \begin{bmatrix} \omega_{CB}\,0{,}2\sqrt{2} \text{ m} \\ \measuredangle\ 45° \end{bmatrix}$$

Decompor esses vetores nas direções x e y resulta em

$(\xrightarrow{+}) \qquad v_B = 0 + \omega_{CB}(0{,}2\sqrt{2}\cos 45°)$

$(+\uparrow) \qquad 0 = -2 + \omega_{CB}(0{,}2\sqrt{2}\operatorname{sen} 45°)$

que é o mesmo que as equações 1 e 2.

NOTA: visto que a barra de ligação AB gira em torno de um eixo fixo e v_B é conhecido (Figura 16.16d), sua velocidade angular é encontrada de $v_B = \omega_{AB} r_{AB}$ ou 2 m/s $= \omega_{AB}$ (0,2 m), $\omega_{AB} = 10$ rad/s.

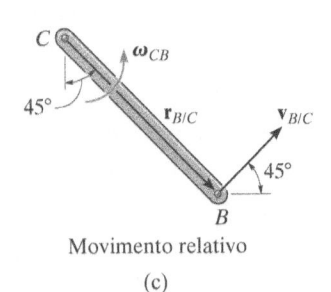

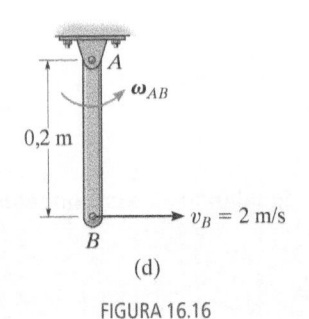

FIGURA 16.16

Problema preliminar

P16.1. Monte a equação da velocidade relativa entre os pontos A e B.

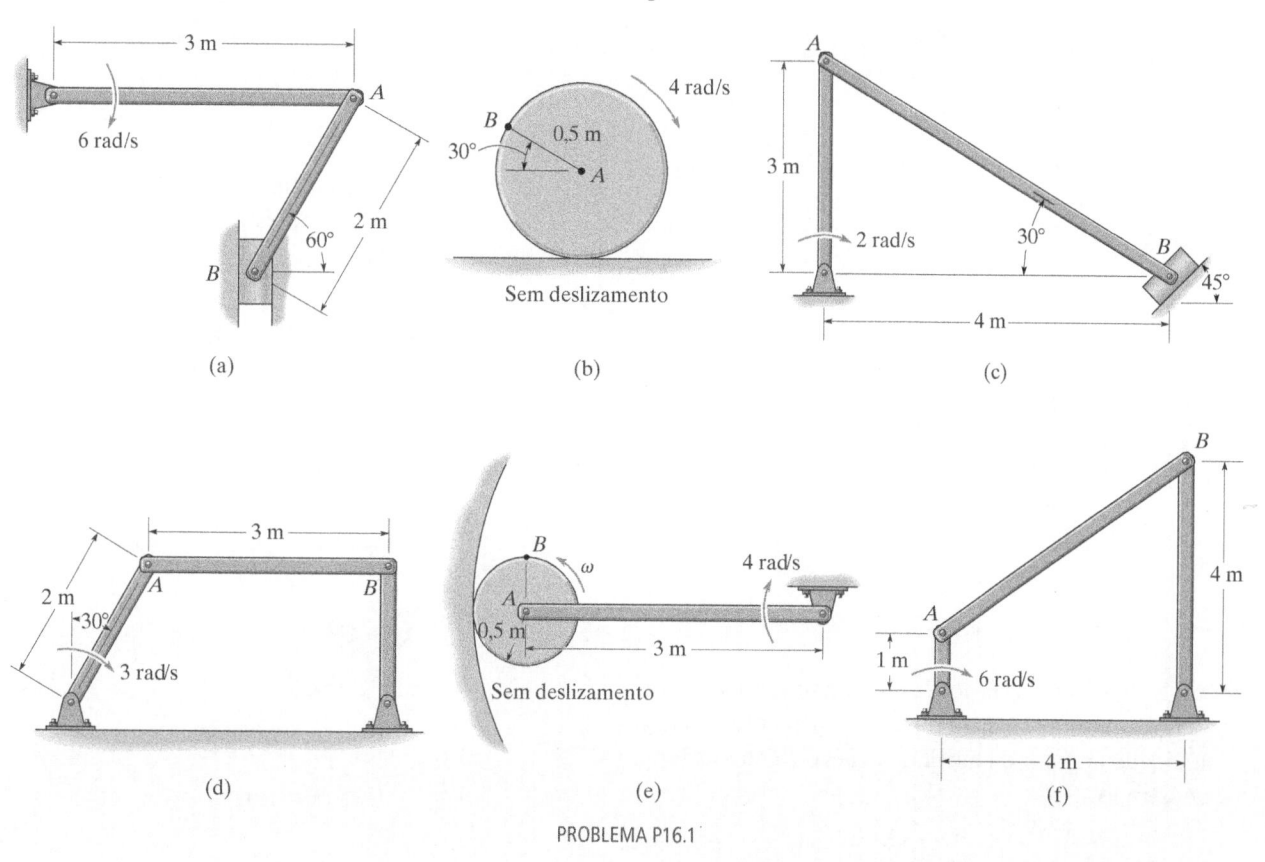

(a) 3 m, 6 rad/s, A, 2 m, 60°, B

(b) 4 rad/s, B, 0,5 m, 30°, A — Sem deslizamento

(c) A, 3 m, 2 rad/s, 30°, B, 45°, 4 m

(d) 3 m, A, B, 2 m, 30°, 3 rad/s

(e) B, ω, A, 0,5 m, 3 m, 4 rad/s — Sem deslizamento

(f) B, 4 m, A, 1 m, 6 rad/s, 4 m

PROBLEMA P16.1

Problemas fundamentais

F16.7. Se o rolete A se desloca para a direita com velocidade constante $v_A = 3$ m/s, determine a velocidade angular da barra de ligação e a velocidade do rolete B no instante $\theta = 30°$.

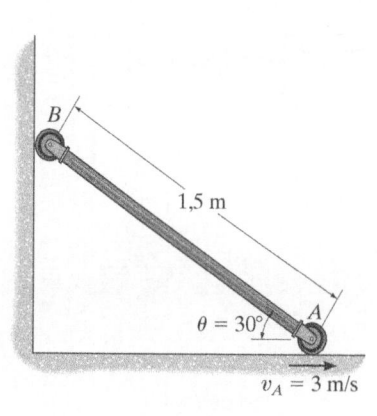

F16.8. A roda rola sem deslizar com velocidade angular $\omega = 10$ rad/s. Determine a intensidade da velocidade do ponto B no instante mostrado.

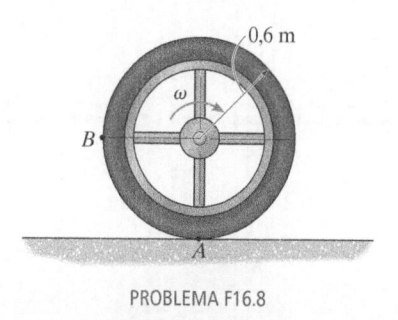

B, 1,5 m, $\theta = 30°$, A, $v_A = 3$ m/s

PROBLEMA F16.7

0,6 m, ω, B, A

PROBLEMA F16.8

F16.9. Determine a velocidade angular da bobina. O cabo se enrola em torno do núcleo interno, e a bobina não desliza na plataforma P.

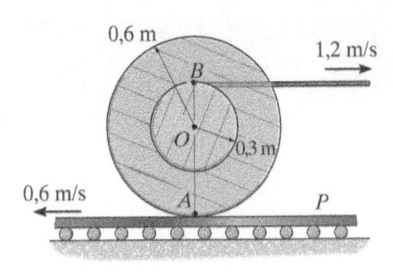

PROBLEMA F16.9

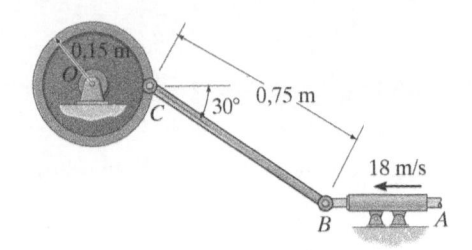

F16.10. Se a manivela OA gira com velocidade angular $\omega = 12$ rad/s, determine a velocidade do pistão B e a velocidade angular da barra AB no instante mostrado.

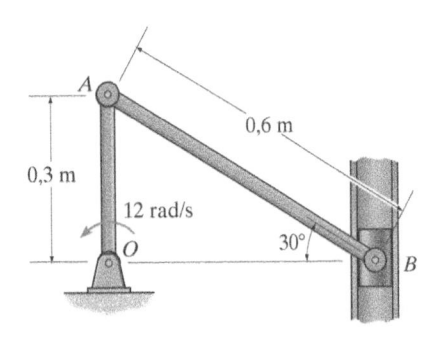

PROBLEMA F16.10

F16.11. Se a barra AB desliza ao longo da fenda horizontal com uma velocidade de 18 m/s, determine a velocidade angular da barra de ligação BC no instante mostrado.

PROBLEMA F16.11

F16.12. A extremidade A da barra de ligação tem velocidade $v_A = 3$ m/s. Determine a velocidade do pino em B nesse instante. O pino está restrito a se deslocar ao longo da fenda.

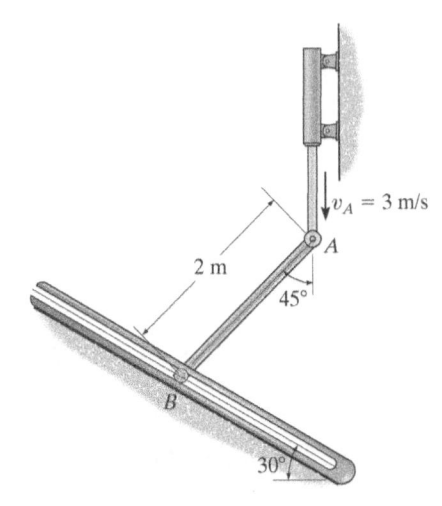

PROBLEMA F16.12

Problemas

16.57. A roda está girando com velocidade angular $\omega = 8$ rad/s. Determine a velocidade do anel A no instante $\theta = 30°$ e $\phi = 60°$. Além disso, esboce a posição da barra AB quando $\theta = 0°$, $30°$ e $60°$ para mostrar seu movimento plano geral.

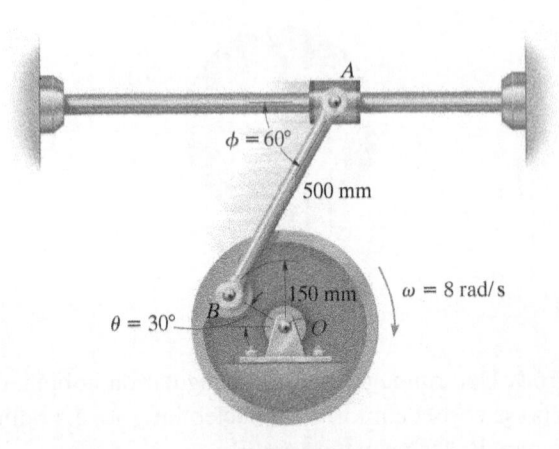

PROBLEMA 16.57

16.58. O bloco deslizante C move-se a 8 m/s descendo pelo sulco inclinado. Determine as velocidades angulares das barras de ligação AB e BC no instante mostrado.

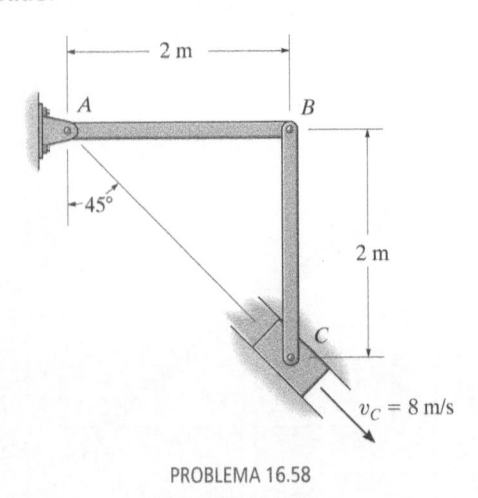

PROBLEMA 16.58

16.59. No instante mostrado, o caminhão se desloca para a direita a 3 m/s, enquanto o cano rola no sentido anti-horário a $\omega = 8$ rad/s sem deslizar em B. Determine a velocidade do centro G do cano.

*16.60. No instante mostrado, o caminhão se desloca para a direita a 8 m/s. Se o cano não desliza em B, determine sua velocidade angular se o seu centro de massa G parece estacionário a um observador no solo.

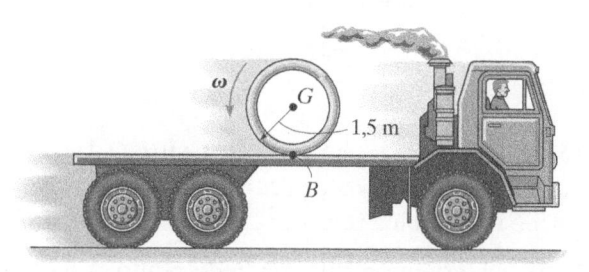

PROBLEMAS 16.59 e 16.60

16.61. A barra de ligação AB tem velocidade angular de 3 rad/s. Determine a velocidade do bloco C e a velocidade angular da barra de ligação BC no instante $\theta = 45°$. Além disso, esboce a posição da barra de ligação BC quando $\theta = 60°$, 45° e 30° para mostrar seu movimento plano geral.

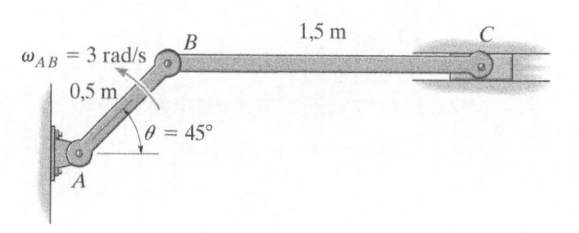

PROBLEMA 16.61

16.62. Se a engrenagem gira com velocidade angular $\omega = 10$ rad/s e a cremalheira move-se a $v_C = 5$ m/s, determine a velocidade do bloco deslizante A no instante mostrado na figura.

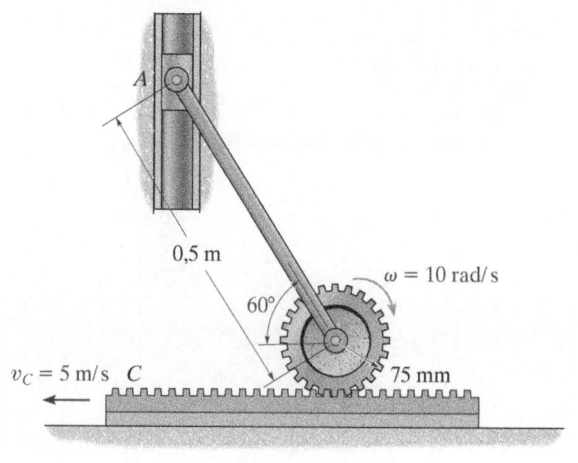

PROBLEMA 16.62

16.63. Sabendo que a velocidade angular da barra de ligação AB é $\omega_{AB} = 4$ rad/s, determine a velocidade do anel em C e a velocidade angular da barra de ligação CB no instante mostrado. A barra de ligação CB é horizontal nesse instante.

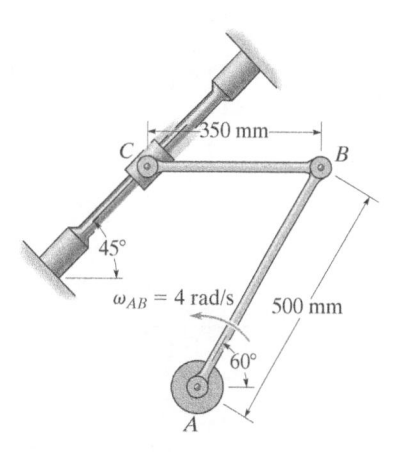

PROBLEMA 16.63

*16.64. O cilindro B gira sobre o *cilindro fixo* A sem deslizar. Se a barra conectada CD está girando com velocidade angular $\omega_{CD} = 5$ rad/s, determine a velocidade angular do cilindro B.

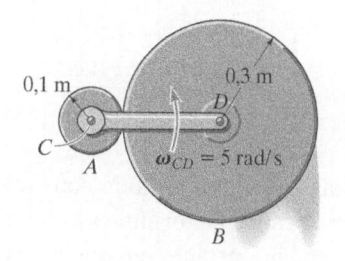

PROBLEMA 16.64

16.65. A velocidade angular da barra de ligação AB é $\omega_{AB} = 5$ rad/s. Determine a velocidade do bloco C e a velocidade angular da barra de ligação BC no instante em que $\theta = 45°$ e $\phi = 30°$. Além disso, esboce a posição da barra de ligação CB quando $\theta = 45°$, 60° e 75° para mostrar seu movimento plano geral.

PROBLEMA 16.65

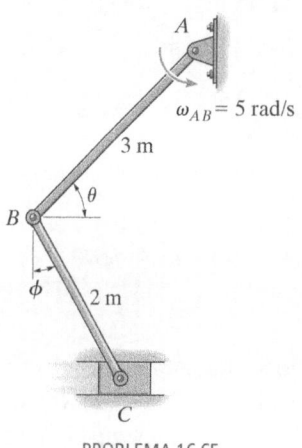

16.66. O mecanismo de retorno rápido é projetado para fornecer um curso de corte lento e um retorno rápido a uma lâmina conectada à superfície deslizante em C. Determine a velocidade do bloco deslizante C no instante em que $\theta = 60°$, se o membro AB está girando a 4 rad/s.

16.67. Determine a velocidade do bloco deslizante em C no instante em que $\theta = 45°$, se o membro AB está girando a 4 rad/s.

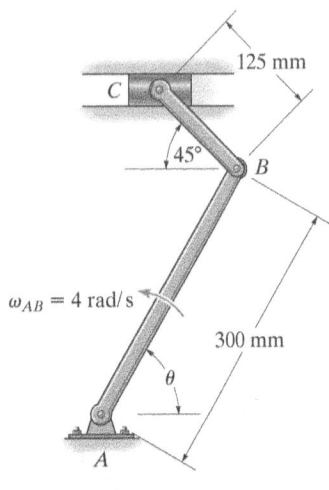

PROBLEMAS 16.66 e 16.67

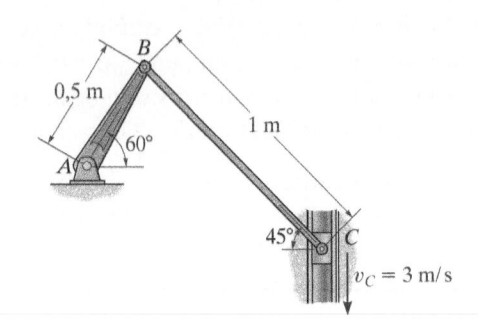

PROBLEMA 16.69

16.70. Determine a velocidade do centro O da bobina quando o cabo é puxado para a direita com uma velocidade **v**. A bobina rola sem deslizar.

16.71. Determine a velocidade do ponto A na borda exterior da bobina no instante mostrado quando o cabo é puxado para a direita com uma velocidade **v**. A bobina rola sem deslizar.

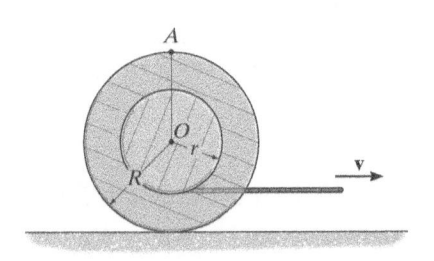

PROBLEMAS 16.70 e 16.71

*16.68. A haste AB está girando com velocidade angular $\omega_{AB} = 60$ rad/s. Determine a velocidade do bloco deslizante C no instante em que $\theta = 60°$ e $\phi = 45°$. Além disso, esboce a posição da barra BC quando $\theta = 30°$, $60°$ e $90°$, para mostrar seu movimento plano geral.

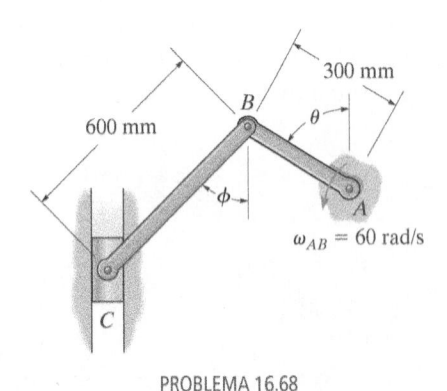

*16.72. Se o volante está girando com velocidade angular $\omega_A = 6$ rad/s, determine a velocidade angular da barra BC no instante mostrado.

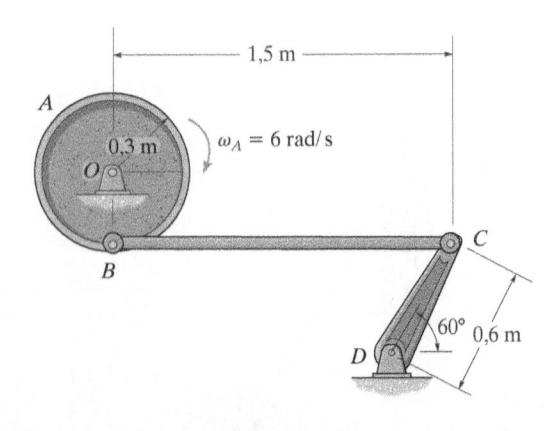

PROBLEMA 16.68

PROBLEMA 16.72

16.69. Se o bloco deslizante C está se movendo a $v_C = 3$ m/s, determine a velocidade angular de BC e da manivela AB no instante mostrado na figura.

16.73. O trem de engrenagens epicicloidal consiste na engrenagem sol A que está encaixada à engrenagem planetária B. Esta tem um cubo interior com a engrenagem C que está fixo em B e encaixado na engrenagem interna R. Se a barra de ligação DE pinada em B e C está girando a $\omega_{DE} = 18$ rad/s em torno do pino em E, determine as velocidades angulares das engrenagens satélite e sol.

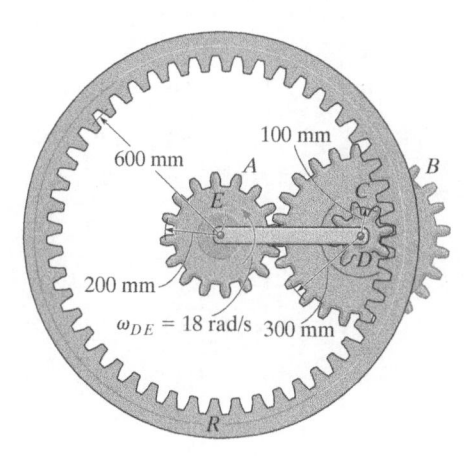

PROBLEMA 16.73

PROBLEMA 16.76

16.74. Se o bloco deslizante A está se deslocando para baixo a $v_A = 4$ m/s, determine a velocidade dos blocos B e C no instante mostrado.

16.75. Se o bloco deslizante A está se deslocando para baixo a $v_A = 4$ m/s, determine a velocidade do ponto E no instante mostrado.

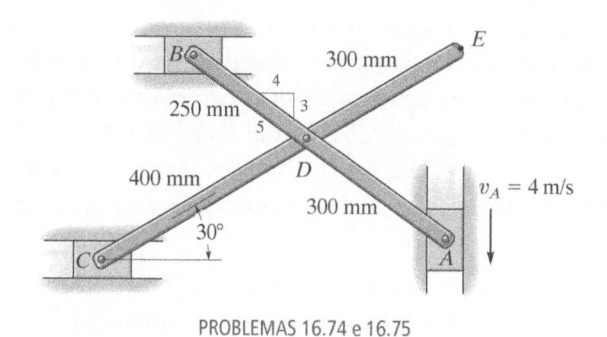

16.77. O mecanismo é usado em uma máquina para a manufatura de um produto de fio. Em razão do movimento de rotação da barra de ligação AB e do deslizamento do bloco F, a alavanca da engrenagem DE sofre um movimento plano geral. Se AB está girando a $\omega_{AB} = 5$ rad/s, determine a velocidade do ponto E no instante mostrado.

PROBLEMAS 16.74 e 16.75

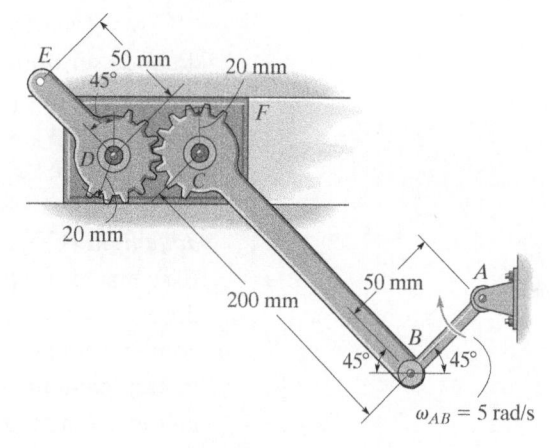

PROBLEMA 16.77

16.78. As barras de ligação similares AB e CD giram em torno dos pinos fixos em A e C. Se AB tem velocidade angular $\omega_{AB} = 8$ rad/s, determine a velocidade angular de BDP e a velocidade do ponto P.

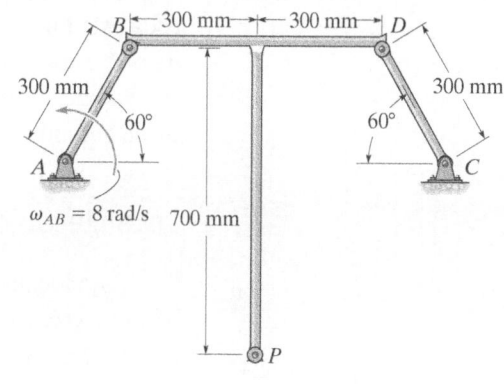

*16.76. O sistema de engrenagem planetária é usado em uma transmissão automática para um automóvel. Ao travar ou soltar determinadas engrenagens, ele tem a vantagem de operar o carro em diferentes velocidades. Considere o caso em que a engrenagem interna R é mantida fixa, $\omega_R = 0$, e a engrenagem sol S está girando a $\omega_S = 5$ rad/s. Determine a velocidade angular de cada uma das engrenagens planetárias P e do eixo A.

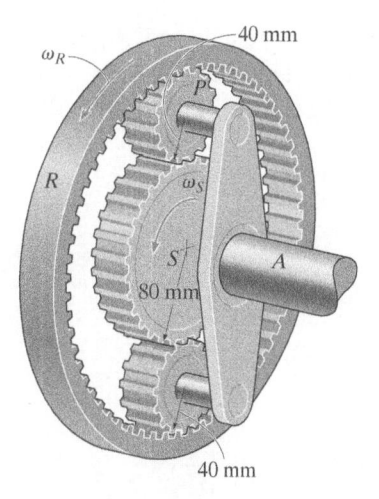

PROBLEMA 16.78

16.79. Se a engrenagem de anel A gira em sentido horário com velocidade angular $\omega_A = 30$ rad/s, enquanto a barra de ligação BC gira em sentido horário com velocidade angular $\omega_{BC} = 15$ rad/s, determine a velocidade angular da engrenagem D.

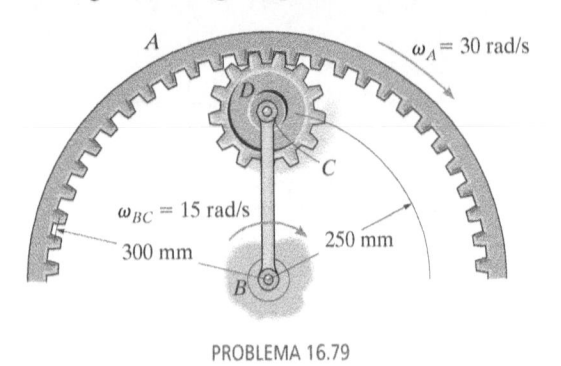

PROBLEMA 16.79

*16.80. O mecanismo mostrado é usado em uma máquina de rebitagem. Ele consiste em um pistão propulsor A, três barras de ligação e um rebitador que está preso ao bloco deslizante D. Determine a velocidade de D no instante mostrado, quando o pistão em A está deslizando a $v_A = 20$ m/s.

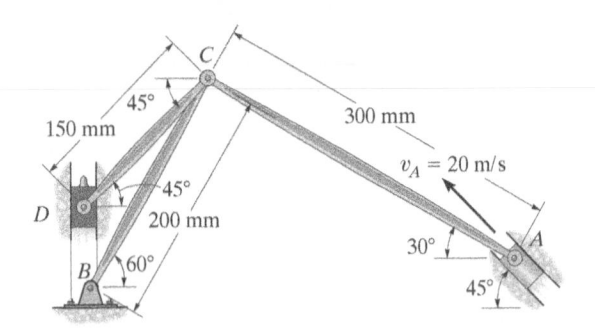

PROBLEMA 16.80

16.6 Centro instantâneo de velocidade nula

A velocidade de qualquer ponto B localizado sobre um corpo rígido pode ser obtida de uma maneira muito direta escolhendo o ponto base A para ser um ponto que tem *velocidade nula* no instante considerado. Nesse caso, $\mathbf{v}_A = \mathbf{0}$ e, portanto, a equação da velocidade, $\mathbf{v}_B = \mathbf{v}_A + \boldsymbol{\omega} \times \mathbf{r}_{B/A}$, torna-se $\mathbf{v}_B = \boldsymbol{\omega} \times \mathbf{r}_{B/A}$. Para um corpo com um movimento plano geral, o ponto A assim escolhido é chamado de *centro instantâneo de velocidade nula* (*CI*), e ele se encontra no *eixo instantâneo de velocidade nula*. Esse eixo é sempre perpendicular ao plano do movimento, e a interseção do eixo com esse plano define a localização do *CI*. Visto que o ponto A coincide com o *CI*, então $\mathbf{v}_B = \boldsymbol{\omega} \times \mathbf{r}_{B/CI}$, e assim o ponto B se desloca momentaneamente em torno do *CI* em uma *trajetória circular*; em outras palavras, o corpo parece girar em torno do eixo instantâneo. A intensidade de $\mathbf{v}_B$ é simplesmente $v_B = \omega r_{B/CI}$, onde ω é a velocidade angular do corpo. Em decorrência do movimento circular, a *direção* de $\mathbf{v}_B$ tem de ser sempre *perpendicular* a $\mathbf{r}_{B/CI}$.

Por exemplo, o *CI* para a roda de uma bicicleta na Figura 16.17 está no ponto de contato com o solo. Ali os raios são de certa maneira visíveis, ao passo que no topo da roda eles ficam desfocados. Se você imagina que a roda está momentaneamente presa por um pino nesse ponto, as velocidades de outros pontos podem ser encontradas utilizando $v = \omega r$. Aqui, as distâncias radiais mostradas na foto (Figura 16.17) têm de ser determinadas a partir da geometria da roda.

Localização do *CI*

Para localizar o *CI*, podemos usar o fato de que a *velocidade* de um ponto sobre o corpo é *sempre perpendicular* ao *vetor posição relativa* direcionada do *CI* para o ponto. Há várias possibilidades:

Capítulo 16 – Cinemática do movimento plano de um corpo rígido

FIGURA 16.17

- A velocidade $\mathbf{v}_A$ de um ponto A sobre o corpo e a velocidade angular $\boldsymbol{\omega}$ do corpo são conhecidas (Figura 16.18a). Nesse caso, o CI está localizado ao longo da linha traçada perpendicular a $\mathbf{v}_A$ em A, tal que a distância de A até o CI é $r_{A/CI} = v_A/\omega$. Observe que o CI se encontra acima e à direita de A, visto que $\mathbf{v}_A$ deve causar uma velocidade angular no sentido horário $\boldsymbol{\omega}$ em torno do CI.
- As linhas de ação de duas velocidades não paralelas $\mathbf{v}_A$ e $\mathbf{v}_B$ são conhecidas (Figura 16.18b). Construa nos pontos A e B segmentos de linha perpendiculares a $\mathbf{v}_A$ e $\mathbf{v}_B$. Estendendo essas perpendiculares a seu *ponto de interseção*, como mostrado na Figura 16.18b, localiza-se o CI no instante considerado.
- A intensidade e direção de duas velocidades paralelas $\mathbf{v}_A$ e $\mathbf{v}_B$ são conhecidas. Aqui, a localização do CI é determinada por triângulos proporcionais. Exemplos são mostrados nas figuras 16.18c e d. Em ambos os casos, $r_{A/CI} = v_A/\omega$ e $r_{B/CI} = v_B/\omega$. Se d é uma distância conhecida entre os pontos A e B, então, na Figura 16.18c, $r_{A/CI} + r_{B/CI} = d$ e, na Figura 16.18d, $r_{B/CI} - r_{A/CI} = d$.

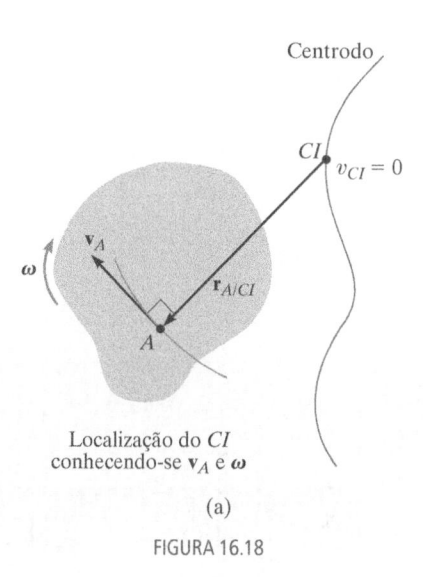

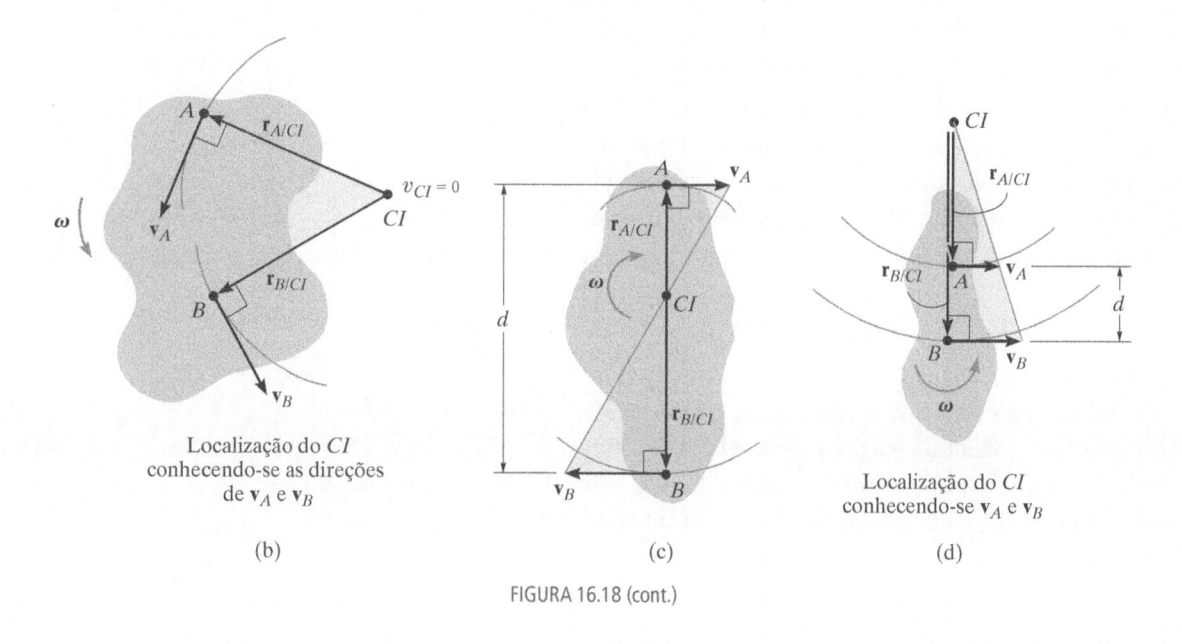

Localização do CI conhecendo-se $\mathbf{v}_A$ e $\boldsymbol{\omega}$

(a)

FIGURA 16.18

Localização do CI conhecendo-se as direções de $\mathbf{v}_A$ e $\mathbf{v}_B$

(b)

(c)

Localização do CI conhecendo-se $\mathbf{v}_A$ e $\mathbf{v}_B$

(d)

FIGURA 16.18 (cont.)

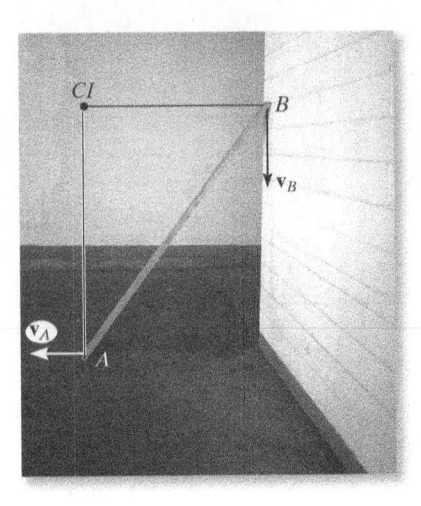

À medida que a tábua desliza para baixo e para a esquerda, ela é submetida ao movimento plano geral. Visto que as direções das velocidades de suas extremidades A e B são conhecidas, o CI é localizado como mostrado. Nesse instante, a tábua momentaneamente girará em torno desse ponto. Desenhe a tábua em várias outras posições e estabeleça o CI para cada caso.

Observe que o ponto escolhido como o centro instantâneo de velocidade nula para o corpo *só pode ser usado no instante considerado*, visto que o corpo varia sua posição de um instante para o próximo. O lugar geométrico dos pontos que definem a localização do CI durante o movimento do corpo é chamado de *centrodo* (Figura 16.18a), e assim cada ponto sobre o centrodo atua como o CI do corpo somente em um instante.

Apesar de o CI poder ser convenientemente usado para determinar a velocidade de qualquer ponto em um corpo, ele geralmente *não tem aceleração nula* e, portanto, *não deve* ser usado para determinar as acelerações de pontos em um corpo.

Procedimento para análise

A velocidade de um ponto em um corpo que é submetido ao movimento plano geral pode ser determinada com referência a seu centro instantâneo de velocidade nula, desde que a localização do CI seja estabelecida primeiro utilizando um dos três métodos descritos anteriormente.

- Como mostrado no diagrama cinemático na Figura 16.19, o corpo é imaginado como "estendido e preso com pino" no CI de maneira que, no instante considerado, ele gira em torno desse pino com sua velocidade angular ω.

- A *intensidade* da velocidade para cada um dos pontos arbitrários A, B e C sobre o corpo pode ser determinada utilizando a equação $v = \omega r$, onde r é a distância radial do CI até cada ponto.

- A linha de ação de cada vetor velocidade $\mathbf{v}$ é *perpendicular* à sua linha radial associada $\mathbf{r}$, e a velocidade tem um *sentido de direção* que tende a deslocar o ponto de maneira consistente com a rotação angular ω da linha radial (Figura 16.19).

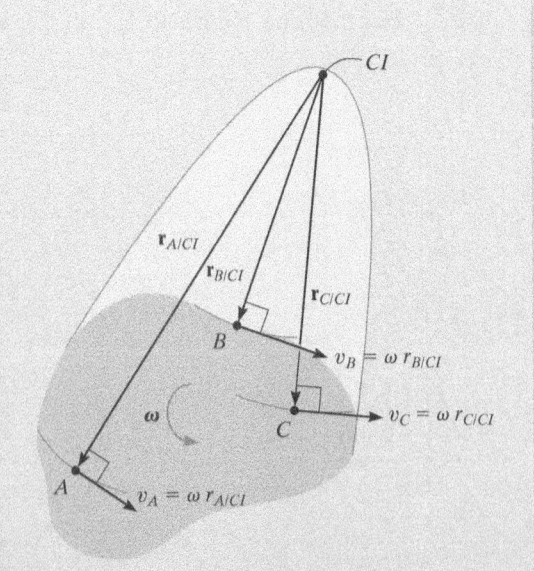

FIGURA 16.19

EXEMPLO 16.9

Mostre como determinar a localização do centro instantâneo de velocidade nula para (a) o membro BC mostrado na Figura 16.20a; e (b) a barra de ligação CB mostrada na Figura 16.20c.

SOLUÇÃO

Parte (a)

Como mostrado na Figura 16.20a, o ponto B se desloca em uma trajetória circular de tal maneira que $\mathbf{v}_B$ é perpendicular a AB. Portanto, ela atua em um ângulo θ com a horizontal, como mostrado na Figura 16.20b. O movimento do ponto B faz com que o pistão se desloque para a frente *horizontalmente* com uma velocidade $\mathbf{v}_C$. Quando são traçadas linhas perpendiculares a $\mathbf{v}_B$ e $\mathbf{v}_C$ (Figura 16.20b), elas se interceptam no CI.

Parte (b)

Os pontos B e C seguem trajetórias de movimento circular, visto que os dois membros AB e DC estão submetidos a uma rotação em torno de um eixo fixo (Figura 16.20c). Visto que a velocidade é sempre tangente à trajetória, no instante considerado, $\mathbf{v}_C$ na barra DC e $\mathbf{v}_B$ na barra AB, estão ambas direcionadas verticalmente para baixo, ao longo do eixo da barra de ligação CB (Figura 16.20d). Linhas radiais traçadas perpendiculares a essas duas velocidades formam linhas paralelas que se cruzam no "infinito"; ou seja, $r_{C/CI} \to \infty$ e $r_{B/CI} \to \infty$. Desse modo, $\omega_{CB} = (v_C/r_{C/CI}) \to 0$. Como resultado, a barra de ligação CB *translada* momentaneamente. Um instante mais tarde, entretanto, CB se deslocará para uma posição inclinada, fazendo com que o CI se desloque para alguma localização finita.

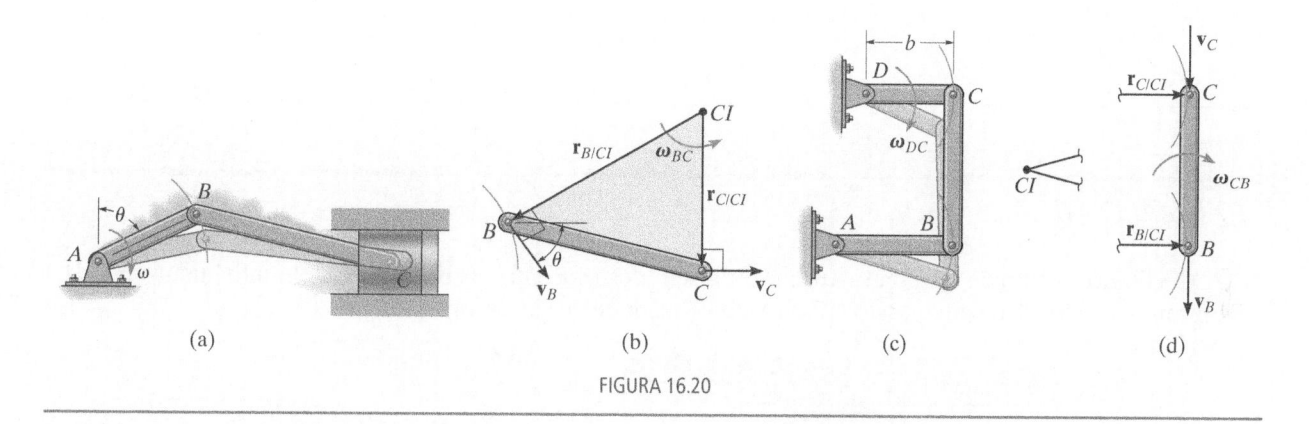

(a) (b) (c) (d)

FIGURA 16.20

EXEMPLO 16.10

O bloco D mostrado na Figura 16.21a se desloca com uma velocidade de 3 m/s. Determine as velocidades angulares dos membros BD e AB no instante mostrado.

SOLUÇÃO

À medida que D se desloca para a direita, isso faz com que AB gire no sentido horário em torno do ponto A. Por conseguinte, $\mathbf{v}_B$ está direcionado perpendicular a AB. O centro instantâneo de velocidade nula para BD está localizado na interseção dos segmentos de linha traçados perpendiculares a $\mathbf{v}_B$ e $\mathbf{v}_D$ (Figura 16.21b). Da geometria,

$$r_{B/CI} = 0,4 \text{ tg } 45° \text{ m} = 0,4 \text{ m}$$

$$r_{D/CI} = \frac{0,4 \text{ m}}{\cos 45°} = 0,5657 \text{ m}$$

Visto que a intensidade de $\mathbf{v}_D$ é conhecida, a velocidade angular do segmento BD é

$$\omega_{BD} = \frac{v_D}{r_{D/CI}} = \frac{3 \text{ m/s}}{0{,}5657 \text{ m}} = 5{,}30 \text{ rad/s} \circlearrowright \qquad \textit{Resposta}$$

Portanto, a velocidade de B é

$$v_B = \omega_{BD}(r_{B/CI}) = 5{,}30 \text{ rad/s } (0{,}4 \text{ m}) = 2{,}12 \text{ m/s} \searrow 45°$$

Da Figura 16.21c, a velocidade angular de AB é

$$\omega_{AB} = \frac{v_B}{r_{B/A}} = \frac{2{,}12 \text{ m/s}}{0{,}4 \text{ m}} = 5{,}30 \text{ rad/s} \circlearrowright \qquad \textit{Resposta}$$

NOTA: tente resolver este problema aplicando $\mathbf{v}_D = \mathbf{v}_B + \mathbf{v}_{D/B}$ ao segmento BD.

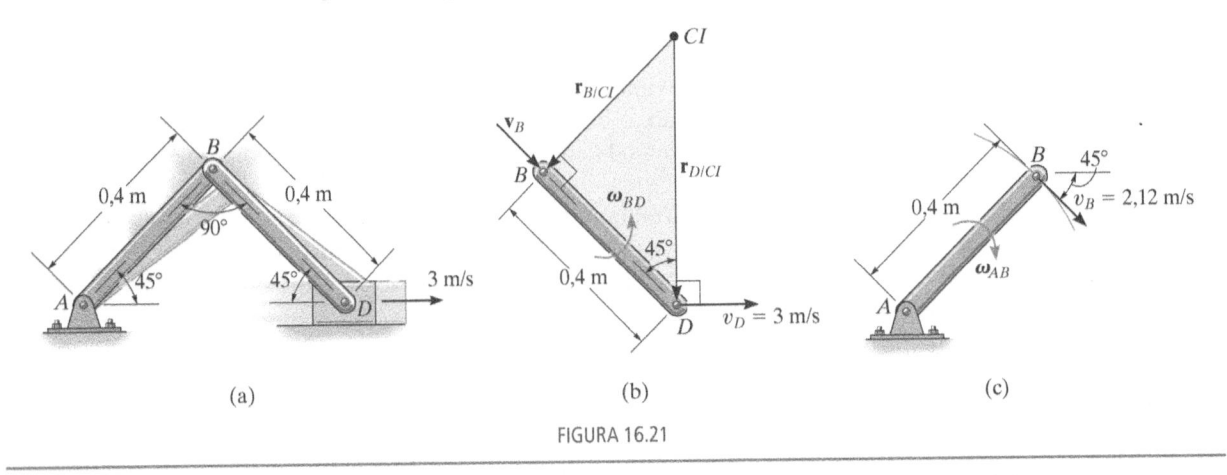

FIGURA 16.21

EXEMPLO 16.11

O cilindro mostrado na Figura 16.22a roda sem deslizar entre as duas placas em movimento E e D. Determine a velocidade angular do cilindro e a velocidade de seu centro C.

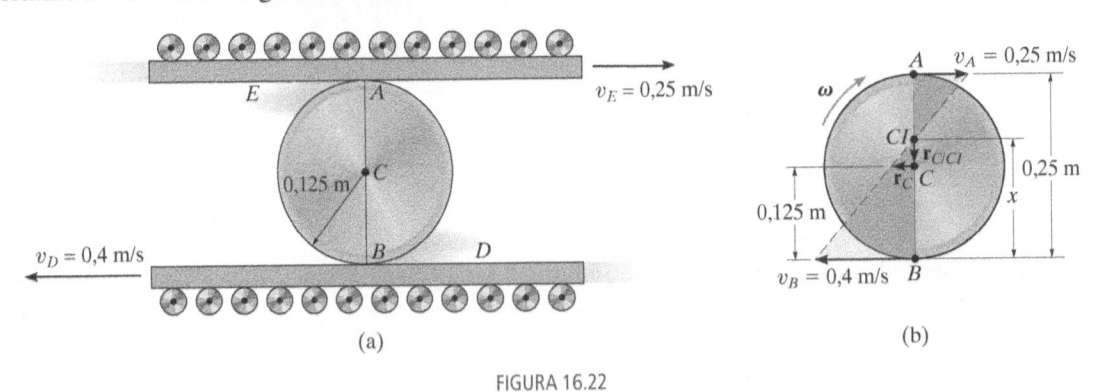

FIGURA 16.22

SOLUÇÃO

Visto que não ocorre nenhum deslizamento, os pontos de contato A e B sobre o cilindro têm as mesmas velocidades que as placas E e D, respectivamente. Além disso, as velocidades $\mathbf{v}_A$ e $\mathbf{v}_B$ são *paralelas*, de maneira que, pela proporcionalidade dos triângulos retângulos, o CI está localizado em um ponto sobre a linha AB (Figura 16.22b). Supondo que esse ponto esteja a uma distância x de B, temos

$$v_B = \omega x; \qquad 0{,}4 \text{ m/s} = \omega x$$

$$v_A = \omega(0{,}25 \text{ m} - x); \qquad 0{,}25 \text{ m/s} = \omega(0{,}25 \text{ m} - x)$$

Dividindo-se uma equação pela outra, elimina-se ω e resulta em

$$0,4(0,25 - x) = 0,25x$$

$$x = \frac{0,1}{0,65} = 0,1538 \text{ m}$$

Por conseguinte, a velocidade angular do cilindro é

$$\omega = \frac{v_B}{x} = \frac{0,4 \text{ m/s}}{0,1538 \text{ m}} = 2,60 \text{ rad/s} \circlearrowright \qquad \textit{Resposta}$$

A velocidade do ponto C é, portanto,

$$v_C = \omega r_{C/CI} = 2,60 \text{ rad/s } (0,1538 \text{ m} - 0,125 \text{ m})$$
$$= 0,0750 \text{ m/s} \leftarrow \qquad \textit{Resposta}$$

EXEMPLO 16.12

A manivela AB gira com velocidade angular no sentido horário de 10 rad/s (Figura 16.23a). Determine a velocidade do pistão no instante mostrado.

SOLUÇÃO

A manivela gira em torno de um eixo fixo e, assim, a velocidade do ponto B é

$$v_B = (10 \text{ rad/s}) (0,25 \text{ m}) = 2,50 \text{ m/s} \angle 45°$$

Visto que as direções das velocidades de B e C são conhecidas, a localização do CI para a barra de conexão BC está na interseção das linhas estendidas a partir desses pontos, perpendiculares a $\mathbf{v}_B$ e $\mathbf{v}_C$ (Figura 16.23b). As intensidades de $\mathbf{r}_{B/CI}$ e $\mathbf{r}_{C/CI}$ podem ser obtidas a partir da geometria do triângulo e da lei dos senos, ou seja,

$$\frac{0,75 \text{ m}}{\text{sen}45°} = \frac{r_{B/CI}}{\text{sen}76,4°}$$

$$r_{B/CI} = 1,031 \text{ m}$$

$$\frac{0,75 \text{ m}}{\text{sen}45°} = \frac{r_{C/CI}}{\text{sen}58,6°}$$

$$r_{C/CI} = 0,9056 \text{ m}$$

O sentido de rotação de ω_{BC} tem de ser o mesmo que a rotação causada por $\mathbf{v}_B$ em torno do CI, que é anti-horário. Portanto,

$$\omega_{BC} = \frac{v_B}{r_{B/CI}} = \frac{2,5 \text{ m/s}}{1,031 \text{ m}} = 2,425 \text{ rad/s}$$

Utilizando esse resultado, a velocidade do pistão é

$$v_C = \omega_{BC} r_{C/CI} = (2,425 \text{ rad/s})(0,9056 \text{ m}) = 2,20 \text{ m/s} \qquad \textit{Resposta}$$

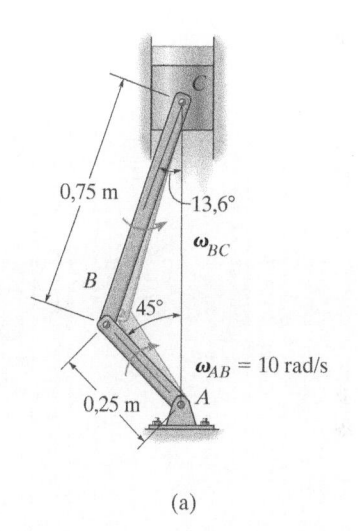

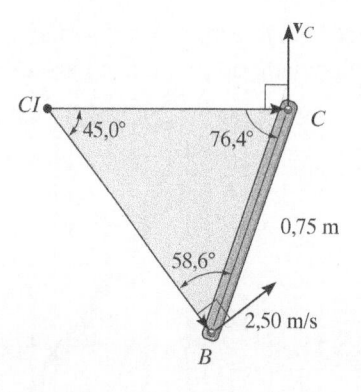

FIGURA 16.23

Problema preliminar

P16.2. Estabeleça a posição do centro instantâneo de velocidade nula para determinar a velocidade do ponto B.

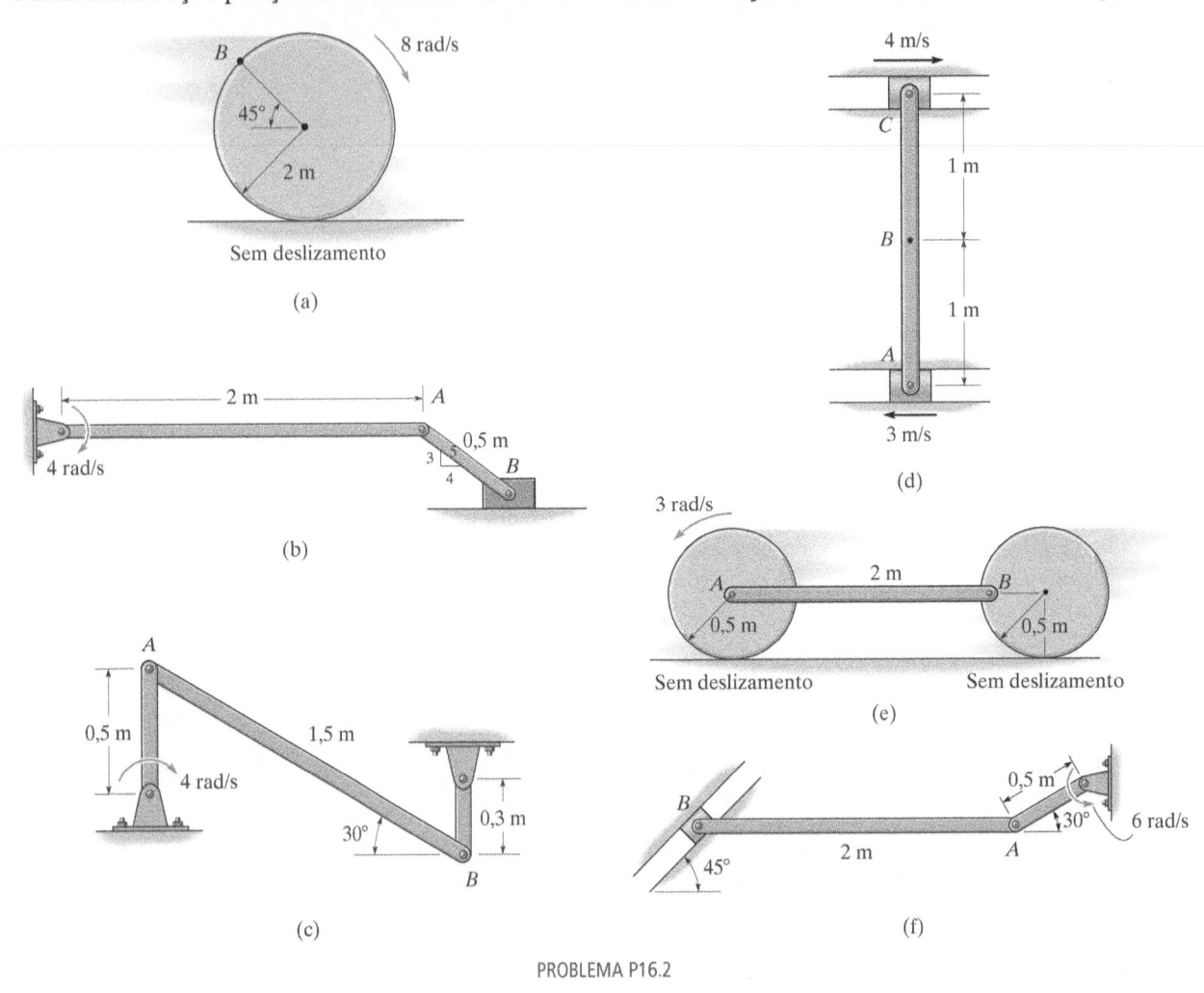

(a) Disco de 2 m, 8 rad/s, ângulo 45°, sem deslizamento.

(b) Barra de 2 m fixada em parede com 4 rad/s, segmento de 0,5 m até B, inclinação 3-4.

(c) Braço A com 4 rad/s, barra de 1,5 m, 30°, segmento de 0,3 m até B, altura 0,5 m.

(d) Barra vertical com C no topo (4 m/s), B no meio, A na base (3 m/s), 1 m entre cada.

(e) Duas rodas de 0,5 m conectadas por barra de 2 m, 3 rad/s, sem deslizamento.

(f) B em rampa a 45°, barra de 2 m, A conectado por segmento de 0,5 m a 30°, 6 rad/s.

PROBLEMA P16.2

Problemas fundamentais

F16.13. Determine a velocidade angular da barra e a velocidade do ponto C no instante mostrado.

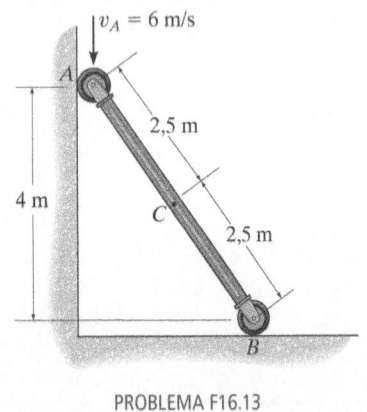

$v_A = 6$ m/s, 4 m, 2,5 m, 2,5 m

PROBLEMA F16.13

F16.14. Determine a velocidade angular do membro BC e a velocidade do pistão C no instante mostrado.

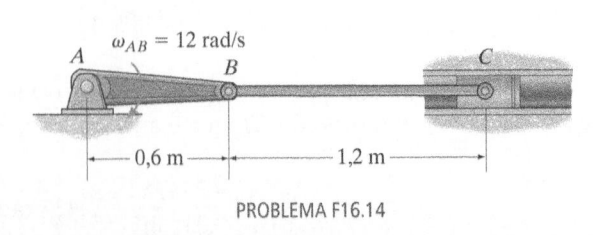

$\omega_{AB} = 12$ rad/s, 0,6 m, 1,2 m

PROBLEMA F16.14

F16.15. Se o centro O da roda está se deslocando com velocidade $v_O = 6$ m/s, determine a velocidade do ponto A na roda. A cremalheira B está fixa.

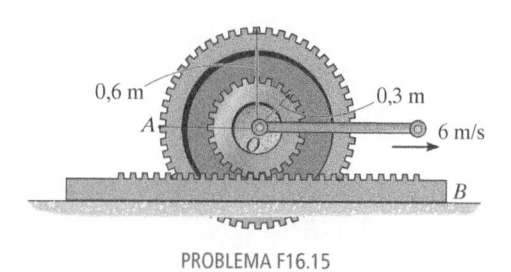

Capítulo 16 – Cinemática do movimento plano de um corpo rígido

F16.17. Determine a velocidade angular do segmento BC e a velocidade do pistão C no instante mostrado.

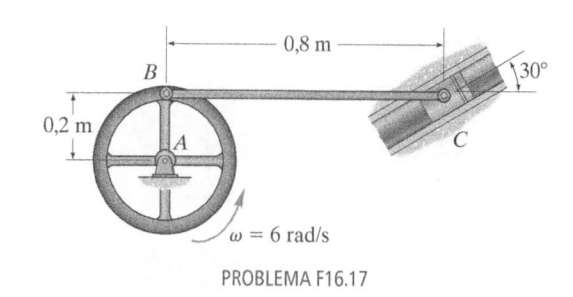

PROBLEMA F16.15

F16.16. Se o cabo AB é desenrolado com velocidade de 3 m/s, e a cremalheira C tem velocidade de 1,5 m/s, determine a velocidade angular da engrenagem e a velocidade de seu centro O.

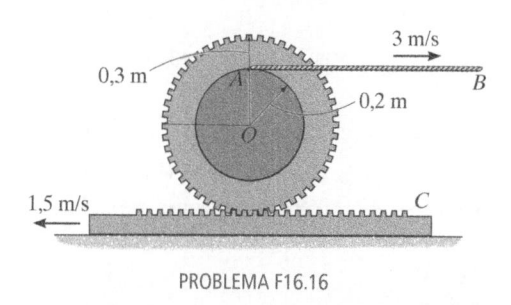

PROBLEMA F16.17

F16.18. Determine a velocidade angular dos segmentos BC e CD no instante mostrado.

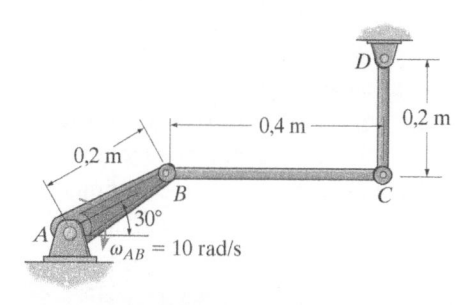

PROBLEMA F16.16

PROBLEMA F16.18

Problemas

16.81. Em cada caso, mostre graficamente como localizar o centro instantâneo de velocidade nula do segmento AB. Suponha que a geometria seja conhecida.

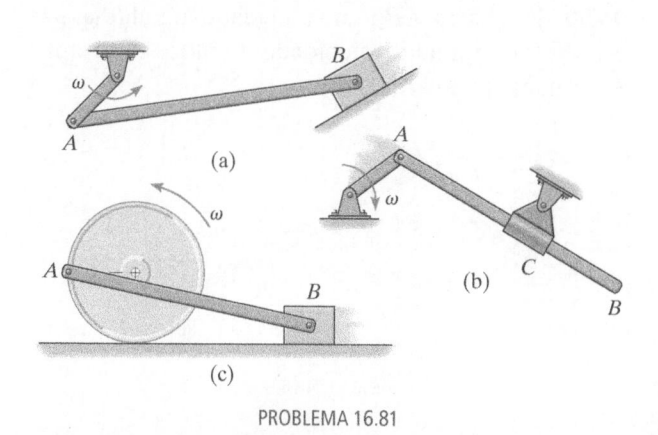

PROBLEMA 16.82

PROBLEMA 16.81

16.83. A placa quadrada está restrita dentro das ranhuras em A e B. Quando $\theta = 30°$, o ponto A está se deslocando com $v_A = 8$ m/s. Determine a velocidade do ponto C nesse instante.

*16.84. A placa quadrada está restrita dentro das ranhuras em A e B. Quando $\theta = 30°$, o ponto A está se deslocando com $v_A = 8$ m/s. Determine a velocidade do ponto D nesse instante.

16.82. Se a manivela AB está girando com velocidade angular de $\omega_{AB} = 6$ rad/s, determine a velocidade do centro O da engrenagem no instante mostrado.

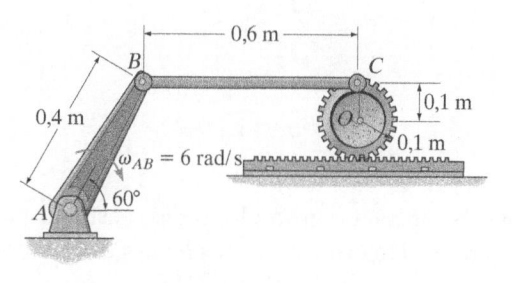

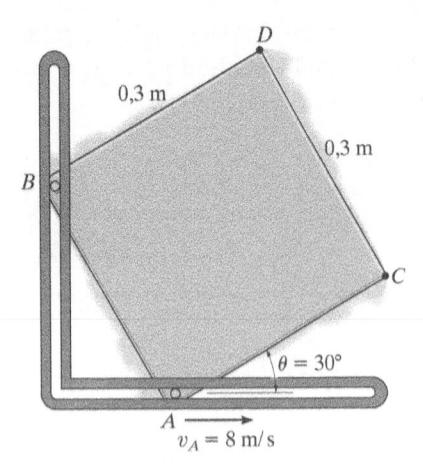

16.87. O membro AB está girando a $\omega_{AB} = 6$ rad/s. Determine a velocidade do ponto D e a velocidade angular dos membros BPD e CD.

*16.88. O membro AB está girando a $\omega_{AB} = 6$ rad/s. Determine a velocidade do ponto P e a velocidade angular do membro BPD.

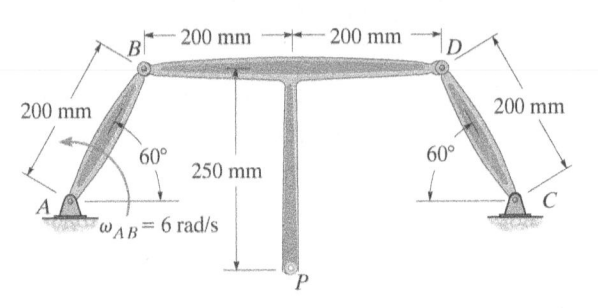

PROBLEMAS 16.87 e 16.88

16.85. O mecanismo de retorno rápido é projetado para fornecer curso de corte lento e retorno rápido a uma lâmina conectada à superfície deslizante em C. Determine a velocidade angular do membro CB no instante mostrado, se o membro AB está girando a 4 rad/s.

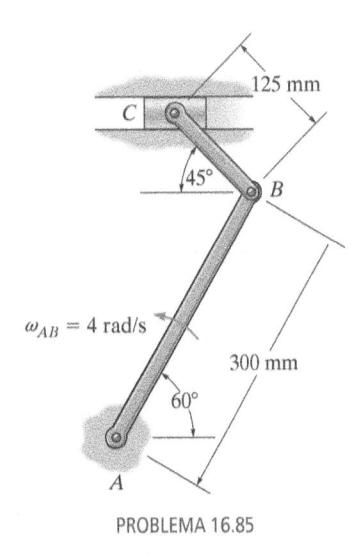

16.89. Se a barra CD está girando com velocidade angular $\omega_{CD} = 4$ rad/s, determine as velocidades angulares das barras AB e CB no instante mostrado.

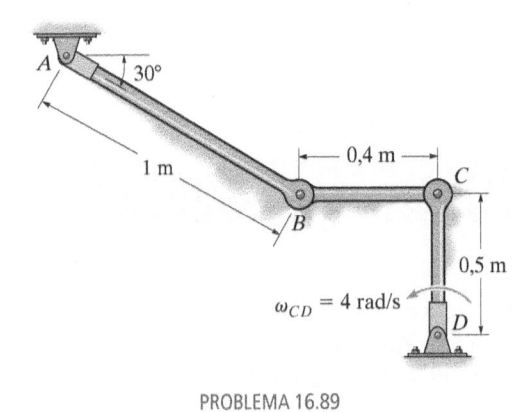

PROBLEMAS 16.83 e 16.84

PROBLEMA 16.85

PROBLEMA 16.89

16.86. No instante mostrado, o disco está girando a $\omega = 4$ rad/s. Determine as velocidades dos pontos A, B e C.

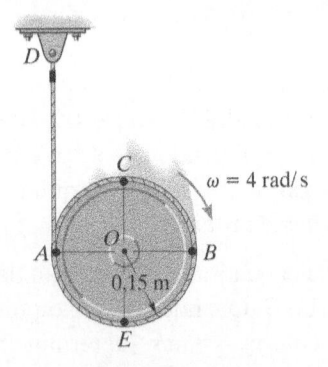

16.90. Se a barra AB tem velocidade angular $\omega_{AB} = 6$ rad/s, determine a velocidade do bloco deslizante C no instante mostrado.

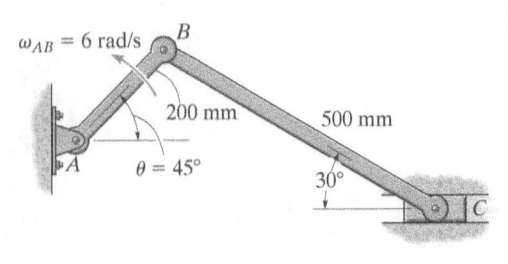

PROBLEMA 16.90

16.91. O mecanismo utilizado em um motor de navio consiste em uma manivela AB e duas bielas BC e BD. Determine a velocidade do pistão em C no instante em que a manivela está na posição mostrada e tem velocidade angular de 5 rad/s.

PROBLEMA 16.86

*16.92. O mecanismo utilizado em um motor de navio consiste em uma manivela AB e duas bielas BC e BD. Determine a velocidade do pistão em D no instante em que a manivela está na posição mostrada e tem velocidade angular de 5 rad/s.

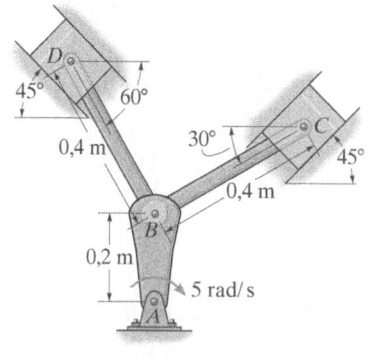

PROBLEMAS 16.91 e 16.92

16.93. Mostre que, se a borda da roda e seu eixo mantêm contato com as três pistas enquanto a roda gira, é necessário que o deslizamento ocorra no eixo A se não houver deslizamento em B. Sob essas condições, qual é a velocidade em A se a roda tem velocidade angular ω?

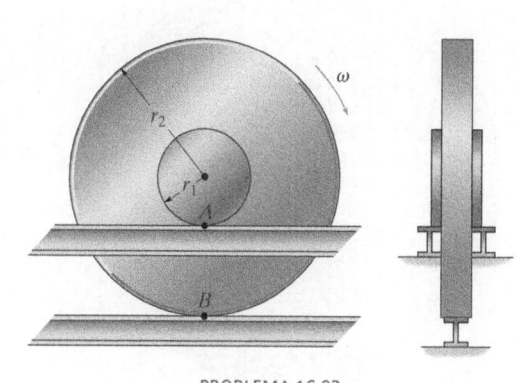

PROBLEMA 16.93

16.94. A engrenagem de pinhão A rola na cremalheira fixa B com velocidade angular $\omega = 8$ rad/s. Determine a velocidade da cremalheira C.

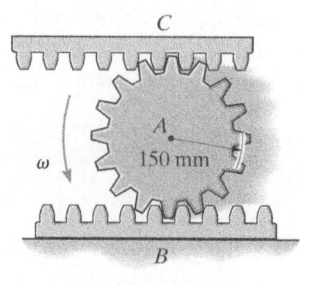

PROBLEMA 16.94

16.95. O cilindro B rola sobre o cilindro fixo A sem deslizar. Se a barra conectada CD está girando com velocidade angular $\omega_{CD} = 5$ rad/s, determine a velocidade angular do cilindro B. O ponto C é um ponto fixo.

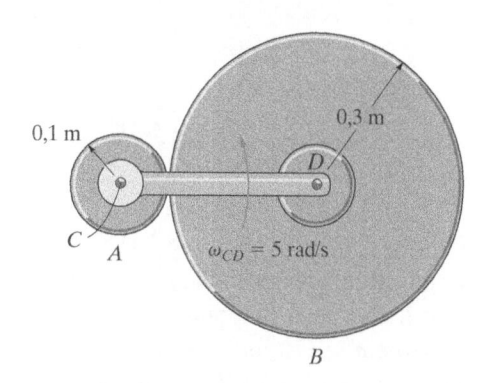

PROBLEMA 16.95

*16.96. Determine a velocidade angular da engrenagem com dentes duplos e a velocidade no ponto C da engrenagem.

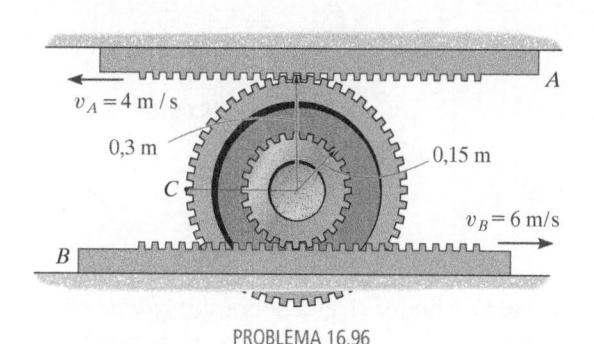

PROBLEMA 16.96

16.97. Se a engrenagem central H e a engrenagem interna R têm velocidades angulares $\omega_H = 5$ rad/s e $\omega_R = 20$ rad/s, respectivamente, determine a velocidade angular ω_S da engrenagem de dentes retos S e a velocidade angular do braço OA.

16.98. Se a engrenagem central H tem velocidade angular $\omega_H = 5$ rad/s, determine a velocidade angular da engrenagem interna R de maneira que o braço OA que está pinado à engrenagem de dentes retos S permaneça estacionário ($\omega_{OA} = 0$). Qual é a velocidade angular da engrenagem de dentes retos?

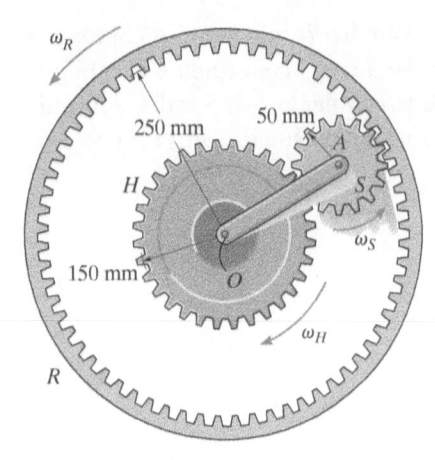

PROBLEMAS 16.97 e 16.98

16.99. A manivela AB gira a $\omega_{AB} = 50$ rad/s em torno do eixo fixo através do ponto A, e o disco em C é mantido fixo em seu suporte em E. Determine a velocidade angular da barra CD no instante mostrado.

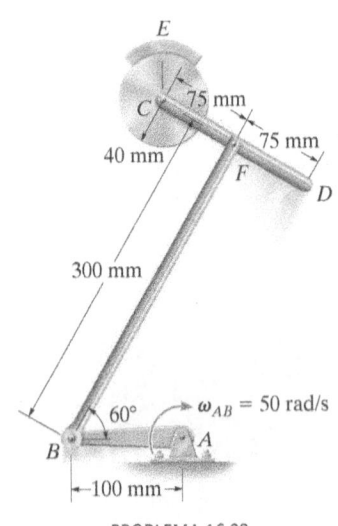

PROBLEMA 16.99

*16.100. O cilindro A gira sobre um *cilindro fixo B* sem deslizar. Se a barra CD está girando com velocidade angular $\omega_{CD} = 3$ rad/s, determine a velocidade angular de A.

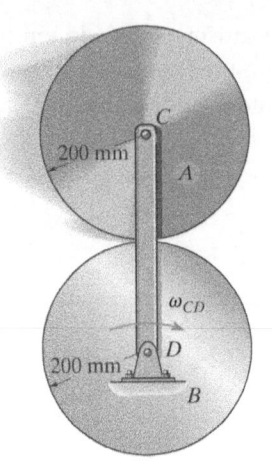

PROBLEMA 16.100

16.101. A engrenagem planetária A está conectada por um pino à extremidade do membro BC. Se o membro gira em torno do ponto fixo B a 4 rad/s, determine a velocidade angular da engrenagem de anel R. A engrenagem sol D está fixada para não girar.

16.102. Resolva o Problema 16.101 se a engrenagem sol D está girando em sentido horário a $\omega_D = 5$ rad/s enquanto o braço BC gira em sentido anti-horário a $\omega_{BC} = 4$ rad/s.

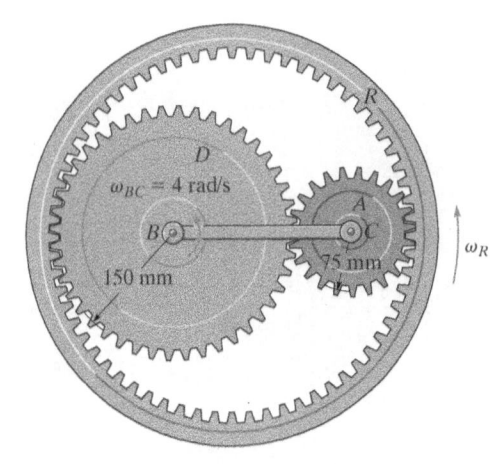

PROBLEMAS 16.101 e 16.102

16.7 Análise do movimento relativo: aceleração

Uma equação que relaciona as acelerações de dois pontos sobre uma barra (corpo rígido) submetida ao movimento plano geral pode ser determinada diferenciando $\mathbf{v}_B = \mathbf{v}_A + \mathbf{v}_{B/A}$ em relação ao tempo. Isso resulta em

$$\frac{d\mathbf{v}_B}{dt} = \frac{d\mathbf{v}_A}{dt} + \frac{d\mathbf{v}_{B/A}}{dt}$$

Os termos $d\mathbf{v}_B/dt = \mathbf{a}_B$ e $d\mathbf{v}_A/dt = \mathbf{a}_A$ são medidos em relação a um conjunto de *eixos fixos* x, y e representam as *acelerações absolutas* dos pontos B

e A. O último termo representa a aceleração de B em relação a A como medido por um observador fixo aos eixos de translação x', y' que tem sua origem no ponto base A. Na Seção 16.5, foi mostrado que, para esse observador, o ponto B parece se deslocar ao longo de um *arco circular* que tem um raio de curvatura $r_{B/A}$. Consequentemente, $\mathbf{a}_{B/A}$ pode ser expressa em termos das suas componentes tangenciais e normais; ou seja, $\mathbf{a}_{B/A} = (\mathbf{a}_{B/A})_t + (\mathbf{a}_{B/A})_n$, onde $(a_{B/A})_t = \alpha r_{B/A}$ e $(a_{B/A})_n = \omega^2 r_{B/A}$. Por conseguinte, a equação da aceleração relativa pode ser escrita na forma:

$$\mathbf{a}_B = \mathbf{a}_A + (\mathbf{a}_{B/A})_t + (\mathbf{a}_{B/A})_n \qquad (16.17)$$

onde

$\mathbf{a}_B$ = aceleração do ponto B

$\mathbf{a}_A$ = aceleração do ponto A

$(\mathbf{a}_{B/A})_t$ = componente da aceleração tangencial de B em relação a A. A *intensidade* é $(a_{B/A})_t = \alpha r_{B/A}$, e a *direção* é perpendicular a $\mathbf{r}_{B/A}$.

$(\mathbf{a}_{B/A})_n$ = componente da aceleração normal de B em relação a A. A *intensidade* é $(a_{B/A})_n = \omega^2 r_{B/A}$, e a *direção* é sempre de B para A.

Os termos na Equação 16.17 estão representados graficamente na Figura 16.24. Aqui é visto que, em um dado instante, a aceleração de B (Figura 16.24a) é determinada considerando-se que a barra translada com aceleração $\mathbf{a}_A$ (Figura 16.24b), e simultaneamente rotaciona em torno do ponto base A com velocidade angular instantânea $\boldsymbol{\omega}$ e aceleração angular $\boldsymbol{\alpha}$ (Figura 16.24c). A soma vetorial desses dois efeitos aplicada a B produz $\mathbf{a}_B$, como mostrado na Figura 16.24d. Deve ser observado, a partir da Figura 16.24a, que, tendo em vista que os pontos A e B se deslocam ao longo de *trajetórias curvas*, as acelerações desses pontos terão *componentes normais e tangenciais*. (Lembre-se de que a aceleração de um ponto é *tangente à trajetória somente* quando a trajetória é *retilínea* ou quando ela é um ponto de inflexão sobre uma curva.)

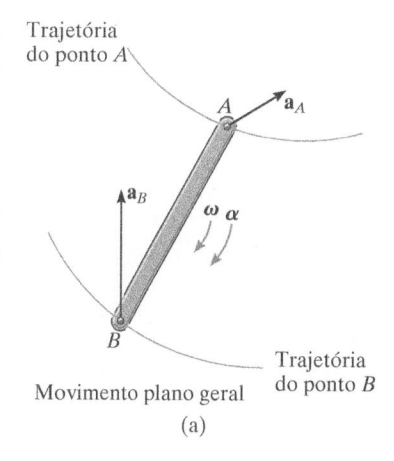

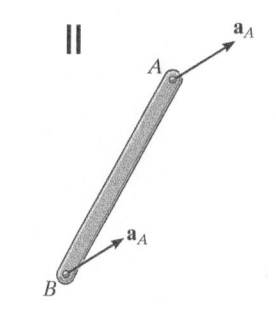

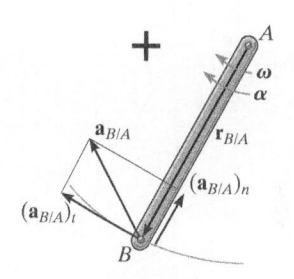

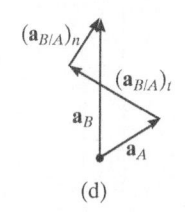

Visto que as componentes da aceleração relativa representam o efeito do *movimento circular* observado a partir dos eixos de translação tendo sua origem no ponto base A, esses termos podem ser expressos como $(\mathbf{a}_{B/A})_t = \boldsymbol{\alpha} \times \mathbf{r}_{B/A}$ e $(\mathbf{a}_{B/A})_n = -\omega^2 \mathbf{r}_{B/A}$ (Equação 16.14). Por conseguinte, a Equação 16.17 torna-se

$$\mathbf{a}_B = \mathbf{a}_A + \boldsymbol{\alpha} \times \mathbf{r}_{B/A} - \omega^2 \mathbf{r}_{B/A} \qquad (16.18)$$

onde

$\mathbf{a}_B$ = aceleração do ponto B

$\mathbf{a}_A$ = aceleração do ponto base A

$\boldsymbol{\alpha}$ = aceleração angular do corpo

$\boldsymbol{\omega}$ = velocidade angular do corpo

$\mathbf{r}_{B/A}$ = vetor posição direcionado de A para B

Se a Equação 16.17 ou a 16.18 é aplicada de maneira prática para estudar o movimento acelerado de um corpo rígido que está *conectado por um pino* a dois outros corpos, deve ser observado que os pontos que são *coincidentes no pino* se deslocam com a *mesma aceleração*, visto que a trajetória

FIGURA 16.24

do movimento sobre a qual eles se deslocam é a *mesma*. Por exemplo, o ponto B que se encontra na barra BA ou BC do mecanismo de manivela mostrado na Figura 16.25a tem a mesma aceleração, visto que as barras estão conectadas por um pino em B. Aqui, o movimento de B é ao longo de uma *trajetória circular*, de maneira que $\mathbf{a}_B$ pode ser expresso em termos das suas componentes tangenciais e normais. Na outra extremidade da barra BC, o ponto C se desloca ao longo da *trajetória de uma linha reta*, que é definida pelo pistão. Por conseguinte, $\mathbf{a}_C$ é horizontal (Figura 16.25b).

Por fim, considere um disco que gira sem deslizar, como mostra a Figura 16.26a. Como resultado, $v_A = 0$ e, portanto, pelo diagrama cinemático da Figura 16.26b, a velocidade do centro de massa G é

$$\mathbf{v}_G = \mathbf{v}_A + \boldsymbol{\omega} \times \mathbf{r}_{G/A} = \mathbf{0} + (-\omega\mathbf{k}) \times (r\mathbf{j})$$

De modo que

$$v_G = \omega r \tag{16.19}$$

Esse mesmo resultado também pode ser determinado por meio do método do CI, em que o ponto A é o *CI*.

Visto que G se move ao longo de uma *linha reta*, sua aceleração neste caso pode ser determinada a partir da derivada temporal de sua velocidade.

$$\frac{dv_G}{dt} = \frac{d\omega}{dt} r$$

$$a_G = \alpha r \tag{16.20}$$

Esses dois resultados importantes também foram obtidos no Exemplo 16.4. Eles se aplicam também a qualquer objeto circular, como uma bola, engrenagem, roda etc., que *gire sem deslizar*.

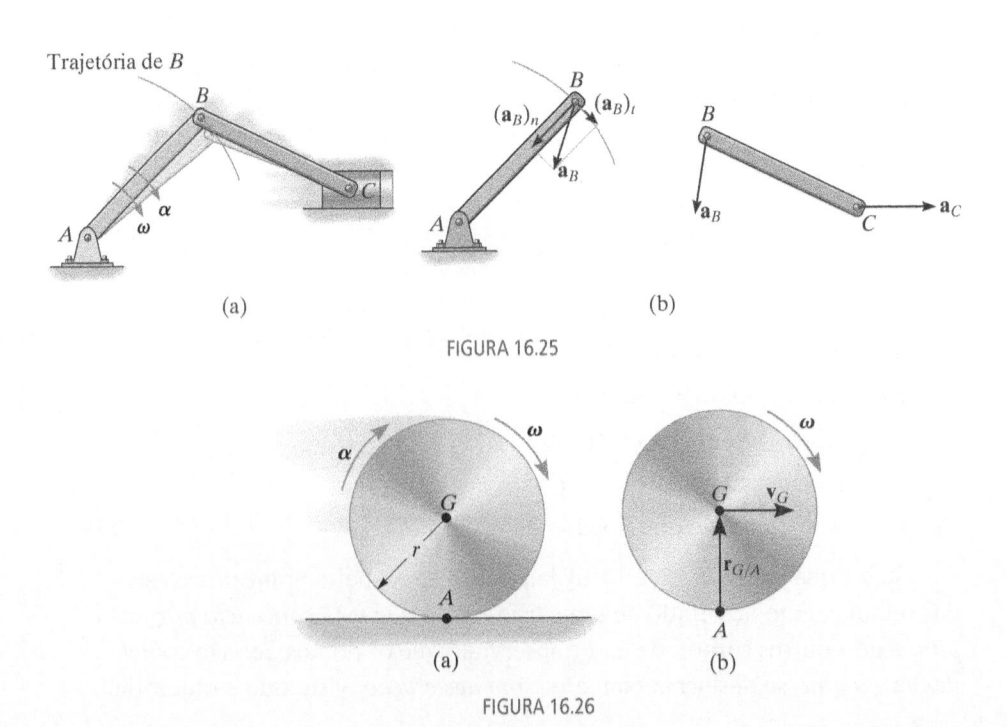

FIGURA 16.25

FIGURA 16.26

Procedimento para análise

A equação da aceleração relativa pode ser aplicada entre quaisquer dois pontos A e B sobre um corpo utilizando-se uma análise vetorial cartesiana, ou escrevendo as equações das componentes escalares x e y diretamente.

Análise de velocidade

- Determine a velocidade angular ω do corpo utilizando uma análise de velocidade como discutida nas seções 16.5 ou 16.6. Além disso, determine as velocidades $\mathbf{v}_A$ e $\mathbf{v}_B$ dos pontos A e B se esses pontos se deslocam ao longo de trajetórias curvas.

Análise vetorial
Diagrama cinemático

- Estabeleça as direções das coordenadas x e y fixas e trace o diagrama cinemático do corpo. Indique nele $\mathbf{a}_A$, $\mathbf{a}_B$, ω, α e $\mathbf{r}_{B/A}$.

- Se os pontos A e B se deslocam ao longo de *trajetórias curvas*, suas acelerações devem ser indicadas em termos das suas componentes tangenciais e normais, ou seja, $\mathbf{a}_A = (\mathbf{a}_A)_t + (\mathbf{a}_A)_n$ e $\mathbf{a}_B = (\mathbf{a}_B)_t + (\mathbf{a}_B)_n$.

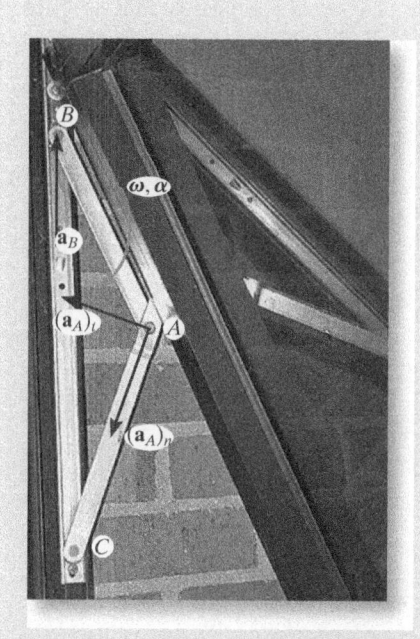

O mecanismo de uma janela é mostrado. Aqui, CA gira em torno de um eixo fixo através de C, e AB sofre um movimento plano geral. Visto que o ponto A se desloca ao longo de uma trajetória curva, ele tem duas componentes de aceleração, enquanto o ponto B se desloca ao longo de um trilho reto e a direção de sua aceleração está especificada.

Equação da aceleração

- Para aplicar $\mathbf{a}_B = \mathbf{a}_A + \boldsymbol{\alpha} \times \mathbf{r}_{B/A} - \omega^2 \mathbf{r}_{B/A}$, expresse os vetores na forma vetorial cartesiana e os substitua na equação. Calcule o produto vetorial e em seguida equacione as respectivas componentes $\mathbf{i}$ e $\mathbf{j}$ para obter duas equações escalares.

- Se a solução produz uma resposta *negativa* para uma intensidade *desconhecida*, ela indica que o sentido de direção do vetor é oposto ao mostrado no diagrama cinemático.

Análise escalar
Diagrama cinemático

- Se a equação da aceleração é aplicada na forma escalar, as intensidades e direções das componentes da aceleração relativa $(\mathbf{a}_{B/A})_t$ e $(\mathbf{a}_{B/A})_n$ têm de ser estabelecidas. Para fazer isso, trace um diagrama cinemático como o mostrado na Figura 16.24c. Visto que o corpo é considerado como estando momentaneamente "preso com pino" no ponto base A, as *intensidades* dessas componentes são $(a_{B/A})_t = \alpha r_{B/A}$ e $(a_{B/A})_n = \omega^2 r_{B/A}$. Seu *sentido de direção* é estabelecido a partir do diagrama de tal maneira que $(\mathbf{a}_{B/A})_t$ atua perpendicularmente a $\mathbf{r}_{B/A}$, de acordo com o movimento de rotação α do corpo, e $(\mathbf{a}_{B/A})_n$ está direcionado de B para A.*

Equação da aceleração

- Represente os vetores em $\mathbf{a}_B = \mathbf{a}_A + (\mathbf{a}_{B/A})_t + (\mathbf{a}_{B/A})_n$ graficamente mostrando suas intensidades e direções embaixo de cada termo. As equações escalares são determinadas a partir das componentes x e y desses vetores.

---

* A notação $\mathbf{a}_B = \mathbf{a}_A + (\mathbf{a}_{B/A(pino)})_t + (\mathbf{a}_{B/A(pino)})_n$ pode ser útil para lembrar que se assume que A esteja pinado.

EXEMPLO 16.13

A barra AB mostrada na Figura 16.27a está confinada a se deslocar ao longo dos planos inclinados em A e B. Se o ponto A tem aceleração de 3 m/s² e velocidade de 2 m/s, ambas direcionadas para baixo do plano no instante em que a barra está na horizontal, determine a aceleração angular da barra nesse instante.

SOLUÇÃO I (ANÁLISE VETORIAL)

Aplicaremos a equação da aceleração aos pontos A e B na barra. Para fazer isso, primeiro é necessário determinar a velocidade angular da barra. Mostre que ela é $\omega = 0{,}283$ rad/s $\circlearrowright$ utilizando ou a equação da velocidade ou o método dos centros instantâneos.

Diagrama cinemático

Visto que ambos os pontos, A e B, se deslocam ao longo de trajetórias de linha reta, eles *não* têm componentes da aceleração normais às trajetórias. Há duas incógnitas na Figura 16.27b, a saber, a_B e α.

Equação de aceleração

$$\mathbf{a}_B = \mathbf{a}_A + \boldsymbol{\alpha} \times \mathbf{r}_{B/A} - \omega^2 \mathbf{r}_{B/A}$$

$$a_B \cos 45°\mathbf{i} + a_B \operatorname{sen}45°\mathbf{j} = 3\cos 45°\mathbf{i} - 3\operatorname{sen}45°\mathbf{j} + (\alpha\mathbf{k}) \times (10\mathbf{i}) - (0{,}283)^2(10\mathbf{i})$$

Realizar o produto vetorial e equacionar as componentes $\mathbf{i}$ e $\mathbf{j}$ resulta em

$$a_B \cos 45° = 3\cos 45° - (0{,}283)^2(10) \quad (1)$$

$$a_B \operatorname{sen} 45° = -3\operatorname{sen} 45° + \alpha(10) \quad (2)$$

Resolvendo, temos

$$a_B = 1{,}87 \text{ m/s}^2 \; \angle 45°$$

$$\alpha = 0{,}344 \text{ rad/s}^2 \circlearrowright \qquad \textit{Resposta}$$

SOLUÇÃO II (ANÁLISE ESCALAR)

Do diagrama cinemático, mostrando as componentes da aceleração relativa $(\mathbf{a}_{B/A})_t$ e $(\mathbf{a}_{B/A})_n$ (Figura 16.27c), temos

$$\mathbf{a}_B = \mathbf{a}_A + (\mathbf{a}_{B/A})_t + (\mathbf{a}_{B/A})_n$$

$$\begin{bmatrix} a_B \\ \angle 45° \end{bmatrix} = \begin{bmatrix} 3 \text{ m/s}^2 \\ \searrow 45° \end{bmatrix} + \begin{bmatrix} \alpha(10 \text{ m}) \\ \uparrow \end{bmatrix} + \begin{bmatrix} (0{,}283 \text{ rad/s})^2(10 \text{ m}) \\ \leftarrow \end{bmatrix}$$

Equacionar as componentes x e y resulta nas equações 1 e 2, e a solução prossegue como antes.

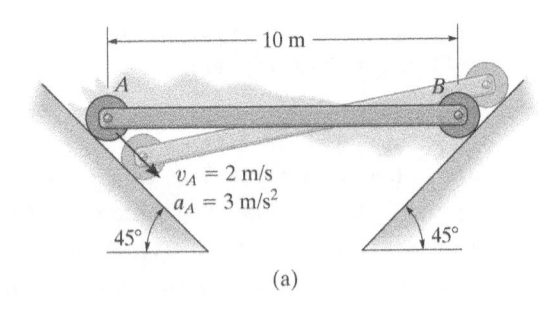

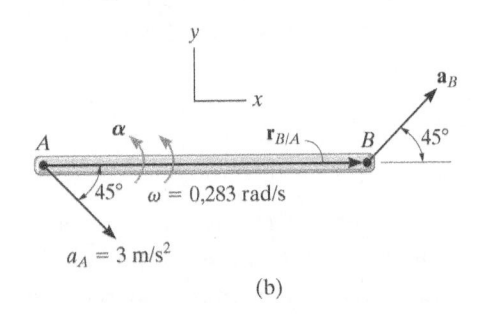

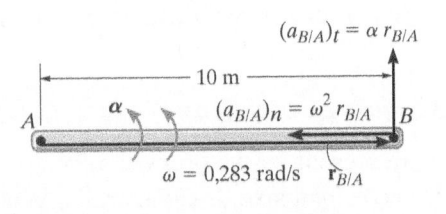

FIGURA 16.27

EXEMPLO 16.14

O disco gira sem deslizar e possui o movimento angular mostrado na Figura 16.28a. Determine a aceleração do ponto A nesse instante.

SOLUÇÃO I (ANÁLISE VETORIAL)

Diagrama cinemático

Visto que não ocorre deslizamento, aplicando a Equação 16.20,

$$a_G = \alpha r = (4 \text{ rad/s}^2)(0,5 \text{ m}) = 2 \text{ m/s}^2$$

Equação da aceleração

Aplicaremos a equação da aceleração aos pontos G e A (Figura 16.28b):

$$\mathbf{a}_A = \mathbf{a}_G + \boldsymbol{\alpha} \times \mathbf{r}_{A/G} - \omega^2 \mathbf{r}_{A/G}$$

$$\mathbf{a}_A = -2\mathbf{i} + (4\mathbf{k}) \times (-0,5\mathbf{j}) - (6)^2(-0,5\mathbf{j})$$

$$= \{18\mathbf{j}\} \text{ m/s}^2$$

SOLUÇÃO II (ANÁLISE ESCALAR)

Usando o resultado para $a_G = 2$ m/s² determinado anteriormente, e pelo diagrama cinemático, mostrando o movimento relativo $\mathbf{a}_{A/G}$ (Figura 16.28c), temos

$$\mathbf{a}_A = \mathbf{a}_G + (\mathbf{a}_{A/G})_x + (\mathbf{a}_{A/G})_y$$

$$\begin{bmatrix}(a_A)_x \\ \rightarrow\end{bmatrix} + \begin{bmatrix}(a_A)_y \\ \uparrow\end{bmatrix} = \begin{bmatrix}2 \text{ m/s}^2 \\ \leftarrow\end{bmatrix} + \begin{bmatrix}(4 \text{ rad/s}^2)(0,5 \text{ m}) \\ \rightarrow\end{bmatrix} + \begin{bmatrix}(6 \text{ rad/s})^2(0,5 \text{ m}) \\ \uparrow\end{bmatrix}$$

$\xrightarrow{+}$ $(a_A)_x = -2 + 2 = 0$

$+\uparrow$ $(a_A)_y = 18 \text{ m/s}^2$

Portanto,

$$a_A = \sqrt{(0)^2 + (18 \text{ m/s}^2)^2} = 18 \text{ m/s}^2 \qquad \textit{Resposta}$$

NOTA: o fato de que $a_A = 18$ m/s² indica que o centro instantâneo de velocidade nula, ponto A, *não é* um ponto de aceleração nula.

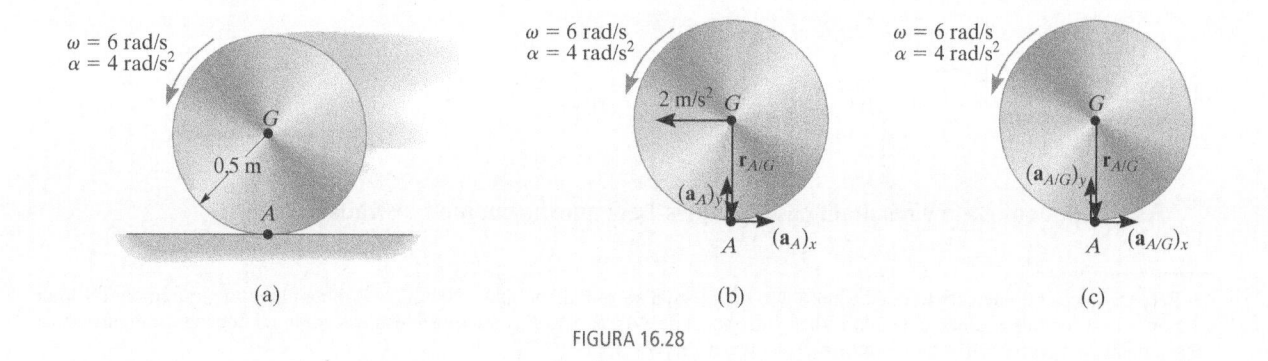

FIGURA 16.28

EXEMPLO 16.15

A bobina mostrada na Figura 16.29a se desenrola da corda de tal maneira que, no instante mostrado, ela tem velocidade angular de 3 rad/s e aceleração angular de 4 rad/s². Determine a aceleração do ponto B.

SOLUÇÃO I (ANÁLISE VETORIAL)

A bobina "parece" estar rolando para baixo sem deslizar no ponto A. Portanto, podemos usar os resultados da Equação 16.20 para determinar a aceleração do ponto G, ou seja,

$$a_G = \alpha r = (4 \text{ rad/s}^2)(0,2 \text{ m}) = 0,8 \text{ m/s}^2$$

Vamos aplicar a equação da aceleração aos pontos G e B.

Diagrama cinemático

O ponto B se desloca ao longo de uma *trajetória curva* tendo um raio de curvatura *desconhecido*.* Sua aceleração será representada pelas componentes incógnitas x e y, como mostrado na Figura 16.29b.

Equação da aceleração

$$\mathbf{a}_B = \mathbf{a}_G + \boldsymbol{\alpha} \times \mathbf{r}_{B/G} - \omega^2 \mathbf{r}_{B/G}$$

$$(a_B)_x \mathbf{i} + (a_B)_y \mathbf{j} = -0,8\mathbf{j} + (-4\mathbf{k}) \times (0,3\mathbf{j}) - (3)^2(0,3\mathbf{j})$$

Equacionando os termos **i** e **j**, as equações das componentes são

$$(a_B)_x = 4(0,3) = 1,2 \text{ m/s}^2 \rightarrow \qquad (1)$$

$$(a_B)_y = -0,8 - 2,7 = -3,5 \text{ m/s}^2 = 3,5 \text{ m/s}^2 \downarrow \qquad (2)$$

A intensidade e a direção de $\mathbf{a}_B$ são, portanto,

$$a_B = \sqrt{(1,2)^2 + (3,5)^2} = 3,7 \text{ m/s}^2 \qquad \textit{Resposta}$$

$$\theta = \text{tg}^{-1}\left(\frac{3,5}{1,2}\right) = 71,1° \qquad \textit{Resposta}$$

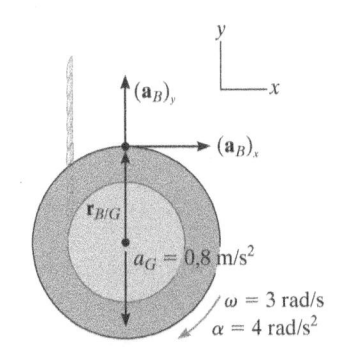

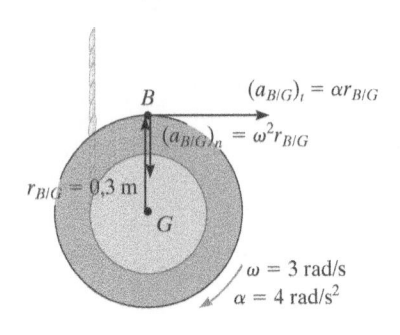

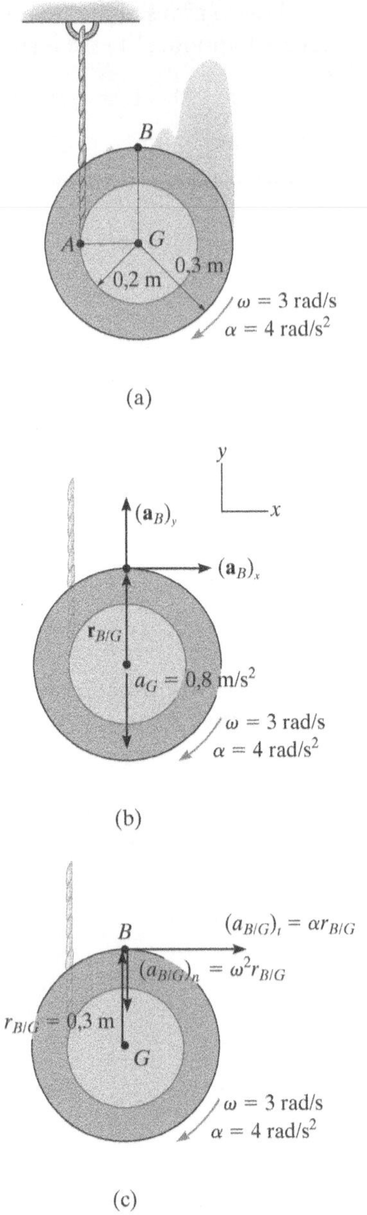

SOLUÇÃO II (ANÁLISE ESCALAR)

Este problema pode ser resolvido escrevendo-se as equações das componentes escalares diretamente. O diagrama cinemático na Figura 16.29c mostra as componentes da aceleração relativa $(\mathbf{a}_{B/G})_t$ e $(\mathbf{a}_{B/G})_n$. Deste modo,

$$\mathbf{a}_B = \mathbf{a}_G + (\mathbf{a}_{B/G})_t + (\mathbf{a}_{B/G})_n$$

$$\begin{bmatrix}(a_B)_x \\ \rightarrow\end{bmatrix} + \begin{bmatrix}(a_B)_y \\ \uparrow\end{bmatrix} = \begin{bmatrix}0,8 \text{ m/s}^2 \\ \downarrow\end{bmatrix} + \begin{bmatrix}4 \text{ rad/s}^2 (0,3 \text{ m}) \\ \rightarrow\end{bmatrix} + \begin{bmatrix}(3 \text{ rad/s})^2(0,3 \text{ m}) \\ \downarrow\end{bmatrix}$$

As componentes x e y resultam nas equações 1 e 2 anteriormente mostradas.

FIGURA 16.29

---

* Perceba que o raio de curvatura da trajetória ρ não é igual ao raio da bobina, visto que a bobina não está girando em torno do ponto G. Além disso, ρ não é definido como a distância de A (CI) para B, visto que a localização do CI depende somente da velocidade de um ponto, não da geometria de sua trajetória.

EXEMPLO 16.16

O anel C na Figura 16.30a se desloca para baixo com aceleração de 1 m/s². No instante mostrado, ele tem velocidade de 2 m/s, que dá aos membros CB e AB uma velocidade angular $\omega_{AB} = \omega_{CB} = 10$ rad/s (ver Exemplo 16.8). Determine as acelerações angulares de CB e AB nesse instante.

SOLUÇÃO (ANÁLISE VETORIAL)

Diagrama cinemático

Os diagramas cinemáticos dos segmentos AB e CB são mostrados na Figura 16.30b. Para resolver, vamos aplicar a equação cinemática apropriada a cada segmento.

Equação da aceleração

Segmento AB (rotação em torno de um eixo fixo):

$$\mathbf{a}_B = \boldsymbol{\alpha}_{AB} \times \mathbf{r}_B - \omega_{AB}^2 \mathbf{r}_B$$
$$\mathbf{a}_B = (\alpha_{AB}\mathbf{k}) \times (-0{,}2\mathbf{j}) - (10)^2(-0{,}2\mathbf{j})$$
$$\mathbf{a}_B = 0{,}2\alpha_{AB}\mathbf{i} + 20\mathbf{j}$$

Observe que $\mathbf{a}_B$ tem componentes n e t, visto que ele se desloca ao longo de uma *trajetória circular*.

Segmento BC (movimento plano geral): usando o resultado de $\mathbf{a}_B$ e aplicando a Equação 16.18, temos

$$\mathbf{a}_B = \mathbf{a}_C + \boldsymbol{\alpha}_{CB} \times \mathbf{r}_{B/C} - \omega_{CB}^2 \mathbf{r}_{B/C}$$
$$0{,}2\alpha_{AB}\mathbf{i} + 20\mathbf{j} = -1\mathbf{j} + (\alpha_{CB}\mathbf{k}) \times (0{,}2\mathbf{i} - 0{,}2\mathbf{j}) - (10)^2(0{,}2\mathbf{i} - 0{,}2\mathbf{j})$$
$$0{,}2\alpha_{AB}\mathbf{i} + 20\mathbf{j} = -1\mathbf{j} + 0{,}2\alpha_{CB}\mathbf{j} + 0{,}2\alpha_{CB}\mathbf{i} - 20\mathbf{i} + 20\mathbf{j}$$

Desse modo,

$$0{,}2\alpha_{AB} = 0{,}2\alpha_{CB} - 20$$
$$20 = -1 + 0{,}2\alpha_{CB} + 20$$

Resolvendo,

$$\alpha_{CB} = 5 \text{ rad/s}^2 \circlearrowleft \quad\quad \textit{Resposta}$$
$$\alpha_{AB} = -95 \text{ rad/s}^2 = 95 \text{ rad/s}^2 \circlearrowright \quad\quad \textit{Resposta}$$

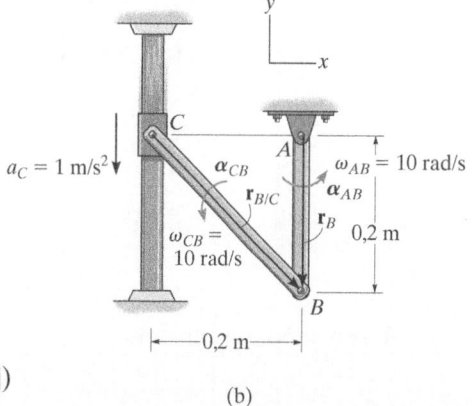

FIGURA 16.30

EXEMPLO 16.17

A manivela AB gira com aceleração angular no sentido horário de 20 rad/s² (Figura 16.31a). Determine a aceleração do pistão no instante que AB está na posição mostrada. Nesse instante, $\omega_{AB} = 10$ rad/s e $\omega_{BC} = 2{,}43$ rad/s. (Ver Exemplo 16.12).

SOLUÇÃO (ANÁLISE VETORIAL)

Diagrama cinemático

Os diagramas cinemáticos para ambas as barras, AB e BC, estão mostrados na Figura 16.31b. Aqui $\mathbf{a}_C$ é vertical, visto que C se desloca ao longo de uma trajetória em linha reta.

Equação da aceleração

Expressando cada um dos vetores posição na forma de um vetor cartesiano,

$$\mathbf{r}_B = \{-0{,}25\operatorname{sen}45°\mathbf{i} + 0{,}25\cos 45°\mathbf{j}\}\text{ m} = \{-0{,}177\mathbf{i} + 0{,}177\mathbf{j}\}\text{ m}$$

$$\mathbf{r}_{C/B} = \{0{,}75\operatorname{sen}13{,}6°\mathbf{i} + 0{,}75\cos 13{,}6°\mathbf{j}\}\text{ m} = \{0{,}177\mathbf{i} + 0{,}729\mathbf{j}\}\text{ m}$$

Manivela AB (rotação em torno de um eixo fixo):

$$\mathbf{a}_B = \boldsymbol{\alpha}_{AB} \times \mathbf{r}_B - \omega_{AB}^2 \mathbf{r}_B$$

$$= (-20\mathbf{k}) \times (-0{,}177\mathbf{i} + 0{,}177\mathbf{j}) - (10)^2(-0{,}177\mathbf{i} + 0{,}177\mathbf{j})$$

$$= \{21{,}21\mathbf{i} - 14{,}14\mathbf{j}\}\text{ m/s}^2$$

Barra de conexão BC (movimento plano geral): usando o resultado de $\mathbf{a}_B$ e observando que $\mathbf{a}_C$ está na direção vertical, temos

$$\mathbf{a}_C = \mathbf{a}_B + \boldsymbol{\alpha}_{BC} \times \mathbf{r}_{C/B} - \omega_{BC}^2 \mathbf{r}_{C/B}$$

$$a_C\mathbf{j} = 21{,}21\mathbf{i} - 14{,}14\mathbf{j} + (\alpha_{BC}\mathbf{k}) \times (0{,}177\mathbf{i} + 0{,}729\mathbf{j}) - (2{,}43)^2(0{,}177\mathbf{i} + 0{,}729\mathbf{j})$$

$$a_C\mathbf{j} = 21{,}21\mathbf{i} - 14{,}14\mathbf{j} + 0{,}177\alpha_{BC}\mathbf{j} - 0{,}729\alpha_{BC}\mathbf{i} - 1{,}04\mathbf{i} - 4{,}30\mathbf{j}$$

$$0 = 20{,}17 - 0{,}729\alpha_{BC}$$

$$a_C = 0{,}177\alpha_{BC} - 18{,}45$$

Resolvendo, resulta em

$$\alpha_{BC} = 27{,}7\text{ rad/s}^2 \circlearrowleft$$

$$a_C = -13{,}5\text{ m/s}^2 \qquad\qquad Resposta$$

NOTA: visto que o pistão está se deslocando para cima, o sinal negativo para a_C indica que o pistão está desacelerando, ou seja, $\mathbf{a}_C = \{-13{,}5\mathbf{j}\}$ m/s². Isso faz com que a velocidade do pistão diminua até AB tornar-se vertical, momento em que o pistão está momentaneamente em repouso.

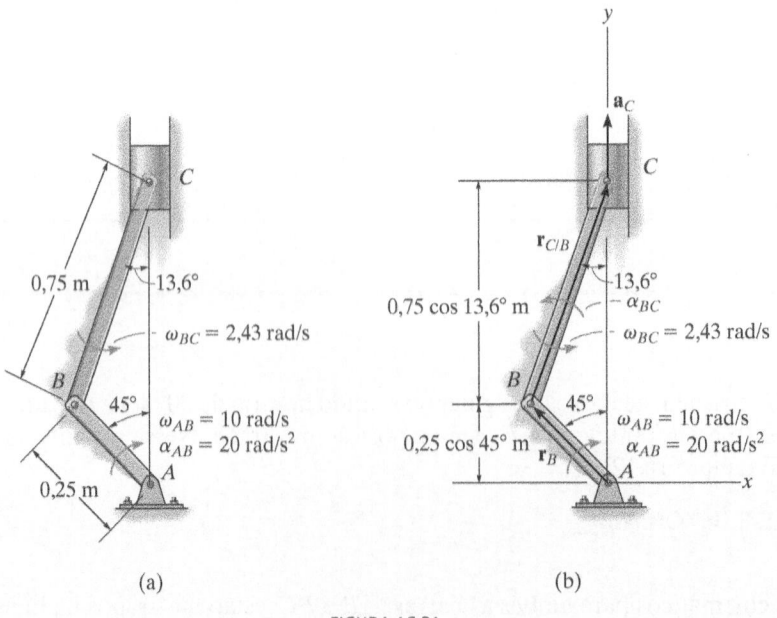

FIGURA 16.31

Problema preliminar

P16.3. Monte a equação da aceleração relativa entre os pontos A e B. A velocidade angular é dada nas figuras.

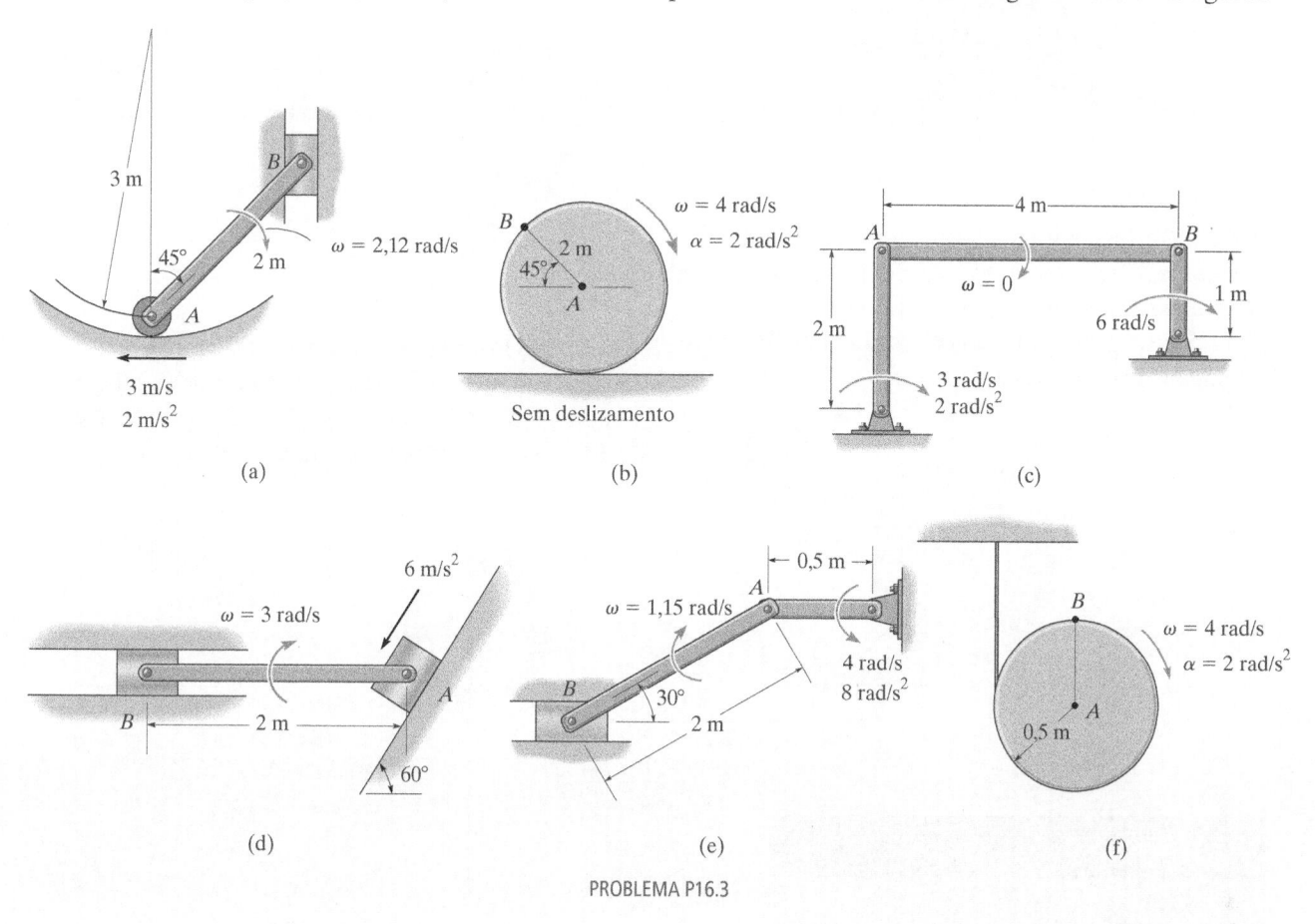

(a) 3 m, 45°, 2 m, $\omega = 2{,}12$ rad/s, 3 m/s, 2 m/s²

(b) 2 m, 45°, $\omega = 4$ rad/s, $\alpha = 2$ rad/s², Sem deslizamento

(c) 4 m, 2 m, 1 m, $\omega = 0$, 6 rad/s, 3 rad/s, 2 rad/s²

(d) $\omega = 3$ rad/s, 2 m, 6 m/s², 60°

(e) $\omega = 1{,}15$ rad/s, 0,5 m, 30°, 2 m, 4 rad/s, 8 rad/s²

(f) 0,5 m, $\omega = 4$ rad/s, $\alpha = 2$ rad/s²

PROBLEMA P16.3

Problemas fundamentais

F16.19. No instante mostrado, a extremidade A da barra tem a velocidade e aceleração mostradas. Determine a aceleração angular da barra e aceleração da extremidade B da barra.

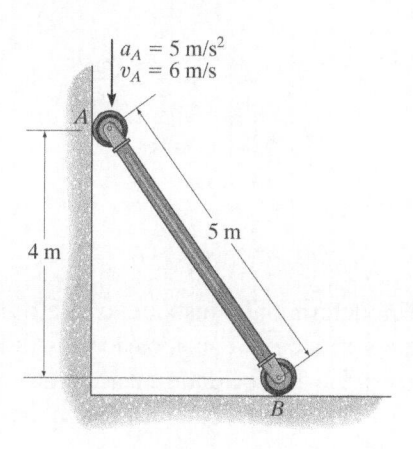

$a_A = 5$ m/s²
$v_A = 6$ m/s
4 m, 5 m

PROBLEMA F16.19

F16.20. A engrenagem rola sobre a cremalheira fixa com velocidade angular $\omega = 12$ rad/s e aceleração angular $\alpha = 6$ rad/s². Determine a aceleração do ponto A.

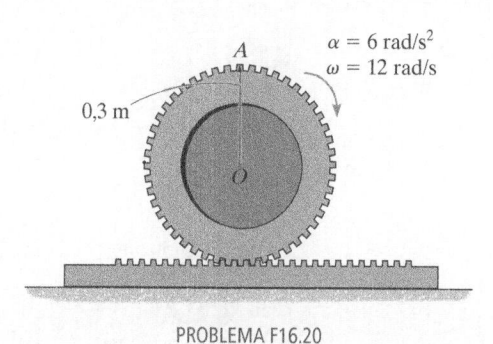

0,3 m, $\alpha = 6$ rad/s², $\omega = 12$ rad/s

PROBLEMA F16.20

F16.21. A engrenagem rola sobre a cremalheira fixa B. No instante mostrado, o centro O da engrenagem se desloca com velocidade $v_O = 6$ m/s e aceleração

$a_O = 3$ m/s². Determine a aceleração angular da engrenagem e a aceleração do ponto A nesse instante.

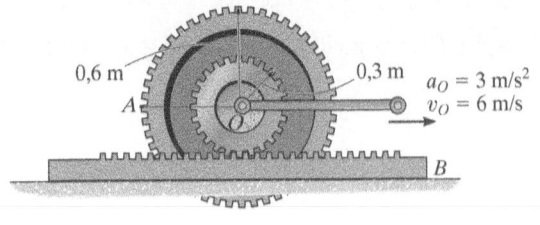

PROBLEMA F16.21

F16.22. No instante mostrado, o cabo AB tem velocidade de 3 m/s e aceleração de 1,5 m/s², enquanto a cremalheira tem velocidade de 1,5 m/s e aceleração de 0,75 m/s². Determine a aceleração angular da engrenagem nesse instante.

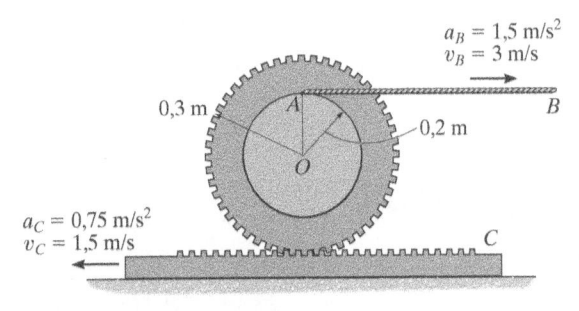

PROBLEMA F16.22

F16.23. No instante mostrado, a roda gira com velocidade angular $\omega = 12$ rad/s e aceleração angular $\alpha = 6$ rad/s². Determine a aceleração angular do segmento BC no instante mostrado.

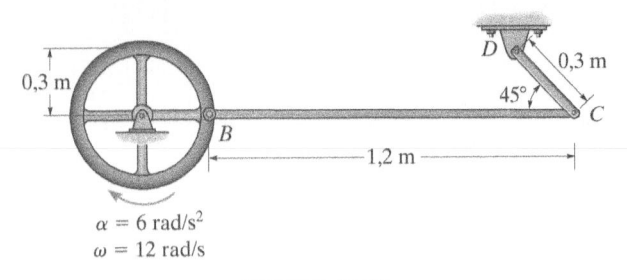

PROBLEMA F16.23

F16.24. No instante mostrado, a roda A gira com velocidade angular $\omega = 6$ rad/s e aceleração angular $\alpha = 3$ rad/s². Determine a aceleração angular do segmento BC e a aceleração do pistão C.

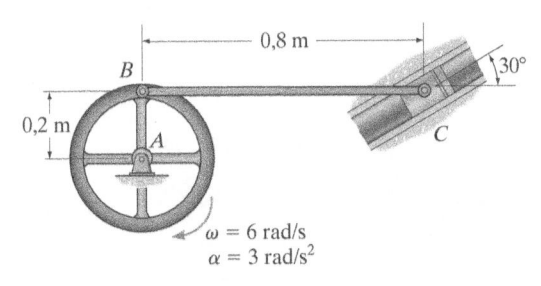

PROBLEMA F16.24

Problemas

16.103. A polia A gira com a velocidade e aceleração angulares mostradas. Determine a aceleração angular da polia B no instante mostrado.

*16.104. A polia A gira com a velocidade e aceleração angulares mostradas. Determine a aceleração do bloco E no instante mostrado.

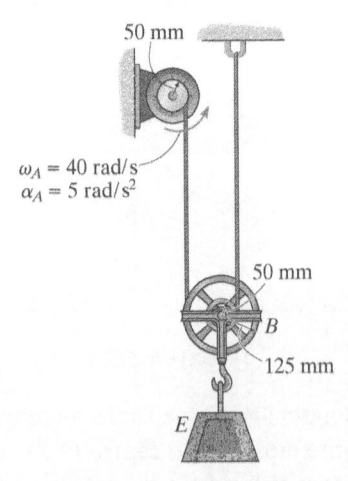

PROBLEMAS 16.103 e 16.104

16.105. O membro AB tem o movimento angular mostrado. Determine a velocidade e a aceleração do bloco deslizante C nesse instante.

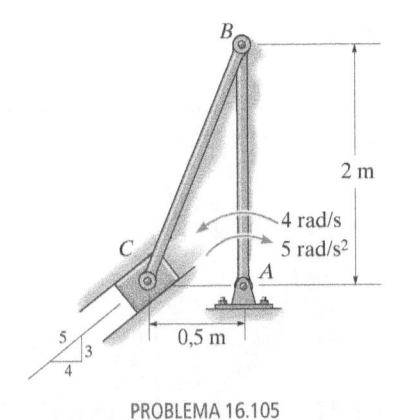

PROBLEMA 16.105

16.106. Em determinado instante, o rolete A na barra tem a velocidade e a aceleração mostradas na figura. Determine a velocidade e a aceleração do rolete B e a velocidade e a aceleração angulares da barra nesse instante.

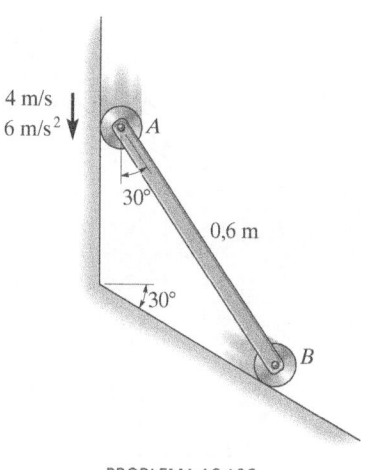

acelerações dos pontos A e B. A engrenagem rola sobre a cremalheira fixa.

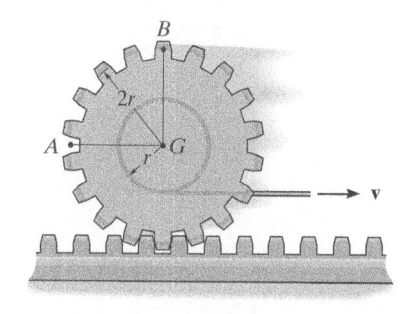

PROBLEMA 16.109

16.107. A barra AB tem os movimentos angulares mostrados na figura. Determine a velocidade e aceleração do bloco deslizante C nesse instante.

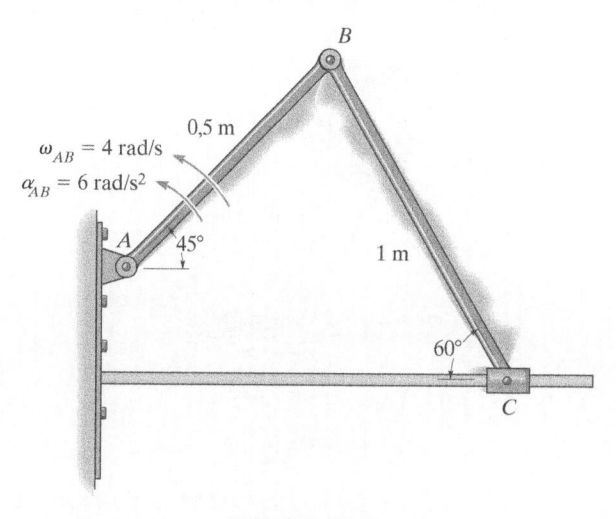

16.110. O carretel de corda tem o movimento angular mostrado na figura. Determine a velocidade e a aceleração do ponto A no instante mostrado.

16.111. O carretel de corda tem o movimento angular mostrado na figura. Determine a velocidade e a aceleração do ponto B no instante mostrado.

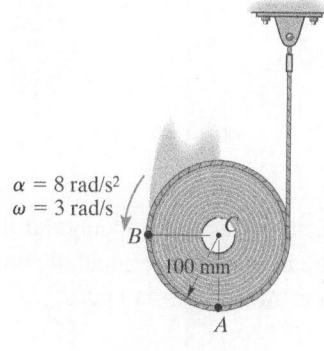

PROBLEMAS 16.110 e 16.111

PROBLEMA 16.107

*16.112. O disco tem aceleração angular $\alpha = 8$ rad/s² e velocidade angular $\omega = 3$ rad/s no instante mostrado. Se ele não desliza em A, determine a aceleração do ponto B.

*16.108. O volante gira com velocidade angular $\omega = 2$ rad/s e aceleração angular $\alpha = 6$ rad/s². Determine a aceleração angular dos membros AB e BC nesse instante.

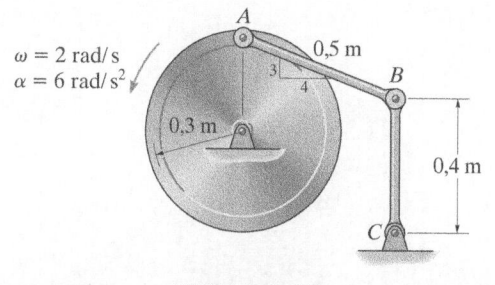

PROBLEMA 16.108

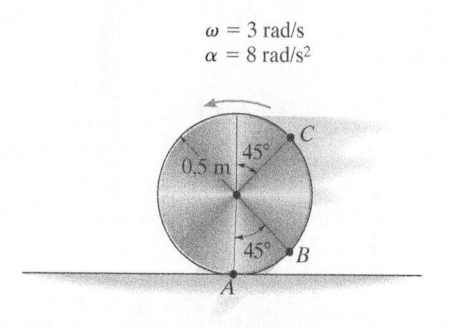

PROBLEMA 16.112

16.113. O disco tem aceleração angular $\alpha = 8$ rad/s² e velocidade angular $\omega = 3$ rad/s no instante mostrado. Se ele não desliza em A, determine a aceleração do ponto C.

16.109. Uma corda está enrolada em torno da bobina interna da engrenagem. Se ela é puxada com velocidade constante **v**, determine as velocidades e

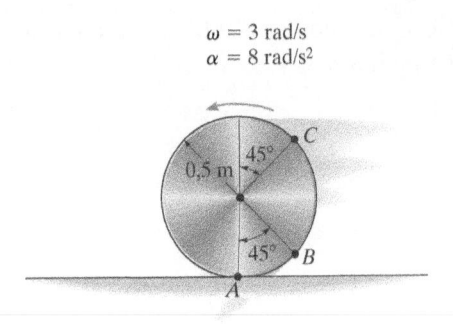

342 DINÂMICA

$\omega = 3$ rad/s
$\alpha = 8$ rad/s^2
0,5 m

PROBLEMA 16.113

16.114. O membro AB tem os movimentos angulares mostrados na figura. Determine a velocidade angular e a aceleração angular dos membros CB e DC.

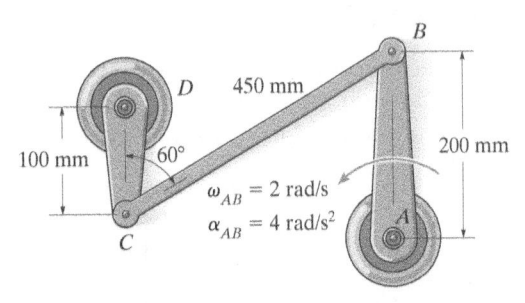

450 mm
100 mm
200 mm
60°
$\omega_{AB} = 2$ rad/s
$\alpha_{AB} = 4$ rad/s^2

PROBLEMA 16.114

16.115. Determine a aceleração angular do segmento CD se o segmento AB tem velocidade angular e aceleração angular mostradas na figura.

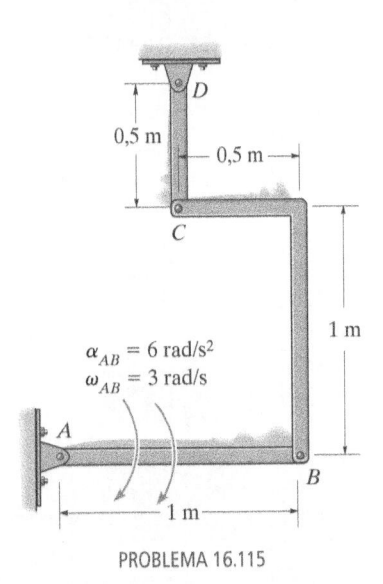

0,5 m
0,5 m
1 m
$\alpha_{AB} = 6$ rad/s^2
$\omega_{AB} = 3$ rad/s
1 m

PROBLEMA 16.115

*****16.116.** Em determinado instante, o bloco deslizante A está se movendo para a direita com o movimento mostrado. Determine a aceleração angular do segmento AB e a aceleração do ponto B nesse instante.

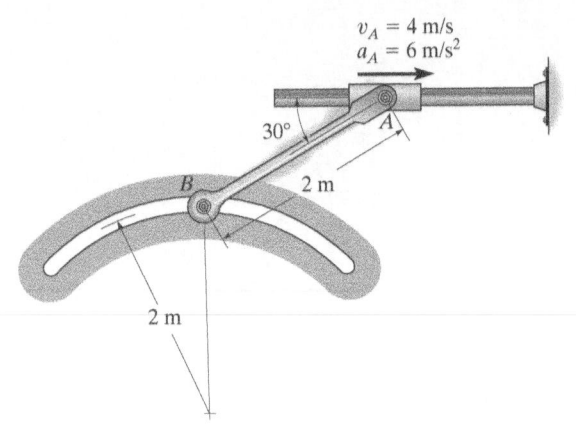

$v_A = 4$ m/s
$a_A = 6$ m/s^2
30°
2 m
2 m

PROBLEMA 16.116

16.117. O bloco deslizante tem o movimento mostrado na figura. Determine a velocidade e aceleração angulares da roda nesse instante.

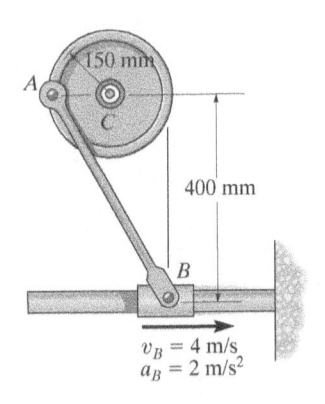

150 mm
400 mm
$v_B = 4$ m/s
$a_B = 2$ m/s^2

PROBLEMA 16.117

16.118. O disco gira sem deslizar, de modo que possui aceleração angular $\alpha = 4$ rad/s^2 e velocidade angular $\omega = 2$ rad/s no instante mostrado. Determine a aceleração dos pontos A e B no segmento e a aceleração angular do segmento nesse instante. Suponha que o ponto A se encontre na periferia do disco, a 150 mm de C.

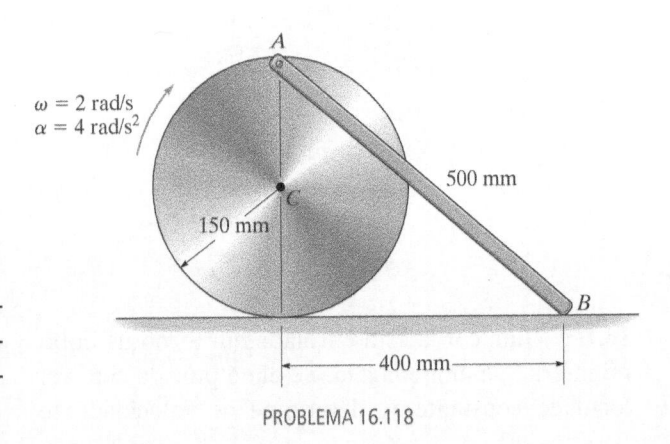

$\omega = 2$ rad/s
$\alpha = 4$ rad/s^2
500 mm
150 mm
400 mm

PROBLEMA 16.118

16.119. Se o membro AB tem o movimento angular mostrado na figura, determine a velocidade e a aceleração angulares do membro CD no instante mostrado.

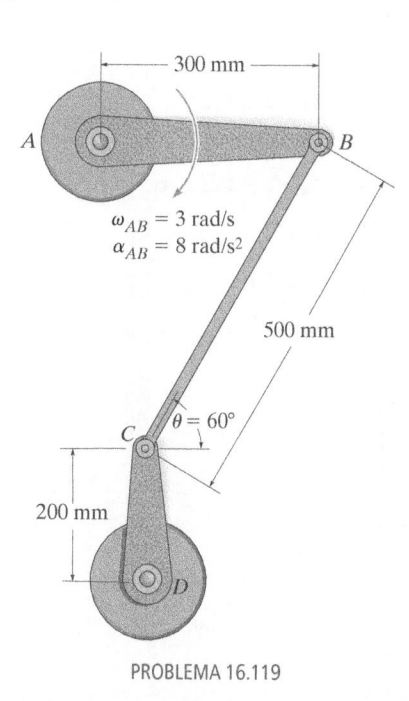

PROBLEMA 16.119

300 mm
ω_{AB} = 3 rad/s
α_{AB} = 8 rad/s²
500 mm
θ = 60°
200 mm

*16.120.** Se o membro AB tem o movimento angular mostrado na figura, determine a velocidade e a aceleração do ponto C no instante mostrado.

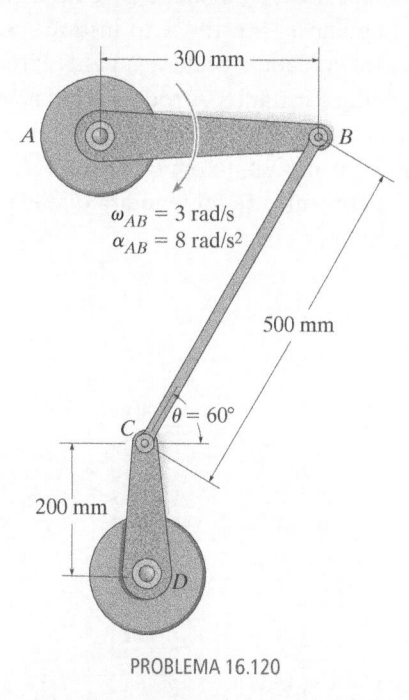

PROBLEMA 16.120

300 mm
ω_{AB} = 3 rad/s
α_{AB} = 8 rad/s²
500 mm
θ = 60°
200 mm

16.121. A roda gira sem deslizar de modo que, no instante mostrado na figura, ela tem velocidade angular ω e aceleração angular α. Determine a velocidade e a aceleração do ponto B na barra nesse instante.

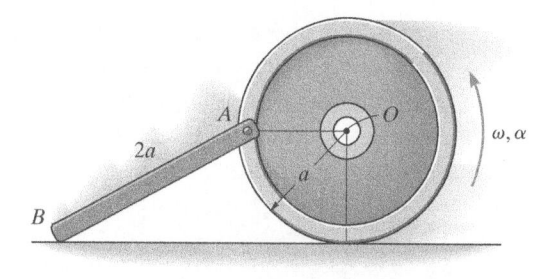

PROBLEMA 16.121

16.122. Uma polia simples possuindo uma borda interna e externa está conectada ao bloco por um pino em A. À medida que a corda CF se desenrola da borda interna da polia com o movimento mostrado, a corda DE se desenrola da borda externa. Determine a aceleração angular da polia e a aceleração do bloco no instante mostrado.

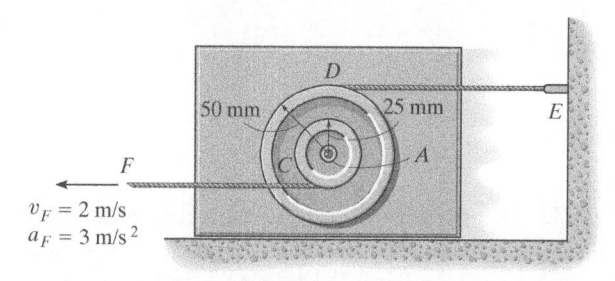

v_F = 2 m/s
a_F = 3 m/s²

PROBLEMA 16.122

16.123. O anel está se movendo para baixo com o movimento mostrado na figura. Determine velocidade e aceleração angulares da engrenagem no instante mostrado à medida que ele rola ao longo da cremalheira fixa.

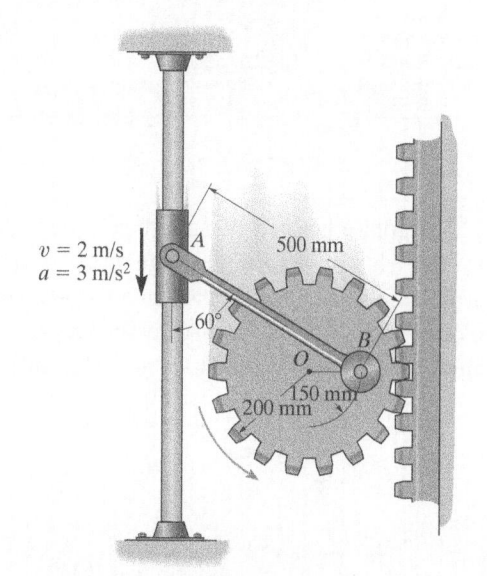

v = 2 m/s
a = 3 m/s²

PROBLEMA 16.123

*16.124.** O mecanismo acoplado de manivela e engrenagem gera movimento de balanço à manivela

AC, necessário para a operação de uma prensa gráfica. Se o segmento DE tem o movimento angular mostrado, determine as respectivas velocidades angulares da engrenagem F e da manivela AC nesse instante, e a aceleração angular da manivela AC.

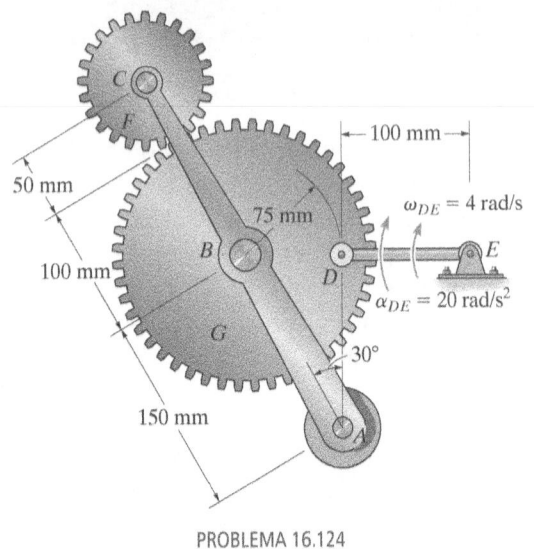

16.127. Determine a aceleração angular do segmento AB se o segmento CD possui velocidade e desaceleração angular mostradas.

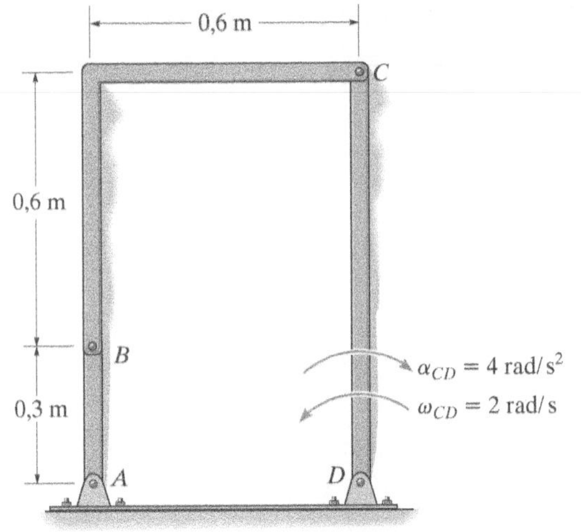

PROBLEMA 16.124

PROBLEMA 16.127

16.125. O centro O da engrenagem e a cremalheira P movem-se com velocidades e acelerações mostradas na figura. Determine a aceleração angular da engrenagem e a aceleração do ponto B localizado na borda da engrenagem no instante mostrado.

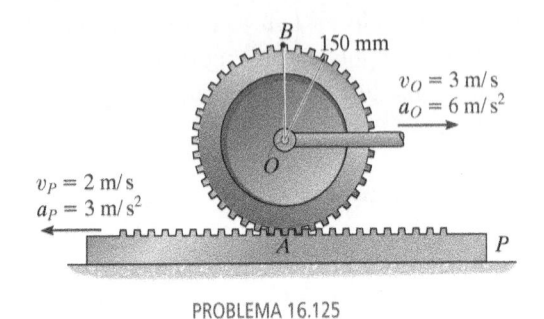

***16.128.** O mecanismo produz movimento intermitente do segmento AB. Se a roda dentada S está girando com aceleração angular $\alpha_S = 2$ rad/s^2 e tem velocidade angular $\omega_S = 6$ rad/s no instante mostrado, determine velocidade e aceleração angulares do segmento AB nesse instante. A roda dentada S é montada em um eixo que está *separado* de um eixo colinear preso a AB em A. O pino em C está conectado a um dos elos da corrente, de tal maneira que ele se move verticalmente para baixo.

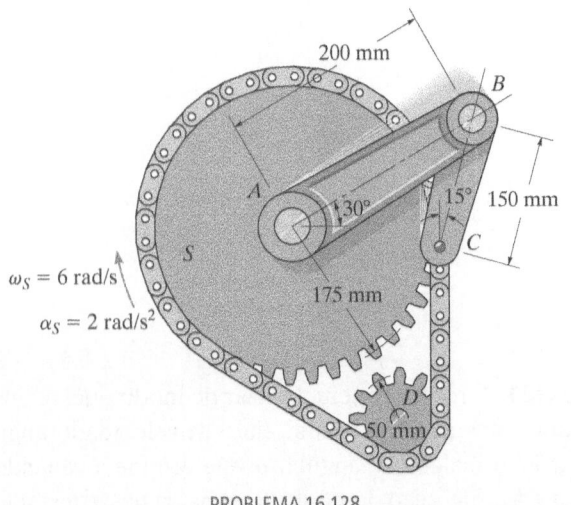

PROBLEMA 16.125

16.126. A argola é lançada na superfície áspera de tal maneira que ela tem velocidade angular $\omega = 4$ rad/s e aceleração angular $\alpha = 5$ rad/s^2. Além disso, seu centro tem velocidade $v_O = 5$ m/s e desaceleração $a_O = 2$ m/s^2. Determine a aceleração do ponto A nesse instante.

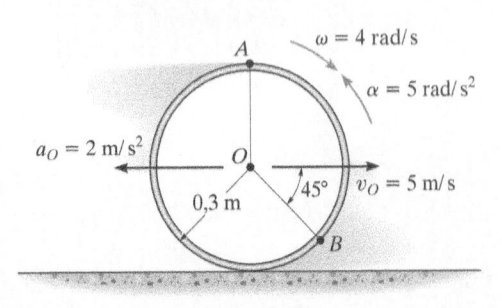

PROBLEMA 16.126

PROBLEMA 16.128

16.8 Análise do movimento relativo usando-se um sistema de eixos em rotação

Nas seções anteriores, a análise do movimento relativo para velocidade e aceleração foi descrita utilizando um sistema de coordenadas de translação. Esse tipo de análise é útil para determinar o movimento de pontos sobre o *mesmo* corpo rígido, ou o movimento de pontos localizados em vários corpos conectados por pinos. Entretanto, em alguns problemas, corpos rígidos (mecanismos) são construídos de tal maneira que haverá *deslizamento* em suas conexões. A análise cinemática para tais casos é executada melhor se o movimento for analisado utilizando-se um sistema de coordenadas que *translade* e *rotacione*. Além disso, esse sistema de referência é útil para analisar os movimentos de dois pontos sobre um mecanismo que *não* estão localizados no *mesmo* corpo e para especificar a cinemática do movimento da partícula quando esta se desloca ao longo de uma trajetória em rotação.

Na análise seguinte, desenvolveremos duas equações que relacionam a velocidade e aceleração de dois pontos, um dos quais é a origem de um sistema de referência móvel submetido a translação e rotação no plano.*

Posição

Considere os dois pontos A e B mostrados na Figura 16.32a. Sua localização é especificada pelos vetores posição $\mathbf{r}_A$ e $\mathbf{r}_B$, que são medidos em relação ao sistema de coordenadas fixo X, Y, Z. Como mostrado na figura, o "ponto base" A representa a origem do sistema de coordenadas x, y, z, que se supõe estar transladando e rotacionando em relação ao sistema X, Y, Z. A posição de B em relação a A é especificada pelo vetor posição relativa $\mathbf{r}_{B/A}$. As componentes desse vetor podem ser expressas em termos dos vetores ao longo dos eixos X, Y, ou seja, $\mathbf{I}$ e $\mathbf{J}$, ou por vetores unitários ao longo dos eixos x, y, ou seja, $\mathbf{i}$ e $\mathbf{j}$. Para o desenvolvimento que se segue, $\mathbf{r}_{B/A}$ será medido em relação ao sistema de referência em movimento x, y. Desse modo, se B tem coordenadas (x_B, y_B) (Figura 16.32a), então

$$\mathbf{r}_{B/A} = x_B \mathbf{i} + y_B \mathbf{j}$$

Utilizando a adição vetorial, os três vetores posição na Figura 16.32a estão relacionados pela equação

$$\boxed{\mathbf{r}_B = \mathbf{r}_A + \mathbf{r}_{B/A}} \quad (16.21)$$

No instante considerado, o ponto A tem velocidade $\mathbf{v}_A$ e aceleração $\mathbf{a}_A$, enquanto a velocidade e aceleração angulares dos eixos x, y são Ω (ômega) e $\dot{\Omega} = d\Omega/dt$, respectivamente.

Velocidade

A velocidade do ponto B é determinada fazendo-se a derivada temporal da Equação 16.21, que resulta em

---

* O movimento tridimensional dos pontos, mais geral, é desenvolvido na Seção 20.4.

(a)

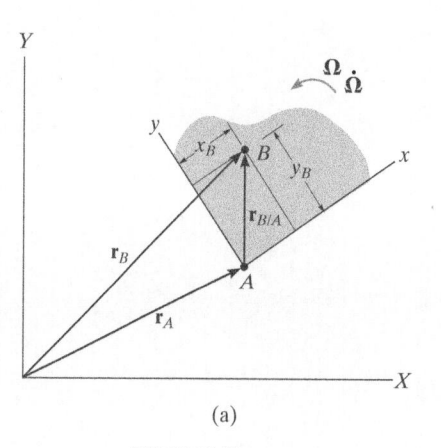

FIGURA 16.32

$$\mathbf{v}_B = \mathbf{v}_A + \frac{d\mathbf{r}_{B/A}}{dt} \tag{16.22}$$

O último termo desta equação é avaliado como a seguir:

$$\frac{d\mathbf{r}_{B/A}}{dt} = \frac{d}{dt}(x_B\mathbf{i} + y_B\mathbf{j})$$

$$= \frac{dx_B}{dt}\mathbf{i} + x_B\frac{d\mathbf{i}}{dt} + \frac{dy_B}{dt}\mathbf{j} + y_B\frac{d\mathbf{j}}{dt}$$

$$= \left(\frac{dx_B}{dt}\mathbf{i} + \frac{dy_B}{dt}\mathbf{j}\right) + \left(x_B\frac{d\mathbf{i}}{dt} + y_B\frac{d\mathbf{j}}{dt}\right) \tag{16.23}$$

Os dois termos no primeiro grupo de parênteses representam as componentes da velocidade do ponto B, conforme medidas por um observador fixo ao sistema de coordenadas móvel x, y, z. Esses termos serão denotados pelo vetor $(\mathbf{v}_{B/A})_{xyz}$. No segundo grupo de parênteses, a taxa de variação temporal instantânea dos vetores unitários $\mathbf{i}$ e $\mathbf{j}$ é medida por um observador localizado no sistema de coordenadas fixo X, Y, Z. Essas variações, $d\mathbf{i}$ e $d\mathbf{j}$, são ocasionadas *apenas* pela *rotação* $d\theta$ dos eixos x, y, z, fazendo com que $\mathbf{i}$ se torne $\mathbf{i}' = \mathbf{i} + d\mathbf{i}$ e $\mathbf{j}$ se torne $\mathbf{j}' = \mathbf{j} + d\mathbf{j}$ (Figura 16.32b). Como mostrado, as *intensidades* de $d\mathbf{i}$ e $d\mathbf{j}$ são iguais a 1 $d\theta$, visto que $i = i' = j = j' = 1$. A *direção* de $d\mathbf{i}$ é definida por $+\mathbf{j}$, visto que $d\mathbf{i}$ é tangente à trajetória descrita pela extremidade da seta de $\mathbf{i}$ no limite quando $\Delta t \rightarrow dt$. Da mesma maneira, $d\mathbf{j}$ atua na direção $-\mathbf{i}$ (Figura 16.32b). Por conseguinte,

$$\frac{d\mathbf{i}}{dt} = \frac{d\theta}{dt}(\mathbf{j}) = \Omega\mathbf{j} \quad \frac{d\mathbf{j}}{dt} = \frac{d\theta}{dt}(-\mathbf{i}) = -\Omega\mathbf{i}$$

Vendo os eixos em três dimensões (Figura 16.32c), e observando que $\mathbf{\Omega} = \Omega\mathbf{k}$, podemos expressar as derivadas anteriores em termos do produto vetorial como

$$\frac{d\mathbf{i}}{dt} = \mathbf{\Omega} \times \mathbf{i} \quad \frac{d\mathbf{j}}{dt} = \mathbf{\Omega} \times \mathbf{j} \tag{16.24}$$

Substituindo estes resultados na Equação 16.23 e utilizando a propriedade distributiva do produto vetorial, obtemos

$$\frac{d\mathbf{r}_{B/A}}{dt} = (\mathbf{v}_{B/A})_{xyz} + \mathbf{\Omega} \times (x_B\mathbf{i} + y_B\mathbf{j}) = (\mathbf{v}_{B/A})_{xyz} + \mathbf{\Omega} \times \mathbf{r}_{B/A} \tag{16.25}$$

Por conseguinte, a Equação 16.22 torna-se

$$\boxed{\mathbf{v}_B = \mathbf{v}_A + \mathbf{\Omega} \times \mathbf{r}_{B/A} + (\mathbf{v}_{B/A})_{xyz}} \tag{16.26}$$

onde

$\mathbf{v}_B$ = velocidade de B, medida a partir da referência X, Y, Z

$\mathbf{v}_A$ = velocidade da origem A da referência x, y, z, medida a partir da referência X, Y, Z

$(\mathbf{v}_{B/A})_{xyz}$ = velocidade de "B em relação a A", medida por um observador fixo à referência em rotação x, y, z

$\mathbf{\Omega}$ = velocidade angular da referência x, y, z, medida a partir da referência X, Y, Z

$\mathbf{r}_{B/A}$ = posição de B em relação a A

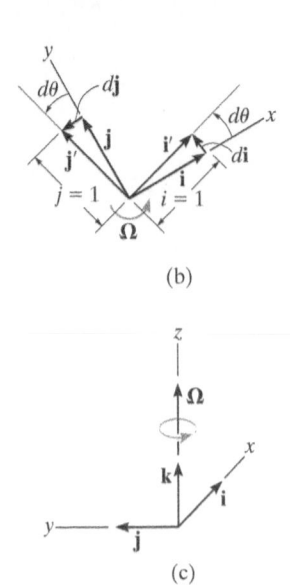

FIGURA 16.32 (cont.)

Comparando a Equação 16.26 com a Equação 16.16 ($\mathbf{v}_B = \mathbf{v}_A + \mathbf{\Omega} \times \mathbf{r}_{B/A}$), que é válida para um sistema de referência em translação, pode ser visto que a única diferença entre essas duas equações é representada pelo termo $(\mathbf{v}_{B/A})_{xyz}$.

Quando aplicamos a Equação 16.26, normalmente é útil entender o que cada um dos termos representa. Por ordem de apresentação, eles são como a seguir:

$\mathbf{v}_B$ $\begin{cases} \text{velocidade absoluta de } B \end{cases}$ $\begin{cases} \text{movimento de } B \text{ observado} \\ \text{a partir do sistema } X, Y, Z \end{cases}$

(igual a)

$\mathbf{v}_A$ $\begin{cases} \text{velocidade absoluta da} \\ \text{origem do sistema } x, y, z \end{cases}$

(mais)

$\mathbf{\Omega} \times \mathbf{r}_{B/A}$ $\begin{cases} \text{efeito de velocidade angular} \\ \text{causado pela rotação} \\ \text{do sistema } x, y, z \end{cases}$ $\begin{cases} \text{movimento do sistema} \\ x, y, z \text{ observado a partir} \\ \text{do sistema } X, Y, Z \end{cases}$

(mais)

$(\mathbf{v}_{B/A})_{xyz}$ $\begin{cases} \text{velocidade de } B \\ \text{em relação a } A \end{cases}$ $\begin{cases} \text{movimento de } B \text{ observado} \\ \text{a partir do sistema } x, y, z \end{cases}$

Aceleração

A aceleração de B, observada a partir do sistema de coordenadas X, Y, Z, pode ser expressa em termos de seu movimento medido em relação ao sistema de coordenadas em rotação fazendo-se a derivada temporal da Equação 16.26.

$$\frac{d\mathbf{v}_B}{dt} = \frac{d\mathbf{v}_A}{dt} + \frac{d\mathbf{\Omega}}{dt} \times \mathbf{r}_{B/A} + \mathbf{\Omega} \times \frac{d\mathbf{r}_{B/A}}{dt} + \frac{d(\mathbf{v}_{B/A})_{xyz}}{dt}$$

$$\mathbf{a}_B = \mathbf{a}_A + \dot{\mathbf{\Omega}} \times \mathbf{r}_{B/A} + \mathbf{\Omega} \times \frac{d\mathbf{r}_{B/A}}{dt} + \frac{d(\mathbf{v}_{B/A})_{xyz}}{dt} \quad (16.27)$$

Aqui, $\dot{\mathbf{\Omega}} = d\mathbf{\Omega}/dt$ é a aceleração angular do sistema de coordenadas x, y, z. Visto que $\mathbf{\Omega}$ é sempre perpendicular ao plano do movimento, então $\dot{\mathbf{\Omega}}$ mede *apenas a variação na intensidade* de $\mathbf{\Omega}$. A derivada $d\mathbf{r}_{B/A}/dt$ é definida pela Equação 16.25, de maneira que

$$\mathbf{\Omega} \times \frac{d\mathbf{r}_{B/A}}{dt} = \mathbf{\Omega} \times (\mathbf{v}_{B/A})_{xyz} + \mathbf{\Omega} \times (\mathbf{\Omega} \times \mathbf{r}_{B/A}) \quad (16.28)$$

Determinando-se a derivada temporal de $(\mathbf{v}_{B/A})_{xyz} = (v_{B/A})_x \mathbf{i} + (v_{B/A})_y \mathbf{j}$,

$$\frac{d(\mathbf{v}_{B/A})_{xyz}}{dt} = \left[\frac{d(v_{B/A})_x}{dt}\mathbf{i} + \frac{d(v_{B/A})_y}{dt}\mathbf{j}\right] + \left[(v_{B/A})_x \frac{d\mathbf{i}}{dt} + (v_{B/A})_y \frac{d\mathbf{j}}{dt}\right]$$

Os dois termos no primeiro grupo de colchetes representam as componentes da aceleração do ponto B conforme medidas por um observador fixo ao sistema de coordenadas em rotação. Esses termos serão denotados por $(\mathbf{a}_{B/A})_{xyz}$. Os termos no segundo grupo de colchetes podem ser simplificados utilizando-se a Equação 16.24.

$$\frac{d(\mathbf{v}_{B/A})_{xyz}}{dt} = (\mathbf{a}_{B/A})_{xyz} + \mathbf{\Omega} \times (\mathbf{v}_{B/A})_{xyz}$$

Substituindo-se esta e a Equação 16.28 na Equação 16.27 e rearranjando os termos,

$$\boxed{\mathbf{a}_B = \mathbf{a}_A + \dot{\mathbf{\Omega}} \times \mathbf{r}_{B/A} + \mathbf{\Omega} \times (\mathbf{\Omega} \times \mathbf{r}_{B/A}) + 2\mathbf{\Omega} \times (\mathbf{v}_{B/A})_{xyz} + (\mathbf{a}_{B/A})_{xyz}} \quad (16.29)$$

onde

$\mathbf{a}_B$ = aceleração de B, medida a partir da referência X, Y, Z

$\mathbf{a}_A$ = aceleração da origem A da referência x, y, z, medida a partir da referência X, Y, Z

$(\mathbf{a}_{B/A})xyz$, $(\mathbf{v}_{B/A})xyz$ = aceleração e velocidade de B em relação a A, conforme medidas por um observador fixo à referência x, y, z em rotação

$\dot{\mathbf{\Omega}}, \mathbf{\Omega}$ = aceleração e velocidade angulares da referência x, y, z, medidas a partir da referência X, Y, Z

$\mathbf{r}_{B/A}$ = posição de B em relação a A

Se a Equação 16.29 for comparada com a Equação 16.18, escrita na forma $\mathbf{a}_B = \mathbf{a}_A + \dot{\mathbf{\Omega}} \times \mathbf{r}_{B/A} + \mathbf{\Omega} \times (\mathbf{\Omega} \times \mathbf{r}_{B/A})$, que é válida para um sistema de referência em translação, pode ser visto que a diferença entre essas duas equações é representada pelos termos $2\mathbf{\Omega} \times (\mathbf{v}_{B/A})_{xyz}$ e $(\mathbf{a}_{B/A})_{xyz}$. Em particular, $2\mathbf{\Omega} \times (\mathbf{v}_{B/A})_{xyz}$ é chamada de *aceleração de Coriolis*, em homenagem ao engenheiro francês G. C. Coriolis, que foi o primeiro a determiná-la. Esse termo representa a diferença na aceleração de B quando medida a partir dos eixos x, y, z em rotação e sem rotacionar. Como indicado pelo produto vetorial, a aceleração de Coriolis será *sempre* perpendicular a ambos, $\mathbf{\Omega}$ e $(\mathbf{v}_{B/A})_{xyz}$. Esta é uma componente importante da aceleração, que tem de ser considerada sempre que forem utilizados sistemas de referência em rotação. Isso ocorre com frequência, por exemplo, quando se estudam as acelerações e forças que atuam em foguetes, projéteis de longo alcance, ou outros corpos com movimentos cujas medições são significativamente afetadas pela rotação da Terra.

A interpretação seguinte dos termos na Equação 16.29 pode ser útil quando essa equação é aplicada para a solução de problemas.

$\mathbf{a}_B$ $\begin{cases} \text{aceleração absoluta de } B \end{cases}$ $\begin{cases} \text{movimento de } B \\ \text{observado a partir} \\ \text{do sistema } X, Y, Z \end{cases}$

(é igual a)

$\mathbf{a}_A$ $\begin{cases} \text{aceleração absoluta da} \\ \text{origem do sistema } x, y, z \end{cases}$

(mais)

$\dot{\mathbf{\Omega}} \times \mathbf{r}_{B/A}$ $\begin{cases} \text{efeito de aceleração} \\ \text{angular causado pela} \\ \text{rotação do sistema } x, y, z \end{cases}$ $\begin{cases} \text{movimento do sistema} \\ x, y, z \text{ observado a partir} \\ \text{do sistema } X, Y, Z \end{cases}$

(mais)

$\mathbf{\Omega} \times (\mathbf{\Omega} \times \mathbf{r}_{B/A})$ $\begin{cases} \text{efeito de velocidade angular} \\ \text{causado pela rotação} \\ \text{do sistema } x, y, z \end{cases}$

(mais)

$2\mathbf{\Omega} \times (\mathbf{v}_{B/A})_{xyz}$ $\begin{cases} \text{efeito combinado de } B \\ \text{deslocando-se em relação} \\ \text{às coordenadas } x, y, z \text{ e da} \\ \text{rotação do sistema } x, y, z \end{cases}$ $\begin{cases} \text{interação dos} \\ \text{movimentos} \end{cases}$

(mais)

$(\mathbf{a}_{B/A})_{xyz}$ $\begin{cases} \text{aceleração de } B \\ \text{em relação a } A \end{cases}$ $\begin{cases} \text{movimento de } B \text{ observado} \\ \text{a partir do sistema } x, y, z \end{cases}$

Procedimento para análise

As equações 16.26 e 16.29 podem ser aplicadas para a solução de problemas envolvendo o movimento plano de partículas ou corpos rígidos utilizando o procedimento indicado a seguir.

Eixos de coordenadas

- Escolha uma localização apropriada para a origem e orientação adequada dos eixos para ambos os sistemas de referência, fixo X, Y, Z e móvel x, y, z.
- Mais frequentemente as soluções são facilmente obtidas se, no instante considerado,
  1. as origens forem coincidentes
  2. os eixos correspondentes forem colineares
  3. os eixos correspondentes forem paralelos
- O sistema móvel deve ser escolhido fixo ao corpo ou dispositivo ao longo do qual ocorre o movimento relativo.

Equações cinemáticas

- Após definir a origem A da referência móvel e especificar o ponto móvel B, as equações 16.26 e 16.29 devem ser escritas na forma simbólica

$$\mathbf{v}_B = \mathbf{v}_A + \mathbf{\Omega} \times \mathbf{r}_{B/A} + (\mathbf{v}_{B/A})_{xyz}$$
$$\mathbf{a}_B = \mathbf{a}_A + \dot{\mathbf{\Omega}} \times \mathbf{r}_{B/A} + \mathbf{\Omega} \times (\mathbf{\Omega} \times \mathbf{r}_{B/A}) + 2\mathbf{\Omega} \times (\mathbf{v}_{B/A})_{xyz} + (\mathbf{a}_{B/A})_{xyz}$$

- As componentes cartesianas de todos esses vetores podem ser expressas ao longo dos eixos X, Y, Z ou dos eixos x, y, z. A escolha é arbitrária, desde que seja usado um conjunto consistente de vetores unitários.
- O movimento da referência móvel é expresso por $\mathbf{v}_A$, $\mathbf{a}_A$, $\mathbf{\Omega}$ e $\dot{\mathbf{\Omega}}$, e o movimento de B em relação à referência móvel é expresso por $\mathbf{r}_{B/A}$, $(\mathbf{v}_{B/A})_{xyz}$ e $(\mathbf{a}_{B/A})_{xyz}$.

A rotação da caçamba basculante do caminhão em torno do ponto C é operada pelo alongamento do cilindro hidráulico AB. Para determinar a rotação da caçamba em virtude desse alongamento, podemos usar as equações do movimento relativo e fixar os eixos x, y ao cilindro, de maneira que o movimento relativo do alongamento do cilindro ocorra ao longo do eixo y.

EXEMPLO 16.18

No instante $\theta = 60°$, a barra na Figura 16.33 tem velocidade angular de 3 rad/s e aceleração angular de 2 rad/s². No mesmo instante, o anel C se desloca para fora ao longo da barra de tal maneira que, quando $x = 0{,}2$ m, a velocidade é 2 m/s e a aceleração é 3 m/s², ambas medidas em relação à barra. Determine a aceleração de Coriolis e a velocidade e aceleração do anel nesse instante.

SOLUÇÃO

Eixos de coordenadas

A origem de ambos os sistemas de coordenadas está localizada no ponto O (Figura 16.33). Visto que o movimento do anel é descrito em relação à barra, o sistema de referência móvel x, y, z é *fixado* à barra.

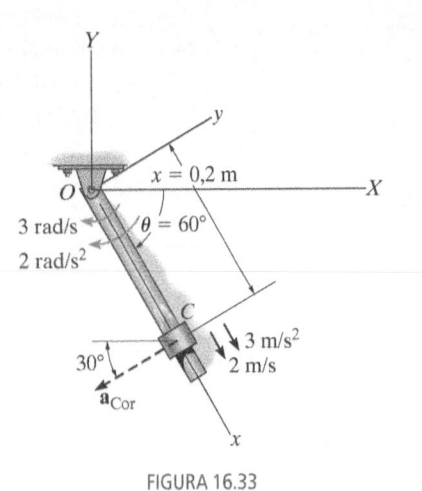

FIGURA 16.33

Equações cinemáticas

$$\mathbf{v}_C = \mathbf{v}_O + \mathbf{\Omega} \times \mathbf{r}_{C/O} + (\mathbf{v}_{C/O})_{xyz} \quad (1)$$

$$\mathbf{a}_C = \mathbf{a}_O + \dot{\mathbf{\Omega}} \times \mathbf{r}_{C/O} + \mathbf{\Omega} \times (\mathbf{\Omega} \times \mathbf{r}_{C/O}) + 2\mathbf{\Omega} \times (\mathbf{v}_{C/O})_{xyz} + (\mathbf{a}_{C/O})_{xyz} \quad (2)$$

Será mais simples expressar os dados em termos dos vetores componentes **i**, **j**, **k**, em vez das componentes **I**, **J**, **K**. Por conseguinte,

Movimento da referência móvel	Movimento de C em relação à referência móvel
$\mathbf{v}_O = 0$	$\mathbf{r}_{C/O} = \{0{,}2\mathbf{i}\}$ m
$\mathbf{a}_O = 0$	$(\mathbf{v}_{C/O})_{xyz} = \{2\mathbf{i}\}$ m/s
$\mathbf{\Omega} = \{-3\mathbf{k}\}$ rad/s	$(\mathbf{a}_{C/O})_{xyz} = \{3\mathbf{i}\}$ m/s²
$\dot{\mathbf{\Omega}} = \{-2\mathbf{k}\}$ rad/s²	

A aceleração de Coriolis é definida como

$$\mathbf{a}_{\text{Cor}} = 2\mathbf{\Omega} \times (\mathbf{v}_{C/O})_{xyz} = 2(-3\mathbf{k}) \times (2\mathbf{i}) = \{-12\mathbf{j}\} \text{ m/s}^2 \quad \textit{Resposta}$$

Este vetor é mostrado tracejado na Figura 16.33. Se desejado, ele pode ser decomposto em componentes **I**, **J** atuando ao longo dos eixos X e Y, respectivamente.

A velocidade e aceleração do anel são determinadas substituindo-se os dados nas equações 1 e 2 e avaliando os produtos vetoriais, o que resulta em

$$\mathbf{v}_C = \mathbf{v}_O + \mathbf{\Omega} \times \mathbf{r}_{C/O} + (\mathbf{v}_{C/O})_{xyz}$$

$$= 0 + (-3\mathbf{k}) \times (0{,}2\mathbf{i}) + 2\mathbf{i}$$

$$= \{2\mathbf{i} - 0{,}6\mathbf{j}\} \text{ m/s} \quad \textit{Resposta}$$

$$\mathbf{a}_C = \mathbf{a}_O + \dot{\mathbf{\Omega}} \times \mathbf{r}_{C/O} + \mathbf{\Omega} \times (\mathbf{\Omega} \times \mathbf{r}_{C/O}) + 2\mathbf{\Omega} \times (\mathbf{v}_{C/O})_{xyz} + (\mathbf{a}_{C/O})_{xyz}$$

$$= 0 + (-2\mathbf{k}) \times (0{,}2\mathbf{i}) + (-3\mathbf{k}) \times [(-3\mathbf{k}) \times (0{,}2\mathbf{i})] + 2(-3\mathbf{k}) \times (2\mathbf{i}) + 3\mathbf{i}$$

$$= 0 - 0{,}4\mathbf{j} - 1{,}80\mathbf{i} - 12\mathbf{j} + 3\mathbf{i}$$

$$= \{1{,}20\mathbf{i} - 12{,}4\mathbf{j}\} \text{ m/s}^2 \quad \textit{Resposta}$$

EXEMPLO 16.19

A barra AB, mostrada na Figura 16.34, gira no sentido horário de tal maneira que ela tem velocidade angular $\omega_{AB} = 3$ rad/s e aceleração angular $\alpha_{AB} = 4$ rad/s² quando $\theta = 45°$. Determine o movimento angular da barra DE nesse instante. O anel em C está conectado por pino a AB e desliza sobre a barra DE.

SOLUÇÃO

Eixos de coordenadas

A origem dos dois sistemas de referência, móvel e fixo, está localizada em D (Figura 16.34). Além disso, a referência x, y, z está fixa a e gira com a barra DE, de maneira que o movimento relativo do anel é fácil de seguir.

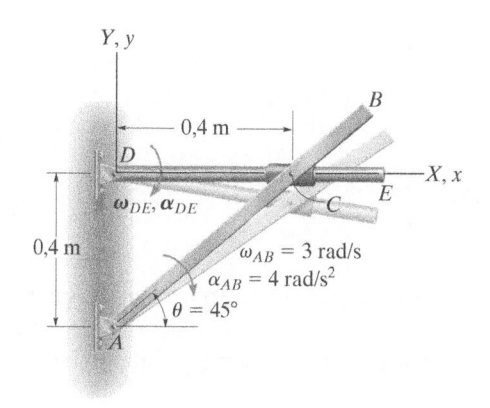

FIGURA 16.34

Equações cinemáticas

$$\mathbf{v}_C = \mathbf{v}_D + \mathbf{\Omega} \times \mathbf{r}_{C/D} + (\mathbf{v}_{C/D})_{xyz} \quad (1)$$

$$\mathbf{a}_C = \mathbf{a}_D + \dot{\mathbf{\Omega}} \times \mathbf{r}_{C/D} + \mathbf{\Omega} \times (\mathbf{\Omega} \times \mathbf{r}_{C/D}) + 2\mathbf{\Omega} \times (\mathbf{v}_{C/D})_{xyz} + (\mathbf{a}_{C/D})_{xyz} \quad (2)$$

Todos os vetores serão expressos em termos das componentes $\mathbf{i}, \mathbf{j}, \mathbf{k}$.

Movimento da referência móvel	Movimento de C em relação à referência móvel
$\mathbf{v}_D = \mathbf{0}$	$\mathbf{r}_{C/D} = \{0,4\mathbf{i}\}$ m
$\mathbf{a}_D = \mathbf{0}$	$(\mathbf{v}_{C/D})_{xyz} = (v_{C/D})_{xyz}\mathbf{i}$
$\mathbf{\Omega} = -\omega_{DE}\mathbf{k}$	$(\mathbf{a}_{C/D})_{xyz} = (a_{C/D})_{xyz}\mathbf{i}$
$\dot{\mathbf{\Omega}} = -\alpha_{DE}\mathbf{k}$	

Movimento de C

Visto que o anel se desloca ao longo de uma *trajetória circular* de raio AC, sua velocidade e aceleração podem ser determinadas utilizando-se as equações 16.9 e 16.14.

$$\mathbf{v}_C = \mathbf{\omega}_{AB} \times \mathbf{r}_{C/A} = (-3\mathbf{k}) \times (0,4\mathbf{i} + 0,4\mathbf{j}) = \{1,2\mathbf{i} - 1,2\mathbf{j}\} \text{ m/s}$$

$$\mathbf{a}_C = \mathbf{\alpha}_{AB} \times \mathbf{r}_{C/A} - \omega_{AB}^2 \mathbf{r}_{C/A}$$
$$= (-4\mathbf{k}) \times (0,4\mathbf{i} + 0,4\mathbf{j}) - (3)^2(0,4\mathbf{i} + 0,4\mathbf{j}) = \{-2\mathbf{i} - 5,2\mathbf{j}\} \text{ m/s}^2$$

Substituindo-se os dados nas equações 1 e 2, temos

$$\mathbf{v}_C = \mathbf{v}_D + \mathbf{\Omega} \times \mathbf{r}_{C/D} + (\mathbf{v}_{C/D})_{xyz}$$

$$1,2\mathbf{i} - 1,2\mathbf{j} = \mathbf{0} + (-\omega_{DE}\mathbf{k}) \times (0,4\mathbf{i}) + (v_{C/D})_{xyz}\mathbf{i}$$

$$1,2\mathbf{i} - 1,2\mathbf{j} = \mathbf{0} - 0,4\omega_{DE}\mathbf{j} + (v_{C/D})_{xyz}\mathbf{i}$$

$$(v_{C/D})_{xyz} = 1,2 \text{ m/s}$$

$$\omega_{DE} = 3 \text{ rad/s} \qquad \qquad Resposta$$

$$\mathbf{a}_C = \mathbf{a}_D + \dot{\mathbf{\Omega}} \times \mathbf{r}_{C/D} + \mathbf{\Omega} \times (\mathbf{\Omega} \times \mathbf{r}_{C/D}) + 2\mathbf{\Omega} \times (\mathbf{v}_{C/D})_{xyz} + (\mathbf{a}_{C/D})_{xyz}$$

$$-2\mathbf{i} - 5,2\mathbf{j} = \mathbf{0} + (-\alpha_{DE}\mathbf{k}) \times (0,4\mathbf{i}) + (-3\mathbf{k}) \times [(-3\mathbf{k}) \times (0,4\mathbf{i})]$$
$$+ 2(-3\mathbf{k}) \times (1,2\mathbf{i}) + (a_{C/D})_{xyz}\mathbf{i}$$

$$-2\mathbf{i} - 5,2\mathbf{j} = -0,4\alpha_{DE}\mathbf{j} - 3,6\mathbf{i} - 7,2\mathbf{j} + (a_{C/D})_{xyz}\mathbf{i}$$

$$(a_{C/D})_{xyz} = 1,6 \text{ m/s}^2$$

$$\alpha_{DE} = -5 \text{ rad/s}^2 = 5 \text{ rad/s}^2 \qquad \qquad Resposta$$

EXEMPLO 16.20

Os aviões A e B voam à mesma altitude e têm os movimentos mostrados na Figura 16.35. Determine a velocidade e a aceleração de A conforme medida pelo piloto de B.

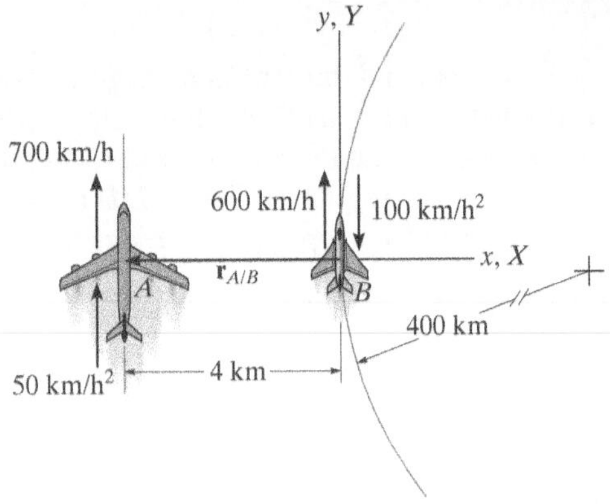

SOLUÇÃO

Eixos de coordenadas

Visto que o movimento relativo de A em relação ao piloto em B está sendo solicitado, os eixos x, y, z são fixados ao avião B (Figura 16.35). No *instante* considerado, a origem B coincide com a origem do sistema fixo X, Y, Z.

Equações cinemáticas

FIGURA 16.35

$$\mathbf{v}_A = \mathbf{v}_B + \mathbf{\Omega} \times \mathbf{r}_{A/B} + (\mathbf{v}_{A/B})_{xyz} \qquad (1)$$

$$\mathbf{a}_A = \mathbf{a}_B + \dot{\mathbf{\Omega}} \times \mathbf{r}_{A/B} + \mathbf{\Omega} \times (\mathbf{\Omega} \times \mathbf{r}_{A/B}) + 2\mathbf{\Omega} \times (\mathbf{v}_{A/B})_{xyz} + (\mathbf{a}_{A/B})_{xyz} \qquad (2)$$

Movimento da referência móvel:

$$\mathbf{v}_B = \{600\mathbf{j}\} \text{ km/h}$$

$$(a_B)_n = \frac{v_B^2}{\rho} = \frac{(600)^2}{400} = 900 \text{ km/h}^2$$

$$\mathbf{a}_B = (\mathbf{a}_B)_n + (\mathbf{a}_B)_t = \{900\mathbf{i} - 100\mathbf{j}\} \text{ km/h}^2$$

$$\Omega = \frac{v_B}{\rho} = \frac{600 \text{ km/h}}{400 \text{ km}} = 1,5 \text{ rad/h} \qquad \mathbf{\Omega} = \{-1,5\mathbf{k}\} \text{ rad/h}$$

$$\dot{\Omega} = \frac{(a_B)_t}{\rho} = \frac{100 \text{ km/h}^2}{400 \text{ km}} = 0,25 \text{ rad/h}^2 \qquad \dot{\mathbf{\Omega}} = \{0,25\mathbf{k}\} \text{ rad/h}^2$$

Movimento de A em relação à referência móvel:

$$\mathbf{r}_{A/B} = \{-4\mathbf{i}\} \text{ km} \quad (\mathbf{v}_{A/B})_{xyz} = ? \quad (\mathbf{a}_{A/B})_{xyz} = ?$$

Substituindo-se os dados nas equações 1 e 2, observando que $\mathbf{v}_A = \{700\mathbf{j}\}$ km/h e $\mathbf{a}_A = \{50\mathbf{j}\}$ km/h², temos

$$\mathbf{v}_A = \mathbf{v}_B + \mathbf{\Omega} \times \mathbf{r}_{A/B} + (\mathbf{v}_{A/B})_{xyz}$$

$$700\mathbf{j} = 600\mathbf{j} + (-1,5\mathbf{k}) \times (-4\mathbf{i}) + (\mathbf{v}_{A/B})_{xyz}$$

$$(\mathbf{v}_{A/B})_{xyz} = \{94\mathbf{j}\} \text{ km/h} \qquad \textit{Resposta}$$

$$\mathbf{a}_A = \mathbf{a}_B + \dot{\mathbf{\Omega}} \times \mathbf{r}_{A/B} + \mathbf{\Omega} \times (\mathbf{\Omega} \times \mathbf{r}_{A/B}) + 2\mathbf{\Omega} \times (\mathbf{v}_{A/B})_{xyz} + (\mathbf{a}_{A/B})_{xyz}$$

$$50\mathbf{j} = (900\mathbf{i} - 100\mathbf{j}) + (0,25\mathbf{k}) \times (-4\mathbf{i})$$

$$+ (-1,5\mathbf{k}) \times [(-1,5\mathbf{k}) \times (-4\mathbf{i})] + 2(-1,5\mathbf{k}) \times (94\mathbf{j}) + (\mathbf{a}_{A/B})_{xyz}$$

$$(\mathbf{a}_{A/B})_{xyz} = \{-1191\mathbf{i} + 151\mathbf{j}\} \text{ km/h}^2 \qquad \textit{Resposta}$$

NOTA: a solução deste problema deve ser comparada com a do Exemplo 12.26, no qual é visto que $(v_{B/A})_{xyz} \neq (v_{A/B})_{xyz}$ e $(a_{B/A})_{xyz} \neq (a_{A/B})_{xyz}$.

Problemas

16.129. No instante mostrado, a bola B está rolando ao longo da ranhura no disco com velocidade de 600 mm/s e aceleração de 150 mm/s², ambas medidas em relação ao disco e dirigidas para longe de O. Se, no mesmo instante, o disco tem velocidade e aceleração angular mostradas, determine a velocidade e a aceleração da bola nesse instante.

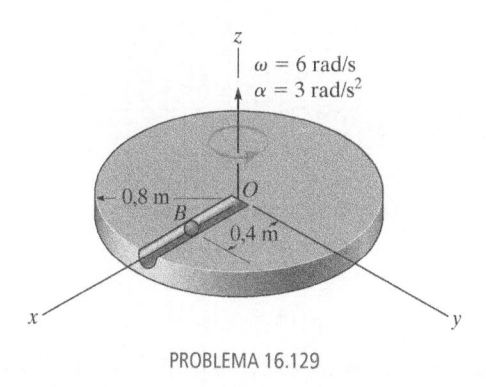

PROBLEMA 16.129

16.130. O bloco A, que está preso a uma corda, desloca-se ao longo da ranhura de uma barra horizontal bifurcada. No instante mostrado, a corda é puxada para baixo através do furo em O com aceleração de 4 m/s² e sua velocidade é 2 m/s. Determine a aceleração do bloco nesse instante. A barra gira em torno de O com velocidade angular constante $\omega = 4$ rad/s.

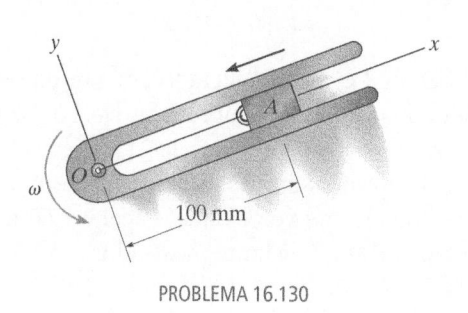

PROBLEMA 16.130

16.131. A bola C se desloca com velocidade de 3 m/s, que está aumentando a uma taxa constante de 1,5 m/s², ambas medidas em relação à placa circular e direcionadas como mostrado. No mesmo instante a placa gira com velocidade e aceleração angulares mostradas. Determine a velocidade e a aceleração da bola nesse instante.

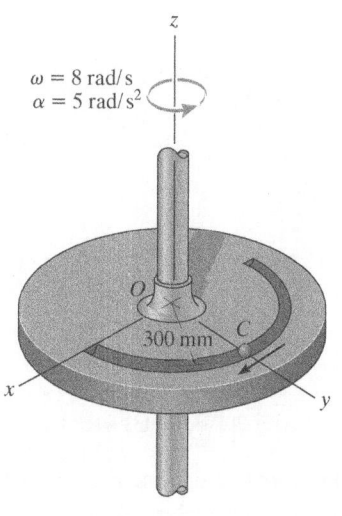

PROBLEMA 16.131

*16.132. As partículas B e A se deslocam ao longo das trajetórias parabólica e circular, respectivamente. Se B tem velocidade de 7 m/s na direção mostrada e sua velocidade está aumentando em 4 m/s², enquanto A tem velocidade de 8 m/s na direção mostrada e sua aceleração está diminuindo em 6 m/s², determine velocidade e aceleração relativas de B em relação a A.

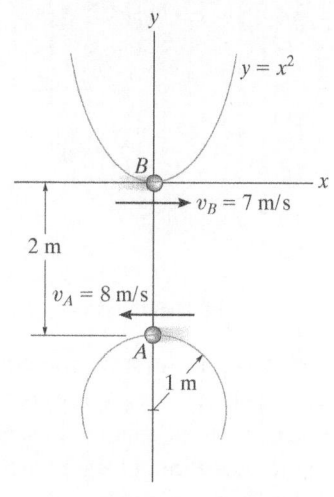

PROBLEMA 16.132

16.133. A barra AB gira em sentido anti-horário com velocidade angular constante $\omega = 3$ rad/s. Determine a velocidade do ponto C localizado no anel duplo quando $\theta = 30°$. O anel consiste em dois blocos deslizantes, conectados por pino, que estão restritos a se moverem ao longo da trajetória circular e da barra AB.

16.134. A barra AB gira em sentido anti-horário com velocidade angular constante $\omega = 3$ rad/s. Determine a velocidade e aceleração do ponto C localizado no anel duplo quando $\theta = 45°$. O anel consiste em dois blocos deslizantes, conectados por pino, que estão restritos a se moverem ao longo da trajetória circular e da barra AB.

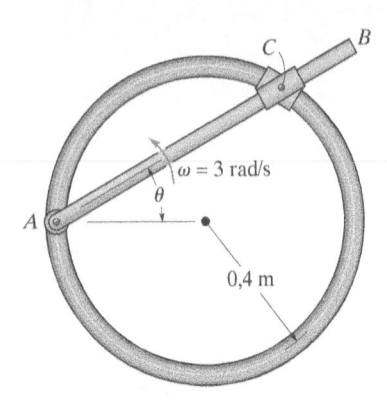

PROBLEMAS 16.133 e 16.134

16.135. Uma garota se encontra em A sobre uma plataforma que gira com aceleração angular $\alpha = 0{,}2$ rad/s^2 e que, no instante mostrado, tem velocidade angular $\omega = 0{,}5$ rad/s. Se ela caminha a uma velocidade constante $v = 0{,}75$ m/s, medida em relação à plataforma, determine sua aceleração (a) quando ela atinge o ponto D percorrendo o trajeto ADC, $d = 1$ m; e (b) quando ela atinge o ponto B, se ela segue o percurso ABC, $r = 3$ m.

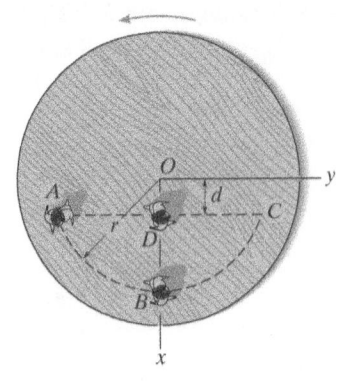

PROBLEMA 16.135

***16.136.** Se o pistão está se movendo com velocidade de $v_A = 3$ m/s e aceleração $a_A = 1{,}5$ m/s^2, determine velocidade e aceleração angulares do segmento com fenda no instante mostrado. O segmento AB desliza livremente ao longo de sua ranhura no pino fixo C.

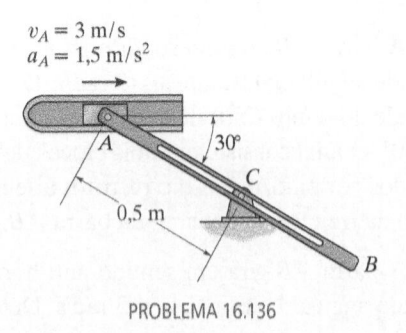

PROBLEMA 16.136

16.137. A água deixa o rotor da bomba centrífuga com velocidade de 25 m/s e aceleração de 30 m/s^2, ambas medidas em relação ao rotor ao longo da linha da pá AB. Determine a velocidade e aceleração de uma partícula de água em A enquanto ela deixa o rotor no instante mostrado. O rotor gira com velocidade angular constante $\omega = 15$ rad/s.

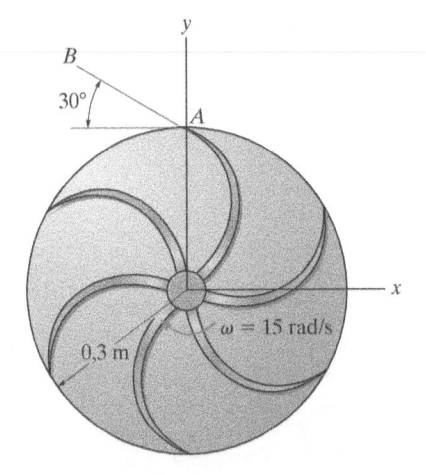

PROBLEMA 16.137

16.138. O pino B na engrenagem desliza livremente ao longo da ranhura no membro AB. Se o centro da engrenagem O se desloca com a velocidade e aceleração mostradas, determine velocidade e aceleração angulares do membro nesse instante.

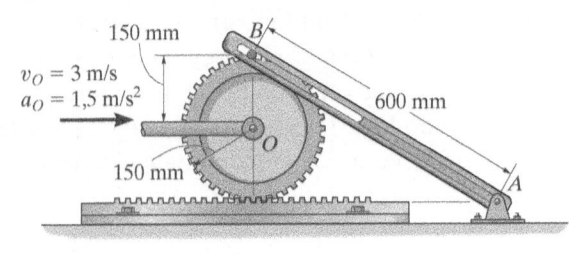

PROBLEMA 16.138

16.139. O anel C está conectado por um pino à barra CD enquanto desliza sobre a barra AB. Se a barra AB tem velocidade angular de 2 rad/s e aceleração angular de 8 rad/s^2, ambas atuando em sentido anti-horário, determine velocidade e aceleração angulares da barra CD no instante mostrado.

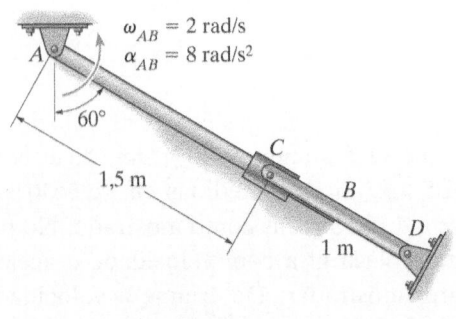

PROBLEMA 16.139

16.140. No instante mostrado, o braço robótico AB está girando em sentido anti-horário em $\omega = 5$ rad/s e tem aceleração angular $\alpha = 2$ rad/s². Simultaneamente, a garra BC está girando em sentido anti-horário a $\omega' = 6$ rad/s e $\alpha' = 2$ rad/s², ambas medidas em relação a uma referência *fixa*. Determine a velocidade e aceleração do objeto mantido na ponta C da garra.

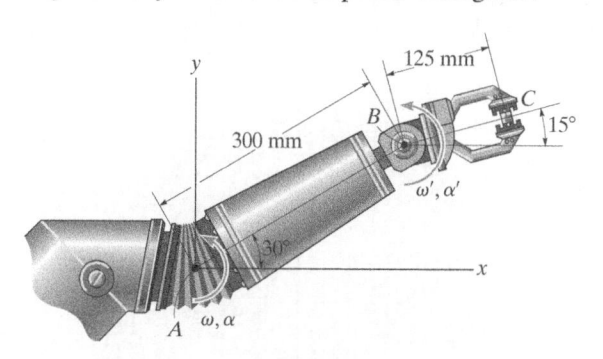

PROBLEMA 16.140

16.141. No instante mostrado, a haste AB tem velocidade angular $\omega_{AB} = 4$ rad/s e aceleração angular $\alpha_{AB} = 2$ rad/s². Determine velocidade e aceleração angulares da haste CD nesse instante. O anel em C está conectado por pino a CD e desliza livremente ao longo de AB.

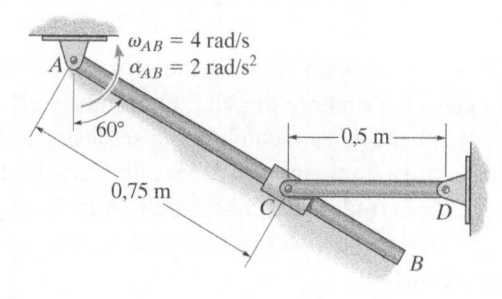

PROBLEMA 16.141

16.142. O anel B se desloca para a esquerda com velocidade de 5 m/s, que está aumentando a uma taxa constante de 1,5 m/s², relativa à argola, enquanto a argola gira com velocidade e aceleração angulares mostradas. Determine as intensidades da velocidade e aceleração do anel nesse instante.

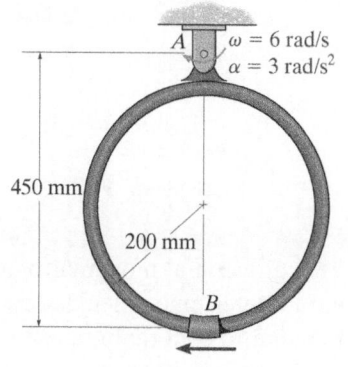

PROBLEMA 16.142

16.143. O bloco D do mecanismo está confinado e se desloca dentro da ranhura do membro CB. Se o segmento AD está girando a uma taxa constante $\omega_{AD} = 4$ rad/s, determine velocidade e aceleração angulares do membro CB no instante mostrado.

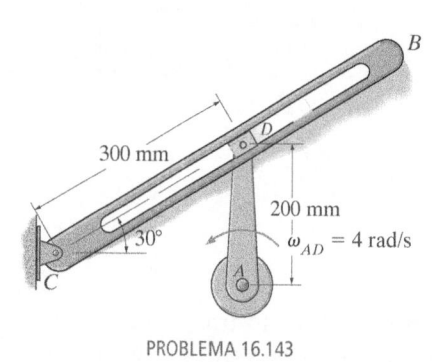

PROBLEMA 16.143

16.144. Um brinquedo em um parque de diversões consiste em um braço em rotação AB com velocidade angular constante $\omega_{AB} = 2$ rad/s em torno do ponto A e um carrinho montado na extremidade do braço que tem velocidade angular constante $\omega' = \{-0,5\mathbf{k}\}$ rad/s, medida em relação ao braço. No instante mostrado, determine a velocidade e a aceleração do passageiro em C.

16.145. Um brinquedo em um parque de diversões consiste em um braço em rotação AB que tem aceleração angular $\alpha_{AB} = 1$ rad/s² quando $\omega_{AB} = 2$ rad/s no instante mostrado. Também nesse instante, o carrinho montado na extremidade do braço tem aceleração angular relativa $\alpha' = \{-0,6\mathbf{k}\}$ rad/s² quando $\omega' = \{-0,5\mathbf{k}\}$ rad/s. Determine a velocidade e a aceleração do passageiro C nesse instante.

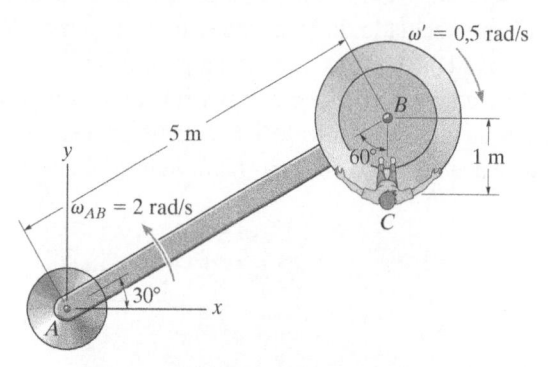

PROBLEMAS 16.144 e 16.145

16.146. Se o bloco deslizante C está fixo ao disco, que tem velocidade angular constante em sentido anti-horário de 4 rad/s, determine velocidade e aceleração angulares do braço com ranhura AB no instante mostrado.

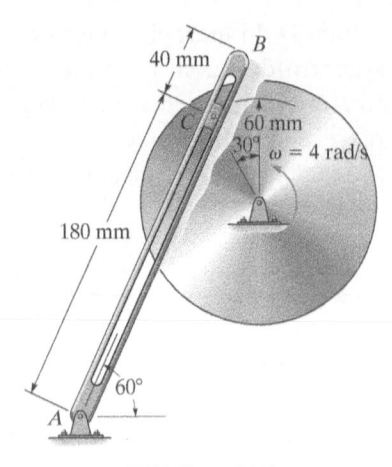

PROBLEMA 16.146

16.147. No instante mostrado, o carro A se desloca com velocidade de 25 m/s, que está diminuindo a uma taxa constante de 2 m/s², enquanto o carro C se desloca com velocidade de 15 m/s, que está aumentando a uma taxa constante de 3 m/s². Determine a velocidade e a aceleração do carro A em relação ao carro C.

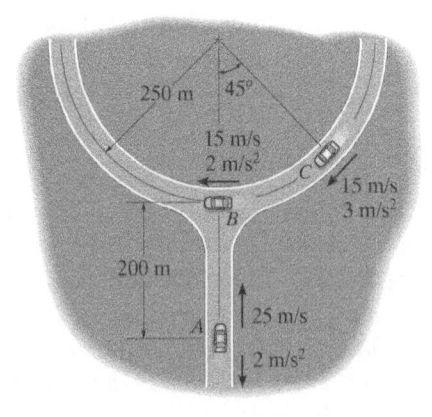

PROBLEMA 16.147

*16.148. No instante mostrado, o carro B se desloca com velocidade de 15 m/s, que está aumentando a uma taxa constante de 2 m/s², enquanto o carro C se desloca com velocidade de 15 m/s, que está aumentando a uma taxa constante de 3 m/s². Determine a velocidade e a aceleração do carro B em relação ao carro C.

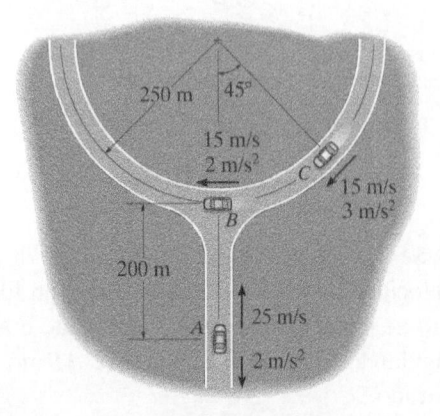

PROBLEMA 16.148

16.149. Um brinquedo em um parque de diversões consiste em uma plataforma giratória P, com velocidade angular constante $\omega_P = 1{,}5$ rad/s, e quatro carrinhos, C, montados sobre a plataforma, que possuem velocidades angulares constantes $\omega_{C/P} = 2$ rad/s, medidas em relação à plataforma. Determine a velocidade e a aceleração do passageiro em B no instante mostrado.

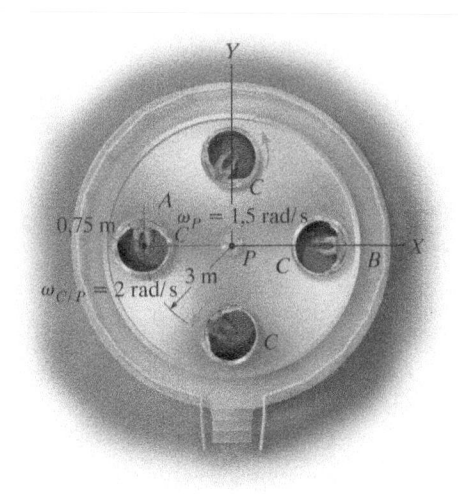

PROBLEMA 16.149

16.150. O mecanismo de dois membros serve para amplificar o movimento angular. O membro AB tem um pino em B que está confinado a se deslocar dentro da ranhura do membro CD. Se, no instante mostrado, AB (entrada) tem velocidade angular $\omega_{AB} = 2{,}5$ rad/s, determine a velocidade angular de CD (saída) nesse instante.

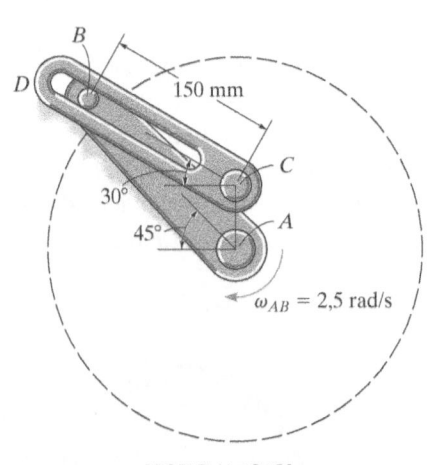

PROBLEMA 16.150

16.151. O disco gira com o movimento angular mostrado na figura. Determine velocidade e aceleração angulares do membro com ranhura AC nesse instante. O pino em B está fixado ao disco.

PROBLEMA 16.151

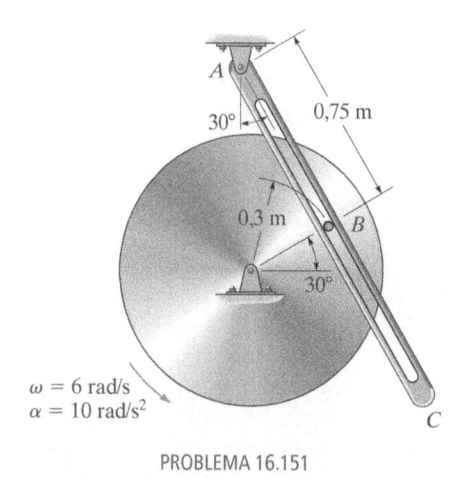

*16.152. O mecanismo de "retorno rápido" consiste em uma manivela AB, o bloco deslizante B e o membro com ranhura CD. Se a manivela tem o movimento angular mostrado, determine o movimento angular do membro com ranhura nesse instante.

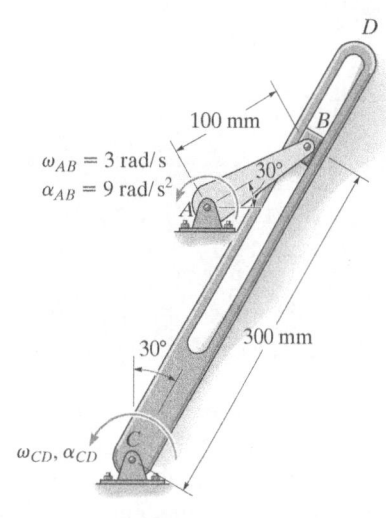

PROBLEMA 16.152

Problemas conceituais

C16.1. Um motor elétrico gira o pneu em A a uma velocidade angular constante, e o atrito faz com que o pneu rode sem deslizar na borda interna da roda-gigante. Utilizando valores numéricos apropriados, determine a intensidade da velocidade e da aceleração dos passageiros em uma das cabines. Os passageiros nas outras cabines experimentam esse mesmo movimento? Explique.

PROBLEMA C16.1

C16.2. A manivela AB gira no sentido anti-horário a uma taxa constante ω, fazendo com que o braço de conexão CD e o balancim DE se movam. Trace um esboço mostrando a localização do CI para o braço de conexão quando $\theta = 0°$, $90°$, $180°$ e $270°$. Além disso, como a curvatura da cabeça em E foi determinada, e por que ela é curva dessa maneira?

PROBLEMA C16.2

C16.3. A porta do hangar dobrada em duas partes é aberta por cabos que se deslocam para cima a uma velocidade constante de 0,5 m/s. Determine a velocidade angular de BC e a velocidade angular de AB quando $\theta = 45°$. O painel BC está preso por pinos em C e tem uma altura igual à altura de BA. Utilize valores numéricos apropriados para explicar seu resultado.

358 DINÂMICA

PROBLEMA C16.3

e mínima. Utilize valores numéricos apropriados para a velocidade do carro e a dimensão dos pneus para explicar seu resultado.

C16.4. Se os pneus não deslizam no pavimento, determine os pontos no pneu que têm velocidade máxima e mínima e os pontos que têm aceleração máxima

PROBLEMA C16.4

Revisão do capítulo

Movimento plano de um corpo rígido

Um corpo rígido sofre três tipos de movimento plano: translação, rotação em torno de um eixo fixo e movimento plano geral.

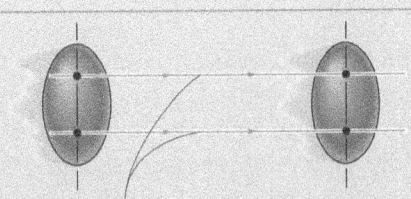

Trajetória de translação retilínea

Translação

Quando um corpo realiza translação retilínea, todas as partículas do corpo se deslocam ao longo de trajetórias paralelas em linha reta. Se as trajetórias têm o mesmo raio de curvatura, ocorre a translação curvilínea. Contanto que saibamos o movimento de uma das partículas, o movimento de todas as outras também é conhecido.

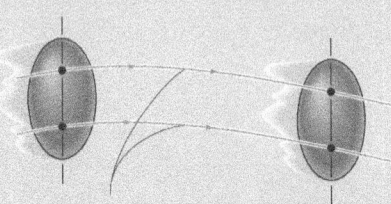

Trajetória de translação curvilínea

Rotação em torno de um eixo fixo

Para este tipo de movimento, todas as partículas se deslocam ao longo de trajetórias circulares. Aqui, todos os segmentos de linha no corpo passam pelo mesmo deslocamento angular, velocidade angular e aceleração angular.

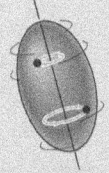

Rotação em torno de um eixo fixo

Uma vez que o movimento angular do corpo seja conhecido, a velocidade de qualquer partícula a uma distância r do eixo pode ser obtida.

A aceleração de qualquer partícula tem duas componentes. A componente tangencial considera a variação na intensidade da velocidade, e a componente normal considera a variação na direção da velocidade.

$$\omega = d\theta/dt$$
$$\alpha = d\omega/dt \quad \text{ou}$$
$$\alpha\, d\theta = \omega\, d\omega$$
$$v = \omega r$$

$$\omega = \omega_0 + \alpha_c t$$
$$\theta = \theta_0 + \omega_0 t + \tfrac{1}{2}\alpha_c t^2$$
$$\omega^2 = \omega_0^2 + 2\alpha_c(\theta - \theta_0)$$
Constante α_c
$$a_t = \alpha r, \quad a_n = \omega^2 r$$

Movimento plano geral

Quando um corpo sofre um movimento plano geral, ele realiza simultaneamente uma translação e uma rotação. Há vários métodos para analisar esse movimento.

Análise de movimento absoluto

Se o movimento de um ponto em um corpo ou o movimento angular de uma linha é conhecido, pode ser possível relacionar esse movimento ao de outro ponto ou linha utilizando uma análise de movimento absoluto. Para fazer isso, coordenadas de posição lineares s ou coordenadas de posição angulares θ são estabelecidas (medidas a partir de um ponto ou linha fixos). Essas coordenadas de posição são, então, relacionadas utilizando a geometria do corpo. A derivada temporal dessa equação fornece a relação entre as velocidades e/ou as velocidades angulares. Uma segunda derivada temporal relaciona as acelerações e/ou acelerações angulares.

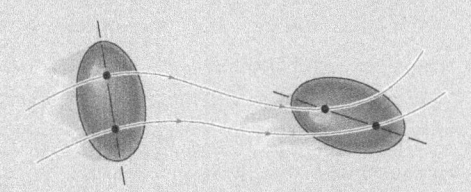

Movimento plano geral

Movimento relativo utilizando eixos de translação

O movimento plano geral também pode ser analisado utilizando uma análise de movimento relativo entre dois pontos A e B localizados no corpo. Este método considera o movimento em partes: primeiro uma translação do ponto base escolhido A, em seguida uma "rotação" relativa do corpo em torno do ponto A, que é medida a partir de um eixo em translação. Visto que o movimento relativo é visto como movimento circular em torno do ponto base, o ponto B terá uma velocidade $\mathbf{v}_{B/A}$ que é tangente ao círculo. Ele também tem duas componentes da aceleração, $(\mathbf{a}_{B/A})_t$ e $(\mathbf{a}_{B/A})_n$. Também é importante perceber que $\mathbf{a}_A$ e $\mathbf{a}_B$ terão componentes tangenciais e normais se esses pontos se deslocam ao longo de trajetórias curvas.

$$\mathbf{v}_B = \mathbf{v}_A + \boldsymbol{\omega} \times \mathbf{r}_{B/A}$$
$$\mathbf{a}_B = \mathbf{a}_A + \boldsymbol{\alpha} \times \mathbf{r}_{B/A} - \omega^2 \mathbf{r}_{B/A}$$

Centro instantâneo de velocidade nula

Se o ponto base A é escolhido como tendo velocidade nula, a equação de velocidade relativa torna-se $\mathbf{v}_B = \boldsymbol{\omega} \times \mathbf{r}_{B/A}$. Neste caso, o movimento parece como se o corpo girasse em torno de um eixo instantâneo passando por A.

O centro instantâneo de rotação (*CI*) pode ser estabelecido desde que as direções das velocidades de quaisquer dois pontos no corpo sejam conhecidas, ou a velocidade de um ponto e a velocidade angular sejam conhecidas. Visto que uma linha radial r será sempre perpendicular a cada velocidade, o *CI* está no ponto de interseção dessas duas linhas radiais. Sua medida da localização é determinada a partir da geometria do corpo. Uma vez que ela tenha sido estabelecida, a velocidade de qualquer ponto P no corpo pode ser determinada de $v = \omega r$, onde r se estende do *CI* ao ponto P.

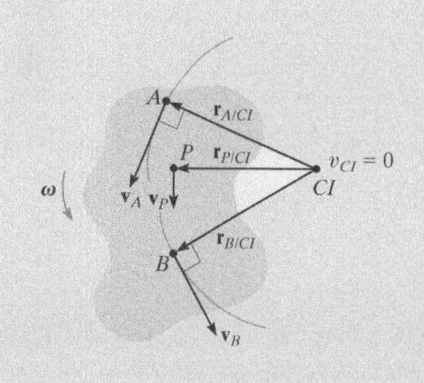

Movimento relativo utilizando-se sistema de eixos em rotação

Problemas que envolvem membros conectados que deslizam um em relação ao outro ou pontos não localizados no mesmo corpo podem ser analisados utilizando-se uma análise de movimento relativo referenciada por um sistema em rotação. Isso dá origem ao termo $2\Omega \times (\mathbf{v}_{B/A})_{xyz}$, que é chamado de aceleração de Coriolis.

$$\mathbf{v}_B = \mathbf{v}_A + \Omega \times \mathbf{r}_{B/A} + (\mathbf{v}_{B/A})_{xyz}$$

$$\mathbf{a}_B = \mathbf{a}_A + \dot{\Omega} \times \mathbf{r}_{B/A} + \Omega \times (\Omega \times \mathbf{r}_{B/A}) + 2\Omega \times (\mathbf{v}_{B/A})_{xyz} + (\mathbf{a}_{B/A})_{xyz}$$

Problemas de revisão

R16.1. A engrenagem de levantamento A tem velocidade angular inicial de 60 rad/s e desaceleração constante de 1 rad/s². Determine a velocidade e a desaceleração do bloco que está sendo içado pelo eixo na engrenagem B quando $t = 3$ s.

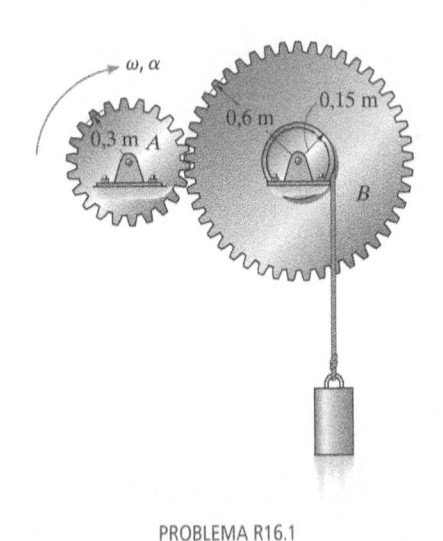

PROBLEMA R16.1

PROBLEMA R16.2

R16.2. Partindo de $(\omega_A)_0 = 3$ rad/s, quando $\theta = 0$, $s = 0$, a polia A recebe aceleração angular $\alpha = (0,6\theta)$ rad/s², onde θ é dado em radianos. Determine a velocidade do bloco B quando ele tiver subido $s = 0,5$ m. A polia tem um eixo interno D que é fixado a C e gira com ela.

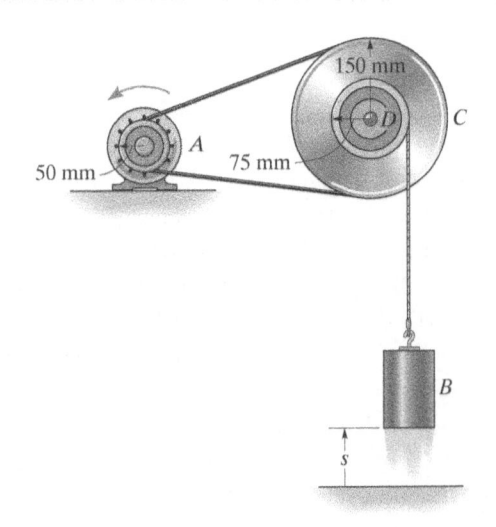

R16.3. A tábua está apoiada na superfície de dois tambores. No instante mostrado, ela tem aceleração de 0,5 m/s² para a direita, ao passo que, no mesmo instante, os pontos na borda externa de cada tambor têm uma aceleração com intensidade de 3 m/s². Se a tábua não desliza nos tambores, determine sua velocidade em decorrência do movimento.

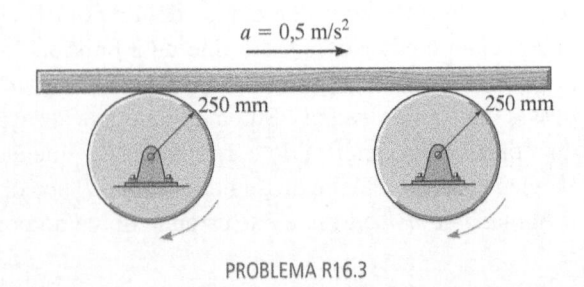

PROBLEMA R16.3

R16.4. Se a barra AB tem velocidade angular $\omega_{AB} = 6$ rad/s, determine a velocidade do bloco deslizante C no instante mostrado.

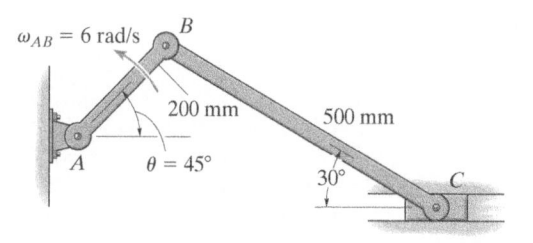

PROBLEMA R16.4

R16.5. O centro da polia está sendo erguido verticalmente com uma aceleração de 4 m/s² no instante em que possui velocidade de 2 m/s. Se o cabo não desliza na superfície da polia, determine as acelerações do cilindro B e do ponto C na polia.

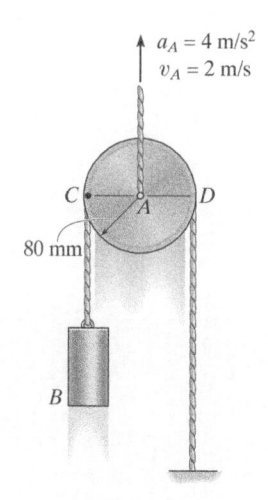

PROBLEMA R16.5

R16.6. No instante mostrado, o membro AB tem velocidade angular $\omega_{AB} = 2$ rad/s e aceleração angular $\alpha_{AB} = 6$ rad/s². Determine a aceleração do pino em C e a aceleração angular do membro CB nesse instante, quando $\theta = 60°$.

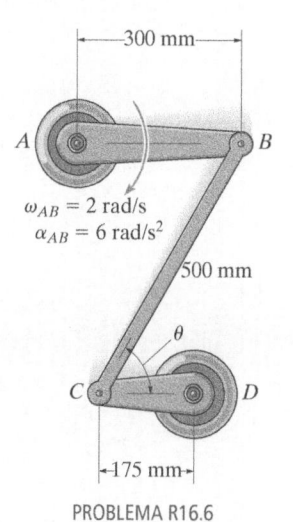

PROBLEMA R16.6

R16.7. O disco se desloca para a esquerda de modo que possui aceleração angular $\alpha = 8$ rad/s² e velocidade angular $\omega = 3$ rad/s no instante mostrado. Se ele não desliza em A, determine a aceleração do ponto B.

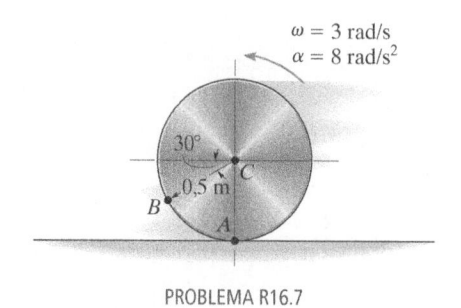

PROBLEMA R16.7

R16.8. No instante indicado, o membro AB tem os movimentos angulares mostrados. Determine a velocidade e a aceleração do bloco deslizante C nesse instante.

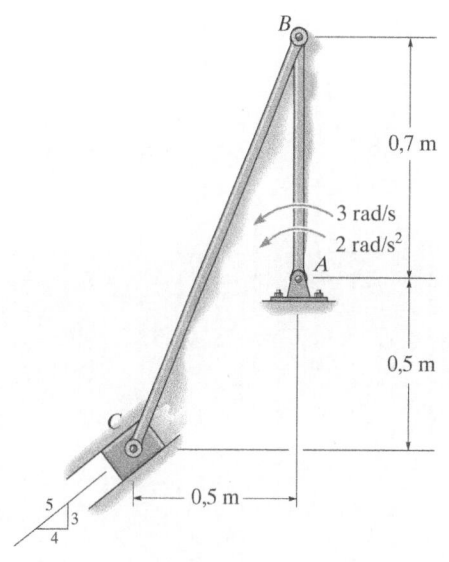

PROBLEMA R16.8

CAPÍTULO 17

Cinética do movimento plano de um corpo rígido: força e aceleração

Tratores e outros equipamentos pesados podem ser submetidos a cargas severas em razão das cargas dinâmicas enquanto eles aceleram. Neste capítulo, vamos mostrar como determinar essas cargas para o movimento plano.

(© Surasaki/Fotolia)

17.1 Momento de inércia de massa

Visto que um corpo tem dimensão e forma definidas, a aplicação de um sistema de forças não concorrentes pode fazer o corpo transladar e rotacionar. Os aspectos translacionais do movimento foram estudados no Capítulo 13 e são controlados pela equação $\mathbf{F} = m\mathbf{a}$. A próxima seção mostrará que os aspectos rotacionais, causados por um momento $\mathbf{M}$, são controlados por uma equação da forma $\mathbf{M} = I\boldsymbol{\alpha}$. O símbolo I nessa equação é denominado momento de inércia de massa. Por comparação, o *momento de inércia* é uma medida da resistência de um corpo à *aceleração angular* ($\mathbf{M} = I\boldsymbol{\alpha}$), da mesma maneira que *massa* é uma medida da resistência do corpo à *aceleração* ($\mathbf{F} = m\mathbf{a}$).

Objetivos

- Apresentar os métodos usados para determinar o momento de inércia de massa de um corpo.
- Desenvolver as equações cinéticas do movimento plano para um corpo rígido simétrico.
- Discutir aplicações dessas equações para corpos submetidos a translação, rotação em torno de um eixo fixo e movimento plano geral.

O volante no motor deste trator tem um grande momento de inércia em torno de seu eixo de rotação. Uma vez colocado em movimento, será difícil pará-lo; isso, por sua vez, impedirá que o motor pare e, em vez disso, permitirá que ele mantenha uma potência constante.

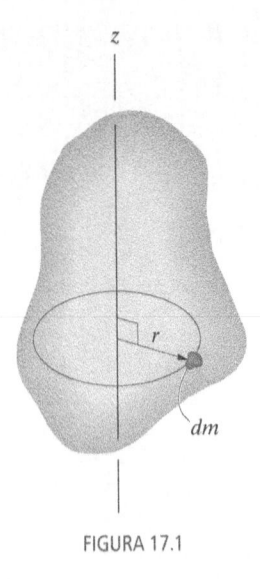

Definimos o *momento de inércia* como a integral do "segundo momento" em relação a um eixo de todos os elementos de massa *dm* que compõem o corpo.* Por exemplo, o momento de inércia do corpo em relação ao eixo *z* na Figura 17.1 é

$$I = \int_m r^2 \, dm \qquad (17.1)$$

Aqui, o "braço do momento" *r* é a distância perpendicular do eixo *z* até o elemento arbitrário *dm*. Visto que a formulação envolve *r*, o valor de *I* é diferente para cada eixo em relação ao qual ele é calculado. No estudo da cinética plana, o eixo escolhido para análise geralmente passa pelo centro de massa *G* do corpo e é sempre perpendicular ao plano de movimento. O momento de inércia em relação a esse eixo será denotado como I_G. Visto que *r* está elevado ao quadrado na Equação 17.1, o momento de inércia de massa é sempre uma quantidade *positiva*. Unidades comuns utilizadas para essa medida são kg · m².

Se o corpo consiste em um material com densidade variável, $\rho = \rho(x, y, z)$, o elemento de massa *dm* do corpo pode ser expresso em termos de sua densidade e volume como $dm = \rho \, dV$. Substituindo *dm* na Equação 17.1, o momento de inércia do corpo é calculado utilizando *elementos de volume* para a integração; ou seja,

$$I = \int_V r^2 \rho \, dV \qquad (17.2)$$

No caso especial de ρ ser uma *constante*, esse termo pode ser colocado fora da integral, e a integração torna-se, então, puramente uma função de geometria,

$$I = \rho \int_V r^2 \, dV \qquad (17.3)$$

Quando o elemento de volume escolhido para integração possui dimensões infinitesimais em todas as três direções (Figura 17.2a), o momento de inércia do corpo tem de ser determinado utilizando uma "integração tripla". O processo de integração pode, entretanto, ser simplificado para uma *única integração*, contanto que o elemento de volume escolhido tenha uma dimensão ou espessura diferencial em apenas *uma direção*. Elementos de casca ou disco são frequentemente usados para esse propósito.

FIGURA 17.1

(a)

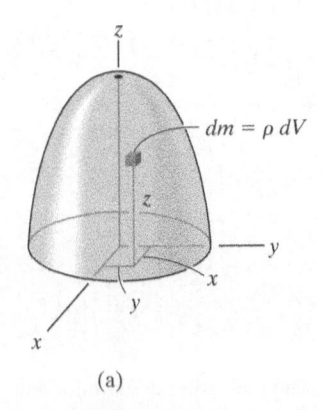

FIGURA 17.2

---

* Outra propriedade do corpo, que mede a simetria da massa do corpo em relação ao sistema de coordenadas, é o produto da inércia. Essa propriedade se aplica ao movimento tridimensional de um corpo e será discutida no Capítulo 21.

Procedimento para análise

Para obter o momento de inércia por integração, consideraremos apenas corpos simétricos com volumes que são gerados girando-se uma curva em torno de um eixo. Um exemplo de corpo dessa natureza está mostrado na Figura 17.2a. Dois tipos de elementos diferenciais podem ser escolhidos.

Elemento de casca

- Se um *elemento de casca* com altura z, raio $r = y$ e espessura dy é escolhido para integração (Figura 17.2b), o volume é $dV = (2\pi y)(z)dy$.
- Esse elemento pode ser usado nas equações 17.2 ou 17.3 para determinar o momento de inércia I_z do corpo em relação ao eixo z, visto que o *elemento inteiro*, por sua "finura", se encontra à *mesma* distância perpendicular $r = y$ do eixo z (ver Exemplo 17.1).

Elemento de disco

- Se um elemento de disco com raio y e uma espessura dz é escolhido para integração (Figura 17.2c), o volume é $dV = (\pi y^2)dz$.
- Esse elemento é *finito* na direção radial e, consequentemente, suas partes *não* se encontram todas à *mesma distância radial r* do eixo z. Como resultado, as equações 17.2 ou 17.3 *não podem* ser usadas para determinar I_z diretamente. Em vez disso, para realizar a integração, primeiro é necessário determinar o momento de inércia *do elemento* em relação ao eixo z e, em seguida, integrar esse resultado (ver Exemplo 17.2).

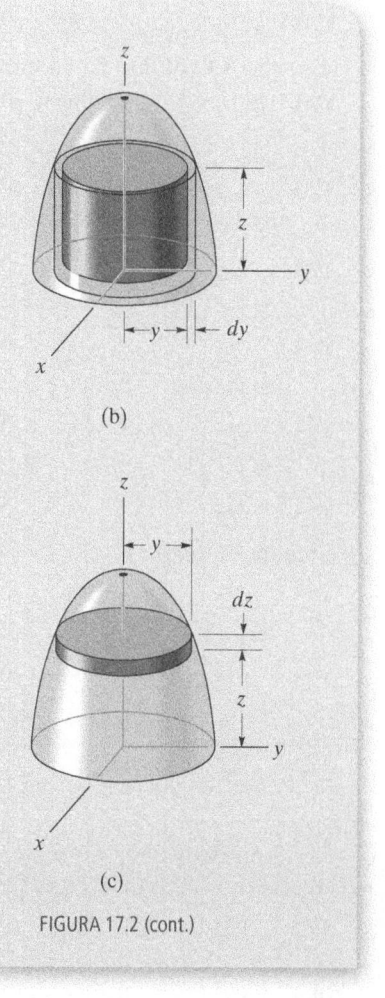

FIGURA 17.2 (cont.)

EXEMPLO 17.1

Determine o momento de inércia do cilindro mostrado na Figura 17.3a em relação ao eixo z. A densidade do material, ρ, é constante.

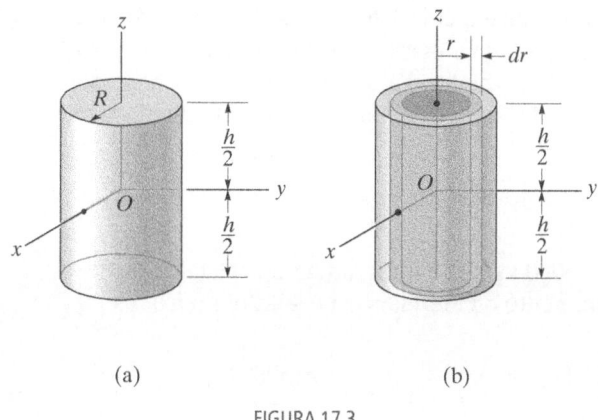

FIGURA 17.3

SOLUÇÃO

Elemento de casca

Este problema pode ser resolvido utilizando-se o *elemento de casca* na Figura 17.3b e uma única integração. O volume do elemento é $dV = (2\pi r)(h)dr$, de maneira que sua massa é $dm = \rho dV = \rho(2\pi hr\, dr)$. Visto que o *elemento inteiro* se encontra à mesma distância r do eixo z, o momento de inércia *do elemento* é

$$dI_z = r^2 dm = \rho 2\pi h r^3\, dr$$

Integrar sobre a região inteira do cilindro resulta em

$$I_z = \int_m r^2\, dm = \rho 2\pi h \int_0^R r^3\, dr = \frac{\rho\pi}{2} R^4 h$$

A massa do cilindro é

$$m = \int_m dm = \rho 2\pi h \int_0^R r\, dr = \rho\pi h R^2$$

de maneira que

$$I_z = \frac{1}{2} m R^2 \qquad\qquad Resposta$$

EXEMPLO 17.2

Se a densidade do material é 3000 kg/m³, determine o momento de inércia do sólido na Figura 17.4a em relação ao eixo y.

SOLUÇÃO

Elemento de disco

O momento de inércia será determinado utilizando-se um *elemento de disco*, como mostrado na Figura 17.4b. Aqui, o elemento intercepta a curva no ponto arbitrário (x, y) e tem massa

$$dm = \rho\, dV = \rho(\pi x^2)\, dy$$

Embora todas as partes do elemento *não* estejam localizadas à mesma distância do eixo y, ainda é possível determinar o momento de inércia dI_y *do elemento* em relação ao eixo y. No exemplo anterior, foi mostrado que o momento de inércia de um cilindro em relação a seu eixo longitudinal é $I = \frac{1}{2} m R^2$, onde m e R são a massa e o raio do cilindro. Visto que a altura não está envolvida nessa fórmula, o próprio disco pode ser considerado como um cilindro. Desse modo, para o elemento de disco na Figura 17.4b, temos

$$dI_y = \tfrac{1}{2}(dm)x^2 = \tfrac{1}{2}[\rho(\pi x^2)\, dy]x^2$$

Substituindo $x = y^2$, $\rho = 3000$ kg/m³, e integrando em relação a y, de $y = 0$ a $y = 1$ m, obtém-se o momento de inércia para o sólido inteiro.

$$I_y = \frac{\pi(3000\text{ kg/m}^3)}{2}\int_0^{1\text{ m}} x^4\, dy = \frac{\pi(3000)}{2}\int_0^{1\text{ m}} y^8\, dy = 524\text{ kg}\cdot\text{m}^2 \qquad Resposta$$

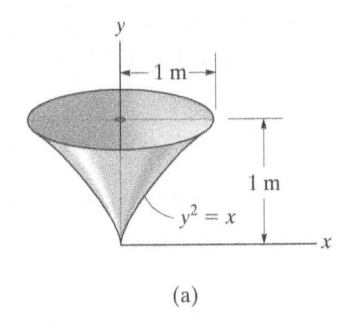

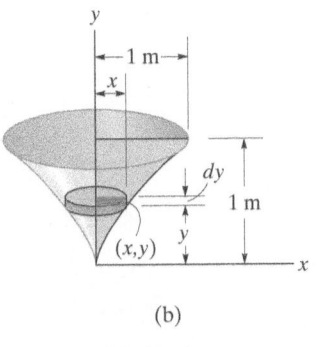

FIGURA 17.4

Teorema dos eixos paralelos

Se o momento de inércia do corpo em relação a um eixo que passa pelo centro de massa do corpo é conhecido, o momento de inércia em relação a qualquer outro *eixo paralelo* pode ser determinado utilizando-se o *teorema dos eixos paralelos*. Esse teorema pode ser derivado considerando-se o corpo mostrado na Figura 17.5. Aqui, o eixo z' passa pelo centro de massa G, enquanto o *eixo paralelo z* correspondente se encontra a uma distância d. Escolhendo o elemento diferencial de massa dm, que está localizado no ponto (x', y'), e utilizando o teorema de Pitágoras, $r^2 = (d + x')^2 + y'^2$, podemos expressar o momento de inércia do corpo em relação ao eixo z como

$$I = \int_m r^2 \, dm = \int_m [(d + x')^2 + y'^2] \, dm$$

$$= \int_m (x'^2 + y'^2) \, dm + 2d \int_m x' \, dm + d^2 \int_m dm$$

Visto que $r'^2 = x'^2 + y'^2$, a primeira integral representa I_G. A segunda integral é igual a *zero*, visto que o eixo z' passa pelo centro de massa do corpo, ou seja, $\int x' dm = \bar{x}'m = 0$, já que $\bar{x}' = 0$. Finalmente, a terceira integral representa a massa total m do corpo. Por conseguinte, o momento de inércia em relação ao eixo z pode ser escrito como

$$\boxed{I = I_G + md^2} \quad (17.4)$$

onde

I_G = momento de inércia em relação ao eixo z' que passa pelo centro de massa G

m = massa do corpo

d = distância perpendicular entre os eixos paralelos z e z'

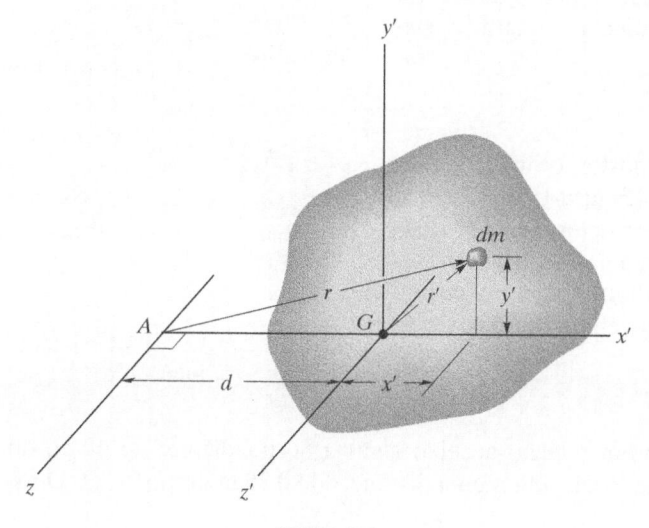

FIGURA 17.5

Raio de giração

Ocasionalmente, o momento de inércia de um corpo em relação a um eixo especificado é descrito em manuais utilizando o *raio de giração*, k. Essa é uma propriedade geométrica que tem unidade de comprimento. Quando ele e a massa m do corpo são conhecidos, o momento de inércia do corpo é determinado a partir da equação

$$I = mk^2 \quad \text{ou} \quad k = \sqrt{\frac{I}{m}} \qquad (17.5)$$

Observe a *semelhança* entre a definição de k nessa fórmula e r na equação $dI = r^2\, dm$, que define o momento de inércia de uma massa elementar dm do corpo em relação a um eixo.

Corpos compostos

Se um corpo consiste em certo número de formas simples, como discos, esferas e barras, o momento de inércia do corpo em relação a qualquer eixo pode ser determinado somando-se algebricamente os momentos de inércia de todas as formas que o compõem calculadas em relação ao eixo. A soma algébrica é necessária, visto que uma peça da composição tem de ser considerada como quantidade negativa se ela já tiver sido contada como um pedaço de outra peça — por exemplo, um "furo" subtraído de uma placa sólida. O teorema dos eixos paralelos é necessário para os cálculos se o centro de massa de cada peça da composição não se encontrar sobre o eixo. Para o cálculo, então, $I = \Sigma(I_G + md^2)$. Aqui, I_G para cada uma das peças da composição é determinado por integração, ou para formas simples, como barras e discos, ele pode ser obtido de uma tabela, como a fornecida nos apêndices.

EXEMPLO 17.3

Se a placa mostrada na Figura 17.6a tem densidade de 8000 kg/m³ e espessura de 10 mm, determine seu momento de inércia em relação a um eixo direcionado perpendicular à página e passando pelo ponto O.

SOLUÇÃO

A placa consiste em duas peças compostas, o disco de raio 250 mm *menos* um disco de raio 125 mm (Figura 17.6b). O momento de inércia em relação a O pode ser determinado calculando-se o momento de inércia de cada uma dessas peças em relação a O e, em seguida, somando os resultados *algebricamente*. Os cálculos são realizados utilizando o teorema dos eixos paralelos e os dados listados nos apêndices.

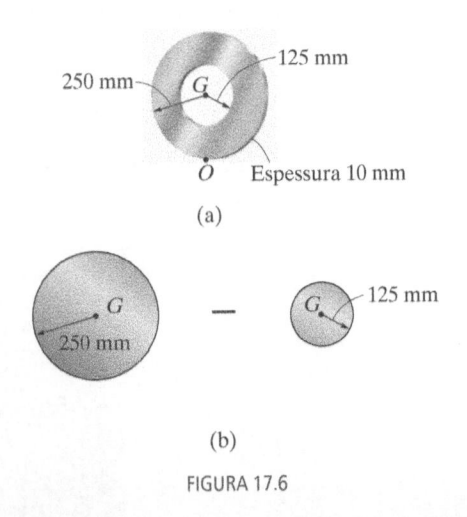

FIGURA 17.6

Disco

O momento de inércia de um disco em relação ao eixo central perpendicular ao plano do disco é $I_G = \tfrac{1}{2}mr^2$. O centro de massa do disco está localizado a uma distância de 0,25 m do ponto O. Desse modo,

$$m_d = \rho_d V_d = 8000 \text{ kg/m}^3 [\pi(0{,}25 \text{ m})^2(0{,}01 \text{ m})] = 15{,}71 \text{ kg}$$

$$(I_d)_O = \tfrac{1}{2}m_d r_d^2 + m_d d^2$$

$$= \frac{1}{2}(15{,}71 \text{ kg})(0{,}25 \text{ m})^2 + (15{,}71 \text{ kg})(0{,}25 \text{ m})^2$$

$$= 1{,}473 \text{ kg} \cdot \text{m}^2$$

Furo

Para o disco de raio 125 mm (furo), temos

$$m_h = \rho_h V_h = 8000 \text{ kg/m}^3 [\pi(0{,}125 \text{ m})^2(0{,}01 \text{ m})] = 3{,}927 \text{ kg}$$

$$(I_h)_O = \tfrac{1}{2}m_h r_h^2 + m_h d^2$$

$$= \frac{1}{2}(3{,}927 \text{ kg})(0{,}125 \text{ m})^2 + (3{,}927 \text{ kg})(0{,}25 \text{ m})^2$$

$$= 0{,}276 \text{ kg} \cdot \text{m}^2$$

O momento de inércia da placa em relação ao ponto O é, portanto,

$$I_O = (I_d)_O - (I_h)_O$$

$$= 1{,}473 \text{ kg} \cdot \text{m}^2 - 0{,}276 \text{ kg} \cdot \text{m}^2$$

$$= 1{,}20 \text{ kg} \cdot \text{m}^2 \qquad \textit{Resposta}$$

EXEMPLO 17.4

O pêndulo na Figura 17.7 é suspenso pelo pino em O e consiste em duas barras finas. A barra OA tem massa de 12 kg, e BC tem massa de 9 kg. Determine o momento de inércia do pêndulo em relação a um eixo passando por: (a) ponto O; e (b) centro de massa G do pêndulo.

SOLUÇÃO

Parte (a)

Utilizando a tabela que se encontra nos apêndices, o momento de inércia da barra OA em relação a um eixo perpendicular à página e passando pelo ponto O da barra é $I_O = \tfrac{1}{3}ml^2$. Por conseguinte,

$$(I_{OA})_O = \frac{1}{3}ml^2 = \frac{1}{3}(12 \text{ kg})(2 \text{ m})^2 = 16 \text{ kg} \cdot \text{m}^2$$

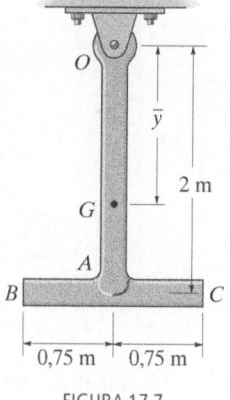

FIGURA 17.7

Esse mesmo valor pode ser obtido usando $I_G = \tfrac{1}{12}ml^2$ e o teorema dos eixos paralelos.

$$(I_{OA})_O = \frac{1}{12}ml^2 + md^2 = \frac{1}{12}(12 \text{ kg})(2 \text{ m})^2 + (12 \text{ kg})(1 \text{ m})^2$$

$$= 16 \text{ kg} \cdot \text{m}^2$$

Para a barra BC, temos

$$(I_{BC})_O = \frac{1}{12}ml^2 + md^2 = \frac{1}{12}(9 \text{ kg})(1{,}5 \text{ m})^2 + (9 \text{ kg})(2 \text{ m})^2$$

$$= 37{,}6875 \text{ kg} \cdot \text{m}^2$$

O momento de inércia do pêndulo em relação a O é, portanto,

$$I_o = 16 + 37{,}6875 = 53{,}6875 \text{ kg} \cdot \text{m}^2 = 53{,}7 \text{ kg} \cdot \text{m}^2 \qquad \textit{Resposta}$$

Parte (b)

O centro de massa G será localizado em relação ao ponto O. Supondo que essa distância seja $\bar{y}$ (Figura 17.7) e utilizando a fórmula para determinar o centro de massa, temos

$$\bar{y} = \frac{\Sigma \tilde{y} m}{\Sigma m} = \frac{1(12) + 2(9)}{(12) + (9)} = 1{,}4286 \text{ m}$$

O momento de inércia I_G pode ser encontrado da mesma maneira que I_O, que exige sucessivas aplicações do teorema dos eixos paralelos para transferir os momentos de inércia das barras OA e BC para G. Uma solução mais direta, entretanto, consiste em utilizar o resultado para I_O, ou seja,

$$I_O = I_G + md^2; \quad 53{,}6875 \text{ kg} \cdot \text{m}^2 = I_G + (21 \text{ kg})(1{,}4286 \text{ m})^2$$

$$I_G = 10{,}8 \text{ kg} \cdot \text{m}^2 \qquad \textit{Resposta}$$

Problemas

17.1. Determine o momento de inércia I_y para a barra delgada. A densidade da barra ρ e a área de seção transversal A são constantes. Expresse o resultado em termos da massa total m da barra.

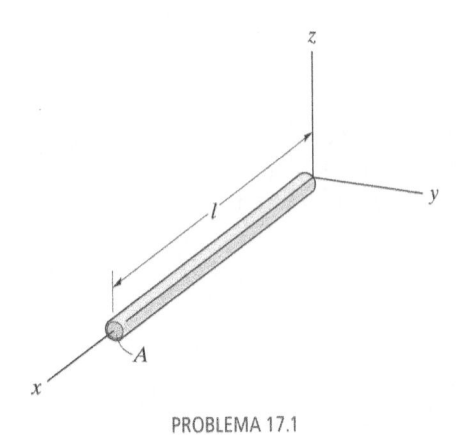

PROBLEMA 17.1

17.2. O paraboloide é formado girando-se a área sombreada em torno do eixo x. Determine o raio de giração k_x. A densidade do material é $\rho = 5$ Mg/m³.

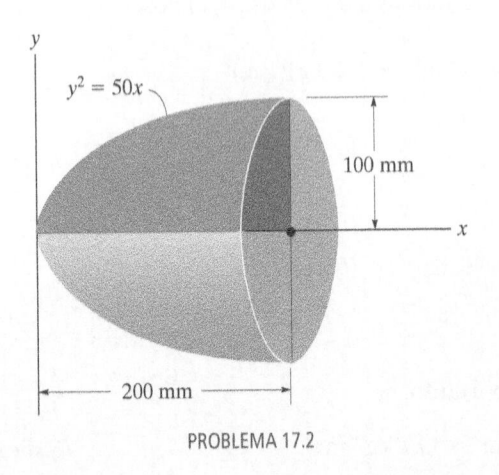

PROBLEMA 17.2

17.3. O cilindro sólido tem raio externo R, altura h e é feito de um material com densidade que varia a partir de seu centro, na forma $\rho = k + ar^2$, onde k e a são constantes. Determine a massa do cilindro e seu momento de inércia em relação ao eixo z.

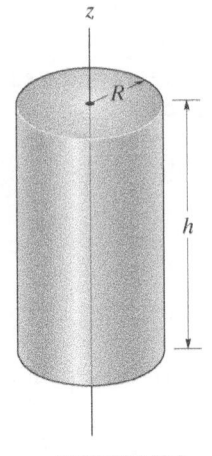

PROBLEMA 17.3

*17.4. Determine o momento de inércia do anel fino em relação ao eixo z. O anel tem massa m.

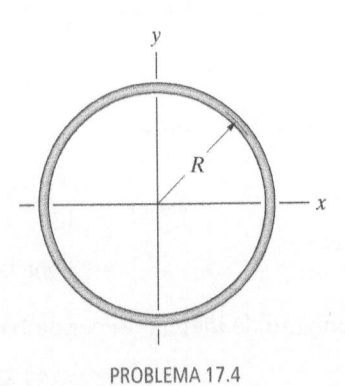

PROBLEMA 17.4

17.5. O hemisfério é formado girando-se a área sombreada em torno do eixo y. Determine o momento de inércia I_y e expresse o resultado em termos da massa total m do hemisfério. O material tem densidade constante ρ.

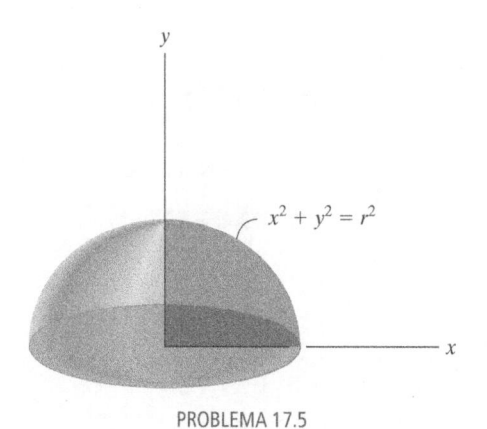

PROBLEMA 17.5

17.6. O tronco de cone é formado girando-se a área sombreada em torno do eixo x. Determine o momento de inércia I_x e expresse o resultado em termos da massa total m do tronco. O tronco tem densidade constante ρ.

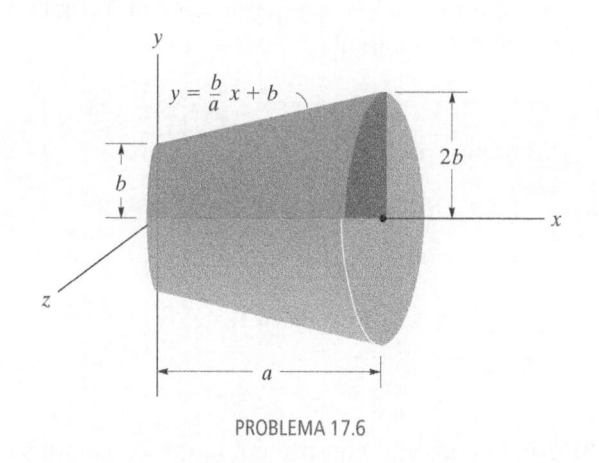

PROBLEMA 17.6

17.7. A esfera é formada girando-se a área sombreada em torno do eixo x. Determine o momento de inércia I_x e expresse o resultado em termos da massa total m da esfera. O material tem densidade constante ρ.

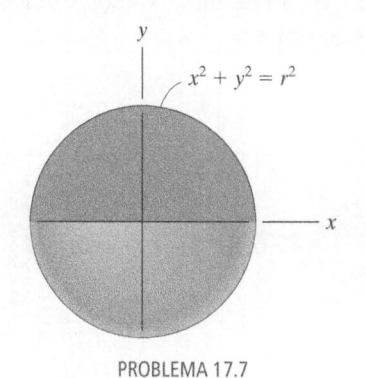

PROBLEMA 17.7

*17.8. Determine o momento de inércia I_z de massa do cone formado girando-se a área sombreada em torno do eixo z. A densidade do material é ρ. Expresse o resultado em termos da massa m do cone.

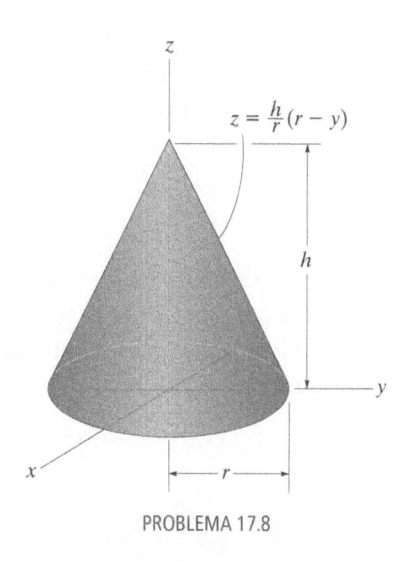

PROBLEMA 17.8

17.9. Determine o momento de inércia I_z do toroide. A massa do toroide é m e a densidade ρ é constante. *Sugestão:* use um elemento de casca.

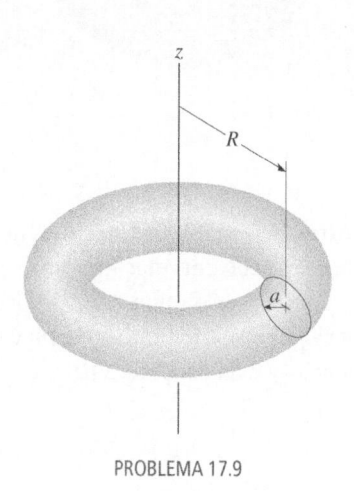

PROBLEMA 17.9

17.10. Determine a posição $\bar{y}$ do centro de massa G do conjunto e depois calcule o momento de inércia em relação a um eixo perpendicular à página e passando por G. O bloco tem massa de 3 kg e o semicilindro tem massa de 5 kg.

17.11. Determine o momento de inércia do conjunto em relação a um eixo perpendicular à página e passando pelo ponto O. O bloco tem massa de 3 kg, e o semicilindro tem massa de 5 kg.

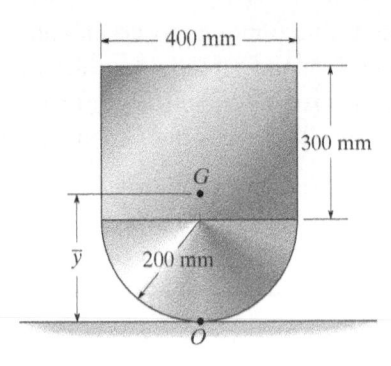

17.14. A roda consiste em um anel fino com massa de 10 kg e quatro raios feitos de barras finas, cada um com massa de 2 kg. Determine o momento de inércia da roda em torno de um eixo perpendicular à página e passando pelo ponto A.

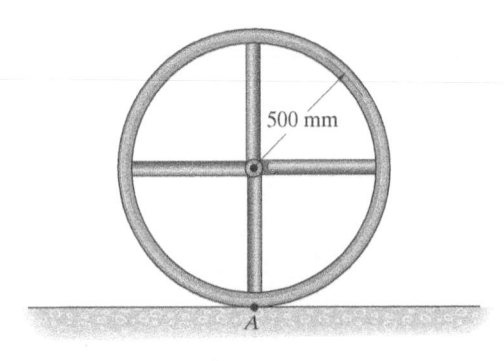

PROBLEMAS 17.10 e 17.11

PROBLEMA 17.14

*****17.12.** Determine o momento de inércia da massa da placa fina em relação a um eixo perpendicular à página e passando pelo ponto O. O material tem 20 kg/m^2 de massa por unidade de área.

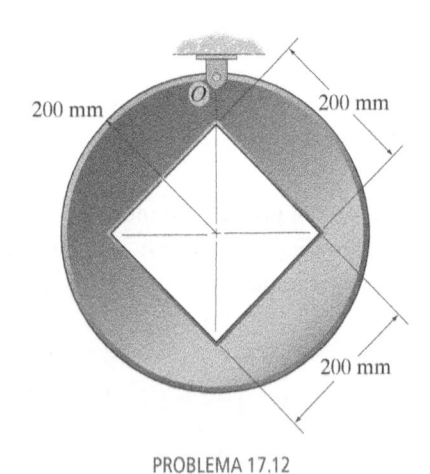

17.15. O conjunto é composto de barras finas que possuem massa por comprimento unitário de 3 kg/m. Determine o momento de inércia de massa do conjunto em torno de um eixo perpendicular à página e passando pelo ponto O.

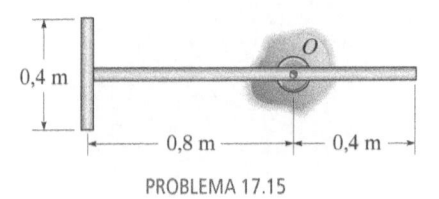

PROBLEMA 17.12

PROBLEMA 17.15

17.13. Determine o momento de inércia do prisma triangular homogêneo em relação ao eixo y. Expresse o resultado em termos da massa m do prisma. *Dica:* para a integração, use elementos de placa fina paralelos ao plano x–y e de espessura dz.

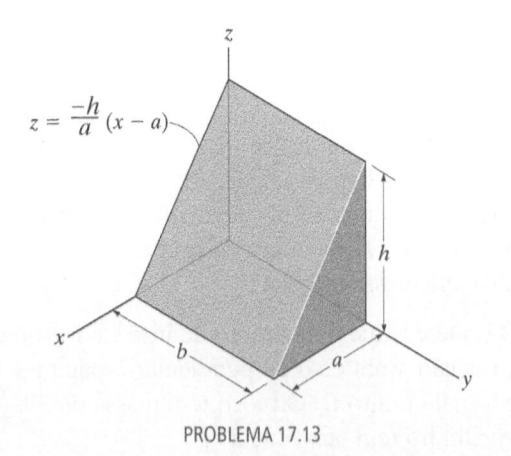

*****17.16.** O conjunto consiste em um disco com massa de 6 kg e barras finas AB e DC, que possuem massa por comprimento unitário de 2 kg/m. Determine a extensão L de DC de modo que o centro de massa esteja no mancal O. Qual é o momento de inércia do conjunto em torno de um eixo perpendicular à página e passando por O?

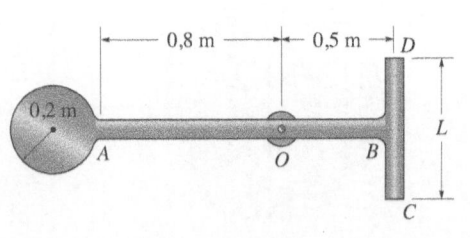

PROBLEMA 17.13

PROBLEMA 17.16

17.17. O pêndulo consiste em uma placa circular de 4 kg e uma barra delgada de 2 kg. Determine o raio de giração do pêndulo em torno de um eixo perpendicular à página e passando pelo ponto O.

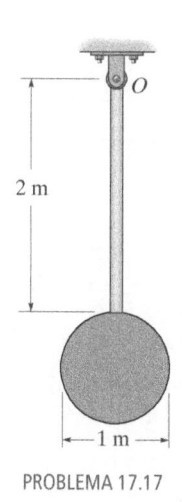

*17.20. O pêndulo consiste em duas barras finas, AB e OC, que possuem massa por comprimento unitário de 3 kg/m. A placa circular fina tem massa por área unitária de 12 kg/m². Determine o momento de inércia do pêndulo em torno de um eixo perpendicular à página e passando pelo pino em O.

PROBLEMA 17.17

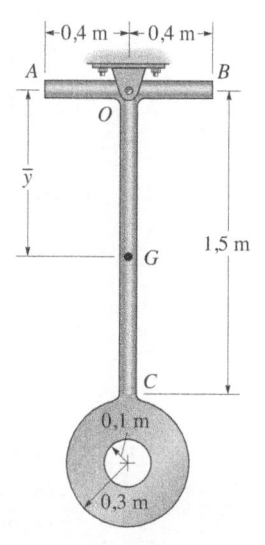

PROBLEMAS 17.19 e 17.20

17.18. Determine o momento de inércia em torno de um eixo perpendicular à página e passando pelo pino em O. A placa fina tem um furo no centro. Sua espessura é de 50 mm e o material tem densidade $\rho = 50$ kg/m³.

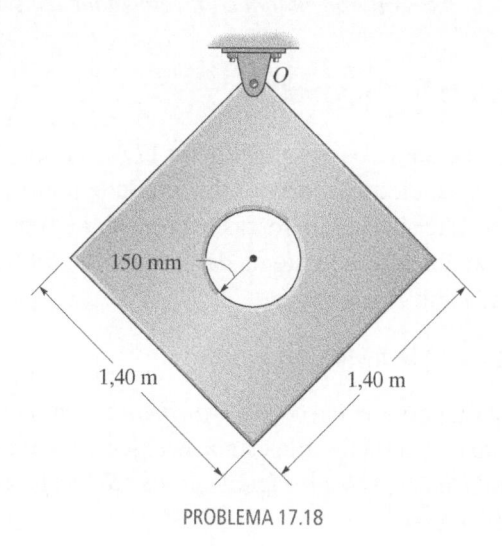

17.21. O pêndulo consiste na barra delgada de 3 kg e na placa fina de 5 kg. Determine a posição $\bar{y}$ do centro de massa G do pêndulo; depois, calcule o momento de inércia do pêndulo em torno de um eixo perpendicular à página e passando por G.

PROBLEMA 17.18

17.19. O pêndulo consiste em duas barras finas, AB e OC, que possuem massa por comprimento unitário de 3 kg/m. A placa circular fina tem massa por área unitária de 12 kg/m². Determine a posição $\bar{y}$ do centro de massa G do pêndulo, depois calcule o momento de inércia do pêndulo em torno de um eixo perpendicular à página e passando por G.

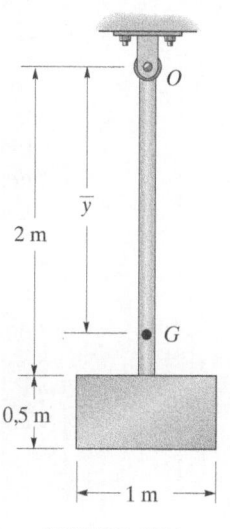

PROBLEMA 17.21

17.22. Determine o momento de inércia da manivela suspensa em relação ao eixo x. O material é aço, para o qual a densidade é $\rho = 7{,}85$ Mg/m^3.

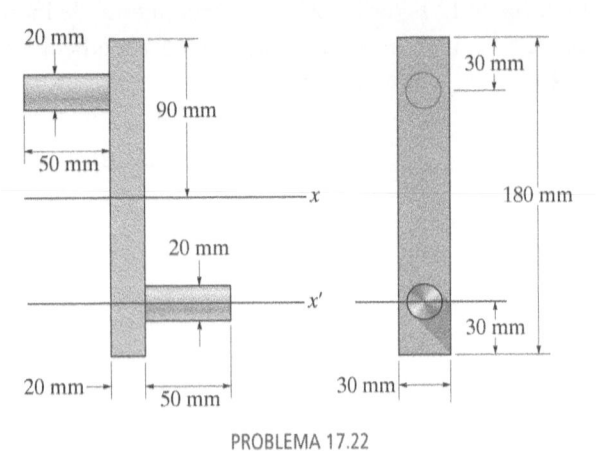

17.23. Determine o momento de inércia da manivela suspensa em relação ao eixo x'. O material é aço, para o qual a densidade é $\rho = 7{,}85$ Mg/m^3.

PROBLEMA 17.22

PROBLEMA 17.23

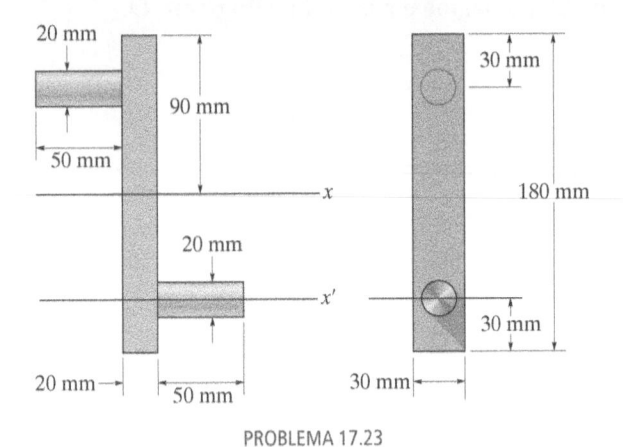

17.2 Equações da cinética do movimento plano

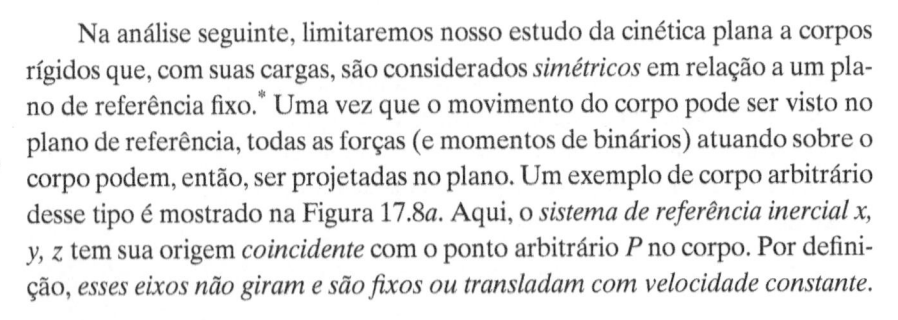

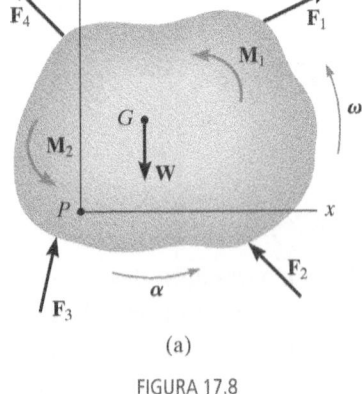

Na análise seguinte, limitaremos nosso estudo da cinética plana a corpos rígidos que, com suas cargas, são considerados *simétricos* em relação a um plano de referência fixo.* Uma vez que o movimento do corpo pode ser visto no plano de referência, todas as forças (e momentos de binários) atuando sobre o corpo podem, então, ser projetadas no plano. Um exemplo de corpo arbitrário desse tipo é mostrado na Figura 17.8a. Aqui, o *sistema de referência inercial x, y, z* tem sua origem *coincidente* com o ponto arbitrário P no corpo. Por definição, *esses eixos não giram e são fixos ou transladam com velocidade constante.*

FIGURA 17.8

Equação de movimento translacional

As forças externas atuando sobre o corpo na Figura 17.8a representam o efeito de forças gravitacionais, elétricas, magnéticas ou de contato entre corpos adjacentes. Visto que este sistema de forças foi considerado previamente na Seção 13.3 para a análise de um sistema de partículas, a Equação 13.6 resultante pode ser usada aqui, caso em que

$$\Sigma \mathbf{F} = m\mathbf{a}_G$$

Esta equação é referida como a *equação do movimento translacional* para o centro de massa de um corpo rígido. Ela estabelece que *a soma de todas as forças externas atuando sobre o corpo é igual à massa do corpo vezes a aceleração de seu centro de massa G.*

Para o movimento do corpo no plano x–y, a equação do movimento translacional pode ser escrita na forma de duas equações escalares independentes, a saber,

$$\Sigma F_x = m(a_G)_x$$
$$\Sigma F_y = m(a_G)_y$$

---

* Ao fazer isso, a equação rotacional de movimento reduz-se a uma forma bastante simplificada. O caso mais geral de forma do corpo e carregamento é considerado no Capítulo 21.

Equação de movimento rotacional

Vamos agora determinar os efeitos causados pelos momentos do sistema de forças externas calculado em relação a um eixo perpendicular ao plano do movimento (o eixo z) e passando pelo ponto P. Como mostrado no diagrama de corpo livre da i-ésima partícula (Figura 17.8b), $\mathbf{F}_i$ representa a *resultante das forças externas* atuando sobre a partícula, e $\mathbf{f}_i$ é a *resultante das forças internas* causada por interações com as partículas adjacentes. Se a partícula tem massa m_i e sua aceleração é $\mathbf{a}_i$, seu diagrama cinético é mostrado na Figura 17.8c. Somando os momentos em relação ao ponto P, é preciso que

$$\mathbf{r} \times \mathbf{F}_i + \mathbf{r} \times \mathbf{f}_i = \mathbf{r} \times m_i \mathbf{a}_i$$

ou

$$(\mathbf{M}_P)_i = \mathbf{r} \times m_i \mathbf{a}_i$$

Os momentos em relação a P também podem ser expressos em termos da aceleração do ponto P (Figura 17.8d). Se o corpo tem aceleração angular $\boldsymbol{\alpha}$ e velocidade angular $\boldsymbol{\omega}$, então, utilizando a Equação 16.18, temos

$$(\mathbf{M}_P)_i = m_i \mathbf{r} \times (\mathbf{a}_P + \boldsymbol{\alpha} \times \mathbf{r} - \omega^2 \mathbf{r})$$
$$= m_i [\mathbf{r} \times \mathbf{a}_P + \mathbf{r} \times (\boldsymbol{\alpha} \times \mathbf{r}) - \omega^2 (\mathbf{r} \times \mathbf{r})]$$

O último termo é igual a zero, visto que $\mathbf{r} \times \mathbf{r} = \mathbf{0}$. Expressar os vetores com componentes cartesianas e realizar as operações do produto vetorial resulta em

$$(M_P)_i \mathbf{k} = m_i \{(x\mathbf{i} + y\mathbf{j}) \times [(a_P)_x \mathbf{i} + (a_P)_y \mathbf{j}]$$
$$+ (x\mathbf{i} + y\mathbf{j}) \times [\alpha \mathbf{k} \times (x\mathbf{i} + y\mathbf{j})]\}$$
$$(M_P)_i \mathbf{k} = m_i [-y(a_P)_x + x(a_P)_y + \alpha x^2 + \alpha y^2] \mathbf{k}$$
$$\zeta (M_P)_i = m_i [-y(a_P)_x + x(a_P)_y + \alpha r^2]$$

Fazendo $m_i \to dm$ e integrando sobre a massa m do corpo inteiro, obtemos a equação de momento resultante

$$\zeta \Sigma M_P = -\left(\int_m y\, dm\right)(a_P)_x + \left(\int_m x\, dm\right)(a_P)_y + \left(\int_m r^2 dm\right)\alpha$$

Aqui, ΣM_P representa somente o momento das *forças externas* que atuam sobre o corpo em relação ao ponto P. O momento resultante das forças internas é igual a zero, visto que, para o corpo inteiro, essas forças ocorrem em pares colineares iguais, mas opostos, e assim o momento de cada binário de forças em relação a P se cancela. As integrais no primeiro e segundo termos à direita são usadas para localizar o centro de massa G do corpo em relação a P, visto que $\bar{y}m = \int y\, dm$ e $\bar{x}m = \int x\, dm$ (Figura 17.8d). Além disso, a última integral representa o momento de inércia do corpo em relação ao eixo z, ou seja, $I_P = \int r^2 dm$. Assim,

$$\zeta \Sigma M_P = -\bar{y}m(a_P)_x + \bar{x}m(a_P)_y + I_P \alpha \qquad (17.6)$$

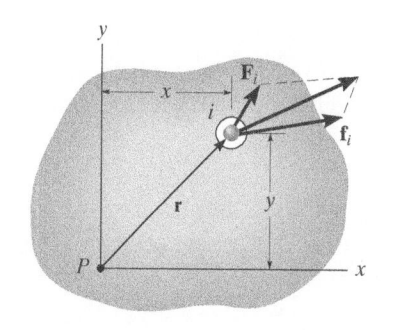

Diagrama de corpo livre da partícula
(b)

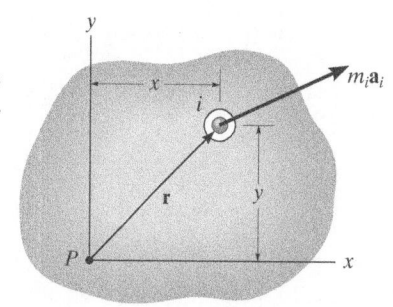

Diagrama cinético da partícula
(c)

(d)

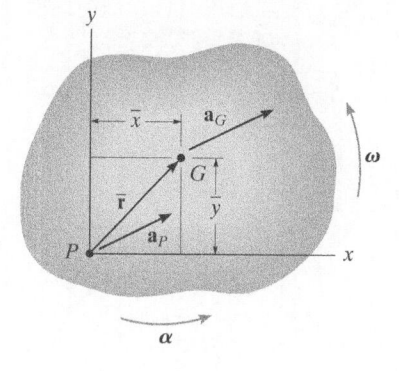

FIGURA 17.8 (cont.)

É possível reduzir essa equação a uma forma mais simples se o ponto P coincide com o centro de massa G do corpo. Se este é o caso, então $\bar{x} = \bar{y} = 0$ e, portanto,*

$$\Sigma M_G = I_G \alpha \qquad (17.7)$$

Essa equação de movimento rotacional estabelece que a soma dos momentos de todas as forças externas em relação ao centro de massa G do corpo é igual ao produto do momento de inércia do corpo em relação a um eixo passando por G e a aceleração angular do corpo.

A Equação 17.6 também pode ser reescrita em termos das componentes x e y de $\mathbf{a}_G$ e o momento de inércia do corpo, I_G. Se o ponto G está localizado em $(\bar{x}, \bar{y})$ (Figura 17.8d), então, pelo teorema dos eixos paralelos, $I_P = I_G + m(\bar{x}^2 + \bar{y}^2)$. Substituindo na Equação 17.6 e rearranjando os termos, temos

$$\zeta \Sigma M_P = \bar{y}m[-(a_P)_x + \bar{y}\alpha] + \bar{x}m[(a_P)_y + \bar{x}\alpha] + I_G\alpha \qquad (17.8)$$

Do diagrama cinemático da Figura 17.8d, $\mathbf{a}_P$ pode ser expresso em termos de $\mathbf{a}_G$ como

$$\mathbf{a}_G = \mathbf{a}_P + \boldsymbol{\alpha} \times \bar{\mathbf{r}} - \omega^2 \bar{\mathbf{r}}$$
$$(a_G)_x \mathbf{i} + (a_G)_y \mathbf{j} = (a_P)_x \mathbf{i} + (a_P)_y \mathbf{j} + \alpha \mathbf{k} \times (\bar{x}\mathbf{i} + \bar{y}\mathbf{j}) - \omega^2(\bar{x}\mathbf{i} + \bar{y}\mathbf{j})$$

Executar o produto vetorial e equacionar as respectivas componentes $\mathbf{i}$ e $\mathbf{j}$ resulta nas duas equações escalares

$$(a_G)_x = (a_P)_x - \bar{y}\alpha - \bar{x}\omega^2$$
$$(a_G)_y = (a_P)_y + \bar{x}\alpha - \bar{y}\omega^2$$

A partir dessas equações, $[-(a_P)_x + \bar{y}\alpha] = [-(a_G)_x - \bar{x}\omega^2]$ e $[(a_P)_y + \bar{x}\alpha] = [(a_G)_y + \bar{y}\omega^2]$. Substituindo-se esses resultados na Equação 17.8 e simplificando, temos

$$\zeta \Sigma M_P = -\bar{y}m(a_G)_x + \bar{x}m(a_G)_y + I_G\alpha \qquad (17.9)$$

Esse importante resultado indica que, quando os momentos das forças externas mostradas no diagrama de corpo livre são somados em relação ao ponto P (Figura 17.8e), eles são equivalentes à soma dos "momentos cinéticos" das componentes de $m\mathbf{a}_G$ em relação a P mais o "momento cinético" de $I_G\alpha$ (Figura 17.8f). Em outras palavras, quando os "momentos cinéticos", $\Sigma(\mathcal{M}_k)_P$, são calculados (Figura 17.8f), os vetores $m(\mathbf{a}_G)_x$ e $m(\mathbf{a}_G)_y$ são tratados como vetores deslizantes; isto é, eles podem atuar em *qualquer ponto ao longo de sua linha de ação*. De maneira similar, $I_G\alpha$ pode ser tratado como um vetor livre e, portanto, pode atuar em *qualquer ponto*. É importante manter em mente, entretanto, que $m\mathbf{a}_G$ e $I_G\alpha$ não são o mesmo que uma força ou um momento de binário. Em vez disso, eles são causados pelos efeitos externos das forças e momentos de binário atuando sobre o corpo. Com isso em mente, podemos, portanto, escrever a Equação 17.9 de uma forma mais geral como

$$\Sigma M_P = \Sigma(\mathcal{M}_k)_P \qquad (17.10)$$

Diagrama de corpo livre
(e)

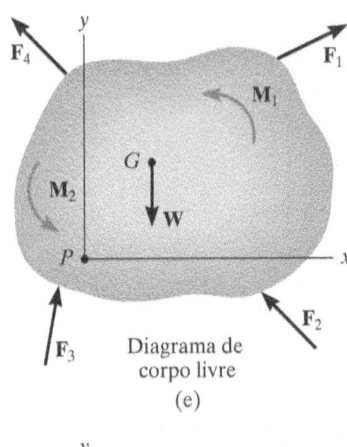

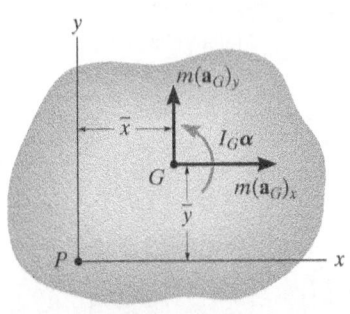

Diagrama cinético
(f)

FIGURA 17.8 (cont.)

---

* Ela também se reduz a esta mesma forma simples $\Sigma M_P = I_P\alpha$ se P for um *ponto fixo* (ver Equação 17.16) ou a aceleração do ponto P estiver dirigida ao longo da linha PG.

Aplicação geral das equações de movimento

Para resumir esta análise, *três* equações escalares independentes podem ser escritas para descrever o movimento plano geral de um corpo rígido simétrico.

$$\Sigma F_x = m(a_G)_x$$
$$\Sigma F_y = m(a_G)_y$$
$$\Sigma M_G = I_G \alpha$$

ou

$$\Sigma M_P = \Sigma(\mathcal{M}_k)_P \qquad (17.11)$$

Quando aplicamos essas equações, devemos *sempre* construir um diagrama de corpo livre (Figura 17.8e), a fim de levar em consideração os termos envolvidos em ΣF_x, ΣF_y, ΣM_G ou ΣM_P. Em alguns problemas, também pode ser útil traçar o *diagrama cinético* para o corpo (Figura 17.8f). Esse diagrama considera graficamente os termos $m(\mathbf{a}_G)_x$, $m(\mathbf{a}_G)_y$ e $I_G\boldsymbol{\alpha}$. Ele é especialmente conveniente quando usado para determinar as componentes de $m\mathbf{a}_G$ e o momento dessas componentes em $\Sigma(\mathcal{M}_k)_P$.*

17.3 Equações de movimento: translação

Quando o corpo rígido na Figura 17.9a sofre uma *translação*, todas as partículas do corpo têm a *mesma aceleração*. Além disso, $\boldsymbol{\alpha} = \mathbf{0}$, caso em que a equação do movimento rotacional aplicada no ponto G reduz-se a uma forma simplificada, a saber, $\Sigma M_G = 0$. A aplicação desta e das equações de movimento de força agora serão discutidas para cada um dos dois tipos de translação.

Translação retilínea

Quando um corpo é submetido a *translação retilínea*, todas as partículas do corpo (placa) se deslocam ao longo de trajetórias retilíneas paralelas. Os diagramas de corpo livre e cinético são mostrados na Figura 17.9b. Visto que $I_G\boldsymbol{\alpha} = \mathbf{0}$, apenas $m\mathbf{a}_G$ é mostrado no diagrama cinético. Por conseguinte, as equações do movimento que se aplicam neste caso tornam-se

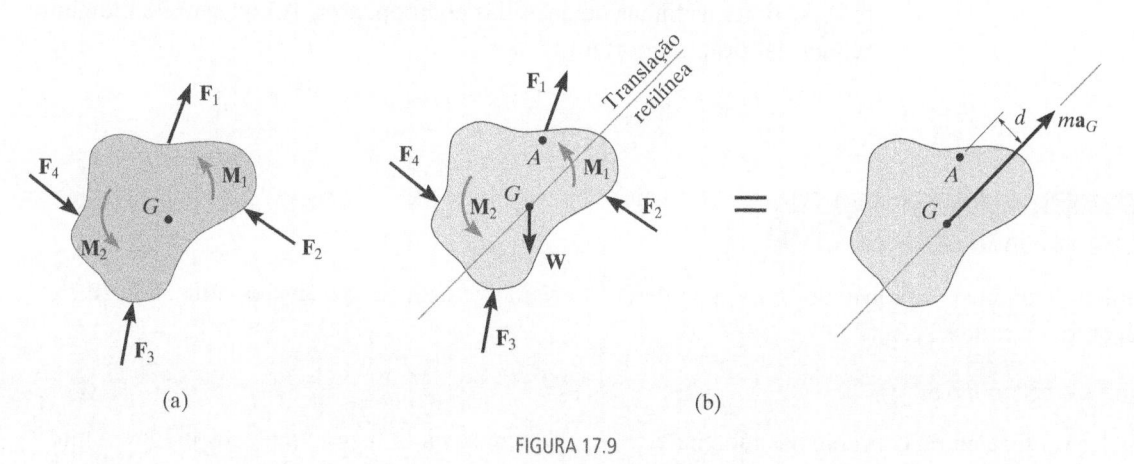

FIGURA 17.9

---

* Por essa razão, o diagrama cinético será usado na solução de um problema-exemplo sempre que $\Sigma M_P = \Sigma(\mathcal{M}_k)_P$ for aplicada.

$$\Sigma F_x = m(a_G)_x$$
$$\Sigma F_y = m(a_G)_y \quad (17.12)$$
$$\Sigma M_G = 0$$

Também é possível somar os momentos em relação a outros pontos dentro ou fora do corpo, caso em que o momento de $m\mathbf{a}_G$ tem de ser levado em consideração. Por exemplo, se o ponto A é escolhido, o qual se encontra a uma distância perpendicular d da linha de ação de $m\mathbf{a}_G$, a seguinte equação de momento se aplica:

$$\curvearrowleft +\Sigma M_A = \Sigma(\mathcal{M}_k)_A; \qquad \Sigma M_A = (ma_G)d$$

Aqui, a soma dos momentos das forças externas e dos momentos de binário em relação a A (ΣM_A, diagrama de corpo livre) se iguala ao momento $m\mathbf{a}_G$ em relação a A ($\Sigma(\mathcal{M}_k)_A$, diagrama cinético).

Translação curvilínea

Quando um corpo rígido é submetido a *translação curvilínea*, todas as partículas do corpo possuem a mesma aceleração, dado que se deslocam ao longo de *trajetórias curvas* como mencionado na Seção 16.1. Para análise, é frequentemente conveniente usar um sistema de coordenadas inercial tendo uma origem que coincide com o centro de massa do corpo no instante considerado, e eixos orientados nas direções normais e tangenciais à trajetória do movimento (Figura 17.9c). Então, as três equações escalares de movimento são

$$\Sigma F_n = m(a_G)_n$$
$$\Sigma F_t = m(a_G)_t \quad (17.13)$$
$$\Sigma M_G = 0$$

Se os momentos são somados em relação ao ponto arbitrário B (Figura 17.9c), é necessário levar em consideração os momentos, $\Sigma(\mathcal{M}_k)_B$, das duas componentes $m(\mathbf{a}_G)_n$ e $m(\mathbf{a}_G)_t$ em relação a esse ponto. Do diagrama cinético, h e e representam as distâncias perpendiculares (ou "braços do momento") de B até as linhas de ação das componentes. A equação de momento requerida torna-se, portanto,

$$\curvearrowleft +\Sigma M_B = \Sigma(\mathcal{M}_k)_B; \qquad \Sigma M_B = e[m(a_G)_t] - h[m(a_G)_n]$$

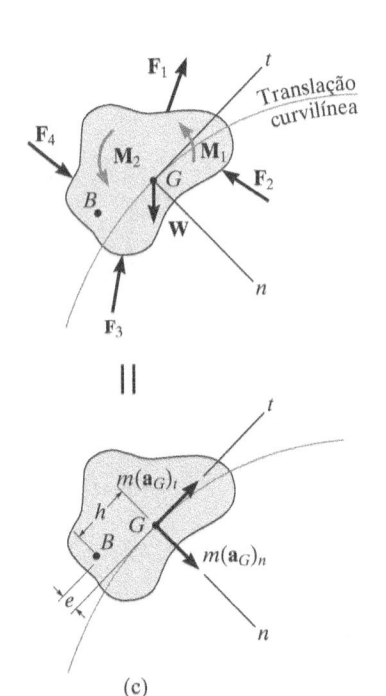

(c)

FIGURA 17.9 (cont.)

Procedimento para análise

Problemas cinéticos envolvendo *translação* de corpo rígido podem ser resolvidos utilizando-se o procedimento indicado a seguir.

Diagrama de corpo livre

- Estabeleça o sistema de coordenadas inercial x, y ou n, t e construa o diagrama de corpo livre a fim de levar em consideração todas as forças externas e momentos de binário que atuam sobre o corpo.

- A direção e o sentido da aceleração do centro de massa do corpo $\mathbf{a}_G$ devem ser estabelecidos.
- Identifique as incógnitas do problema.
- Se for decidido que a equação de movimento rotacional $\Sigma M_P = \Sigma(\mathcal{M}_k)_P$ deve ser usada na solução, considere traçar o diagrama cinético, visto que ele leva em consideração graficamente as componentes $m(\mathbf{a}_G)_x$, $m(\mathbf{a}_G)_y$ ou $m(\mathbf{a}_G)_t$, $m(\mathbf{a}_G)_n$ e é, portanto, conveniente para "visualizar" os termos necessários no momento da soma $\Sigma(\mathcal{M}_k)_P$.

Equações de movimento

- Aplique as três equações de movimento de acordo com a convenção de sinais estabelecida.
- Para simplificar a análise, a equação de momento $\Sigma M_G = 0$ pode ser substituída pela equação mais geral $\Sigma M_P = \Sigma(\mathcal{M}_k)_P$, onde o ponto P está normalmente localizado na interseção das linhas de ação das tantas forças incógnitas quanto possível.
- Se o corpo está em contato com uma *superfície áspera* e ocorre deslizamento, use a equação de atrito $F = \mu_k N$. Lembre-se de que $\mathbf{F}$ sempre atua sobre o corpo de maneira a se opor ao movimento do corpo em relação à superfície com a qual ele faz contato.

Cinemática

- Utilize a cinemática para determinar a velocidade e a posição do corpo.
- Para a translação retilínea com *aceleração variável*

$$a_G = dv_G/dt \qquad a_G ds_G = v_G dv_G$$

- Para a translação retilínea com *aceleração constante*

$$v_G = (v_G)_0 + a_G t \qquad v_G^2 = (v_G)_0^2 + 2a_G[s_G - (s_G)_0]$$
$$s_G = (s_G)_0 + (v_G)_0 t + \tfrac{1}{2} a_G t^2$$

- Para translação curvilínea

$$(a_G)_n = v_G^2/\rho$$
$$(a_G)_t = dv_G/dt \qquad (a_G)_t ds_G = v_G dv_G$$

Os diagramas cinéticos e de corpo livre para este barco e reboque são traçados primeiro a fim de aplicar as equações de movimento. Aqui, as forças no diagrama de corpo livre causam os efeitos mostrados no diagrama cinético. Se os momentos são somados em relação ao centro de massa, G, então $\Sigma M_G = 0$. Entretanto, se os momentos são somados em relação ao ponto B, então $\circlearrowleft + \Sigma M_B = ma_G(d)$.

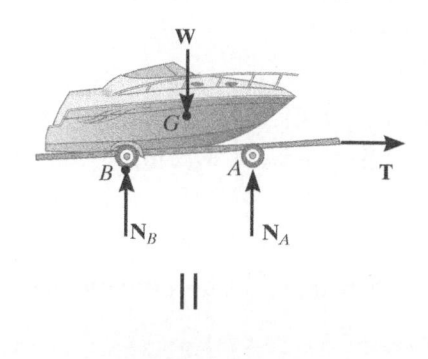

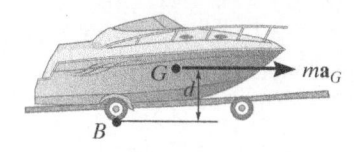

EXEMPLO 17.5

O carro mostrado na Figura 17.10a tem massa de 2 Mg e centro de massa em G. Determine a aceleração se as rodas "motrizes" traseiras estão sempre deslizando, enquanto as rodas dianteiras estão livres para rodar. Despreze a massa das rodas. O coeficiente de atrito cinético entre as rodas e a estrada é $\mu_k = 0{,}25$.

SOLUÇÃO I
Diagrama de corpo livre

Como mostrado na Figura 17.10b, a força de atrito das rodas traseiras $\mathbf{F}_B$ empurra o carro para a frente, e visto que *ocorre deslizamento*, $F_B = 0{,}25 N_B$. As forças de atrito que atuam sobre as *rodas da frente* são *zero*, visto que essas rodas têm massa desprezível.* Há três incógnitas no problema, N_A, N_B e a_G. Aqui, somaremos os momentos em relação ao centro de massa. O carro (ponto G) acelera para a esquerda, ou seja, na direção x negativa (Figura 17.10b).

Equações de movimento

$$\xrightarrow{+} \Sigma F_x = m(a_G)_x; \quad -0{,}25 N_B = -(2000 \text{ kg}) a_G \quad (1)$$

$$+\uparrow \Sigma F_y = m(a_G)_y; \quad N_A + N_B - 2000(9{,}81) \text{ N} = 0 \quad (2)$$

$$\zeta + \Sigma M_G = 0; \quad -N_A(1{,}25 \text{ m}) - 0{,}25 N_B(0{,}3 \text{ m}) + N_B(0{,}75 \text{ m}) = 0 \quad (3)$$

Resolvendo,

$$a_G = 1{,}59 \text{ m/s}^2 \leftarrow \qquad \textit{Resposta}$$
$$N_A = 6{,}88 \text{ kN}$$
$$N_B = 12{,}7 \text{ kN}$$

SOLUÇÃO II
Diagramas cinéticos e de corpo livre

Se a equação de "momento" é aplicada em relação ao ponto A, a incógnita N_A será eliminada da equação. Para "visualizar" o momento de $m\mathbf{a}_G$ em relação a A, incluiremos o diagrama cinético como parte da análise (Figura 17.10c).

Equação de movimento

$$\zeta + \Sigma M_A = \Sigma (\mathcal{M}_k)_A; \quad N_B(2 \text{ m}) - [2000(9{,}81) \text{ N}](1{,}25 \text{ m}) =$$
$$(2000 \text{ kg}) a_G(0{,}3 \text{ m})$$

Resolver esta e a Equação 1 para a_G leva a uma solução mais simples que a obtida a partir das equações 1 a 3.

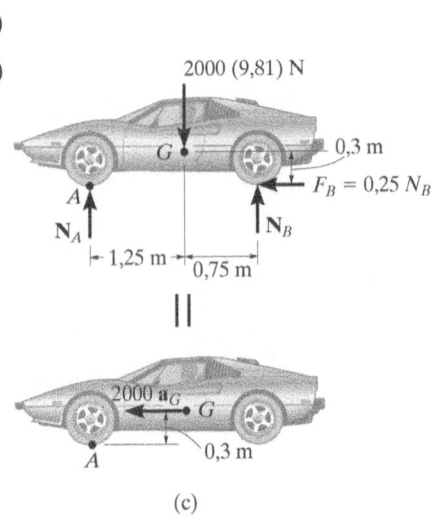

FIGURA 17.10

---

* Com a massa da roda desprezível, $I\alpha = 0$ e a força de atrito em A necessária para girar a roda é zero. Se as massas das rodas fossem incluídas, a solução seria mais complexa, já que a análise de movimento plano geral das rodas teria de ser considerada (ver Seção 17.5).

EXEMPLO 17.6

A motocicleta mostrada na Figura 17.11a tem massa de 125 kg e centro de massa em G_1, enquanto o motociclista tem massa de 75 kg e centro de massa em G_2. Determine o coeficiente de atrito estático mínimo entre as rodas e a pista para que o motociclista possa "empinar" a motocicleta, ou seja, levantar a roda da frente do solo, como mostrado na fotografia. Qual é a aceleração necessária para fazer isso? Despreze a massa das rodas e suponha que a roda da frente está livre para rodar.

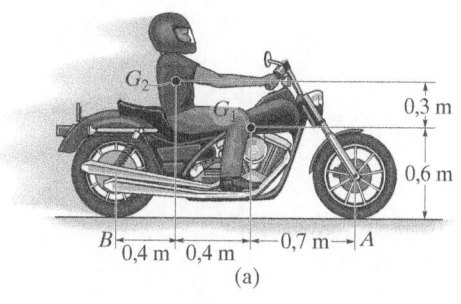

FIGURA 17.11

SOLUÇÃO

Diagramas cinéticos e de corpo livre

Neste problema, consideraremos tanto a motocicleta quanto o motociclista como um *sistema* único. É possível primeiro determinar a localização do centro de massa para esse "sistema" usando as equações $\bar{x} = \Sigma \tilde{x} m / \Sigma m$ e $\bar{y} = \Sigma \tilde{y} m / \Sigma m$. Aqui, entretanto, levaremos em conta o peso e a massa da motocicleta e do motociclista em separado, como mostrado nos diagramas cinético e de corpo livre (Figura 17.11b). Ambas as partes se deslocam com a *mesma* aceleração. Supomos que a roda da frente está *prestes* a deixar o solo, de maneira que a reação normal $N_A \approx 0$. As três incógnitas no problema são N_B, F_B e a_G.

Equações de movimento

$\xrightarrow{+} \Sigma F_x = m(a_G)_x;$ $\qquad F_B = (75 \text{ kg} + 125 \text{ kg})a_G$ (1)

$+\uparrow \Sigma F_y = m(a_G)_y;$ $\qquad N_B - 735{,}75 \text{ N} - 1226{,}25 \text{ N} = 0$

$\zeta + \Sigma M_B = \Sigma(\mathcal{M}_k)_B;\ -(735{,}75 \text{ N})(0{,}4 \text{ m}) - (1226{,}25 \text{ N})(0{,}8 \text{ m}) =$

$\qquad -(75 \text{ kg } a_G)(0{,}9 \text{ m}) - (125 \text{ kg } a_G)(0{,}6 \text{ m})$ (2)

Resolvendo,

$$a_G = 8{,}95 \text{ m/s}^2 \rightarrow \qquad Resposta$$

$$N_B = 1962 \text{ N}$$

$$F_B = 1790 \text{ N}$$

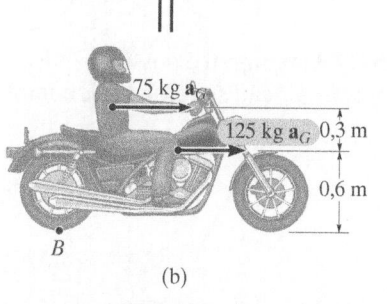

FIGURA 17.11 (cont.)

Desse modo, o coeficiente de atrito estático mínimo é

$$(\mu_s)_{\text{mín}} = \frac{F_B}{N_B} = \frac{1790 \text{ N}}{1962 \text{ N}} = 0{,}912 \qquad Resposta$$

EXEMPLO 17.7

A viga BD de 100 kg mostrada na Figura 17.12a é suportada por duas barras de massa desprezível. Determine a força desenvolvida em cada barra se, no instante $\theta = 30°$, $\omega = 6$ rad/s.

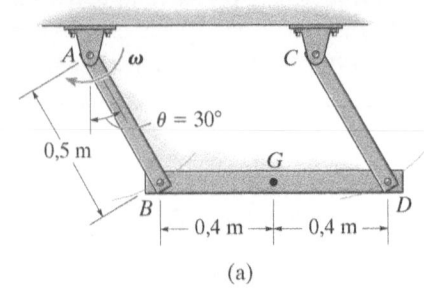

FIGURA 17.12

SOLUÇÃO

Diagramas cinéticos e de corpo livre

A viga se desloca com uma *translação curvilínea*, visto que todos os pontos na viga se deslocam ao longo de trajetórias circulares, cada trajetória com o mesmo raio de 0,5 m, mas com diferentes centros de curvatura. Utilizando coordenadas normais e tangenciais, os diagramas cinético e de corpo livre para a viga são mostrados na Figura 17.12b. Em virtude da *translação*, G tem o *mesmo* movimento que o pino em B, que está conectado tanto à barra quanto à viga. Observe que a componente tangencial da aceleração atua para baixo e para a esquerda em razão da direção no sentido horário de α (Figura 17.12c). Além disso, a componente normal da aceleração é *sempre* direcionada para o centro da curvatura (na direção do ponto A para a barra AB). Visto que a velocidade angular de AB é 6 rad/s quando $\theta = 30°$, então

$$(a_G)_n = \omega^2 r = (6 \text{ rad/s})^2 (0,5 \text{ m}) = 18 \text{ m/s}^2$$

As três incógnitas são T_B, T_D e $(a_G)_t$.

Equações de movimento

$$+\nwarrow \Sigma F_n = m(a_G)_n; \quad T_B + T_D - 981 \cos 30° \text{ N} = 100 \text{ kg}(18 \text{ m/s}^2) \tag{1}$$

$$+\swarrow \Sigma F_t = m(a_G)_t; \quad 981 \text{ sen } 30° = 100 \text{ kg}(a_G)_t \tag{2}$$

$$\zeta + \Sigma M_G = 0; \quad -(T_B \cos 30°)(0,4 \text{ m}) + (T_D \cos 30°)(0,4 \text{ m}) = 0 \tag{3}$$

A solução simultânea dessas três equações resulta em

$$T_B = T_D = 1,32 \text{ kN} \qquad \textit{Resposta}$$

$$(a_G)_t = 4,905 \text{ m/s}^2$$

NOTA: também é possível aplicar as equações de movimento ao longo de eixos horizontais e verticais x, y, mas a solução se torna mais complicada.

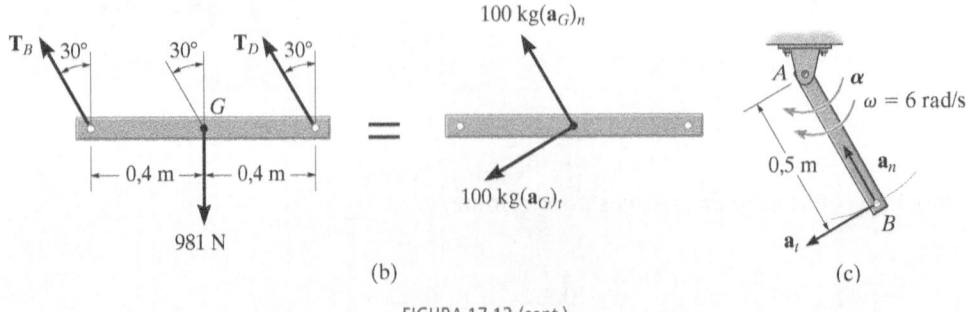

FIGURA 17.12 (cont.)

Capítulo 17 – Cinética do movimento plano de um corpo rígido: força e aceleração 383

Problemas preliminares

P17.1. Desenhe os diagramas cinético e de corpo livre do objeto AB.

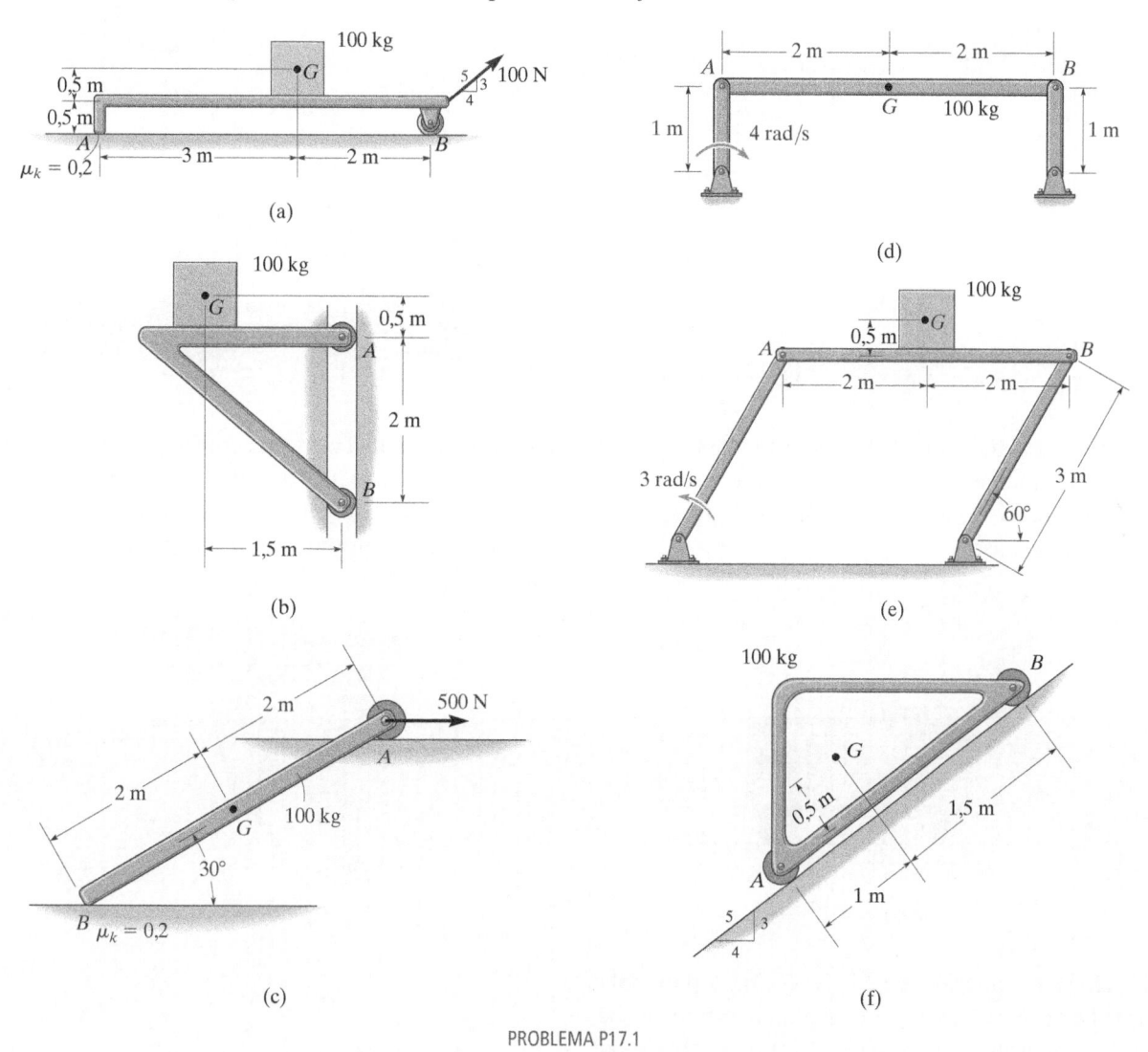

PROBLEMA P17.1

P17.2. Desenhe os diagramas cinético e de corpo livre do objeto de 100 kg.

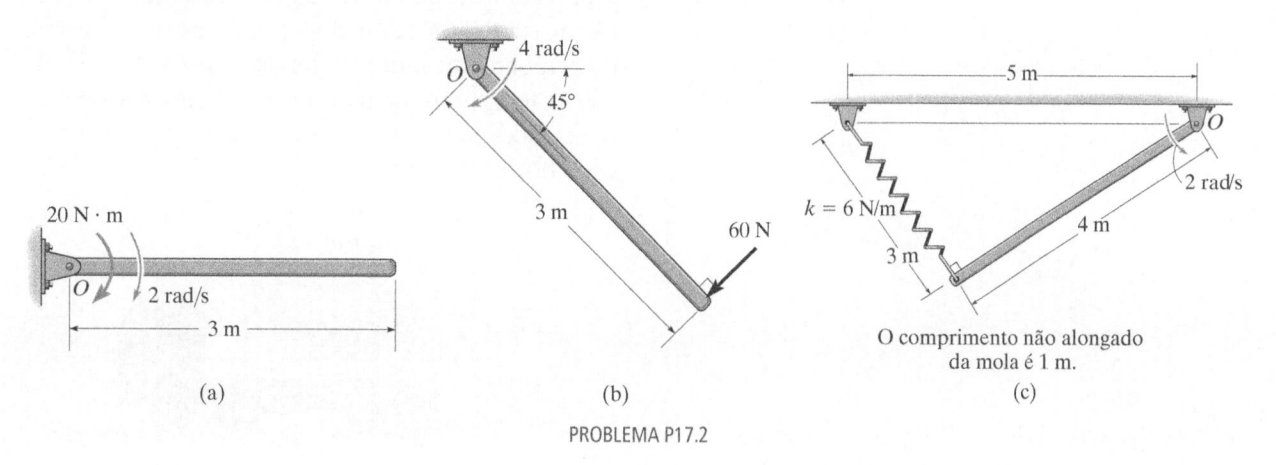

PROBLEMA P17.2

384 DINÂMICA

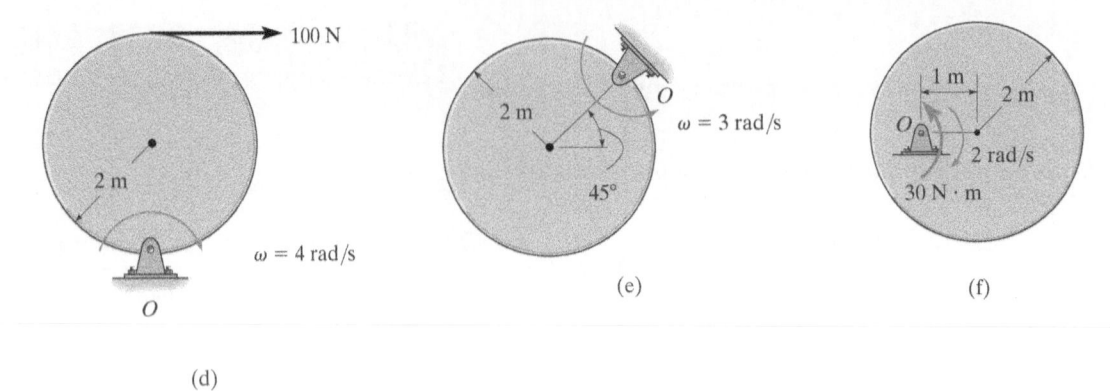

(d) 100 N, 2 m, $\omega = 4$ rad/s, O

(e) 2 m, 45°, $\omega = 3$ rad/s, O

(f) 1 m, 2 m, O, 2 rad/s, 30 N · m

PROBLEMA P17.2 (cont.)

Problemas fundamentais

F17.1. O carrinho e sua carga juntos têm massa de 100 kg. Determine a aceleração do carrinho e as reações normais sobre o par de rodas em A e B. Despreze a massa das rodas.

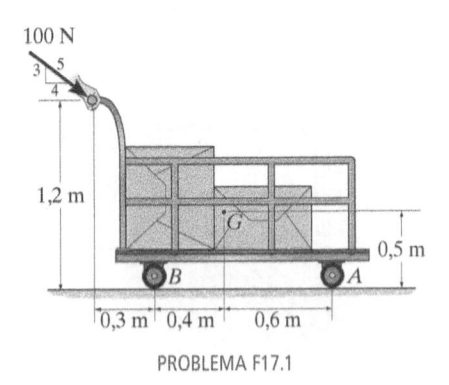

PROBLEMA F17.1

F17.2. Se o armário de 80 kg é liberado para rolar para baixo sobre o plano inclinado, determine a aceleração do armário e as reações normais sobre o par de roletes em A e B que têm massa desprezível.

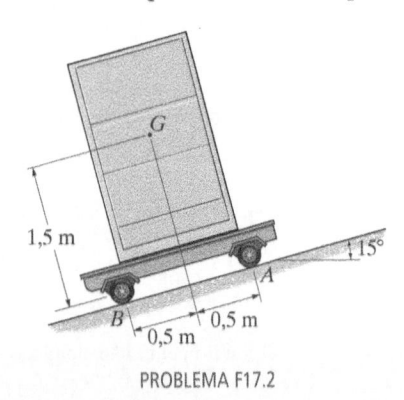

PROBLEMA F17.2

F17.3. A barra AB de 10 kg está presa com pino em A a uma estrutura em movimento e é mantida na posição vertical por uma corda BC que pode suportar tração máxima de 50 N. Determine a aceleração máxima da estrutura sem romper a corda. Quais são as componentes correspondentes à reação no pino A?

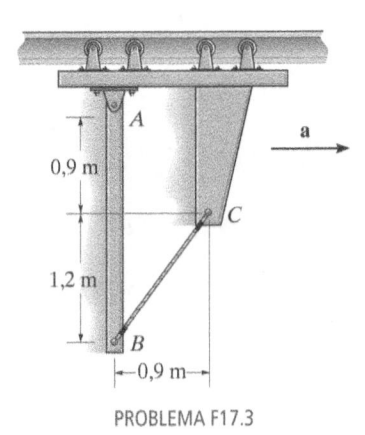

PROBLEMA F17.3

F17.4. Determine a aceleração máxima do caminhão sem fazer com que o conjunto se desloque em relação ao caminhão. Além disso, qual é a reação normal correspondente sobre as pernas A e B? A mesa de 100 kg tem centro de massa G e o coeficiente de atrito estático entre as pernas da mesa e o piso da carroceria do caminhão é $\mu_s = 0{,}2$.

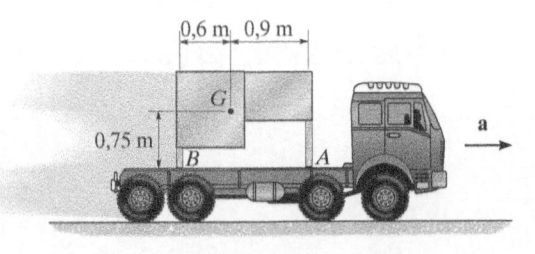

PROBLEMA F17.4

Capítulo 17 – Cinética do movimento plano de um corpo rígido: força e aceleração

F17.5. No instante mostrado, ambas as barras de massa desprezível balançam com velocidade angular no sentido anti-horário $\omega = 5$ rad/s, enquanto a barra de 50 kg está sujeita à força horizontal de 100 N. Determine a tração desenvolvida nas barras e a aceleração angular das barras nesse instante.

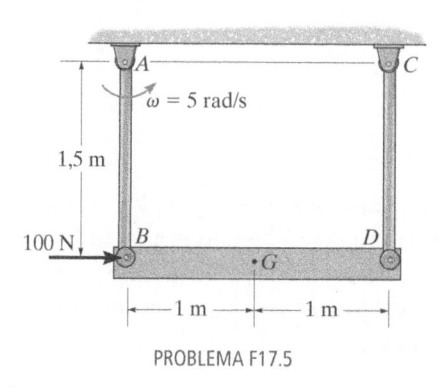

F17.6. No instante mostrado, o membro CD gira com velocidade angular $\omega = 6$ rad/s. Se ele está sujeito a um momento de binário $M = 450$ N · m, determine a força desenvolvida no membro AB, a componente horizontal e vertical da reação sobre o pino D, e a aceleração angular do membro CD nesse instante. O bloco tem massa de 50 kg e centro de massa em G. Despreze a massa dos membros AB e CD.

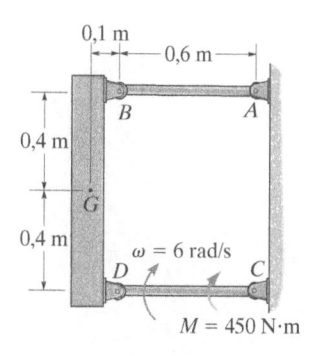

PROBLEMA F17.5

PROBLEMA F17.6

Problemas

*17.24. O avião a jato tem massa de 22 Mg e centro de massa em G. Inicialmente, na decolagem, os motores fornecem uma impulsão $2T = 4$ kN e $T' = 1,5$ kN. Determine a aceleração do avião e as reações normais na roda do nariz em A e em cada uma das *duas* rodas da asa localizadas em B. Despreze a massa das rodas e, pela baixa velocidade, despreze qualquer sustentação causada pelas asas.

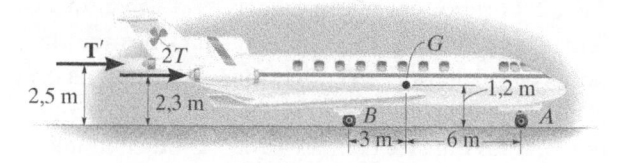

PROBLEMA 17.24

17.25. O recipiente uniforme de 4 Mg contém lixo nuclear encapsulado em concreto. Se a massa da viga de sustentação BD é 50 kg, determine a força em cada um dos membros AB, CD, EF e GH quando o sistema é içado com aceleração $a = 2$ m/s^2 por um curto período de tempo.

17.26. O recipiente uniforme de 4 Mg contém lixo nuclear encapsulado em concreto. Se a massa da viga de sustentação BD é 50 kg, determine a maior aceleração vertical **a** do sistema, de maneira que cada um dos membros AB e CD não sejam submetidos a uma força maior que 30 kN e os membros EF e GH não sejam submetidos a uma força maior que 34 kN.

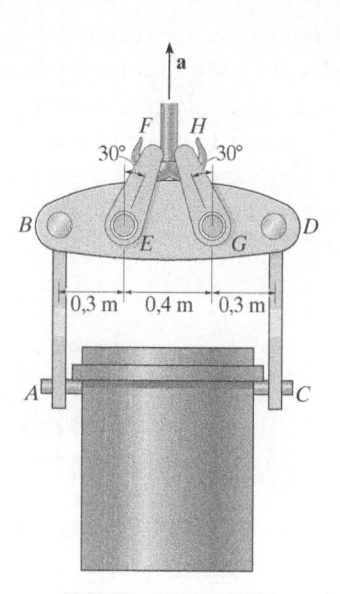

PROBLEMAS 17.25 e 17.26

17.27. O conjunto tem massa de 8 Mg e é içado por meio de um sistema de lança e polia. Se o guincho em B recolhe o cabo com uma aceleração de 2 m/s^2, determine a força compressiva no cilindro hidráulico necessária para suportar a lança. A lança tem massa de 2 Mg e centro de massa em G.

***17.28.** O conjunto tem massa de 4 Mg e é içado por meio do guincho em B. Determine a maior aceleração do conjunto, de modo que a força compressiva no cilindro hidráulico suportando a lança não ultrapasse os 180 kN. Qual é a tração no cabo de suporte? A lança tem massa de 2 Mg e centro de massa em G.

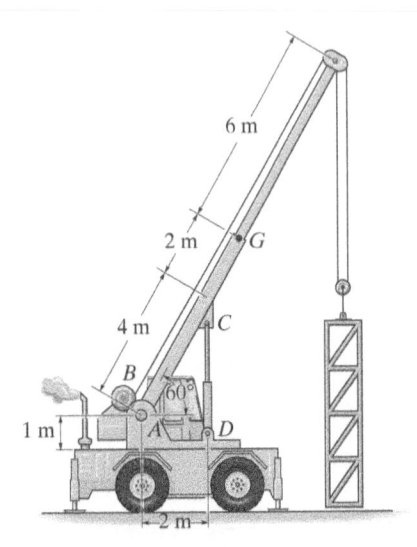

PROBLEMAS 17.27 e 17.28

17.29. Determine o menor tempo possível para que a caminhonete de 2 Mg com tração traseira alcance uma velocidade de 16 m/s com aceleração constante partindo do repouso. O coeficiente de atrito estático entre as rodas e a superfície da estrada é $\mu_s = 0{,}8$. As rodas dianteiras estão livres para rodar. Despreze a massa das rodas.

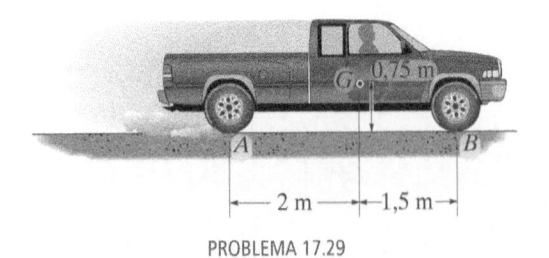

PROBLEMA 17.29

17.30. A caixa uniforme de 150 kg está apoiada sobre o carrinho de 10 kg. Determine a força máxima P que pode ser aplicada ao punho sem fazer com que a caixa deslize ou tombe no carrinho. O coeficiente de atrito estático entre a caixa e o carrinho é $\mu_s = 0{,}2$.

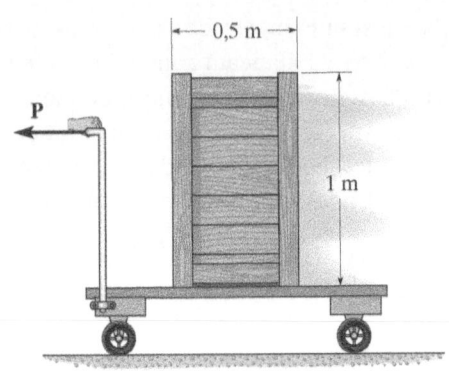

PROBLEMA 17.30

17.31. A caixa uniforme de 150 kg está apoiada sobre o carrinho de 10 kg. Determine a força máxima P que pode ser aplicada ao punho sem fazer com que a caixa deslize ou tombe no carrinho. Não há deslizamento.

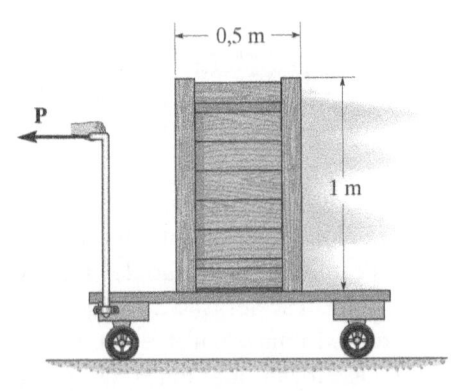

PROBLEMA 17.31

*17.32. O tubo tem massa de 460 kg e é mantido no local na carroceria do caminhão com o uso de duas peças de madeira A e B. Determine a maior aceleração do caminhão de modo que o tubo comece a perder contato em A e com a carroceria do caminhão e comece a girar em torno de B. Suponha que a peça B não deslize na carroceria do caminhão e o tubo seja liso. Além disso, que força a peça B exerce sobre o tubo durante a aceleração?

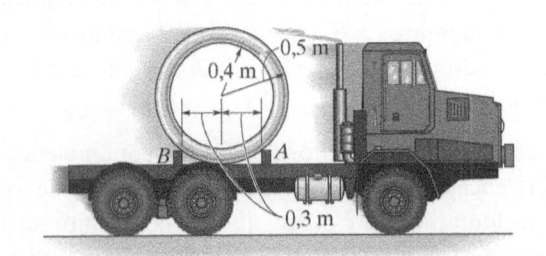

PROBLEMA 17.32

17.33. A viga uniforme AB tem massa de 8 Mg. Determine as cargas internas axial, de esforço cortante e momento fletor no centro da viga se o guindaste lhe dá uma aceleração para cima de 3 m/s².

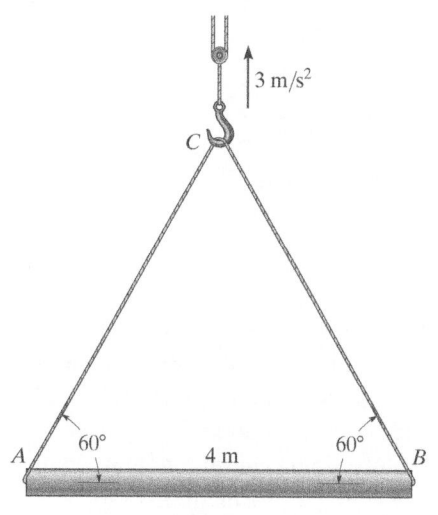

PROBLEMA 17.33

17.34. A bicicleta para trilha tem massa de 40 kg com centro de massa no ponto G_1, enquanto o ciclista tem massa de 60 kg com centro de massa no ponto G_2. Determine a desaceleração máxima quando o freio é aplicado à roda dianteira, sem fazer com que a roda traseira B saia do solo. Suponha que a roda dianteira não deslize. Despreze a massa de todas as rodas.

17.35. A bicicleta para trilha tem massa de 40 kg com centro de massa no ponto G_1, enquanto o ciclista tem massa de 60 kg com centro de massa no ponto G_2. Quando o freio é aplicado à roda dianteira, isso faz com que a bicicleta desacelere a uma taxa constante de 3 m/s². Determine a reação normal que a pista exerce sobre as rodas dianteira e traseira. Suponha que a roda traseira esteja livre para rodar. Despreze a massa das rodas.

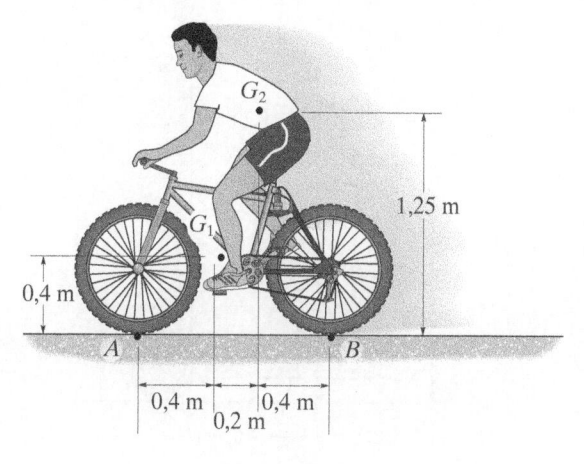

PROBLEMAS 17.34 e 17.35

***17.36.** O reboque com sua carga tem massa de 150 kg e centro de massa em G. Se ele é submetido a uma força horizontal $P = 600$ N, determine a aceleração do reboque e a força normal sobre o par de rodas em A e em B. As rodas estão livres para rodar e têm massa desprezível.

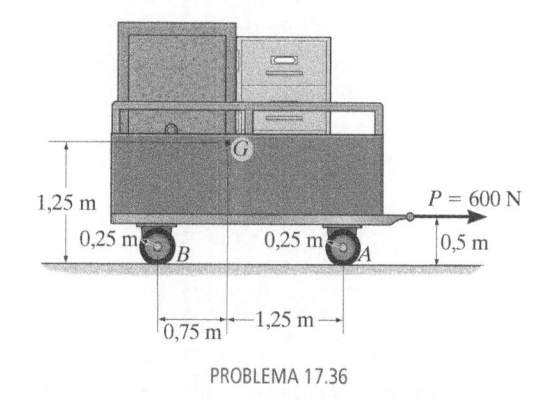

PROBLEMA 17.36

17.37. Uma força de $P = 300$ N é aplicada ao carrinho de 60 kg. Determine as reações nas duas rodas em A e nas duas rodas em B. Além disso, qual é a aceleração do carrinho? O centro de massa do carrinho está em G.

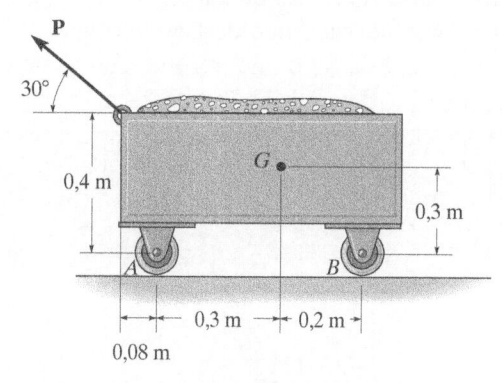

PROBLEMA 17.37

17.38. Determine a maior força **P** que pode ser aplicada ao carrinho de 60 kg, sem fazer com que uma das reações da roda, seja em A ou em B, seja zero. Além disso, qual é a aceleração do carrinho? O centro de massa do carrinho está em G.

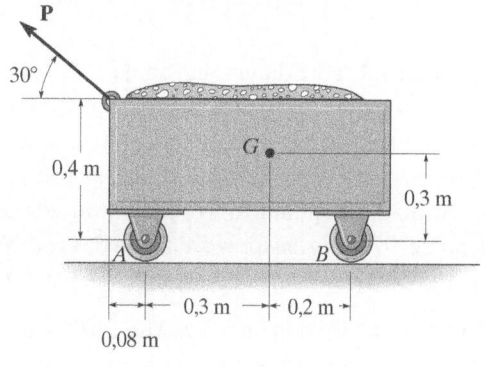

PROBLEMA 17.38

17.39. Se a massa do carrinho é de 30 kg e ele está submetido a uma força horizontal de $P = 90$ N, determine a tração na corda AB e as componentes horizontal e vertical da reação na extremidade C da barra uniforme BC de 15 kg.

***17.40.** Se a massa do carrinho é de 30 kg, determine a força horizontal P que deve ser aplicada ao carrinho de modo que a corda AB comece a ficar frouxa. A barra uniforme BC tem massa de 15 kg.

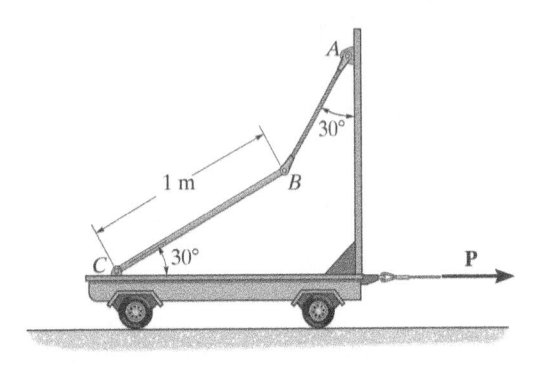

PROBLEMAS 17.39 e 17.40

17.41. A barra uniforme de massa m está conectada por um pino ao anel, que desliza ao longo da barra horizontal lisa. Se o anel recebe uma aceleração constante de **a**, determine o ângulo de inclinação θ da barra. Despreze a massa do anel.

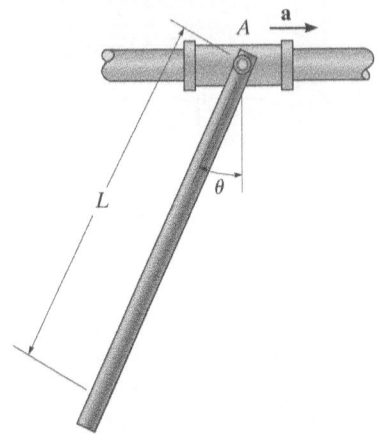

PROBLEMA 17.41

17.42. O carro de corrida tem massa de 1500 kg e centro de massa em G. Se o coeficiente de atrito cinético entre as rodas traseiras e o solo é $\mu_k = 0{,}6$, determine se é possível para o motorista levantar as rodas dianteiras, A, do solo enquanto as rodas motrizes traseiras estão deslizando. Despreze a massa das rodas e suponha que as rodas dianteiras estão livres para rodar.

17.43. O carro de corrida tem massa de 1500 kg e centro de massa em G. Se não ocorre nenhum deslizamento, determine a força de atrito $\mathbf{F}_B$ que tem de ser desenvolvida em cada uma das rodas motrizes traseiras B a fim de criar uma aceleração $a = 6$ m/s². Quais são as reações normais de cada roda sobre o solo? Despreze a massa das rodas e assuma que as rodas dianteiras estão livres para rodar.

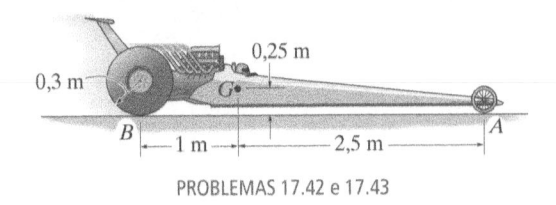

PROBLEMAS 17.42 e 17.43

*17.44. O tubo tem comprimento de 3 m e massa de 500 kg. Ele está preso ao reboque traseiro da caminhonete por meio de uma corrente AB de 0,6 m. Se o coeficiente de atrito cinético em C é $\mu_k = 0{,}4$, determine a aceleração da caminhonete se o ângulo com a estrada é $\theta = 10°$, conforme mostrado.

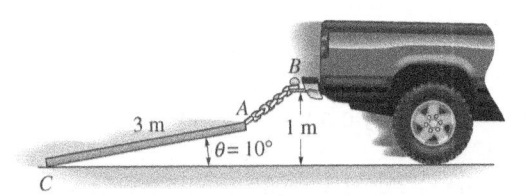

PROBLEMA 17.44

17.45. A empilhadeira manual tem massa de 70 kg e centro de massa em G. Se ela ergue a bobina de 120 kg com aceleração de 3 m/s², determine as reações em cada uma das quatro rodas. A carga é simétrica. Despreze a massa do braço móvel CD.

17.46. A empilhadeira manual tem massa de 70 kg e centro de massa em G. Determine a maior aceleração para cima da bobina de 120 kg de maneira que nenhuma reação sobre as rodas exceda 600 N.

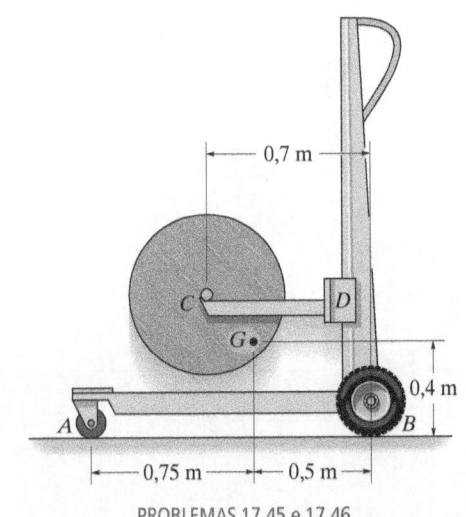

PROBLEMAS 17.45 e 17.46

17.47. A caixa uniforme tem massa de 50 kg e repousa sobre o carrinho, que tem uma superfície inclinada. Determine a menor aceleração que fará com que a caixa tombe ou deslize em relação ao carrinho. Qual é a intensidade dessa aceleração? O coeficiente de atrito estático entre a caixa e o carrinho é $\mu_s = 0{,}5$.

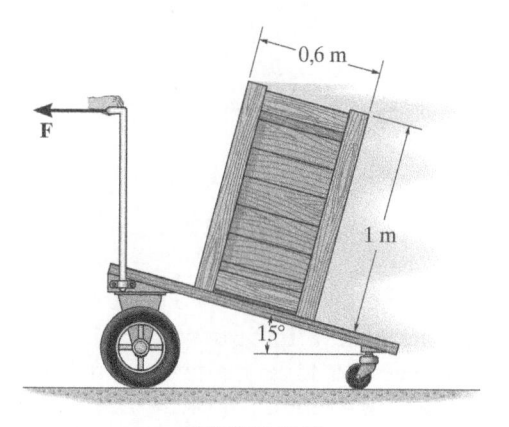

PROBLEMA 17.47

***17.48.** A rampa de descarregamento na traseira do caminhão tem massa de 1,25 Mg e centro de massa em G. Se ela é sustentada pelo cabo AB e dobradiça em C, determine a tração no cabo quando o caminhão começa a acelerar a 5 m/s². Além disso, quais são as componentes horizontal e vertical da reação na dobradiça C?

17.49. A rampa de descarregamento na traseira do caminhão tem massa de 1,25 Mg e centro de massa em G. Se ela é sustentada pelo cabo AB e dobradiça em C, determine a desaceleração máxima do caminhão para que a rampa não comece a girar para a frente. Quais são as componentes horizontal e vertical da reação na dobradiça C?

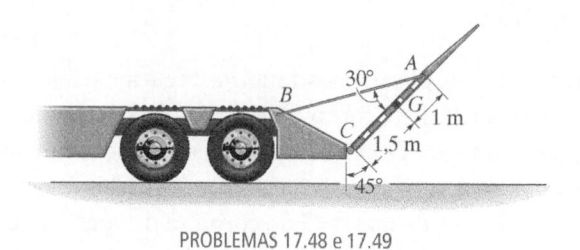

PROBLEMAS 17.48 e 17.49

17.50. A barra tem peso w por comprimento unitário e está apoiada pelo anel liso. Se ela for solta do repouso, determine a força normal interna, o esforço cortante e o momento fletor na barra em função de x.

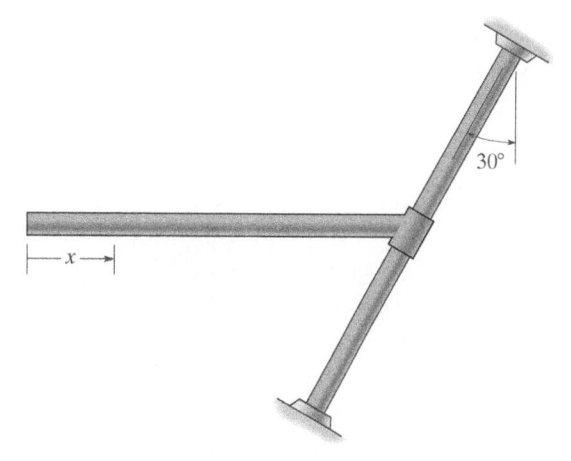

PROBLEMA 17.50

17.51. O tubo tem massa de 800 kg e está sendo rebocado atrás do caminhão. Se a aceleração do caminhão é $a_t = 0{,}5$ m/s², determine o ângulo θ e a tração no cabo. O coeficiente de atrito cinético entre o tubo e o solo é $\mu_k = 0{,}1$.

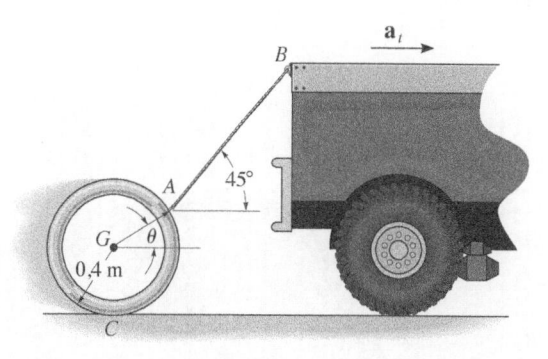

PROBLEMA 17.51

*****17.52.** O tubo tem massa de 800 kg e está sendo rebocado atrás do caminhão. Se o ângulo $\theta = 30°$, determine a aceleração do caminhão e a tração no cabo. O coeficiente de atrito cinético entre o tubo e o solo é $\mu_k = 0{,}1$.

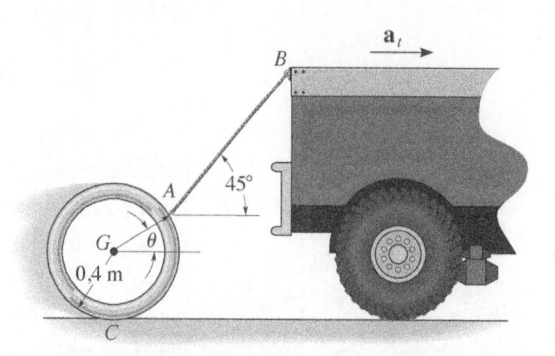

PROBLEMA 17.52

17.53. A caixa C, uniforme de 100 kg, apoia-se sobre o piso elevatório em que o coeficiente de atrito estático é $\mu_s = 0{,}4$. Determine a maior aceleração angular inicial α, partindo do repouso em θ = 90°, sem fazer com que a caixa deslize. Não ocorre tombamento.

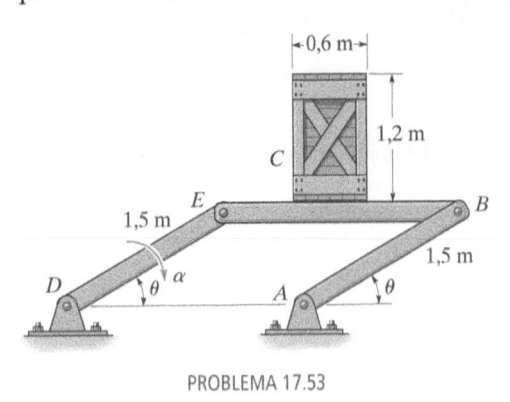

17.54. As duas barras uniformes de 4 kg cada, DC e EF, estão fixadas (soldadas) em E. Determine a força normal N_E, o esforço cortante V_E e o momento M_E que DC exerce sobre EF em E no instante em que $\theta = 60°$. BC tem velocidade angular $\omega = 2$ rad/s e aceleração angular $\alpha = 4$ rad/s², conforme mostra a figura.

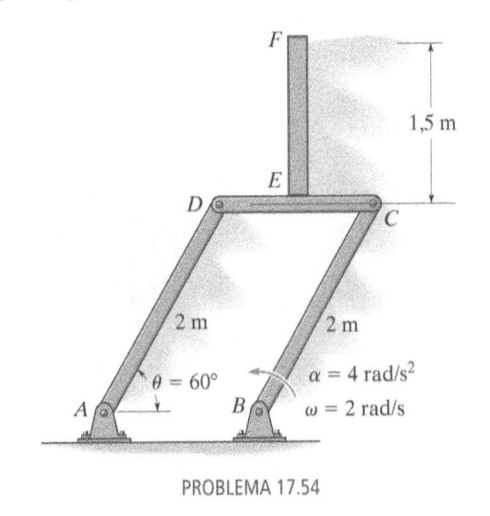

17.55. O tubo curvo tem massa de 80 kg e apoia-se sobre a superfície da plataforma para a qual o coeficiente de atrito estático é $\mu_s = 0{,}3$. Determine a maior aceleração angular α da plataforma, partindo do repouso, quando $\theta = 45°$, sem fazer com que o tubo deslize na plataforma.

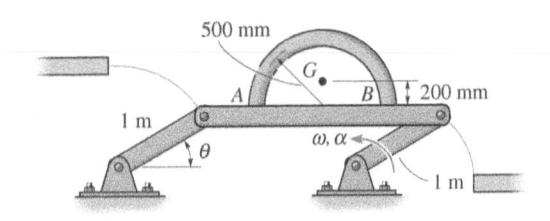

*17.56. Determine a força desenvolvida nos membros e a aceleração do centro de massa da barra imediatamente após a ruptura da corda. Despreze a massa dos membros AB e CD. A barra uniforme tem massa de 20 kg.

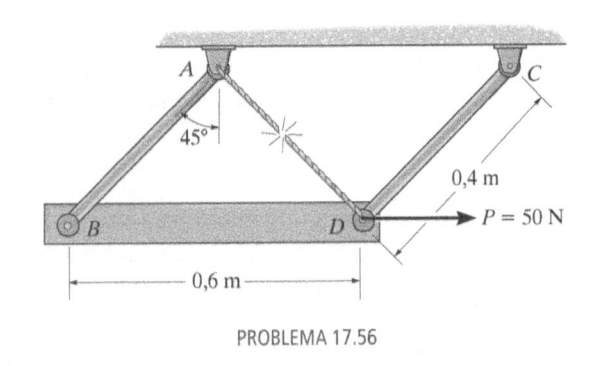

17.4 Equações de movimento: rotação em torno de um eixo fixo

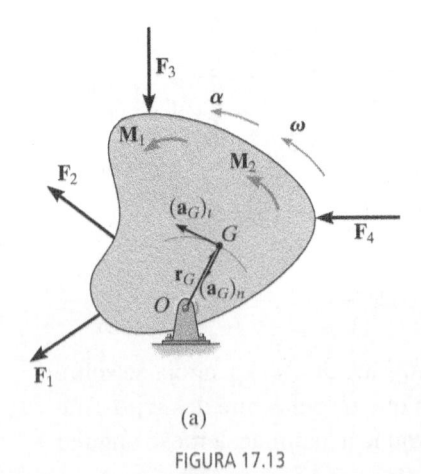

Considere o corpo rígido (ou placa) mostrado na Figura 17.13a, que está restrito a girar no plano vertical em torno de um eixo fixo perpendicular à página e passando pelo pino em O. A velocidade e aceleração angulares são causadas pelo sistema de forças externas e momentos de binário atuando sobre o corpo. Como o centro de massa G do corpo se desloca em torno de uma *trajetória circular*, a aceleração desse ponto é mais bem representada pelas suas componentes tangencial e normal. A *componente tangencial da aceleração* tem intensidade $(a_G)_t = \alpha r_G$ e tem de atuar em uma *direção* que seja consistente com a aceleração angular $\boldsymbol{\alpha}$ do corpo. A *intensidade da componente normal da aceleração* é $(a_G)_n = \omega^2 r_G$. Esta componente está *sempre direcionada* do ponto G para O, independentemente do sentido rotacional de $\boldsymbol{\omega}$.

Os diagramas cinéticos e de corpo livre para o corpo são mostrados na Figura 17.13b. As duas componentes, $m(\mathbf{a}_G)_t$ e $m(\mathbf{a}_G)_n$, mostradas no diagrama cinético, estão associadas às componentes tangenciais e normais da aceleração do centro de massa do corpo. O vetor $I_G\boldsymbol{\alpha}$ atua na mesma *direção* que $\boldsymbol{\alpha}$ e tem *intensidade* $I_G\alpha$, em que I_G é o momento de inércia do corpo calculado em relação a um eixo que é perpendicular à página e passa por G. Da derivação dada na Seção 17.2, as equações de movimento que se aplicam ao corpo podem ser escritas na forma

$$\Sigma F_n = m(a_G)_n = m\omega^2 r_G$$
$$\Sigma F_t = m(a_G)_t = m\alpha r_G \quad (17.14)$$
$$\Sigma M_G = I_G\alpha$$

A equação do momento pode ser substituída por uma soma de momentos em relação a qualquer ponto arbitrário P dentro e fora do corpo, desde que sejam considerados os momentos $\Sigma(\mathcal{M}_k)_P$ produzidos por $I_G\boldsymbol{\alpha}, m(\mathbf{a}_G)_t$ e $m(\mathbf{a}_G)_n$, em relação ao ponto.

Equação do momento em torno do ponto O

Frequentemente, é conveniente somar os momentos em relação ao pino em O, a fim de eliminar a força *desconhecida* $\mathbf{F}_O$. Do diagrama cinético (Figura 17.13b), isto requer

$$\zeta + \Sigma M_O = \Sigma(\mathcal{M}_k)_O; \quad \Sigma M_O = r_G m(a_G)_t + I_G\alpha \quad (17.15)$$

Observe que o momento de $m(\mathbf{a}_G)_n$ não está incluído aqui, visto que a linha de ação desse vetor passa por O. Substituindo $(a_G)_t = r_G\alpha$, podemos reescrever a equação anterior como $\zeta + \Sigma M_O = (I_G + mr_G^2)\alpha$. Do teorema dos eixos paralelos, $I_O = I_G + md^2$ e, portanto, o termo entre parênteses representa o *momento de inércia do corpo em relação ao eixo de rotação fixo passando por O*.[*] Consequentemente, podemos escrever as três equações de movimento para o corpo como

$$\Sigma F_n = m(a_G)_n = m\omega^2 r_G$$
$$\Sigma F_t = m(a_G)_t = m\alpha r_G \quad (17.16)$$
$$\Sigma M_O = I_O\alpha$$

Quando for utilizar essas equações, lembre-se de que "$I_O\alpha$" leva em consideração o "momento" de *ambos*, $m(\mathbf{a}_G)_t$ e $I_G\boldsymbol{\alpha}$ em relação ao ponto O (Figura 17.13b). Em outras palavras, $\Sigma M_O = \Sigma(\mathcal{M}_k)_O = I_O\alpha$, como indicado pelas equações 17.15 e 17.16.

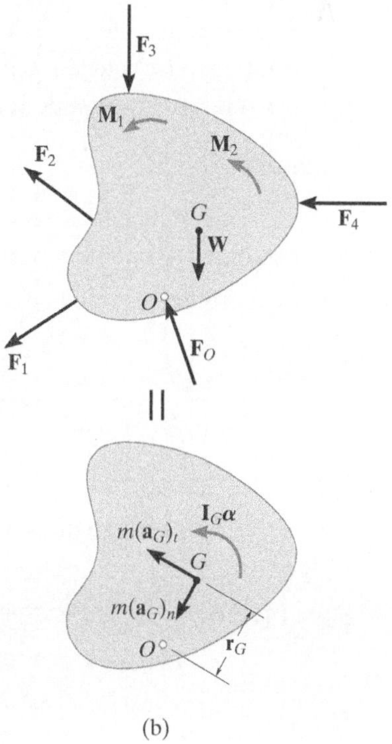

---

[*] O resultado $\Sigma M_O = I_O\alpha$ também pode ser obtido *diretamente* da Equação 17.6 escolhendo-se o ponto P coincidente com O, observando que $(a_P)_x = (a_P)_y = 0$.

FIGURA 17.13 (cont.)

Procedimento para análise

Problemas cinéticos que envolvem a rotação de um corpo em torno de um eixo fixo podem ser resolvidos utilizando-se o procedimento indicado a seguir.

Diagrama de corpo livre

- Estabeleça o sistema de coordenadas inercial n, t e especifique direção e sentido das acelerações $(\mathbf{a}_G)_n$ e $(\mathbf{a}_G)_t$ e a aceleração angular $\boldsymbol{\alpha}$ do corpo. Lembre-se de que $(\mathbf{a}_G)_t$ tem de atuar em uma direção que está de acordo com o sentido rotacional de $\boldsymbol{\alpha}$, enquanto $(\mathbf{a}_G)_n$ sempre atua em direção ao eixo de rotação, o ponto O.
- Construa o diagrama de corpo livre para considerar todas as forças externas e momentos de binário que atuam sobre o corpo.
- Determine o momento de inércia I_G ou I_O.
- Identifique as incógnitas do problema.
- Se for decidido que a equação de movimento rotacional $\Sigma M_P = \Sigma(\mathcal{M}_k)_P$ deve ser usada, ou seja, P é um ponto diferente de G ou O, considere traçar o diagrama cinético a fim de ajudar a "visualizar" os "momentos" desenvolvidos pelas componentes $m(\mathbf{a}_G)_n$, $m(\mathbf{a}_G)_t$ e $I_G \boldsymbol{\alpha}$ quando estiver escrevendo os termos para a soma dos momentos $\Sigma(\mathcal{M}_k)_P$.

Equações de movimento

- Aplique as três equações de movimento de acordo com a convenção de sinais estabelecida.
- Se os momentos são somados em relação ao centro de massa do corpo, G, então $\Sigma M_G = I_G \alpha$, visto que $m(\mathbf{a}_G)_t$ e $m(\mathbf{a}_G)_n$ não geram momento algum em relação a G.
- Se momentos são somados em relação ao pino de apoio O sobre o eixo de rotação, então $(m\mathbf{a}_G)_n$ não gera momento algum em relação a O, e pode ser mostrado que $\Sigma M_O = I_O \alpha$.

Cinemática

- Utilize a cinemática se uma solução completa não puder ser obtida estritamente a partir das equações de movimento.
- Se a aceleração angular é variável, use

$$\alpha = \frac{d\omega}{dt} \qquad \alpha\, d\theta = \omega\, d\omega \qquad \omega = \frac{d\theta}{dt}$$

- Se a aceleração angular é constante, use

$$\omega = \omega_0 + \alpha_c t$$
$$\theta = \theta_0 + \omega_0 t + \tfrac{1}{2}\alpha_c t^2$$
$$\omega^2 = \omega_0^2 + 2\alpha_c(\theta - \theta_0)$$

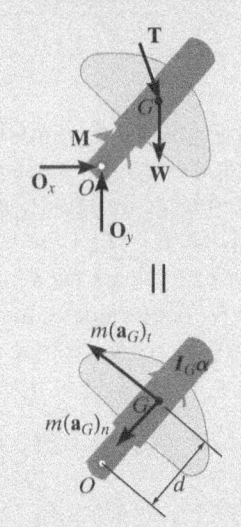

A manivela do equipamento de bombeamento de petróleo sofre uma rotação em torno de um eixo fixo, que é causada pelo torque de acionamento **M** do motor. As cargas mostradas no diagrama de corpo livre causam os efeitos mostrados no diagrama cinético. Se os momentos são somados em relação ao centro de massa, G, então $\Sigma M_G = I_G \alpha$. Entretanto, se os momentos são somados em relação ao ponto O, observando que $(a_G)_t = \alpha d$, então $\zeta + \Sigma M_O = I_G \alpha + m(a_G)_t d + m(a_G)_n(0) = (I_G + md^2)\alpha = I_O \alpha$.

EXEMPLO 17.8

O volante desbalanceado de 25 kg mostrado na Figura 17.14a tem raio de giração $k_G = 0{,}18$ m em relação a um eixo passando pelo seu centro de massa G. Se ele é solto do repouso, determine as componentes horizontal e vertical da reação no pino O.

SOLUÇÃO

Diagramas cinéticos e de corpo livre

Visto que G se desloca sobre uma trajetória circular, ele terá as componentes tanto tangencial como normal da aceleração. Além disso, visto que α, o qual é gerado pelo peso do volante, atua no sentido horário, a componente tangencial da aceleração tem de atuar para baixo. Por quê? Visto que $\omega = 0$, apenas $m(a_G)_t = m\alpha r_G$ e $I_G\alpha$ são mostrados no diagrama cinético na Figura 17.14b. Aqui, o momento de inércia em relação a G é

$$I_G = mk_G^2 = (25 \text{ kg})(0{,}18 \text{ m})^2 = 0{,}81 \text{ kg}\cdot\text{m}^2$$

As três incógnitas são O_n, O_t e α.

Equações de movimento

$\xrightarrow{+} \Sigma F_n = m\omega^2 r_G;$ $\qquad O_n = 0 \qquad\qquad$ *Resposta*

$+\downarrow \Sigma F_t = m\alpha r_G;$ $\quad -O_t + 25(9{,}81)\text{N} = (25 \text{ kg})(\alpha)(0{,}15 \text{ m}) \qquad (1)$

$\zeta + \Sigma M_G = I_G\alpha;$ $\qquad O_t(0{,}15 \text{ m}) = (0{,}81 \text{ kg}\cdot\text{m}^2)\alpha$

Resolvendo,

$$\alpha = 26{,}8 \text{ rad/s}^2 \quad O_t = 144{,}7 \text{ N} \qquad\qquad\text{\textit{Resposta}}$$

Os momentos também podem ser somados em relação ao ponto O a fim de eliminar $\mathbf{O}_n$ e $\mathbf{O}_t$ e, deste modo, obter uma *solução direta* para α (Figura 17.14b). Isso pode ser feito de *duas* maneiras.

$\zeta + \Sigma M_O = \Sigma(\mathcal{M}_k)_O;$

$[25(9{,}81)\text{N}](0{,}15 \text{ m}) = (0{,}81 \text{ kg}\cdot\text{m}^2)\alpha + \big[(25 \text{ kg})\alpha(0{,}15 \text{ m})\big](0{,}15 \text{ m})$

$$245{,}25 \text{ N}(0{,}15 \text{ m}) = 1{,}3725\alpha \qquad\qquad (2)$$

Se $\Sigma M_O = I_O\alpha$ for aplicada, então, pelo teorema dos eixos paralelos, o momento de inércia do volante em relação a O é

$$I_O = I_G + mr_G^2 = 0{,}81 + (25)(0{,}15)^2 = 1{,}3725 \text{ kg}\cdot\text{m}^2$$

Por conseguinte,

$$\zeta + \Sigma M_O = I_O\alpha; \quad (245{,}25 \text{ N})(0{,}15 \text{ m}) = (1{,}3725 \text{ kg}\cdot\text{m}^2)\alpha$$

que é a mesma coisa que a Equação 2. Resolver para α e substituir na Equação 1 resulta na mesma resposta para O_t obtida anteriormente.

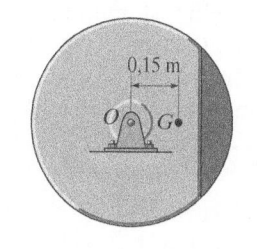

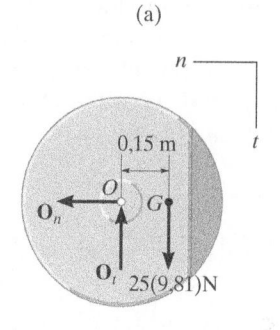

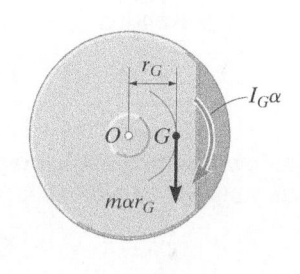

FIGURA 17.14

EXEMPLO 17.9

No instante mostrado na Figura 17.15a, a barra delgada de 20 kg tem uma velocidade angular $\omega = 5$ rad/s. Determine a aceleração angular e as componentes vertical e horizontal da reação do pino sobre a barra nesse instante.

SOLUÇÃO

Diagramas cinético e de corpo livre

(Figura 17.15b) Como mostrado no diagrama cinético, o ponto G se desloca em torno de uma trajetória circular e, assim, tem duas componentes da aceleração. É importante que a componente tangencial $a_t = \alpha r_G$ atue para baixo, visto que ela tem de estar de acordo com o sentido rotacional de α. As três incógnitas são O_n, O_t e α.

Equação de movimento

$$\xleftarrow{+} \Sigma F_n = m\omega^2 r_G; \quad O_n = (20 \text{ kg})(5 \text{ rad/s})^2(1{,}5 \text{ m})$$

$$+\downarrow \Sigma F_t = m\alpha r_G; \quad -O_t + 20(9{,}81)\text{N} = (20 \text{ kg})(\alpha)(1{,}5 \text{ m})$$

$$\zeta + \Sigma M_G = I_G \alpha; \quad O_t(1{,}5 \text{ m}) + 60 \text{ N} \cdot \text{m} = \left[\tfrac{1}{12}(20 \text{ kg})(3 \text{ m})^2\right]\alpha$$

Resolvendo:

$$O_n = 750 \text{ N} \quad O_t = 19{,}05 \text{ N} \quad \alpha = 5{,}90 \text{ rad/s}^2 \quad \textit{Resposta}$$

Uma solução mais direta para este problema seria somar os momentos em relação ao ponto O para eliminar $\mathbf{O}_n$ e $\mathbf{O}_t$ e obter uma *solução direta* para α. Aqui,

$$\zeta + \Sigma M_O = \Sigma(\mathcal{M}_k)_O; \quad 60 \text{ N} \cdot \text{m} + 20(9{,}81) \text{ N}(1{,}5 \text{ m}) =$$

$$\left[\tfrac{1}{12}(20 \text{ kg})(3 \text{ m})^2\right]\alpha + [20 \text{ kg}(\alpha)(1{,}5 \text{ m})](1{,}5 \text{ m})$$

$$\alpha = 5{,}90 \text{ rad/s}^2 \quad \textit{Resposta}$$

Além disso, visto que $I_O = \tfrac{1}{3}ml^2$ para uma barra delgada, podemos aplicar

$$\zeta + \Sigma M_O = I_O \alpha; \quad 60 \text{ N} \cdot \text{m} + 20(9{,}81) \text{ N}(1{,}5 \text{ m}) = \left[\tfrac{1}{3}(20 \text{ kg})(3 \text{ m})^2\right]\alpha$$

$$\alpha = 5{,}90 \text{ rad/s}^2 \quad \textit{Resposta}$$

NOTA: por comparação, a última equação fornece a solução mais simples para α e *não* requer o uso do diagrama cinético.

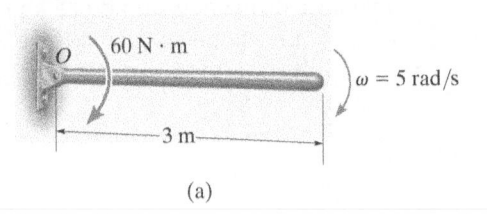

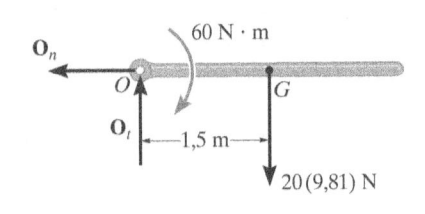

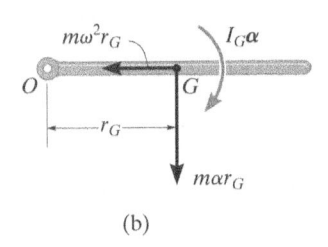

FIGURA 17.15

EXEMPLO 17.10

O tambor mostrado na Figura 17.16a tem massa de 60 kg e raio de giração $k_O = 0{,}25$ m. Uma corda de massa desprezível está enrolada em torno da periferia do tambor e fixada a um bloco com 20 kg de massa. Se o bloco é solto, determine a aceleração angular do tambor.

SOLUÇÃO I

Diagrama de corpo livre

Aqui, consideraremos o tambor e o bloco separadamente (Figura 17.16b). Supondo que o bloco acelera *para baixo* com **a**, ele cria uma aceleração angular **α** no *sentido anti-horário* do tambor. O momento de inércia do tambor é

Capítulo 17 – Cinética do movimento plano de um corpo rígido: força e aceleração 395

$$I_O = mk_O^2 = (60 \text{ kg})(0{,}25 \text{ m})^2 = 3{,}75 \text{ kg} \cdot \text{m}^2$$

Há cinco incógnitas, a saber, O_x, O_y, T, a e α.

Equações de movimento

Aplicando as equações de movimento translacional $\Sigma F_x = m(a_G)_x$ e $\Sigma F_y = m(a_G)_y$ para o tambor, não há consequência alguma para a solução, visto que essas equações envolvem as incógnitas O_x e O_y. Desse modo, para o tambor e o bloco, respectivamente,

$\zeta + \Sigma M_O = I_O \alpha;$ $T(0{,}4 \text{ m}) = (3{,}75 \text{ kg} \cdot \text{m}^2)\alpha$ (1)

$+\uparrow \Sigma F_y = m(a_G)_y;$ $-20(9{,}81)\text{N} + T = -(20 \text{ kg})a$ (2)

Cinemática

Visto que o ponto de contato A entre a corda e o tambor tem uma componente tangencial da aceleração **a** (Figura 17.16*a*), então

$\zeta + a = \alpha r;$ $a = \alpha(0{,}4 \text{ m})$ (3)

Resolvendo as equações anteriores,

$$T = 106 \text{ N} \quad a = 4{,}52 \text{ m/s}^2$$
$$\alpha = 11{,}3 \text{ rad/s}^2 \circlearrowright \qquad \textit{Resposta}$$

SOLUÇÃO II

Diagramas cinético e de corpo livre

A tração T no cabo pode ser eliminada da análise considerando-se o tambor e o bloco como um *sistema único* (Figura 17.16*c*). O diagrama cinético é mostrado, visto que os momentos serão somados em relação ao ponto O.

Equações de movimento

Utilizando a Equação 3 e aplicando a equação do momento em relação a O para eliminar as incógnitas O_x e O_y, temos

$\zeta + \Sigma M_O = \Sigma(\mathcal{M}_k)_O;$ $[20(9{,}81) \text{ N}](0{,}4 \text{ m}) =$
$\qquad (3{,}75 \text{ kg} \cdot \text{m}^2)\alpha + [20 \text{ kg}(\alpha\, 0{,}4 \text{ m})](0{,}4 \text{ m})$
$\qquad \alpha = 11{,}3 \text{ rad/s}^2$ *Resposta*

NOTA: se o bloco fosse *removido* e uma força de 20(9,81) N fosse aplicada à corda, mostre que $\alpha = 20{,}9$ rad/s². Este valor é maior, visto que o bloco tem uma inércia, ou resistência à aceleração.

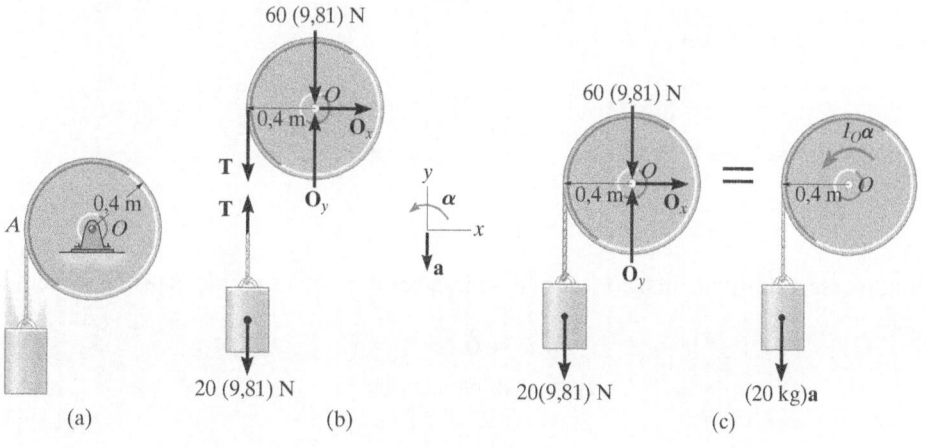

FIGURA 17.16

EXEMPLO 17.11

A barra delgada mostrada na Figura 17.17a tem massa m e comprimento l e é solta do repouso quando $\theta = 0°$. Determine as componentes vertical e horizontal da força que o pino em A exerce sobre a barra no instante $\theta = 90°$.

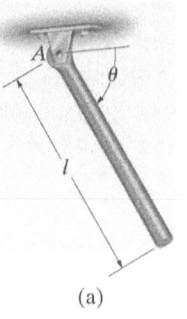

SOLUÇÃO

Diagramas de corpo livre e cinético

O diagrama de corpo livre para a barra na posição geral θ é mostrado na Figura 17.17b. Por conveniência, as componentes de força em A são mostradas atuando nas direções n e t. Observe que α atua no sentido horário e, assim, $(\mathbf{a}_G)_t$ atua na direção $+t$.

O momento de inércia da barra em relação ao ponto A é $I_A = \frac{1}{3}ml^2$.

Equações de movimento

Os momentos serão somados em relação a A a fim de eliminar A_n e A_t.

$+\nwarrow \Sigma F_n = m\omega^2 r_G;$ $\qquad A_n - mg\,\text{sen}\,\theta = m\omega^2(l/2)$ (1)

$+\swarrow \Sigma F_t = m\alpha r_G;$ $\qquad A_t + mg\cos\theta = m\alpha(l/2)$ (2)

$\zeta + \Sigma M_A = I_A\alpha;$ $\qquad mg\cos\theta(l/2) = \left(\frac{1}{3}ml^2\right)\alpha$ (3)

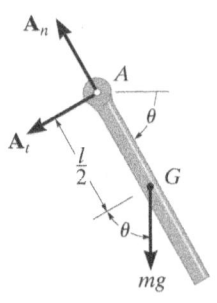

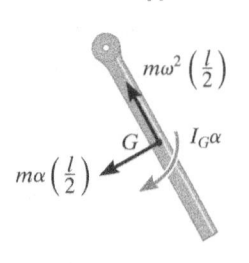

Cinemática

Para um dado ângulo θ, há quatro incógnitas nas três equações anteriormente mostradas: A_n, A_t, ω e α. Como mostrado pela Equação 3, α *não é constante*; em vez disso, ela depende da posição θ da barra. A quarta equação necessária é obtida utilizando-se a cinemática, onde α e ω podem ser relacionados a θ pela equação

$(\zeta +)$ $\qquad\qquad\qquad \omega\,d\omega = \alpha\,d\theta$ (4)

Observe que a direção positiva no sentido horário para esta equação *concorda* com a da Equação 3. Isso é importante, visto que estamos buscando uma solução simultânea.

A fim de resolver para ω em $\theta = 90°$, elimine α das equações 3 e 4, o que resulta em

$$\omega\,d\omega = (1,5g/l)\cos\theta\,d\theta$$

Visto que $\omega = 0$ em $\theta = 0°$, temos

$$\int_0^\omega \omega\,d\omega = (1,5g/l)\int_{0°}^{90°} \cos\theta\,d\theta$$

$$\omega^2 = 3g/l$$

Substituindo esse valor na Equação 1 com $\theta = 90°$ e resolvendo as equações 1 a 3, obtém-se

$$\alpha = 0$$
$$A_t = 0 \quad A_n = 2,5\,mg \qquad \textit{Resposta}$$

FIGURA 17.17

NOTA: se $\Sigma M_A = \Sigma(\mathcal{M}_k)_A$ for usada, é necessário considerar os momentos de $I_G\alpha$ e $m(\mathbf{a}_G)_t$ em relação a A.

Problemas fundamentais

F17.7. A roda de 100 kg tem raio de giração em relação a seu centro O de $k_O = 500$ mm. Se a roda parte do repouso, determine sua velocidade angular em $t = 3$ s.

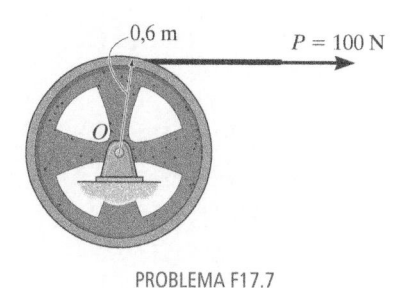

PROBLEMA F17.7

F17.8. O disco de 50 kg está submetido ao momento de binário $M = (9t)$ N · m, onde t é dado em segundos. Determine a velocidade angular do disco quando $t = 4$ s partindo do repouso.

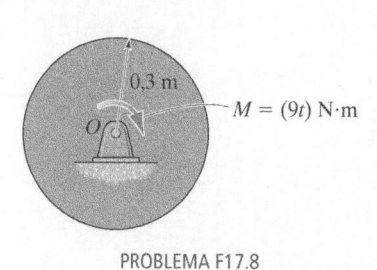

PROBLEMA F17.8

F17.9. No instante mostrado, a barra delgada uniforme de 30 kg tem velocidade angular no sentido horário de $\omega = 6$ rad/s. Determine as componentes normal e tangencial da reação do pino O sobre a barra e a aceleração angular da barra nesse instante.

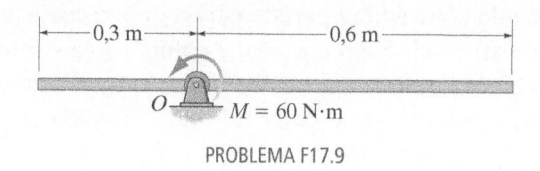

PROBLEMA F17.9

F17.10. No instante mostrado, o disco de 30 kg tem velocidade angular no sentido anti-horário de $\omega = 10$ rad/s. Determine as componentes normal e tangencial da reação do pino O sobre o disco e a aceleração angular do disco nesse instante.

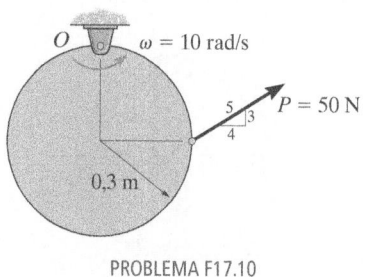

PROBLEMA F17.10

F17.11. A barra delgada uniforme tem massa de 15 kg. Determine as componentes verticais e horizontais da reação no pino O, e a aceleração angular da barra logo após a corda ser cortada.

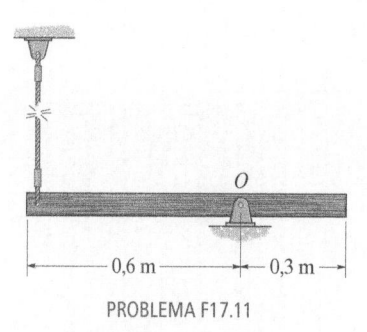

PROBLEMA F17.11

F17.12. A barra delgada uniforme de 30 kg está sendo puxada pela corda que passa sobre o pino liso pequeno em A. Se a barra tem velocidade angular de $\omega = 6$ rad/s no instante mostrado, determine as componentes tangencial e normal da reação no pino O e a aceleração angular da barra.

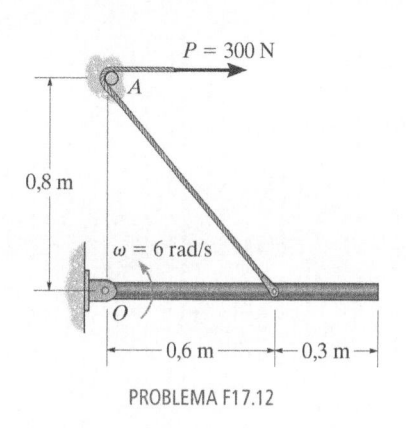

PROBLEMA F17.12

Problemas

17.57. A roda de 10 kg tem raio de giração $k_A = 200$ mm. Se a roda está submetida a um momento $M = (5t)$ N·m, onde t é dado em segundos, determine sua velocidade angular quando $t = 3$ s partindo do repouso. Além disso, calcule as reações que o pino fixo A exerce sobre a roda durante o movimento.

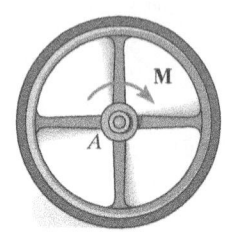

PROBLEMA 17.57

17.58. A placa uniforme de 24 kg é liberada do repouso na posição mostrada. Determine sua aceleração angular inicial e as reações horizontal e vertical no pino A.

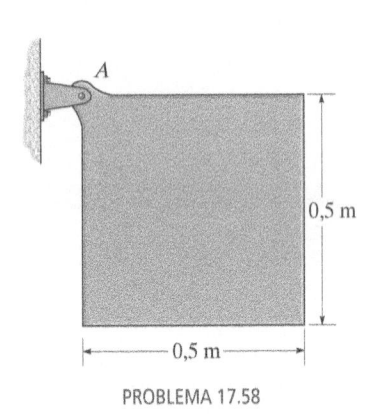

PROBLEMA 17.58

17.59. A barra delgada uniforme tem massa m. Se ela for solta do repouso quando $\theta = 0°$, determine a intensidade da força reativa exercida sobre ela pelo pino B quando $\theta = 90°$.

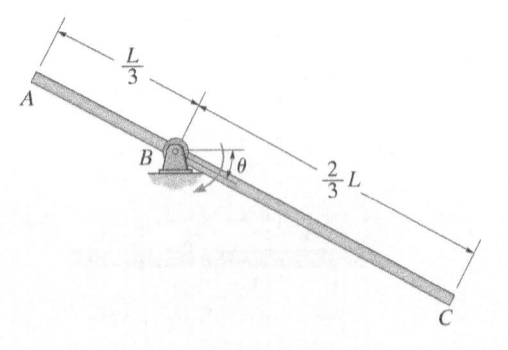

PROBLEMA 17.59

*****17.60.** A barra curva tem massa de 2 kg/m. Se ela for solta do repouso na posição mostrada, determine sua aceleração angular e as componentes horizontal e vertical da reação em A.

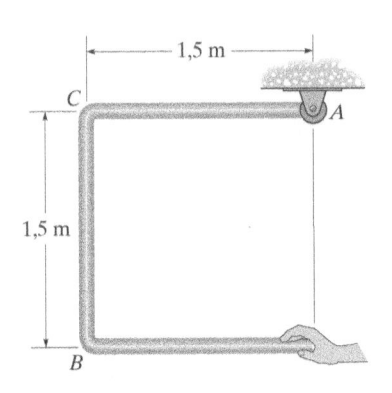

PROBLEMA 17.60

17.61. Se uma força horizontal $P = 100$ N for aplicada à bobina de cabo de 300 kg, determine sua aceleração angular inicial. A bobina está apoiada sobre roletes em A e B e tem raio de giração de $k_O = 0,6$ m.

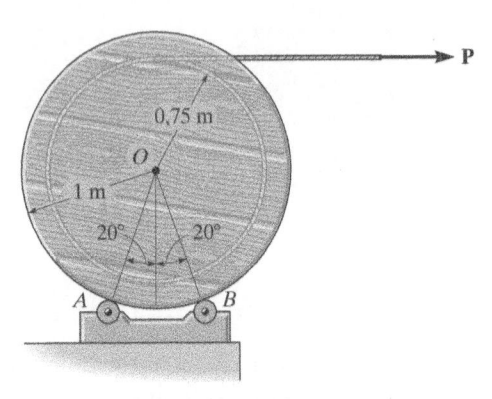

PROBLEMA 17.61

17.62. O rolo de papel de 20 kg tem raio de giração $k_A = 90$ mm em torno de um eixo que passa pelo ponto A. Ele é apoiado por um pino nas duas extremidades por meio de dois suportes AB. Se o rolo é apoiado contra uma parede para a qual o coeficiente de atrito cinético é $\mu_k = 0,2$ e uma força vertical $F = 30$ N é aplicada à extremidade do papel, determine a aceleração angular do rolo à medida que o papel é desenrolado.

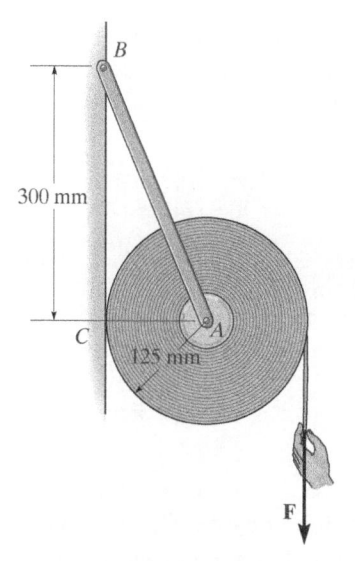

do corpo em relação a um eixo que passa por G. O ponto P é chamado de *centro de percussão* do corpo.

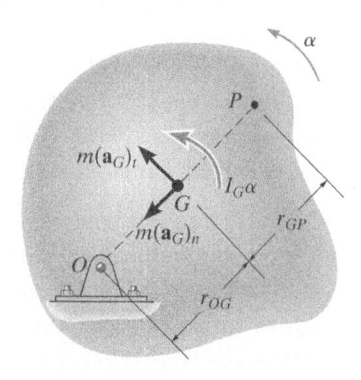

PROBLEMA 17.64

17.63. O rolo de papel de 20 kg tem raio de giração $k_A = 90$ mm em torno de um eixo que passa pelo ponto A. Ele é apoiado por um pino nas duas extremidades por meio de dois suportes AB. Se o rolo é apoiado contra uma parede para a qual o coeficiente de atrito cinético é $\mu_k = 0,2$, determine a força vertical constante F que deverá ser aplicada ao rolo para puxar 1 m de papel em $t = 3$ s a partir do repouso. Despreze a massa do papel que é removido.

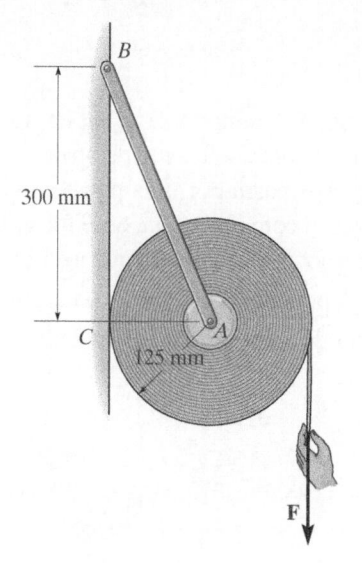

17.65. As engrenagens A e B têm massa de 50 kg e 15 kg, respectivamente. Seus raios de giração em torno de seus respectivos centros de massa são $k_C = 250$ mm e $k_D = 150$ mm. Se um torque $M = 200(1 - e^{-0,2t})$ N · m, onde t é dado em segundos, é aplicado à engrenagem A, determine a velocidade angular das duas engrenagens quando $t = 3$ s, partindo do repouso.

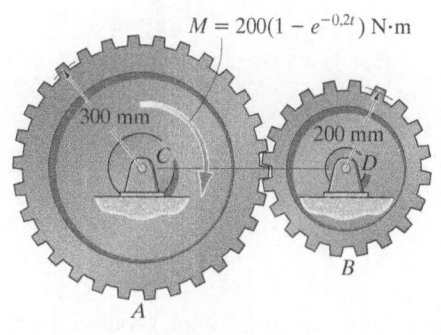

PROBLEMA 17.65

PROBLEMA 17.63

17.66. A bobina de cabo tem massa de 400 kg e raio de giração de $k_A = 0,75$ m. Determine sua velocidade angular quando $t = 2$ s, partindo do repouso, se a força $\mathbf{P} = (20t^2 + 80)$ N, onde t é dado em segundos. Despreze a massa do cabo desenrolado e considere que ele está sempre a um raio de 0,5 m.

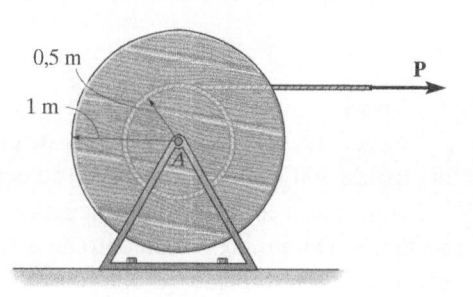

***17.64.** O diagrama cinético representando o movimento rotacional geral de um corpo rígido em torno de um eixo fixo passando por O é mostrado na figura. Mostre que $I_G\alpha$ pode ser eliminado deslocando-se os vetores $m(\mathbf{a}_G)_t$ e $m(\mathbf{a}_G)_n$ para o ponto P, localizado a uma distância $r_{GP} = k_G^2/r_{OG}$ do centro de massa G do corpo. Aqui, k_G representa o raio de giração

PROBLEMA 17.66

17.67. A porta se fechará automaticamente em razão de molas de torção montadas nas dobradiças. Cada mola tem rigidez $k = 50$ N · m/rad, de modo que o torque em cada dobradiça é $M = (50\theta)$ N · m, onde θ é medido em radianos. Se a porta for solta do repouso quando está aberta a $\theta = 90°$, determine a velocidade angular no instante $\theta = 0°$. Para o cálculo, trate a porta como uma placa fina com uma massa de 70 kg.

*17.68. A porta se fechará automaticamente em razão de molas de torção montadas nas dobradiças. Se o torque em cada dobradiça é $M = k\theta$, onde θ é medido em radianos, determine a rigidez torcional k exigida para que a porta feche ($\theta = 0°$) com velocidade angular $\omega = 2$ rad/s quando for solta do repouso em $\theta = 90°$. Para o cálculo, trate a porta como uma placa fina com massa de 70 kg.

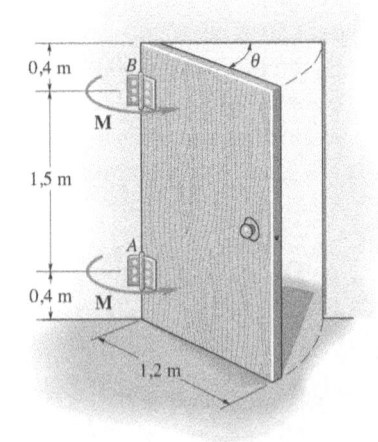

PROBLEMAS 17.67 e 17.68

17.69. Se a corda em B se rompe repentinamente, determine as componentes horizontal e vertical da reação inicial no pino A, e a aceleração angular da viga de 120 kg. Trate a viga como uma barra delgada uniforme.

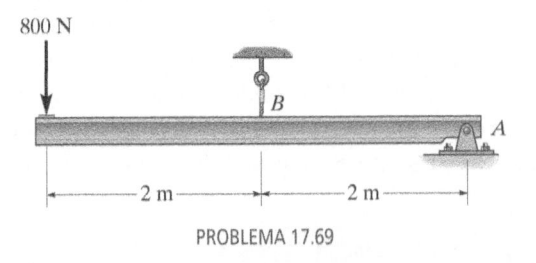

PROBLEMA 17.69

17.70. O dispositivo atua como uma barreira para impedir a passagem de um veículo. Ele consiste em uma placa de aço de 100 kg AC e um bloco de concreto sólido de contrapeso com 200 kg, posicionado como mostra a figura. Determine o momento de inércia da placa e do bloco em relação ao eixo com dobradiça que passa por A. Despreze a massa dos braços de suporte AB. Além disso, determine a aceleração angular inicial do conjunto quando ele é solto do repouso em $\theta = 45°$.

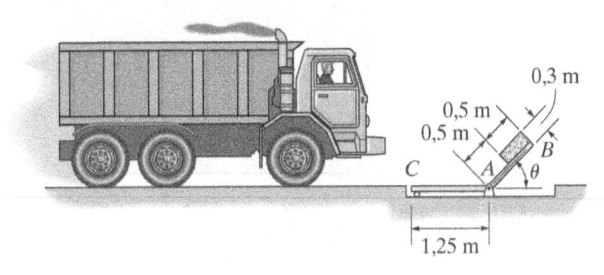

PROBLEMA 17.70

17.71. Uma corda é enrolada em torno da superfície externa do disco de 8 kg. Se uma força de $F = (\frac{1}{4}\theta^2)$ N, onde θ é dado em radianos, for aplicada à corda, determine a aceleração angular do disco quando ele tiver girado por 5 revoluções. O disco tem velocidade angular inicial $\omega_0 = 1$ rad/s.

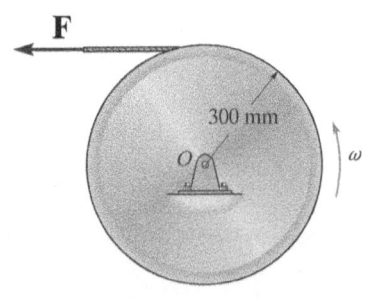

PROBLEMA 17.71

*17.72. O bloco A tem massa m e está apoiado sobre uma superfície com coeficiente de atrito cinético μ_k. A corda presa a A passa por uma polia em C e está presa a um bloco B com massa $2m$. Se B for solto, determine a aceleração de A. Suponha que a corda não deslize pela polia. A polia pode ser aproximada como um disco fino de raio r e massa $\frac{1}{4}m$. Despreze a massa da corda.

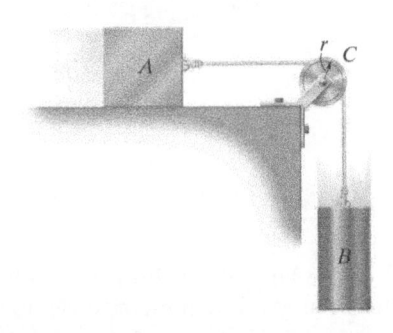

PROBLEMA 17.72

17.73. Os dois blocos A e B possuem massa de 5 kg e 10 kg, respectivamente. Se a polia pode ser tratada como um disco com massa de 3 kg e raio 0,15 m, determine a aceleração do bloco A. Despreze a massa da corda e qualquer deslizamento na polia.

17.74. Os dois blocos A e B possuem massa m_A e m_B, respectivamente, onde $m_B > m_A$. Se a polia pode ser tratada como um disco com massa M, determine a aceleração do bloco A. Despreze a massa da corda e qualquer deslizamento na polia.

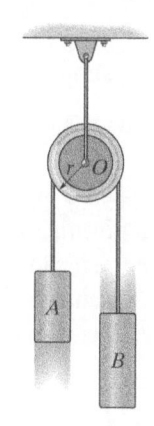

PROBLEMAS 17.73 e 17.74

17.75. O disco de 30 kg está girando inicialmente a $\omega = 125$ rad/s. Se ele for colocado sobre o solo, para o qual o coeficiente de atrito cinético é $\mu_C = 0,5$, determine o tempo necessário para que o movimento termine. Quais são as componentes horizontal e vertical da força que o membro AB exerce sobre o pino em A durante esse tempo? Despreze a massa de AB.

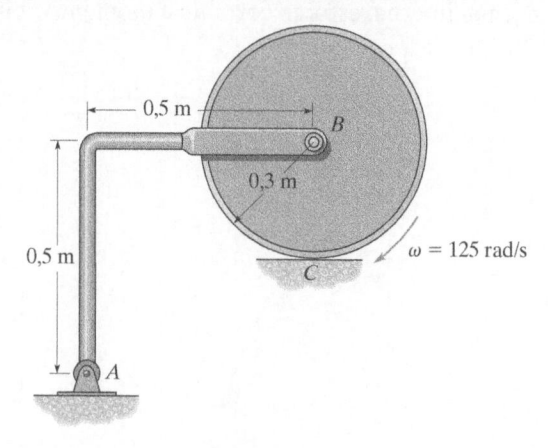

PROBLEMA 17.75

*17.76. A roda tem massa de 25 kg e raio de giração $k_B = 0,15$ m. Ela está girando inicialmente a $\omega = 40$ rad/s. Se ela for colocada no solo, para o qual o coeficiente de atrito cinético é $\mu_C = 0,5$, determine o tempo necessário para que o movimento termine. Quais são as componentes horizontal e vertical da reação que o pino A exerce sobre AB durante esse tempo? Despreze a massa de AB.

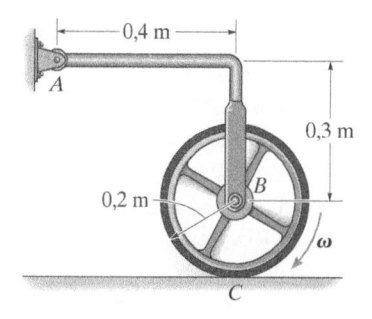

PROBLEMA 17.76

17.77. O disco tem massa de 20 kg e está girando inicialmente na ponta da estrutura com velocidade angular de $\omega = 60$ rad/s. Se ele for colocado contra a parede, para a qual o coeficiente de atrito cinético é $\mu_k = 0,3$, determine o tempo exigido para que o movimento termine. Qual é a força na estrutura BC durante esse tempo?

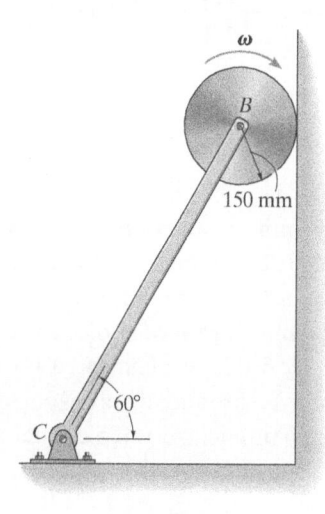

PROBLEMA 17.77

17.78. O cilindro de 5 kg está inicialmente em repouso quando é colocado em contato com a parede B e o rotor em A. Se o rotor sempre mantém velocidade angular constante em sentido horário de $\omega = 6$ rad/s, determine a aceleração angular inicial do cilindro. O coeficiente de atrito cinético nas superfícies de contato B e C é $\mu_k = 0,2$.

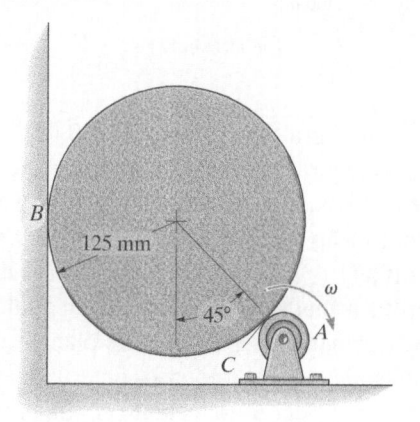

PROBLEMA 17.78

17.79. O cabo é desenrolado da bobina apoiada sobre pequenos roletes em A e B, exercendo uma força $T = 300$ N. Calcule o tempo necessário para desenrolar 5 m do cabo da bobina se a bobina e o cabo possuem massa total de 600 kg e raio de giração $k_O = 1,2$ m. Para o cálculo, despreze a massa do cabo sendo desenrolado e a massa dos roletes em A e B. Os roletes giram sem atrito.

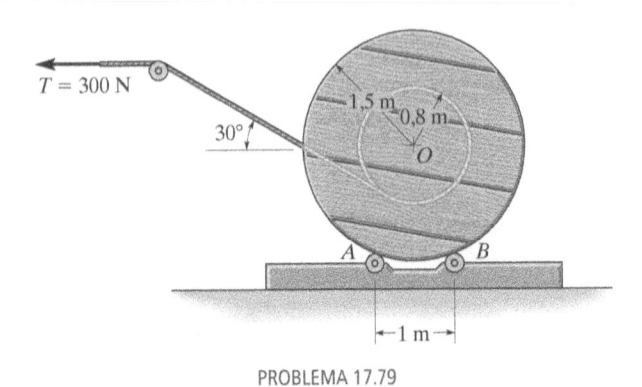

PROBLEMA 17.79

*__17.80.__ O rolo de papel de 20 kg tem raio de giração $k_A = 120$ mm em torno de um eixo que passa pelo ponto A. Ele é apoiado por um pino nas duas extremidades, por meio de dois suportes AB. O rolo é apoiado no solo, para o qual o coeficiente de atrito cinético é $\mu_k = 0,2$. Se uma força horizontal $F = 60$ N é aplicada à extremidade do papel, determine a aceleração angular inicial do rolo enquanto o papel é desenrolado.

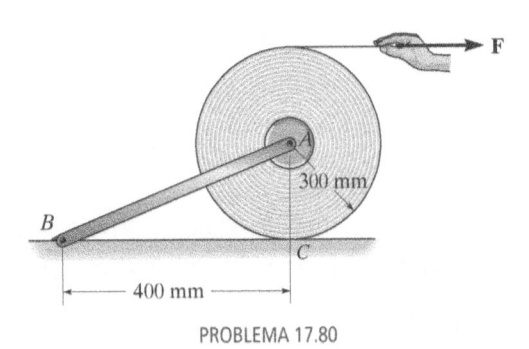

PROBLEMA 17.80

17.81. A armadura (barra delgada) AB tem massa de 0,2 kg e pode girar em torno do pino em A. O movimento é controlado pelo eletroímã E, que exerce uma força de atração horizontal sobre a armadura em B de $F_B = (0,2(10^{-3})l^{-2})$ N, onde l em metros é o intervalo entre a armadura e o eletroímã em qualquer instante. Se a armadura se encontra no plano horizontal, e está inicialmente em repouso, determine a velocidade do contato em B no instante em que $l = 0,01$ m. Inicialmente, $l = 0,02$ m.

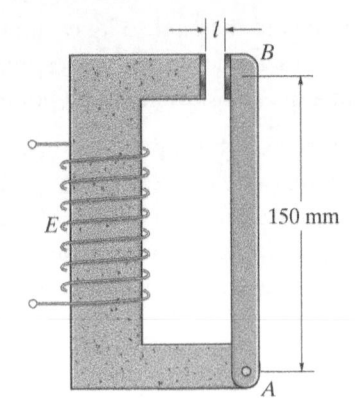

PROBLEMA 17.81

17.82. A barra delgada de 4 kg está inicialmente apoiada na horizontal por uma mola em B e um pino em A. Determine a aceleração angular da barra e a aceleração do centro de massa da barra no instante em que a força de 100 N é aplicada.

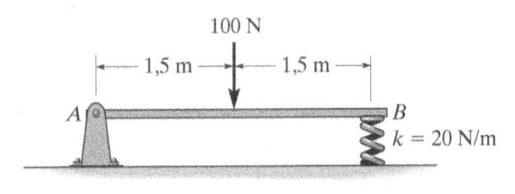

PROBLEMA 17.82

17.83. A barra tem peso w por comprimento unitário. Se ela está girando no plano vertical a uma taxa constante ω em torno do ponto O, determine a força normal interna, esforço cortante e momento fletor em função de x e θ.

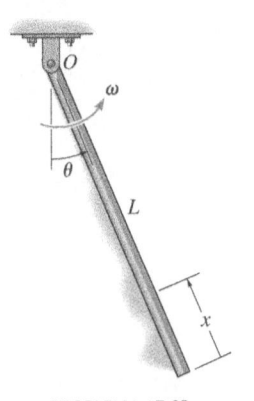

PROBLEMA 17.83

*__17.84.__ Determine a aceleração angular do trampolim de 25 kg e as componentes horizontal e vertical da reação no pino A no instante em que o homem salta. Suponha que o trampolim seja uniforme e rígido, e que, no instante em que ele salta, a mola é comprimida por uma extensão máxima de 200 mm, $\omega = 0$ e o trampolim é horizontal. Considere $k = 7$ kN/m.

Capítulo 17 – Cinética do movimento plano de um corpo rígido: força e aceleração 403

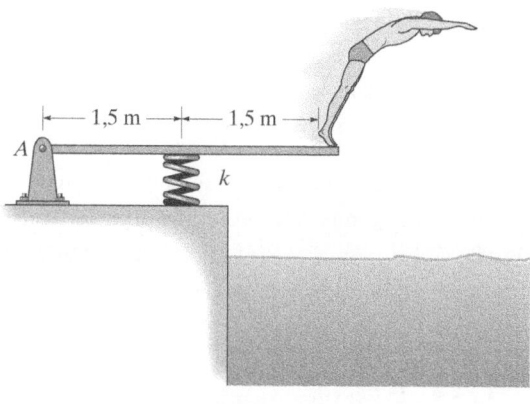

PROBLEMA 17.84

17.85. A turbina leve consiste em um rotor alimentado por um torque aplicado em seu centro. No instante em que o rotor está na horizontal, ele tem velocidade angular de 15 rad/s e aceleração angular no sentido horário de 8 rad/s². Determine a força normal interna, o esforço cortante e o momento fletor em uma seção que passa por A. Suponha que o rotor seja uma barra delgada com 50 m de extensão e massa de 3 kg/m.

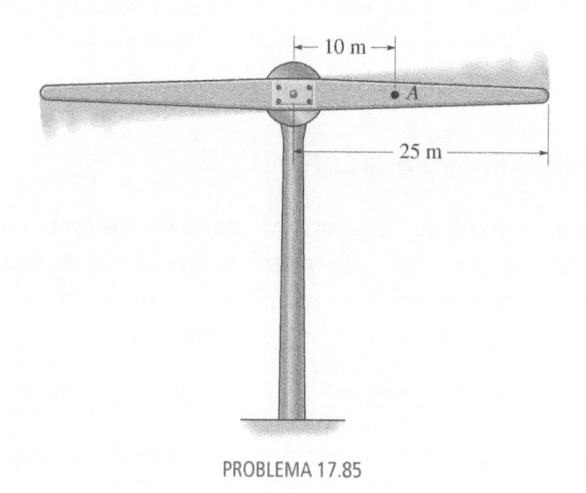

PROBLEMA 17.85

17.86. O conjunto de duas barras é solto do repouso na posição mostrada. Determine o momento fletor inicial na junção fixa B. Cada barra tem massa m e comprimento l.

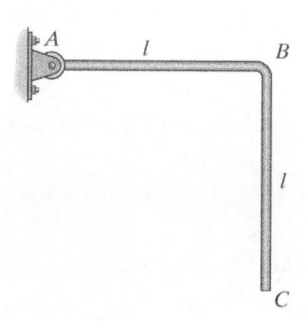

PROBLEMA 17.86

17.87. O pêndulo de 100 kg tem centro de massa em G e raio de giração em relação a G de $k_G = 250$ mm. Determine as componentes vertical e horizontal da reação pelo pino A e da reação normal do rolete B sobre a viga no instante $\theta = 90°$, quando o pêndulo está girando a $\omega = 8$ rad/s. Despreze o peso da viga e do suporte.

*17.88. O pêndulo de 100 kg tem centro de massa em G e raio de giração em relação a G de $k_G = 250$ mm. Determine as componentes vertical e horizontal da reação pelo pino A e da reação normal do rolete B sobre a viga no instante $\theta = 0°$, quando o pêndulo está girando a $\omega = 4$ rad/s. Despreze o peso da viga e do suporte.

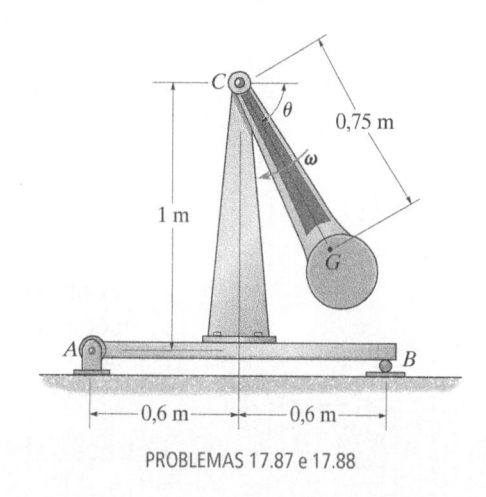

PROBLEMAS 17.87 e 17.88

17.89. A "roda de Catarina" é um tipo de fogo de artifício que consiste em um tubo em espiral contendo pólvora, com um pino no centro. Se a pólvora queima a uma taxa constante de 20 g/s, de modo que os gases de exaustão sempre exercem uma força com intensidade constante de 0,3 N, direcionada tangente à roda, determine a velocidade angular da rola quando 75% da massa for queimada. Inicialmente, a roda está em repouso e tem massa de 100 g e raio $r = 75$ mm. Para o cálculo, considere que a roda sempre seja um disco fino.

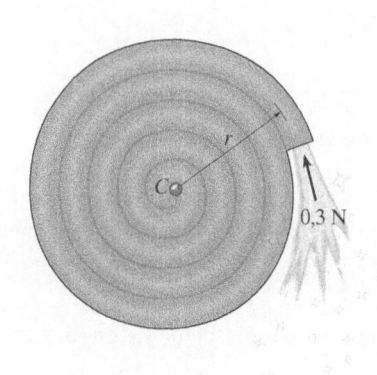

PROBLEMA 17.89

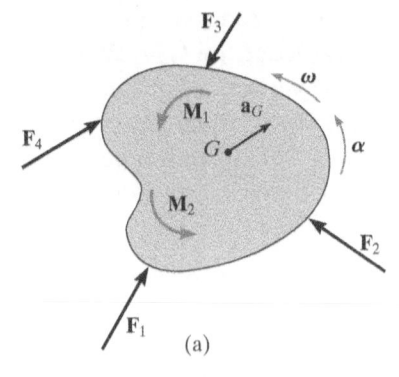

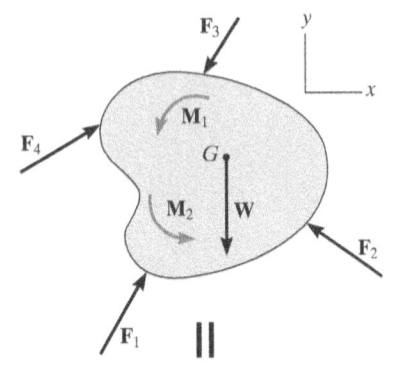

17.5 Equações de movimento: movimento plano geral

O corpo rígido (ou placa) mostrado na Figura 17.18a está submetido ao movimento plano geral causado pelo sistema de forças e momentos de binário aplicado externamente. Os diagramas cinético e de corpo livre para o corpo são mostrados na Figura 17.18b. Se um sistema de coordenadas inercial x e y é estabelecido como mostrado, as três equações de movimento são

$$\Sigma F_x = m(a_G)_x$$
$$\Sigma F_y = m(a_G)_y \qquad (17.17)$$
$$\Sigma M_G = I_G \alpha$$

Em alguns problemas, pode ser conveniente somar os momentos em relação a outro ponto P, em vez de G, a fim de eliminar tantas forças incógnitas quanto possível do somatório de momentos. Quando usadas neste caso mais geral, as três equações de movimento são

$$\Sigma F_x = m(a_G)_x$$
$$\Sigma F_y = m(a_G)_y \qquad (17.18)$$
$$\Sigma M_P = \Sigma(\mathcal{M}_k)_P$$

Aqui, $\Sigma(\mathcal{M}_k)_P$ representa a soma dos momentos de $I_G\alpha$ e $m\mathbf{a}_G$ (ou suas componentes) em relação a P, como determinado pelos dados no diagrama cinético.

Equação do momento em torno do CI

Há um tipo de problema particular que envolve um disco uniforme, ou corpo de formato circular, que rola sobre uma superfície áspera *sem deslizar* (Figura 17.19). Se somarmos os momentos em relação ao centro instantâneo de velocidade nula, então $\Sigma(\mathcal{M}_k)_{CI}$ torna-se $I_{CI}\alpha$, de maneira que

$$\Sigma M_{CI} = I_{CI}\alpha \qquad (17.19)$$

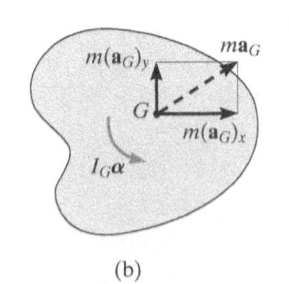

Este resultado compara-se com $\Sigma M_O = I_O\alpha$, que é usado para um corpo preso com pino ao ponto O (Equação 17.16). Ver Problema 17.90.

FIGURA 17.18

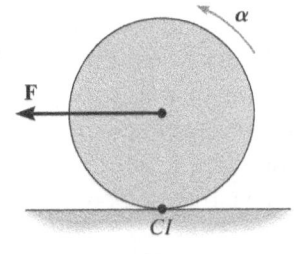

FIGURA 17.19

Procedimento para análise

Problemas cinéticos envolvendo movimento plano geral de um corpo rígido podem ser resolvidos utilizando-se o procedimento indicado a seguir.

Diagrama de corpo livre

- Estabeleça o sistema de coordenadas inercial x, y e construa o diagrama de corpo livre para o corpo.
- Especifique direção e sentido da aceleração do centro de massa, $\mathbf{a}_G$, e da aceleração angular α do corpo.

- Determine o momento de inércia I_G.
- Identifique as incógnitas no problema.
- Se ficar decidido que a equação de movimento rotacional $\Sigma M_P = \Sigma(\mathcal{M}_k)_P$ deva ser usada, considere traçar o diagrama cinético a fim de ajudar a "visualizar" os "momentos" desenvolvidos pelas componentes $m(\mathbf{a}_G)_x$, $m(\mathbf{a}_G)_y$ e $I_G\alpha$ ao escrever os termos na soma dos momentos $\Sigma(\mathcal{M}_k)_P$.

Equações de movimento

- Aplique as três equações de movimento de acordo com a convenção de sinais estabelecida.
- Quando o atrito está presente, há a possibilidade de movimento sem deslizamento ou tombamento. Cada possibilidade de movimento deve ser considerada.

Cinemática

- Utilize a cinemática se uma solução completa não puder ser obtida estritamente das equações de movimento.
- Se o movimento do corpo for *restringido* em virtude de seus suportes, equações adicionais podem ser obtidas utilizando $\mathbf{a}_B = \mathbf{a}_A + \mathbf{a}_{B/A}$, que relacionam as acelerações de quaisquer dois pontos A e B sobre o corpo.
- Quando uma roda, disco, cilindro ou bola *rola sem deslizar*, então $a_G = \alpha r$.

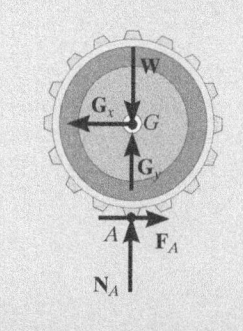

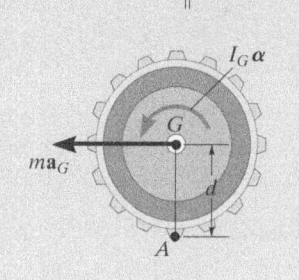

À medida que o compactador de solo, ou "rolo pé de carneiro", se desloca para a frente, ele realiza um movimento plano geral. As forças mostradas em seu diagrama de corpo livre causam os efeitos mostrados no diagrama cinético. Se os momentos são somados em relação ao centro de massa, G, então $\Sigma M_G = I_G \alpha$. Entretanto, se os momentos são somados em relação ao ponto A (o CI), então $\circlearrowleft + \Sigma M_A = I_G \alpha + (m a_G) d = I_A \alpha$.

EXEMPLO 17.12

Determine a aceleração angular da bobina na Figura 17.20a. A bobina tem massa de 8 kg e um raio de giração $k_G = 0{,}35$ m. As cordas de massa desprezível estão enroladas em torno de seu cubo e borda externa.

SOLUÇÃO I

Diagramas cinéticos e de corpo livre

(Figura 17.20b) A força de 100 N faz com que $\mathbf{a}_G$ atue para cima. Além disso, α atua no sentido horário, visto que a bobina enrola em torno da corda em A.

Há três incógnitas T, a_G e α. O momento de inércia da bobina em relação a seu centro de massa é

$$I_G = mk_G^2 = 8 \text{ kg}(0{,}35 \text{ m})^2 = 0{,}980 \text{ kg} \cdot \text{m}^2$$

Equações de movimento

$+\uparrow \Sigma F_y = m(a_G)_y;$ $\qquad T + 100\text{ N} - 78{,}48\text{ N} = (8\text{ kg})a_G$ (1)

$\zeta + \Sigma M_G = I_G \alpha;$ $\qquad 100\text{ N}(0{,}2\text{ m}) - T(0{,}5\text{ m}) = (0{,}980\text{ kg}\cdot\text{m}^2)\alpha$ (2)

Cinemática

Uma solução completa é obtida se a cinemática for usada para relacionar a_G com α. Nesse caso, a bobina "rola sem deslizar" na corda em A. Por conseguinte, podemos usar os resultados do Exemplo 16.4 ou 16.15, de maneira que

$(\zeta +) a_G = \alpha r;$ $\qquad a_G = \alpha\,(0{,}5\text{ m})$ (3)

Resolvendo as equações 1 a 3, temos

$$\alpha = 10{,}3\text{ rad/s}^2 \qquad \textit{Resposta}$$
$$a_G = 5{,}16\text{ m/s}^2$$
$$T = 19{,}8\text{ N}$$

SOLUÇÃO II
Equações de movimento

Podemos eliminar a incógnita T somando os momentos em relação ao ponto A. Dos diagramas cinéticos e de corpo livre (figuras 17.20b e 17.20c), temos

$\zeta + \Sigma M_A = \Sigma(\mathcal{M}_k)_A;$ $\qquad 100\text{ N}(0{,}7\text{ m}) - 78{,}48\text{ N}(0{,}5\text{ m})$
$\qquad\qquad = (0{,}980\text{ kg}\cdot\text{m}^2)\alpha + [(8\text{ kg})a_G](0{,}5\text{ m})$

Utilizando-se a Equação 3,

$$\alpha = 10{,}3\text{ rad/s}^2 \qquad \textit{Resposta}$$

SOLUÇÃO III
Equações de movimento

A maneira mais simples de resolver este problema é observar que o ponto A é o CI da bobina. Então a Equação 17.19 se aplica.

$\zeta + \Sigma M_A = I_A \alpha;$ $\qquad (100\text{ N})(0{,}7\text{ m}) - (78{,}48\text{ N})(0{,}5\text{ m})$
$\qquad\qquad = [0{,}980\text{ kg}\cdot\text{m}^2 + (8\text{ kg})(0{,}5\text{ m})^2]\alpha$
$\qquad \alpha = 10{,}3\text{ rad/s}^2$

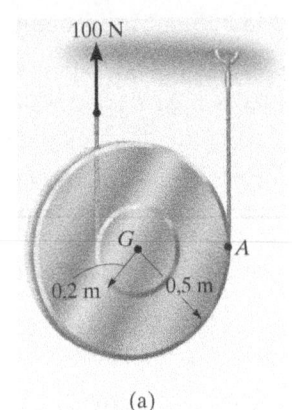

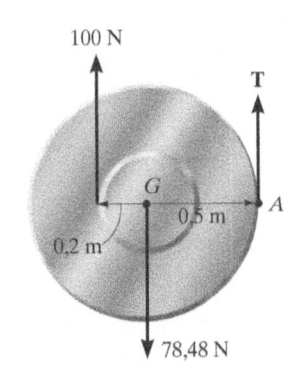

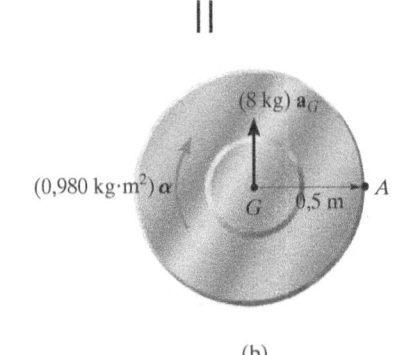

FIGURA 17.20

EXEMPLO 17.13

A roda de 25 kg mostrada na Figura 17.21a tem raio de giração $k_G = 0{,}2$ m. Se um momento de binário de 50 N · m é aplicado à roda, determine a aceleração de seu centro de massa G. Os coeficientes de atrito cinético e estático entre a roda e o plano em A são $\mu_s = 0{,}3$ e $\mu_k = 0{,}25$, respectivamente.

SOLUÇÃO
Diagrama de corpo livre

Observando a Figura 17.21b, vê-se que o momento de binário faz com que a roda tenha aceleração angular no sentido horário de α. Como resultado, a aceleração do centro de massa, $\mathbf{a}_G$, é direcionada para a direita. O momento de inércia é

$$I_G = mk_G^2 = 25 \text{ kg } (0{,}2 \text{ m})^2 = 1{,}0 \text{ kg} \cdot \text{m}^2$$

As incógnitas são N_A, F_A, a_G e α.

Equações de movimento

$\xrightarrow{+} \Sigma F_x = m(a_G)_x;$ $\quad\quad F_A = (25 \text{ kg})a_G$ (1)

$+\uparrow \Sigma F_y = m(a_G)_y;$ $\quad\quad N_A - 25(9{,}81)\text{N} = 0$ (2)

$\zeta + \Sigma M_G = I_G\alpha;$ $\quad\quad 50 \text{ N} \cdot \text{m} - 0{,}36 \text{ m}(F_A) = (1{,}0 \text{ kg} \cdot \text{m}^2)\alpha$ (3)

Uma quarta equação é necessária para uma solução completa.

Cinemática (sem deslizamento)

Se esta hipótese for feita, então

$(\zeta +)$ $\quad\quad\quad\quad a_G = (0{,}36 \text{ m})\alpha$ (4)

Resolvendo as equações 1 a 4,

$$N_A = 245{,}25 \text{ N} \quad\quad F_A = 106{,}1 \text{ N}$$
$$\alpha = 11{,}79 \text{ rad/s}^2 \quad a_G = 4{,}245 \text{ m/s}^2$$

Esta solução requer que não ocorra deslizamento, ou seja, $F_A \leq \mu_s N_A$. Entretanto, visto que 106,1 N > 0,3(25)(9,81)N = 73,6 N, a roda desliza quando ela rola.

(Deslizamento)

A Equação 4 não é válida e, portanto, $F_A = \mu_k N_A$, ou

$$F_A = 0{,}25 N_A \quad\quad (5)$$

Resolver as equações 1 a 3 e 5 resulta em

$$N_A = 245{,}25 \text{ N} \quad\quad F_A = 61{,}31 \text{ N}$$
$$\alpha = 27{,}93 \text{ rad/s}^2$$
$$a_G = 2{,}45 \text{ m/s}^2 \rightarrow \quad\quad\quad Resposta$$

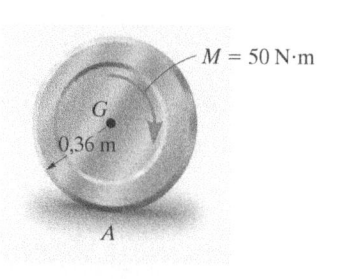

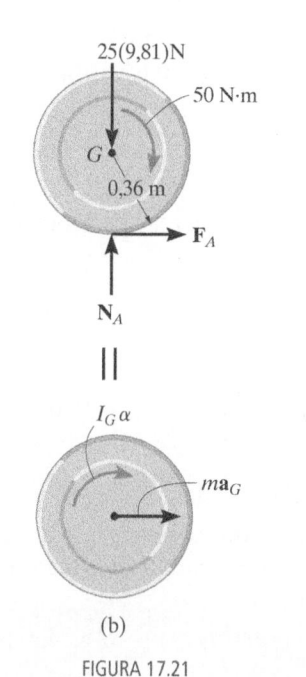

FIGURA 17.21

EXEMPLO 17.14

O poste delgado uniforme mostrado na Figura 17.22a tem massa de 100 kg. Se os coeficientes de atrito cinético e estático entre a extremidade do poste e a superfície são $\mu_s = 0{,}3$ e $\mu_k = 0{,}25$, respectivamente, determine a aceleração angular do poste no instante que a força horizontal de 400 N é aplicada. O poste está originalmente em repouso.

SOLUÇÃO

Diagramas de corpo livre e cinético

(Figura 17.22b) A trajetória do movimento do centro de massa G será ao longo de uma trajetória curva desconhecida tendo raio de curvatura ρ, que está inicialmente sobre uma linha vertical. Entretanto, não há componente normal ou y da aceleração, visto que o poste está originalmente em repouso, ou seja, $\mathbf{v}_G = \mathbf{0}$, de maneira que $(a_G)_y = v_G^2/\rho = 0$. Vamos supor que o centro de massa acelera para a direita e que o poste tem aceleração angular no sentido horário α. As incógnitas são N_A, F_A, a_G e α.

408 DINÂMICA

Equações de movimento

$\xrightarrow{+} \Sigma F_x = m(a_G)_x;$ $\quad\quad$ 400 N − F_A = (100 kg)a_G $\quad\quad$ (1)

$+\uparrow \Sigma F_y = m(a_G)_y;$ $\quad\quad$ N_A − 981 N = 0 $\quad\quad$ (2)

$\zeta + \Sigma M_G = I_G \alpha;$ F_A(1,5 m) − (400 N)(1 m) = $[\frac{1}{12}(100 \text{ kg})(3 \text{ m})^2]\alpha$ $\quad$ (3)

Uma quarta equação é necessária para uma solução completa.

Cinemática (sem deslizamento)

Com essa hipótese, o ponto A atua como um "axial", de maneira que α está no sentido horário, então a_G é direcionado para a direita.

$a_G = \alpha r_{AG};$ $\quad\quad$ $a_G = (1,5 \text{ m})\alpha$ $\quad\quad$ (4)

Resolver as equações 1 a 4 resulta em

$$N_A = 981 \text{ N} \quad F_A = 300 \text{ N}$$
$$a_G = 1 \text{ m/s}^2 \quad \alpha = 0,667 \text{ rad/s}^2$$

A hipótese de não deslizamento requer $F_A \leq \mu_s N_A$. Entretanto, 300 N > 0,3(981 N) = 294 N e, assim, o poste desliza em A.

(Deslizamento)

Para este caso, a Equação 4 *não* se aplica. Em vez disso, a equação de atrito $F_A = \mu_k N_A$ deverá ser usada. Por conseguinte,

$$F_A = 0,25 N_A \quad\quad (5)$$

Resolver as equações 1 a 3 e 5 simultaneamente resulta em:

$$N_A = 981 \text{ N} \quad F_A = 245 \text{ N} \quad a_G = 1,55 \text{ m/s}^2$$
$$\alpha = -0,428 \text{ rad/s}^2 = 0,428 \text{ rad/s}^2 \circlearrowright \quad\quad \textit{Resposta}$$

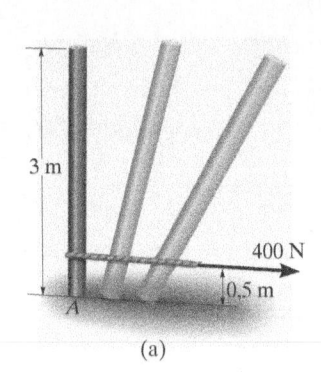

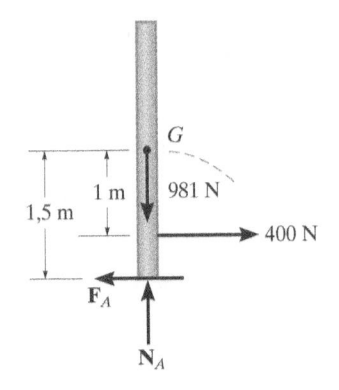

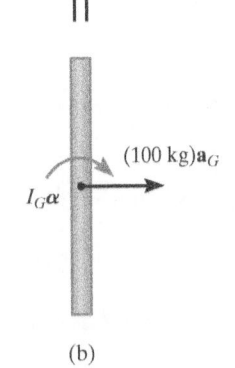

FIGURA 17.22

EXEMPLO 17.15

A barra uniforme de 50 kg na Figura 17.23a é mantida na posição de equilíbrio pelas cordas AC e BD. Determine a tração em BD e a aceleração angular da barra imediatamente após AC ser cortada.

SOLUÇÃO

Diagramas de corpo livre e cinético

(Figura 17.23b) Há quatro incógnitas, T_B, $(a_G)_x$, $(a_G)_y$ e α.

Equações de movimento

$\xrightarrow{+} \Sigma F_x = m(a_G)_x;$ $\quad\quad$ 0 = 50 kg $(a_G)_x$

$$(a_G)_x = 0$$

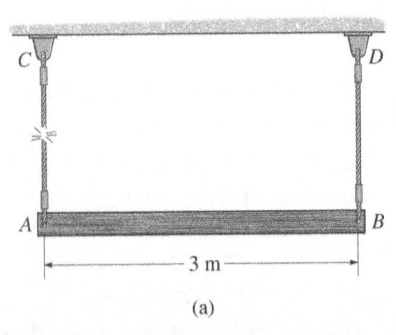

FIGURA 17.23

Capítulo 17 – Cinética do movimento plano de um corpo rígido: força e aceleração **409**

$+\uparrow \Sigma F_y = m(a_G)_y;$ $\qquad T_B - 50(9,81)\text{N} = -50 \text{ kg } (a_G)_y$ (1)

$\zeta + \Sigma M_G = I_G \alpha;$ $\qquad T_B(1,5 \text{ m}) = \left[\dfrac{1}{12}(50 \text{ kg})(3 \text{ m})^2\right]\alpha$ (2)

Cinemática

Visto que a barra está em repouso logo após o cabo ser cortado, sua velocidade angular e a velocidade do ponto B nesse instante são iguais a zero. Deste modo, $(a_B)_n = v_B^2/\rho_{BD} = 0$. Portanto, $\mathbf{a}_B$ tem apenas uma componente tangencial, que está direcionada ao longo do eixo x (Figura 17.23c). Aplicando a equação de aceleração relativa aos pontos G e B,

$$\mathbf{a}_G = \mathbf{a}_B + \boldsymbol{\alpha} \times \mathbf{r}_{G/B} - \omega^2 \mathbf{r}_{G/B}$$
$$-(a_G)_y \mathbf{j} = a_B \mathbf{i} + (\alpha \mathbf{k}) \times (-1,5\mathbf{i}) - \mathbf{0}$$
$$-(a_G)_y \mathbf{j} = a_B \mathbf{i} - 1,5\alpha \mathbf{j}$$

Equacionando as componentes $\mathbf{i}$ e $\mathbf{j}$ de ambos os lados desta equação,

$$0 = a_B$$
$$(a_G)_y = 1,5\alpha \qquad (3)$$

Resolver as equações 1 a 3 resulta em

$\alpha = 4,905 \text{ rad/s}^2 \qquad$ *Resposta*
$T_B = 123 \text{ N} \qquad$ *Resposta*
$(a_G)_y = 7,36 \text{ m/s}^2$

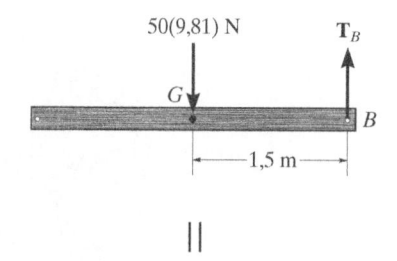

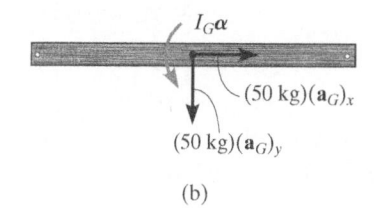

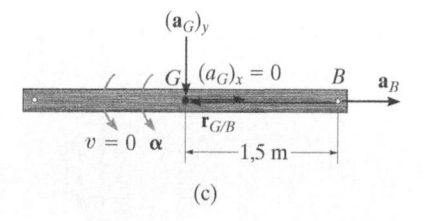

FIGURA 17.23 (cont.)

Problemas fundamentais

F17.13. A barra delgada uniforme de 60 kg está inicialmente em repouso sobre um *plano horizontal* liso quando as forças são aplicadas. Determine a aceleração do centro de massa da barra e a aceleração angular da barra nesse instante.

F17.14. O cilindro de 100 kg rola sem deslizar sobre o plano horizontal. Determine a aceleração de seu centro de massa e sua aceleração angular.

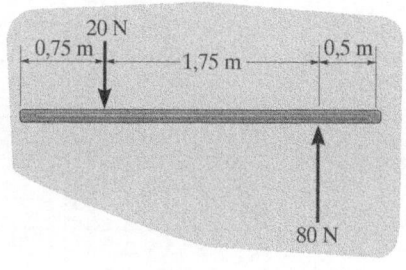

PROBLEMA F17.13

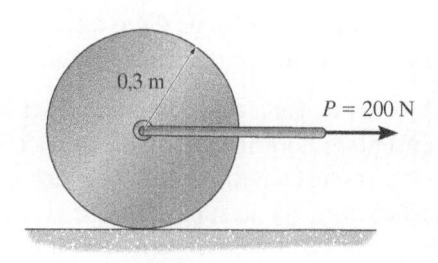

PROBLEMA F17.14

410 DINÂMICA

F17.15. A roda de 20 kg tem um raio de giração em relação a seu centro O de $k_O = 300$ mm. Quando a roda é submetida ao momento de binário, ela desliza à medida que rola. Determine a aceleração angular da roda e a aceleração do centro O da roda. O coeficiente de atrito cinético entre a roda e o plano é $\mu_k = 0{,}5$.

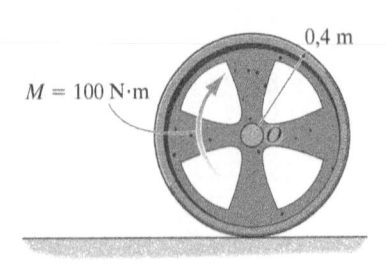

PROBLEMA F17.15

$M = 100$ N·m
0,4 m

F17.16. A esfera de 20 kg rola para baixo sobre o plano inclinado sem deslizar. Determine a aceleração angular da esfera e a aceleração de seu centro de massa.

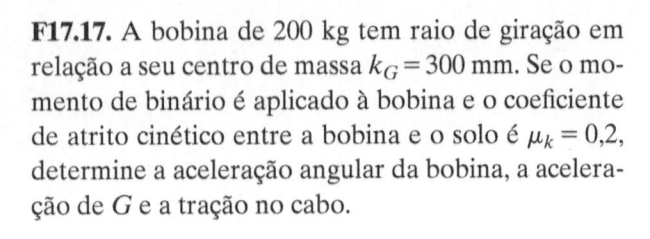

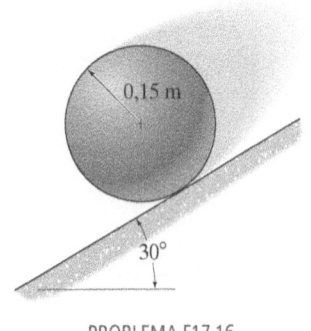

PROBLEMA F17.16

0,15 m, 30°

F17.17. A bobina de 200 kg tem raio de giração em relação a seu centro de massa $k_G = 300$ mm. Se o momento de binário é aplicado à bobina e o coeficiente de atrito cinético entre a bobina e o solo é $\mu_k = 0{,}2$, determine a aceleração angular da bobina, a aceleração de G e a tração no cabo.

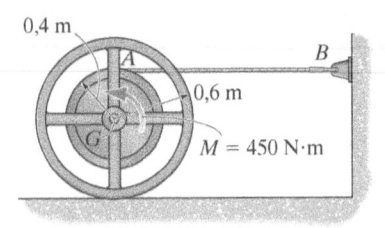

PROBLEMA F17.17

0,4 m, 0,6 m, $M = 450$ N·m

F17.18. A barra delgada de 12 kg está presa com pino ao rolete pequeno A que desliza livremente ao longo da ranhura. Se a barra é solta do repouso em $\theta = 0°$, determine a aceleração angular da barra e a aceleração do rolete imediatamente após ela ser solta.

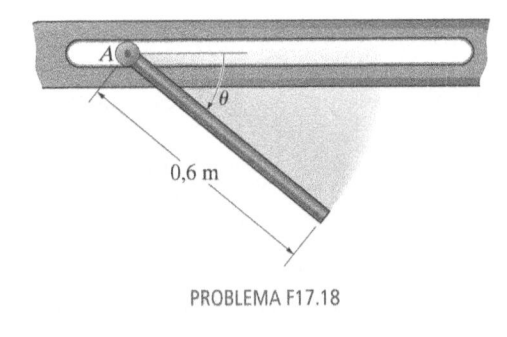

PROBLEMA F17.18

0,6 m

Problemas

17.90. Se um disco da Figura 17.19 *rola sem deslizar* sobre uma superfície horizontal, mostre que, quando os momentos são somados em relação ao centro instantâneo de velocidade nula, CI, é possível usar a equação de momento $\Sigma M_{CI} = I_{CI}\alpha$, onde I_{CI} representa o momento de inércia do disco calculado em relação ao eixo instantâneo de velocidade nula.

17.91. A barra delgada de 12 kg tem velocidade angular em sentido horário $\omega = 2$ rad/s quando está na posição mostrada. Determine sua aceleração angular e as reações normais da superfície lisa A e B nesse instante.

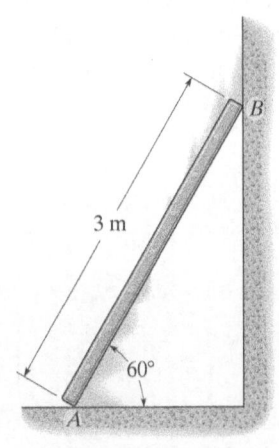

PROBLEMA 17.91

3 m, 60°

*17.92. A barra delgada de 2 kg é apoiada pela corda BC e depois liberada do repouso em A. Determine a aceleração angular inicial da barra e a tração na corda.

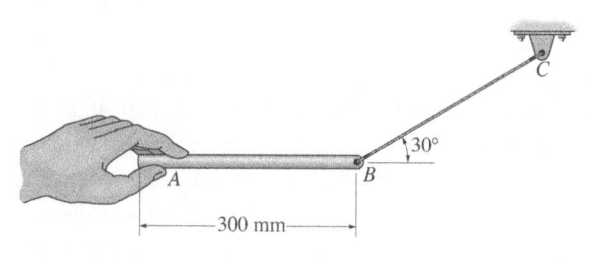

PROBLEMA 17.92

17.93. A bobina tem massa de 500 kg e raio de giração $k_G = 1{,}30$ m. Ela está apoiada na superfície da esteira transportadora para a qual o coeficiente de atrito estático é $\mu_s = 0{,}5$ e o coeficiente de atrito cinético é $\mu_k = 0{,}4$. Se a esteira acelera a $a_C = 1$ m/s², determine a tração inicial no fio e a aceleração angular da bobina. A bobina está inicialmente em repouso.

17.94. A bobina tem massa de 500 kg e raio de giração $k_G = 1{,}30$ m. Ela está apoiada na superfície da esteira transportadora para a qual o coeficiente de atrito estático é $\mu_s = 0{,}5$. Determine a maior aceleração a_C da esteira, de modo que a bobina não deslize. Além disso, quais são a tração inicial no fio e a aceleração angular da bobina? A bobina está inicialmente em repouso.

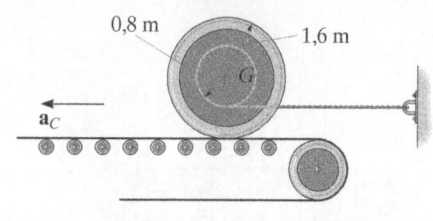

PROBLEMAS 17.93 e 17.94

17.95. O saco de pancada de 20 kg tem raio de giração em torno de seu centro de massa G de $k_G = 0{,}4$ m. Se ele está inicialmente em repouso e é submetido a uma força horizontal $F = 30$ N, determine a aceleração angular inicial do aparelho e a tração no cabo de suporte AB.

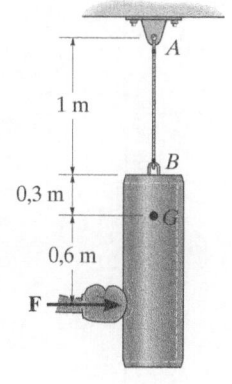

PROBLEMA 17.95

*17.96. O conjunto consiste em um disco de 8 kg e uma barra de 10 kg que está conectada por um pino ao disco. Se o sistema é solto do repouso, determine a aceleração angular do disco. Os coeficientes de atrito cinético e estático entre o disco e o plano inclinado são $\mu_s = 0{,}6$ e $\mu_k = 0{,}4$, respectivamente. Despreze o atrito em B.

17.97. Resolva o Problema 17.96 se a barra for removida. Os coeficientes de atrito cinético e estático entre o disco e o plano inclinado são $\mu_s = 0{,}15$ e $\mu_k = 0{,}1$, respectivamente.

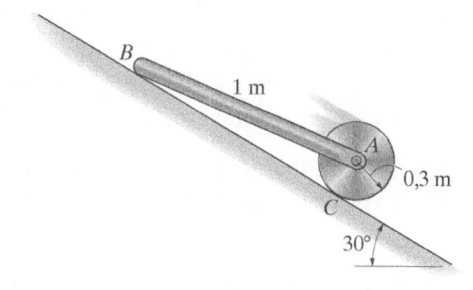

PROBLEMAS 17.96 e 17.97

17.98. Uma força de $F = 10$ N é aplicada ao anel de 10 kg, conforme mostrado. Se não há deslizamento, determine a aceleração angular inicial do anel e a aceleração de seu centro de massa, G. Despreze a espessura do anel.

17.99. Se o coeficiente de atrito estático em C é $\mu_s = 0{,}3$, determine a maior força F que pode ser aplicada ao anel de 5 kg, sem fazer com que ele deslize. Despreze a espessura do anel.

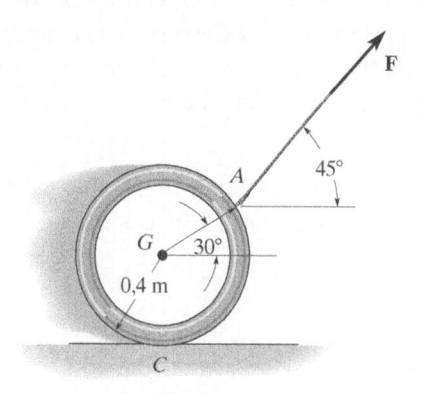

PROBLEMAS 17.98 e 17.99

*17.100. A roda C tem massa de 60 kg e raio de giração de 0,4 m, enquanto a roda D tem massa de 40 kg e raio de giração de 0,35 m. Determine a aceleração angular de cada roda no instante mostrado. Despreze a massa da barra de ligação e suponha que o conjunto não deslize no plano.

PROBLEMA 17.100

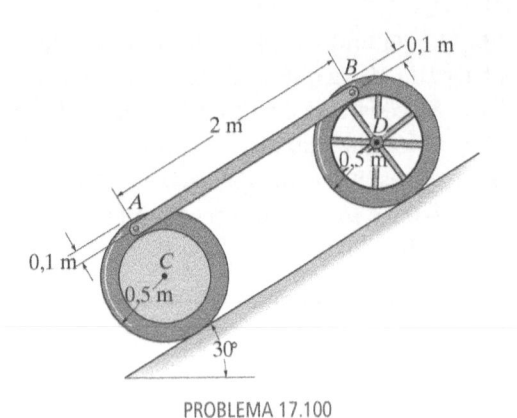

17.101. A bobina tem massa de 100 kg e raio de giração $k_G = 0,3$ m. Se os coeficientes de atrito cinético e estático em A são $\mu_s = 0,2$ e $\mu_k = 0,15$, respectivamente, determine a aceleração angular da bobina se $P = 50$ N.

17.102. Resolva o Problema 17.101 se a corda e a força $P = 50$ N são direcionadas verticalmente para cima.

17.103. A bobina tem massa de 100 kg e raio de giração $k_G = 0,3$ m. Se os coeficientes de atrito cinético e estático em A são $\mu_s = 0,2$ e $\mu_k = 0,15$, respectivamente, determine a aceleração angular da bobina se $P = 600$ N.

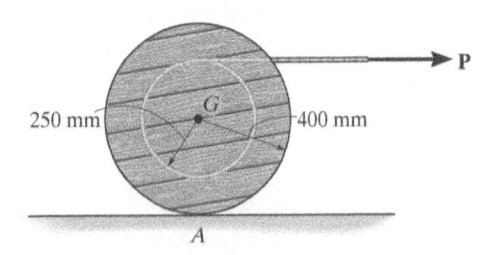

PROBLEMAS 17.101, 17.102 e 17.103

*17.104. A barra uniforme de massa m e comprimento L é equilibrada na posição vertical quando a força horizontal **P** é aplicada ao rolete em A. Determine a aceleração angular inicial da barra e a aceleração de seu ponto mais alto B.

17.105. Resolva o Problema 17.104 se o rolete for removido e o coeficiente de atrito cinético no solo for μ_k.

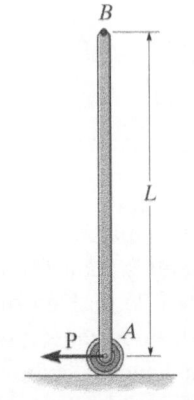

PROBLEMAS 17.104 e 17.105

17.106. Uma caminhonete "suspensa" pode se tornar um perigo na estrada, pois o para-choque é alto o suficiente para subir em um carro comum em um engavetamento. Como um modelo desse caso, considere que a caminhonete tem massa de 2,70 Mg, centro de massa G e um raio de giração em torno de G de $k_G = 1,45$ m. Determine as componentes horizontal e vertical da aceleração do centro de massa G e a aceleração angular da caminhonete, no momento em que suas rodas dianteiras em C deixam o solo e seu para-choque dianteiro liso começa a subir na traseira do carro parado, de modo que o ponto B tem velocidade $v_B = 8$ m/s a 20° da horizontal. Suponha que as rodas estejam livres para girar e despreze o tamanho das rodas e a deformação do material.

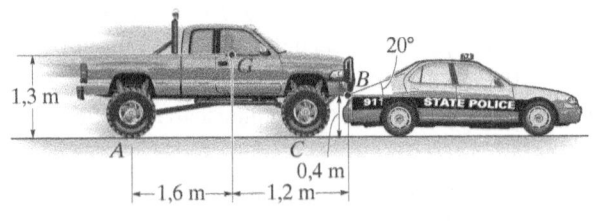

PROBLEMA 17.106

17.107. A galeria de concreto de 500 kg tem raio médio de 0,5 m. Se o caminhão tem uma aceleração de 3 m/s², determine a aceleração angular da galeria. Suponha que a galeria não deslize na carroceria do caminhão e despreze sua espessura.

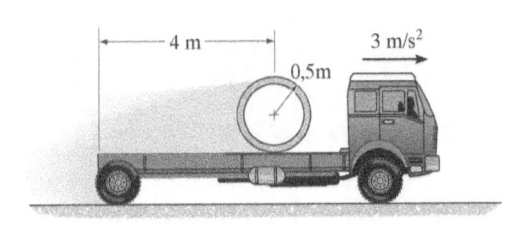

PROBLEMA 17.107

*17.108. A barra uniforme de 12 kg é apoiada por um rolete em A. Se uma força horizontal $F = 80$ N for aplicada ao rolete, determine a aceleração do centro do rolete no instante em que a força é aplicada. Despreze o peso e o tamanho do rolete.

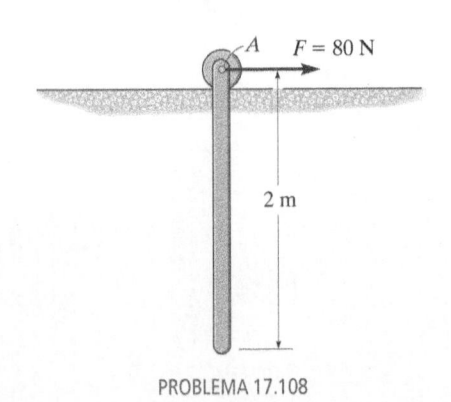

PROBLEMA 17.108

Capítulo 17 – Cinética do movimento plano de um corpo rígido: força e aceleração   413

17.109. O disco semicircular com massa de 10 kg está girando a $\omega = 4$ rad/s no instante $\theta = 60°$. Se o coeficiente de atrito estático em A é $\mu_s = 0,5$, determine se o disco desliza nesse instante.

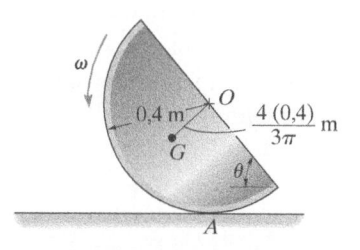

PROBLEMA 17.109

17.110. O disco uniforme de massa m está girando com velocidade angular ω_0 quando é colocado no solo. Determine a aceleração angular inicial do disco e a aceleração de seu centro de massa. O coeficiente de atrito cinético entre o disco e o solo é μ_k.

17.111. O disco uniforme de massa m está girando com velocidade angular ω_0 quando é colocado no solo. Determine o tempo antes que ele comece a girar sem deslizar. Qual é a velocidade angular do disco nesse instante? O coeficiente de atrito cinético entre o disco e o solo é μ_k.

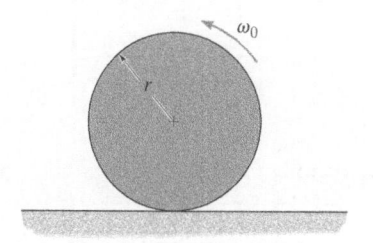

PROBLEMAS 17.110 e 17.111

*17.112. O disco de 20 kg A é fixado ao bloco B de 10 kg utilizando o sistema de cabo e polia mostrado. Se o disco rola sem deslizar, determine sua aceleração angular e a aceleração do bloco quando eles são soltos. Além disso, qual é a tração no cabo? Despreze a massa das polias.

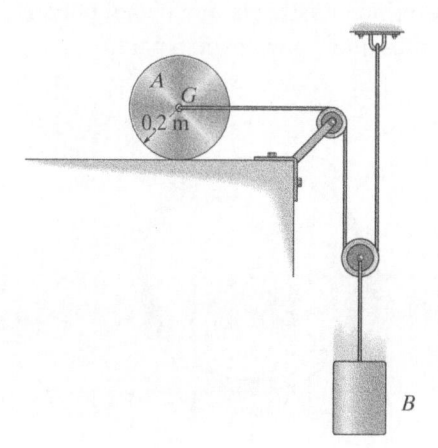

PROBLEMA 17.112

17.113. A barra delgada uniforme de 30 kg AB está apoiada na posição mostrada quando o momento de binário $M = 150$ N · m é aplicado. Determine a aceleração angular inicial da barra. Despreze a massa dos roletes.

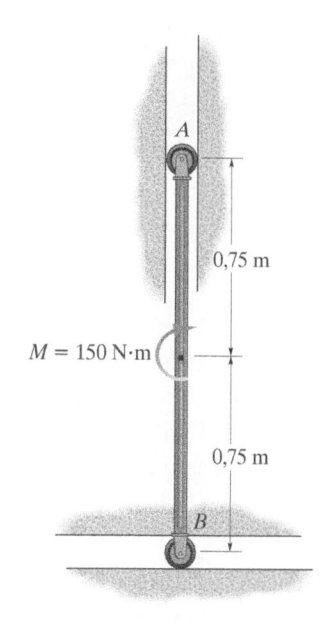

PROBLEMA 17.113

17.114. A barra delgada uniforme de 30 kg AB está apoiada na posição mostrada quando a força horizontal $P = 50$ N é aplicada. Determine a aceleração angular inicial da barra. Despreze a massa dos roletes.

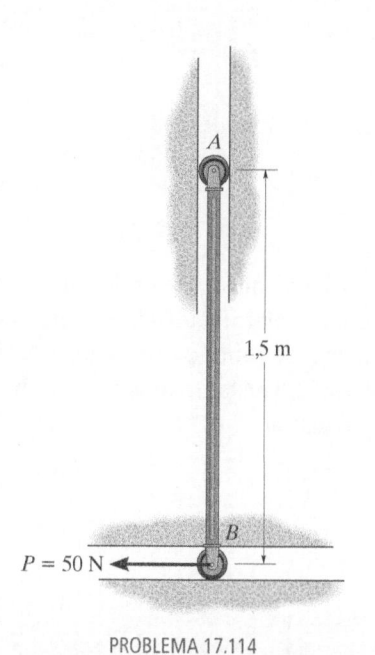

PROBLEMA 17.114

17.115. A bola sólida de raio r e massa m desce girando sem deslizar pela calha de 60°. Determine sua aceleração angular.

414 DINÂMICA

PROBLEMA 17.115

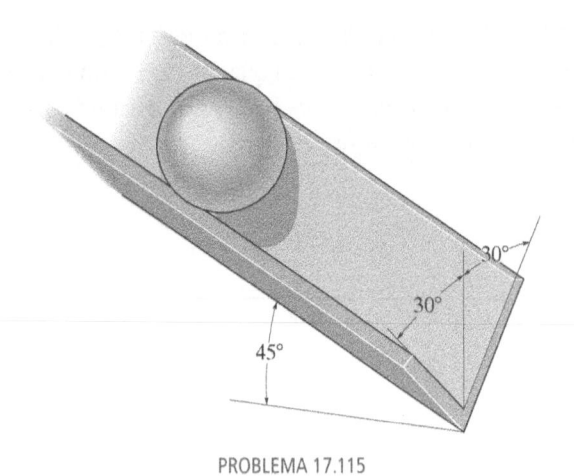

***17.116.** Uma corda é enrolada em cada um dos dois discos de 10 kg. Se eles são soltos do repouso, determine a aceleração angular de cada disco e a tração na corda C. Despreze a massa da corda.

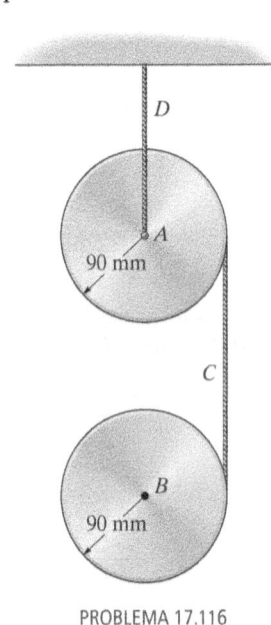

PROBLEMA 17.116

17.117. O disco de massa m e raio r gira sem deslizar na trajetória circular. Determine a força normal que a trajetória exerce sobre o disco e a aceleração angular do disco se, no instante mostrado, o disco tem velocidade angular ω.

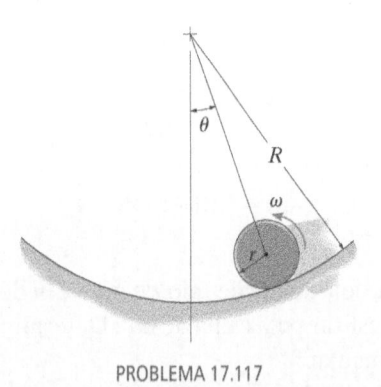

PROBLEMA 17.117

17.118. Uma tira de papel longa é enrolada em dois rolos, cada um com massa de 8 kg. O rolo A é apoiado por pinos em relação a seu centro, enquanto o rolo B não tem suporte central. Se B está em contato com A e é solto do repouso, determine a tração inicial no papel entre os rolos e a aceleração angular de cada rolo. Para o cálculo, suponha que os rolos sejam aproximados por cilindros.

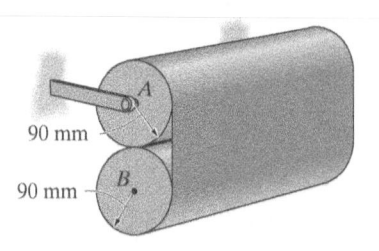

PROBLEMA 17.118

17.119. A viga uniforme tem peso W. Se ela estiver originalmente em repouso enquanto é suportada em A e B por cabos, determine a tração no cabo A se o cabo B for repentinamente partido. Suponha que a viga seja uma barra delgada.

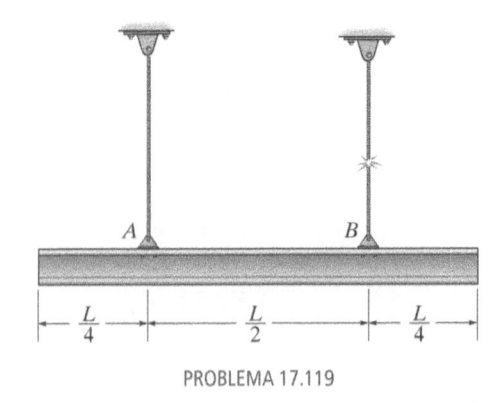

PROBLEMA 17.119

***17.120.** Pressionando para baixo com o dedo em B, um anel fino com massa m recebe velocidade inicial v_0 e um giro inverso ω_0 quando o dedo é solto. Se o coeficiente de atrito cinético entre a mesa e o anel é μ_k, determine a distância que o anel percorre para a frente antes que o giro inverso pare.

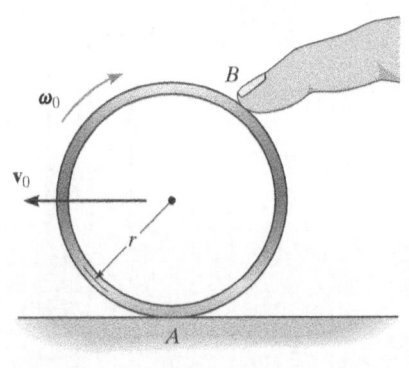

PROBLEMA 17.120

Problemas conceituais

C17.1. O caminhão é usado para puxar o contêiner pesado. Para ser mais eficaz em fornecer tração para as rodas traseiras em A, é melhor manter o contêiner onde ele está ou colocá-lo na parte da frente do reboque? Utilize valores numéricos apropriados para explicar sua resposta.

PROBLEMA C17.1

C17.2. O trator está prestes a rebocar o avião para a direita. É possível para o motorista fazer com que o trem de pouso dianteiro do avião saia do solo enquanto ele acelera o trator? Trace os diagramas cinético e de corpo livre e explique algebricamente (letras) se e como isso pode ser possível.

PROBLEMA C17.2

C17.3. Como você pode afirmar que o motorista está acelerando o utilitário? Para explicar sua resposta, trace os diagramas cinético e de corpo livre. Aqui, a tração é dada às rodas traseiras. A fotografia pareceria a mesma se a tração fosse dada às rodas dianteiras? As acelerações serão as mesmas? Utilize valores numéricos apropriados para explicar suas respostas.

PROBLEMA C17.3

C17.4. Aqui está algo que você não deveria tentar em casa, pelo menos não sem usar um capacete! Trace os diagramas cinético e de corpo livre e mostre o que o motociclista tem de fazer para manter esta posição. Utilize valores numéricos apropriados para explicar sua resposta.

PROBLEMA C17.4

Revisão do capítulo

Momento de inércia

O momento de inércia é uma medida da resistência de um corpo a uma mudança em sua velocidade angular. Ele é definido por $I = \int r^2 dm$ e será diferente para cada eixo em relação ao qual ele é calculado.

Muitos corpos são compostos de formas simples. Se este é o caso, então valores tabelados de I podem ser usados, como os dados nos apêndices. Para obter o momento de inércia de um corpo composto em relação a qualquer eixo especificado, o momento de inércia de cada peça é determinado em relação ao eixo e os resultados são somados juntos. Fazer isto frequentemente requer o uso do teorema dos eixos paralelos.

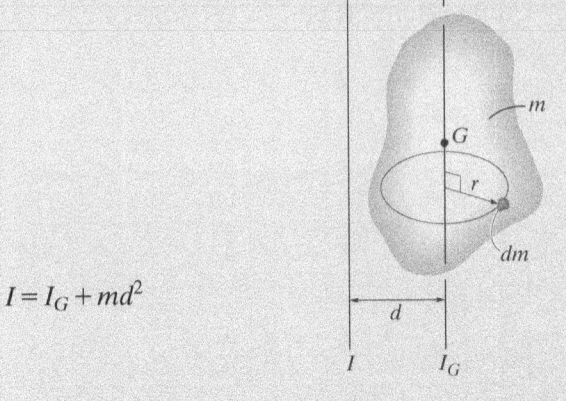

$$I = I_G + md^2$$

Equações do movimento plano

As equações de movimento definem os movimentos translacional e rotacional de um corpo rígido. A fim de considerar todos os termos nestas equações, um diagrama de corpo livre sempre deve acompanhar sua aplicação e, para alguns problemas, também pode ser conveniente traçar o diagrama cinético que mostra $m\mathbf{a}_G$ e $I_G\alpha$.

$\Sigma F_x = m(a_G)_x$ $\Sigma F_n = m(a_G)_n$
$\Sigma F_y = m(a_G)_y$ $\Sigma F_t = m(a_G)_t$
$\Sigma M_G = 0$ $\Sigma M_G = 0$
Translação retilínea   Translação curvilínea

$\Sigma F_n = m(a_G)_n = m\omega^2 r_G$
$\Sigma F_t = m(a_G)_t = m\alpha r_G$
$\Sigma M_G = I_G\alpha$ ou $\Sigma M_O = I_O\alpha$
Rotação em torno de um eixo fixo

$\Sigma F_x = m(a_G)_x$
$\Sigma F_y = m(a_G)_y$
$\Sigma M_G = I_G\alpha$ ou $\Sigma M_P = \Sigma(\mathcal{M}_k)_P$
Movimento plano geral

Problemas de revisão

R17.1. O carrinho de mão tem massa de 200 kg e centro de massa em G. Determine as reações normais em *cada uma* das rodas em A e B se uma força P = 50 N é aplicada ao punho. Despreze a massa e a resistência ao rolamento das rodas.

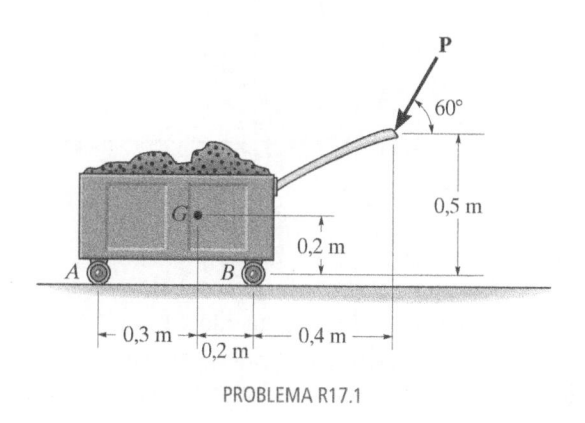

PROBLEMA R17.1

R17.2. As duas barras de 1,5 kg, EF e HI, estão fixadas (soldadas) ao membro AC em E. Determine a força axial interna E_x, o esforço cortante E_y e o momento fletor M_E que a barra AC exerce sobre FE em E se, no instante em que $\theta = 30°$, o membro AB tem velocidade angular $\omega = 5$ rad/s e aceleração angular $\alpha = 8$ rad/s², conforme mostrado.

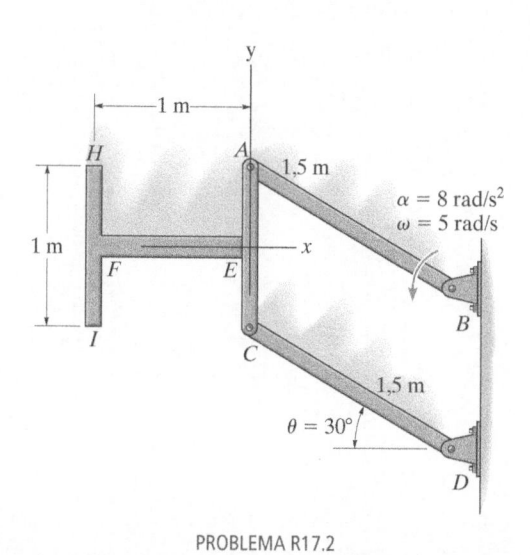

PROBLEMA R17.2

R17.3. O carro tem massa de 1,50 Mg e centro de massa em G. Determine a aceleração máxima que ele pode ter se a tração for dada apenas às rodas traseiras. Despreze a massa das rodas no cálculo e considere que as rodas que não recebem tração estão livres para girar. Além disso, suponha que ocorra deslizamento das rodas com tração, nas quais o coeficiente de atrito cinético é $\mu_k = 0,3$.

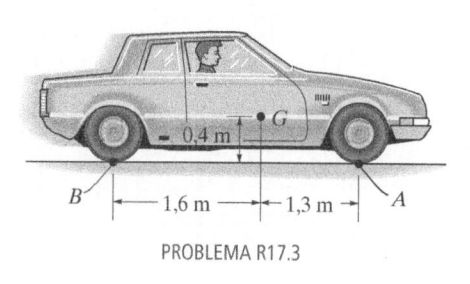

PROBLEMA R17.3

R17.4. Um rolo de papel de 20 kg, originalmente em repouso, é apoiado por pinos em suas extremidades ao suporte AB. O rolo se apoia contra uma parede para a qual o coeficiente de atrito cinético em C é $\mu_C = 0,3$. Se uma força de 40 N é aplicada uniformemente à extremidade da folha, determine a aceleração angular inicial do rolo e a tração no suporte à medida que o papel é desenrolado. Para o cálculo, trate o rolo como um cilindro.

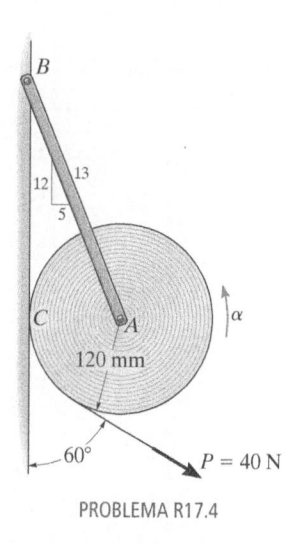

PROBLEMA R17.4

R17.5. No instante mostrado, duas forças atuam sobre a barra delgada de 15 kg que está conectada por um pino em O. Determine a intensidade da força **F** e a aceleração angular inicial da barra de modo que a reação horizontal que o *pino exerce sobre a barra* é 25 N direcionada para a direita.

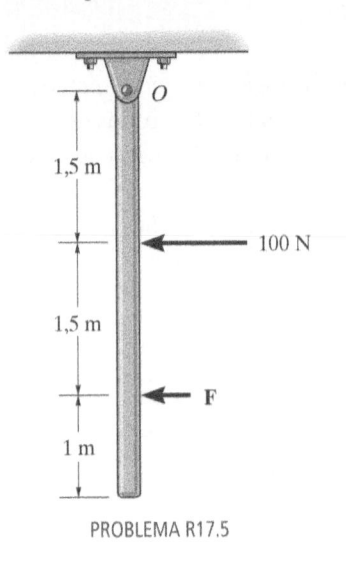

R17.7. A bobina e o fio enrolado em seu núcleo têm massa de 20 kg e raio de giração centroidal $k_G = 250$ mm. Se o coeficiente de atrito cinético no solo é $\mu_B = 0{,}1$, determine a aceleração angular da bobina quando o momento de binário de 30 N · m é aplicado.

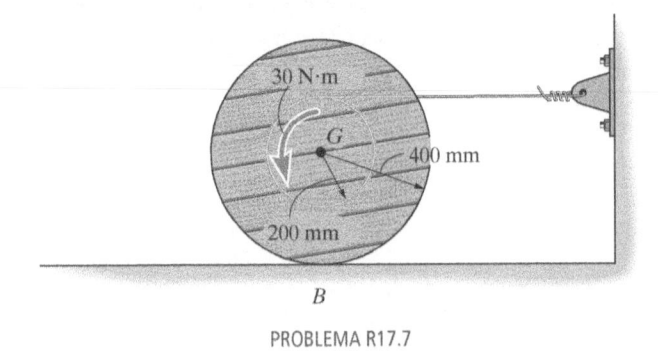

PROBLEMA R17.5

PROBLEMA R17.7

R17.6. O pêndulo consiste em uma esfera de 15 kg e uma barra delgada de 5 kg. Calcule a reação no pino O logo depois que a corda AB é cortada.

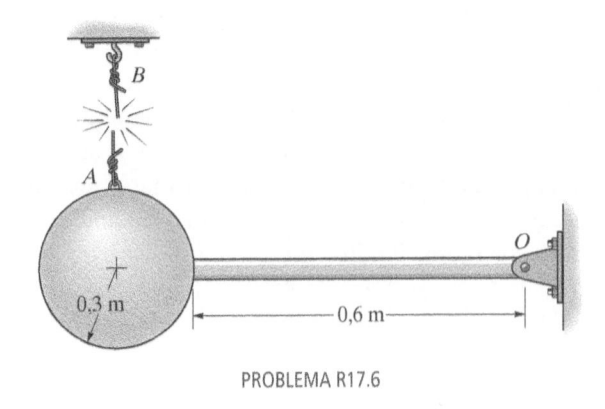

R17.8. Determine o giro inverso ω que deverá ser dado à bola de 9 kg de modo que, quando seu centro receber uma velocidade horizontal inicial $v_G = 6$ m/s, ela para de girar e transladar no mesmo instante. O coeficiente de atrito cinético é $\mu_A = 0{,}3$.

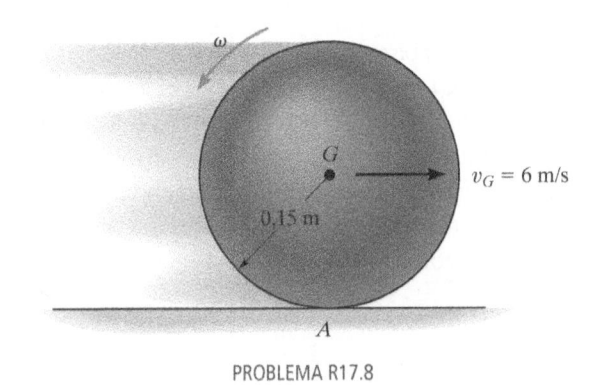

PROBLEMA R17.6

PROBLEMA R17.8

CAPÍTULO 18

Cinética do movimento plano de um corpo rígido: trabalho e energia

Montanhas-russas precisam ser capazes de realizar *loops* e fazer voltas, com energia suficiente para fazer isso com segurança. O cálculo preciso dessa energia precisa levar em conta o tamanho do carrinho enquanto ele se desloca pelos trilhos.

(© Arinahabich/Fotolia)

18.1 Energia cinética

Neste capítulo, aplicaremos os métodos de trabalho e energia na resolução de problemas do movimento plano que envolvem força, velocidade e deslocamento. Mas, inicialmente, será necessário desenvolver um meio de obter a energia cinética do corpo quando este está submetido à translação, rotação em torno de um eixo fixo ou movimento plano geral.

Para fazê-lo, consideraremos o corpo rígido mostrado na Figura 18.1, que está representado aqui por uma *placa* que se move no plano de referência inercial x–y. Uma i-ésima partícula arbitrária do corpo, tendo massa dm, está localizada a uma distância r do ponto arbitrário P. Se, no *instante* mostrado, a partícula tem velocidade $\mathbf{v}_i$, sua energia cinética é $T_i = \frac{1}{2}\,dm\,v_i^2$.

Objetivos

- Desenvolver formulações para a energia cinética de um corpo e definir as várias maneiras de uma força e um binário realizarem trabalho.
- Aplicar o princípio do trabalho e energia para resolver problemas da cinética do movimento plano de um corpo rígido que envolvem força, velocidade e deslocamento.
- Mostrar como a conservação da energia pode ser usada para resolver problemas da cinética do movimento plano de um corpo rígido.

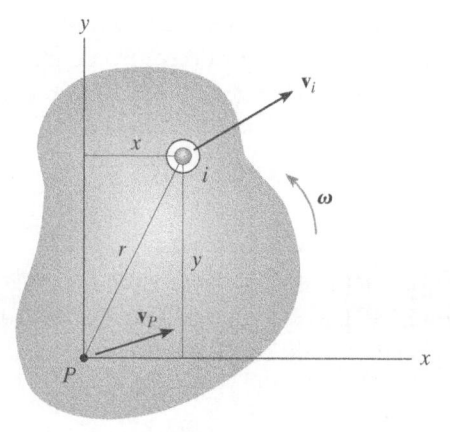

FIGURA 18.1

A energia cinética do corpo inteiro é determinada ao se escreverem expressões similares para cada partícula do corpo e integrando-se os resultados, ou seja,

$$T = \frac{1}{2}\int_m dm\, v_i^2$$

Essa equação também pode ser expressa em termos da velocidade do ponto P. Se o corpo tem velocidade angular $\boldsymbol{\omega}$, então, da Figura 18.1, temos

$$\begin{aligned}\mathbf{v}_i &= \mathbf{v}_P + \mathbf{v}_{i/P} \\ &= (v_P)_x \mathbf{i} + (v_P)_y \mathbf{j} + \omega \mathbf{k} \times (x\mathbf{i} + y\mathbf{j}) \\ &= [(v_P)_x - \omega y]\mathbf{i} + [(v_P)_y + \omega x]\mathbf{j}\end{aligned}$$

O quadrado da intensidade de $\mathbf{v}_i$ é, desta forma,

$$\begin{aligned}\mathbf{v}_i \cdot \mathbf{v}_i = v_i^2 &= [(v_P)_x - \omega y]^2 + [(v_P)_y + \omega x]^2 \\ &= (v_P)_x^2 - 2(v_P)_x \omega y + \omega^2 y^2 + (v_P)_y^2 + 2(v_P)_y \omega x + \omega^2 x^2 \\ &= v_P^2 - 2(v_P)_x \omega y + 2(v_P)_y \omega x + \omega^2 r^2\end{aligned}$$

Substituindo-se na equação da energia cinética, temos

$$T = \frac{1}{2}\left(\int_m dm\right)v_P^2 - (v_P)_x \omega\left(\int_m y\, dm\right) + (v_P)_y \omega\left(\int_m x\, dm\right) + \frac{1}{2}\omega^2\left(\int_m r^2\, dm\right)$$

A primeira integral à direita representa toda a massa m do corpo. Visto que $\bar{y}m = \int y\, dm$ e $\bar{x}m = \int x\, dm$, a segunda e a terceira integrais localizam o centro de massa do corpo, G, em relação a P. A última integral representa o momento de inércia do corpo I_P, calculado em relação ao eixo z, passando pelo ponto P. Assim,

$$T = \tfrac{1}{2}mv_P^2 - (v_P)_x \omega \bar{y}m + (v_P)_y \omega \bar{x}m + \tfrac{1}{2}I_P \omega^2 \qquad (18.1)$$

Como um caso especial, se o ponto P coincide com o centro de massa G do corpo, então $\bar{y} = \bar{x} = 0$ e, portanto,

$$T = \tfrac{1}{2}mv_G^2 + \tfrac{1}{2}I_G \omega^2 \qquad (18.2)$$

Ambos os termos ao lado direito são *sempre positivos*, visto que v_G e ω estão elevados ao quadrado. O primeiro termo representa a energia cinética translacional, referenciada a partir do centro de massa, e o segundo termo representa a energia cinética rotacional do corpo em relação ao centro de massa.

Translação

Quando um corpo rígido de massa m é submetido à *translação*, retilínea ou curvilínea (Figura 18.2), a energia cinética devido à rotação é zero, visto que $\boldsymbol{\omega} = \mathbf{0}$. A energia cinética do corpo é, portanto,

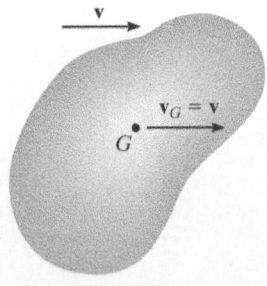

$$\boxed{T = \tfrac{1}{2}mv_G^2} \qquad (18.3)$$

Translação

FIGURA 18.2

Rotação em torno de um eixo fixo

Quando um corpo rígido *gira em torno de um eixo fixo* que passa através do ponto O (Figura 18.3), o corpo tem energia cinética *translacional e rotacional*, de modo que

$$T = \tfrac{1}{2}mv_G^2 + \tfrac{1}{2}I_G\omega^2 \qquad (18.4)$$

A energia cinética do corpo também pode ser formulada para este caso, observando-se que $v_G = r_G\omega$, de maneira que $T = \tfrac{1}{2}(I_G + mr_G^2)\omega^2$. Pelo teorema dos eixos paralelos, os termos entre parênteses representam o momento de inércia I_O do corpo em relação a um eixo perpendicular ao plano do movimento e passando através do ponto O. Portanto,[*]

$$T = \tfrac{1}{2}I_O\omega^2 \qquad (18.5)$$

Como mostrado pela dedução, essa equação dará o mesmo resultado que a Equação 18.4, visto que descreve *os dois tipos* de energias cinéticas do corpo, translacional e rotacional.

Rotação em torno de um eixo fixo

FIGURA 18.3

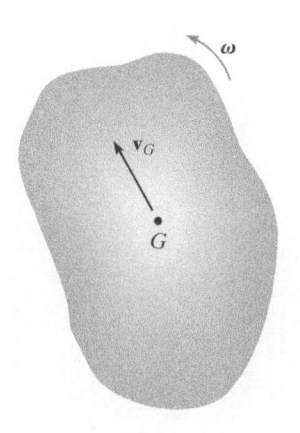

Movimento plano geral

Quando um corpo rígido é submetido ao movimento plano geral (Figura 18.4), ele tem velocidade angular $\boldsymbol{\omega}$ e seu centro de massa tem velocidade $\mathbf{v}_G$. Portanto, a energia cinética é

$$T = \tfrac{1}{2}mv_G^2 + \tfrac{1}{2}I_G\omega^2 \qquad (18.6)$$

Essa equação também pode ser expressa em termos do movimento do corpo em relação a seu centro instantâneo de velocidade nula, ou seja,

$$T = \tfrac{1}{2}I_{CI}\omega^2 \qquad (18.7)$$

onde I_{CI} é o momento de inércia do corpo em relação a seu centro instantâneo (CI). A prova é semelhante àquela da Equação 18.5 (ver Problema 18.1).

Movimento plano geral

FIGURA 18.4

Sistema de corpos rígidos

Em razão de a energia ser uma quantidade escalar, a energia cinética total de um sistema de corpos rígidos *conectados* é a soma das energias cinéticas de todas as suas partes em movimento. Dependendo do tipo de movimento, a energia cinética de *cada corpo* é determinada aplicando-se a Equação 18.2, ou as formas alternativas mencionadas anteriormente.

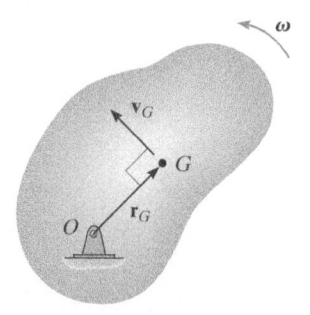

A energia cinética total desse compactador de solo consiste na energia cinética do corpo ou estrutura da máquina em virtude de sua translação e das energias cinéticas translacional e rotacional do rolete e das rodas por seu movimento plano geral. Aqui, excluímos a energia cinética adicional desenvolvida pelas partes móveis do motor e da transmissão.

---

[*] A semelhança entre esta derivação e a de $\Sigma M_O = I_O\alpha$ deve ser observada. O mesmo resultado também pode ser obtido diretamente da Equação 18.1 selecionando-se o ponto P em O, observando-se que $v_O = 0$.

18.2 O trabalho de uma força

Vários tipos de forças são encontrados com frequência em problemas de cinética do movimento plano que envolvem um corpo rígido. O trabalho de cada uma dessas forças foi apresentado na Seção 14.1, e está listado a seguir como um resumo.

Trabalho de uma força variável

Se uma força externa **F** age sobre um corpo, o trabalho realizado pela força, quando o corpo se move ao longo da trajetória s (Figura 18.5), é

$$U_F = \int \mathbf{F} \cdot d\mathbf{r} = \int_s F \cos \theta \, ds \qquad (18.8)$$

Aqui, θ é o ângulo entre a direção da força e o deslocamento diferencial. A integração deve considerar a variação da direção e da intensidade da força.

Trabalho de uma força constante

Se uma força externa $\mathbf{F}_c$ age sobre um corpo (Figura 18.6) e mantém intensidade constante F_c e direção constante θ, enquanto o corpo passa por uma translação s, a equação anterior deve ser integrada, de modo que o trabalho torna-se

$$U_{F_c} = (F_c \cos \theta)s \qquad (18.9)$$

Trabalho de um peso

O peso de um corpo realiza trabalho apenas quando o centro de massa G do corpo sofre um *deslocamento vertical* Δy. Se esse deslocamento é *ascendente* (Figura 18.7), o trabalho é negativo, visto que o peso é oposto ao deslocamento.

$$U_W = -W \Delta y \qquad (18.10)$$

Da mesma forma, se o deslocamento é *descendente* ($-\Delta y$), o trabalho torna-se *positivo*. Em ambos os casos, a variação da elevação é considerada pequena, de modo que **W**, que é causada pela gravitação, seja constante.

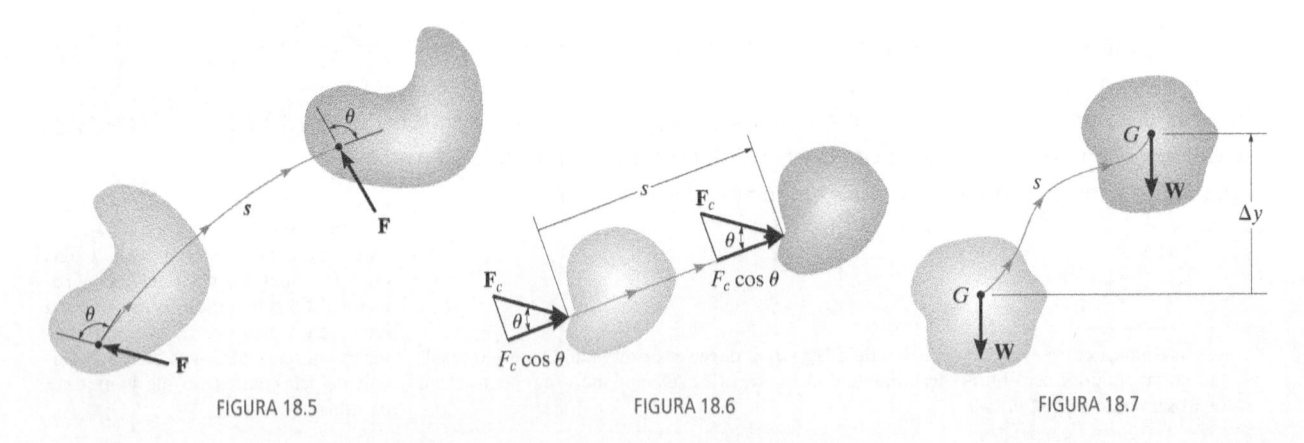

FIGURA 18.5

FIGURA 18.6

FIGURA 18.7

Trabalho de uma força de mola

Se uma mola linear elástica está fixada a um corpo, a força da mola $F_s = ks$ *atuando sobre o corpo* realiza trabalho quando a mola se estende ou se comprime de s_1 *até uma posição adicional* s_2. Em ambos os casos, o trabalho será *negativo*, visto que o *deslocamento do corpo* é na direção oposta à força (Figura 18.8). O trabalho é:

$$U_s = -\left(\tfrac{1}{2}ks_2^2 - \tfrac{1}{2}ks_1^2\right) \qquad (18.11)$$

onde $|s_2| > |s_1|$.

Forças que não realizam trabalho

Há algumas forças externas que não realizam trabalho quando o corpo é deslocado. Essas forças atuam em *pontos fixos* do corpo, ou têm uma direção *perpendicular a seu deslocamento*. Alguns exemplos incluem as reações em um pino suporte em torno do qual um corpo gira, a reação normal atuando sobre um corpo que se move ao longo de uma superfície fixa, e o peso de um corpo quando seu centro de gravidade se move em um *plano horizontal* (Figura 18.9). Uma força de atrito $\mathbf{F}_f$ atuando sobre um corpo circular quando ele *rola sem deslizar* sobre uma superfície áspera também não realiza trabalho.* Isso acontece porque, durante qualquer *instante de tempo dt*, $\mathbf{F}_f$ atua em um ponto sobre o corpo que tem *velocidade nula* (centro instantâneo, *CI*), e assim o trabalho realizado pela força sobre o ponto é nulo. Em outras palavras, o ponto não é deslocado na direção da força durante esse instante. Visto que $\mathbf{F}_f$ entra em contato com pontos sucessivos por apenas um instante, o trabalho de $\mathbf{F}_f$ será zero.

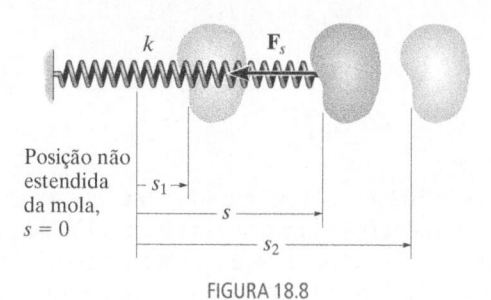

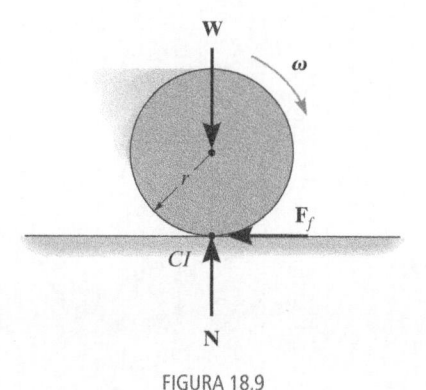

FIGURA 18.8

FIGURA 18.9

---

* O trabalho realizado por uma força de atrito *quando o corpo desliza* é discutido na Seção 14.3.

18.3 Trabalho de um binário

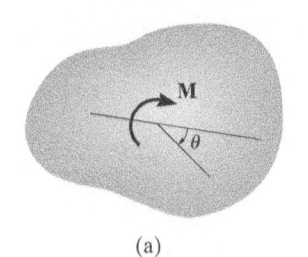

Considere o corpo na Figura 18.10a, que é submetido a um momento de binário $M = Fr$. Se o corpo sofre um deslocamento diferencial, o trabalho realizado pelas forças de um binário pode ser determinado considerando-se o deslocamento como a soma separada de uma translação mais uma rotação. Quando o corpo *translada*, o trabalho de cada força é produzido somente pela *componente do deslocamento* ao longo da linha de ação das forças ds_t (Figura 18.10b). Claramente, o trabalho "positivo" de uma força *cancela* o trabalho "negativo" de outra. Quando o corpo sofre uma rotação diferencial $d\theta$, em torno do ponto arbitrário O (Figura 18.10c), cada força sofre um deslocamento $ds_\theta = (r/2)d\theta$ na direção da força. Portanto, o trabalho total realizado é

$$dU_M = F\left(\frac{r}{2}d\theta\right) + F\left(\frac{r}{2}d\theta\right) = (Fr)\,d\theta$$
$$= M\,d\theta$$

O trabalho é *positivo* quando **M** e $d\theta$ têm o *mesmo sentido de direção*, e *negativo* se esses vetores estiverem em *sentidos opostos*.

Quando o corpo gira no plano através de um ângulo finito θ, medido em radianos, de θ_1 a θ_2, o trabalho de um momento de binário é, portanto,

$$U_M = \int_{\theta_1}^{\theta_2} M\,d\theta \tag{18.12}$$

Se o momento de binário **M** tem uma *intensidade constante*, então

$$U_M = M(\theta_2 - \theta_1) \tag{18.13}$$

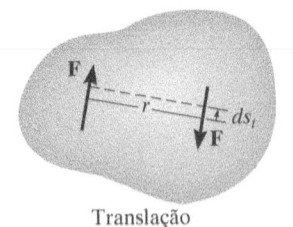

Translação
(b)

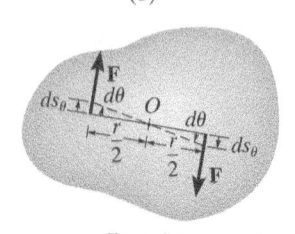

Rotação
(c)

FIGURA 18.10

EXEMPLO 18.1

A barra mostrada na Figura 18.11a tem massa de 10 kg e está submetida a um momento de binário $M = 50$ N · m e a uma força $P = 80$ N, que sempre é aplicada perpendicularmente à extremidade da barra. Além disso, a mola tem comprimento não deformado de 0,5 m e permanece na posição vertical em virtude do rolete-guia em B. Determine o trabalho total realizado por todas as forças que atuam sobre a barra quando ela tiver girado para baixo, de $\theta = 0°$ a $\theta = 90°$.

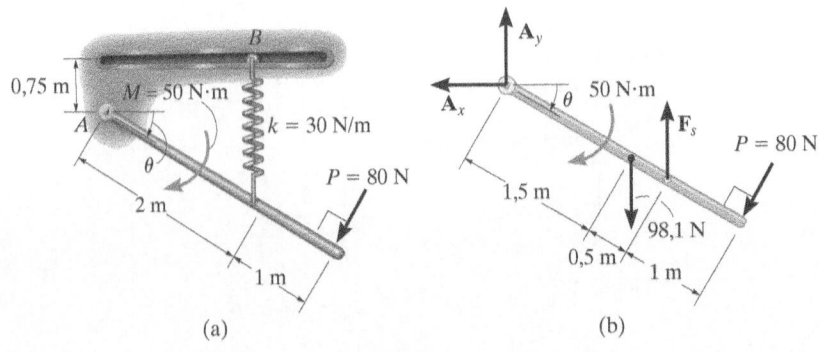

FIGURA 18.11

SOLUÇÃO

Primeiro é desenhado o diagrama de corpo livre da barra, de modo a considerar todas as forças que atuam sobre ela (Figura 18.11b).

Peso W

Visto que o peso 10(9,81) N = 98,1 N é deslocado para baixo 1,5 m, o trabalho é

$$U_W = 98{,}1 \text{ N}(1{,}5 \text{ m}) = 147{,}2 \text{ J}$$

Por que o trabalho é positivo?

Momento de binário M

O momento de binário gira através de um ângulo $\theta = \pi/2$ rad. Portanto,

$$U_M = 50 \text{ N} \cdot \text{m}(\pi/2) = 78{,}5 \text{ J}$$

Força da mola F_s

Quando $\theta = 0°$, a mola está estendida (0,75 m − 0,5 m) = 0,25 m, e quando $\theta = 90°$, a extensão é (2 m + 0,75 m) − 0,5 m = 2,25 m. Assim,

$$U_s = -\left[\tfrac{1}{2}(30 \text{ N/m})(2{,}25 \text{ m})^2 - \tfrac{1}{2}(30 \text{ N/m})(0{,}25 \text{ m})^2\right] = -75{,}0 \text{ J}$$

Por observação, a mola realiza trabalho negativo sobre a barra, visto que $\mathbf{F}_s$ atua na direção oposta ao deslocamento. Isso confere com o resultado.

Força P

Enquanto a barra se move para baixo, a força é deslocada por uma distância $(\pi/2)(3 \text{ m}) = 4{,}712$ m. O trabalho é positivo. Por quê?

$$U_P = 80 \text{ N}(4{,}712 \text{ m}) = 377{,}0 \text{ J}$$

Reações do pino

As forças $\mathbf{A}_x$ e $\mathbf{A}_y$ não realizam trabalho, visto que não são deslocadas.

Trabalho total

O trabalho de todas as forças quando a barra é deslocada é, então,

$$U = 147{,}2 \text{ J} + 78{,}5 \text{ J} - 75{,}0 \text{ J} + 377{,}0 \text{ J} = 528 \text{ J} \qquad \textit{Resposta}$$

18.4 Princípio do trabalho e energia

Aplicando-se o princípio do trabalho e energia desenvolvido na Seção 14.2 a cada uma das partículas de um corpo rígido e somando algebricamente os resultados, visto que a energia é escalar, o princípio do trabalho e energia para um corpo rígido torna-se

$$\boxed{T_1 + \Sigma U_{1-2} = T_2} \qquad (18.14)$$

Essa equação estabelece que a energia cinética inicial, translacional e rotacional do corpo, mais o trabalho realizado por todas as forças externas e momentos de binário atuando sobre o corpo quando este se desloca de sua posição inicial para a final, é igual à energia cinética final, translacional e rotacional do corpo. Note que o trabalho das *forças internas* do corpo não precisa ser considerado. Essas forças ocorrem em pares colineares iguais, mas opostos, de maneira que, quando o corpo se desloca, o trabalho de uma força cancela-se com aquele de sua oposta. Além disso, visto que o corpo é rígido, *nenhum movimento relativo* ocorre entre essas forças e, por isso, nenhum trabalho interno é realizado.

Quando vários corpos rígidos estão conectados por pinos, por cabos inextensíveis, ou engrenados uns aos outros, a Equação 18.14 pode ser aplicada *ao sistema inteiro* de corpos conectados. Em todos esses casos, as forças internas, que mantêm juntos os vários membros, não realizam trabalho e, portanto, são eliminadas da análise.

O contrapeso dessa ponte levadiça realiza trabalho positivo quando a ponte é elevada e, portanto, cancela o trabalho negativo realizado pelo peso da ponte.

O trabalho do torque ou momento desenvolvido pelas engrenagens dos motores é transformado em energia cinética de rotação do tambor.

Procedimento para análise

O princípio do trabalho e energia é usado para resolver problemas cinéticos que envolvem *velocidade*, *força* e *deslocamento*, visto que esses termos estão envolvidos na formulação. Para aplicação, sugere-se que seja usado o procedimento indicado a seguir.

Energia cinética (diagramas cinéticos)

- A energia cinética de um corpo é composta de duas partes. A energia cinética de translação refere-se à velocidade do centro de massa, $T = \frac{1}{2}mv_G^2$, e a energia cinética de rotação é determinada usando-se o momento de inércia do corpo em relação ao centro de massa, $T = \frac{1}{2}I_G\omega^2$. No caso especial de rotação em torno de um eixo fixo (ou rotação em torno do *CI*), essas duas energias cinéticas são combinadas e podem ser expressas como $T = \frac{1}{2}I_O\omega^2$, onde I_O é o momento de inércia em relação ao eixo de rotação.
- *Diagramas cinemáticos* de velocidade podem ser úteis para determinar v_G e ω, ou para estabelecer uma *relação* entre v_G e ω.*

Trabalho (diagrama de corpo livre)

- Desenhe um diagrama de corpo livre do corpo quando este está localizado em um ponto intermediário ao longo da trajetória, de modo a considerar todas as forças e momentos de binário que realizam trabalho sobre o corpo enquanto este se desloca ao longo da trajetória.
- Uma força realiza trabalho quando se move através de um deslocamento na direção da força.

---

* Uma breve revisão das seções 16.5 até 16.7 pode se mostrar útil na resolução de problemas, uma vez que cálculos da energia cinética requerem uma análise cinemática da velocidade.

Capítulo 18 – Cinética do movimento plano de um corpo rígido: trabalho e energia **427**

- Forças que são funções de deslocamento devem ser integradas para obter o trabalho. Graficamente, o trabalho é igual à área sob a curva força-deslocamento.
- O trabalho de um peso é o produto de sua intensidade pelo deslocamento vertical, $U_W = Wy$. É positivo quando o peso se desloca para baixo.
- O trabalho de uma mola tem a forma $U_s = \frac{1}{2}ks^2$, onde k é a rigidez da mola e s é sua extensão ou compressão.
- O trabalho de um binário é o produto do momento de binário e o ângulo em radianos através do qual ele rotaciona, $U_M = M\theta$.
- Visto que é necessária a *adição algébrica* dos termos do trabalho, é importante que o sinal apropriado de cada termo seja indicado. Especificamente, o trabalho é *positivo* quando a força (momento de binário) está na *mesma direção* que seu deslocamento (rotação); de outra forma, é negativo.

Princípio do trabalho e energia

- Aplique o princípio do trabalho e energia, $T_1 + \Sigma U_{1-2} = T_2$. Visto que essa é uma equação escalar, ela pode ser usada para a solução de apenas uma incógnita quando é aplicada a um único corpo rígido.

EXEMPLO 18.2

O disco de 30 kg mostrado na Figura 18.12a é suportado por um pino em seu centro. Determine o número de revoluções que ele deve realizar para atingir uma velocidade angular de 2 rad/s, partindo do repouso. Ele está submetido a um momento de binário constante $M = 5$ N · m. A mola está originalmente não deformada e sua corda envolve a borda do disco.

SOLUÇÃO

Energia cinética

Visto que o disco gira em torno de um eixo fixo e está inicialmente em repouso, então

$$T_1 = 0$$

$$T_2 = \tfrac{1}{2}I_O\omega_2^2 = \tfrac{1}{2}\left[\tfrac{1}{2}(30 \text{ kg})(0{,}2 \text{ m})^2\right](2 \text{ rad/s})^2 = 1{,}2 \text{ J}$$

Trabalho (diagrama de corpo livre)

Como mostra a Figura 18.12b, as reações do pino, $\mathbf{O}_x$ e $\mathbf{O}_y$, e o peso (294,3 N) não realizam trabalho, visto que não são deslocados. O *momento de binário*, tendo $U_M = M\theta$ intensidade constante, realiza trabalho positivo, enquanto o disco *rotaciona* através de um ângulo horário de θ rad, e a mola realiza trabalho negativo $U_s = -\tfrac{1}{2}ks^2$.

Princípio do trabalho e energia

$$\{T_1\} + \{\Sigma U_{1-2}\} = \{T_2\}$$

$$\{T_1\} + \left\{M\theta - \tfrac{1}{2}ks^2\right\} = \{T_2\}$$

$$\{0\} + \left\{(5 \text{ N} \cdot \text{m})\theta - \tfrac{1}{2}(10 \text{ N/m})[\theta(0{,}2 \text{ m})]^2\right\} = \{1{,}2 \text{ J}\}$$

$$-0{,}2\theta^2 + 5\theta - 1{,}2 = 0$$

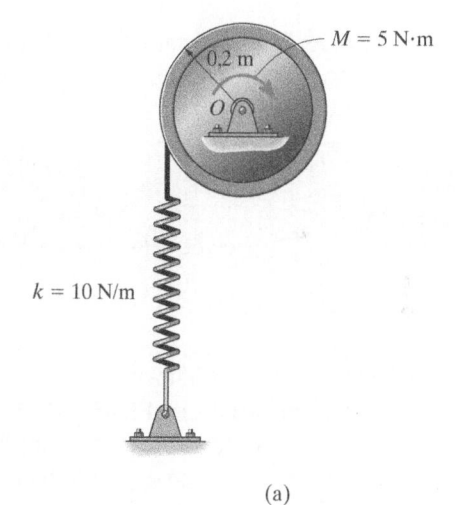

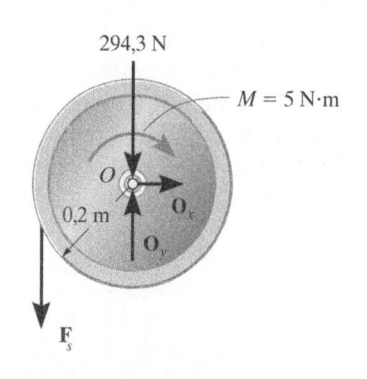

FIGURA 18.12

Resolvendo essa equação quadrática para a menor raiz positiva,

$$\theta = 0{,}2423 \text{ rad} = 0{,}2423 \text{ rad}\left(\frac{180°}{\pi \text{ rad}}\right) = 13{,}9°$$ *Resposta*

EXEMPLO 18.3

A roda mostrada na Figura 18.13a pesa 20 kg e tem um raio de giração $k_G = 0{,}2$ m em relação a seu centro de massa G. Se ela é submetida a um momento de binário no sentido horário de 25 N · m e rola, a partir do repouso, sem deslizar, determine sua velocidade angular após seu centro G deslocar-se 0,18 m. A mola tem rigidez $k = 150$ N/m e inicialmente não está deformada quando o momento de binário é aplicado.

SOLUÇÃO

Energia cinética (diagrama cinemático)

Visto que a roda está inicialmente em repouso,

$$T_1 = 0$$

O diagrama cinemático da roda quando ela está na posição final é mostrado na Figura 18.13b. A energia cinética final é determinada a partir de

$$T_2 = \tfrac{1}{2} I_{CI} \omega_2^2$$

$$= \frac{1}{2}\left[20 \text{ kg } (0{,}2 \text{ m})^2 + (20 \text{ kg})(0{,}25 \text{ m})^2\right]\omega_2^2$$

$$T_2 = 1{,}025\, \omega_2^2$$

Trabalho (diagrama de corpo livre)

Como mostrado na Figura 18.13c, apenas a força da mola $\mathbf{F}_s$ e o momento de binário realizam trabalho. A força normal não se desloca ao longo de sua linha de ação, e a força de atrito *não realiza trabalho*, pois a roda não desliza ao rolar.

O trabalho de $\mathbf{F}_s$ é encontrado usando-se $U_s = -\tfrac{1}{2}ks^2$. Aqui o trabalho é negativo, visto que $\mathbf{F}_s$ está na direção oposta ao deslocamento. Uma vez que a roda não desliza quando o centro G move 0,18 m, então a roda rotaciona $\theta = s_G/r_{G/CI} = 0{,}18 \text{ m}/0{,}25 \text{ m} = 0{,}72$ rad (Figura 18.13b). Assim, a mola estende-se $s = \theta r_{A/CI} = (0{,}72 \text{ rad})(0{,}5 \text{ m}) = 0{,}36$ m.

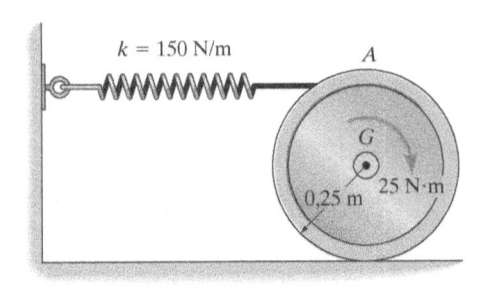

Princípio do trabalho e energia

$$\{T_1\} + \{\Sigma U_{1-2}\} = \{T_2\}$$

$$\{T_1\} + \{M\theta - \tfrac{1}{2}ks^2\} = \{T_2\}$$

$$\{0\} + \left\{25 \text{ N} \cdot \text{m}(0{,}72 \text{ rad}) - \frac{1}{2}(150 \text{ N/m})(0{,}36 \text{ m})^2\right\} = \{1{,}025\,\omega_2^2 \text{ N} \cdot \text{m}\}$$

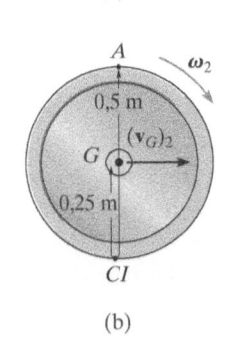

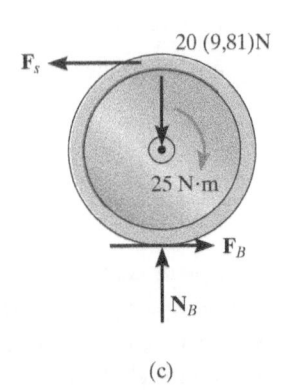

$$\omega_2 = 2{,}84 \text{ rad/s} \; \circlearrowleft$$ *Resposta*

FIGURA 18.13

EXEMPLO 18.4

O tubo de 700 kg está igualmente suspenso pelos dois dentes do garfo de içamento mostrado na fotografia. Ele está sofrendo um movimento oscilatório tal que, quando $\theta = 30°$, ele está momentaneamente em repouso. Determine as forças normal e de atrito que atuam em cada dente, necessárias para suportar o tubo no instante $\theta = 0°$. As medidas do tubo e do apoio são mostradas na Figura 18.14a. Despreze a massa do apoio e a espessura do tubo.

SOLUÇÃO

Devemos usar as equações de movimento para determinar as forças nos dentes, visto que essas forças não realizam trabalho. Antes de fazê-lo, porém, aplicaremos o princípio do trabalho e energia para determinar a velocidade angular do tubo quando $\theta = 0°$.

Energia cinética (diagrama cinemático)

Visto que o tubo está originalmente em repouso, então

$$T_1 = 0$$

A energia cinética final pode ser calculada em referência ao ponto fixo O ou ao centro de massa G. Para o cálculo, consideraremos que o tubo seja um anel fino, de modo que $I_G = mr^2$. Se o ponto G for considerado, teremos

$$\begin{aligned} T_2 &= \tfrac{1}{2}m(v_G)_2^2 + \tfrac{1}{2}I_G\omega_2^2 \\ &= \tfrac{1}{2}(700 \text{ kg})[(0,4 \text{ m})\omega_2]^2 + \tfrac{1}{2}[700 \text{ kg}(0,15 \text{ m})^2]\omega_2^2 \\ &= 63,875\omega_2^2 \end{aligned}$$

Se o ponto O for considerado, o teorema dos eixos paralelos deve ser usado para determinar I_O. Assim,

$$\begin{aligned} T_2 &= \tfrac{1}{2}I_O\omega_2^2 = \tfrac{1}{2}[700 \text{ kg}(0,15 \text{ m})^2 + 700 \text{ kg}(0,4 \text{ m})^2]\omega_2^2 \\ &= 63,875\omega_2^2 \end{aligned}$$

Trabalho (diagrama de corpo livre)

(Figura 18.14b) As forças normal e de atrito dos dentes não realizam trabalho, visto que não se movem enquanto o tubo oscila. O peso realiza trabalho positivo, visto que se move para baixo com uma distância vertical $\Delta y = 0,4$ m $- 0,4 \cos 30°$ m $= 0,05359$ m.

Princípio do trabalho e energia

$$\{T_1\} + \{\Sigma U_{1-2}\} = \{T_2\}$$
$$\{0\} + \{700(9,81) \text{ N}(0,05359 \text{ m})\} = \{63,875\omega_2^2\}$$
$$\omega_2 = 2,400 \text{ rad/s}$$

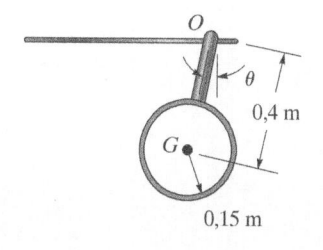

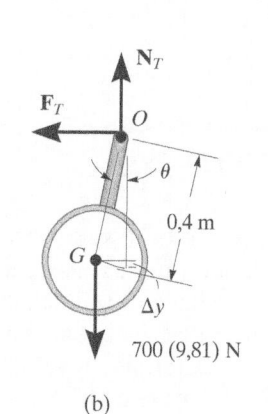

FIGURA 18.14

Equações de movimento

Referindo-nos aos diagramas cinético e de corpo livre mostrados na Figura 18.14c, e usando o resultado para ω_2, temos

$$\pm \Sigma F_t = m(a_G)_t; \quad F_T = (700 \text{ kg})(a_G)_t$$

$$+\uparrow \Sigma F_n = m(a_G)_n; \quad N_T - 700(9{,}81) \text{ N} = (700 \text{ kg})(2{,}400 \text{ rad/s})^2(0{,}4 \text{ m})$$

$$\zeta + \Sigma M_O = I_O \alpha; \quad 0 = [(700 \text{ kg})(0{,}15 \text{ m})^2 + (700 \text{ kg})(0{,}4 \text{ m})^2]\alpha$$

Visto que $(a_G)_t = (0{,}4 \text{ m})\alpha$, então

$$\alpha = 0, \quad (a_G)_t = 0$$
$$F_T = 0$$
$$N_T = 8{,}480 \text{ kN}$$

Há dois dentes sustentando a carga, portanto,

$$F'_T = 0 \qquad\qquad Resposta$$
$$N'_T = \frac{8{,}480 \text{ kN}}{2} = 4{,}24 \text{ kN} \qquad\qquad Resposta$$

NOTA: em decorrência do movimento oscilatório, os dentes são submetidos a uma força normal *maior* do que haveria se a carga fosse estática, caso em que $N'_T = 700(9{,}81) \text{ N}/2 = 3{,}43 \text{ kN}$.

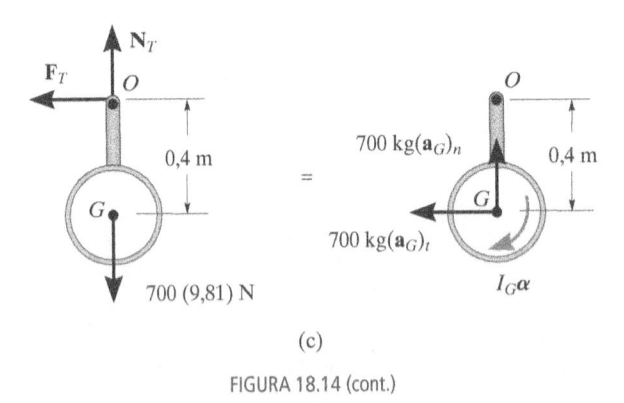

(c)

FIGURA 18.14 (cont.)

EXEMPLO 18.5

A barra de 10 kg mostrada na Figura 18.15a está restringida de modo que suas extremidades se movem ao longo das ranhuras. A barra está inicialmente em repouso quando $\theta = 0°$. Se o bloco deslizante em B é submetido a uma força horizontal $P = 50$ N, determine a velocidade angular da barra no instante $\theta = 45°$. Despreze o atrito e a massa dos blocos A e B.

SOLUÇÃO

Por que o princípio do trabalho e energia pode ser usado para resolver este problema?

Energia cinética (diagramas cinemáticos)

Dois diagramas cinemáticos da barra, quando ela está em suas posições inicial 1 e final 2, são mostrados na Figura 18.15b. Quando a barra está na posição 1, $T_1 = 0$, visto que $(\mathbf{v}_G)_1 = \boldsymbol{\omega}_1 = \mathbf{0}$. Na posição 2, a velocidade angular é $\boldsymbol{\omega}_2$ e a velocidade do centro de massa é $(\mathbf{v}_G)_2$. Assim, a energia cinética é

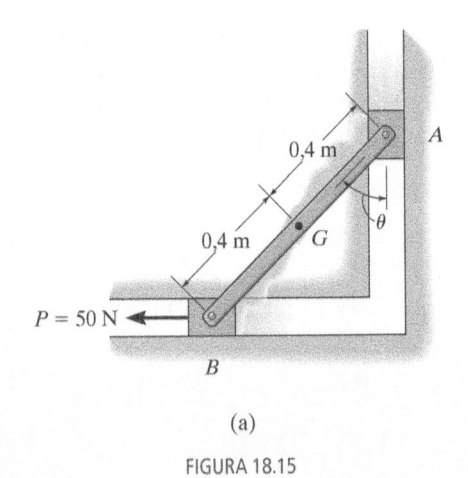

(a)

FIGURA 18.15

Capítulo 18 – Cinética do movimento plano de um corpo rígido: trabalho e energia

$$T_2 = \tfrac{1}{2}m(v_G)_2^2 + \tfrac{1}{2}I_G\omega_2^2$$
$$= \tfrac{1}{2}(10 \text{ kg})(v_G)_2^2 + \tfrac{1}{2}\left[\tfrac{1}{12}(10 \text{ kg})(0,8 \text{ m})^2\right]\omega_2^2$$
$$= 5(v_G)_2^2 + 0,2667(\omega_2)^2$$

As duas incógnitas, $(v_G)_2$ e ω_2, podem ser relacionadas a partir do centro instantâneo de velocidade nula para a barra (Figura 18.15b). Observa-se que, enquanto A se desloca para baixo a uma velocidade $(\mathbf{v}_A)_2$, B se desloca horizontalmente para a esquerda a uma velocidade $(\mathbf{v}_B)_2$. Conhecendo-se essas direções, o CI está localizado como mostra a figura. Assim,

$$(v_G)_2 = r_{G/CI}\omega_2 = (0,4 \text{ tg } 45° \text{ m})\omega_2$$
$$= 0,4\omega_2$$

Portanto,

$$T_2 = 0,8\omega_2^2 + 0,2667\omega_2^2 = 1,0667\omega_2^2$$

Sem dúvida, também podemos determinar esse resultado usando $T_2 = \tfrac{1}{2}I_{CI}\omega_2^2$.

Trabalho (diagrama de corpo livre)

(Figura 18.15c) As forças normais $\mathbf{N}_A$ e $\mathbf{N}_B$ não realizam trabalho enquanto a barra é deslocada. Por quê? O peso de 98,1 N é deslocado a uma distância vertical de $\Delta y = (0,4 - 0,4 \cos 45°)$ m, enquanto a força de 50 N se desloca por uma distância horizontal de $s = (0,8 \text{ sen } 45°)$ m. Ambas as forças realizam trabalho positivo. Por quê?

Princípio do trabalho e energia

$$\{T_1\} + \{\Sigma U_{1-2}\} = \{T_2\}$$
$$\{T_1\} + \{W\Delta y + Ps\} = \{T_2\}$$
$$\{0\} + \{98,1 \text{ N}(0,4 \text{ m} - 0,4 \cos 45° \text{ m}) + 50 \text{ N}(0,8 \text{ sen} 45° \text{ m})\}$$
$$= \{1,0667\omega_2^2 \text{ J}\}$$

Resolvendo para ω_2, temos

$$\omega_2 = 6,11 \text{ rad/s} \qquad \qquad \textit{Resposta}$$

(b)

(c)

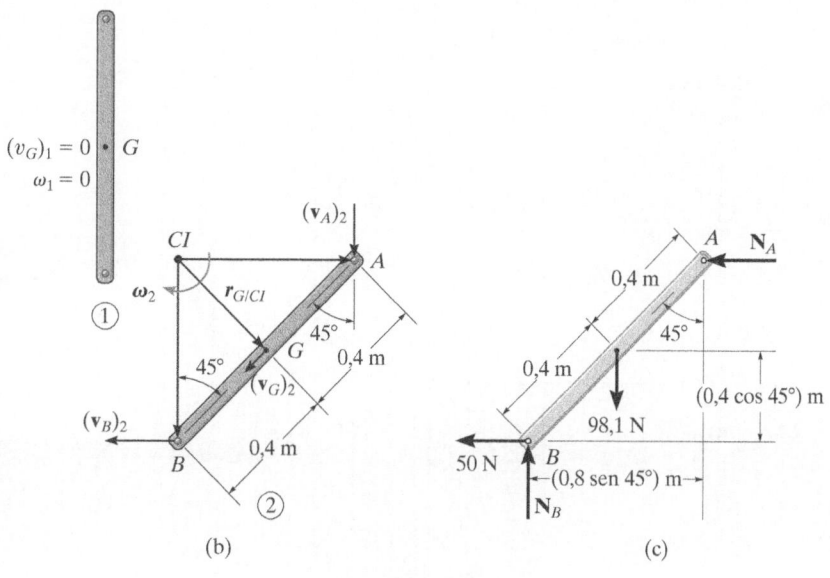

FIGURA 18.15 (cont.)

P18.1. Determine a energia cinética do objeto de 100 kg.

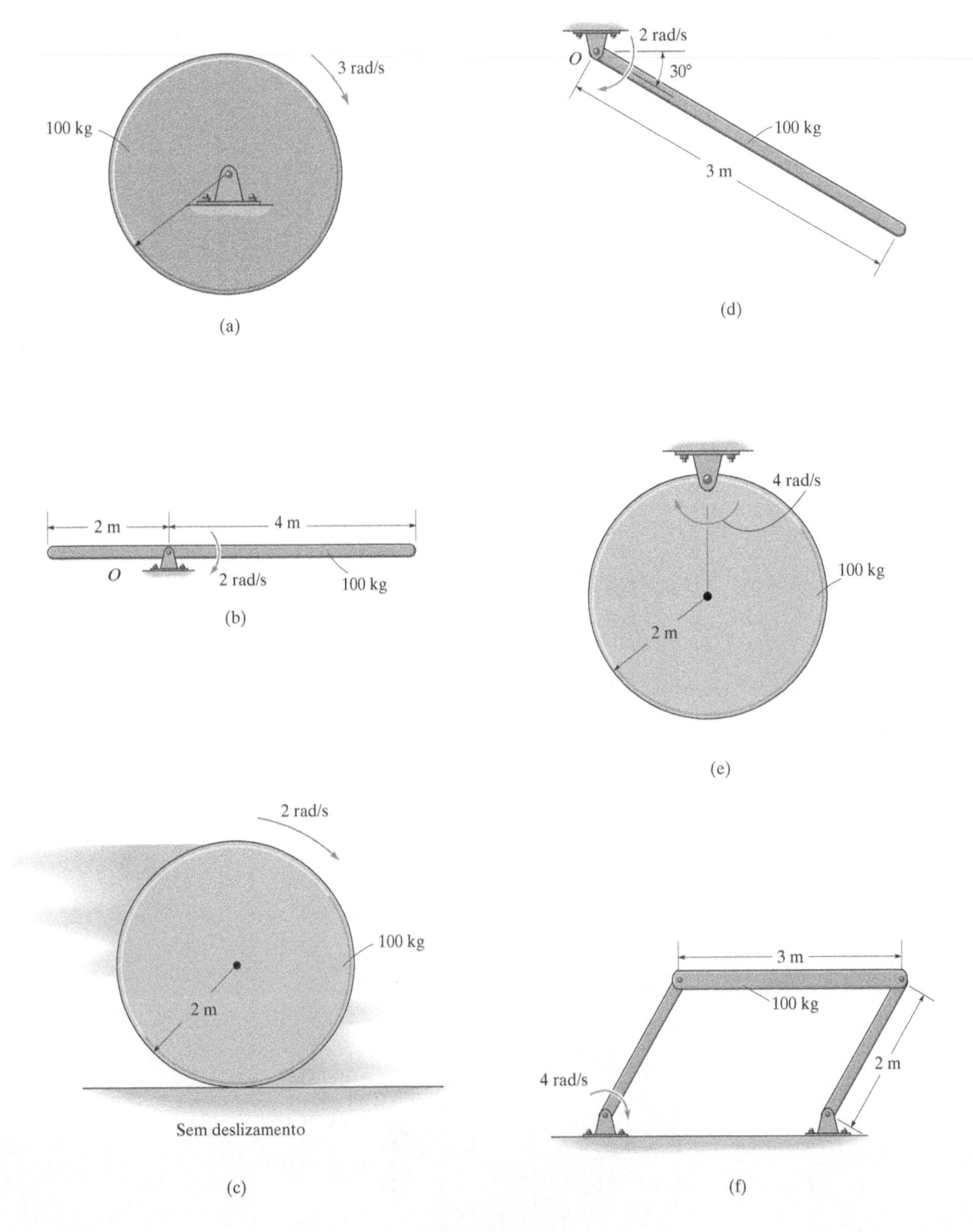

(a) Disco de 100 kg girando a 3 rad/s em torno de um pino no centro.

(b) Barra com 2 m à esquerda e 4 m à direita do pino O, girando a 2 rad/s, 100 kg.

(c) Cilindro de 100 kg, raio 2 m, girando a 2 rad/s sem deslizamento.

(d) Barra de 3 m, 100 kg, pinada em O, a 30° com a horizontal, girando a 2 rad/s.

(e) Disco de 100 kg, raio 2 m, pinado na borda, girando a 4 rad/s.

(f) Mecanismo de quatro barras, barra superior de 3 m e 100 kg, barras laterais de 2 m, 4 rad/s.

PROBLEMA P18.1

Problemas fundamentais

F18.1. A roda de 80 kg tem raio de giração em relação a seu centro de massa O, $k_O = 400$ mm. Determine sua velocidade angular após haver completado 20 revoluções, partindo do repouso.

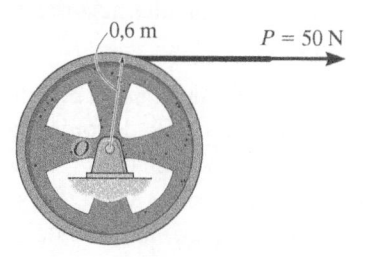

PROBLEMA F18.1

F18.2. A barra fina uniforme de 25 kg é submetida a um momento de binário $M = 150$ N · m. Se a barra está em repouso quando $\theta = 0°$, determine sua velocidade angular quando $\theta = 90°$.

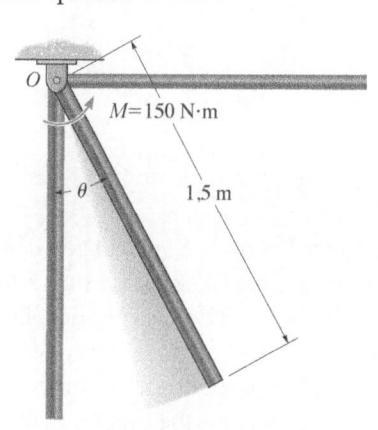

PROBLEMA F18.2

F18.3. A barra fina uniforme de 50 kg está em repouso na posição mostrada, quando $P = 600$ N é aplicada. Determine a velocidade angular da barra quando esta atinge a posição vertical.

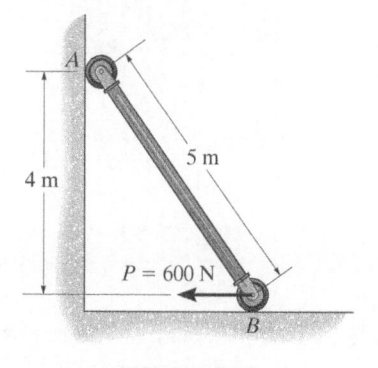

PROBLEMA F18.3

F18.4. A roda de 50 kg é submetida a uma força de 50 N. Se a roda parte do repouso e rola sem deslizar, determine sua velocidade angular depois de haver completado 10 revoluções. O raio de giração da roda em relação a seu centro de massa G é $k_G = 0,3$ m.

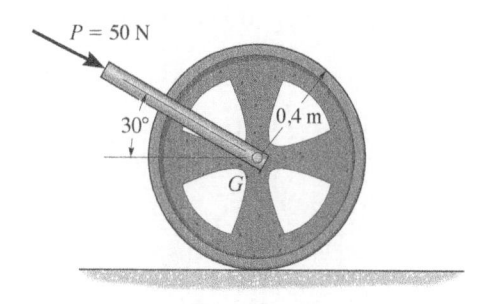

PROBLEMA F18.4

F18.5. Se a barra fina uniforme de 30 kg parte do repouso na posição mostrada, determine a velocidade angular após haver completado 4 revoluções. As forças permanecem perpendiculares à barra.

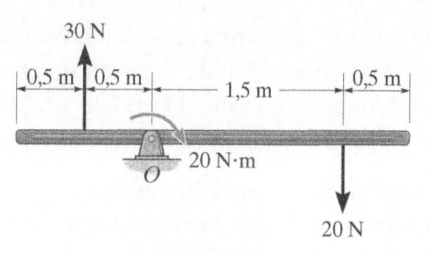

PROBLEMA F18.5

F18.6. A roda de 20 kg tem raio de giração em relação a seu centro G, $k_G = 300$ mm. Quando é submetida a um momento de binário $M = 50$ N · m, ela rola sem deslizar. Determine a velocidade angular da roda após seu centro G haver se deslocado por uma distância $s_G = 20$ m, partindo do repouso.

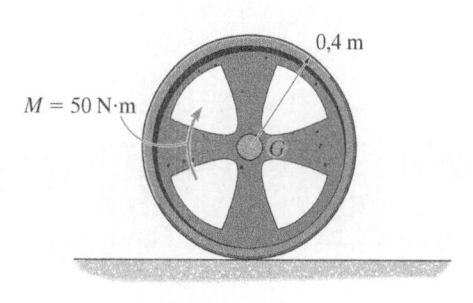

PROBLEMA F18.6

Problemas

18.1. Em um dado instante o corpo de massa m tem velocidade angular ω e seu centro de massa tem velocidade $\mathbf{v}_G$. Demonstre que sua energia cinética pode ser representada como $T = \frac{1}{2}I_{CI}\omega^2$, onde I_{CI} é o momento de inércia do corpo calculado em relação ao eixo instantâneo de velocidade nula, localizado a uma distância $r_{G/CI}$ do centro de massa, como mostrado.

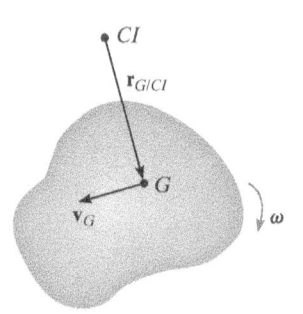

PROBLEMA 18.1

18.2. Uma força $P = 20$ N é aplicada ao cabo, o qual faz a bobina de 175 kg girar, pois está apoiada sobre os dois roletes A e B do distribuidor. Determine a velocidade angular da bobina após ela haver completado duas revoluções, partindo do repouso. Despreze a massa dos roletes e do cabo. O raio de giração da bobina em relação a seu eixo central é $k_G = 0{,}42$ m.

18.3. Uma força $P = 20$ N é aplicada ao cabo, o que faz a bobina de 175 kg girar sem deslizar sobre os dois roletes A e B do distribuidor. Determine a velocidade angular da bobina após ela haver completado duas revoluções, partindo do repouso. Despreze a massa do cabo. Cada rolete pode ser considerado um cilindro de 18 kg, com raio de 0,1 m. O raio de giração da bobina em relação a seu eixo central é $k_G = 0{,}42$ m.

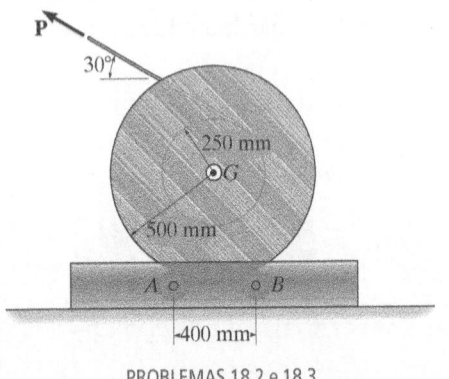

PROBLEMAS 18.2 e 18.3

*__18.4.__ A roda é composta de um anel fino de 5 kg e duas barras finas de 2 kg. Se a mola de torção presa ao centro da roda tem rigidez $k = 2$ N · m/rad, e a roda gira até que se desenvolva um torque $M = 25$ N · m, determine a velocidade angular máxima da roda se ela for solta do repouso.

18.5. A roda é composta de um anel fino de 5 kg e duas barras finas de 2 kg. Se a mola de torção presa ao centro da roda tem rigidez $k = 2$ N · m/rad, de modo que o torque no centro da roda é $M = (2\theta)$ N · m, onde θ é dado em radianos, determine a velocidade angular máxima da roda se ela for solta do repouso.

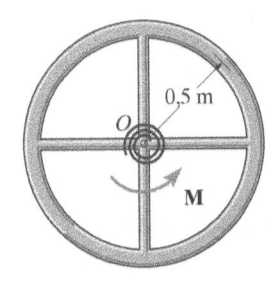

PROBLEMAS 18.4 e 18.5

18.6. Uma força $P = 60$ N é aplicada ao cabo, que faz com que a bobina de 200 kg gire, pois está apoiada sobre dois roletes A e B do distribuidor. Determine a velocidade angular da bobina depois que ela tiver feito duas revoluções partindo do repouso. Despreze a massa dos roletes e a do cabo. Suponha que o raio de giração da bobina em relação a seu eixo central permaneça constante em $k_O = 0{,}6$ m.

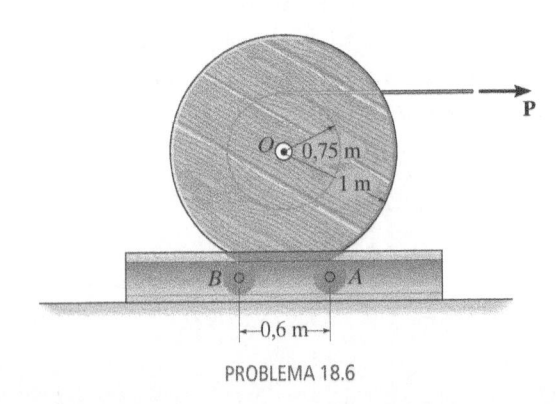

PROBLEMA 18.6

18.7. A roda e a bobina a ela fixada têm massa combinada de 25 kg e raio de giração em relação a seu centro $k_A = 150$ mm. Se a polia B, que está fixada ao motor, é submetida a um torque $M = 60(2 - e^{-0,1\theta})$ N · m, onde θ é dado em radianos, determine a velocidade da caixa de 100 kg após ela ter se movido para cima por uma distância de 1,5 m, partindo do repouso. Despreze a massa da polia B.

*18.8. A roda e a bobina a ela fixada têm massa combinada de 25 kg e raio de giração em relação a seu centro k_A = 150 mm. Se a polia B, que está fixada ao motor, é submetida a um torque M = 75 N · m, determine a velocidade da caixa de 100 kg após a polia haver girado 5 revoluções. Despreze a massa da polia.

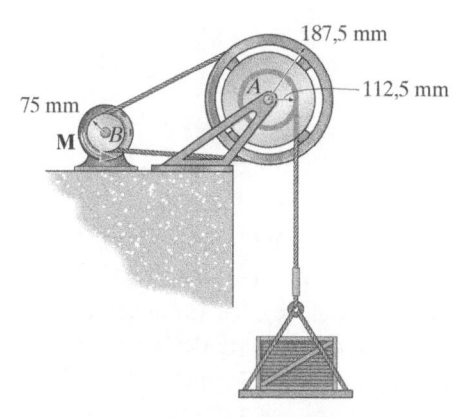

PROBLEMAS 18.7 e 18.8

PROBLEMA 18.10

18.9. O pêndulo consiste em um disco uniforme de 10 kg e uma barra delgada uniforme de 3 kg. Se ela for solta do repouso na posição mostrada, determine sua velocidade angular quando ela girar 90° em sentido horário.

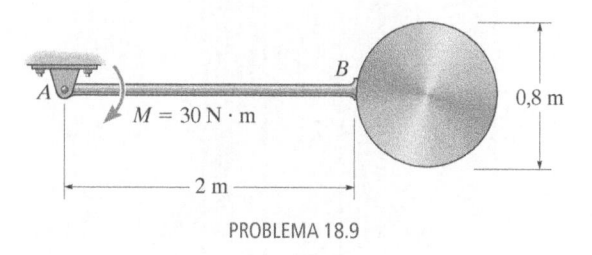

18.11. O disco, que tem massa de 20 kg, é submetido ao momento de binário $M = (2\theta + 4)$ N · m, onde θ é dado em radianos. Se ele parte do repouso, determine sua velocidade angular quando tiver feito duas revoluções.

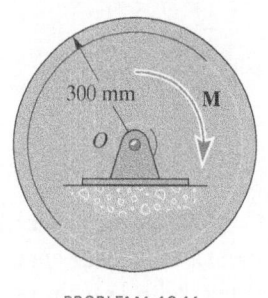

PROBLEMA 18.9

PROBLEMA 18.11

18.10. Um motor fornece um torque constante M = 6 kN · m ao tambor de enrolamento que opera o elevador. Se o elevador tem massa de 900 kg, o contrapeso C tem massa de 200 kg e o tambor de enrolamento tem massa de 600 kg e raio de giração em torno de seu eixo de k = 0,6 m, determine a velocidade do elevador após ele subir 5 m partindo do repouso. Despreze a massa das polias.

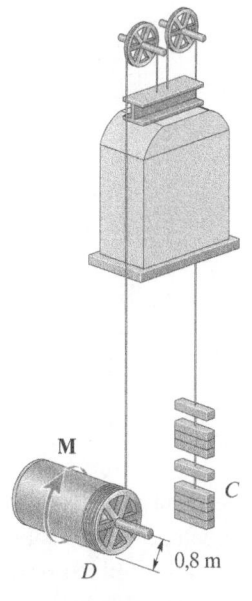

*18.12. A barra uniforme delgada de 10 kg é suspensa no repouso quando a força F = 150 N é aplicada à sua extremidade. Determine a velocidade angular da barra quando ela tiver girado 90° em sentido horário a partir da posição mostrada. A força é sempre perpendicular à barra.

18.13. A barra uniforme delgada de 10 kg é suspensa no repouso quando a força F = 150 N é aplicada à sua extremidade. Determine a velocidade angular da barra quando ela tiver girado 180° em sentido horário a partir da posição mostrada. A força é sempre perpendicular à barra.

436 DINÂMICA

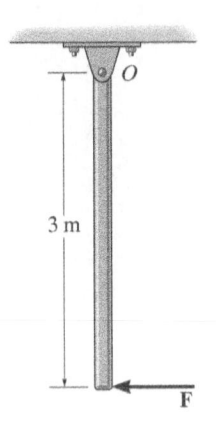

PROBLEMAS 18.12 e 18.13

18.14. A bobina tem massa de 40 kg e raio de giração $k_O = 0,3$ m. Se o bloco de 10 kg é solto do repouso, determine a distância que o bloco deverá cair a fim de que a bobina tenha velocidade angular $\omega = 15$ rad/s. Além disso, qual é a tração na corda enquanto o bloco está em movimento? Despreze a massa da corda.

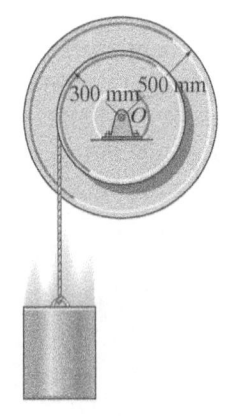

PROBLEMA 18.14

18.15. A força $T = 20$ N é aplicada à corda de massa desprezível. Determine a velocidade angular da bobina de 20 kg quando ela tiver feito 4 revoluções partindo do repouso. A bobina tem raio de giração $k_O = 0,3$ m.

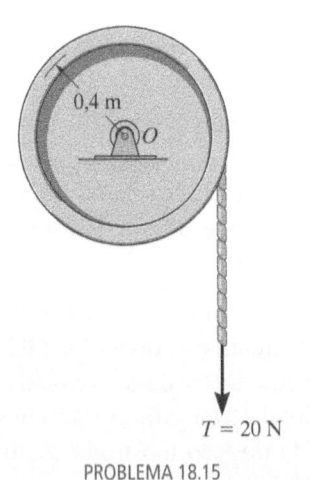

PROBLEMA 18.15

*18.16. Determine a velocidade do cilindro de 50 kg depois que ele tiver descido a uma distância de 2 m. Inicialmente, o sistema está em repouso. A bobina tem massa de 25 kg e raio de giração em torno de seu centro de massa A de $k_A = 125$ mm.

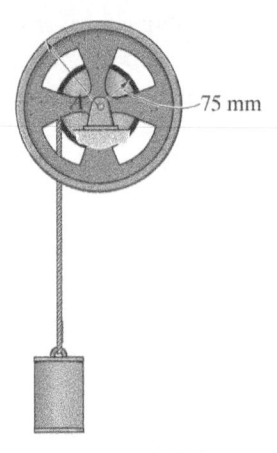

PROBLEMA 18.16

18.17. A porta uniforme tem massa de 20 kg e pode ser tratada como uma placa fina, tendo as dimensões mostradas na figura. Se ela está conectada a uma mola de torção em A, que tem rigidez $k = 80$ N · m/rad, determine o ângulo de torção inicial da mola em radianos, necessário para que a porta tenha velocidade angular de 12 rad/s quando é fechada em $\theta = 0°$, após ter sido aberta em $\theta = 90°$ e liberada do repouso. *Dica*: para uma mola de torção, $M = k\theta$, onde k é a rigidez e θ é o ângulo de torção.

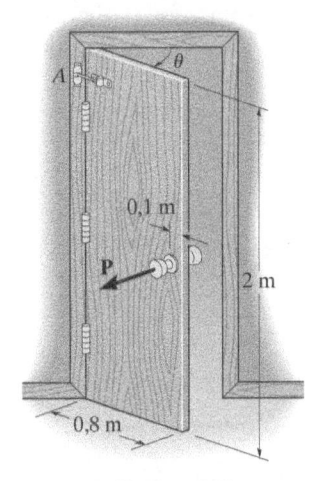

PROBLEMA 18.17

18.18. O disco de 30 kg está inicialmente em repouso, e a mola está no estado não alongado. Um momento de binário $M = 80$ N · m é aplicado ao disco, conforme mostra a figura. Determine sua velocidade angular quando seu centro de massa G tiver se deslocado 0,5 m ao longo do plano. O disco gira sem deslizar.

18.19. O disco de 30 kg está inicialmente em repouso, e a mola está no estado não alongado. Um momento de binário $M = 80$ N · m é aplicado ao disco, conforme mostra a figura. Determine que distância o centro de massa do disco percorre ao longo do plano antes de parar momentaneamente. O disco gira sem deslizar.

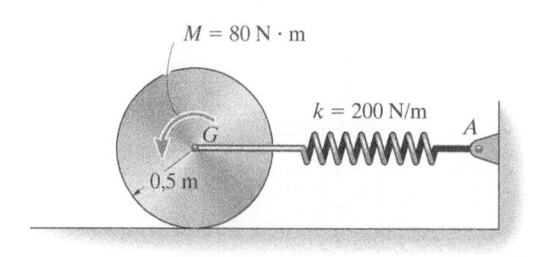

PROBLEMAS 18.18 e 18.19

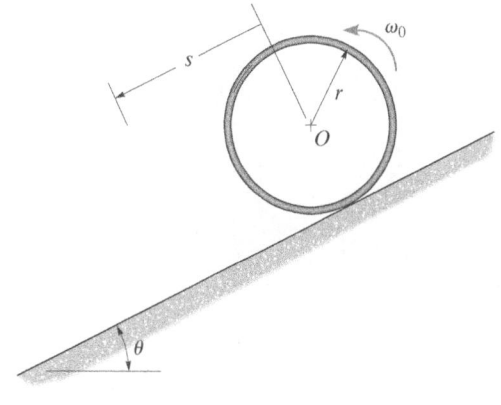

PROBLEMA 18.21

18.22. O guincho manual é usado para erguer uma carga de 50 kg. Determine o trabalho exigido para girar a manivela por 5 revoluções, partindo e terminando no repouso. A engrenagem em A tem raio de 20 mm.

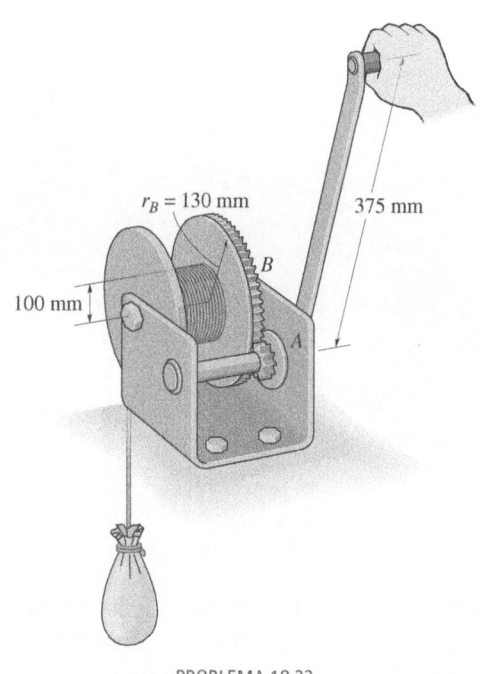

*18.20. A engrenagem B está rigidamente conectada ao tambor A e é apoiada por dois pequenos roletes em E e D. A engrenagem B está em consonância com a engrenagem C que está sujeita a um torque $M = 50$ N · m. Determine a velocidade angular do tambor depois que C tiver feito 10 revoluções, partindo do repouso. A engrenagem B e o tambor possuem 100 kg e raio de giração em torno de seu eixo de rotação de 250 mm. A engrenagem C tem massa de 30 kg e raio de giração em torno de seu eixo de rotação de 125 mm.

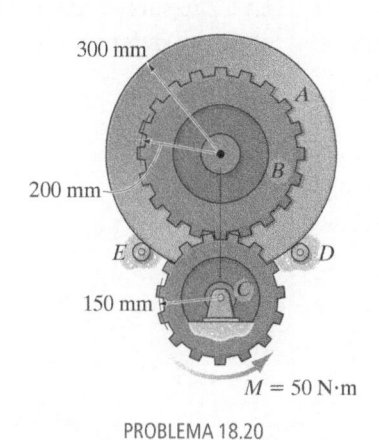

PROBLEMA 18.22

PROBLEMA 18.20

18.21. O centro O do anel fino de massa m recebe uma velocidade angular de ω_0. Se o anel gira sem deslizar, determine sua velocidade angular depois de ter percorrido uma distância s plano abaixo. Despreze sua espessura.

18.23. O cilindro rotativo S é usado para lavar calcário. Quando vazio, ele tem massa de 800 kg e raio de giração $k_G = 1,75$ m. A rotação é obtida aplicando-se um torque $M = 280$ N · m em relação à roda propulsora em A. Se não há deslizamento em A e a roda de suporte em B está livre para girar, determine a velocidade angular do cilindro depois que ele tiver girado por 5 revoluções. Despreze a massa de A e B.

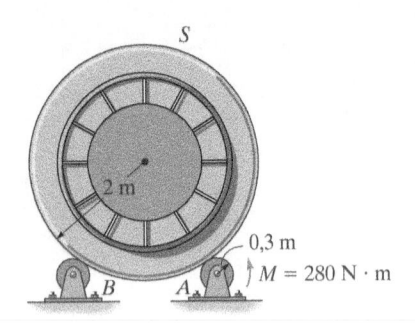

18.26. Se o canto A da placa de 60 kg é submetido a uma força vertical P = 500 N e a placa é liberada do repouso quando θ = 0°, determine a velocidade angular da placa quando θ = 45°.

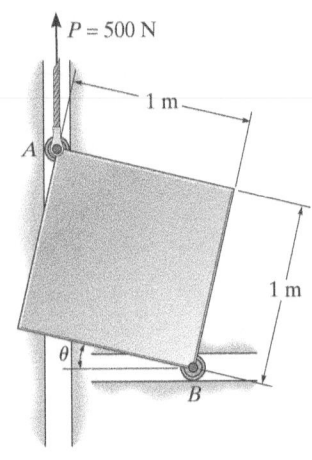

PROBLEMA 18.23

PROBLEMA 18.26

***18.24.** A roda tem massa de 100 kg e raio de giração k_O = 0,2 m. Um motor fornece um torque $M = (40\theta + 900)$ N · m, onde θ é dado em radianos, em relação ao eixo propulsor em O. Determine a velocidade do carrinho de carga, que tem massa de 300 kg, depois que ele percorre s = 4 m. Inicialmente, o carrinho está em repouso quando s = 0 e θ = 0°. Despreze a massa do cabo conectado e a massa das rodas do carrinho.

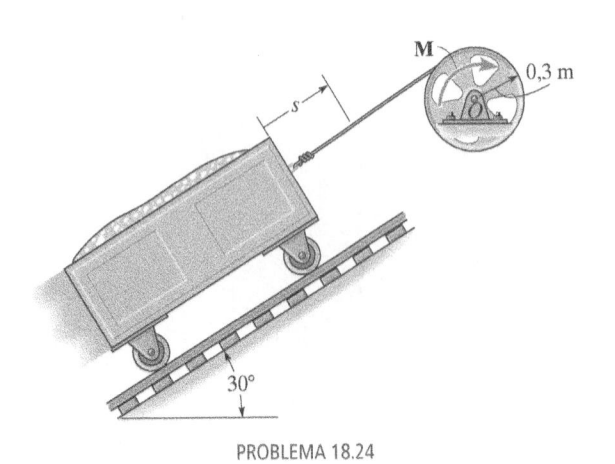

18.27. A montagem consiste em duas barras de 6 kg, AB e CD, e uma barra BD de 20 kg. Quando θ = 0°, a barra AB está girando com velocidade angular ω = 2 rad/s. Se a barra CD é submetida a um momento de binário M = 30 N · m, determine ω_{AB} no instante em que θ = 90°.

*18.28.** A montagem consiste em duas barras de 6 kg, AB e CD, e uma barra BD de 20 kg. Quando θ = 0°, a barra AB está girando com velocidade angular ω = 2 rad/s. Se a barra CD é submetida a um momento de binário M = 30 N · m, determine ω no instante em que θ = 45°.

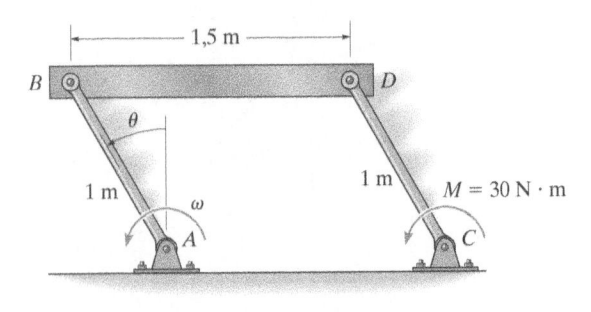

PROBLEMA 18.24

18.25. Se P = 200 N e a barra delgada uniforme de 15 kg parte do repouso em θ = 0°, determine a velocidade angular da barra no instante imediatamente anterior a θ = 45°.

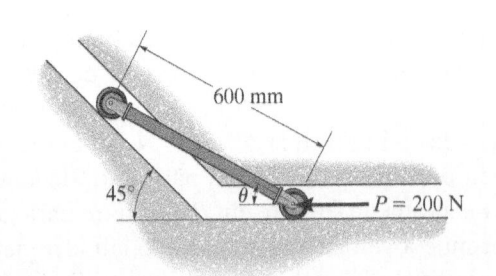

PROBLEMAS 18.27 e 18.28

18.29. O motor M exerce uma força constante P = 750 N sobre a corda. Se o poste de 100 kg está em repouso quando θ = 0°, determine a velocidade angular do

PROBLEMA 18.25

poste no instante $\theta = 60°$. Despreze a massa da polia e seu tamanho, e considere o poste como uma barra delgada.

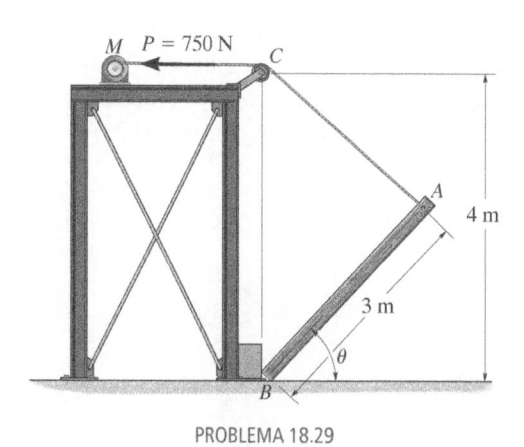

PROBLEMA 18.29

18.30. O membro AB é submetido a um momento de binário $M = 40$ N · m. Se a engrenagem de anel C é fixa, determine a velocidade angular da engrenagem interna de 15 kg quando o membro tiver feito duas revoluções partindo do repouso. Despreze a massa do membro e suponha que a engrenagem interna seja um disco. O movimento ocorre no plano vertical.

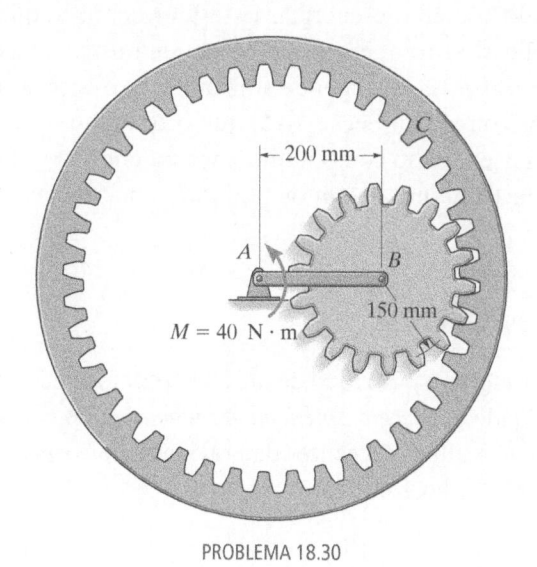

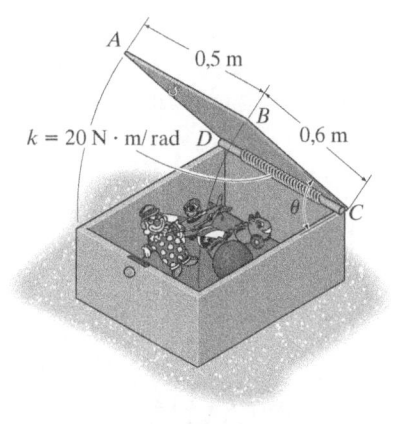

PROBLEMA 18.31

***18.32.** As duas engrenagens de 2 kg, A e B, estão presas às extremidades da barra delgada de 3 kg. As engrenagens giram dentro de uma engrenagem de anel fixa C, que se encontra no plano horizontal. Se um torque de 10 N · m for aplicado ao centro da barra, conforme mostrado, determine o número de revoluções que a barra deverá girar partindo do repouso a fim de que tenha uma velocidade angular $\omega_{AB} = 20$ rad/s. Para o cálculo, considere que as engrenagens podem ser aproximadas por discos finos. Qual será o resultado se as engrenagens estiverem no plano vertical?

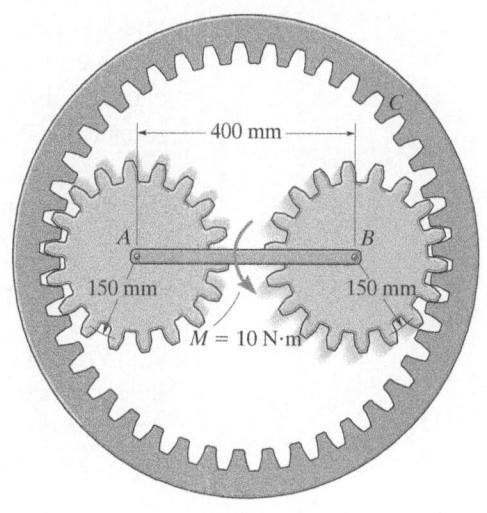

PROBLEMA 18.30

PROBLEMA 18.32

18.31. A tampa de 6 kg da caixa é mantida em equilíbrio pela mola de torção em $\theta = 60°$. Se a tampa é forçada a se fechar, $\theta = 0°$, e em seguida é liberada, determine sua velocidade angular no instante em que se abre em $\theta = 45°$.

18.33. A barra AB de 10 kg está conectada por um pino em A e é submetida a um momento de binário $M = 15$ N · m. Se a barra é liberada do repouso quando a mola está na posição não alongada em $\theta = 30°$, determine a velocidade angular da barra no instante $\theta = 60°$. À medida que a barra gira, a mola sempre permanece horizontal, em virtude do suporte de rolete em C.

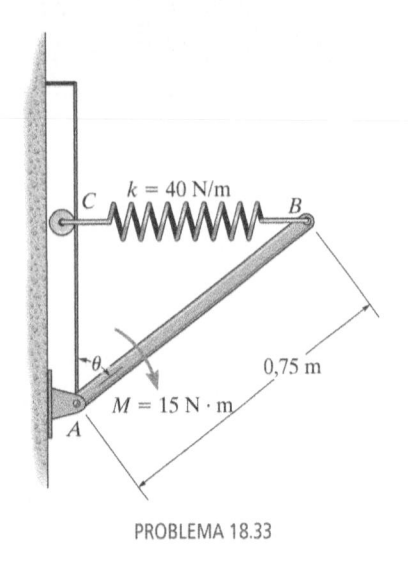

18.34. A barra uniforme tem massa m e comprimento l. Se ela for solta do repouso quando $\theta = 0°$, determine sua velocidade angular em função do ângulo θ antes de deslizar.

18.35. A barra uniforme tem massa m e comprimento l. Se ela for solta do repouso quando $\theta = 0°$, determine o ângulo θ no qual ela começa a deslizar. O coeficiente de atrito estático em O é $\mu_s = 0,3$.

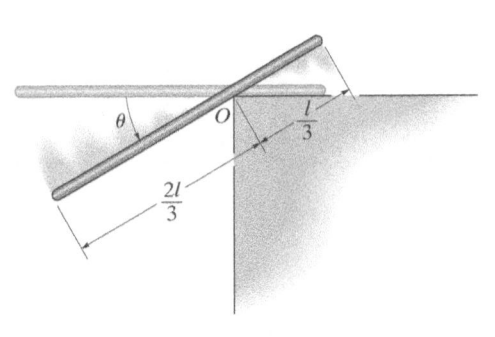

PROBLEMA 18.33

PROBLEMAS 18.34 e 18.35

18.5 Conservação da energia

Quando um sistema de forças que atuam sobre um corpo rígido consiste apenas em *forças conservativas*, o teorema da conservação da energia pode ser usado para resolver um problema que, de outra forma, seria resolvido pelo princípio do trabalho e energia. Esse teorema é frequentemente mais fácil de aplicar, visto que o trabalho de uma força conservativa é *independente da trajetória*, e depende somente das posições inicial e final do corpo. Mostrou-se, na Seção 14.5, que o trabalho de uma força conservativa pode ser expresso como a diferença na energia potencial do corpo, medida a partir de um *datum* ou uma referência selecionada arbitrariamente.

Energia potencial gravitacional

Visto que se pode considerar o peso total de um corpo como concentrado em seu centro de gravidade, a *energia potencial gravitacional* do corpo é determinada quando se sabe a altura do centro de gravidade do corpo, acima ou abaixo de uma referência horizontal.

$$V_g = W y_G \quad (18.15)$$

Aqui, a energia potencial é *positiva* quando y_G é positivo para cima, visto que o peso tem a habilidade de realizar *trabalho positivo* quando o corpo se move de volta para a referência (Figura 18.16). Da mesma forma, se G estiver localizado *abaixo* da referência ($-y_G$), a energia potencial gravitacional é *negativa*, porque o peso realiza *trabalho negativo* quando o corpo retorna para a referência.

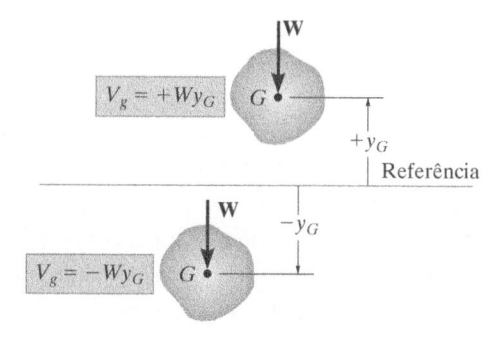

Energia potencial gravitacional
FIGURA 18.16

Energia potencial elástica

A força desenvolvida por uma mola elástica também é uma força conservativa. A *energia potencial elástica* que uma mola transmite a um corpo preso a ela, quando é distendida ou comprimida a partir de uma posição não deformada ($s = 0$) até uma posição final s (Figura 18.17), é

$$V_e = +\tfrac{1}{2}ks^2 \qquad (18.16)$$

Energia potencial elástica
FIGURA 18.17

Na posição deformada, a força da mola que atua *sobre o corpo* sempre tem a habilidade de realizar trabalho positivo quando ela retorna à sua posição não deformada original (ver Seção 14.5).

Conservação da energia

Em geral, se um corpo for submetido a ambas as forças, gravitacional e elástica, a *energia potencial* total pode ser expressa com uma função potencial, representada pela soma algébrica

$$V = V_g + V_e \qquad (18.17)$$

Aqui, a medida de V depende da posição do corpo em relação à referência selecionada.

Sabendo-se que o trabalho das forças conservativas pode ser escrito como a diferença em suas energias potenciais, ou seja, $(\Sigma U_{1-2})_{cons} = V_1 - V_2$ (Equação 14.16), podemos reescrever o princípio do trabalho e energia de um corpo rígido como

$$T_1 + V_1 + (\Sigma U_{1-2})_{\text{não cons}} = T_2 + V_2 \qquad (18.18)$$

Aqui $(\Sigma U_{1-2})_{\text{não cons}}$ representa o trabalho das forças não conservativas, como o atrito. Se esse termo for zero, então

$$T_1 + V_1 = T_2 + V_2 \qquad (18.19)$$

Essa equação é conhecida como a conservação da energia mecânica. Ela estabelece que a *soma* das energias potencial e cinética do corpo permanece *constante* quando este se desloca de uma posição para outra. Aplica-se também a um sistema de corpos rígidos lisos, conectados por pinos, corpos conectados por cordas inextensíveis e corpos engrenados entre si. Em todos esses casos, as forças que atuam sobre os pontos de contato são *eliminadas* da análise, visto que ocorrem em pares colineares iguais, mas opostos, e cada binário de forças se desloca por uma distância igual quando o sistema sofre um deslocamento.

É importante lembrar que apenas problemas que envolvem forças conservativas podem ser resolvidos usando-se a Equação 18.19. Como foi dito na Seção 14.5, o atrito, ou outras forças resistentes ao arrasto, que dependem de velocidade ou de aceleração, são não conservativas. O trabalho de tais forças é transformado em energia térmica, usada para aquecer as superfícies de contato e, consequentemente, essa energia é dissipada no ambiente e não pode ser recuperada. Portanto, problemas envolvendo forças de atrito podem ser resolvidos usando-se o princípio do trabalho e energia escrito na forma da Equação 18.18, se aplicável, ou as equações de movimento.

As molas de torção localizadas no topo da porta da garagem se encolhem quando a porta é abaixada. Quando a porta é erguida, a energia potencial armazenada nas molas é transferida para a energia potencial gravitacional do peso da porta, fazendo com que ela se abra mais facilmente.

Procedimento para análise

A equação de conservação da energia é usada para resolver problemas que envolvem *velocidade*, *deslocamento* e *sistemas de força conservativa*. Para aplicação, sugere-se que seja usado o procedimento indicado a seguir.

Energia potencial

- Desenhe dois diagramas, mostrando o corpo localizado em suas posições inicial e final ao longo da trajetória.
- Se o centro de gravidade, G, for submetido a um *deslocamento vertical*, estabeleça uma referência horizontal fixa, a partir da qual se medirá a energia potencial gravitacional do corpo, V_g.
- Dados relativos à elevação y_G do centro de gravidade do corpo a partir da referência, e a extensão ou compressão de quaisquer molas conectadas a ele, podem ser determinados a partir da geometria do problema e listados sobre os dois diagramas.
- A energia potencial é determinada a partir de $V = V_g + V_e$. Aqui, $V_g = Wy_G$, a qual pode ser positiva ou negativa, e $V_e = \frac{1}{2}ks^2$, que é sempre positiva.

Energia cinética

- A energia cinética do corpo consiste em duas partes, a saber: energia cinética translacional, $T = \frac{1}{2}mv_G^2$, e energia cinética rotacional, $T = \frac{1}{2}I_G\omega^2$.
- Diagramas cinemáticos de velocidade podem ser úteis para estabelecer uma *relação* entre v_G e ω.

Conservação da energia

- Aplique a equação da conservação da energia $T_1 + V_1 = T_2 + V_2$.

EXEMPLO 18.6

A barra de 10 kg AB, mostrada na Figura 18.18a, está confinada de modo que suas extremidades se movem nas ranhuras vertical e horizontal. A mola tem rigidez $k = 800$ N/m, e não está deformada quando $\theta = 0°$. Determine a velocidade angular de AB quando $\theta = 0°$, se a barra é solta do repouso quando $\theta = 30°$. Despreze a massa dos blocos deslizantes.

SOLUÇÃO

Energia potencial

Os dois diagramas da barra, quando ela está localizada em suas posições inicial e final, são mostrados na Figura 18.18b. A referência, utilizada para medir a energia potencial gravitacional, está alinhada à barra quando $\theta = 0°$.

Quando a barra está na posição 1, o centro de gravidade G está localizado *abaixo da referência*, de modo que sua energia potencial é *negativa*. Além disso, a energia potencial elástica (positiva) é armazenada na mola, visto que ela é deformada em uma distância $s_1 = (0{,}4 \text{ sen } 30°)$ m. Assim,

$$V_1 = -Wy_1 + \tfrac{1}{2}ks_1^2$$
$$= -(98{,}1 \text{ N})(0{,}2 \text{ sen } 30° \text{ m}) + \tfrac{1}{2}(800 \text{ N/m})(0{,}4 \text{ sen } 30° \text{ m})^2 = 6{,}19 \text{ J}$$

Quando a barra está na posição 2, sua energia potencial é zero, visto que o centro de gravidade G está localizado na referência e a mola não está deformada, $s_2 = 0$. Assim,

$$V_2 = 0$$

Energia cinética

A barra é liberada do repouso a partir da posição 1, portanto $(\mathbf{v}_G)_1 = \boldsymbol{\omega}_1 = \mathbf{0}$, e então

$$T_1 = 0$$

Na posição 2, a velocidade angular é $\boldsymbol{\omega}_2$ e o centro de massa da barra tem velocidade $(\mathbf{v}_G)_2$. Assim,

$$T_2 = \tfrac{1}{2}m(v_G)_2^2 + \tfrac{1}{2}I_G\omega_2^2$$
$$= \tfrac{1}{2}(10 \text{ kg})(v_G)_2^2 + \tfrac{1}{2}\left[\tfrac{1}{12}(10 \text{ kg})(0{,}4 \text{ m})^2\right]\omega_2^2$$

Usando-se a *cinemática*, $(\mathbf{v}_G)_2$ pode ser relacionada a $\boldsymbol{\omega}_2$, como mostra a Figura 18.18c. No instante considerado, o centro instantâneo de velocidade nula (CI) da barra está no ponto A; portanto, $(v_G)_2 = (r_{G/CI})\omega_2 = (0{,}2 \text{ m})\omega_2$. Substituindo-se na expressão anteriormente mostrada e simplificando (ou usando $\tfrac{1}{2}I_{CI}\omega_2^2$), obtém-se

$$T_2 = 0{,}2667\omega_2^2$$

Conservação da energia

$$\{T_1\} + \{V_1\} = \{T_2\} + \{V_2\}$$
$$\{0\} + \{6{,}19 \text{ J}\} = \{0{,}2667\omega_2^2\} + \{0\}$$
$$\omega_2 = 4{,}82 \text{ rad/s} \qquad \qquad Resposta$$

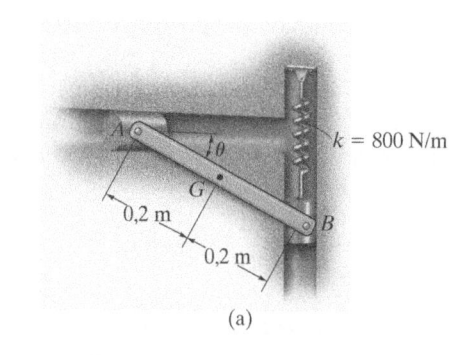

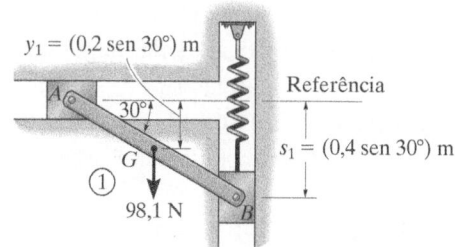

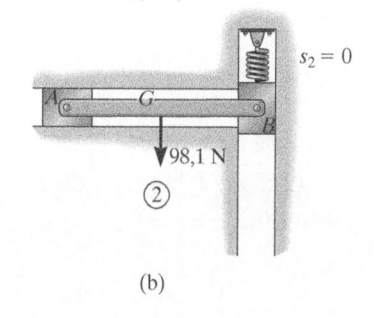

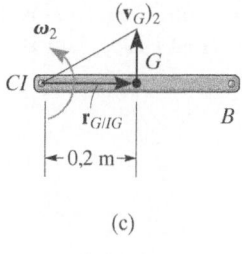

FIGURA 18.18

EXEMPLO 18.7

A roda mostrada na Figura 18.19a tem peso de 15 kg e raio de giração $k_G = 0,2$ m. Ela está fixada a uma mola que tem rigidez $k = 30$ N/m, e um comprimento não deformado de 0,3 m. Se o disco é liberado do repouso na posição mostrada e rola sem deslizar, determine sua velocidade angular no instante em que G se desloca 0,9 m para a esquerda.

SOLUÇÃO

Energia potencial

Dois diagramas da roda, quando ela se encontra nas posições inicial e final, são mostrados na Figura 18.19b. Uma referência gravitacional não é necessária aqui, visto que o peso não é deslocado verticalmente. Segundo a geometria do problema, a mola está deformada $s_1 = \left(\sqrt{0,9^2 + 1,2^2} - 0,3\right) = 1,2$ m na posição inicial, e esticada $s_2 = (1,2 - 0,3) = 0,9$ m na posição final. Assim, a energia potencial positiva da mola é

$$V_1 = \tfrac{1}{2}ks_1^2 = \tfrac{1}{2}(30 \text{ N/m})(1,2 \text{ m})^2 = 21,6 \text{ N} \cdot \text{m}$$
$$V_2 = \tfrac{1}{2}ks_2^2 = \tfrac{1}{2}(30 \text{ N/m})(0,9 \text{ m})^2 = 12,15 \text{ N} \cdot \text{m}$$

Energia cinética

O disco é liberado do repouso e, então, $(\mathbf{v}_G)_1 = \mathbf{0}$, $\boldsymbol{\omega}_1 = \mathbf{0}$. Portanto,

$$T_1 = 0$$

Visto que o centro instantâneo de velocidade nula está no solo (Figura 18.19c), temos

$$T_2 = \frac{1}{2}I_{CI}\omega_2^2$$
$$= \frac{1}{2}\left[(15 \text{ kg})(0,2 \text{ m})^2 + (15 \text{ kg})(0,225 \text{ m})^2\right]\omega_2^2$$
$$= 0,6797\omega_2^2$$

Conservação da energia

$$\{T_1\} + \{V_1\} = \{T_2\} + \{V_2\}$$
$$\{0\} + \{21,6 \text{ N} \cdot \text{m}\} = \{0,6797\omega_2^2\} + \{12,15 \text{ N} \cdot \text{m}\}$$
$$\omega_2 = 3,73 \text{ rad/s} \qquad \textit{Resposta}$$

NOTA: se o princípio de trabalho e energia fosse usado para resolver este problema, então o trabalho da mola teria de ser determinado considerando-se as variações de intensidade e direção da força da mola.

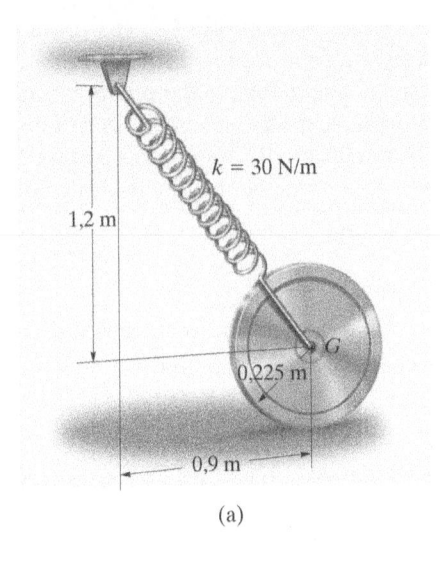

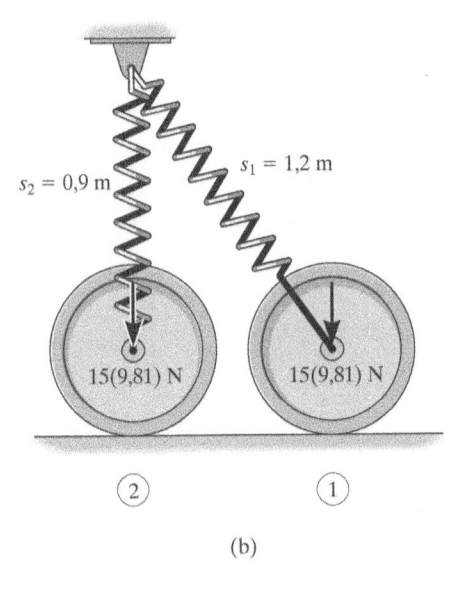

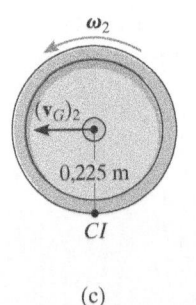

FIGURA 18.19

EXEMPLO 18.8

O disco homogêneo de 10 kg mostrado na Figura 18.20a está fixado a uma barra uniforme de 5 kg, AB. Se o conjunto é liberado do repouso quando $\theta = 60°$, determine a velocidade angular da barra quando $\theta = 0°$. Suponha que o disco role sem deslizar. Despreze o atrito ao longo da guia e a massa do anel em B.

SOLUÇÃO

Energia potencial

Dois diagramas, da barra e do disco, quando estão em suas posições inicial e final, são mostrados na Figura 18.20b. Por conveniência, a referência passa pelo ponto A.

Quando o sistema está na posição 1, apenas o peso da barra tem energia potencial positiva. Portanto,

$$V_1 = W_r y_1 = (49{,}05 \text{ N})(0{,}3 \text{ sen } 60° \text{ m}) = 12{,}74 \text{ J}$$

Quando o sistema está na posição 2, ambos os pesos, da barra e do disco, têm energia potencial zero. Por quê? Assim,

$$V_2 = 0$$

Energia cinética

Visto que o sistema inteiro está em repouso na posição inicial,

$$T_1 = 0$$

Na posição final, a barra tem velocidade angular $(\omega_r)_2$, e seu centro de massa tem velocidade $(\mathbf{v}_G)_2$ (Figura 18.20c). Visto que a barra está *totalmente estendida* nessa posição, o disco está momentaneamente em repouso, então $(\omega_d)_2 = 0$ e $(\mathbf{v}_A)_2 = 0$. Para a barra, $(\mathbf{v}_G)_2$ pode ser relacionada a $(\omega_r)_2$ a partir do centro instantâneo de velocidade nula, que está localizado no ponto A (Figura 18.20c). Portanto, $(v_G)_2 = r_{G/CI}(\omega_r)_2$ ou $(v_G)_2 = 0{,}3(\omega_r)_2$. Assim,

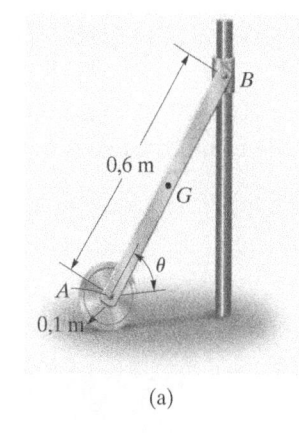

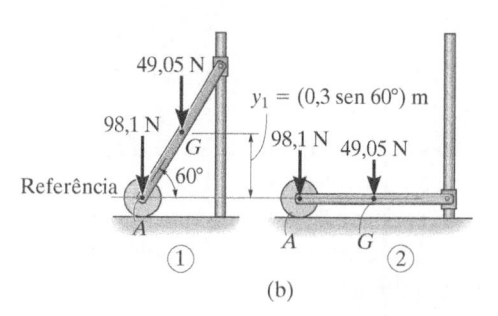

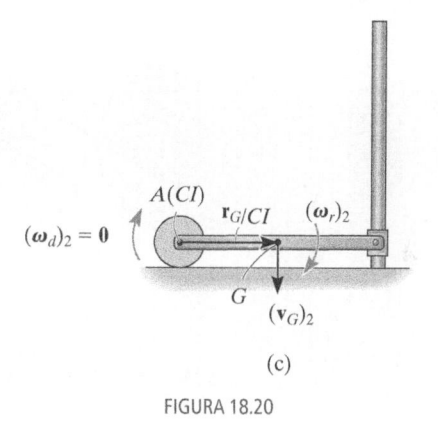

$$T_2 = \frac{1}{2}m_r(v_G)_2^2 + \frac{1}{2}I_G(\omega_r)_2^2 + \frac{1}{2}m_d(v_A)_2^2 + \frac{1}{2}I_A(\omega_d)_2^2$$

$$= \frac{1}{2}(5 \text{ kg})[(0{,}3 \text{ m})(\omega_r)_2]^2 + \frac{1}{2}\left[\frac{1}{12}(5 \text{ kg})(0{,}6 \text{ m})^2\right](\omega_r)_2^2 + 0 + 0$$

$$= 0{,}3(\omega_r)_2^2$$

Conservação da energia

$$\{T_1\} + \{V_1\} = \{T_2\} + \{V_2\}$$
$$\{0\} + \{12{,}74 \text{ J}\} = \{0{,}3(\omega_r)_2^2\} + \{0\}$$
$$(\omega_r)_2 = 6{,}52 \text{ rad/s} \qquad\qquad Resposta$$

NOTA: também podemos determinar a energia cinética final da barra usando $T_2 = \frac{1}{2}I_{CI}\omega_2^2$.

Problemas fundamentais

F18.7. Se o disco de 30 kg é solto do repouso quando $\theta = 0°$, determine sua velocidade angular quando $\theta = 90°$.

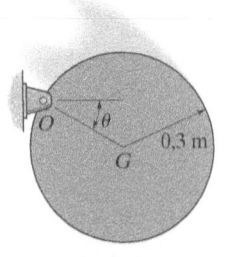

PROBLEMA F18.7

F18.8. A bobina de 50 kg tem raio de giração, em relação a seu centro O, de $k_O = 300$ mm. Se ela é solta do repouso, determine sua velocidade angular quando seu centro O tiver descido 6 m sobre o plano inclinado liso.

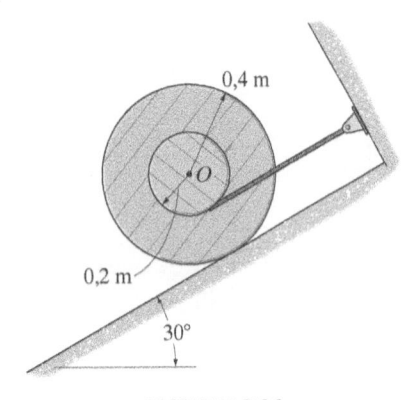

PROBLEMA F18.8

F18.9. A barra de 60 kg, OA, é liberada do repouso quando $\theta = 0°$. Determine sua velocidade angular quando $\theta = 45°$. A mola permanece vertical durante o movimento e não está deformada quando $\theta = 0°$.

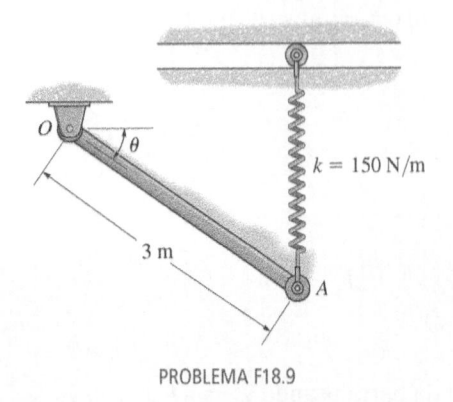

PROBLEMA F18.9

F18.10. A barra de 30 kg é solta do repouso quando $\theta = 0°$. Determine a velocidade angular da barra quando $\theta = 90°$. A mola não está deformada quando $\theta = 0°$.

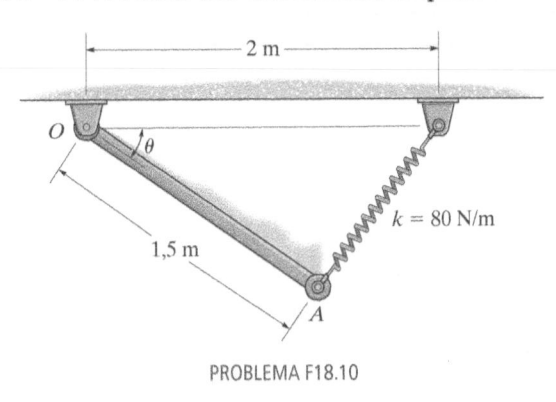

PROBLEMA F18.10

F18.11. A barra de 30 kg é solta do repouso quando $\theta = 45°$. Determine a velocidade angular da barra quando $\theta = 0°$. A mola não está deformada quando $\theta = 45°$.

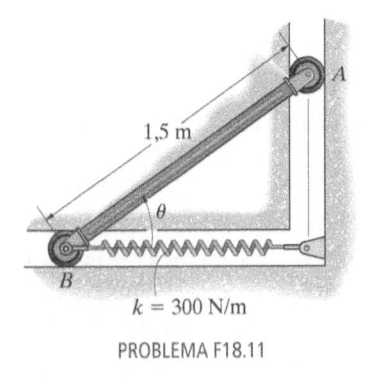

PROBLEMA F18.11

F18.12. A barra de 20 kg é liberada do repouso quando $\theta = 0°$. Determine sua velocidade angular quando $\theta = 90°$. A mola tem comprimento não deformado de 0,5 m.

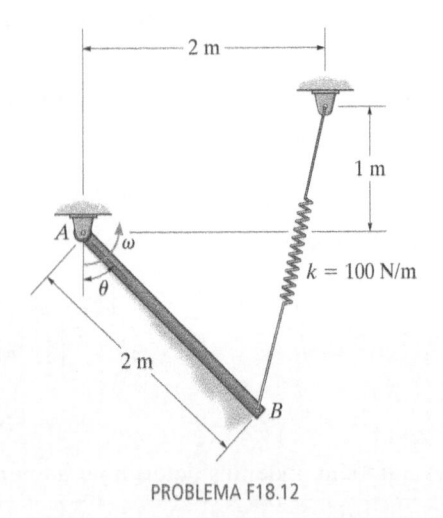

PROBLEMA F18.12

Problemas

*18.36. A bobina tem massa de 20 kg e raio de giração $k_O = 160$ mm. Se o bloco A de 15 kg é liberado do repouso, determine a distância que ele deverá cair a fim de que a bobina tenha velocidade angular $\omega = 8$ rad/s. Além disso, qual é a tração na corda enquanto o bloco está em movimento? Despreze a massa da corda.

18.37. A bobina tem massa de 20 kg e raio de giração $k_O = 160$ mm. Se o bloco A de 15 kg é liberado do repouso, determine a velocidade do bloco quando ele desce 600 mm.

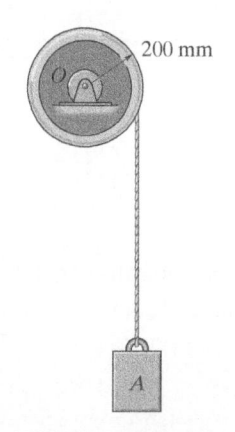

PROBLEMAS 18.36 e 18.37

18.38. Um pneu de automóvel tem massa de 7 kg e raio de giração $k_G = 0,3$ m. Se ele é solto do repouso em A na inclinação, determine sua velocidade angular quando atinge o plano horizontal. O pneu rola sem deslizar.

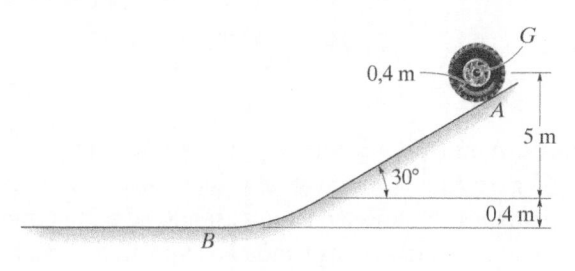

PROBLEMA 18.38

18.39. A bobina tem massa de 50 kg e raio de giração $k_O = 0,280$ m. Se o bloco A de 20 kg é solto do repouso, determine a distância que o bloco deverá cair a fim de que a bobina tenha velocidade angular $\omega = 5$ rad/s. Além disso, qual é a tração na corda enquanto o bloco está em movimento? Despreze a massa da corda.

*18.40. A bobina tem massa de 50 kg e raio de giração $k_O = 0,280$ m. Se o bloco A de 20 kg é solto do repouso, determine a velocidade do bloco quando ele desce 0,5 m.

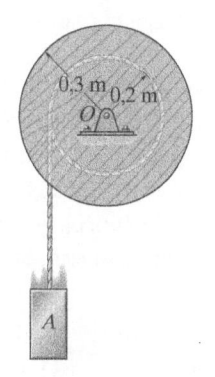

PROBLEMAS 18.39 e 18.40

18.41. O conjunto consiste em uma polia A, de 3 kg, e uma polia B, de 10 kg. Se um bloco de 2 kg está suspenso pela corda, determine a velocidade do bloco após ele haver descido 0,5 m, partindo do repouso. Despreze a massa da corda e trate as polias como discos finos. Não ocorre deslizamento.

18.42. O conjunto consiste em uma polia A, de 3 kg, e uma polia B, de 10 kg. Se um bloco de 2 kg está suspenso pela corda, determine a distância que o bloco deverá descer, partindo do repouso, a fim de que B tenha uma velocidade angular de 6 rad/s. Despreze a massa da corda e trate as polias como discos finos. Não ocorre deslizamento.

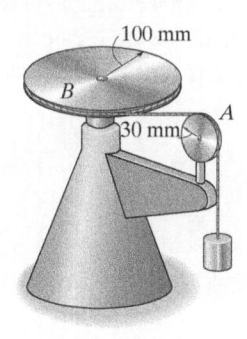

PROBLEMAS 18.41 e 18.42

18.43. O segmento semicircular de 15 kg é solto do repouso na posição mostrada. Determine a velocidade do ponto A quando ele tiver girado 90° em sentido anti-horário. Suponha que o segmento gire sobre a superfície sem deslizar. O momento de inércia em torno de seu centro de massa é $I_G = 0,25$ kg $\cdot$ m².

448 DINÂMICA

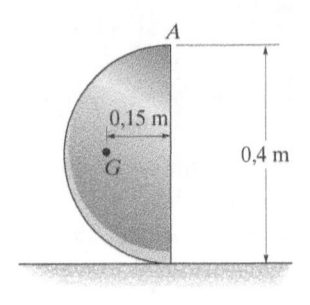

PROBLEMA 18.43

***18.44.** A polia composta do disco consiste em um eixo e uma borda externa conectada. Se ele tem massa de 3 kg e raio de giração $k_G = 45$ mm, determine a velocidade do bloco A depois que A tiver descido 0,2 m a partir do repouso. Os blocos A e B possuem massa de 2 kg cada. Despreze a massa das cordas.

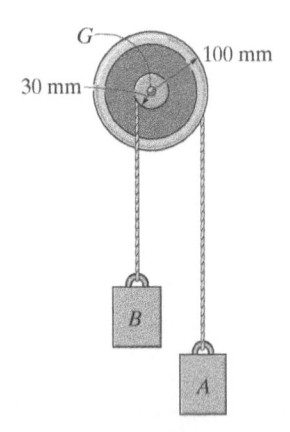

PROBLEMA 18.44

18.45. Determine a velocidade do cilindro de 50 kg depois que ele tiver descido por uma distância de 2 m, partindo do repouso. A engrenagem A tem massa de 10 kg e raio de giração de 125 mm em torno de seu centro de massa. A engrenagem B e o tambor C têm massa combinada de 30 kg e raio de giração de 150 mm em torno de seu centro de massa.

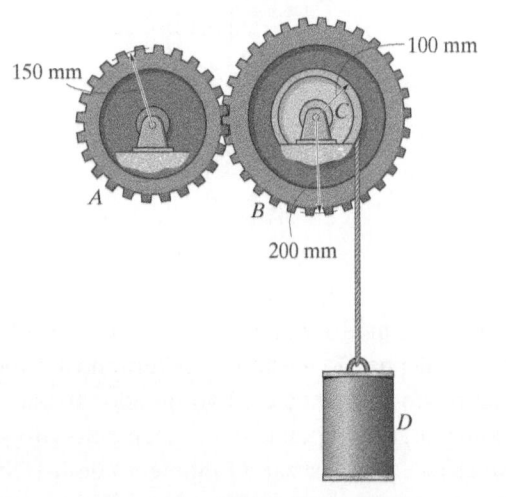

PROBLEMA 18.45

18.46. O conjunto consiste em duas barras de 10 kg, que estão conectadas por pino. Se as barras forem soltas do repouso quando $\theta = 60°$, determine suas velocidades angulares no instante $\theta = 0°$. O disco de 5 kg em C tem raio de 0,5 m e gira sem deslizar.

18.47. O conjunto consiste em duas barras de 10 kg, que estão conectadas por pino. Se as barras forem soltas do repouso quando $\theta = 60°$, determine suas velocidades angulares no instante $\theta = 30°$. O disco de 5 kg em C tem raio de 0,5 m e gira sem deslizar.

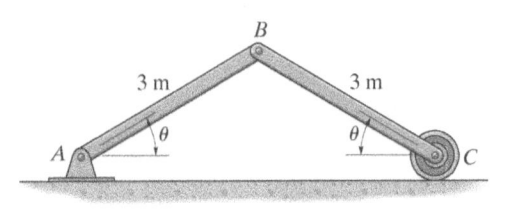

PROBLEMAS 18.46 e 18.47

***18.48.** As duas barras delgadas de 12 kg são conectadas por pino e soltas do repouso na posição $\theta = 60°$. Se a mola tem comprimento não deformado de 1,5 m, determine a velocidade angular da barra BC, quando o sistema está na posição $\theta = 0°$. Despreze a massa do rolete em C.

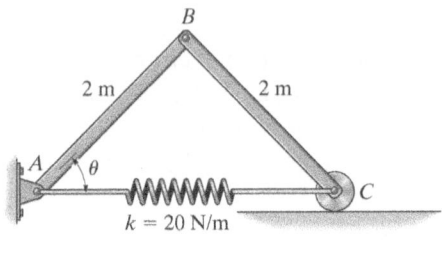

PROBLEMA 18.48

18.49. A porta uniforme de garagem tem massa de 150 kg e é guiada ao longo de trilhos lisos em suas extremidades. A elevação é feita usando-se as duas molas, cada uma das quais fixada ao suporte de ancoragem em A e ao eixo do contrapeso em B e C. Quando a porta é elevada, as molas começam a desenrolar do eixo, auxiliando assim a elevação. Se cada mola fornece um momento torcional $M = (0,7\theta)$ N · m, onde θ é dado em radianos, determine o ângulo θ_0 no qual ambas as molas, a que desenrola para a esquerda e a que desenrola para a direita, devem ser fixadas, de modo que a porta esteja completamente equilibrada pelas molas, ou seja, quando a porta estiver em posição vertical, e se der a ela um ligeiro impulso para cima, as molas elevarão a porta ao longo dos trilhos laterais até o plano horizontal, sem velocidade angular final. *Nota*: a energia potencial elástica de uma mola de torção é $V_e = \frac{1}{2}k\theta^2$, onde $M = k\theta$ e, neste caso, $k = 0{,}7$ N · m/rad.

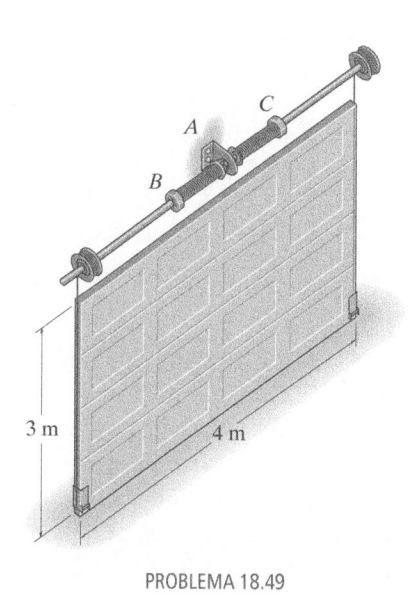

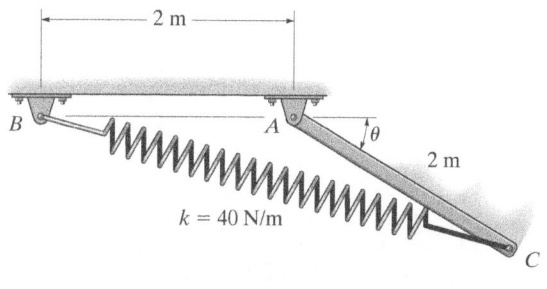

PROBLEMA 18.51

***18.52.** A barra delgada de 12 kg é presa a uma mola, que tem comprimento de 2 m quando não está deformada. Se a barra é solta do repouso quando $\theta = 30°$, determine sua velocidade angular no instante em que a mola estiver não deformada.

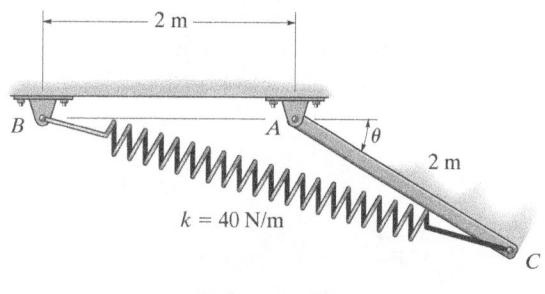

PROBLEMA 18.52

PROBLEMA 18.49

18.50. A roda de 40 kg tem raio de giração $k_G = 250$ mm em torno de seu centro de gravidade G. Se ela gira sem deslizar, determine sua velocidade angular quando tiver girado 90° em sentido horário a partir da posição mostrada. A mola AB tem rigidez $k = 100$ N/m e comprimento de 500 mm quando não está deformada. A roda é solta do repouso.

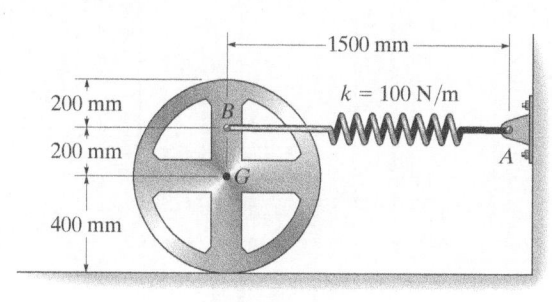

18.53. A barra de 6 kg ABC está conectada à barra de 3 kg CD. Se o sistema for solto do repouso quando $\theta = 0°$, determine a velocidade angular da barra ABC no instante em que ela estiver na horizontal.

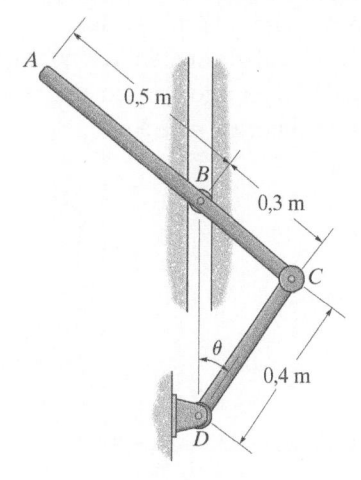

PROBLEMA 18.50

PROBLEMA 18.53

18.51. A barra delgada de 12 kg é presa a uma mola, que tem comprimento de 2 m quando não está deformada. Se a barra é solta do repouso quando $\theta = 30°$, determine sua velocidade angular no instante em que $\theta = 90°$.

18.54. A barra delgada de 6 kg AB está na horizontal e em repouso, e a mola não está deformada. Determine a rigidez k da mola de modo que o movimento da barra seja momentaneamente interrompido quando ela tiver girado 90° no sentido horário, depois de ser solta.

PROBLEMA 18.54

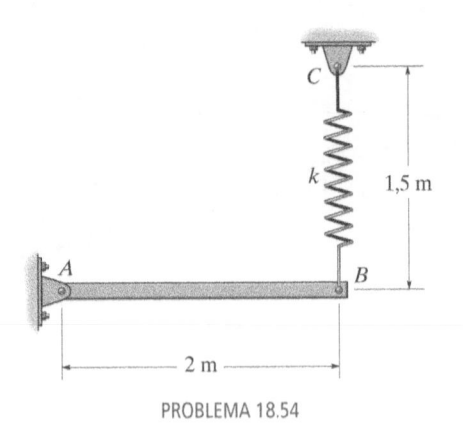

18.55. A mola de torção em A tem rigidez $k = 2000$ N · m/rad e está desenrolada quando $\theta = 0°$. Determine a velocidade angular das barras, AB e BC, quando $\theta = 0°$, se elas forem soltas do repouso na posição mais fechada, $\theta = 90°$. As barras têm massa por comprimento unitário de 20 kg/m.

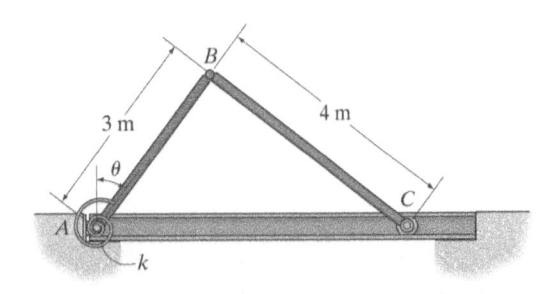

PROBLEMA 18.55

*****18.56.** A barra delgada de 6 kg AB está na horizontal e em repouso, e a mola não está deformada. Determine a velocidade angular da barra quando ela tiver girado 45° no sentido horário, depois de ser solta. A mola tem rigidez $k = 12$ N/m.

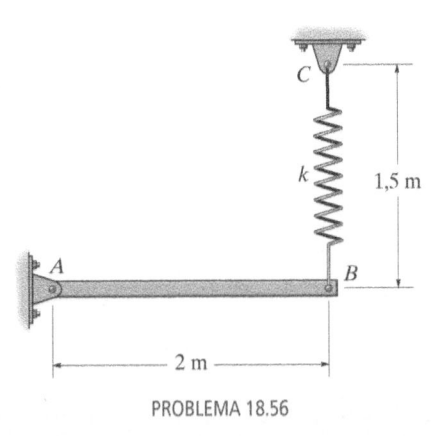

PROBLEMA 18.56

18.57. Uma mola com rigidez $k = 300$ N/m está presa à extremidade da barra de 15 kg, e não está deformada quando $\theta = 0°$. Se a barra for solta do repouso quando $\theta = 0°$, determine sua velocidade angular no instante em que $\theta = 30°$. O movimento é feito no plano vertical.

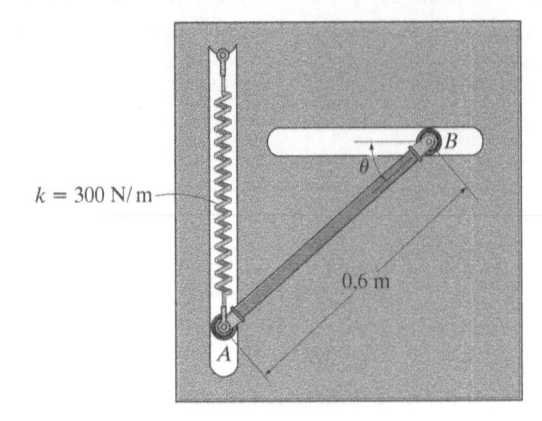

PROBLEMA 18.57

18.58. A barra delgada de 15 kg está inicialmente em repouso e parada na posição vertical quando a extremidade inferior A é deslocada ligeiramente para a direita. Se o trilho em que ela se move é liso, determine a velocidade em que a extremidade A atinge o canto D. A barra está restrita a se mover no plano vertical. Despreze a massa da corda BC.

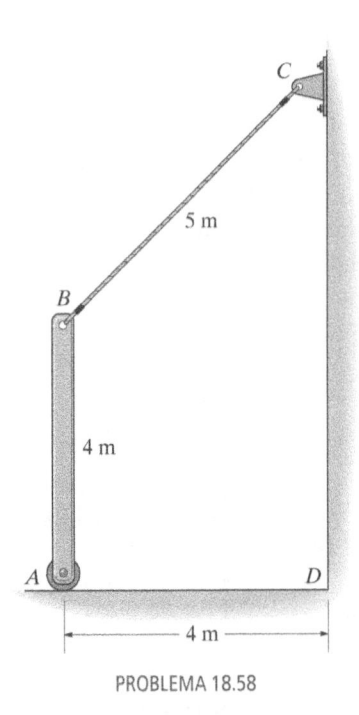

PROBLEMA 18.58

18.59. O pêndulo consiste em uma barra delgada de 6 kg fixada a um disco de 15 kg. Se a mola tem comprimento de 0,2 m quando não está deformada, determine a velocidade angular do pêndulo quando ele é solto do repouso e gira 90° em sentido horário a partir da posição mostrada. O rolete em C permite que a mola permaneça na vertical.

PROBLEMA 18.59

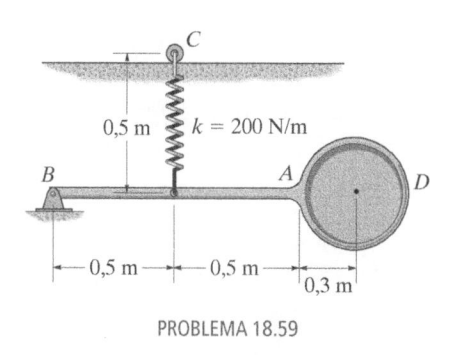

*18.60. As duas barras delgadas de 12 kg estão conectadas por pino e soltas do repouso na posição $\theta = 60°$. Se a mola tem comprimento de 1,5 m quando não está deformada, determine a velocidade angular da barra BC quando o sistema está na posição $\theta = 30°$.

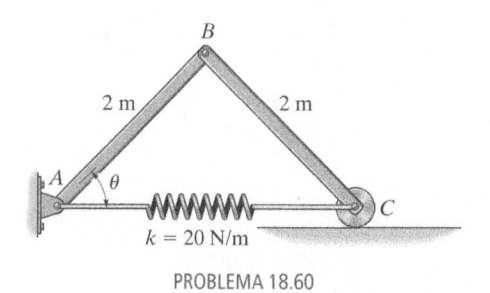

PROBLEMA 18.60

18.61. Se a engrenagem B de 40 kg for solta do repouso na posição $\theta = 0°$, determine a velocidade angular da engrenagem A de 20 kg no instante em que $\theta = 90°$. Os raios de giração das engrenagens A e B em relação a seus respectivos centros de massa são $k_A = 125$ mm e $k_B = 175$ mm. O anel de engrenagem externo P é fixo.

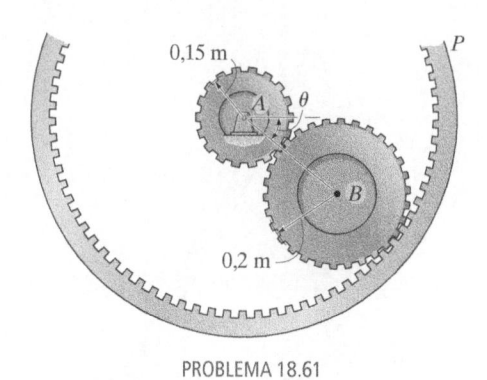

PROBLEMA 18.61

18.62. O pêndulo de 30 kg tem seu centro de massa em G e raio de giração $k_G = 300$ mm em relação ao ponto G. Se ele é solto do repouso quando $\theta = 0°$, determine sua velocidade angular no instante $\theta = 90°$. A mola AB tem rigidez $k = 300$ N/m e não está deformada quando $\theta = 0°$.

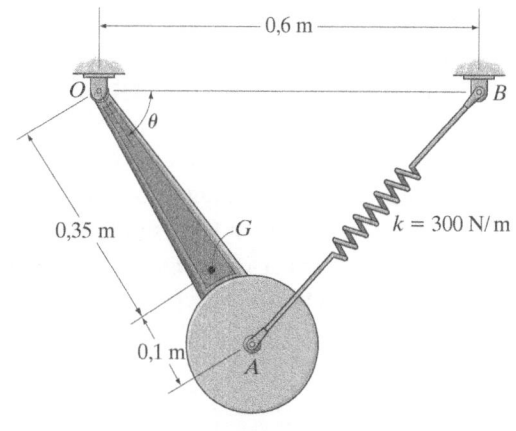

PROBLEMA 18.62

18.63. A bobina tem massa de 50 kg e raio de giração $k_O = 0,280$ m. Se o bloco de 20 kg é solto do repouso, determine a distância que o bloco deverá descer a fim de que a bobina tenha velocidade angular $\omega = 5$ rad/s. Além disso, qual é a tração na corda enquanto o bloco está em movimento? Despreze a massa da corda.

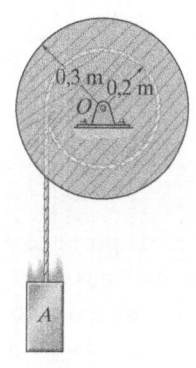

PROBLEMA 18.63

*18.64. A barra AB, de 500 g, está em repouso ao longo da superfície interna lisa de uma tigela hemisférica. Se a barra é liberada do repouso a partir da posição mostrada, determine sua velocidade angular no instante em que ela oscila para baixo e torna-se horizontal.

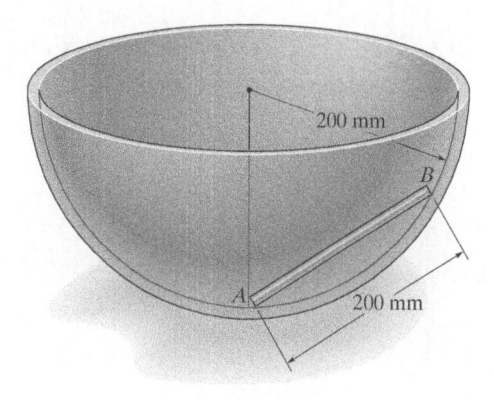

PROBLEMA 18.64

18.65. O movimento da porta de garagem uniforme de 40 kg é guiado em suas extremidades pelo trilho. Determine a extensão inicial da mola requerida quando a porta é aberta, $\theta = 0°$, de modo que, quando a porta cair livremente, entra em repouso assim que atingir a posição de fechamento total, $\theta = 90°$. Considere que a porta possa ser tratada como uma placa fina, e que há um sistema de mola e polia em cada um dos lados da porta.

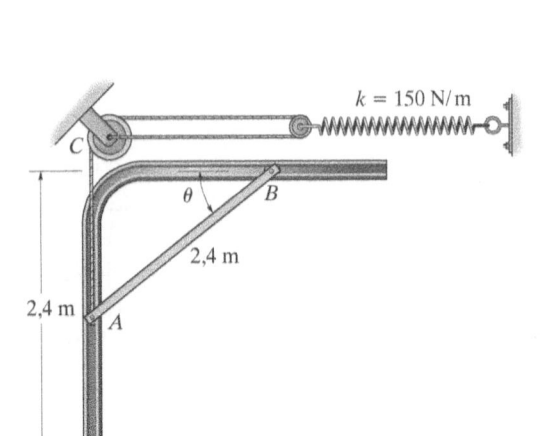

18.67. O sistema consiste em um disco de 30 kg, uma barra delgada BA de 12 kg e um anel liso A de 5 kg. Se o disco gira sem deslizar, determine a velocidade do anel no instante em que $\theta = 0°$. O sistema é solto do repouso quando $\theta = 45°$.

PROBLEMA 18.65

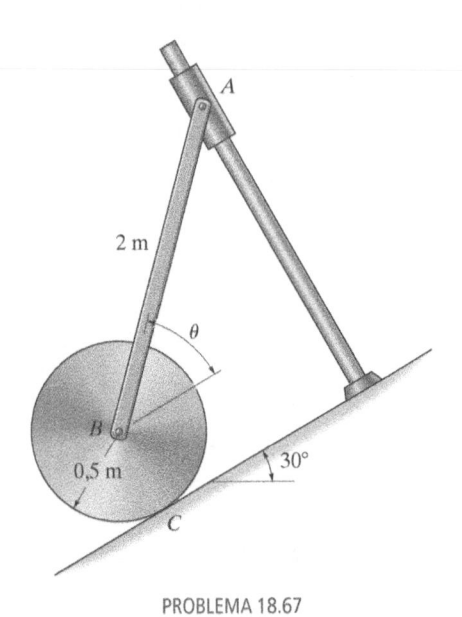

PROBLEMA 18.67

18.66. O movimento da porta de garagem uniforme de 40 kg é guiado em suas extremidades pelo trilho. Se a porta é liberada do repouso em $\theta = 0°$, determine sua velocidade angular no instante $\theta = 30°$. A mola está originalmente estendida 0,3 m quando a porta é mantida aberta, $\theta = 0°$. Considere que a porta pode ser tratada como uma placa fina e que há um sistema de mola e polia em cada um dos lados da porta.

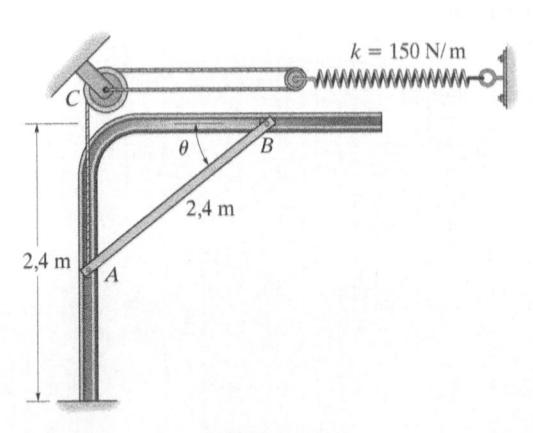

*__18.68.__ O sistema consiste em um disco de 30 kg, uma barra delgada BA de 12 kg e um anel liso A de 5 kg. Se o disco gira sem deslizar, determine a velocidade do anel no instante em que $\theta = 30°$. O sistema é solto do repouso quando $\theta = 45°$.

PROBLEMA 18.66

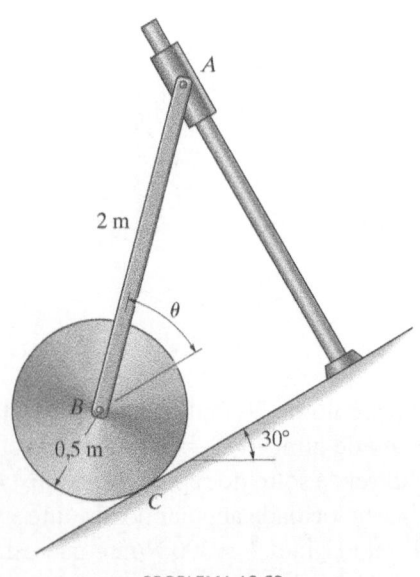

PROBLEMA 18.68

Problemas conceituais

C18.1. A bicicleta e o ciclista partem do repouso no alto da colina. Mostre como determinar a velocidade do ciclista quando ele desce livremente pela colina. Use dimensões apropriadas para as rodas, a massa do ciclista, o quadro e as rodas da bicicleta, a fim de explicar seus resultados.

PROBLEMA C18.1

C18.2. Duas molas de torção, $M = k\theta$, são usadas para auxiliar a abertura e o fechamento do capô desta caminhonete. Supondo-se que as molas sejam descomprimidas $\theta = 0°$ quando o capô é aberto, determine a rigidez k (N · m/rad) de cada mola, necessária para que o capô possa ser erguido com facilidade, ou seja, praticamente sem qualquer força aplicada a ele quando está fechado. Use valores numéricos apropriados para explicar seu resultado.

PROBLEMA C18.2

C18.3. A operação desta porta de garagem é auxiliada por duas molas AB e membros laterais BCD, que estão conectados por pinos em C. Supondo que as molas não estejam deformadas quando a porta está na posição horizontal (aberta) e que $ABCD$ é vertical, determine a rigidez k de cada mola, de maneira que, quando a porta cair para a posição vertical (fechada), ela venha a parar lentamente. Use valores numéricos apropriados para explicar seu resultado.

PROBLEMA C18.3

C18.4. Determine o contrapeso A, necessário para equilibrar o peso do tabuleiro da ponte quando $\theta = 0°$. Demonstre que esse peso manterá o equilíbrio do tabuleiro, ao considerar a energia potencial do sistema quando o tabuleiro estiver na posição arbitrária θ. Tanto o tabuleiro quanto AB estão na horizontal quando $\theta = 0°$. Despreze os pesos dos outros membros. Use valores numéricos apropriados para explicar esse resultado.

PROBLEMA C18.4

Revisão do capítulo

Energia cinética

A energia cinética de um corpo rígido que sofre movimento plano pode ser referenciada a seu centro de massa. Ela inclui uma soma escalar de suas energias cinéticas translacional e rotacional.

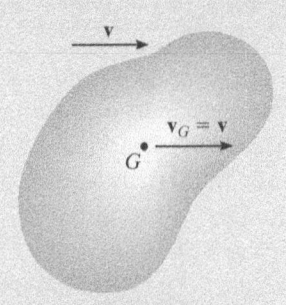

Translação

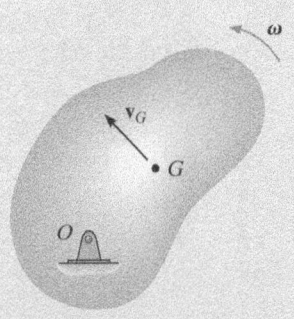

$$T = \tfrac{1}{2} m v_G^2$$

Rotação em torno de um eixo fixo

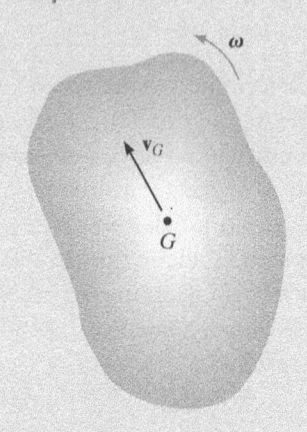

$$T = \tfrac{1}{2} m v_G^2 + \tfrac{1}{2} I_G \omega^2$$

ou

$$T = \tfrac{1}{2} I_O \omega^2$$

Movimento plano geral

$$T = \tfrac{1}{2} m v_G^2 + \tfrac{1}{2} I_G \omega^2$$

ou

$$T = \tfrac{1}{2} I_{CI} \omega^2$$

Trabalho de uma força e de um momento de binário

Uma força realiza trabalho quando sofre um deslocamento ds na direção da força. Em particular, as forças normal e de atrito que atuam sobre um cilindro ou qualquer corpo circular que roda *sem deslizar* não realizarão nenhum trabalho, visto que a força normal não sofre deslocamento e a força de atrito atua em pontos sucessivos sobre a superfície do corpo.

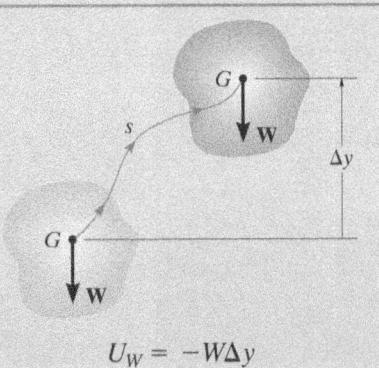

$$U_W = -W \Delta y$$

Peso

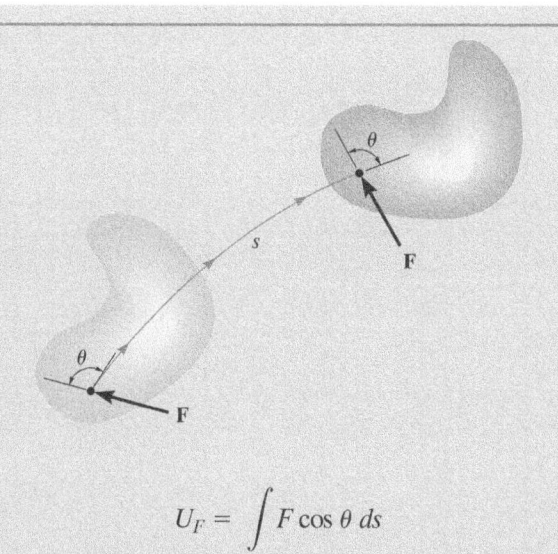

$$U_F = \int F \cos\theta \, ds$$

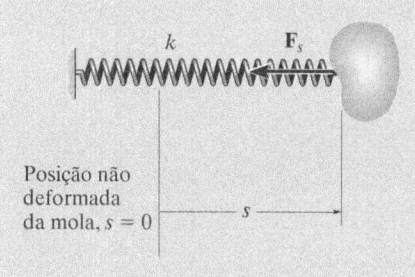

$$U = -\frac{1}{2}ks^2$$

Mola

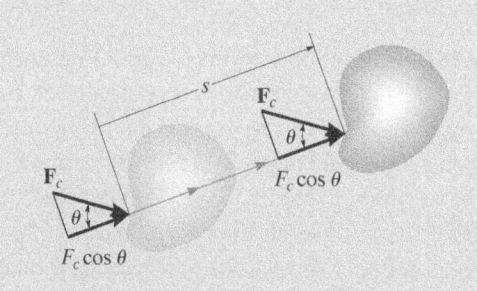

$$U_{F_c} = (F_c \cos\theta)s$$

Força constante

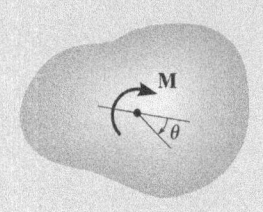

$$U_M = \int_{\theta_1}^{\theta_2} M \, d\theta$$

$$U_M = M(\theta_2 - \theta_1)$$

Intensidade constante

Princípio do trabalho e energia

Problemas que envolvem velocidade, força e deslocamento podem ser resolvidos usando-se o princípio do trabalho e energia. A energia cinética é a soma de suas partes, translacional e rotacional. Para aplicação, um diagrama de corpo livre deve ser traçado de modo a considerar o trabalho de todas as forças e momentos de binário que atuam sobre o corpo enquanto ele se desloca ao longo da trajetória.

$$T_1 + \Sigma U_{1-2} = T_2$$

Conservação da energia

Se um corpo rígido é submetido apenas a forças conservativas, a equação de conservação da energia pode ser usada para resolver o problema. Essa equação requer que a soma das energias potencial e cinética do corpo permaneça a mesma em quaisquer dois pontos ao longo da trajetória.

$$T_1 + V_1 = T_2 + V_2$$
onde $V = V_g + V_e$

A energia potencial é a soma das energias gravitacional e elástica do corpo. A energia potencial gravitacional será positiva se o centro de gravidade do corpo se localizar acima de uma referência. Se estiver abaixo da referência, então será negativa. A energia potencial elástica é sempre positiva, independentemente de a mola estar deformada em tração ou em compressão.

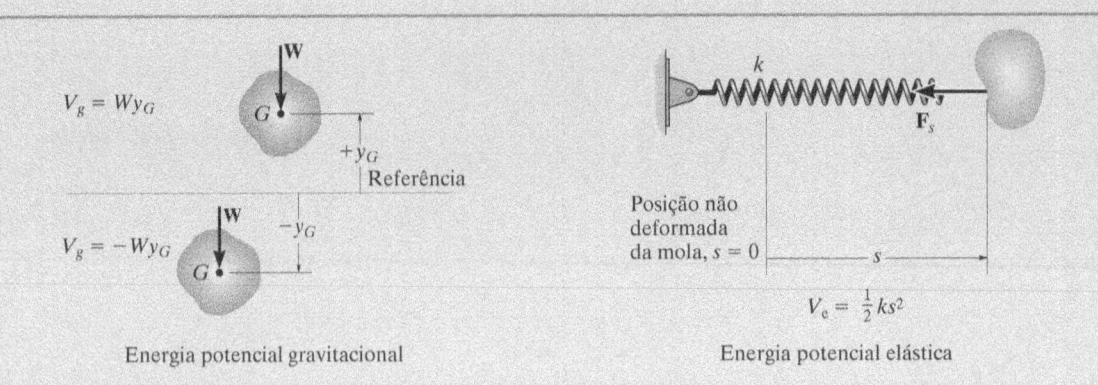

Problemas de revisão

R18.1. O pêndulo da máquina de impacto de Charpy tem massa de 50 kg e raio de giração $k_A = 1{,}75$ m. Se ele for solto do repouso quando $\theta = 0°$, determine sua velocidade angular imediatamente antes de atingir a amostra S, $\theta = 90°$.

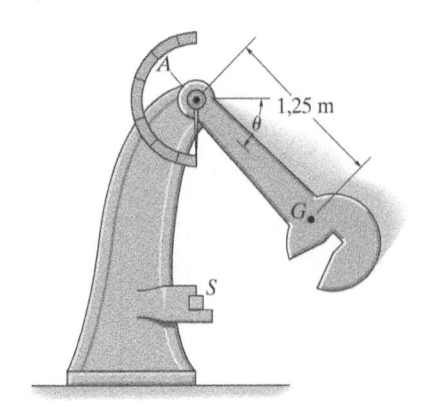

PROBLEMA R18.1

R18.2. O volante de 50 kg tem raio de giração $k_O = 200$ mm em torno de seu centro de massa. Se ele é submetido a um torque de $M = (9\theta^{1/2} + 1)$ N · m, onde θ é dado em radianos, determine sua velocidade angular quando tiver girado por 5 revoluções, partindo do repouso.

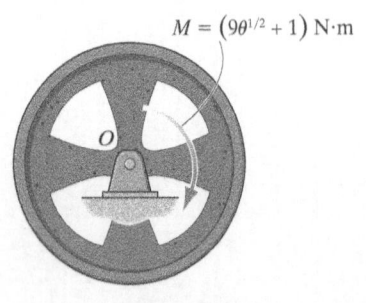

$M = (9\theta^{1/2} + 1)$ N·m

PROBLEMA R18.2

R18.3. O tambor tem massa de 50 kg e raio de giração $k_O = 0{,}23$ m em torno do pino em O. Partindo do repouso, o bloco suspenso B de 15 kg desce por 3 m sem a aplicação do freio ACD. Determine a velocidade do bloco nesse instante. Se o coeficiente de atrito cinético na pastilha de freio C é $\mu_k = 0{,}5$, determine a força **P** que deverá ser aplicada à alavanca de freio para parar o bloco depois que ele tiver descido *outros* 3 m. Despreze a espessura da alavanca.

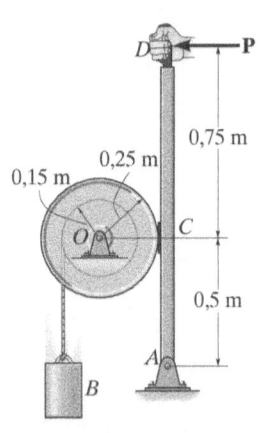

PROBLEMA R18.3

R18.4. A bobina tem massa de 60 kg e raio de giração $k_G = 0{,}3$ m. Se ela for solta do repouso, determine até que distância seu centro desce pelo plano liso antes de alcançar uma velocidade angular de $\omega = 6$ rad/s. Despreze a massa da corda que está enrolada no núcleo da bobina. O coeficiente de atrito cinético entre a bobina e o plano em A é $\mu_k = 0{,}2$.

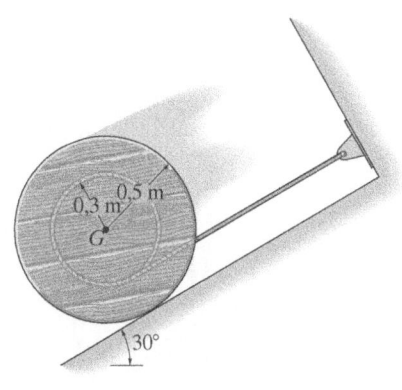

Capítulo 18 – Cinética do movimento plano de um corpo rígido: trabalho e energia

R18.7. O sistema consiste em um disco A de 10 kg, uma barra delgada BC de 2 kg e um anel liso C de 0,5 kg. Se o disco gira sem deslizar, determine a velocidade do anel no instante em que a barra se torna horizontal, ou seja, $\theta = 0°$. O sistema é solto do repouso quando $\theta = 45°$.

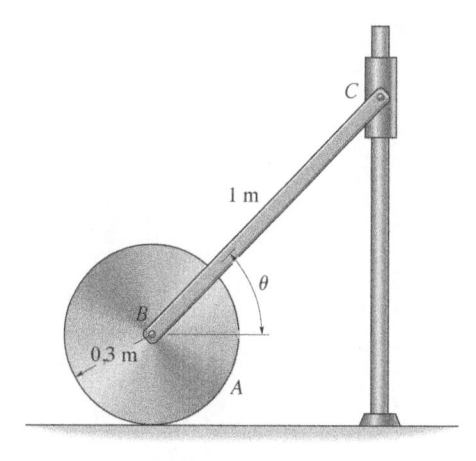

PROBLEMA R18.4

R18.5. A cremalheira tem massa de 6 kg, e cada uma das engrenagens tem massa de 4 kg e raio de giração $k = 30$ mm em seus centros. Se a cremalheira está originalmente movendo-se para baixo a 2 m/s, quando $s = 0$, determine a velocidade da cremalheira quando $s = 600$ mm. As engrenagens estão livres para girar em torno de seus centros A e B.

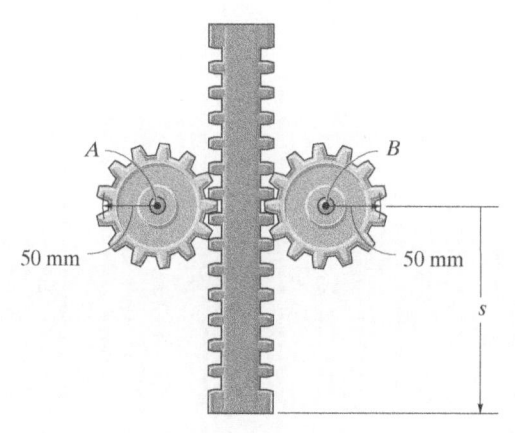

PROBLEMA R18.7

R18.8. No instante em que a mola se torna não deformada, o centro do disco de 40 kg tem velocidade de 4 m/s. A partir desse ponto, determine a distância d que o disco desce pelo plano antes de parar momentaneamente. O disco gira sem deslizar.

PROBLEMA R18.5

R18.6. No instante mostrado na figura, a barra de 25 kg gira em sentido horário a 2 rad/s. A mola presa à sua extremidade sempre permanece na vertical, em virtude do rolete-guia em C. Se a mola tem comprimento de 1 m quando não está deformada e rigidez $k = 90$ N/m, determine a velocidade angular da barra no instante em que ela tiver girado por 30° em sentido horário.

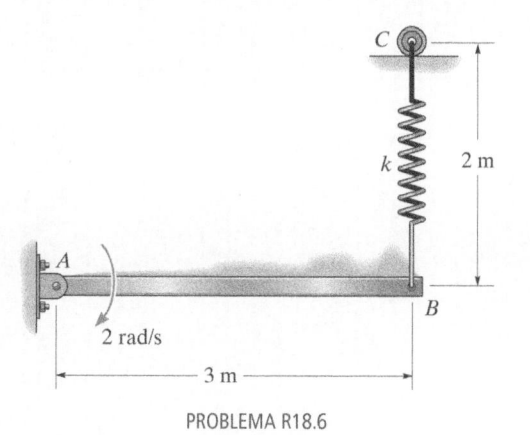

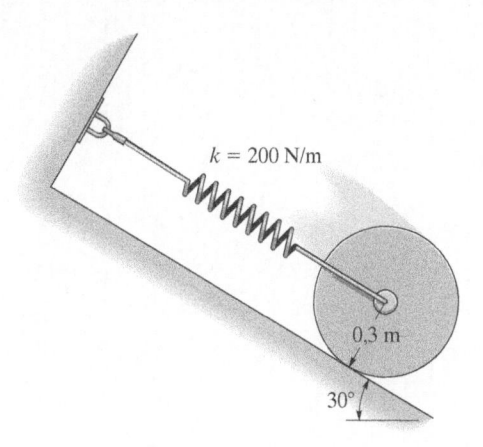

PROBLEMA R18.8

PROBLEMA R18.6

CAPÍTULO 19

Cinética do movimento plano de um corpo rígido: impulso e quantidade de movimento

O impulso que este rebocador fornece a este navio fará com que ele gire de uma maneira que pode ser prevista aplicando-se os princípios de impulso e quantidade de movimento.

(© Hellen Sergeyeva/Fotolia)

19.1 Quantidade de movimento linear e angular

Neste capítulo, usaremos os princípios de impulso e quantidade de movimento linear e angular para resolver problemas envolvendo força, velocidade e tempo quando relacionados com o movimento plano de um corpo rígido. Antes de fazer isso, primeiro vamos formalizar os métodos para obter a quantidade de movimento linear e angular de um corpo, supondo que o corpo seja simétrico em relação a um plano de referência inercial x–y.

Quantidade de movimento linear

A quantidade de movimento linear de um corpo rígido é determinada somando-se vetorialmente a quantidade de movimentos lineares de todas as partículas do corpo, ou seja, $\mathbf{L} = \Sigma m_i \mathbf{v}_i$. Uma vez que $\Sigma m_i \mathbf{v}_i = m\mathbf{v}_G$ (ver Seção 15.2), também podemos escrever

$$\mathbf{L} = m\mathbf{v}_G \quad (19.1)$$

Essa equação estabelece que a quantidade de movimento linear do corpo é uma quantidade vetorial com *intensidade* mv_G, a qual é comumente medida em unidades de kg · m/s e uma *direção* definida por $\mathbf{v}_G$, a velocidade do centro de massa do corpo.

Quantidade de movimento angular

Considere o corpo na Figura 19.1a, o qual é submetido ao movimento plano geral. No instante mostrado, o ponto arbitrário P tem uma velocidade conhecida $\mathbf{v}_P$, e o corpo tem uma velocidade angular $\boldsymbol{\omega}$. Portanto, a velocidade da i-ésima partícula do corpo é

$$\mathbf{v}_i = \mathbf{v}_P + \mathbf{v}_{i/P} = \mathbf{v}_P + \boldsymbol{\omega} \times \mathbf{r}$$

Objetivos

- Desenvolver formulações para a quantidade de movimento linear e angular de um corpo.
- Aplicar os princípios de impulso e quantidade de movimento linear e angular para resolver problemas de cinética plana de um corpo rígido que envolvem força, velocidade e tempo.
- Discutir a aplicação da conservação da quantidade de movimento.
- Analisar a mecânica do impacto excêntrico.

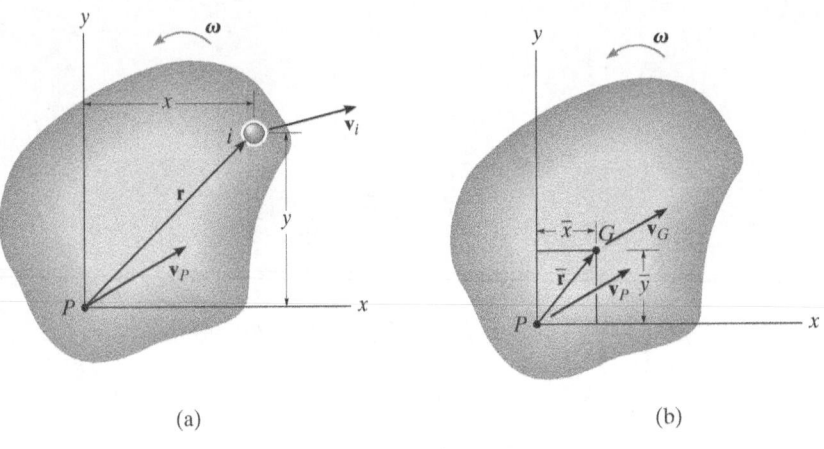

FIGURA 19.1

A quantidade de movimento angular dessa partícula em relação ao ponto P é igual ao "momento" da quantidade de movimento linear da partícula em relação a P (Figura 19.1a). Desse modo,

$$(\mathbf{H}_P)_i = \mathbf{r} \times m_i \mathbf{v}_i$$

Expressando $\mathbf{v}_i$ em termos de $\mathbf{v}_P$ e usando vetores cartesianos, temos

$$(H_P)_i \mathbf{k} = m_i(x\mathbf{i} + y\mathbf{j}) \times [(v_P)_x \mathbf{i} + (v_P)_y \mathbf{j} + \omega \mathbf{k} \times (x\mathbf{i} + y\mathbf{j})]$$
$$(H_P)_i = -m_i y(v_P)_x + m_i x(v_P)_y + m_i \omega r^2$$

Fazendo $m_i \to dm$ e integrando sobre a massa inteira m do corpo, obtemos

$$H_P = -\left(\int_m y\, dm\right)(v_P)_x + \left(\int_m x\, dm\right)(v_P)_y + \left(\int_m r^2\, dm\right)\omega$$

Aqui, H_P representa a quantidade de movimento angular do corpo em relação a um eixo perpendicular (o eixo z) ao plano de movimento que passa pelo ponto P. Visto que $\bar{y}m = \int y\, dm$ e $\bar{x}m = \int x\, dm$, as integrais para o primeiro e segundo termos à direita são usadas para localizar o centro de massa G do corpo em relação a P (Figura 19.1b). Além disso, a última integral representa o momento de inércia do corpo em relação ao ponto P. Desse modo,

$$H_P = -\bar{y}m(v_P)_x + \bar{x}m(v_P)_y + I_P \omega \qquad (19.2)$$

Essa equação reduz-se a uma forma mais simples se P coincide com o centro de massa G do corpo,* caso em que $\bar{x} = \bar{y} = 0$. Assim,

$$\boxed{H_G = I_G \omega} \qquad (19.3)$$

Aqui, a quantidade de movimento angular do corpo em relação a G é igual ao produto do momento de inércia do corpo em relação a um eixo que

---

* Ela também se reduz à mesma forma simples, $H_P = I_P \omega$, se o ponto P for um *ponto fixo* (ver Equação 19.9) ou a velocidade de P for direcionada ao longo da linha PG.

passa por G e a velocidade angular do corpo. Perceba que $\mathbf{H}_G$ é uma quantidade vetorial com intensidade $I_G\omega$, a qual é comumente medida em unidades de kg · m²/s, e uma *direção* definida por $\boldsymbol{\omega}$, que é sempre perpendicular ao plano do movimento.

A Equação 19.2 também pode ser reescrita em termos das componentes x e y da velocidade do centro de massa do corpo, $(\mathbf{v}_G)_x$ e $(\mathbf{v}_G)_y$, e o momento de inércia do corpo I_G. Visto que G está localizado nas coordenadas $(\bar{x}, \bar{y})$, então, pelo teorema dos eixos paralelos, $I_P = I_G + m(\bar{x}^2 + \bar{y}^2)$. Substituindo na Equação 19.2 e rearranjando os termos, temos

$$H_P = \bar{y}m[-(v_P)_x + \bar{y}\omega] + \bar{x}m[(v_P)_y + \bar{x}\omega] + I_G\omega \qquad (19.4)$$

Do diagrama cinemático da Figura 19.1b, $\mathbf{v}_G$ pode ser expresso em termos de $\mathbf{v}_P$ como

$$\mathbf{v}_G = \mathbf{v}_P + \boldsymbol{\omega} \times \bar{\mathbf{r}}$$

$$(v_G)_x\mathbf{i} + (v_G)_y\mathbf{j} = (v_P)_x\mathbf{i} + (v_P)_y\mathbf{j} + \omega\mathbf{k} \times (\bar{x}\mathbf{i} + \bar{y}\mathbf{j})$$

Calcular o produto vetorial e equacionar as respectivas componentes $\mathbf{i}$ e $\mathbf{j}$ resulta nas duas equações escalares

$$(v_G)_x = (v_P)_x - \bar{y}\omega$$

$$(v_G)_y = (v_P)_y + \bar{x}\omega$$

Substituir esses resultados na Equação 19.4 resulta em

$$(\zeta +)H_P = -\bar{y}m(v_G)_x + \bar{x}m(v_G)_y + I_G\omega \qquad (19.5)$$

Como mostrado na Figura 19.1c, *esse resultado indica que, quando a quantidade de movimento angular do corpo é calculada em relação ao ponto P, ela é equivalente ao momento da quantidade de movimento linear $m\mathbf{v}_G$ ou suas componentes $m(\mathbf{v}_G)_x$ e $m(\mathbf{v}_G)_y$, em relação a P, mais a quantidade de movimento angular $I_G\boldsymbol{\omega}$*. Utilizando esses resultados, vamos agora considerar três tipos de movimento.

Diagrama da quantidade de movimento do corpo
(c)

FIGURA 19.1 (cont.)

Translação

Quando um corpo rígido é submetido a uma *translação* retilínea ou curvilínea (Figura 19.2a), então $\boldsymbol{\omega} = \mathbf{0}$ e seu centro de massa tem velocidade $\mathbf{v}_G = \mathbf{v}$. Assim, a quantidade de movimento linear e a quantidade de movimento angular em relação a G se tornam

$$\boxed{\begin{array}{c} L = mv_G \\ H_G = 0 \end{array}} \qquad (19.6)$$

Se a quantidade de movimento angular é calculada em relação a algum outro ponto A, o "momento" da quantidade de movimento linear $\mathbf{L}$ deve ser determinado em relação a esse ponto. Visto que d é o "braço do momento", como mostra a Figura 19.2a, então, de acordo com a Equação 19.5, $H_A = (d)(mv_G)\zeta$.

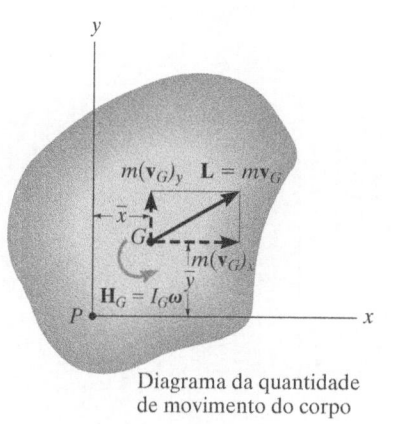

Translação
(a)

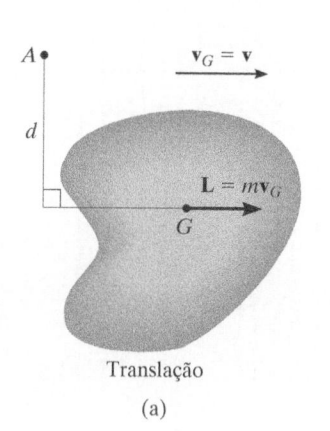

FIGURA 19.2

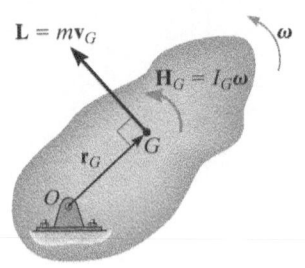

Rotação em torno de um eixo fixo

Quando um corpo rígido está *girando em torno de um eixo fixo* (Figura 19.2b), a quantidade de movimento linear e a quantidade de movimento angular em relação a G são

$$\boxed{\begin{array}{c} L = mv_G \\ H_G = I_G\omega \end{array}} \quad (19.7)$$

Às vezes é conveniente calcular a quantidade de movimento angular em relação ao ponto O. Observando que $\mathbf{L}$ (ou $\mathbf{v}_G$) é sempre *perpendicular* a $\mathbf{r}_G$, temos

$$(\zeta +) \quad H_O = I_G\omega + r_G(mv_G) \quad (19.8)$$

Visto que $v_G = r_G\omega$, essa equação pode ser escrita como $H_O = (I_G + mr_G^2)\omega$. Utilizando o teorema dos eixos paralelos,[*]

$$\boxed{H_O = I_O\omega} \quad (19.9)$$

Para o cálculo, então, as equações 19.8 ou a 19.9 podem ser usadas.

Movimento plano geral

Quando um corpo rígido é submetido a um movimento plano geral (Figura 19.2c), a quantidade de movimento linear e a quantidade de movimento angular em relação a G se tornam

$$\boxed{\begin{array}{c} L = mv_G \\ H_G = I_G\omega \end{array}} \quad (19.10)$$

Se a quantidade de movimento angular é calculada em relação ao ponto A (Figura 19.2c), é necessário incluir o momento de $\mathbf{L}$ e $\mathbf{H}_G$ em relação a esse ponto. Nesse caso,

$$(\zeta +) \quad H_A = I_G\omega + (d)(mv_G)$$

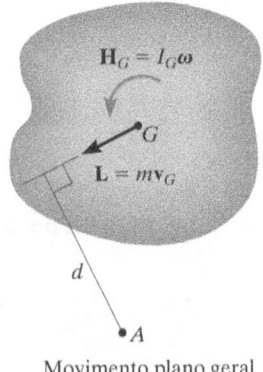

Rotação em torno de um eixo fixo
(b)
FIGURA 19.2 (cont.)

Movimento plano geral
(c)
FIGURA 19.2 (cont.)

---

[*] A semelhança entre esta derivação e a da Equação 17.16 ($\Sigma M_O = I_O\alpha$) e a Equação 18.5 $\left(T = \frac{1}{2}I_O\omega^2\right)$ deve ser observada. Observe ainda que o mesmo resultado pode ser obtido da Equação 19.2, selecionando-se o ponto P em O, observando que $(v_O)_x = (v_O)_y = 0$.

Capítulo 19 – Cinética do movimento plano de um corpo rígido: impulso e quantidade de movimento

Aqui, d é o braço do momento, como mostrado na figura.

Como um caso especial, se o ponto A é o centro instantâneo de velocidade nula então, como na Equação 19.9, podemos escrever a equação anterior como

$$\boxed{H_{CI} = I_{CI}\omega} \qquad (19.11)$$

onde I_{CI} é o momento de inércia do corpo em relação ao CI. (Ver Problema 19.2.)

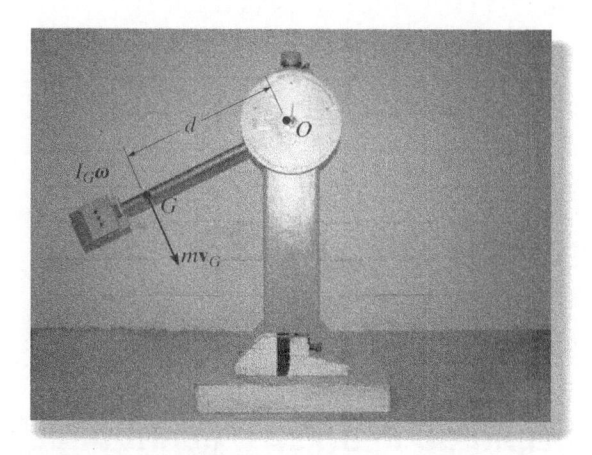

À medida que o pêndulo oscila para baixo, sua quantidade de movimento angular em relação ao ponto O pode ser determinada calculando-se o momento de $I_G\omega$ e $m\mathbf{v}_G$ em relação a O. Isto é $H_O = I_G\omega + (m\omega_G)d$. Visto que $v_G = \omega d$, então $H_O = I_G\omega + m(\omega d)d = (I_G + md^2)\omega = I_O\omega$.

EXEMPLO 19.1

Em um dado instante, a barra delgada de 5 kg tem o movimento mostrado na Figura 19.3a. Determine sua quantidade de movimento angular em relação ao ponto G e em relação ao CI nesse instante.

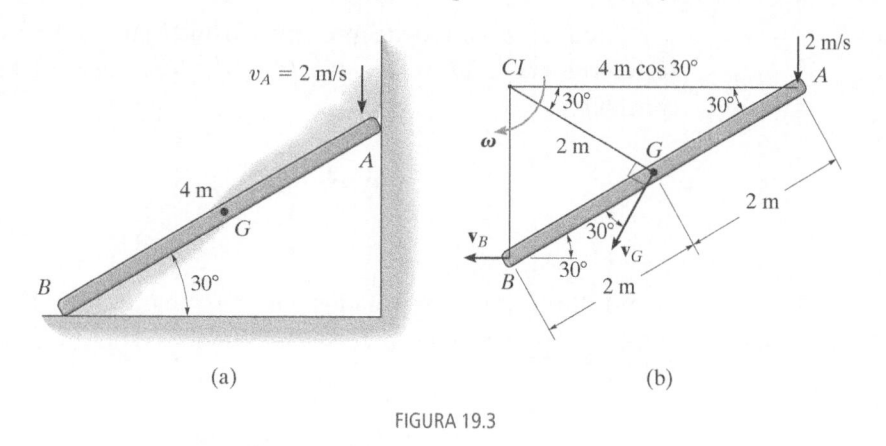

FIGURA 19.3

SOLUÇÃO

Barra

A barra sofre um *movimento plano geral*. O CI está estabelecido na Figura 19.3b, de maneira que

$$\omega = \frac{2 \text{ m/s}}{4 \text{ m} \cos 30°} = 0{,}5774 \text{ rad/s}$$

$$v_G = (0{,}5774 \text{ rad/s})(2 \text{ m}) = 1{,}155 \text{ m/s}$$

Desse modo,

$$(\curvearrowleft +) H_G = I_G \omega = \left[\tfrac{1}{12}(5 \text{ kg})(4 \text{ m})^2\right](0{,}5774 \text{ rad/s}) = 3{,}85 \text{ kg} \cdot \text{m}^2/\text{s} \curvearrowright \qquad \textit{Resposta}$$

Somar $I_G \omega$ e o momento de mv_G em relação ao CI resulta em

$$(\curvearrowleft +) H_{CI} = I_G \omega + d(mv_G)$$
$$= \left[\tfrac{1}{12}(5 \text{ kg})(4 \text{ m})^2\right](0{,}5774 \text{ rad/s}) + (2 \text{ m})(5 \text{ kg})(1{,}155 \text{ m/s})$$
$$= 15{,}4 \text{ kg} \cdot \text{m}^2/\text{s} \curvearrowright \qquad \textit{Resposta}$$

Também podemos usar

$$(\curvearrowleft +) H_{CI} = I_{CI} \omega$$
$$= \left[\tfrac{1}{12}(5 \text{ kg})(4 \text{ m})^2 + (5 \text{ kg})(2 \text{ m})^2\right](0{,}5774 \text{ rad/s})$$
$$= 15{,}4 \text{ kg} \cdot \text{m}^2/\text{s} \curvearrowright \qquad \textit{Resposta}$$

19.2 Princípio do impulso e quantidade de movimento

Como o caso do movimento de partículas, o princípio do impulso e quantidade de movimento para um corpo rígido pode ser desenvolvido *combinando-se* a equação do movimento com a cinemática. A equação resultante produzirá uma *solução direta para problemas envolvendo força, velocidade e tempo.*

Princípio do impulso e quantidade de movimento linear

A equação de movimento translacional para um corpo rígido pode ser escrita como $\Sigma \mathbf{F} = m\mathbf{a}_G = m(d\mathbf{v}_G/dt)$. Visto que a massa do corpo é constante,

$$\Sigma \mathbf{F} = \frac{d}{dt}(m\mathbf{v}_G)$$

Multiplicar ambos os lados por dt e integrar de $t = t_1$, $\mathbf{v}_G = (\mathbf{v}_G)_1$ para $t = t_2$, $\mathbf{v}_G = (\mathbf{v}_G)_2$ resulta em

$$\Sigma \int_{t_1}^{t_2} \mathbf{F}\, dt = m(\mathbf{v}_G)_2 - m(\mathbf{v}_G)_1$$

Essa equação é conhecida como o *princípio de impulso e quantidade de movimento linear*. Ela estabelece que a soma de todos os impulsos criados pelo *sistema de forças externas* que atua sobre o corpo durante o intervalo de tempo t_1 a t_2 é igual à variação na quantidade de movimento linear do corpo durante esse intervalo de tempo (Figura 19.4).

Princípio de impulso e quantidade de movimento angular

Se o corpo tem *movimento plano geral*, então $\Sigma M_G = I_G\alpha = I_G(d\omega/dt)$. Visto que o momento de inércia é constante,

$$\Sigma M_G = \frac{d}{dt}(I_G\omega)$$

Multiplicar ambos os lados por dt e integrar de $t = t_1$, $\omega = \omega_1$ para $t = t_2$, $\omega = \omega_2$ resulta em

$$\Sigma \int_{t_1}^{t_2} M_G\, dt = I_G\omega_2 - I_G\omega_1 \qquad (19.12)$$

De maneira similar, para a *rotação em torno de um eixo fixo* passando pelo ponto O, Equação 17.16 ($\Sigma M_O = I_O\alpha$), quando integrada, torna-se

$$\Sigma \int_{t_1}^{t_2} M_O\, dt = I_O\omega_2 - I_O\omega_1 \qquad (19.13)$$

As equações 19.12 e 19.13 são conhecidas como o *princípio de impulso e quantidade de movimento angular*. Ambas as equações estabelecem que a soma dos impulsos angulares que atuam sobre o corpo durante o intervalo de tempo t_1 a t_2 é igual à variação da quantidade de movimento angular do corpo durante esse intervalo de tempo.

Para resumir esses conceitos, se o movimento ocorre no plano x–y, as *três equações escalares* seguintes podem ser escritas para descrever o *movimento plano* do corpo.

$$m(v_{Gx})_1 + \Sigma \int_{t_1}^{t_2} F_x\, dt = m(v_{Gx})_2$$

$$m(v_{Gy})_1 + \Sigma \int_{t_1}^{t_2} F_y\, dt = m(v_{Gy})_2 \qquad (19.14)$$

$$I_G\omega_1 + \Sigma \int_{t_1}^{t_2} M_G\, dt = I_G\omega_2$$

Os termos nessas equações podem ser mostrados graficamente traçando-se um conjunto de diagramas de impulso e quantidade de movimento para o corpo (Figura 19.4). Observe que a quantidade de movimento linear $m\mathbf{v}_G$ é aplicada no centro de massa do corpo (figuras 19.4*a* e 19.4*c*), enquanto a quantidade de movimento angular $I_G\boldsymbol{\omega}$ é um vetor livre e, portanto, como um momento de binário, pode ser aplicada a qualquer ponto no corpo. Quando o diagrama de impulso é construído (Figura 19.4*b*), as forças **F** e o momento **M** variam com o tempo e estão indicados pelas integrais. Entretanto, se **F** e **M** são *constantes*, a integração dos impulsos resulta em $\mathbf{F}(t_2 - t_1)$ e $\mathbf{M}(t_2 - t_1)$, respectivamente. Tal é o caso para o peso **W** do corpo (Figura 19.4*b*).

As equações 19.14 também podem ser aplicadas a um sistema inteiro de corpos conectados, em vez de cada um separadamente. Isso elimina a necessidade de incluir a interação de impulsos que ocorrem nas conexões, visto que elas são *internas* ao sistema. As equações resultantes podem ser escritas na forma simbólica como

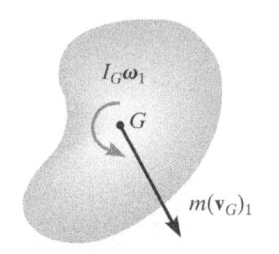

Diagrama da quantidade de movimento inicial

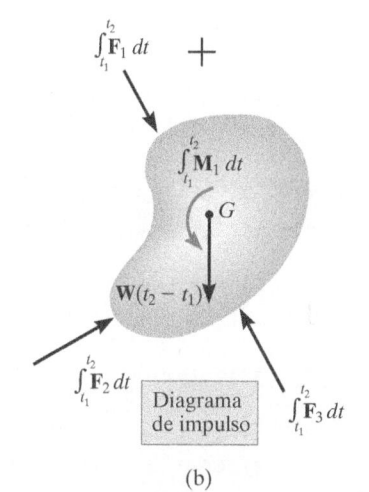

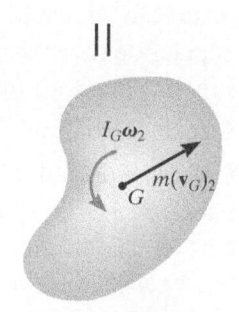

(a)

Diagrama de impulso

(b)

Diagrama da quantidade de movimento final

(c)

FIGURA 19.4

$$\left(\sum \begin{array}{c}\text{quantidade de movimento}\\ \text{linear do sistema}\end{array}\right)_{x1} + \left(\sum \begin{array}{c}\text{impulso linear}\\ \text{do sistema}\end{array}\right)_{x(1-2)} = \left(\sum \begin{array}{c}\text{quantidade de movimento}\\ \text{linear do sistema}\end{array}\right)_{x2}$$

$$\left(\sum \begin{array}{c}\text{quantidade de movimento}\\ \text{linear do sistema}\end{array}\right)_{y1} + \left(\sum \begin{array}{c}\text{impulso linear}\\ \text{do sistema}\end{array}\right)_{y(1-2)} = \left(\sum \begin{array}{c}\text{quantidade de movimento}\\ \text{linear do sistema}\end{array}\right)_{y2}$$

$$\left(\sum \begin{array}{c}\text{quantidade de movimento}\\ \text{angular do sistema}\end{array}\right)_{O1} + \left(\sum \begin{array}{c}\text{impulso angular}\\ \text{do sistema}\end{array}\right)_{O(1-2)} = \left(\sum \begin{array}{c}\text{quantidade de movimento}\\ \text{angular do sistema}\end{array}\right)_{O2}$$

(19.15)

Como indicado pela terceira equação, a quantidade de movimento angular e o impulso angular do sistema devem ser calculados em relação ao *mesmo ponto de referência O* para todos os corpos do sistema.

Procedimento para análise

Princípios de impulso e quantidade de movimento são usados para resolver problemas cinéticos que envolvem *velocidade*, *força* e *tempo*, visto que esses termos estão envolvidos na formulação.

Diagrama de corpo livre

- Estabeleça o sistema de referência inercial x, y, z e desenhe o diagrama de corpo livre a fim de considerar todas as forças e momentos de binário que produzem impulsos sobre o corpo.
- A direção e o sentido das velocidades inicial e final do centro de massa do corpo, $\mathbf{v}_G$, e a velocidade angular do corpo $\boldsymbol{\omega}$ devem ser estabelecidos. Se qualquer um desses movimentos for desconhecido, suponha que o sentido das suas componentes seja na direção das coordenadas inerciais positivas.
- Calcule o momento de inércia I_G ou I_O.
- Como um procedimento alternativo, desenhe os diagramas de impulso e quantidade de movimento para o corpo ou sistema de corpos. Cada um desses diagramas representa uma forma delineada do corpo que graficamente leva em consideração os dados requeridos para cada um dos três termos nas equações 19.14 ou 19.15 (Figura 19.4). Esses diagramas são particularmente úteis a fim de visualizar os termos de "momento" usados no princípio de impulso e quantidade de movimento angular, se a aplicação é em relação ao *CI* ou outro ponto que não o centro de massa do corpo *G* ou um ponto fixo *O*.

Princípio de impulso e quantidade de movimento

- Aplique as três equações escalares de impulso e quantidade de movimento.
- A quantidade de movimento angular de um corpo rígido que gira em torno de um eixo fixo é o momento de $m\mathbf{v}_G$ mais $I_G\boldsymbol{\omega}$ em relação a esse eixo. Isso é igual a $H_O = I_O\omega$, onde I_O é o momento de inércia do corpo em relação a esse eixo.
- Todas as forças que atuam sobre o diagrama de corpo livre do corpo criarão um impulso; entretanto, algumas dessas forças não realizarão trabalho.
- Forças que são funções de tempo têm de ser integradas para obter o impulso.
- O princípio de impulso e quantidade de movimento angular é frequentemente usado para eliminar forças impulsivas desconhecidas que são paralelas ou que passam por um eixo comum, visto que o momento dessas forças em relação a esse eixo é zero.

Cinemática

- Se mais do que três equações são necessárias para uma solução completa, pode ser possível relacionar a velocidade do centro de massa do corpo à velocidade angular do corpo utilizando *cinemática*. Se o movimento parece ser complicado, diagramas cinemáticos (velocidade) podem ser úteis para obter a relação necessária.

EXEMPLO 19.2

O disco de 10 kg mostrado na Figura 19.5a está submetido a um momento de binário constante de 6 N · m e uma força de 50 N que é aplicada à corda enrolada em torno de sua periferia. Determine a velocidade angular do disco dois segundos após ele partir do repouso. Além disso, quais são as componentes da força de reação no pino?

SOLUÇÃO

Visto que velocidade angular, força e tempo estão envolvidos nos problemas, aplicaremos os princípios de impulso e quantidade de movimento à solução.

Diagrama de corpo livre

(Figura 19.5b) O centro de massa do disco não se desloca; entretanto, o carregamento faz o disco girar no sentido horário.

O momento de inércia do disco em relação a seu eixo fixo de rotação é

$$I_A = \frac{1}{2}mr^2 = \frac{1}{2}(10 \text{ kg})(0,2 \text{ m})^2 = 0,2 \text{ kg} \cdot \text{m}^2$$

Princípio de impulso e quantidade de movimento

$(\xrightarrow{+})$
$$m(v_{Ax})_1 + \Sigma \int_{t_1}^{t_2} F_x \, dt = m(v_{Ax})_2$$

$$0 + A_x(2 \text{ s}) = 0$$

$(+\uparrow)$
$$m(v_{Ay})_1 + \Sigma \int_{t_1}^{t_2} F_y \, dt = m(v_{Ay})_2$$

$$0 + A_y(2 \text{ s}) - [10(9,81) \text{ N}](2 \text{ s}) - 50 \text{ N}(2 \text{ s}) = 0$$

$(\circlearrowright +)$
$$I_A \omega_1 + \Sigma \int_{t_1}^{t_2} M_A \, dt = I_A \omega_2$$

$$0 + (6 \text{ N} \cdot \text{m})(2 \text{ s}) + [50 \text{ N}(2 \text{ s})](0,2 \text{ m}) = 0,2 \omega_2$$

Solucionar essas equações resulta em

$$A_x = 0 \qquad \qquad \text{Resposta}$$
$$A_y = 148 \text{ N} \qquad \qquad \text{Resposta}$$
$$\omega_2 = 160 \text{ rad/s} \circlearrowright \qquad \qquad \text{Resposta}$$

(a)

(b)

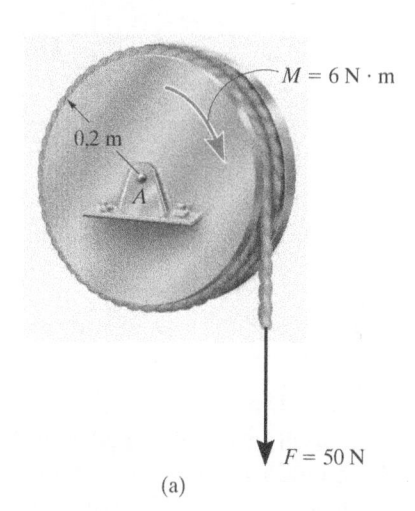

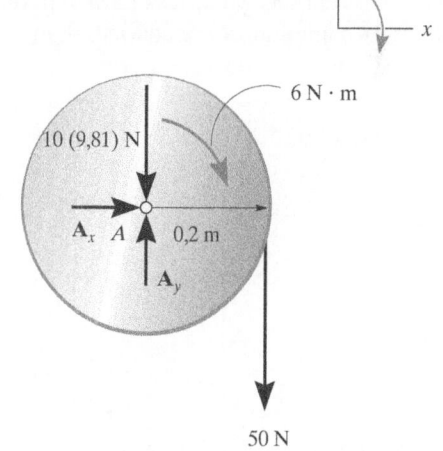

FIGURA 19.5

EXEMPLO 19.3

A bobina de 100 kg mostrada na Figura 19.6a tem raio de giração $k_G = 0{,}35$ m. Um cabo está enrolado em torno do cubo central da bobina, e uma força horizontal de intensidade variável $P = (t + 10)$ N é aplicada, onde t é dado em segundos. Se a bobina está inicialmente em repouso, determine sua velocidade angular em 5 s. Suponha que a bobina role sem deslizar em A.

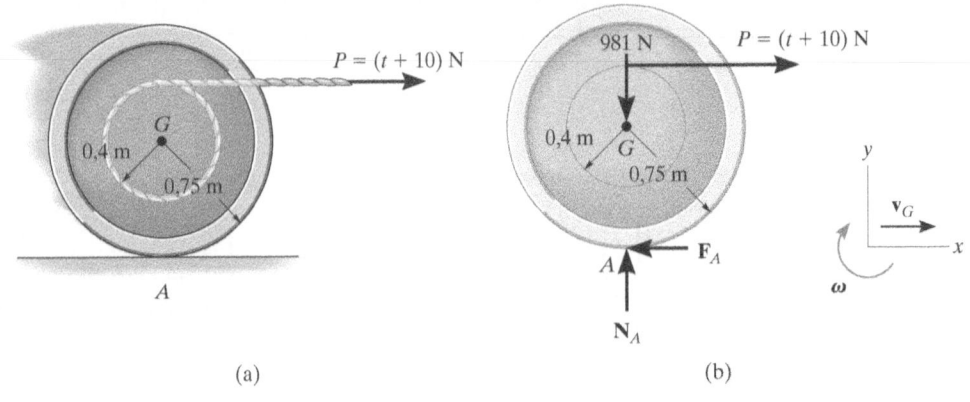

FIGURA 19.6

SOLUÇÃO

Diagrama de corpo livre

Do diagrama de corpo livre (Figura 19.6b), a força *variável* **P** fará a força de atrito $\mathbf{F}_A$ ser variável e, desse modo, os impulsos criados por ambos, **P** e $\mathbf{F}_A$, têm de ser determinados por integração. A força **P** faz o centro de massa ter velocidade $\mathbf{v}_G$ para a direita e, assim, a bobina tem velocidade angular no sentido horário $\boldsymbol{\omega}$.

Princípio do impulso e quantidade de movimento

Uma solução direta para ω pode ser obtida aplicando-se o princípio de impulso e quantidade de movimento angular em relação ao ponto A, o CI, a fim de eliminar o impulso de atrito desconhecido.

$$(\zeta +) \qquad I_A \omega_1 + \Sigma \int M_A \, dt = I_A \omega_2$$

$$0 + \left[\int_0^{5\,\text{s}} (t + 10) \, \text{N} \, dt\right](0{,}75 \text{ m} + 0{,}4 \text{ m}) = [100 \text{ kg}\,(0{,}35 \text{ m})^2 + (100 \text{ kg})(0{,}75 \text{ m})^2]\omega_2$$

$$62{,}5(1{,}15) = 68{,}5\omega_2$$

$$\omega_2 = 1{,}05 \text{ rad/s} \qquad\qquad\qquad \textit{Resposta}$$

NOTA: tente resolver este problema aplicando o princípio do impulso e quantidade de movimento em relação a G e usando o princípio do impulso e quantidade de movimento linear na direção x.

EXEMPLO 19.4

O cilindro B, mostrado na Figura 19.7a, tem massa de 6 kg. Ele está fixado a uma corda enrolada em torno da periferia de um disco de 20 kg que tem um momento de inércia $I_A = 0{,}40$ kg · m². Se o cilindro está inicialmente se deslocando para baixo com uma velocidade de 2 m/s, determine sua velocidade em 3 s. Despreze a massa da corda no cálculo.

Capítulo 19 – Cinética do movimento plano de um corpo rígido: impulso e quantidade de movimento   469

SOLUÇÃO I

Diagrama de corpo livre

Os diagramas de corpo livre do cilindro e do disco estão mostrados na Figura 19.7b. Todas as forças são *constantes*, visto que o peso do cilindro causa o movimento. O movimento para baixo do cilindro, $\mathbf{v}_B$, faz com que $\boldsymbol{\omega}$ do disco seja no sentido horário.

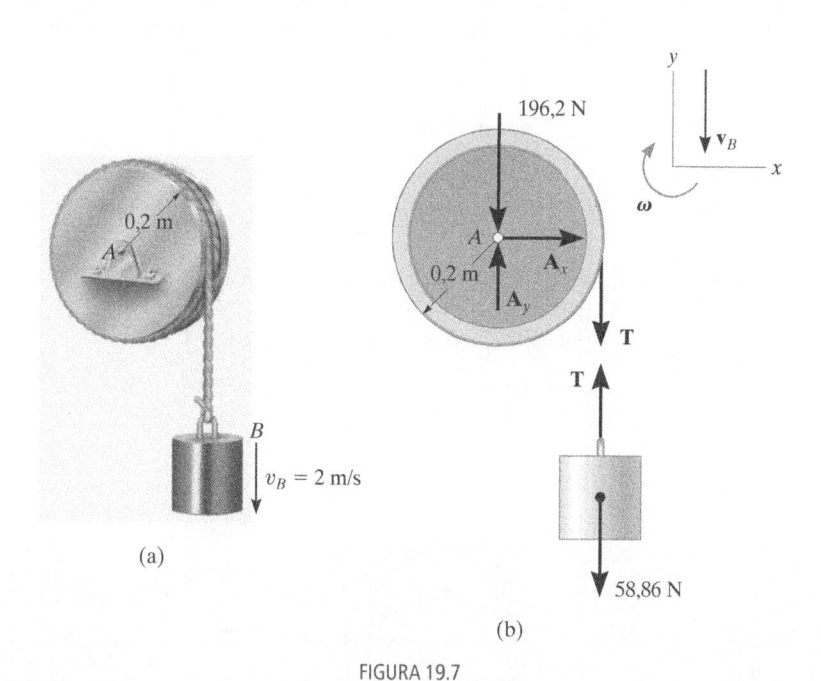

FIGURA 19.7

Princípio do impulso e quantidade de movimento

Podemos eliminar $\mathbf{A}_x$ e $\mathbf{A}_y$ da análise pela aplicação do princípio do impulso e quantidade de movimento angular em relação ao ponto A. Assim,

Disco

$(\zeta+)$
$$I_A\omega_1 + \Sigma \int M_A\, dt = I_A\omega_2$$

$$0{,}40 \text{ kg} \cdot \text{m}^2(\omega_1) + T(3 \text{ s})(0{,}2 \text{ m}) = (0{,}40 \text{ kg} \cdot \text{m}^2)\omega_2$$

Cilindro

$(+\uparrow)$
$$m_B(v_B)_1 + \Sigma \int F_y\, dt = m_B(v_B)_2$$

$$-6 \text{ kg}(2 \text{ m/s}) + T(3 \text{ s}) - 58{,}86 \text{ N}(3 \text{ s}) = -6 \text{ kg}(v_B)_2$$

Cinemática

Visto que $\omega = v_B/r$, então $\omega_1 = (2 \text{ m/s})/(0{,}2 \text{ m}) = 10 \text{ rad/s}$ e $\omega_2 = (v_B)_2/0{,}2 \text{ m} = 5(v_B)_2$. Substituir e resolver as equações simultaneamente para $(v_B)_2$ resulta em

$$(v_B)_2 = 13{,}0 \text{ m/s} \downarrow \qquad \textit{Resposta}$$

SOLUÇÃO II
Diagramas de impulso e quantidade de movimento

Podemos obter $(v_B)_2$ *diretamente* considerando-se que o *sistema* consiste em cilindro, corda e disco. Os diagramas de impulso e quantidade de movimento foram traçados para esclarecer a aplicação do princípio de impulso e quantidade de movimento angular em relação ao ponto A (Figura 19.7c).

Princípio do impulso e quantidade de movimento angular

Observando que $\omega_1 = 10$ rad/s e $\omega_2 = 5(v_B)_2$, temos

$$(\zeta+)\left(\sum\begin{array}{l}\text{quantidade de movimento}\\ \text{angular do sistema}\end{array}\right)_{A1} + \left(\sum\begin{array}{l}\text{impulso angular}\\ \text{do sistema}\end{array}\right)_{A(1-2)} = \left(\sum\begin{array}{l}\text{quantidade de movimento}\\ \text{angular do sistema}\end{array}\right)_{A2}$$

$$(6 \text{ kg})(2 \text{ m/s})(0{,}2 \text{ m}) + (0{,}40 \text{ kg} \cdot \text{m}^2)(10 \text{ rad/s}) + (58{,}86 \text{ N})(3 \text{ s})(0{,}2 \text{ m})$$

$$= (6 \text{ kg})(v_B)_2(0{,}2 \text{ m}) + (0{,}40 \text{ kg} \cdot \text{m}^2)[5(v_B)_2]$$

$$(v_B)_2 = 13{,}0 \text{ m/s} \downarrow \qquad \textit{Resposta}$$

(c)

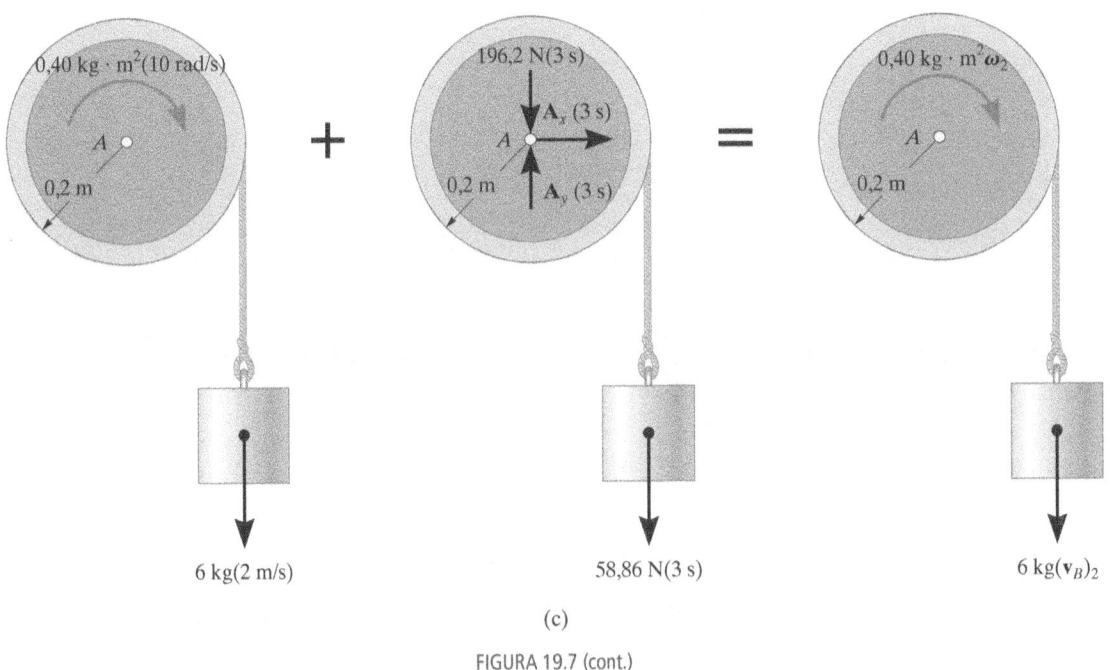

FIGURA 19.7 (cont.)

EXEMPLO 19.5

O ensaio de impacto Charpy é usado em testes de materiais para determinar as características de absorção de energia de um material durante o impacto. O ensaio é realizado utilizando-se o pêndulo mostrado na Figura 19.8a, o qual tem massa m, centro de massa em G e raio de giração k_G em relação a G. Determine a distância r_P do pino em A até o ponto P, onde o impacto com a amostra S deverá ocorrer, de maneira que a força horizontal no pino A seja basicamente zero durante o impacto. Para o cálculo, suponha que a amostra absorva toda a energia cinética ganha pelo pêndulo durante o tempo que ele cai e, portanto, interrompe o balanço do pêndulo quando $\theta = 0°$.

SOLUÇÃO

Diagrama de corpo livre

Como mostrado no diagrama de corpo livre (Figura 19.8*b*), as condições do problema exigem que a força horizontal em A seja zero. Imediatamente antes do impacto, o pêndulo tem velocidade angular no sentido horário ω_1, e o centro de massa do pêndulo está se deslocando para a esquerda a $(v_G)_1 = \bar{r}\omega_1$.

Princípio do impulso e quantidade de movimento

Vamos aplicar o princípio do impulso e quantidade de movimento angular em relação ao ponto A. Desse modo,

$$I_A\omega_1 + \Sigma\int M_A\, dt = I_A\omega_2$$

$(\circlearrowright +)$
$$I_A\omega_1 - \left(\int F\, dt\right)r_P = 0$$

$$m(v_G)_1 + \Sigma\int F\, dt = m(v_G)_2$$

$(\xrightarrow{+})$
$$-m(\bar{r}\omega_1) + \int F\, dt = 0$$

Eliminar o impulso $\int F\, dt$ e substituir $I_A = mk_G^2 + m\bar{r}^2$ resulta em

$$[mk_G^2 + m\bar{r}^2]\omega_1 - m(\bar{r}\omega_1)r_P = 0$$

Eliminando $m\omega_1$ e resolvendo para r_P, obtemos

$$r_P = \bar{r} + \frac{k_G^2}{\bar{r}}$$ *Resposta*

NOTA: o ponto P, assim definido, é chamado de *centro de percussão*. Colocando-se o ponto do choque em P, a força desenvolvida no pino será minimizada. Muitas raquetes esportivas, tacos etc., são projetados de maneira que a colisão com o objeto a ser atingido ocorra no centro de percussão. Como consequência, não ocorrerá nenhum "ardor" na mão do jogador, ou a sensação será pequena (ver também problemas 17.66 e 19.1).

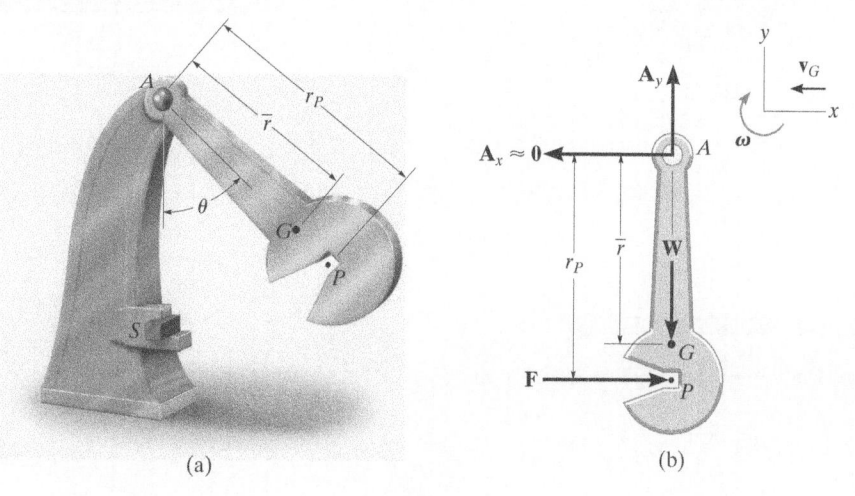

FIGURA 19.8

Problemas preliminares

P19.1. Determine a quantidade de movimento angular do disco ou barra de 100 kg em torno do ponto G e em torno do ponto O.

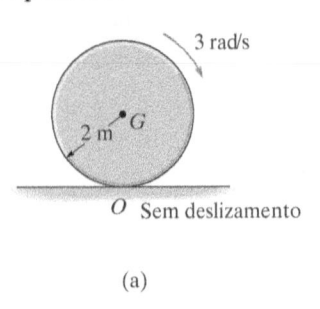

(a) 3 rad/s, 2 m, G, O Sem deslizamento

(b) 4 rad/s, G, 1,5 m, 1,5 m, O

(c) 4 rad/s, O, 2 m, G

(d) 3 rad/s, O, G, 2 m, 1 m, 1 m

PROBLEMA P19.1

P19.2. Determine o impulso angular em torno do ponto O para $t = 3$ s.

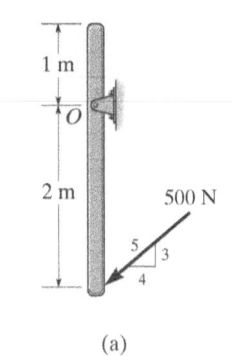

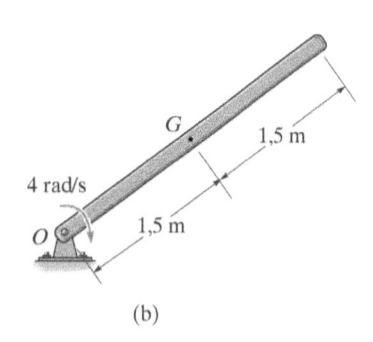

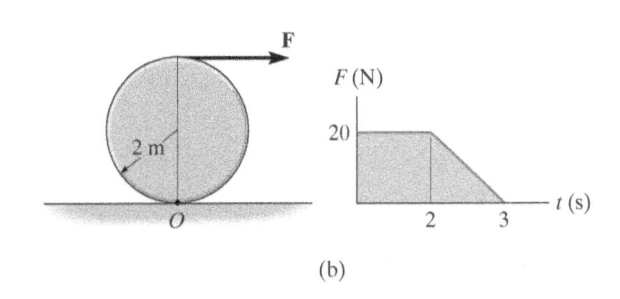

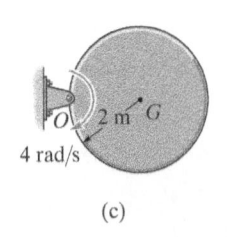

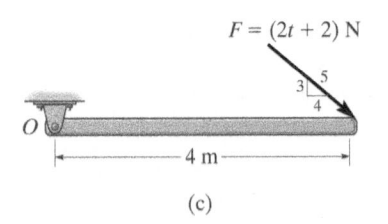

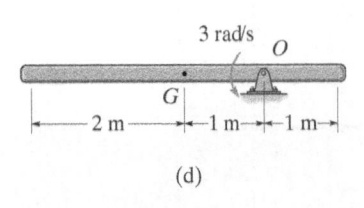

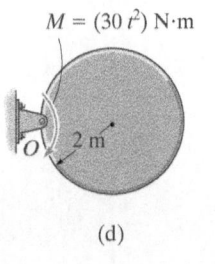

(a) 1 m, O, 2 m, 500 N, 3-4-5

(b) F, 2 m, O, F (N), 20, 2, 3, t (s)

(c) $F = (2t + 2)$ N, O, 4 m, 3-4-5

(d) $M = (30\,t^2)$ N·m, O, 2 m

PROBLEMA P19.2

Problemas fundamentais

F19.1. A roda de 60 kg tem raio de giração em relação ao seu centro O de $k_O = 300$ mm. Se ela é submetida a um momento de binário $M = (3t^2)$ N · m, onde t é dado em segundos, determine a velocidade angular da roda quando $t = 4$ s, partindo do repouso.

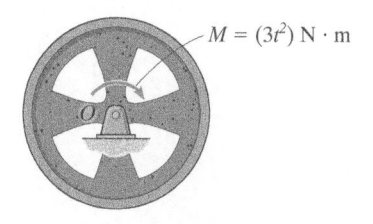

PROBLEMA F19.1

F19.2. A roda de 300 kg tem raio de giração, em relação ao seu centro de massa O, de $k_O = 400$ mm. Se a roda é submetida a um momento de binário $M = 300$ N · m, determine sua velocidade angular 6 s após ela partir do repouso e sem deslizar. Também determine a força de atrito que se desenvolve entre a roda e o solo.

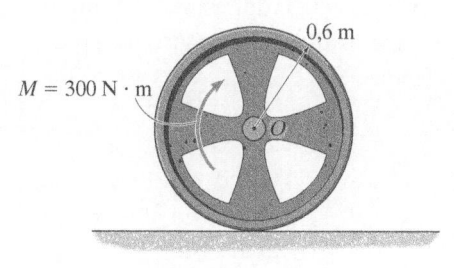

PROBLEMA F19.2

F19.3. Se a barra OA de massa desprezível é submetida ao momento de binário $M = 9$ N · m, determine a velocidade angular da engrenagem interior de 10 kg para $t = 5$ s após ela partir do repouso. A engrenagem tem raio de giração em relação a seu centro de massa $k_A = 100$ mm, e ela rola sobre a engrenagem exterior fixa, B. O movimento ocorre no plano horizontal.

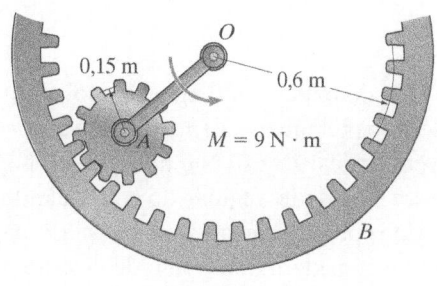

PROBLEMA F19.3

F19.4. As engrenagens A e B, de massa 10 kg e 50 kg, têm raios de giração em relação a seus respectivos centros de massa $k_A = 80$ mm e $k_B = 150$ mm. Se a engrenagem A é submetida ao momento de binário $M = 10$ N · m quando está em repouso, determine a velocidade angular da engrenagem B quando $t = 5$ s.

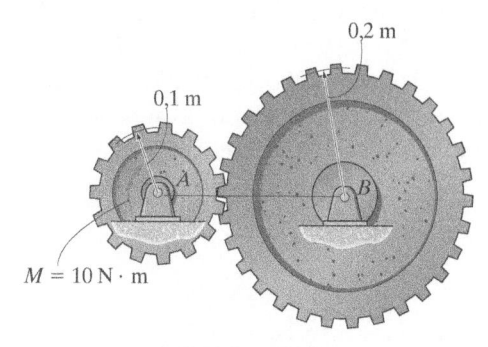

PROBLEMA F19.4

F19.5. A bobina de 50 kg é submetida a uma força horizontal $P = 150$ N. Se a bobina rola sem deslizar, determine sua velocidade angular 3 s após ela partir do repouso. O raio de giração da bobina em relação a seu centro de massa é $k_G = 175$ mm.

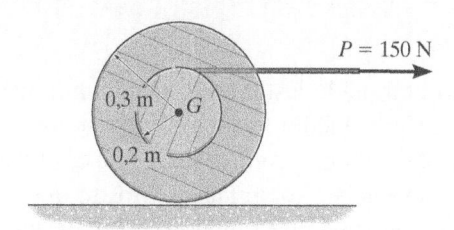

PROBLEMA F19.5

F19.6. O carretel tem massa de 150 kg e raio de giração em relação a seu centro de gravidade $k_G = 1,25$ m. Se ele é submetido a um torque $M = 250$ N · m e parte do repouso quando o torque é aplicado, determine sua velocidade angular em 3 segundos. O coeficiente de atrito cinético entre o carretel e o plano horizontal é $\mu_k = 0,15$.

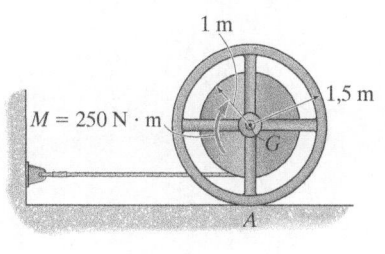

PROBLEMA F19.6

Problemas

19.1. O corpo rígido (placa) tem massa m e gira com velocidade angular ω em relação a um eixo passando pelo ponto fixo O. Demonstre que os momentos de todas as partículas que compõem o corpo podem ser representados por um único vetor com intensidade mv_G e que atua no ponto P, chamado de *centro de percussão*, o qual se encontra a uma distância $r_{P/G} = k_G^2/r_{G/O}$ do centro de massa G. Aqui, k_G é o raio de giração do corpo, calculado em relação a um eixo perpendicular ao plano do movimento e passando por G.

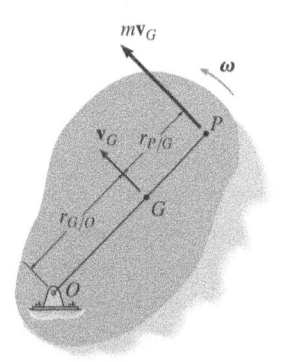

PROBLEMA 19.1

19.2. Em um dado instante, o corpo tem uma quantidade de movimento linear $\mathbf{L} = m\mathbf{v}_G$ e uma quantidade de movimento angular $\mathbf{H}_G = I_G\boldsymbol{\omega}$ calculadas em relação ao seu centro de massa. Mostre que a quantidade de movimento angular do corpo calculada em relação ao centro instantâneo de velocidade nula CI pode ser expressa como $\mathbf{H}_{CI} = I_{CI}\boldsymbol{\omega}$, onde I_{CI} representa o momento de inércia do corpo calculado em relação ao eixo instantâneo de velocidade nula. Como mostrado, o CI está localizado a uma distância $r_{G/CI}$ do centro de massa G.

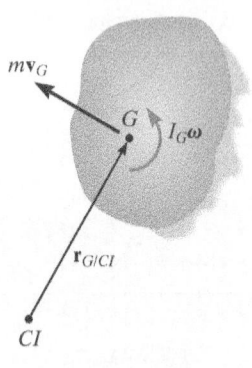

PROBLEMA 19.2

19.3. Mostre que, se uma placa está girando em torno de um eixo fixo perpendicular à placa e passando pelo seu centro de massa G, a quantidade de movimento angular é a mesma quando calculada em relação a qualquer outro ponto P.

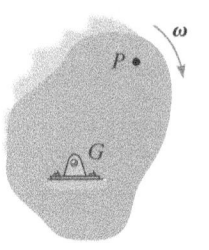

PROBLEMA 19.3

*19.4. O disco de 40 kg está girando a $\omega = 100$ rad/s quando a força $\mathbf{P}$ é aplicada ao freio, conforme indicado pelo gráfico. Se o coeficiente de atrito cinético em B é $\mu_k = 0,3$, determine o tempo t necessário para impedir que o disco gire. Despreze a espessura do freio.

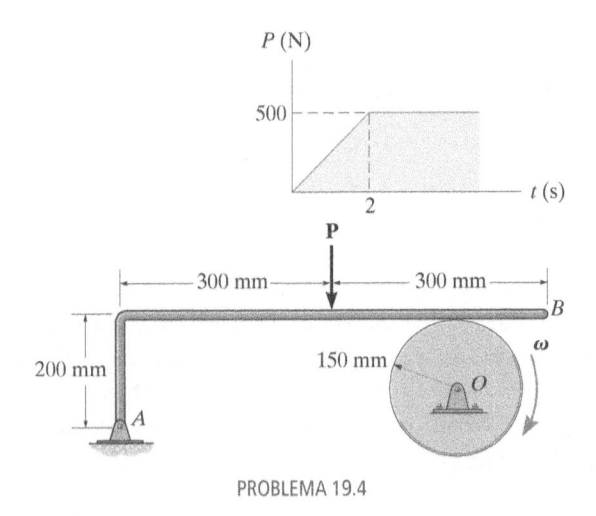

PROBLEMA 19.4

19.5. O rolo de papel de 40 kg está apoiado na parede, onde o coeficiente de atrito cinético é $\mu_k = 0,2$. Se uma força vertical $P = 40$ N é aplicada ao papel, determine a velocidade angular do rolo quando $t = 6$ s a partir do repouso. Despreze a massa do papel desenrolado e considere que o raio de giração da bobina em torno do eixo O seja $k_O = 80$ mm.

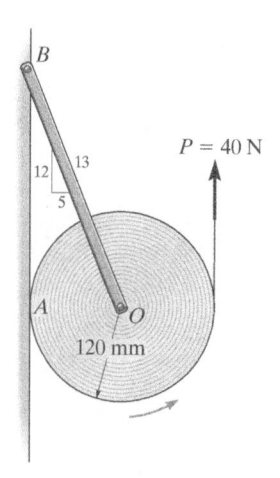

PROBLEMA 19.5

19.6. A engrenagem *A* de 30 kg possui raio de giração em torno de seu centro de massa *O* de $k_O = 125$ mm. Se a cremalheira *B* de 20 kg é submetida a uma força $P = 200$ N, determine o tempo exigido para que a engrenagem obtenha uma velocidade angular de 20 rad/s, partindo do repouso. A superfície de contato entre a cremalheira e o plano horizontal é lisa.

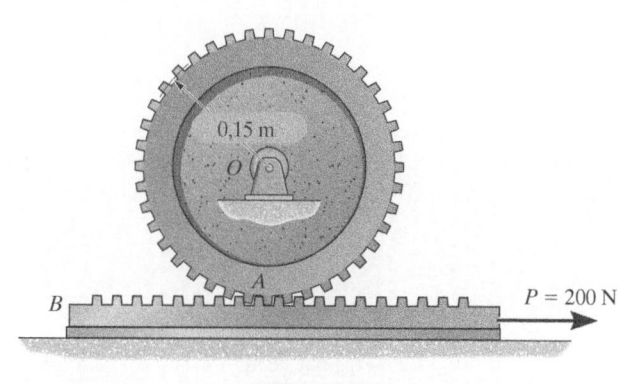

PROBLEMA 19.6

19.7. Um fio de massa desprezível é enrolado em torno da superfície externa do disco de 2 kg. Se o disco é solto do repouso, determine sua velocidade angular em 3 s.

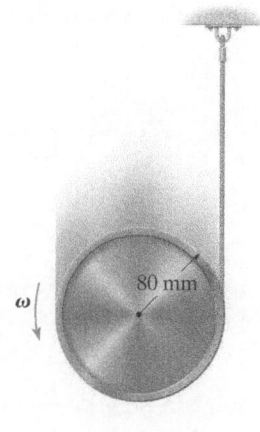

PROBLEMA 19.7

***19.8.** O avião está voando em linha reta com uma velocidade de 300 km/h, quando os motores *A* e *B* produzem um impulso de $T_A = 40$ kN e $T_B = 20$ kN, respectivamente. Determine a velocidade angular do avião em $t = 5$ s. O avião tem massa de 200 Mg, seu centro de massa está localizado em *G* e seu raio de giração em torno de *G* é $k_G = 15$ m.

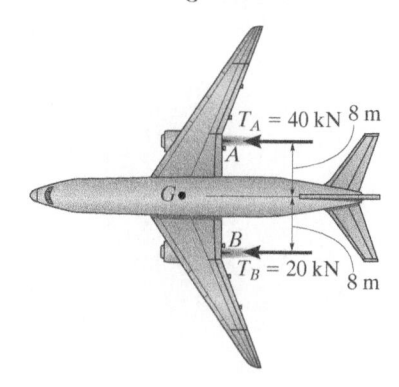

PROBLEMA 19.8

19.9. Determine a altura *h* da borda da mesa de bilhar, de modo que, quando a bola de bilhar de massa *m* a atinge, nenhuma força de atrito seja desenvolvida entre a bola e a mesa em *A*. Suponha que a borda exerça apenas uma força horizontal sobre a bola.

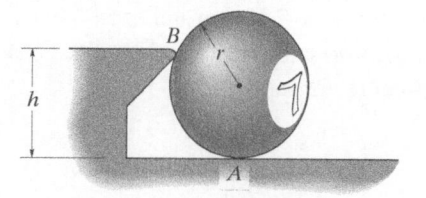

PROBLEMA 19.9

19.10. A chave de impacto consiste em uma haste delgada *AB* de 1 kg que tem 580 mm de comprimento e pesos cilíndricos nas extremidades *A* e *B*, cada um com diâmetro de 20 mm e massa de 1 kg. Esse conjunto está livre para girar em torno do cabo e soquete que estão fixados à porca da roda de um carro. Se a haste *AB* é submetida a uma velocidade angular de 4 rad/s e atinge a travessa *C* sem repicar, determine o impulso angular transmitido à porca.

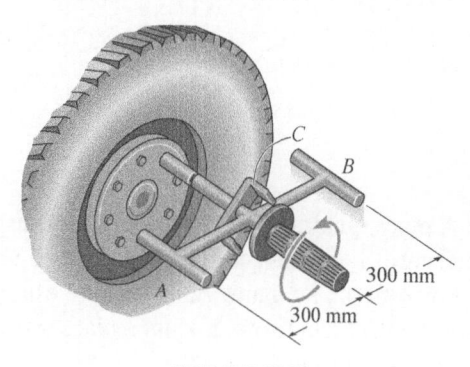

PROBLEMA 19.10

19.11. Se a bola tem peso W e raio r, e é lançada em uma *superfície áspera* com uma velocidade $\mathbf{v}_0$ paralela à superfície, determine a quantidade de giro inverso, ω_0, que ela deverá receber para que pare de girar no mesmo instante em que sua velocidade para a frente for nula. Não é necessário saber o coeficiente de atrito em A para o cálculo.

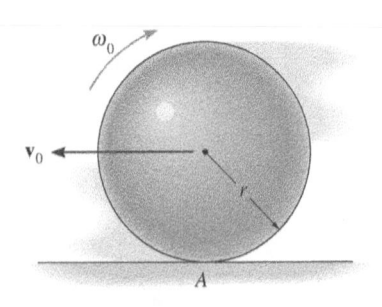

PROBLEMA 19.11

*19.12. A dupla polia consiste em duas rodas que estão presas uma à outra e giram na mesma velocidade. A polia tem massa de 15 kg e raio de giração $k_O = 110$ mm. Se o bloco em A tem massa de 40 kg, determine a velocidade do bloco em 3 s após uma força constante de 2 kN ser aplicada à corda enrolada em torno do cubo interno da polia. O bloco está originalmente em repouso.

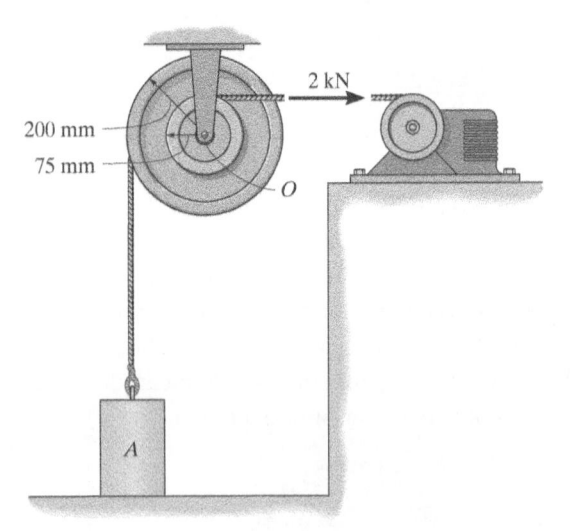

PROBLEMA 19.12

19.13. A placa quadrada tem massa m e está suspensa em seu canto A por uma corda. Se ela recebe um impulso horizontal $\mathbf{I}$ no canto B, determine a localização y do ponto P em torno do qual a placa parece girar durante o impacto.

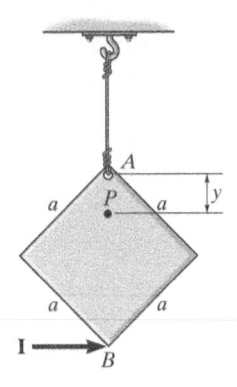

PROBLEMA 19.13

19.14. A haste delgada tem massa m e está suspensa em sua extremidade A por uma corda. Se a haste recebe um golpe horizontal dando a ela um impulso $\mathbf{I}$ em sua parte de baixo B, determine a localização y do ponto P em torno do qual a haste parece girar durante o impacto.

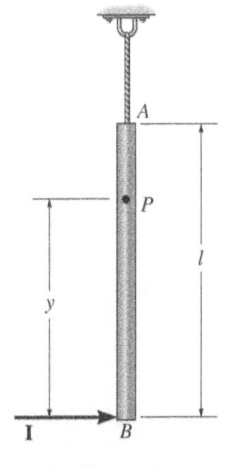

PROBLEMA 19.14

19.15. O carretel de 100 kg tem raio de giração $k_G = 200$ mm em torno de seu centro de massa G. Se o cabo B for submetido a uma força $P = 300$ N, determine o tempo exigido para que o carretel obtenha uma velocidade angular de 20 rad/s. O coeficiente de atrito cinético entre o carretel e o plano é $\mu_k = 0{,}15$.

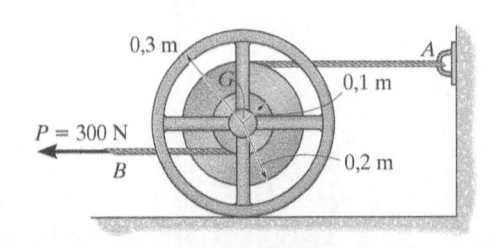

PROBLEMA 19.15

*19.16. A barra delgada de 4 kg está apoiada sobre um piso liso. Se ela for chutada de modo a receber um impulso horizontal $I = 8$ N · s no ponto A, conforme mostrado, determine sua velocidade angular e a velocidade de seu centro de massa.

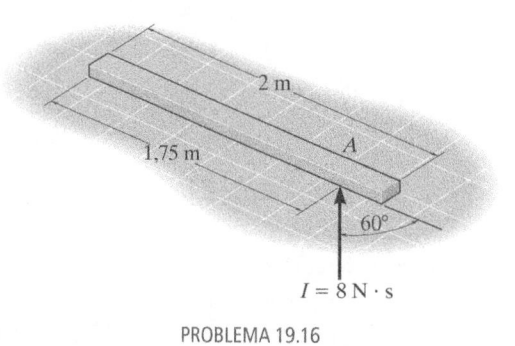

PROBLEMA 19.16

19.17. A bobina de 100 kg está apoiada na superfície inclinada para a qual o coeficiente de atrito cinético é $\mu_k = 0{,}1$. Determine a velocidade angular da bobina quando $t = 4$ s depois que ela for solta do repouso. O raio de giração em torno do centro de massa é $k_G = 0{,}25$ m.

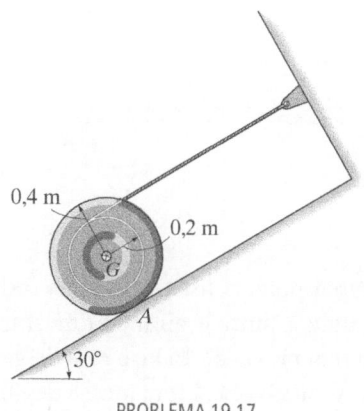

PROBLEMA 19.17

19.18. A dupla polia consiste em duas rodas que estão presas uma à outra e giram na mesma velocidade. A polia tem massa de 15 kg e raio de giração $k_O = 110$ mm. Se o bloco em A tem massa de 40 kg, determine a velocidade do bloco em 3 s após uma força constante $F = 2$ kN ser aplicada à corda enrolada em torno do cubo interno da polia. O bloco está originalmente em repouso. Despreze a massa da corda.

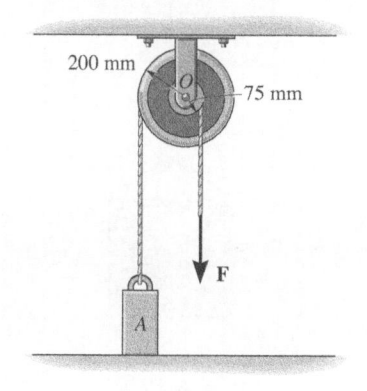

PROBLEMA 19.18

19.19. Um disco A de 4 kg é montado sobre o braço BC, que tem massa desprezível. Se um torque $M = (5e^{0{,}5t})$ N · m, onde t é dado em segundos, for aplicado ao braço em C, determine a velocidade angular de BC em 2 s partindo do repouso. Resolva o problema supondo que (a) o disco seja apoiado em um mancal liso em B, de modo a mover-se com translação curvilínea, (b) o disco esteja fixado no eixo BC, e (c) o disco receba uma velocidade angular inicial de giro livre $\boldsymbol{\omega}_D = \{-80\mathbf{k}\}$ rad/s antes da aplicação do torque.

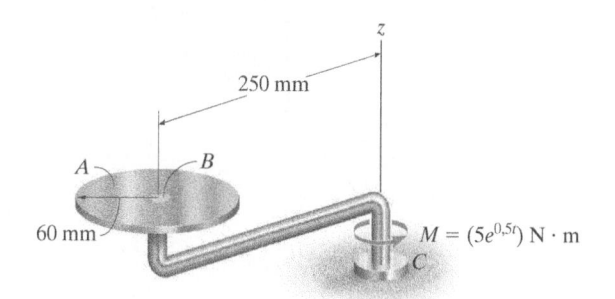

PROBLEMA 19.19

*19.20. A barra de comprimento L e massa m está apoiada sobre uma superfície horizontal lisa e é submetida a uma força $\mathbf{P}$ em sua extremidade A, como mostra a figura. Determine a distância d até o ponto em torno do qual a barra começa a girar, ou seja, o ponto que possui velocidade nula.

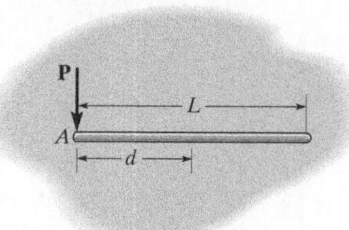

PROBLEMA 19.20

19.21. O tambor tem massa de 70 kg, raio de 300 mm e raio de giração $k_O = 125$ mm. Se os coeficientes de atrito estático e cinético em A são $\mu_s = 0{,}4$ e $\mu_k = 0{,}3$, respectivamente, determine a velocidade angular do tambor 2 s depois que ele é solto do repouso. Considere $\theta = 30°$.

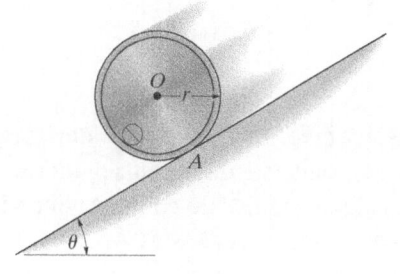

PROBLEMA 19.21

19.22. A caixa tem massa m_c. Determine a velocidade constante v_0 que ela adquire enquanto desce a esteira transportadora. Os roletes possuem raio r, massa m e estão espaçados em d. Observe que o atrito faz com que cada rolete gire quando a caixa entra em contato com ele.

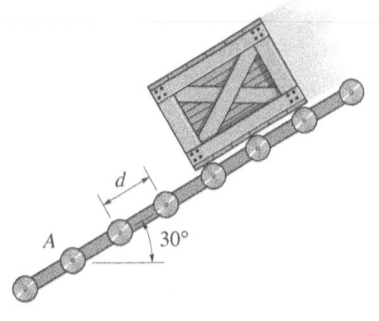

PROBLEMA 19.22

19.23. Um motor transmite um torque $M = 0{,}05$ N · m ao centro da engrenagem A. Determine a velocidade angular de cada uma das três engrenagens menores (iguais) em 2 s partindo do repouso. As engrenagens menores (B) estão presas com pinos em seus centros, e as massas e raios de giração centroidais das engrenagens são dados na figura.

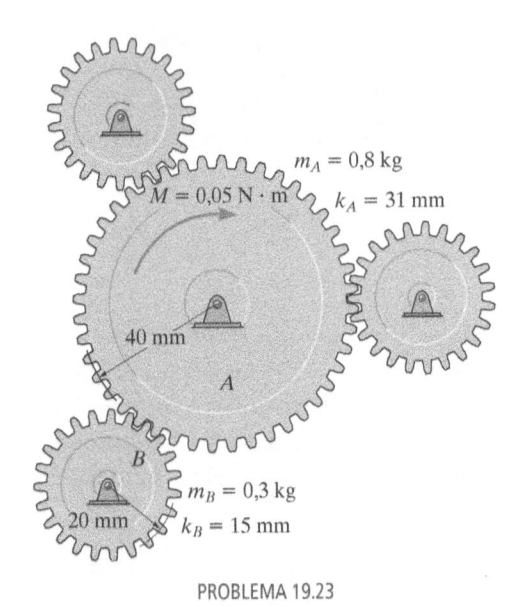

$m_A = 0{,}8$ kg
$M = 0{,}05$ N · m
$k_A = 31$ mm
40 mm
A
B
20 mm
$m_B = 0{,}3$ kg
$k_B = 15$ mm

PROBLEMA 19.23

*19.24. Se o eixo é submetido a um torque $M = (15t^2)$ N · m, onde t é dado em segundos, determine a velocidade angular do conjunto quando $t = 3$ s, partindo do repouso. As hastes AB e BC têm massa de 9 kg cada uma.

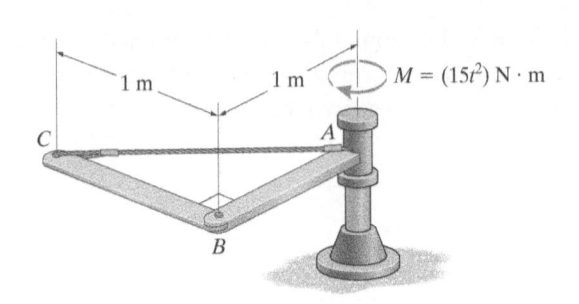

PROBLEMA 19.24

19.25. O carretel de 30 kg é montado sobre o carrinho de 20 kg. Se o cabo enrolado no cubo interno do carretel é submetido a uma força de $P = 50$ N, determine a velocidade do carrinho e a velocidade angular do carretel quando $t = 4$ s. O raio de giração do carretel em torno de seu centro de massa O é $k_O = 250$ mm. Despreze o tamanho das rodas pequenas.

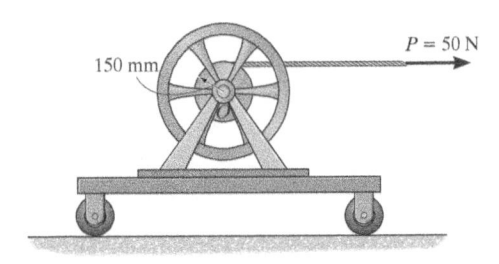

PROBLEMA 19.25

19.26. A dupla polia consiste em duas rodas que estão presas uma à outra e giram na mesma velocidade. A polia tem massa de 15 kg e raio de giração $k_O = 110$ mm. Se o bloco em A tem massa de 40 kg e o recipiente em B tem massa de 85 kg, incluindo seu conteúdo, determine a velocidade do recipiente quando $t = 3$ s após ser liberado do repouso.

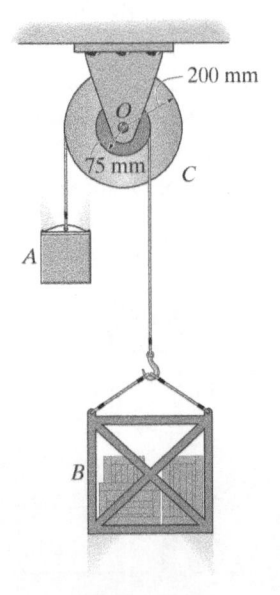

PROBLEMA 19.26

19.27. A engrenagem de 30 kg é submetida a uma força de $P = (20t)$ N, onde t é dado em segundos. Determine a velocidade angular da engrenagem em $t = 4$ s, partindo do repouso. A cremalheira B está fixada no plano horizontal e o raio de giração da engrenagem em torno de seu centro de massa O é $k_O = 125$ mm.

*19.28. O aro fino tem massa de 5 kg e é solto para descer o plano inclinado de modo que possua um giro inverso $\omega = 8$ rad/s, e seu centro de massa tem velocidade $v_G = 3$ m/s, conforme mostra a figura. Se o coeficiente de atrito cinético entre o aro e o plano é $\mu_k = 0{,}6$, determine quanto tempo o aro rolará antes de parar de girar.

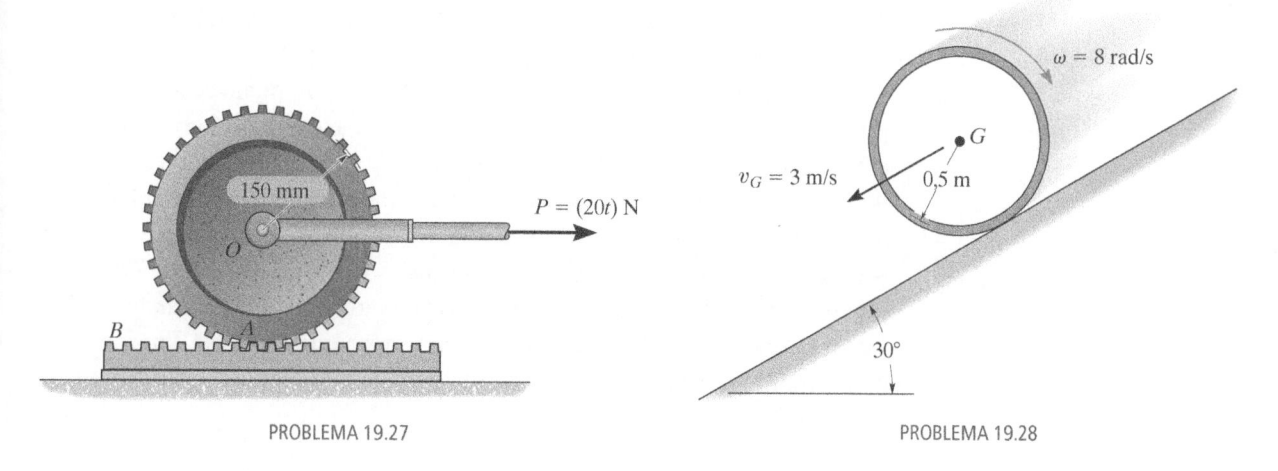

PROBLEMA 19.27

PROBLEMA 19.28

19.3 Conservação da quantidade de movimento

Conservação da quantidade de movimento linear

Se a soma de todos os *impulsos lineares* que atuam sobre um sistema de corpos rígidos conectados é *zero* em uma direção específica, a quantidade de movimento linear do sistema é constante, ou conservada nessa direção, isto é,

$$\left(\sum \begin{array}{l}\text{quantidade de movimento}\\ \text{linear do sistema}\end{array}\right)_1 = \left(\sum \begin{array}{l}\text{quantidade de movimento}\\ \text{linear do sistema}\end{array}\right)_2$$

(19.16)

Essa equação é referida como a *conservação da quantidade de movimento linear*.

Sem induzir erros apreciáveis nos cálculos, pode ser possível aplicar a Equação 19.16 em uma direção específica para a qual os impulsos lineares são pequenos ou *não impulsivos*. Forças não impulsivas ocorrem especificamente quando forças pequenas atuam sobre períodos de tempo muito curtos. Exemplos típicos incluem a força de uma mola ligeiramente deformada, a força de contato inicial com o solo macio e, em alguns casos, o peso do corpo.

Conservação da quantidade de movimento angular

A quantidade de movimento angular de um sistema de corpos rígidos conectados é conservada em relação ao centro de massa G do sistema, ou um ponto fixo O, quando a soma de todos os impulsos angulares em relação a esses pontos for zero ou sensivelmente pequena (não impulsiva). A terceira das equações 19.15 torna-se, então,

$$\left(\sum \text{quantidade de movimento angular do sistema}\right)_{O1} = \left(\sum \text{quantidade de movimento angular do sistema}\right)_{O2}$$

(19.17)

Essa equação é referida como a *conservação da quantidade de movimento angular*. No caso de um único corpo rígido, a Equação 19.17 aplicada ao ponto G torna-se $(I_G\omega)_1 = (I_G\omega)_2$. Por exemplo, considere um nadador que executa um salto mortal saltando de um trampolim. Ao recolher seus braços e pernas junto ao peito, ele *reduz* o momento de inércia de seu corpo e, assim, *aumenta* sua velocidade angular ($I_G\omega$ tem de ser constante). Se ele endireita o corpo imediatamente antes de entrar na água, o momento de inércia de seu corpo é *aumentado*, e assim sua velocidade angular *diminui*. Visto que o peso de seu corpo cria um impulso linear durante o tempo do movimento, este exemplo também ilustra como a quantidade de movimento angular de um corpo pode ser conservada, mas a quantidade de movimento linear, *não*. Tais casos ocorrem sempre que as forças externas que criam o impulso linear passam através do centro de massa do corpo ou de um eixo de rotação fixo.

Procedimento para análise

A conservação das quantidades de movimento linear ou angular deve ser aplicada utilizando o procedimento indicado a seguir.

Diagrama de corpo livre

- Estabeleça o sistema de referência inercial x, y e desenhe o diagrama de corpo livre para o corpo ou sistema de corpos durante o tempo do impacto. A partir desse diagrama, classifique cada uma das forças aplicadas como "impulsivas" ou "não impulsivas".
- Pela observação do diagrama de corpo livre, a *conservação da quantidade de movimento linear* aplica-se em dada direção quando *nenhuma* força impulsiva externa atua sobre o corpo ou sistema nessa direção; por outro lado, a *conservação da quantidade de movimento angular* aplica-se em relação a um ponto fixo O ou ao centro de massa G de um corpo ou sistema de corpos quando todas as forças impulsivas externas que atuam sobre o corpo ou sistema criam momento nulo (ou impulso angular nulo) em relação a O ou G.
- Como um procedimento alternativo, desenhe os diagramas de impulso e quantidade de movimento para o corpo ou sistema de corpos. Esses diagramas são particularmente úteis a fim de visualizar os termos do "momento" usados na equação de conservação da quantidade de movimento angular, quando for decidido que as quantidades de movimento angulares têm de ser calculadas em relação a um outro ponto sem ser o centro de massa G do corpo.

Conservação da quantidade de movimento

- Aplique a conservação da quantidade de movimento linear ou angular nas direções apropriadas.

Cinemática

- Se o movimento parece ser complicado, diagramas cinemáticos (de velocidade) podem ser úteis para obter as relações cinemáticas necessárias.

EXEMPLO 19.6

A roda de 10 kg mostrada na Figura 19.9a tem momento de inércia $I_G = 0{,}156$ kg · m². Supondo que a roda não desliza ou repica, determine a velocidade mínima $\mathbf{v}_G$ que ela deve ter apenas para rolar sobre a obstrução em A.

SOLUÇÃO

Diagramas de impulso e quantidade de movimento

Visto que não ocorre deslizamento ou repique, a roda essencialmente *pivota* em torno do ponto A durante o contato. Essa condição é mostrada na Figura 19.9b, a qual indica, respectivamente, a quantidade de movimento da roda *imediatamente antes do impacto*, os impulsos dados à roda *durante o impacto*, e a quantidade de movimento da roda *logo após o impacto*. Apenas dois impulsos (forças) atuam sobre a roda. Por comparação, a força em A é muito maior que a do peso e, visto que o tempo de impacto é muito curto, o peso pode ser considerado não impulsivo. A força impulsiva $\mathbf{F}$ em A tem tanto uma intensidade desconhecida quanto uma direção desconhecida θ. Para eliminar essa força da análise, observe que a quantidade de movimento angular em relação a A é basicamente *conservada*, visto que $(98{,}1\Delta t)d \approx 0$.

Conservação da quantidade de movimento angular

Com referência à Figura 19.9b,

$$(\zeta +) \qquad (H_A)_1 = (H_A)_2$$
$$r'm(v_G)_1 + I_G\omega_1 = rm(v_G)_2 + I_G\omega_2$$
$$(0{,}2 \text{ m} - 0{,}03 \text{ m})(10 \text{ kg})(v_G)_1 + (0{,}156 \text{ kg} \cdot \text{m}^2)(\omega_1) =$$
$$(0{,}2 \text{ m})(10 \text{ kg})(v_G)_2 + (0{,}156 \text{ kg} \cdot \text{m}^2)(\omega_2)$$

Cinemática

Visto que não ocorre deslizamento, em geral $\omega = v_G/r = v_G/0{,}2$ m $= 5v_G$. Substituir isso na equação e simplificar resulta em

$$(v_G)_2 = 0{,}8921(v_G)_1 \qquad (1)$$

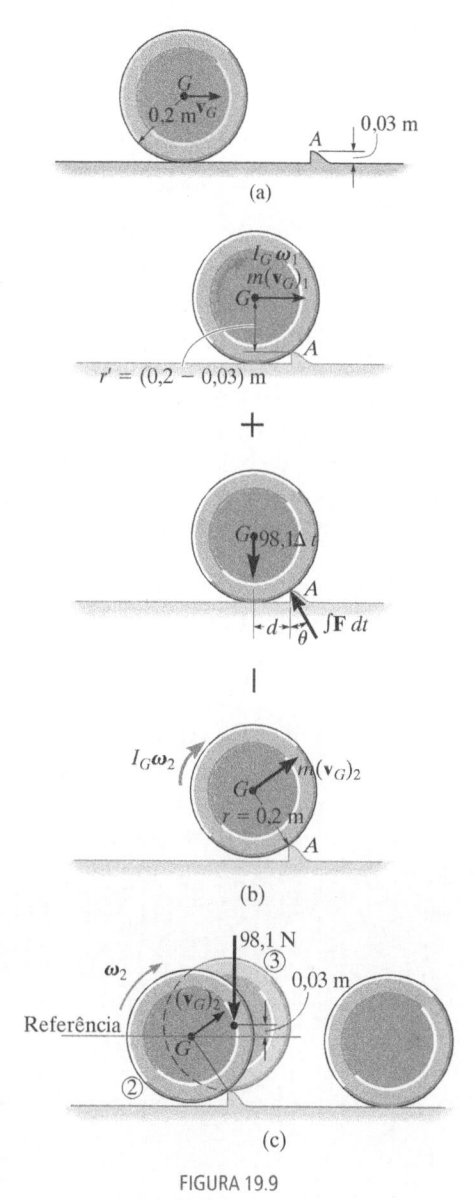

FIGURA 19.9

Conservação de energia[*]

A fim de rolar sobre a obstrução, a roda tem de passar pela posição 3, mostrada na Figura 19.9c. Assim, se $(v_G)_2$ [ou $(v_G)_1$] tiver de ser um mínimo, é necessário que a energia cinética da roda na posição 2 seja igual à energia potencial na posição 3. Colocando a referência no centro de gravidade, como mostrado na figura, e aplicando a equação de conservação de energia, temos

$$\{T_2\} + \{V_2\} = \{T_3\} + \{V_3\}$$
$$\left\{\tfrac{1}{2}(10 \text{ kg})(v_G)_2^2 + \tfrac{1}{2}(0{,}156 \text{ kg} \cdot \text{m}^2)\omega_2^2\right\} + \{0\} =$$
$$\{0\} + \{(98{,}1 \text{ N})(0{,}03 \text{ m})\}$$

Substituindo $\omega_2 = 5(v_G)_2$ e a Equação 1 nesta equação, e resolvendo,

$$(v_G)_1 = 0{,}729 \text{ m/s} \rightarrow \qquad \qquad \textit{Resposta}$$

---

[*] Este princípio *não se aplica durante o impacto*, já que a energia é *perdida* durante a colisão. Entretanto, logo após o impacto, como na Figura 19.9c, ele pode ser usado.

EXEMPLO 19.7

A barra delgada de 5 kg mostrada na Figura 19.10a está presa com um pino em O e inicialmente em repouso. Se uma bala de 4 g é disparada na barra com uma velocidade de 400 m/s, como mostrado na figura, determine a velocidade angular da barra logo após a bala cravar-se nela.

SOLUÇÃO

Diagramas de impulso e quantidade de movimento

O impulso que a bala exerce sobre a barra pode ser eliminado da análise, e a velocidade angular da barra logo após o impacto pode ser determinada considerando-se a bala e a barra como um sistema único. Para esclarecer os princípios envolvidos, os diagramas de impulso e quantidade de movimento são mostrados na Figura 19.10b. Os diagramas de quantidade de movimento são desenhados *imediatamente antes e após o impacto*. Durante o impacto, bala e barra exercem *impulsos internos iguais, mas opostos* em A. Como mostrado no diagrama de impulso, os impulsos externos ao sistema são decorrentes das reações em O e dos pesos da bala e da barra. Visto que o tempo de impacto, Δt, é muito curto, a barra se desloca somente um pouco, e assim os "momentos" dos impulsos dos pesos em relação ao ponto O são basicamente zero. Portanto, a quantidade de movimento angular é conservada em relação a esse ponto.

Conservação de quantidade de movimento angular

Da Figura 19.10b, temos

$$(\zeta+) \qquad \Sigma(H_O)_1 = \Sigma(H_O)_2$$

$$m_B(v_B)_1 \cos 30°(0{,}75 \text{ m}) = m_B(v_B)_2(0{,}75 \text{ m}) + m_R(v_G)_2(0{,}5 \text{ m}) + I_G\omega_2$$

$$(0{,}004 \text{ kg})(400 \cos 30° \text{ m/s})(0{,}75 \text{ m}) =$$

$$(0{,}004 \text{ kg})(v_B)_2(0{,}75 \text{ m}) + (5 \text{ kg})(v_G)_2(0{,}5 \text{ m}) + \left[\tfrac{1}{12}(5 \text{ kg})(1 \text{ m})^2\right]\omega_2 \qquad (1)$$

ou

$$1{,}039 = 0{,}003(v_B)_2 + 2{,}50(v_G)_2 + 0{,}4167\omega_2$$

Cinemática

Visto que a barra está presa com pino em O, da Figura 19.10c, temos

$$(v_G)_2 = (0{,}5 \text{ m})\omega_2 \qquad (v_B)_2 = (0{,}75 \text{ m})\omega_2$$

Substituir na Equação 1 e resolver resulta em

$$\omega_2 = 0{,}623 \text{ rad/s} \, \zeta \qquad \qquad \textit{Resposta}$$

FIGURA 19.10

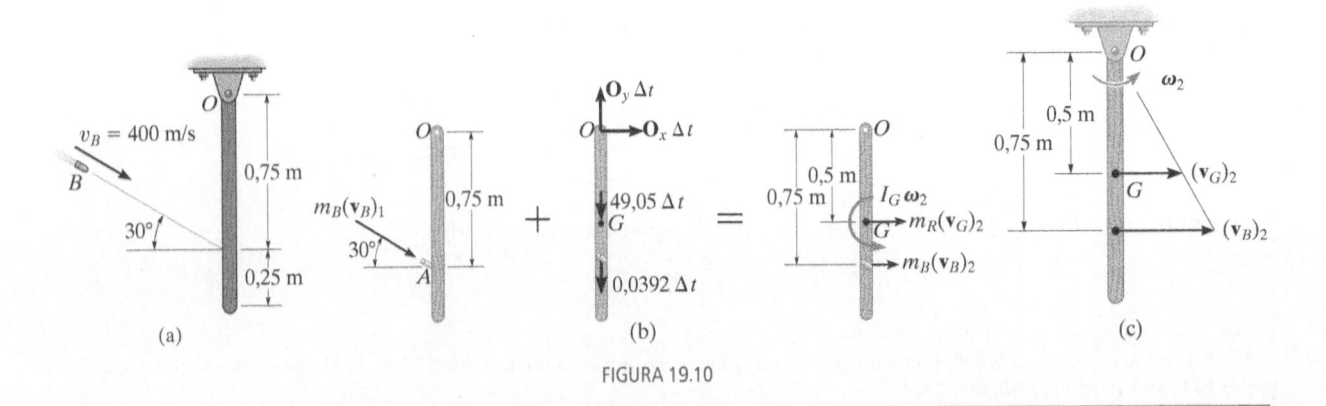

*19.4 Impacto excêntrico

Os conceitos envolvendo impacto central e oblíquo de partículas foram apresentados na Seção 15.4. Agora, vamos expandir esse tratamento e discutir o impacto excêntrico de dois corpos. O *impacto excêntrico* ocorre quando a linha conectando os *centros de massa* de dois corpos *não* coincide com a linha de impacto.* Esse tipo de impacto frequentemente ocorre quando um ou ambos os corpos estão restritos a girar em torno de um eixo fixo. Considere, por exemplo, a colisão em C entre os dois corpos A e B, mostrada na Figura 19.11a. Supõe-se que imediatamente antes da colisão B esteja girando no sentido anti-horário com uma velocidade angular $(\omega_B)_1$, e a velocidade do ponto de contato C localizado em A seja $(\mathbf{u}_A)_1$. Diagramas cinemáticos para ambos os corpos imediatamente antes da colisão são mostrados na Figura 19.11b. Contanto que os corpos sejam lisos, as *forças impulsivas* que eles exercem um sobre o outro *são direcionadas ao longo da linha de impacto*. Assim, a componente da velocidade do ponto C sobre o corpo B, que está direcionado ao longo da linha de impacto, é $(v_B)_1 = (\omega_B)_1 r$ (Figura 19.11b). Da mesma maneira, sobre o corpo A, a componente da velocidade de $(\mathbf{u}_A)_1$ ao longo da linha de impacto é $(\mathbf{v}_A)_1$. Para que uma colisão ocorra, $(v_A)_1 > (v_B)_1$.

Durante o impacto, uma força impulsiva igual, mas oposta, **P**, é exercida entre os corpos, a qual *deforma* suas formas no ponto de contato. O impulso resultante é mostrado nos diagramas de impulso para ambos os corpos (Figura 19.11c). Observe que a força impulsiva no ponto C sobre o corpo em rotação cria reações impulsivas no pino em O. Nesses diagramas, supõe-se que o impacto cria forças muito maiores que os pesos não impulsivos dos corpos, os quais não são mostrados. Quando a deformação no ponto C é máxima, C em ambos os corpos se desloca com uma velocidade comum **v** ao longo da linha de impacto (Figura 19.11d). Ocorre então um período de *restituição*, no qual os corpos tendem a recuperar suas formas originais. A fase de restituição cria uma força impulsiva **R** igual, mas oposta, atuando entre os corpos como mostrado no diagrama de impulso (Figura 19.11e). Após a restituição, os corpos se afastam de tal maneira que o ponto C no corpo B tem uma velocidade $(\mathbf{v}_B)_2$ e o ponto C no corpo A tem uma velocidade $(\mathbf{u}_A)_2$ (Figura 19.11f), onde $(v_B)_2 > (v_A)_2$.

Em geral, um problema envolvendo o impacto de dois corpos requer a determinação das *duas incógnitas* $(v_A)_2$ e $(v_B)_2$, supondo que $(v_A)_1$ e $(v_B)_1$ são conhecidas (ou podem ser determinadas utilizando-se cinemática, métodos de energia, as equações de movimento etc.). Para resolver tais problemas, duas equações têm de ser escritas. A *primeira equação* geralmente envolve a aplicação da *conservação da quantidade de movimento angular aos dois corpos*. No caso dos corpos A e B, podemos afirmar que a quantidade de movimento angular é conservada em relação ao ponto O, visto que os impulsos em C são internos ao sistema e os impulsos em O criam momento nulo (ou impulso angular nulo) em relação a O. A *segunda equação* pode ser obtida utilizando-se a definição do *coeficiente de restituição*, e, que é uma relação do impulso de restituição com o impulso de deformação.

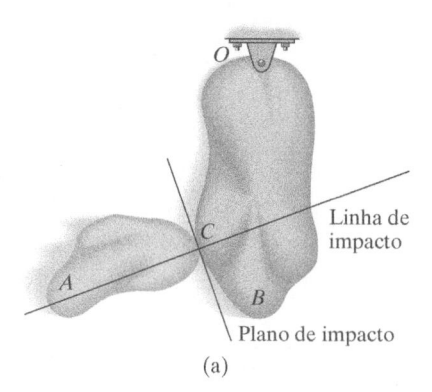

FIGURA 19.11

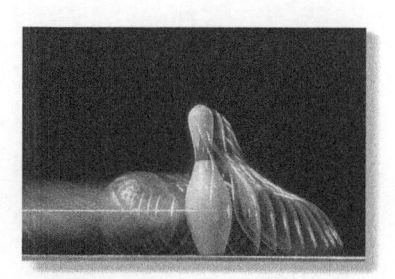

Aqui está um exemplo de impacto excêntrico ocorrendo entre esta bola de boliche e o pino.

---
* Quando essas linhas coincidem, o impacto central ocorre e o problema pode ser analisado como discutido na Seção 15.4.

484 DINÂMICA

Velocidade antes da colisão
(b)

Impulso de deformação
(c)

Velocidade na deformação máxima
(d)

Impulso de restituição
(e)

FIGURA 19.11 (cont.)

Velocidade após a colisão
(f)

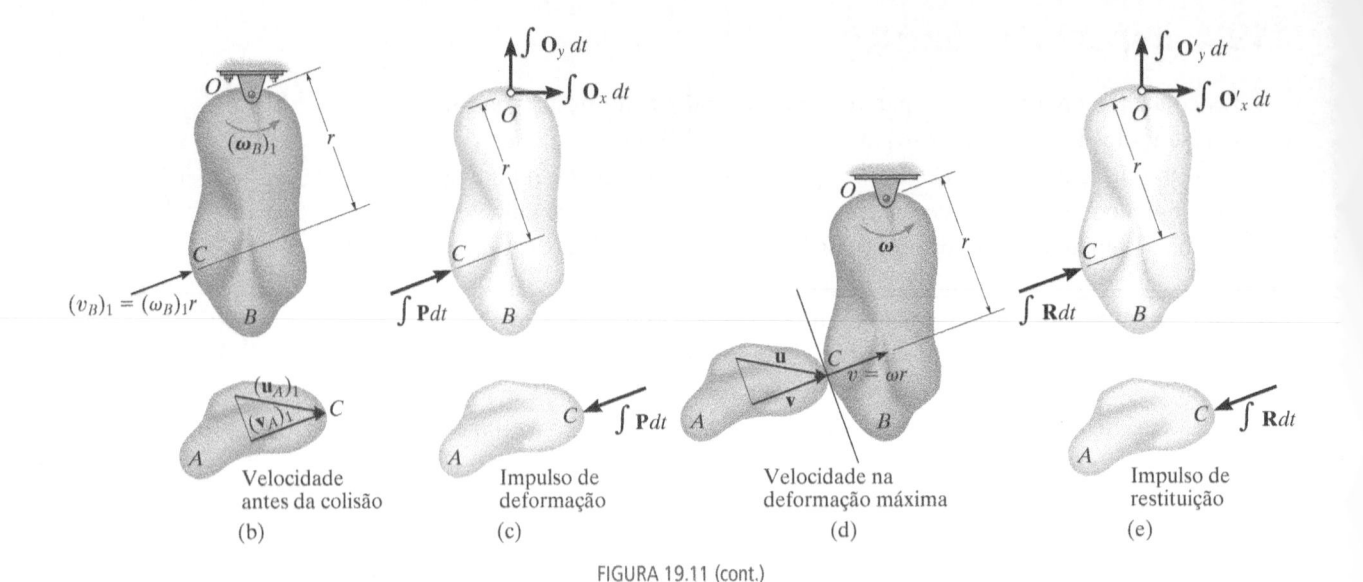

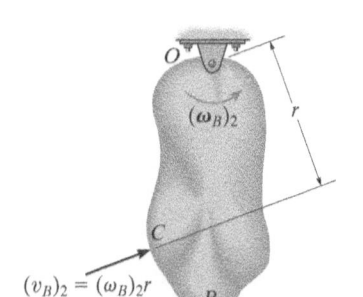

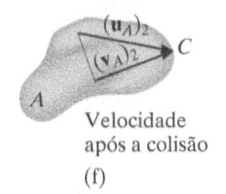

FIGURA 19.11 (cont.)

Entretanto, é importante observar que *esta análise tem apenas uma aplicação muito limitada em engenharia, porque os valores de e para este caso foram constatados como sendo altamente sensíveis ao material, à geometria e à velocidade de cada um dos corpos em colisão.* Para estabelecer uma forma útil da equação do coeficiente de restituição, primeiro temos de aplicar o princípio de impulso e quantidade de movimento angular em relação ao ponto O para os corpos A e B separadamente. Combinando os resultados, obtemos a equação necessária. Seguindo dessa forma, o princípio do impulso e quantidade de movimento aplicado ao corpo B no instante imediatamente anterior à colisão ao instante de deformação máxima (figuras 19.11b, 19.11c e 19.11d) torna-se

$$(\zeta +) \qquad I_O(\omega_B)_1 + r\int P\,dt = I_O\omega \qquad (19.18)$$

Aqui, I_O é o momento de inércia do corpo B em relação ao ponto O. De modo semelhante, aplicar o princípio de impulso e quantidade de movimento angular do instante da deformação máxima ao instante logo após o impacto (figuras 19.11d, 19.11e e 19.11f) resulta em

$$(\zeta +) \qquad I_O\omega + r\int R\,dt = I_O(\omega_B)_2 \qquad (19.19)$$

Resolvendo as equações 19.18 e 19.19 para $\int P\,dt$ e $\int R\,dt$, respectivamente, e isolando e, temos

$$e = \frac{\int R\,dt}{\int P\,dt} = \frac{r(\omega_B)_2 - r\omega}{r\omega - r(\omega_B)_1} = \frac{(v_B)_2 - v}{v - (v_B)_1}$$

Da mesma maneira, podemos escrever uma equação que relaciona as intensidades da velocidade $(v_A)_1$ e $(v_A)_2$ do corpo A. O resultado é

$$e = \frac{v - (v_A)_2}{(v_A)_1 - v}$$

Combinando as duas equações anteriores eliminando a velocidade comum v, produz-se o resultado desejado, ou seja,

Capítulo 19 – Cinética do movimento plano de um corpo rígido: impulso e quantidade de movimento   485

$(+\nearrow)$
$$e = \frac{(v_B)_2 - (v_A)_2}{(v_A)_1 - (v_B)_1}$$
(19.20)

Esta equação é idêntica à Equação 15.11, a qual foi derivada para o impacto central entre duas partículas. Ela estabelece que o coeficiente de restituição é igual à razão da velocidade relativa de *separação* dos pontos de contato (*C*) *logo após o impacto* com a velocidade relativa na qual os pontos *se aproximam* uns dos outros *imediatamente* antes do impacto. Ao derivar essa equação, presumimos que os pontos de contato para ambos os corpos se deslocam para cima e para a direita, *tanto* antes *quanto* depois do impacto. Se o movimento de qualquer um dos pontos de contato ocorre para baixo e para a esquerda, a velocidade desse ponto deve ser considerada uma quantidade negativa na Equação 19.20.

Durante o impacto, as colunas de muitas placas de estradas são feitas para se soltar de seus suportes e facilmente desmontar em suas juntas. Isso é mostrado pelas conexões de encaixe em sua base e as divisões na parte do meio da coluna.

EXEMPLO 19.8

A barra delgada de 5 kg está suspensa pelo pino em *A* (Figura 19.12*a*). Se uma bola *B* de 1 kg é jogada na barra e bate em seu centro com uma velocidade de 9 m/s, determine a velocidade angular da barra logo após o impacto. O coeficiente de restituição é *e* = 0,4.

SOLUÇÃO

Conservação da quantidade de movimento angular

Considere a bola e a barra como um sistema (Figura 19.12*b*). A quantidade de movimento angular é conservada em relação ao ponto *A*, visto que a força impulsiva entre a barra e a bola é *interna*. Além disso, os *pesos* da bola e da barra são *não impulsivos*. Observando as direções das velocidades da bola e da barra logo após o impacto como mostrado no diagrama cinemático (Figura 19.12*c*), requeremos

$(\zeta +)$
$$(H_A)_1 = (H_A)_2$$

$$m_B(v_B)_1(0{,}45 \text{ m}) = m_B(v_B)_2(0{,}45 \text{ m}) + m_R(v_G)_2(0{,}45 \text{ m}) + I_G\omega_2$$

$$(1 \text{ kg})(9 \text{ m/s})(0{,}45 \text{ m}) = (1 \text{ kg})(v_B)_2(0{,}45 \text{ m}) +$$

$$(5 \text{ kg})(v_G)_2(0{,}45 \text{ m}) + \left[\frac{1}{12}(5 \text{ kg})(0{,}9 \text{ m})^2\right]\omega_2$$

Visto que $(v_B)_2 = 0{,}45\omega_2$, então

$$4{,}05 = 0{,}45(v_B)_2 + 1{,}35\omega_2 \qquad (1)$$

Coeficiente de restituição

Com referência à Figura 19.12c, temos

$(\xrightarrow{+})$
$$e = \frac{(v_G)_2 - (v_B)_2}{(v_B)_1 - (v_G)_1} \qquad 0{,}4 = \frac{(0{,}45\ \text{m})\omega_2 - (v_B)_2}{9\ \text{m/s} - 0}$$

$$3{,}6 = 0{,}45\omega_2 - (v_B)_2 \qquad (2)$$

Resolvendo as equações 1 e 2, obtemos

$$(v_B)_2 = -1{,}957\ \text{m/s} = 1{,}957\ \text{m/s} \leftarrow$$

$$\omega_2 = 3{,}65\ \text{rad/s} \;\circlearrowright \qquad \textit{Resposta}$$

FIGURA 19.12

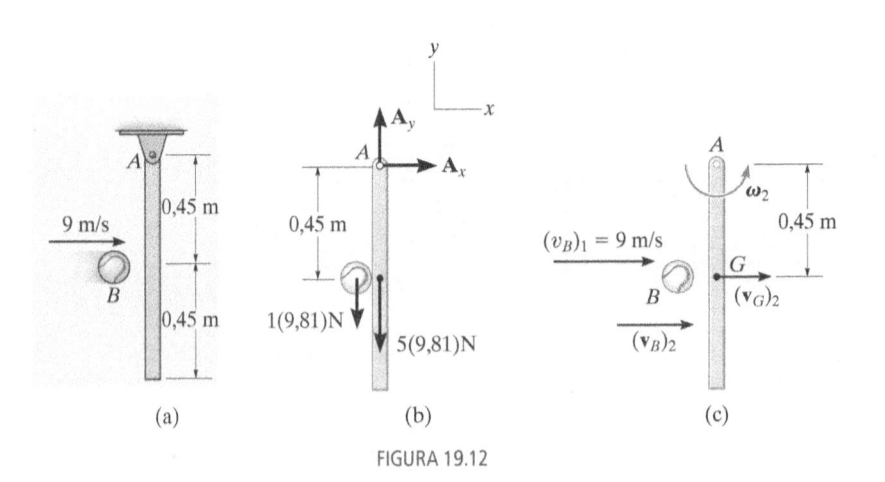

Problemas

19.29. Um homem tem um momento de inércia I_z em torno do eixo z. Originalmente, ele está em repouso e parado sobre uma pequena plataforma que pode girar livremente. Se ele segura uma roda que está girando a ω e tem um momento de inércia I em torno de seu eixo de rotação, determine sua velocidade angular se (a) ele segura a roda para cima, como na figura, (b) gira a roda para fora, $\theta = 90°$, e (c) gira a roda para baixo, $\theta = 180°$. Despreze o efeito de segurar a roda a uma distância d do eixo z.

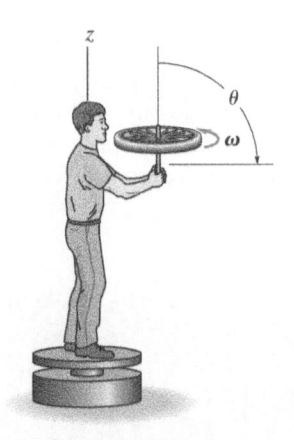

PROBLEMA 19.29

Capítulo 19 – Cinética do movimento plano de um corpo rígido: impulso e quantidade de movimento 487

19.30. O satélite tem massa de 200 kg e raio de giração em relação ao eixo z de $k_z = 0{,}1$ m, excluindo os dois painéis solares A e B. Cada painel tem massa de 15 kg e pode ser aproximado como uma placa fina. Se o satélite está inicialmente girando em torno do eixo z com uma taxa constante $\omega_z = 0{,}5$ rad/s quando $\theta = 90°$, determine a taxa de rotação se os dois painéis forem elevados e atingirem a posição vertical, $\theta = 0°$, no mesmo instante.

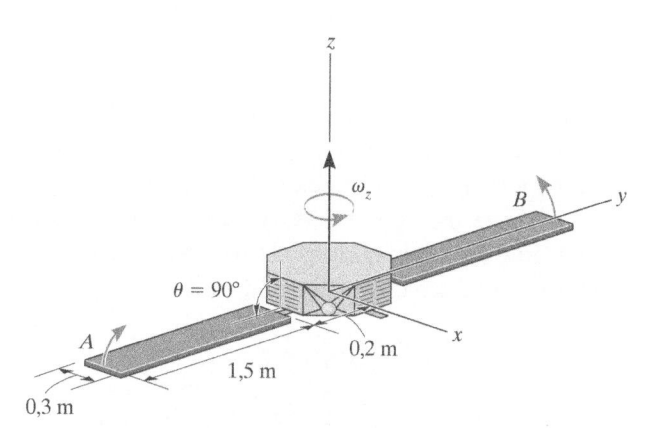

são submetidos a uma velocidade angular em sentido horário de $(\omega_A)_1 = (\omega_B)_1 = 5$ rad/s enquanto a haste é mantida estacionária e em seguida solta, determine a velocidade angular da haste após os discos terem parado de girar em relação à haste em virtude da resistência do atrito nos pinos A e B. O movimento é realizado no *plano horizontal*. Despreze o atrito no pino C.

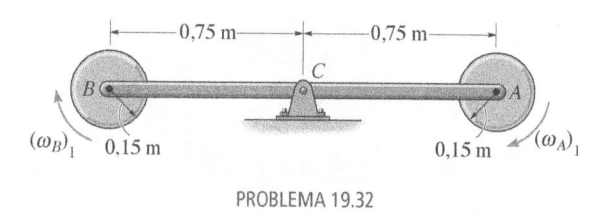

PROBLEMA 19.32

PROBLEMA 19.30

19.33. O homem de 80 kg está segurando dois halteres enquanto está parado de pé na mesa giratória de massa desprezível, que gira livremente em torno de um eixo vertical. Quando seus braços estão totalmente estendidos, a mesa gira com uma velocidade angular de 0,5 rev/s. Determine a velocidade angular do homem quando ele encolhe seus braços para a posição mostrada. Quando seus braços estão totalmente estendidos, aproxime cada braço como uma barra uniforme de 6 kg e comprimento de 650 mm, e seu corpo como um cilindro sólido de 68 kg com diâmetro de 400 mm. Com seus braços na posição encolhida, suponha que o homem seja um cilindro sólido de 80 kg com diâmetro de 450 mm. Cada haltere consiste em duas esferas de 5 kg com tamanho desprezível.

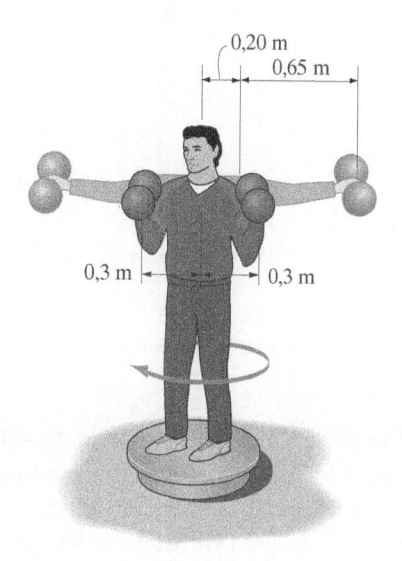

19.31. O ginasta de 75 kg solta a barra horizontal em uma posição completamente estendida A, girando com velocidade angular $\omega_A = 3$ rad/s. Estime sua velocidade angular quando ele assume uma posição encolhida B. Considere o ginasta nas posições A e B como uma haste delgada uniforme e um disco circular uniforme, respectivamente.

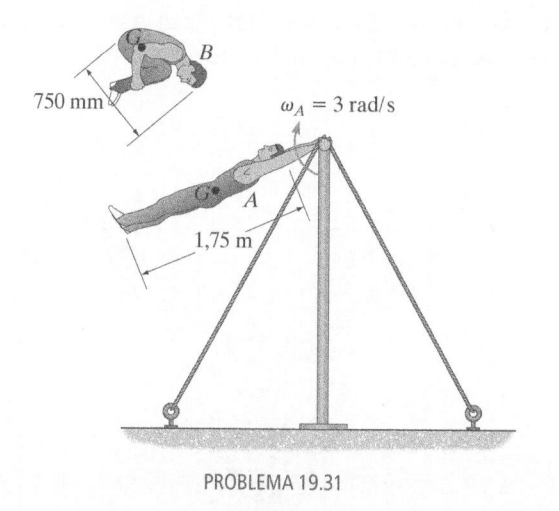

PROBLEMA 19.31

PROBLEMA 19.33

*19.32. A haste ACB de 2 kg suporta os dois discos de 4 kg nas suas extremidades. Se ambos os discos

19.34. O prato giratório T de um toca-discos tem massa de 0,75 kg e raio de giração $k_z = 125$ mm. Ele está *girando livremente* a $\omega_T = 2$ rad/s quando o disco de 50 g (disco fino) cai sobre ele. Determine a velocidade angular final do prato logo após o disco parar de deslizar sobre o prato.

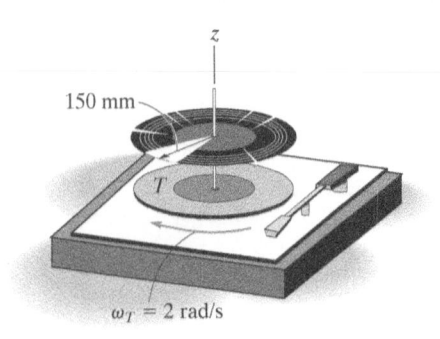

PROBLEMA 19.34

19.35. A bala de 10 g com velocidade de 800 m/s é disparada para a borda do disco de 5 kg, como mostra a figura. Determine a velocidade angular do disco logo após a bala se incorporar à sua borda. Além disso, calcule o ângulo θ que o disco oscilará quando ela parar. O disco está inicialmente em repouso. Despreze a massa da barra AB.

*19.36. A bala de 10 g com velocidade de 800 m/s é disparada para a borda do disco de 5 kg, como mostra a figura. Determine a velocidade angular do disco logo após a bala se incorporar à sua borda. Além disso, calcule o ângulo θ que o disco oscilará quando ela parar. O disco está inicialmente em repouso. A barra AB tem massa de 3 kg.

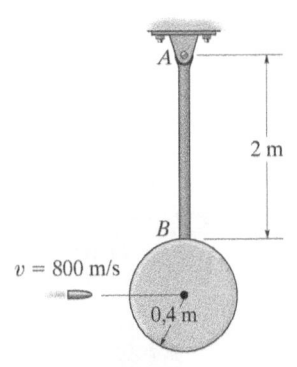

PROBLEMAS 19.35 e 19.36

19.37. O disco circular tem massa m e está suspenso em A pelo fio. Se ele recebe um impulso horizontal $\mathbf{I}$ em sua borda B, determine o local y do ponto P em torno do qual o disco parece girar durante o impacto.

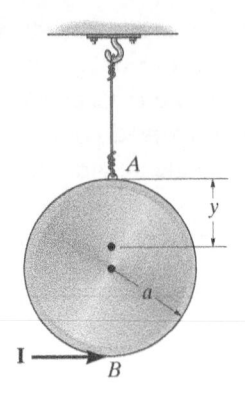

PROBLEMA 19.37

19.38. Uma bala de 7 g com velocidade de 800 m/s é disparada na borda do disco de 5 kg, como mostra a figura. Determine a velocidade angular do disco logo após a bala se incorporar nele. Além disso, calcule até que ângulo θ o disco oscilará até que pare momentaneamente. O disco está inicialmente em repouso.

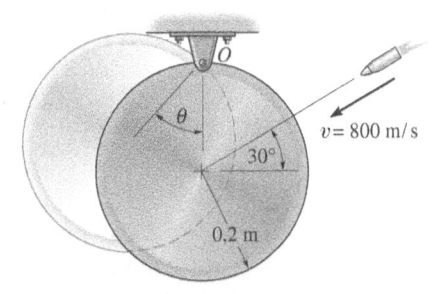

PROBLEMA 19.38

19.39. O eixo vertical está girando com uma velocidade angular de 3 rad/s quando $\theta = 0°$. Se uma força $\mathbf{F}$ for aplicada ao anel, de modo que $\theta = 90°$, determine a velocidade angular do eixo. Além disso, determine o trabalho realizado pela força $\mathbf{F}$. Despreze a massa das hastes GH e EF e dos anéis I e J. As hastes AB e CD possuem massa de 10 kg cada.

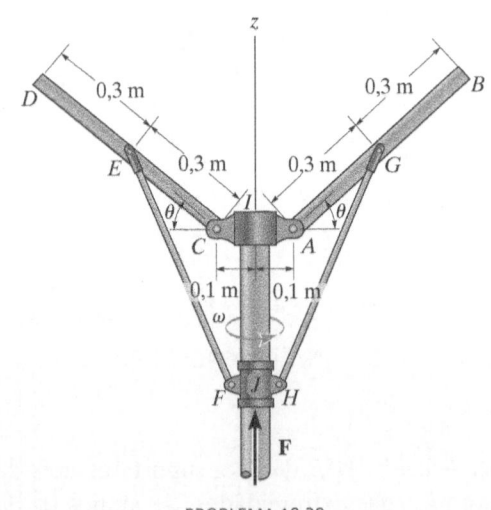

PROBLEMA 19.39

Capítulo 19 – Cinética do movimento plano de um corpo rígido: impulso e quantidade de movimento   **489**

*19.40. A barra delgada de massa m gira em torno do suporte A quando é solta do repouso na posição vertical. Quando ela cai e gira 90°, o pino C atinge o suporte B, e o pino em A sai do seu suporte. Determine a velocidade angular da barra imediatamente após o impacto. Suponha que o pino em B não repique.

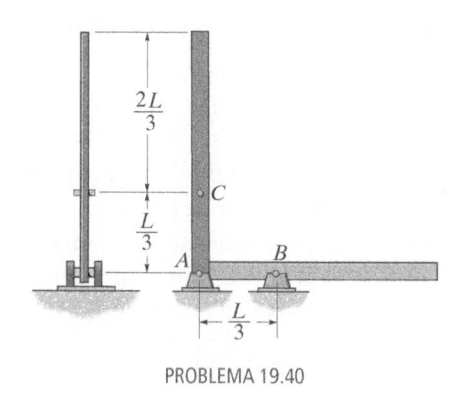

PROBLEMA 19.40

19.41. Uma barra fina de massa m possui velocidade angular ω_0 enquanto gira em uma superfície lisa. Determine sua nova velocidade angular logo após sua extremidade atingir e engatar no pino e a barra começar a girar em torno de P sem repicar. Resolva o problema (a) usando os parâmetros dados, (b) definindo $m = 2$ kg, $\omega_0 = 4$ rad/s, $l = 1,5$ m.

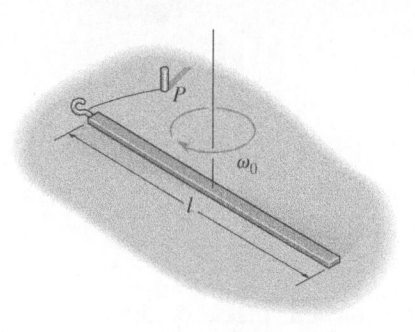

PROBLEMA 19.41

19.42. Determine a altura h em que a bola de bilhar de massa m deve ser atingida, de modo que nenhuma força de atrito se desenvolva entre ela e a mesa em A. Suponha que o taco C só exerça uma força horizontal **P** sobre a bola.

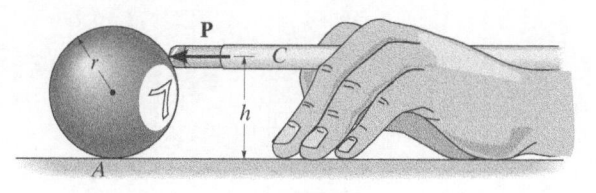

PROBLEMA 19.42

19.43. O pêndulo consiste em uma barra delgada de 2 kg AB e um disco de 5 kg. Ele é solto do repouso sem girar. Quando ele cai 0,3 m, a extremidade A atinge o gancho S, que fornece uma conexão permanente. Determine a velocidade angular do pêndulo depois que ele tiver girado 90°. Trate o peso do pêndulo durante o impacto como uma força não impulsiva.

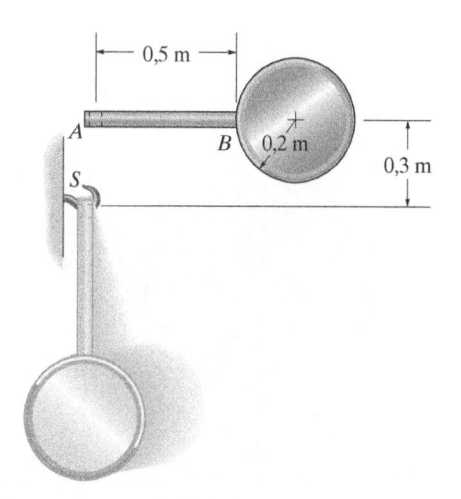

PROBLEMA 19.43

*19.44. O alvo é um disco circular fino de 5 kg que pode girar livremente em torno do eixo z. Uma bala de 25 g, viajando a 600 m/s, acerta o alvo em A e fica embutida nele. Determine a velocidade angular do alvo após o impacto. Inicialmente, ele está em repouso.

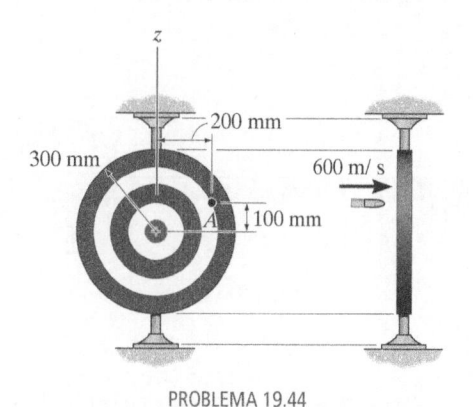

PROBLEMA 19.44

19.45. O Telescópio Espacial Hubble é alimentado por dois painéis solares, como mostra a figura. O corpo do telescópio tem massa de 11 Mg e raios de giração $k_x = 1,64$ m e $k_y = 3,85$ m, enquanto os painéis solares podem ser considerados placas finas, cada uma possuindo massa de 54 kg. Em virtude de uma impulsão interna, os painéis recebem uma velocidade angular de $\{0,6\mathbf{j}\}$ rad/s, medida em relação ao telescópio. Determine a velocidade angular do telescópico decorrente da rotação dos painéis. Antes de girar os painéis, o telescópio estava viajando originalmente a $\mathbf{v}_G = \{-400\mathbf{i} + 250\mathbf{j} + 175\mathbf{k}\}$ m/s. Despreze sua rotação orbital.

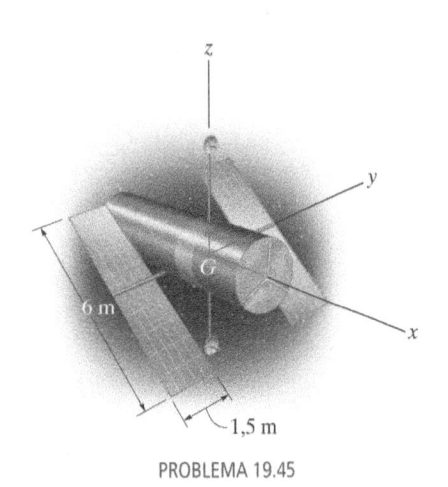

PROBLEMA 19.47

PROBLEMA 19.45

19.46. A barra AB de 12 kg está presa por um pino ao disco de 40 kg. Se o disco recebe uma velocidade angular $\omega_D = 100$ rad/s enquanto a barra é mantida estacionária e o conjunto é solto, determine a velocidade angular da barra depois que o disco tiver parado de girar em relação à haste, em virtude da resistência ao atrito no mancal B. O movimento é no *plano horizontal*. Despreze o atrito no pino A.

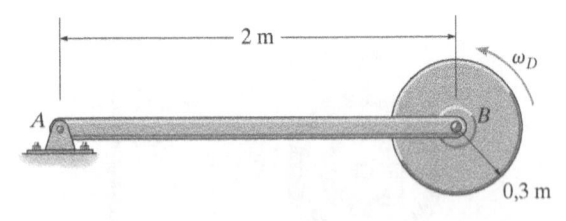

PROBLEMA 19.46

19.47. A barra de massa m e comprimento L é lançada do repouso sem girar. Quando ela cai a uma distância L, a extremidade A atinge o gancho S, que oferece uma conexão permanente. Determine a velocidade angular ω da barra depois que ela tiver girado $90°$. Trate o peso da barra durante o impacto como uma força não impulsiva.

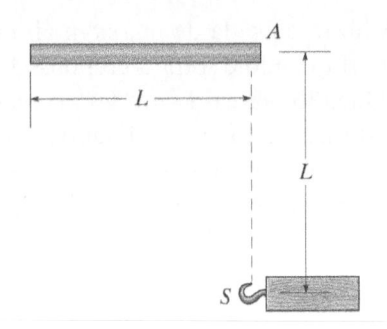

*****19.48.** A bola sólida de massa m é solta com uma velocidade $\mathbf{v}_1$ sobre a aresta do degrau áspero. Se ela repica horizontalmente no degrau com velocidade $\mathbf{v}_2$, determine o ângulo θ no qual o contato ocorre. Suponha que não haja deslizamento quando a bola bate no degrau. O coeficiente de restituição é e.

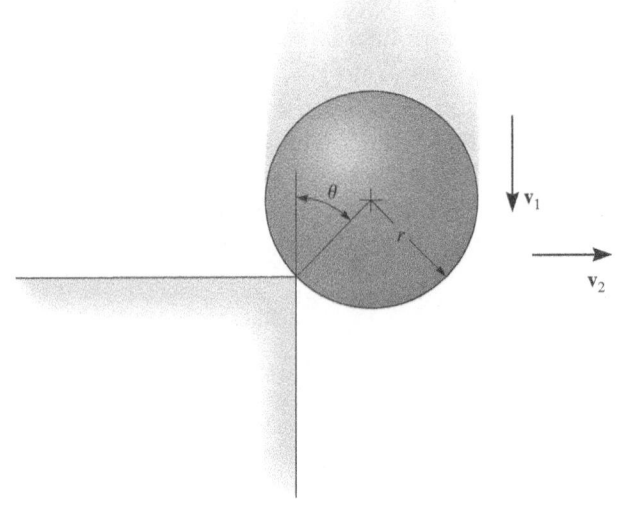

PROBLEMA 19.48

19.49. A roda tem massa de 50 kg e raio de giração de 125 mm em torno de seu centro de massa G. Determine o valor mínimo da velocidade angular ω_1 da roda, de modo que ela atinja o degrau em A sem repicar e depois gire sobre ele sem deslizar.

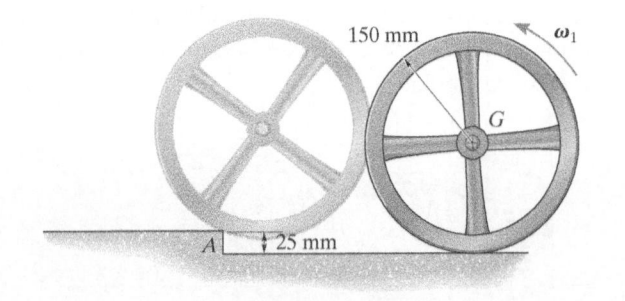

PROBLEMA 19.49

19.50. A roda tem massa de 50 kg e um raio de giração de 125 mm em torno de seu centro de massa G. Se ela gira sem deslizar com uma velocidade angular $\omega_1 = 5$ rad/s antes de atingir o degrau em A, determine sua velocidade angular depois que ela rolar sobre o degrau. A roda não perde o contado com o degrau quando o alcança.

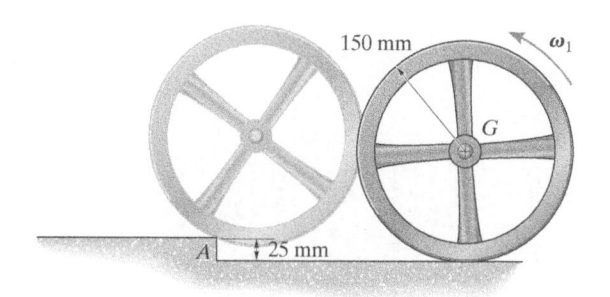

PROBLEMA 19.50

19.51. Uma massa plástica D de 2 kg acerta a prancha uniforme ABC de 10 kg com uma velocidade de 10 m/s. Se a massa permanece fixada à prancha, determine o ângulo máximo θ de oscilação antes que a prancha pare momentaneamente. Despreze a dimensão da massa plástica.

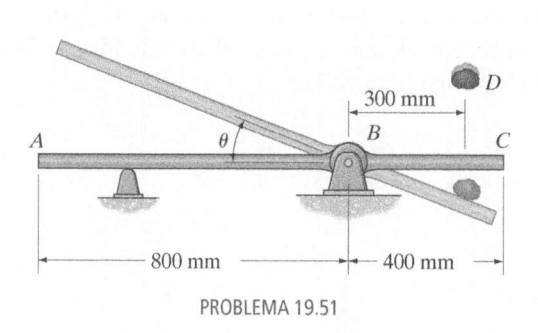

PROBLEMA 19.51

*19.52. O martelo consiste em um cilindro sólido C de 10 kg e a barra delgada uniforme AB de 6 kg. Se o martelo é solto do repouso quando $\theta = 90°$ e atinge o bloco D de 30 kg quando $\theta = 0°$, determine a velocidade do bloco D e a velocidade angular do martelo imediatamente após o impacto. O coeficiente de restituição entre o martelo e o bloco é $e = 0,6$.

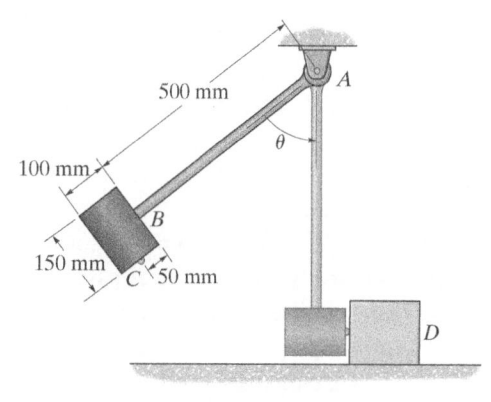

PROBLEMA 19.52

19.53. O disco de 20 kg atinge o degrau sem repicar. Determine a maior velocidade angular ω_1 que o disco pode ter e não perder contato com o degrau, A.

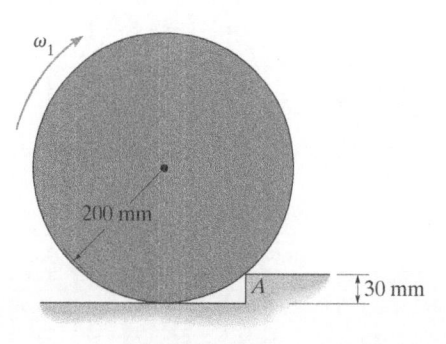

PROBLEMA 19.53

19.54. O pêndulo consiste em uma bola sólida de 15 kg e uma barra de 6 kg. Se ele for lançado do repouso quando $\theta_1 = 90°$, determine o ângulo θ_2 depois que a bola atinge a parede, repica e o pêndulo retorna ao ponto de repouso momentâneo. Considere $e = 0,6$.

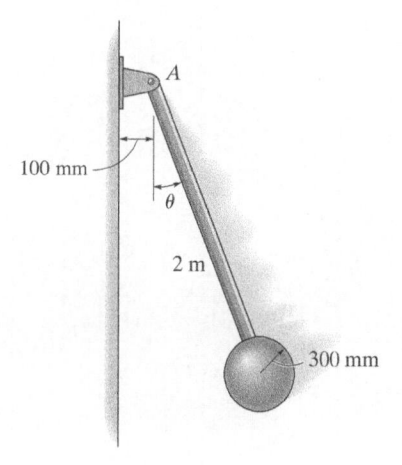

PROBLEMA 19.54

19.55. Duas crianças, A e B, cada uma com massa de 30 kg, estão sentadas na beira do carrossel que gira a ω = 2 rad/s. Excluindo as crianças, o carrossel tem massa de 180 kg e raio de giração $k_z = 0{,}6$ m. Determine a velocidade angular do carrossel se A salta para fora horizontalmente na direção $-n$ com uma velocidade de 2 m/s, medida em relação ao carrossel. Qual é a velocidade angular do carrossel se B salta para fora horizontalmente na direção $+t$ com uma velocidade de 2 m/s, medida em relação ao carrossel? Despreze o atrito e a dimensão de cada criança.

19.57. Uma bola sólida de massa m é largada no solo de modo que, no instante do contato, ela possui velocidade angular ω_1 e componentes de velocidade $(\mathbf{v}_G)_{x1}$ e $(\mathbf{v}_G)_{y1}$, conforme mostrado na figura. Se o solo é áspero, de modo que não haja deslizamento, determine as componentes da velocidade de seu centro de massa logo após o impacto. O coeficiente de restituição é e.

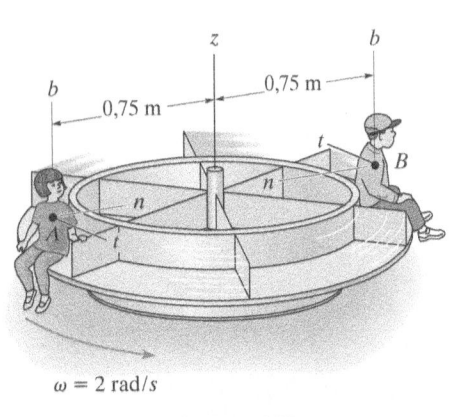

PROBLEMA 19.55

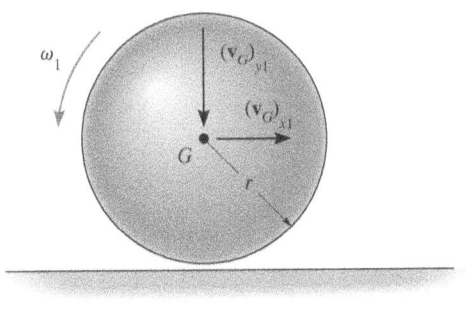

PROBLEMA 19.57

*19.56. O cilindro A de 20 kg está livre para deslizar ao longo da barra BC. Quando o cilindro está em $x = 0$, o disco circular D de 50 kg está girando com uma velocidade angular de 5 rad/s. Se o cilindro recebe um ligeiro empurrão, determine a velocidade angular do disco quando o cilindro atinge B em $x = 600$ mm. Despreze a massa dos suportes e da barra lisa.

19.58. Uma bola com massa de 8 kg e velocidade inicial de $v_1 = 0{,}2$ m/s rola sobre uma depressão com 30 mm de extensão. Supondo que a bola passe pelas bordas de contato primeiro em A e depois em B, sem deslizar, determine sua velocidade final $\mathbf{v}_2$ quando ela atinge o outro lado.

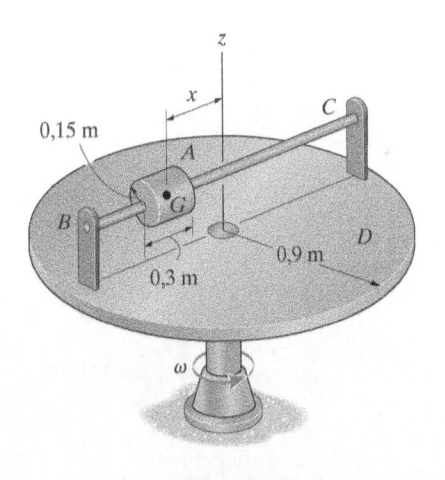

PROBLEMA 19.56

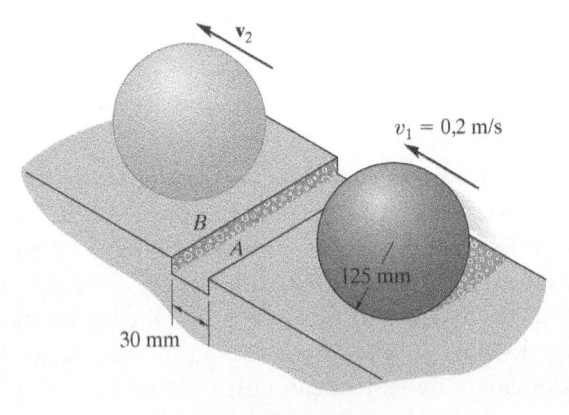

PROBLEMA 19.58

Capítulo 19 – Cinética do movimento plano de um corpo rígido: impulso e quantidade de movimento

Problemas conceituais

C19.1. O compactador de solo se desloca para a frente a uma velocidade constante ao fornecer potência para as rodas traseiras. Utilize dados numéricos apropriados para rodas, rolo e corpo, e calcule a quantidade de movimento angular desse sistema em relação ao ponto A no chão, o ponto B no eixo traseiro e o ponto G, o centro de gravidade para o sistema.

PROBLEMA C19.1

C19.2. A ponte móvel abre e fecha girando 90° utilizando um motor localizado sob o centro do piso em A que aplica um torque **M** à ponte. Se a ponte fosse suportada na sua extremidade B, o mesmo torque abriria a ponte no mesmo tempo, ou ele a abriria mais devagar ou mais rápido? Explique sua resposta utilizando valores numéricos e uma análise de impulso e quantidade de movimento. Além disso, quais são os benefícios de fazer com que a ponte tenha uma profundidade variável, como mostrado?

C19.3. Por que é necessário ter o rotor de cauda B no helicóptero que gira perpendicular ao giro do rotor principal A? Explique sua resposta utilizando valores numéricos e uma análise de impulso e quantidade de movimento.

PROBLEMA C19.3

C19.4. O brinquedo do parque de diversões consiste em duas gôndolas, A e B, e contrapesos, C e D, que oscilam em direções opostas. Utilizando dimensões e massas realistas, calcule a quantidade de movimento angular do sistema para qualquer posição angular das gôndolas. Explique, por meio de uma análise, por que é uma boa ideia projetar esse sistema para ter contrapesos com cada gôndola.

PROBLEMA C19.2

PROBLEMA C19.4

Revisão do capítulo

Quantidade de movimento linear e angular

A quantidade de movimento linear e angular de um corpo rígido pode ser referenciada ao seu centro de massa G.

Se a quantidade de movimento angular deve ser determinada em relação a outro eixo sem ser aquele passando pelo centro de massa, a quantidade de movimento angular é determinada somando-se o vetor $\mathbf{H}_G$ e o momento do vetor $\mathbf{L}$ em relação a esse eixo.

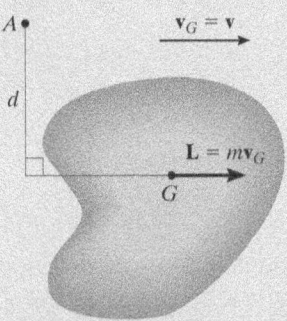

Translação

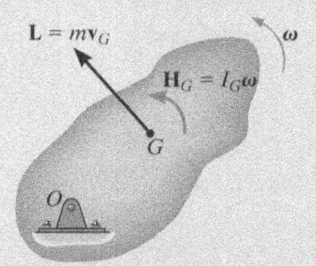

Rotação em torno de um eixo fixo

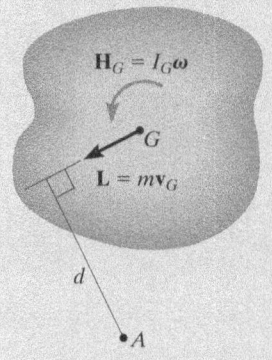

Movimento plano geral

$L = mv_G$
$H_G = 0$
$H_A = (mv_G)d$

$L = mv_G$
$H_G = I_G\omega$
$H_O = I_O\omega$

$L = mv_G$
$H_G = I_G\omega$
$H_A = I_G\omega + (mv_G)d$

Princípio de impulso e quantidade de movimento

Os princípios de impulso e quantidade de movimento linear e angular são usados para resolver problemas que envolvem força, velocidade e tempo. Antes de aplicar essas equações, é importante estabelecer o sistema de coordenadas inercial x, y, z. O diagrama de corpo livre para o corpo também deve ser desenhado a fim de considerar todas as forças e momentos de binário que produzem impulsos sobre o corpo.

$$m(v_{Gx})_1 + \Sigma \int_{t_1}^{t_2} F_x \, dt = m(v_{Gx})_2$$

$$m(v_{Gy})_1 + \Sigma \int_{t_1}^{t_2} F_y \, dt = m(v_{Gy})_2$$

$$I_G\omega_1 + \Sigma \int_{t_1}^{t_2} M_G \, dt = I_G\omega_2$$

Conservação da quantidade de movimento

Contanto que a soma dos impulsos lineares que atuam sobre um sistema de corpos rígidos conectados seja zero em uma direção particular, a quantidade de movimento linear para o sistema é conservada nessa direção. A conservação da quantidade de movimento angular ocorre se os impulsos passam através de um eixo ou são paralelos a ele. A quantidade de movimento também é conservada se as forças externas forem pequenas e, portanto, criarem forças não impulsivas sobre o sistema. Um diagrama de corpo livre deve acompanhar qualquer aplicação a fim de classificar as forças como impulsivas ou não impulsivas e para determinar um eixo em torno do qual a quantidade de movimento angular pode ser conservada.

$$\left(\sum \begin{array}{l}\text{quantidade de movimento}\\ \text{do sistema linear}\end{array}\right)_1 = \left(\sum \begin{array}{l}\text{quantidade de movimento}\\ \text{do sistema linear}\end{array}\right)_2$$

$$\left(\sum \begin{array}{l}\text{quantidade de movimento}\\ \text{do sistema angular}\end{array}\right)_{O1} = \left(\sum \begin{array}{l}\text{quantidade de movimento}\\ \text{do sistema angular}\end{array}\right)_{O2}$$

Impacto excêntrico

Se a linha de impacto não coincide com a linha que conecta os centros de massa de dois corpos em colisão, ocorrerá o impacto excêntrico. Se o movimento dos corpos imediatamente após o impacto deve ser determinado, é necessário considerar uma equação de conservação da quantidade de movimento para o sistema e usar a equação do coeficiente de restituição.

$$e = \frac{(v_B)_2 - (v_A)_2}{(v_A)_1 - (v_B)_1}$$

Problemas de revisão

R19.1. O cabo está sujeito a uma força de $P = (50t^2)$ N, onde t é dado em segundos. Determine a velocidade angular do carretel 3 s depois que **P** é aplicado, partindo do repouso. O carretel tem massa de 75 kg e raio de giração de 0,375 m em torno de seu centro, O.

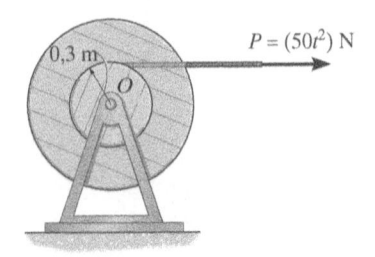

PROBLEMA R19.1

R19.2. A cápsula espacial tem massa de 1200 kg e momento de inércia $I_G = 900$ kg · m² em torno de um eixo passando por G e direção perpendicular à página. Se ele estiver viajando para a frente com uma velocidade $v_G = 800$ m/s e executar uma volta por meio de dois jatos, que oferecem um impulso constante de 400 N por 0,3 s, determine a velocidade angular da cápsula logo após os jatos serem desligados.

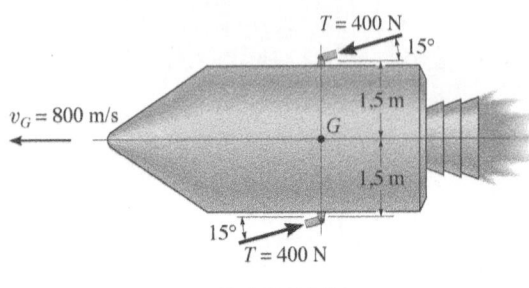

PROBLEMA R19.2

R19.3. O pneu tem massa de 9 kg e raio de giração k_G = 225 mm. Se ele é solto do repouso e desce pelo plano sem deslizar, determine a velocidade de seu centro O quando $t = 3$ s.

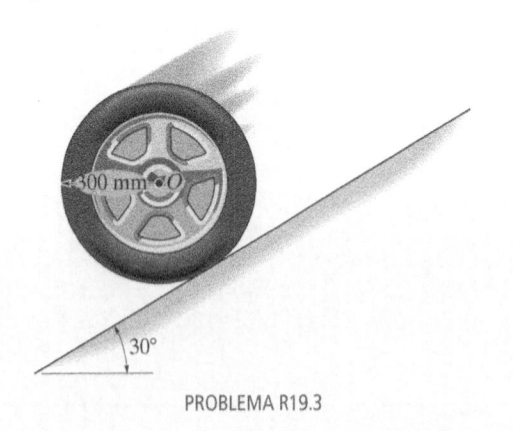

PROBLEMA R19.3

R19.4. A roda com massa de 100 kg e raio de giração em torno do eixo z de $k_z = 300$ mm está apoiada sobre o plano horizontal liso. Se a correia é submetida a uma força de $P = 200$ N, determine a velocidade angular da roda e a velocidade de seu centro de massa O, três segundos após a força ser aplicada.

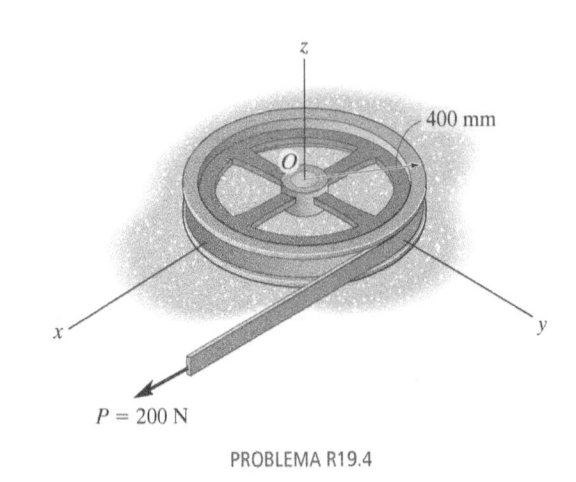

PROBLEMA R19.4

R19.5. A bobina tem massa de 15 kg e raio de giração $k_O = 0,2$ m. Se uma força de 200 N é aplicada à corda em A, determine a velocidade angular da bobina em $t = 3$ s a partir do repouso. Despreze a massa da polia e da corda.

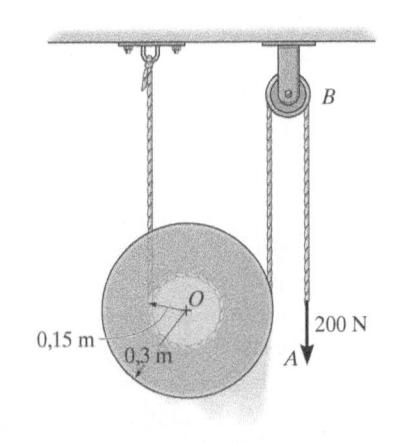

PROBLEMA R19.5

R19.6. A bobina B está em repouso e a bobina A está girando a 6 rad/s quando a folga na corda que as conecta é compensada. Se a corda não se mantém esticada, determine a velocidade angular de cada bobina imediatamente depois que a corda for esticada. As bobinas A e B têm massas e raios de giração

$m_A = 15$ kg, $k_A = 0{,}25$ m, $m_B = 7{,}5$ kg, $k_B = 0{,}18$ m, respectivamente.

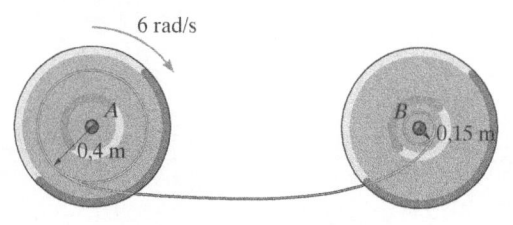

PROBLEMA R19.6

R19.7. Um disco fino de massa m tem velocidade angular ω_1 enquanto gira sobre uma superfície lisa. Determine sua nova velocidade angular logo após o gancho em sua borda atingir o pino P e o disco começar a girar em torno de P sem repicar.

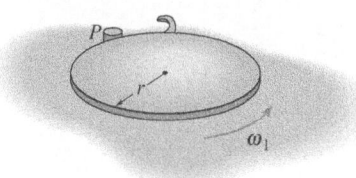

PROBLEMA R19.7

R19.8. O satélite espacial tem massa de 125 kg e momento de inércia $I_z = 0{,}940$ kg · m², excluindo os quatro painéis solares A, B, C e D. Cada painel solar tem massa de 20 kg e pode ser aproximado como uma placa fina. Se o satélite se encontra originalmente girando em torno do eixo z a uma taxa constante $\omega_z = 0{,}5$ rad/s quando $\theta = 90°$, determine a taxa de giro se todos os painéis forem levantados e atingirem a posição vertical, $\theta = 0°$, no mesmo instante.

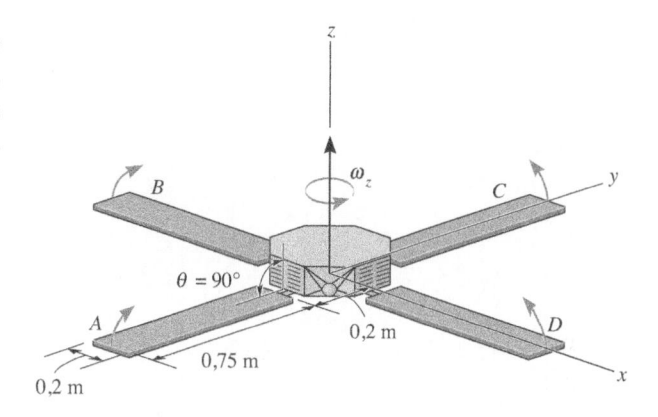

PROBLEMA R19.8

CAPÍTULO 20

Cinemática tridimensional de um corpo rígido

O projeto de robôs industriais requer conhecer a cinemática de seus movimentos tridimensionais.

(© Philippe Psaila/Science Source)

20.1 Rotação em torno de um ponto fixo

Quando um corpo rígido gira em torno de um ponto fixo, a distância r do ponto até uma partícula localizada sobre o corpo é a *mesma* para *qualquer posição* do corpo. Desse modo, a trajetória de movimento de uma partícula encontra-se sobre a *superfície de uma esfera* de raio r e centrada em um ponto fixo. Visto que o movimento ao longo dessa trajetória ocorre somente a partir de uma série de rotações realizadas durante um intervalo de tempo finito, primeiro vamos desenvolver uma familiaridade com algumas das propriedades dos deslocamentos rotacionais.

Teorema de Euler

O teorema de Euler estabelece que duas rotações "componentes" em torno de eixos diferentes que passam através de um ponto são equivalentes a uma única rotação resultante em torno de um eixo que passa pelo mesmo ponto. Se mais de duas rotações são aplicadas, elas podem ser combinadas em binários, e cada binário pode ser adicionalmente reduzido e combinado em uma rotação.

Objetivos

- Analisar a cinemática de um corpo submetido à rotação em torno de um ponto fixo e ao movimento plano geral.
- Fornecer uma análise do movimento relativo de um corpo rígido utilizando eixos transladando e rotacionando.

A lança do guindaste pode girar para cima e para baixo, e como ela está articulada em um ponto no eixo vertical em torno do qual ela gira, ela está sujeita à rotação em torno de um ponto fixo.

Rotações finitas

Se as rotações componentes usadas no teorema de Euler são *finitas*, é importante que a *ordem* na qual elas são aplicadas seja mantida. Para demonstrar isso, considere as duas rotações finitas $\boldsymbol{\theta}_1 + \boldsymbol{\theta}_2$ aplicadas ao bloco na Figura 20.1*a*. Cada rotação tem uma intensidade de 90° e uma direção definida pela regra da mão direita, como indicado pela seta. A posição final do bloco é mostrada à direita. Quando essas duas rotações são aplicadas na ordem $\boldsymbol{\theta}_2 + \boldsymbol{\theta}_1$, como mostrado na Figura 20.1*b*, a posição final do bloco *não* é a mesma que a da Figura 20.1*a*. Como *rotações finitas* não obedecem à lei comutativa da soma ($\boldsymbol{\theta}_1 + \boldsymbol{\theta}_2 \neq \boldsymbol{\theta}_2 + \boldsymbol{\theta}_1$), *elas não podem ser classificadas como vetores*. Se rotações menores, ainda finitas, tivessem sido usadas para ilustrar esse ponto, por exemplo, 10° em vez de 90°, a *posição final* do bloco após cada combinação de rotações também seria diferente; entretanto, nesse caso, a diferença seria apenas de uma pequena quantidade.

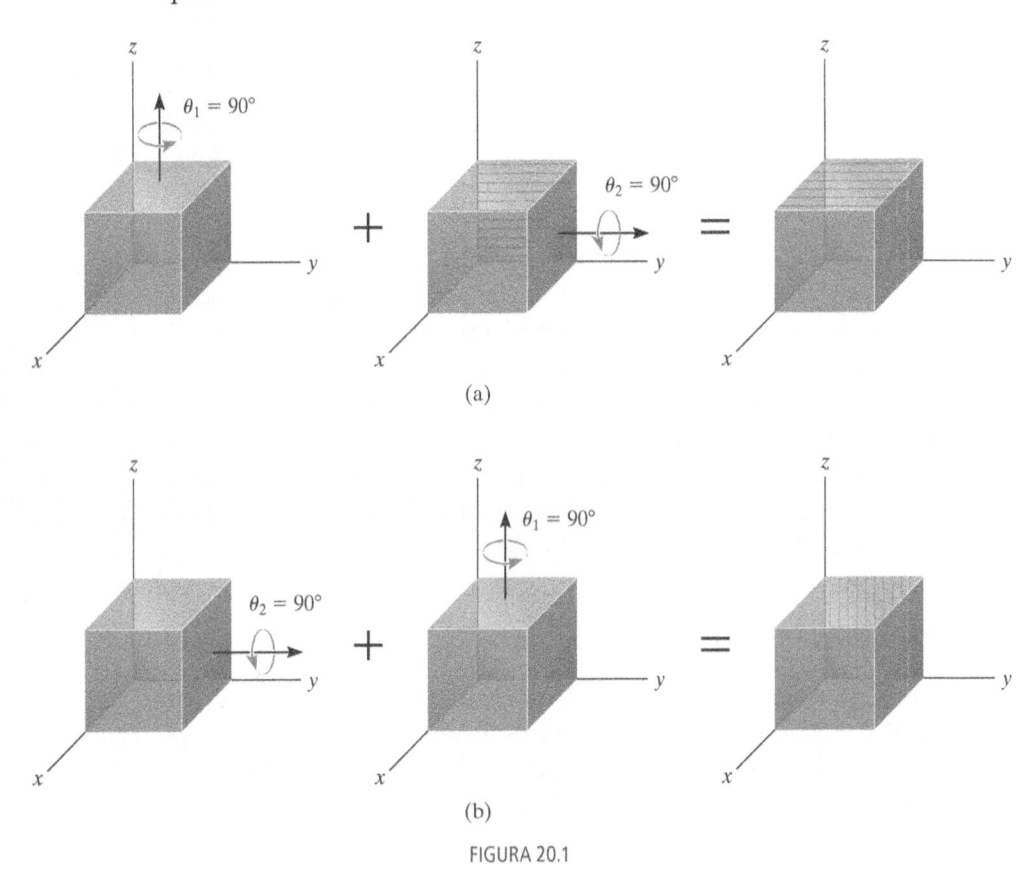

FIGURA 20.1

Rotações infinitesimais

Quando se definem os movimentos angulares de um corpo submetido a um movimento tridimensional, apenas rotações *infinitesimalmente pequenas* devem ser consideradas. *Tais rotações podem ser classificadas como vetores, visto que elas podem ser somadas vetorialmente de qualquer maneira*. Para demonstrar isso, com o objetivo de simplificar, vamos considerar o próprio corpo rígido como uma esfera à qual é permitido girar em torno de seu ponto fixo central *O* (Figura 20.2*a*). Se impusermos duas rotações infinitesimais $d\boldsymbol{\theta}_1 + d\boldsymbol{\theta}_2$ ao corpo, é visto que o ponto P se desloca ao longo da trajetória $d\boldsymbol{\theta}_1 \times \mathbf{r} + d\boldsymbol{\theta}_2 \times \mathbf{r}$ e termina em P'. Se as duas rotações sucessivas tivessem ocorrido na ordem $d\boldsymbol{\theta}_2 + d\boldsymbol{\theta}_1$, os deslocamentos resultantes de P teriam sido $d\boldsymbol{\theta}_2 \times \mathbf{r} + d\boldsymbol{\theta}_1 \times \mathbf{r}$. Visto que o produto vetorial obedece à lei distributiva, por comparação $(d\boldsymbol{\theta}_1 + d\boldsymbol{\theta}_2) \times \mathbf{r} = (d\boldsymbol{\theta}_2 + d\boldsymbol{\theta}_1) \times \mathbf{r}$. Aqui, rotações infinitesimais $d\boldsymbol{\theta}$ são vetores, visto que essas quantidades têm tanto uma intensidade quanto uma direção para a qual a ordem da adição (vetorial) não é importante, ou seja, $d\boldsymbol{\theta}_1 + d\boldsymbol{\theta}_2 = d\boldsymbol{\theta}_2 + d\boldsymbol{\theta}_1$. Como resultado, mostrado na Figura 20.2a, as duas rotações de "componentes" $d\boldsymbol{\theta}_1$ e $d\boldsymbol{\theta}_2$ são equivalentes a uma única rotação resultante $d\boldsymbol{\theta} = d\boldsymbol{\theta}_1 + d\boldsymbol{\theta}_2$, uma consequência do teorema de Euler.

Velocidade angular

Se o corpo está sujeito a uma rotação angular $d\boldsymbol{\theta}$ em torno de um ponto fixo, a velocidade angular do corpo é definida pela derivada temporal,

$$\boldsymbol{\omega} = \dot{\boldsymbol{\theta}} \qquad (20.1)$$

A linha especificando a direção de $\boldsymbol{\omega}$, a qual é colinear com $d\boldsymbol{\theta}$, é referida como o *eixo instantâneo de rotação* (Figura 20.2b). Em geral, esse eixo varia a direção durante cada instante de tempo. Visto que $d\boldsymbol{\theta}$ é uma quantidade vetorial, também o é $\boldsymbol{\omega}$, e segue-se da adição vetorial que, se o corpo é submetido a dois movimentos angulares componentes, $\boldsymbol{\omega}_1 = \dot{\boldsymbol{\theta}}_1$ e $\boldsymbol{\omega}_2 = \dot{\boldsymbol{\theta}}_2$, a velocidade angular resultante é $\boldsymbol{\omega} = \boldsymbol{\omega}_1 + \boldsymbol{\omega}_2$.

Aceleração angular

A aceleração angular do corpo é determinada a partir da derivada temporal de sua velocidade angular, ou seja,

$$\boldsymbol{\alpha} = \dot{\boldsymbol{\omega}} \qquad (20.2)$$

Para o movimento em torno de um ponto fixo, $\boldsymbol{\alpha}$ tem de considerar a variação na intensidade e na direção de $\boldsymbol{\omega}$, de maneira que, em geral, $\boldsymbol{\alpha}$ não está direcionado ao longo do eixo instantâneo de rotação (Figura 20.3).

Como a direção do eixo instantâneo de rotação (ou a linha de ação de $\boldsymbol{\omega}$) varia no espaço, o lugar geométrico do eixo gera um *cone do espaço* fixo (Figura 20.4). Se a variação na direção desse eixo é vista em relação ao corpo em rotação, o lugar geométrico do eixo gera um *cone do corpo*.

Em qualquer dado instante, esses cones se encontram ao longo do eixo instantâneo de rotação e, quando o corpo está em movimento, o cone do corpo parece rolar sobre a superfície interna ou externa do cone do espaço fixo. Contanto que as trajetórias definidas pelas extremidades abertas dos cones sejam descritas pela extremidade do vetor $\boldsymbol{\omega}$, então $\boldsymbol{\alpha}$ tem de atuar tangente a essas trajetórias a qualquer dado instante, visto que a taxa de variação temporal de $\boldsymbol{\omega}$ é igual a $\boldsymbol{\alpha}$ (Figura 20.4).

Para ilustrar esse conceito, considere o disco na Figura 20.5a que gira em torno da barra em $\boldsymbol{\omega}_s$, enquanto a barra e o disco realizam uma

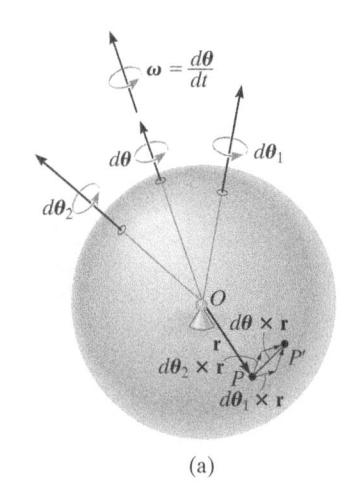

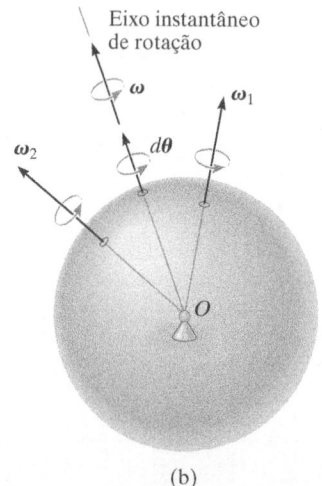

FIGURA 20.2

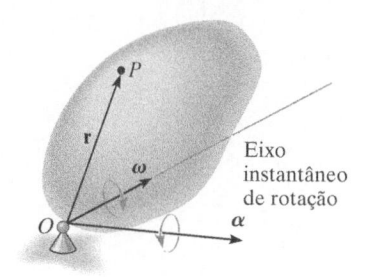

FIGURA 20.3

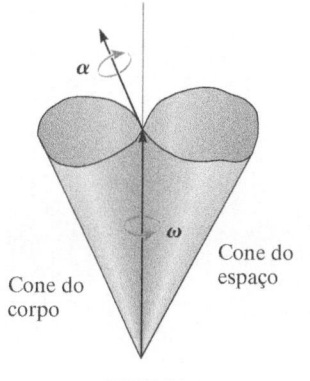

FIGURA 20.4

FIGURA 20.5

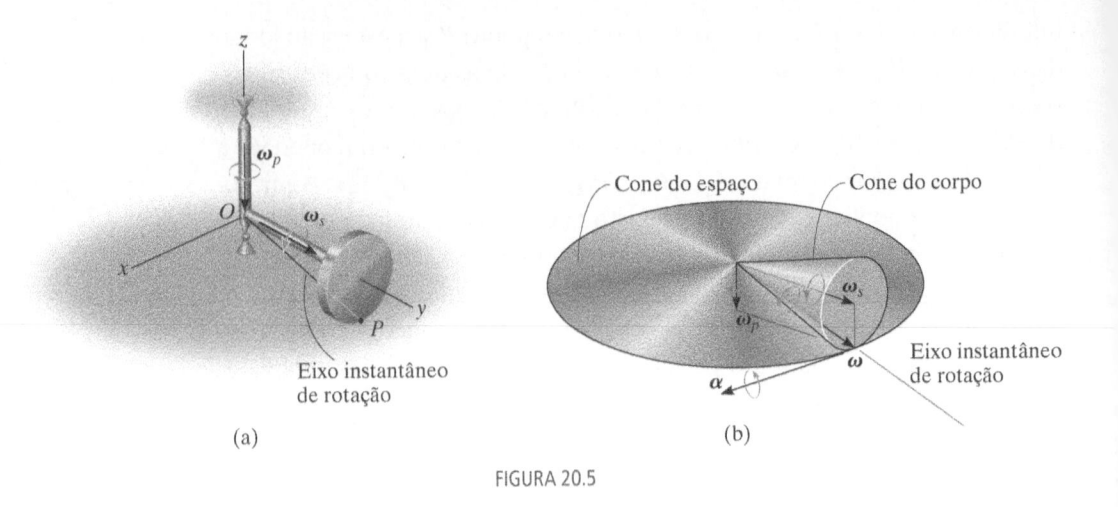

precessão em torno do eixo vertical em ω_p. A velocidade angular resultante do disco é, portanto, $\omega = \omega_s + \omega_p$. Visto que tanto o ponto O quanto o ponto de contato P têm velocidade zero, todos os pontos sobre uma linha entre esses pontos deverão ter velocidade nula. Assim, tanto ω quanto o eixo instantâneo de rotação estão ao longo de OP. Portanto, à medida que o disco gira, esse eixo parece se deslocar ao longo da superfície do cone do espaço fixo mostrado na Figura 20.5b. Se o eixo é observado a partir do disco em rotação, o eixo parece se deslocar sobre a superfície do cone do corpo. Em qualquer instante, entretanto, esses dois cones encontram-se ao longo do eixo OP. Se ω tem intensidade constante, α indica apenas a variação na direção de ω, a qual é tangente aos cones na extremidade de ω, como mostrado na Figura 20.5b.

Velocidade

Assim que ω é especificado, a velocidade de qualquer ponto sobre um corpo que gira em torno de um ponto fixo pode ser determinada utilizando-se os mesmos métodos como para um corpo girando em torno de um eixo fixo. Por conseguinte, pelo produto vetorial,

$$\mathbf{v} = \boldsymbol{\omega} \times \mathbf{r} \qquad (20.3)$$

Aqui, $\mathbf{r}$ define a posição do ponto medida a partir do ponto fixo O (Figura 20.3).

Aceleração

Se ω e α são conhecidos em um dado instante, a aceleração de um ponto pode ser obtida a partir da derivada temporal da Equação 20.3, a qual resulta em

$$\mathbf{a} = \boldsymbol{\alpha} \times \mathbf{r} + \boldsymbol{\omega} \times (\boldsymbol{\omega} \times \mathbf{r}) \qquad (20.4)$$

*20.2 A derivada temporal de um vetor medido a partir de um sistema fixo ou de um sistema transladando e rotacionando

Em muitos tipos de problemas envolvendo o movimento de um corpo em torno de um ponto fixo, a velocidade angular $\boldsymbol{\omega}$ é especificada em termos das suas componentes. Então, se a aceleração angular $\boldsymbol{\alpha}$ de tal corpo deve ser determinada, geralmente é mais fácil calcular a derivada temporal de $\boldsymbol{\omega}$ utilizando um sistema de coordenadas que tem uma *rotação* definida por uma ou mais das componentes de $\boldsymbol{\omega}$. Por exemplo, no caso do disco na Figura 20.5a, onde $\boldsymbol{\omega} = \boldsymbol{\omega}_s + \boldsymbol{\omega}_p$, os eixos x, y, z podem receber uma velocidade angular $\boldsymbol{\omega}_p$. Por este motivo, e para outros usos posteriores, uma equação será agora derivada, a qual relaciona a derivada temporal de qualquer vetor **A** definido a partir de uma referência transladando e rotacionando com sua derivada temporal definida a partir de uma referência fixa.

Considere os eixos x, y, z do sistema de referência em movimento como se estivessem girando com uma velocidade angular Ω, a qual é medida a partir dos eixos fixos X, Y, Z (Figura 20.6a). Na discussão seguinte, será conveniente expressar o vetor **A** em termos das suas componentes **i**, **j**, **k**, que definem as direções dos eixos em movimento. Assim,

$$\mathbf{A} = A_x\mathbf{i} + A_y\mathbf{j} + A_z\mathbf{k}$$

Em geral, a derivada temporal de **A** tem de considerar a variação em sua intensidade e sua direção. Entretanto, se essa derivada é tomada *em relação ao sistema de referência em movimento*, apenas a variação nas intensidades das componentes de **A** deve ser considerada, visto que as direções das componentes não variam em relação à referência em movimento. Assim,

$$(\dot{\mathbf{A}})_{xyz} = \dot{A}_x\mathbf{i} + \dot{A}_y\mathbf{j} + \dot{A}_z\mathbf{k} \qquad (20.5)$$

Quando a derivada temporal de **A** é tomada *em relação ao sistema de referência fixo*, as *direções* de **i**, **j** e **k** variam apenas em virtude da *rotação* Ω dos eixos e não por sua translação. Assim, em geral,

$$\dot{\mathbf{A}} = \dot{A}_x\mathbf{i} + \dot{A}_y\mathbf{j} + \dot{A}_z\mathbf{k} + A_x\dot{\mathbf{i}} + A_y\dot{\mathbf{j}} + A_z\dot{\mathbf{k}}$$

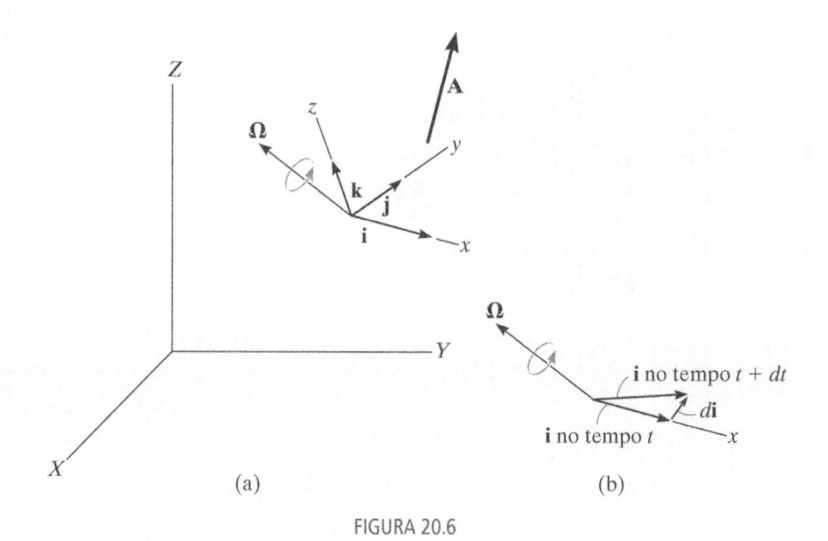

(a)

(b)

FIGURA 20.6

As derivadas temporais dos vetores unitários serão agora consideradas. Por exemplo, $\dot{\mathbf{i}} = d\mathbf{i}/dt$ representa somente a variação na *direção* de **i** em relação ao tempo, visto que **i** sempre tem intensidade de 1 unidade. Como mostrado na Figura 20.6b, a variação, $d\mathbf{i}$, é *tangente à trajetória* descrita pela extremidade da seta de **i** quando **i** gira em virtude da rotação $\mathbf{\Omega}$. Levando em consideração tanto a intensidade quanto a direção de $d\mathbf{i}$, podemos, portanto, definir $\dot{\mathbf{i}}$, utilizando o produto vetorial $\dot{\mathbf{i}} = \mathbf{\Omega} \times \mathbf{i}$. Em geral, então

$$\dot{\mathbf{i}} = \mathbf{\Omega} \times \mathbf{i} \quad \dot{\mathbf{j}} = \mathbf{\Omega} \times \mathbf{j} \quad \dot{\mathbf{k}} = \mathbf{\Omega} \times \mathbf{k}$$

Essas formulações também foram desenvolvidas na Seção 16.8, em relação ao movimento plano dos eixos. Substituir esses resultados na equação anterior e utilizar a Equação 20.5 resulta em

$$\dot{\mathbf{A}} = (\dot{\mathbf{A}})_{xyz} + \mathbf{\Omega} \times \mathbf{A} \tag{20.6}$$

Esse resultado é importante, e será usado em toda a Seção 20.4 e no Capítulo 21. Ele estabelece que a derivada temporal de *qualquer vetor* **A**, quando observado a partir do sistema de referência fixo *X, Y, Z*, é igual à taxa de variação temporal de **A** quando observado a partir do sistema de referência transladando e rotacionando *x, y, z* (Equação 20.5), mais $\mathbf{\Omega} \times \mathbf{A}$, a variação de **A** causada pela rotação do sistema *x, y, z*. Como resultado, a Equação 20.6 deverá ser usada sempre que $\mathbf{\Omega}$ produzir uma variação na direção de **A** quando visto da referência *X, Y, Z*. Se esta variação não ocorre, ou seja, $\mathbf{\Omega} = \mathbf{0}$, então $\dot{\mathbf{A}} = (\dot{\mathbf{A}})_{xyz}$, e assim a taxa de variação temporal de **A**, quando observada de ambos os sistemas de coordenadas, será a *mesma*.

EXEMPLO 20.1

O disco mostrado na Figura 20.7 gira em torno de seu eixo com velocidade angular constante $\omega_s = 3$ rad/s, enquanto a plataforma horizontal sobre a qual o disco está montado gira em torno do eixo vertical a uma taxa constante $\omega_p = 1$ rad/s. Determine a aceleração angular do disco e a velocidade e aceleração do ponto *A* sobre o disco quando ele está na posição mostrada.

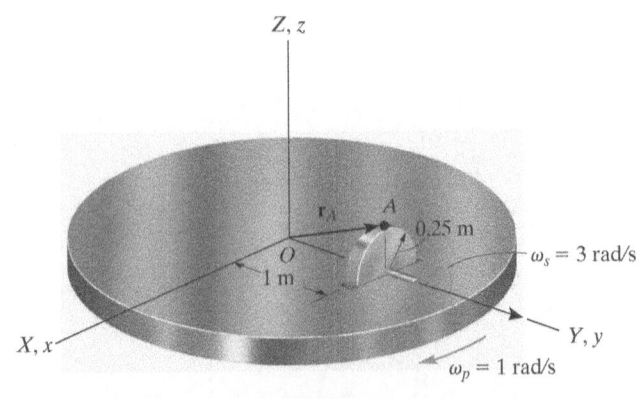

FIGURA 20.7

SOLUÇÃO

O ponto *O* representa um ponto fixo de rotação para o disco se for considerado uma extensão hipotética do disco até esse ponto. Para determinar a velocidade e a aceleração do ponto *A*, primeiro é necessário determinar a velocidade angular **ω** e a aceleração angular **α** do disco, visto que esses vetores são usados nas equações 20.3 e 20.4.

Velocidade angular

A velocidade angular, a qual é medida a partir de X, Y, Z, é simplesmente a soma vetorial de seus dois movimentos componentes. Deste modo,

$$\boldsymbol{\omega} = \boldsymbol{\omega}_s + \boldsymbol{\omega}_p = \{3\mathbf{j} - 1\mathbf{k}\} \text{ rad/s}$$

Aceleração angular

Visto que a intensidade de **ω** é constante, somente a variação em sua direção, quando vista a partir da referência fixa, gera a aceleração angular **α** do disco. Um modo de obter **α** é calcular a derivada temporal de *cada uma das duas componentes* de **ω** utilizando a Equação 20.6. No instante mostrado na Figura 20.7, imagine o sistema fixo X, Y, Z e o sistema rotativo x, y, z como sendo coincidentes. Se o sistema rotativo x, y, z é escolhido para ter uma velocidade angular $\boldsymbol{\Omega} = \boldsymbol{\omega}_p = \{-1\mathbf{k}\}$ rad/s, então $\boldsymbol{\omega}_s$ estará *sempre* direcionada ao longo do eixo y (não Y), e a taxa de variação temporal de $\boldsymbol{\omega}_s$ *quando vista a partir de x, y, z*, será *zero*, ou seja, $(\dot{\boldsymbol{\omega}}_s)_{xyz} = \mathbf{0}$ (a intensidade e a direção de $\boldsymbol{\omega}_s$ são constantes). Desse modo,

$$\dot{\boldsymbol{\omega}}_s = (\dot{\boldsymbol{\omega}}_s)_{xyz} + \boldsymbol{\omega}_p \times \boldsymbol{\omega}_s = \mathbf{0} + (-1\mathbf{k}) \times (3\mathbf{j}) = \{3\mathbf{i}\} \text{ rad/s}^2$$

Pela mesma escolha de rotação dos eixos, $\boldsymbol{\Omega} = \boldsymbol{\omega}_p$, ou mesmo com $\boldsymbol{\Omega} = \mathbf{0}$, a derivada temporal $(\dot{\boldsymbol{\omega}}_p)_{xyz} = \mathbf{0}$, visto que $\boldsymbol{\omega}_p$ tem intensidade e direção constantes em relação a x, y, z. Assim,

$$\dot{\boldsymbol{\omega}}_p = (\dot{\boldsymbol{\omega}}_p)_{xyz} + \boldsymbol{\omega}_p \times \boldsymbol{\omega}_p = \mathbf{0} + \mathbf{0} = \mathbf{0}$$

A aceleração angular do disco é, portanto,

$$\boldsymbol{\alpha} = \dot{\boldsymbol{\omega}} = \dot{\boldsymbol{\omega}}_s + \dot{\boldsymbol{\omega}}_p = \{3\mathbf{i}\} \text{ rad/s}^2 \qquad \textit{Resposta}$$

Velocidade e aceleração

Visto que **ω** e **α** foram determinados, velocidade e aceleração do ponto A podem ser determinadas utilizando-se as equações 20.3 e 20.4. Observando que $\mathbf{r}_A = \{1\mathbf{j} + 0{,}25\mathbf{k}\}$ m (Figura 20.7), temos

$$\mathbf{v}_A = \boldsymbol{\omega} \times \mathbf{r}_A = (3\mathbf{j} - 1\mathbf{k}) \times (1\mathbf{j} + 0{,}25\mathbf{k}) = \{1{,}75\mathbf{i}\} \text{ m/s} \qquad \textit{Resposta}$$

$$\mathbf{a}_A = \boldsymbol{\alpha} \times \mathbf{r}_A + \boldsymbol{\omega} \times (\boldsymbol{\omega} \times \mathbf{r}_A)$$
$$= (3\mathbf{i}) \times (1\mathbf{j} + 0{,}25\mathbf{k}) + (3\mathbf{j} - 1\mathbf{k}) \times [(3\mathbf{j} - 1\mathbf{k}) \times (1\mathbf{j} + 0{,}25\mathbf{k})]$$
$$= \{-2{,}50\mathbf{j} - 2{,}25\mathbf{k}\} \text{ m/s}^2 \qquad \textit{Resposta}$$

EXEMPLO 20.2

No instante $\theta = 60°$, o giroscópio na Figura 20.8 tem três componentes do movimento angular dirigidas como mostrado na figura e com intensidades definidas como:

Rotação: $\omega_s = 10$ rad/s, aumentando à taxa de 6 rad/s²
Nutação: $\omega_n = 3$ rad/s, aumentando à taxa de 2 rad/s²
Precessão: $\omega_p = 5$ rad/s, aumentando à taxa de 4 rad/s²

Determine a velocidade angular e a aceleração angular do topo.

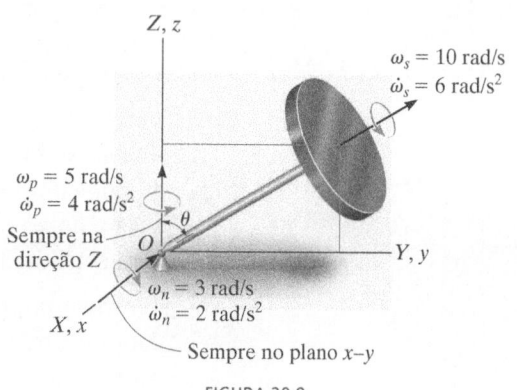

FIGURA 20.8

SOLUÇÃO

Velocidade angular

O topo gira em torno do ponto fixo O. Se os sistemas fixo e em rotação são coincidentes no instante mostrado, a velocidade angular pode ser expressa em termos das componentes $\mathbf{i}, \mathbf{j}, \mathbf{k}$, em relação ao sistema x, y, z; ou seja,

$$\begin{aligned}\boldsymbol{\omega} &= -\omega_n \mathbf{i} + \omega_s \operatorname{sen}\theta \mathbf{j} + (\omega_p + \omega_s \cos\theta)\mathbf{k} \\ &= -3\mathbf{i} + 10\operatorname{sen}60°\mathbf{j} + (5 + 10\cos 60°)\mathbf{k} \\ &= \{-3\mathbf{i} + 8{,}66\mathbf{j} + 10\mathbf{k}\}\ \text{rad/s} \end{aligned}$$ *Resposta*

Aceleração angular

Como na solução do Exemplo 20.1, a aceleração angular $\boldsymbol{\alpha}$ será determinada investigando-se separadamente a taxa de variação temporal de *cada uma das componentes da velocidade angular* quando observado a partir da referência fixa X, Y, Z. Vamos escolher um Ω para o sistema x, y, z, de maneira que a componente de $\boldsymbol{\omega}$ considerada seja vista como tendo uma *direção constante* quando observada a partir de x, y, z.

Um exame cuidadoso do movimento do topo revela que $\boldsymbol{\omega}_s$ tem uma *direção constante* em relação a x, y, z se esses eixos giram em $\Omega = \boldsymbol{\omega}_n + \boldsymbol{\omega}_p$. Desse modo,

$$\begin{aligned}\dot{\boldsymbol{\omega}}_s &= (\dot{\boldsymbol{\omega}}_s)_{xyz} + (\boldsymbol{\omega}_n + \boldsymbol{\omega}_p) \times \boldsymbol{\omega}_s \\ &= (6\operatorname{sen}60°\mathbf{j} + 6\cos 60°\mathbf{k}) + (-3\mathbf{i} + 5\mathbf{k}) \times (10\operatorname{sen}60°\mathbf{j} + 10\cos 60°\mathbf{k}) \\ &= \{-43{,}30\mathbf{i} + 20{,}20\mathbf{j} - 22{,}98\mathbf{k}\}\ \text{rad/s}^2 \end{aligned}$$

Visto que $\boldsymbol{\omega}_n$ se encontra *sempre* no plano fixo X–Y, esse vetor tem uma *direção constante* se o movimento for visto a partir dos eixos x, y, z, com uma rotação $\Omega = \boldsymbol{\omega}_p$ (não $\Omega = \boldsymbol{\omega}_s + \boldsymbol{\omega}_p$). Desse modo,

$$\dot{\boldsymbol{\omega}}_n = (\dot{\boldsymbol{\omega}}_n)_{xyz} + \boldsymbol{\omega}_p \times \boldsymbol{\omega}_n = -2\mathbf{i} + (5\mathbf{k}) \times (-3\mathbf{i}) = \{-2\mathbf{i} - 15\mathbf{j}\}\ \text{rad/s}^2$$

Finalmente, a componente $\boldsymbol{\omega}_p$ está *sempre direcionada* ao longo do eixo Z de maneira que aqui não é necessário pensar em x, y, z rotacionando, ou seja, $\Omega = \mathbf{0}$. Expressando os dados em termos das componentes $\mathbf{i}, \mathbf{j}, \mathbf{k}$, temos, portanto,

$$\dot{\boldsymbol{\omega}}_p = (\dot{\boldsymbol{\omega}}_p)_{xyz} + \mathbf{0} \times \boldsymbol{\omega}_p = \{4\mathbf{k}\}\ \text{rad/s}^2$$

Deste modo, a aceleração angular do topo é

$$\boldsymbol{\alpha} = \dot{\boldsymbol{\omega}}_s + \dot{\boldsymbol{\omega}}_n + \dot{\boldsymbol{\omega}}_p = \{-45{,}3\mathbf{i} + 5{,}20\mathbf{j} - 19{,}0\mathbf{k}\}\ \text{rad/s}^2$$ *Resposta*

20.3 Movimento geral

A Figura 20.9 mostra um corpo rígido sujeito ao movimento geral em três dimensões para o qual a velocidade angular é $\boldsymbol{\omega}$ e a aceleração angular é $\boldsymbol{\alpha}$. Se o ponto A tem um movimento conhecido de $\mathbf{v}_A$ e $\mathbf{a}_A$, o movimento de qualquer outro ponto B pode ser determinado usando-se uma análise de movimento relativo. Nesta seção, um *sistema de coordenadas transladando* será usado para definir o movimento relativo e, na próxima seção, uma referência que esteja tanto rotacionando quanto transladando será considerada.

Se a origem do sistema de coordenadas em translação x, y, z ($\Omega = \mathbf{0}$) está localizada no "ponto base" A, então, no instante mostrado, o movimento do corpo pode ser considerado como a soma de uma translação instantânea do corpo com um movimento $\mathbf{v}_A$ e $\mathbf{a}_A$, e uma rotação do corpo em torno de um eixo instantâneo passando pelo ponto A. Visto que o corpo é rígido, o movimento do ponto B medido por um observador localizado em A é, portanto, o mesmo que *a rotação do corpo em torno de um ponto fixo*. Esse movimento relativo ocorre em torno do eixo instantâneo de rotação e é definido por $\mathbf{v}_{B/A} = \boldsymbol{\omega} \times \mathbf{r}_{B/A}$ (Equação 20.3) e $\mathbf{a}_{B/A} = \boldsymbol{\alpha} \times \mathbf{r}_{B/A} + \boldsymbol{\omega} \times (\boldsymbol{\omega} \times \mathbf{r}_{B/A})$ (Equação 20.4). Para eixos em translação, os movimentos relativos estão relacionados com os movimentos absolutos por $\mathbf{v}_B = \mathbf{v}_A + \mathbf{v}_{B/A}$ e $\mathbf{a}_B = \mathbf{a}_A + \mathbf{a}_{B/A}$ (equações 16.15 e 16.17), de maneira que a velocidade absoluta e a aceleração do ponto B podem ser determinadas a partir das equações

$$\mathbf{v}_B = \mathbf{v}_A + \boldsymbol{\omega} \times \mathbf{r}_{B/A} \tag{20.7}$$

e

$$\mathbf{a}_B = \mathbf{a}_A + \boldsymbol{\alpha} \times \mathbf{r}_{B/A} + \boldsymbol{\omega} \times (\boldsymbol{\omega} \times \mathbf{r}_{B/A}) \tag{20.8}$$

Essas duas equações são basicamente idênticas às que descrevem o movimento plano geral de um corpo rígido (equações 16.16 e 16.18). Entretanto, surgem dificuldades em sua aplicação para o movimento tridimensional, porque $\boldsymbol{\alpha}$ agora mede a variação em *ambas*, a intensidade e a direção de $\boldsymbol{\omega}$.

Embora este possa ser o caso, uma solução direta para $\mathbf{v}_B$ e $\mathbf{a}_B$ pode ser obtida observando que $\mathbf{v}_{B/A} = \mathbf{v}_B - \mathbf{v}_A$ e, portanto, a Equação 20.7 torna-se $\mathbf{v}_{B/A} = \boldsymbol{\omega} \times \mathbf{r}_{B/A}$. O produto vetorial indica que $\mathbf{v}_{B/A}$ é *perpendicular* a $\mathbf{r}_{B/A}$ e, portanto, como observado pela Equação C.14 do Apêndice C, é preciso que

$$\mathbf{r}_{B/A} \cdot \mathbf{v}_{B/A} = 0 \tag{20.9}$$

Tomando a derivada temporal, temos

$$\mathbf{v}_{B/A} \cdot \mathbf{v}_{B/A} + \mathbf{r}_{B/A} \cdot \mathbf{a}_{B/A} = 0 \tag{20.10}$$

A Solução II do exemplo a seguir ilustra a aplicação dessa ideia.

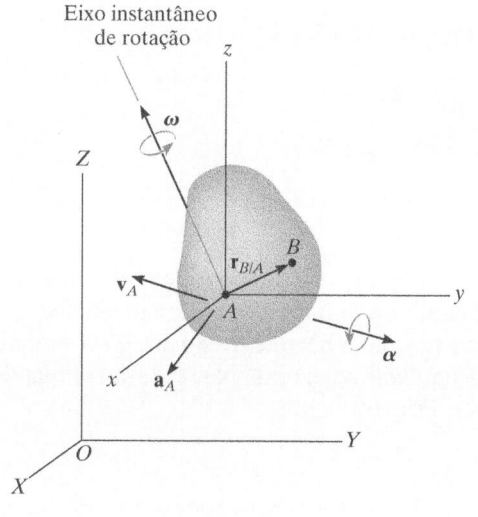

FIGURA 20.9

EXEMPLO 20.3

Se o anel em C na Figura 20.10a se desloca na direção de B com uma velocidade de 3 m/s, determine a velocidade do anel em D e a velocidade angular da barra no instante mostrado. A barra está conectada aos anéis nas suas extremidades por juntas esféricas.

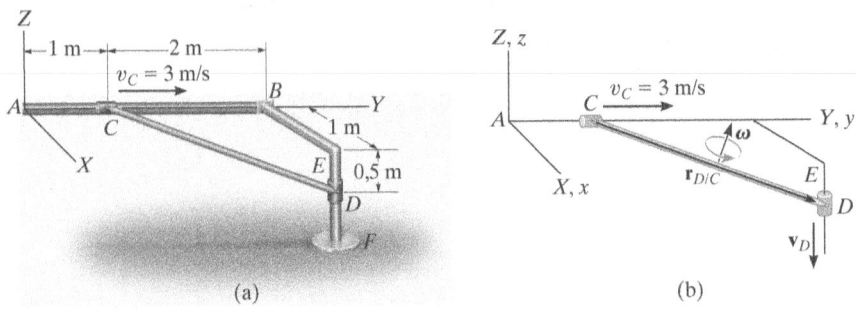

FIGURA 20.10

SOLUÇÃO I

A barra CD está sujeita ao movimento geral. Por quê? A velocidade do ponto D na barra pode ser relacionada à velocidade do ponto C pela equação

$$\mathbf{v}_D = \mathbf{v}_C + \boldsymbol{\omega} \times \mathbf{r}_{D/C}$$

Supõe-se que os sistemas de referência em translação e fixo são coincidentes no instante considerado (Figura 20.10b). Temos

$$\mathbf{v}_D = -v_D\mathbf{k} \qquad \mathbf{v}_C = \{3\mathbf{j}\} \text{ m/s}$$

$$\mathbf{r}_{D/C} = \{1\mathbf{i} + 2\mathbf{j} - 0{,}5\mathbf{k}\} \text{ m} \qquad \boldsymbol{\omega} = \omega_x\mathbf{i} + \omega_y\mathbf{j} + \omega_z\mathbf{k}$$

Substituindo-se na equação anterior, obtemos

$$-v_D\mathbf{k} = 3\mathbf{j} + \begin{vmatrix} \mathbf{i} & \mathbf{j} & \mathbf{k} \\ \omega_x & \omega_y & \omega_z \\ 1 & 2 & -0{,}5 \end{vmatrix}$$

Expandindo e equacionando as respectivas componentes **i**, **j**, **k**, obtemos

$$-0{,}5\omega_y - 2\omega_z = 0 \qquad (1)$$

$$0{,}5\omega_x + 1\omega_z + 3 = 0 \qquad (2)$$

$$2\omega_x - 1\omega_y + v_D = 0 \qquad (3)$$

Essas equações contêm quatro incógnitas.[*] Uma quarta equação pode ser escrita se a direção de $\boldsymbol{\omega}$ for especificada. Em particular, qualquer componente de $\boldsymbol{\omega}$ que atue ao longo do eixo da barra não tem efeito sobre o deslocamento dos anéis. Isso ocorre porque a barra é *livre para girar* em torno de seu eixo. Portanto, se $\boldsymbol{\omega}$ é especificado como atuando *perpendicular* ao eixo da barra, então $\boldsymbol{\omega}$ tem de ter uma *intensidade única* para satisfazer às equações anteriores. Por conseguinte,

---

[*] Embora este seja o caso, a intensidade de $\mathbf{v}_D$ pode ser obtida. Por exemplo, resolva as equações 1 e 2 para ω_y e ω_x em termos de ω_z e substitua na Equação 3. Será observado que ω_z se cancelará, o que permitirá uma solução para v_D.

$$\boldsymbol{\omega} \cdot \mathbf{r}_{D/C} = (\omega_x \mathbf{i} + \omega_y \mathbf{j} + \omega_z \mathbf{k}) \cdot (1\mathbf{i} + 2\mathbf{j} - 0{,}5\mathbf{k}) = 0$$

$$1\omega_x + 2\omega_y - 0{,}5\omega_z = 0 \qquad (4)$$

Resolver as equações 1 a 4 simultaneamente resulta em

$$\omega_x = -4{,}86 \text{ rad/s} \quad \omega_y = 2{,}29 \text{ rad/s} \quad \omega_z = -0{,}571 \text{ rad/s,}$$

$$v_D = 12{,}0 \text{ m/s, de modo que} \quad \omega = 5{,}40 \text{ rad/s} \qquad \textit{Resposta}$$

SOLUÇÃO II

Aplicando a Equação 20.9, $\mathbf{v}_{D/C} = \mathbf{v}_D - \mathbf{v}_C = -v_D \mathbf{k} - 3\mathbf{j}$, de maneira que

$$\mathbf{r}_{D/C} \cdot \mathbf{v}_{D/C} = (1\mathbf{i} + 2\mathbf{j} - 0{,}5\mathbf{k}) \cdot (-v_D \mathbf{k} - 3\mathbf{j}) = 0$$

$$(1)(0) + (2)(-3) + (-0{,}5)(-v_D) = 0$$

$$v_D = 12 \text{ m/s} \qquad \textit{Resposta}$$

Visto que $\boldsymbol{\omega}$ é *perpendicular* a $\mathbf{r}_{D/C}$, então $\mathbf{v}_{D/C} = \boldsymbol{\omega} \times \mathbf{r}_{D/C}$ ou

$$v_{D/C} = \omega \, r_{D/C}$$

$$\sqrt{(-12)^2 + (-3)^2} = \omega \sqrt{(1)^2 + (2)^2 + (-0{,}5)^2}$$

$$\omega = 5{,}40 \text{ rad/s} \qquad \textit{Resposta}$$

Problemas

20.1. A bobina cônica rola sobre o plano sem deslizar. Se o eixo tem velocidade angular $\omega_1 = 3$ rad/s e aceleração angular $\alpha_1 = 2$ rad/s² no instante mostrado, determine velocidade e aceleração angulares da bobina nesse instante.

20.2. Em um dado instante, a antena tem movimento angular $\omega_1 = 3$ rad/s e $\dot{\omega}_1 = 2$ rad/s² em torno do eixo z. Nesse mesmo instante $\theta = 30°$, o movimento angular em torno do eixo x é $\omega_2 = 1{,}5$ rad/s, e $\dot{\omega}_2 = 4$ rad/s². Determine a velocidade e a aceleração do mastro receptor A nesse instante. A distância de O até A é $d = 1$ m.

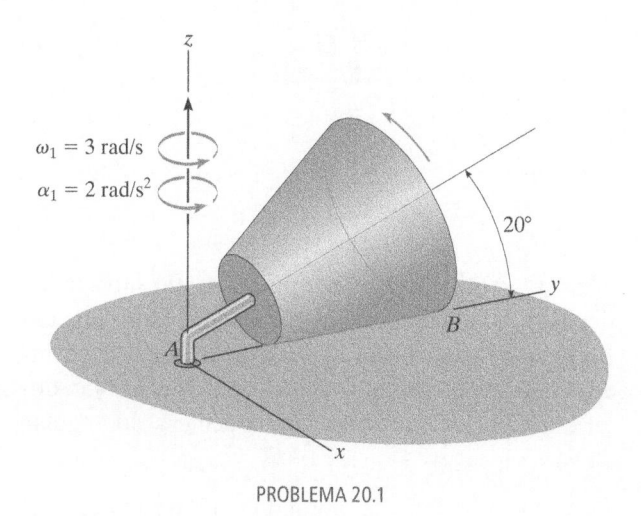

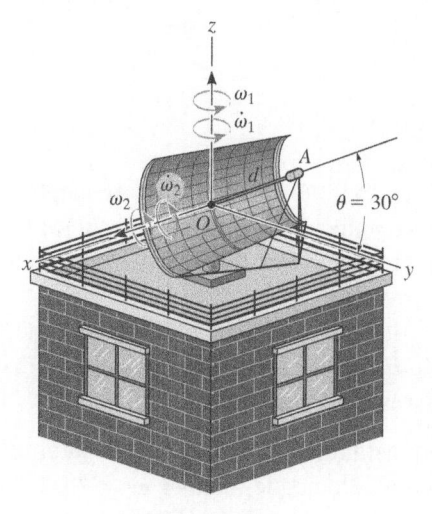

PROBLEMA 20.1

PROBLEMA 20.2

20.3. A hélice de um avião está girando a uma velocidade constante $\omega_x \mathbf{i}$, enquanto o avião está fazendo uma volta a uma taxa constante ω_t. Determine a aceleração angular da hélice se (a) a volta é na horizontal, ou seja, $\omega_t \mathbf{k}$, e (b) a volta é vertical e para baixo, ou seja, $\omega_t \mathbf{j}$.

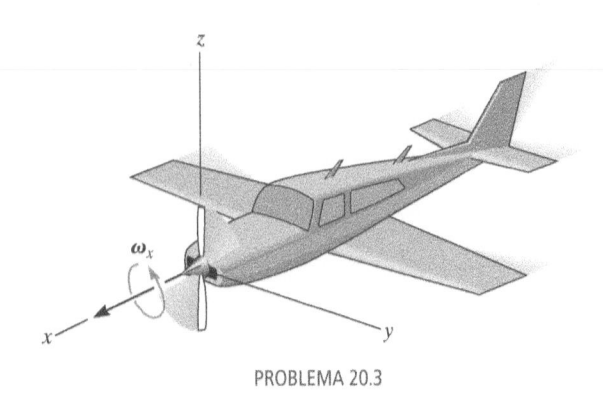

PROBLEMA 20.3

*20.4. O disco gira em torno do eixo z a uma taxa constante $\omega_z = 0{,}5$ rad/s sem deslizar no plano horizontal. Determine a velocidade e a aceleração do ponto A no disco.

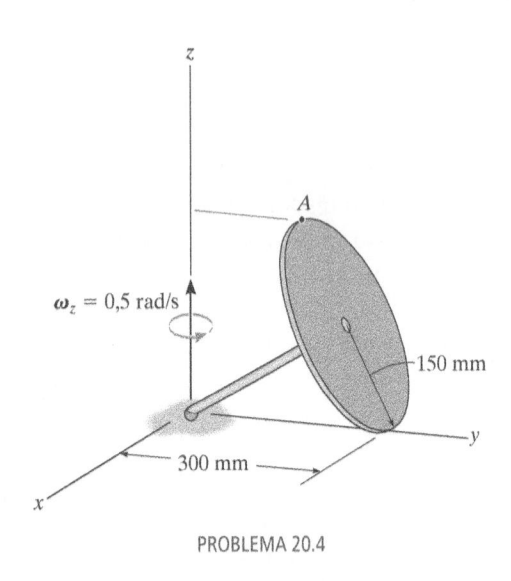

PROBLEMA 20.4

20.5. No instante $\theta = 30°$, o corpo do satélite está girando com velocidade angular $\omega_1 = 20$ rad/s e aceleração angular $\dot{\omega}_1 = 5$ rad/s². Simultaneamente, os painéis solares giram com velocidade angular constante $\omega_2 = 5$ rad/s. Determine a velocidade e a aceleração do ponto B localizado na extremidade de um dos painéis solares nesse instante.

20.6. No instante $\theta = 30°$, o corpo do satélite está girando com velocidade angular $\omega_1 = 20$ rad/s e aceleração angular $\dot{\omega}_1 = 5$ rad/s². No mesmo instante, o satélite se desloca na direção x com velocidade $\mathbf{v}_O = \{5000\mathbf{i}\}$ m/s e tem aceleração $\mathbf{a}_O = \{500\mathbf{i}\}$ m/s². Simultaneamente, os painéis solares giram com velocidade angular constante $\omega_2 = 5$ rad/s. Determine a velocidade e a aceleração do ponto B localizado na extremidade de um dos painéis solares nesse instante.

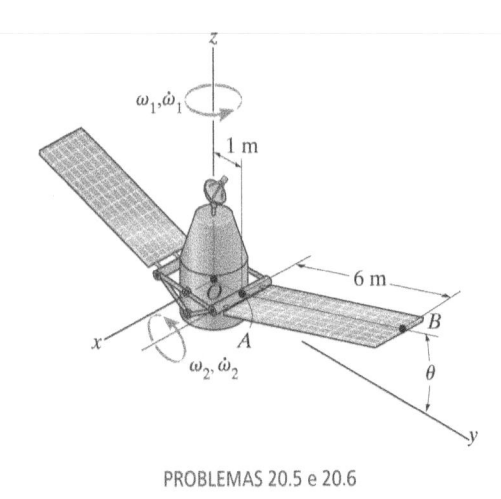

PROBLEMAS 20.5 e 20.6

20.7. O cone circular reto gira em torno do eixo z a uma taxa constante $\omega_1 = 4$ rad/s sem deslizar no plano horizontal. Determine as intensidades de velocidade e aceleração dos pontos B e C.

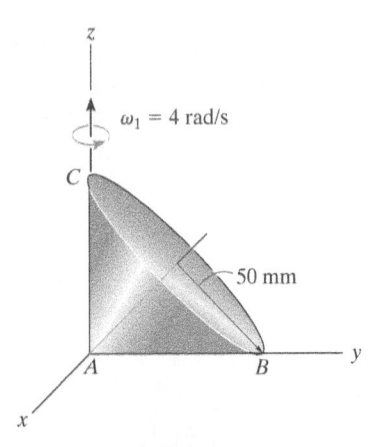

PROBLEMA 20.7

*20.8. O ventilador está montado em um suporte articulado de tal maneira que ele gira em torno do eixo z a uma taxa constante $\omega_z = 1$ rad/s e a pá está girando a uma taxa constante $\omega_s = 60$ rad/s. Se $\phi = 45°$, determine a velocidade angular e a aceleração angular da pá.

20.9. O ventilador está montado em um suporte articulado de tal maneira que ele gira em torno do eixo

z a uma taxa constante $\omega_z = 1$ rad/s e a pá está girando a uma taxa constante $\omega_s = 60$ rad/s. Se $\phi = 45°$ e $\dot{\phi} = 2$ rad/s, determine a velocidade angular e a aceleração angular da pá.

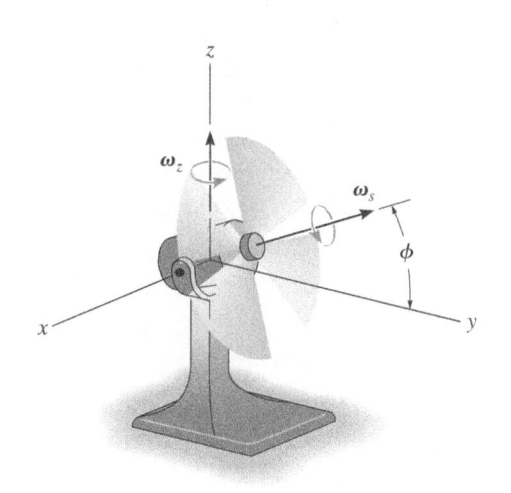

PROBLEMAS 20.8 e 20.9

20.10. Se as engrenagens planas A e B estão girando com as velocidades angulares mostradas na figura, determine a velocidade angular da engrenagem C em torno do eixo DE. Qual é a velocidade angular de DE em torno do eixo y?

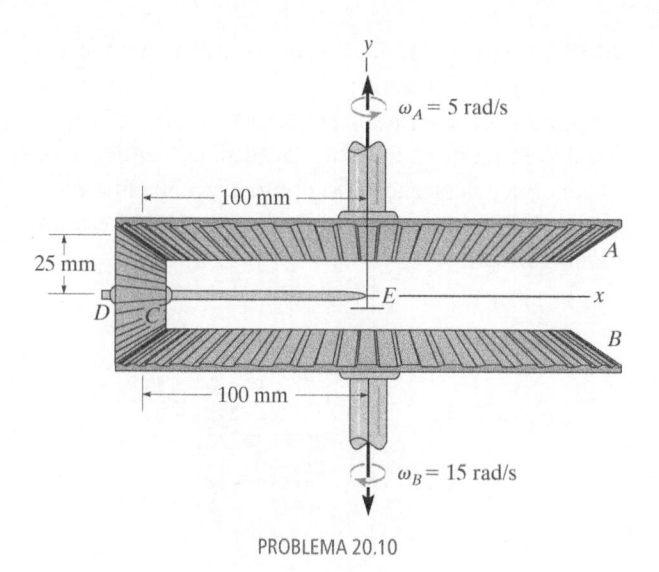

PROBLEMA 20.10

20.11. A broca de perfuração P gira a uma taxa angular constante $\omega_P = 4$ rad/s. Determine velocidade e aceleração angulares da ponta cônica, que gira sem deslizar. Além disso, quais são a velocidade e a aceleração do ponto A?

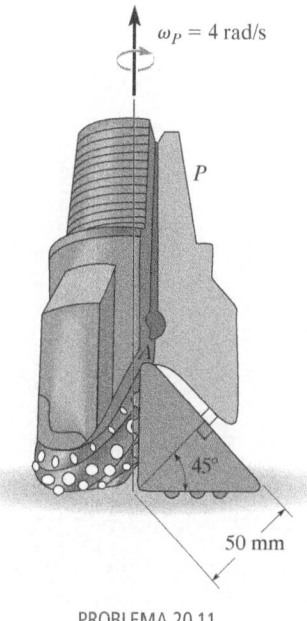

PROBLEMA 20.11

*20.12. O disco gira em torno do eixo S, enquanto está girando em torno do eixo z a uma taxa $\omega_z = 4$ rad/s, que está aumentando a 2 rad/s². Determine a velocidade e a aceleração do ponto A no disco no instante mostrado. Não há deslizamento.

20.13. O disco gira em torno do eixo S, enquanto o eixo está girando em torno do eixo z a uma taxa $\omega_z = 4$ rad/s, que está aumentando a 2 rad/s². Determine a velocidade e a aceleração do ponto B no disco no instante mostrado. Não há deslizamento.

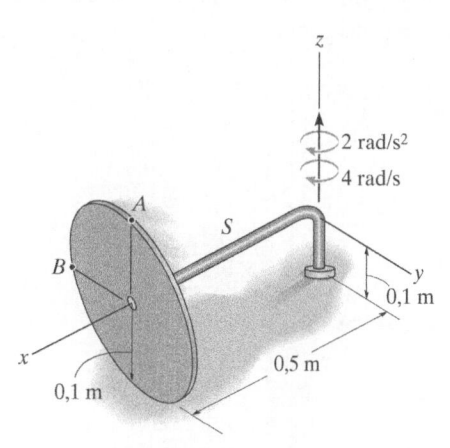

PROBLEMAS 20.12 e 20.13

20.14. A antena está seguindo o movimento de um avião a jato. No instante $\theta = 25°$ e $\phi = 75°$, as taxas de variação angulares constantes são $\dot{\theta} = 0,4$ rad/s e $\dot{\phi} = 0,6$ rad/s. Determine a velocidade e a aceleração do mastro receptor A nesse instante. A distância OA é de 0,8 m.

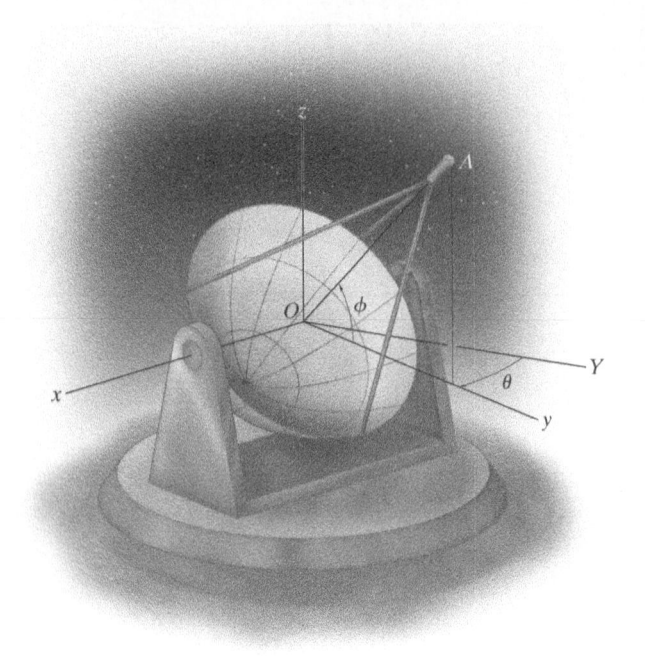

PROBLEMA 20.14

20.15. A engrenagem B é acionada por um motor montado sobre o prato C. Se a engrenagem A é mantida fixa e o eixo do motor gira com velocidade angular constante $\omega_y = 30$ rad/s, determine a velocidade e a aceleração angular da engrenagem B.

*20.16. A engrenagem B é acionada por um motor montado sobre o prato C. Se a engrenagem A e o eixo do motor giram com velocidade angular constante $\omega_A = \{10\mathbf{k}\}$ rad/s e $\omega_y = \{30\mathbf{j}\}$ rad/s, respectivamente, determine a velocidade e a aceleração angulares da engrenagem B.

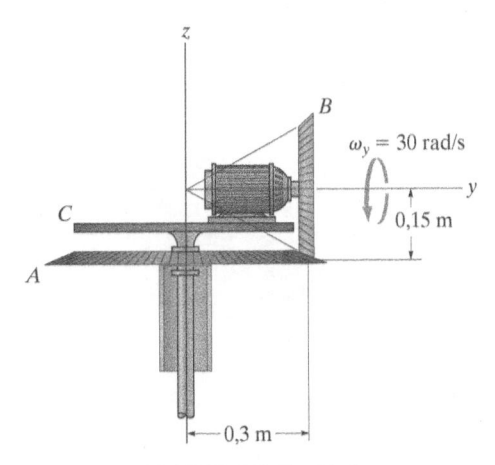

PROBLEMAS 20.15 e 20.16

20.17. No instante em que $\theta = 90°$, o corpo do satélite está girando com velocidade angular $\omega_1 = 15$ rad/s, e tem aceleração angular $\dot{\omega}_1 = 3$ rad/s². Simultaneamente, os painéis solares giram com velocidade angular $\omega_2 = 6$ rad/s e aceleração angular $\dot{\omega}_2 = 1,5$ rad/s². Determine a velocidade e a aceleração do ponto B localizado no painel solar nesse instante.

20.18. No instante em que $\theta = 90°$, o corpo do satélite se movimenta na direção x com velocidade $\mathbf{v}_O = \{500\mathbf{i}\}$ m/s e aceleração $\mathbf{a}_O = \{50\mathbf{i}\}$ m/s². Simultaneamente, o corpo também está girando com velocidade angular $\omega_1 = 15$ rad/s, e tem aceleração angular $\dot{\omega}_1 = 3$ rad/s². Ao mesmo tempo, os painéis solares giram com velocidade angular $\omega_2 = 6$ rad/s e aceleração angular $\dot{\omega}_2 = 1,5$ rad/s². Determine a velocidade e a aceleração do ponto B localizado no painel solar.

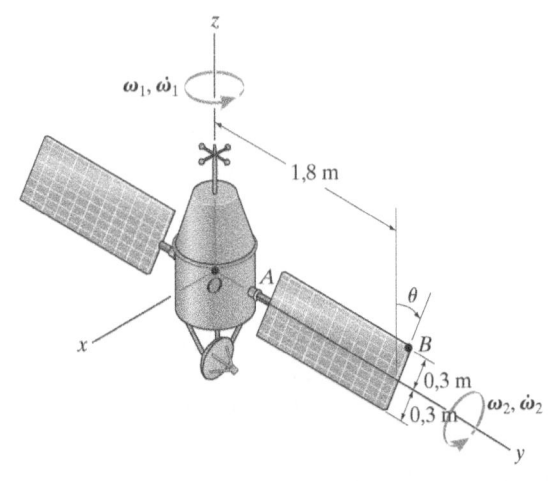

PROBLEMAS 20.17 e 20.18

20.19. A engrenagem A está fixa, enquanto a engrenagem B está livre para girar no membro S. Se o membro está girando em torno do eixo z a $\omega_z = 5$ rad/s, enquanto aumenta a 2 rad/s², determine a velocidade e a aceleração do ponto P no instante mostrado. A face da engrenagem B se encontra em um plano vertical.

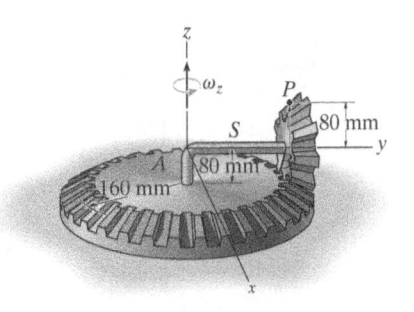

PROBLEMA 20.19

*20.20. A roda está girando em torno do eixo AB com velocidade angular $\omega_s = 10$ rad/s, que está aumentando a uma taxa constante $\dot{\omega}_s = 6$ rad/s², enquanto o sistema realiza precessão em torno do eixo z com velocidade angular $\omega_p = 12$ rad/s, que está aumentando a uma taxa constante $\dot{\omega}_p = 3$ rad/s². Determine a velocidade e a aceleração do ponto C localizado na borda da roda nesse instante.

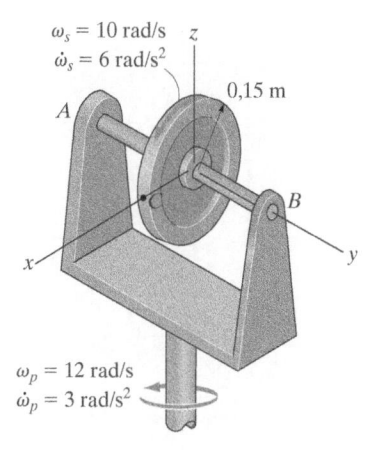

PROBLEMA 20.20

20.21. O eixo BD está conectado a uma junta esférica em B e uma engrenagem chanfrada A está presa à sua outra extremidade. A engrenagem está em sincronismo com uma engrenagem fixa C. Se o eixo e a engrenagem A estão *girando* com uma velocidade angular constante $\omega_1 = 8$ rad/s, determine a velocidade angular e a aceleração angular da engrenagem A.

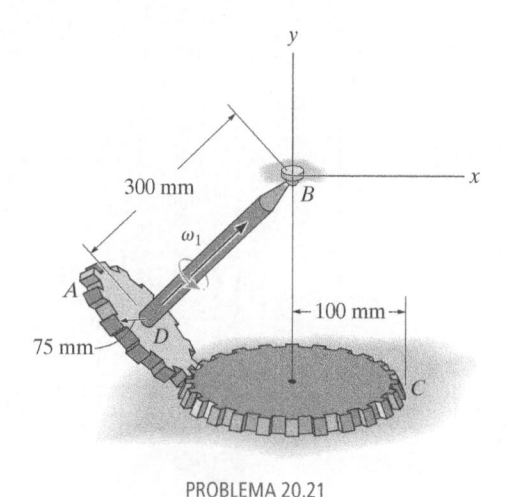

PROBLEMA 20.21

20.22. A engrenagem B está conectada ao eixo rotatório, enquanto a engrenagem de base A é fixa. Se o eixo está girando a uma taxa constante $\omega_z = 10$ rad/s em torno do eixo z, determine as intensidades da velocidade angular e da aceleração angular da engrenagem B. Além disso, determine as intensidades da velocidade e da aceleração do ponto P.

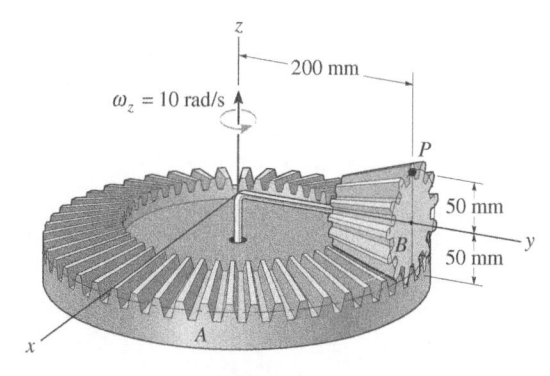

PROBLEMA 20.22

20.23. O diferencial de um automóvel permite que as duas rodas traseiras girem em velocidades diferentes quando o veículo faz uma curva. Para sua operação, os eixos traseiros são ligados às rodas em uma extremidade e possuem engrenagens chanfradas A e B em suas outras extremidades. A capa do diferencial D é colocada sobre o eixo esquerdo, mas pode girar em torno de C independentemente do eixo. A capa suporta uma engrenagem de pinhão E em um eixo, que aciona as engrenagens A e B. Por fim, a engrenagem de anel G é *fixada* à capa do diferencial, de modo que a capa gira com a engrenagem quando esta última é acionada pelo pinhão de tração H. Essa engrenagem, como a capa do diferencial, está livre para girar em torno do eixo da roda esquerda. Se o pinhão de tração está girando a $\omega_H = 100$ rad/s e a engrenagem de pinhão E está girando em torno de seu eixo a $\omega_E = 30$ rad/s, determine a velocidade angular, ω_A e ω_B, de cada eixo.

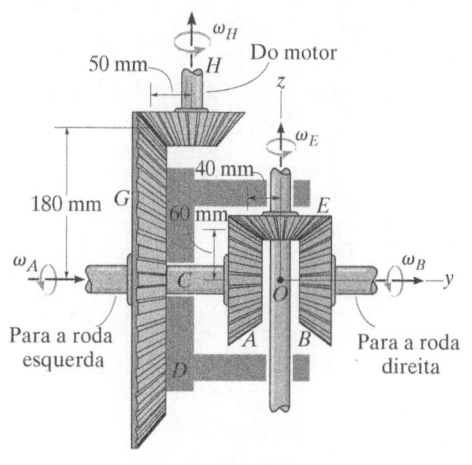

PROBLEMA 20.23

*__20.24.__ O anemômetro localizado no barco em A gira em torno de seu próprio eixo a uma taxa ω_s, enquanto o barco balança em torno do eixo x com a taxa de ω_x e em torno do eixo y com a taxa de ω_y. Determine a velocidade angular e a aceleração angular do anemômetro no instante em que o barco está nivelado como mostrado. Suponha que as intensidades de todas as componentes da velocidade angular sejam constantes e que o balanço causado pelo mar seja independente nas direções x e y.

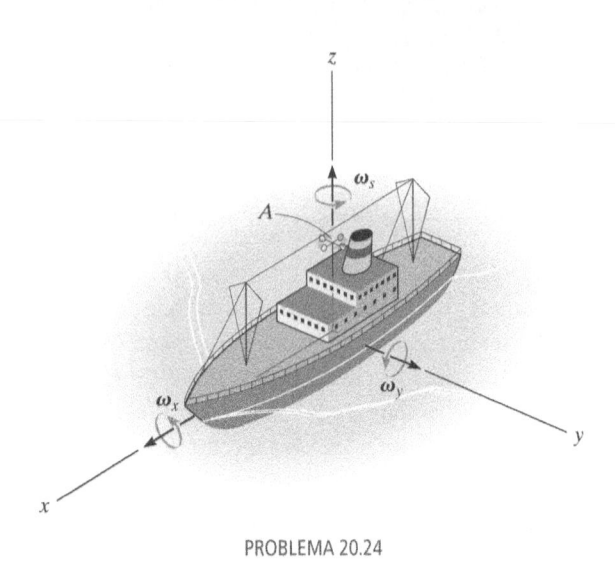

PROBLEMA 20.24

20.25. A haste AB está fixada aos anéis em suas extremidades por juntas esféricas. Se o anel A tem velocidade $v_A = 4$ m/s, determine a velocidade do anel B no instante $z = 2$ m. Suponha que a velocidade angular seja perpendicular à haste.

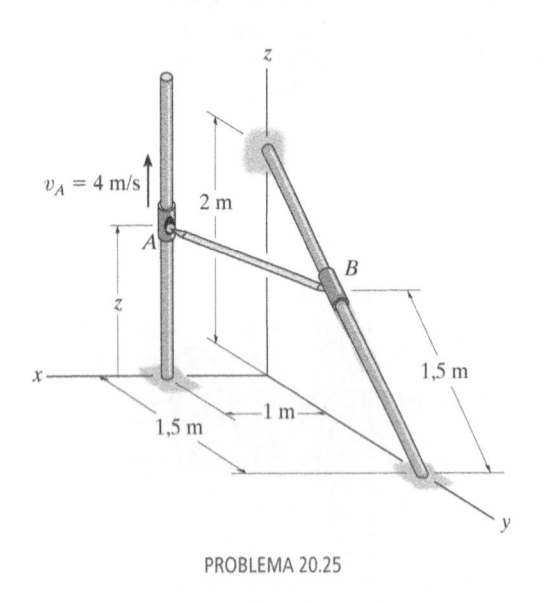

PROBLEMA 20.25

20.26. A haste está conectada a anéis lisos A e B em suas extremidades por meio de juntas esféricas. Determine a velocidade de B no instante mostrado se A estiver se movendo a $v_A = 8$ m/s. Além disso, determine a velocidade angular da haste se ela estiver perpendicular ao eixo da haste.

20.27. Se o anel A no Problema 20.26 tem desaceleração $\mathbf{a}_A = \{-5\mathbf{k}\}$ m/s², no instante mostrado, determine a aceleração do anel B nesse instante.

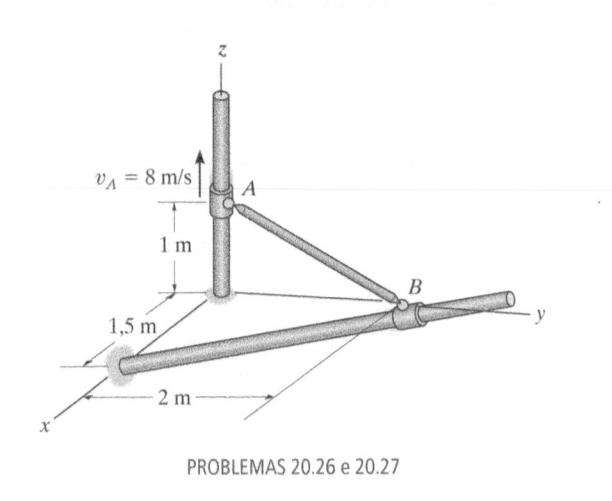

PROBLEMAS 20.26 e 20.27

*****20.28.** Se a manivela BC gira com velocidade angular constante $\omega_{BC} = 6$ rad/s, determine a velocidade do anel em A. Suponha que a velocidade angular de AB é perpendicular à haste.

20.29. Se a manivela BC está girando com velocidade angular $\omega_{BC} = 6$ rad/s e aceleração angular $\dot{\omega}_{BC} = 1,5$ rad/s², determine a aceleração do anel A neste instante. Suponha que a velocidade angular e a aceleração angular de AB são perpendiculares à haste.

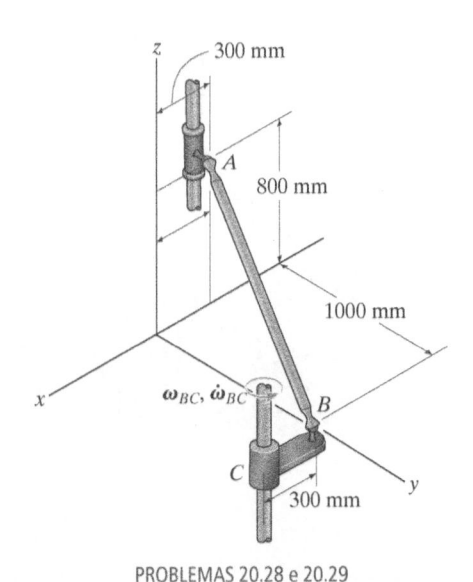

PROBLEMAS 20.28 e 20.29

20.30. O disco A gira a uma velocidade angular constante de 10 rad/s. Se a haste BC está ligada ao disco e ao anel por juntas esféricas, determine a velocidade do anel B no instante mostrado. Além disso, qual é a velocidade angular ω_{BC} da haste se ela está direcionada perpendicular ao eixo da haste?

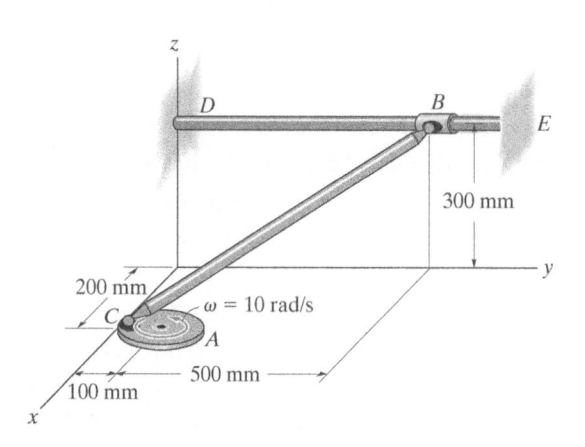

PROBLEMA 20.30

20.31. A haste AB está fixada aos anéis em suas extremidades por juntas esféricas. Se o anel A se move ao longo da haste fixa a $v_A = 5$ m/s, determine a velocidade angular da haste e a velocidade do anel B no instante mostrado. Suponha que a velocidade angular da haste é perpendicular ao eixo da haste.

*20.32. A haste AB está fixada aos anéis em suas extremidades por juntas esféricas. Se o anel A se move ao longo da haste fixa a uma velocidade $v_A = 5$ m/s e uma aceleração $a_A = 2$ m/s² no instante mostrado, determine a aceleração angular da haste e a aceleração do anel B nesse instante. Suponha que a velocidade angular e a aceleração angular da haste são perpendiculares ao eixo da haste.

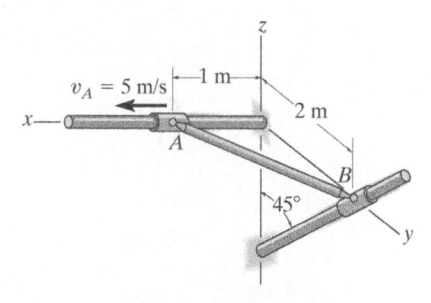

PROBLEMAS 20.31 e 20.32

20.33. A barra CD está presa aos braços rotativos por meio de juntas esféricas. Se AC tem o movimento mostrado, determine a velocidade angular do membro BD no instante mostrado.

20.34. A barra CD está presa aos braços rotativos por meio de juntas esféricas. Se AC tem o movimento mostrado, determine a aceleração angular do membro BD no instante mostrado.

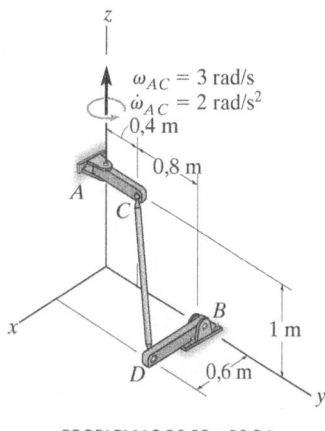

PROBLEMAS 20.33 e 20.34

20.35. Resolva o Problema 20.30 se a conexão em B consiste em um pino como mostrado na figura a seguir, em vez de uma junta esférica. *Dica:* a restrição permite a rotação da haste tanto em torno da barra (direção **j**) quanto em torno do eixo do pino (direção **n**). Visto que não há uma componente rotacional na direção **u**, ou seja, perpendicular a **n** e **j**, onde $\mathbf{u} = \mathbf{j} \times \mathbf{n}$, uma equação adicional para a solução pode ser obtida a partir de $\boldsymbol{\omega} \cdot \mathbf{u} = 0$. O vetor **n** está na mesma direção que $\mathbf{r}_{B/C} \times \mathbf{r}_{D/C}$.

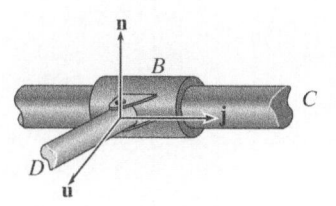

PROBLEMA 20.35

*20.36. O membro ABC está conectado por um pino em A e tem uma junta esférica em B. Se o anel em B está se movendo ao longo da barra inclinada com velocidade $v_B = 8$ m/s, determine a velocidade do ponto C no instante mostrado. *Dica*: veja o Problema 20.35.

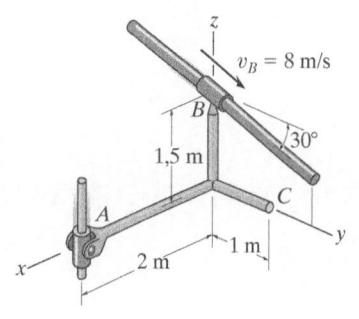

PROBLEMA 20.36

*20.4 Análise do movimento relativo usando eixos transladando e rotacionando

A forma mais geral para analisar o movimento tridimensional de um corpo rígido requer o uso dos eixos *x, y, z* que transladam e rotacionam em relação a um segundo sistema *X, Y, Z*. Essa análise também fornece um meio para determinar os movimentos de dois pontos *A* e *B* localizados sobre os membros separados de um mecanismo, e o movimento relativo de uma partícula em relação à outra quando uma ou ambas as partículas estão se deslocando ao longo de *trajetórias curvas*.

Como mostrado na Figura 20.11, as localizações dos pontos *A* e *B* são especificadas em relação ao sistema de referência *X, Y, Z* por vetores posição $\mathbf{r}_A$ e $\mathbf{r}_B$. O ponto base *A* representa a origem do sistema de coordenadas *x, y, z*, que está transladando e rotacionando em relação a *X, Y, Z*. No instante considerado, a velocidade e a aceleração do ponto *A* são $\mathbf{v}_A$ e $\mathbf{a}_A$, e a velocidade e aceleração angulares dos eixos *x, y, z* são $\mathbf{\Omega}$ e $\dot{\mathbf{\Omega}} = d\mathbf{\Omega}/dt$. Todos esses vetores são *medidos* em relação ao sistema de referência *X, Y, Z*, embora eles possam ser expressos na forma de suas componentes cartesianas em qualquer um dos conjuntos de eixos.

Posição

Se a posição de "*B* em relação a *A*" é especificada pelo *vetor posição relativa* $\mathbf{r}_{B/A}$ (Figura 20.11), então, pela adição vetorial,

$$\mathbf{r}_B = \mathbf{r}_A + \mathbf{r}_{B/A} \tag{20.11}$$

onde

$\mathbf{r}_B$ = posição de *B*
$\mathbf{r}_A$ = posição da origem *A*
$\mathbf{r}_{B/A}$ = posição de "*B* em relação a *A*"

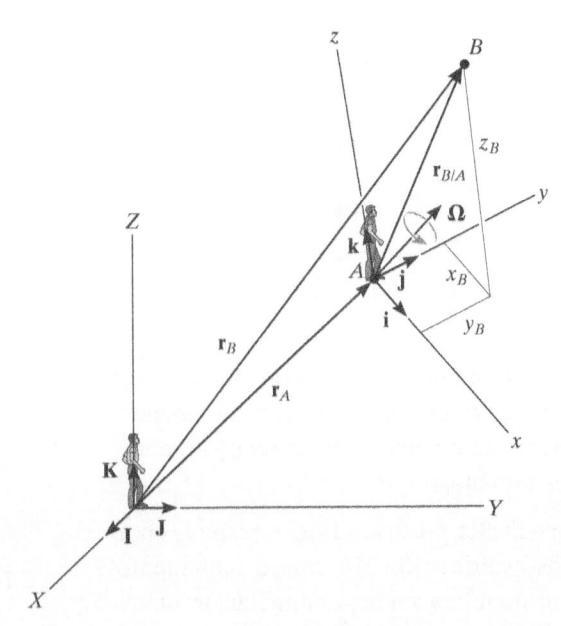

FIGURA 20.11

Velocidade

A velocidade do ponto B medida a partir de X, Y, Z pode ser determinada calculando-se a derivada temporal da Equação 20.11,

$$\dot{\mathbf{r}}_B = \dot{\mathbf{r}}_A + \dot{\mathbf{r}}_{B/A}$$

Os dois primeiros termos representam $\mathbf{v}_B$ e $\mathbf{v}_A$. O último termo tem de ser avaliado aplicando-se a Equação 20.6, visto que $\mathbf{r}_{B/A}$ é medido em relação a uma referência em rotação. Assim,

$$\dot{\mathbf{r}}_{B/A} = (\dot{\mathbf{r}}_{B/A})_{xyz} + \mathbf{\Omega} \times \mathbf{r}_{B/A} = (\mathbf{v}_{B/A})_{xyz} + \mathbf{\Omega} \times \mathbf{r}_{B/A} \qquad (20.12)$$

Portanto,

$$\boxed{\mathbf{v}_B = \mathbf{v}_A + \mathbf{\Omega} \times \mathbf{r}_{B/A} + (\mathbf{v}_{B/A})_{xyz}} \qquad (20.13)$$

onde

$\mathbf{v}_B$ = velocidade de B

$\mathbf{v}_A$ = velocidade da origem A do sistema de referência x, y, z

$(\mathbf{v}_{B/A})_{xyz}$ = velocidade de "B em relação a A" como medido por um observador fixo ao sistema de referência rotativo x, y, z

$\mathbf{\Omega}$ = velocidade angular do sistema de referência x, y, z

$\mathbf{r}_{B/A}$ = posição de "B em relação a A"

Aceleração

A aceleração do ponto B medida a partir de X, Y, Z é determinada calculando-se a derivada temporal da Equação 20.13.

$$\dot{\mathbf{v}}_B = \dot{\mathbf{v}}_A + \dot{\mathbf{\Omega}} \times \mathbf{r}_{B/A} + \mathbf{\Omega} \times \dot{\mathbf{r}}_{B/A} + \frac{d}{dt}(\mathbf{v}_{B/A})_{xyz}$$

As derivadas temporais das velocidades absolutas definidas no primeiro e segundo termos representam $\mathbf{a}_B$ e $\mathbf{a}_A$, respectivamente. O quarto termo pode ser avaliado usando a Equação 20.12, e o último termo é avaliado aplicando-se a Equação 20.6, os quais resultam em

$$\frac{d}{dt}(\mathbf{v}_{B/A})_{xyz} = (\dot{\mathbf{v}}_{B/A})_{xyz} + \mathbf{\Omega} \times (\mathbf{v}_{B/A})_{xyz} = (\mathbf{a}_{B/A})_{xyz} + \mathbf{\Omega} \times (\mathbf{v}_{B/A})_{xyz}$$

Aqui, $(\mathbf{a}_{B/A})_{xyz}$ é a aceleração de B em relação a A medida a partir de x, y, z. Substituindo esse resultado e a Equação 20.12 na equação anterior e simplificando, temos

$$\boxed{\mathbf{a}_B = \mathbf{a}_A + \dot{\mathbf{\Omega}} \times \mathbf{r}_{B/A} + \mathbf{\Omega} \times (\mathbf{\Omega} \times \mathbf{r}_{B/A}) + 2\mathbf{\Omega} \times (\mathbf{v}_{B/A})_{xyz} + (\mathbf{a}_{B/A})_{xyz}}$$

$$(20.14)$$

onde

$\mathbf{a}_B$ = aceleração de B

$\mathbf{a}_A$ = aceleração da origem A do sistema de referência x, y, z

$(\mathbf{a}_{B/A})_{xyz}$, $(\mathbf{v}_{B/A})_{xyz}$ = aceleração e velocidade relativas de "B em relação a A" medidas por um observador fixo ao sistema de referência rotativo x, y, z

$\dot{\Omega}$, Ω = aceleração angular e velocidade angular do sistema de referência x, y, z

$\mathbf{r}_{B/A}$ = posição de "B em relação a A"

As equações 20.13 e 20.14 são idênticas às usadas na Seção 16.8 para analisar movimento relativo plano.* Nesse caso, entretanto, a aplicação é simplificada, visto que Ω e $\dot{\Omega}$ têm uma *direção constante*, que é sempre perpendicular ao plano do movimento. Para o movimento tridimensional, $\dot{\Omega}$ tem de ser calculada usando a Equação 20.6, visto que $\dot{\Omega}$ depende da variação da intensidade *e* da direção de Ω.

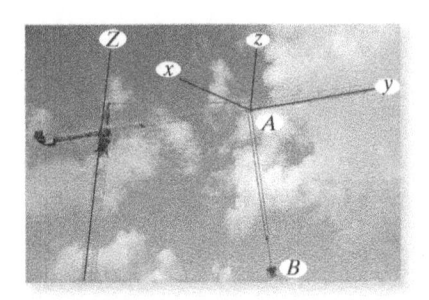

O complicado movimento espacial do balde de concreto B ocorre pela rotação da lança do guindaste em torno do eixo Z, pelo movimento do carro A ao longo da lança do guindaste, e pela extensão e oscilação do cabo AB. Um sistema de coordenadas rotacionando e transladando x, y, z pode ser estabelecido sobre o carro, e uma análise de movimento relativo pode, então, ser aplicada para estudar esse movimento.

Procedimento para análise

O movimento tridimensional de partículas ou corpos rígidos pode ser analisado com as equações 20.13 e 20.14 utilizando-se o procedimento indicado a seguir.

Eixos de coordenadas

- Escolha a localização e a orientação dos eixos de coordenadas X, Y, Z e x, y, z. Na grande maioria das vezes, as soluções podem ser facilmente obtidas se, no instante considerado:

    (1) as origens são *coincidentes*

    (2) os eixos são colineares

    (3) os eixos são paralelos

- Se várias componentes da velocidade angular estão envolvidas em um problema, os cálculos serão reduzidos se os eixos x, y, z forem escolhidos de tal maneira que apenas uma componente da velocidade angular seja observada em relação a esse sistema (Ω_{xyz}) e o sistema gira com Ω definido pelas outras componentes da velocidade angular.

---

* A Seção 16.8 contém uma interpretação dos termos.

Equações cinemáticas

• Após a origem do referencial em movimento, A, ser definida e o ponto em movimento B ser especificado, as equações 20.13 e 20.14 devem, então, ser escritas na forma simbólica como

$$\mathbf{v}_B = \mathbf{v}_A + \mathbf{\Omega} \times \mathbf{r}_{B/A} + (\mathbf{v}_{B/A})_{xyz}$$

$$\mathbf{a}_B = \mathbf{a}_A + \dot{\mathbf{\Omega}} \times \mathbf{r}_{B/A} + \mathbf{\Omega} \times (\mathbf{\Omega} \times \mathbf{r}_{B/A}) + 2\mathbf{\Omega} \times (\mathbf{v}_{B/A})_{xyz} + (\mathbf{a}_{B/A})_{xyz}$$

• Se $\mathbf{r}_A$ e $\mathbf{\Omega}$ parecem *variar a direção* quando observados a partir da referência X, Y, Z fixa, então use um conjunto de eixos de referência com apóstrofos x', y', z', tendo uma rotação $\mathbf{\Omega}' = \mathbf{\Omega}$. A Equação 20.6 é, então, usada para determinar $\dot{\mathbf{\Omega}}$ e o movimento $\mathbf{v}_A$ e $\mathbf{a}_A$ da origem dos eixos em movimento x, y, z.

• Se $\mathbf{r}_{B/A}$ e $\mathbf{\Omega}_{xyz}$ parecem variar a direção quando observados a partir de x, y, z, então use um conjunto de eixos de referência com aspas duplas x'', y'', z'', tendo $\mathbf{\Omega}'' = \mathbf{\Omega}_{xyz}$, e aplique a Equação 20.6 para determinar $\dot{\mathbf{\Omega}}_{xyz}$ e o movimento relativo $(\mathbf{v}_{B/A})_{xyz}$ e $(\mathbf{a}_{B/A})_{xyz}$.

• Após as formas finais de $\dot{\mathbf{\Omega}}$, $\mathbf{v}_A$, $\mathbf{a}_A$, $\dot{\mathbf{\Omega}}_{xyz}$, $(\mathbf{v}_{B/A})_{xyz}$ e $(\mathbf{a}_{B/A})_{xyz}$ serem obtidas, os dados dos problemas numéricos podem ser substituídos e os termos cinemáticos, avaliados. As componentes de todos esses vetores podem ser escolhidas ao longo dos eixos X, Y, Z ou ao longo dos eixos x, y, z. A escolha é arbitrária, contanto que um conjunto de vetores unitários seja usado.

EXEMPLO 20.4

Um motor e a barra AB fixada nele têm os movimentos angulares mostrados na Figura 20.12. Um anel C na barra está localizado a 0,25 m de A e está se deslocando para baixo ao longo da barra com velocidade de 3 m/s e aceleração de 2 m/s². Determine a velocidade e a aceleração de C nesse instante.

SOLUÇÃO
Eixos de coordenadas

A origem da referência fixa X, Y, Z é escolhida no centro da plataforma, e a origem do sistema em movimento x, y, z, no ponto A (Figura 20.12). Visto que o anel está sujeito a duas componentes do movimento angular, $\boldsymbol{\omega}_p$ e $\boldsymbol{\omega}_M$, ele será visto como tendo uma velocidade angular $\mathbf{\Omega}_{xyz} = \boldsymbol{\omega}_M$ em x, y, z. Portanto, os eixos x, y, z serão fixados à plataforma de maneira que $\mathbf{\Omega} = \boldsymbol{\omega}_p$.

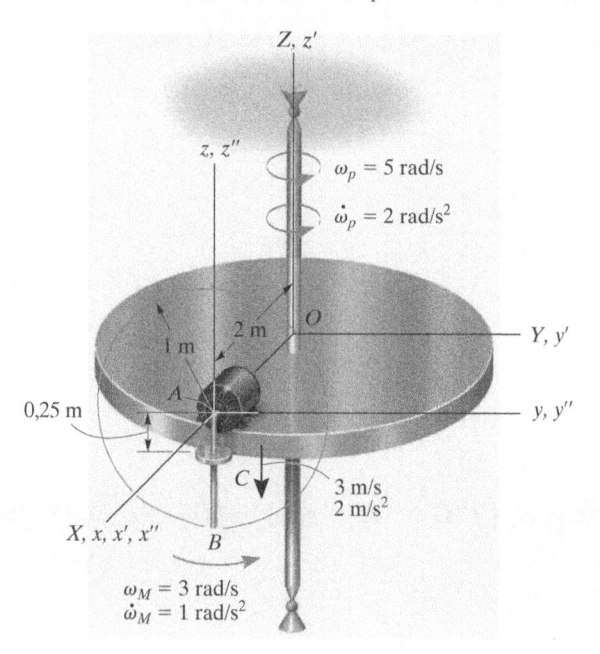

FIGURA 20.12

Equações cinemáticas

As equações 20.13 e 20.14, aplicadas aos pontos C e A, tornam-se

$$\mathbf{v}_C = \mathbf{v}_A + \mathbf{\Omega} \times \mathbf{r}_{C/A} + (\mathbf{v}_{C/A})_{xyz}$$

$$\mathbf{a}_C = \mathbf{a}_A + \dot{\mathbf{\Omega}} \times \mathbf{r}_{C/A} + \mathbf{\Omega} \times (\mathbf{\Omega} \times \mathbf{r}_{C/A}) + 2\mathbf{\Omega} \times (\mathbf{v}_{C/A})_{xyz} + (\mathbf{a}_{C/A})_{xyz}$$

Movimento de A

Aqui, $\mathbf{r}_A$ varia a direção em relação a X, Y, Z. Para determinar as derivadas temporais de $\mathbf{r}_A$, usaremos um conjunto de eixos x', y', z' coincidentes com os eixos X, Y, Z que giram em $\mathbf{\Omega}' = \boldsymbol{\omega}_p$. Desse modo,

$$\mathbf{\Omega} = \boldsymbol{\omega}_p = \{5\mathbf{k}\} \text{ rad/s} \quad (\mathbf{\Omega} \text{ não muda de direção em relação a } X, Y, Z)$$

$$\dot{\mathbf{\Omega}} = \dot{\boldsymbol{\omega}}_p = \{2\mathbf{k}\} \text{ rad/s}^2$$

$$\mathbf{r}_A = \{2\mathbf{i}\} \text{ m}$$

$$\mathbf{v}_A = \dot{\mathbf{r}}_A = (\dot{\mathbf{r}}_A)_{x'y'z'} + \boldsymbol{\omega}_p \times \mathbf{r}_A = 0 + 5\mathbf{k} \times 2\mathbf{i} = \{10\mathbf{j}\} \text{ m/s}$$

$$\mathbf{a}_A = \ddot{\mathbf{r}}_A = [(\ddot{\mathbf{r}}_A)_{x'y'z'} + \boldsymbol{\omega}_p \times (\dot{\mathbf{r}}_A)_{x'y'z'}] + \dot{\boldsymbol{\omega}}_p \times \mathbf{r}_A + \boldsymbol{\omega}_p \times \dot{\mathbf{r}}_A$$

$$= [0 + 0] + 2\mathbf{k} \times 2\mathbf{i} + 5\mathbf{k} \times 10\mathbf{j} = \{-50\mathbf{i} + 4\mathbf{j}\} \text{ m/s}^2$$

Movimento de C em relação a A

Aqui, $\mathbf{r}_{C/A}$ varia a direção em relação a x, y, z. Para determinar suas derivadas temporais, utilize um conjunto de eixos x'', y'', z'' que giram em $\mathbf{\Omega}'' = \mathbf{\Omega}_{xyz} = \boldsymbol{\omega}_M$. Desse modo,

$$\mathbf{\Omega}_{xyz} = \boldsymbol{\omega}_M = \{3\mathbf{i}\} \text{ rad/s} \quad (\mathbf{\Omega}_{xyz} \text{ não varia a direção em relação a } x, y, z.)$$

$$\dot{\mathbf{\Omega}}_{xyz} = \dot{\boldsymbol{\omega}}_M = \{1\mathbf{i}\} \text{ rad/s}^2$$

$$\mathbf{r}_{C/A} = \{-0{,}25\mathbf{k}\} \text{ m}$$

$$(\mathbf{v}_{C/A})_{xyz} = (\dot{\mathbf{r}}_{C/A})_{xyz} = (\dot{\mathbf{r}}_{C/A})_{x''y''z''} + \boldsymbol{\omega}_M \times \mathbf{r}_{C/A}$$

$$= -3\mathbf{k} + [3\mathbf{i} \times (-0{,}25\mathbf{k})] = \{0{,}75\mathbf{j} - 3\mathbf{k}\} \text{ m/s}$$

$$(\mathbf{a}_{C/A})_{xyz} = (\ddot{\mathbf{r}}_{C/A})_{xyz} = [(\ddot{\mathbf{r}}_{C/A})_{x''y''z''} + \boldsymbol{\omega}_M \times (\dot{\mathbf{r}}_{C/A})_{x''y''z''}] + \dot{\boldsymbol{\omega}}_M \times \mathbf{r}_{C/A} + \boldsymbol{\omega}_M \times (\dot{\mathbf{r}}_{C/A})_{xyz}$$

$$= [-2\mathbf{k} + 3\mathbf{i} \times (-3\mathbf{k})] + (1\mathbf{i}) \times (-0{,}25\mathbf{k}) + (3\mathbf{i}) \times (0{,}75\mathbf{j} - 3\mathbf{k})$$

$$= \{18{,}25\mathbf{j} + 0{,}25\mathbf{k}\} \text{ m/s}^2$$

Movimento de C

$$\mathbf{v}_C = \mathbf{v}_A + \mathbf{\Omega} \times \mathbf{r}_{C/A} + (\mathbf{v}_{C/A})_{xyz}$$

$$= 10\mathbf{j} + [5\mathbf{k} \times (-0{,}25\mathbf{k})] + (0{,}75\mathbf{j} - 3\mathbf{k})$$

$$= \{10{,}75\mathbf{j} - 3\mathbf{k}\} \text{ m/s} \hspace{4em} \textit{Resposta}$$

$$\mathbf{a}_C = \mathbf{a}_A + \dot{\mathbf{\Omega}} \times \mathbf{r}_{C/A} + \mathbf{\Omega} \times (\mathbf{\Omega} \times \mathbf{r}_{C/A}) + 2\mathbf{\Omega} \times (\mathbf{v}_{C/A})_{xyz} + (\mathbf{a}_{C/A})_{xyz}$$

$$= (-50\mathbf{i} + 4\mathbf{j}) + [2\mathbf{k} \times (-0{,}25\mathbf{k})] + 5\mathbf{k} \times [5\mathbf{k} \times (-0{,}25\mathbf{k})]$$

$$+ 2[5\mathbf{k} \times (0{,}75\mathbf{j} - 3\mathbf{k})] + (18{,}25\mathbf{j} + 0{,}25\mathbf{k})$$

$$= \{-57{,}5\mathbf{i} + 22{,}25\mathbf{j} + 0{,}25\mathbf{k}\} \text{ m/s}^2 \hspace{4em} \textit{Resposta}$$

EXEMPLO 20.5

O pêndulo mostrado na Figura 20.13 consiste em duas barras; AB é suportada por um pino em A e oscila somente no plano Y–Z, enquanto um mancal em B permite que a barra conectada BD gire em torno da barra AB. Em um dado instante, as barras têm os movimentos angulares mostrados. Além disso, um anel C, localizado a 0,2 m de B, tem velocidade de 3 m/s e aceleração de 2 m/s² ao longo da barra. Determine a velocidade e a aceleração do anel nesse instante.

SOLUÇÃO I

Eixos de coordenadas

A origem do sistema fixo X, Y, Z será colocada em A. O movimento do anel é convenientemente observado a partir de B, de maneira que a origem do sistema x, y, z está localizada nesse ponto. Escolheremos $\Omega = \omega_1$ e $\Omega_{xyz} = \omega_2$.

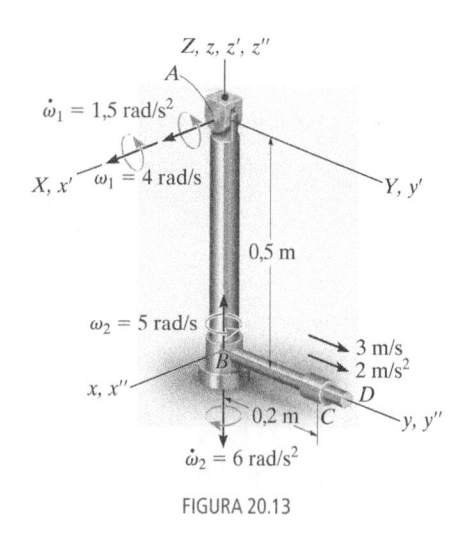

FIGURA 20.13

Equações cinemáticas

$$\mathbf{v}_C = \mathbf{v}_B + \mathbf{\Omega} \times \mathbf{r}_{C/B} + (\mathbf{v}_{C/B})_{xyz}$$

$$\mathbf{a}_C = \mathbf{a}_B + \dot{\mathbf{\Omega}} \times \mathbf{r}_{C/B} + \mathbf{\Omega} \times (\mathbf{\Omega} \times \mathbf{r}_{C/B}) + 2\mathbf{\Omega} \times (\mathbf{v}_{C/B})_{xyz} + (\mathbf{a}_{C/B})_{xyz}$$

Movimento de B

Para determinar as derivadas temporais de $\mathbf{r}_B$, considere que os eixos x', y', z' girem com $\mathbf{\Omega}' = \boldsymbol{\omega}_1$. Então

$$\mathbf{\Omega}' = \boldsymbol{\omega}_1 = \{4\mathbf{i}\} \text{ rad/s} \quad \dot{\mathbf{\Omega}}' = \dot{\boldsymbol{\omega}}_1 = \{1{,}5\mathbf{i}\} \text{ rad/s}^2$$

$$\mathbf{r}_B = \{-0{,}5\mathbf{k}\} \text{ m}$$

$$\mathbf{v}_B = \dot{\mathbf{r}}_B = (\dot{\mathbf{r}}_B)_{x'y'z'} + \boldsymbol{\omega}_1 \times \mathbf{r}_B = \mathbf{0} + 4\mathbf{i} \times (-0{,}5\mathbf{k}) = \{2\mathbf{j}\} \text{ m/s}$$

$$\mathbf{a}_B = \ddot{\mathbf{r}}_B = [(\ddot{\mathbf{r}}_B)_{x'y'z'} + \boldsymbol{\omega}_1 \times (\dot{\mathbf{r}}_B)_{x'y'z'}] + \dot{\boldsymbol{\omega}}_1 \times \mathbf{r}_B + \boldsymbol{\omega}_1 \times \dot{\mathbf{r}}_B$$

$$= [\mathbf{0} + \mathbf{0}] + 1{,}5\mathbf{i} \times (-0{,}5\mathbf{k}) + 4\mathbf{i} \times 2\mathbf{j} = \{0{,}75\mathbf{j} + 8\mathbf{k}\} \text{ m/s}^2$$

Movimento de C em relação a B

Para determinar as derivadas temporais de $\mathbf{r}_{C/B}$ em relação a x, y, z, considere que os eixos x'', y'', z'' girem com $\mathbf{\Omega}_{xyz} = \boldsymbol{\omega}_2$. Então

$$\mathbf{\Omega}_{xyz} = \boldsymbol{\omega}_2 = \{5\mathbf{k}\} \text{ rad/s} \quad \dot{\mathbf{\Omega}}_{xyz} = \dot{\boldsymbol{\omega}}_2 = \{-6\mathbf{k}\} \text{ rad/s}^2$$

$$\mathbf{r}_{C/B} = \{0{,}2\mathbf{j}\} \text{ m}$$

$$(\mathbf{v}_{C/B})_{xyz} = (\dot{\mathbf{r}}_{C/B})_{xyz} = (\dot{\mathbf{r}}_{C/B})_{x''y''z''} + \boldsymbol{\omega}_2 \times \mathbf{r}_{C/B} = 3\mathbf{j} + 5\mathbf{k} \times 0{,}2\mathbf{j} = \{-1\mathbf{i} + 3\mathbf{j}\} \text{ m/s}$$

$$(\mathbf{a}_{C/B})_{xyz} = (\ddot{\mathbf{r}}_{C/B})_{xyz} = [(\ddot{\mathbf{r}}_{C/B})_{x''y''z''} + \boldsymbol{\omega}_2 \times (\dot{\mathbf{r}}_{C/B})_{x''y''z''}] + \dot{\boldsymbol{\omega}}_2 \times \mathbf{r}_{C/B} + \boldsymbol{\omega}_2 \times (\dot{\mathbf{r}}_{C/B})_{xyz}$$

$$= (2\mathbf{j} + 5\mathbf{k} \times 3\mathbf{j}) + (-6\mathbf{k} \times 0{,}2\mathbf{j}) + [5\mathbf{k} \times (-1\mathbf{i} + 3\mathbf{j})]$$

$$= \{-28{,}8\mathbf{i} - 3\mathbf{j}\} \text{ m/s}^2$$

Movimento de C

$$\mathbf{v}_C = \mathbf{v}_B + \mathbf{\Omega} \times \mathbf{r}_{C/B} + (\mathbf{v}_{C/B})_{xyz} = 2\mathbf{j} + 4\mathbf{i} \times 0{,}2\mathbf{j} + (-1\mathbf{i} + 3\mathbf{j})$$
$$= \{-1\mathbf{i} + 5\mathbf{j} + 0{,}8\mathbf{k}\} \text{ m/s} \qquad \textit{Resposta}$$
$$\mathbf{a}_C = \mathbf{a}_B + \dot{\mathbf{\Omega}} \times \mathbf{r}_{C/B} + \mathbf{\Omega} \times (\mathbf{\Omega} \times \mathbf{r}_{C/B}) + 2\mathbf{\Omega} \times (\mathbf{v}_{C/B})_{xyz} + (\mathbf{a}_{C/B})_{xyz}$$
$$= (0{,}75\mathbf{j} + 8\mathbf{k}) + (1{,}5\mathbf{i} \times 0{,}2\mathbf{j}) + [4\mathbf{i} \times (4\mathbf{i} \times 0{,}2\mathbf{j})]$$
$$+ 2[4\mathbf{i} \times (-1\mathbf{i} + 3\mathbf{j})] + (-28{,}8\mathbf{i} - 3\mathbf{j})$$
$$= \{-28{,}8\mathbf{i} - 5{,}45\mathbf{j} + 32{,}3\mathbf{k}\} \text{ m/s}^2 \qquad \textit{Resposta}$$

SOLUÇÃO II

Eixos de coordenadas

Aqui, deixaremos que os eixos x, y, z girem em

$$\mathbf{\Omega} = \boldsymbol{\omega}_1 + \boldsymbol{\omega}_2 = \{4\mathbf{i} + 5\mathbf{k}\} \text{ rad/s}$$

Então $\mathbf{\Omega}_{xyz} = \mathbf{0}$.

Movimento de B

Das restrições do problema, $\boldsymbol{\omega}_1$ não varia a direção em relação a X, Y, Z; entretanto, a direção de $\boldsymbol{\omega}_2$ variou por $\boldsymbol{\omega}_1$. Desse modo, para obter $\dot{\mathbf{\Omega}}$, considere os eixos x', y', z' coincidentes com os eixos X, Y, Z em A, de maneira que $\mathbf{\Omega}' = \boldsymbol{\omega}_1$. Então, fazendo a derivada das componentes de $\mathbf{\Omega}$,

$$\dot{\mathbf{\Omega}} = \dot{\boldsymbol{\omega}}_1 + \dot{\boldsymbol{\omega}}_2 = [(\dot{\boldsymbol{\omega}}_1)_{x'y'z'} + \boldsymbol{\omega}_1 \times \boldsymbol{\omega}_1] + [(\dot{\boldsymbol{\omega}}_2)_{x'y'z'} + \boldsymbol{\omega}_1 \times \boldsymbol{\omega}_2]$$
$$= [1{,}5\mathbf{i} + 0] + [-6\mathbf{k} + 4\mathbf{i} \times 5\mathbf{k}] = \{1{,}5\mathbf{i} - 20\mathbf{j} - 6\mathbf{k}\} \text{ rad/s}^2$$

Além disso, $\boldsymbol{\omega}_1$ varia a direção de $\mathbf{r}_B$, de maneira que as derivadas temporais de $\mathbf{r}_B$ possam ser determinadas utilizando-se os eixos com apóstrofos definidos acima. Assim,

$$\mathbf{v}_B = \dot{\mathbf{r}}_B = (\dot{\mathbf{r}}_B)_{x'y'z'} + \boldsymbol{\omega}_1 \times \mathbf{r}_B$$
$$= 0 + 4\mathbf{i} \times (-0{,}5\mathbf{k}) = \{2\mathbf{j}\} \text{ m/s}$$
$$\mathbf{a}_B = \ddot{\mathbf{r}}_B = [(\ddot{\mathbf{r}}_B)_{x'y'z'} + \boldsymbol{\omega}_1 \times (\dot{\mathbf{r}}_B)_{x'y'z'}] + \dot{\boldsymbol{\omega}}_1 \times \mathbf{r}_B + \boldsymbol{\omega}_1 \times \dot{\mathbf{r}}_B$$
$$= [0 + 0] + 1{,}5\mathbf{i} \times (-0{,}5\mathbf{k}) + 4\mathbf{i} \times 2\mathbf{j} = \{0{,}75\mathbf{j} + 8\mathbf{k}\} \text{ m/s}^2$$

Movimento de C em relação a B

$$\mathbf{\Omega}_{xyz} = \mathbf{0}$$
$$\dot{\mathbf{\Omega}}_{xyz} = \mathbf{0}$$
$$\mathbf{r}_{C/B} = \{0{,}2\mathbf{j}\} \text{ m}$$
$$(\mathbf{v}_{C/B})_{xyz} = \{3\mathbf{j}\} \text{ m/s}$$
$$(\mathbf{a}_{C/B})_{xyz} = \{2\mathbf{j}\} \text{ m/s}^2$$

Movimento de C

$$\mathbf{v}_C = \mathbf{v}_B + \mathbf{\Omega} \times \mathbf{r}_{C/B} + (\mathbf{v}_{C/B})_{xyz}$$
$$= 2\mathbf{j} + [(4\mathbf{i} + 5\mathbf{k}) \times (0{,}2\mathbf{j})] + 3\mathbf{j}$$
$$= \{-1\mathbf{i} + 5\mathbf{j} + 0{,}8\mathbf{k}\} \text{ m/s} \qquad \textit{Resposta}$$
$$\mathbf{a}_C = \mathbf{a}_B + \dot{\mathbf{\Omega}} \times \mathbf{r}_{C/B} + \mathbf{\Omega} \times (\mathbf{\Omega} \times \mathbf{r}_{C/B}) + 2\mathbf{\Omega} \times (\mathbf{v}_{C/B})_{xyz} + (\mathbf{a}_{C/B})_{xyz}$$
$$= (0{,}75\mathbf{j} + 8\mathbf{k}) + [(1{,}5\mathbf{i} - 20\mathbf{j} - 6\mathbf{k}) \times (0{,}2\mathbf{j})]$$
$$+ (4\mathbf{i} + 5\mathbf{k}) \times [(4\mathbf{i} + 5\mathbf{k}) \times 0{,}2\mathbf{j}] + 2[(4\mathbf{i} + 5\mathbf{k}) \times 3\mathbf{j}] + 2\mathbf{j}$$
$$= \{-28{,}8\mathbf{i} - 5{,}45\mathbf{j} + 32{,}3\mathbf{k}\} \text{ m/s}^2 \qquad \textit{Resposta}$$

Problemas

20.37. Resolva o Exemplo 20.5 tal que os eixos x, y, z se desloquem com uma translação curvilínea, $\Omega = 0$, no caso em que o anel parece ter tanto uma velocidade angular $\Omega_{xyz} = \omega_1 + \omega_2$ quanto um movimento radial.

20.38. Resolva o Exemplo 20.5 fixando os eixos x, y, z à haste BD de maneira que $\Omega = \omega_1 + \omega_2$. Neste caso, o anel parece se deslocar apenas radialmente para fora ao longo de BD; por conseguinte, $\Omega_{xyz} = 0$.

20.39. O guindaste gira em torno do eixo z com uma taxa constante $\omega_1 = 0{,}6$ rad/s, enquanto a lança gira para baixo com uma taxa constante $\omega_2 = 0{,}2$ rad/s. Determine a velocidade e a aceleração do ponto A localizado na extremidade da lança no instante mostrado.

*20.40. O guindaste gira em torno do eixo z com uma taxa $\omega_1 = 0{,}6$ rad/s, a qual está aumentando em $\dot{\omega}_1 = 0{,}6$ rad/s². Além disso, a lança gira para baixo a $\omega_2 = 0{,}2$ rad/s, a qual está aumentando em $\dot{\omega}_2 = 0{,}3$ rad/s². Determine a velocidade e a aceleração do ponto A localizado na extremidade da lança no instante mostrado.

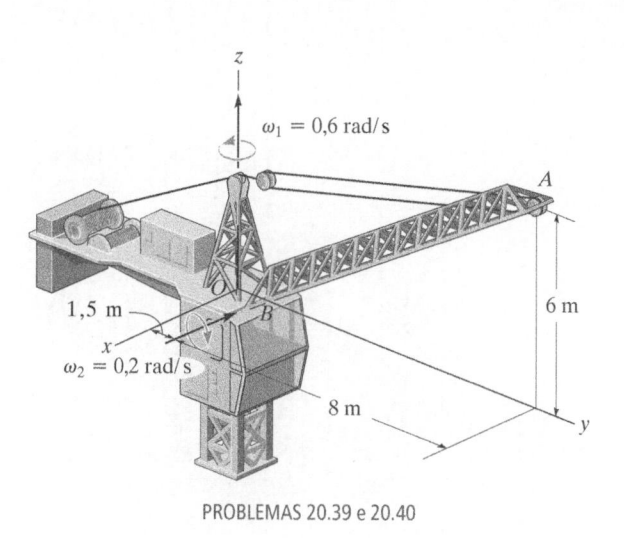

PROBLEMAS 20.39 e 20.40

20.41. No instante mostrado, a barra gira em torno do eixo z com velocidade angular constante $\omega_1 = 3$ rad/s. No mesmo instante, o disco está girando a $\omega_2 = 6$ rad/s quando $\dot{\omega}_2 = 4$ rad/s², ambos medidos *em relação* à barra. Determine a velocidade e a aceleração do ponto P no disco nesse instante.

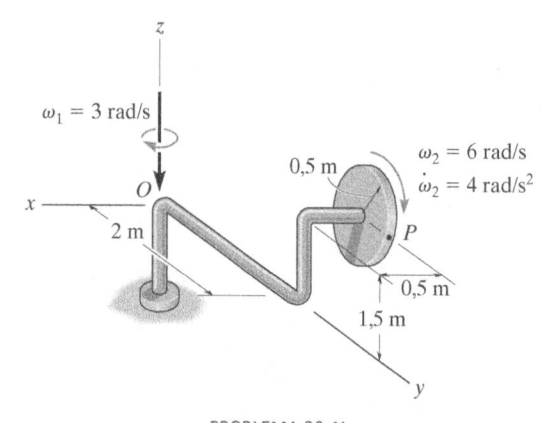

PROBLEMA 20.41

20.42. No instante mostrado, o manipulador industrial gira em torno do eixo z a $\omega_1 = 5$ rad/s, e em torno da junta B a $\omega_2 = 2$ rad/s. Determine a velocidade e a aceleração da garra A nesse instante, quando $\phi = 30°$, $\theta = 45°$ e $r = 1{,}6$ m.

20.43. No instante mostrado, o manipulador industrial gira em torno do eixo z a $\omega_1 = 5$ rad/s e $\dot{\omega}_1 = 2$ rad/s²; e em torno da junta B a $\omega_2 = 2$ rad/s e $\dot{\omega}_2 = 3$ rad/s². Determine a velocidade e a aceleração da garra A nesse instante, quando $\phi = 30°$, $\theta = 45°$ e $r = 1{,}6$ m.

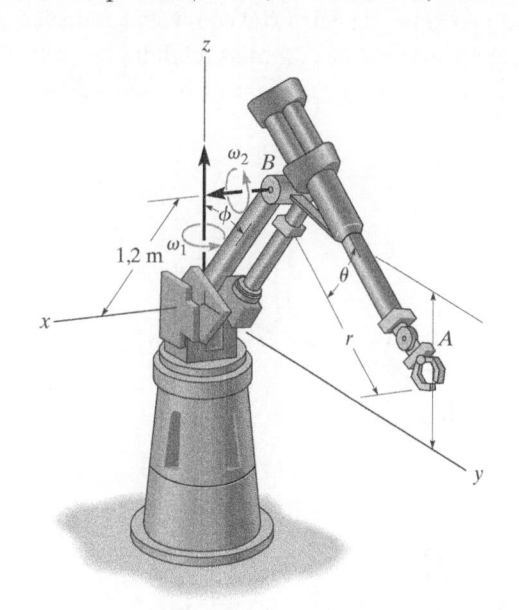

PROBLEMAS 20.42 e 20.43

*20.44. No instante $\theta = 30°$, a estrutura do guindaste e a lança AB giram com uma velocidade angular constante $\omega_1 = 1{,}5$ rad/s e $\omega_2 = 0{,}5$ rad/s, respectivamente. Determine a velocidade e a aceleração do ponto B nesse instante.

20.45. No instante $\theta = 30°$, a estrutura do guindaste está girando com uma velocidade angular $\omega_1 = 1,5$ rad/s e aceleração angular $\dot{\omega}_1 = 0,5$ rad/s², enquanto a lança AB gira com velocidade angular $\omega_2 = 0,5$ rad/s e aceleração angular $\dot{\omega}_2 = 0,25$ rad/s². Determine a velocidade e a aceleração do ponto B nesse instante.

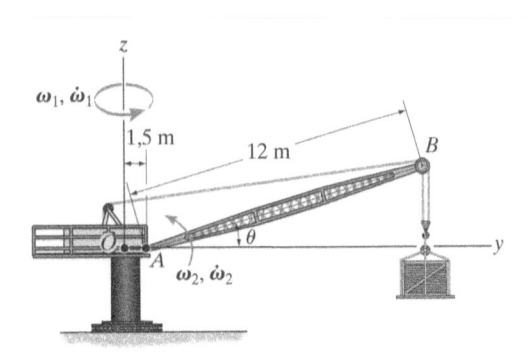

PROBLEMAS 20.44 e 20.45

20.46. No instante mostrado, o braço AB gira em torno do pino fixo A com velocidade angular $\omega_1 = 4$ rad/s e aceleração angular $\dot{\omega}_1 = 3$ rad/s². Nesse mesmo instante, a barra BD está girando em relação à barra AB com velocidade angular $\omega_2 = 5$ rad/s, que está aumentando a $\dot{\omega}_2 = 7$ rad/s². Além disso, o anel C está se movendo ao longo da barra BD com velocidade de 3 m/s e aceleração de 2 m/s², ambas medidas em relação à barra. Determine a velocidade e a aceleração do anel nesse instante.

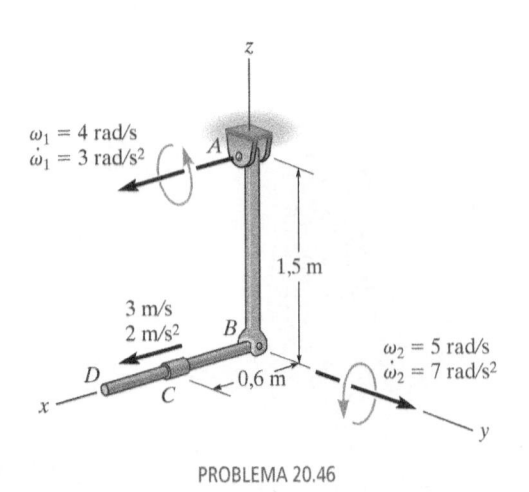

PROBLEMA 20.46

20.47. A partícula P desliza em torno do aro circular com velocidade angular constante $\dot\theta = 6$ rad/s, enquanto o aro gira em torno do eixo x a uma taxa constante $\omega = 4$ rad/s. Se, no instante mostrado, o aro está no plano x–y e o ângulo $\theta = 45°$, determine a velocidade e a aceleração da partícula nesse instante.

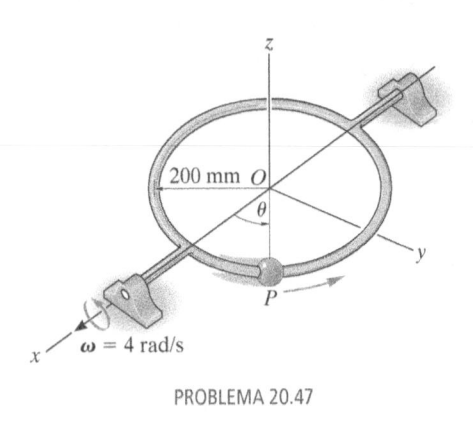

PROBLEMA 20.47

*20.48. No instante mostrado, a estrutura do cortador de grama está se movendo para a frente na direção x com velocidade constante de 1 m/s, e a cabine está girando em torno do eixo vertical com velocidade angular constante de $\omega_1 = 0,5$ rad/s. No mesmo instante, a lança AB tem velocidade angular $\dot\theta = 0,8$ rad/s na direção mostrada. Determine a velocidade e a aceleração do ponto B na conexão com o cortador nesse instante.

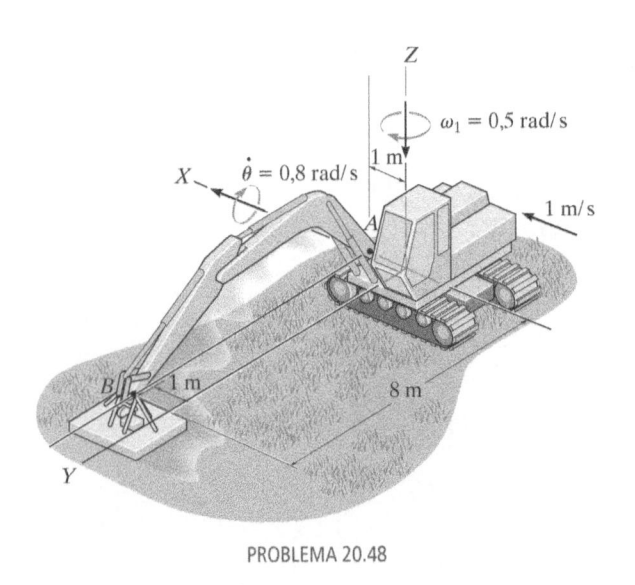

PROBLEMA 20.48

20.49. Durante o instante mostrado, a estrutura da câmera de raio X gira em torno do eixo vertical com $\omega_z = 5$ rad/s e $\dot\omega_z = 2$ rad/s². Em relação à estrutura, o braço gira a $\omega_{rel} = 2$ rad/s e $\dot\omega_{rel} = 1$ rad/s². Determine a velocidade e a aceleração do centro da câmera C nesse instante.

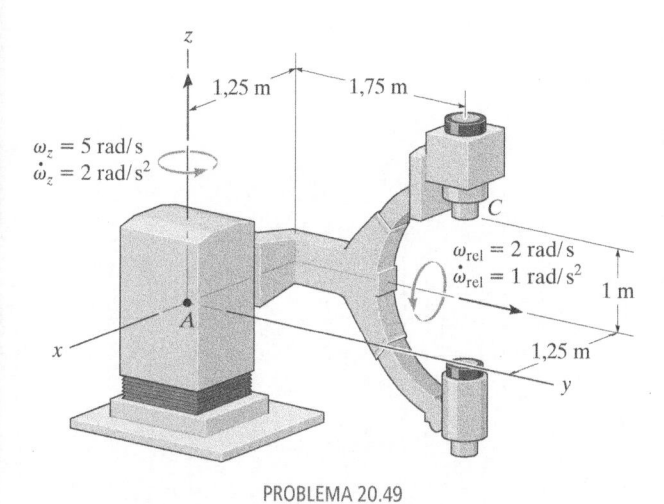

20.50. A lança AB do guindaste da locomotiva gira em torno do eixo z com velocidade angular $\omega_1 = 0{,}5$ rad/s, que está aumentando a $\dot{\omega}_1 = 3$ rad/s². Nesse mesmo instante, $\theta = 30°$ e a lança está girando para cima a uma taxa constante de $\dot{\theta} = 3$ rad/s. Determine a velocidade e a aceleração da ponta B da lança nesse instante.

20.51. O guindaste da locomotiva se movimenta para a direita a 2 m/s e tem aceleração de 1,5 m/s², enquanto a lança gira em torno do eixo z com velocidade angular $\omega_1 = 0{,}5$ rad/s, que está aumentando a $\dot{\omega}_1 = 3$ rad/s². Nesse mesmo instante, $\theta = 30°$ e a lança gira para cima a uma taxa constante $\dot{\theta} = 3$ rad/s. Determine a velocidade e a aceleração da ponta B da lança nesse instante.

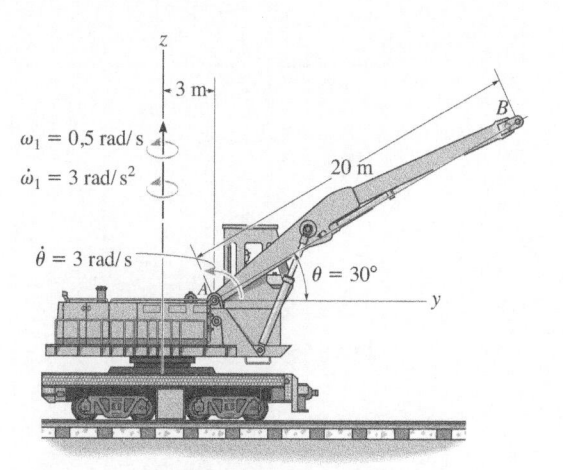

PROBLEMA 20.49

PROBLEMAS 20.50 e 20.51

*****20.52.** No instante mostrado, a base do braço robótico gira em torno do eixo z com uma velocidade angular $\omega_1 = 4$ rad/s, a qual está aumentando a $\dot{\omega}_1 = 3$ rad/s². Também, o segmento de lança BC gira com uma taxa constante $\omega_{BC} = 8$ rad/s. Determine a velocidade e a aceleração da peça C mantida na sua garra nesse instante.

20.53. No instante mostrado, a base do braço robótico gira em torno do eixo z com velocidade angular $\omega_1 = 4$ rad/s, a qual está aumentando a $\dot{\omega}_1 = 3$ rad/s². Além disso, o segmento de lança BC gira a $\omega_{BC} = 8$ rad/s, a qual está aumentando a $\dot{\omega}_{BC} = 2$ rad/s². Determine a velocidade e a aceleração da peça C mantida em sua garra nesse instante.

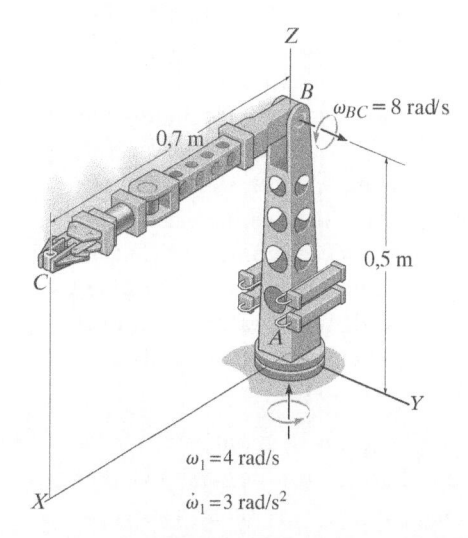

PROBLEMAS 20.52 e 20.53

20.54. O motor gira em torno do eixo z com velocidade angular constante $\omega_1 = 3$ rad/s. Simultaneamente, o eixo OA gira com velocidade angular constante $\omega_2 = 6$ rad/s. Além disso, o anel C desliza ao longo da haste AB com velocidade e aceleração de 6 m/s e 3 m/s². Determine velocidade e aceleração do anel C no instante mostrado.

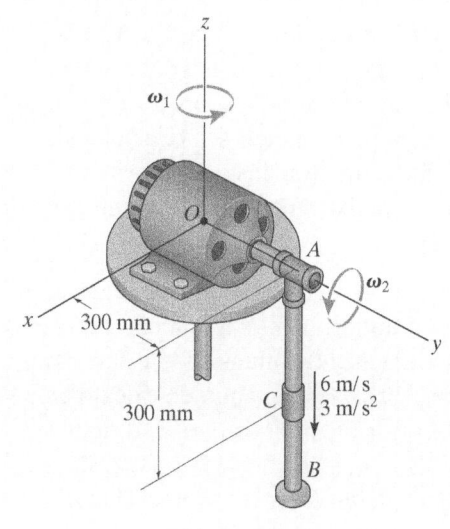

PROBLEMA 20.54

Revisão do capítulo

Rotação em torno de um ponto fixo

Quando um corpo gira em torno de um ponto fixo O, pontos sobre o corpo seguem uma trajetória que se encontra na superfície de uma esfera centrada em O.

Visto que a aceleração angular é a taxa de variação temporal da velocidade angular, é necessário considerar as variações da intensidade e de direção de $\boldsymbol{\omega}$ quando se determina sua derivada temporal. Para fazer isso, a velocidade angular é frequentemente especificada em termos dos movimentos das suas componentes, de tal maneira que a direção de algumas dessas componentes vai permanecer constante em relação aos eixos rotacionando x, y, z. Se esse é o caso, a derivada temporal em relação ao eixo fixo pode ser determinada utilizando $\dot{\mathbf{A}} = (\dot{\mathbf{A}})_{xyz} + \boldsymbol{\Omega} \times \mathbf{A}$.

Uma vez que $\boldsymbol{\omega}$ e $\boldsymbol{\alpha}$ são conhecidos, a velocidade e a aceleração de qualquer ponto P sobre o corpo podem, então, ser determinadas.

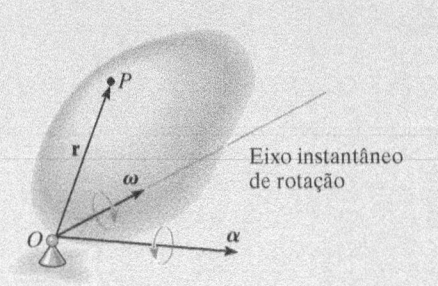

$$\mathbf{v}_P = \boldsymbol{\omega} \times \mathbf{r}$$

$$\mathbf{a}_P = \boldsymbol{\alpha} \times \mathbf{r} + \boldsymbol{\omega} \times (\boldsymbol{\omega} \times \mathbf{r})$$

Movimento geral

Se o corpo passa por movimento geral, o movimento de um ponto B no corpo pode ser relacionado ao movimento de outro ponto A usando uma análise de movimento relativo, com eixos em translação fixados em A.

$$\mathbf{v}_B = \mathbf{v}_A + \boldsymbol{\omega} \times \mathbf{r}_{B/A}$$

$$\mathbf{a}_B = \mathbf{a}_A + \boldsymbol{\alpha} \times \mathbf{r}_{B/A} + \boldsymbol{\omega} \times (\boldsymbol{\omega} \times \mathbf{r}_{B/A})$$

Análise de movimento relativo usando eixos transladando e rotacionando

O movimento de dois pontos A e B sobre um corpo, uma série de corpos conectados, ou cada ponto localizado sobre duas trajetórias diferentes, podem ser relacionados utilizando-se uma análise de movimento relativo com eixos transladando e rotacionando em A.

Ao aplicar as equações, para encontrar $\mathbf{v}_B$ e $\mathbf{a}_B$, é importante levar em consideração as variações da intensidade e direção de $\mathbf{r}_A$, $\mathbf{r}_{B/A}$, $\boldsymbol{\Omega}$ e $\boldsymbol{\Omega}_{xyz}$ quando do cálculo de suas derivadas temporais para determinar $\mathbf{v}_A$, $\mathbf{a}_A$, $(\mathbf{v}_{B/A})_{xyz}$, $(\mathbf{a}_{B/A})_{xyz}$, $\dot{\boldsymbol{\Omega}}$ e $\dot{\boldsymbol{\Omega}}_{xyz}$. Para fazer isso adequadamente, é preciso usar a Equação 20.6.

$$\mathbf{v}_B = \mathbf{v}_A + \boldsymbol{\Omega} \times \mathbf{r}_{B/A} + (\mathbf{v}_{B/A})_{xyz}$$

$$\mathbf{a}_B = \mathbf{a}_A + \dot{\boldsymbol{\Omega}} \times \mathbf{r}_{B/A} + \boldsymbol{\Omega} \times (\boldsymbol{\Omega} \times \mathbf{r}_{B/A}) + 2\boldsymbol{\Omega} \times (\mathbf{v}_{B/A})_{xyz} + (\mathbf{a}_{B/A})_{xyz}$$

CAPÍTULO 21

Cinética tridimensional de um corpo rígido

As forças que atuam sobre cada uma dessas motocicletas podem ser determinadas por meio das equações do movimento, conforme discutido neste capítulo.

(© Derek Watt/Alamy)

*21.1 Momentos e produtos de inércia

Quando estudamos a cinética plana de um corpo, foi necessário introduzir o momento de inércia I_G, o qual foi calculado em relação a um eixo perpendicular ao plano do movimento e passando pelo centro de massa do corpo G. Para a análise cinética do movimento tridimensional, às vezes será necessário calcular seis quantidades inerciais. Esses termos, chamados de momentos e produtos de inércia, descrevem de maneira particular a distribuição de massa de um corpo em relação a um dado sistema de coordenadas, que tem ponto de origem e orientação especificados.

Momento de inércia

Considere o corpo rígido mostrado na Figura 21.1. O *momento de inércia* para um elemento diferencial dm do corpo em relação a qualquer um dos eixos de coordenadas é definido como o produto da massa do elemento e o quadrado da distância mais curta do eixo até o elemento. Por exemplo, como observado na figura, $r_x = \sqrt{y^2 + z^2}$, de maneira que o momento de inércia de massa do elemento em relação ao eixo x é

$$dI_{xx} = r_x^2 \, dm = (y^2 + z^2) \, dm$$

O momento de inércia I_{xx} para o corpo pode ser determinado integrando-se essa expressão sobre a massa total do corpo. Assim, para cada um dos eixos, podemos escrever

Objetivos

- Introduzir os métodos para determinar os momentos de inércia e produtos de inércia de um corpo em relação a vários eixos.

- Demonstrar como aplicar os princípios do trabalho e energia e quantidade de movimento linear e angular a um corpo rígido com movimento tridimensional.

- Desenvolver e aplicar as equações de movimento em três dimensões.

- Estudar o movimento giroscópico e livre de torque.

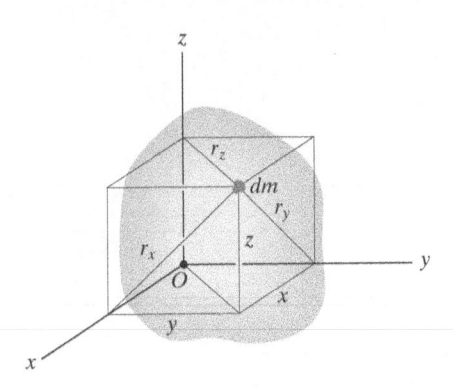

FIGURA 21.1

$$I_{xx} = \int_m r_x^2 dm = \int_m (y^2 + z^2)\,dm$$
$$I_{yy} = \int_m r_y^2 dm = \int_m (x^2 + z^2)\,dm \qquad (21.1)$$
$$I_{zz} = \int_m r_z^2 dm = \int_m (x^2 + y^2)\,dm$$

Aqui se observa que o momento de inércia é *sempre uma quantidade positiva*, visto que é a somatória do produto da massa dm, que é sempre positiva, e as distâncias ao quadrado.

Produto de inércia

O *produto de inércia* para um elemento diferencial dm em relação a um conjunto de *dois planos ortogonais* é definido como o produto da massa do elemento e as distâncias perpendiculares (ou mais curtas) dos planos até o elemento. Por exemplo, essa distância é x para o plano y–z e y para o plano x–z (Figura 21.1). O produto de inércia dI_{xy} para o elemento é, portanto,

$$dI_{xy} = xy\,dm$$

Observe também que $dI_{yx} = dI_{xy}$. Integrando-se sobre a massa inteira, os produtos de inércia do corpo em relação a cada combinação de planos podem ser expressos como

$$I_{xy} = I_{yx} = \int_m xy\,dm$$
$$I_{yz} = I_{zy} = \int_m yz\,dm \qquad (21.2)$$
$$I_{xz} = I_{zx} = \int_m xz\,dm$$

Diferentemente do momento de inércia, que é sempre positivo, o produto de inércia pode ser positivo, negativo ou nulo. O resultado depende dos sinais algébricos das duas coordenadas envolvidas, as quais variam independentemente uma da outra. Em particular, se um ou ambos os planos ortogonais são *planos de simetria* da massa, o *produto de inércia* em relação a esses planos será *nulo*. Nesses casos, os elementos de massa ocorrerão em *pares* localizados em cada lado do plano de simetria. Em um lado do plano, o produto de inércia para o elemento será positivo, enquanto do outro lado o produto de inércia do elemento correspondente será negativo e, portanto, a soma resultante será nula. A Figura 21.2 mostra exemplos disso. No primeiro caso (Figura 21.2*a*), o plano *y–z* é um plano de simetria e, assim, $I_{xy} = I_{xz} = 0$. O cálculo de I_{yz} produzirá um resultado *positivo*, visto que todos os elementos de massa estão localizados utilizando somente coordenadas positivas *y* e *z*. Para o cilindro, com os eixos de coordenadas localizados como mostrado na Figura 21.2*b*, os planos *x–z* e *y–z* são ambos planos de simetria. Desse modo, $I_{xy} = I_{yz} = I_{zx} = 0$.

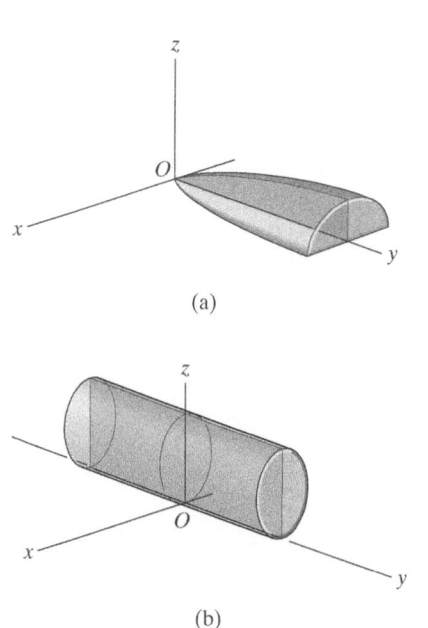

Teoremas dos eixos paralelos e dos planos paralelos

As técnicas de integração usadas para determinar o momento de inércia de um corpo foram descritas na Seção 17.1. Também foram discutidos métodos para determinar o momento de inércia de um corpo composto, ou seja, um corpo que é constituído por segmentos mais simples, conforme indicado nos apêndices. Em ambos os casos, o *teorema dos eixos paralelos* é frequentemente usado para os cálculos. Esse teorema, que foi desenvolvido na Seção 17.1, nos permite transferir o momento de inércia de um corpo em relação a um eixo passando por seu centro de massa *G* para um eixo paralelo passando por algum outro ponto. Se *G* tem as coordenadas x_G, y_G, z_G definidas em relação aos eixos *x*, *y*, *z* (Figura 21.3), as equações dos eixos paralelos usadas para calcular os momentos de inércia em relação aos eixos *x*, *y*, *z* são

$$I_{xx} = (I_{x'x'})_G + m(y_G^2 + z_G^2)$$
$$I_{yy} = (I_{y'y'})_G + m(x_G^2 + z_G^2) \quad (21.3)$$
$$I_{zz} = (I_{z'z'})_G + m(x_G^2 + y_G^2)$$

Os produtos de inércia de um corpo composto são calculados da mesma maneira que os momentos de inércia do corpo. Aqui, entretanto, o *teorema dos planos paralelos* é importante. Esse teorema é usado para transferir os produtos de inércia do corpo em relação a um conjunto dos três planos ortogonais que passam pelo centro de massa do corpo para um conjunto correspondente de três planos paralelos que passam por algum outro ponto *O*. Definindo as distâncias perpendiculares entre os planos como x_G, y_G e z_G (Figura 21.3), as equações dos planos paralelos podem ser escritas como

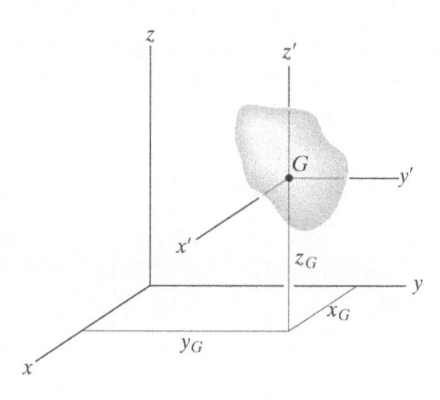

$$\begin{aligned} I_{xy} &= (I_{x'y'})_G + m x_G y_G \\ I_{yz} &= (I_{y'z'})_G + m y_G z_G \\ I_{zx} &= (I_{z'x'})_G + m z_G x_G \end{aligned} \qquad (21.4)$$

A derivação dessas fórmulas é similar à fornecida para a equação dos eixos paralelos (Seção 17.1).

Tensor inercial

As propriedades inerciais de um corpo são, portanto, completamente caracterizadas por nove termos, seis dos quais são independentes um do outro. Esse conjunto de termos é definido com a utilização das equações 21.1 e 21.2 e pode ser escrito como

$$\begin{pmatrix} I_{xx} & -I_{xy} & -I_{xz} \\ -I_{yx} & I_{yy} & -I_{yz} \\ -I_{zx} & -I_{zy} & I_{zz} \end{pmatrix}$$

Essa matriz é chamada de *tensor de inércia*.[*] Ele tem um conjunto único de valores para um corpo quando é determinado para cada localização da origem O e orientação dos eixos de coordenadas.

Em geral, para o ponto O, podemos especificar uma inclinação de eixo única para a qual os produtos de inércia para o corpo são nulos quando calculados em relação a esses eixos. Quando isso é feito, diz-se que o tensor de inércia está "diagonalizado" e pode ser escrito na forma simplificada

$$\begin{pmatrix} I_x & 0 & 0 \\ 0 & I_y & 0 \\ 0 & 0 & I_z \end{pmatrix}$$

Aqui, $I_x = I_{xx}$, $I_y = I_{yy}$ e $I_z = I_{zz}$ são denominados *momentos principais de inércia* para o corpo, que são calculados em relação aos *eixos principais de inércia*. Desses três momentos principais de inércia, um será um máximo, e outro, um mínimo do momento de inércia do corpo.

A determinação matemática das direções dos eixos principais de inércia não será discutida aqui (ver Problema 21.22). Entretanto, há muitos casos nos quais os eixos principais podem ser determinados por inspeção. A partir da discussão anterior, foi observado que, se os eixos de coordenadas estão orientados de tal maneira que *dois* dos três planos ortogonais contendo os eixos são planos de *simetria* para o corpo, então todos os produtos de inércia para o corpo são nulos em relação a esses planos de coordenadas, e assim esses eixos de coordenadas são eixos principais de inércia. Por exemplo, os eixos x, y, z mostrados na Figura 21.2b representam os eixos principais de inércia para o cilindro no ponto O.

A dinâmica do ônibus espacial enquanto ele orbita a Terra só pode ser prevista se seus momentos e produtos de inércia forem conhecidos em relação ao seu centro de massa. (© Ablestock/Getty Images)

[*] Os sinais negativos estão aqui como uma consequência do desenvolvimento da quantidade de movimento angular (Equação 21.10).

Momento de inércia em relação a um eixo arbitrário

Considere o corpo mostrado na Figura 21.4, onde os nove elementos do tensor de inércia foram determinados em relação aos eixos x, y, z, tendo origem em O. Aqui, esperamos determinar o momento de inércia do corpo em relação ao eixo Oa, o qual tem direção definida pelo vetor unitário $\mathbf{u}_a$. Por definição, $I_{Oa} = \int b^2 \, dm$, onde b é a *distância perpendicular* de dm até Oa. Se a posição de dm é localizada usando $\mathbf{r}$, então $b = r \,\text{sen}\, \theta$, o que representa a *intensidade* do produto vetorial $\mathbf{u}_a \times \mathbf{r}$. Assim, o momento de inércia pode ser expresso como

$$I_{Oa} = \int_m |(\mathbf{u}_a \times \mathbf{r})|^2 dm = \int_m (\mathbf{u}_a \times \mathbf{r}) \cdot (\mathbf{u}_a \times \mathbf{r}) dm$$

Contanto que $\mathbf{u}_a = u_x \mathbf{i} + u_y \mathbf{j} + u_z \mathbf{k}$ e $\mathbf{r} = x\mathbf{i} + y\mathbf{j} + z\mathbf{k}$, então $\mathbf{u}_a \times \mathbf{r} = (u_y z - u_z y)\mathbf{i} + (u_z x - u_x z)\mathbf{j} + (u_x y - u_y x)\mathbf{k}$. Após a substituição e a realização do produto escalar, o momento de inércia é

$$\begin{aligned} I_{Oa} &= \int_m [(u_y z - u_z y)^2 + (u_z x - u_x z)^2 + (u_x y - u_y x)^2] dm \\ &= u_x^2 \int_m (y^2 + z^2) dm + u_y^2 \int_m (z^2 + x^2) dm + u_z^2 \int_m (x^2 + y^2) dm \\ &\quad - 2u_x u_y \int_m xy \, dm - 2u_y u_z \int_m yz \, dm - 2u_z u_x \int_m zx \, dm \end{aligned}$$

Reconhecendo as integrais como os momentos e produtos de inércia do corpo (equações 21.1 e 21.2), temos

$$\boxed{I_{Oa} = I_{xx} u_x^2 + I_{yy} u_y^2 + I_{zz} u_z^2 - 2I_{xy} u_x u_y - 2I_{yz} u_y u_z - 2I_{zx} u_z u_x} \quad (21.5)$$

Desse modo, se o tensor de inércia for especificado para os eixos x, y, z, o momento de inércia do corpo em relação ao eixo Oa inclinado pode ser determinado. Para o cálculo, os cossenos diretores u_x, u_y, u_z dos eixos devem ser determinados. Esses termos especificam os cossenos dos ângulos diretores das coordenadas α, β, γ entre o eixo positivo Oa e os eixos positivos x, y, z, respectivamente (ver Apêndice B).

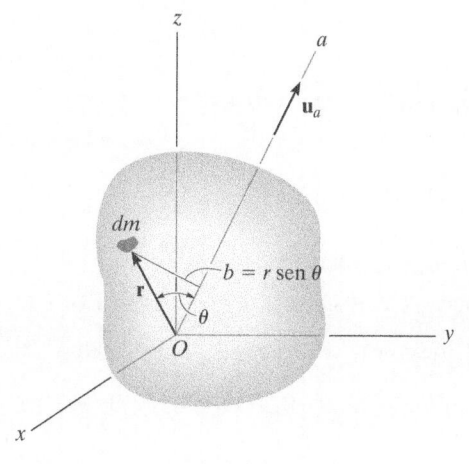

FIGURA 21.4

EXEMPLO 21.1

Determine o momento de inércia da barra dobrada mostrada na Figura 21.5a em relação ao eixo Aa. A massa de cada um dos três segmentos é dada na figura.

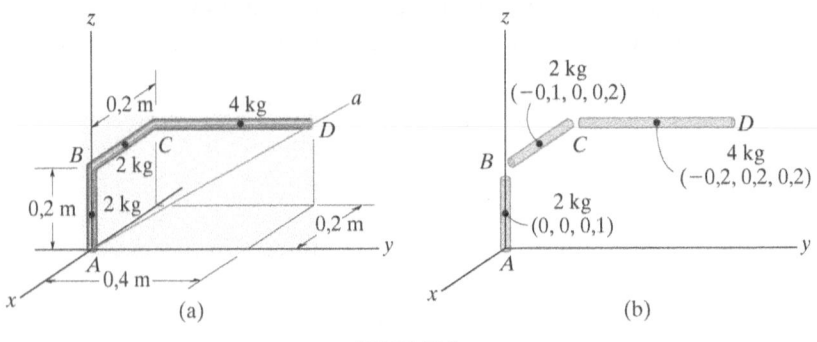

FIGURA 21.5

SOLUÇÃO

Antes de aplicar a Equação 21.5, primeiro é necessário determinar os momentos e produtos de inércia da barra em relação aos eixos x, y, z. Isso é feito utilizando-se a fórmula para o momento de inércia de uma barra fina, $I = \frac{1}{12}ml^2$, e os teoremas dos eixos paralelos e dos planos paralelos (equações 21.3 e 21.4). Dividindo a barra em três partes e localizando o centro de massa de cada segmento (Figura 21.5b), temos

$$I_{xx} = \left[\tfrac{1}{12}(2)(0,2)^2 + 2(0,1)^2\right] + [0 + 2(0,2)^2] + \left[\tfrac{1}{12}(4)(0,4)^2 + 4((0,2)^2 + (0,2)^2)\right] = 0,480 \text{ kg} \cdot \text{m}^2$$

$$I_{yy} = \left[\tfrac{1}{12}(2)(0,2)^2 + 2(0,1)^2\right] + \left[\tfrac{1}{12}(2)(0,2)^2 + 2((-0,1)^2 + (0,2)^2)\right] + [0 + 4((-0,2)^2 + (0,2)^2)] = 0,453 \text{ kg} \cdot \text{m}^2$$

$$I_{zz} = [0 + 0] + \left[\tfrac{1}{12}(2)(0,2)^2 + 2(-0,1)^2\right] + \left[\tfrac{1}{12}(4)(0,4)^2 + 4((-0,2)^2 + (0,2)^2)\right] = 0,400 \text{ kg} \cdot \text{m}^2$$

$$I_{xy} = [0 + 0] + [0 + 0] + [0 + 4(-0,2)(0,2)] = -0,160 \text{ kg} \cdot \text{m}^2$$

$$I_{yz} = [0 + 0] + [0 + 0] + [0 + 4(0,2)(0,2)] = 0,160 \text{ kg} \cdot \text{m}^2$$

$$I_{zx} = [0 + 0] + [0 + 2(0,2)(-0,1)] + [0 + 4(0,2)(-0,2)] = -0,200 \text{ kg} \cdot \text{m}^2$$

O eixo Aa é definido pelo vetor unitário

$$\mathbf{u}_{Aa} = \frac{\mathbf{r}_D}{r_D} = \frac{-0,2\mathbf{i} + 0,4\mathbf{j} + 0,2\mathbf{k}}{\sqrt{(-0,2)^2 + (0,4)^2 + (0,2)^2}} = -0,408\mathbf{i} + 0,816\mathbf{j} + 0,408\mathbf{k}$$

Desse modo,

$$u_x = -0,408 \quad u_y = 0,816 \quad u_z = 0,408$$

Substituir esses resultados na Equação 21.5 resulta em

$$I_{Aa} = I_{xx}u_x^2 + I_{yy}u_y^2 + I_{zz}u_z^2 - 2I_{xy}u_xu_y - 2I_{yz}u_yu_z - 2I_{zx}u_zu_x$$

$$= 0,480(-0,408)^2 + (0,453)(0,816)^2 + 0,400(0,408)^2$$

$$- 2(-0,160)(-0,408)(0,816) - 2(0,160)(0,816)(0,408)$$

$$- 2(-0,200)(0,408)(-0,408)$$

$$= 0,169 \text{ kg} \cdot \text{m}^2 \qquad \textit{Resposta}$$

Problemas

21.1. Mostre que a soma dos momentos de inércia de um corpo, $I_{xx} + I_{yy} + I_{zz}$, é independente da orientação dos eixos x, y, z e, desse modo, depende somente da localização de sua origem.

21.2. Determine o momento de inércia do cone em relação a um eixo $\bar{y}$ vertical que passa pelo centro de massa do cone. Qual é o momento de inércia em relação a um eixo paralelo y' que passa pelo diâmetro da base do cone? O cone tem massa m.

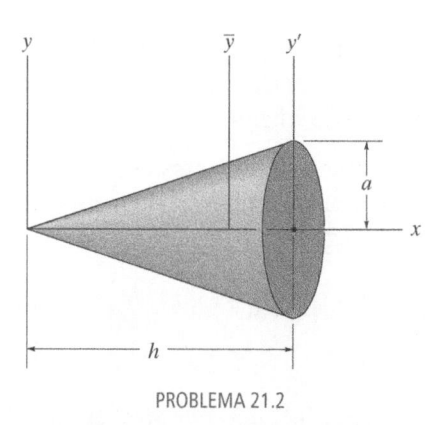

PROBLEMA 21.2

21.3. Determine os momentos de inércia I_x e I_y do paraboloide de revolução. A massa do paraboloide é m.

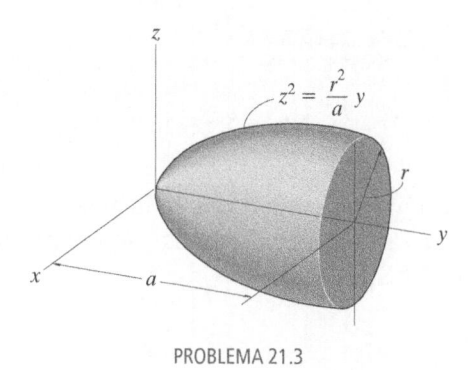

PROBLEMA 21.3

*21.4. Determine por integração direta o produto de inércia I_{yz} para o prisma homogêneo. A densidade do material é ρ. Expresse o resultado em termos da massa total m do prisma.

21.5. Determine por integração direta o produto de inércia I_{xy} para o prisma homogêneo. A densidade do material é ρ. Expresse o resultado em termos da massa total m do prisma.

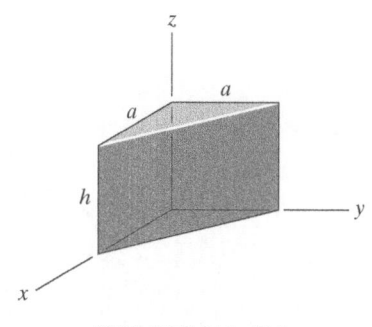

PROBLEMAS 21.4 e 21.5

21.6. Determine os elementos do tensor de inércia para o cubo em relação ao sistema de coordenadas x, y, z. A massa do cubo é m.

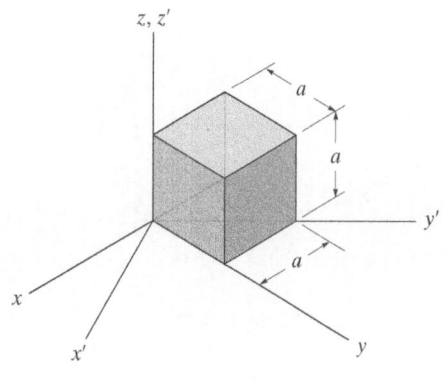

PROBLEMA 21.6

21.7. Determine os produtos de inércia I_{xy}, I_{yz} e I_{xz} do sólido homogêneo. O material tem densidade de 7,85 Mg/m³.

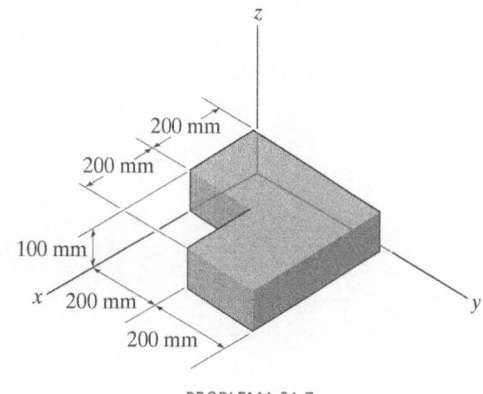

PROBLEMA 21.7

21.8. A montagem consiste em duas placas quadradas A e B que têm massa de 3 kg cada e uma placa retangular C que tem massa de 4,5 kg. Determine os momentos de inércia I_x, I_y e I_z.

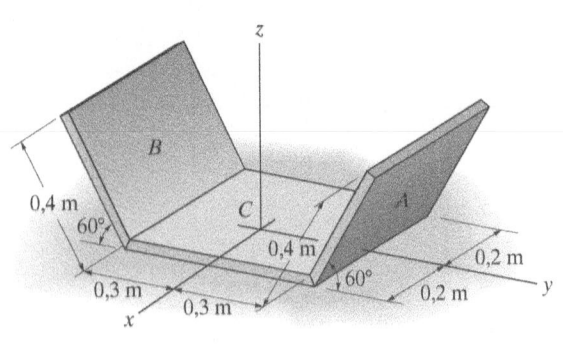

PROBLEMA 21.8

21.9. Determine o momento de inércia do cone em relação ao eixo z'. A massa do cone é 15 kg, a *altura* é $h = 1,5$ m e o raio é $r = 0,5$ m.

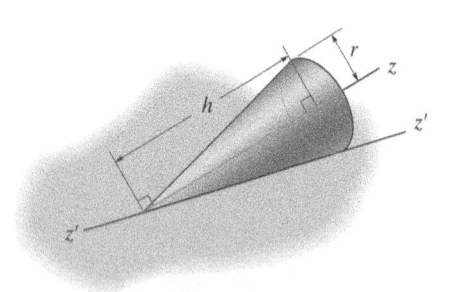

PROBLEMA 21.9

21.10. Determine o momento de inércia em torno do eixo z do conjunto que consiste na barra CD de 1,5 kg e no disco de 7 kg.

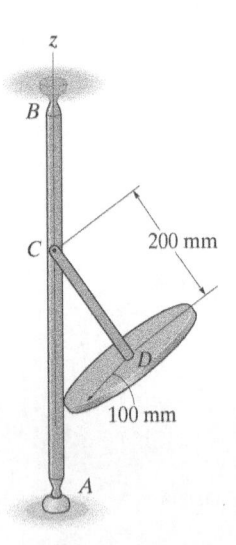

PROBLEMA 21.10

21.11. Determine o momento de inércia do cilindro com relação ao seu eixo a–a. O cilindro tem massa m.

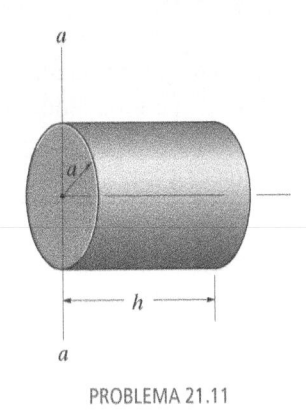

PROBLEMA 21.11

21.12. Determine o produto de inércia I_{xy} para a barra dobrada. A barra tem uma massa por comprimento unitário de 2 kg/m.

21.13. Determine os momentos de inércia I_{xx}, I_{yy}, I_{zz} para a barra dobrada. A barra tem massa por comprimento unitário de 2 kg/m.

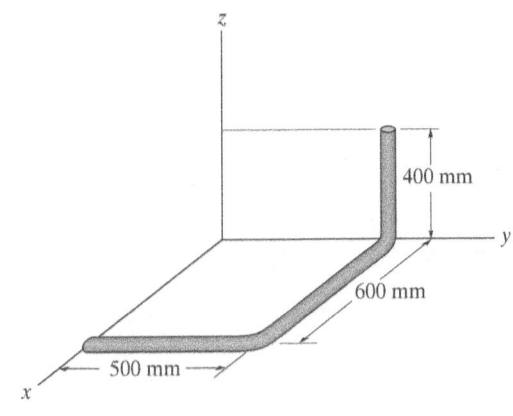

PROBLEMAS 21.12 e 21.13

21.14. Determine os produtos de inércia I_{xy}, I_{yz} e I_{xz} da placa fina. O material tem massa por unidade de área de 50 kg/m².

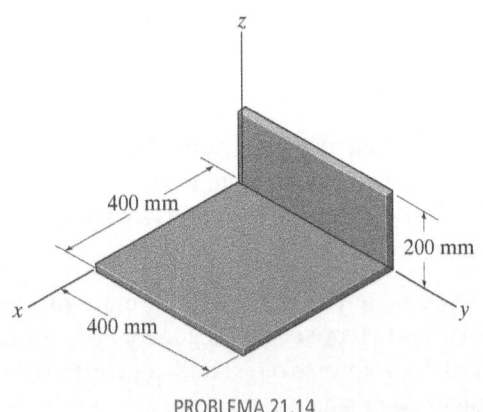

PROBLEMA 21.14

21.15. Determine o momento de inércia da barra de 1,5 kg e do disco de 4 kg em torno do eixo z'.

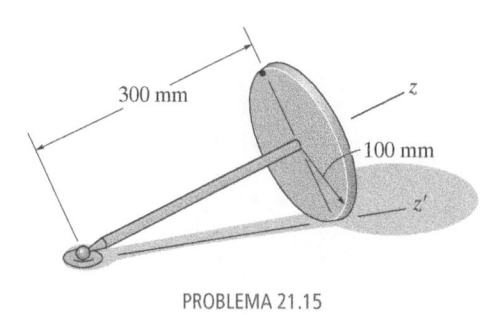

PROBLEMA 21.15

***21.16.** A barra dobrada tem massa por comprimento unitário de 3 kg/m. Determine o momento de inércia da barra em torno do eixo O–a.

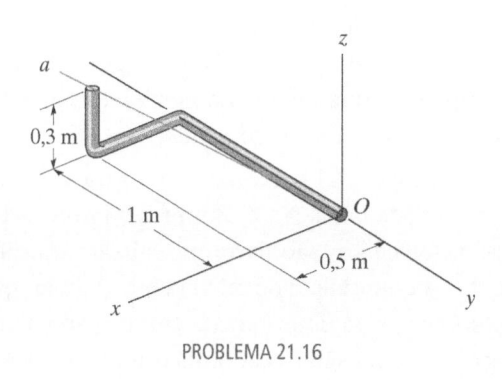

PROBLEMA 21.16

21.17. A barra dobrada tem massa por comprimento unitário de 8,49 kg/m. Localize o centro de gravidade $G(\bar{x}, \bar{y})$ e determine os momentos principais de inércia $I_{x'}$, $I_{y'}$ e $I_{z'}$ da barra com relação aos eixos x', y', z'.

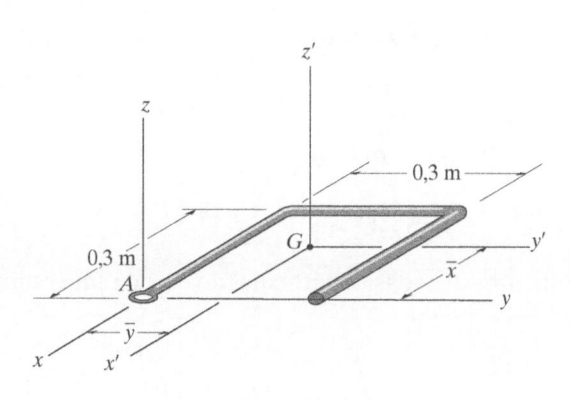

PROBLEMA 21.17

21.18. Determine o momento de inércia do conjunto de barras e anel fino em torno do eixo z. As barras e o anel têm massa por comprimento unitário de 2 kg/m.

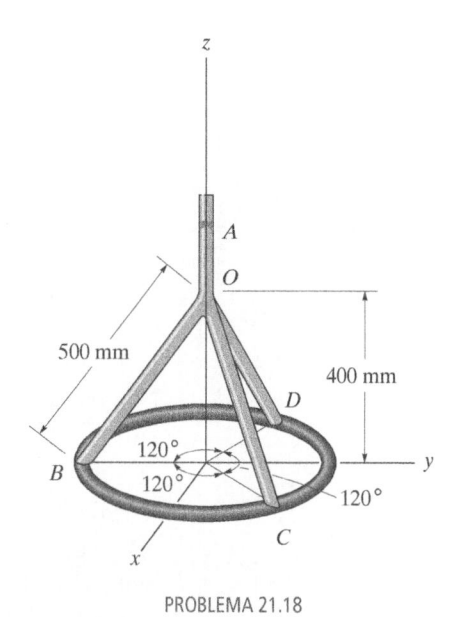

PROBLEMA 21.18

21.19. A haste delgada tem massa por comprimento unitário de 6 kg/m. Determine seus momentos e produtos de inércia em relação aos eixos x, y, z.

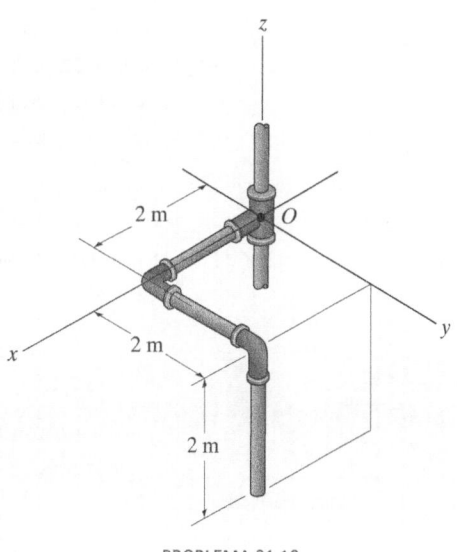

PROBLEMA 21.19

*21.20. Determine o momento de inércia do disco em torno do eixo do membro AB. O disco tem massa de 15 kg.

21.21. Determine os momentos de inércia em torno dos eixos x, y, z do conjunto de barras. As barras têm massa de 0,75 kg/m.

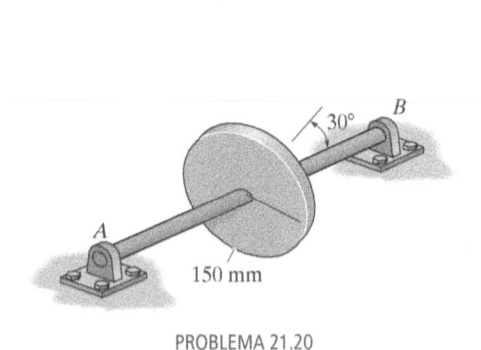

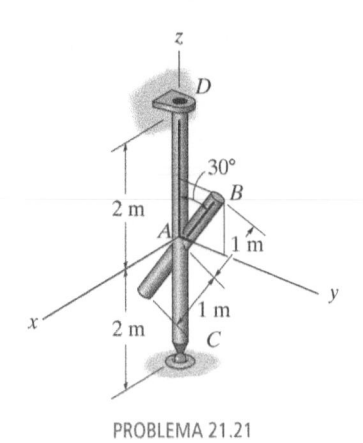

PROBLEMA 21.20

PROBLEMA 21.21

21.2 Quantidade de movimento angular

Nesta seção, desenvolveremos as equações necessárias usadas para determinar a quantidade de movimento angular de um corpo rígido em relação a um ponto arbitrário. Essas equações fornecerão um meio para desenvolver tanto o princípio de impulso e quantidade de movimento quanto as equações de movimento rotacional para um corpo rígido.

Considere o corpo rígido na Figura 21.6, o qual tem massa m e centro de massa em G. O sistema de coordenadas X, Y, Z representa um sistema inercial de referência e, assim, seus eixos são fixos ou realizam translação com uma velocidade constante. A quantidade de movimento angular, quando medida a partir dessa referência, será determinada em relação ao ponto arbitrário A. Os vetores posição $\mathbf{r}_A$ e $\boldsymbol{\rho}_A$ são traçados da origem das coordenadas até o ponto A e de A até a i-ésima partícula do corpo. Se a massa da partícula é m_i, a quantidade de movimento angular em relação ao ponto A é

$$(\mathbf{H}_A)_i = \boldsymbol{\rho}_A \times m_i \mathbf{v}_i$$

onde $\mathbf{v}_i$ representa a velocidade da partícula medida a partir do sistema de coordenadas X, Y, Z. Se o corpo tem velocidade angular $\boldsymbol{\omega}$ no instante considerado, $\mathbf{v}_i$ pode ser relacionado à velocidade de A aplicando-se a Equação 20.7, ou seja,

$$\mathbf{v}_i = \mathbf{v}_A + \boldsymbol{\omega} \times \boldsymbol{\rho}_A$$

Desse modo,

$$(\mathbf{H}_A)_i = \boldsymbol{\rho}_A \times m_i(\mathbf{v}_A + \boldsymbol{\omega} \times \boldsymbol{\rho}_A)$$
$$= (\boldsymbol{\rho}_A m_i) \times \mathbf{v}_A + \boldsymbol{\rho}_A \times (\boldsymbol{\omega} \times \boldsymbol{\rho}_A) m_i$$

O somatório dos momentos de todas as partículas do corpo requer uma integração. Visto que $m_i \rightarrow dm$, temos

$$\mathbf{H}_A = \left(\int_m \boldsymbol{\rho}_A \, dm \right) \times \mathbf{v}_A + \int_m \boldsymbol{\rho}_A \times (\boldsymbol{\omega} \times \boldsymbol{\rho}_A) \, dm \quad (21.6)$$

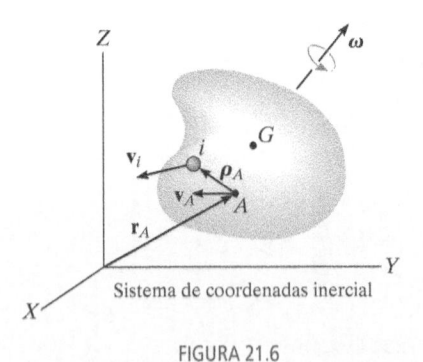

FIGURA 21.6

Sistema de coordenadas inercial

Ponto fixo O

Se A passa a ser um *ponto fixo O* no corpo (Figura 21.7a), então $\mathbf{v}_A = \mathbf{0}$ e a Equação 21.6 reduz-se a

$$\mathbf{H}_O = \int_m \boldsymbol{\rho}_O \times (\boldsymbol{\omega} \times \boldsymbol{\rho}_O)\, dm \tag{21.7}$$

Centro de massa G

Se A está localizado no *centro de massa G* do corpo (Figura 21.7b), então $\int_m \boldsymbol{\rho}_A\, dm = \mathbf{0}$ e

$$\mathbf{H}_G = \int_m \boldsymbol{\rho}_G \times (\boldsymbol{\omega} \times \boldsymbol{\rho}_G)\, dm \tag{21.8}$$

Ponto arbitrário A

Em geral, A pode ser outro ponto diferente de O ou G (Figura 21.7c), caso em que a Equação 21.6 pode, mesmo assim, ser simplificada para a forma a seguir (ver Problema 21.23).

$$\mathbf{H}_A = \boldsymbol{\rho}_{G/A} \times m\mathbf{v}_G + \mathbf{H}_G \tag{21.9}$$

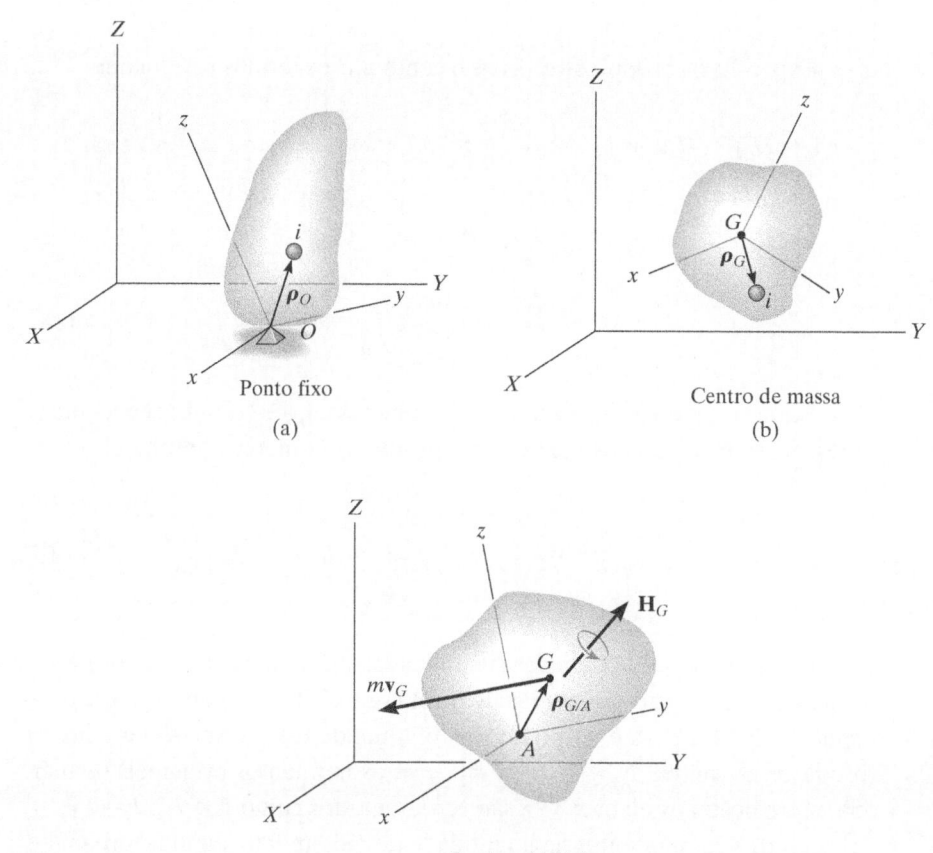

Ponto fixo
(a)

Centro de massa
(b)

Ponto arbitrário
(c)

FIGURA 21.7

Aqui, a quantidade de movimento angular consiste em duas partes — o momento da quantidade de movimento linear $m\mathbf{v}_G$ do corpo em relação ao ponto A somado (vetorialmente) à quantidade de movimento angular $\mathbf{H}_G$. A Equação 21.9 também pode ser usada para determinar a quantidade de movimento angular do corpo em relação a um ponto fixo O. Os resultados, é claro, serão os mesmos que os determinados usando a Equação 21.7, mais conveniente.

Componentes retangulares de H

Para fazer uso prático das equações 21.7 a 21.9, a quantidade de movimento angular tem de ser expressa em termos de suas componentes escalares. Para esse fim, é conveniente escolher um segundo conjunto de eixos x, y, z, tendo uma orientação arbitrária em relação aos eixos X, Y, Z (Figura 21.7) e, para uma formulação geral, observe que as equações 21.7 e 21.8 estão ambas da forma

$$\mathbf{H} = \int_m \boldsymbol{\rho} \times (\boldsymbol{\omega} \times \boldsymbol{\rho})dm$$

Expressando $\mathbf{H}$, $\boldsymbol{\rho}$ e $\boldsymbol{\omega}$ em termos das componentes x, y, z, temos

$$H_x\mathbf{i} + H_y\mathbf{j} + H_z\mathbf{k} = \int_m (x\mathbf{i} + y\mathbf{j} + z\mathbf{k}) \times [(\omega_x\mathbf{i} + \omega_y\mathbf{j} + \omega_z\mathbf{k}) \times (x\mathbf{i} + y\mathbf{j} + z\mathbf{k})]dm$$

Expandir os produtos vetoriais e combinar os termos resulta em

$$H_x\mathbf{i} + H_y\mathbf{j} + H_z\mathbf{k} = \left[\omega_x \int_m (y^2 + z^2)dm - \omega_y \int_m xy\,dm - \omega_z \int_m xz\,dm\right]\mathbf{i}$$
$$+ \left[-\omega_x \int_m xy\,dm + \omega_y \int_m (x^2 + z^2)dm - \omega_z \int_m yz\,dm\right]\mathbf{j}$$
$$+ \left[-\omega_x \int_m zx\,dm - \omega_y \int_m yz\,dm + \omega_z \int_m (x^2 + y^2)dm\right]\mathbf{k}$$

Equacionando as respectivas componentes $\mathbf{i}, \mathbf{j}, \mathbf{k}$ e reconhecendo que as integrais representam os momentos e produtos de inércia, obtemos

$$\boxed{\begin{aligned} H_x &= I_{xx}\omega_x - I_{xy}\omega_y - I_{xz}\omega_z \\ H_y &= -I_{yx}\omega_x + I_{yy}\omega_y - I_{yz}\omega_z \\ H_z &= -I_{zx}\omega_x - I_{zy}\omega_y + I_{zz}\omega_z \end{aligned}} \quad (21.10)$$

Estas equações podem ser simplificadas mais ainda se os eixos de coordenadas x, y, z são orientados de forma que eles se tornem os *eixos principais de inércia* para o corpo no ponto. Quando esses eixos são usados, os produtos de inércia $I_{xy} = I_{yz} = I_{zx} = 0$, e se os momentos principais de inércia em relação aos eixos x, y, z são representados como $I_x = I_{xx}$, $I_y = I_{yy}$ e $I_z = I_{zz}$, as três componentes da quantidade de movimento angular tornam-se

$$\boxed{H_x = I_x\omega_x \quad H_y = I_y\omega_y \quad H_z = I_z\omega_z} \quad (21.11)$$

Princípio de impulso e quantidade de movimento

Agora que a formulação da quantidade de movimento angular para um corpo foi desenvolvida, o *princípio de impulso e quantidade de movimento*, como discutido na Seção 19.2, pode ser usado para resolver problemas cinéticos que envolvem *força, velocidade* e *tempo*. Para esse caso, as duas equações vetoriais seguintes estão disponíveis:

$$m(\mathbf{v}_G)_1 + \Sigma \int_{t_1}^{t_2} \mathbf{F}\, dt = m(\mathbf{v}_G)_2 \qquad (21.12)$$

$$(\mathbf{H}_O)_1 + \Sigma \int_{t_1}^{t_2} \mathbf{M}_O\, dt = (\mathbf{H}_O)_2 \qquad (21.13)$$

O movimento de um astronauta é controlado pelo uso de pequenos jatos direcionais fixados ao seu traje espacial. Os impulsos que esses jatos fornecem devem ser cuidadosamente especificados, a fim de evitar tombos e perda de orientação. (© NASA)

Em três dimensões, cada termo vetorial pode ser representado por três componentes escalares e, portanto, um total de *seis equações escalares* pode ser escrito. Três equações relacionam o impulso e a quantidade de movimento linear nas direções x, y, z, e as outras três equações relacionam o impulso e a quantidade de movimento angular do corpo em relação aos eixos x, y, z. Antes de aplicar as equações 21.12 e 21.13 para a solução de problemas, os materiais nas seções 19.2 e 19.3 devem ser revistos.

21.3 Energia cinética

A fim de aplicar o princípio do trabalho e energia para resolver problemas envolvendo movimento de corpo rígido geral, primeiro é necessário formular expressões para a energia cinética do corpo. Para fazer isso, considere o corpo rígido mostrado na Figura 21.8, o qual tem massa m e centro de massa em G. A energia cinética da i-ésima partícula do corpo com massa m_i e velocidade $\mathbf{v}_i$, medida em relação ao sistema de referência inercial X, Y, Z, é

$$T_i = \tfrac{1}{2} m_i v_i^2 = \tfrac{1}{2} m_i (\mathbf{v}_i \cdot \mathbf{v}_i)$$

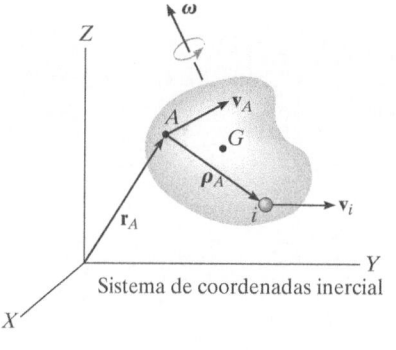

Contanto que a velocidade de um ponto arbitrário A sobre o corpo seja conhecida, $\mathbf{v}_i$ pode ser relacionado a $\mathbf{v}_A$ pela equação $\mathbf{v}_i = \mathbf{v}_A + \boldsymbol{\omega} \times \boldsymbol{\rho}_A$, onde $\boldsymbol{\omega}$ é a velocidade angular do corpo, medida a partir do sistema de coordenadas X, Y, Z, e $\boldsymbol{\rho}_A$ é um vetor posição estendendo-se de A até i. Utilizando essa expressão, a energia cinética para a partícula pode ser escrita como

$$T_i = \tfrac{1}{2} m_i (\mathbf{v}_A + \boldsymbol{\omega} \times \boldsymbol{\rho}_A) \cdot (\mathbf{v}_A + \boldsymbol{\omega} \times \boldsymbol{\rho}_A)$$

$$= \tfrac{1}{2}(\mathbf{v}_A \cdot \mathbf{v}_A) m_i + \mathbf{v}_A \cdot (\boldsymbol{\omega} \times \boldsymbol{\rho}_A) m_i + \tfrac{1}{2}(\boldsymbol{\omega} \times \boldsymbol{\rho}_A) \cdot (\boldsymbol{\omega} \times \boldsymbol{\rho}_A) m_i$$

A energia cinética para o corpo inteiro é obtida somando-se as energias cinéticas de todas as partículas do corpo. Isso exige uma integração. Visto que $m_i \to dm$, chegamos a

$$T = \tfrac{1}{2} m (\mathbf{v}_A \cdot \mathbf{v}_A) + \mathbf{v}_A \cdot \left(\boldsymbol{\omega} \times \int_m \boldsymbol{\rho}_A\, dm \right) + \tfrac{1}{2} \int_m (\boldsymbol{\omega} \times \boldsymbol{\rho}_A) \cdot (\boldsymbol{\omega} \times \boldsymbol{\rho}_A)\, dm$$

FIGURA 21.8

O último termo do lado direito pode ser reescrito utilizando-se a identidade vetorial $\mathbf{a} \times \mathbf{b} \cdot \mathbf{c} = \mathbf{a} \cdot \mathbf{b} \times \mathbf{c}$, onde $\mathbf{a} = \boldsymbol{\omega}$, $\mathbf{b} = \boldsymbol{\rho}_A$ e $\mathbf{c} = \boldsymbol{\omega} \times \boldsymbol{\rho}_A$. O resultado final é

$$T = \tfrac{1}{2}m(\mathbf{v}_A \cdot \mathbf{v}_A) + \mathbf{v}_A \cdot \left(\boldsymbol{\omega} \times \int_m \boldsymbol{\rho}_A dm \right)$$
$$+ \tfrac{1}{2}\boldsymbol{\omega} \cdot \int_m \boldsymbol{\rho}_A \times (\boldsymbol{\omega} \times \boldsymbol{\rho}_A) dm \qquad (21.14)$$

Essa equação raramente é usada, em razão dos cálculos envolvendo as integrais. Entretanto, ocorrem simplificações se o ponto de referência A for um ponto fixo ou o centro de massa.

Ponto fixo O

Se A é um *ponto fixo O* no corpo (Figura 21.7a), então $\mathbf{v}_A = \mathbf{0}$, e utilizando a Equação 21.7, podemos expressar a Equação 21.14 como

$$T = \tfrac{1}{2}\boldsymbol{\omega} \cdot \mathbf{H}_O$$

Se os eixos x, y, z representam os eixos principais de inércia para o corpo, então $\boldsymbol{\omega} = \omega_x\mathbf{i} + \omega_y\mathbf{j} + \omega_z\mathbf{k}$ e $\mathbf{H}_O = I_x\omega_x\mathbf{i} + I_y\omega_y\mathbf{j} + I_z\omega_z\mathbf{k}$. Substituir na equação acima e realizar as operações do produto escalar resulta em

$$\boxed{T = \tfrac{1}{2}I_x\omega_x^2 + \tfrac{1}{2}I_y\omega_y^2 + \tfrac{1}{2}I_z\omega_z^2} \qquad (21.15)$$

Centro de massa G

Se A está localizado no *centro de massa G* do corpo (Figura 21.7b) então $\int \boldsymbol{\rho}_A dm = \mathbf{0}$ e, usando a Equação 21.8, podemos escrever a Equação 21.14 como

$$T = \tfrac{1}{2}mv_G^2 + \tfrac{1}{2}\boldsymbol{\omega} \cdot \mathbf{H}_G$$

De maneira similar àquela para um ponto fixo, o último termo do lado direito pode ser representado na forma escalar, caso em que

$$\boxed{T = \tfrac{1}{2}mv_G^2 + \tfrac{1}{2}I_x\omega_x^2 + \tfrac{1}{2}I_y\omega_y^2 + \tfrac{1}{2}I_z\omega_z^2} \qquad (21.16)^*$$

Aqui se vê que a energia cinética consiste em duas partes: a energia cinética translacional do centro de massa, $\tfrac{1}{2}mv_G^2$, e a energia cinética rotacional do corpo.

Princípio do trabalho e energia

Tendo formulado a energia cinética para um corpo, o *princípio de trabalho e energia* pode ser aplicado para resolver problemas cinéticos que envolvem *força*, *velocidade* e *deslocamento*. Para esse caso, somente uma equação escalar pode ser escrita para cada corpo, a saber,

$$\boxed{T_1 + \Sigma U_{1-2} = T_2} \qquad (21.17)$$

Antes de aplicar essa equação, o material no Capítulo 18 deverá ser revisto.

---

* N. do RT: observar que essa expressão só é válida no caso de os eixos serem os principais de inércia.

EXEMPLO 21.2

A barra na Figura 21.9a tem massa por unidade de comprimento de 8,49 kg/m. Determine sua velocidade angular logo após a extremidade A cair no gancho em E. O gancho fornece uma conexão permanente para a barra decorrente do mecanismo de trava com mola S. Imediatamente antes de atingir o gancho, a barra está caindo com velocidade $(v_G)_1 = 3$ m/s.

SOLUÇÃO

O princípio de impulso e quantidade de movimento será usado, visto que ocorre impacto.

Diagramas de impulso e quantidade de movimento

(Figura 21.9b) Durante o curto período de tempo Δt, a força impulsiva **F** que atua em A varia o momento da barra. (O impulso criado pelo peso da barra **W** durante esse tempo é pequeno comparado com $\int \mathbf{F}\,dt$, de maneira que ele pode ser desprezado, ou seja, o peso é uma força não impulsiva.) Assim, a quantidade de movimento angular da barra é *conservada* em relação a A, visto que o momento de $\int \mathbf{F}\,dt$ em relação a A é zero.

Conservação da quantidade de movimento angular

A Equação 21.9 deve ser usada para determinar a quantidade de movimento angular da barra, visto que A não se torna um *ponto fixo* até *após* a interação impulsiva com o gancho. Desse modo, em relação à Figura 21.9b, $(\mathbf{H}_A)_1 = (\mathbf{H}_A)_2$, ou

$$\mathbf{r}_{G/A} \times m(\mathbf{v}_G)_1 = \mathbf{r}_{G/A} \times m(\mathbf{v}_G)_2 + (\mathbf{H}_G)_2 \quad (1)$$

Da Figura 21.9a, $\mathbf{r}_{G/A} = \{-0,2\mathbf{i} + 0,15\mathbf{j}\}$ m. Além disso, os eixos com apóstrofos são eixos principais de inércia para a barra porque $I_{x'y'} = I_{x'z'} = I_{z'y'} = 0$. Assim, das equações 21.11, $(\mathbf{H}_G)_2 = I_{x'}\omega_x\mathbf{i} + I_{y'}\omega_y\mathbf{j} + I_{z'}\omega_z\mathbf{k}$. Os momentos principais de inércia são $I_{x'} = 0,1338$ kg·m², $I_{y'} = 0,0764$ kg·m², $I_{z'} = 0,2102$ kg·m² (ver Problema 21.17). Substituindo na Equação 1, temos

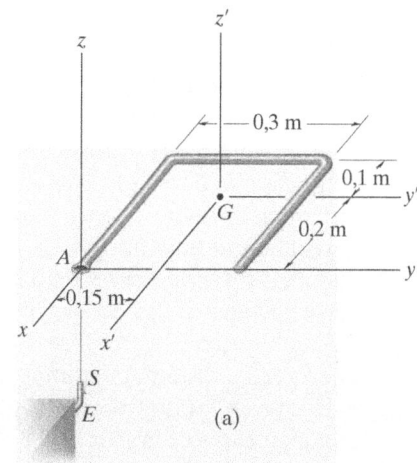

$$(-0,2\mathbf{i} + 0,15\mathbf{j}) \times [(8,49 \times 0,9)(-3\mathbf{k})] = (-0,2\mathbf{i} + 0,15\mathbf{j}) \times [(8,49 \times 0,9)(-v_G)_2\mathbf{k}]$$
$$+ 0,1338\omega_x\mathbf{i} + 0,0764\omega_y\mathbf{j} + 0,2102\omega_z\mathbf{k}$$

Expandir e equacionar as respectivas componentes **i**, **j**, **k** resulta em

$$-3,4386 = -1,1462(v_G)_2 + 0,1338\omega_x \quad (2)$$
$$-4,5846 = -1,5282(v_G)_2 + 0,0764\omega_y \quad (3)$$
$$0 = 0,2102\omega_z \quad (4)$$

Cinemática

Há quatro incógnitas nas equações anteriores; entretanto, outra equação pode ser obtida relacionando-se $\boldsymbol{\omega}$ a $(\mathbf{v}_G)_2$ utilizando a *cinemática*. Visto que $\omega_z = 0$ (Equação 4) e que após o impacto a barra gira em torno do ponto fixo A, a Equação 20.3 pode ser aplicada, caso em que $(\mathbf{v}_G)_2 = \boldsymbol{\omega} \times \mathbf{r}_{G/A}$, ou

$$-(v_G)_2\mathbf{k} = (\omega_x\mathbf{i} + \omega_y\mathbf{j}) \times (-0,2\mathbf{i} + 0,15\mathbf{j})$$
$$-(v_G)_2 = 0,15\omega_x + 0,2\omega_y \quad (5)$$

Resolver as equações 2, 3 e 5 simultaneamente resulta em

$$(\mathbf{v}_G)_2 = \{-2,523\mathbf{k}\}\text{ m/s} \quad \boldsymbol{\omega} = \{-4,09\mathbf{i} - 9,55\mathbf{j}\}\text{ rad/s} \quad \textit{Resposta}$$

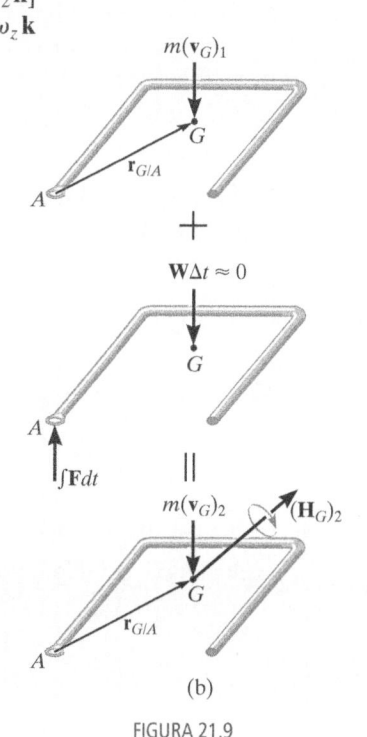

FIGURA 21.9

EXEMPLO 21.3

Um torque de 5 N · m é aplicado ao eixo vertical CD mostrado na Figura 21.10a, o qual permite que a engrenagem de 10 kg A gire livremente em torno de CE. Supondo que a engrenagem A parta do repouso, determine a velocidade angular de CD após ele ter girado duas revoluções. Despreze a massa dos eixos CD e CE e suponha que a engrenagem A possa ser aproximada por um disco fino. A engrenagem B é fixa.

SOLUÇÃO

O princípio de trabalho e energia pode ser usado para a solução. Por quê?

Trabalho

Se o eixo vertical CD, o eixo CE e a engrenagem A são considerados um sistema de corpos conectados, apenas o torque aplicado **M** realiza trabalho. Para duas revoluções de CD, esse trabalho é $\Sigma U_{1-2} = (5 \text{ N} \cdot \text{m})(4\pi \text{ rad}) = 62{,}83 \text{ J}$.

Energia cinética

Visto que a engrenagem está inicialmente em repouso, sua energia cinética inicial é zero. Um diagrama cinemático para a engrenagem é mostrado na Figura 21.10b. Se a velocidade angular de CD é tomada como ω_{CD}, a velocidade angular da engrenagem A é $\omega_A = \omega_{CD} + \omega_{CE}$. A engrenagem pode ser imaginada como uma porção de um corpo prolongado sem massa que está girando em relação ao *ponto fixo C*. O eixo instantâneo de rotação para esse corpo está ao longo da linha CH, porque os pontos C e H sobre o corpo (engrenagem) têm velocidade zero e devem, portanto, se posicionar nesse eixo. Isso requer que as componentes ω_{CD} e ω_{CE} estejam relacionadas pela equação $\omega_{CD}/0{,}1 \text{ m} = \omega_{CE}/0{,}3 \text{ m}$ ou $\omega_{CE} = 3\omega_{CD}$. Desse modo,

$$\omega_A = -\omega_{CE}\mathbf{i} + \omega_{CD}\mathbf{k} = -3\omega_{CD}\mathbf{i} + \omega_{CD}\mathbf{k} \quad (1)$$

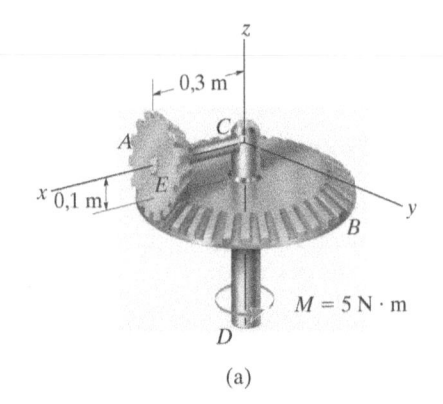

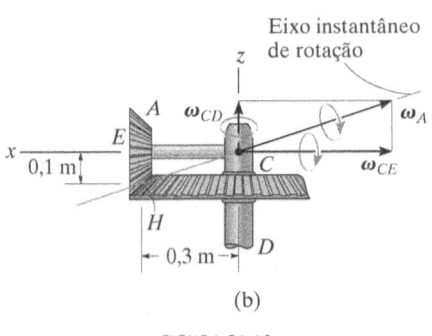

FIGURA 21.10

Os eixos x, y, z na Figura 21.10a representam *eixos principais de inércia* em C para a engrenagem. Visto que o ponto C é um ponto fixo de rotação, a Equação 21.15 pode ser aplicada para determinar a energia cinética, ou seja,

$$T = \tfrac{1}{2}I_x\omega_x^2 + \tfrac{1}{2}I_y\omega_y^2 + \tfrac{1}{2}I_z\omega_z^2 \quad (2)$$

Utilizando o teorema dos eixos paralelos, os momentos de inércia da engrenagem em relação ao ponto C são os seguintes:

$$I_x = \tfrac{1}{2}(10 \text{ kg})(0{,}1 \text{ m})^2 = 0{,}05 \text{ kg} \cdot \text{m}^2$$

$$I_y = I_z = \tfrac{1}{4}(10 \text{ kg})(0{,}1 \text{ m})^2 + 10 \text{ kg}(0{,}3 \text{ m})^2 = 0{,}925 \text{ kg} \cdot \text{m}^2$$

Visto que $\omega_x = -3\omega_{CD}$, $\omega_y = 0$, $\omega_z = \omega_{CD}$, a Equação 2 torna-se

$$T_A = \tfrac{1}{2}(0{,}05)(-3\omega_{CD})^2 + 0 + \tfrac{1}{2}(0{,}925)(\omega_{CD})^2 = 0{,}6875\omega_{CD}^2$$

Princípio do trabalho e energia

Aplicando o princípio do trabalho e energia, obtemos

$$T_1 + \Sigma U_{1-2} = T_2$$

$$0 + 62{,}83 = 0{,}6875\omega_{CD}^2$$

$$\omega_{CD} = 9{,}56 \text{ rad/s} \qquad \qquad Resposta$$

Problemas

21.22. Se um corpo *não contém planos de simetria*, os momentos principais de inércia podem ser determinados matematicamente. Para demonstrar como isso é feito, considere o corpo rígido que está girando com velocidade angular $\boldsymbol{\omega}$, direcionada ao longo de um de seus eixos principais de inércia. Se o momento principal de inércia em relação a esse eixo é I, a quantidade de movimento angular pode ser expressa como $\mathbf{H} = I\boldsymbol{\omega} = I\omega_x\mathbf{i} + I\omega_y\mathbf{j} + I\omega_z\mathbf{k}$. As componentes de $\mathbf{H}$ também podem ser expressas pelas equações 21.10, onde se considera que o tensor de inércia seja conhecido. Equacione as componentes $\mathbf{i}$, $\mathbf{j}$ e $\mathbf{k}$ de ambas as expressões para $\mathbf{H}$ e considere ω_x, ω_y e ω_z como sendo incógnitas. A solução dessas três equações é obtida desde que o determinante dos coeficientes seja nulo. Mostre que esse determinante, quando expandido, resulta na equação cúbica

$$I^3 - (I_{xx} + I_{yy} + I_{zz})I^2$$
$$+ (I_{xx}I_{yy} + I_{yy}I_{zz} + I_{zz}I_{xx} - I_{xy}^2 - I_{yz}^2 - I_{zx}^2)I$$
$$- (I_{xx}I_{yy}I_{zz} - 2I_{xy}I_{yz}I_{zx} - I_{xx}I_{yz}^2 - I_{yy}I_{zx}^2 - I_{zz}I_{xy}^2) = 0$$

As três raízes positivas de I, obtidas da solução desta equação, representam os momentos principais de inércia I_x, I_y e I_z.

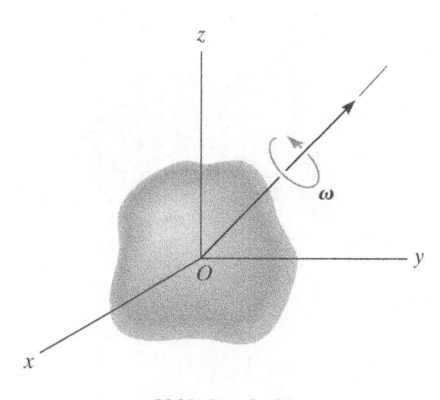

PROBLEMA 21.22

21.23. Demonstre que, se a quantidade de movimento angular de um corpo é determinada em relação a um ponto arbitrário A, então $\mathbf{H}_A$ pode ser expresso pela Equação 21.9. Isso requer a substituição de $\boldsymbol{\rho}_A = \boldsymbol{\rho}_G + \boldsymbol{\rho}_{G/A}$ na Equação 21.6 e sua expansão, observando que $\int \boldsymbol{\rho}_G\, dm = \mathbf{0}$ por definição do centro de massa e $\mathbf{v}_G = \mathbf{v}_A + \boldsymbol{\omega} \times \boldsymbol{\rho}_{G/A}$.

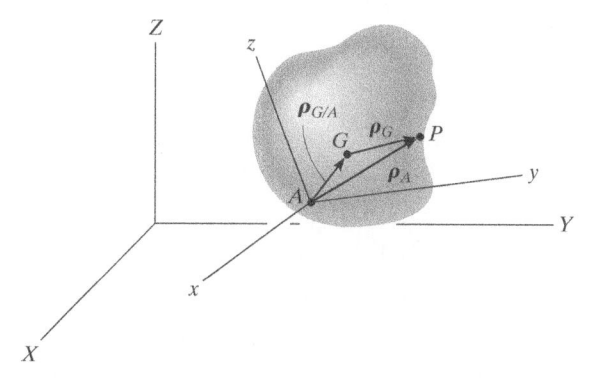

PROBLEMA 21.23

*21.24. O disco circular de 15 kg gira em torno do seu eixo com velocidade angular constante $\omega_1 = 10$ rad/s. Simultaneamente, o garfo gira com velocidade angular constante $\omega_2 = 5$ rad/s. Determine a quantidade de movimento angular do disco em relação a seu centro de massa O, e sua energia cinética.

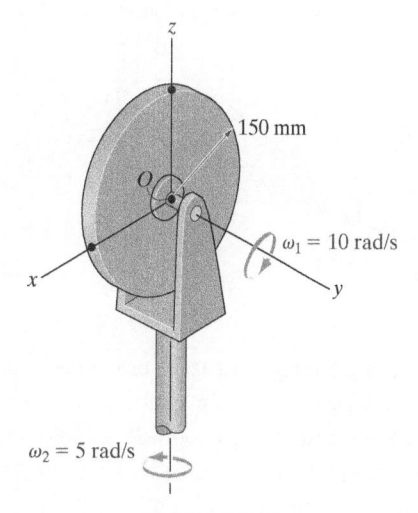

PROBLEMA 21.24

21.25. O conjunto consiste em uma barra de 4 kg AB, que está conectada ao membro OA e ao anel em B por juntas esféricas. Quando $\theta = 0°$, $y = 600$ mm, o sistema está em repouso, a mola está não deformada e um momento de binário $M = 7$ N $\cdot$ m é aplicado ao membro em O. Determine a velocidade angular do membro no instante $\theta = 90°$. Despreze a massa do membro.

21.26. O conjunto consiste em uma barra de 4 kg AB, que está conectada ao membro OA e ao anel em B por juntas esféricas. Quando $\theta = 0°$, $y = 600$ mm, o sistema está em repouso, a mola está não deformada e um momento de binário $M = (4\theta + 2)$ N $\cdot$ m, onde θ é dado em radianos, é aplicado ao membro em O. Determine a velocidade angular do membro no instante $\theta = 90°$. Despreze a massa do membro.

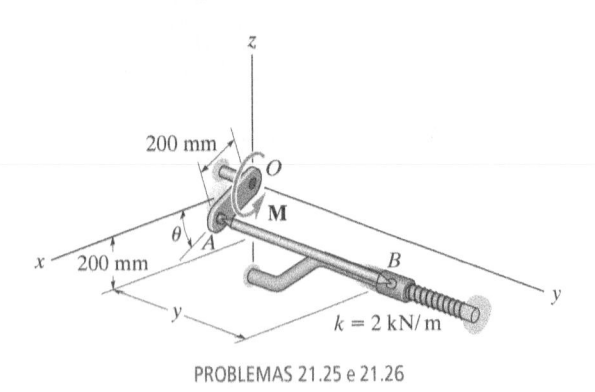

PROBLEMAS 21.25 e 21.26

21.27. A haste AB de 4 kg está fixada ao anel de 1 kg em A e ao membro BC de 2 kg usando juntas esféricas. Se a barra é solta do repouso na posição mostrada, determine a velocidade angular do membro depois que ele tiver girado 180°.

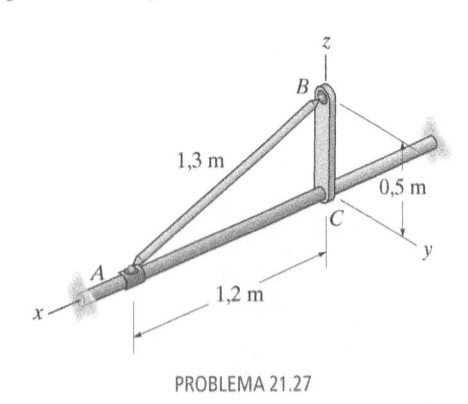

PROBLEMA 21.27

*21.28. A engrenagem grande tem massa de 5 kg e raio de giração $k_z = 75$ mm. As engrenagens B e C possuem massa de 200 g e raio de giração de 15 mm em torno de seu eixo de conexão. Se as engrenagens estão em sincronismo e C tem velocidade angular $\boldsymbol{\omega}_c = \{15\mathbf{j}\}$ rad/s, determine a quantidade de movimento angular total para o sistema de três engrenagens em torno do ponto A.

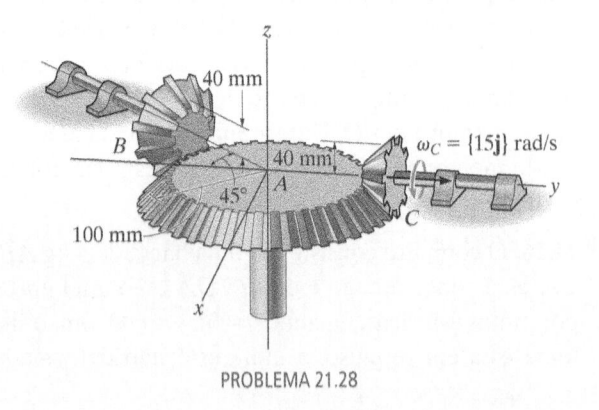

PROBLEMA 21.28

21.29. A barra é apoiada em G por uma junta esférica. Cada segmento tem massa por comprimento unitário de 0,5 kg/m. Se o conjunto está originalmente em repouso e um impulso $\mathbf{I} = \{-8\mathbf{k}\}$ N $\cdot$ s é aplicado em D, determine a velocidade angular do conjunto logo após o impacto.

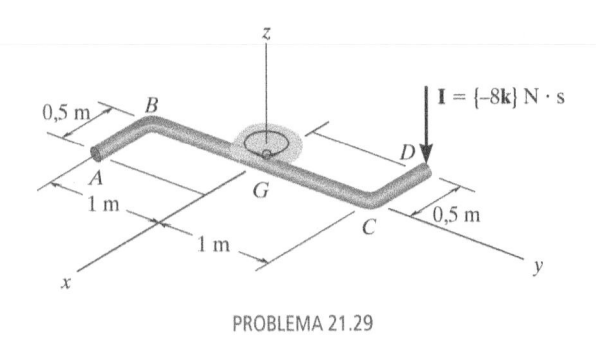

PROBLEMA 21.29

21.30. A esfera de 20 kg gira em torno do eixo com velocidade angular constante $\omega_s = 60$ rad/s. Se o eixo AB estiver sujeito a um torque $M = 50$ N $\cdot$ m, fazendo com que ele gire, determine o valor de ω_p depois que o eixo tiver girado 90° a partir da posição mostrada. Inicialmente, $\omega_p = 0$. Despreze a massa do braço CDE.

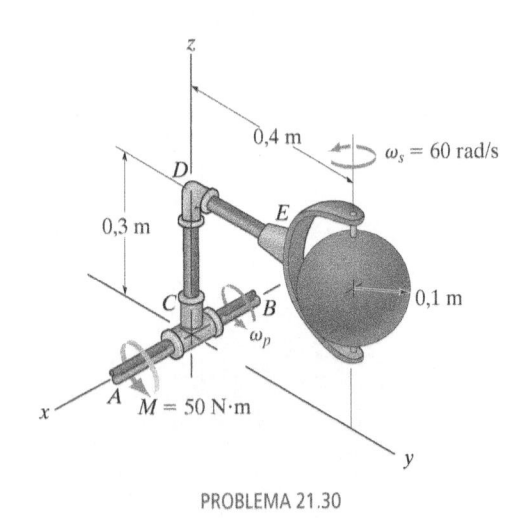

PROBLEMA 21.30

21.31. A cápsula espacial tem massa de 5 Mg e os raios de giração são $k_x = k_z = 1,30$ m e $k_y = 0,45$ m. Se ela se desloca com velocidade $\mathbf{v}_G = \{400\mathbf{j} + 200\mathbf{k}\}$ m/s, calcule sua velocidade angular logo após ela ser atingida por um meteorito com massa de 0,80 kg e velocidade $\mathbf{v}_m = \{-300\mathbf{i} + 200\mathbf{j} - 150\mathbf{k}\}$ m/s. Suponha que o meteorito se embuta na cápsula no ponto A e que a cápsula inicialmente não tenha velocidade angular.

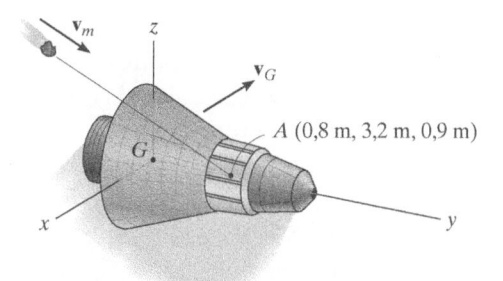

21.34. O disco circular de 5 kg gira em torno de AB com velocidade angular constante $\omega_1 = 15$ rad/s. Simultaneamente, o eixo ao qual o braço OAB está rigidamente conectado gira com velocidade angular constante $\omega_2 = 6$ rad/s. Determine a quantidade de movimento angular do disco em relação ao ponto O e sua energia cinética.

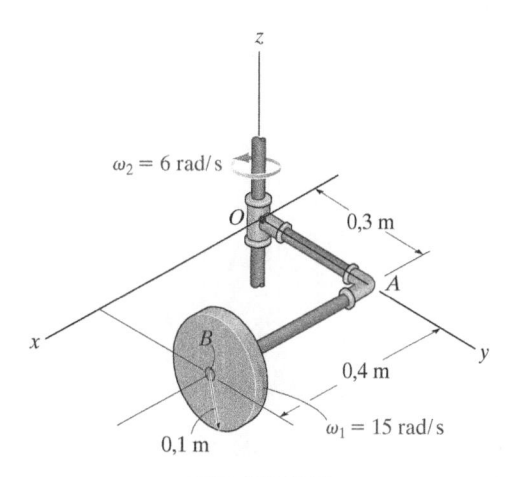

PROBLEMA 21.31

***21.32.** A placa fina de 5 kg está suspensa em O usando uma junta esférica. Ela está girando com velocidade angular constante $\omega = \{2\mathbf{k}\}$ rad/s quando o canto A atinge o gancho em S, que possui uma conexão permanente. Determine a velocidade angular da placa imediatamente após o impacto.

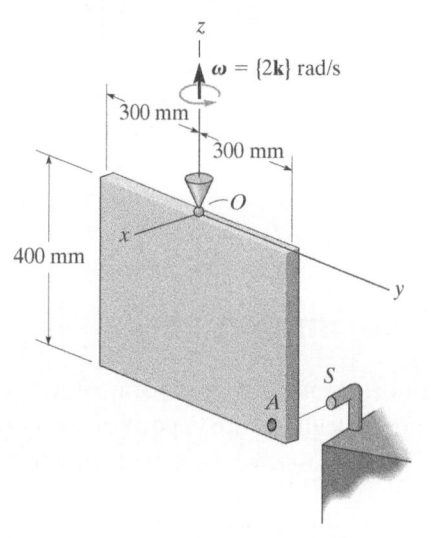

PROBLEMA 21.34

21.35. O satélite de 200 kg tem seu centro de massa no ponto G. Seus raios de giração em relação aos eixos z', x', y' são $k_{z'} = 300$ mm, $k_{x'} = k_{y'} = 500$ mm, respectivamente. No instante mostrado, o satélite gira em torno dos eixos x', y' e z' com as velocidades angulares mostradas e seu centro de massa G tem velocidade $\mathbf{v}_G = \{-250\mathbf{i} + 200\mathbf{j} + 120\mathbf{k}\}$ m/s. Determine a quantidade de movimento angular do satélite em relação ao ponto A nesse instante.

*** 21.36.** O satélite de 200 kg tem seu centro de massa no ponto G. Seus raios de giração em relação aos eixos z', x', y' são $k_{z'} = 300$ mm, $k_{x'} = k_{y'} = 500$ mm, respectivamente. No instante mostrado, o satélite gira em torno dos eixos x', y' e z' com a velocidade angular mostrada, e seu centro de massa G tem velocidade $\mathbf{v}_G = \{-250\mathbf{i} + 200\mathbf{j} + 120\mathbf{k}\}$ m/s. Determine a energia cinética do satélite nesse instante.

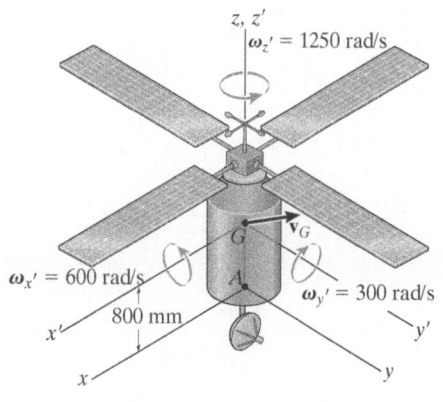

PROBLEMA 21.32

21.33. O disco fino de 2 kg está conectado à haste delgada que está fixa à junta esférica em A. Se ele for solto do repouso na posição mostrada, determine a rotação do disco em torno da barra quando o disco atingir sua posição mais baixa. Despreze a massa da barra. O disco gira sem deslizar.

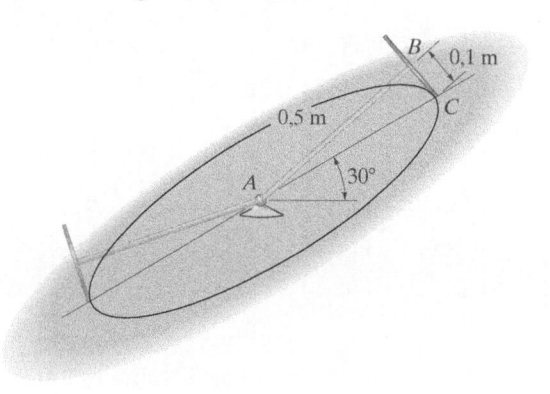

PROBLEMA 21.33

PROBLEMAS 21.35 e 21.36

21.37. Determine a energia cinética do disco de 7 kg e da barra de 1,5 kg quando o conjunto está girando em torno do eixo z a $\omega = 5$ rad/s.

21.38. Determine a quantidade de movimento angular $\mathbf{H}_z$ do disco de 7 kg e da barra de 1,5 kg quando o conjunto está girando em torno do eixo z a $\omega = 5$ rad/s.

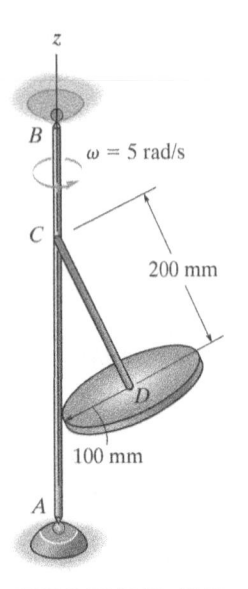

21.39. A placa retangular de 15 kg está livre para girar em torno do eixo y devido aos suportes de mancal em A e B. Quando a placa está equilibrada no plano vertical, uma bala de 3 g é disparada nela, perpendicular à sua superfície, com velocidade $\mathbf{v} = \{-2000\mathbf{i}\}$ m/s. Calcule a velocidade angular da placa no instante em que ela tiver girado 180°. Se a bala atingir o canto D com a mesma velocidade $\mathbf{v}$, em vez de C, a velocidade angular permanecerá a mesma? Por quê?

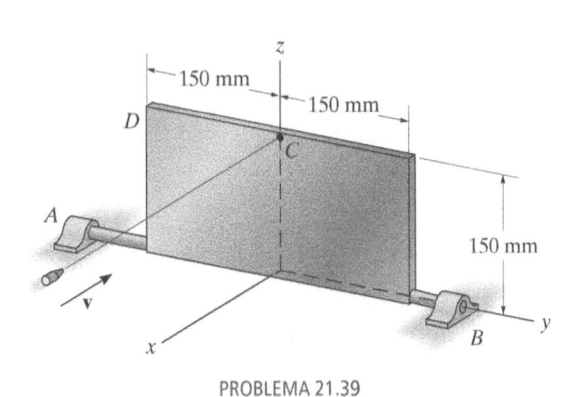

PROBLEMAS 21.37 e 21.38

PROBLEMA 21.39

*21.4 Equações de movimento

Tendo se familiarizado com as técnicas usadas para descrever as propriedades inerciais e a quantidade de movimento angular de um corpo, agora podemos escrever as equações que descrevem o movimento do corpo em suas formas mais úteis.

Equações de movimento translacional

O *movimento translacional* de um corpo é definido em termos da aceleração do centro de massa do corpo, que é medido a partir de uma referência X, Y, Z inercial. A equação de movimento translacional para o corpo pode ser escrita na forma vetorial como

$$\Sigma \mathbf{F} = m\mathbf{a}_G \qquad (21.18)$$

ou pelas três equações escalares

$$\begin{aligned} \Sigma F_x &= m(a_G)_x \\ \Sigma F_y &= m(a_G)_y \\ \Sigma F_z &= m(a_G)_z \end{aligned} \qquad (21.19)$$

Aqui, $\Sigma \mathbf{F} = \Sigma F_x \mathbf{i} + \Sigma F_y \mathbf{j} + \Sigma F_z \mathbf{k}$ representa a soma de todas as forças externas que atuam sobre o corpo.

Equações de movimento rotacional

Na Seção 15.6, desenvolvemos a Equação 15.17, a saber,

$$\Sigma \mathbf{M}_O = \dot{\mathbf{H}}_O \qquad (21.20)$$

que estabelece que a soma dos momentos de todas as forças externas que atuam sobre um sistema de partículas (contidas em um corpo rígido) em torno de um ponto fixo O é igual à taxa de variação temporal da quantidade de movimento angular total do corpo em relação ao ponto O. Quando momentos das forças externas que atuam sobre as partículas são somados em relação ao *centro de massa G* do sistema, mais uma vez obtemos a mesma forma simples da Equação 21.20, relacionando a soma de momentos $\Sigma \mathbf{M}_G$ com a quantidade de movimento angular $\mathbf{H}_G$. Para demonstrar isso, considere o sistema de partículas na Figura 21.11, onde X, Y, Z representam um sistema de referência inercial e os eixos x, y, z, com origem em G, *transladam* em relação a esse sistema. Em geral, G está *acelerando*, de maneira que, por definição, o sistema de translação *não* é uma referência inercial. Entretanto, a quantidade de movimento angular da i-ésima partícula em relação a esse sistema é

$$(\mathbf{H}_i)_G = \mathbf{r}_{i/G} \times m_i \mathbf{v}_{i/G}$$

onde $\mathbf{r}_{i/G}$ e $\mathbf{v}_{i/G}$ representam posição e velocidade da i-ésima partícula em relação a G. Fazendo a derivada temporal, temos

$$(\dot{\mathbf{H}}_i)_G = \dot{\mathbf{r}}_{i/G} \times m_i \mathbf{v}_{i/G} + \mathbf{r}_{i/G} \times m_i \dot{\mathbf{v}}_{i/G}$$

Por definição, $\mathbf{v}_{i/G} = \dot{\mathbf{r}}_{i/G}$. Desse modo, o primeiro termo do lado direito é zero, visto que o produto vetorial dos mesmos vetores é zero. Da mesma forma, $\mathbf{a}_{i/G} = \dot{\mathbf{v}}_{i/G}$, de maneira que

$$(\dot{\mathbf{H}}_i)_G = (\mathbf{r}_{i/G} \times m_i \mathbf{a}_{i/G})$$

Expressões similares podem ser escritas para as outras partículas do corpo. Quando os resultados são somados, obtemos

$$\dot{\mathbf{H}}_G = \Sigma (\mathbf{r}_{i/G} \times m_i \mathbf{a}_{i/G})$$

Aqui, $\dot{\mathbf{H}}_G$ é a taxa de variação temporal da quantidade de movimento angular total do corpo calculada em relação ao ponto G.

A aceleração relativa para a i-ésima partícula é definida pela equação $\mathbf{a}_{i/G} = \mathbf{a}_i - \mathbf{a}_G$, onde $\mathbf{a}_i$ e $\mathbf{a}_G$ representam, respectivamente, as acelerações da i-ésima partícula e do ponto G medidas em relação ao *sistema de referência inercial*. Substituir e expandir, usando a propriedade distributiva do produto vetorial, resulta em

$$\dot{\mathbf{H}}_G = \Sigma (\mathbf{r}_{i/G} \times m_i \mathbf{a}_i) - (\Sigma m_i \mathbf{r}_{i/G}) \times \mathbf{a}_G$$

Por definição do centro de massa, a soma $(\Sigma m_i \mathbf{r}_{i/G}) = (\Sigma m_i)\bar{\mathbf{r}}$ é igual a zero, visto que o vetor posição $\bar{\mathbf{r}}$ em relação a G é zero. Por conseguinte, o último termo na equação anterior é zero. Usando a equação de movimento, o produto $m_i \mathbf{a}_i$ pode ser substituído pela *força externa* resultante $\mathbf{F}_i$ que

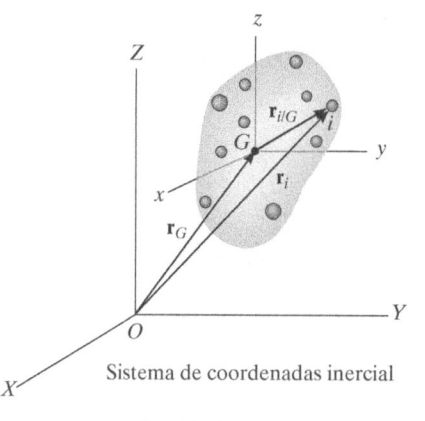

FIGURA 21.11

Sistema de coordenadas inercial

atua sobre a *i*-ésima partícula. Denotando $\Sigma \mathbf{M}_G = \Sigma(\mathbf{r}_{i/G} \times \mathbf{F}_i)$, o resultado final pode ser escrito como

$$\Sigma \mathbf{M}_G = \dot{\mathbf{H}}_G \qquad (21.21)$$

A equação do movimento rotacional para o corpo será agora desenvolvida a partir da Equação 21.20 ou da 21.21. Nesse sentido, as componentes escalares da quantidade de movimento angular $\mathbf{H}_O$ ou $\mathbf{H}_G$ são definidas pelas equações 21.10 ou, se os eixos principais de inércia são usados no ponto O ou G, pelas equações 21.11. Se essas componentes são calculadas em relação aos eixos x, y, z, que estão *girando* com uma velocidade angular $\mathbf{\Omega}$, que é *diferente* da velocidade angular do corpo $\boldsymbol{\omega}$, então a derivada temporal $\dot{\mathbf{H}} = d\mathbf{H}/dt$, como usada nas equações 21.20 e 21.21, tem de levar em consideração a rotação dos eixos x, y, z, medida a partir dos eixos inerciais X, Y, Z. Isso requer a aplicação da Equação 20.6, caso em que as equações 21.20 e 21.21 tornam-se

$$\Sigma \mathbf{M}_O = (\dot{\mathbf{H}}_O)_{xyz} + \mathbf{\Omega} \times \mathbf{H}_O$$
$$\Sigma \mathbf{M}_G = (\dot{\mathbf{H}}_G)_{xyz} + \mathbf{\Omega} \times \mathbf{H}_G \qquad (21.22)$$

Aqui, $(\dot{\mathbf{H}})_{xyz}$ é a taxa de variação temporal de $\mathbf{H}$, medida a partir da referência x, y, z.

Há três maneiras pelas quais se pode definir o movimento dos eixos x, y, z. Obviamente, o movimento dessa referência deve ser escolhido de maneira que ele produza o conjunto mais simples de equações de momento para a solução de um problema em particular.

Eixos x, y, z com movimento $\Omega = 0$

Se o corpo tem movimento geral, os eixos x, y, z podem ser escolhidos com origem em G, tal que os eixos apenas *transladem* em relação ao sistema de referência inercial X, Y, Z. Fazendo isso, simplifica-se a Equação 21.22, visto que $\mathbf{\Omega} = \mathbf{0}$. Entretanto, o corpo pode ter uma rotação $\boldsymbol{\omega}$ em torno desses eixos e, portanto, os momentos e os produtos de inércia do corpo teriam de ser expressos como *funções de tempo*. Na maioria dos casos, essa seria uma tarefa difícil, de maneira que essa escolha de eixos tem aplicação restrita.

Eixos x, y, z com movimento $\Omega = \omega$

Os eixos x, y, z podem ser escolhidos de tal maneira que estejam *fixos sobre o corpo e se desloquem com ele*. Os momentos e produtos de inércia do corpo em relação a esses eixos serão, então, *constantes* durante o movimento. Visto que $\mathbf{\Omega} = \boldsymbol{\omega}$, as equações 21.22 tornam-se

$$\Sigma \mathbf{M}_O = (\dot{\mathbf{H}}_O)_{xyz} + \boldsymbol{\omega} \times \mathbf{H}_O$$
$$\Sigma \mathbf{M}_G = (\dot{\mathbf{H}}_G)_{xyz} + \boldsymbol{\omega} \times \mathbf{H}_G \qquad (21.23)$$

Podemos expressar cada uma dessas equações vetoriais como três equações escalares utilizando as equações 21.10. Desprezar os índices O e G resulta em

$$\Sigma M_x = I_{xx}\dot{\omega}_x - (I_{yy} - I_{zz})\omega_y\omega_z - I_{xy}(\dot{\omega}_y - \omega_z\omega_x)$$
$$- I_{yz}(\omega_y^2 - \omega_z^2) - I_{zx}(\dot{\omega}_z + \omega_x\omega_y)$$
$$\Sigma M_y = I_{yy}\dot{\omega}_y - (I_{zz} - I_{xx})\omega_z\omega_x - I_{yz}(\dot{\omega}_z - \omega_x\omega_y) \quad (21.24)$$
$$- I_{zx}(\omega_z^2 - \omega_x^2) - I_{xy}(\dot{\omega}_x + \omega_y\omega_z)$$
$$\Sigma M_z = I_{zz}\dot{\omega}_z - (I_{xx} - I_{yy})\omega_x\omega_y - I_{zx}(\dot{\omega}_x - \omega_y\omega_z)$$
$$- I_{xy}(\omega_x^2 - \omega_y^2) - I_{yz}(\dot{\omega}_y + \omega_z\omega_x)$$

Se os eixos x, y, z são escolhidos como os *eixos principais de inércia*, os produtos de inércia são zero, $I_{xx} = I_x$ etc., e as equações anteriores tornam-se

$$\boxed{\begin{aligned}\Sigma M_x &= I_x\dot{\omega}_x - (I_y - I_z)\omega_y\omega_z \\ \Sigma M_y &= I_y\dot{\omega}_y - (I_z - I_x)\omega_z\omega_x \\ \Sigma M_z &= I_z\dot{\omega}_z - (I_x - I_y)\omega_x\omega_y\end{aligned}} \quad (21.25)$$

Esse conjunto de equações é conhecido historicamente como as *equações de movimento de Euler*, em homenagem ao matemático suíço Leonhard Euler, que as desenvolveu inicialmente. Elas se aplicam *somente* a momentos somados em relação aos pontos O ou G.

Quando se aplicam essas equações, devemos observar que $\dot{\omega}_x$, $\dot{\omega}_y$, $\dot{\omega}_z$ representam as derivadas temporais das intensidades das componentes x, y, z de $\boldsymbol{\omega}$, como observadas a partir de x, y, z. Para determinar essas componentes, primeiro é necessário determinar ω_x, ω_y, ω_z quando os eixos x, y, z estão orientados em uma *posição geral* e *em seguida* fazer a derivada temporal da intensidade dessas componentes, ou seja, $(\dot{\boldsymbol{\omega}})_{xyz}$. Entretanto, visto que os eixos x, y, z estão girando a $\boldsymbol{\Omega} = \boldsymbol{\omega}$, então, da Equação 20.6, deve ser observado que $\dot{\boldsymbol{\omega}} = (\dot{\boldsymbol{\omega}})_{xyz} + \boldsymbol{\omega} \times \boldsymbol{\omega}$. Visto que $\boldsymbol{\omega} \times \boldsymbol{\omega} = \mathbf{0}$, então $\dot{\boldsymbol{\omega}} = (\dot{\boldsymbol{\omega}})_{xyz}$. Esse resultado importante indica que a derivada temporal de $\boldsymbol{\omega}$ em relação aos eixos fixos X, Y, Z, isto é, $\dot{\boldsymbol{\omega}}$, também pode ser usada para obter $(\dot{\boldsymbol{\omega}})_{xyz}$. Geralmente, essa é a maneira mais fácil para determinar o resultado. Ver Exemplo 21.5.

Eixos x, y, z com movimento $\Omega \neq \omega$

Para simplificar os cálculos da derivada temporal de $\boldsymbol{\omega}$, muitas vezes é conveniente escolher os eixos x, y, z com uma velocidade angular $\boldsymbol{\Omega}$ que seja diferente da velocidade angular $\boldsymbol{\omega}$ do corpo. Isso é particularmente adequado para a análise de piões e giroscópios *simétricos* em relação a seus eixos de rotação.[*] Quando isso acontece, os momentos e produtos de inércia permanecem constantes em relação ao eixo de rotação.

As equações 21.22 são aplicáveis para um conjunto de eixos como esse. Cada uma dessas duas equações vetoriais pode ser reduzida a um conjunto de três equações escalares que são derivadas de maneira similar às equações 21.25,[**] ou seja,

---

[*] Uma discussão detalhada de tais dispositivos é dada na Seção 21.5.
[**] Ver Problema 21.42.

$$\Sigma M_x = I_x \dot{\omega}_x - I_y \Omega_z \omega_y + I_z \Omega_y \omega_z$$
$$\Sigma M_y = I_y \dot{\omega}_y - I_z \Omega_x \omega_z + I_x \Omega_z \omega_x \quad (21.26)$$
$$\Sigma M_z = I_z \dot{\omega}_z - I_x \Omega_y \omega_x + I_y \Omega_x \omega_y$$

Aqui, Ω_x, Ω_y, Ω_z representam as componentes x, y, z de Ω, medidas a partir do sistema de referência inercial, e $\dot{\omega}_x, \dot{\omega}_y, \dot{\omega}_z$ têm de ser determinados em relação aos eixos x, y, z, que têm a rotação Ω. Ver Exemplo 21.6.

Qualquer um desses conjuntos de equações de momento (equações 21.24, 21.25 ou 21.26) representam uma série de três equações diferenciais não lineares de primeira ordem. Essas equações são "acopladas", visto que as componentes da velocidade angular estão presentes em todos os termos. Contudo, o sucesso em determinar a solução para um problema particular depende do que é incógnita nessas equações. Dificuldades certamente surgem quando se tenta resolver as componentes incógnitas de $\boldsymbol{\omega}$ quando os momentos externos são funções do tempo. Complicações adicionais podem surgir se as equações de momento são acopladas às três equações escalares do movimento translacional (equações 21.19). Isso pode acontecer pela existência de restrições cinemáticas que relacionam a rotação do corpo com a translação de seu centro de massa, como no caso de um aro que roda sem deslizar. Problemas que requerem a solução simultânea de equações diferenciais geralmente são resolvidos utilizando-se métodos numéricos com a ajuda de um computador. No entanto, em muitos problemas de engenharia, nos são dadas informações sobre o movimento do corpo e nos é solicitado determinar os momentos aplicados que atuam sobre o corpo. A maioria desses problemas tem soluções diretas, de maneira que não há necessidade de recorrer a técnicas computacionais.

Procedimento para análise

Problemas envolvendo o movimento tridimensional de um corpo rígido podem ser resolvidos usando o procedimento indicado a seguir.

Diagrama de corpo livre

- Desenhe um *diagrama de corpo livre* do corpo no instante considerado e especifique o sistema de coordenadas x, y, z. A origem dessa referência tem de ser localizada no centro de massa G do corpo ou no ponto O, considerado fixo em um sistema de referência inercial e localizado sobre o corpo ou em uma extensão sem massa do corpo.
- Componentes da força reativa incógnitas podem ser vistas como tendo um sentido de direção positivo.
- Dependendo da natureza do problema, decida que tipo de movimento rotacional Ω o sistema de coordenadas x, y, z deve ter, ou seja, $\Omega = 0$, $\Omega = \boldsymbol{\omega}$, ou $\Omega \neq \boldsymbol{\omega}$. Quando for escolher, tenha em mente que as equações de momento são simplificadas quando os eixos se deslocam, de tal maneira que eles representam eixos principais de inércia para o corpo em todos os momentos.
- Calcule os momentos e os produtos de inércia necessários para o corpo em relação aos eixos x, y, z.

Cinemática

- Determine as componentes x, y, z da velocidade angular do corpo e encontre as derivadas temporais de $\boldsymbol{\omega}$.

- Observe que, se $\Omega = \omega$, então $\dot{\omega} = (\dot{\omega})_{xyz}$. Portanto, podemos determinar a derivada temporal de ω em relação aos eixos X, Y, Z, $\dot{\omega}$, e em seguida determinar suas componentes $\dot{\omega}_x, \dot{\omega}_y, \dot{\omega}_z$ ou encontrar as componentes de ω ao longo dos eixos x, y, z, quando eles estão orientados em uma posição geral, e em seguida fazer a derivada temporal das intensidades dessas componentes, $(\dot{\omega})_{xyz}$.

Equações de movimento

- Aplique as duas equações vetoriais, 21.18 e 21.22, ou as seis equações das componentes escalares apropriadas para os eixos de coordenadas x, y, z escolhidos para o problema.

EXEMPLO 21.4

A engrenagem mostrada na Figura 21.12a tem massa de 10 kg e está montada em um ângulo de 10° com o eixo em rotação de massa desprezível. Se $I_z = 0,1$ kg·m², $I_x = I_y = 0,05$ kg·m², e o eixo está girando com velocidade angular constante $\omega = 30$ rad/s, determine as componentes da reação que o mancal de contato angular (restringe deslocamento axial e radial) A e o mancal radial B exercem sobre o eixo no instante mostrado.

SOLUÇÃO
Diagrama de corpo livre

(Figura 21.12b) A origem do sistema de coordenadas x, y, z está localizada no centro de massa G da engrenagem, o qual também é um ponto fixo. Os eixos estão fixos na engrenagem e giram com ela, de maneira que sempre representarão os eixos principais de inércia para a engrenagem. Assim, $\Omega = \omega$.

Cinemática

Como mostrado na Figura 21.12c, a velocidade angular ω da engrenagem é constante em intensidade e está sempre direcionada ao longo do eixo do mancal AB. Visto que esse vetor é medido a partir do sistema de referência inercial X, Y, Z, para qualquer posição dos eixos x, y, z,

$$\omega_x = 0 \quad \omega_y = -30 \text{ sen } 10° \quad \omega_z = 30 \cos 10°$$

Essas componentes permanecem constantes para qualquer orientação geral dos eixos x, y, z, e assim $\dot{\omega}_x = \dot{\omega}_y = \dot{\omega}_z = 0$. Observe também que, como $\Omega = \omega$, então $\dot{\omega} = (\dot{\omega})_{xyz}$. Portanto, podemos determinar essas derivadas temporais em relação aos eixos X, Y, Z. Nesse sentido, ω tem uma intensidade constante e direção (+ Z), visto que $\dot{\omega} = 0$ e, assim, $\dot{\omega}_x = \dot{\omega}_y = \dot{\omega}_z = 0$. Além disso, visto que G é um ponto fixo, $(a_G)_x = (a_G)_y = (a_G)_z = 0$.

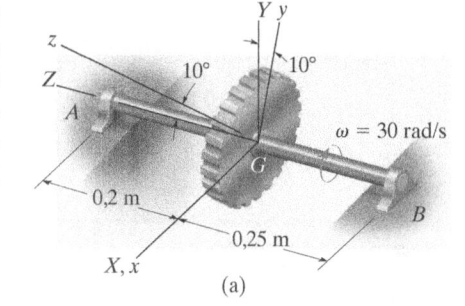

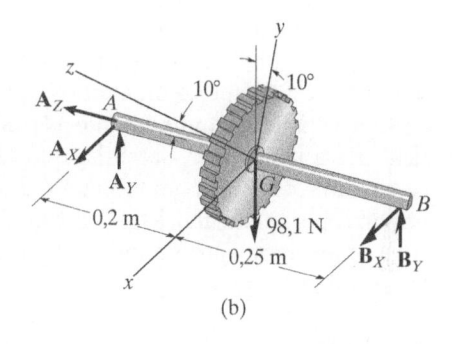

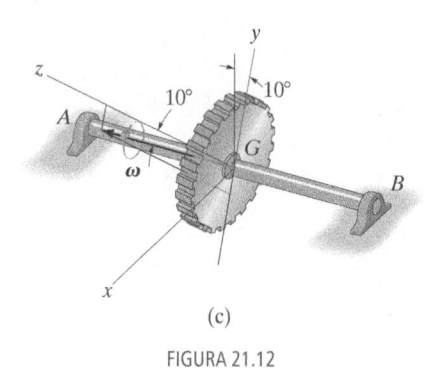

FIGURA 21.12

Equações de movimento

Aplicar as equações 21.25 ($\Omega = \omega$) resulta em

$$\Sigma M_x = I_x \dot{\omega}_x - (I_y - I_z)\omega_y \omega_z$$
$$-(A_Y)(0,2) + (B_Y)(0,25) = 0 - (0,05 - 0,1)(-30 \text{ sen } 10°)(30 \cos 10°)$$
$$-0,2 A_Y + 0,25 B_Y = -7,70 \tag{1}$$

$$\Sigma M_y = I_y \dot{\omega}_y - (I_z - I_x)\omega_z\omega_x$$
$$A_X(0,2)\cos 10° - B_X(0,25)\cos 10° = 0 - 0$$
$$A_X = 1,25 B_X \qquad (2)$$
$$\Sigma M_z = I_z \dot{\omega}_z - (I_x - I_y)\omega_x\omega_y$$
$$A_X(0,2)\operatorname{sen} 10° - B_X(0,25)\operatorname{sen} 10° = 0 - 0$$
$$A_X = 1,25 B_X \text{ (verificado)}$$

Aplicando as equações 21.19, temos

$\Sigma F_X = m(a_G)_X;$ $\qquad A_X + B_X = 0 \qquad (3)$

$\Sigma F_Y = m(a_G)_Y;$ $\qquad A_Y + B_Y - 98,1 = 0 \qquad (4)$

$\Sigma F_Z = m(a_G)_Z;$ $\qquad A_Z = 0 \qquad$ *Resposta*

Resolver as equações de 1 até 4 simultaneamente resulta em

$$A_X = B_X = 0 \quad A_Y = 71,6 \text{ N} \quad B_Y = 26,5 \text{ N} \qquad \textit{Resposta}$$

EXEMPLO 21.5

O avião mostrado na Figura 21.13a está no processo de efetuar uma curva *horizontal* na taxa ω_p. Durante esse movimento, a hélice está girando à taxa ω_s. Se a hélice tem duas pás, determine os momentos que o eixo da hélice exerce sobre ela no instante em que as pás estão na posição vertical. Para simplificar, suponha que as pás sejam uma barra fina uniforme com um momento de inércia I em relação a um eixo perpendicular às pás passando pelo centro da barra, e tendo momento de inércia zero em relação a um eixo longitudinal.

SOLUÇÃO
Diagrama de corpo livre

(Figura 21.13b) As reações do eixo de conexão sobre a hélice estão indicadas pelas resultantes $\mathbf{F}_R$ e $\mathbf{M}_R$. (O peso da hélice é considerado desprezível.) Os eixos x, y, z serão considerados fixos à hélice, visto que sempre representam os eixos principais de inércia para a hélice. Desse modo, $\Omega = \omega$. Os momentos de inércia I_x e I_y são iguais ($I_x = I_y = I$) e $I_z = 0$.

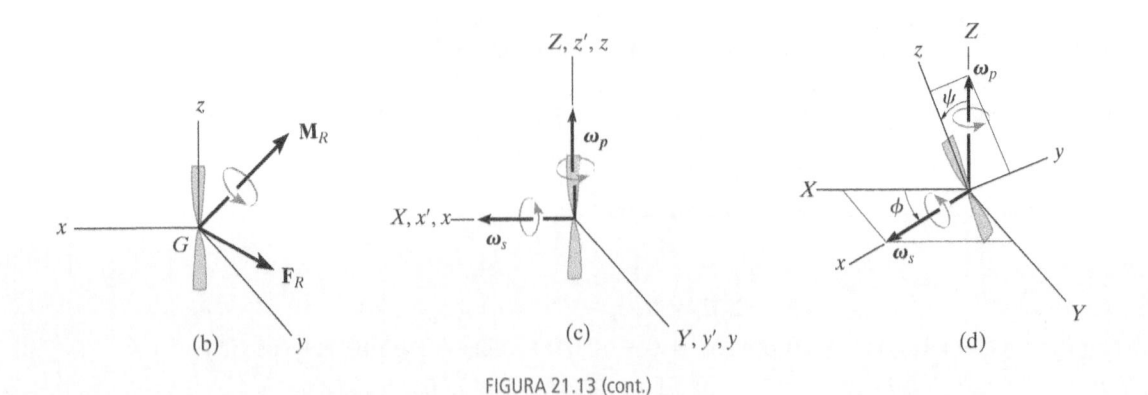

FIGURA 21.13

FIGURA 21.13 (cont.)

Cinemática

A velocidade angular da hélice observada a partir dos eixos X, Y, Z, coincidentes com os eixos x, y, z (Figura 21.13c), é $\boldsymbol{\omega} = \boldsymbol{\omega}_s + \boldsymbol{\omega}_p = \omega_s\mathbf{i} + \omega_p\mathbf{k}$, de maneira que as componentes x, y, z de $\boldsymbol{\omega}$ são

$$\omega_x = \omega_s \qquad \omega_y = 0 \qquad \omega_z = \omega_p$$

Visto que $\boldsymbol{\Omega} = \boldsymbol{\omega}$, então $\dot{\boldsymbol{\omega}} = (\dot{\boldsymbol{\omega}})_{xyz}$. Para determinar $\dot{\boldsymbol{\omega}}$, que é a derivada temporal em relação aos eixos fixos X, Y, Z, podemos usar a Equação 20.6, visto que $\boldsymbol{\omega}$ varia de direção em relação a X, Y, Z. A taxa de variação temporal de cada uma dessas componentes $\dot{\boldsymbol{\omega}} = \dot{\boldsymbol{\omega}}_s + \dot{\boldsymbol{\omega}}_p$ em relação aos eixos X, Y, Z pode ser obtida introduzindo-se um terceiro sistema de coordenadas x', y', z', o qual tem uma velocidade angular $\boldsymbol{\Omega}' = \boldsymbol{\omega}_p$ e é coincidente com os eixos X, Y, Z no instante mostrado. Desse modo,

$$\begin{aligned}
\dot{\boldsymbol{\omega}} &= (\dot{\boldsymbol{\omega}})_{x'y'z'} + \boldsymbol{\omega}_p \times \boldsymbol{\omega} \\
&= (\dot{\boldsymbol{\omega}}_s)_{x'y'z'} + (\dot{\boldsymbol{\omega}}_p)_{x'y'z'} + \boldsymbol{\omega}_p \times (\boldsymbol{\omega}_s + \boldsymbol{\omega}_p) \\
&= \mathbf{0} + \mathbf{0} + \boldsymbol{\omega}_p \times \boldsymbol{\omega}_s + \boldsymbol{\omega}_p \times \boldsymbol{\omega}_p \\
&= \mathbf{0} + \mathbf{0} + \omega_p\mathbf{k} \times \omega_s\mathbf{i} + \mathbf{0} = \omega_p\omega_s\mathbf{j}
\end{aligned}$$

Visto que os eixos X, Y, Z são coincidentes com os eixos x, y, z no instante mostrado, as componentes de $\dot{\boldsymbol{\omega}}$ ao longo de x, y, z são, portanto,

$$\dot{\omega}_x = 0 \qquad \dot{\omega}_y = \omega_p\omega_s \qquad \dot{\omega}_z = 0$$

Esses mesmos resultados também podem ser determinados por meio de um cálculo direto de $(\dot{\boldsymbol{\omega}})_{xyz}$; entretanto, isso envolverá um pouco mais de trabalho. Para fazer isso, será necessário ver a hélice (ou os eixos x, y, z) em alguma *posição geral*, como a mostrada na Figura 21.13d. Aqui o avião girou através de um ângulo ϕ (phi) e a hélice girou através de um ângulo ψ (psi) em relação ao avião. Observe que $\boldsymbol{\omega}_p$ está sempre direcionado ao longo do eixo fixo Z e $\boldsymbol{\omega}_s$ segue o eixo x. Desse modo, as componentes gerais de $\boldsymbol{\omega}$ são

$$\omega_x = \omega_s \qquad \omega_y = \omega_p \operatorname{sen}\psi \qquad \omega_z = \omega_p \cos\psi$$

Visto que ω_s e ω_p são constantes, as derivadas temporais dessas componentes tornam-se

$$\dot{\omega}_x = 0 \qquad \dot{\omega}_y = \omega_p \cos\psi \, \dot{\psi} \qquad \dot{\omega}_z = -\omega_p \operatorname{sen}\psi \, \dot{\psi}$$

Mas $\phi = \psi = 0°$ e $\dot{\psi} = \omega_s$ no instante considerado. Desse modo,

$$\omega_x = \omega_s \qquad \omega_y = 0 \qquad \omega_z = \omega_p$$
$$\dot{\omega}_x = 0 \qquad \dot{\omega}_y = \omega_p\omega_s \qquad \dot{\omega}_z = 0$$

que são o mesmo resultado obtido anteriormente.

Equações de movimento

Utilizando as equações 21.25, temos

$$\Sigma M_x = I_x\dot{\omega}_x - (I_y - I_z)\omega_y\omega_z = I(0) - (I - 0)(0)\omega_p$$
$$M_x = 0 \qquad \textit{Resposta}$$

$$\Sigma M_y = I_y\dot{\omega}_y - (I_z - I_x)\omega_z\omega_x = I(\omega_p\omega_s) - (0 - I)\omega_p\omega_s$$
$$M_y = 2I\omega_p\omega_s \qquad \textit{Resposta}$$

$$\Sigma M_z = I_z\dot{\omega}_z - (I_x - I_y)\omega_x\omega_y = 0(0) - (I - I)\omega_s(0)$$
$$M_z = 0 \qquad \textit{Resposta}$$

EXEMPLO 21.6

O volante de 10 kg (ou disco fino) mostrado na Figura 21.14*a* rotaciona (gira) em torno do eixo a uma velocidade angular constante $\omega_s = 6$ rad/s. No mesmo instante, o eixo gira (realizando precessão) em torno do mancal em *A* com velocidade angular $\omega_p = 3$ rad/s. Se *A* é um mancal axial e radial e *B* é um mancal radial, determine as componentes da força reativa em cada um desses apoios em decorrência do movimento.

SOLUÇÃO I

Diagrama de corpo livre

(Figura 21.14*b*) A origem do sistema de coordenadas *x*, *y*, *z* está localizada no centro de massa *G* do volante. Aqui, deixaremos essas coordenadas terem uma velocidade angular $\Omega = \omega_p = \{3\mathbf{k}\}$ rad/s. Apesar de o volante girar em relação a esses eixos, os momentos de inércia *permanecem constantes*,[*] ou seja,

$$I_x = I_z = \tfrac{1}{4}(10 \text{ kg})(0,2 \text{ m})^2 = 0,1 \text{ kg} \cdot \text{m}^2$$
$$I_y = \tfrac{1}{2}(10 \text{ kg})(0,2 \text{ m})^2 = 0,2 \text{ kg} \cdot \text{m}^2$$

Cinemática

Do sistema de referência inercial coincidente *X*, *Y*, *Z* (Figura 21.14*c*), o volante tem velocidade angular $\boldsymbol{\omega} = \{6\mathbf{j} + 3\mathbf{k}\}$ rad/s, de maneira que

$$\omega_x = 0 \quad \omega_y = 6 \text{ rad/s} \quad \omega_z = 3 \text{ rad/s}$$

A derivada temporal de $\boldsymbol{\omega}$ tem de ser determinada em relação aos eixos *x*, *y*, *z*. Nesse caso, tanto $\boldsymbol{\omega}_p$ quanto $\boldsymbol{\omega}_s$ não variam sua intensidade ou direção, e assim

$$\dot{\omega}_x = 0 \quad \dot{\omega}_y = 0 \quad \dot{\omega}_z = 0$$

Equações de movimento

Aplicar as equações 21.26 ($\Omega \neq \omega$) resulta em

$$\Sigma M_x = I_x \dot{\omega}_x - I_y \Omega_z \omega_y + I_z \Omega_y \omega_z$$

$$-A_z(0,5) + B_z(0,5) = 0 - (0,2)(3)(6) + 0 = -3,6$$

$$\Sigma M_y = I_y \dot{\omega}_y - I_z \Omega_x \omega_z + I_x \Omega_z \omega_x$$

$$0 = 0 - 0 + 0$$

$$\Sigma M_z = I_z \dot{\omega}_z - I_x \Omega_y \omega_x + I_y \Omega_x \omega_y$$

$$A_x(0,5) - B_x(0,5) = 0 - 0 + 0$$

Aplicando as equações 21.19, temos

$$\Sigma F_X = m(a_G)_X; \qquad A_x + B_x = 0$$
$$\Sigma F_Y = m(a_G)_Y; \qquad A_y = -10(0,5)(3)^2$$
$$\Sigma F_Z = m(a_G)_Z; \qquad A_z + B_z - 10(9,81) = 0$$

Resolvendo essas equações, obtemos

$$A_x = 0 \quad A_y = -45{,}0 \text{ N} \quad A_z = 52{,}6 \text{ N} \qquad \textit{Resposta}$$
$$B_x = 0 \qquad\qquad\qquad\quad B_z = 45{,}4 \text{ N} \qquad \textit{Resposta}$$

---

[*] Isso não seria verdade para a hélice no Exemplo 21.5.

NOTA: se a precessão ω_p não tivesse ocorrido, a componente z da força em A e B seria igual a 49,05 N. Nesse caso, entretanto, a diferença nessas componentes é causada pelo "momento giroscópico" criado sempre que um corpo que gira realiza uma precessão em torno de outro eixo. Estudaremos esse efeito em detalhes na próxima seção.

SOLUÇÃO II

Este exemplo também pode ser resolvido utilizando-se as equações do movimento de Euler (equações 21.25). Nesse caso, $\Omega = \omega = \{6\mathbf{j} + 3\mathbf{k}\}$ rad/s, e a derivada temporal $(\dot{\omega})_{xyz}$ pode ser convenientemente obtida em relação aos eixos X, Y, Z, visto que $\dot{\omega} = (\dot{\omega})_{xyz}$. Esse cálculo pode ser realizado escolhendo-se os eixos x', y', z' para que tenham uma velocidade angular $\Omega' = \omega_p$ (Figura 21.14c), de maneira que

$$\dot{\omega} = (\dot{\omega})_{x'y'z'} + \omega_p \times \omega = 0 + 3\mathbf{k} \times (6\mathbf{j} + 3\mathbf{k}) = \{-18\mathbf{i}\} \text{ rad/s}^2$$

$$\dot{\omega}_x = -18 \text{ rad/s} \quad \dot{\omega}_y = 0 \quad \dot{\omega}_z = 0$$

As equações de momento tornam-se, então,

$$\Sigma M_x = I_x \dot{\omega}_x - (I_y - I_z)\omega_y \omega_z$$

$$-A_z(0,5) + B_z(0,5) = 0,1(-18) - (0,2 - 0,1)(6)(3) = -3,6$$

$$\Sigma M_y = I_y \dot{\omega}_y - (I_z - I_x)\omega_z \omega_x$$

$$0 = 0 - 0$$

$$\Sigma M_z = I_z \dot{\omega}_z - (I_x - I_y)\omega_x \omega_y$$

$$A_x(0,5) - B_x(0,5) = 0 - 0$$

A solução, então, prossegue como antes.

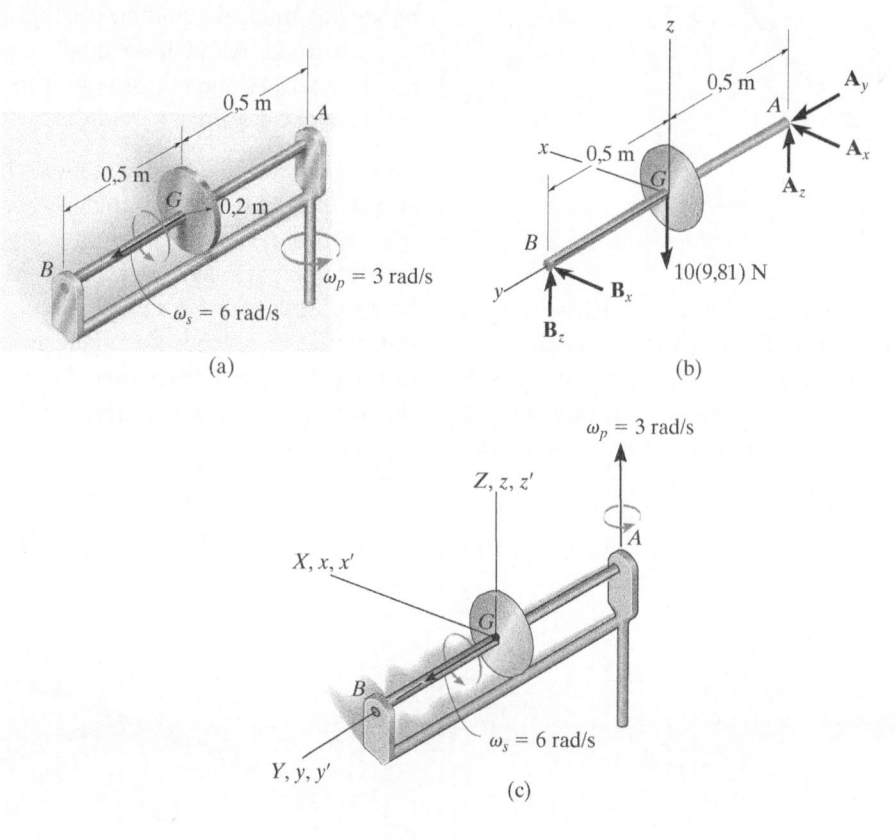

FIGURA 21.14

Problemas

*21.40. Deduza a forma escalar da equação de movimento rotacional em relação ao eixo x se $\Omega \neq \omega$ e os momentos e produtos de inércia do corpo *não são constantes* em relação ao tempo.

21.41. Deduza a forma escalar da equação de movimento rotacional em relação ao eixo x se $\Omega \neq \omega$ e os momentos e produtos de inércia do corpo são *constantes* em relação ao tempo.

21.42. Deduza as equações de movimento de Euler para $\Omega \neq \omega$, ou seja, equações 21.26.

21.43. O pêndulo cônico consiste em uma barra de massa m e comprimento L que é apoiada pelo pino em sua extremidade A. Se o pino for submetido a uma rotação ω, determine o ângulo θ que a barra faz com a vertical enquanto gira.

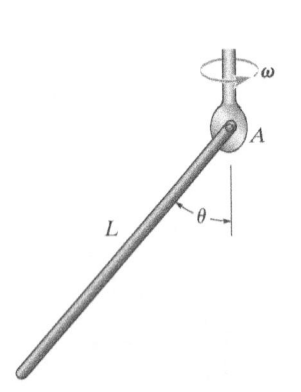

21.45. O volante (disco) de 40 kg é montado a 20 mm de distância de seu centro verdadeiro em G. Se o eixo está girando a uma velocidade constante $\omega = 8$ rad/s, determine as reações máximas exercidas nos mancais radiais em A e B.

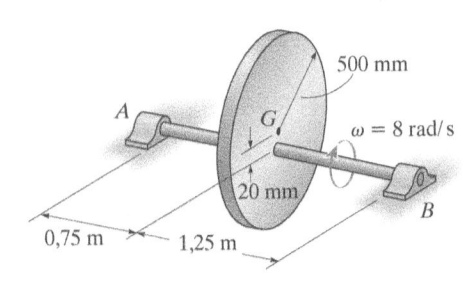

PROBLEMA 21.45

21.46. O conjunto é apoiado pelos mancais radiais em A e B, que desenvolvem apenas forças de reação em y e z sobre o eixo. Se o eixo está girando na direção mostrada em $\omega = \{2\mathbf{i}\}$ rad/s, determine as reações nos mancais quando o conjunto está na posição mostrada. Além disso, qual é a aceleração angular do eixo? A massa por comprimento unitário de cada barra é 5 kg/m.

21.47. O conjunto é apoiado pelos mancais radiais em A e B, que desenvolvem apenas forças de reação em y e z sobre o eixo. Se o eixo A está sujeito a um momento de binário $\mathbf{M} = \{40\mathbf{i}\}$ N · m, e no instante mostrado o eixo tem velocidade angular $\omega = \{2\mathbf{i}\}$ rad/s, determine as reações nos mancais do conjunto nesse instante. Além disso, qual é a aceleração angular do eixo? A massa por comprimento unitário de cada barra é 5 kg/m.

PROBLEMA 21.43

*21.44. A placa uniforme tem massa $m = 2$ kg e é submetida a uma rotação $\omega = 4$ rad/s em torno de seus mancais em A e B. Se $a = 0,2$ m e $c = 0,3$ m, determine as reações verticais no instante mostrado. Utilize os eixos x, y, z mostrados e observe que
$$I_{zx} = -\left(\frac{mac}{12}\right)\left(\frac{c^2 - a^2}{c^2 + a^2}\right).$$

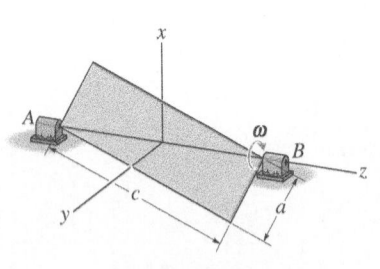

PROBLEMA 21.44

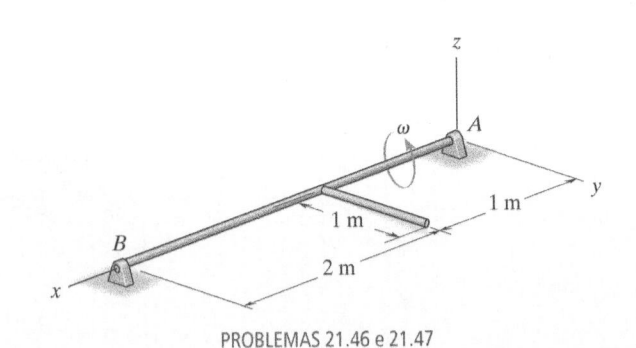

PROBLEMAS 21.46 e 21.47

*21.48. A portinhola uniforme, com massa de 15 kg e centro de massa em *G*, é apoiada no plano horizontal por mancais em *A* e *B*. Se uma força vertical *F* = 300 N é aplicada à portinhola, conforme mostra a figura, determine as componentes de reação nos mancais e a aceleração angular da portinhola. O mancal em *A* resistirá a uma componente de força na direção *y*, mas não o mancal em *B*. Para o cálculo, suponha que a portinhola seja uma placa fina e despreze o tamanho de cada mancal. A portinhola está originalmente em repouso.

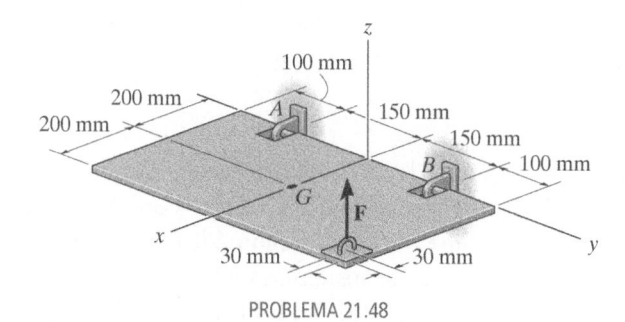

PROBLEMA 21.48

21.49. A esfera de 20 kg está girando com velocidade angular constante $\omega_1 = 150$ rad/s em torno do eixo *CD*, que está montado em um anel circular. O anel gira em torno do eixo *AB* com velocidade angular constante $\omega_2 = 50$ rad/s. Se o eixo *AB* é apoiado por um mancal axial em *A* e um mancal radial em *B*, determine as componentes *X*, *Y*, *Z* da reação nesses mancais no instante mostrado. Despreze a massa do anel e do eixo.

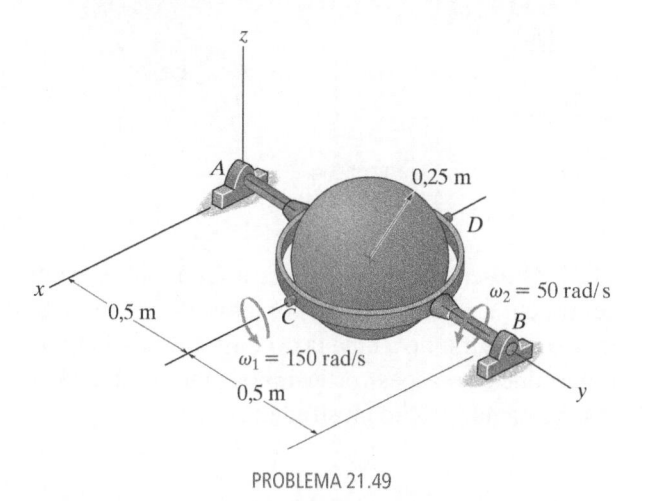

PROBLEMA 21.49

21.50. O conjunto de barras é apoiado por uma junta esférica em *C* e um mancal radial em *D*, que desenvolve apenas reações de força *x* e *y*. As barras possuem massa por comprimento unitário de 0,75 kg/m. Determine a aceleração angular das barras e as componentes de reação nos suportes no instante em que $\omega = 8$ rad/s, conforme mostrado na figura.

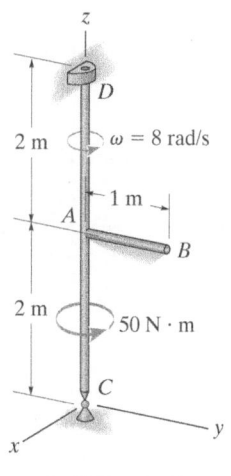

PROBLEMA 21.50

21.51. A haste de 5 kg *AB* é suportada por um braço em rotação. O apoio em *A* é um mancal radial, que desenvolve reações normais à haste. O apoio em *B* é um mancal axial que desenvolve tanto reações normais à haste quanto ao longo do eixo da haste. Desprezando o atrito, determine as componentes da reação *x*, *y*, *z* nesses apoios quando o sistema gira com velocidade angular constante $\omega = 10$ rad/s.

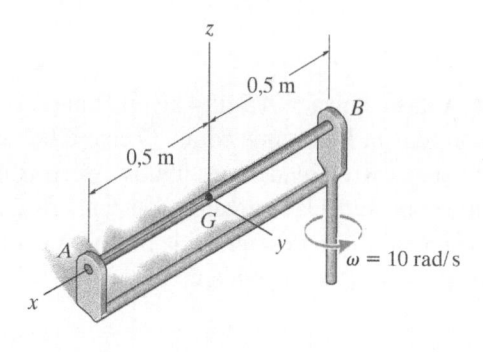

PROBLEMA 21.51

*21.52. O carro se desloca ao longo da estrada curva de raio ρ de tal maneira que seu centro de massa tem velocidade constante v_G. Escreva as equações de movimento rotacional em relação aos eixos *x*, *y*, *z*. Suponha que os seis momentos e produtos de inércia do carro em relação a esses eixos sejam conhecidos.

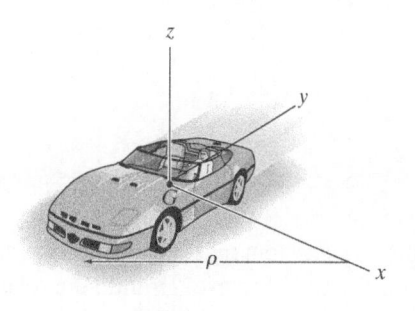

PROBLEMA 21.52

21.53. As pás de uma turbina de vento giram em torno do eixo S com velocidade angular constante ω_s, enquanto a estrutura realiza uma precessão em torno do eixo vertical com velocidade angular constante ω_p. Determine as componentes x, y, z do momento que o mancal exerce sobre as pás como uma função de θ. Considere cada pá como uma haste delgada de massa m e comprimento l.

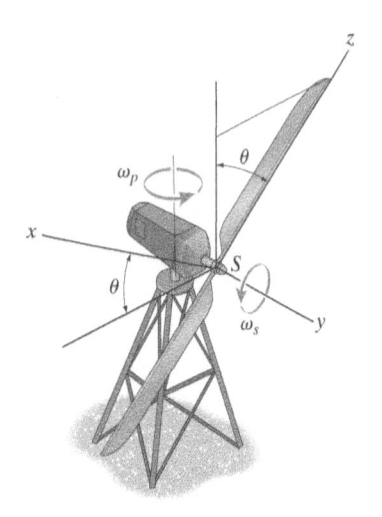

PROBLEMA 21.53

21.54. A haste delgada AB de 4 kg tem um pino em A e é mantida em B por uma corda. O eixo CD é apoiado em suas extremidades por juntas esféricas e está girando com velocidade angular constante de 2 rad/s. Determine a tração desenvolvida na corda e a intensidade da força desenvolvida no pino A.

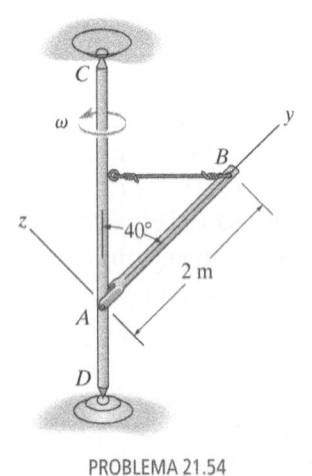

PROBLEMA 21.54

21.55. A *barra fina* tem massa de 0,8 kg e comprimento total de 150 mm. Ela está girando em torno de seu ponto intermediário a uma taxa constante $\dot\theta = 6$ rad/s,
enquanto a plataforma à qual seu eixo A está preso está girando a 2 rad/s. Determine as componentes de momento x, y, z que o eixo exerce sobre a barra quando ela está em qualquer posição θ.

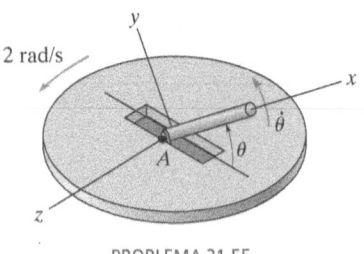

PROBLEMA 21.55

*__21.56.__ O cilindro tem massa de 30 kg e está montado sobre um eixo apoiado por mancais em A e B. Se o eixo está submetido a um momento de binário $\mathbf{M} = \{-30\mathbf{j}\}$ N · m e, no instante mostrado, tem velocidade angular $\omega = \{-40\mathbf{j}\}$ rad/s, determine as componentes verticais da força que atuam nos mancais nesse instante.

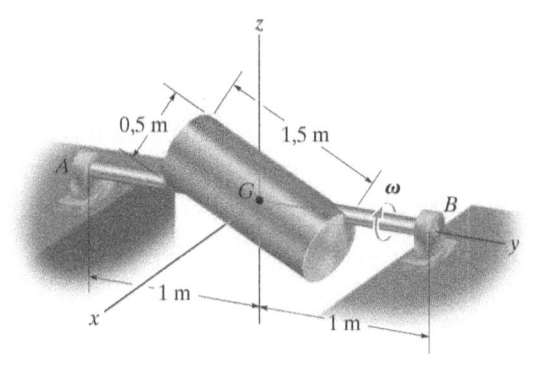

PROBLEMA 21.56

21.57. O disco circular de 5 kg está montado fora do centro em um eixo apoiado por mancais em A e B. Se o eixo está girando a uma taxa constante $\omega = 10$ rad/s, determine as reações verticais nos mancais quando o disco está na posição mostrada.

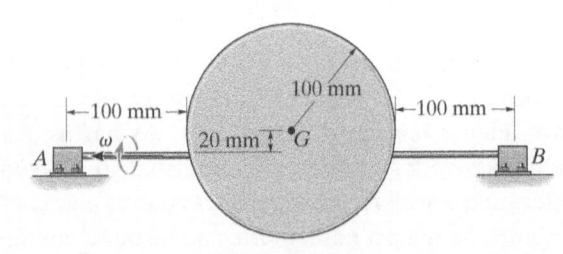

PROBLEMA 21.57

21.58. O disco de 20 kg gira em seu eixo a $\omega_s = 30$ rad/s, enquanto o garfo está girando a $\omega_1 = 6$ rad/s. Determine as componentes de momento x e z que o eixo exerce sobre o disco durante o movimento.

21.59. O disco de 10 kg gira em torno do eixo AB, enquanto o eixo gira em torno de BC a uma taxa constante $\omega_x = 5$ rad/s. Se o disco não desliza, determine a força normal e de atrito que ele exerce sobre o solo. Despreze a massa do eixo AB.

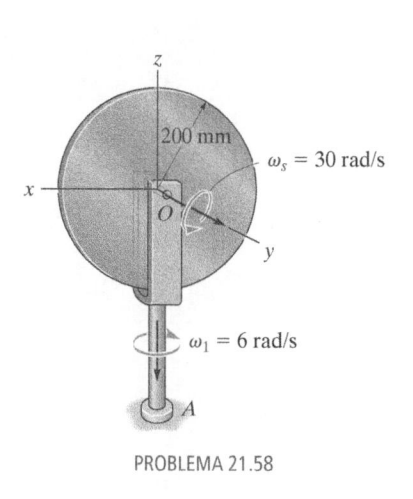

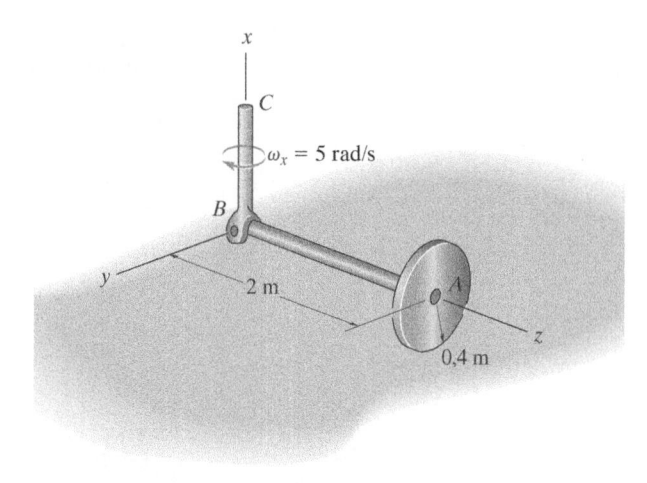

PROBLEMA 21.58

PROBLEMA 21.59

*21.5 Movimento giroscópico

Nesta seção, desenvolveremos as equações que definem o movimento de um corpo (pião), o qual é simétrico em relação a um eixo e gira em torno de um ponto fixo. Essas equações também se aplicam ao movimento de um dispositivo particularmente interessante: o giroscópio.

O movimento do corpo será analisado utilizando os *ângulos de Euler* ϕ, θ, ψ (phi, theta, psi). Para ilustrar como eles definem a posição de um corpo, considere o pião mostrado na Figura 21.15a. Para definir sua posição final (Figura 21.15d), um segundo conjunto de eixos x, y, z está fixo ao pião. Começando com os eixos X, Y, Z e x, y, z coincidentes (Figura 21.15a), a posição final do pião pode ser determinada usando os três passos seguintes:

1. Gire o pião em torno do eixo Z (ou z) através de um ângulo ϕ ($0 \le \phi < 2\pi$) (Figura 21.15b).
2. Gire o pião em torno do eixo x através de um ângulo θ ($0 \le \theta \le \pi$) (Figura 21.15c).
3. Gire o pião em torno do eixo z através de um ângulo ψ ($0 \le \psi < 2\pi$) para obter a posição final (Figura 21.15d).

A sequência desses três ângulos, ϕ, θ em seguida ψ, tem de ser mantida, visto que rotações finitas *não são vetores* (ver Figura 20.1). Embora seja este o caso, as rotações diferenciais $d\phi$, $d\theta$ e $d\psi$ são vetores e, desse modo, a velocidade angular ω do pião pode ser expressa em termos das derivadas temporais dos ângulos de Euler. As componentes da velocidade angular $\dot\phi$, $\dot\theta$ e $\dot\psi$ são conhecidas como *precessão, nutação e rotação*, respectivamente.

560 DINÂMICA

FIGURA 21.15

(a)

(b) Precessão $\dot{\phi}$

(c) Nutação $\dot{\theta}$

(d) Rotação $\dot{\psi}$

FIGURA 21.16

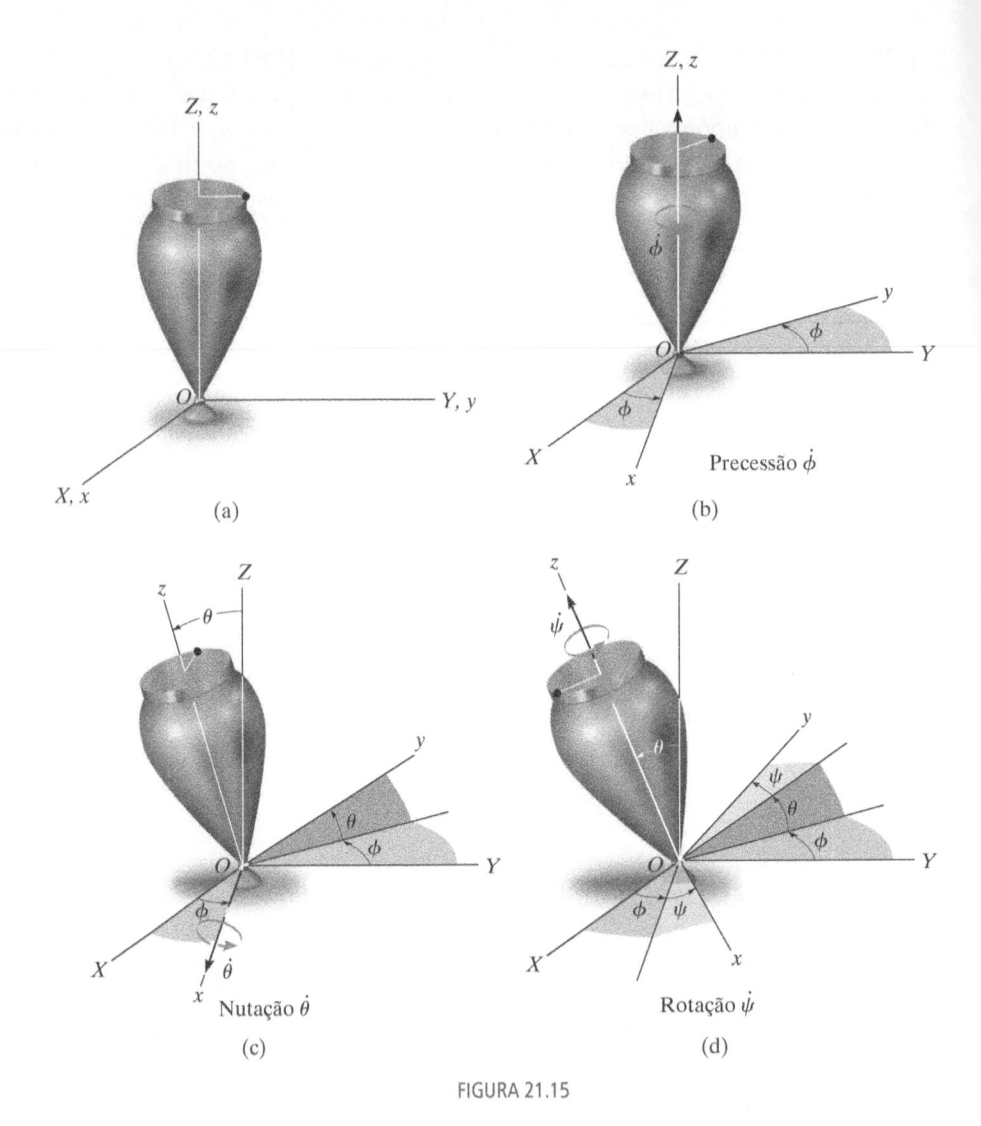

Suas direções positivas são mostradas na Figura 21.16. Vê-se que esses vetores não são todos perpendiculares uns aos outros; entretanto, $\boldsymbol{\omega}$ do pião ainda pode ser expresso em termos dessas três componentes.

Visto que o corpo (pião) é simétrico em relação ao eixo z ou eixo de rotação, não há necessidade de ligar os eixos x, y, z ao pião, visto que as propriedades inerciais do pião vão permanecer constantes em relação a esse sistema durante o movimento. Portanto, $\boldsymbol{\Omega} = \boldsymbol{\omega}_p + \boldsymbol{\omega}_n$ (Figura 21.16). Assim, a velocidade angular do corpo é

$$\boldsymbol{\omega} = \omega_x \mathbf{i} + \omega_y \mathbf{j} + \omega_z \mathbf{k}$$
$$= \dot{\theta}\mathbf{i} + (\dot{\phi} \operatorname{sen} \theta)\mathbf{j} + (\dot{\phi} \cos \theta + \dot{\psi})\mathbf{k} \quad (21.27)$$

E a velocidade angular dos eixos é

$$\boldsymbol{\Omega} = \Omega_x \mathbf{i} + \Omega_y \mathbf{j} + \Omega_z \mathbf{k}$$
$$= \dot{\theta}\mathbf{i} + (\dot{\phi} \operatorname{sen} \theta)\mathbf{j} + (\dot{\phi} \cos \theta)\mathbf{k} \quad (21.28)$$

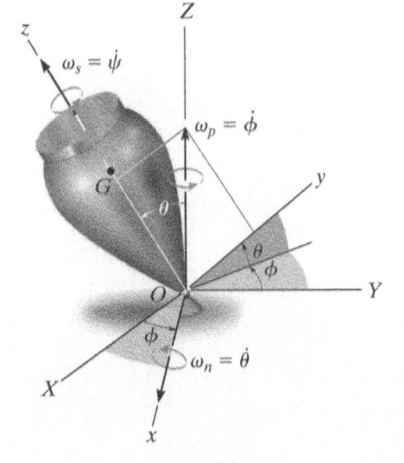

Os eixos x, y, z representam eixos principais de inércia para o pião e, assim, os momentos de inércia serão representados como $I_{xx} = I_{yy} = I$ e $I_{zz} = I_z$. Visto que $\boldsymbol{\Omega} \neq \boldsymbol{\omega}$, as equações 21.26 são usadas para estabelecer as equações de movimento rotacional. Substituir nessas equações as respectivas componentes da velocidade angular definidas pelas equações 21.27 e 21.28, suas derivadas temporais correspondentes e o momento de inércia das componentes resulta em

$$\Sigma M_x = I(\ddot{\theta} - \dot{\phi}^2 \, \text{sen}\, \theta \cos \theta) + I_z \dot{\phi}\, \text{sen}\, \theta(\dot{\phi} \cos \theta + \dot{\psi})$$
$$\Sigma M_y = I(\ddot{\phi}\, \text{sen}\, \theta + 2\dot{\phi}\dot{\theta} \cos \theta) - I_z \dot{\theta}(\dot{\phi} \cos \theta + \dot{\psi}) \quad (21.29)$$
$$\Sigma M_z = I_z(\ddot{\psi} + \ddot{\phi} \cos \theta - \dot{\phi}\dot{\theta}\, \text{sen}\, \theta)$$

Cada somatório de momentos aplica-se somente ao ponto fixo O ou ao centro de massa G do corpo. Visto que as equações representam um sistema acoplado de equações diferenciais de segunda ordem não lineares, em geral uma solução de forma fechada não pode ser obtida. Em vez disso, os ângulos de Euler ϕ, θ e ψ podem ser obtidos graficamente como funções do tempo utilizando-se análise numérica e técnicas computacionais.

Entretanto, existe um caso especial para o qual é possível simplificar as equações 21.29. Comumente referido como a *precessão estacionária*, ele ocorre quando o ângulo de nutação θ, a precessão $\dot{\phi}$ e a rotação $\dot{\psi}$ permanecem todos *constantes*. As equações 21.29 são, então, reduzidas à forma

$$\boxed{\Sigma M_x = -I\dot{\phi}^2\, \text{sen}\, \theta \cos \theta + I_z \dot{\phi}\, \text{sen}\, \theta(\dot{\phi} \cos \theta + \dot{\psi})} \quad (21.30)$$

$$\Sigma M_y = 0$$

$$\Sigma M_z = 0$$

A Equação 21.30 pode ser adicionalmente simplificada observando-se que, da Equação 21.27, $\omega_z = \dot{\phi} \cos \theta + \dot{\psi}$, de maneira que

$$\Sigma M_x = -I\dot{\phi}^2\, \text{sen}\, \theta \cos \theta + I_z \dot{\phi}\, (\text{sen}\, \theta)\omega_z$$

ou

$$\boxed{\Sigma M_x = \dot{\phi}\, \text{sen}\, \theta(I_z \omega_z - I\dot{\phi} \cos \theta)} \quad (21.31)$$

É interessante observar quais efeitos a rotação $\dot{\psi}$ tem sobre o momento em torno do eixo x. Para mostrar isso, considere o rotor giratório na Figura 21.17. Aqui, $\theta = 90°$, caso em que a Equação 21.30 reduz-se à forma

$$\Sigma M_x = I_z \dot{\phi}\dot{\psi}$$

ou

$$\boxed{\Sigma M_x = I_z \Omega_y \omega_z} \quad (21.32)$$

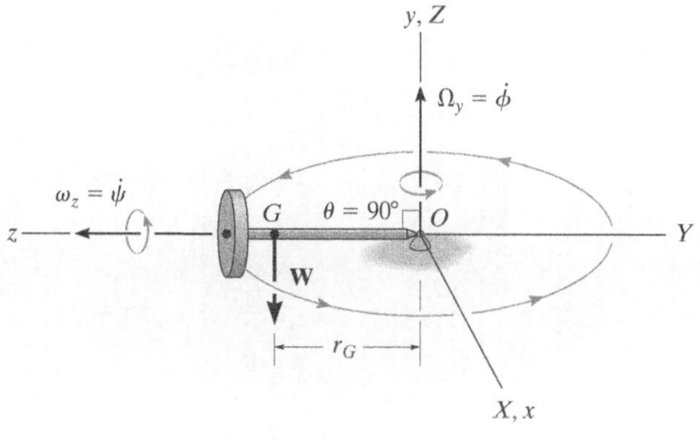

FIGURA 21.17

Na figura, pode-se ver que $\mathbf{\Omega}_y$ e $\boldsymbol{\omega}_z$ atuam ao longo de seus respectivos *eixos positivos* e, portanto, são mutuamente perpendiculares. Instintivamente, se esperaria que o rotor caísse sob a influência da gravidade! Entretanto, isso não acontece, contanto que o produto $I_z \Omega_y \omega_z$ seja corretamente escolhido para contrabalançar o momento $\Sigma M_x = W r_G$ do peso do rotor em torno de O. Esse fenômeno incomum de movimento de corpo rígido é frequentemente referido como o *efeito giroscópico*.

Talvez uma demonstração mais intrigante do efeito giroscópico venha do estudo da ação de um *giroscópio*. Um giroscópio é um rotor que gira a uma taxa muito alta em torno de seu eixo de simetria. Essa taxa de rotação é consideravelmente maior que sua taxa de rotação precessional em torno do eixo vertical. Assim, para todos os fins práticos, supõe-se que a quantidade de movimento angular do giroscópio possa ser direcionada ao longo de seu eixo de rotação. Desse modo, para o rotor giroscópico mostrado na Figura 21.18, $\boldsymbol{\omega}_z \gg \boldsymbol{\Omega}_y$, e a intensidade da quantidade de movimento angular em relação ao ponto O, como determinada pelas equações 21.11, reduz-se à forma $H_O = I_z \omega_z$. Visto que tanto a intensidade quanto a direção de $\mathbf{H}_O$ são constantes como observado a partir de x, y, z, a aplicação direta da Equação 21.22 resulta em

$$\Sigma \mathbf{M}_x = \mathbf{\Omega}_y \times \mathbf{H}_O \qquad (21.33)$$

Utilizando a regra da mão direita aplicada ao produto vetorial, pode-se ver que $\mathbf{\Omega}_y$ sempre oscila $\mathbf{H}_O$ (ou $\boldsymbol{\omega}_z$) no sentido de $\Sigma \mathbf{M}_x$. Na prática, a *variação da direção* da quantidade de movimento angular do giroscópio, $d\mathbf{H}_O$, é equivalente ao impulso angular causado pelo peso do giroscópio em torno de O, ou seja, $d\mathbf{H}_O = \Sigma \mathbf{M}_x dt$ (Equação 21.20). Além disso, visto que $H_O = I_z \omega_z$ e $\Sigma \mathbf{M}_x$, $\mathbf{\Omega}_y$ e $\mathbf{H}_O$ são mutuamente perpendiculares, a Equação 21.33 reduz-se à Equação 21.32.

Quando um giroscópio é montado em uma articulação tipo Cardan (Figura 21.19), ele se torna *livre* de momentos externos aplicados à sua base. Desse modo, em teoria, sua quantidade de movimento angular $\mathbf{H}$ nunca realizará uma precessão, mas, em vez disso, manterá sua mesma orientação fixa ao longo do eixo de rotação quando a base é girada. Esse tipo de giroscópio é chamado *giroscópio livre* e é útil como uma girobússola quando o eixo de rotação do giroscópio está direcionado para o norte. Na realidade, o mecanismo da articulação Cardan nunca está completamente livre de atrito, de maneira que um instrumento como esse é útil somente para a navegação local de navios e aviões. O efeito giroscópico também é útil como um meio de estabilizar tanto o movimento de tombamento de navios no mar quanto as trajetórias de mísseis e projéteis. Além disso, esse efeito tem uma importância significativa no projeto de eixos e mancais para rotores que são submetidos a precessões forçadas.

FIGURA 21.18

A rotação do giroscópio dentro da estrutura deste giroscópio de brinquedo produz uma quantidade de movimento angular $\mathbf{H}_O$, a qual está variando de direção à medida que a estrutura realiza uma precessão $\boldsymbol{\omega}_p$ em torno do eixo vertical. O giroscópio não cairá, visto que o momento de seu peso $\mathbf{W}$ em relação ao apoio é equilibrado pela variação na direção de $\mathbf{H}_O$.

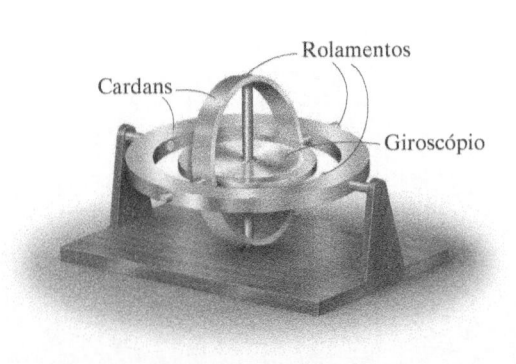

FIGURA 21.19

EXEMPLO 21.7

O pião mostrado na Figura 21.20a tem massa de 0,5 kg e está realizando uma precessão em torno do eixo vertical a um ângulo constante de $\theta = 60°$. Se ele gira com velocidade angular $\omega_s = 100$ rad/s, determine a precessão $\boldsymbol{\omega}_p$. Suponha que os momentos de inércia axial e transversal do pião sejam $0,45(10^{-3})$ kg·m² e $1,20(10^{-3})$ kg·m², respectivamente, medidos em relação ao ponto fixo O.

SOLUÇÃO

A solução usará a Equação 21.30, visto que o movimento é uma *precessão uniforme*. Como mostrado no diagrama de corpo livre (Figura 21.20b), os eixos de coordenadas são estabelecidos da maneira usual, isto é, com o eixo positivo z na direção da rotação, o eixo positivo Z na direção da precessão e o eixo positivo x na direção do momento ΣM_x (refere-se à Figura 21.16). Desse modo,

$$\Sigma M_x = -I\dot{\phi}^2 \operatorname{sen}\theta \cos\theta + I_z\dot{\phi}\operatorname{sen}\theta(\dot{\phi}\cos\theta + \dot{\psi})$$

$$4,905 \text{ N}(0,05 \text{ m})\operatorname{sen} 60° = -[1,20(10^{-3})\text{ kg·m}^2\,\dot{\phi}^2]\operatorname{sen} 60° \cos 60°$$

$$+ [0,45(10^{-3})\text{ kg·m}^2]\dot{\phi}\operatorname{sen} 60°(\dot{\phi}\cos 60° + 100 \text{ rad/s})$$

ou

$$\dot{\phi}^2 - 120,0\dot{\phi} + 654,0 = 0 \tag{1}$$

Resolver essa equação quadrática para a precessão resulta em

$$\dot{\phi} = 114 \text{ rad/s} \quad \text{(alta precessão)} \qquad \textit{Resposta}$$

e

$$\dot{\phi} = 5,72 \text{ rad/s} \quad \text{(baixa precessão)} \qquad \textit{Resposta}$$

NOTA: na realidade, a baixa precessão do pião geralmente seria observada, visto que a alta precessão exigiria uma energia cinética maior.

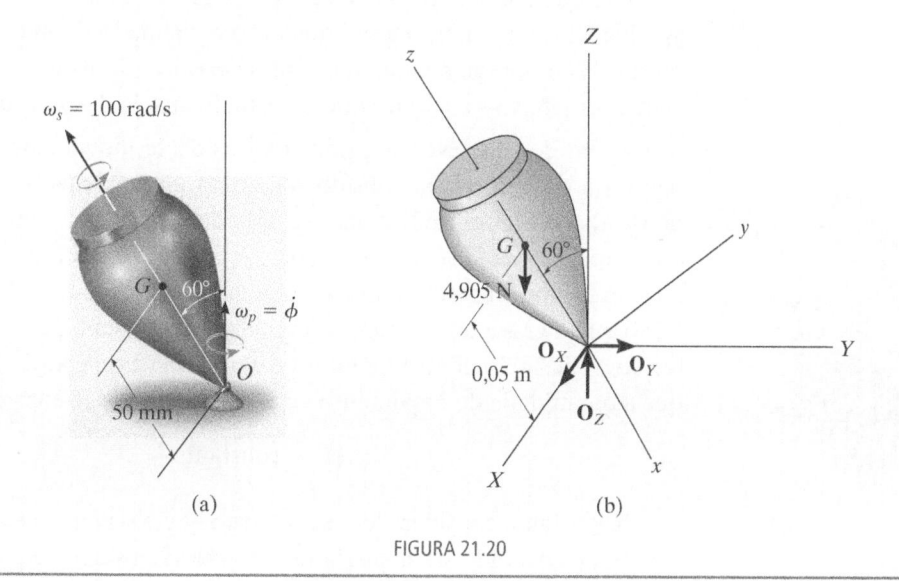

FIGURA 21.20

EXEMPLO 21.8

O disco de 1 kg mostrado na Figura 21.21a gira em torno de seu eixo com uma velocidade angular constante $\omega_D = 70$ rad/s. O bloco em B tem massa de 2 kg e, ajustando-se sua posição s, pode-se modificar a precessão do disco em torno de seu axial de apoio em O enquanto o eixo permanece horizontal. Determine a posição s que capacitará o disco a ter uma precessão constante $\omega_p = 0{,}5$ rad/s em torno do apoio. Despreze o peso do eixo.

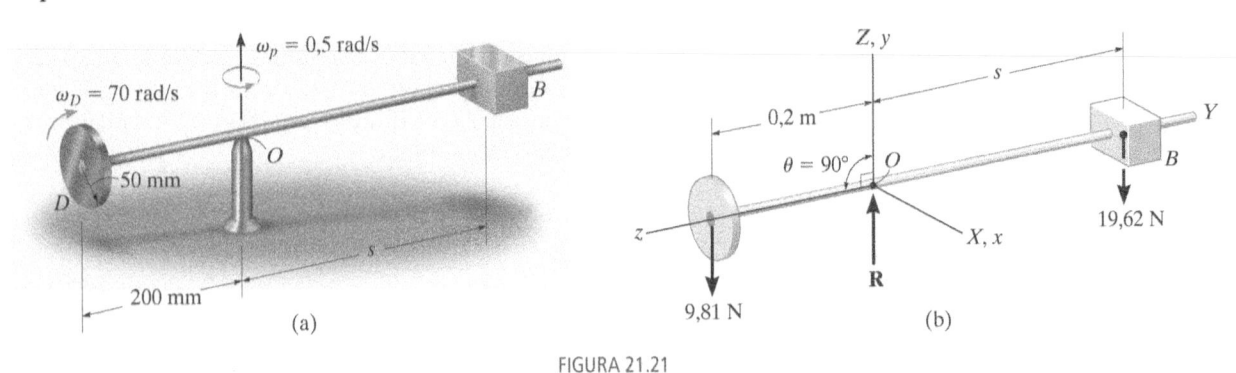

FIGURA 21.21

SOLUÇÃO

O diagrama de corpo livre do conjunto é mostrado na Figura 21.21b. A origem para ambos os sistemas de coordenadas x, y, z e X, Y, Z está localizada no ponto fixo O. No sentido convencional, o eixo Z é escolhido ao longo do eixo de precessão, e o eixo z está ao longo do eixo de rotação, de maneira que $\theta = 90°$. Visto que a precessão é *uniforme*, a Equação 21.32 pode ser usada para a solução.

$$\Sigma M_x = I_z \Omega_y \omega_z$$

Substituir os dados necessários resulta em

$$(9{,}81 \text{ N})(0{,}2 \text{ m}) - (19{,}62 \text{ N})s = \left[\tfrac{1}{2}(1 \text{ kg})(0{,}05 \text{ m})^2\right] 0{,}5 \text{ rad/s}(-70 \text{ rad/s})$$

$$s = 0{,}102 \text{ m} = 102 \text{ mm} \qquad \qquad \textit{Resposta}$$

21.6 Movimento livre de torque

Quando a única força externa que atua sobre um corpo é causada pela gravidade, o movimento geral do corpo é chamado de *movimento livre de torque*. Esse tipo de movimento é característico de planetas, satélites artificiais e projéteis — contanto que o atrito do ar seja desprezado.

A fim de descrever as características desse movimento, a distribuição da massa do corpo será considerada como tendo *simetria axial*. O satélite mostrado na Figura 21.22 é um exemplo de corpo dessa natureza, em que o eixo z representa um eixo de simetria. A origem das coordenadas x, y, z está localizada no centro de massa G, de tal maneira que $I_{zz} = I_z$ e $I_{xx} = I_{yy} = I$. Visto que a gravidade é a única força externa presente, a soma de momentos em relação ao centro de massa é zero. Pela Equação 21.21, isso requer que a quantidade de movimento angular do corpo seja constante, ou seja,

$$\mathbf{H}_G = \text{constante}$$

No instante considerado, será suposto que o sistema inercial de referência esteja orientado de maneira que o eixo Z positivo seja direcionado ao

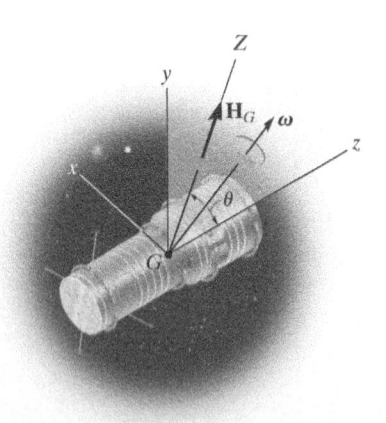

FIGURA 21.22

longo de $\mathbf{H}_G$ e o eixo y se encontre no plano formado pelos eixos z e Z (Figura 21.22). O ângulo de Euler formado entre Z e z é θ e, portanto, com essa escolha de eixos, a quantidade de movimento angular pode ser expressa como

$$\mathbf{H}_G = H_G \operatorname{sen} \theta \, \mathbf{j} + H_G \cos \theta \, \mathbf{k}$$

Além disso, utilizando as equações 21.11, temos

$$\mathbf{H}_G = I\omega_x \mathbf{i} + I\omega_y \mathbf{j} + I_z \omega_z \mathbf{k}$$

Equacionar as respectivas componentes $\mathbf{i}$, $\mathbf{j}$ e $\mathbf{k}$ das duas equações anteriores resulta em

$$\omega_x = 0 \quad \omega_y = \frac{H_G \operatorname{sen} \theta}{I} \quad \omega_z = \frac{H_G \cos \theta}{I_z} \qquad (21.34)$$

ou

$$\boxed{\boldsymbol{\omega} = \frac{H_G \operatorname{sen} \theta}{I} \mathbf{j} + \frac{H_G \cos \theta}{I_z} \mathbf{k}} \qquad (21.35)$$

De maneira similar, equacionando as respectivas componentes $\mathbf{i}$, $\mathbf{j}$ e $\mathbf{k}$ da Equação 21.27 com as da Equação 21.34, obtemos

$$\dot{\theta} = 0$$

$$\dot{\phi} \operatorname{sen} \theta = \frac{H_G \operatorname{sen} \theta}{I}$$

$$\dot{\phi} \cos \theta + \dot{\psi} = \frac{H_G \cos \theta}{I_z}$$

Resolvendo, chegamos a

$$\boxed{\begin{aligned} \theta &= \text{constante} \\ \dot{\phi} &= \frac{H_G}{I} \\ \dot{\psi} &= \frac{I - I_z}{I I_z} H_G \cos \theta \end{aligned}} \qquad (21.36)$$

Assim, para o movimento livre de torque de um corpo com simetria axial, o ângulo θ formado entre o vetor de quantidade de movimento angular e a rotação do corpo permanece constante. Além disso, a quantidade de movimento angular $\mathbf{H}_G$, precessão $\dot{\phi}$ e rotação $\dot{\psi}$ para o corpo permanecem constantes ao longo do tempo durante o movimento.

Eliminar H_G da segunda e terceira das equações 21.36 resulta na relação seguinte entre a rotação e a precessão:

$$\boxed{\dot{\psi} = \frac{I - I_z}{I_z} \dot{\phi} \cos \theta} \qquad (21.37)$$

Essas duas componentes de movimento angular podem ser estudadas empregando-se os modelos de cone do corpo e cone do espaço, introduzidos na Seção 20.1. O *cone do espaço* definindo a precessão é fixo pela rotação, visto que a precessão tem uma direção fixa, enquanto a superfície externa do *cone do corpo* rola sobre a superfície externa do cone do espaço. Tente imaginar esse movimento na Figura 21.23*a*. O ângulo interior de cada cone é escolhido de maneira que a velocidade angular resultante do corpo esteja direcionada ao longo da linha de contato dos dois cones. Essa linha de contato representa o eixo instantâneo de rotação para o cone de corpo e, por conseguinte, a velocidade angular, tanto do cone do corpo quanto do corpo, tem de ser direcionada ao longo dessa linha. Visto que a rotação é uma função dos momentos de inércia I e I_z do corpo (Equação 21.36), o modelo do cone na Figura 21.23*a* é satisfatório para descrever o movimento, contanto que $I > I_z$. O movimento livre de torque que atende a esses requisitos é chamado de *precessão regular*. Se $I < I_z$, a rotação é negativa e a precessão, positiva. Esse movimento é representado pelo movimento do satélite mostrado na Figura 21.23*b* ($I < I_z$). O modelo do cone pode mais uma vez ser usado para representar o movimento; entretanto, para preservar a soma vetorial correta de rotação e precessão para obter a velocidade angular $\boldsymbol{\omega}$, a superfície interna do cone do corpo tem de rolar sobre a superfície externa do cone do espaço (fixo). Esse movimento é chamado de *precessão retrógrada*.

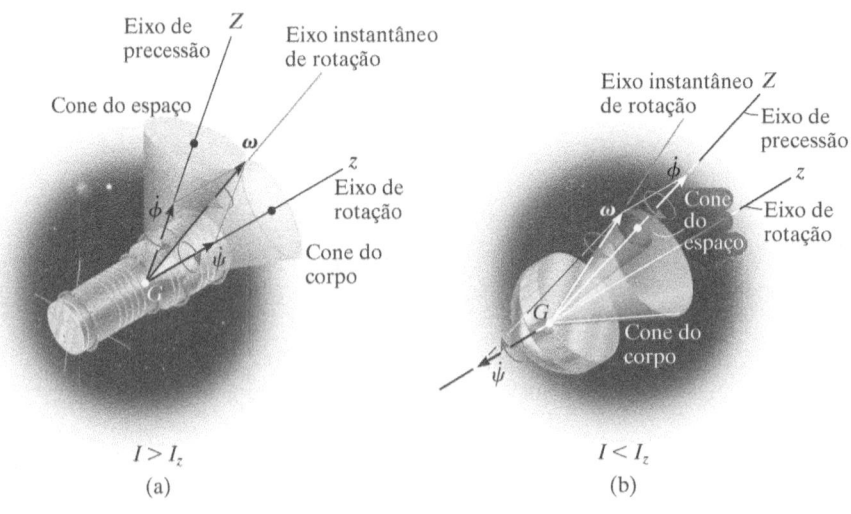

FIGURA 21.23

Satélites são frequentemente submetidos a uma rotação antes de serem lançados. Se a sua quantidade de movimento angular não for colinear com o eixo de rotação, eles exibirão precessão. Na fotografia à esquerda, haverá precessão regular, visto que $I > I_z$, e na fotografia à direita ocorrerá precessão retrógrada, visto que $I < I_z$.

EXEMPLO 21.9

O movimento de uma bola de futebol americano é observado usando um projetor de câmera lenta. Do filme, a rotação da bola é vista como direcionada 30° com a horizontal, como mostrado na Figura 21.24a. Além disso, a bola está realizando uma precessão em torno do eixo vertical a uma taxa de $\dot{\phi}$ = 3 rad/s. Se a taxa dos momentos de inércia axial para transversal da bola é $\frac{1}{3}$, medida em relação ao centro de massa, determine a intensidade da rotação da bola e sua velocidade angular. Despreze o efeito da resistência do ar.

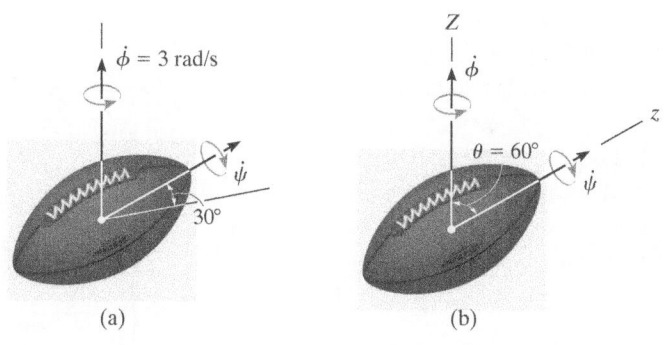

FIGURA 21.24

SOLUÇÃO

Visto que o peso da bola é a única força atuante, o movimento é livre de torque. No sentido convencional, se o eixo z está estabelecido ao longo do eixo de rotação e o eixo Z ao longo do eixo de precessão, como mostrado na Figura 21.24b, então o ângulo $\theta = 60°$. Aplicando a Equação 21.37, a rotação é

$$\dot{\psi} = \frac{I - I_z}{I_z}\dot{\phi}\cos\theta = \frac{I - \frac{1}{3}I}{\frac{1}{3}I}(3)\cos 60°$$

$$= 3 \text{ rad/s} \qquad \textit{Resposta}$$

Utilizando as equações 21.34, onde $H_G = \dot{\phi}I$ (Equação 21.36), temos

$$\omega_x = 0$$

$$\omega_y = \frac{H_G \text{sen } \theta}{I} = \frac{3I \text{ sen } 60°}{I} = 2{,}60 \text{ rad/s}$$

$$\omega_z = \frac{H_G \cos\theta}{I_z} = \frac{3I \cos 60°}{\frac{1}{3}I} = 4{,}50 \text{ rad/s}$$

Desse modo,

$$\omega = \sqrt{(\omega_x)^2 + (\omega_y)^2 + (\omega_z)^2}$$

$$= \sqrt{(0)^2 + (2{,}60)^2 + (4{,}50)^2}$$

$$= 5{,}20 \text{ rad/s} \qquad \textit{Resposta}$$

Problemas

*21.60. Mostre que a velocidade angular de um corpo, em termos dos ângulos de Euler ϕ, θ e ψ, pode ser expressa como $\omega = (\dot{\phi} \operatorname{sen} \theta \operatorname{sen} \psi + \dot{\theta} \cos \psi)\mathbf{i} + (\dot{\phi} \operatorname{sen} \theta \cos \psi - \dot{\theta} \operatorname{sen} \psi)\mathbf{j} + (\dot{\phi} \cos \theta + \dot{\psi})\mathbf{k}$, onde $\mathbf{i}$, $\mathbf{j}$ e $\mathbf{k}$ estão direcionados ao longo dos eixos x, y, z como mostrado na Figura 21.15d.

21.61. Uma haste fina está inicialmente coincidente com o eixo Z quando lhe são dadas três rotações definidas pelos ângulos de Euler $\phi = 30°$, $\theta = 45°$ e $\psi = 60°$. Se essas rotações são dadas na ordem estabelecida, determine os ângulos de direção coordenados α, β, γ do eixo da haste em relação aos eixos X, Y e Z. Essas direções são as mesmas para qualquer ordem das rotações? Por quê?

21.62. O giroscópio consiste em um disco uniforme D de 450 g que é preso ao eixo AB, de massa desprezível. A estrutura de suporte tem massa de 180 g e centro de massa em G. Se o disco está girando em torno do eixo a $\omega_D = 90$ rad/s, determine a velocidade angular constante ω_p em que a estrutura realiza precessão em torno do ponto axial O. A estrutura se move no plano horizontal.

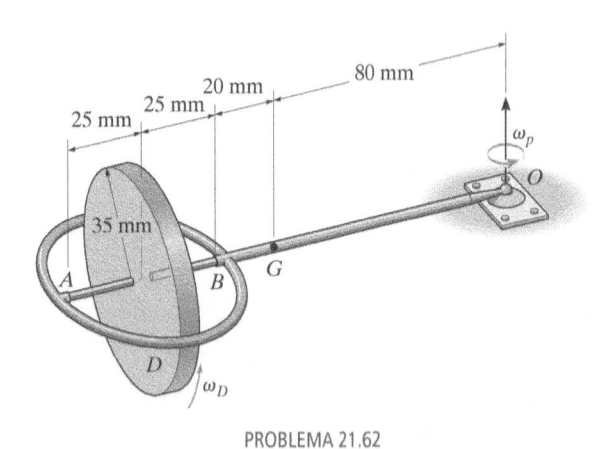

PROBLEMA 21.62

21.63. O giroscópio de brinquedo consiste em um rotor R que está preso à estrutura com massa desprezível. Se for observado que a estrutura está realizando precessão em torno do ponto axial O a $\omega_p = 2$ rad/s, determine a velocidade angular ω_R do rotor. A haste OA move-se no plano horizontal. O rotor tem massa de 200 g e raio de giração $k_{OA} = 20$ mm em torno de OA.

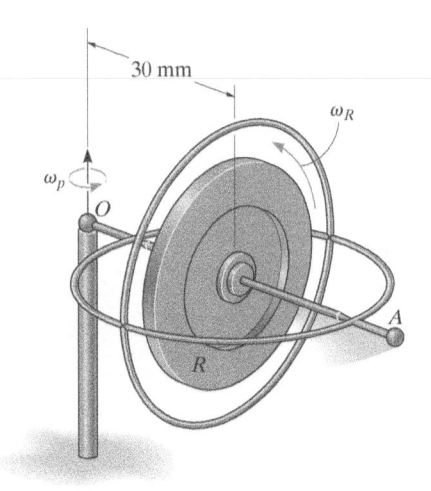

PROBLEMA 21.63

*21.64. A hélice em um avião monomotor tem massa de 15 kg e raio de giração centroidal de 0,3 m, calculado em relação ao eixo de rotação. Quando vista da frente do avião, a hélice está girando em sentido horário a 350 rad/s em relação ao eixo de rotação. Se o avião entra em uma curva vertical com raio de 80 m e está voando a 200 km/h, determine o momento fletor giroscópico que a hélice exerce sobre os mancais do motor quando o avião está em sua posição mais baixa.

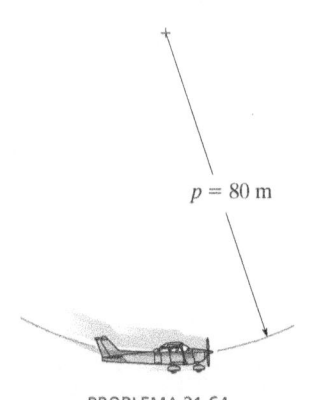

PROBLEMA 21.64

21.65. O disco de 10 kg gira em torno do eixo AB a uma taxa constante de $\omega_s = 250$ rad/s, e $\theta = 30°$. Determine a taxa de precessão do braço OA. Despreze a massa do braço OA, do eixo AB e do anel circular D.

21.66. Quando OA realiza precessão a uma taxa constante de $\omega_p = 5$ rad/s, quando $\theta = 90°$, determine a rotação exigida do disco C de 10 kg. Despreze a massa do braço OA, do eixo AB e do anel circular D.

***21.68.** O pião cônico tem massa de 0,8 kg e os momentos de inércia são $I_x = I_y = 3,5(10^{-3})$ kg · m² e $I_z = 0,8(10^{-3})$ kg · m². Se ele gira livremente na junta esférica em A com velocidade angular $\omega_s = 750$ rad/s, calcule a precessão do pião em relação ao eixo AB.

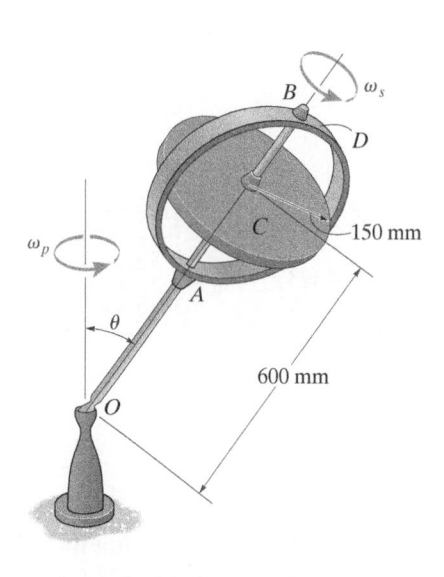

PROBLEMAS 21.65 e 21.66

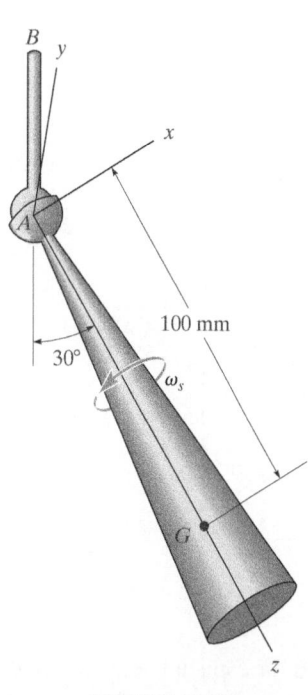

PROBLEMA 21.68

21.67. A roda de massa m e raio r rola com rotação constante ω em torno de uma trajetória circular com raio a. Se o ângulo de inclinação é θ, determine a taxa de precessão. Trate a roda como um anel fino. Não existe deslizamento.

21.69. O pião tem massa de 90 g, centro de massa em G e raio de giração $k = 18$ mm em relação a seu eixo de simetria. Em torno de qualquer eixo transversal atuando através do ponto O, o raio de giração é $k_t = 35$ mm. Se o pião está conectado a uma junta esférica em O e a precessão é $\omega_p = 0,5$ rad/s, determine a rotação ω_s.

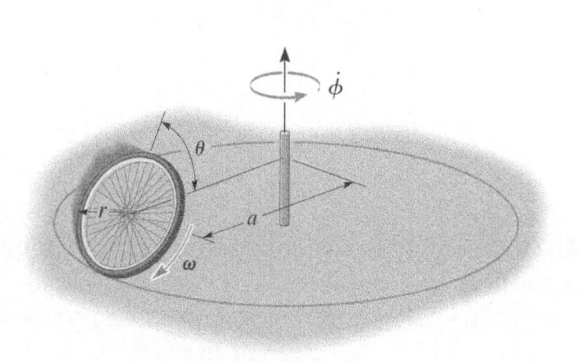

PROBLEMA 21.67

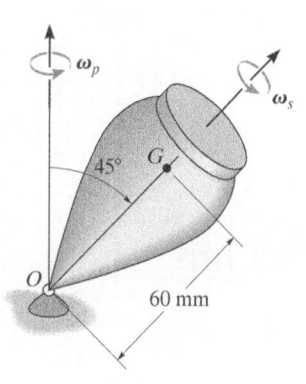

PROBLEMA 21.69

21.70. O satélite tem massa de 1,8 Mg. Os raios de giração axial e transversal em torno dos eixos que passam pelo centro de massa G são $k_z = 0,8$ m e $k_t = 1,2$ m, respectivamente. Se ele está girando a $\omega_s = 6$ rad/s quando é lançado, determine sua quantidade de movimento angular. Ocorre precessão em torno do eixo Z.

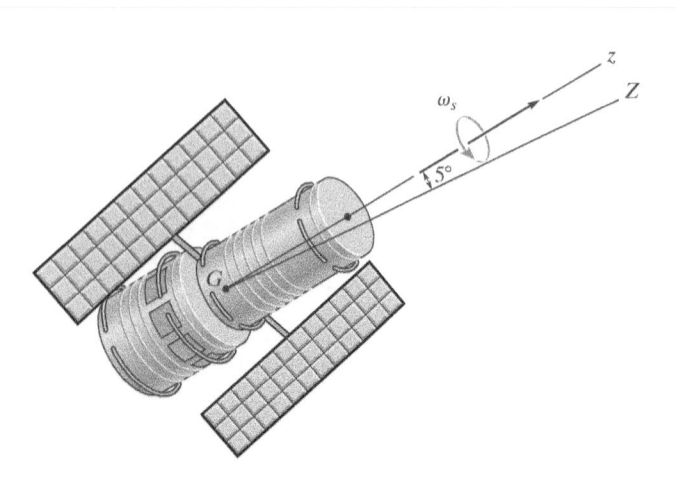

*21.72. A bola de futebol americano de 0,25 kg está girando a $\omega_z = 15$ rad/s, conforme mostrado. Se $\theta = 40°$, determine a precessão em torno do eixo Z. O raio de giração em torno do eixo de rotação é $k_z = 0,042$ m, e em torno do eixo transversal é $k_y = 0,13$ m.

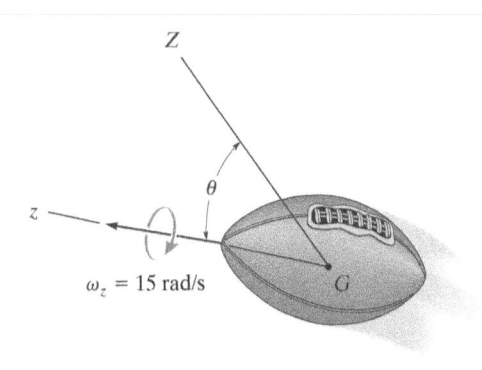

PROBLEMA 21.70

PROBLEMA 21.72

21.71. A cápsula espacial tem massa de 2 Mg, centro de massa em G e raios de giração em relação a seu eixo de simetria (eixo z) e seus eixos transversais (eixo x ou y) de $k_z = 2,75$ m e $k_x = k_y = 5,5$ m, respectivamente. Se a cápsula tem a velocidade angular mostrada, determine sua precessão $\dot{\phi}$ e rotação $\dot{\psi}$. Indique se a precessão é regular ou retrógrada. Além disso, desenhe os cones do espaço e do corpo para o movimento.

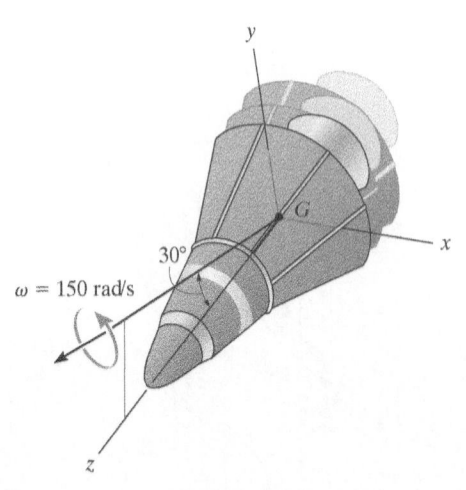

21.73. O projétil mostrado está sujeito a um movimento livre de torque. Os momentos de inércia transversal e axial são I e I_z, respectivamente. Se θ representa o ângulo entre os eixos de precessão Z e o eixo de simetria z, e β é o ângulo entre a velocidade angular ω e o eixo z, mostre que β e θ estão relacionados pela equação tg $\theta = (I/I_z)$ tg β.

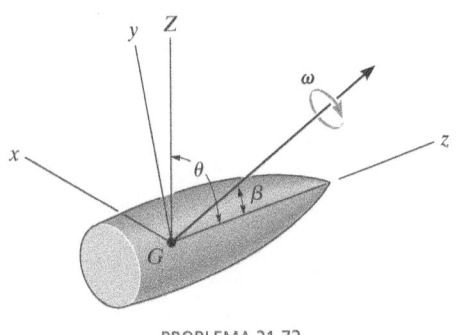

PROBLEMA 21.73

PROBLEMA 21.71

21.74. O raio de giração em relação a um eixo que passa pelo eixo de simetria da cápsula espacial de 1,6 Mg é $k_z = 1,2$ m, e em relação a qualquer eixo transversal passando pelo centro de massa G, $k_t = 1,8$ m. Se a cápsula tem uma precessão estacionária de duas revoluções por hora em torno do eixo Z, determine a taxa de rotação em torno do eixo z.

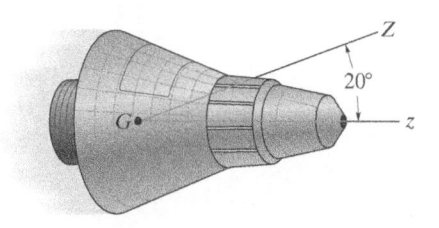

PROBLEMA 21.74

21.75. O foguete tem massa de 4 Mg e raios de giração $k_z = 0{,}85$ m e $k_x = k_y = 2{,}3$ m. Ele está inicialmente girando em torno do eixo z a $\omega_z = 0{,}05$ rad/s quando um meteorito M o atinge em A e cria um impulso $\mathbf{I} = \{300\mathbf{i}\}$ N · s. Determine o eixo de precessão após o impacto.

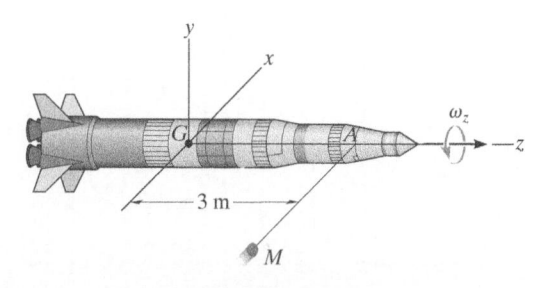

PROBLEMA 21.75

*21.76. A bola de futebol americano tem massa de 450 g e raios de giração em relação a seu eixo de simetria (eixo z) e eixos transversais (eixo x ou y) de $k_z = 30$ mm e $k_x = k_y = 50$ mm, respectivamente. Se a bola tem uma quantidade de movimento angular $H_G = 0{,}02$ kg · m²/s, determine sua precessão $\dot{\phi}$ e rotação $\dot{\psi}$. Determine também o ângulo β que o vetor velocidade angular faz com o eixo z.

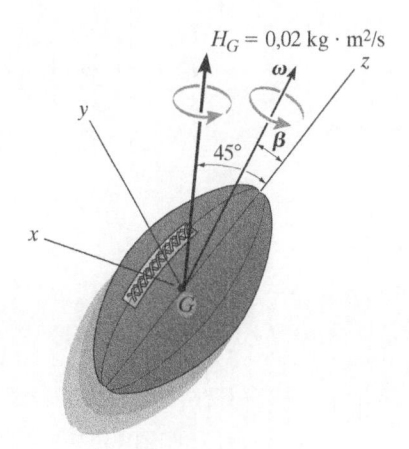

PROBLEMA 21.76

21.77. Enquanto o foguete está em voo livre, ele tem rotação de 3 rad/s e realiza precessão em relação a um eixo medido a 10° do eixo de rotação. Se a razão entre os momentos de inércia axial e transversal do foguete é 1/15, calculada em relação aos eixos que passam pelo centro de massa G, determine o ângulo que a velocidade angular resultante faz com o eixo de rotação. Construa os cones do corpo e do espaço usados para descrever o movimento. A precessão é regular ou retrógrada?

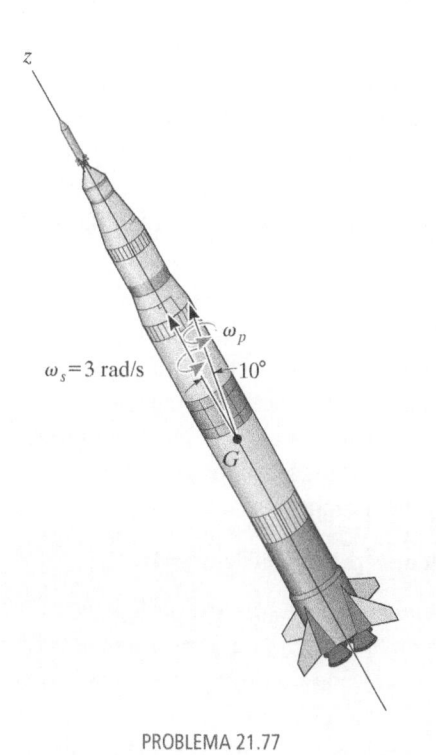

PROBLEMA 21.77

21.78. O raio de giração em relação a um eixo que passa pelo eixo de simetria do satélite de 1,2 Mg é $k_z = 1{,}4$ m, e em relação a qualquer eixo transversal que passa pelo centro de massa G, $k_t = 2{,}20$ m. Se o satélite tem uma rotação conhecida de 2700 rev/h em torno do eixo z, determine a precessão estacionária em torno do eixo z.

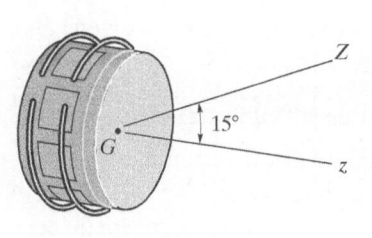

PROBLEMA 21.78

Revisão do capítulo

Momentos e produtos de inércia

Um corpo tem seis componentes de inércia para quaisquer eixos x, y, z especificados. Três destes são momentos de inércia em relação a cada um dos eixos, I_{xx}, I_{yy}, I_{zz}, e três são produtos de inércia, cada um definido a partir de dois planos ortogonais, I_{xy}, I_{yz}, I_{xz}. Se um ou ambos desses planos são planos de simetria, o produto de inércia em relação a esses planos será zero.

$$I_{xx} = \int_m r_x^2 \, dm = \int_m (y^2 + z^2) \, dm \qquad I_{xy} = I_{yx} = \int_m xy \, dm$$

$$I_{yy} = \int_m r_y^2 \, dm = \int_m (x^2 + z^2) \, dm \qquad I_{yz} = I_{zy} = \int_m yz \, dm$$

$$I_{zz} = \int_m r_z^2 \, dm = \int_m (x^2 + y^2) \, dm \qquad I_{xz} = I_{zx} = \int_m xz \, dm$$

Os momentos e produtos de inércia podem ser determinados por integração direta ou utilizando valores tabelados. Se essas quantidades devem ser determinadas em relação a eixos ou planos que não passam pelo centro de massa, teoremas dos eixos paralelos e dos planos paralelos têm de ser usados.

Contanto que seis componentes de inércia sejam conhecidas, o momento de inércia em relação a qualquer eixo pode ser determinado usando a equação de transformação de inércia.

$$I_{Oa} = I_{xx}u_x^2 + I_{yy}u_y^2 + I_{zz}u_z^2 - 2I_{xy}u_xu_y - 2I_{yz}u_yu_z - 2I_{zx}u_zu_x$$

Momentos principais de inércia

Em qualquer ponto dentro ou fora do corpo, os eixos x, y, z podem ser orientados de maneira que os produtos de inércia sejam nulos. Os momentos de inércia resultantes são chamados de momentos principais de inércia, um dos quais será um máximo e outro, um mínimo.

$$\begin{pmatrix} I_x & 0 & 0 \\ 0 & I_y & 0 \\ 0 & 0 & I_z \end{pmatrix}$$

Princípio do impulso e quantidade de movimento

A quantidade de movimento angular para um corpo pode ser determinada em relação a qualquer ponto arbitrário A.

Uma vez que a quantidade de movimento linear e angular para o corpo tenha sido formulada, o princípio de impulso e quantidade de movimento pode ser usado para resolver problemas que envolvem força, velocidade e tempo.

$$m(\mathbf{v}_G)_1 + \Sigma \int_{t_1}^{t_2} \mathbf{F} \, dt = m(\mathbf{v}_G)_2 \qquad (\mathbf{H}_O)_1 + \Sigma \int_{t_1}^{t_2} \mathbf{M}_O \, dt = (\mathbf{H}_O)_2$$

$$\mathbf{H}_O = \int_m \boldsymbol{\rho}_O \times (\boldsymbol{\omega} \times \boldsymbol{\rho}_O) \, dm$$
Ponto fixo O

$$\mathbf{H}_G = \int_m \boldsymbol{\rho}_G \times (\boldsymbol{\omega} \times \boldsymbol{\rho}_G) \, dm$$
Centro de massa

$$\mathbf{H}_A = \boldsymbol{\rho}_{G/A} \times m\mathbf{v}_G + \mathbf{H}_G$$
Ponto arbitrário

onde
$$H_x = I_{xx}\omega_x - I_{xy}\omega_y - I_{xz}\omega_z$$
$$H_y = -I_{yx}\omega_x + I_{yy}\omega_y - I_{yz}\omega_z$$
$$H_z = -I_{zx}\omega_x - I_{zy}\omega_y + I_{zz}\omega_z$$

Princípio do trabalho e energia

A energia cinética para um corpo é normalmente determinada em relação a um ponto fixo ou ao centro de massa do corpo.

$$T = \tfrac{1}{2}I_x\omega_x^2 + \tfrac{1}{2}I_y\omega_y^2 + \tfrac{1}{2}I_z\omega_z^2 \qquad T = \tfrac{1}{2}mv_G^2 + \tfrac{1}{2}I_x\omega_x^2 + \tfrac{1}{2}I_y\omega_y^2 + \tfrac{1}{2}I_z\omega_z^2$$
Ponto fixo $\qquad\qquad\qquad\qquad\qquad$ Centro de massa

Essas formulações podem ser usadas com o princípio do trabalho e energia para resolver problemas que envolvem força, velocidade e deslocamento.

$$T_1 + \Sigma U_{1-2} = T_2$$

Equações de movimento

Há três equações escalares de movimento translacional para um corpo rígido que se desloca em três dimensões.

$$\Sigma F_x = m(a_G)_x$$
$$\Sigma F_y = m(a_G)_y$$
$$\Sigma F_z = m(a_G)_z$$

As três equações escalares de movimento rotacional dependem do movimento da referência x, y, z. Na maioria das vezes, esses eixos são orientados de maneira que eles sejam os eixos principais de inércia. Se os eixos estão fixos no corpo e se deslocam com ele de maneira que $\Omega = \omega$, então as equações são referidas como as equações de movimento de Euler.

$$\Sigma M_x = I_x \dot{\omega}_x - (I_y - I_z)\omega_y \omega_z$$
$$\Sigma M_y = I_y \dot{\omega}_y - (I_z - I_x)\omega_z \omega_x$$
$$\Sigma M_z = I_z \dot{\omega}_z - (I_x - I_y)\omega_x \omega_y$$

$$\Omega = \omega$$

$$\Sigma M_x = I_x \dot{\omega}_x - I_y \Omega_z \omega_y + I_z \Omega_y \omega_z$$
$$\Sigma M_y = I_y \dot{\omega}_y - I_z \Omega_x \omega_z + I_x \Omega_z \omega_x$$
$$\Sigma M_z = I_z \dot{\omega}_z - I_x \Omega_y \omega_x + I_y \Omega_x \omega_y$$

$$\Omega \neq \omega$$

Um diagrama de corpo livre deve sempre acompanhar a aplicação das equações de movimento.

Movimento giroscópico

O movimento angular de um giroscópio é mais bem descrito usando-se os três ângulos de Euler ϕ, θ e ψ. As componentes da velocidade angular são chamadas de precessão $\dot{\phi}$, nutação $\dot{\theta}$ e rotação $\dot{\psi}$.

Se $\dot{\theta} = 0$ e $\dot{\phi}$ e $\dot{\psi}$ são constantes, o movimento é referido como uma precessão estacionária.

A rotação de um rotor giroscópico é responsável por evitar que um rotor caia para baixo e, em vez disso, faz com que ele realize a precessão em torno de um eixo vertical. Esse fenômeno é chamado de efeito giroscópico.

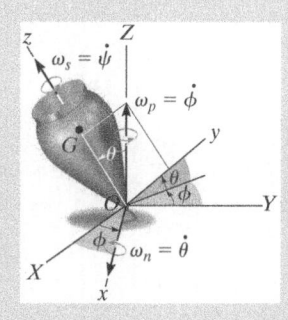

$$\Sigma M_x = -I \dot{\phi}^2 \operatorname{sen} \theta \cos \theta + I_z \dot{\phi} \operatorname{sen} \theta (\dot{\phi} \cos \theta + \dot{\psi})$$

$$\Sigma M_y = 0, \Sigma M_z = 0$$

Movimento livre de torque

Um corpo que está apenas sujeito a uma força gravitacional não terá momentos nele em relação a seu centro de massa, e assim o movimento é descrito como um movimento livre de torque. A quantidade de movimento angular para o corpo em relação a seu centro de massa permanecerá constante. Isso faz com que o corpo tenha uma rotação e uma precessão. O movimento depende da intensidade do momento de inércia de um corpo simétrico em relação ao eixo de rotação, I_z, versus aquele em relação a um eixo perpendicular, I.

$$\theta = \text{constante}$$

$$\dot{\phi} = \frac{H_G}{I}$$

$$\dot{\psi} = \frac{I - I_z}{I\,I_z} H_G \cos \theta$$

CAPÍTULO 22

Vibrações

A análise das vibrações desempenha um papel importante no estudo do comportamento de estruturas submetidas a terremotos.

(© Daseaford/Fotolia)

*22.1 Vibração livre não amortecida

Objetivos
- Discutir a vibração de um grau de liberdade não amortecida de um corpo rígido usando os métodos de equação de movimento e energia.
- Estudar a análise da vibração forçada não amortecida e da vibração forçada amortecida viscosa.

Uma *vibração* é o movimento periódico de um corpo ou sistema de corpos conectados deslocados de uma posição de equilíbrio. Em geral, há dois tipos de vibração: livre e forçada. A *vibração livre* ocorre quando o movimento é mantido por forças restauradoras gravitacionais ou elásticas, como o movimento de oscilação de um pêndulo ou a vibração de uma barra elástica. A *vibração forçada* é causada por uma força externa, intermitente ou periódica, aplicada ao sistema. Ambas as vibrações podem ser do tipo amortecido ou não amortecido. Vibrações *não amortecidas* excluem os efeitos do atrito na análise. Já que, na realidade, forças de atrito internas e externas estão presentes, o movimento de todos os corpos em vibração é, na realidade, *amortecido*.

O tipo mais simples de movimento vibratório é a vibração livre não amortecida, representada pelo modelo de bloco e mola mostrado na Figura 22.1a. O movimento vibratório ocorre quando o bloco é solto de uma posição deslocada x, de maneira que a mola puxa o bloco para si. O bloco alcançará uma velocidade de tal maneira que ele prosseguirá para sair do equilíbrio quando $x = 0$ e, contanto que a superfície de apoio seja lisa, o bloco oscilará para a frente e para trás.

(a)

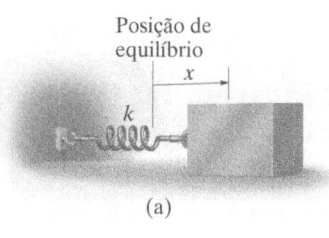

FIGURA 22.1

576 DINÂMICA

FIGURA 22.1 (cont.)

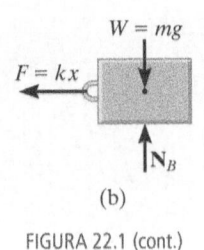

A trajetória de movimento do bloco dependente do tempo pode ser determinada aplicando a equação de movimento ao bloco quando ele está na posição deslocada x. O diagrama de corpo livre é mostrado na Figura 22.1b. A força restauradora elástica $F = kx$ é sempre direcionada para a posição de equilíbrio, enquanto se supõe que a aceleração **a** é atuante na direção do *deslocamento positivo*. Como $a = d^2x/dt^2 = \ddot{x}$, temos

$$\stackrel{+}{\rightarrow} \Sigma F_x = ma_x; \qquad -kx = m\ddot{x}$$

Observe que a aceleração é proporcional ao deslocamento do bloco. O movimento descrito dessa maneira é chamado de *movimento harmônico simples*. Rearranjar os termos em uma "forma padrão" resulta em

$$\ddot{x} + \omega_n^2 x = 0 \qquad (22.1)$$

A constante ω_n, geralmente informada em rad/s, é chamada de *frequência natural* e, nesse caso,

$$\omega_n = \sqrt{\frac{k}{m}} \qquad (22.2)$$

A Equação 22.1 também pode ser obtida considerando-se o bloco como estando suspenso, de modo que o deslocamento y é medido a partir da *posição de equilíbrio* (Figura 22.2a). Quando o bloco está em equilíbrio, a mola exerce uma força para cima de $F = W = mg$ sobre o bloco. Assim, quando o bloco é deslocado uma distância y para baixo dessa posição, a intensidade da força de mola é $F = W + ky$ (Figura 22.2b). Aplicar a equação de movimento resulta em

$$+\downarrow \Sigma F_y = ma_y; \qquad -W - ky + W = m\ddot{y}$$

ou

$$\ddot{y} + \omega_n^2 y = 0$$

que é a mesma fórmula que a Equação 22.1 e ω_n é definido pela Equação 22.2.

A Equação 22.1 é uma equação diferencial linear, de segunda ordem, homogênea com coeficientes constantes. Usando os métodos de equações diferenciais, pode-se demonstrar que a solução geral é

$$x = A \operatorname{sen} \omega_n t + B \cos \omega_n t \qquad (22.3)$$

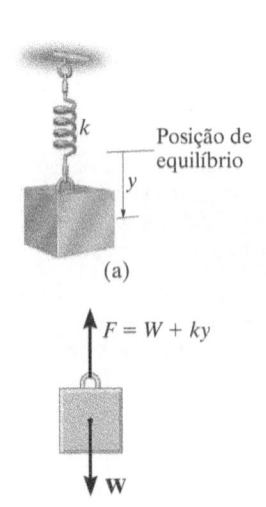

FIGURA 22.2

Aqui, A e B representam duas constantes de integração. A velocidade e aceleração do bloco são determinadas tomando sucessivas derivadas de tempo, o que resulta em

$$v = \dot{x} = A\omega_n \cos \omega_n t - B\omega_n \operatorname{sen} \omega_n t \qquad (22.4)$$

$$a = \ddot{x} = -A\omega_n^2 \operatorname{sen} \omega_n t - B\omega_n^2 \cos \omega_n t \qquad (22.5)$$

Quando as equações 22.3 e 22.5 são substituídas na Equação 22.1, a equação diferencial será satisfeita, mostrando que a Equação 22.3 é realmente a solução para a Equação 22.1.

As constantes de integração na Equação 22.3 são geralmente determinadas a partir das condições iniciais do problema. Por exemplo, suponha que o bloco na Figura 22.1a tenha sido deslocado uma distância x_1 para a direita de sua posição de equilíbrio e submetido a uma velocidade (positiva) inicial $\mathbf{v}_1$ direcionada para a direita. Substituindo $x = x_1$ quando $t = 0$, usando a Equação 22.3, obtemos $B = x_1$. E, uma vez que $v = v_1$, quando $t = 0$, usando a Equação 22.4 obtemos $A = v_1/\omega_n$. Se esses valores forem substituídos na Equação 22.3, a equação que descreve o movimento torna-se

$$x = \frac{v_1}{\omega_n} \text{sen } \omega_n t + x_1 \cos \omega_n t \qquad (22.6)$$

A Equação 22.3 também pode ser expressa em termos de movimento senoidal simples. Para demonstrar isso, suponha que

$$A = C \cos \phi \qquad (22.7)$$

e

$$B = C \text{ sen } \phi \qquad (22.8)$$

onde C e ϕ são novas constantes a serem determinadas em lugar de A e B. Substituir na Equação 22.3 resulta em

$$x = C \cos \phi \text{ sen } \omega_n t + C \text{ sen } \phi \cos \omega_n t$$

E já que $\text{sen}(\theta + \phi) = \text{sen } \theta \cos \phi + \cos \theta \text{ sen } \phi$, então

$$\boxed{x = C \text{sen}(\omega_n t + \phi)} \qquad (22.9)$$

Se esta equação for representada em um eixo x versus $\omega_n t$, obtém-se o gráfico mostrado na Figura 22.3. O deslocamento máximo do bloco de sua posição de equilíbrio é definido como a *amplitude* de vibração. Seja da figura, seja da Equação 22.9, a amplitude é C. O ângulo ϕ é chamado de *ângulo de fa*se, já que ele representa o montante pelo qual a curva é deslocada da origem quando $t = 0$. Podemos relacionar essas duas constantes a A e B usando as equações 22.7 e 22.8. Elevando ao quadrado e somando essas duas equações, a amplitude torna-se

$$C = \sqrt{A^2 + B^2} \qquad (22.10)$$

Se a Equação 22.8 for dividida pela Equação 22.7, o ângulo de fase será, então,

$$\phi = \text{tg}^{-1} \frac{B}{A} \qquad (22.11)$$

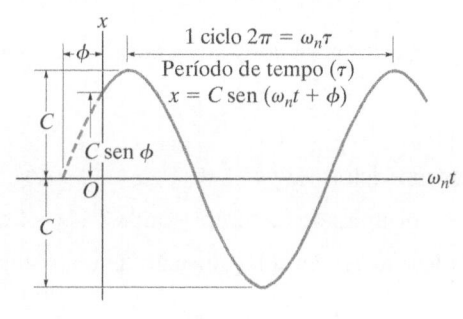

FIGURA 22.3

Observe que a curva do seno (Equação 22.9) completa um *ciclo* no tempo $t = \tau$ (tau) quando $\omega_n \tau = 2\pi$, ou

$$\tau = \frac{2\pi}{\omega_n} \tag{22.12}$$

Esse intervalo de tempo é chamado de um *período* (Figura 22.3). Usando a Equação 22.2, o período também pode ser representado como

$$\tau = 2\pi \sqrt{\frac{m}{k}} \tag{22.13}$$

Finalmente, a *frequência f* é definida como o número de ciclos completados por unidade de tempo, que é o recíproco do período; isto é,

$$f = \frac{1}{\tau} = \frac{\omega_n}{2\pi} \tag{22.14}$$

ou

$$f = \frac{1}{2\pi} \sqrt{\frac{k}{m}} \tag{22.15}$$

A frequência é expressa em ciclos/s. Essa razão de unidades é chamada de um *hertz* (Hz), onde 1 Hz = 1 ciclo/s = 2π rad/s.

Quando um corpo ou sistema de corpos conectados é submetido a um deslocamento inicial de sua posição de equilíbrio e solto, ele vibrará com a *frequência natural*, ω_n. Contanto que o sistema tenha um único grau de liberdade, isto é, requeira apenas uma coordenada para especificar completamente a posição do sistema a qualquer momento, o movimento de vibração terá as mesmas características que o movimento harmônico simples do bloco e mola recém-apresentado. Consequentemente, o movimento é descrito por uma equação diferencial da mesma "forma padrão" que a Equação 22.1, ou seja,

$$\ddot{x} + \omega_n^2 x = 0 \tag{22.16}$$

Assim, se a frequência natural ω_n é conhecida, o período de vibração τ, a frequência f e outras características de vibração podem ser estabelecidas usando-se as equações 22.3 até 22.15.

Pontos importantes

- A vibração livre ocorre quando o movimento é mantido por forças restauradoras elásticas ou gravitacionais.
- A amplitude é o deslocamento máximo do corpo.
- O período é o tempo necessário para completar um ciclo.
- A frequência é o número de ciclos completados por unidade de tempo, onde 1 Hz = 1 ciclo/s.
- Apenas a coordenada de posição é necessária para descrever a localização de um sistema de um grau de liberdade.

Procedimento para análise

Como no caso do bloco e da mola, a frequência natural ω_n de um corpo ou sistema de corpos conectados com um único grau de liberdade pode ser determinada usando o procedimento indicado a seguir:

Diagrama de corpo livre

- Trace o diagrama de corpo livre quando este é deslocado uma *pequena distância* de sua posição de equilíbrio.

- Localize o corpo em relação à sua posição de equilíbrio utilizando uma *coordenada inercial q* apropriada. A aceleração do centro de massa do corpo $\mathbf{a}_G$ ou a aceleração angular do corpo $\boldsymbol{\alpha}$ devem ter um sentido de direção presumido que está na *direção positiva* da coordenada de posição.

- Se a equação rotacional de movimento $\Sigma M_P = \Sigma(\mathcal{M}_k)_P$ deve ser usada, então também pode ser benéfico traçar o diagrama cinético, já que ele graficamente leva em consideração as componentes $m(\mathbf{a}_G)_x$, $m(\mathbf{a}_G)_y$ e $I_G \boldsymbol{\alpha}$, e, desse modo, torna conveniente para a visualização os termos necessários na soma de momentos $\Sigma(\mathcal{M}_k)_P$.

Equação de movimento

- Aplicar a equação de movimento para relacionar as forças *restauradoras* elásticas ou gravitacionais e momentos acoplados que atuam sobre o corpo ao movimento acelerado do corpo.

Cinemática

- Utilizando a cinemática, expresse o movimento acelerado do corpo em termos da segunda derivada de tempo da coordenada de posição, $\ddot{q}$.

- Substitua o resultado na equação de movimento e determine ω_n rearranjando os termos de maneira que a equação resultante esteja na "forma padrão", $\ddot{q} + \omega_n^2 q = 0$.

EXEMPLO 22.1

Determine o período de oscilação para um pêndulo simples mostrado na Figura 22.4a. O peso tem massa m e está fixado a uma corda de comprimento l. Despreze o tamanho do peso.

SOLUÇÃO

Diagrama de corpo livre

O movimento do sistema será relacionado à coordenada de posição ($q =$) θ (Figura 22.4b). Quando o peso é deslocado por um pequeno ângulo θ, a *força restauradora* que atua sobre o pêndulo é criada pela componente tangencial de seu peso, mg sen θ. Além disso, $\mathbf{a}_t$ atua na direção de *aumentar s* (ou θ).

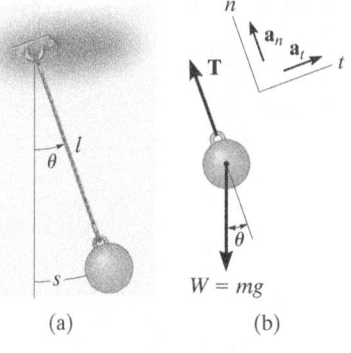

FIGURA 22.4

Equação de movimento

Aplicar a equação de movimento na *direção tangencial*, já que ela envolve a força restauradora, resulta em

$$+\nearrow \Sigma F_t = ma_t; \qquad\qquad -mg \operatorname{sen} \theta = ma_t \qquad\qquad (1)$$

Cinemática

$a_t = d^2s/dt^2 = \ddot{s}$. Além disso, s pode ser relacionado a θ pela $s = l\theta$, de maneira que $a_t = l\ddot{\theta}$. Assim, a Equação 1 reduz-se a

580 DINÂMICA

$$\ddot{\theta} + \frac{g}{l}\operatorname{sen}\theta = 0 \quad (2)$$

A solução dessa equação envolve o uso de uma integral elíptica. Para *deslocamentos pequenos*, entretanto, sen $\theta \approx \theta$, caso em que

$$\ddot{\theta} + \frac{g}{l}\theta = 0 \quad (3)$$

Comparando essa equação com a Equação 22.16 ($\ddot{x} + \omega_n^2 x = 0$), vê-se que $\omega_n = \sqrt{g/l}$. Da Equação 22.12, o período de tempo necessário para o peso realizar uma oscilação completa é, portanto,

$$\tau = \frac{2\pi}{\omega_n} = 2\pi\sqrt{\frac{l}{g}} \qquad \textit{Resposta}$$

Esse interessante resultado, originalmente descoberto por Galileu Galilei por meio de experimento, indica que o período depende somente do comprimento da corda e não da massa do peso do pêndulo ou do ângulo θ.

NOTA: a solução da Equação 3 é dada pela Equação 22.3, onde $\omega_n = \sqrt{g/l}$ e θ é substituído por x. Como o bloco e a mola, as constantes A e B nessa equação podem ser determinadas se, por exemplo, o deslocamento e a velocidade do peso em um dado instante forem conhecidos.

EXEMPLO 22.2

A placa retangular de 10 kg mostrada na Figura 22.5a está suspensa no seu centro de uma barra com elasticidade torcional $k = 1,5$ N · m/rad. Determine o período natural de vibração da placa quando ela é submetida a um pequeno deslocamento angular θ no plano da placa.

SOLUÇÃO

Diagrama de corpo livre

(Figura 22.5b) Já que a placa é deslocada em seu próprio plano, o momento *restaurador* torcional criado pela barra é $M = k\theta$. Esse momento atua na direção oposta ao deslocamento angular θ. A aceleração angular $\ddot{\theta}$ atua na direção do θ positivo.

Equação de movimento

$$\Sigma M_O = I_O \alpha; \qquad -k\theta = I_O \ddot{\theta}$$

ou

$$\ddot{\theta} + \frac{k}{I_O}\theta = 0$$

Já que essa equação está na "forma padrão", a frequência natural é $\omega_n = \sqrt{k/I_O}$.

Da tabela nos apêndices, o momento de inércia da placa em torno de um eixo coincidente com a barra é $I_O = \frac{1}{12}m(a^2 + b^2)$. Assim,

$$I_O = \frac{1}{12}(10\text{ kg})\left[(0,2\text{ m})^2 + (0,3\text{ m})^2\right] = 0,1083\text{ kg}\cdot\text{m}^2$$

O período natural de vibração é, portanto,

$$\tau = \frac{2\pi}{\omega_n} = 2\pi\sqrt{\frac{I_O}{k}} = 2\pi\sqrt{\frac{0,1083}{1,5}} = 1,69\text{ s} \qquad \textit{Resposta}$$

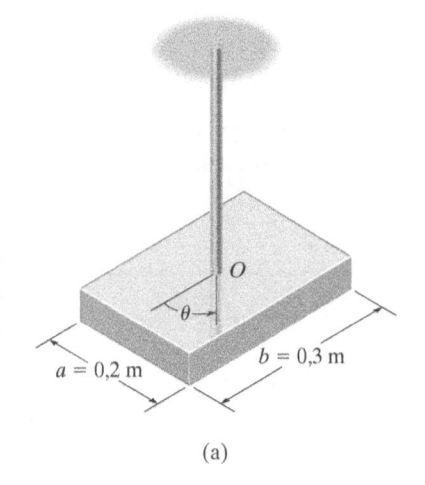

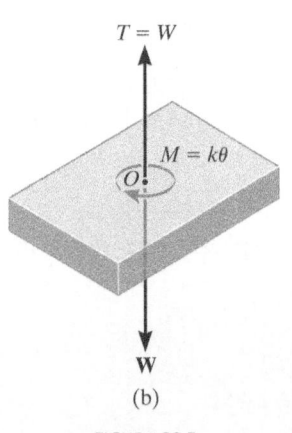

FIGURA 22.5

EXEMPLO 22.3

A barra dobrada mostrada na Figura 22.6a tem massa desprezível e suporta um anel de 5 kg em sua extremidade. Se a barra está na posição de equilíbrio mostrada, determine o período natural de vibração para o sistema.

SOLUÇÃO

Diagramas cinético e de corpo livre

(Figura 22.6b) Aqui, a barra é deslocada por um ângulo pequeno θ da posição de equilíbrio. Já que a mola é submetida a uma compressão inicial x_{st} para o equilíbrio, então, quando o deslocamento $x > x_{st}$, a mola exerce uma força de $F_s = kx - kx_{st}$ sobre a barra. Para obter a "forma padrão", Equação 22.16, $5\mathbf{a}_y$ tem de atuar *para cima*, o que está de acordo com o deslocamento positivo θ.

Equação de movimento

Momentos serão somados em torno do ponto B para eliminar a reação desconhecida nesse ponto. Já que θ é pequeno,

$$\zeta + \Sigma M_B = \Sigma(\mathcal{M}_k)_B;$$
$$kx(0,1 \text{ m}) - kx_{st}(0,1 \text{ m}) + 49,05 \text{ N}(0,2 \text{ m}) = -(5 \text{ kg})a_y(0,2 \text{ m})$$

O segundo termo do lado esquerdo, $-kx_{st}(0,1 \text{ m})$, representa o momento criado pela força da mola que é necessário para manter o anel em *equilíbrio*, ou seja, em $x = 0$. Já que esse momento é igual e oposto ao momento 49,05 N(0,2 m) criado pelo peso do anel, esses dois termos se cancelam na equação anterior, de maneira que

$$kx(0,1) = -5a_y(0,2) \qquad (1)$$

Cinemática

A deformação da mola e a posição do anel podem ser relacionadas ao ângulo θ (Figura 22.6c). Já que θ é pequeno, $x = (0,1 \text{ m})\theta$ e $y = (0,2 \text{ m})\theta$. Portanto, $a_y = \ddot{y} = 0,2\ddot{\theta}$. Substituir na Equação 1 resulta em

$$400(0,1\theta)0,1 = -5(0,2\ddot{\theta})0,2$$

Reescrever essa equação na "forma padrão" resulta em

$$\ddot{\theta} + 20\theta = 0$$

Comparada com $\ddot{x} + \omega_n^2 x = 0$ (Equação 22.16), temos

$$\omega_n^2 = 20 \quad \omega_n = 4,47 \text{ rad/s}$$

O período natural de vibração é, portanto,

$$\tau = \frac{2\pi}{\omega_n} = \frac{2\pi}{4,47} = 1,40 \text{ s} \qquad Resposta$$

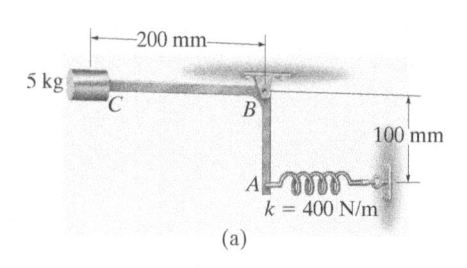

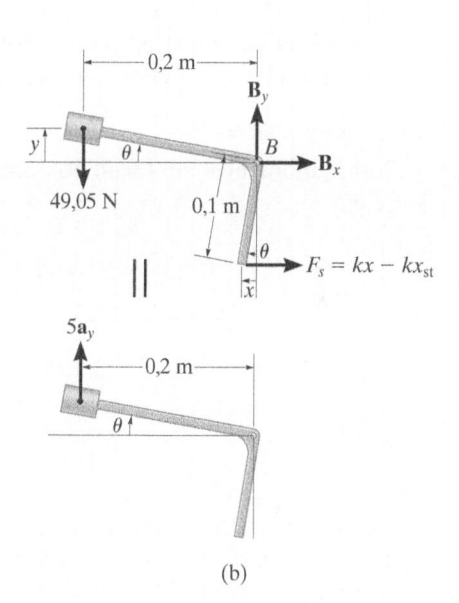

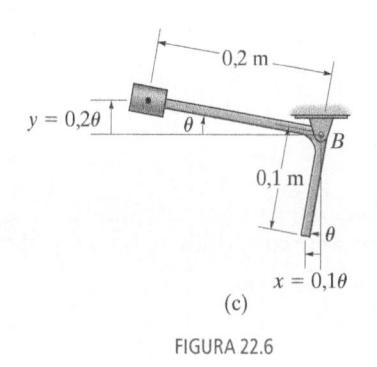

FIGURA 22.6

EXEMPLO 22.4

Um bloco de 5 kg está suspenso por uma corda que passa sobre um disco de 7,5 kg, como mostrado na Figura 22.7a. A mola tem rigidez $k = 3500$ N/m. Determine o período natural de vibração para o sistema.

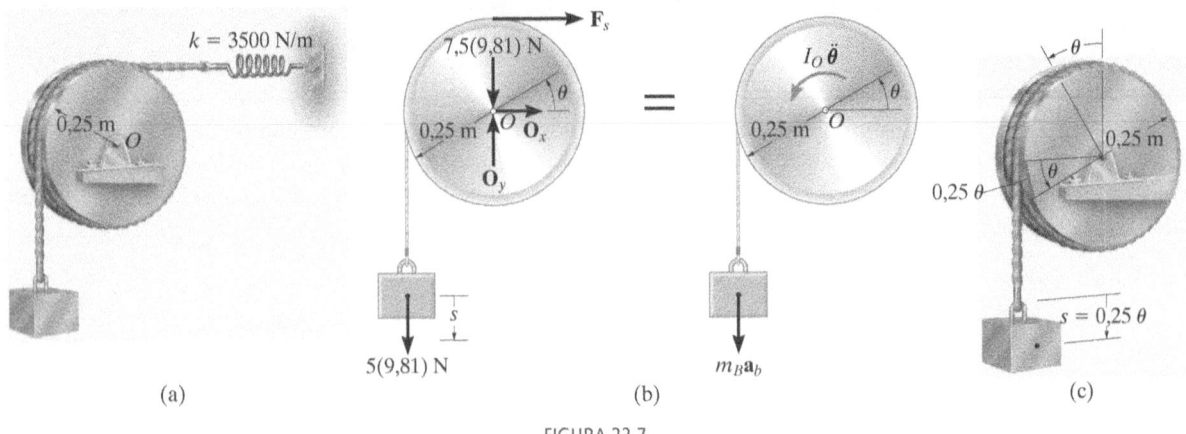

FIGURA 22.7

SOLUÇÃO

Diagramas cinético e de corpo livre

(Figura 22.7b) O *sistema* consiste no disco, que passa por uma rotação definida pelo ângulo θ, e no bloco, que realiza uma translação com valor s. O vetor $I_O\ddot{\theta}$ atua na direção do θ *positivo* e, consequentemente, $m_B a_b$ atua para baixo na direção do s *positivo*.

Equação de movimento

Somar momentos em torno do ponto O para eliminar as reações $\mathbf{O}_x$ e $\mathbf{O}_y$, percebendo que $I_O = \frac{1}{2}mr^2$, resulta em

$$\zeta + \Sigma M_O = \Sigma (\mathcal{M}_k)_O;$$
$$5(9{,}81)(0{,}25 \text{ m}) - F_s(0{,}25 \text{ m})$$
$$= \frac{1}{2}(7{,}5 \text{ kg})(0{,}25 \text{ m})^2 \ddot{\theta} + (5 \text{ kg})a_b(0{,}25 \text{ m}) \quad (1)$$

Cinemática

Como mostrado no diagrama cinemático na Figura 22.7c, um pequeno deslocamento positivo θ do disco faz com que o bloco baixe por um montante $s = 0{,}25\theta$; assim, $a_b = \ddot{s} = 0{,}25\ddot{\theta}$. Quando $\theta = 0°$, a força de mola exigida para o *equilíbrio* do disco é 5(9,81) N, atuando para a direita. Para a posição θ, a força da mola é $F_s = (3500 \text{ N/m})(0{,}25\theta \text{ m}) + 5(9{,}81)$N. Substituir esses resultados na Equação 1 e simplificar resulta em

$$\ddot{\theta} + 400\theta = 0$$

Assim,

$$\omega_n^2 = 400 \qquad \omega_n = 20 \text{ rad/s}$$

Portanto, o período natural de vibração é

$$\tau = \frac{2\pi}{\omega_n} = \frac{2\pi}{20} = 0{,}314 \text{ s} \qquad \textit{Resposta}$$

Problemas

22.1. Uma mola é estendida 175 mm por um bloco de 8 kg. Se o bloco for deslocado 100 mm para baixo de sua posição de equilíbrio e submetido a uma velocidade para baixo de 1,50 m/s, determine a equação diferencial que descreve o movimento. Presuma que o deslocamento positivo é para baixo. Além disso, determine a posição do bloco quando $t = 0,22$ s.

22.2. Uma mola tem rigidez de 800 N/m. Se um bloco de 2 kg for fixado à mola, empurrado 50 mm para cima de sua posição de equilíbrio, e solto do repouso, determine a equação que descreve o movimento do bloco. Presuma que o deslocamento positivo seja para baixo.

22.3. Uma mola é estendida 200 mm por um bloco de 15 kg. Se o bloco for deslocado 100 mm para baixo de sua posição de equilíbrio e submetido a uma velocidade para baixo de 0,75 m/s, determine a equação que descreve o movimento. Qual é o ângulo de fase? Presuma que o deslocamento positivo seja para baixo.

*22.4. Quando um bloco de 2 kg é suspenso de uma mola, esta for estendida uma distância de 40 mm. Determine a frequência e o período de vibração para um bloco de 0,5 kg fixado à mesma mola.

22.5. Quando um bloco de 3 kg é suspenso de uma mola, esta é estendida uma distância de 60 mm. Determine a frequência e o período de vibração para um bloco de 0,2 kg fixado à mesma mola.

22.6. Um bloco de 8 kg é suspenso de uma mola cuja rigidez é de $k = 80$ N/m. Se o bloco for submetido a uma velocidade para cima de 0,4 m/s quando ele está 90 mm acima de sua posição de equilíbrio, determine a equação que descreve o movimento e o deslocamento para cima máximo do bloco, medido a partir da posição de equilíbrio. Presuma que o deslocamento positivo seja para baixo.

22.7. Um pêndulo tem uma corda de 0,4 m de extensão e recebe uma velocidade tangencial de 0,2 m/s em direção à vertical a partir de uma posição $\theta = 0,3$ rad. Determine a equação que descreve o movimento angular.

*22.8. Um bloco de 2 kg é suspenso de uma mola com rigidez de 800 N/m. Se o bloco for submetido a uma velocidade para cima de 2 m/s quando ele é deslocado para baixo uma distância de 150 mm de sua posição de equilíbrio, determine a equação que descreve o movimento. Qual é a amplitude do movimento? Presuma que o deslocamento positivo seja para baixo.

22.9. Um bloco de 3 kg é suspenso de uma mola com rigidez de $k = 200$ N/m. Se o bloco for empurrado 50 mm para cima de sua posição de equilíbrio e então solto do repouso, determine a equação que descreve o movimento. Quais são a amplitude e a frequência da vibração? Presuma que o deslocamento positivo seja para baixo.

22.10. A barra uniforme de massa m é apoiada por um pino em A e uma mola em B. Se B recebe um pequeno deslocamento de lado e é solto, determine o período natural de vibração.

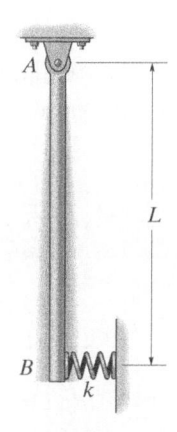

PROBLEMA 22.10

22.11. O corpo de formato arbitrário tem massa m, centro de massa em G, e raio de giração em torno de G de k_G. Se ele for deslocado uma pequena distância θ de sua posição de equilíbrio e solto, determine o período natural de vibração.

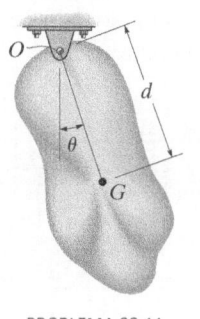

PROBLEMA 22.11

*22.12. A biela é apoiada por uma borda do tipo "fio de navalha" em A e o período de vibração é medido como $\tau_A = 3{,}38$ s. Depois ela é removida e girada em 180°, de modo que é apoiada pela borda em B. Neste caso, o período de vibração é medido como $\tau_B = 3{,}96$ s. Determine a localização d do centro de gravidade G e calcule o raio de giração k_G.

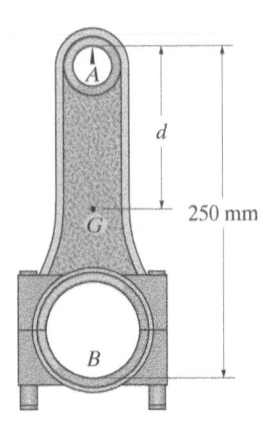

PROBLEMA 22.12

22.13. Determine o período natural de vibração da barra uniforme de massa m quando ela é deslocada ligeiramente para baixo e solta.

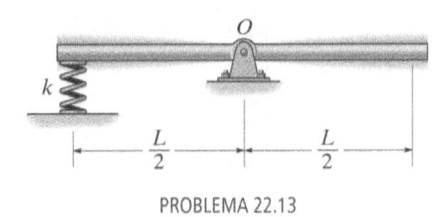

PROBLEMA 22.13

22.14. Uma plataforma, com massa desconhecida, é apoiada por *quatro* molas, cada uma com a mesma rigidez k. Quando não há nada sobre a plataforma, o período de vibração vertical é medido como 2,35 s; mas, se um bloco de 3 kg for colocado sobre a plataforma, o período de vibração vertical é 5,23 s. Determine a massa do bloco colocado sobre a plataforma (vazia) que faz com que a plataforma vibre verticalmente com um período de 5,62 s. Qual é a rigidez k de cada uma das molas?

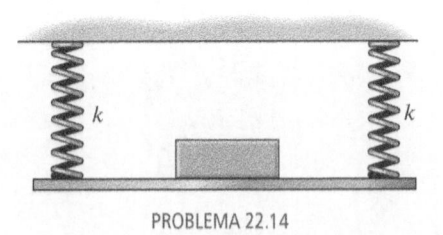

PROBLEMA 22.14

22.15. O aro fino de massa m é apoiado por uma borda do tipo fio de navalha. Determine o período natural de vibração para pequenas amplitudes de balanço.

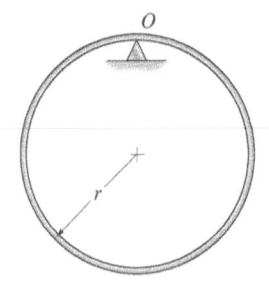

PROBLEMA 22.15

*22.16. Um bloco de massa m é apoiado por duas molas com rigidezes k_1 e k_2, arrumadas (a) em paralelo uma à outra e (b) em série. Determine a rigidez equivalente de uma única mola com as mesmas características de oscilação e o período de oscilação para cada caso.

22.17. O bloco de 15 kg é suspenso por duas molas com diferentes rigidezes e arrumadas (a) em paralelo uma à outra e (b) em série. Se os períodos naturais de oscilação do sistema paralelo e do sistema em série forem observados como sendo 0,5 s e 1,5 s, respectivamente, determine as rigidezes k_1 e k_2 das molas.

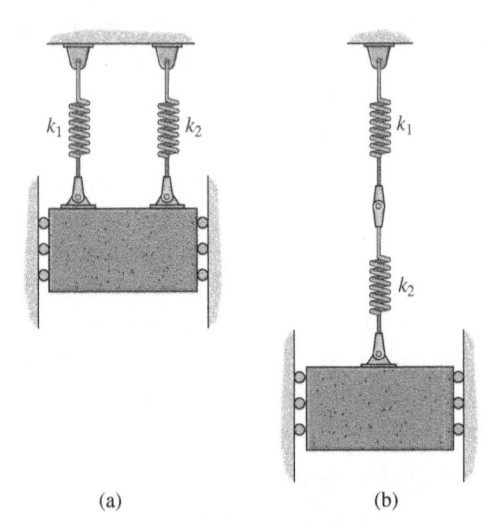

(a)   (b)

PROBLEMAS 22.16 e 22.17

22.18. A viga uniforme é apoiada em suas extremidades por duas molas A e B, cada uma tendo a mesma rigidez k. Quando nada é apoiado sobre a viga, ela tem um período de vibração vertical de 0,83 s. Se uma massa de 50 kg for colocada em seu centro, o período de vibração vertical é 1,52 s. Calcule a rigidez de cada mola e a massa da viga.

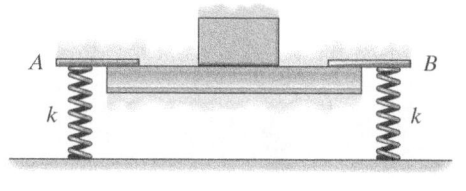

PROBLEMA 22.18

22.19. A barra delgada tem massa de 0,2 kg e é apoiada em O por um pino e em sua extremidade A por duas molas, cada uma com rigidez $k = 4$ N/m. O período de vibração da barra pode ser definido pela inclusão do anel C de 0,5 kg à barra em um local apropriado ao longo de sua extensão. Se as molas estão originalmente no estado não deformado quando a barra está na vertical, determine a posição y do anel, de modo que o período natural de vibração se torne $\tau = 1$ s. Despreze o tamanho do anel.

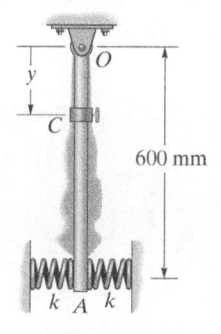

PROBLEMA 22.19

*22.20. Uma tábua uniforme é apoiada sobre duas rodas que giram em direções opostas a uma velocidade angular constante. Se o coeficiente de atrito cinético entre as rodas e a tábua é μ, determine a frequência de vibração da tábua se ela for deslocada ligeiramente por uma distância x a partir do ponto intermediário entre as rodas, e depois solta.

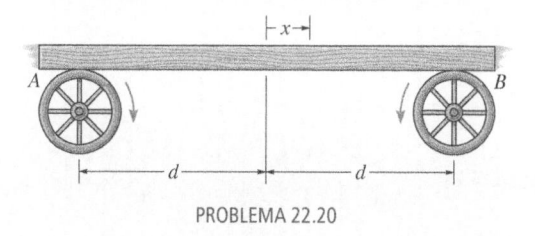

PROBLEMA 22.20

22.21. O bloco de 50 kg é suspenso pela polia de 10 kg que possui um raio de giração em torno de seu centro de massa igual a 125 mm. Se o bloco recebe um pequeno deslocamento vertical e depois é solto, determine a frequência natural de oscilação.

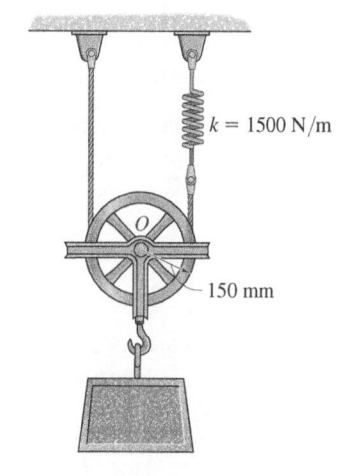

PROBLEMA 22.21

22.22. A barra tem comprimento l e massa m. Ela está apoiada em suas extremidades por roletes de massa desprezível. Se ela receber um pequeno deslocamento e for solta, determine a frequência natural de vibração.

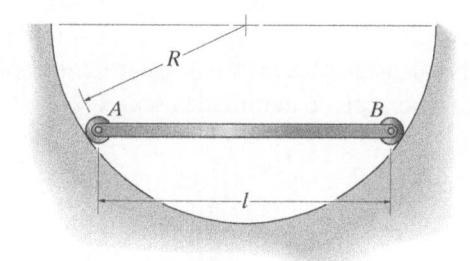

PROBLEMA 22.22

22.23. O disco de 20 kg é preso por um pino em seu centro de massa O e apoia o bloco A de 4 kg. Se a correia que passa em volta do disco não desliza em sua superfície de contato, determine o período natural de vibração do sistema.

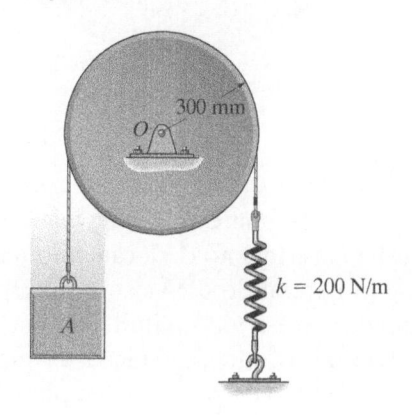

PROBLEMA 22.23

*22.24. O disco de 10 kg é conectado por um pino em seu centro de massa. Determine o período natural de vibração do disco se as molas possuem tração suficiente nelas para impedir que a corda deslize no disco enquanto ele oscila. *Dica:* suponha que o alongamento inicial em cada mola seja δ_O.

22.25. Se o disco do Problema 22.24 tem massa de 10 kg, determine a frequência natural de vibração. *Dica:* suponha que o alongamento inicial em cada mola seja δ_O.

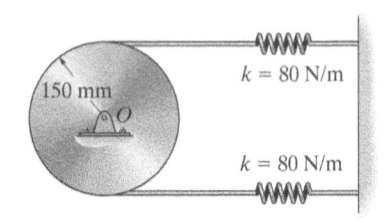

PROBLEMAS 22.24 e 22.25

22.26. Um volante de massa m, que tem raio de giração em torno de seu centro de massa de k_O, está suspenso de um eixo circular que tem resistência torcional de $M = C\theta$. Se o volante for submetido a um pequeno deslocamento angular de θ e solto, determine o período natural de oscilação.

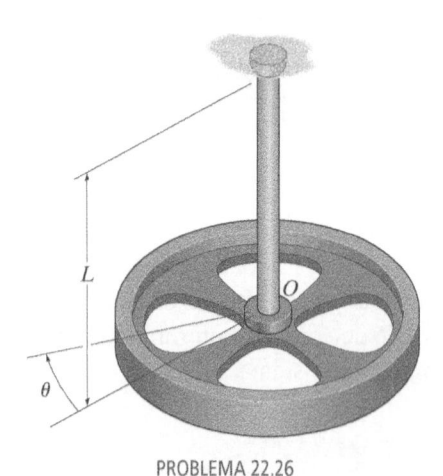

PROBLEMA 22.26

22.27. Se um bloco D de tamanho desprezível e massa m está preso em C, e a manivela de massa M recebe um pequeno deslocamento angular θ, o período natural de oscilação é τ_1. Quando D é removido, o período natural de oscilação é τ_2. Determine o raio de giração da manivela em torno de seu centro de massa, pino B, e a rigidez k da mola. A mola está na posição não deformada em $\theta = 0°$, e o movimento ocorre no *plano horizontal*.

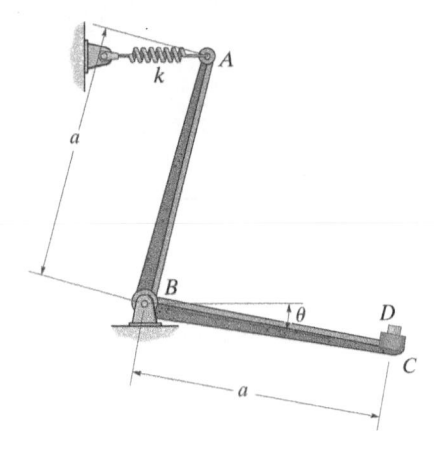

PROBLEMA 22.27

*22.28. A plataforma AB, quando vazia, tem massa de 400 kg, centro de massa em G_1 e período natural de oscilação $\tau_1 = 2{,}38$ s. Se um carro, com massa de 1,2 Mg e centro de massa em G_2, for colocado na plataforma, o período natural de oscilação se tornará $\tau_2 = 3{,}16$ s. Determine o momento de inércia do carro em torno de um eixo passando por G_2.

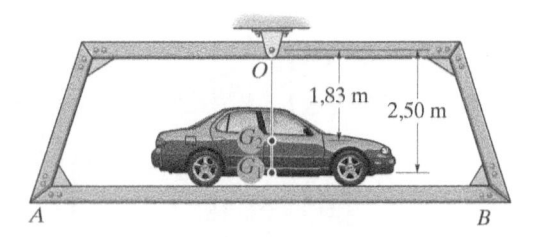

PROBLEMA 22.28

22.29. A placa de massa m é apoiada por três cordas posicionadas simetricamente e com comprimento l, conforme mostra a figura. Se a placa receber uma ligeira rotação em torno de um eixo vertical por seu centro e for solta, determine o período natural de oscilação.

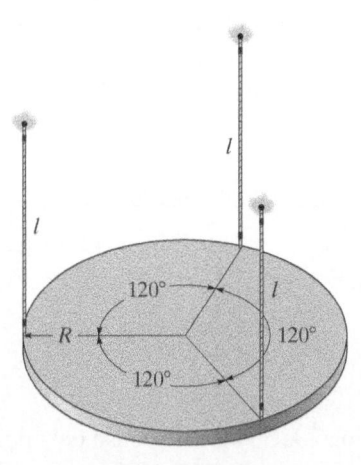

PROBLEMA 22.29

*22.2 Métodos de energia

O movimento harmônico simples de um corpo, discutido na seção anterior, é causado somente por forças restauradoras elásticas e gravitacionais que atuam sobre o corpo. Já que essas forças são *conservativas*, também é possível usar a equação de conservação da energia para obter a frequência natural ou período de vibração do corpo. Para demonstrar como fazer isso, considere mais uma vez o modelo de bloco e mola na Figura 22.8. Quando o bloco é deslocado em x a partir da posição de equilíbrio, a energia cinética é $T = \frac{1}{2}mv^2 = \frac{1}{2}m\dot{x}^2$ e a energia potencial é $V = \frac{1}{2}kx^2$. Já que a energia é conservada, é necessário que

$$T + V = \text{constante}$$

$$\frac{1}{2}m\dot{x}^2 + \frac{1}{2}kx^2 = \text{constante} \quad (22.17)$$

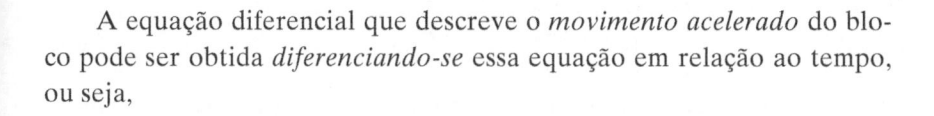

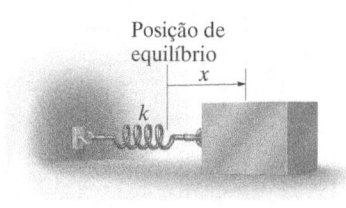

FIGURA 22.8

A equação diferencial que descreve o *movimento acelerado* do bloco pode ser obtida *diferenciando-se* essa equação em relação ao tempo, ou seja,

$$m\dot{x}\ddot{x} + kx\dot{x} = 0$$

$$\dot{x}(m\ddot{x} + kx) = 0$$

Visto que a velocidade $\dot{x}$ não é *sempre* zero em um sistema vibratório,

$$\ddot{x} + \omega_n^2 x = 0 \qquad \omega_n = \sqrt{k/m}$$

que é a mesma que a Equação 22.1.

Se a equação de conservação de energia é escrita para um *sistema de corpos conectados*, a frequência natural ou a equação de movimento também pode ser determinada pela diferenciação com relação ao tempo. *Não é necessário* desmembrar o sistema para levar em consideração as forças internas, porque elas não realizam trabalho.

A suspensão de um vagão de trem consiste em um conjunto de molas montadas entre a estrutura do vagão e o conjunto da roda. Isso dará ao vagão uma frequência natural de vibração que pode ser determinada.

Procedimento para análise

A frequência natural ω_n de um corpo ou sistema de corpos conectados pode ser determinada aplicando-se a equação de conservação da energia e utilizando o procedimento indicado a seguir.

Equação de energia

- Desenhe o corpo quando ele é deslocado por *uma pequena distância* de sua posição de equilíbrio e defina a localização do corpo a partir de sua posição de equilíbrio por uma coordenada de posição apropriada q.
- Formule a conservação de energia para o corpo, $T + V$ = constante, em termos da coordenada de posição.
- Em geral, a energia cinética tem de levar em consideração tanto o movimento rotacional quanto o translacional do corpo, $T = \frac{1}{2}mv_G^2 + \frac{1}{2}I_G\omega^2$ (Equação 18.2).
- A energia potencial é a soma das energias potenciais gravitacionais e elásticas do corpo, $V = V_g + V_e$ (Equação 18.17). Em particular, V_g deve ser medido a partir de um ponto de referência para o qual $q = 0$ (posição de equilíbrio).

Derivada de tempo

- Tome a derivada com relação ao tempo da equação de energia usando a regra da cadeia do cálculo e remova os termos comuns. A equação diferencial resultante representa a equação de movimento para o sistema. A frequência natural ω_n é obtida após rearranjar os termos na "forma padrão", $\ddot{q} + \omega_n^2 q = 0$.

EXEMPLO 22.5

O aro fino mostrado na Figura 22.9a é apoiado pelo pino em O. Determine o período natural de oscilação para pequenas amplitudes de oscilação. O aro tem massa m.

SOLUÇÃO

Equação de energia

Um diagrama do aro, quando é deslocado a uma pequena distância ($q =$) θ da posição de equilíbrio, é mostrado na Figura 22.9b. Utilizando a tabela nos apêndices e o teorema dos eixos paralelos para determinar I_O, a energia cinética é

$$T = \tfrac{1}{2}I_O\omega_n^2 = \tfrac{1}{2}[mr^2 + mr^2]\dot{\theta}^2 = mr^2\dot{\theta}^2$$

Se um ponto de referência horizontal for colocado no ponto O, então, na posição deslocada, a energia potencial será

$$V = -mg(r\cos\theta)$$

A energia total no sistema é

$$T + V = mr^2\dot{\theta}^2 - mgr\cos\theta$$

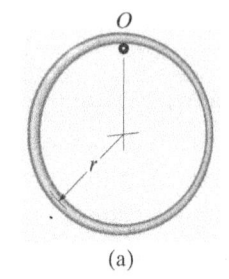

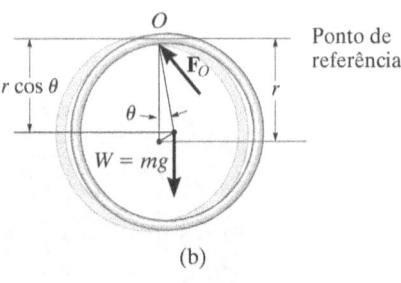

FIGURA 22.9

Derivada com relação ao tempo

$$mr^2(2\dot{\theta})\ddot{\theta} + mgr(\operatorname{sen}\theta)\dot{\theta} = 0$$

$$mr\dot{\theta}(2r\ddot{\theta} + g\operatorname{sen}\theta) = 0$$

Já que $\dot\theta$ não é sempre igual a zero, dos termos em parênteses,

$$\ddot\theta + \frac{g}{2r}\operatorname{sen}\theta = 0$$

Para o ângulo pequeno θ, sen $\theta \approx \theta$.

$$\ddot\theta + \frac{g}{2r}\theta = 0$$

$$\omega_n = \sqrt{\frac{g}{2r}}$$

de maneira que

$$\tau = \frac{2\pi}{\omega_n} = 2\pi\sqrt{\frac{2r}{g}} \qquad \textit{Resposta}$$

EXEMPLO 22.6

Um bloco de 10 kg está suspenso por uma corda enrolada em torno de um disco de 5 kg, como mostrado na Figura 22.10a. Se a mola tem rigidez $k = 200$ N/m, determine o período natural de vibração para o sistema.

SOLUÇÃO

Equação de energia

Um diagrama do bloco e do disco, quando eles são deslocados, respectivamente, por s e θ da posição de equilíbrio, é mostrado na Figura 22.10b. Já que $s = (0,15\text{ m})\theta$, então $v_b \approx \dot s = (0,15\text{ m})\dot\theta$. Desse modo, a energia cinética do sistema é

$$T = \tfrac{1}{2}m_b v_b^2 + \tfrac{1}{2}I_O\omega_d^2$$
$$= \tfrac{1}{2}(10\text{ kg})[(0,15\text{ m})\dot\theta]^2 + \tfrac{1}{2}\left[\tfrac{1}{2}(5\text{ kg})(0,15\text{ m})^2\right](\dot\theta)^2$$
$$= 0,1406(\dot\theta)^2$$

Estabelecendo a referência na posição de equilíbrio do bloco e percebendo que a mola se estende s_{st} para o equilíbrio, a energia potencial é

$$V = \tfrac{1}{2}k(s_{st} + s)^2 - Ws$$
$$= \tfrac{1}{2}(200\text{ N/m})[s_{st} + (0,15\text{ m})\theta]^2 - 98,1\text{ N}[(0,15\text{ m})\theta]$$

A energia total para o sistema é, portanto,

$$T + V = 0,1406(\dot\theta)^2 + 100(s_{st} + 0,15\theta)^2 - 14,715\theta$$

Derivada com relação ao tempo

$$0,28125(\dot\theta)\ddot\theta + 200(s_{st} + 0,15\theta)0,15\dot\theta - 14,72\dot\theta = 0$$

Já que $s_{st} = 98,1/200 = 0,4905$ m, a equação anterior reduz-se à "forma padrão"

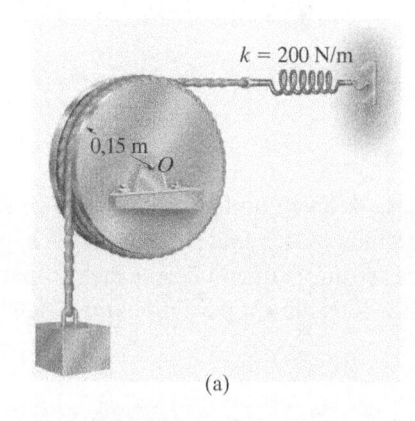

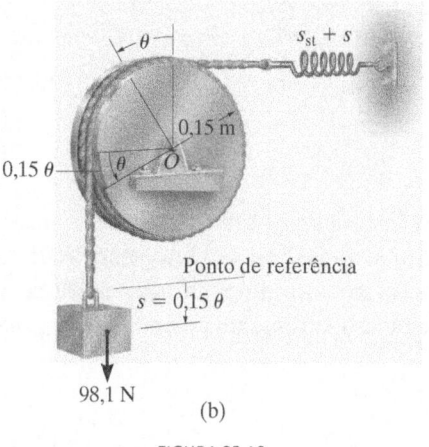

$$\ddot\theta + 16\theta = 0$$

FIGURA 22.10

de maneira que

$$\omega_n = \sqrt{16} = 4 \text{ rad/s}$$

Desse modo,

$$\tau = \frac{2\pi}{\omega_n} = \frac{2\pi}{4} = 1{,}57 \text{ s} \qquad Resposta$$

Problemas

22.30. Determine a equação diferencial de movimento do bloco de 3 kg quando ele é deslocado ligeiramente e solto. A superfície é lisa e as molas estão originalmente não deformadas.

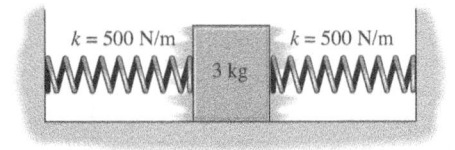

PROBLEMA 22.30

22.31. A barra uniforme de massa m é apoiada por um pino em A e uma mola em B. Se a extremidade B receber um pequeno deslocamento para baixo e for solta, determine o período natural de vibração.

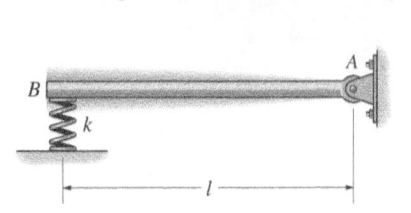

PROBLEMA 22.31

*22.32. O disco semicircular tem massa m e raio r, e gira sem deslizar no duto semicircular. Determine o período natural de vibração do disco se ele for deslocado ligeiramente e depois solto. *Dica*: $I_O = \frac{1}{2}mr^2$.

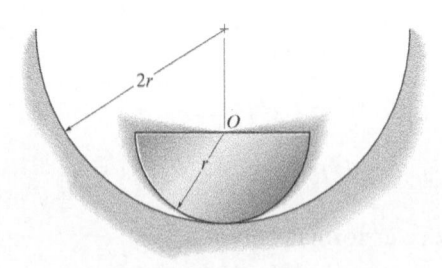

PROBLEMA 22.32

22.33. Se a roda de 20 kg for deslocada por uma pequena distância e solta, determine o período natural de vibração. O raio de giração da roda é $k_G = 0{,}36$ m. A roda gira sem deslizar.

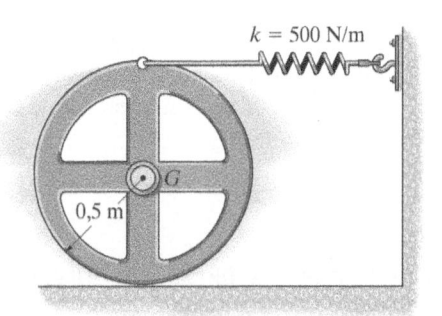

PROBLEMA 22.33

22.34. Determine a equação diferencial do movimento da bobina de 3 kg. Suponha que ela não deslize na superfície de contato enquanto oscila. O raio de giração da bobina em torno de seu centro de massa é $k_G = 125$ mm.

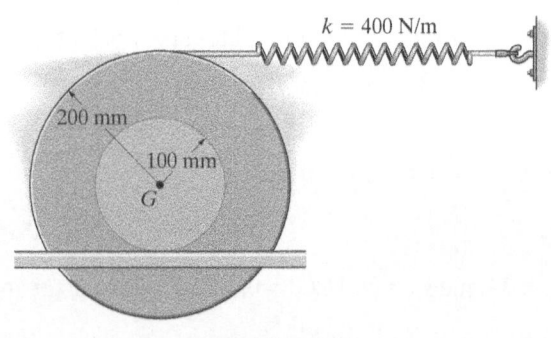

PROBLEMA 22.34

22.35. Determine o período natural de vibração da esfera de 3 kg. Despreze a massa e o tamanho da esfera.

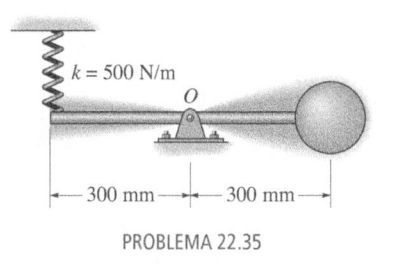

PROBLEMA 22.35

*__22.36.__ Se a extremidade inferior da barra delgada de 6 kg for deslocada por uma pequena distância e depois solta do repouso, determine a frequência natural de vibração. Cada mola tem rigidez $k = 200$ N/m e está na posição não deformada quando a barra está pendurada verticalmente.

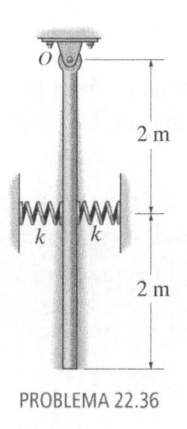

PROBLEMA 22.36

22.37. A engrenagem de massa m tem raio de giração em torno de seu centro de massa O de k_O. As molas têm elasticidade de k_1 e k_2, respectivamente, e ambas as molas estão não deformadas quando a engrenagem está em uma posição de equilíbrio. Se a engrenagem for submetida a um deslocamento angular pequeno θ e for solta, determine seu período natural de oscilação.

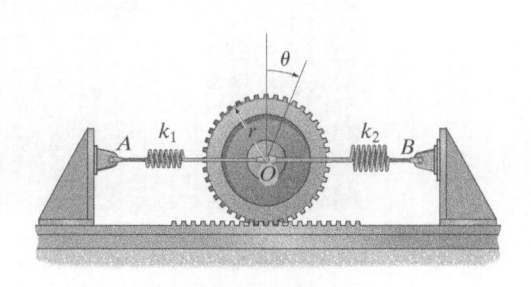

PROBLEMA 22.37

22.38. A máquina tem massa m e é uniformemente apoiada por *quatro* molas, cada uma com rigidez k. Determine o período natural da vibração vertical.

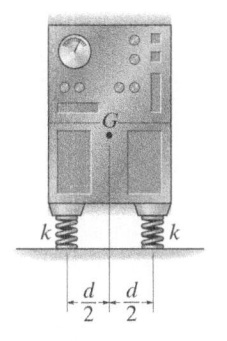

PROBLEMA 22.38

22.39. Determine a equação diferencial do movimento da bobina de 3 kg. Suponha que ela não deslize na superfície de contato enquanto oscila. O raio de giração da bobina em torno de seu centro de massa é $k_G = 125$ mm.

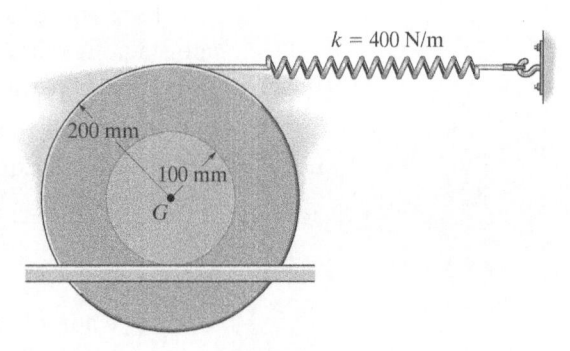

PROBLEMA 22.39

*__22.40.__ A barra delgada tem massa m e está presa por um pino em sua extremidade O. Quando está na vertical, as molas estão na posição não deformada. Determine o período natural de vibração.

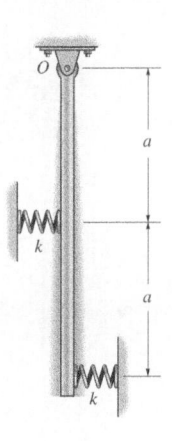

PROBLEMA 22.40

*22.3 Vibração forçada não amortecida

A vibração forçada não amortecida é considerada um dos tipos mais importantes de movimento vibratório na engenharia. Seus princípios podem ser usados para descrever o movimento de muitos tipos de máquinas e estruturas.

Força periódica

O bloco e mola mostrados na Figura 22.11a fornecem um modelo conveniente que representa as características vibracionais de um sistema submetido a uma força periódica $F = F_0 \operatorname{sen} \omega_0 t$. Essa força tem amplitude F_0 e *frequência de forçamento* ω_0. O diagrama de corpo livre para o bloco quando ele é deslocado por uma distância x é mostrado na Figura 22.11b. Aplicando a equação de movimento, temos

$$\xrightarrow{+} \Sigma F_x = ma_x; \qquad F_0 \operatorname{sen} \omega_0 t - kx = m\ddot{x}$$

ou

$$\ddot{x} + \frac{k}{m}x = \frac{F_0}{m} \operatorname{sen} \omega_0 t \qquad (22.18)$$

Essa equação é uma equação diferencial de segunda ordem não homogênea. A solução geral consiste em uma solução complementar, x_c, mais uma solução particular, x_p.

A *solução complementar* é determinada estabelecendo-se o termo do lado direito da Equação 22.18 igual a zero e solucionando a equação homogênea resultante. A solução é definida pela Equação 22.9, ou seja,

$$x_c = C \operatorname{sen}(\omega_n t + \phi) \qquad (22.19)$$

onde ω_n é a frequência natural, $\omega_n = \sqrt{k/m}$ (Equação 22.2).

Visto que o movimento é periódico, a *solução particular* da Equação 22.18 pode ser determinada presumindo uma solução da forma

$$x_p = X \operatorname{sen} \omega_0 t \qquad (22.20)$$

FIGURA 22.11

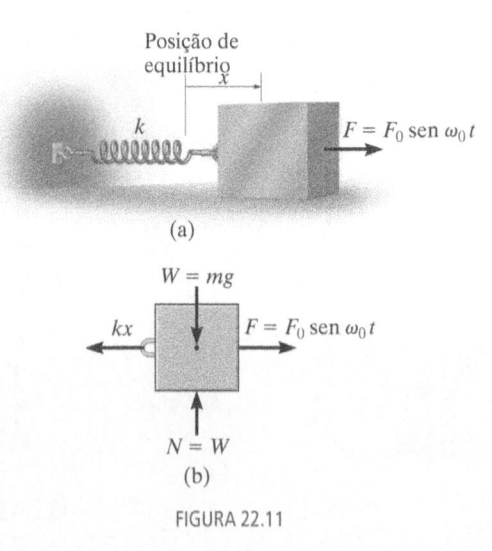

Mesas vibradoras fornecem uma vibração forçada e são usadas para separar materiais granulares.

onde X é uma constante. Tomar a segunda derivada de tempo e substituir na Equação 22.18 resulta em

$$-X\omega_0^2 \operatorname{sen} \omega_0 t + \frac{k}{m}(X \operatorname{sen} \omega_0 t) = \frac{F_0}{m} \operatorname{sen} \omega_0 t$$

Removendo sen $\omega_0 t$ e solucionando para X, obtemos

$$X = \frac{F_0/m}{(k/m) - \omega_0^2} = \frac{F_0/k}{1 - (\omega_0/\omega_n)^2} \qquad (22.21)$$

Substituindo na Equação 22.20, obtemos a solução particular

$$\boxed{x_p = \frac{F_0/k}{1 - (\omega_0/\omega_n)^2} \operatorname{sen} \omega_0 t} \qquad (22.22)$$

A *solução geral* é, portanto, a soma de duas funções de seno com frequências diferentes.

$$x = x_c + x_p = C \operatorname{sen}(\omega_n t + \phi) + \frac{F_0/k}{1 - (\omega_0/\omega_n)^2} \operatorname{sen} \omega_0 t \qquad (22.23)$$

A *solução complementar* x_C define a *vibração livre*, a qual depende da frequência natural $\omega_n = \sqrt{k/m}$ e as constantes C e ϕ. A *solução particular* x_p descreve a *vibração forçada* do bloco causada pela força aplicada $F = F_0 \operatorname{sen} \omega_0 t$. Já que todos os sistemas em vibração são submetidos ao *atrito*, a vibração livre, x_c, será amortecida ao longo do tempo. Para essa razão, a vibração livre é referida como *passageira ou transitória*, e a vibração forçada é chamada de *estado constante ou em regime permanente*, já que é a única vibração que resta.

Da Equação 22.21, vê-se que a *amplitude* de vibração forçada ou em regime permanente depende da *razão de frequência* ω_0/ω_n. Se o *fator amplificação* FA é definido como a razão entre a amplitude de vibração em regime permanente, X, e a deflexão estática, F_0/k, que seria produzida pela amplitude da força periódica F_0, então, da Equação 22.21,

$$\text{FA} = \frac{X}{F_0/k} = \frac{1}{1 - (\omega_0/\omega_n)^2} \qquad (22.24)$$

Essa equação é colocada em um gráfico na Figura 22.12. Observe que, se a força ou deslocamento for aplicada com uma frequência próxima da frequência natural do sistema, ou seja, $\omega_0/\omega_n \approx 1$, a amplitude de vibração do bloco se tornará extremamente grande. Isso ocorre porque a força **F** é aplicada ao bloco, de maneira que ela sempre segue seu movimento. Essa condição é chamada de *ressonância* e, na prática, vibrações de ressonância podem causar uma tensão muito elevada e quebra rápida das peças.*

O compactador de solo opera por vibração forçada desenvolvida por um motor interno. É importante que a frequência de forçamento não seja próxima da frequência natural da vibração do compactador, que pode ser determinada quando o motor está desligado; de outra maneira, ocorrerá ressonância e a máquina ficará descontrolada.

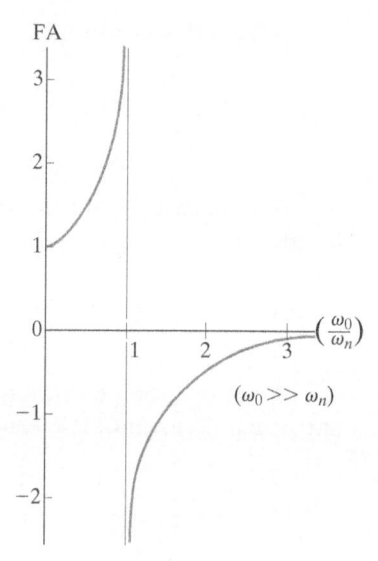

FIGURA 22.12

---

* Um balanço tem um período natural de vibração, como determinado no Exemplo 22.1. Se uma pessoa empurra o balanço somente quando ele alcança seu ponto mais alto, desprezando a resistência de arrasto ou do vento, ocorrerá ressonância, já que as frequências natural e de forçamento são as mesmas.

Deslocamento periódico do suporte

Vibrações forçadas também podem surgir da excitação periódica do suporte de um sistema. O modelo mostrado na Figura 22.13a representa a vibração periódica de um bloco, que é causada pelo movimento harmônico $\delta = \delta_0$ sen $\omega_0 t$ do suporte. O diagrama de corpo livre para o bloco, neste caso, é mostrado na Figura 22.13b. O deslocamento δ do suporte é medido do ponto de deslocamento zero, ou seja, quando a linha radial OA coincide com OB. Portanto, a deformação geral da mola é $(x - \delta_0$ sen $\omega_0 t)$.[*] Aplicar a equação do movimento resulta em

$$\xrightarrow{+} F_x = ma_x; \qquad -k(x - \delta_0 \text{ sen } \omega_0 t) = m\ddot{x}$$

ou

$$\ddot{x} + \frac{k}{m}x = \frac{k\delta_0}{m}\text{sen } \omega_0 t \qquad (22.25)$$

Por comparação, esta equação é idêntica à fórmula da Equação 22.18, contanto que F_0 seja *substituído* por $k\delta_0$. Se esta substituição for feita nas soluções definidas pelas equações 22.21 a 22.23, os resultados serão apropriados para descrever o movimento do bloco quando submetido ao deslocamento de suporte $\delta = \delta_0$ sen $\omega_0 t$.

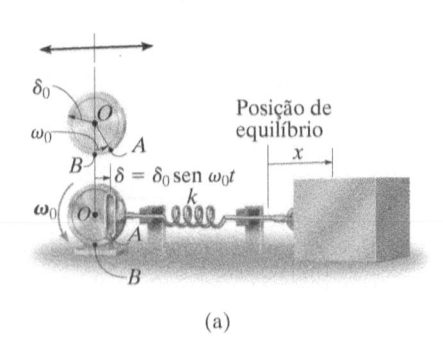

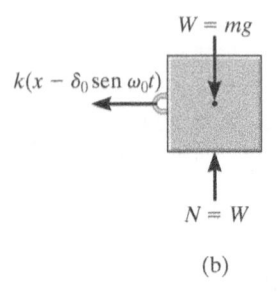

FIGURA 22.13

EXEMPLO 22.7

O instrumento mostrado na Figura 22.14 é rigidamente fixado à plataforma P, que, por sua vez, é apoiada por *quatro* molas, cada uma com rigidez $k = 800$ N/m. Se o chão for submetido a um deslocamento vertical $\delta = 10$ sen$(8t)$ mm, onde t é dado em segundos, determine a amplitude da vibração em regime permanente. Qual é a frequência da vibração do chão necessária para causar ressonância? O instrumento e a plataforma têm massa total de 20 kg.

SOLUÇÃO

A frequência natural é

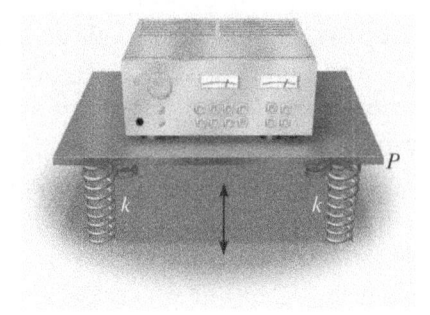

FIGURA 22.14

$$\omega_n = \sqrt{\frac{k}{m}} = \sqrt{\frac{4(800 \text{ N/m})}{20 \text{ kg}}} = 12,65 \text{ rad/s}$$

A amplitude da vibração em regime permanente é encontrada usando a Equação 22.21, com $k\delta_0$ substituindo F_0.

$$X = \frac{\delta_0}{1 - (\omega_0/\omega_n)^2} = \frac{10}{1 - [(8 \text{ rad/s})/(12,65 \text{ rad/s})]^2} = 16,7 \text{ mm} \qquad Resposta$$

A ressonância ocorrerá quando a amplitude de vibração X causada pelo deslocamento do chão se aproximar do infinito. Isso exige

$$\omega_0 = \omega_n = 12,6 \text{ rad/s} \qquad Resposta$$

---

[*] N. do RT: é assumido que a mola não está deformada quando $\delta = 0$ e $x = 0$.

*22.4 Vibração livre amortecida viscosa

A análise de vibração considerada até este ponto não incluiu os efeitos de atrito ou amortecimento no sistema e, como resultado, as soluções obtidas estão apenas próximas do movimento real. Como todas as vibrações morrem com o tempo, a presença de forças de amortecimento deve ser incluída na análise.

Em muitos casos, o amortecimento é atribuído à resistência criada pela substância, como água, óleo ou ar, na qual o sistema vibra. Contanto que o corpo se desloque lentamente através dessa sustância, a resistência ao movimento é diretamente proporcional à velocidade do corpo. O tipo de força desenvolvido sob essas condições é chamado de *força de amortecimento viscosa*. A intensidade dessa força é expressa por uma equação na forma

$$F = c\dot{x} \quad (22.26)$$

onde a constante c é chamada de *coeficiente de amortecimento viscoso* e tem unidades de N · s/m.

O movimento de vibração de um corpo ou sistema com amortecimento viscoso pode ser caracterizado pelo bloco e mola mostrados na Figura 22.15a. O efeito de amortecimento é fornecido pelo *amortecedor* conectado ao bloco do lado direito. O amortecimento ocorre quando o pistão P se desloca para a direita ou esquerda dentro do cilindro fechado. O cilindro contém um fluido e o movimento do pistão é retardado, já que o fluido tem de escorrer em torno ou através de um pequeno furo no pistão. Presume-se que o amortecedor tenha um coeficiente de amortecimento viscoso c.

Se o bloco é deslocado uma distância x de sua posição de equilíbrio, o diagrama de corpo livre resultante é mostrado na Figura 22.15b. Tanto a mola quanto a força de amortecimento se opõem ao movimento do bloco para a frente, de maneira que aplicar a equação de movimento resulta em

$$\xrightarrow{+} \Sigma F_x = ma_x; \qquad -kx - c\dot{x} = m\ddot{x}$$

ou

$$m\ddot{x} + c\dot{x} + kx = 0 \quad (22.27)$$

Essa equação diferencial, homogênea, de segunda ordem, linear, tem uma solução na forma de

$$x = e^{\lambda t}$$

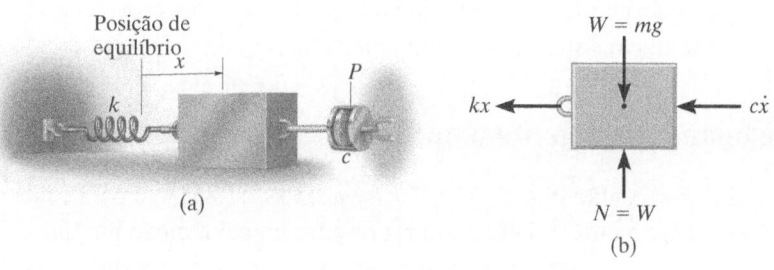

FIGURA 22.15

onde e é a base do logaritmo natural e λ (lambda) é uma constante. O valor de λ pode ser obtido substituindo-se essa solução e suas derivadas de tempo na Equação 22.27, o que resulta em

$$m\lambda^2 e^{\lambda t} + c\lambda e^{\lambda t} + k e^{\lambda t} = 0$$

ou

$$e^{\lambda t}(m\lambda^2 + c\lambda + k) = 0$$

Visto que $e^{\lambda t}$ nunca pode ser zero, uma solução é possível, contanto que

$$m\lambda^2 + c\lambda + k = 0$$

Por conseguinte, pela fórmula quadrática, os dois valores de λ são

$$\lambda_1 = -\frac{c}{2m} + \sqrt{\left(\frac{c}{2m}\right)^2 - \frac{k}{m}}$$
$$\lambda_2 = -\frac{c}{2m} - \sqrt{\left(\frac{c}{2m}\right)^2 - \frac{k}{m}}$$
(22.28)

A solução geral da Equação 22.27 é, portanto, uma combinação das exponenciais que envolvem ambas as raízes. Há três combinações possíveis de λ_1 e λ_2 que têm de ser consideradas. Antes de discutirmos essas combinações, entretanto, vamos primeiro definir o *coeficiente de amortecimento crítico* c_c como o valor de c que faz o radical nas equações 22.28 ser igual a zero; ou seja,

$$\left(\frac{c_c}{2m}\right)^2 - \frac{k}{m} = 0$$

ou

$$\boxed{c_c = 2m\sqrt{\frac{k}{m}} = 2m\omega_n}$$
(22.29)

Sistema superamortecido

Quando $c > c_c$, as raízes λ_1 e λ_2 são ambas reais. A solução geral da Equação 22.27 pode, então, ser escrita como

$$x = Ae^{\lambda_1 t} + Be^{\lambda_2 t}$$
(22.30)

O movimento correspondente para essa solução é *não vibratório*. O efeito do amortecimento é tão forte que, quando o bloco é deslocado e solto, ele simplesmente se arrasta de volta para sua posição original sem oscilar. Diz-se que o sistema está *superamortecido*.

Sistema criticamente amortecido

Se $c = c_c$, então $\lambda_1 = \lambda_2 = -c_c/2m = -\omega_n$. Essa situação é conhecida como *amortecimento crítico*, já que ele representa uma condição em que c tem o menor valor necessário para fazer com que o sistema seja não vibratório.

Utilizando os métodos das equações diferenciais, pode ser mostrado que a solução para a Equação 22.27 para o amortecimento crítico é

$$x = (A + Bt)e^{-\omega_n t} \qquad (22.31)$$

Sistema subamortecido

Frequentemente, $c < c_c$, caso em que o sistema é referido como *subamortecido*. Nesse caso, as raízes λ_1 e λ_2 são números complexos, e é possível ser demonstrado que a solução geral da Equação 22.27 pode ser escrita como

$$\boxed{x = D[e^{-(c/2m)t}\operatorname{sen}(\omega_d t + \phi)]} \qquad (22.32)$$

onde D e ϕ são constantes geralmente determinadas a partir das condições iniciais do problema. A constante ω_d é chamada de *frequência natural amortecida* do sistema. Ela tem um valor de

$$\boxed{\omega_d = \sqrt{\frac{k}{m} - \left(\frac{c}{2m}\right)^2} = \omega_n \sqrt{1 - \left(\frac{c}{c_c}\right)^2}} \qquad (22.33)$$

onde a razão c/c_c é chamada de *fator de amortecimento*.

O gráfico da Equação 22.32 é mostrado na Figura 22.16. O limite inicial de movimento, D, diminui com cada ciclo de vibração, já que o movimento é confinado dentro dos limites da curva exponencial. Usando a frequência natural amortecida ω_d, o período de vibração amortecida pode ser escrito como

$$\boxed{\tau_d = \frac{2\pi}{\omega_d}} \qquad (22.34)$$

Visto que $\omega_d < \omega_n$ (Equação 22.33), o período de vibração amortecida, τ_d, será maior que aquele da vibração livre, $\tau = 2\pi/\omega_n$.

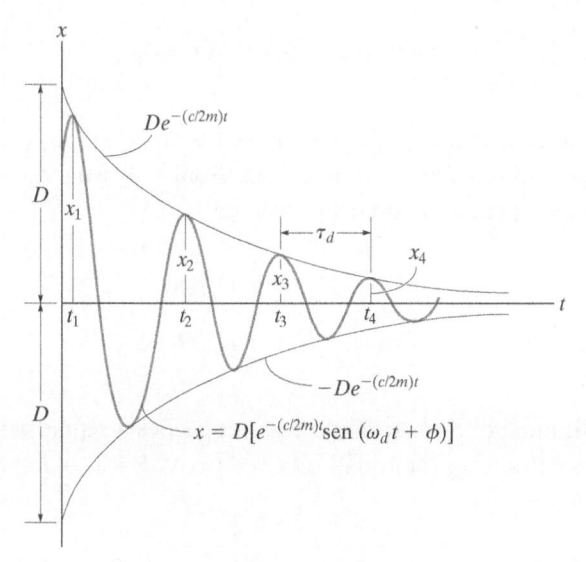

FIGURA 22.16

*22.5 Vibração forçada amortecida viscosa

O caso mais geral de movimento vibratório com um único grau de liberdade ocorre quando o sistema inclui os efeitos de movimento forçado e amortecimento induzido. A análise desse tipo particular de vibração é de valor prático quando aplicada a sistemas com características de amortecimento significativas.

Se um amortecedor é fixado ao bloco e à mola mostrados na Figura 22.11a, a equação diferencial que descreve o movimento torna-se

$$m\ddot{x} + c\dot{x} + kx = F_0 \operatorname{sen} \omega_0 t \qquad (22.35)$$

Uma equação similar pode ser escrita para um bloco e mola com um deslocamento de suporte periódico (Figura 22.13a), os quais incluem os efeitos de amortecimento. Nesse caso, entretanto, F_0 é substituído por $k\delta_0$. Já que a Equação 22.35 é não homogênea, a solução geral é a soma de uma solução complementar, x_c, e uma solução particular, x_p. A solução complementar é determinada estabelecendo-se o lado direito da Equação 22.35 como igual a zero e solucionando a equação homogênea, que é equivalente à Equação 22.27. A solução é, portanto, dada pelas equações 22.30, 22.31 ou 22.32, dependendo dos valores de λ_1 e λ_2. Como todos os sistemas são submetidos ao atrito, esta solução será amortecida com o tempo. Apenas a solução particular, que descreve a *vibração em regime permanente* do sistema, permanecerá. Já que a função de forçamento aplicada é harmônica, o movimento em regime permanente também será harmônico. Consequentemente, a solução particular estará na forma

$$X_P = X' \operatorname{sen}(\omega_0 t - \phi') \qquad (22.36)$$

As constantes X' e ϕ' são determinadas tomando-se a primeira e a segunda derivadas de tempo e substituindo-as na Equação 22.35, o que, após simplificação, resulta em

$$-X'm\omega_0^2 \operatorname{sen}(\omega_0 t - \phi') + $$
$$X'c\omega_0 \cos(\omega_0 t - \phi') + X'k\operatorname{sen}(\omega_0 t - \phi') = F_0 \operatorname{sen} \omega_0 t$$

Visto que essa equação se mantém por todo o tempo, os coeficientes constantes podem ser obtidos estabelecendo $\omega_0 t - \phi' = 0$ e $\omega_0 t - \phi' = \pi/2$, o que faz com que a equação anterior torne-se

$$X'c\omega_0 = F_0 \operatorname{sen} \phi'$$
$$-X'm\omega_0^2 + X'k = F_0 \cos \phi'$$

A amplitude é obtida elevando essas equações ao quadrado, somando os resultados e usando a identidade $\operatorname{sen}^2 \phi' + \cos^2 \phi' = 1$, o que resulta em

$$X' = \frac{F_0}{\sqrt{(k - m\omega_0^2)^2 + c^2\omega_0^2}} \qquad (22.37)$$

Dividir a primeira equação pela segunda resulta em

$$\phi' = \text{tg}^{-1}\left[\frac{c\omega_0}{k - m\omega_0^2}\right] \quad (22.38)$$

Já que $\omega_n = \sqrt{k/m}$ e $c_c = 2m\omega_n$, as equações anteriores também podem ser escritas como

$$X' = \frac{F_0/k}{\sqrt{[1 - (\omega_0/\omega_n)^2]^2 + [2(c/c_c)(\omega_0/\omega_n)]^2}}$$

$$\phi' = \text{tg}^{-1}\left[\frac{2(c/c_c)(\omega_0/\omega_n)}{1 - (\omega_0/\omega_n)^2}\right] \quad (22.39)$$

O ângulo ϕ' representa a diferença de fase entre a força aplicada e a vibração em regime permanente resultante do sistema amortecido.

O *fator de ampliação* FA foi definido na Seção 22.3 como a razão da amplitude de deflexão causada pela vibração forçada com a deflexão causada pela força estática F_0. Desse modo,

$$\text{FA} = \frac{X'}{F_0/k} = \frac{1}{\sqrt{[1 - (\omega_0/\omega_n)^2]^2 + [2(c/c_c)(\omega_0/\omega_n)]^2}} \quad (22.40)$$

O FA é colocado na Figura 22.17 *versus* a razão de frequência ω_0/ω_n para vários valores do fator de amortecimento c/c_c. Pode ser visto, a partir desse gráfico, que o fator de amplificação FA aumenta à medida que o fator de amortecimento diminui. A ressonância obviamente ocorre apenas quando o fator de amortecimento é zero e a razão de frequência é igual a 1.

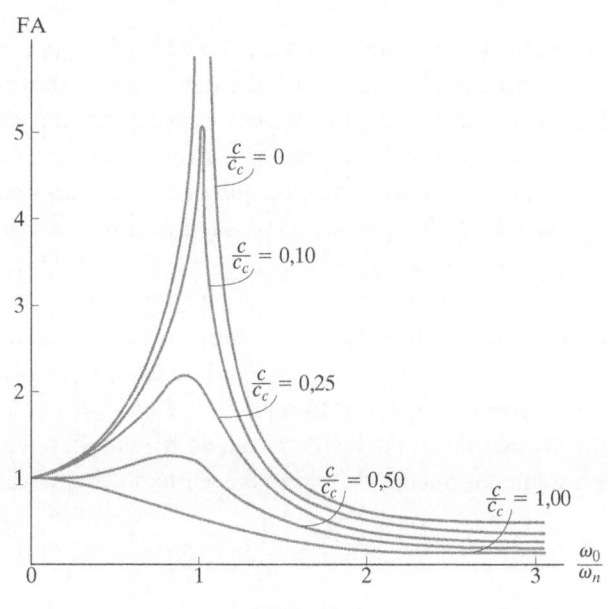

FIGURA 22.17

EXEMPLO 22.8

O motor elétrico de 30 kg mostrado na Figura 22.18 é confinado a mover-se verticalmente, e é suportado por *quatro* molas, cada uma com rigidez de 200 N/m. Se o rotor é desequilibrado de tal maneira que seu efeito é equivalente a 4 kg de massa localizados a 60 mm do eixo de rotação, determine a amplitude de vibração quando o rotor está girando a $\omega_0 = 10$ rad/s. O fator de amortecimento é $c/c_c = 0,15$.

SOLUÇÃO

A força periódica que faz com que o motor vibre é a força centrífuga decorrente do rotor desequilibrado. Essa força tem uma intensidade constante de

$$F_0 = ma_n = mr\omega_0^2 = 4 \text{ kg}(0,06 \text{ m})(10 \text{ rad/s})^2 = 24 \text{ N}$$

FIGURA 22.18

A rigidez do sistema todo de quatro molas é $k = 4(200 \text{ N/m}) = 800$ N/m. Portanto, a frequência natural de vibração é

$$\omega_n = \sqrt{\frac{k}{m}} = \sqrt{\frac{800 \text{ N/m}}{30 \text{ kg}}} = 5,164 \text{ rad/s}$$

Já que o fator de amortecimento é conhecido, a amplitude em regime permanente pode ser determinada a partir da primeira das equações 22.39, ou seja,

$$X' = \frac{F_0/k}{\sqrt{[1 - (\omega_0/\omega_n)^2]^2 + [2(c/c_c)(\omega_0/\omega_n)]^2}}$$

$$= \frac{24/800}{\sqrt{[1 - (10/5,164)^2]^2 + [2(0,15)(10/5,164)]^2}}$$

$$= 0,0107 \text{ m} = 10,7 \text{ mm} \qquad \textit{Resposta}$$

*22.6 Analogias de circuitos elétricos

As características de um sistema mecânico vibratório podem ser representadas por um circuito elétrico. Considere o circuito mostrado na Figura 22.19a, que consiste em um indutor L, um resistor R e um capacitor C. Quando uma tensão $E(t)$ é aplicada, ela faz com que uma corrente de intensidade i flua através do circuito. À medida que a corrente passa pelo indutor, a queda de tensão é $L(di/dt)$, quando ela passa através do resistor, a queda é Ri, e quando ela chega ao capacitor, a queda é $(1/C)\int i \, dt$. Já que uma corrente não pode passar por um capacitor, só é possível medir a carga q que atua sobre o capacitor. A carga pode, entretanto, ser relacionada à corrente pela equação $i = dq/dt$. Desse modo, as quedas de tensão que ocorrem através de indutor, resistor e capacitor tornam-se $L\,d^2q/dt^2$, $R\,dq/dt$ e q/C, respectivamente. De acordo com a lei da tensão de Kirchhoff, a tensão aplicada equilibra a soma das quedas de tensão em torno do circuito. Portanto,

$$L\frac{d^2q}{dt^2} + R\frac{dq}{dt} + \frac{1}{C}q = E(t) \qquad (22.41)$$

Considere agora o modelo de um sistema mecânico de um único grau de liberdade (Figura 22.19b), o qual é submetido a uma função tanto de forçamento geral $F(t)$ quanto de amortecimento. A equação de movimento para esse sistema foi estabelecida na seção anterior e pode ser escrita como

$$m\frac{d^2x}{dt^2} + c\frac{dx}{dt} + kx = F(t) \qquad (22.42)$$

Por comparação, é visto que as equações 22.41 e 22.42 têm a mesma forma e assim, matematicamente, o procedimento para analisar um circuito elétrico é o mesmo que para analisar um sistema mecânico vibratório. As analogias entre as duas equações são dadas na Tabela 22.1.

Essa analogia tem uma aplicação importante para o trabalho experimental, pois é muito mais fácil simular a vibração de um sistema mecânico complexo utilizando um circuito elétrico, que pode ser construído em um computador análogo, do que fazer um modelo mola e amortecedor mecânico equivalente.

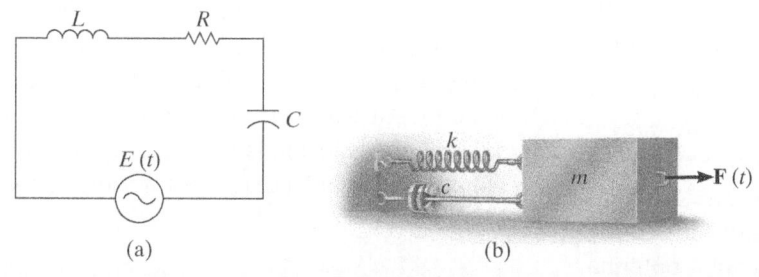

FIGURA 22.19

TABELA 22.1 Analogia mecânico-elétrica.

Elétrica		Mecânica	
Carga	q	Deslocamento	x
Corrente elétrica	i	Velocidade	dx/dt
Tensão	$E(t)$	Força aplicada	$F(t)$
Indutância	L	Massa	m
Resistência	R	Coeficiente de amortecimento viscoso	c
Inversa da capacitância	$1/C$	Rigidez da mola	k

Problemas

22.41. Se o modelo de bloco e mola é submetido à força periódica $F = F_0 \cos \omega t$, demonstre que a equação diferencial de movimento é $\ddot{x} + (k/m)x = (F_0/m)\cos \omega t$, onde x é medido a partir da posição de equilíbrio do bloco. Qual é a solução geral dessa equação?

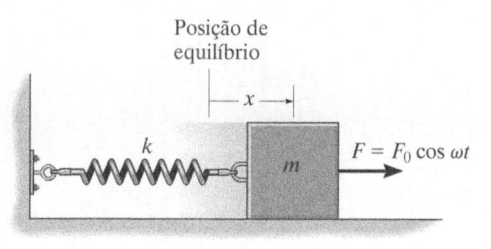

PROBLEMA 22.41

22.42. Um bloco que possui massa m é suspenso por uma mola com uma rigidez k. Se uma força vertical para baixo $F = F_O$ é aplicada sobre o peso, determine a equação que descreve a posição do bloco em função do tempo.

22.43. O bloco mostrado na Figura 22.15 tem massa de 20 kg e a mola tem rigidez $k = 600$ N/m. Quando o bloco é deslocado e solto, duas amplitudes sucessivas são medidas como $x_1 = 150$ mm e $x_2 = 87$ mm. Determine o coeficiente de amortecimento viscoso, c.

*22.44. Um bloco de 4 kg é suspenso a partir de uma mola com rigidez $k = 600$ N/m. O bloco é puxado 50 mm para baixo a partir da posição de equilíbrio e depois é solto do repouso quando $t = 0$. Se o suporte se move com deslocamento imposto $\delta = (10 \operatorname{sen} 4t)$ mm, onde t é dado em segundos, determine a equação que descreve o movimento vertical do bloco. Suponha que o deslocamento positivo seja para baixo.

22.45. Use um modelo de bloco e mola como o mostrado na Figura 22.13a, mas suspenso a partir de uma posição vertical e submetido a um deslocamento de suporte periódico $\delta = \delta_0 \operatorname{sen} \omega_0 t$; determine a equação do movimento para o sistema e obtenha sua solução geral. Defina o deslocamento y medido a partir da posição de equilíbrio estático do bloco quando $t = 0$.

22.46. Um bloco de 5 kg está suspenso de uma mola com rigidez de 300 N/m. Se o bloco é submetido a uma força vertical $F = (7 \operatorname{sen} 8t)$ N, onde t é dado em segundos, determine a equação que descreve o movimento do bloco quando ele é puxado para baixo 100 mm da posição de equilíbrio e solto do repouso em $t = 0$. Considere que o deslocamento positivo seja para baixo.

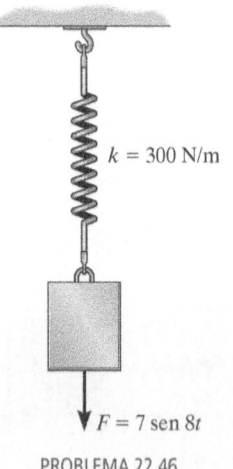

PROBLEMA 22.46

22.47. A haste uniforme tem massa m. Se ela é submetida a uma força periódica $F = F_0 \operatorname{sen} \omega t$, determine a amplitude de vibração em regime permanente.

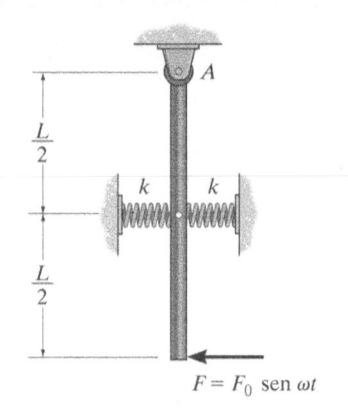

PROBLEMA 22.47

*22.48. O motor elétrico tem massa de 50 kg e é suportado por *quatro molas*, cada uma com elasticidade de 100 N/m. Se o motor gira um disco D que está montado excentricamente, a 20 mm do centro do disco, determine a velocidade angular ω na qual ocorre a ressonância. Suponha que o motor vibre apenas na direção vertical.

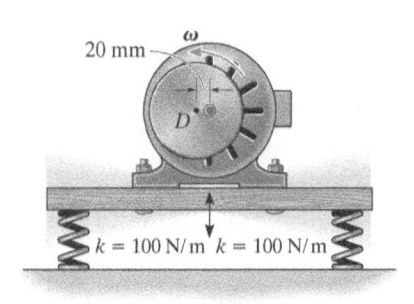

PROBLEMA 22.48

22.49. A barra elástica leve apoia uma esfera de 4 kg. Quando uma força vertical de 18 N é aplicada à esfera, a barra desvia em 14 mm. Se a parede oscila com frequência harmônica de 2 Hz e tem uma amplitude de 15 mm, determine a amplitude da vibração para a esfera.

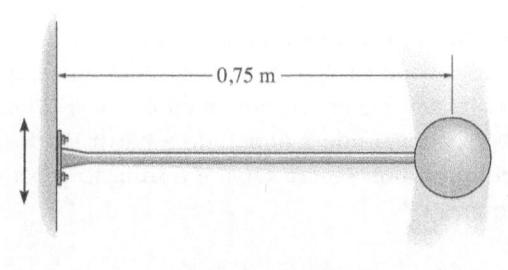

PROBLEMA 22.49

22.50. Determine a equação diferencial para pequenas oscilações em termos de θ para a haste uniforme de massa *m*. Também demonstre que, se $c < \sqrt{mk}/2$, o sistema permanece subamortecido. A haste está na posição horizontal quando está em equilíbrio.

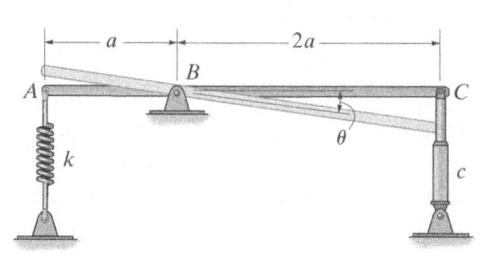

PROBLEMA 22.50

22.51. O bloco de 40 kg está fixado a uma mola com rigidez de 800 N/m. Uma força $F = (100 \cos 2t)$ N, onde *t* é dado em segundos, é aplicada ao bloco. Determine a velocidade máxima do bloco para a vibração em regime permanente.

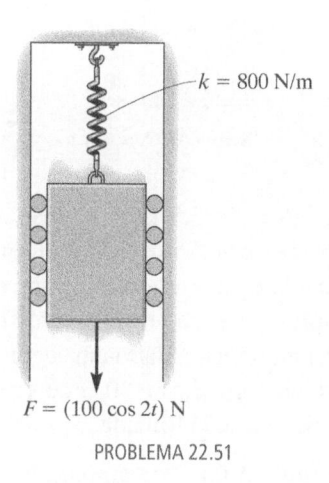

PROBLEMA 22.51

*22.52. O ventilador tem massa de 25 kg e está fixo à extremidade de uma viga horizontal de massa desprezível. A pá do ventilador está montada excentricamente no eixo de tal maneira que ela é equivalente a uma massa desequilibrada de 3,5 kg, localizada a 100 mm do eixo de rotação. Se a deflexão estática da viga é 50 mm como resultado do peso do ventilador, determine a velocidade angular da pá na qual ocorrerá ressonância. *Dica:* veja a primeira parte do Exemplo 22.8.

22.53. No Problema 22.52, determine a amplitude da vibração de estado constante do ventilador se a velocidade angular da pá é 10 rad/s.

22.54. Qual será a amplitude da vibração em regime permanente do ventilador no Problema 22.52 se a velocidade angular da pá for 18 rad/s? *Dica:* veja a primeira parte do Exemplo 22.8.

PROBLEMAS 22.52, 22.53 e 22.54

22.55. O motor de massa *M* é apoiado por uma viga de apoio simples e com massa desprezível. Se o bloco *A* de massa *m* é fixado ao rotor, que está girando a uma velocidade angular constante ω, determine a amplitude da vibração em regime permanente. *Dica:* quando a viga é submetida a uma força concentrada *P* em seu ponto intermediário, ela desvia em $\delta = PL^3/48EI$ nesse ponto. Aqui, *E* é o módulo de elasticidade de Young, uma propriedade do material, e *I* é o momento de inércia da seção transversal da viga.

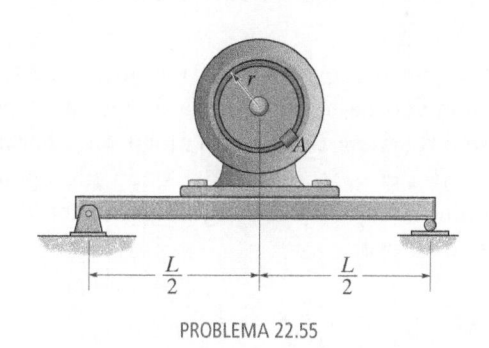

PROBLEMA 22.55

*22.56. O motor elétrico gira um volante excêntrico que é equivalente a uma massa desbalanceada de 0,125 kg, localizada a 250 mm do eixo de rotação. Se a deflexão estática da viga é 25 mm em virtude da massa do motor, determine a velocidade angular do volante em que haverá ressonância. O motor tem massa de 75 kg. Despreze a massa da viga.

22.57. Qual será a amplitude da vibração de estado constante do motor no Problema 22.56 se a velocidade angular do volante for 20 rad/s?

22.58. Determine a velocidade angular do volante no Problema 22.56 que produzirá uma amplitude de vibração de 6 mm.

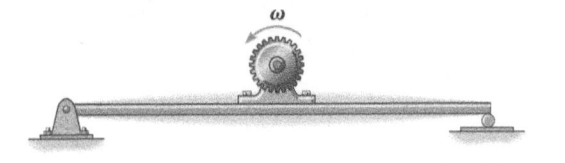

PROBLEMAS 22.56, 22.57 e 22.58

22.59. O reboque de 450 kg é puxado com velocidade constante sobre a superfície de uma estrada acidentada, que pode ser aproximada por uma curva de cosseno com amplitude de 50 mm e comprimento de onda de 4 m. Se as duas molas s que suportam o reboque possuem rigidez de 800 N/m cada, determine a velocidade v que causará a maior vibração (ressonância) do reboque. Despreze o peso das rodas.

*22.60. Determine a amplitude de vibração do reboque no Problema 22.59 se a velocidade $v = 15$ km/h.

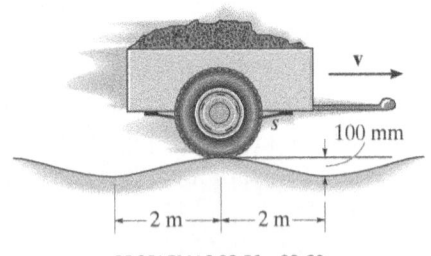

PROBLEMAS 22.59 e 22.60

22.61. O bloco pequeno em A tem massa de 4 kg e está montado na haste dobrada de massa desprezível. Se o rotor em B causa um movimento harmônico $\delta_B = (0,1 \cos 15t)$ m, onde t é dado em segundos, determine a amplitude em regime permanente de vibração do bloco.

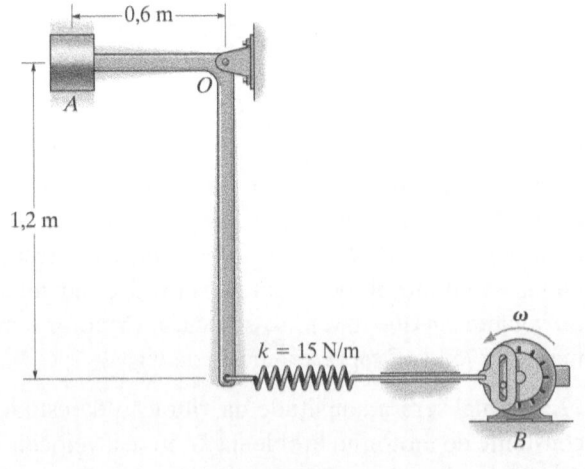

PROBLEMA 22.61

22.62. O sistema de molas está conectado a uma cruzeta que oscila verticalmente quando a roda gira com velocidade angular constante ω. Se a amplitude da vibração em regime permanente é observada como sendo de 400 mm, e cada uma das molas tem rigidez $k = 2500$ N/m, determine os dois valores possíveis de rotação ω da roda. O bloco tem massa de 50 kg.

22.63. O sistema de molas está conectado a uma cruzeta que oscila verticalmente quando a roda gira com velocidade angular constante $\omega = 5$ rad/s. Se a amplitude da vibração de estado constante é observada como sendo de 400 mm, determine os dois valores possíveis de rigidez k das molas. O bloco tem massa de 50 kg.

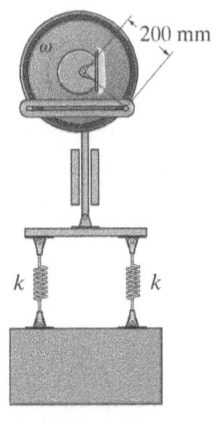

PROBLEMAS 22.62 e 22.63

*22.64. Um bloco de 3,5 kg está suspenso de uma mola com rigidez $k = 1250$ N/m. O suporte ao qual a mola está fixada é submetido a um movimento harmônico simples, que pode ser expresso como $\delta = (0,045 \text{ sen } 2t)$ m, onde t é dado em segundos. Se o fator de amortecimento é $c/c_c = 0,8$, determine o ângulo de fase ϕ de vibração forçada.

22.65. Determine o fator de ampliação da combinação do bloco, mola e amortecedor no Problema 22.64.

22.66. Um bloco com massa de 7 kg está suspenso de uma mola que tem rigidez $k = 600$ N/m. Se o bloco é submetido a uma velocidade para cima de 0,6 m/s de sua posição de equilíbrio em $t = 0$, determine sua posição como uma função do tempo. Presuma que o deslocamento positivo do bloco seja para baixo e que o movimento ocorra em um meio que forneça uma força de amortecimento $F = (50|v|)$ N, onde v é a velocidade do bloco em m/s.

22.67. O bloco de 20 kg é submetido à ação da força harmônica $F = (90 \cos 6t)$ N, onde t é dado em segundos. Escreva a equação que descreve o movimento em regime permanente.

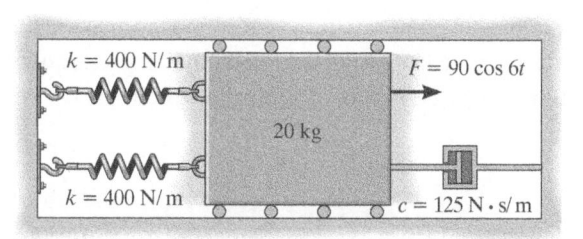

PROBLEMA 22.67

*22.68. Dois amortecedores idênticos são arranjados paralelos um ao outro, como mostra a figura. Demonstre que, se o coeficiente de amortecimento $c < \sqrt{mk}$, então o bloco de massa m vibrará como um sistema subamortecido.

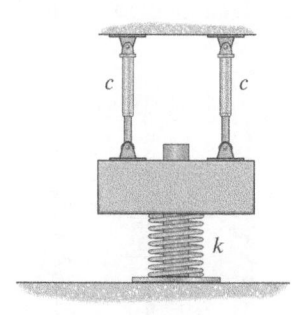

PROBLEMA 22.68

22.69. O fator de amortecimento, c/c_c, pode ser determinado experimentalmente medindo-se as amplitudes sucessivas do movimento vibratório de um sistema. Se dois desses deslocamentos máximos puderem ser aproximados por x_1 e x_2, como mostra a Figura 22.16, demonstre que $\ln(x_1/x_2) = 2\pi(c/c_c)/\sqrt{1-(c/c_c)^2}$. A quantidade $\ln(x_1/x_2)$ é chamada de *decremento logarítmico*.

22.70. O disco circular de 4 kg está fixado a três molas, cada uma com rigidez $k = 180$ N/m. Se o disco for imerso em um fluido e submetido a uma velocidade para baixo de 0,3 m/s na posição de equilíbrio, determine a equação que descreve o movimento. Considere o deslocamento positivo como sendo medido para baixo, e que a resistência do fluido que atua sobre o disco fornece uma força de amortecimento de intensidade $F = (60|v|)$ N, onde v é a velocidade do bloco em m/s.

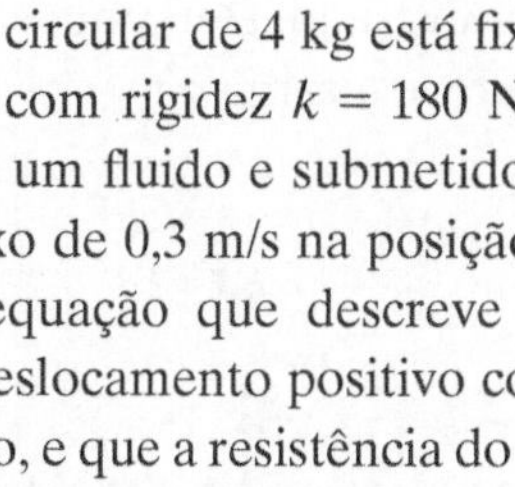

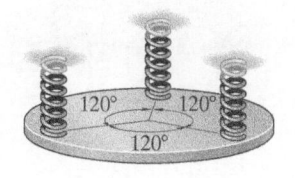

PROBLEMA 22.70

22.71. Determine a equação diferencial de movimento para o sistema vibratório amortecido mostrado. Que tipo de movimento ocorre? Considere $k = 100$ N/m, $c = 200$ N · s/m, $m = 25$ kg.

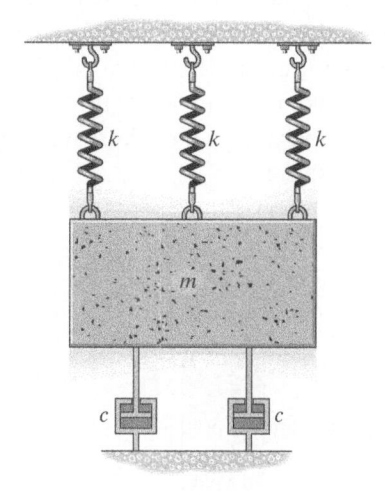

PROBLEMA 22.71

*22.72. Se a barra de 12 kg for submetida a uma força periódica $F = (30 \text{ sen } 6t)$ N, onde t é dado em segundos, determine a amplitude $\theta_{máx}$ da vibração em regime permanente da barra em torno do pino B. Considere que θ seja pequeno.

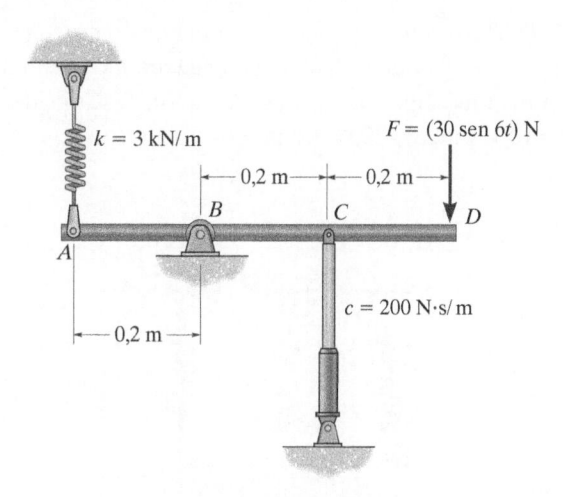

PROBLEMA 22.72

22.73. Uma bala de massa m tem velocidade $\mathbf{v}_0$ imediatamente antes de atingir o alvo de massa M. Se a bala for cravada no alvo, e a vibração, criticamente amortecida, determine o coeficiente de amortecimento crítico do amortecedor e a compressão máxima das molas. O alvo está livre para se movimentar pelas duas guias horizontais que estão "aninhadas" nas molas.

22.74. Uma bala de massa m tem velocidade v_0 imediatamente antes de atingir o alvo de massa M. Se a bala for cravada no alvo, e o coeficiente de amortecimento do amortecedor for $0 < c \ll c_c$, determine a compressão máxima das molas. O alvo está livre para se movimentar pelas duas guias horizontais que estão "aninhadas" nas molas.

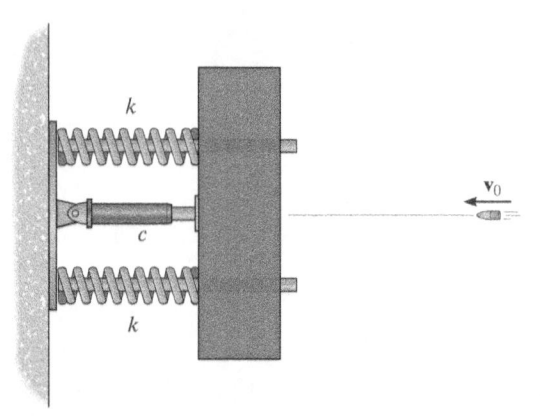

PROBLEMAS 22.73 e 22.74

22.75. Determine a equação diferencial do movimento para o sistema vibratório amortecido mostrado na figura. Que tipo de movimento ocorre? Considere $k = 100$ N/m, $c = 200$ N · s/m, $m = 25$ kg.

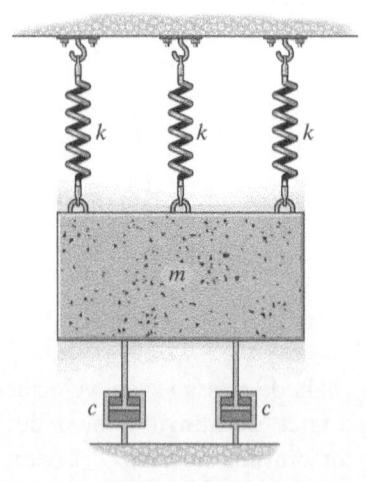

PROBLEMA 22.75

*__22.76.__ Desenhe o circuito elétrico equivalente ao sistema mecânico mostrado. Determine a equação diferencial que descreve a carga q no circuito.

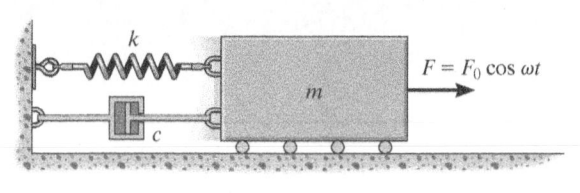

PROBLEMA 22.76

22.77. Desenhe o circuito elétrico equivalente ao sistema mecânico mostrado. Qual é a equação diferencial que descreve a carga q no circuito?

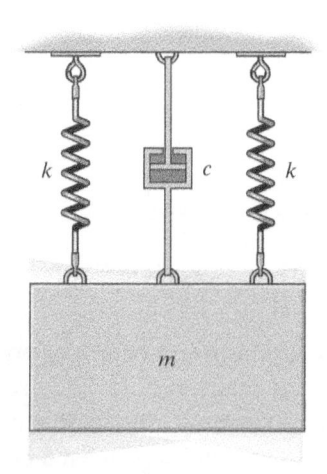

PROBLEMA 22.77

22.78. Desenhe o circuito elétrico equivalente ao sistema mecânico mostrado. Determine a equação diferencial que descreve a carga q no circuito.

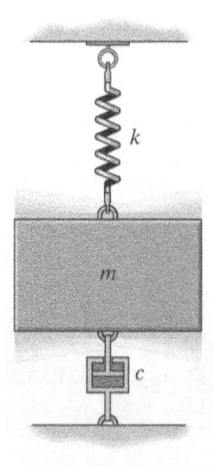

PROBLEMA 22.78

Revisão do capítulo

Vibração livre não amortecida

Um corpo tem vibração livre quando forças restauradoras elásticas ou gravitacionais causam o movimento. Esse movimento é não amortecido quando forças de atrito são desprezadas. O movimento periódico de um corpo livremente vibratório, não amortecido, pode ser estudado deslocando o corpo da posição de equilíbrio e, então, aplicando a equação de movimento ao longo da trajetória.

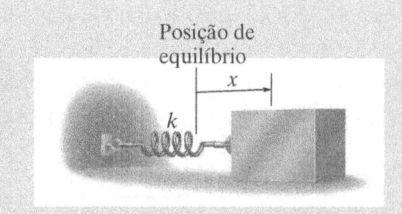

Para um sistema de um grau de liberdade, a equação diferencial resultante pode ser escrita em termos de sua frequência natural ω_n.

$$\ddot{x} + \omega_n^2 x = 0 \qquad \tau = \frac{2\pi}{\omega_n} \qquad f = \frac{1}{\tau} = \frac{\omega_n}{2\pi}$$

Métodos de energia

Contanto que forças restauradoras que atuam sobre o corpo sejam gravitacionais e elásticas, a conservação de energia também pode ser usada para determinar seu movimento harmônico simples. Para fazer isso, o corpo é deslocado uma pequena distância de sua posição de equilíbrio, e uma expressão para sua energia potencial e cinética é escrita. A derivada com relação ao tempo dessa equação pode, então, ser rearranjada na forma padrão $\ddot{x} + \omega_n^2 x = 0$.

Vibração forçada não amortecida

Quando a equação de movimento é aplicada a um corpo submetido a uma força periódica, ou o apoio tem um deslocamento com frequência ω_0, a solução da equação diferencial consiste em uma solução complementar e uma solução particular. A solução complementar é causada pela vibração livre e pode ser desprezada. A solução particular é causada pela vibração forçada.

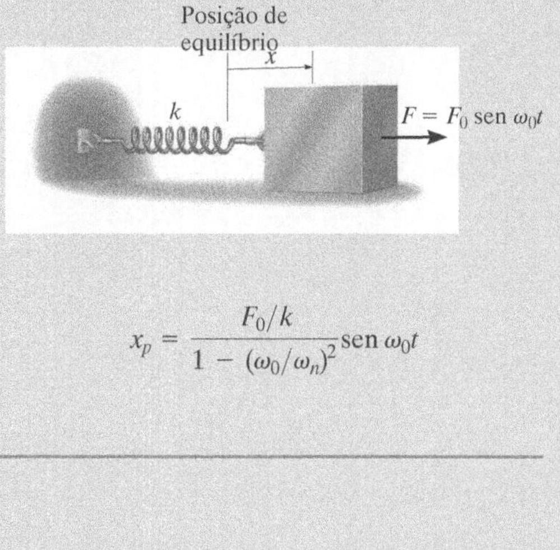

Haverá ressonância se a frequência natural de vibração ω_n for igual à frequência de forçamento ω_0. Isso deve ser evitado, já que o movimento tenderá a se tornar incontrolado.

$$x_p = \frac{F_0/k}{1 - (\omega_0/\omega_n)^2} \operatorname{sen} \omega_0 t$$

Vibração livre amortecida viscosa

Uma força de amortecimento viscosa é causada por arrasto de fluido no sistema na medida em que ele vibra. Se o movimento for lento, essa força de arrasto será proporcional à velocidade, isto é, $F = c\dot{x}$. Aqui, c é o coeficiente de amortecimento viscoso. Comparando seu valor ao coeficiente de amortecimento crítico, $c_c = 2m\omega_n$, podemos especificar o tipo de vibração que ocorre. Se $c > c_c$, ele é um sistema superamortecido; se $c = c_c$, ele é um sistema criticamente amortecido; se $c < c_c$, ele é um sistema subamortecido.

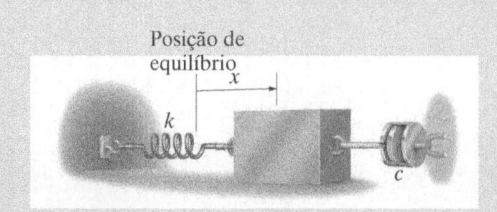

Vibração forçada amortecida viscosa

O tipo mais geral de vibração para um sistema de um grau de liberdade ocorre quando o sistema é amortecido e submetido a um movimento forçado periódico. A solução fornece percepção sobre como o fator de amortecimento, c/c_c, e a razão de frequência, ω_0/ω_n, influenciam a vibração.

A ressonância é evitada contanto que $c/c_c \neq 0$ e $\omega_0/\omega_n \neq 1$.

Analogias com circuito elétrico

O movimento vibratório de um sistema mecânico complexo pode ser estudado modelando-o como um circuito elétrico. Isso é possível uma vez que as equações diferenciais que governam o comportamento de cada sistema são as mesmas.

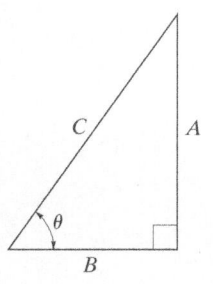

APÊNDICE A — Expressões matemáticas

Fórmula quadrática

Se $ax^2 + bx + c = 0$, então $x = \dfrac{-b \pm \sqrt{b^2 - 4ac}}{2a}$

Funções hiperbólicas

$\operatorname{senh} x = \dfrac{e^x - e^{-x}}{2}$, $\cosh x = \dfrac{e^x + e^{-x}}{2}$, $\operatorname{tgh} x = \dfrac{\operatorname{senh} x}{\cosh x}$

Identidades trigonométricas

$\operatorname{sen}\theta = \dfrac{A}{C}$, $\operatorname{cossec}\theta = \dfrac{C}{A}$

$\cos\theta = \dfrac{B}{C}$, $\sec\theta = \dfrac{C}{B}$

$\operatorname{tg}\theta = \dfrac{A}{B}$, $\operatorname{cotg}\theta = \dfrac{B}{A}$

$\operatorname{sen}^2\theta + \cos^2\theta = 1$

$\operatorname{sen}(\theta \pm \phi) = \operatorname{sen}\theta \cos\phi \pm \cos\theta \operatorname{sen}\phi$

$\operatorname{sen} 2\theta = 2\operatorname{sen}\theta \cos\theta$

$\cos(\theta \pm \phi) = \cos\theta \cos\phi \mp \operatorname{sen}\theta \operatorname{sen}\phi$

$\cos 2\theta = \cos^2\theta - \operatorname{sen}^2\theta$

$\cos\theta = \pm\sqrt{\dfrac{1 + \cos 2\theta}{2}}$, $\operatorname{sen}\theta = \pm\sqrt{\dfrac{1 - \cos 2\theta}{2}}$

$\operatorname{tg}\theta = \dfrac{\operatorname{sen}\theta}{\cos\theta}$

$1 + \operatorname{tg}^2\theta = \sec^2\theta \quad 1 + \operatorname{cotg}^2\theta = \operatorname{cossec}^2\theta$

Derivadas

$\dfrac{d}{dx}(u^n) = nu^{n-1}\dfrac{du}{dx}$

$\dfrac{d}{dx}(uv) = u\dfrac{dv}{dx} + v\dfrac{du}{dx}$

$\dfrac{d}{dx}\left(\dfrac{u}{v}\right) = \dfrac{v\dfrac{du}{dx} - u\dfrac{dv}{dx}}{v^2}$

$\dfrac{d}{dx}(\operatorname{cotg} u) = -\operatorname{cossec}^2 u\dfrac{du}{dx}$

$\dfrac{d}{dx}(\sec u) = \operatorname{tg} u \sec u\dfrac{du}{dx}$

$\dfrac{d}{dx}(\operatorname{cossec} u) = -\operatorname{cossec} u \operatorname{cotg} u\dfrac{du}{dx}$

$\dfrac{d}{dx}(\operatorname{sen} u) = \cos u\dfrac{du}{dx}$

$\dfrac{d}{dx}(\cos u) = -\operatorname{sen} u\dfrac{du}{dx}$

$\dfrac{d}{dx}(\operatorname{tg} u) = \sec^2 u\dfrac{du}{dx}$

$\dfrac{d}{dx}(\operatorname{senh} u) = \cosh u\dfrac{du}{dx}$

$\dfrac{d}{dx}(\cosh u) = \operatorname{senh} u\dfrac{du}{dx}$

Expansões de séries em potência

$\operatorname{sen} x = x - \dfrac{x^3}{3!} + \cdots \qquad \operatorname{senh} x = x + \dfrac{x^3}{3!} + \cdots$

$\cos x = 1 - \dfrac{x^2}{2!} + \cdots \qquad \cosh x = 1 + \dfrac{x^2}{2!} + \cdots$

Integrais

$$\int x^n \, dx = \frac{x^{n+1}}{n+1} + C, \, n \neq -1$$

$$\int \frac{dx}{a+bx} = \frac{1}{b} \ln(a+bx) + C$$

$$\int \frac{dx}{a+bx^2} = \frac{1}{2\sqrt{-ba}} \ln\left[\frac{a+x\sqrt{-ab}}{a-x\sqrt{-ab}}\right] + C, \, ab < 0$$

$$\int \frac{x \, dx}{a+bx^2} = \frac{1}{2b} \ln(bx^2+a) + C$$

$$\int \frac{x^2 \, dx}{a+bx^2} = \frac{x}{b} - \frac{a}{b\sqrt{ab}} \operatorname{tg}^{-1} \frac{x\sqrt{ab}}{a} + C, \, ab > 0$$

$$\int \frac{dx}{a^2-x^2} = \frac{1}{2a} \ln\left[\frac{a+x}{a-x}\right] + C, \, a^2 > x^2$$

$$\int \sqrt{a+bx} \, dx = \frac{2}{3b} \sqrt{(a+bx)^3} + C$$

$$\int x\sqrt{a+bx} \, dx = \frac{-2(2a-3bx)\sqrt{(a+bx)^3}}{15b^2} + C$$

$$\int x^2\sqrt{a+bx} \, dx = \frac{2(8a^2-12abx+15b^2x^2)\sqrt{(a+bx)^3}}{105b^3} + C$$

$$\int \sqrt{a^2-x^2} \, dx = \frac{1}{2}\left[x\sqrt{a^2-x^2} + a^2 \operatorname{sen}^{-1}\frac{x}{a}\right] + C, \, a > 0$$

$$\int x\sqrt{x^2 \pm a^2} \, dx = \frac{1}{3}\sqrt{(x^2 \pm a^2)^3} + C$$

$$\int x^2\sqrt{a^2-x^2} \, dx = -\frac{x}{4}\sqrt{(a^2-x^2)^3}$$
$$+ \frac{a^2}{8}\left(x\sqrt{a^2-x^2} + a^2 \operatorname{sen}^{-1}\frac{x}{a}\right) + C, \, a > 0$$

$$\int \sqrt{x^2 \pm a^2} \, dx = \frac{1}{2}\left[x\sqrt{x^2 \pm a^2} \pm a^2 \ln\left(x+\sqrt{x^2 \pm a^2}\right)\right] + C$$

$$\int x\sqrt{a^2-x^2} \, dx = -\frac{1}{3}\sqrt{(a^2-x^2)^3} + C$$

$$\int x^2\sqrt{x^2 \pm a^2} \, dx = \frac{x}{4}\sqrt{(x^2 \pm a^2)^3} \mp \frac{a^2}{8}x\sqrt{x^2 \pm a^2}$$
$$- \frac{a^4}{8} \ln\left(x+\sqrt{x^2 \pm a^2}\right) + C$$

$$\int \frac{dx}{\sqrt{a+bx}} = \frac{2\sqrt{a+bx}}{b} + C$$

$$\int \frac{x \, dx}{\sqrt{x^2 \pm a^2}} = \sqrt{x^2 \pm a^2} + C$$

$$\int \frac{dx}{\sqrt{a+bx+cx^2}} = \frac{1}{\sqrt{c}} \ln\left[\sqrt{a+bx+cx^2}\right.$$
$$\left. + x\sqrt{c} + \frac{b}{2\sqrt{c}}\right] + C, \, c > 0$$

$$= \frac{1}{\sqrt{-c}} \operatorname{sen}^{-1}\left(\frac{-2cx-b}{\sqrt{b^2-4ac}}\right) + C, \, c < 0$$

$$\int \operatorname{sen} x \, dx = -\cos x + C$$

$$\int \cos x \, dx = \operatorname{sen} x + C$$

$$\int x \cos(ax) \, dx = \frac{1}{a^2} \cos(ax) + \frac{x}{a} \operatorname{sen}(ax) + C$$

$$\int x^2 \cos(ax) \, dx = \frac{2x}{a^2} \cos(ax)$$
$$+ \frac{a^2x^2-2}{a^3} \operatorname{sen}(ax) + C$$

$$\int e^{ax} \, dx = \frac{1}{a} e^{ax} + C$$

$$\int xe^{ax} \, dx = \frac{e^{ax}}{a^2}(ax-1) + C$$

$$\int \operatorname{senh} x \, dx = \cosh x + C$$

$$\int \cosh x \, dx = \operatorname{senh} x + C$$

APÊNDICE B — Análise vetorial

A discussão a seguir fornece uma breve revisão da análise vetorial. Um tratamento mais detalhado desses tópicos pode ser encontrado em *Estática: mecânica para engenharia*, 14ª edição.

Vetor

Um vetor, **A**, é uma quantidade que tem intensidade e direção, e soma de acordo com a lei do paralelogramo. Como mostrado na Figura B.1, **A** = **B** + **C**, onde **A** é o *vetor resultante* e **B** e **C** são *vetores componentes*.

Vetor unitário

Um vetor unitário, $\mathbf{u}_A$, tem intensidade de uma unidade "adimensional" e atua na mesma direção que **A**. Ele é determinado dividindo-se **A** por sua intensidade A, ou seja,

$$\mathbf{u}_A = \frac{\mathbf{A}}{A} \tag{B.1}$$

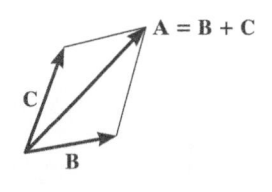

FIGURA B.1

Notação de vetor cartesiano

As direções dos eixos positivos x, y, z são definidas pelos vetores unitários cartesianos **i, j, k**, respectivamente.

Como mostrado na Figura B.2, o vetor **A** é formulado pela soma de seus componentes x, y, z como:

$$\mathbf{A} = A_x \mathbf{i} + A_y \mathbf{j} + A_z \mathbf{k} \tag{B.2}$$

A *intensidade* de **A** é determinada a partir de:

$$A = \sqrt{A_x^2 + A_y^2 + A_z^2} \tag{B.3}$$

FIGURA B.2

A *direção* de **A** é definida em termos dos seus *ângulos diretores de coordenadas*, α, β, γ, medidos a partir da *origem* de **A** para os eixos x, y, z positivos (Figura B.3). Esses ângulos são determinados a partir dos *cossenos diretores* que representam os componentes **i, j, k** do vetor unitário $\mathbf{u}_A$; ou seja, a partir das equações B.1 e B.2,

$$\mathbf{u}_A = \frac{A_x}{A}\mathbf{i} + \frac{A_y}{A}\mathbf{j} + \frac{A_z}{A}\mathbf{k} \tag{B.4}$$

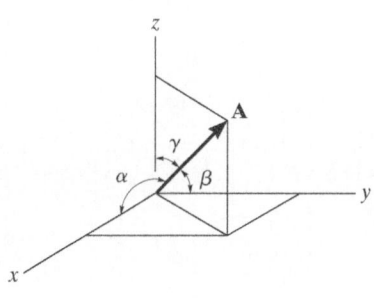

FIGURA B.3

de maneira que são cossenos diretores

$$\cos \alpha = \frac{A_x}{A} \quad \cos \beta = \frac{A_y}{A} \quad \cos \gamma = \frac{A_z}{A} \tag{B.5}$$

Assim, $\mathbf{u}_A = \cos \alpha \mathbf{i} + \cos \beta \mathbf{j} + \cos \gamma \mathbf{k}$ e, utilizando a Equação B.3, vê-se que

$$\cos^2 \alpha + \cos^2 \beta + \cos^2 \gamma = 1 \tag{B.6}$$

O produto vetorial

O produto vetorial de dois vetores **A** e **B**, que resulta no vetor resultante **C**, é escrito como

$$\mathbf{C} = \mathbf{A} \times \mathbf{B} \tag{B.7}$$

e lê-se: **C** igual **A** "vetorial" **B**. A *intensidade* de **C** é:

$$C = AB \operatorname{sen} \theta \tag{B.8}$$

onde θ é o ângulo feito entre as *origens* de **A** e **B** ($0° \le \theta \le 180°$). A *direção* de **C** é determinada pela regra da mão direita, por meio da qual os dedos da mão estão fechados *de* **A** *para* **B** e o polegar aponta na direção de **C** (Figura B.4). Esse vetor é perpendicular ao plano que contém os vetores **A** e **B**.

O produto vetorial *não* é comutativo, ou seja, $\mathbf{A} \times \mathbf{B} \ne \mathbf{B} \times \mathbf{A}$. Em vez disso,

$$\mathbf{A} \times \mathbf{B} = -\mathbf{B} \times \mathbf{A} \tag{B.9}$$

A lei distributiva é válida, ou seja,

$$\mathbf{A} \times (\mathbf{B} + \mathbf{D}) = \mathbf{A} \times \mathbf{B} + \mathbf{A} \times \mathbf{D} \tag{B.10}$$

FIGURA B.4

E o produto vetorial pode ser multiplicado por um escalar m de qualquer maneira; ou seja,

$$m(\mathbf{A} \times \mathbf{B}) = (m\mathbf{A}) \times \mathbf{B} = \mathbf{A} \times (m\mathbf{B}) = (\mathbf{A} \times \mathbf{B})m \tag{B.11}$$

A Equação B.7 pode ser usada para determinar o produto vetorial de qualquer par de vetores unitários cartesianos. Por exemplo, para determinar $\mathbf{i} \times \mathbf{j}$, a intensidade é $(i)(j) \operatorname{sen} 90° = (1)(1)(1) = 1$, e sua direção $+\mathbf{k}$ é determinada a partir da regra da mão direita, aplicada a $\mathbf{i} \times \mathbf{j}$ (Figura B.2). Um esquema simples, mostrado na Figura B.5, pode ser útil para obter este e outros resultados quando houver necessidade. Se o círculo é construído como mostrado, então "cruzar" dois dos vetores unitários *no sentido anti-horário* em torno do círculo resulta em um terceiro vetor unitário *positivo*, por exemplo, $\mathbf{k} \times \mathbf{i} = \mathbf{j}$. Movendo no *sentido horário*, obtém-se um vetor unitário *negativo*, por exemplo, $\mathbf{i} \times \mathbf{k} = -\mathbf{j}$.

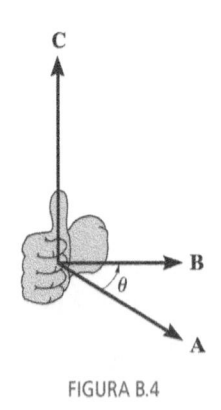

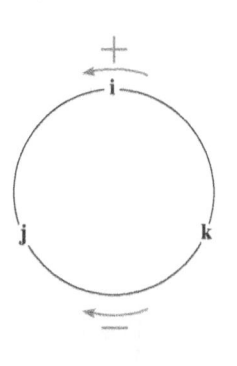

FIGURA B.5

Se **A** e **B** são expressos na forma de componentes cartesianos, então o produto cruzado, Equação B.7, pode ser avaliado expandindo-se o determinante

$$\mathbf{C} = \mathbf{A} \times \mathbf{B} = \begin{vmatrix} \mathbf{i} & \mathbf{j} & \mathbf{k} \\ A_x & A_y & A_z \\ B_x & B_y & B_z \end{vmatrix} \tag{B.12}$$

o que resulta em

$$C = (A_yB_z - A_zB_y)\mathbf{i} - (A_xB_z - A_zB_x)\mathbf{j} + (A_xB_y - A_yB_x)\mathbf{k}$$

Lembre-se de que o produto vetorial é usado na estática para definir o momento de uma força **F** com relação ao ponto O, caso em que

$$\mathbf{M}_O = \mathbf{r} \times \mathbf{F} \qquad (B.13)$$

onde **r** é um vetor posição direcionado do ponto O para *qualquer ponto* na linha de ação de **F**.

Produto escalar

O produto escalar de dois vetores **A** e **B**, que resulta em um escalar, é definido como

$$\mathbf{A} \cdot \mathbf{B} = AB \cos \theta \qquad (B.14)$$

e lê-se **A** "ponto" **B**. O ângulo θ é formado entre as *origens* de **A** e **B** ($0° \leq \theta \leq 180°$).

O produto escalar é comutativo, ou seja:

$$\mathbf{A} \cdot \mathbf{B} = \mathbf{B} \cdot \mathbf{A} \qquad (B.15)$$

A lei distributiva é válida; isto é,

$$\mathbf{A} \cdot (\mathbf{B} + \mathbf{D}) = \mathbf{A} \cdot \mathbf{B} + \mathbf{A} \cdot \mathbf{D} \qquad (B.16)$$

E a multiplicação escalar pode ser realizada de qualquer maneira, ou seja,

$$m(\mathbf{A} \cdot \mathbf{B}) = (m\mathbf{A}) \cdot \mathbf{B} = \mathbf{A} \cdot (m\mathbf{B}) = (\mathbf{A} \cdot \mathbf{B})m \qquad (B.17)$$

Utilizando a Equação B.14, o produto escalar entre quaisquer dois vetores cartesianos pode ser determinado. Por exemplo, $\mathbf{i} \cdot \mathbf{i} = (1)(1) \cos 0° = 1$ e $\mathbf{i} \cdot \mathbf{j} = (1)(1) \cos 90° = 0$.

Se **A** e **B** são expressos em forma de componente cartesiano, então o produto escalar, Equação B.14, pode ser determinado a partir de

$$\boxed{\mathbf{A} \cdot \mathbf{B} = A_xB_x + A_yB_y + A_zB_z} \qquad (B.18)$$

O produto escalar pode ser usado para determinar o *ângulo θ formado entre dois vetores*. Da Equação B.14,

$$\theta = \cos^{-1}\left(\frac{\mathbf{A} \cdot \mathbf{B}}{AB}\right) \qquad (B.19)$$

Também é possível determinar a *componente de um vetor em uma dada direção* utilizando o produto escalar. Por exemplo, a intensidade da componente (ou projeção) do vetor **A** na direção de **B** (Figura B.6) é definida por $A \cos \theta$. Pela Equação B.14, essa intensidade é

$$A \cos \theta = \mathbf{A} \cdot \frac{\mathbf{B}}{B} = \mathbf{A} \cdot \mathbf{u}_B \qquad (B.20)$$

onde $\mathbf{u}_B$ representa um vetor unitário atuando na direção de **B** (Figura B.6).

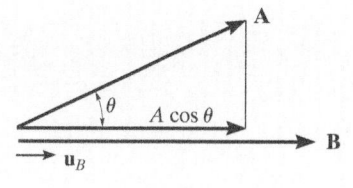

FIGURA B.6

Diferenciação e integração de funções vetoriais

As regras para diferenciação e integração das somas e produtos de funções escalares também se aplicam às funções vetoriais. Considere, por exemplo, as duas funções vetoriais $\mathbf{A}(s)$ e $\mathbf{B}(s)$. Contanto que essas funções sejam uniformes e contínuas para todo s, então

$$\frac{d}{ds}(\mathbf{A} + \mathbf{B}) = \frac{d\mathbf{A}}{ds} + \frac{d\mathbf{B}}{ds} \qquad (B.21)$$

$$\int (\mathbf{A} + \mathbf{B})\,ds = \int \mathbf{A}\,ds + \int \mathbf{B}\,ds \qquad (B.22)$$

Para o produto vetorial,

$$\frac{d}{ds}(\mathbf{A} \times \mathbf{B}) = \left(\frac{d\mathbf{A}}{ds} \times \mathbf{B}\right) + \left(\mathbf{A} \times \frac{d\mathbf{B}}{ds}\right) \qquad (B.23)$$

De modo semelhante, para o produto escalar,

$$\frac{d}{ds}(\mathbf{A} \cdot \mathbf{B}) = \frac{d\mathbf{A}}{ds} \cdot \mathbf{B} + \mathbf{A} \cdot \frac{d\mathbf{B}}{ds} \qquad (B.24)$$

APÊNDICE C

A regra da cadeia

A regra da cadeia pode ser usada para determinar a derivada com relação ao tempo de uma função composta de duas funções. Por exemplo, se y é uma função de x e x é uma função de t, podemos determinar a derivada de y em relação a t da seguinte forma:

$$\dot{y} = \frac{dy}{dt} = \frac{dy}{dx}\frac{dx}{dt} \tag{C.1}$$

Em outras palavras, para determinar $\dot{y}$, tomamos a derivada comum (dy/dx) e a multiplicamos pela derivada com relação ao tempo (dx/dt).

Se diversas variáveis são funções do tempo e elas são multiplicadas, a regra do produto $d(uv) = du\,v + u\,dv$ tem de ser usada com a regra da cadeia quando se tomam as derivadas com relação ao tempo. A seguir veremos alguns exemplos.

EXEMPLO C.1

Se $y = x^3$ e $x = t^4$, determine $\ddot{y}$, a segunda derivada de y em relação ao tempo.

SOLUÇÃO

Usando a regra da cadeia (Equação C.1),

$$\dot{y} = 3x^2\dot{x}$$

Para obter a segunda derivada de tempo, temos de usar a regra do produto, já que x e $\dot{x}$ são funções de tempo, e além disso, deve-se aplicar a regra de três composta para $3x^2$. Desse modo, com $u = 3x^2$ e $v = \dot{x}$, temos

$$\ddot{y} = [6x\dot{x}]\dot{x} + 3x^2[\ddot{x}]$$
$$= 3x[2\dot{x}^2 + x\ddot{x}]$$

Visto que $x = t^4$, então $\dot{x} = 4t^3$ e $\ddot{x} = 12t^2$, de maneira que

$$\ddot{y} = 3(t^4)[2(4t^3)^2 + t^4(12t^2)]$$
$$= 132t^{10}$$

Observe que esse resultado também pode ser obtido combinando-se as funções e depois utilizando as derivadas com relação ao tempo, que são

$$y = x^3 = (t^4)^3 = t^{12}$$
$$\dot{y} = 12t^{11}$$
$$\ddot{y} = 132t^{10}$$

EXEMPLO C.2

Se $y = xe^x$, determine $\ddot{y}$.

SOLUÇÃO

Visto que x e e^x são ambas funções do tempo, as regras do produto e da cadeia têm de ser aplicadas. Tome $u = x$ e $v = e^x$.

$$\dot{y} = [\dot{x}]e^x + x[e^x \dot{x}]$$

A segunda derivada com relação ao tempo também exige a aplicação das regras do produto e da cadeia. Observe que a regra do produto se aplica a três variáveis do tempo no último termo, ou seja, x, e^x e $\dot{x}$.

$$\ddot{y} = \{[\ddot{x}]e^x + \dot{x}[e^x \dot{x}]\} + \{[\dot{x}]e^x \dot{x} + x[e^x \dot{x}]\dot{x} + xe^x[\ddot{x}]\}$$

$$= e^x[\ddot{x}(1 + x) + \dot{x}^2(2 + x)]$$

Se $x = t^2$ então $\dot{x} = 2t$, $\ddot{x} = 2$, de maneira que, em termos em t, temos

$$\ddot{y} = e^{t^2}[2(1 + t^2) + 4t^2(2 + t^2)]$$

EXEMPLO C.3

Se a trajetória nas coordenadas radiais é dada como $r = 5\theta^2$, onde θ é uma função conhecida de tempo, determine $\ddot{r}$.

SOLUÇÃO

Inicialmente, utilizando a regra da cadeia, depois as regras da cadeia e do produto, onde $u = 10\theta$ e $v = \dot{\theta}$, temos

$$r = 5\theta^2$$

$$\dot{r} = 10\theta\dot{\theta}$$

$$\ddot{r} = 10[(\dot{\theta})\dot{\theta} + \theta(\ddot{\theta})]$$

$$= 10\dot{\theta}^2 + 10\theta\ddot{\theta}$$

EXEMPLO C.4

Se $r^2 = 6\theta^3$, determine $\ddot{r}$.

SOLUÇÃO

Aqui as regras da cadeia e do produto são aplicadas como a seguir.

$$r^2 = 6\theta^3$$

$$2r\dot{r} = 18\theta^2\dot{\theta}$$

$$2[(\dot{r})\dot{r} + r(\ddot{r})] = 18[(2\theta\dot{\theta})\dot{\theta} + \theta^2(\ddot{\theta})]$$

$$\dot{r}^2 + r\ddot{r} = 9(2\theta\dot{\theta}^2 + \theta^2\ddot{\theta})$$

Para determinar $\ddot{r}$ para um valor especificado de θ, que é uma função conhecida de tempo, podemos primeiro determinar $\dot{\theta}$ e $\ddot{\theta}$. Depois, usando esses valores, avaliar r a partir da primeira equação, $\dot{r}$ a partir da segunda equação e $\ddot{r}$ usando a última equação.

EQUAÇÕES FUNDAMENTAIS DA DINÂMICA

CINEMÁTICA
Partícula com movimento linear

a Variável

$$a = \frac{dv}{dt}$$

$$v = \frac{ds}{dt}$$

$$a\,ds = v\,dv$$

$a = a_c$ Constante

$$v = v_0 + a_c t$$

$$s = s_0 + v_0 t + \tfrac{1}{2}a_c t^2$$

$$v^2 = v_0^2 + 2a_c(s - s_0)$$

Partícula com movimento curvilíneo

Coordenadas x, y, z

$v_x = \dot{x} \quad a_x = \ddot{x}$
$v_y = \dot{y} \quad a_y = \ddot{y}$
$v_z = \dot{z} \quad a_z = \ddot{z}$

Coordenadas r, θ, z

$v_r = \dot{r} \quad a_r = \ddot{r} - r\dot{\theta}^2$
$v_\theta = r\dot{\theta} \quad a_\theta = r\ddot{\theta} + 2\dot{r}\dot{\theta}$
$v_z = \dot{z} \quad a_z = \ddot{z}$

Coordenadas n, t, b

$v = \dot{s}$

$a_t = \dot{v} = v\dfrac{dv}{ds}$

$a_n = \dfrac{v^2}{\rho} \quad \rho = \dfrac{[1 + (dy/dx)^2]^{3/2}}{|d^2y/dx^2|}$

Movimento relativo

$\mathbf{v}_B = \mathbf{v}_A + \mathbf{v}_{B/A} \qquad \mathbf{a}_B = \mathbf{a}_A + \mathbf{a}_{B/A}$

Movimento do corpo rígido com um eixo fixo

Variável α

$$\alpha = \frac{d\omega}{dt}$$

$$\omega = \frac{d\theta}{dt}$$

$$\omega\,d\omega = \alpha\,d\theta$$

Constante $\alpha = \alpha_c$

$$\omega = \omega_0 + \alpha_c t$$

$$\theta = \theta_0 + \omega_0 t + \tfrac{1}{2}\alpha_c t^2$$

$$\omega^2 = \omega_0^2 + 2\alpha_c(\theta - \theta_0)$$

Para o ponto P

$s = \theta r \quad v = \omega r \quad a_t = \alpha r \quad a_n = \omega^2 r$

Movimento plano relativo geral – eixos transladando

$\mathbf{v}_B = \mathbf{v}_A + \mathbf{v}_{B/A(\text{pino})} \qquad \mathbf{a}_B = \mathbf{a}_A + \mathbf{a}_{B/A(\text{pino})}$

Movimento plano relativo geral – eixos transladando e rotacionando

$\mathbf{v}_B = \mathbf{v}_A + \mathbf{\Omega} \times \mathbf{r}_{B/A} + (\mathbf{v}_{B/A})_{xyz}$

$\mathbf{a}_B = \mathbf{a}_A + \dot{\mathbf{\Omega}} \times \mathbf{r}_{B/A} + \mathbf{\Omega} \times (\mathbf{\Omega} \times \mathbf{r}_{B/A}) + 2\mathbf{\Omega} \times (\mathbf{v}_{B/A})_{xyz} + (\mathbf{a}_{B/A})_{xyz}$

CINÉTICA

Momento de inércia da massa $I = \displaystyle\int r^2\,dm$

Teorema do eixo paralelo $I = I_G + md^2$

Raio de giração $k = \sqrt{\dfrac{I}{m}}$

Equações de movimento

Partícula	$\Sigma \mathbf{F} = m\mathbf{a}$
Corpo rígido (Movimento plano)	$\Sigma F_x = m(a_G)_x$ $\Sigma F_y = m(a_G)_y$ $\Sigma M_G = I_G\alpha$ ou $\Sigma M_P = \Sigma(\mathcal{M}_k)_P$

Princípio de trabalho e energia

$T_1 + \Sigma U_{1-2} = T_2$

Energia cinética

Partícula	$T = \tfrac{1}{2}mv^2$
Corpo rígido (movimento plano)	$T = \tfrac{1}{2}mv_G^2 + \tfrac{1}{2}I_G\omega^2$

Trabalho

Força variável $\quad U_F = \displaystyle\int F\cos\theta\,ds$

Força constante $\quad U_F = (F_c\cos\theta)\,\Delta s$

Peso $\quad U_W = -W\Delta y$

Mola $\quad U_s = -\left(\tfrac{1}{2}ks_2^2 - \tfrac{1}{2}ks_1^2\right)$

Momento de binário $\quad U_M = M\Delta\theta$

Potência e eficiência

$P = \dfrac{dU}{dt} = \mathbf{F}\cdot\mathbf{v} \qquad \varepsilon = \dfrac{P_{\text{saída}}}{P_{\text{entrada}}} = \dfrac{U_{\text{saída}}}{U_{\text{entrada}}}$

Teorema da conservação de energia

$T_1 + V_1 = T_2 + V_2$

Energia potencial

$V = V_g + V_e$, onde $V_g = \pm Wy,\ V_e = +\tfrac{1}{2}ks^2$

Princípio do impulso e momento linear

Partícula	$m\mathbf{v}_1 + \Sigma \displaystyle\int \mathbf{F}\,dt = m\mathbf{v}_2$
Corpo rígido	$m(\mathbf{v}_G)_1 + \Sigma \displaystyle\int \mathbf{F}\,dt = m(\mathbf{v}_G)_2$

Conservação do momento linear

$\Sigma(\text{sist. } m\mathbf{v})_1 = \Sigma(\text{sist. } m\mathbf{v})_2$

Coeficiente de restituição $\quad e = \dfrac{(v_B)_2 - (v_A)_2}{(v_A)_1 - (v_B)_1}$

Princípio do impulso angular e quantidade de movimento

Partícula	$(\mathbf{H}_O)_1 + \Sigma \displaystyle\int \mathbf{M}_O\,dt = (\mathbf{H}_O)_2$ onde $H_O = (d)(mv)$
Corpo rígido (movimento plano)	$(\mathbf{H}_G)_1 + \Sigma \displaystyle\int \mathbf{M}_G\,dt = (\mathbf{H}_G)_2$ onde $H_G = I_G\omega$ $(\mathbf{H}_O)_1 + \Sigma \displaystyle\int \mathbf{M}_O\,dt = (\mathbf{H}_O)_2$ onde $H_O = I_O\omega$

Conservação da quantidade de movimento angular

$\Sigma(\text{sist. }\mathbf{H})_1 = \Sigma(\text{sist. }\mathbf{H})_2$

PREFIXOS DO SI

Múltiplo	Formato exponencial	Prefixo	Símbolo no SI
1.000.000.000	10^9	giga	G
1.000.000	10^6	mega	M
1.000	10^3	kilo	k
Submúltiplo			
0,001	10^{-3}	mili	m
0,000001	10^{-6}	micro	μ
0,000000001	10^{-9}	nano	n

FATORES DE CONVERSÃO (FPS) PARA (SI)

Quantidade	Unidade de medida (FPS)	Igual a	Unidade de medida (SI)
Força	lb		4,448 N
Massa	slug		14,59 kg
Comprimento	ft (pé)		0,3048 m

FATORES DE CONVERSÃO (FPS)

1 ft (pé) = 12 pol. (polegadas)
1 mi. (milha) = 5280 ft (pés)
1 kip (quilolibra) = 1000 lb (libras)
1 t (tonelada) = 2000 lb (libras)

PROPRIEDADES GEOMÉTRICAS DE ELEMENTOS DE LINHA E ÁREA

Posição do centroide	Posição do centroide	Momento de inércia da área

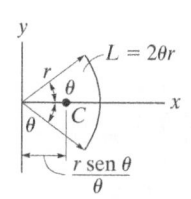

Segmento de arco de circunferência
$L = 2\theta r$
$\dfrac{r \operatorname{sen} \theta}{\theta}$

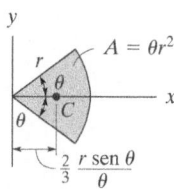

Área do setor circular
$A = \theta r^2$
$\dfrac{2}{3} \dfrac{r \operatorname{sen} \theta}{\theta}$

$I_x = \dfrac{1}{4} r^4 \left(\theta - \dfrac{1}{2} \operatorname{sen} 2\theta\right)$

$I_y = \dfrac{1}{4} r^4 \left(\theta + \dfrac{1}{2} \operatorname{sen} 2\theta\right)$

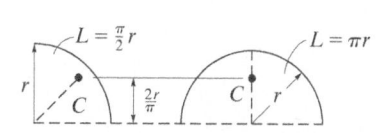

Arcos de quarto de círculo e semicírculo
$L = \dfrac{\pi}{2} r$, $\dfrac{2r}{\pi}$, $L = \pi r$

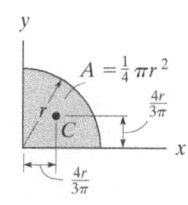

Área de quarto de círculo
$A = \dfrac{1}{4} \pi r^2$, $\dfrac{4r}{3\pi}$

$I_x = \dfrac{1}{16} \pi r^4$

$I_y = \dfrac{1}{16} \pi r^4$

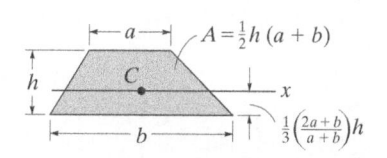

Área do trapézio
$A = \dfrac{1}{2} h(a+b)$
$\dfrac{1}{3}\left(\dfrac{2a+b}{a+b}\right)h$

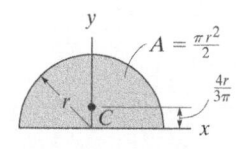

Área do semicírculo
$A = \dfrac{\pi r^2}{2}$, $\dfrac{4r}{3\pi}$

$I_x = \dfrac{1}{8} \pi r^4$

$I_y = \dfrac{1}{8} \pi r^4$

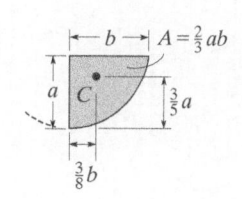

Área semiparabólica
$A = \dfrac{2}{3} ab$
$\dfrac{3}{5} a$, $\dfrac{3}{8} b$

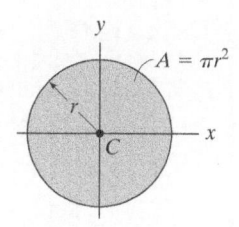

Área do círculo
$A = \pi r^2$

$I_x = \dfrac{1}{4} \pi r^4$

$I_y = \dfrac{1}{4} \pi r^4$

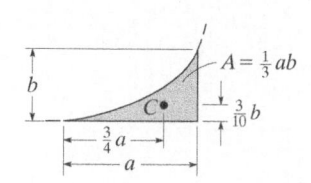

Área sob curva parabólica
$A = \dfrac{1}{3} ab$
$\dfrac{3}{4} a$, $\dfrac{3}{10} b$

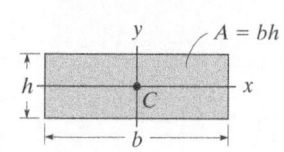

Área do retângulo
$A = bh$

$I_x = \dfrac{1}{12} bh^3$

$I_y = \dfrac{1}{12} hb^3$

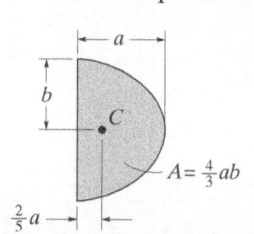

Área parabólica
$A = \dfrac{4}{3} ab$
$\dfrac{2}{5} a$

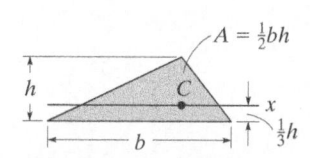

Área do triângulo
$A = \dfrac{1}{2} bh$
$\dfrac{1}{3} h$

$I_x = \dfrac{1}{36} bh^3$

CENTRO DE GRAVIDADE E MOMENTO DE INÉRCIA DA MASSA DE SÓLIDOS HOMOGÊNEOS

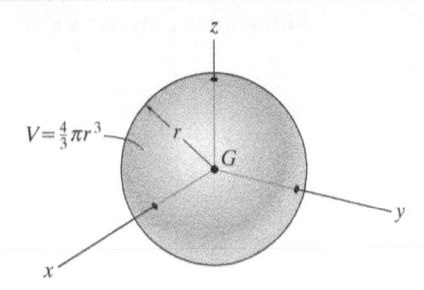

Esfera

$V = \frac{4}{3}\pi r^3$

$I_{xx} = I_{yy} = I_{zz} = \frac{2}{5} mr^2$

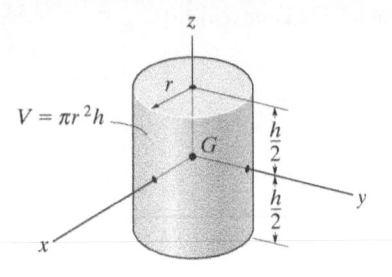

Cilindro

$V = \pi r^2 h$

$I_{xx} = I_{yy} = \frac{1}{12} m(3r^2 + h^2) \quad I_{zz} = \frac{1}{2} mr^2$

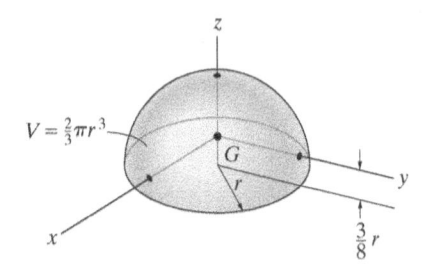

Hemisfério

$V = \frac{2}{3}\pi r^3$

$I_{xx} = I_{yy} = 0{,}259\, mr^2 \quad I_{zz} = \frac{2}{5} mr^2$

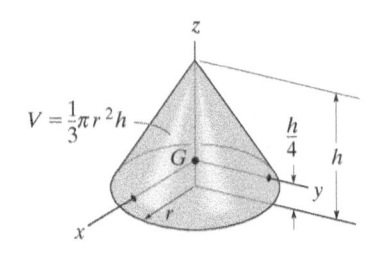

Cone

$V = \frac{1}{3}\pi r^2 h$

$I_{xx} = I_{yy} = \frac{3}{80} m(4r^2 + h^2) \quad I_{zz} = \frac{3}{10} mr^2$

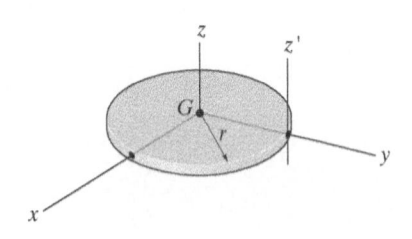

Disco circular fino

$I_{xx} = I_{yy} = \frac{1}{4} mr^2 \quad I_{zz} = \frac{1}{2} mr^2 \quad I_{z'z'} = \frac{3}{2} mr^2$

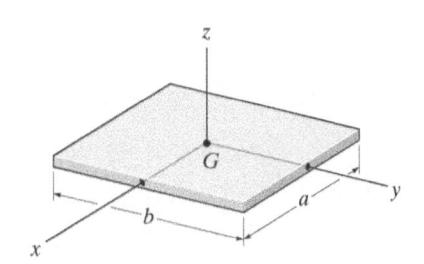

Placa fina

$I_{xx} = \frac{1}{12} mb^2 \quad I_{yy} = \frac{1}{12} ma^2 \quad I_{zz} = \frac{1}{12} m(a^2 + b^2)$

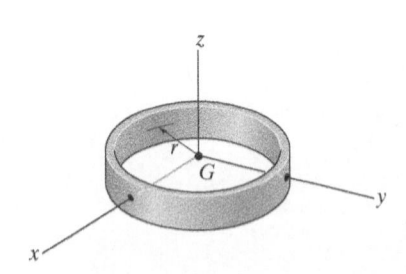

Anel fino

$I_{xx} = I_{yy} = \frac{1}{2} mr^2 \quad I_{zz} = mr^2$

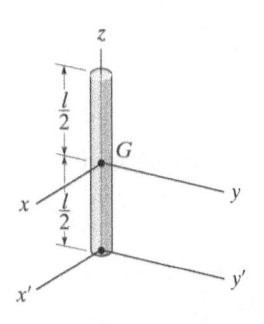

Haste delgada

$I_{xx} = I_{yy} = \frac{1}{12} ml^2 \quad I_{x'x'} = I_{y'y'} = \frac{1}{3} ml^2 \quad I_{z'z'} = 0$

Problemas fundamentais: soluções e respostas parciais

Capítulo 12

F12.1. $v = v_0 + a_c t$
$10 = 35 + a_c(15)$
$a_c = -1{,}67 \text{ m/s}^2 = 1{,}67 \text{ m/s}^2 \leftarrow$ *Resposta*

F12.2. $s = s_0 + v_0 t + \frac{1}{2} a_c t^2$
$0 = 0 + 15t + \frac{1}{2}(-9{,}81)t^2$
$t = 3{,}06 \text{ s}$ *Resposta*

F12.3. $ds = v \, dt$
$\int_0^s ds = \int_0^t (4t - 3t^2) dt$
$s = (2t^2 - t^3) \text{ m}$
$s = 2(4^2) - 4^3$
$= -32 \text{ m} = 32 \text{ m} \leftarrow$ *Resposta*

F12.4. $a = \frac{dv}{dt} = \frac{d}{dt}(0{,}5t^3 - 8t)$
$a = (1{,}5t^2 - 8) \text{ m/s}^2$
Quando $t = 2 \text{ s}$,
$a = 1{,}5(2^2) - 8 = -2 \text{ m/s}^2 = 2 \text{ m/s}^2 \leftarrow$ *Resposta*

F12.5. $v = \frac{ds}{dt} = \frac{d}{dt}(2t^2 - 8t + 6) = (4t - 8) \text{ m/s}$
$v = 0 = (4t - 8)$
$t = 2 \text{ s}$ *Resposta*
$s|_{t=0} = 2(0^2) - 8(0) + 6 = 6 \text{ m}$
$s|_{t=2} = 2(2^2) - 8(2) + 6 = -2 \text{ m}$
$s|_{t=3} = 2(3^2) - 8(3) + 6 = 0 \text{ m}$
$(\Delta s)_{\text{Tot}} = 8 \text{ m} + 2 \text{ m} = 10 \text{ m}$ *Resposta*

F12.6. $\int v \, dv = \int a \, ds$
$\int_{5 \text{ m/s}}^v v \, dv = \int_0^s (10 - 0{,}2s) ds$
$v = \left(\sqrt{20s - 0{,}2s^2 + 25} \right) \text{ m/s}$
Em $s = 10 \text{ m}$,
$v = \sqrt{20(10) - 0{,}2(10^2) + 25}$
$= 14{,}3 \text{ m/s} \rightarrow$ *Resposta*

F12.7. $v = \int (4t^2 - 2) \, dt$
$v = \frac{4}{3}t^3 - 2t + C_1$
$s = \int \left(\frac{4}{3}t^3 - 2t + C_1 \right) dt$
$s = \frac{1}{3}t^4 - t^2 + C_1 t + C_2$
$t = 0, s = -2, C_2 = -2$
$t = 2, s = -20, C_1 = -9{,}67$
$t = 4, s = 28{,}7 \text{ m}$ *Resposta*

F12.8. $a = v \frac{dv}{ds}$
$= (20 - 0{,}05s^2)(-0{,}1s)$
Em $s = 15 \text{ m}$,
$a = -13{,}1 \text{ m/s}^2 = 13{,}1 \text{ m/s}^2 \leftarrow$ *Resposta*

F12.9. $v = \frac{ds}{dt} = \frac{d}{dt}(0{,}5t^3) = 1{,}5t^2$
$v = \frac{ds}{dt} = \frac{d}{dt}(108) = 0$ *Resposta*

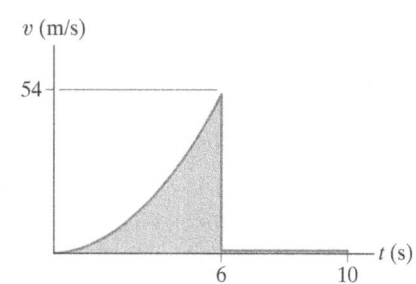

F12.10. $0 \leq t < 5 \text{ s}$,
$v = \frac{ds}{dt} = \frac{d}{dt}(3t^2) = (6t) \text{ m/s}$
$5 \text{ s} < t \leq 10 \text{ s}$,
$v = \frac{ds}{dt} = \frac{d}{dt}(30t - 75) = 30 \text{ m/s}$
$v = \frac{\Delta s}{\Delta t} = \frac{225 \text{ m} - 75 \text{ m}}{10 \text{ m} - 5 \text{ m}} = 30 \text{ m/s}$
$0 \leq t < 5 \text{ s}$,
$a = \frac{dv}{dt} = \frac{d}{dt}(6t) = 6 \text{ m/s}^2$
$5 \text{ s} < t \leq 10 \text{ s}$,
$a = \frac{dv}{dt} = \frac{d}{dt}(30) = 0$
$0 \leq t < 5 \text{ s}, a = \Delta v / \Delta t = 6 \text{ m/s}^2$
$5 \text{ s} < t \leq 10 \text{ s}, a = \Delta v / \Delta t = 0$

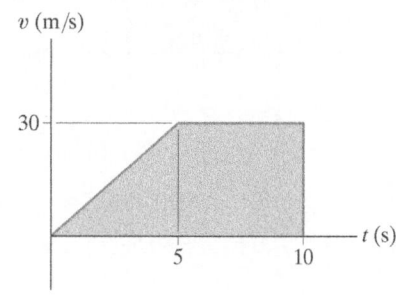

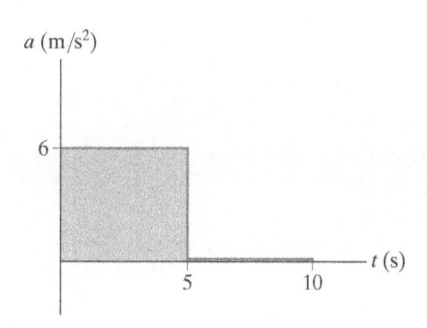

F12.11. $a\,ds = v\,dv$

$a = v\dfrac{dv}{ds} = 0{,}25s\dfrac{d}{ds}(0{,}25s) = 0{,}0625s$

$a|_{s=40\,m} = 0{,}0625(40\,m) = 2{,}5\,m/s^2 \rightarrow$

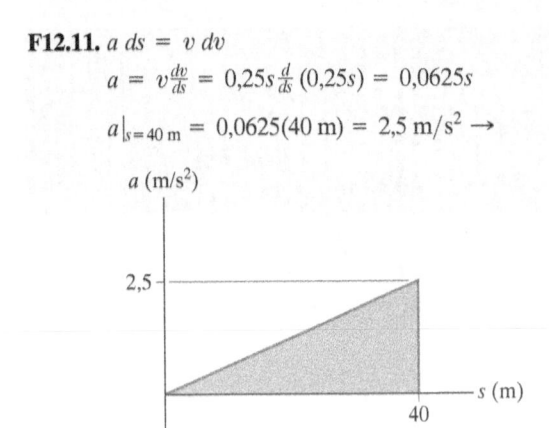

F12.12. Para $0 \leq s \leq 10\,m$

$a = s$

$\displaystyle\int_0^v v\,dv = \int_0^s s\,ds$

$v = s$

em $s = 10\,m$, $v = 10\,m$

Para $10\,m \leq s \leq 15$

$a = 10$

$\displaystyle\int_{10}^v v\,dv = \int_{10}^s 10\,ds$

$\dfrac{1}{2}v^2 - 50 = 10s - 100$

$v = \sqrt{20s - 100}$

em $s = 15\,m$

$v = 14{,}1\,m/s$ *Resposta*

F12.13. $0 \leq t < 5\,s$,

$dv = a\,dt \quad \displaystyle\int_0^v dv = \int_0^t 20\,dt$

$v = (20t)\,m/s$

$5\,s < t \leq t'$,

$(\overset{+}{\rightarrow}) \quad dv = a\,dt \quad \displaystyle\int_{100\,m/s}^v dv = \int_{5\,s}^t -10\,dt$

$v - 100 = (50 - 10t)\,m/s$,

$0 = 150 - 10t'$

$t' = 15\,s$

Também

$\Delta v = 0 =$ Área sob o gráfico a–t

$0 = (20\,m/s^2)(5\,s) + [-(10\,m/s)(t' - 5)\,s]$

$t' = 15\,s$

F12.14. $0 \leq t \leq 5\,s$,

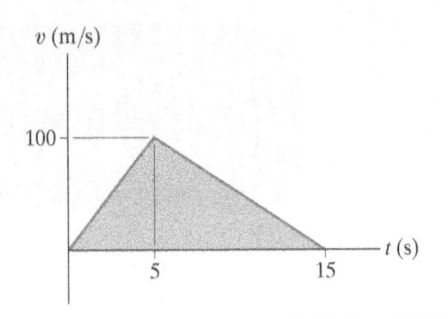

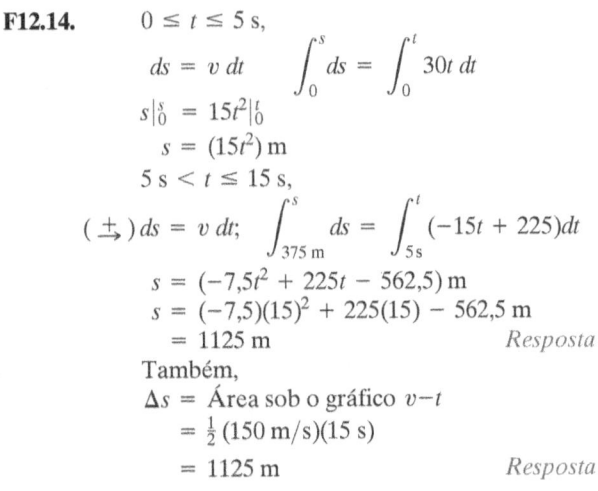

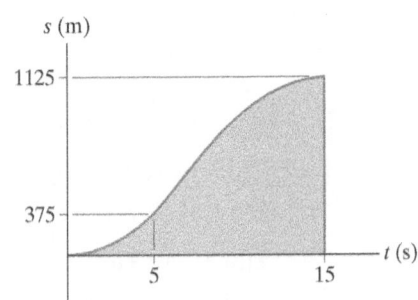

$ds = v\,dt \quad \displaystyle\int_0^s ds = \int_0^t 30t\,dt$

$s|_0^s = 15t^2|_0^t$

$s = (15t^2)\,m$

$5\,s < t \leq 15\,s$,

$(\overset{+}{\rightarrow})\,ds = v\,dt; \quad \displaystyle\int_{375\,m}^s ds = \int_{5\,s}^t (-15t + 225)\,dt$

$s = (-7{,}5t^2 + 225t - 562{,}5)\,m$

$s = (-7{,}5)(15)^2 + 225(15) - 562{,}5\,m$

$= 1125\,m$ *Resposta*

Também,

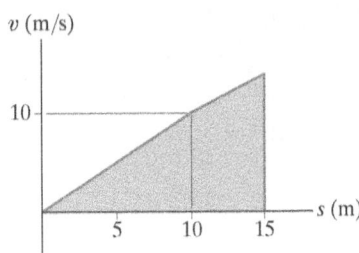

$\Delta s =$ Área sob o gráfico v–t

$= \tfrac{1}{2}(150\,m/s)(15\,s)$

$= 1125\,m$ *Resposta*

F12.15. $\displaystyle\int_0^x dx = \int_0^t 32t\,dt$

$x = (16t^2)\,m$ (1)

$\displaystyle\int_0^y dy = \int_0^t 8\,dt$

$t = \dfrac{y}{8}$ (2)

Substituindo a Equação 2 na Equação 1, obtemos

$y = 2\sqrt{x}$ *Resposta*

F12.16. $y = 0{,}75(8t) = 6t$

$v_x = \dot{x} = \dfrac{dx}{dt} = \dfrac{d}{dt}(8t) = 8\,m/s \rightarrow$

$v_y = \dot{y} = \dfrac{dy}{dt} = \dfrac{d}{dt}(6t) = 6\,m/s \uparrow$

A intensidade da velocidade das partículas é:

$v = \sqrt{v_x^2 + v_y^2} = \sqrt{(8\,m/s)^2 + (6\,m/s)^2}$

$= 10\,m/s$ *Resposta*

F12.17. $y = (4t^2)$ m

$v_x = \dot{x} = \frac{d}{dt}(4t^4) = (16t^3)$ m/s →

$v_y = \dot{y} = \frac{d}{dt}(4t^2) = (8t)$ m/s ↑

Quando $t = 0,5$ s,

$v = \sqrt{v_x^2 + v_y^2} = \sqrt{(2 \text{ m/s})^2 + (4 \text{ m/s})^2}$

$= 4,47$ m/s *Resposta*

$a_x = \dot{v}_x = \frac{d}{dt}(16t^3) = (48t^2)$ m/s^2

$a_y = \dot{v}_y = \frac{d}{dt}(8t) = 8$ m/s^2

Quando $t = 0,5$ s,

$a = \sqrt{a_x^2 + a_y^2} = \sqrt{(12 \text{ m/s}^2)^2 + (8 \text{ m/s}^2)^2}$

$= 14,4$ m/s^2 *Resposta*

F12.18. $y = 0,5x$

$\dot{y} = 0,5\dot{x}$

$v_y = t^2$

Quando $t = 4$ s,

$v_x = 32$ m/s $\quad v_y = 16$ m/s

$v = \sqrt{v_x^2 + v_y^2} = 35,8$ m/s *Resposta*

$a_x = \dot{v}_x = 4t$

$a_y = \dot{v}_y = 2t$

Quando $t = 4$ s,

$a_x = 16$ m/s^2 $\quad a_y = 8$ m/s^2

$a = \sqrt{a_x^2 + a_y^2} = \sqrt{16^2 + 8^2} = 17,9$ m/s^2 *Resposta*

F12.19. $v_y = \dot{y} = 0,5 \, x \, \dot{x} = 0,5(8)(8) = 32$ m/s

Assim,

$v = \sqrt{v_x^2 + v_y^2} = 33,0$ m/s *Resposta*

$a_y = \dot{v}_y = 0,5 \, \dot{x}^2 + 0,5 \, x\ddot{x}$

$= 0,5(8)^2 + 0,5(8)(4)$

$= 48$ m/s^2

$a_x = 4$ m/s^2

Assim,

$a = \sqrt{a_x^2 + a_y^2} = \sqrt{4^2 + 48^2} = 48,2$ m/s^2 *Resposta*

F12.20. $\dot{y} = 0,1x\dot{x}$

$v_y = 0,1(5)(-3) = -1,5$ m/s $= 1,5$ m/s ↓ *Resposta*

$\ddot{y} = 0,1[\dot{x}\dot{x} + x\ddot{x}]$

$a_y = 0,1[(-3)^2 + 5(-1,5)] = 0,15$ m/s^2 ↑ *Resposta*

F12.21. $(v_B)_y^2 = (v_A)_y^2 + 2a_y(y_B - y_A)$

$0^2 = (5 \text{ m/s})^2 + 2(-9,81 \text{ m/s}^2)(h - 0)$

$h = 1,27$ m *Resposta*

F12.22. $y_C = y_A + (v_A)_y t_{AC} + \frac{1}{2}a_y t_{AC}^2$

$0 = 0 + (5 \text{ m/s})t_{AC} + \frac{1}{2}(-9,81 \text{ m/s}^2)t_{AC}^2$

$t_{AC} = 1,0194$ s

$(v_C)_y = (v_A)_y + a_y t_{AC}$

$(v_C)_y = 5$ m/s $+ (-9,81 \text{ m/s}^2)(1,0194$ s$)$

$= -5$ m/s $= 5$ m/s ↓

$v_C = \sqrt{(v_C)_x^2 + (v_C)_y^2}$

$= \sqrt{(8,660 \text{ m/s})^2 + (5 \text{ m/s})^2} = 10$ m/s *Resposta*

$R = x_A + (v_A)_x t_{AC} = 0 + (8,660 \text{ m/s})(1,0194$ s$)$

$= 8,83$ m *Resposta*

F12.23. $s = s_0 + v_0 t$

$10 = 0 + v_A \cos 30° t$

$s = s_0 + v_0 t + \frac{1}{2} a_c t^2$

$3 = 1,5 + v_A \text{sen} \, 30° t + \frac{1}{2}(-9,81)t^2$

$t = 0,9334$ s, $v_A = 12,4$ m/s *Resposta*

F12.24. $s = s_0 + v_0 t$

$R\left(\frac{4}{5}\right) = 0 + 20\left(\frac{3}{5}\right)t$

$s = s_0 + v_0 t + \frac{1}{2}a_c t^2$

$-R\left(\frac{3}{5}\right) = 0 + 20\left(\frac{4}{5}\right)t + \frac{1}{2}(-9,81)t^2$

$t = 5,10$ s

$R = 76,5$ m *Resposta*

F12.25. $x_B = x_A + (v_A)_x t_{AB}$

$3,6$ m $= 0 + (0,8660 \, v_A)t_{AB}$

$v_A t_{AB} = 4,157$ \hfill (1)

$y_B = y_A + (v_A)_y t_{AB} + \frac{1}{2}a_y t_{AB}^2$

$(2,4 - 0,9)$ m $= 0 + 0,5v_A t_{AB} + \frac{1}{2}(-9,81 \text{ m/s}^2)t_{AB}^2$

Usando a Equação 1,

$1,5 = 0,5(4,157) - 4,905 \, t_{AB}^2$

$t_{AB} = 0,3434$ s

$v_A = 12,1$ m/s *Resposta*

F12.26. $y_B = y_A + (v_A)_y t_{AB} + \frac{1}{2}a_y t_{AB}^2$

-150 m $= 0 + (90 \text{ m/s})t_{AB} + \frac{1}{2}(-9,81 \text{ m/s}^2)t_{AB}^2$

$t_{AB} = 19,89$ s

$x_B = x_A + (v_A)_x t_{AB}$

$R = 0 + 120$ m/s$(19,89$ s$) = 2386,37$ m

$= 2,39$ km *Resposta*

F12.27 $a_t = \dot{v} = \frac{dv}{dt} = \frac{d}{dt}(0,0625t^2) = (0,125t)$ m/s$^2\big|_{t=10\text{ s}}$

$= 1,25$ m/s^2

$a_n = \frac{v^2}{\rho} = \frac{(0,0625t^2)^2}{40 \text{ m}} = \left[97,656(10^{-6})t^4\right]$ m/s$^2\big|_{t=10\text{ s}}$

$= 0,9766$ m/s^2

$a = \sqrt{a_t^2 + a_n^2} = \sqrt{(1,25 \text{ m/s}^2)^2 + (0,9766 \text{ m/s}^2)^2}$

$= 1,59$ m/s^2 *Resposta*

F12.28 $v = 2s \big|_{s=10} = 20$ m/s

$a_n = \dfrac{v^2}{\rho} = \dfrac{(20 \text{ m/s})^2}{50 \text{ m}} = 8$ m/s²

$a_t = v\dfrac{dv}{ds} = 4s\big|_{s=10} = 40$ m/s²

$a = \sqrt{a_t^2 + a_n^2} = \sqrt{(40 \text{ m/s}^2)^2 + (8 \text{ m/s}^2)^2}$

$= 40{,}8$ m/s²   *Resposta*

F12.29. $v_C^2 = v_A^2 + 2a_t(s_C - s_A)$

$(15 \text{ m/s})^2 = (25 \text{ m/s})^2 + 2a_t(300 \text{ m} - 0)$

$a_t = -0{,}6667$ m/s²

$v_B^2 = v_A^2 + 2a_t(s_B - s_A)$

$v_B^2 = (25 \text{ m/s})^2 + 2(-0{,}6667 \text{ m/s}^2)(250 \text{ m} - 0)$

$v_B = 17{,}08$ m/s

$(a_B)_n = \dfrac{v_B^2}{\rho} = \dfrac{(17{,}08 \text{ m/s})^2}{300 \text{ m}} = 0{,}9722$ m/s²

$a_B = \sqrt{(a_B)_t^2 + (a_B)_n^2}$

$= \sqrt{(-0{,}6667 \text{ m/s}^2)^2 + (0{,}9722 \text{ m/s}^2)^2}$

$= 1{,}18$ m/s²   *Resposta*

F12.30 $\text{tg } \theta = \dfrac{dy}{dx} = \dfrac{d}{dx}\left(\dfrac{1}{8}x^2\right) = \dfrac{1}{4}x$

$\theta = \text{tg}^{-1}\left(\dfrac{1}{4}x\right)\bigg|_{x=3\text{ m}}$

$= \text{tg}^{-1}\left(\dfrac{3}{4}\right) = 36{,}87° = 36{,}9°$ *Resposta*

$\rho = \dfrac{[1 + (dy/dx)^2]^{3/2}}{|d^2y/dx^2|} = \dfrac{[1 + \left(\frac{1}{4}x\right)^2]^{3/2}}{\left|\frac{1}{4}\right|}\bigg|_{x=3\text{ m}}$

$= 7{,}8125$ m

$a_n = \dfrac{v^2}{\rho} = \dfrac{(6 \text{ m/s})^2}{7{,}8125 \text{ m}} = 4{,}608$ m/s²

$a = \sqrt{(a_t)^2 + (a_n)^2} = \sqrt{(2 \text{ m/s}^2)^2 + (4{,}608 \text{ m/s}^2)^2}$

$= 5{,}02$ m/s²   *Resposta*

F12.31. $(a_B)_t = -0{,}001s = (-0{,}001)(300 \text{ m})\left(\dfrac{\pi}{2} \text{ rad}\right)$ m/s²

$= -0{,}4712$ m/s²

$v\,dv = a_t\,ds$

$\displaystyle\int_{25\text{ m/s}}^{v_B} v\,dv = \int_0^{150\pi\text{ m}} -0{,}001s\,ds$

$v_B = 20{,}07$ m/s

$(a_B)_n = \dfrac{v_B^2}{\rho} = \dfrac{(20{,}07 \text{ m/s})^2}{300 \text{ m}} = 1{,}343$ m/s²

$a_B = \sqrt{(a_B)_t^2 + (a_B)_n^2}$

$= \sqrt{(-0{,}4712 \text{ m/s}^2)^2 + (1{,}343 \text{ m/s}^2)^2}$

$= 1{,}42$ m/s²   *Resposta*

F12.32. $a_t\,ds = v\,dv$

$a_t = v\dfrac{dv}{ds} = (0{,}2s)(0{,}2) = (0{,}04s)$ m/s²

$a_t = 0{,}04(50 \text{ m}) = 2$ m/s²

$v = 0{,}2(50 \text{ m}) = 10$ m/s

$a_n = \dfrac{v^2}{\rho} = \dfrac{(10 \text{ m/s})^2}{500 \text{ m}} = 0{,}2$ m/s²

$a = \sqrt{a_t^2 + a_n^2} = \sqrt{(2 \text{ m/s}^2)^2 + (0{,}2 \text{ m/s}^2)^2}$

$= 2{,}01$ m/s²   *Resposta*

F12.33. $v_r = \dot{r} = 0$

$v_\theta = r\dot{\theta} = (400\dot{\theta})$ m/s

$v = \sqrt{v_r^2 + v_\theta^2}$

$15 \text{ m/s} = \sqrt{0^2 + [(400\dot{\theta}) \text{ m/s}]^2}$

$\dot{\theta} = 0{,}0375$ rad/s   *Resposta*

F12.34 $r = 0{,}1t^3\big|_{t=1{,}5\text{ s}} = 0{,}3375$ m

$\dot{r} = 0{,}3t^2\big|_{t=1{,}5\text{ s}} = 0{,}675$ m/s

$\ddot{r} = 0{,}6t\big|_{t=1{,}5\text{ s}} = 0{,}900$ m/s²

$\theta = 4t^{3/2}\big|_{t=1{,}5\text{ s}} = 7{,}348$ rad

$\dot{\theta} = 6t^{1/2}\big|_{t=1{,}5\text{ s}} = 7{,}348$ rad/s

$\ddot{\theta} = 3t^{-1/2}\big|_{t=1{,}5\text{ s}} = 2{,}449$ rad/s²

$v_r = \dot{r} = 0{,}675$ m/s

$v_\theta = r\dot{\theta} = (0{,}3375 \text{ m})(7{,}348 \text{ rad/s}) = 2{,}480$ m/s

$a_r = \ddot{r} - r\dot{\theta}^2$

$= (0{,}900 \text{ m/s}^2) - (0{,}3375 \text{ m})(7{,}348 \text{ rad/s})^2$

$= -17{,}325$ m/s²

$a_\theta = r\ddot{\theta} + 2\dot{r}\dot{\theta} = (0{,}3375 \text{ m})(2{,}449 \text{ rad/s}^2)$

$\quad + 2(0{,}675 \text{ m/s})(7{,}348 \text{ rad/s}) = 10{,}747$ m/s²

$v = \sqrt{v_r^2 + v_\theta^2}$

$= \sqrt{(0{,}675 \text{ m/s})^2 + (2{,}480 \text{ m/s})^2}$

$= 2{,}57$ m/s   *Resposta*

$a = \sqrt{a_r^2 + a_\theta^2}$

$= \sqrt{(-17{,}325 \text{ m/s}^2)^2 + (10{,}747 \text{ m/s}^2)^2}$

$= 20{,}4$ m/s²   *Resposta*

F12.35. $r = 2\theta$

$\dot{r} = 2\dot{\theta}$

$\ddot{r} = 2\ddot{\theta}$

Em $\theta = \pi/4$ rad,

$r = 2\left(\dfrac{\pi}{4}\right) = \dfrac{\pi}{2}$ m

$\dot{r} = 2(3 \text{ rad/s}) = 6$ m/s

$\ddot{r} = 2(1 \text{ rad/s}) = 2$ m/s²

$a_r = \ddot{r} - r\dot{\theta}^2 = 2 \text{ m/s}^2 - \left(\dfrac{\pi}{2} \text{ m}\right)(3 \text{ rad/s})^2$

$= -12{,}14$ m/s²

$a_\theta = r\ddot{\theta} + 2\dot{r}\dot{\theta}$

$= \left(\dfrac{\pi}{2} \text{ m}\right)(1 \text{ rad/s}^2) + 2(6 \text{ m/s})(3 \text{ rad/s})$

$= 37{,}57$ m/s²

$a = \sqrt{a_r^2 + a_\theta^2}$

$= \sqrt{(-12{,}14 \text{ m/s}^2)^2 + (37{,}57 \text{ m/s}^2)^2}$

$= 39{,}5$ m/s²   *Resposta*

F12.36. $r = e^\theta$
$\dot{r} = e^\theta \dot{\theta}$
$\ddot{r} = e^\theta \ddot{\theta} + e^\theta \dot{\theta}^2$
$a_r = \ddot{r} - r\dot{\theta}^2 = (e^\theta \ddot{\theta} + e^\theta \dot{\theta}^2) - e^\theta \dot{\theta}^2 = e^{\pi/4}(4)$
$\quad = 8{,}77 \text{ m/s}^2 \qquad Resposta$
$a_\theta = r\ddot{\theta} + 2\dot{r}\dot{\theta} = (e^\theta \ddot{\theta}) + (2(e^\theta \dot{\theta})\dot{\theta}) = e^\theta(\ddot{\theta} + 2\dot{\theta}^2)$
$\quad = e^{\pi/4}(4 + 2(2)^2)$
$\quad = 26{,}3 \text{ m/s}^2 \qquad Resposta$

F12.37. $r = [0{,}2(1 + \cos\theta)] \text{ m}|_{\theta=30°} = 0{,}3732 \text{ m}$
$\dot{r} = \left[-0{,}2(\operatorname{sen}\theta)\dot{\theta}\right] \text{ m/s}|_{\theta=30°}$
$\quad = -0{,}2 \operatorname{sen} 30°(3 \text{ rad/s})$
$\quad = -0{,}3 \text{ m/s}$
$v_r = \dot{r} = -0{,}3 \text{ m/s}$
$v_\theta = r\dot{\theta} = (0{,}3732 \text{ m})(3 \text{ rad/s}) = 1{,}120 \text{ m/s}$
$v = \sqrt{v_r^2 + v_\theta^2} = \sqrt{(-0{,}3 \text{ m/s})^2 + (1{,}120 \text{ m/s})^2}$
$\quad = 1{,}16 \text{ m/s} \qquad Resposta$

F12.38. $30 \text{ m} = r \operatorname{sen}\theta$
$r = \left(\frac{30 \text{ m}}{\operatorname{sen}\theta}\right) = (30 \operatorname{cossec}\theta) \text{ m}$
$r = (30 \operatorname{cossec}\theta)|_{\theta=45°} = 42{,}426 \text{ m}$
$\dot{r} = -30 \operatorname{cossec}\theta \operatorname{cotg}\theta \dot{\theta}|_{\theta=45°} = -(42{,}426\dot{\theta}) \text{ m/s}$
$v_r = \dot{r} = -(42{,}426\dot{\theta}) \text{ m/s}$
$v_\theta = r\dot{\theta} = (42{,}426\dot{\theta}) \text{ m/s}$
$v = \sqrt{v_r^2 + v_\theta^2}$
$2 = \sqrt{(-42{,}426\dot{\theta})^2 + (42{,}426\dot{\theta})^2}$
$\dot{\theta} = 0{,}0333 \text{ rad/s} \qquad Resposta$

F12.39. $l_T = 3s_D + s_A$
$0 = 3v_D + v_A$
$0 = 3v_D + 3 \text{ m/s}$
$v_D = -1 \text{ m/s} = 1 \text{ m/s} \uparrow \qquad Resposta$

F12.40. $s_B + 2s_A + 2h = l$
$v_B + 2v_A = 0$
$6 + 2v_A = 0 \quad v_A = -3 \text{ m/s} = 3 \text{ m/s} \uparrow \quad Resposta$

F12.41. $3s_A + s_B = l$
$3v_A + v_B = 0$
$3v_A + 1{,}5 = 0 \quad v_A = -0{,}5 \text{ m/s} = 0{,}5 \text{ m/s} \uparrow \quad Resposta$

F12.42. $l_T = 4s_A + s_F$
$0 = 4v_A + v_F$
$0 = 4v_A + 3 \text{ m/s}$
$v_A = -0{,}75 \text{ m/s} = 0{,}75 \text{ m/s} \uparrow \qquad Resposta$

F12.43. $s_A + 2(s_A - a) + (s_A - s_P) = l$
$4s_A - s_P = l + 2a$
$4v_A - v_P = 0$
$4v_A - (-4) = 0$
$4v_A + 4 = 0 \quad v_A = -1 \text{ m/s} = 1 \text{ m/s} \nearrow \quad Resposta$

F12.44. $s_C + s_B = l_{CED} \qquad (1)$
$(s_A - s_C) + (s_B - s_C) + s_B = l_{ACDF}$
$s_A + 2s_B - 2s_C = l_{ACDF} \qquad (2)$
Então,
$v_C + v_B = 0$
$v_A + 2v_B - 2v_C = 0$
Eliminando v_C,
$v_A + 4v_B = 0$
Então,
$4 \text{ m/s} + 4v_B = 0$
$v_B = -1 \text{ m/s} = 1 \text{ m/s} \uparrow \qquad Resposta$

F12.45. $\mathbf{v}_B = \mathbf{v}_A + \mathbf{v}_{B/A}$
$100\mathbf{i} = 80\mathbf{j} + \mathbf{v}_{B/A}$
$\mathbf{v}_{B/A} = 100\mathbf{i} - 80\mathbf{j}$
$v_{B/A} = \sqrt{(v_{B/A})_x^2 + (v_{B/A})_y^2}$
$\quad = \sqrt{(100 \text{ km/h})^2 + (-80 \text{ km/h})^2}$
$\quad = 128 \text{ km/h} \qquad Resposta$
$\theta = \operatorname{tg}^{-1}\left[\frac{(v_{B/A})_y}{(v_{B/A})_x}\right] = \operatorname{tg}^{-1}\left(\frac{80 \text{ km/h}}{100 \text{ km/h}}\right) = 38{,}7° \searrow$
$\qquad Resposta$

F12.46. $\mathbf{v}_B = \mathbf{v}_A + \mathbf{v}_{B/A}$
$(-400\mathbf{i} - 692{,}82\mathbf{j}) = (650\mathbf{i}) + \mathbf{v}_{B/A}$
$\mathbf{v}_{B/A} = [-1050\mathbf{i} - 692{,}82\mathbf{j}] \text{ km/h}$
$v_{B/A} = \sqrt{(v_{B/A})_x^2 + (v_{B/A})_y^2}$
$\quad = \sqrt{(1050 \text{ km/h})^2 + (692{,}82 \text{ km/h})^2}$
$\quad = 1258 \text{ km/h} \qquad Resposta$
$\theta = \operatorname{tg}^{-1}\left[\frac{(v_{B/A})_y}{(v_{B/A})_x}\right] = \operatorname{tg}^{-1}\left(\frac{692{,}82 \text{ km/h}}{1050 \text{ km/h}}\right) = 33{,}4° \swarrow$
$\qquad Resposta$

F12.47. $\mathbf{v}_B = \mathbf{v}_A + \mathbf{v}_{B/A}$
$(5\mathbf{i} + 8{,}660\mathbf{j}) = (12{,}99\mathbf{i} + 7{,}5\mathbf{j}) + \mathbf{v}_{B/A}$
$\mathbf{v}_{B/A} = [-7{,}990\mathbf{i} + 1{,}160\mathbf{j}] \text{ m/s}$
$v_{B/A} = \sqrt{(-7{,}990 \text{ m/s})^2 + (1{,}160 \text{ m/s})^2}$
$\quad = 8{,}074 \text{ m/s}$
$d_{AB} = v_{B/A} t = (8{,}074 \text{ m/s})(4 \text{ s}) = 32{,}3 \text{ m} \quad Resposta$

F12.48. $\mathbf{v}_A = \mathbf{v}_B + \mathbf{v}_{A/B}$
$-20\cos 45°\mathbf{i} + 20\operatorname{sen}45°\mathbf{j} = 65\mathbf{i} + \mathbf{v}_{A/B}$
$\mathbf{v}_{A/B} = -79{,}14\mathbf{i} + 14{,}14\mathbf{j}$
$\mathbf{v}_{A/B} = \sqrt{(-79{,}14)^2 + (14{,}14)^2}$
$\quad = 80{,}4 \text{ km/h} \qquad Resposta$
$\mathbf{a}_A = \mathbf{a}_B + \mathbf{a}_{A/B}$
$\frac{(20)^2}{0{,}1}\cos 45°\mathbf{i} + \frac{(20)^2}{0{,}1}\operatorname{sen}45°\mathbf{j} = 1200\mathbf{i} + \mathbf{a}_{A/B}$
$\mathbf{a}_{A/B} = 1628\mathbf{i} + 2828\mathbf{j}$
$a_{A/B} = \sqrt{(1628)^2 + (2828)^2}$
$\quad = 3{,}26(10^3) \text{ km/h}^2 \qquad Resposta$

Capítulo 13

F13.1. $s = s_0 + v_0 t + \frac{1}{2} a_c t^2$
$6 \text{ m} = 0 + 0 + \frac{1}{2} a(3 \text{ s})^2$
$a = 1{,}333 \text{ m/s}^2$
$\Sigma F_y = ma_y;\quad N_A - 20(9{,}81) \text{ N} \cos 30° = 0$
$N_A = 169{,}91 \text{ N}$
$\Sigma F_x = ma_x;\quad T - 20(9{,}81) \text{ N sen } 30°$
$- 0{,}3(169{,}91 \text{ N}) = (20 \text{ kg})(1{,}333 \text{ m/s}^2)$
$T = 176 \text{ N}$ *Resposta*

F13.2. $(F_f)_{máx} = \mu_s N_A = 0{,}3(245{,}25 \text{ N}) = 73{,}575 \text{ N}$.
Visto que $F = 100 \text{ N} > (F_f)_{máx}$ quando $t = 0$, a caixa começará a se mover imediatamente após **F** ser aplicado.
$+\uparrow \Sigma F_y = ma_y;\quad N_A - 25(9{,}81) \text{ N} = 0$
$N_A = 245{,}25 \text{ N}$
$\xrightarrow{+} \Sigma F_x = ma_x;$
$10t^2 + 100 - 0{,}25(245{,}25 \text{ N}) = (25 \text{ kg})a$
$a = (0{,}4t^2 + 1{,}5475) \text{ m/s}^2$
$dv = a\, dt$
$\int_0^v dv = \int_0^{4\text{ s}} (0{,}4t^2 + 1{,}5475)\, dt$
$v = 14{,}7 \text{ m/s} \rightarrow$ *Resposta*

F13.3. $\xrightarrow{+} \Sigma F_x = ma_x;$
$(\tfrac{4}{5})500 \text{ N} - (500s)\text{N} = (10 \text{ kg})a$
$a = (40 - 50s) \text{ m/s}^2$
$v\, dv = a\, ds$
$\int_0^v v\, dv = \int_0^{0{,}5\text{ m}} (40 - 50s)\, ds$
$\frac{v^2}{2}\Big|_0^v = (40s - 25s^2)\Big|_0^{0{,}5\text{ m}}$
$v = 5{,}24 \text{ m/s}$ *Resposta*

F13.4. $\xrightarrow{+} \Sigma F_x = ma_x\quad 100(s + 1) \text{ N} = (2000 \text{ kg})a$
$a = (0{,}05(s + 1)) \text{ m/s}^2$
$v\, dv = a\, ds$
$\int_0^v v\, dv = \int_0^{10\text{ m}} 0{,}05(s + 1)\, ds$
$v = 2{,}45 \text{ m/s}$

F13.5. $F_{sp} = k(l - l_0) = (200 \text{ N/m})(0{,}5 \text{ m} - 0{,}3 \text{ m})$
$= 40 \text{ N}$
$\theta = \text{tg}^{-1}\left(\frac{0{,}3 \text{ m}}{0{,}4 \text{ m}}\right) = 36{,}86°$
$\xrightarrow{+} \Sigma F_x = ma_x;$
$100 \text{ N} - (40 \text{ N})\cos 36{,}86° = (25 \text{ kg})a$
$a = 2{,}72 \text{ m/s}^2$

F13.6. Blocos A e B:
$\xrightarrow{+} \Sigma F_x = ma_x;\quad 30 = 35a;\quad a = 0{,}857 \text{ m/s}^2$
Verificar se ocorre deslizamento entre A e B.

$\xrightarrow{+} \Sigma F_x = ma_x;\quad 30 - F = 10(0{,}857);$
$F = 21{,}43 \text{ N} < 0{,}4(10)(9{,}81) = 39{,}24 \text{ N}$
$a_A = a_B = 0{,}857 \text{ m/s}^2$ *Resposta*

F13.7. $\Sigma F_n = m\frac{v^2}{\rho};\quad (0{,}3)m(9{,}81) = m\frac{v^2}{2}$
$v = 2{,}43 \text{ m/s}$ *Resposta*

F13.8. $+\downarrow \Sigma F_n = ma_n;\quad m(9{,}81) = m\left(\frac{v^2}{250}\right)$
$v = 27{,}1 \text{ m/s}$ *Resposta*

F13.9. $+\downarrow \Sigma F_n = ma_n;\quad 70(9{,}81) + N_p = 70\left(\frac{(36)^2}{120}\right)$
$N_p = 69{,}3 \text{ N}$ *Resposta*

F13.10. $\xleftarrow{+} \Sigma F_n = ma_n;$
$N_c \text{ sen } 30° + 0{,}2\, N_c \cos 30° = m\frac{v^2}{500}$
$+\uparrow \Sigma F_b = 0;$
$N_c \cos 30° - 0{,}2 N_c \text{ sen } 30° - m(9{,}81) = 0$
$v = 35{,}96 \text{ m/s}$ *Resposta*

F13.11. $\Sigma F_t = ma_t;\quad 10(9{,}81) \text{ N} \cos 45° = (10 \text{ kg})a_t$
$a_t = 6{,}94 \text{ m/s}^2$ *Resposta*
$\Sigma F_n = ma_n;$
$T - 10(9{,}81) \text{ N sen } 45° = (10 \text{ kg})\frac{(3 \text{ m/s})^2}{2 \text{ m}}$
$T = 114 \text{ N}$ *Resposta*

F13.12. $\Sigma F_n = ma_n;$
$F_n = (500 \text{ kg})\frac{(15 \text{ m/s})^2}{200 \text{ m}} = 562{,}5 \text{ N}$
$\Sigma F_t = ma_t;$
$F_t = (500 \text{ kg})(1{,}5 \text{ m/s}^2) = 750 \text{ N}$
$F = \sqrt{F_n^2 + F_t^2} = \sqrt{(562{,}5 \text{ N})^2 + (750 \text{ N})^2}$
$= 938 \text{ N}$ *Resposta*

F13.13. $a_r = \ddot{r} - r\dot{\theta}^2 = 0 - (1{,}5 \text{ m} + (8 \text{ m})\text{sen } 45°)\dot{\theta}^2$
$= (-7{,}157\, \dot{\theta}^2) \text{ m/s}^2$
$\Sigma F_z = ma_z;$
$T \cos 45° - m(9{,}81) = m(0)\quad T = 13{,}87\, m$
$\Sigma F_r = ma_r;$
$-(13{,}87m) \text{ sen } 45° = m(-7{,}157\, \dot{\theta}^2)$
$\dot{\theta} = 1{,}17 \text{ rad/s}$ *Resposta*

F13.14. $\theta = \pi t^2\big|_{t=0{,}5\text{ s}} = (\pi/4) \text{ rad}$
$\dot{\theta} = 2\pi t\big|_{t=0{,}5\text{ s}} = \pi \text{ rad/s}$
$\ddot{\theta} = 2\pi \text{ rad/s}^2$
$r = 0{,}6 \text{ sen } \theta\big|_{\theta=\pi/4\text{ rad}} = 0{,}4243 \text{ m}$
$\dot{r} = 0{,}6\, (\cos \theta)\dot{\theta}\big|_{\theta=\pi/4\text{ rad}} = 1{,}3329 \text{ m/s}$

$\ddot{r} = 0.6\left[(\cos\theta)\ddot{\theta} - (\text{sen}\theta)\dot{\theta}^2\right]\big|_{\theta=\pi/4\,\text{rad}} = -1.5216\,\text{m/s}^2$

$a_r = \ddot{r} - r\dot{\theta}^2 = -1.5216\,\text{m/s}^2 - (0.4243\,\text{m})(\pi\,\text{rad/s})^2$
$= -5.7089\,\text{m/s}^2$

$a_\theta = r\ddot{\theta} + 2\dot{r}\dot{\theta} = 0.4243\,\text{m}(2\pi\,\text{rad/s}^2)$
$\quad + 2(1.3329\,\text{m/s})(\pi\,\text{rad/s})$
$= 11.0404\,\text{m/s}^2$

$\Sigma F_r = ma_r;$
$F\cos 45° - N\cos 45° - 0.2(9.81)\cos 45°$
$\qquad = 0.2(-5.7089)$

$\Sigma F_\theta = ma_\theta;$
$F\,\text{sen}\,45° + N\,\text{sen}\,45° - 0.2(9.81)\text{sen}\,45°$
$\qquad = 0.2(11.0404)$
$N = 2.37\,\text{N} \qquad F = 2.72\,\text{N} \qquad \textit{Resposta}$

F13.15. $r = 50e^{2\theta}\big|_{\theta=\pi/6\,\text{rad}} = \left[50e^{2(\pi/6)}\right]\text{m} = 142.48\,\text{m}$

$\dot{r} = 50(2e^{2\theta}\dot{\theta}) = 100e^{2\theta}\dot{\theta}\big|_{\theta=\pi/6\,\text{rad}}$
$= \left[100e^{2(\pi/6)}(0.05)\right] = 14.248\,\text{m/s}$

$\ddot{r} = 100\left((2e^{2\theta}\dot{\theta})\dot{\theta} + e^{2\theta}(\ddot{\theta})\right)\big|_{\theta=\pi/6\,\text{rad}}$
$= 100\left[2e^{2(\pi/6)}(0.05^2) + e^{2(\pi/6)}(0.01)\right]$
$= 4.274\,\text{m/s}^2$

$a_r = \ddot{r} - r\dot{\theta}^2 = 4.274\,\text{m/s}^2 - 142.48\,\text{m}(0.05\,\text{rad/s})^2$
$= 3.918\,\text{m/s}^2$

$a_\theta = r\ddot{\theta} + 2\dot{r}\dot{\theta} = 142.48\,\text{m}(0.01\,\text{rad/s}^2)$
$\quad + 2(14.248\,\text{m/s})(0.05\,\text{rad/s})$
$= 2.850\,\text{m/s}^2$

$\Sigma F_r = ma_r;$
$F_r = (2000\,\text{kg})(3.918\,\text{m/s}^2) = 7836.55\,\text{N}$
$\Sigma F_\theta = ma_\theta;$
$F_\theta = (2000\,\text{kg})(2.850\,\text{m/s}^2) = 5699.31\,\text{N}$
$F = \sqrt{F_r^2 + F_\theta^2}$
$= \sqrt{(7836.55\,\text{N})^2 + (5699.31\,\text{N})^2}$
$= 9689.87\,\text{N} = 9.69\,\text{kN}$

F13.16. $r = (0.6\cos 2\theta)\,\text{m}\big|_{\theta=0°} = [0.6\cos 2(0°)]\,\text{m} = 0.6\,\text{m}$
$\dot{r} = (-1.2\,\text{sen}\,2\theta\dot{\theta})\,\text{m/s}\big|_{\theta=0°}$
$= [-1.2\,\text{sen}\,2(0°)(-3)]\,\text{m/s} = 0$
$\ddot{r} = -1.2\left(\text{sen}\,2\theta\ddot{\theta} + 2\cos 2\theta\dot{\theta}^2\right)\text{m/s}^2\big|_{\theta=0°}$
$= -21.6\,\text{m/s}^2$

Então,
$a_r = \ddot{r} - r\dot{\theta}^2 = -21.6\,\text{m/s}^2 - 0.6\,\text{m}(-3\,\text{rad/s})^2$
$= -27\,\text{m/s}^2$
$a_\theta = r\ddot{\theta} + 2\dot{r}\dot{\theta} = 0.6\,\text{m}(0) + 2(0)(-3\,\text{rad/s}) = 0$
$\Sigma F_\theta = ma_\theta; \quad F - 0.2(9.81)\,\text{N} = 0.2\,\text{kg}(0)$
$\qquad F = 1.96\,\text{N}\,\uparrow \qquad \textit{Resposta}$

Capítulo 14

F14.1. $T_1 + \Sigma U_{1-2} = T_2$
$0 + \left(\tfrac{4}{5}\right)(500\,\text{N})(0.5\,\text{m}) - \tfrac{1}{2}(500\,\text{N/m})(0.5\,\text{m})^2$
$\qquad = \tfrac{1}{2}(10\,\text{kg})v^2$
$v = 5.24\,\text{m/s} \qquad \textit{Resposta}$

F14.2. $\Sigma F_y = ma_y;\; N_A - 20(9.81)\,\text{N}\cos 30° = 0$
$N_A = 169.91\,\text{N}$
$T_1 + \Sigma U_{1-2} = T_2$
$0 + 300\,\text{N}(10\,\text{m}) - 0.3(169.91\,\text{N})(10\,\text{m})$
$\qquad - 20(9.81)\text{N}(10\,\text{m})\,\text{sen}\,30°$
$= \tfrac{1}{2}(20\,\text{kg})v^2$
$v = 12.3\,\text{m/s} \qquad \textit{Resposta}$

F14.3. $T_1 + \Sigma U_{1-2} = T_2$
$0 + 2\left[\int_0^{15\,\text{m}}(600 + 2s^2)\,\text{N}\,ds\right] - 100(9.81)\,\text{N}(15\,\text{m})$
$\qquad = \tfrac{1}{2}(100\,\text{kg})v^2$
$v = 12.5\,\text{m/s} \qquad \textit{Resposta}$

F14.4. $T_1 + \Sigma U_{1-2} = T_2$
$\tfrac{1}{2}(1800\,\text{kg})(125\,\text{m/s})^2 - \left[\tfrac{(50000\,\text{N}\,+\,20000\,\text{N})}{2}(400\,\text{m})\right]$
$\qquad = \tfrac{1}{2}(1800\,\text{kg})v^2$
$v = 8.33\,\text{m/s} \qquad \textit{Resposta}$

F14.5. $T_1 + \Sigma U_{1-2} = T_2$
$\tfrac{1}{2}(10\,\text{kg})(5\,\text{m/s})^2 + 100\,\text{N}s' + [10(9.81)\,\text{N}]\,s'\,\text{sen}\,30°$
$\qquad - \tfrac{1}{2}(200\,\text{N/m})(s')^2 = 0$
$s' = 2.09\,\text{m}$
$s = 0.6\,\text{m} + 2.09\,\text{m} = 2.69\,\text{m} \qquad \textit{Resposta}$

F14.6. $T_A + \Sigma U_{A-B} = T_B$
Considere a diferença no comprimento do cabo $AC - BC$, a qual é a distância que F se move.
$0 + 50\,\text{N}(\sqrt{(1.5\,\text{m})^2 + (2\,\text{m})^2} - (1.5\,\text{m}))$
$\qquad = \tfrac{1}{2}(2.5\,\text{kg})v_B^2$
$v_B = 6.32\,\text{m/s} \qquad \textit{Resposta}$

F14.7. $\stackrel{+}{\rightarrow}\Sigma F_x = ma_x;$
$30\left(\tfrac{4}{5}\right) = 20a \quad a = 1.2\,\text{m/s}^2 \rightarrow$
$v = v_0 + a_c t$
$v = 0 + 1.2(4) = 4.8\,\text{m/s}$
$P = \mathbf{F}\cdot\mathbf{v} = F(\cos\theta)v$
$= 30\left(\tfrac{4}{5}\right)(4.8)$
$= 115\,\text{W} \qquad \textit{Resposta}$

F14.8. $\stackrel{+}{\rightarrow}\Sigma F_x = ma_x;$
$10s = 20a \quad a = 0.5s\,\text{m/s}^2 \rightarrow$

$vdv = ads$

$$\int_1^v v\,dv = \int_0^{5\,m} 0{,}5\,s\,ds$$

$v = 3{,}674$ m/s

$P = \mathbf{F} \cdot \mathbf{v} = [10(5)](3{,}674) = 184$ W   *Resposta*

F14.9. $(+\uparrow)\Sigma F_y = 0$;
$T_1 - 100\,N = 0 \quad T_1 = 100\,N$
$(+\uparrow)\Sigma F_y = 0$;
$100\,N + 100\,N - T_2 = 0 \quad T_2 = 200\,N$
$P_{saída} = \mathbf{T}_B \cdot \mathbf{v}_B = (200\,N)(3\,m/s) = 600\,W$
$P_{entrada} = \dfrac{P_{saída}}{\varepsilon} = \dfrac{600\,W}{0{,}8} = 750$ W   *Resposta*

F14.10. $\Sigma F_{y'} = ma_{y'};\ N - 20(9{,}81)\cos 30° = 20(0)$
$N = 169{,}91$ N

$\Sigma F_{x'} = ma_{x'};$
$F - 20(9{,}81)\,\text{sen}\,30° - 0{,}2(169{,}91) = 0$
$F = 132{,}08$ N
$P = \mathbf{F} \cdot \mathbf{v} = 132{,}08(5) = 660$ W   *Resposta*

F14.11. $+\uparrow\Sigma F_y = ma_y;$
$T - 50(9{,}81) = 50(0) \quad T = 490{,}5$ N
$P_{saída} = \mathbf{T} \cdot \mathbf{v} = 490{,}5(1{,}5) = 735{,}75$ W
Além disso, para um ponto no outro cabo
$P_{saída} = \left(\dfrac{490{,}5}{2}\right)(1{,}5)(2) = 735{,}75$ W
$P_{entrada} = \dfrac{P_{saída}}{\varepsilon} = \dfrac{735{,}75}{0{,}8} = 920$ W   *Resposta*

F14.12.
$2s_A + s_P = l$
$2a_A + a_P = 0$
$2a_A + 6 = 0$
$a_A = -3\,\text{m/s}^2 = 3\,\text{m/s}^2 \uparrow$
$\Sigma F_y = ma_y;\ T_A - 490{,}5\,N = (50\,kg)(3\,m/s^2)$
$T_A = 640{,}5$ N
$P_{saída} = \mathbf{T}\cdot\mathbf{v} = (640{,}5\,N/2)(12) = 3843$ W
$P_{entrada} = \dfrac{P_{saída}}{\varepsilon} = \dfrac{3843}{0{,}8} = 4803{,}75\,W = 4{,}80$ kW *Resposta*

F14.13. $T_A + V_A = T_B + V_B$
$0 + 2(9{,}81)(1{,}5) = \tfrac{1}{2}(2)(v_B)^2 + 0$
$v_B = 5{,}42$ m/s   *Resposta*
$+\uparrow\Sigma F_n = ma_n;\ T - 2(9{,}81) = 2\left(\dfrac{(5{,}42)^2}{1{,}5}\right)$
$T = 58{,}9$ N   *Resposta*

F14.14. $T_A + V_A = T_B + V_B$
$\tfrac{1}{2}m_A v_A^2 + mgh_A = \tfrac{1}{2}m_B v_B^2 + mgh_B$
$\left[\tfrac{1}{2}(2\,kg)(1\,m/s)^2\right] + [2(9{,}81)\,N(4\,m)]$
$= \left[\tfrac{1}{2}(2\,kg)v_B^2\right] + [0]$
$v_B = 8{,}915\,m/s = 8{,}92$ m/s   *Resposta*
$+\uparrow\Sigma F_n = ma_n;\ N_B - 2(9{,}81)\,N$
$= (2\,kg)\left(\dfrac{(8{,}915\,m/s)^2}{2\,m}\right)$
$N_B = 99{,}1$ N   *Resposta*

F14.15. $T_1 + V_1 = T_2 + V_2$
$\tfrac{1}{2}(2)(4)^2 + \tfrac{1}{2}(30)(2-1)^2$
$= \tfrac{1}{2}(2)(v)^2 - 2(9{,}81)(1) + \tfrac{1}{2}(30)(\sqrt{5}-1)^2$
$v = 5{,}26$ m/s   *Resposta*

F14.16 $T_A + V_A = T_B + V_B$
$0 + \tfrac{1}{2}(4)(2{,}5 - 0{,}5)^2 + 5(9{,}81)(2{,}5)$
$= \tfrac{1}{2}(5)v_B^2 + \tfrac{1}{2}(4)(1 - 0{,}5)^2$
$v_B = 7{,}21$ m/s   *Resposta*

F14.17. $T_1 + V_1 = T_2 + V_2$
$\tfrac{1}{2}mv_1^2 + mgy_1 + \tfrac{1}{2}ks_1^2$
$= \tfrac{1}{2}mv_2^2 + mgy_2 + \tfrac{1}{2}ks_2^2$
$[0] + [0] + [0] = [0] +$
$[-35\,kg(9{,}81\,m/s^2)(1{,}5\,m + s)] + \left[2\left(\tfrac{1}{2}(16000\,N/m)s^2\right)\right.$
$\left. + \tfrac{1}{2}(24000\,N/m)(s - 0{,}075\,m)^2\right]$
$s = s_A = s_C = 0{,}170$ m   *Resposta*
Também,
$s_B = 0{,}170\,m - 0{,}075\,m = 0{,}095$ m   *Resposta*

F14.18 $T_A + V_A = T_B + V_B$
$\tfrac{1}{2}mv_A^2 + \left(\tfrac{1}{2}ks_A^2 + mgy_A\right)$
$= \tfrac{1}{2}mv_B^2 + \left(\tfrac{1}{2}ks_B^2 + mgy_B\right)$
$\tfrac{1}{2}(4\,kg)(2\,m/s)^2 + \tfrac{1}{2}(400\,N/m)(0{,}1\,m - 0{,}2\,m)^2 + 0$
$= \tfrac{1}{2}(4\,kg)v_B^2 + \tfrac{1}{2}(400\,N/m)(\sqrt{(0{,}4\,m)^2 + (0{,}3\,m)^2}$
$- 0{,}2\,m)^2 + [4(9{,}81)\,N](-(0{,}1\,m + 0{,}3\,m))$
$v_B = 1{,}962\,m/s = 1{,}96$ m/s   *Resposta*

Capítulo 15

F15.1. $(\xrightarrow{+})\ m(v_1)_x + \Sigma \int_{t1}^{t2} F_x\,dt = m(v_2)_x$
$(0{,}5\,kg)(25\,m/s)\cos 45° - \int F_x\,dt$
$= (0{,}5\,kg)(10\,m/s)\cos 30°$
$I_x = \int F_x\,dt = 4{,}509\,N\cdot s$
$(+\uparrow)\ m(v_1)_y + \Sigma \int_{t1}^{t2} F_y\,dt = m(v_2)_y$
$-(0{,}5\,kg)(25\,m/s)\text{sen}\,45° + \int F_y\,dt$
$= (0{,}5\,kg)(10\,m/s)\text{sen}\,30°$
$I_y = \int F_y\,dt = 11{,}339\,N\cdot s$
$I = \int F\,dt = \sqrt{(4{,}509\,N\cdot s)^2 + (11{,}339\,N\cdot s)^2}$
$= 12{,}2\,N\cdot s$ *Resposta*

F15.2. $(+\uparrow)\ m(v_1)_y + \Sigma \int_{t1}^{t2} F_y\,dt = m(v_2)_y$
$0 + N(4\,s) + (500\,N)(4\,s)\text{sen}\,30°$
$- (75\,kg)(9{,}81\,m/s^2)(4\,s) = 0$

$N = 485,75$ N

$(\xrightarrow{+})\ m(v_1)_x + \Sigma \int_{t1}^{t2} F_x\, dt = m(v_2)_x$

$0 + (500\text{ N})(4\text{ s})\cos 30° - 0,2(485,75)(4\text{ s})$
$= (75\text{ kg})v$
$v = 17,9$ m/s *Resposta*

F15.3. Tempo para início do movimento,

$+\uparrow \Sigma F_y = 0;\ \ N - 25(9,81)\text{ N} = 0\ \ N = 245,25$ N

$\xrightarrow{+}\ \Sigma F_x = 0;\ \ 20t^2 - 0,3(245,25\text{ N}) = 0\ \ t = 1,918$ s

$(\xrightarrow{+})\ m(v_1)_x + \Sigma \int_{t1}^{t2} F_x\, dt = m(v_2)_x$

$0 + \int_{1,918\text{ s}}^{4\text{ s}} 20t^2\, dt - (0,25(245,25\text{ N}))(4\text{ s} - 1,918\text{ s})$
$= (25\text{ kg})v$
$v = 10,1$ m/s *Resposta*

F15.4 $(\xrightarrow{+})\ m(v_1)_x + \Sigma \int_{t1}^{t2} F_x\, dt = m(v_2)_x$

$(1500\text{ kg})(0) + \left[\tfrac{1}{2}(6000\text{ N})(2\text{ s}) + (6000\text{ N})(6\text{ s} - 2\text{ s})\right]$
$= (1500\text{ kg})\, v$
$v = 20$ m/s *Resposta*

F15.5. SUV e reboque,

$m(v_1)_x + \Sigma \int_{t1}^{t2} F_x\, dt = m(v_2)_x$

$0 + (9000\text{ N})(20\text{ s}) = (1500\text{ kg} + 2500\text{ kg})v$
$v = 45,0$ m/s *Resposta*

Reboque,

$m(v_1)_x + \Sigma \int_{t1}^{t2} F_x\, dt = m(v_2)_x$

$0 + T(20\text{ s}) = (1500\text{ kg})(45,0\text{ m/s})$
$T = 3375$ N $= 3,375$ kN *Resposta*

F15.6. Bloco B:

$(+\downarrow)\ mv_1 + \int F\, dt = mv_2$

$0 + 8(9,81)(5) - T(5) = 8(1)$
$T = 76,88$ N *Resposta*

Bloco A:

$(\xrightarrow{+})\ mv_1 + \int F\, dt = mv_2$

$0 + 76,88(5) - \mu_k(10)(9,81)(5) = 10(1)$
$\mu_k = 0,763$ *Resposta*

F15.7. $(\xrightarrow{+})\ m_A(v_A)_1 + m_B(v_B)_1 = m_A(v_A)_2 + m_B(v_B)_2$

$(20(10^3)\text{ kg})(3\text{ m/s}) + (15(10^3)\text{ kg})(-1,5\text{ m/s})$
$= (20(10^3)\text{ kg})(v_A)_2 + (15(10^3)\text{ kg})(2\text{ m/s})$
$(v_A)_2 = 0,375$ m/s $\rightarrow$ *Resposta*

$(\xrightarrow{+})\ m(v_B)_1 + \Sigma \int_{t1}^{t2} F\, dt = m(v_B)_2$

$(15(10^3)\text{ kg})(-1,5\text{ m/s}) + F_{\text{méd}}(0,5\text{ s})$
$= (15(10^3)\text{ kg})(2\text{ m/s})$
$F_{\text{méd}} = 105(10^3)$ N $= 105$ kN *Resposta*

F15.8. $(\xrightarrow{+})\ m_p[(v_p)_1]_x + m_c[(v)_1]_x = (m_p + m_c)v_2$

$5\left[10(\tfrac{4}{5})\right] + 0 = (5 + 20)v_2$
$v_2 = 1,6$ m/s *Resposta*

F15.9. $T_1 + V_1 = T_2 + V_2$

$\tfrac{1}{2}m_A(v_A)_1^2 + (V_g)_1 = \tfrac{1}{2}m_A(v_A)_2^2 + (V_g)_2$

$\tfrac{1}{2}(5)(5)^2 + 5(9,81)(1,5) = \tfrac{1}{2}(5)(v_A)_2^2 + 0$

$(v_A)_2 = 7,378$ m/s

$(\xrightarrow{+})\ m_A(v_A)_2 + m_B(v_B)_2 = (m_A + m_B)v$

$5(7,378) + 0 = (5 + 8)v$
$v = 2,84$ m/s *Resposta*

F15.10. $(\xrightarrow{+})\ m_A(v_A)_1 + m_B(v_B)_1 = m_A(v_A)_2 + m_B(v_B)_2$

$0 + 0 = 10(v_A)_2 + 15(v_B)_2$ (1)

$T_1 + V_1 = T_2 + V_2$

$\tfrac{1}{2}m_A(v_A)_1^2 + \tfrac{1}{2}m_B(v_B)_1^2 + (V_e)_1$
$= \tfrac{1}{2}m_A(v_A)_2^2 + \tfrac{1}{2}m_B(v_B)_2^2 + (V_e)_2$

$0 + 0 + \tfrac{1}{2}\left[5(10^3)\right](0,2^2)$
$= \tfrac{1}{2}(10)(v_A)_2^2 + \tfrac{1}{2}(15)(v_B)_2^2 + 0$

$5(v_A)_2^2 + 7,5(v_B)_2^2 = 100$ (2)

Resolvendo as equações 1 e 2,

$(v_B)_2 = 2,31$ m/s $\rightarrow$ *Resposta*
$(v_A)_2 = -3,464$ m/s $= 3,46$ m/s $\leftarrow$ *Resposta*

F15.11. $(\xrightarrow{+})\ m_A(v_A)_1 + m_B(v_B)_1 = (m_A + m_B)v_2$

$0 + 10(15) = (15 + 10)v_2$
$v_2 = 6$ m/s

$T_1 + V_1 = T_2 + V_2$

$\tfrac{1}{2}(m_A + m_B)v_2^2 + (V_e)_2 = \tfrac{1}{2}(m_A + m_B)v_3^2 + (V_e)_3$

$\tfrac{1}{2}(15 + 10)(6^2) + 0 = 0 + \tfrac{1}{2}\left[10(10^3)\right]s_{\text{máx}}^2$

$s_{\text{máx}} = 0,3$ m $= 300$ mm *Resposta*

F15.12. $(\xrightarrow{+})\ 0 + 0 = m_p(v_p)_x - m_c v_c$

$0 = (20\text{ kg})(v_p)_x - (250\text{ kg})v_c$
$(v_p)_x = 12,5\, v_c$ (1)

$\mathbf{v}_p = \mathbf{v}_c + \mathbf{v}_{p/c}$

$(v_p)_x\mathbf{i} + (v_p)_y\mathbf{j} = -v_c\mathbf{i} + [(400\text{ m/s})\cos 30°\mathbf{i}$
$+ (400\text{ m/s})\text{sen }30°\mathbf{j}]$

$(v_p)_x\mathbf{i} + (v_p)_y\mathbf{j} = (346,41 - v_c)\mathbf{i} + 200\mathbf{j}$

$(v_p)_x = 346,41 - v_c$
$(v_p)_y = 200$ m/s

$(v_p)_x = 320,75$ m/s $v_c = 25,66$ m/s

$v_p = \sqrt{(v_p)_x^2 + (v_p)_y^2}$
$= \sqrt{(320,75\text{ m/s})^2 + (200\text{ m/s})^2}$
$= 378$ m/s *Resposta*

F15.13 $(\xrightarrow{+})\ e = \dfrac{(v_B)_2 - (v_A)_2}{(v_A)_1 - (v_B)_1}$

$= \dfrac{(9\text{ m/s}) - (1\text{ m/s})}{(8\text{ m/s}) - (-2\text{ m/s})} = 0,8$

F15.14. $(\xrightarrow{+})$ $m_A(v_A)_1 + m_B(v_B)_1 = m_A(v_A)_2 + m_B(v_B)_2$
$[15(10^3)\text{ kg}](5\text{ m/s}) + [25(10^3)](-7\text{ m/s})$
$\quad = [15(10^3)\text{ kg}](v_A)_2 + [25(10^3)](v_B)_2$
$15(v_A)_2 + 25(v_B)_2 = -100$ \hfill (1)

Usando o coeficiente de restituição da equação,

$(\xrightarrow{+})$ $e = \dfrac{(v_B)_2 - (v_A)_2}{(v_A)_1 - (v_B)_1}$

$0,6 = \dfrac{(v_B)_2 - (v_A)_2}{5\text{ m/s} - (-7\text{ m/s})}$

$(v_B)_2 - (v_A)_2 = 7,2$ \hfill (2)

Resolvendo,
$(v_B)_2 = 0,2\text{ m/s} \rightarrow$ \hfill *Resposta*
$(v_A)_2 = -7\text{ m/s} = 7\text{ m/s} \leftarrow$ \hfill *Resposta*

F15.15. $T_1 + V_1 = T_2 + V_2$
$\tfrac{1}{2}m(v_A)_1^2 + mg(h_A)_1 = \tfrac{1}{2}m(v_A)_2^2 + mg(h_A)_2$
$\tfrac{1}{2}(15\text{ kg})(1,5\text{ m/s}^2) + 15\text{ kg}(9,81\text{ m/s}^2)(3\text{ m})$
$\quad = \tfrac{1}{2}(15\text{ kg})(v_A)_2^2 + 0$
$(v_A)_2 = 7,817\text{ m/s} \leftarrow$

$(\xrightarrow{+})$ $m_A(v_A)_2 + m_B(v_B)_2 = m_A(v_A)_3 + m_B(v_B)_3$
$(15\text{ kg})(7,817\text{ m/s}) + 0$
$\quad = (15\text{ kg})(v_A)_3 + (40\text{ kg})(v_B)_3$
$15(v_A)_3 + 40(v_B)_3 = 117,255$ \hfill (1)

$(\xrightarrow{+})$ $e = \dfrac{(v_B)_3 - (v_A)_3}{(v_A)_2 - (v_B)_2}$

$0,6 = \dfrac{(v_B)_3 - (v_A)_3}{7,817\text{ m/s} - 0}$

$(v_B)_3 - (v_A)_3 = 4,6902$ \hfill (2)

Resolvendo as equações 1 e 2, temos:
$(v_B)_3 = 3,411\text{ m/s} \leftarrow$
$(v_A)_3 = -1,279\text{ m/s} = 1,279\text{ m/s} \rightarrow$ \hfill *Resposta*

F15.16. $(+\uparrow)$ $m[(v_b)_1]_y = m[(v_b)_2]_y$
$[(v_b)_2]_y = [(v_b)_1]_y = (20\text{ m/s})\text{sen}30° = 10\text{ m/s} \uparrow$

$(\xrightarrow{+})$ $e = \dfrac{(v_w)_2 - [(v_b)_2]_x}{[(v_b)_1]_x - (v_w)_1}$

$0,75 = \dfrac{0 - [(v_b)_2]_x}{(20\text{ m/s})\cos 30° - 0}$

$[(v_b)_2]_x = -12,99\text{ m/s} = 12,99\text{ m/s} \leftarrow$

$(v_b)_2 = \sqrt{[(v_b)_2]_x^2 + [(v_b)_2]_y^2}$
$\quad = \sqrt{(12,99\text{ m/s})^2 + (10\text{ m/s})^2}$
$\quad = 16,4\text{ m/s}$ \hfill *Resposta*

$\theta = \text{tg}^{-1}\left(\dfrac{[(v_b)_2]_y}{[(v_b)_2]_x}\right) = \text{tg}^{-1}\left(\dfrac{10\text{ m/s}}{12,99\text{ m/s}}\right)$
$\quad = 37,6°$ \hfill *Resposta*

F15.17. $\Sigma m(v_x)_1 = \Sigma m(v_x)_2$
$0 + 0 = 2(1) + 11(v_{Bx})_2$

$(v_{Bx})_2 = -0,1818\text{ m/s}$
$\Sigma m(v_y)_1 = \Sigma m(v_y)_2$
$2(3) + 0 = 0 + 11(v_{By})_2$
$(v_{By})_2 = 0,545\text{ m/s}$
$(v_B)_2 = \sqrt{(-0,1818)^2 + (0,545)^2}$
$\quad = 0,575\text{ m/s}$ \hfill *Resposta*

F15.18. $+\nearrow$ $1(3)(\tfrac{3}{5}) - 1(4)(\tfrac{4}{5})$
$\quad = 1(v_B)_{2x} + 1(v_A)_{2x}$
$+\nearrow$ $0,5 = [(v_A)_{2x} - (v_B)_{2x}]/[(3)(\tfrac{3}{5}) - (-4)(\tfrac{4}{5})]$

Resolvendo,
$(v_A)_{2x} = 0,550\text{ m/s}, (v_B)_{2x} = -1,95\text{ m/s}$

Disco A,
$+\nwarrow$ $-1(4)(\tfrac{3}{5}) = 1(v_A)_{2y}$
$(v_A)_{2y} = -2,40\text{ m/s}$

Disco B,
$-1(3)(\tfrac{4}{5}) = 1(v_B)_{2y}$
$(v_B)_{2y} = -2,40\text{ m/s}$

$(v_A)_2 = \sqrt{(0,550)^2 + (2,40)^2} = 2,46\text{ m/s}$ *Resposta*
$(v_B)_2 = \sqrt{(1,95)^2 + (2,40)^2} = 3,09\text{ m/s}$ *Resposta*

F15.19. $H_O = \Sigma mvd;$
$H_O = [2(10)(\tfrac{4}{5})](4) - [2(10)(\tfrac{3}{5})](3)$
$\quad = 28\text{ kg} \cdot \text{m}^2/\text{s}$

F15.20. $H_P = \Sigma mvd;$
$H_P = [2(15)\text{ sen }30°](2) - [2(15)\cos 30°](5)$
$\quad = -99,9\text{ kg}\cdot\text{m}^2/\text{s} = 99,9\text{ kg}\cdot\text{m}^2/\text{s} \circlearrowleft$

F15.21. $(H_z)_1 + \Sigma \int M_z\, dt = (H_z)_2$
$5(2)(1,5) + 5(1,5)(3) = 5v(1,5)$
$v = 5\text{ m/s}$ \hfill *Resposta*

F15.22. $(H_z)_1 + \Sigma \int M_z\, dt = (H_z)_2$
$0 + \int_0^{4\text{ s}} (10t)(\tfrac{4}{5})(1,5)dt = 5v(1,5)$
$v = 12,8\text{ m/s}$ \hfill *Resposta*

F15.23. $(H_z)_1 + \Sigma \int M_z\, dt = (H_z)_2$
$0 + \int_0^{5\text{ s}} 0,9t^2\, dt = 2v(0,6)$
$v = 31,2\text{ m/s}$ \hfill *Resposta*

F15.24. $(H_z)_1 + \Sigma \int M_z\, dt = (H_z)_2$
$0 + \int_0^{4\text{ s}} 8t\, dt + 2(10)(0,5)(4) = 2[10v(0,5)]$
$v = 10,4\text{ m/s}$ \hfill *Resposta*

Capítulo 16

F16.1. $\theta = (20 \text{ rev})\left(\frac{2\pi \text{ rad}}{1 \text{ rev}}\right) = 40\pi$ rad
$\omega^2 = \omega_0^2 + 2\alpha_c(\theta - \theta_0)$
$(30 \text{ rad/s})^2 = 0^2 + 2\alpha_c[(40\pi \text{ rad}) - 0]$
$\alpha_c = 3{,}581 \text{ rad/s}^2 = 3{,}58 \text{ rad/s}^2$ *Resposta*
$\omega = \omega_0 + \alpha_c t$
$30 \text{ rad/s} = 0 + (3{,}581 \text{ rad/s}^2)t$
$t = 8{,}38$ s *Resposta*

F16.2. $\frac{d\omega}{d\theta} = 2(0{,}005\theta) = (0{,}01\theta)$
$\alpha = \omega \frac{d\omega}{d\theta} = (0{,}005\,\theta^2)(0{,}01\theta) = 50(10^{-6})\theta^3 \text{ rad/s}^2$
Quando $\theta = 20 \text{ rev}(2\pi \text{ rad}/1 \text{ rev}) = 40\pi$ rad,
$\alpha = [50(10^{-6})(40\pi)^3] \text{ rad/s}^2$
$= 99{,}22 \text{ rad/s}^2 = 99{,}2 \text{ rad/s}^2$ *Resposta*

F16.3. $\omega = 4\theta^{1/2}$
$150 \text{ rad/s} = 4\,\theta^{1/2}$
$\theta = 1406{,}25$ rad
$dt = \frac{d\theta}{\omega}$
$\int_0^t dt = \int_{1 \text{ rad}}^{\theta} \frac{d\theta}{4\theta^{1/2}}$
$t\big|_0^t = \frac{1}{2}\theta^{1/2}\big|_{1 \text{ rad}}^{\theta}$
$t = \frac{1}{2}\theta^{1/2} - \frac{1}{2}$
$t = \frac{1}{2}(1406{,}25)^{1/2} - \frac{1}{2} = 18{,}25$ s *Resposta*

F16.4. $\omega = \frac{d\theta}{dt} = (1{,}5t^2 + 15) \text{ rad/s}$
$\alpha = \frac{d\omega}{dt} = (3t) \text{ rad/s}^2$
$\omega = [1{,}5(3^2) + 15] \text{ rad/s} = 28{,}5 \text{ rad/s}$
$\alpha = 3(3) \text{ rad/s}^2 = 9 \text{ rad/s}^2$
$v = \omega r = (28{,}5 \text{ rad/s})(0{,}2 \text{ m}) = 5{,}70 \text{ m/s}$ *Resposta*
$a = \alpha r = (9 \text{ rad/s}^2)(0{,}2 \text{ m}) = 1{,}8 \text{ m/s}^2$ *Resposta*

F16.5. $\omega\, d\omega = \alpha\, d\theta$
$\int_{2 \text{ rad/s}}^{\omega} \omega\, d\omega = \int_0^{\theta} 0{,}5\theta\, d\theta$
$\frac{\omega^2}{2}\big|_{2 \text{ rad/s}}^{\omega} = 0{,}25\theta^2\big|_0^{\theta}$
$\omega = (0{,}5\theta^2 + 4)^{1/2} \text{ rad/s}$
Quando $\theta = 2 \text{ rev} = 4\pi$ rad,
$\omega = [0{,}5(4\pi)^2 + 4]^{1/2} \text{ rad/s} = 9{,}108 \text{ rad/s}$
$v_P = \omega r = (9{,}108 \text{ rad/s})(0{,}2 \text{ m}) = 1{,}82 \text{ m/s}$ *Resposta*
$(a_P)_t = \alpha r = (0{,}5\theta \text{ rad/s}^2)(0{,}2 \text{ m})\big|_{\theta = 4\pi \text{ rad}}$
$= 1{,}257 \text{ m/s}^2$
$(a_P)_n = \omega^2 r = (9{,}108 \text{ rad/s})^2(0{,}2 \text{ m}) = 16{,}59 \text{ m/s}^2$
$a_P = \sqrt{(a_P)_t^2 + (a_P)_n^2}$
$= \sqrt{(1{,}257 \text{ m/s}^2)^2 + (16{,}59 \text{ m/s}^2)^2}$
$= 16{,}6 \text{ m/s}^2$ *Resposta*

F16.6. $\alpha_B = \alpha_A\left(\frac{r_A}{r_B}\right)$
$= (4{,}5 \text{ rad/s}^2)\left(\frac{0{,}075 \text{ m}}{0{,}225 \text{ m}}\right) = 1{,}5 \text{ rad/s}^2$
$\omega_B = (\omega_B)_0 + \alpha_B t$
$\omega_B = 0 + (1{,}5 \text{ rad/s}^2)(3 \text{ s}) = 4{,}5 \text{ rad/s}$
$\theta_B = (\theta_B)_0 + (\omega_B)_0 t + \frac{1}{2}\alpha_B t^2$
$\theta_B = 0 + 0 + \frac{1}{2}(1{,}5 \text{ rad/s}^2)(3 \text{ s})^2$
$\theta_B = 6{,}75$ rad
$v_C = \omega_B r_D = (4{,}5 \text{ rad/s})(0{,}125 \text{ m})$
$= 0{,}5625 \text{ m/s}$ *Resposta*
$s_C = \theta_B r_D = (6{,}75 \text{ rad})(0{,}125 \text{ m}) = 0{,}84375$ m
$= 844$ mm *Resposta*

F16.7. Análise Vetorial
$\mathbf{v}_B = \mathbf{v}_A + \boldsymbol{\omega} \times \mathbf{r}_{B/A}$
$-v_B \mathbf{j} = (3\mathbf{i}) \text{ m/s}$
$\quad + (\omega \mathbf{k}) \times (-1{,}5 \cos 30°\mathbf{i} + 1{,}5 \sin 30°\mathbf{j})$
$-v_B \mathbf{j} = [3 - \omega_{AB}(1{,}5 \sin 30°)]\mathbf{i} - \omega(1{,}5 \cos 30°)\mathbf{j}$
$0 = 3 - \omega(1{,}5 \sin 30°)$ (1)
$-v_B = 0 - \omega(1{,}5 \cos 30°)$ (2)
$\omega = 4 \text{ rad/s} \quad v_B = 5{,}20 \text{ m/s}$
Solução Escalar
$\mathbf{v}_B = \mathbf{v}_A + \mathbf{v}_{B/A}$
$\left[\downarrow v_B\right] = \left[\underset{\rightarrow}{3}\right] + \left[\omega(1{,}5) \measuredangle 30°\right]$
Isso resulta nas equações 1 e 2. *Resposta*

F16.8. Análise Vetorial
$\mathbf{v}_B = \mathbf{v}_A + \boldsymbol{\omega} \times \mathbf{r}_{B/A}$
$(v_B)_x \mathbf{i} + (v_B)_y \mathbf{j} = \mathbf{0} + (-10\mathbf{k}) \times (-0{,}6\mathbf{i} + 0{,}6\mathbf{j})$
$(v_B)_x \mathbf{i} + (v_B)_y \mathbf{j} = 6\mathbf{i} + 6\mathbf{j}$
$(v_B)_x = 6 \text{ m/s} \quad \text{e} \quad (v_B)_y = 6 \text{ m/s}$
$v_B = \sqrt{(v_B)_x^2 + (v_B)_y^2}$
$= \sqrt{(6 \text{ m/s})^2 + (6 \text{ m/s})^2}$
$= 8{,}49 \text{ m/s}$ *Resposta*
Solução Escalar
$\mathbf{v}_B = \mathbf{v}_A + \mathbf{v}_{B/A}$
$\left[\underset{\rightarrow}{(v_B)_x}\right] + \left[(v_B)_y \uparrow\right] = \left[0\right] + \left[\measuredangle 45°\ 10\left(\frac{0{,}6}{\cos 45°}\right)\right]$
$\underset{\rightarrow}{\pm}\ (v_B)_x = 0 + 10(0{,}6/\cos 45°)\cos 45° = 6 \text{ m/s} \rightarrow$
$+\uparrow (v_B)_y = 0 + 10(0{,}6/\cos 45°)\sin 45° = 6 \text{ m/s}\uparrow$

F16.9. Análise Vetorial
$\mathbf{v}_B = \mathbf{v}_A + \boldsymbol{\omega} \times \mathbf{r}_{B/A}$
$(1{,}2 \text{ m/s})\mathbf{i} = (-0{,}6 \text{ m/s})\mathbf{i} + (-\omega \mathbf{k}) \times (0{,}9 \text{ m})\mathbf{j}$
$1{,}2\mathbf{i} = (-0{,}6 + 0{,}9\omega)\mathbf{i}$
$\omega = 2 \text{ rad/s}$ *Resposta*

Solução Escalar
$$\mathbf{v}_B = \mathbf{v}_A + \mathbf{v}_{B/A}$$
$$\begin{bmatrix} 1,2 \\ \rightarrow \end{bmatrix} = \begin{bmatrix} 0,6 \\ \leftarrow \end{bmatrix} + \begin{bmatrix} \omega(0,9) \\ \rightarrow \end{bmatrix}$$
$$\xrightarrow{+} \quad 1,2 = -0,6 + \omega(0,9); \quad \omega = 2 \text{ rad/s}$$

F16.10. Análise Vetorial
$$\mathbf{v}_A = \boldsymbol{\omega}_{OA} \times \mathbf{r}_A$$
$$= (12 \text{ rad/s})\mathbf{k} \times (0,3 \text{ m})\mathbf{j}$$
$$= [-3,6\mathbf{i}] \text{ m/s}$$
$$\mathbf{v}_B = \mathbf{v}_A + \boldsymbol{\omega}_{AB} \times \mathbf{r}_{B/A}$$
$$v_B \mathbf{j} = (-3,6 \text{ m/s})\mathbf{i}$$
$$+ (\omega_{AB}\mathbf{k}) \times (0,6\cos 30°\mathbf{i} - 0,6\sin 30°\mathbf{j}) \text{ m}$$
$$v_B \mathbf{j} = [\omega_{AB}(0,6 \sin 30°) - 3,6]\mathbf{i} + \omega_{AB}(0,6\cos 30°)\mathbf{j}$$
$$0 = \omega_{AB}(0,6 \sin 30°) - 3,6 \quad (1)$$
$$v_B = \omega_{AB}(0,6 \cos 30°) \quad (2)$$
$$\omega_{AB} = 12 \text{ rad/s} \quad v_B = 6,24 \text{ m/s} \uparrow \quad \textit{Resposta}$$

Solução Escalar
$$\mathbf{v}_B = \mathbf{v}_A + \mathbf{v}_{B/A}$$
$$\begin{bmatrix} v_B \uparrow \end{bmatrix} = \begin{bmatrix} \leftarrow \\ 12(0,3) \end{bmatrix} + \begin{bmatrix} \nearrow 30°\omega(0,6) \end{bmatrix}$$
Isso resulta nas equações 1 e 2.

F16.11. Análise Vetorial
$$\mathbf{v}_C = \mathbf{v}_B + \boldsymbol{\omega}_{BC} \times \mathbf{r}_{C/B}$$
$$v_C \mathbf{j} = (-18\mathbf{i}) \text{ m/s}$$
$$+ (-\omega_{BC}\mathbf{k}) \times (-0,75\cos 30°\mathbf{i} + 0,75\sin 30°\mathbf{j}) \text{ m}$$
$$v_C \mathbf{j} = (-18)\mathbf{i} + 0,6495\omega_{BC}\mathbf{j} + 0,375\omega_{BC}\mathbf{i}$$
$$0 = -18 + 0,375\omega_{BC} \quad (1)$$
$$v_C = 0,6495 \, \omega_{BC} \quad (2)$$
$$\omega_{BC} = 48 \text{ rad/s} \quad \textit{Resposta}$$
$$v_C = 31,2 \text{ m/s}$$

Solução Escalar
$$\mathbf{v}_C = \mathbf{v}_B + \mathbf{v}_{C/B}$$
$$\begin{bmatrix} v_C \uparrow \end{bmatrix} = \begin{bmatrix} v_B \\ \leftarrow \end{bmatrix} + \begin{bmatrix} \nearrow 30° \, \omega(0,75) \end{bmatrix}$$
Isso resulta nas equações 1 e 2.

F16.12. Análise Vetorial
$$\mathbf{v}_B = \mathbf{v}_A + \boldsymbol{\omega} \times \mathbf{r}_{B/A}$$
$$-v_B \cos 30° \mathbf{i} + v_B \sin 30° \mathbf{j} = (-3 \text{ m/s})\mathbf{j} +$$
$$(-\omega\mathbf{k}) \times (-2\sin 45°\mathbf{i} - 2\cos 45°\mathbf{j}) \text{ m}$$
$$-0,8660 v_B \mathbf{i} + 0,5 v_B \mathbf{j}$$
$$= -1,4142\omega\mathbf{i} + (1,4142\omega - 3)\mathbf{j}$$
$$-0,8660 v_B = -1,4142\omega \quad (1)$$
$$0,5 v_B = 1,4142\omega - 3 \quad (2)$$
$$\omega = 5,02 \text{ rad/s} \quad v_B = 8,20 \text{ m/s} \quad \textit{Resposta}$$

Solução Escalar
$$\mathbf{v}_B = \mathbf{v}_A + \mathbf{v}_{B/A}$$
$$\begin{bmatrix} \searrow 30° \, v_B \end{bmatrix} = \begin{bmatrix} \downarrow 3 \end{bmatrix} + \begin{bmatrix} \searrow 45° \, \omega(2) \end{bmatrix}$$
Isso resulta nas equações 1 e 2.

F16.13. $\omega_{AB} = \dfrac{v_A}{r_{A/CI}} = \dfrac{6}{3} = 2 \text{ rad/s}$ \quad *Resposta*
$$\phi = \text{tg}^{-1}\left(\tfrac{2}{1,5}\right) = 53,13°$$
$$r_{C/CI} = \sqrt{(3)^2 + (2,5)^2 - 2(3)(2,5)\cos 53,13°} = 2,5 \text{ m}$$
$$v_C = \omega_{AB} r_{C/CI} = 2(2,5) = 5 \text{ m/s} \quad \textit{Resposta}$$
$$\theta = 90° - \phi = 90° - 53,13° = 36,9° \quad \textit{Resposta}$$

F16.14. $v_B = \omega_{AB} r_{B/A} = 12(0,6) = 7,2 \text{ m/s} \downarrow$
$$v_C = 0 \quad \textit{Resposta}$$
$$\omega_{BC} = \dfrac{v_B}{r_{B/CI}} = \dfrac{7,2}{1,2} = 6 \text{ rad/s} \quad \textit{Resposta}$$

F16.15. $\omega = \dfrac{v_O}{r_{O/CI}} = \dfrac{6}{0,3} = 20 \text{ rad/s}$ \quad *Resposta*
$$r_{A/CI} = \sqrt{0,3^2 + 0,6^2} = 0,6708 \text{ m}$$
$$\phi = \text{tg}^{-1}\left(\tfrac{0,3}{0,6}\right) = 26,57°$$
$$v_A = \omega r_{A/CI} = 20(0,6708) = 13,4 \text{ m/s} \quad \textit{Resposta}$$
$$\theta = 90° - \phi = 90° - 26,57° = 63,4° \quad \textit{Resposta}$$

F16.16. A localização do CI pode ser determinada usando triângulos semelhantes.
$$\dfrac{0,5 - r_{C/CI}}{3} = \dfrac{r_{C/CI}}{1,5} \quad r_{C/CI} = 0,1667 \text{ m}$$
$$\omega = \dfrac{v_C}{r_{C/CI}} = \dfrac{1,5}{0,1667} = 9 \text{ rad/s} \quad \textit{Resposta}$$
Também $r_{O/CI} = 0,3 - r_{C/CI} = 0,3 - 0,1667$
$$= 0,1333 \text{ m}.$$
$$v_O = \omega r_{O/CI} = 9(0,1333) = 1,20 \text{ m/s} \quad \textit{Resposta}$$

F16.17. $v_B = \omega r_{B/A} = 6(0,2) = 1,2 \text{ m/s}$
$$r_{B/CI} = 0,8 \text{ tg } 60° = 1,3856 \text{ m}$$
$$r_{C/CI} = \dfrac{0,8}{\cos 60°} = 1,6 \text{ m}$$
$$\omega_{BC} = \dfrac{v_B}{r_{B/CI}} = \dfrac{1,2}{1,3856} = 0,8660 \text{ rad/s}$$
$$= 0,866 \text{ rad/s} \quad \textit{Resposta}$$
Então,
$$v_C = \omega_{BC} r_{C/CI} = 0,8660(1,6) = 1,39 \text{ m/s} \quad \textit{Resposta}$$

F16.18. $v_B = \omega_{AB} r_{B/A} = 10(0,2) = 2 \text{ m/s}$
$$v_C = \omega_{CD} r_{C/D} = \omega_{CD}(0,2) \rightarrow$$
$$r_{B/CI} = \dfrac{0,4}{\cos 30°} = 0,4619 \text{ m}$$
$$r_{C/CI} = 0,4 \text{ tg } 30° = 0,2309 \text{ m}$$
$$\omega_{BC} = \dfrac{v_B}{r_{B/CI}} = \dfrac{2}{0,4619} = 4,330 \text{ rad s}$$
$$= 4,33 \text{ rad/s} \quad \textit{Resposta}$$
$$v_C = \omega_{BC} r_{C/CI}$$
$$\omega_{CD}(0,2) = 4,330(0,2309)$$
$$\omega_{CD} = 5 \text{ rad/s} \quad \textit{Resposta}$$

F16.19. $\omega = \dfrac{v_A}{r_{A/CI}} = \dfrac{6}{3} = 2\text{ rad/s}$

Análise Vetorial

$\mathbf{a}_B = \mathbf{a}_A + \boldsymbol{\alpha} \times \mathbf{r}_{B/A} - \omega^2 \mathbf{r}_{B/A}$

$a_B\mathbf{i} = -5\mathbf{j} + (\alpha\mathbf{k}) \times (3\mathbf{i} - 4\mathbf{j}) - 2^2(3\mathbf{i} - 4\mathbf{j})$

$a_B\mathbf{i} = (4\alpha - 12)\mathbf{i} + (3\alpha + 11)\mathbf{j}$

$a_B = 4\alpha - 12$ (1)

$0 = 3\alpha + 11$ (2)

$\alpha = -3{,}67\text{ rad/s}^2$ *Resposta*

$a_B = -26{,}7\text{ m/s}^2$ *Resposta*

Solução Escalar

$\mathbf{a}_B = \mathbf{a}_A + \mathbf{a}_{B/A}$

$\begin{bmatrix} a_B \\ \rightarrow \end{bmatrix} = \begin{bmatrix} \downarrow 5 \end{bmatrix} + \begin{bmatrix} \alpha(5)\dfrac{5}{4} \\ \nearrow 3 \end{bmatrix} + \begin{bmatrix} 4\dfrac{5}{3}(2)^2(5) \end{bmatrix}$

Isso resulta nas equações 1 e 2.

F16.20. Análise Vetorial

$\mathbf{a}_A = \mathbf{a}_O + \boldsymbol{\alpha} \times \mathbf{r}_{A/O} - \omega^2\mathbf{r}_{A/O}$
$= 1{,}8\mathbf{i} + (-6\mathbf{k}) \times (0{,}3\mathbf{j}) - 12^2(0{,}3\mathbf{j})$
$= \{3{,}6\mathbf{i} - 43{,}2\mathbf{j}\}\text{ m/s}^2$ *Resposta*

Análise Escalar

$\mathbf{a}_A = \mathbf{a}_O + \mathbf{a}_{A/O}$

$\begin{bmatrix} (a_A)_x \\ \rightarrow \end{bmatrix} + \begin{bmatrix} (a_A)_y \uparrow \end{bmatrix} = \begin{bmatrix} (6)(0{,}3) \\ \rightarrow \end{bmatrix} + \begin{bmatrix} (6)(0{,}3) \\ \rightarrow \end{bmatrix}$
$\qquad\qquad\qquad\qquad\qquad + [\downarrow (12)^2(0{,}3)]$

$\xrightarrow{+} \quad (a_A)_x = 1{,}8 + 1{,}8 = 3{,}6\text{ m/s}^2 \rightarrow$

$+\uparrow \quad (a_A)_y = -43{,}2\text{ m/s}^2$

F16.21. Usando

$v_O = \omega r; \quad 6 = \omega(0{,}3)$
$\qquad\qquad \omega = 20\text{ rad/s}$

$a_O = \alpha r; \quad 3 = \alpha(0{,}3)$
$\qquad\qquad \alpha = 10\text{ rad/s}^2$ *Resposta*

Análise Vetorial

$\mathbf{a}_A = \mathbf{a}_O + \boldsymbol{\alpha} \times \mathbf{r}_{A/O} - \omega^2\mathbf{r}_{A/O}$
$= 3\mathbf{i} + (-10\mathbf{k}) \times (-0{,}6\mathbf{i}) - 20^2(-0{,}6\mathbf{i})$
$= \{243\mathbf{i} + 6\mathbf{j}\}\text{ m/s}^2$ *Resposta*

Análise Escalar

$\mathbf{a}_A = \mathbf{a}_O + \mathbf{a}_{A/O}$

$\begin{bmatrix} (a_A)_x \\ \rightarrow \end{bmatrix} + \begin{bmatrix} (a_A)_y \\ \uparrow \end{bmatrix} = \begin{bmatrix} 3 \\ \rightarrow \end{bmatrix} + \begin{bmatrix} 10(0{,}6) \\ \uparrow \end{bmatrix} + \begin{bmatrix} (20)^2(0{,}6) \\ \rightarrow \end{bmatrix}$

$\xrightarrow{+} \quad (a_A)_x = 3 + 240 = 243\text{ m/s}^2$

$+\uparrow \quad (a_A)_y = 10(0{,}6) = 6\text{ m/s}^2 \uparrow$

F16.22. $\dfrac{r_{A/CI}}{3} = \dfrac{0{,}5 - r_{A/CI}}{1{,}5}; \quad r_{A/CI} = 0{,}3333\text{ m}$

$\omega = \dfrac{v_A}{r_{A/CI}} = \dfrac{3}{0{,}3333} = 9\text{ rad/s}$

Análise Vetorial

$\mathbf{a}_A = \mathbf{a}_C + \boldsymbol{\alpha} \times \mathbf{r}_{A/C} - \omega^2\mathbf{r}_{A/C}$

$1{,}5\mathbf{i} - (a_A)_n\mathbf{j} = -0{,}75\mathbf{i} + (a_C)_n\mathbf{j}$
$\qquad\qquad + (-\alpha\mathbf{k}) \times 0{,}5\mathbf{j} - 9^2(0{,}5\mathbf{j})$

$1{,}5\mathbf{i} - (a_A)_n\mathbf{j} = (0{,}5\alpha - 0{,}75)\mathbf{i} + [(a_C)_n - 40{,}5]\mathbf{j}$

$\qquad 1{,}5 = 0{,}5\alpha - 0{,}75$

$\qquad \alpha = 4{,}5\text{ rad/s}^2$ *Resposta*

Análise Escalar

$\mathbf{a}_A = \mathbf{a}_C + \mathbf{a}_{A/C}$

$\begin{bmatrix} 1{,}5 \\ \rightarrow \end{bmatrix} + \begin{bmatrix} (a_A)_n \\ \downarrow \end{bmatrix} = \begin{bmatrix} 0{,}75 \\ \leftarrow \end{bmatrix} + \begin{bmatrix} (a_C)_n \\ \uparrow \end{bmatrix} + \begin{bmatrix} \alpha(0{,}5) \\ \rightarrow \end{bmatrix}$
$\qquad\qquad\qquad\qquad\qquad\qquad + \begin{bmatrix} (9)^2(0{,}5) \\ \downarrow \end{bmatrix}$

$\xrightarrow{+} \quad 1{,}5 = -0{,}75 + \alpha(0{,}5)$

$\qquad \alpha = 4{,}5\text{ rad/s}^2$

F16.23. $v_B = \omega r_{B/A} = 12(0{,}3) = 3{,}6\text{ m/s}$

$\omega_{BC} = \dfrac{v_B}{r_{B/CI}} = \dfrac{3{,}6}{1{,}2} = 3\text{ rad/s}$

Análise Vetorial

$\mathbf{a}_B = \boldsymbol{\alpha} \times \mathbf{r}_{B/A} - \omega^2\mathbf{r}_{B/A}$
$= (-6\mathbf{k}) \times (0{,}3\mathbf{i}) - 12^2(0{,}3\mathbf{i})$
$= \{-43{,}2\mathbf{i} - 1{,}8\mathbf{j}\}\text{ m/s}^2$

$\mathbf{a}_C = \mathbf{a}_B + \boldsymbol{\alpha}_{BC} \times \mathbf{r}_{C/B} - \omega_{BC}^2\mathbf{r}_{C/B}$

$a_C\mathbf{i} = (-43{,}2\mathbf{i} - 1{,}8\mathbf{j})$
$\qquad + (\alpha_{BC}\mathbf{k}) \times (1{,}2\mathbf{i}) - 3^2(1{,}2\mathbf{i})$

$a_C\mathbf{i} = -54\mathbf{i} + (1{,}2\alpha_{BC} - 1{,}8)\mathbf{j}$

$a_C = -54\text{ m/s}^2 = 54\text{ m/s}^2 \leftarrow$ *Resposta*

$0 = 1{,}2\alpha_{BC} - 1{,}8 \quad \alpha_{BC} = 1{,}5\text{ rad/s}^2$ *Resposta*

Análise Escalar

$\mathbf{a}_C = \mathbf{a}_B + \mathbf{a}_{C/B}$

$\begin{bmatrix} a_C \\ \leftarrow \end{bmatrix} = \begin{bmatrix} 6(0{,}3) \\ \downarrow \end{bmatrix} + \begin{bmatrix} (12)^2(0{,}3) \\ \leftarrow \end{bmatrix} + \begin{bmatrix} \alpha_{BC}(1{,}2) \\ \uparrow \end{bmatrix} + \begin{bmatrix} (3)^2(1{,}2) \\ \leftarrow \end{bmatrix}$

$\xleftarrow{+} \quad a_C = 43{,}2 + 10{,}8 = 54\text{ m/s}^2 \leftarrow$

$+\uparrow \quad 0 = -6(0{,}3) + 1{,}2\alpha_{BC}$

$\qquad \alpha_{BC} = 1{,}5\text{ rad/s}^2$

F16.24. $v_B = \omega\, r_{B/A} = 6(0{,}2) = 1{,}2\text{ m/s} \rightarrow$

$r_{B/CI} = 0{,}8\text{ tg }60° = 1{,}3856\text{ m}$

$\omega_{BC} = \dfrac{v_B}{r_{B/CI}} = \dfrac{1{,}2}{1{,}3856} = 0{,}8660\text{ rad/s}$

Análise Vetorial

$\mathbf{a}_B = \boldsymbol{\alpha} \times \mathbf{r}_{B/A} - \omega^2\mathbf{r}_{B/A}$
$= (-3\mathbf{k}) \times (0{,}2\mathbf{j}) - 6^2(0{,}2\mathbf{j})$
$= [0{,}6\mathbf{i} - 7{,}2\mathbf{j}]\text{ m/s}$

$\mathbf{a}_C = \mathbf{a}_B + \boldsymbol{\alpha}_{BC} \times \mathbf{r}_{C/B} - \omega^2\mathbf{r}_{C/B}$

$a_C\cos 30°\mathbf{i} + a_C\operatorname{sen}30°\mathbf{j}$
$= (0{,}6\mathbf{i} - 7{,}2\mathbf{j}) + (\alpha_{BC}\mathbf{k} \times 0{,}8\mathbf{i}) - 0{,}8660^2(0{,}8\mathbf{i})$

$0{,}8660a_C \mathbf{i} + 0{,}5a_C \mathbf{j} = (0{,}8\alpha_{BC} - 7{,}2)\mathbf{j}$

$0{,}8660a_C = 0$ (1)

$0{,}5a_C = 0{,}8\alpha_{BC} - 7{,}2$ (2)

$a_C = 0$ $\alpha_{BC} = 9 \text{ rad/s}^2$ *Resposta*

Análise Escalar

$\mathbf{a}_C = \mathbf{a}_B + \mathbf{a}_{C/B}$

$\begin{bmatrix} a_C \\ \measuredangle\,30° \end{bmatrix} = \begin{bmatrix} 3(0{,}2) \\ \rightarrow \end{bmatrix} + \begin{bmatrix} (6)^2(0{,}2) \\ \downarrow \end{bmatrix} + \begin{bmatrix} \alpha_{BC}(0{,}8) \\ \uparrow \end{bmatrix} + \begin{bmatrix} (0{,}8660)^2(0{,}8) \\ \leftarrow \end{bmatrix}$

Isso resulta nas equações 1 e 2.

Capítulo 17

F17.1. $\xrightarrow{+} \Sigma F_x = m(a_G)_x;$ $100(\tfrac{4}{5}) = 100a$

$a = 0{,}8 \text{ m/s}^2 \rightarrow$ *Resposta*

$+\uparrow \Sigma F_y = m(a_G)_y;$

$N_A + N_B - 100(\tfrac{3}{5}) - 100(9{,}81) = 0$ (1)

$\zeta + \Sigma M_G = 0;$

$N_A(0{,}6) + 100(\tfrac{3}{5})(0{,}7)$

$\qquad\qquad - N_B(0{,}4) - 100(\tfrac{4}{5})(0{,}7) = 0$ (2)

$N_A = 430{,}4 \text{ N} = 430 \text{ N}$ *Resposta*

$N_B = 610{,}6 \text{ N} = 611 \text{ N}$ *Resposta*

F17.2. $\Sigma F_{x'} = m(a_G)_{x'};$ $80(9{,}81)\operatorname{sen} 15° = 80a$

$a = 2{,}54 \text{ m/s}^2$ *Resposta*

$\Sigma F_{y'} = m(a_G)_{y'};$

$N_A + N_B - 80(9{,}81)\cos 15° = 0$ (1)

$\zeta + \Sigma M_G = 0;$

$N_A(0{,}5) - N_B(0{,}5) = 0$ (2)

$N_A = N_B = 379 \text{ N}$ *Resposta*

F17.3. $\zeta + \Sigma M_A = \Sigma(\mathcal{M}_k)_A;$ $50(\tfrac{3}{5})(2{,}1) = 10a(1{,}05)$

$a = 6 \text{ m/s}^2$ *Resposta*

$\xrightarrow{+} \Sigma F_x = m(a_G)_x;$ $A_x + 50(\tfrac{3}{5}) = 10(6)$

$A_x = 30 \text{ N}$ *Resposta*

$+\uparrow \Sigma F_y = m(a_G)_y;$ $A_y - 10(9{,}81) + 50(\tfrac{4}{5}) = 0$

$A_y = 58{,}1 \text{ N}$ *Resposta*

F17.4. $F_A = \mu_s N_A = 0{,}2 N_A$ $F_B = \mu_s N_B = 0{,}2 N_B$

$\xrightarrow{+} \Sigma F_x = m(a_G)_x;$

$0{,}2 N_A + 0{,}2 N_B = 100a$ (1)

$+\uparrow \Sigma F_y = m(a_G)_y;$

$N_A + N_B - 100(9{,}81) = 0$ (2)

$\zeta + \Sigma M_G = 0;$

$0{,}2 N_A(0{,}75) + N_A(0{,}9) + 0{,}2 N_B(0{,}75)$

$\qquad\qquad - N_B(0{,}6) = 0$ (3)

Resolvendo as equações 1, 2 e 3,

$N_A = 294{,}3 \text{ N} = 294 \text{ N}$

$N_B = 686{,}7 \text{ N} = 687 \text{ N}$

$a = 1{,}96 \text{ m/s}^2$ *Resposta*

Como N_A é positivo, a mesa realmente deslizará antes de inclinar.

F17.5. $(a_G)_t = \alpha r = \alpha(1{,}5 \text{ m})$

$(a_G)_n = \omega^2 r = (5 \text{ rad/s})^2 (1{,}5 \text{ m}) = 37{,}5 \text{ m/s}^2$

$\Sigma F_t = m(a_G)_t;$ $100 \text{ N} = 50 \text{ kg}[\alpha(1{,}5 \text{ m})]$

$\qquad\qquad\qquad\qquad \alpha = 1{,}33 \text{ rad/s}^2$ *Resposta*

$\Sigma F_n = m(a_G)_n;$ $T_{AB} + T_{CD} - 50(9{,}81) \text{ N}$

$\qquad\qquad\qquad\qquad = 50 \text{ kg}(37{,}5 \text{ m/s}^2)$

$T_{AB} + T_{CD} = 2365{,}5$

$\zeta + \Sigma M_G = 0;$ $T_{CD}(1 \text{ m}) - T_{AB}(1 \text{ m}) = 0$

$T_{AB} = T_{CD} = 1182{,}75 \text{ N} = 1{,}18 \text{ kN}$ *Resposta*

F17.6. $\zeta + \Sigma M_C = 0;$

$\mathbf{a}_G = \mathbf{a}_D = \mathbf{a}_B$

$D_y(0{,}6) - 450 = 0$ $D_y = 750 \text{ N}$ *Resposta*

$(a_G)_n = \omega^2 r = 6^2(0{,}6) = 21{,}6 \text{ m/s}^2$

$(a_G)_t = \alpha r = \alpha(0{,}6)$

$+\uparrow \Sigma F_t = m(a_G)_t;$

$750 - 50(9{,}81) = 50[\alpha(0{,}6)]$

$\alpha = 8{,}65 \text{ rad/s}^2$ *Resposta*

$\xrightarrow{+} \Sigma F_n = m(a_G)_n;$

$F_{AB} + D_x = 50(21{,}6)$ (1)

$\zeta + \Sigma M_G = 0;$

$D_x(0{,}4) + 750(0{,}1) - F_{AB}(0{,}4) = 0$ (2)

$D_x = 446{,}25 \text{ N} = 446 \text{ N}$ *Resposta*

$F_{AB} = 633{,}75 \text{ N} = 634 \text{ N}$ *Resposta*

F17.7. $I_O = m k_O^2 = 100(0{,}5^2) = 25 \text{ kg} \cdot \text{m}^2$

$\zeta + \Sigma M_O = I_O \alpha;$ $-100(0{,}6) = -25\alpha$

$\alpha = 2{,}4 \text{ rad/s}^2$

$\omega = \omega_0 + \alpha_c t$

$\omega = 0 + 2{,}4(3) = 7{,}2 \text{ rad/s}$ *Resposta*

F17.8. $I_O = \tfrac{1}{2} m r^2 = \tfrac{1}{2}(50)(0{,}3^2) = 2{,}25 \text{ kg} \cdot \text{m}^2$

$\zeta + \Sigma M_O = I_O \alpha;$

$\qquad -9t = -2{,}25 \alpha$ $\alpha = (4t) \text{ rad/s}^2$

$d\omega = \alpha \, dt$

$\int_0^\omega d\omega = \int_0^t 4t \, dt$

$\omega = (2t^2) \text{ rad/s}$

$\omega = 2(4^2) = 32 \text{ rad/s}$ *Resposta*

F17.9. $(a_G)_t = \alpha r_G = \alpha(0,15)$
$(a_G)_n = \omega^2 r_G = 6^2(0,15) = 5,4 \text{ m/s}^2$
$I_O = I_G + md^2 = \frac{1}{12}(30)(0,9^2) + 30(0,15^2)$
$= 2,7 \text{ kg} \cdot \text{m}^2$
$\zeta + \Sigma M_O = I_O\alpha;\quad 60 - 30(9,81)(0,15) = 2,7\alpha$
$\alpha = 5,872 \text{ rad/s}^2 = 5,87 \text{ rad/s}^2$ *Resposta*
$\pm \Sigma F_n = m(a_G)_n;\quad O_n = 30(5,4) = 162 \text{ N}$ *Resposta*
$+\uparrow \Sigma F_t = m(a_G)_t;$
$O_t - 30(9,81) = 30[5,872(0,15)]$
$O_t = 320,725 \text{ N} = 321 \text{ N}$ *Resposta*

F17.10. $(a_G)_t = \alpha r_G = \alpha(0,3)$
$(a_G)_n = \omega^2 r_G = 10^2(0,3) = 30 \text{ m/s}^2$
$I_O = I_G + md^2 = \frac{1}{2}(30)(0,3^2) + 30(0,3^2)$
$= 4,05 \text{ kg} \cdot \text{m}^2$
$\zeta + \Sigma M_O = I_O\alpha;$
$50(\frac{3}{5})(0,3) + 50(\frac{4}{5})(0,3) = 4,05\alpha$
$\alpha = 5,185 \text{ rad/s}^2 = 5,19 \text{ rad/s}^2$ *Resposta*
$+\uparrow \Sigma F_n = m(a_G)_n;$
$O_n + 50(\frac{3}{5}) - 30(9,81) = 30(30)$
$O_n = 1164,3 \text{ N} = 1,16\text{kN}$ *Resposta*
$\pm \Sigma F_t = m(a_G)_t;$
$O_t + 50(\frac{4}{5}) = 30[5,185(0,3)]$
$O_t = 6,67 \text{ N}$ *Resposta*

F17.11. $I_G = \frac{1}{12}ml^2 = \frac{1}{12}(15 \text{ kg})(0,9 \text{ m})^2 = 1,0125 \text{ kg} \cdot \text{m}^2$
$(a_G)_n = \omega^2 r_G = 0$
$(a_G)_t = \alpha(0,15 \text{ m})$
$I_O = I_G + md_{OG}^2$
$= 1,0125 \text{ kg} \cdot \text{m}^2 + 15 \text{ kg}(0,15 \text{ m})^2$
$= 1,35 \text{ kg} \cdot \text{m}^2$
$\zeta + \Sigma M_O = I_O\alpha;$
$[15(9,81) \text{ N}](0,15 \text{ m}) = (1,35 \text{ kg} \cdot \text{m}^2)\alpha$
$\alpha = 16,35 \text{ rad/s}^2$ *Resposta*
$+\downarrow \Sigma F_t = m(a_G)_t;\quad -O_t + 15(9,81)\text{N}$
$= (15 \text{ kg})[16,35 \text{ rad/s}^2(0,15 \text{ m})]$
$O_t = 110,36 \text{ N} = 110 \text{ N}$ *Resposta*
$\pm \Sigma F_n = m(a_G)_n;\quad O_n = 0$ *Resposta*

F17.12. $(a_G)_t = \alpha r_G = \alpha(0,45)$
$(a_G)_n = \omega^2 r_G = 6^2(0,45) = 16,2 \text{ m/s}^2$
$I_O = \frac{1}{3}ml^2 = \frac{1}{3}(30)(0,9^2) = 8,1 \text{ kg} \cdot \text{m}^2$
$\zeta + \Sigma M_O = I_O\alpha;$
$300(\frac{4}{5})(0,6) - 30(9,81)(0,45) = 8,1\alpha$
$\alpha = 1,428 \text{ rad/s}^2 = 1,43 \text{ rad/s}^2$ *Resposta*
$\pm \Sigma F_n = m(a_G)_n;\quad O_n + 300(\frac{3}{5}) = 30(16,2)$
$O_n = 306 \text{ N}$ *Resposta*
$+\uparrow \Sigma F_t = m(a_G)_t;\quad O_t + 300(\frac{4}{5}) - 30(9,81)$
$= 30[1,428(0,45)]$
$O_t = 73,58 \text{ N} = 73,6 \text{ N}$ *Resposta*

F17.13. $I_G = \frac{1}{12}ml^2 = \frac{1}{12}(60)(3^2) = 45 \text{ kg} \cdot \text{m}^2$
$+\uparrow \Sigma F_y = m(a_G)_y;$
$80 - 20 = 60a_G \quad a_G = 1 \text{ m/s}^2 \uparrow$
$\zeta + \Sigma M_G = I_G\alpha;\quad 80(1) + 20(0,75) = 45\alpha$
$\alpha = 2,11 \text{ rad/s}^2$ *Resposta*

F17.14. $\zeta + \Sigma M_A = (\mathcal{M}_k)_A;$
$-200(0,3) = -100a_G(0,3) - 4,5\alpha$
$30a_G + 4,5\alpha = 60 \quad (1)$
$a_G = \alpha r = \alpha(0,3) \quad (2)$
$\alpha = 4,44 \text{ rad/s}^2 \quad a_G = 1,33 \text{ m/s}^2 \rightarrow$ *Resposta*

F17.15. $+\uparrow \Sigma F_y = m(a_G)_y;$
$N - 20(9,81) = 0 \quad N = 196,2 \text{ N}$
$\pm \Sigma F_x = m(a_G)_x;\quad 0,5(196,2) = 20a_O$
$a_O = 4,905 \text{ m/s}^2 \rightarrow$ *Resposta*
$\zeta + \Sigma M_O = I_O\alpha;$
$0,5(196,2)(0,4) - 100 = -1,8\alpha$
$\alpha = 33,8 \text{ rad/s}^2$ *Resposta*

F17.16. Esfera $I_G = \frac{2}{5}(20)(0,15)^2 = 0,18 \text{ kg} \cdot \text{m}^2$
$\zeta + \Sigma M_{CI} = (\mathcal{M}_k)_{CI};$
$20(9,81)\text{sen}30°(0,15) = 0,18\alpha + (20a_G)(0,15)$
$0,18\alpha + 3a_G = 14,715$
$a_G = \alpha r = \alpha(0,15)$
$\alpha = 23,36 \text{ rad/s}^2 = 23,4 \text{ rad/s}^2$ *Resposta*
$a_G = 3,504 \text{ m/s}^2 = 3,50 \text{ m/s}^2$ *Resposta*

F17.17. $+\uparrow \Sigma F_y = m(a_G)_y;$
$N - 200(9,81) = 0 \quad N = 1962 \text{ N}$
$\pm \Sigma F_x = m(a_G)_x;$
$T - 0,2(1962) = 200a_G \quad (1)$
$\zeta + \Sigma M_A = (\mathcal{M}_k)_A;\quad 450 - 0,2(1962)(1)$
$= 18\alpha + 200a_G(0,4) \quad (2)$
$(a_A)_t = 0 \quad a_A = (a_A)_n$
$\mathbf{a}_G = \mathbf{a}_A + \boldsymbol{\alpha} \times \mathbf{r}_{G/A} - \omega^2 \mathbf{r}_{G/A}$
$a_G \mathbf{i} = -a_A \mathbf{j} + \alpha \mathbf{k} \times (-0,4\mathbf{j}) - \omega^2(-0,4\mathbf{j})$
$a_G \mathbf{i} = 0,4\alpha \mathbf{i} + (0,4\omega^2 - a_A)\mathbf{j}$
$a_G = 0,4\alpha \quad (3)$
Resolvendo as equações 1, 2 e 3,
$\alpha = 1,15 \text{ rad/s}^2 \quad a_G = 0,461 \text{ m/s}^2$
$T = 485 \text{ N}$ *Resposta*

F17.18. $\pm \Sigma F_x = m(a_G)_x;\quad 0 = 12(a_G)_x \quad (a_G)_x = 0$
$\zeta + \Sigma M_A = (\mathcal{M}_k)_A$
$-12(9,81)(0,3) = 12(a_G)_y(0,3) - \frac{1}{12}(12)(0,6)^2\alpha$
$0,36\alpha - 3,6(a_G)_y = 35,316 \quad (1)$

$\omega = 0$

$\mathbf{a}_G = \mathbf{a}_A + \boldsymbol{\alpha} \times \mathbf{r}_{G/A} - \omega^2 \mathbf{r}_{G/A}$

$(a_G)_y \mathbf{j} = a_A \mathbf{i} + (-\alpha \mathbf{k}) \times (0,3\mathbf{i}) - \mathbf{0}$

$(a_G)_y \mathbf{j} = (a_A)\mathbf{i} - 0,3\,\mathbf{j}$

$a_A = 0$ *Resposta*

$(a_G)_y = -0,3\alpha$ (2)

Resolvendo as equações 1 e 2

$\alpha = 24,5 \text{ rad/s}^2$

$(a_G)_y = -7,36 \text{ m/s}^2 = 7,36 \text{ m/s}^2 \downarrow$ *Resposta*

Capítulo 18

F18.1. $I_O = mk_O^2 = 80(0,4^2) = 12,8 \text{ kg} \cdot \text{m}^2$

$T_1 = 0$

$T_2 = \frac{1}{2}I_O\omega^2 = \frac{1}{2}(12,8)\omega^2 = 6,4\omega^2$

$s = \theta r = 20(2\pi)(0,6) = 24\pi \text{ m}$

$T_1 + \Sigma U_{1-2} = T_2$

$0 + 50(24\pi) = 6,4\omega^2$

$\omega = 24,3 \text{ rad/s}$ *Resposta*

F18.2. $T_1 = 0$

$T_2 = \frac{1}{2}m(v_G)_2^2 + \frac{1}{2}I_G\omega_2^2$

$= \frac{1}{2}(25 \text{ kg})(0,75\omega_2)^2$
$+ \frac{1}{2}\left[\frac{1}{12}(25 \text{ kg})(1,5 \text{ m})^2\right]\omega_2^2$

$T_2 = 11,719\omega_2^2$

Ou,

$I_O = \frac{1}{3}ml^2 = \frac{1}{3}(25 \text{ kg})(1,5 \text{ m})^2$
$= 18,75 \text{ kg} \cdot \text{m}^2$

De modo que:

$T_2 = \frac{1}{2}I_O\omega_2^2 = \frac{1}{2}(18,75 \text{ kg} \cdot \text{m}^2)\omega_2^2$
$= 9,375\omega_2^2$

$T_1 + \Sigma U_{1-2} = T_2$

$T_1 + [-Wy_G + M\theta] = T_2$

$0 + [-(25(9,81 \text{ N})(0,75 \text{ m})) + (150 \text{ N} \cdot \text{m})(\frac{\pi}{2})]$
$= 9,375\omega_2^2$

$\omega_2 = 2,35 \text{ rad/s}$ *Resposta*

F18.3. $(v_G)_2 = \omega_2 r_{G/CI} = \omega_2(2,5)$

$I_G = \frac{1}{12}ml^2 = \frac{1}{12}(50)(5^2) = 104,17 \text{ kg} \cdot \text{m}^2$

$T_1 = 0$

$T_2 = \frac{1}{2}m(v_G)_2^2 + \frac{1}{2}I_G\omega_2^2$

$= \frac{1}{2}(50)[\omega_2(2,5)]^2 + \frac{1}{2}(104,17)\omega_2^2 = 208,33\omega_2^2$

$U_P = Ps_P = 600(3) = 1800 \text{ J}$

$U_W = -Wh = -50(9,81)(2,5 - 2) = -245,25 \text{ J}$

$T_1 + \Sigma U_{1-2} = T_2$

$0 + 1800 + (-245,25) = 208,33\omega_2^2$

$\omega_2 = 2,732 \text{ rad/s} = 2,73 \text{ rad/s}$ *Resposta*

F18.4. $T = \frac{1}{2}mv_G^2 + \frac{1}{2}I_G\omega^2$

$= \frac{1}{2}(50 \text{ kg})(0,4\omega)^2 + \frac{1}{2}[50 \text{ kg}(0,3 \text{ m})^2]\omega^2$

$= 6,25\omega^2 \text{ J}$

Ou,

$T = \frac{1}{2}I_{CI}\omega^2$

$= \frac{1}{2}[50 \text{ kg}(0,3 \text{ m})^2 + 50 \text{ kg}(0,4 \text{ m})^2]\omega^2$

$= 6,25\omega^2 \text{ J}$

$s_G = \theta r = 10(2\pi \text{ rad})(0,4 \text{ m}) = 8\pi \text{ m}$

$T_1 + \Sigma U_{1-2} = T_2$

$T_1 + P\cos 30° s_G = T_2$

$0 + (50 \text{ N})\cos 30°(8\pi \text{ m}) = 6,25\omega^2 \text{ J}$

$\omega = 13,2 \text{ rad/s}$ *Resposta*

F18.5. $I_G = \frac{1}{12}ml^2 = \frac{1}{12}(30)(3^2) = 22,5 \text{ kg} \cdot \text{m}^2$

$T_1 = 0$

$T_2 = \frac{1}{2}mv_G^2 + \frac{1}{2}I_G\omega^2$

$= \frac{1}{2}(30)[\omega(0,5)]^2 + \frac{1}{2}(22,5)\omega^2 = 15\omega^2$

Ou,

$I_O = I_G + md^2 = \frac{1}{12}(30)(3^2) + 30(0,5^2)$

$= 30 \text{ kg} \cdot \text{m}^2$

$T_2 = \frac{1}{2}I_O\omega^2 = \frac{1}{2}(30)\omega^2 = 15\omega^2$

$s_1 = \theta r_1 = 8\pi(0,5) = 4\pi \text{ m}$

$s_2 = \theta r_2 = 8\pi(1,5) = 12\pi \text{ m}$

$U_{P_1} = P_1 s_1 = 30(4\pi) = 120\pi \text{ J}$

$U_{P_2} = P_2 s_2 = 20(12\pi) = 240\pi \text{ J}$

$U_M = M\theta = 20[4(2\pi)] = 160\pi \text{ J}$

$U_W = (0$ barra retorna à mesma posição$)$

$T_1 + \Sigma U_{1-2} = T_2$

$0 + 120\pi + 240\pi + 160\pi = 15\omega^2$

$\omega = 10,44 \text{ rad/s} = 10,4 \text{ rad/s}$ *Resposta*

F18.6. $v_G = \omega r = \omega(0,4)$

$I_G = mk_G^2 = 20(0,3^2) = 1,8 \text{ kg} \cdot \text{m}^2$

$T_1 = 0$

$T_2 = \frac{1}{2}mv_G^2 + \frac{1}{2}I_G\omega^2$

$= \frac{1}{2}(20)[\omega(0,4)]^2 + \frac{1}{2}(1,8)\omega^2$

$= 2,5\omega^2$

$U_M = M\theta = M\left(\frac{s_O}{r}\right) = 50\left(\frac{20}{0,4}\right) = 2500 \text{ J}$

$T_1 + \Sigma U_{1-2} = T_2$

$0 + 2500 = 2,5\omega^2$

$\omega = 31,62 \text{ rad/s} = 31,6 \text{ rad/s}$ *Resposta*

F18.7. $v_G = \omega r = \omega(0,3)$

$I_G = \frac{1}{2}mr^2 = \frac{1}{2}(30)(0,3^2) = 1,35 \text{ kg} \cdot \text{m}^2$

$T_1 = 0$

$T_2 = \frac{1}{2}m(v_G)_2^2 + \frac{1}{2}I_G\omega_2^2$

$= \frac{1}{2}(30)[\omega_2(0,3)]^2 + \frac{1}{2}(1,35)\omega_2^2 = 2,025\omega_2^2$

$(V_g)_1 = Wy_1 = 0$

$(V_g)_2 = -Wy_2 = -30(9,81)(0,3) = -88,29 \text{ J}$

$T_1 + V_1 = T_2 + V_2$

$0 + 0 = 2,025\omega_2^2 + (-88,29)$

$\omega_2 = 6,603 \text{ rad/s} = 6,60 \text{ rad/s}$ *Resposta*

Problemas fundamentais: soluções e respostas parciais 637

F18.8. $v_O = \omega r_{O/CI} = \omega(0,2)$
$I_O = mk_O^2 = 50(0,3^2) = 4,5 \text{ kg} \cdot \text{m}^2$
$T_1 = 0$
$T_2 = \frac{1}{2}m(v_O)_2^2 + \frac{1}{2}I_O\omega_2^2$
$= \frac{1}{2}(50)[\omega_2(0,2)]^2 + \frac{1}{2}(4,5)\omega_2^2$
$= 3,25\omega_2^2$
$(V_g)_1 = Wy_1 = 0$
$(V_g)_2 = -Wy_2 = -50(9,81)(6 \text{ sen } 30°)$
$= -1471,5 \text{ J}$
$T_1 + V_1 = T_2 + V_2$
$0 + 0 = 3,25\omega_2^2 + (-1471,5)$
$\omega_2 = 21,28 \text{ rad/s} = 21,3 \text{ rad/s}$ *Resposta*

F18.9. $v_G = \omega r_G = \omega(1,5)$
$I_G = \frac{1}{12}(60)(3^2) = 45 \text{ kg} \cdot \text{m}^2$
$T_1 = 0$
$T_2 = \frac{1}{2}m(v_G)_2^2 + \frac{1}{2}I_G\omega_2^2$
$= \frac{1}{2}(60)[\omega_2(1,5)]^2 + \frac{1}{2}(45)\omega_2^2$
$= 90\omega_2^2$
Ou,
$T_2 = \frac{1}{2}I_O\omega_2^2 = \frac{1}{2}[45 + 60(1,5^2)]\omega_2^2 = 90\omega_2^2$
$(V_g)_1 = Wy_1 = 0$
$(V_g)_2 = -Wy_2 = -60(9,81)(1,5 \text{ sen } 45°)$
$= -624,30 \text{ J}$
$(V_e)_1 = \frac{1}{2}ks_1^2 = 0$
$(V_e)_2 = \frac{1}{2}ks_2^2 = \frac{1}{2}(150)(3 \text{ sen } 45°)^2 = 337,5 \text{ J}$
$T_1 + V_1 = T_2 + V_2$
$0 + 0 = 90\omega_2^2 + [-624,30 + 337,5]$
$\omega_2 = 1,785 \text{ rad/s} = 1,79 \text{ rad/s}$ *Resposta*

F18.10. $v_G = \omega r_G = \omega(0,75)$
$I_G = \frac{1}{12}(30)(1,5^2) = 5,625 \text{ kg} \cdot \text{m}^2$
$T_1 = 0$
$T_2 = \frac{1}{2}m(v_G)_2^2 + \frac{1}{2}I_G\omega_2^2$
$= \frac{1}{2}(30)[\omega(0,75)]^2 + \frac{1}{2}(5,625)\omega_2^2 = 11,25\omega_2^2$
Ou,
$T_2 = \frac{1}{2}I_O\omega_2^2 = \frac{1}{2}[5,625 + 30(0,75^2)]\omega_2^2$
$= 11,25\omega_2^2$
$(V_g)_1 = Wy_1 = 0$
$(V_g)_2 = -Wy_2 = -30(9,81)(0,75)$
$= -220,725 \text{ J}$
$(V_e)_1 = \frac{1}{2}ks_1^2 = 0$
$(V_e)_2 = \frac{1}{2}ks_2^2 = \frac{1}{2}(80)(\sqrt{2^2 + 1,5^2} - 0,5)^2 = 160 \text{ J}$
$T_1 + V_1 = T_2 + V_2$
$0 + 0 = 11,25\omega_2^2 + (-220,725 + 160)$
$\omega_2 = 2,323 \text{ rad/s} = 2,32 \text{ rad/s}$ *Resposta*

F18.11. $(v_G)_2 = \omega_2 r_{G/CI} = \omega_2(0,75)$
$I_G = \frac{1}{12}(30)(1,5^2) = 5,625 \text{ kg} \cdot \text{m}^2$
$T_1 = 0$
$T_2 = \frac{1}{2}m(v_G)_2^2 + \frac{1}{2}I_G\omega_2^2$
$= \frac{1}{2}(30)[\omega_2(0,75)]^2 + \frac{1}{2}(5,625)\omega_2^2 = 11,25\omega_2^2$
$(V_g)_1 = Wy_1 = 30(9,81)(0,75 \text{ sen } 45°) = 156,08 \text{ J}$
$(V_g)_2 = -Wy_2 = 0$
$(V_e)_1 = \frac{1}{2}ks_1^2 = 0$
$(V_e)_2 = \frac{1}{2}ks_2^2 = \frac{1}{2}(300)(1,5 - 1,5 \cos 45°)^2$
$= 28,95 \text{ J}$
$T_1 + V_1 = T_2 + V_2$
$0 + (156,08 + 0) = 11,25\omega_2^2 + (0 + 28,95)$
$\omega_2 = 3,362 \text{ rad/s} = 3,36 \text{ rad/s}$ *Resposta*

F18.12. $(V_g)_1 = -Wy_1 = -[20(9,81) \text{ N}](1 \text{ m}) = -196,2 \text{ J}$
$(V_g)_2 = 0$
$(V_e)_1 = \frac{1}{2}ks_1^2$
$= \frac{1}{2}(100 \text{ N/m})(\sqrt{(3 \text{ m})^2 + (2 \text{ m})^2} - 0,5 \text{ m})^2$
$= 482,22 \text{ J}$
$(V_e)_2 = \frac{1}{2}ks_2^2 = \frac{1}{2}(100 \text{ N/m})(1 \text{ m} - 0,5 \text{ m})^2$
$= 12,5 \text{ J}$
$T_1 = 0$
$T_2 = \frac{1}{2}I_A\omega^2 = \frac{1}{2}[\frac{1}{3}(20 \text{ kg})(2 \text{ m})^2]\omega^2$
$= 13,3333\omega^2$
$T_1 + V_1 = T_2 + V_2$
$0 + [-196,2 \text{ J} + 482,22 \text{ J}]$
$= 13,3333\omega_2^2 + [0 + 12,5 \text{ J}]$
$\omega_2 = 4,53 \text{ rad/s}$ *Resposta*

Capítulo 19

F19.1. $\zeta + I_O\omega_1 + \Sigma \int_{t_1}^{t_2} M_O \, dt = I_O\omega_2$
$0 + \int_0^{4s} 3t^2 \, dt = [60(0,3)^2]\omega_2$
$\omega_2 = 11,85 \text{ rad/s} = 11,9 \text{ rad/s}$ *Resposta*

F19.2. $\zeta + (H_A)_1 + \Sigma \int_{t_1}^{t_2} M_A dt = (H_A)_2$
$0 + 300(6) = 300(0,4^2)\omega_2 + 300[\omega(0,6)](0,6)$
$\omega_2 = 11,54 \text{ rad/s} = 11,5 \text{ rad/s}$ *Resposta*
$\xrightarrow{+} m(v_1)_x + \Sigma \int_{t_1}^{t_2} F_x dt = m(v_2)_x$
$0 + F_f(6) = 300[11,54(0,6)]$
$F_f = 346 \text{ N}$ *Resposta*

F19.3. $v_A = \omega_A r_{A/CI} = \omega_A(0,15)$
$\zeta + \Sigma M_O = 0; \quad 9 - A_t(0,45) = 0 \quad A_t = 20 \text{ N}$
$\zeta + (H_C)_1 + \Sigma \int_{t_1}^{t_2} M_C \, dt = (H_C)_2$

$$0 + [20(5)](0,15)$$
$$= 10[\omega_A(0,15)](0,15)$$
$$+ [10(0,1^2)]\omega_A$$
$$\omega_A = 46,2 \text{ rad/s} \qquad \textit{Resposta}$$

F19.4. $I_A = mk_A^2 = 10(0,08^2) = 0,064 \text{ kg} \cdot \text{m}^2$
$I_B = mk_B^2 = 50(0,15^2) = 1,125 \text{ kg} \cdot \text{m}^2$
$$\omega_A = \left(\frac{r_B}{r_A}\right)\omega_B = \left(\frac{0,2}{0,1}\right)\omega_B = 2\omega_B$$
$$\zeta + I_A(\omega_A)_1 + \Sigma \int_{t_1}^{t_2} M_A dt = I_A(\omega_A)_2$$
$$0 + 10(5) - \int_0^{5\text{s}} F(0,1)dt = 0,064[2(\omega_B)_2]$$
$$\int_0^{5\text{s}} F dt = 500 - 1,28(\omega_B)_2 \qquad (1)$$
$$\zeta + I_B(\omega_B)_1 + \Sigma \int_{t_1}^{t_2} M_B dt = I_B(\omega_B)_2$$
$$0 + \int_0^{5\text{s}} F(0,2)dt = 1,125(\omega_B)_2$$
$$\int_0^{5\text{s}} F dt = 5,625(\omega_B)_2 \qquad (2)$$
Resolvendo as equações 1 e 2,
$500 - 1,28(\omega_B)_2 = 5,625(\omega_B)_2$
$(\omega_B)_2 = 72,41 \text{ rad/s} = 72,4 \text{ rad/s} \qquad \textit{Resposta}$

F19.5. $(\xrightarrow{+}) \quad m[(v_O)_x]_1 + \Sigma \int F_x dt = m[(v_O)_x]_2$
$$0 + (150 \text{ N})(3 \text{ s}) + F_A(3 \text{ s})$$
$$= (50 \text{ kg})(0,3\omega_2)$$
$$\zeta + I_G \omega_1 + \Sigma \int M_G dt = I_G \omega_2$$
$$0 + (150 \text{ N})(0,2 \text{ m})(3 \text{ s}) - F_A(0,3 \text{ m})(3 \text{ s})$$
$$= [(50 \text{ kg})(0,175 \text{ m})^2] \omega_2$$
$$\omega_2 = 37,3 \text{ rad/s} \qquad \textit{Resposta}$$
$$F_A = 36,53 \text{ N}$$
Também,
$$I_{CI} \omega_1 + \Sigma \int M_{CI} dt = I_{CI} \omega_2$$
$$0 + [(150 \text{ N})(0,2 + 0,3) \text{ m}](3 \text{ s})$$
$$= [(50 \text{ kg})(0,175 \text{ m})^2 + (50 \text{ kg})(0,3 \text{ m})^2]\omega_2$$
$$\omega_2 = 37,3 \text{ rad/s} \qquad \textit{Resposta}$$

F19.6. $(+\uparrow) \, m[(v_G)_1]_y + \Sigma \int F_y dt = m[(v_G)_2]_y$
$$0 + N_A(3 \text{ s}) - [150(9,81 \text{ N})](3 \text{ s}) = 0$$
$$N_A = 1471,5 \text{ N}$$
$$\zeta + (H_{CI})_1 + \Sigma \int M_{CI} dt = (H_{CI})_2$$
$$0 + (250 \text{ N} \cdot \text{m})(3 \text{ s}) - [0,15(1471,5 \text{ N})(3 \text{ s})](0,5 \text{ m})$$
$$= [150 \text{ kg}(1,25 \text{ m})^2]\omega_2 + (150 \text{ kg})[\omega_2(1 \text{ m})](1 \text{ m})$$
$$\omega_2 = 1,09 \text{ rad/s} \qquad \textit{Resposta}$$

Problemas preliminares: soluções dinâmicas

Capítulo 12

P12.1. a) $v = \dfrac{ds}{dt} = \dfrac{d}{dt}(2t^3) = 6t^2\Big|_{t=2\,s} = 24$ m/s

b) $a\,ds = v\,dv$, $v = 5s$, $dv = 5\,ds$
$a\,ds = (5s)5\,ds$
$a = 25s\Big|_{s=1\,m} = 25$ m/s^2

c) $a = \dfrac{dv}{dt} = \dfrac{d}{dt}(4t+5) = 4$ m/s^2

d) $v = v_0 + a_c t$
$v = 0 + 2(2) = 4$ m/s

e) $v^2 = v_0^2 + 2a_c(s - s_0)$
$v^2 = (3)^2 + 2(2)(4 - 0)$
$v = 5$ m/s

f) $a\,ds = v\,dv$
$\displaystyle\int_{s_1}^{s_2} s\,ds = \int_0^v v\,dv$
$s^2\Big|_4^5 = v^2\Big|_0^v$
$25 - 16 = v^2$
$v = 3$ m/s

g) $s = s_0 + v_0 t + \dfrac{1}{2}a_c t^2$
$s = 2 + 2(3) + \dfrac{1}{2}(4)(3)^2 = 26$ m

h) $dv = a\,dt$
$\displaystyle\int_0^v dv = \int_0^1 (8t^2)\,dt$
$v = 2{,}67 t^3\Big|_0^1 = 2{,}67$ m/s

i) $v = \dfrac{ds}{dt} = \dfrac{d}{dt}(3t^2 + 2) = 6t\Big|_{t=2\,s} = 12$ m/s

j) $v_{méd} = \dfrac{\Delta s}{\Delta t} = \dfrac{6\,m - (-1\,m)}{10\,s - 0} = 0{,}7$ m/s →

$(v_{sp})_{méd} = \dfrac{s_T}{\Delta t} = \dfrac{7\,m + 14\,m}{10\,s - 0} = 2{,}1$ m/s

P12.2. a) $v = 2t$
$s = t^2$
$a = 2$

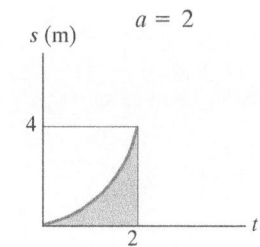

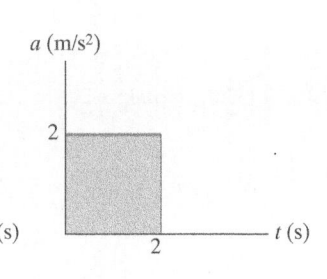

b) $s = -2t + 2$
$v = -2$
$a = 0$

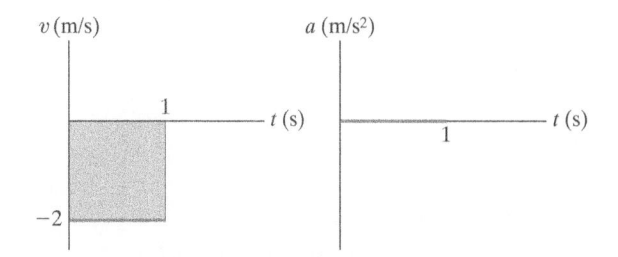

c) $a = -2$
$v = -2t$
$s = -t^2$

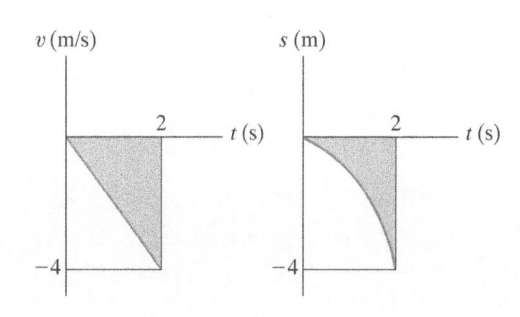

d) $\Delta s = \displaystyle\int_0^3 v\,dt = $ Área $= \dfrac{1}{2}(2)(2) + 2(3-2) = 4$ m
$s - 0 = 4$ m, $\qquad s = 4$ m
$a = \dfrac{dv}{dt} = $ inclinação em $t = 3$ s, $a = 0$

e) Para $a = 2$,
$v = 2t$
Quando $t = 2$ s, $v = 4$ m/s.
Para $a = -2$,
$\displaystyle\int_4^v dv = \int_2^t -2\,dt$
$v - 4 = -2t + 4$
$v = -2t + 8$

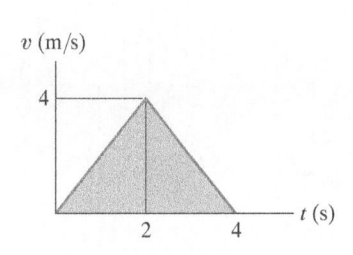

f) $\int_1^v v\, dv = \int_0^2 a\, ds = \text{Área}$

$\frac{1}{2}v^2 - \frac{1}{2}(1)^2 = \frac{1}{2}(2)(4)$

$v = 3\text{ m/s}$

g) $v\, dv = a\, ds$ Em $s = 1\text{ m}, v = 2\text{ m/s}$.

$a = v\dfrac{dv}{ds} = v(\text{inclinação}) = 2(-2) = -4\text{ m/s}$

P12.3. a) $y = 4x^2$
$\dot{y} = 8x\dot{x}$
$\ddot{y} = (8\dot{x})\dot{x} + 8x(\ddot{x})$

b) $y = 3e^x$
$\dot{y} = 3e^x\dot{x}$
$\ddot{y} = (3e^x\dot{x})\dot{x} + 3e^x(\ddot{x})$

c) $y = 6\,\text{sen}\,x$
$\dot{y} = (6\cos x)\dot{x}$
$\ddot{y} = [(-6\,\text{sen}\,x)\dot{x}]\dot{x} + (6\cos x)(\ddot{x})$

P12.4. $y_A, t_{AB}, (v_B)_y$

$20 = 0 + 40 t_{AB}$

$0 = y_A + 0 + \dfrac{1}{2}(-9{,}81)(t_{AB})^2$

$(v_B)_y^2 = 0^2 + 2(-9{,}81)(0 - y_A)$

P12.5. $x_B, t_{AB}, (v_B)_y$

$x_B = 0 + (10\cos 30°)(t_{AB})$

$0 = 8 + (10\,\text{sen}\,30°)t_{AB} + \dfrac{1}{2}(-9{,}81)t_{AB}^2$

$(v_B)_y^2 = 0^2 + 2(-9{,}81)(0 - 8)$

P12.6. $x_B, y_B, (v_B)_y$

$x_B = 0 + (60\cos 20°)(5)$

$y_B = 0 + (60\,\text{sen}\,20°)(5) + \dfrac{1}{2}(-9{,}81)(5)^2$

$(v_B)_y = 60\,\text{sen}\,20° + (-9{,}81)(5)$

P12.7. a) $a_t = \dot{v} = 3\text{ m/s}^2$

$a_n = \dfrac{v^2}{\rho} = \dfrac{(2)^2}{1} = 4\text{ m/s}^2$

$a = \sqrt{(3)^2 + (4)^2} = 5\text{ m/s}^2$

b) $a_t = \dot{v} = 4\text{ m/s}^2$

$v^2 = v_0^2 + 2a_c(s - s_0)$

$v^2 = 0 + 2(4)(2 - 0)$

$v = 4\text{ m/s}$

$a_n = \dfrac{v^2}{\rho} = \dfrac{(4)^2}{2} = 8\text{ m/s}^2$

c) $a_t = 0$

$\rho = \dfrac{\left[1 + \left(\frac{dy}{dx}\right)^2\right]^{\frac{3}{2}}}{\frac{d^2y}{dx^2}}\bigg|_{x=0} = \dfrac{1 + 0}{4} = \dfrac{1}{4}$

$a_n = \dfrac{v^2}{\rho} = \dfrac{(2)^2}{\frac{1}{4}} = 16\text{ m/s}^2$

$a = \sqrt{(0)^2 + (16)^2} = 16\text{ m/s}^2$

d) $a_t\, ds = v\, dv$
$a_t\, ds = (4s + 1)(4\, ds)$
$a_t = (16s + 4)|_{s=0} = 4\text{ m/s}^2$
$a_n = \dfrac{v^2}{\rho} = \dfrac{(4(0) + 1)^2}{2} = 0{,}5\text{ m/s}^2$

e) $a_t\, ds = v\, dv$

$\int_0^s 2s\, ds = \int_1^v v\, dv$

$s^2 = \dfrac{1}{2}(v^2 - 1)$

$v = \sqrt{2s^2 + 1}\bigg|_{s=2\text{ m}} = 3\text{ m/s}$

$a_t = \dot{v} = 2(2) = 4\text{ m/s}^2$

$a_n = \dfrac{v^2}{\rho} = \dfrac{(3)^2}{3} = 3\text{ m/s}^2$

$a = \sqrt{(4)^2 + (3)^2} = 5\text{ m/s}^2$

f) $a_t = \dot{v} = 8t\bigg|_{t=1} = 8\text{ m/s}^2$

$a_n = \dfrac{v^2}{\rho} = \dfrac{(4(1)^2 + 2)^2}{6} = 6\text{ m/s}^2$

$a = \sqrt{(8)^2 + (6)^2} = 10\text{ m/s}^2$

Capítulo 13

P13.1. a)

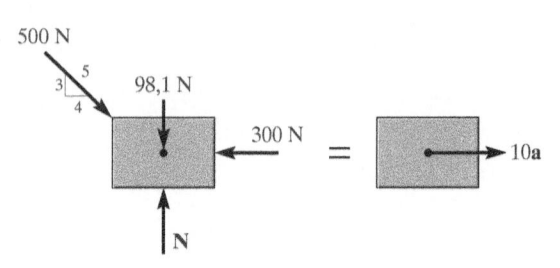

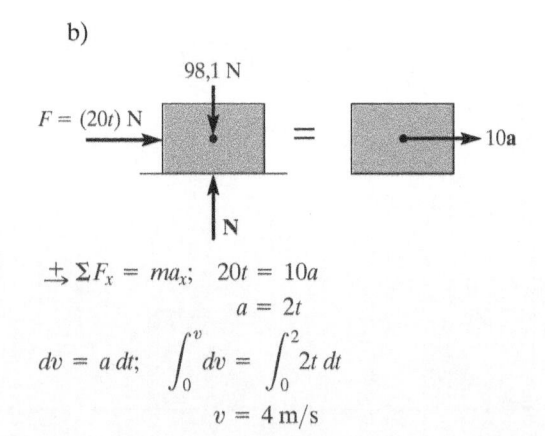

$\xrightarrow{+} \Sigma F_x = ma_x;\quad \left(\dfrac{4}{5}\right)(500\text{ N}) - 300\text{ N} = 10a$

$a = 10\text{ m/s}^2$

$\xrightarrow{+} v = v_0 + a_c t;\quad v = 0 + 10(2) = 20\text{ m/s}$

b)

$\xrightarrow{+} \Sigma F_x = ma_x;\quad 20t = 10a$

$a = 2t$

$dv = a\, dt;\quad \int_0^v dv = \int_0^2 2t\, dt$

$v = 4\text{ m/s}$

Problemas preliminares: soluções dinâmicas

P13.2. a)

$\xrightarrow{+} \Sigma F_x = ma_x;\quad 40\text{ N} - 30\text{ N} = 10a$
$\qquad\qquad\qquad a = 1\text{ m/s}^2$
$\xrightarrow{+} v^2 = v_0^2 + 2a_c(s - s_0);\quad v^2 = (3)^2 + 2(1)(8 - 0)$
$\qquad\qquad\qquad v = 5\text{ m/s}$

b)

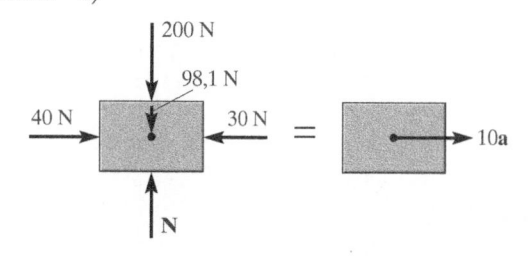

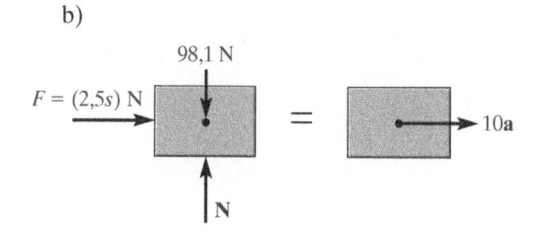

$\xrightarrow{+} \Sigma F_x = ma_x;\quad 2{,}5s = 10a$
$\qquad\qquad\qquad a = 2{,}5s$
$\qquad\qquad\qquad v\,dv = a\,ds$
$\qquad\qquad\qquad \int_3^v v\,dv = \int_0^8 2{,}5s\,ds$
$\qquad\qquad\qquad v^2 - (3)^2 = 2{,}5(8 - 0)^2$
$\qquad\qquad\qquad v = 13\text{ m/s}$

P13.3.

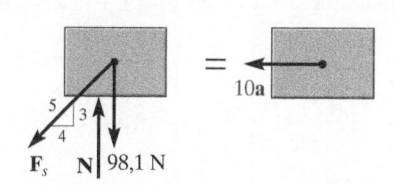

$F_s = kx = (10\text{ N/m})(5\text{ m} - 1\text{ m}) = 40\text{ N}$
$\xleftarrow{+} \Sigma F_x = ma_x;\quad \dfrac{4}{5}(40\text{ N}) = 10a$
$\qquad\qquad\qquad a = 3{,}2\text{ m/s}^2$

P13.4.

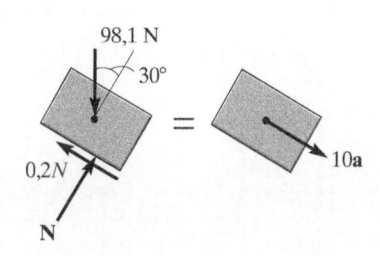

$\searrow^+ \Sigma F_x = ma_x;\quad 98{,}1\text{ sen }30° - 0{,}2N = 10a$
$^+\!\nearrow \Sigma F_y = ma_y;\quad N - 98{,}1\cos 30° = 0$

P13.5. a)

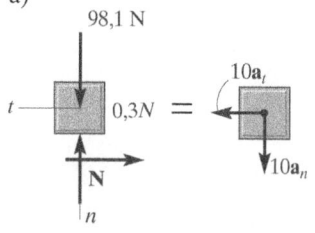

$\xleftarrow{+} \Sigma F_t = ma_t;\quad -0{,}3N = 10a_t$
$+\!\downarrow \Sigma F_n = ma_n;\quad 98{,}1 - N = 10\left(\dfrac{(6)^2}{10}\right)$

b)

$\searrow^+ \Sigma F_t = ma_t;\quad 98{,}1\text{ sen }30° - 0{,}2N = 10a_t$
$^+\!\nearrow \Sigma F_n = ma_n;\quad N - 98{,}1\cos 30° = 10\left(\dfrac{(4)^2}{5}\right)$

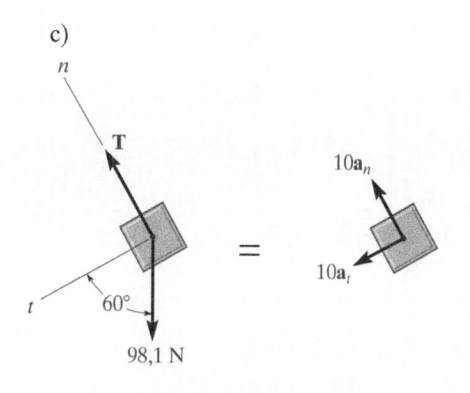

c)

$\swarrow^+ \Sigma F_t = ma_t;\quad 98{,}1\cos 60° = 10a_t$
$\nwarrow^+ \Sigma F_n = ma_n;\quad T - 98{,}1\text{ sen }60° = 10\left(\dfrac{8^2}{6}\right)$

P13.6. a)

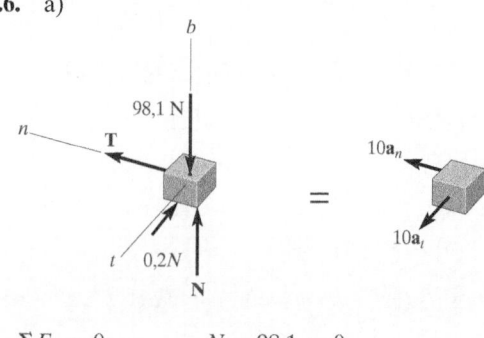

$\Sigma F_b = 0;\qquad N - 98{,}1 = 0$
$\Sigma F_t = ma_t;\qquad -0{,}2N = 10a_t$
$\Sigma F_n = ma_n;\qquad T = 10\dfrac{(8)^2}{4}$

b)

$\Sigma F_b = 0;$ $\quad 0,3N - 98,1 = 0$
$\Sigma F_t = ma_t;$ $\quad 0 = 0$
$\Sigma F_n = ma_n;$ $\quad N = 10\dfrac{v^2}{2}$

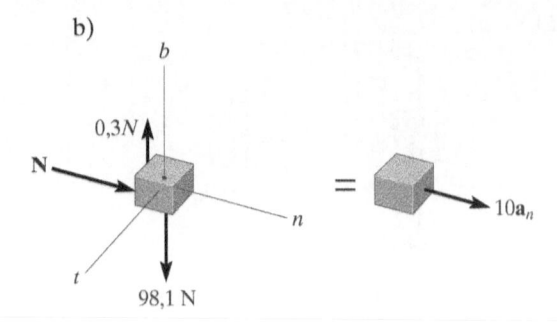

Capítulo 14

P14.1. a) $U = \dfrac{3}{5}(500\ N)(2\ m) = 600\ J$

b) $U = 0$

c) $U = \displaystyle\int_0^2 6s^2\, ds = 2(2)^3 = 16\ J$

d) $U = 100\ N\left(\dfrac{3}{5}(2\ m)\right) = \dfrac{3}{5}(100\ N)(2\ m) = 120\ J$

e) $U = \dfrac{4}{5}(\text{Área}) = \dfrac{4}{5}\left[\dfrac{1}{2}(1)(20) + (1)(20)\right] = 24\ J$

f) $U = \dfrac{1}{2}(10\ N/m)((3\ m)^2 - (1\ m)^2) = 40\ J$

g) $U = -\left(\dfrac{4}{5}\right)(100\ N)(2\ m) = -160\ J$

P14.2. a) $T = \dfrac{1}{2}(10\ kg)(2\ m/s)^2 = 20\ J$

b) $T = \dfrac{1}{2}(10\ kg)(6\ m/s)^2 = 180\ J$

P14.3. a) $V = (100\ N)(2\ m) = 200\ J$

b) $V = (100\ N)(3\ m) = 300\ J$

c) $V = 0$

P14.4. a) $V = \dfrac{1}{2}(10\ N/m)(5\ m - 4\ m)^2 = 5\ J$

b) $V = \dfrac{1}{2}(10\ N/m)(10\ m - 4\ m)^2 = 180\ J$

c) $V = \dfrac{1}{2}(10\ N/m)(5\ m - 4\ m)^2 = 5\ J$

Capítulo 15

P15.1. a) $I = (100\ N)(2\ s) = 200\ N\cdot s$

b) $I = (200\ N)(2\ s) = 400\ N\cdot s$

c) $I = \displaystyle\int_0^2 6t\, dt = 3(2)^2 = 12\ N\cdot s$

d) $I = \text{Área} = \dfrac{1}{2}(1)(20) + (2)(20) = 50\ N\cdot s$

e) $I = (80\ N)(2\ s) = 160\ N\cdot s \rightarrow$

f) $I = (60\ N)(2\ s) = 120\ N\cdot s$

P15.2. a) $L = (10\ kg)(10\ m/s) = 100\ kg\cdot m/s$

b) $L = (10\ kg)(2\ m/s) = 20\ kg\cdot m/s$

c) $L = (10\ kg)(3\ m/s) = 30\ kg\cdot m/s \rightarrow$

Capítulo 16

P16.1. a) $\mathbf{v}_B = \mathbf{v}_A + \mathbf{v}_{B/A\,(\text{pino})}$

$v_B = 18\ m/s + 2\omega$

Também,

$-v_B\mathbf{j} = -18\mathbf{j} + (-\omega\mathbf{k}) \times (-2\cos 60°\mathbf{i}) - 2\,\text{sen}\,60°\mathbf{j})$

b) $\mathbf{v}_B = \mathbf{v}_A + \mathbf{v}_{B/A\,(\text{pino})}$

$(v_B)_x + (v_B)_y = 4(0,5)\ m/s + 4(0,5)\ m/s$

Também,

$(v_B)_x\mathbf{i} + (v_B)_y\mathbf{j} = 2\mathbf{i} + (-4\mathbf{k}) \times (-0,5\cos 30°\mathbf{i} + 0,5\,\text{sen}\,30°\mathbf{j})$

c) $\mathbf{v}_B = \mathbf{v}_A + \mathbf{v}_{B/A\,(\text{pino})}$

$v_B = 6\ m/s + \omega\,(5)$

Também,

$v_B\cos 45°\mathbf{i} + v_B\,\text{sen}\,45°\mathbf{j} = 6\mathbf{i} + (\omega\mathbf{k}) \times (4\mathbf{i} - 3\mathbf{j})$

d) $\mathbf{v}_B = \mathbf{v}_A + \mathbf{v}_{B/A\,(\text{pino})}$

$v_B = 6\ m/s + \omega\,(3)$

Também,

$v_B\mathbf{i} = 6\cos 30°\mathbf{i} + 6\,\text{sen}\,30°\mathbf{j} + (\omega\mathbf{k}) \times (3\mathbf{i})$

e) $v_A = 12\ m/s = \omega\,(0,5\ m)\quad \omega = 24\ rad/s$

$\mathbf{v}_B = \mathbf{v}_A + \mathbf{v}_{B/A\,(\text{pino})}$

$(v_B)_x + (v_B)_y = 12\ m/s + (24)(0,5)$

Também,

$(v_B)_x\mathbf{i} + (v_B)_y\mathbf{j} = 12\mathbf{j} + (24\mathbf{k}) \times (0,5\mathbf{j})$

f) $\mathbf{v}_B = \mathbf{v}_A + \mathbf{v}_{B/A\,(\text{pino})}$

$v_B = 6\ m/s + \omega(5)$

Também,

$v_B\mathbf{i} = 6\mathbf{i} + (\omega\mathbf{k}) \times (4\mathbf{i} + 3\mathbf{j})$

Problemas preliminares: soluções dinâmicas 643

P16.2. a)

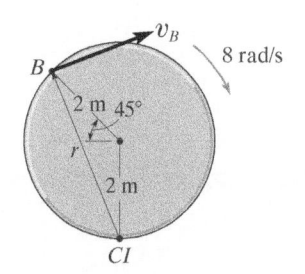

$r = \sqrt{(2\cos 45°)^2 + (2 + 2\sin 45°)^2}$

b)

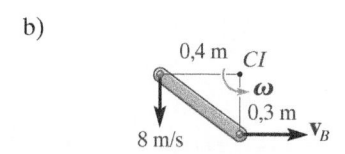

c) 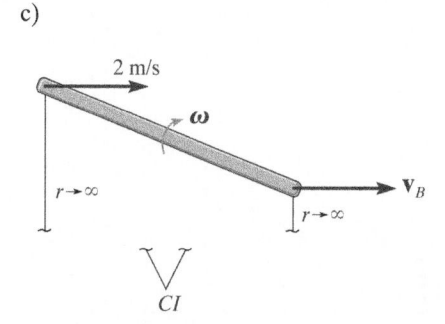 $v_B = 2$ m/s, $\omega = 0$

d)

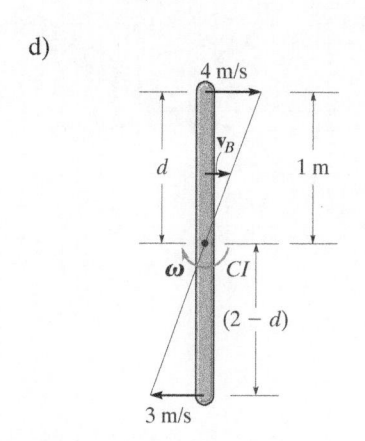

e)

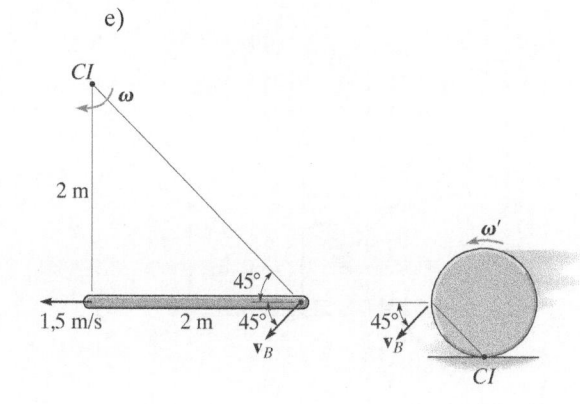

f)

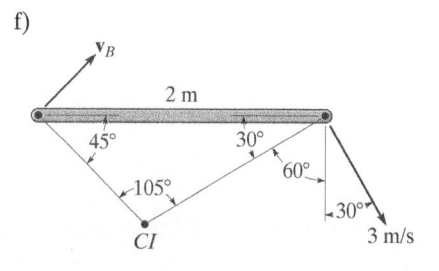

P16.3. a)

$\mathbf{a}_B = \mathbf{a}_A + \mathbf{a}_{B/A \,(\text{pino})}$

$a_B = 2 \text{ m/s}^2 + \dfrac{(3)^2}{3} + 2\alpha + (2{,}12)^2(2)$
$\quad\leftarrow \qquad\qquad \uparrow \qquad \swarrow 45°\ \ 45°\searrow$

Também,

$-a_B\mathbf{j} = -2\mathbf{i} + 3\mathbf{j} + (-\alpha\mathbf{k}) \times (2\sin 45°\mathbf{i} + 2\cos 45°\mathbf{j})$
$\qquad\qquad - (2{,}12)^2(2\sin 45°\mathbf{i} + 2\cos 45°\mathbf{j})$

b) $\mathbf{a}_B = \mathbf{a}_A + \mathbf{a}_{B/A \,(\text{pino})}$

$(a_B)_x + (a_B)_y = (2)(2) \text{ m/s}^2 + \alpha(2) + (4)^2(2)$
$\rightarrow \qquad \uparrow \qquad \rightarrow \qquad \nearrow 45° \quad \searrow 45°$

Também,

$(a_B)_x\mathbf{i} + (a_B)_y\mathbf{j} = 4\mathbf{i} + (-\alpha\mathbf{k}) \times (-2\cos 45°\mathbf{i} + 2\sin 45°\mathbf{j})$
$\qquad\qquad - (4)^2(-2\cos 45°\mathbf{i} + 2\sin 45°\mathbf{j})$

c) $\mathbf{a}_B = \mathbf{a}_A + \mathbf{a}_{B/A \,(\text{pino})}$

$(a_B)_x + (6)^2(1) = 2(2) + (3)^2(2) + \alpha(4)$
$\rightarrow \qquad \downarrow \qquad \rightarrow \quad \downarrow \qquad \downarrow$

Também,

$(a_B)_x\mathbf{i} - 36\mathbf{j} = 4\mathbf{i} - 18\mathbf{j} + (-\alpha\mathbf{k}) \times (4\mathbf{i})$

d) $\mathbf{a}_B = \mathbf{a}_A + \mathbf{a}_{B/A \,(\text{pino})}$

$a_B = \quad 6 \quad + \alpha(2) + (3)^2(2)$
$\rightarrow \quad \swarrow 60° \qquad \uparrow \qquad \rightarrow$

Também,

$a_B\mathbf{i} = -6\cos 60°\mathbf{i} - 6\sin 60°\mathbf{j}$
$\qquad + (-\alpha\mathbf{k}) \times (-2\mathbf{i}) - (3)^2(-2\mathbf{i})$

e) $\mathbf{a}_B = \mathbf{a}_A + \mathbf{a}_{B/A \,(\text{pino})}$

$a_B = 8(0{,}5) + (4)^2(0{,}5) + \alpha(2) + (1{,}15)^2(2)$
$\leftarrow \qquad \downarrow \qquad \rightarrow \quad \nwarrow 30° \quad \swarrow 30°$

Também,

$-a_B\mathbf{i} = -4\mathbf{j} + 8\mathbf{i} + (-\alpha\mathbf{k}) \times (-2\cos 30°\mathbf{i} - 2\sin 30°\mathbf{j})$
$\qquad - (1{,}15)^2(-2\cos 30°\mathbf{i} - 2\sin 30°\mathbf{j})$

f) $\mathbf{a}_B = \mathbf{a}_A + \mathbf{a}_{B/A \,(\text{pino})}$

$(a_B)_x + (a_B)_y = 2(0{,}5) + 2(0{,}5) + (4)^2(0{,}5)$
$\rightarrow \qquad \uparrow \qquad \downarrow \qquad \rightarrow \qquad \downarrow$

Também,

$(a_B)_x\mathbf{i} + (a_B)_y\mathbf{j} = -1\mathbf{j} + (-2\mathbf{k}) \times (0{,}5\mathbf{j}) - (4)^2(0{,}5\mathbf{j})$

Capítulo 17

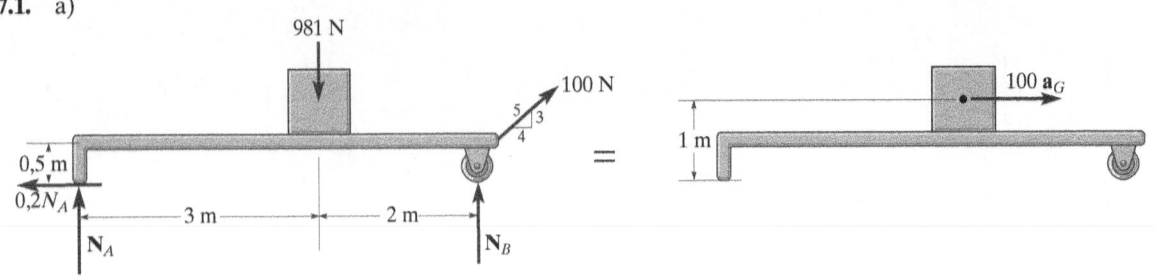

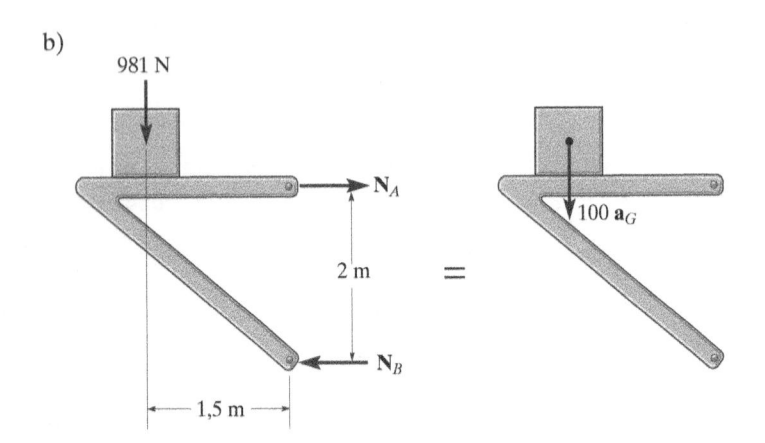

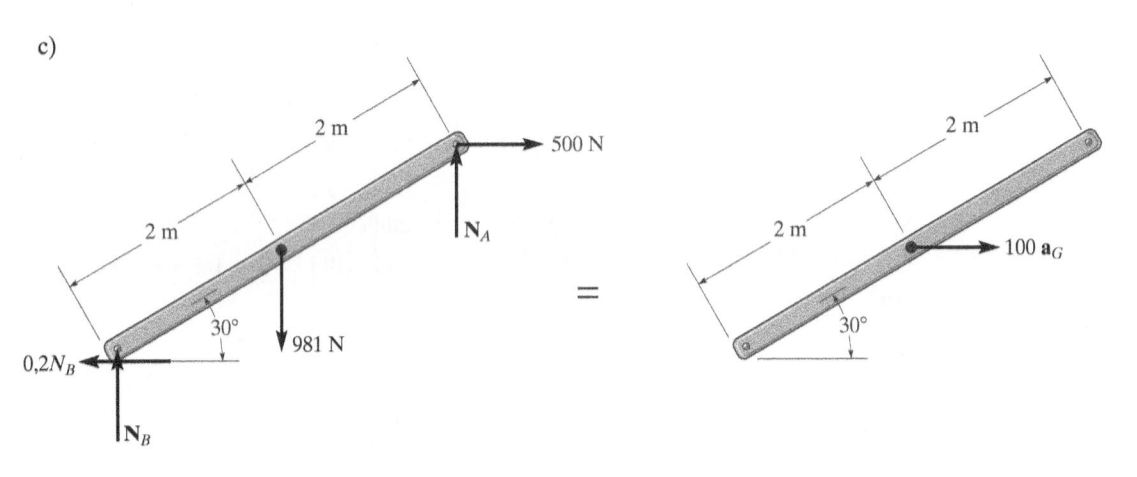

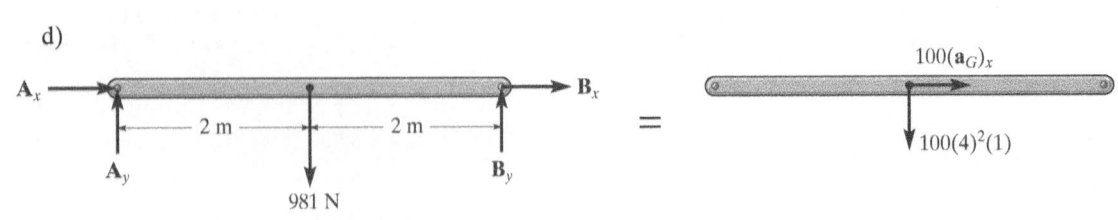

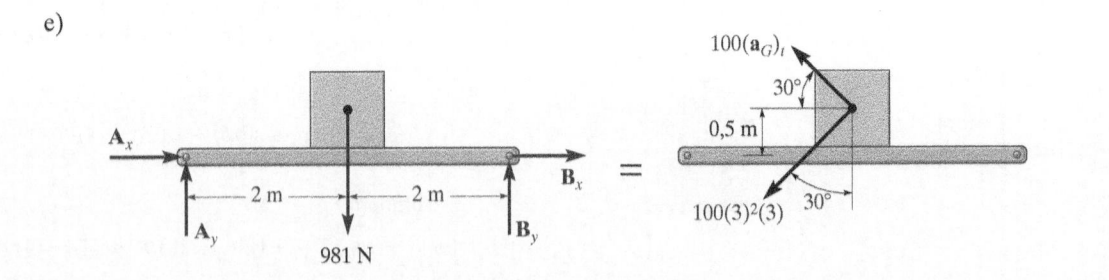

P17.1. a)

b)

c)

d)

e)

Problemas preliminares: soluções dinâmicas **645**

f)

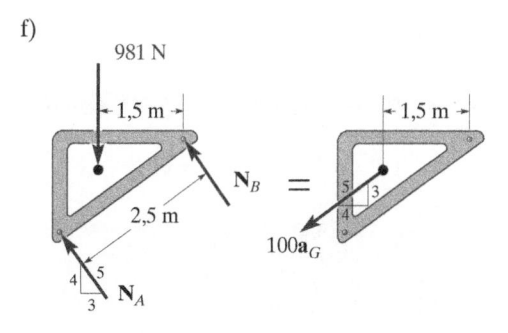

P17.2. a)

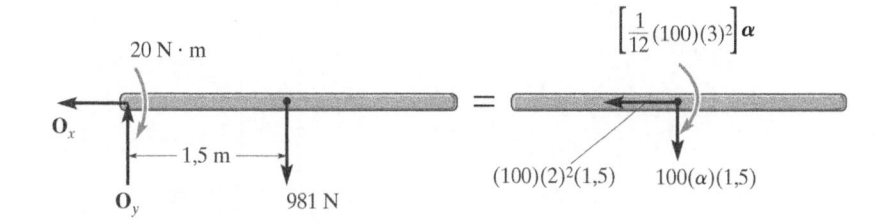

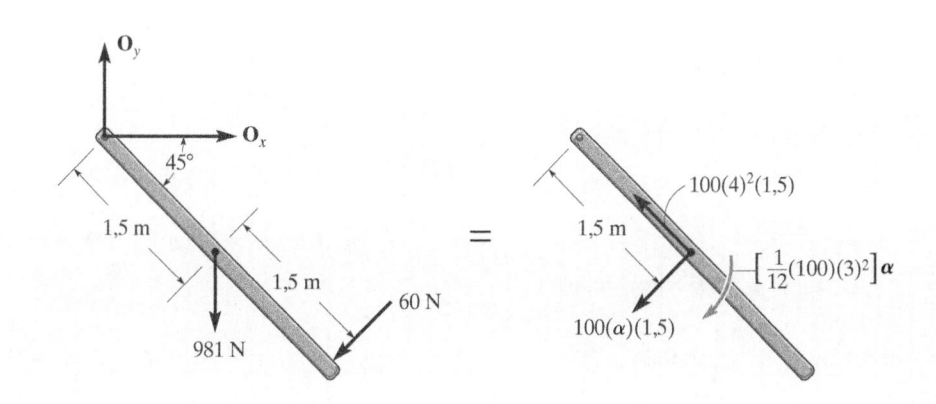

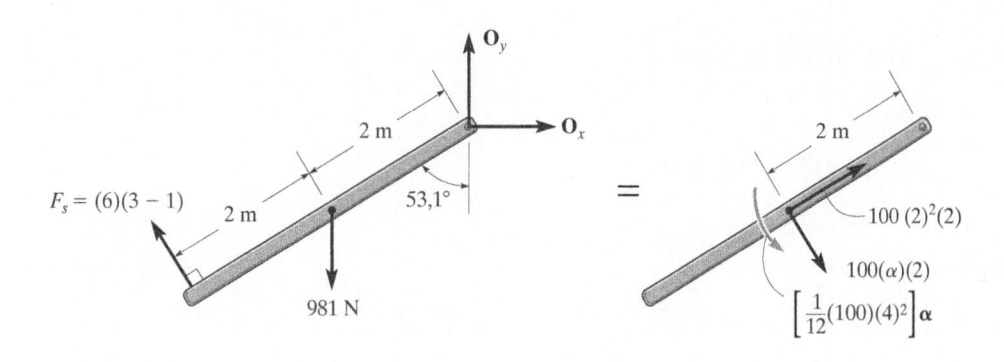

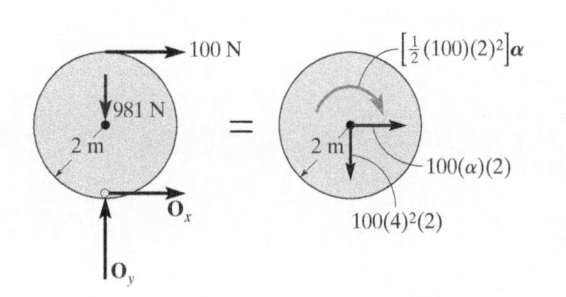

b)

c)

d)

e)

f)

Capítulo 18

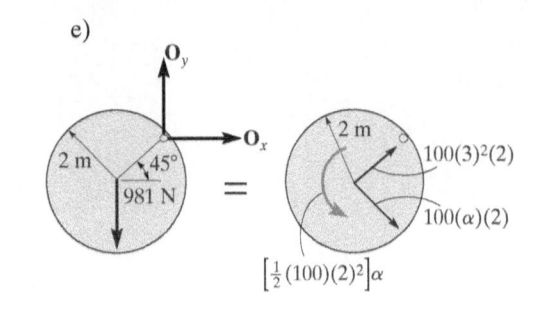

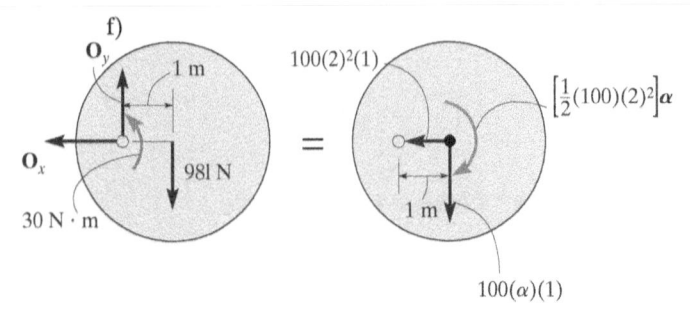

P18.1. a) $T = \dfrac{1}{2}\left[\dfrac{100(2)^2}{2}\right](3)^2 = 900$ J

b) $T = \dfrac{1}{2}(100)[2(1)]^2 + \dfrac{1}{2}\left[\dfrac{1}{12}(100)(6)^2\right](2)^2$

$= 800$ J

Também,

$T = \dfrac{1}{2}\left[\dfrac{1}{12}(100)(6)^2 + 100(1)^2\right](2)^2 = 800$ J

c) $T = \dfrac{1}{2}(100)[2(2)]^2 + \dfrac{1}{2}\left[\dfrac{1}{2}(100)(2)^2\right](2)^2$

$= 1200$ J

Também,

$T = \dfrac{1}{2}\left[\dfrac{1}{2}(100)(2)^2 + 100(2)^2\right](2)^2$

$= 1200$ J

d) $T = \dfrac{1}{2}(100)[2(1,5)]^2 + \dfrac{1}{2}\left[\dfrac{1}{12}(100)(3)^2\right](2)^2$

$= 600$ J

Também,

$T = \dfrac{1}{2}\left[\dfrac{1}{12}(100)(3)^2 + 100(1,5)^2\right](2)^2$

$= 600$ J

e) $T = \dfrac{1}{2}(100)[4(2)]^2 + \dfrac{1}{2}\left[\dfrac{1}{2}(100)(2)^2\right](4)^2$

$= 4800$ J

Também,

$T = \dfrac{1}{2}\left[\dfrac{1}{2}(100)(2)^2 + 100(2)^2\right](4)^2$

$= 4800$ J

f) $T = \dfrac{1}{2}(100)[(4)(2)]^2 = 3200$ J

Capítulo 19

P19.1. a) $H_G = \left[\dfrac{1}{2}(100)(2)^2\right](3) = 600$ kg·m²/s

$H_O = \left[\dfrac{1}{2}(100)(2)^2 + 100(2)^2\right](3)$

$= 1800$ kg·m²/s

b) $H_G = \left[\dfrac{1}{12}(100)(3)^2\right](4) = 300$ kg·m²/s

$H_O = \left[\dfrac{1}{12}(100)(3)^2 + (100)(1,5)^2\right](4)$

$= 1200$ kg·m²/s

c) $H_G = \left[\dfrac{1}{2}(100)(2)^2\right](4) = 800$ kg·m²/s

$H_O = \left[\dfrac{1}{2}(100)(2)^2 + (100)(2)^2\right](4)$

$= 2400$ kg·m²/s

d) $H_G = \left[\dfrac{1}{12}(100)(4)^2\right]3 = 400$ kg·m²/s

$H_O = \left[\dfrac{1}{12}(100)(4)^2 + (100)(1)^2\right]3$

$= 700$ kg·m²/s

P19.2. a) $\displaystyle\int M_O\,dt = \left(\dfrac{4}{5}\right)(500)(2)(3) = 2400$ N·s·m

b) $\displaystyle\int M_O\,dt = \left[2(20) + \dfrac{1}{2}(3-2)(20)\right]4$

$= 200$ N·s·m

c) $\displaystyle\int M_O\,dt = \dfrac{3}{5}\int_0^3 4(2t+2)\,dt = 36$ N·s·m

d) $\displaystyle\int M_O\,dt = \int_0^3 (30t^2)\,dt = 270$

Soluções dos problemas de revisão

Capítulo 12

R12.1. $s = t^3 - 9t^2 + 15t$

$v = \dfrac{ds}{dt} = 3t^2 - 18t + 15$

$a = \dfrac{dv}{dt} = 6t - 18$

$a_{máx}$ ocorre em $t = 10$ s.

$a_{máx} = 6(10) - 18 = 42$ m/s² *Resposta*

$v_{máx}$ ocorre quando $t = 10$ s

$v_{máx} = 3(10)^2 - 18(10) + 15 = 135$ m/s *Resposta*

R12.2. $(\xrightarrow{+})$ $s = s_0 + v_0 t + \dfrac{1}{2} a_c t^2$

$s = 0 + 12(10) + \dfrac{1}{2}(-2)(10)^2$

$s = 20{,}0$ m *Resposta*

R12.3. $v = \dfrac{ds}{dt} = 1800(1 - e^{-0{,}3t})$

$\displaystyle\int_0^x ds = \int_0^t 1800(1 - e^{-0{,}3t})\, dt$

$s = 1800\left(t + \dfrac{1}{0{,}3}e^{-0{,}3t}\right) - 6000$

Assim, em $t = 3$ s

$s = 1800\left(3 + \dfrac{1}{0{,}3}e^{-0{,}3(3)}\right) - 6000$

$s = 1839{,}4$ mm $= 1{,}84$ m *Resposta*

R12.4. $0 \le t \le 5$ $a = \dfrac{\Delta v}{\Delta t} = \dfrac{20}{5} = 4$ m/s² *Resposta*

$5 \le t \le 20$ $a = \dfrac{\Delta v}{\Delta t} = \dfrac{20 - 20}{20 - 5} = 0$ m/s² *Resposta*

$20 \le t \le 30$ $a = \dfrac{\Delta v}{\Delta t} = \dfrac{0 - 20}{30 - 20} = -2$ m/s² *Resposta*

Em $t_1 = 5$ s, $t_2 = 20$ s e $t_3 = 30$ s,

$s_1 = A_1 = \dfrac{1}{2}(5)(20) = 50$ m *Resposta*

$s_2 = A_1 + A_2 = 50 + 20(20 - 5) = 350$ m *Resposta*

$s_3 = A_1 + A_2 + A_3 = 350$

$\qquad + \dfrac{1}{2}(30 - 20)(20) = 450$ m *Resposta*

R12.5. $v_A = 20\mathbf{i}$

$v_B = 21{,}21\mathbf{i} + 21{,}21\mathbf{j}$

$v_C = 40\mathbf{i}$

$\mathbf{a}_{AB} = \dfrac{\Delta v}{\Delta t} = \dfrac{21{,}21\mathbf{i} + 21{,}21\mathbf{j} - 20\mathbf{i}}{3}$

$\mathbf{a}_{AB} = \{0{,}404\mathbf{i} + 7{,}07\mathbf{j}\}$ m/s² *Resposta*

$\mathbf{a}_{AC} = \dfrac{\Delta v}{\Delta t} = \dfrac{40\mathbf{i} - 20\mathbf{i}}{8}$

$\mathbf{a}_{AC} = \{2{,}50\mathbf{i}\}$ m/s² *Resposta*

R12.6. $(\xrightarrow{+})$ $s = s_0 + v_0 t$

$40 = 0 + (v_0)_x (3{,}6)$

$(v_0)_x = 11{,}11$ m/s

$(+\uparrow)$ $s = s_0 + v_0 t + \dfrac{1}{2} a_c t^2$

$0 = 0 + (v_0)_y (3{,}6) + \dfrac{1}{2}(-9{,}81)(3{,}6)^2$

$(v_0)_y = 17{,}658$ m/s

$v_0 = \sqrt{(11{,}11)^2 + (17{,}658)^2} = 20{,}9$ m/s *Resposta*

$\theta = \mathrm{tg}^{-1}\left(\dfrac{17{,}658}{11{,}11}\right) = 57{,}8°$ *Resposta*

R12.7 $v\, dv = a_t\, ds$

$\displaystyle\int_4^v v\, dv = \int_0^{10} 0{,}05s\, ds$

$0{,}5v^2 - 8 = \dfrac{0{,}05}{2}(10)^2$

$v = 4{,}583 = 4{,}58$ m/s

$a_n = \dfrac{v^2}{\rho} = \dfrac{(4{,}583)^2}{50} = 0{,}420$ m/s²

$a_t = 0{,}05(10) = 0{,}5$ m/s² *Resposta*

$a = \sqrt{(0{,}420)^2 + (0{,}5)^2} = 0{,}653$ m/s² *Resposta*

R12.8. $dv = a\, dt$

$\displaystyle\int_0^v dv = \int_0^t 0{,}5e^t\, dt$

$v = 0{,}5(e^t - 1)$

Quando $t = 2$ s, $v = 0{,}5(e^2 - 1) = 3{,}195$ m/s

$\qquad\qquad\qquad\qquad\qquad = 3{,}19$ m/s *Resposta*

Quando $t = 2$ s $a_t = 0{,}5e^2 = 3{,}695$ m/s²

$a_n = \dfrac{v^2}{\rho} = \dfrac{3{,}195^2}{5} = 2{,}041$ m/s²

$a = \sqrt{a_t^2 + a_n^2} = \sqrt{3{,}695^2 + 2{,}041^2}$

$\qquad\qquad\qquad = 4{,}22$ m/s² *Resposta*

R12.9. $r = 2$ m $\quad \theta = 5t^2$
$\dot{r} = 0 \quad \dot{\theta} = 10t$
$\ddot{r} = 0 \quad \ddot{\theta} = 10$

$\mathbf{a} = (\ddot{r} - r\dot{\theta}^2)\mathbf{u}_r + (r\ddot{\theta} + 2\dot{r}\dot{\theta})\mathbf{u}_\theta$
$= [0 - 2(10t)^2]\mathbf{u}_r + [2(10) + 0]\mathbf{u}_\theta$
$= \{-200t^2\mathbf{u}_r + 20\mathbf{u}_\theta\}$ m/s²

Quando $\theta = 30° = 30\left(\dfrac{\pi}{180}\right) = 0{,}524$ rad
$0{,}524 = 5t^2$
$t = 0{,}324$ s

$\mathbf{a} = [-200(0{,}324)^2]\mathbf{u}_r + 20\mathbf{u}_\theta$
$= \{-20{,}9\mathbf{u}_r + 20\mathbf{u}_\theta\}$ m/s²
$a = \sqrt{(-20{,}9)^2 + (20)^2} = 29{,}0$ m/s² *Resposta*

R12.10. $4s_B + s_A = l$
$4v_B = -v_A$
$4a_B = -a_A$
$4a_B = -0{,}2$
$a_B = -0{,}05$ m/s²

$(+\downarrow) \quad v_B = (v_B)_0 + a_B t$
$-8 = 0 - (0{,}05)(t)$
$t = 160$ s *Resposta*

R12.11.
$\mathbf{v}_B = \mathbf{v}_A + \mathbf{v}_{B/A}$
$[500 \leftarrow] = [600 \searrow 75°] + v_{B/A}$

$(\xrightarrow{\pm}) \quad 500 = -600\cos 75° + (v_{B/A})_x$
$(v_{B/A})_x = 655{,}29 \leftarrow$

$(+\uparrow) \quad 0 = -600 \operatorname{sen} 75° + (v_{B/A})_y$
$(v_{B/A})_y = 579{,}56 \uparrow$

$(v_{B/A}) = \sqrt{(655{,}29)^2 + (579{,}56)^2}$
$v_{B/A} = 875$ km/h *Resposta*

$\theta = \operatorname{tg}^{-1}\left(\dfrac{579{,}56}{655{,}29}\right) = 41{,}5°$ *Resposta*

Capítulo 13

R13.1. 20 km/h $= \dfrac{20(10)^3}{3600} = 5{,}556$ m/s

$(\xrightarrow{\pm}) \quad v^2 = v_0^2 + 2a_c(s - s_0)$
$a = -0{,}3429$ m/s² $= 0{,}3429$ m/s² $\rightarrow$
$\xrightarrow{\pm}\Sigma F_x = ma_x; \quad F = 250(0{,}3429) = 85{,}7$ N *Resposta*

R13.2. $\nwarrow +\Sigma F_y = ma_y; \quad N_C - 50(9{,}81)\cos 30° = 0$
$N_C = 424{,}79$
$\nearrow +\Sigma F_x = ma_x; \quad 3T - 0{,}3(424{,}79) - 50(9{,}81)$
$\operatorname{sen} 30° = 50a_C$ (1)

Cinemática, $2s_C + (s_C - s_p) = l$
Tomando duas derivadas temporais, obtemos
$3a_C = a_p$

Assim, $a_C = \dfrac{6}{3} = 2$

Substituindo na equação 1 e resolvendo,
$T = 158$ N *Resposta*

R13.3. Suponha que os dois blocos se movam juntos, Então
250 N $= (10 + 25)a$
$a = 7{,}143$ m/s²

Então a força de atrito no bloco B é
$F_B = 25(7{,}143) = 178{,}57$ N

A força de atrito máxima entre os blocos A e B é
$F_{\text{máx}} = 0{,}4[10(9{,}81)] = 39{,}24$ N $< 178{,}57$ N
Os blocos possuem diferentes acelerações,
Bloco A:
$\xrightarrow{\pm}\Sigma F_x = ma_x; \quad 250 - 0{,}3[10(9{,}81)] = 10a_A$
$a_A = 22{,}1$ m/s² *Resposta*

Bloco B:
$\xrightarrow{\pm}\Sigma F_x = ma_x; \quad 0{,}3[10(9{,}81)] = 25a_B$
$a_B = 1{,}18$ m/s² *Resposta*

R13.4. *Cinemática:* Visto que o movimento da caixa é conhecido, sua aceleração **a** será determinada em primeiro lugar.

$a = v\dfrac{dv}{ds} = (0{,}05s^{3/2})\left[(0{,}05)\left(\dfrac{3}{2}\right)s^{1/2}\right]$
$= 0{,}00375s^2$ m/s²

Quando $s = 10$ m,
$a = 0{,}00375(10^2) = 0{,}375$ m/s² $\rightarrow$

Diagrama de corpo livre: O atrito cinético $F_f = \mu_k N = 0{,}2N$ deverá atuar para a esquerda, a fim de que se oponha ao movimento da caixa, que é para a direita.

Equações do movimento: Aqui, $a_y = 0$, Assim,
$+\uparrow\Sigma F_y = ma_y; \quad N - 20(9{,}81) = 20(0)$
$N = 196{,}2$ N

Usando os resultados de **N** e **a**,
$\xrightarrow{\pm}\Sigma F_x = ma_x; \quad T - 0{,}2(196{,}2) = 20(0{,}375)$
$T = 46{,}7$ N *Resposta*

R13.5. $+\nwarrow\Sigma F_n = ma_n; \quad T - 30(9{,}81)\cos\theta = 30\left(\dfrac{v^2}{4}\right)$
$+\nearrow\Sigma F_t = ma_t; \quad -30(9{,}81)\operatorname{sen}\theta = 30a_t$
$a_t = -9{,}81\operatorname{sen}\theta$

$a_t\,ds = v\,dv$ Visto que $ds = 4\,d\theta$, então
$-9{,}81\displaystyle\int_0^\theta \operatorname{sen}\theta\,(4\,d\theta) = \int_4^v v\,dv$

Soluções dos problemas de revisão **649**

$9{,}81(4) \cos \theta \Big|_0^\theta = \frac{1}{2}(v)^2 - \frac{1}{2}(4)^2$

$39{,}24(\cos \theta - 1) + 8 = \frac{1}{2}v^2$

Em $\theta = 20°$

$v = 3{,}357$ m/s

$a_t = -3{,}36$ m/s² = 3,36 m/s² ✓   *Resposta*

$T = 361$ N   *Resposta*

R13.6. $\Sigma F_z = ma_z;\quad N_z - mg = 0 \quad N_z = mg$

$\Sigma F_x = ma_n;\quad 0{,}3(mg) = m\left(\dfrac{v^2}{r}\right)$

$v = \sqrt{0{,}3gr} = \sqrt{0{,}3(9{,}81)(1{,}5)} = 2{,}10$ m/s *Resposta*

R13.7. $v = \dfrac{1}{8}x^2$

$\dfrac{dy}{dx} = \text{tg } \theta = \dfrac{1}{4}x\Big|_{x=-3\text{ m}} = -0{,}75 \quad \theta = -36{,}87°$

$\dfrac{d^2y}{dx^2} = \dfrac{1}{4}$

$\rho = \dfrac{\left[1 + \left(\dfrac{dy}{dx}\right)^2\right]^{\frac{3}{2}}}{\left|\dfrac{d^2y}{dx^2}\right|} = \dfrac{\left[1 + (-0{,}75)^2\right]^{\frac{3}{2}}}{\left|\dfrac{1}{4}\right|} = 7{,}8125$ m

$+\nearrow \Sigma F_n = ma_n;$

$N - [5(9{,}81)] \cos 36{,}87° = 5\left(\dfrac{2^2}{7{,}8125}\right)$

$N = 41{,}8$ N   *Resposta*

$+\searrow \Sigma F_t = ma_t;\quad -0{,}2(41{,}8) + [5(9{,}81)] \text{ sen } 36{,}87°$

$= 5a_t$

$a_t = 4{,}214$ m/s² = 4,21 m/s²   *Resposta*

R13.8. $r = 0{,}5$ m

$\dot{r} = 3$ m/s $\quad\quad \dot{\theta} = 6$ rad/s

$\ddot{r} = 1$ m/s² $\quad\quad \ddot{\theta} = 2$ rad/s

$a_r = \ddot{r} - r\dot{\theta}^2 = 1 - 0{,}5(6)^2 = -17$

$a_\theta = r\ddot{\theta} + 2\dot{r}\dot{\theta} = 0{,}5(2) + 2(3)(6) = 37$

$\Sigma F_r = ma_r;\quad F_r = 4(-17) = -68$ N

$\Sigma F_\theta = ma_\theta;\quad N_\theta = 4(37) = 148$ N

$\Sigma F_z = ma_z;\quad N_z - 4(9{,}81) = 0$

$N_z = 39{,}24$ N

$F_r = -68$ N   *Resposta*

$N = \sqrt{(148)^2 + (39{,}24)^2} = 153$ N   *Resposta*

Capítulo 14

R14.1. $+\searrow \Sigma F_y = 0;\quad N_C - 50(9{,}81) \cos 30° = 0$

$N_C = 424{,}79$ N

$T_1 + \Sigma U_{1-2} = T_2$

$0 + [50(9{,}81) \text{ sen } 30°](10) - [0{,}3(424{,}79)](10) = \dfrac{1}{2}(50)v_2^2$

$v_2 = 6{,}86$ m/s   *Resposta*

R14.2. $T_1 + \Sigma \int Fds = T_2$

$0 + 1(9{,}81)(5 - 0{,}5) + \displaystyle\int_{2\text{ m}}^0 50dx + \int_0^{4\text{ m}} 30y\, dy$

$+ \displaystyle\int_{5\text{ m}}^{0{,}5\text{ m}} 10z\, dz = \dfrac{1}{2}(1)v_B^2$

$v_B = 11{,}0$ m/s   *Resposta*

R14.3. $T_1 + V_1 = T_2 + V_2$

$0 + [0{,}75(9{,}81)](5) = \dfrac{1}{2}(0{,}75)v_B^2$

$v_B = 9{,}90$ m/s   *Resposta*

R14.4. O trabalho realizado por F depende da diferença no comprimento da corda AC-BC,

$T_A + \Sigma U_{A-B} = T_B$

$0 + F\left[\sqrt{(0{,}3)^2 + (0{,}3)^2} - \sqrt{(0{,}3)^2 + (0{,}3 - 0{,}15)^2}\right]$

$\quad\quad - 0{,}5(9{,}81)(0{,}15)$

$-\dfrac{1}{2}(100)(0{,}15)^2 = \dfrac{1}{2}(0{,}5)(2{,}5)^2$

$F(0{,}0889) = 3{,}423$

$F = 38{,}5$ N   *Resposta*

R14.5. $(+\uparrow)\quad v^2 = v_0^2 + 2a_c(s - s_0)$

$(6)^2 = 0 + 2a_c(3 - 0)$

$a_c = 6$ m/s²

$+\uparrow \Sigma F_y = ma_y;\quad 2T - 25(9{,}81) = 25(6)$

$T = 197{,}625$ N

$s_C + (s_C - s_M) = l$

$v_M = 2v_C$

$v_M = 2(6) = 12$ m/s

$P_0 = \mathbf{T} \cdot \mathbf{v} = 197{,}625(12) = 2371{,}5$ W

$P_i = \dfrac{2371{,}5}{0{,}74} = 3204{,}73$ W = 3,20 kW   *Resposta*

R14.6. $+\uparrow \Sigma F_y = ma_y;\quad 2(150) - 25(9{,}81) = 25a_B$

$a_B = 2{,}19$ m/s²

$(+\uparrow)\quad v^2 = v_0^2 + 2a_c(s - s_0)$

$v_B^2 = 0 + 2(2{,}19)(3 - 0)$

$v_B = 3{,}625$ m/s

$2s_B + s_M = l$

$v_M = -2v_B$

$v_M = -2(3{,}625) = 7{,}250$ m/s

$P_o = \mathbf{F} \cdot \mathbf{v} = 150(7{,}250) = 1087{,}47$ W

$P_i = \dfrac{1087{,}47}{0{,}76} = 1430{,}89$ W = 1,43 kW   *Resposta*

R14.7. $T_A + V_A = T_B + V_B$

$0 + (0{,}25)(9{,}81)(0{,}6) + \dfrac{1}{2}(150)(0{,}6 - 0{,}1)^2$

$= \dfrac{1}{2}(0{,}25)(v_B)^2 + \dfrac{1}{2}(150)(0{,}4 - 0{,}1)^2$

$v_B = 10{,}4$ m/s   *Resposta*

R14.8. $\dfrac{z}{5} = \dfrac{2}{\sqrt{0.8^2 + 5^2}}$

$z = 1{,}9749$ m

$T_1 + V_1 = T_2 + V_2$

$0 + 0 = \dfrac{1}{2}(5)v_2^2 + \dfrac{1}{2}(15)v_2^2$

$\qquad + 5(9{,}81)(1{,}9749) - 15(9{,}81)(1{,}9749)$

$v_2 = 4{,}40$ m/s *Resposta*

Capítulo 15

R15.1. $(+\uparrow)\ \ m(v_1)_y + \Sigma \int F_y\, dt = m(v_2)_y$

$0 + N_p(t) - 58{,}86(t) = 0$

$N_p = 58{,}86$ N

$(\stackrel{+}{\to})\ \ m(v_1)_x + \Sigma \int F_x\, dt = m(v_2)_x$

$6(3) - 0{,}2(58{,}86)(t) = 6(1)$

$t = 1{,}02$ s *Resposta*

R15.2. $+\nwarrow \Sigma F_x = 0;\quad N_B - 50(9{,}81)\cos 30° = 0$

$\qquad\qquad N_B = 424{,}79$ N

$(+\nearrow)\ \ m(v_x)_1 + \Sigma \int F_x\, dt = m(v_x)_2$

$50(2) + \int_0^2 \left(300 + 120\sqrt{t}\right)dt - 0{,}4(424{,}79)(2)$

$\qquad\qquad - 50(9{,}81)\operatorname{sen} 30°(2) = 50v_2$

$v_2 = 1{,}92$ m/s *Resposta*

R15.3. A caixa começa a se mover quando

$F = F_r = 0{,}6(196{,}2) = 117{,}72$ N

Pelo gráfico, visto que

$F = \dfrac{200}{5}t,\ \ 0 \le t \le 5$ s

O tempo necessário para a caixa começar a se mover é

$t = \dfrac{5}{200}(117{,}72) = 2{,}943$ s

Logo, o impulso devido a F é igual à área sob a curva de $2{,}943$ s $\le t \le 10$ s

$\stackrel{+}{\to}\ \ m(v_x)_1 + \Sigma \int F_x\, dt = m(v_x)_2$

$0 + \int_{2{,}943}^{5} \dfrac{200}{5}t\, dt + \int_5^{10} 200\, dt$

$\qquad\qquad - (0{,}5)196{,}2(10 - 2{,}943) = 20v_2$

$40\left(\dfrac{1}{2}t^2\right)\Big|_{2{,}943}^{5} + 200(10 - 5) - 692{,}292 = 20v_2$

$634{,}483 = 20v_2$

$v_2 = 31{,}7$ m/s *Resposta*

R15.4. $(v_A)_1 = \left[20(10^3)\dfrac{\text{m}}{\text{h}}\right]\left(\dfrac{1\,\text{h}}{3600\,\text{s}}\right) = 5{,}556$ m/s

$(v_B)_1 = \left[5(10^3)\dfrac{\text{m}}{\text{h}}\right]\left(\dfrac{1\,\text{h}}{3600\,\text{s}}\right) = 1{,}389$ m/s,

e $(v_C)_1 = \left[25(10^3)\dfrac{\text{m}}{\text{h}}\right]\left(\dfrac{1\,\text{h}}{3600\,\text{s}}\right) = 6{,}944$ m/s

Para o primeiro caso,

$(\stackrel{+}{\to})\quad m_A(v_A)_1 + m_B(v_B)_1 = (m_A + m_B)v_2$

$10000(5{,}556) + 5000(1{,}389) = (10000 + 5000)v_{AB}$

$v_{AB} = 4{,}167$ m/s $\to$

Usando o resultado de v_{AB} e considerando o segundo caso,

$(\stackrel{+}{\to})\quad (m_A + m_B)v_{AB} + m_C(v_C)_1$

$\qquad\qquad = (m_A + m_B + m_C)v_{ABC}$

$(10000 + 5000)(4{,}167) + [-20000(6{,}944)]$

$\qquad\qquad = (10000 + 5000 + 20000)v_{ABC}$

$v_{ABC} = -2{,}183$ m/s $= 2{,}18$ m/s $\leftarrow$ *Resposta*

R15.5. $(\stackrel{+}{\to})\ \ m_P(v_P)_1 + m_B(v_B)_1 = m_P(v_P)_2 + m_B(v_B)_2$

$0{,}2(900) + 15(0) = 0{,}2(300) + 15(v_B)_2$

$(v_B)_2 = 8$ m/s $\to$ *Resposta*

$(+\uparrow)\ \ m(v_1)_y + \Sigma \int_{t_1}^{t_2} F_y\, dt = m(v_2)_y$

$15(0) + N(t) - 15(9{,}81)(t) = 15(0)$

$N = 147{,}15$ N

$(\stackrel{+}{\to})\ \ m(v_1)_x + \Sigma \int_{t_1}^{t_2} F_x\, dt = m(v_2)_x$

$15(8) + [-0{,}2(147{,}15)(t)] = 15(0)$

$t = 4{,}077$ s $= 4{,}08$ s *Resposta*

R15.6. $(\stackrel{+}{\to})\ \ \Sigma m v_1 = \Sigma m v_2$

$3(2) + 0 = 3(v_A)_2 + 2(v_B)_2$

$(\stackrel{+}{\to})\ \ e = \dfrac{(v_B)_2 - (v_A)_2}{(v_A)_1 - (v_B)_1}$

$1 = \dfrac{(v_B)_2 - (v_A)_2}{2 - 0}$

Resolvendo,

$(v_A)_2 = 0{,}400$ m/s $\to$ *Resposta*

$(v_B)_2 = 2{,}40$ m/s $\to$ *Resposta*

Bloco A:

$T_1 + \Sigma U_{1-2} = T_2$

$\dfrac{1}{2}(3)(0{,}400)^2 - 3(9{,}81)(0{,}3)d_A = 0$

$d_A = 0{,}0272$ m

Bloco B:

$T_1 + \Sigma U_{1-2} = T_2$

$\dfrac{1}{2}(2)(2{,}40)^2 - 2(9{,}81)(0{,}3)d_B = 0$

$d_B = 0{,}9786$ m

$d = d_B - d_A = 0{,}951\,m$ *Resposta*

Soluções dos problemas de revisão 651

R15.7. $(v_A)_{x_1} = -2\cos 40° = -1,532$ m/s
$(v_A)_{y_1} = -2\,\text{sen}\,40° = -1,285$ m/s
$(\xrightarrow{+})\quad m_A(v_A)_{x_1} + m_B(v_B)_{x_1} = m_A(v_A)_{x_2}$
$\qquad\qquad\qquad + m_B(v_B)_{x_2}$
$-2(1,532) + 0 = 0,2(v_A)_{x_2}$
$\qquad\qquad\qquad + 0,2(v_B)_{x_2}$ (1)

$(\xrightarrow{+})\quad e = \dfrac{(v_{ref})_2}{(v_{ref})_1}$

$0,75 = \dfrac{(v_A)_{x_2} - (v_B)_{x_1}}{1,532}$ (2)

Resolvendo as equações 1 e 2:
$(v_A)_{x_2} = -0,1915$ m/s
$(v_B)_{x_2} = -1,3405$ m/s

Para A:
$(+\downarrow)\quad m_A(v_A)_{y_1} = m_A(v_A)_{y_2}$
$\qquad\qquad (v_A)_{y_2} = 1,285$ m/s

Para B:
$(+\uparrow)\quad m_B(v_B)_{y_1} = m_B(v_B)_{y_2}$
$\qquad\qquad (v_B)_{y_2} = 0$

Logo, $(v_B)_2 = (v_B)_{x_2} = 1,34$ m/s $\leftarrow$ *Resposta*
$(v_A)_2 = \sqrt{(-0,1915)^2 + (1,285)^2} = 1,30$ m/s *Resposta*
$(\theta_A)_2 = \text{tg}^{-1}\left(\dfrac{0,1915}{1,285}\right) = 8,47°$ *Resposta*

R15.8. $(H_z)_1 + \Sigma\displaystyle\int M_z dt = (H_z)_2$

$(10)(2)(0,75) + 60(2)\left(\dfrac{3}{5}\right)(0,75) +$
$\qquad\qquad \displaystyle\int_0^2 (8t^2 + 5)dt = 10v(0,75)$

$69 + \left[\dfrac{8}{3}t^3 + 5t\right]_0^2 = 7,5v$

$v = 13,4$ m/s *Resposta*

Capítulo 16

R16.1. $(\omega_A)_O = 60$ rad/s
$\alpha_A = -1$ rad/s^2
$\omega_A = (\omega_A)_O + \alpha_A t$
$\omega_A = 60 + (-1)(3) = 57$ rad/s
$v_p = \omega_A r_A = 57(0,3) = 17,1$ m/s
$\omega_B = \dfrac{v_p}{r_B} = \dfrac{17,1}{0,6} = 28,5$ rad/s
$v_W = \omega_B r_h = (28,5)(0,15) = 4,275$ m/s *Resposta*
$\alpha_A = 1$ rad/s^2
$(a_p)_t = \alpha_A r_A = (1)(0,3) = 0,3$ m/s^2
$\alpha_B = \dfrac{(a_p)_t}{r_B} = \dfrac{0,3}{0,6} = 0,5$ rad/s^2
$a_W = \alpha_B r_h = (0,5)(0,15) = 0,075$ m/s$^2\downarrow$ *Resposta*

R16.2. $\alpha_a = 0,6\theta_A$
$\theta_C = \dfrac{0,5}{0,075} = 6,667$ rad
$\theta_A(0,05) = (6,667)(0,15)$
$\theta_A = 20$ rad
$\alpha d\theta = \omega d\omega$
$\displaystyle\int_0^{20} 0,6\theta_A d\theta_A = \int_3^{\omega_A} \omega_A d\omega_A$
$0,3\theta_A^2\Big|_0^{20} = \dfrac{1}{2}\omega_A^2\Big|_3^{\omega_A}$
$120 = \dfrac{1}{2}\omega_A^2 - 4,5$
$\omega_A = 15,780$ rad/s
$15,780(0,05) = \omega_C(0,15)$
$\omega_C = 5,260$ rad/s
$v_B = 5,260(0,075) = 0,394$ m/s *Resposta*

R16.3. Um ponto no tambor que está em contato com a borda tem uma aceleração tangencial de
$a_t = 0,5$ m/s^2
$a^2 = a_t^2 + a_n^2$
$(3)^2 = (0,5)^2 + a_n^2$
$a_n = 2,96$ m/s^2
$a_n = \omega^2 r,\qquad \omega = \sqrt{\dfrac{2,96}{0,25}} = 3,44$ rad/s
$v_B = \omega r = 3,44(0,25) = 0,860$ m/s *Resposta*

R16.4. $\mathbf{v}_B = \omega_{AB} \times \mathbf{r}_{B/A}$
$\mathbf{v}_C = \mathbf{v}_B + \omega \times \mathbf{r}_{C/B}$
$v_C\mathbf{i} = (6\mathbf{k}) \times (0,2\cos 45°\mathbf{i} + 0,2\,\text{sen}\,45°\mathbf{j}) +$
$\qquad\qquad (\omega\mathbf{k}) \times (0,5\cos 30°\mathbf{i} - 0,5\,\text{sen}\,30°\mathbf{j})$
$v_C = -0,8485 + \omega(0,25)$
$0 = 0,8485 + 0,433\,\omega$
Resolvendo,
$\qquad\qquad \omega = 1,96$ rad/s
$\qquad\qquad v_C = 1,34$ m/s *Resposta*

R16.5. $\omega = \dfrac{2}{0,08} = 25$ rad/s
$\alpha = \dfrac{4}{0,08} = 50$ rad/s^2
$\mathbf{a}_C = \mathbf{a}_A + (\mathbf{a}_{C/A})_n + (\mathbf{a}_{C/A})_t$
$\mathbf{a}_C = 4\mathbf{j} + (25)^2(0,08)\mathbf{i} + 50(0,08)\mathbf{j}$
$\xrightarrow{+}\quad a_C\cos\theta = 0 + 50$
$+\uparrow\quad a_C\,\text{sen}\,\theta = 4 + 0 + 4$
Resolvendo, $a_C = 50,6$ m/s^2 *Resposta*
$\qquad\qquad \theta = 9,09°$ *Resposta*
O cilindro sobe com uma aceleração
$a_B = (a_C)_t = 50,6\,\text{sen}\,9,09° = 8,00$ m/s$^2\uparrow$ *Resposta*

R16.6. $\mathbf{a}_C = \mathbf{a}_B + \mathbf{a}_{C/B}$
$2,057 + (a_C)_t = 1,8 + 1,2 + \alpha_{CB}(0,5)$
$\rightarrow\qquad\downarrow\qquad\downarrow\qquad\leftarrow\qquad\measuredangle\theta\,30°$

($\xrightarrow{\pm}$) $2,057 = -1,2 + \alpha_{CB}(0,5)\cos 30°$
($+\downarrow$) $(a_C)_t = 1,8 + \alpha_{CB}(0,5)\sen 30°$
$\alpha_{CB} = 7,52 \text{ rad/s}^2$ *Resposta*
$(a_C)_t = 3,68 \text{ m/s}^2$
$a_C = \sqrt{(3,68)^2 + (2,057)^2} = 4,22 \text{ m/s}^2$ *Resposta*
$\theta = \text{tg}^{-1}\left(\dfrac{3,68}{2,057}\right) = 60,8°$ *Resposta*

Também,
$\mathbf{a}_C = \mathbf{a}_B + \alpha_{CB} \times \mathbf{r}_{C/B} - \omega^2 \mathbf{r}_{C/B}$
$-(a_C)_t \mathbf{j} + \dfrac{(0,6)^2}{0,175}\mathbf{i} = -(2)^2(0,3)\mathbf{i} - 6(0,3)\mathbf{j}$
$+ (\alpha_{CB}\mathbf{k}) \times (-0,5\cos 60°\mathbf{i} - 0,5\sen 60°\mathbf{j}) - \mathbf{0}$
$2,057 = -1,20 + \alpha_{CB}(0,433)$
$-(a_C)_t = -1,8 - \alpha_{CB}(0,250)$
$\alpha_{CB} = 7,52 \text{ rad/s}^2$ *Resposta*
$a_t = 3,68 \text{ m/s}^2$
$a_C = \sqrt{(3,68)^2 + (2,057)^2} = 4,22 \text{ m/s}^2$ *Resposta*
$\theta = \text{tg}^{-1}\left(\dfrac{3,68}{2,057}\right) = 60,8°$ *Resposta*

R16.7. $a_C = 0,5(8) = 4 \text{ m/s}^2$
$\mathbf{a}_B = \mathbf{a}_C + \mathbf{a}_{B/C}$
$\mathbf{a}_B = \begin{bmatrix} 4 \\ \leftarrow \end{bmatrix} + \begin{bmatrix} (3)^2(0,5) \\ \swarrow 30° \end{bmatrix} + \begin{bmatrix} (0,5)(8) \\ \nwarrow 30° \end{bmatrix}$
($\xrightarrow{\pm}$) $(a_B)_x = -4 + 4,5\cos 30° + 4\sen 30°$
$= 1,897 \text{ m/s}^2$
($+\uparrow$) $(a_B)_y = 0 + 4,5\sen 30° - 4\cos 30°$
$= -1,214 \text{ m/s}^2$
$a_B = \sqrt{(1,897)^2 + (-1,214)^2}$
$= 2,25 \text{ m/s}^2$ *Resposta*
$\theta = \text{tg}^{-1}\left(\dfrac{1,214}{1,897}\right) = 32,6°$ *Resposta*

Também,
$\mathbf{a}_B = \mathbf{a}_C + \alpha \times \mathbf{r}_{B/C} - \omega^2 \mathbf{r}_{B/C}$
$(a_B)_x \mathbf{i} + (a_B)_y \mathbf{j} = -4\mathbf{i} + (8\mathbf{k}) \times (-0,5\cos 30°\mathbf{i}$
$- 0,5\sen 30°\mathbf{j}) - (3)^2(-0,5\cos 30°\mathbf{i} - 0,5\sen 30°\mathbf{j})$
($\xrightarrow{\pm}$) $(a_B)_x = -4 + 8(0,5\sen 30°) + (3)^2(0,5\cos 30°)$
$= 1,897 \text{ m/s}^2$
($+\uparrow$) $(a_B)_y = 0 - 8(0,5\cos 30°) + (3)^2(0,5\sen 30°)$
$= -1,214 \text{ m/s}^2$
$\theta = \text{tg}^{-1}\left(\dfrac{1,214}{1,897}\right) = 32,6°$ *Resposta*
$a_B = \sqrt{(1,897)^2 + (-1,214)^2} = 2,25 \text{ m/s}^2$ *Resposta*

R16.8. $v_B = 3(0,7) = 2,10 \text{ m/s} \leftarrow$
$\mathbf{v}_C = \mathbf{v}_B + \omega \times \mathbf{r}_{C/B}$
$-v_C\left(\dfrac{4}{5}\right)\mathbf{i} - v_C\left(\dfrac{3}{5}\right)\mathbf{j} = -2,10\mathbf{i} + \omega\mathbf{k} \times (-0,5\mathbf{i} - 1,2\mathbf{j})$

($\xrightarrow{\pm}$) $-0,8v_C = -2,10 + 1,2\omega$
($+\uparrow$) $-0,6v_C = -0,5\omega$
Resolvendo:
$\omega = 1,125 \text{ rad/s}$
$v_C = 0,9375 \text{ m/s}$ *Resposta*
$(a_B)_n = (3)^2(0,7) = 6,30 \text{ m/s}^2 \downarrow$
$(a_B)_t = (2)(0,7) = 1,40 \text{ m/s}^2 \leftarrow$
$\mathbf{a}_C = \mathbf{a}_B + \alpha \times \mathbf{r}_{C/B} - \omega^2 \mathbf{r}_{C/B}$
$-a_C\left(\dfrac{4}{5}\right)\mathbf{i} - a_C\left(\dfrac{3}{5}\right)\mathbf{j} = -1,40\mathbf{i} - 6,30\mathbf{j} + (\alpha\mathbf{k})$
$\times (-0,5\mathbf{i} - 1,2\mathbf{j}) - (1,125)^2(-0,5\mathbf{i} - 1,2\mathbf{j})$
($\xrightarrow{\pm}$) $-0,8a_C = -1,40 + 1,2\alpha + 0,6328$
($+\uparrow$) $-0,6a_C = -6,30 - 0,5\alpha + 1,51875$
$a_C = 5,47 \text{ m/s}^2$ *Resposta*
$\alpha = -3,00 \text{ rad/s}^2$

Capítulo 17

R17.1. $\xrightarrow{\pm}\Sigma F_x = ma_x;$ $50\cos 60° = 200a_G$ (1)
$+\uparrow \Sigma F_y = ma_y;$ $N_A + N_B - 200(9,81)$
$-50\sen 60° = 0$ (2)
$\zeta + \Sigma M_G = 0;$ $-N_A(0,3) + N_B(0,2) +$
$50\cos 60°(0,3)$
$-50\sen 60°(0,6) = 0$ (3)
Resolvendo,
$a_G = 0,125 \text{ m/s}^2$
$N_A = 765,2 \text{ N}$
$N_B = 1240 \text{ N}$
Em cada roda,
$N'_A = \dfrac{N_A}{2} = 383 \text{ N}$ *Resposta*
$N'_B = \dfrac{N_B}{2} = 620 \text{ N}$ *Resposta*

R17.2. *Translação curvilínea:*
$(a_G)_t = 8(1,5) = 12 \text{ m/s}^2$
$(a_G)_n = (5)^2(1,5) = 37,5 \text{ m/s}^2$
$\bar{x} = \dfrac{\Sigma \bar{x}m}{\Sigma m} = \dfrac{0,5(1,5) + 1(1,5)}{2(1,5)} = 0,75 \text{ m}$
$+\downarrow \Sigma F_y = m(a_G)_y;$
$E_y + 2(1,5)(9,81) = [2(1,5)](12\cos 30° + 37,5\sen 30°)$
$E_y = 58,00 \text{ N} = 58,0 \text{ N}$ *Resposta*
$\xrightarrow{\pm}\Sigma F_x = m(a_G)_x;$
$E_x = [2(1,5)](37,5\cos 30° - 12\sen 30°)$
$E_x = 79,43 \text{ N} = 79,4 \text{ N}$ *Resposta*
$\zeta + \Sigma M_G = 0;$ $M_E - 58,00(0,75) = 0$
$M_E = 43,50 \text{ N}\cdot\text{m} = 43,5 \text{ N}\cdot\text{m}$ *Resposta*

R17.3. (a) Tração da roda traseira
Equações do movimento:
$\xrightarrow{\pm}\Sigma F_x = m(a_G)_x;$ $0,3N_B = 1,5(10)^3 a_G$ (1)

$\zeta + \Sigma M_A = \Sigma(M_k)_A;\quad 1,5(10)^3(9,81)(1,3)$
$\quad - N_B(2,9) = -1,5(10)^3 a_G(0,4)$ (2)
Resolvendo as equações 1 e 2 obtemos:
$\quad N_B = 6881\text{ N} = 6,88\text{ kN}$
$\quad a_G = 1,38\text{ m/s}^2$ *Resposta*

R17.4. $\xrightarrow{+} \Sigma F_x = m(a_G)_x;\ 40\text{ sen }60° + N_C - \left(\dfrac{5}{13}\right)T = 0$
$+\uparrow \Sigma F_y = m(a_G)_y;\ -40\cos 60° + 0,3 N_C$
$\quad\quad - 20(9,81) + \dfrac{12}{13}T = 0$
$\zeta + \Sigma M_A = I_A \alpha;\ 40(0,120) - 0,3 N_C(0,120)$
$\quad\quad = \left[\dfrac{1}{2}(20)(0,120)^2\right]\alpha$
Resolvendo,
$\quad T = 218\text{ N}$ *Resposta*
$\quad N_C = 49,28\text{ N}$
$\quad \alpha = 21,0\text{ rad/s}^2$ *Resposta*

R17.5. $(a_G)_t = \alpha(27)$
$\xrightarrow{+}\Sigma F_t = m(a_G)_x;\ F + 100 - 25 = 15[\alpha(2)]$
$\zeta + \Sigma M_O = I_O \alpha;\ 100(1,5) + F(3) = \left[\dfrac{1}{3}(15)(4^2)\right]\alpha$
Resolvendo,
$\quad \alpha = 7,50\text{ rad/s}^2$ *Resposta*
$\quad F = 150\text{ N}$ *Resposta*

R17.6. $I_O = \dfrac{2}{5}(15)(0,3^2) + 15(0,9^2)$
$\quad + \dfrac{1}{3}(5)(0,6^2) = 13,29\text{ kg}\cdot\text{m}^2$
$\bar{x} = \dfrac{0,9(15) + 0,3(5)}{15 + 5} = 0,75\text{ m}$
$\xrightarrow{+}\Sigma F_n = m a_n;\quad O_x = 0$ *Resposta*
$+\downarrow \Sigma F_t = m(a_G);\ 20(981) - O_y = 20 a_G$
$\zeta + \Sigma M_O = I_O \alpha;\ [20(9,81)](0,75) = 13,29\alpha$
$\alpha = 11,07\text{ rad/s}$
Cinemática:
$a_G = \alpha r_G = 11,07(0,75) = 8,304\text{ m/s}^2$
Então
$O_y = 30,12\text{ N} = 30,1\text{ N}$ *Resposta*

R17.7. $+\uparrow \Sigma F_y = m(a_G)_y;\quad N_B - 20(9,81) = 0$
$\quad N_B = 196,2\text{ N}$
$\quad F_B = 0,1(196,2) = 19,62\text{ N}$
$\zeta + \Sigma M_{CI} = \Sigma(M_k)_{CI};\ 30 - 19,62(0,6)$
$\quad = 20(0,2\alpha)(0,2) + [20(0,25)^2]\alpha$
$\quad \alpha = 8,89\text{ rad/s}^2$ *Resposta*

R17.8. $\xrightarrow{+}\Sigma F_x = m(a_G)_x;\quad 0,3 N_A = 9 a_G$
$+\uparrow \Sigma F_y = m(a_G)_y;\quad N_A - 9(9,81) = 0$

$\zeta + \Sigma M_G = I_G \alpha;\quad 0,3 N_A(0,15)$
$\quad\quad = \left[\dfrac{2}{5}(9)(0,15)^2\right]\alpha$
Resolvendo,
$N_A = 88,29\text{ N}$
$a_G = 2,943\text{ m/s}^2 \leftarrow$
$\alpha = 49,05\text{ rad/s}^2 \circlearrowright$
$(\zeta+)\quad \omega = \omega_0 + \alpha_c t$
$0 = \omega_0 - 49,05 t$
$\omega_0 = 49,05 t$
$(\xrightarrow{+})\quad v = v_0 + a_c t$
$0 = 6 - 2,943\left(\dfrac{\omega_0}{49,05}\right)$
$\omega_0 = 100\text{ rad/s}$ *Resposta*

Capítulo 18

R18.1. $\quad T_1 + \Sigma U_{1-2} = T_2$
$0 + (50)(9,81)(1,25) = \dfrac{1}{2}\left[(50)(1,75)^2\right]\omega_2^2$
$\omega_2 = 2,83\text{ rad/s}$ *Resposta*

R18.2. *Energia cinética e trabalho:* O momento de inércia da massa do volante em torno do seu centro de massa é $I_O = m k_O^2 = 50(0,2^2) = 2\text{ kg}\cdot\text{m}^2$. Assim,

$$T = \dfrac{1}{2}I_O \omega^2 = \dfrac{1}{2}(2)\omega^2 = \omega^2$$

Visto que o volante está inicialmente em repouso, $T_1 = 0$. **W**, $\mathbf{O}_x$ e $\mathbf{O}_y$ não realizam trabalho, enquanto **M** realiza trabalho positivo. Quando o volante gira
$\theta = (5\text{ rev})\left(\dfrac{2\pi\text{ rad}}{1\text{ rev}}\right) = 10\pi$, o trabalho realizado por M é

$U_M = \int M d\theta = \int_0^{10\pi}(9\theta^{1/2} + 1)d\theta$
$\quad = \left.(6\theta^{3/2} + \theta)\right|_0^{10\pi}$
$\quad = 1087,93\text{ J}$

Princípio do trabalho e energia:
$T_1 + \Sigma U_{1-2} = T_2$
$0 + 1087,93 = \omega^2$
$\omega = 33,0\text{ rad/s}$ *Resposta*

R18.3. Antes de frear:
$T_1 + \Sigma U_{1-2} = T_2$
$0 + 15(9,81)(3) = \dfrac{1}{2}(15)v_B^2 + \dfrac{1}{2}\left[50(0,23)^2\right]\left(\dfrac{v_B}{0,15}\right)^2$
$v_B = 2,58\text{ m/s}$ *Resposta*
$\dfrac{s_B}{0,15} = \dfrac{s_C}{0,25}$

Defina $s_B = 3$ m, depois $s_C = 5$ m,
$$T_1 + \Sigma U_{1-2} = T_2$$
$$0 - F(5) + 15(9,81)(6) = 0$$
$$F = 176,6 \text{ N}$$
$$N = \frac{176,6}{0,5} = 353,2 \text{ N}$$
Alavanca de freio:
$$\zeta + \Sigma M_A = 0; \quad -353,2(0,5) + P(1,25) = 0$$
$$P = 141 \text{ N} \qquad \textit{Resposta}$$

R18.4.
$$\frac{s_G}{0,3} = \frac{s_A}{(0,5 - 0,3)}$$
$$s_A = 0,6667 s_G$$
$$+\nwarrow \Sigma F_y = 0; \quad N_A - 60(9,81)\cos 30° = 0$$
$$N_A = 509,7 \text{ N}$$
$$T_1 + \Sigma U_{1-2} = T_2$$
$$0 + 60(9,81)\sen 30°(s_G) - 0,2(509,7)(0,6667 s_G)$$
$$= \frac{1}{2}\left[60(0,3)^2\right](6)^2$$
$$+ \frac{1}{2}(60)\left[(0,3)(6)\right]^2$$
$$s_G = 0,859 \text{ m} \qquad \textit{Resposta}$$

R18.5. **Conservação de energia**: Originalmente, as duas engrenagens estão girando com uma velocidade angular de $\omega_1 = \frac{2}{0,05} = 40$ rad/s. Depois que a cremalheira tiver percorrido $s = 600$ mm, as duas engrenagens giram com uma velocidade angular de $\omega_2 = \frac{v_2}{0,05}$, onde v_2 é a velocidade da cremalheira nesse momento.
$$T_1 + V_1 = T_2 + V_2$$
$$\frac{1}{2}(6)(2)^2 + 2\left\{\frac{1}{2}\left[4(0,03)^2\right](40)^2\right\} + 0$$
$$= \left\{\frac{1}{2}\left[4(0,03)^2\right]\left(\frac{v_2}{0,05}\right)^2\right\} - 6(9,81)(0,6)$$
$$v_2 = 3,46 \text{ m/s} \qquad \textit{Resposta}$$

R18.6. Ponto de referência passando por A.
$$T_1 + V_1 = T_2 + V_2$$
$$\frac{1}{2}\left[\frac{1}{3}(25)(3)^2\right](2)^2 + \frac{1}{2}(90)(2-1)^2$$
$$= \frac{1}{2}\left[\frac{1}{3}(25)(3)^2\right](\omega^2) + \frac{1}{2}(90)(3,5-1)^2$$
$$- 25(9,81)(1,5 \sen 30°)$$
$$\omega = 1,61 \text{ rad/s} \qquad \textit{Resposta}$$

R18.7.
$$T_1 + V_1 = T_2 + V_2$$
Em $\theta = 0°$, $v_B = 0$ e $\omega_{BC} = v_C$
$$0 + [2(9,81)(0,5 \sen 45°) + [0,5(9,81)](1 \sen 45°)$$
$$+ \frac{1}{2}\left[\frac{1}{3}(2)(1^2)\right]v_C^2 + \frac{1}{2}(0,5)v_C^2 + 0$$
$$v_C = 4,22 \text{ m/s} \qquad \textit{Resposta}$$

R18.8. Referência no ponto mais baixo.
$$T_1 + V_1 = T_2 + V_2$$
$$\frac{1}{2}\left[\frac{1}{2}(40)(0,3)^2\right]\left(\frac{4}{0,3}\right)^2 + \frac{1}{2}(40)(4)^2$$
$$+ 40(9,81)d \sen 30° = 0 + \frac{1}{2}(200)d^2$$
$$100d^2 - 196,2d - 480 = 0$$
Resolvendo para a raiz positiva,
$$d = 3,38 \text{ m} \qquad \textit{Resposta}$$

Capítulo 19

R19.1.
$$I_O = mk_O^2 = 75(0,375^2) = 10,547 \text{ kg} \cdot \text{m}^2$$
$$I_O \omega_1 + \Sigma \int_{t_1}^{t_2} M_O dt = I_O \omega_2$$
$$0 + \int_0^{3 \text{ s}} (50t^2)(0,3) \, dt = 10,547 \omega_2$$
$$3t^3 \Big|_0^{3 \text{ s}} = 10,547 \omega_2$$
$$\omega_2 = 7,68 \text{ rad/s} \qquad \textit{Resposta}$$

R19.3. $+\nearrow m(v_G)_1 + \Sigma \int F \, dt = m(v_G)_2$
$$0 + 9(9,81)(\sen 30°)(3) - \int_0^3 F \, dt = 9(v_G)_2 \quad (1)$$
$$\zeta + (H_G)_1 + \Sigma \int M_G \, dt = (H_G)_2$$
$$0 + \left(\int_0^3 F \, dt\right)(0,3) = \left[9(0,225)^2\right]\omega_2 \quad (2)$$
Visto que $(v_G)_2 = 0,3 \omega_2$,

Eliminando $\int_0^3 F \, dt$ das equações 1 e 2 e resolvendo para $(v_G)_2$ obtemos,
$$(v_G)_2 = 9,42 \text{ m/s} \qquad \textit{Resposta}$$
Também,
$$\zeta + (H_A)_1 + \Sigma \int M_A dt = (H_A)_2$$
$$0 + 9(9,81)\sen 30°(3)(0,3) = \left[9(0,225)^2 + 9(0,3)^2\right]\omega$$
$$\omega = 31,39 \text{ rad/s}$$
$$v = 0,3(31,39) = 9,42 \text{ m/s} \qquad \textit{Resposta}$$

R19.4. $\xleftarrow{+}$ $\quad m(v_x)_1 + \Sigma \int_{t_1}^{t_2} F_x dt = m(v_x)_2$
$$0 + 200(3) = 100(v_O)_2$$
$$(v_O)_2 = 6 \text{ m/s} \qquad \textit{Resposta}$$
e
$$I_z \omega_1 + \Sigma \int_{t_1}^{t_2} M_z dt = I_z \omega_2$$
$$0 - [200(0,4)(3)] = -9 \omega_2$$
$$\omega_2 = 26,7 \text{ rad/s} \qquad \textit{Resposta}$$

R19.5. $(+\uparrow)$ $\quad mv_1 + \Sigma \int F dt = mv_2$

$$0 + T(3) - 15(9,81)(3) + 200(3) = 15v_o$$

$(\zeta+)$ $\quad (H_O)_1 + \Sigma \int M_O dt = (H_O)_2$

$$0 - T(0,15)3 + 200(0,3)(3) = [15(0,2)^2]\omega$$

Cinemática,
$$v_o = 0,15\omega$$

Resolvendo,
$$T = 110,18 \text{ N}$$
$$\omega = 217 \text{ rad/s} \qquad Resposta$$
$$v_O = 32,61 \text{ m/s}$$

Também,

$(\zeta+)$ $\quad (H_{CI})_1 + \Sigma \int M_{CI} dt = (H_{CI})_2$

$$0 + 200(0,45)(3) - 15(9,81)(0,15)(3)$$
$$= [15(0,2)^2 + 15(0,15)^2]\omega$$
$$\omega = 217 \text{ rad/s} \qquad Resposta$$

R19.6. $\zeta+$ $\quad (H_A)_1 + \Sigma \int M_A dt = (H_A)_2$

$$[15(0,25)^2](6) - \int T(0,4)\, dt = [15(0,25^2)]\omega_A$$

$\zeta+$ $\quad (H_B)_1 + \Sigma \int M_B dt = (H_B)_2$

$$0 + \int T(0,15) dt = [7,5(0,18^2)]\omega_B$$

Cinemática,
$$0,4\omega_A = 0,15\omega_B$$
$$\omega_B = 2,6667\omega_A$$

Assim,
$$\omega_A = 2,11 \text{ rad/s} \qquad Resposta$$
$$\omega_B = 5,63 \text{ rad/s} \qquad Resposta$$

R19.7. $H_1 = H_2$

$$\left(\frac{1}{2}mr^2\right)\omega_1 = \left[\frac{1}{2}mr^2 + mr^2\right]\omega_2$$

$$\omega_2 = \frac{1}{3}\omega_1 \qquad Resposta$$

R19.8. $H_1 = H_2$

$$(0,940)(0,5) + (4)\left[\frac{1}{12}(20)\left((0,75)^2 + (0,2)^2\right)\right.$$
$$\left. + (20)(0,375 + 0,2)^2\right](0,5)$$
$$= (0,940)(\omega) + 4\left[\frac{1}{12}(20)(0,2)^2 + (20)(0,2)^2\right]\omega$$
$$\omega = 3,56 \text{ rad/s} \qquad Resposta$$

Respostas de problemas selecionados

Capítulo 12

12.1. $v = 0$
$s = 80{,}7$ m

12.2. $v = 625$ m/s
$s = 639{,}5$ m
$d = 637{,}5$ m

12.3. $a = -12$ m/s^2, $s = 0$
$s_T = 4 + 4 = 8$ m, $(v_{sp})_{méd} = 2{,}67$ m/s

12.5. $v_{méd} = 0$, $(v_{sp})_{méd} = 3$ m/s, $a\big|_{t=6} = 2$ m/s^2

12.6. $\Delta s = 14{,}71$ m

12.7. $t = 25$ s
$s = 312{,}5$ m

12.9. $s_{BA} = \left|\dfrac{2v_A v_B - v_A^2}{2a_A}\right|$

12.10. $v_{méd} = 0{,}222$ m/s, $(v_{sp})_{méd} = 2{,}22$ m/s

12.11. $t = 30$ s; $s = 792$ m

12.13. $v = 32$ m/s, $s = 67$ m, $d = 66$ m

12.14. $s = 28{,}4$ km

12.15. $v = \dfrac{16}{(8t+1)^2}$ m/s
$a = \dfrac{256}{(8t+1)^3}$ m/s^2

12.17. $v = \left(2kt + \dfrac{1}{v_0^2}\right)^{-1/2}$,
$s = \dfrac{1}{k}\left[\left(2kt + \left(\dfrac{1}{v_0^2}\right)\right)^{1/2} - \dfrac{1}{v_0}\right]$

12.18. $s = 6{,}53$ m, $t = 3{,}27$ s

12.19. $v_{p1} = 322{,}49\,\dfrac{\text{m}}{\text{s}}$, $t_1 = 19{,}27$ s

12.21. $v = 3{,}93$ m/s, $s = 9{,}98$ m

12.22. (a) $s = -30{,}5$ m,
(b) $s_{Tot} = 56{,}0$ m,
(c) $v = 10$ m/s

12.23. (a) $v = 45{,}5$ m/s, (b) $v_{máx} = 100$ m/s

12.25. $v = (20e^{-2t})$ m/s, $a = (-40e^{-2t})$ m/s^2,
$s = 10(1 - e^{-2t})$ m

12.26. $v = 0{,}781$ m/s

12.27. $t = 0{,}549\left(\dfrac{v_f}{g}\right)$

12.29. $d = (30 - 9{,}62) = 20{,}4$ m, $t = 2$ s
$s_B = 20{,}4$ m

12.30. $v_1 = 3{,}68$ m/s, $t_2 = 1{,}98$ s, $v_2 = 15{,}8$ m/s $\downarrow$

12.31. $s = \dfrac{v_0}{k}(1 - e^{-kt})$, $a = -kv_0 e^{-kt}$

12.33. $v = 11{,}2$ km/s

12.34. $v = -R\sqrt{\dfrac{2g_0(y_0 - y)}{(R+y)(R+y_0)}}$, $v = 3{,}02$ km/s

12.35. $v_{máx} = 16{,}7$ m/s

12.37. $a\big|_{t=0} = -4$ m/s^2, $a\big|_{t=2\,\text{s}} = 0$,
$a\big|_{t=4\,\text{s}} = 4$ m/s^2, $v\big|_{t=0} = 3$ m/s,
$v\big|_{t=2\,\text{s}} = -1$ m/s, $v\big|_{t=4\,\text{s}} = 3$ m/s

12.38. $\Delta s = 1{,}11$ km

12.39. $s = 2\,\text{sen}\left(\dfrac{\pi}{5}t\right) + 4$
$v = \dfrac{2\pi}{5}\cos\left(\dfrac{\pi}{5}t\right)$
$a = -\dfrac{2\pi^2}{25}\,\text{sen}\left(\dfrac{\pi}{5}t\right)$

12.41. $s = 600$ m, para $0 \le t < 40$ s, $a = 0$.
Para $40\,\text{s} < t \le 80$ s, $a = -0{,}250$ m/s^2.

12.43. $v_{máx} = 0{,}894$ m/s, $t' = 0{,}447$ s, $s = 0{,}2$ m

12.45. $v = 150$ m/s
$v = \left\{\dfrac{1}{4}t^2 - 15t + 275\right\}$ m/s
$v = \{-5t + 175\}$ m/s
$t' = 35{,}0$ s
$s = \{150t\}$ m
$s = \left\{\dfrac{1}{12}t^3 - \dfrac{15}{2}t^2 + 275t - 583\right\}$ m
$s = \left\{\dfrac{-5}{2}t^2 + 175t + 83{,}3\right\}$ m

12.46. Para $0 \le t < 30$ s, $v = \left\{\dfrac{1}{5}t^2\right\}$ m/s, $s = \left\{\dfrac{1}{15}t^3\right\}$ m
Para $30 \le t \le 60$ s, $v = \{24t - 540\}$ m/s,

12.47. $t' = 133$ s, $s\big|_{t=133,09\,\text{s}} = 8857$ m

12.49. $a = 0{,}32$ m/s^2, $a = -0{,}32$ m/s^2

12.50. $v_{máx} = 100$ m/s, $t' = 40$ s

12.51. $a_{máx} = 4{,}00$ m/s^2

12.53. $a_3 = 8{,}00$ m/s^2, $a_4 = 4{,}50$ m/s^2

12.55. $s = \{0{,}2t^3\}$ m
$s = \left\{\dfrac{1}{4}(90t - 3t^2 - 275)\right\}$ m
$s = \dfrac{1}{4}[90(15) - 3(15^2) - 275] = 100$ m
$v_{méd} = 6{,}67$ m/s

12.57. Em $t = 8$ s, $a = 0$ e $s = 30$ m.
Em $t = 12$ s, $a = -1$ m/s^2 e $s = 48$ m.

12.58. Quando $t = 5$ s, $s_B = 62{,}5$ m.
Quando $t = 10$ s, $v_A = (v_A)_{máx} = 40$ m/s e
$s_A = 200$ m.
Quando $t = 15$ s, $s_A = 400$ m e $s_B = 312{,}5$ m.
$\Delta s = s_A - s_B = 87{,}5$ m

12.61. Para $0 \le t < 15$ s,
$v = \left\{\dfrac{1}{2}t^2\right\}$ m/s

$s = \left\{\dfrac{1}{6}t^3\right\}$ m

Para $15\text{ s} < t \leq 40\text{ s}$,
$v = \{20t - 187{,}5 \text{ m/s}\}$
$s = \{10t^2 - 187{,}5t + 115\}$ m

12.62. $v = \left\{\dfrac{1}{10}s\right\}$ m/s

12.63. $v = \{5 - 6t\}$ m/s, $a = -6 \text{ m/s}^2$

12.65. Em $s = 100$ s, $a = 11{,}1 \text{ m/s}^2$,
Em $s = 175$ m, $a = -25 \text{ m/s}^2$

12.66. $t' = 22{,}5$ s

12.67. Quando $s = 100$ m, $t = 10$ s.
Quando $s = 400$ m, $t = 16{,}9$ s.
$a|_{s=100\text{ m}} = 4 \text{ m/s}^2$,
$a|_{s=400\text{ m}} = 16 \text{ m/s}^2$

12.69. $a = 80{,}2 \text{ m/s}^2$, $(427,\ 16{,}0,\ 14{,}0)$ m

12.70. $v = 9{,}68$ m/s, $a = 169{,}8 \text{ m/s}^2$

12.71. $\Delta \mathbf{r} = \{6\mathbf{i} + 4\mathbf{j}\}$ m

12.73. $v = 201$ m/s, $a = 405 \text{ m/s}^2$

12.74. $d_1 = 8{,}34$ m, $a_2 = 0{,}541 \text{ m/s}^2$

12.75. $v_{sp} = 4{,}28$ m/s

12.77. $v = 8{,}55$ m/s, $a = 5{,}82$ m/s

12.78. $v = 1003$ m/s, $a = 103 \text{ m/s}^2$

12.79. $d = 4{,}00$ m, $a = 37{,}8 \text{ m/s}^2$

12.81. $(\mathbf{v}_{BC})_{\text{méd}} = \{3{,}88\mathbf{i} + 6{,}72\mathbf{j}\}$ m/s

12.82. $v = \sqrt{c^2k^2 + b^2}$, $a = ck^2$

12.83. $d = 204$ m, $v = 41{,}8$ m/s
$a = 4{,}66 \text{ m/s}^2$

12.85. $v_A = 23{,}2$ m/s

12.86. $v_A = 11{,}7$ m/s, $v_B = 10{,}8$ m/s, $\theta = 20{,}7°$

12.87. $v_A = 28{,}0$ m/s

12.89. $d = \dfrac{v_0^2}{g\cos\theta}\left(\text{sen}\,2\phi - 2\,\text{tg}\,\theta\cos^2\phi\right)$

12.90. $\phi = \dfrac{1}{2}\text{tg}^{-1}(-\text{cotg}\,\theta)$

12.91. $R_{\text{máx}} = 10{,}2$ m, $\theta = 45°$

12.93. $\theta_A = 51{,}38° = 51{,}4°$
$d = 7{,}18$ m

12.94. $t = 1{,}195$ s, $d = 12{,}7$ m

12.95. $v_A = 11{,}1$ m/s, $h = 3{,}45$ m

12.97. $v_A = 19{,}4$ m/s, $t_{AB} = 4{,}54$ s

12.98. $v_A = 19{,}4$ m/s, $v_B = 40{,}4$ m/s

12.99. $R = \dfrac{v_0^2}{g}\text{sen}\,2\theta$, $t = \dfrac{2v_0}{g}\text{sen}\,\theta$, $h = \dfrac{v_0^2}{2g}\text{sen}^2\,\theta$

12.101. $t_A = 0{,}553$ s, $x = 3{,}46$ m

12.102. $\theta_D = 14{,}7°$, $\theta_C = 75{,}3°$,
$\Delta t = 1{,}45$ s

12.103. $\theta_A = 11{,}6°$, $t = 0{,}408$ s, $\theta_B = 11{,}6°$

12.105. $v_{\text{mín}} = 0{,}838$ m/s, $v_{\text{máx}} = 1{,}76$ m/s

12.106. $t = 3{,}55$ s, $v = 32{,}0\,\dfrac{\text{m}}{2}$

12.107. $R = 19{,}0$ m, $t = 2{,}48$ s

12.109. $R_{\text{mín}} = 0{,}189$ m, $R_{\text{máx}} = 1{,}19$ m

12.110. $v_n = 0$ e $v_t = 7{,}21$ m/s, $a_n = 0{,}555 \text{ m/s}^2$,
$a_t = 2{,}77 \text{ m/s}^2$

12.111. $v = 38{,}7$ m/s

12.113. $v = 4{,}40$ m/s, $a_t = 5{,}04 \text{ m/s}^2$, $a_n = 1{,}39 \text{ m/s}^2$

12.114. $a = 4{,}22 \text{ m/s}^2$

12.115. $a = 1{,}30 \text{ m/s}^2$

12.117. $\rho = 100$ m

12.118. $v = 3{,}68$ m/s, $a = 4{,}98 \text{ m/s}^2$

12.119. $v = 1{,}5$ m/s, $a = 0{,}117 \text{ m/s}^2$

12.121. $a = 1{,}68 \text{ m/s}^2$

12.122. $v = 19{,}9$ m/s, $a = 24{,}2 \text{ m/s}^2$

12.123. $h = 5{,}99$ Mm

12.125. $t = 7{,}00$ s, $s = 98{,}0$ m

12.126. $a_t = 3{,}62 \text{ m/s}^2$, $\rho = 29{,}6$ m

12.127. $\theta = 38{,}2°$

12.129. $a = 8{,}61 \text{ m/s}^2$

12.130. $a = 32{,}2 \text{ m/s}^2$

12.131. $a = 3{,}05 \text{ m/s}^2$

12.133. $a_t = 17{,}1 \text{ m/s}^2$, $a_n = 46{,}98 \text{ m/s}^2$,
$\rho = 6{,}44$ km

12.134. $a = 2{,}36 \text{ m/s}^2$

12.135. $v = 1{,}96$ m/s, $a = 0{,}930 \text{ m/s}^2$

12.137. $a = 0{,}952 \text{ m/s}^2$

12.138. $y = -0{,}0766x^2$, $v = 8{,}37$ m/s,
$a_n = 9{,}38 \text{ m/s}^2$, $a_t = 2{,}88 \text{ m/s}^2$

12.139. $a_{\text{máx}} = \dfrac{v^2 a}{b^2}$

12.141. $t = 1{,}21$ s

12.142. $y = \{0{,}839x - 0{,}131x^2\}$ m
$a_t = -3{,}94 \text{ m/s}^2$
$a_n = 8{,}98 \text{ m/s}^2$

12.143. $a_{\text{mín}} = 3{,}09 \text{ m/s}^2$

12.145. $a = 322 \text{ mm/s}^2$, $\theta = 26{,}6°$

12.146. $a = 0{,}511 \text{ m/s}^2$

12.147. $a = 0{,}309 \text{ m/s}^2$

12.149. $a = 26{,}9 \text{ m/s}^2$

12.150. $d = 11{,}0$ m, $a_A = 19{,}0 \text{ m/s}^2$,
$a_B = 12{,}8 \text{ m/s}^2$

12.151. $t = 2{,}51$ s, $a_A = 22{,}2 \text{ m/s}^2$,
$a_B = 65{,}1 \text{ m/s}^2$

12.153. $a = 0{,}525 \text{ m/s}^2$

12.154. $\alpha = 52{,}5°$, $\beta = 142°$, $\gamma = 85{,}1°$
$\alpha = 128°$, $\beta = 37{,}9°$, $\gamma = 94{,}9°$

12.155. $v_r = -1{,}66$ m/s
$v_\theta = -2{,}07$ m/s
$a_r = -3{,}6372 - 7{,}637(-0{,}27067)^2$
$\quad -4{,}20$ m/s
$a_\theta = 2{,}97 \text{ m/s}^2$

12.157. $v = 2{,}4$ m/s
$a = 19{,}3 \text{ m/s}^2$

12.158. $v_r = 691$ m/s, $v_\theta = 402$ m/s

12.159. $a = 7{,}26 \text{ m/s}^2$

12.161. $v_r = -2{,}33$ m/s
$v_\theta = 7{,}91$ m/s
$a_r = -158 \text{ m/s}^2$
$a_\theta = -18{,}6 \text{ m/s}^2$

12.162. $v_r = ae^{at}$, $v_\theta = e^{at}$,
$a_r = e^{at}(a^2 - 1)$, $a_\theta = 2ae^{at}$

12.163. $v = 20$ m/s, $a = 5{,}39 \text{ m/s}^2$

12.165. $\mathbf{a} = (\ddot{r} - 3\dot{r}\dot{\theta}^2 - 3r\dot{\theta}\ddot{\theta})\mathbf{u}_r$
$\quad + (3\ddot{r}\dot{\theta} + \dddot{r}\theta + 3\dot{r}\ddot{\theta} - r\dot{\theta}^3)\mathbf{u}_\theta + (\dddot{z})\mathbf{u}_z$

12.166. $a = 2{,}32 \text{ m/s}^2$

12.167. $v_r = 1{,}20$ m/s, $v_\theta = 1{,}26$ m/s,
$a_r = -3{,}77 \text{ m/s}^2$, $a_\theta = 7{,}20 \text{ m/s}^2$

12.169. $v = 4{,}24$ m/s, $a = 17{,}6 \text{ m/s}^2$

12.170. $v_r = 8{,}21$ mm/s
$a = -665$ mm/s^2

12.171. $v = 8{,}21$ mm/s
$a = -659$ mm/s^2

12.173. $v_r = -14{,}1$ m/s, $v_\theta = 14{,}1$ m/s,
$a_r = -1{,}41$ m/s^2, $a_\theta = -1{,}41$ m/s^2

12.174. $v_r = -1{,}84$ m/s, $v_\theta = 19{,}1$ m/s,
$a_r = -2{,}29$ m/s^2, $a_\theta = 4{,}60$ m/s^2

12.175. $v = 12{,}6$ m/s, $a = 83{,}2$ m/s^2

12.177. $v = 3{,}49$ m/s

12.178. $a = 27{,}8$ m/s^2

12.179. $v = 1{,}32$ m/s

12.181. $v_r = a\dot\theta$
$v_\theta = a\theta\dot\theta$
$a_r = -a\theta\dot\theta^2$
$a_\theta = 2a\dot\theta^2$

12.182. $v_r = 6{,}00$ m/s
$v_\theta = 18{,}3$ m/s
$a_r = -67{,}1$ m/s^2
$a_\theta = 66{,}3$ m/s^2

12.183. $v_r = -250$ mm/s
$a_r = -9330$ mm/s^2

12.185. $\dot\theta = 0{,}333$ rad/s, $a = 6{,}67$ m/s^2

12.186. $a_r = -6{,}67$ m/s^2 $a_\theta = 3$ m/s^2

12.187. $v_r = 0{,}242$ m/s, $v_\theta = 0{,}943$ m/s,
$a_r = -2{,}33$ m/s^2, $a_\theta = 1{,}74$ m/s^2

12.189. $v_r = -2{,}80$ m/s
$v_\theta = 19{,}8$ m/s

12.190. $v_r = -4{,}00$ m/s
$v_\theta = 28{,}3$ m/s
$a_r = -5{,}43$ m/s^2
$a_\theta = -1{,}60$ m/s

12.191. $\dot\theta = 0{,}302$ rad/s

12.193. $v_r = 25{,}9$ mm/s
$a_r = -195$ mm/s^2

12.194. $v = \dot r = 25{,}9$ mm/s
$a = \ddot r = 42{,}5$ mm/s^2

12.195. $v_B = 1{,}67$ m/s

12.197. $v_B = -2$ m/s Positivo significa para baixo, Negativo significa para cima.

12.198. $v_A = 32$ m/s ↓

12.199. $t = 3{,}83$ s

12.201. $t = 1{,}07$ s
$v_{A/B} = 5{,}93$ ms/s →

12.202. $v_B = 1{,}50$ m/s

12.203. $2 + 2v_B - 1 = 0$

12.205. $v_B = 0{,}75$ m/s

12.206. $v_{A/B} = 2{,}90$ m/s ↑

12.207. $t = 5{,}00$ s

12.209. $v_A = 2$ m/s ←

12.210. $v_C = (1{,}8 \sec\theta)$ m/s →

12.211. $v_C = 1{,}2$ m/s ↑
$a_C = 0{,}512$ m/s^2 ↑

12.213. $v_B = 0{,}671$ m/s ↑

12.214. $v_B = 1{,}41$ m/s ↑

12.215. $v_A = 10{,}0$ m/s ←, $a_A = 46{,}0$ m/s^2 ←

12.217. $v_{A/B} = 13{,}4$ m/s, $\theta_v = 31{,}7°$
$a_{A/B} = 4{,}32$ m/s^2, $\theta_a = 79{,}0°$

12.218. $\theta = 15{,}1°$

12.219. $v_{r/c} = 31{,}2$ m/s

$\theta = 9{,}58°$
$v_{r/c} = 19{,}9$ m/s
$\theta = 9{,}58°$

12.221. $v_w = 58{,}3$ km/h, $\theta = 59{,}0°$

12.222. $v_{A/B} = 15{,}7$ m/s, $\theta = 7{,}11°$, $t = 38{,}1$ s

12.223. $v_b = 6{,}21$ m/s
$t = 11{,}4$ s

12.225. $v_{A/B} = 120$ km/h ↓
$a_{A/B} = 4000$ km/h^2, $\theta = 0{,}716°$

12.226. $v_b = 5{,}56$ m/s
$\theta = 84{,}4°$

12.227. $v_r = 34{,}6$ km/h ↓

12.229. $v_{B/A} = 20{,}5$ m/s, $\theta_v = 43{,}1°$
$a_{B/A} = 4{,}92$ m/s^2, $\theta_a = 6{,}04°$

12.230. $v_{r/m} = 16{,}6$ km/h, $\theta = 25{,}0°$

12.231. $v_{B/A} = 11{,}2$ m/s, θ 50,3°

12.233. $v_{A/C} = 21{,}5$ m/s
$\theta_v = 34{,}9°$
$a_{A/C} = 4{,}20$ m/s^2
$\theta_a = 75{,}4°$

12.234. $v_{B/C} = 18{,}6$ m/s
$\theta_v = 66{,}2°$
$a_{B/C} = 0{,}959$ m/s^2
$\theta_a = 8{,}57°$

12.235. $v_{w/s} = 19{,}9$ m/s, $\theta = 74{,}0°$

Capítulo 13

13.1. $a = 1{,}66$ m/s^2

13.2. $a = 1{,}75$ m/s^2

13.3. $F = 6{,}37$ N

13.5. $P = 392$ N

13.6. $v = 3{,}36$ m/s, $s = 5{,}04$ m

13.7. $P = 224$ N

13.9. $s = 8{,}49$ m

13.10. $T = 4{,}92$ kN

13.11. $F = \dfrac{m(a_B + g)\sqrt{4y^2 + d^2}}{4y}$

13.13. $v = 14{,}1$ m/s

13.14. $s = 5{,}43$ m

13.15. $a = 1{,}96$ m/s^2

13.17. $a = \dfrac{1}{2}(1 - \mu_k)g$

13.18. $A_x = 685$ N, $A_y = 1{,}19$ kN,
$M_A = 4{,}74$ kN·m

13.19. $\mu_k = 0{,}559$

13.21. $v = 0{,}301$ m/s

13.22. $v = \left(\dfrac{F_0 t_0}{\pi m}\right)\left[1 - \cos\left(\dfrac{\pi t}{t_0}\right)\right]$
$v_{máx} = \dfrac{2F_0 t_0}{\pi m}$
$s = \left(\dfrac{F_0 t_0}{\pi m}\right)\left[t - \dfrac{t_0}{\pi}\text{sen}\left(\dfrac{\pi t}{t_0}\right)\right]$

13.23. $v_B = 5{,}70$ m/s ↑

13.25. $(\underline{+})\, s_x = 2{,}68$ m,
$t_{AB} = 1{,}87$ s

13.26. $R = 2{,}45$ m, $t_{AB} = 1{,}72$ s

13.27. $v_B = 4{,}52$ m/s

13.29. $t = 2{,}11$ s

13.30. $R = \{150t\}$ N

13.31. $T = \left(\dfrac{mg}{2}\right)\operatorname{sen}(2\theta)$

13.33. $t = 5{,}66$ s

13.34. $s = 16{,}7$ m

13.35. $v = \dfrac{1}{m}\sqrt{1{,}09 F_0^2 t^2 + 2F_0 t m v_0 + m^2 v_0^2}$,

$x = \dfrac{y}{0{,}3} + v_0\left(\sqrt{\dfrac{2m}{0{,}3 F_0}}\right) y^{1/2}$

13.37. $t = 0{,}519$ s

13.38. $P = 2mg\left(\dfrac{\operatorname{sen}\theta + \mu_s \cos\theta}{\cos\theta - \mu_s \operatorname{sen}\theta}\right)$,

$a = \left(\dfrac{\operatorname{sen}\theta + \mu_s \cos\theta}{\cos\theta - \mu_s \operatorname{sen}\theta}\right) g$

13.39. $T = 1{,}63$ kN

13.41. $v = 5{,}13$ m/s

13.42. $B_y = 1{,}92$ kN
$A_y = 2{,}11$ kN
$A_x = 0$

13.43. $v = 32{,}2$ m/s

13.45. $a_B = 0$
$a_C = 4{,}11$ m/s$^2 \rightarrow$
$a_D = 0{,}162$ m/s$^2 \rightarrow$

13.46. $P = 2mg \operatorname{tg}\theta$

13.47. $P = 2mg\left(\dfrac{\operatorname{sen}\theta + \mu_s \cos\theta}{\cos\theta - \mu_s \operatorname{sen}\theta}\right)$

13.49. $x = d,\ v = \sqrt{\dfrac{kd^2}{m_A + m_B}}$

13.50. $x = d$ para separação.

13.51. $d = \dfrac{(m_A + m_B)g}{k}$

13.53. $v = 3{,}13$ m/s

13.54. $v = 1{,}63$ m/s, $N = 7{,}36$ N

13.55. $T = 51{,}5$ kN

13.57. $r = 1{,}36$ m

13.58. $v = 10{,}5$ m/s

13.59. $\rho = 9{,}32$ m

13.60. $N = 6{,}18$ kN

13.61. $v = 0{,}969$ m/s

13.62. $v = 1{,}48$ m/s

13.63. $F_N = 15{,}86$ kN, $\rho = 282$ m

13.65. $\theta = 26{,}7°$

13.66. $v = 6{,}30$ m/s, $F_n = 283$ N,
$F_t = 0, F_b = 490$ N

13.67. $\theta = \cos^{-1}\left(\dfrac{m_B}{m_A}\right)$

$v_B = \sqrt{\dfrac{g(l-h)(m_A^2 - m_B^2)}{m_A m_B}}$

13.69. $N = 1{,}02$ kN

13.70. $N = 7{,}69$ kN

13.71. $N_A = -38{,}6$ N
$N_B = -96{,}6$ N

13.73. $F_f = 1{,}11$ kN, $N = 6{,}73$ kN

13.74. $T = 1{,}82$ N, $N_B = 0{,}844$ N

13.75. $v = \sqrt{gr}, N = 2mg$

13.77. $a_t = g\left(\dfrac{x}{\sqrt{1+x^2}}\right), v = \sqrt{v_0^2 + gx^2}$,

$N = \dfrac{m}{\sqrt{1+x^2}}\left[g - \dfrac{v_0^2 + gx^2}{1 + x^2}\right]$

13.78. $v = 49{,}5$ m/s

13.79. $d = 0{,}581$ m

13.81. $T = 64{,}0$ N,
$T = 34{,}6$ N

13.82. $\theta = 37{,}7°$

13.83. $N_P = 2{,}65$ kN, $\rho = 68{,}3$ m

13.85. $\psi = 84{,}29°, v' = 12{,}00$ m/s^2

13.86. $\psi = 84{,}29°, v' = 11{,}02$ m/s^2

13.87. $F = 2{,}271$ N

13.89. $F = -0{,}898$ N

13.90. $F_r = -29{,}4$ N, $F_\theta = 0$, $F_z = 392$ N

13.91. $F_r = 102$ N, $F_z = 375$ N, $F_\theta = 79{,}7$ N

13.93. $F_{z\text{máx}} = 547$ N, $F_{z\text{mín}} = 434$ N

13.94. $N = 0{,}883$ N, $F = 3{,}92$ N

13.95. $F_r = -900$ N, $F_\theta = -200$ N, $F_z = 1{,}96$ kN

13.97. $F = 17{,}0$ N

13.98. $N = 12{,}0$ N

13.99. $(N)_{\text{máx}} = 36{,}0$ N, $(N)_{\text{mín}} = 4{,}00$ N

13.101. $F_{OA} = 3{,}20$ N

13.102. $\theta = \operatorname{tg}^{-1}\left(\dfrac{4r_c \dot\theta_0^2}{g}\right)$

13.103. $N_C = 25{,}6$ N, $F_{OA} = 0$

13.105. $F = -6{,}483$ N, $F_N = 5{,}76$ N

13.106. $N = 24{,}8$ N, $F = 24{,}8$ N

13.107. $N = 2{,}95$ kN

13.109. $F_r = 1{,}78$ N, $N_s = 5{,}79$ N

13.110. $F_r = 2{,}93$ N, $N_s = 6{,}37$ N

13.111. $r = 0{,}198$ m

13.113. $v_0 = 30{,}4$ km/s,
$1/r = 0{,}348(10^{-12})\cos\theta + 6{,}74(10^{-12})$

13.114. $h = 35{,}9$ mm, $v_s = 3{,}07$ km/s

13.115. $v_o = 7{,}45$ km/s

13.117. $T^2 = \left(\dfrac{4\pi^2}{GM_s}\right) a^3$

13.118. $v_B = 7{,}71$ km/s
$v_A = 4{,}63$ km/s

13.119. $v_A = 6{,}67(10^3)$ m/s
$v_B = 2{,}77(10^3)$ m/s

13.121. $v_A = 7{,}47$ km/s

13.122. $r_0 = 11{,}1$ Mm, $\Delta v_A = 814$ m/s

13.123. $(v_A)_C = 5{,}27(10^3)$ m/s, $\Delta v = 684$ m/s

13.125. $\Delta v = \sqrt{\dfrac{GM_e}{r_0}}\left(\sqrt{2} - \sqrt{1+e}\right)$

13.126. $v_A = 4{,}89(10^3)$ m/s, $v_B = 3{,}26(10^3)$ m/s

13.127. $v_A = 11{,}5$ Mm/h, $d = 27{,}3$ Mm

13.129. $v_A = 2{,}01(10^3)$ m/s

13.130. $v_{A'} = 521$ m/s, $t = 21{,}8$ h

13.131. $v_A = 7{,}01(10^3)$ m/s

Capítulo 14

14.1. $v = 10{,}7$ m/s

14.2. $s = 1{,}35$ m

14.3. $s = 5{,}99$ m

14.5. $x^{\text{máx}} = 0{,}825$ m

14.6. $v = 4{,}08$ m/s

14.7. $v = 2{,}84$ m/s

14.9. $d = 12$ m

14.10. $x_{\text{máx}} = 0{,}173$ m

14.11. $s = 20{,}5$ m

- **14.13.** $k = 15,0 \text{ MN/m}^2$
- **14.14.** $v_A = 1,98 \text{ m/s} \downarrow, v_B = 3,96 \text{ m/s} \uparrow$
- **14.15.** $v_A = 3,82 \text{ m/s}$
- **14.17.** $\theta = 41,4°$
- **14.18.** $v_B = 3,34 \text{ m/s}$
- **14.19.** $v = 1,07 \text{ m/s}$
- **14.21.** $k_B = 11,1 \text{ kN/m}$
- **14.22.** $v = 3,58 \text{ m/s}$
- **14.23.** $F_{méd} = 44,1 \text{ kN}, x = 38,2 \text{ mm}$
- **14.25.** $s_{Tot} = 2,04 \text{ m}$
- **14.26.** $x = 0,688 \text{ m}$
- **14.27.** $R = 2,83 \text{ m}, v_C = 7,67 \text{ m/s}$
- **14.29.** $s_1 = 0,628 \text{ m}$
- **14.30.** $s = 179 \text{ mm}$
- **14.31.** $v_B = 18,0 \text{ m/s}, N_B = 12,5 \text{ kN}$
- **14.33.** $y = 0,815 \text{ m}$
  $N_b = 568 \text{ N}$
  $a = a_t = 6,23 \text{ m/s}^2$
- **14.34.** $v_B = 4,52 \dfrac{m}{s}$
- **14.35.** $F = 43,9 \text{ N}$
- **14.37.** $v_A = 10,5 \text{ m/s}$
- **14.38.** $h_A = 22,5 \text{ m}, h_C = 12,5 \text{ m}$
- **14.39.** $v_B = 30,0 \text{ m/s}, d = 130,2 \text{ m}$
- **14.41.** $F = 367 \text{ N}$
- **14.42.** $t = 4,44 \text{ s}$
- **14.43.** $t = 51,4 \text{ mín}$
- **14.45.** $v = 18,7 \text{ m/s}$
- **14.46.** $P_{máx} = 113 \text{ kW}, P_{méd} = 56,5 \text{ kW}$
- **14.47.** $s = \dfrac{Mv^3}{3P}$
- **14.49.** $P = 8,31 \, t \text{ MW}$
- **14.50.** $P_i = 483 \text{ kW}$
- **14.51.** $P_i = 622 \text{ kW}$
- **14.53.** $P_{in} = 1,60 \text{ kW}$
- **14.54.** $P_0 = 35,4 \text{ kW}$
- **14.55.** $P = 12,6 \text{ kW}$
- **14.57.** $P_i = 22,2 \text{ kW}$
- **14.58.** $P = 1,12 \text{ kW}$
- **14.59.** $P_{in} = 19,5(10^3) \text{ kW}, W = 19,5 \text{ kW}$
- **14.61.** $P = \{160 t - 533 t^2\} \text{ kW}, U = 1,69 \text{ kJ}$
- **14.62.** $P_{máx} = 10,7 \text{ kW}$
- **14.63.** $P = \{400(10^3)t\} \text{ W}$
- **14.65.** $P = 58,1 \text{ kW}$
- **14.66.** $s_B = 5,70 \text{ m}$
- **14.67.** $v_A = 1,54 \text{ m/s}, v_B = 4,62 \text{ m/s}$
- **14.69.** $h = 1154 \text{ mm}$
- **14.70.** $k_B = 287 \text{ N/m}$
- **14.71.** $v_B = 5,33 \text{ m/s}$
  $N = 694 \text{ N}$
- **14.73.** $N_B = 0$
  $h = 18,3 \text{ m}$
  $N_C = 17,2 \text{ kN}$
- **14.74.** $N_B = 0, h = 18,75 \text{ m}, N_C = 17,2 \text{ kN}$
- **14.75.** $d = 8,53 \text{ m}$
  $v_D = 10 \text{ m/s}$
- **14.77.** $v_B = 15,5 \text{ m/s}$
- **14.78.** $h = 23,75 \text{ m}, v_C = 21,6 \text{ m/s}$
- **14.79.** $y = 213 \text{ mm}$
- **14.81.** $F = \dfrac{-GM_e m}{r^2}$
- **14.82.** $F = GM_e m \left(\dfrac{1}{r_1} - \dfrac{1}{r_2} \right)$
- **14.83.** $v = 5,94 \text{ m/s}$
  $N = 8,53 \text{ N}$
- **14.85.** $N = 78,6 \text{ N}$
- **14.86.** $y = 5,10 \text{ m}, N = 15,3 \text{ N}, a = 9,32 \text{ m/s}^2 \searrow$
- **14.87.** $\theta = 22,3°, s = 0,587 \text{ m}$
- **14.89.** $v_B = 34,8 \text{ Mm/h}$
- **14.90.** $s_B = 0,638 \text{ m}, s_A = 1,02 \text{ m}$
- **14.91.** $v_B = 10,6 \text{ m/s}, T_B = 142 \text{ N}$
  $v_C = 9,47 \text{ m/s}, T_C = 48,7 \text{ N}$
- **14.93.** $k = 773 \text{ N/m}$
- **14.94.** $v = 6,97 \text{ m/s}$
- **14.95.** $v_2 = \sqrt{\dfrac{2}{\pi}(\pi - 2)gr}$
- **14.97.** $d = 1,34 \text{ m}$

Capítulo 15

- **15.1.** $v = 1,75 \text{ N} \cdot \text{s}$
- **15.2.** $t = 0,432 \text{ s}$
- **15.3.** $I = 5,68 \text{ N} \cdot \text{s}$
- **15.5.** $v_2 = 21,8 \text{ m/s}$
- **15.6.** $v_2 = 16,6 \text{ m/s}$
- **15.7.** $P = 205 \text{ N}$
- **15.9.** $v = 14,29 \text{ m/s}$
  $F_D = 15,7 \text{ kN}$
- **15.10.** $v = 6,62 \text{ m/s}$
- **15.11.** $\mu_k = 0,340$
- **15.13.** $v_2 = 15,6 \text{ m/s}$
- **15.14.** $v = 4,05 \text{ m/s}$
- **15.15.** $I = 15 \text{ kN} \cdot \text{s}$ em ambos os casos
- **15.17.** $v_{máx} = 108 \text{ m/s}, s = 1,83 \text{ km}$
- **15.18.** $t_1 = 1,242 \text{ s}, t_2 = 1,929 \text{ s}$
- **15.19.** $v = 8,81 \text{ m/s}, s = 24,8 \text{ m}$
- **15.21.** $T = 14,9 \text{ kN}, F = 24,8 \text{ kN}$
- **15.22.** $v_A = 8,41 \text{ m/s} \downarrow$
- **15.23.** $v|_{t=3s} = 5,68 \text{ m/s} \downarrow$,
  $v|_{t=6s} = 21,1 \text{ m/s} \uparrow$
- **15.25.** $v = 7,21 \text{ m/s} \uparrow$
- **15.26.** Observador A: $v = 7,40 \text{ m/s}$,
  Observador B: $v = 5,40 \text{ m/s}$
- **15.27.** $v = 5,07 \text{ m/s}$
- **15.29.** $t = 1,02 \text{ s}, I = 162 \text{ N} \cdot \text{s}$
- **15.30.** $v = 16,1 \text{ m/s}$
- **15.31.** $I = 77,3 \text{ N} \cdot \text{s}$
- **15.33.** $v = 7,65 \text{ m/s}$
- **15.34.** $F = 12,7 \text{ kN}$
- **15.35.** $v = 18,6 \text{ m/s} \rightarrow$
- **15.37.** $v = 5,21 \text{ m/s} \leftarrow$,
  $\Delta T = -32,6 \text{ kJ}$
- **15.38.** $v = 0,5 \text{ m/s}, \Delta T = -16,9 \text{ kJ}$
- **15.39.** $v = 733 \text{ m/s}$
- **15.41.** $v_2 = \sqrt{v_1^2 + 2gh}, \theta_2 = \text{sen}^{-1}\left(\dfrac{v_1 \text{ sen } \theta}{\sqrt{v_1^2 + 2gh}} \right)$
- **15.42.** $v_t = 8,62 \text{ m/s}$
- **15.43.** $s = 4,00 \text{ m}$
- **15.45.** $v_A = 3,09(10^3) \text{ m/s}$
  $v_B = 2,62(10^3) \text{ m/s}$
  $d_B = 104 \text{ m}$

15.46. $s_B = 6{,}67$ m $\rightarrow$
15.47. $s_P = 0$
$t = 0{,}408$ s
15.49. $d = 6{,}87$ mm
15.50. $v_c = 5{,}04$ m/s $\leftarrow$
15.51. $s_{máx} = 481$ mm
15.53. $v_A = 3{,}29$ m/s
$v_B = 2{,}19$ m/s
15.54. a. $v_C = 0{,}390$ m/s $\leftarrow$
b. $v_C = 0{,}390$ m/s $\leftarrow$
15.55. $s_B = 71{,}4$ mm $\rightarrow$
15.57. $v_{C/R} = 6{,}356$ m/s
$\phi = 35{,}8°$
15.58. $(v_A)_2 = 0{,}353$ m/s
$(v_B)_2 = 2{,}35$ m/s
15.59. $e = 0{,}75$, $\Delta T = -9{,}65$ kJ
15.61. $v_B = 8{,}24$ m/s $\rightarrow$
$v_A = 0{,}160$ m/s $\leftarrow$
15.62. $x_{máx} = 0{,}839$ m
15.63. $v_C = 0$, $v_D = v$
$v_B = v$, $v_A = 0$
$v_C = v$, $v_B = 0$
15.65. $(v_B)_2 = \dfrac{e(1+e)}{2} v_0$
15.66. $(v_B)_1 = 8{,}81$ m/s
$\theta_1 = 10{,}5°$
$(v_B)_2 = 4{,}62$ m/s
$\theta_2 = 20{,}3°$
$s = 3{,}96$ m
15.67. $v'_B = 22{,}2$ m/s, $\theta = 13{,}0°$
15.69. $(v_C)_2 = \dfrac{v(1+e)^2}{4}$
15.70. $(v_B)_2 = \dfrac{1}{3}\sqrt{2gh}(1+e)$
15.71. $(v_B)_3 = 3{,}24$ m/s, $\theta = 43{,}9°$
15.73. $h = 1{,}57$ m
15.74. $(v_P)_2 = 0{,}940$ m/s
15.75. $d = 34{,}8$ mm
15.77. $v_A = 1{,}35$ m/s $\rightarrow$, $v_B = 5{,}89$ m/s, $\theta = 32{,}9°$
15.78. $e = 0{,}0113$
15.79. $v_c = \dfrac{v_0(1+e)m}{(m+M)}$
$v_b = v_0 \left(\dfrac{m - eM}{m+M} \right)$
$t = \dfrac{d}{v_0}\left(1 + \dfrac{1}{e}\right)^2$
15.81. $F = 2{,}62$ kN
15.82. $\phi = \operatorname{acos}\left[1 - \left(\dfrac{1+e}{2}\right)^4 (1 - \cos(\theta)) \right]$
15.83. (a) $(v_B)_1 = 8{,}81$ m/s, $\theta = 10{,}5°$,
(b) $(v_B)_2 = 4{,}62$ m/s, $\phi = 20{,}3°$,
(c) $s = 3{,}96$ m
15.85. $(v_A)_2 = 8{,}19$ m/s, $(v_B)_2 = 9{,}38$ m/s
15.86. $(v_B)_2 = 1{,}06$ m/s $\leftarrow$, $(v_A)_2 = 0{,}968$ m/s,
$(\theta_A)_2 = 5{,}11°$
15.87. $e = \dfrac{\operatorname{sen}\phi}{\operatorname{sen}\theta}\left(\dfrac{\cos\theta - \mu\operatorname{sen}\theta}{\mu\operatorname{sen}\phi + \cos\phi}\right)$
15.89. $e = \dfrac{2}{3}$
15.90. $v_{A2} = -4{,}533$ m/s, $v_{B2} = -1{,}733$ m/s
15.91. $(v_B)_2 = \dfrac{\sqrt{3}}{4}(1+e)v$,
Eixo x' negativo.
$\Delta U_k = \dfrac{3mv^2}{16}(1 - e^2)$
15.93. $(v_B)_3 = 1{,}50$ m/s
15.94. $\mathbf{H}_{AO} = 22{,}3$ kg$\cdot$m^2/s
$\mathbf{H}_{BO} = -7{,}18$ kg$\cdot$m^2/s
$\mathbf{H}_{CO} = -21{,}60$ kg$\cdot$m^2/s
15.95. $\mathbf{H}_{AP} = -57{,}6$ kg$\cdot$m^2/s
$\mathbf{H}_{BP} = 94{,}4$ kg$\cdot$m^2/s
$\mathbf{H}_{CP} = -41{,}2$ kg$\cdot$m^2/s
15.97. $(H_A)_P = \{-52{,}8\mathbf{k}\}$ kg$\cdot$m^2/s,
$(H_B)_P = \{-118\mathbf{k}\}$ kg$\cdot$m^2/s
15.98. $\{-21{,}5\mathbf{i} + 21{,}5\mathbf{j} + 37{,}6\}$ kg$\cdot$m^2/s
15.99. $\{21{,}5\mathbf{i} + 21{,}5\mathbf{j} + 59{,}1\mathbf{k}\}$ kg$\cdot$m^2/s
15.101. $v = 6{,}15$ m/s
15.102. $t = 1{,}34$ s
15.103. $v = 3{,}33$ m/s
15.105. $v_2 = 1{,}99$ m/s
$U_F = 8{,}32$ N$\cdot$m
15.106. $\ddot{\theta} + \left(\dfrac{g}{R}\right)\operatorname{sen}\theta = 0$
15.107. $v_2 = 6{,}738$ m/s, $(v_2)_r = 2{,}52$ m/s
15.109. $v_1 = 3{,}47$ m/s
15.110. $v_2 = 4{,}03$ m/s,
$\Sigma U_{1-2} = 725$ J
15.111. $h = 196$ mm
$\theta = 75{,}0°$
15.113. $v_B = 10{,}2$ km/s, $r_B = 13{,}8$ Mm
15.114. $T = 40{,}1$ kN
15.115. $C_x = 4{,}97$ kN, $D_x = 2{,}23$ kN, $D_y = 7{,}20$ kN
15.117. $Q = 0{,}217\,(10^{-3})$ m^3/s
15.118. $M_D = 14{,}45$ kN$\cdot$m
$D_y = 25{,}88$ kN
$D_x = 11{,}38$ kN
15.119. $F_x = 11{,}0$ N
15.121. $F = 6{,}24$ N, $P = 3{,}12$ N
15.122. $F_x = 795$ N
$F_y = 1{,}20$ kN
15.123. $T = 278$ N
15.125. $A_x = 3{,}98$ kN
$A_y = 3{,}81$ kN
$M = 1{,}99$ kN$\cdot$m
15.126. $T = 82{,}8$ N, $N = 396$ N
15.127. $C_x = 95{,}8$ N
$D_y = 38{,}9$ N
$C_y = 118$ N
15.129. $v_{máx} = 625$ m/s
15.130. $F_B = 402$ N
15.131. $C_x = 4{,}26$ kN, $C_y = 2{,}12$ kN,
$M_C = 5{,}16$ kN$\cdot$m
15.133. $v = \left\{\dfrac{8000}{2000 + 50t}\right\}$ m/s
15.134. $a = 0{,}125$ m/s^2, $v = 4{,}05$ m/s
15.135. $F = 3{,}55$ kN
15.137. $v = 25{,}0$ m/s
15.138. $\dfrac{d}{dt}m = m_o\left(\dfrac{a_0 + g}{v_{er}}\right)e^{\left(\frac{a_0+g}{v_{er}}\right)t}$
15.139. $F_D = 11{,}5$ kN

15.141. $v = \sqrt{\dfrac{2}{3}g\left(\dfrac{y^3 - h^3}{y^2}\right)}$

15.142. $m' = \dfrac{M}{s}$

15.143. $v_p = 594$ km/h

15.145. $m' = \dfrac{3M}{s}$

15.146. $F = \{7{,}85t + 0{,}320\}$ N

15.147. $a = 0{,}0476$ m/s^2

15.149. $F = m'v^2$

Capítulo 16

16.1. $v_A = 2{,}60$ m/s, $a_A = 9{,}35$ m/s^2

16.2. $v_A = 22{,}0$ m/s,
$(a_A)_t = 12{,}0$ m/s^2, $(a_A)_n = 968$ m/s^2

16.3. $v_A = 26{,}0$ m/s,
$(a_A)_t = 10{,}0$ m/s^2, $(a_A)_n = 1352$ m/s^2

16.5. $\theta = 5443$ rev, $\omega = 740$ rad/s, $\alpha = 8$ rad/s^2

16.6. $\theta = 3{,}32$ rev, $t = 1{,}67$ s

16.7. $t = 6{,}98$ s, $\theta_D = 34{,}9$ rev

16.9. $a_B = 29{,}0$ m/s^2

16.10. $a_B = 16{,}5$ m/s^2

16.11. $\alpha = 60$ rad/s^2, $\omega = 90{,}0$ rad/s, $\theta = 90{,}0$ rad

16.13. $\omega_B = 180$ rad/s, $\omega_C = 360$ rad/s

16.14. $\omega = 42{,}7$ rad/s, $\theta = 42{,}7$ rad

16.15. $a_t = 2{,}83$ m/s^2, $a_n = 35{,}6$ m/s^2

16.17. $\omega_B = 21{,}9$ rad/s $\circlearrowright$

16.18. $\omega_B = 31{,}7$ rad/s $\circlearrowright$

16.19. $\omega_E = 0{,}150$ rad/s

16.21. $v_A = 8{,}10$ m/s,
$(a_A)_t = 4{,}95$ m/s^2, $(a_A)_n = 437$ m/s^2

16.22. $\omega_D = 4{,}00$ rad/s, $\alpha_D = 0{,}400$ rad/s^2

16.23. $\omega_D = 12{,}0$ rad/s, $\alpha_D = 0{,}600$ rad/s^2

16.25. $\omega_A = 225$ rad/s

16.26. $\omega_C = 1{,}68$ rad/s, $\theta_C = 1{,}68$ rad

16.27. $r_A = 31{,}8$ mm, $r_B = 31{,}8$ mm,
$n = 1{,}91$ lata por minuto

16.29. $v_E = 3$ m/s,
$(a_E)_t = 2{,}70$ m/s^2, $(a_E)_n = 600$ m/s^2

16.30. $s_W = 2{,}89$ m

16.31. $\omega_B = 312$ rad/s, $\alpha_B = 176$ rad/s^2

16.33. $a = \dfrac{\omega^2}{2\pi}\left(\dfrac{r_2 - r_1}{L}\right)d$

16.34. $a = \dfrac{s}{2\pi}\omega^2$

16.35. $\mathbf{v}_C = \{-4{,}8\mathbf{i} - 3{,}6\mathbf{j} - 1{,}2\mathbf{k}\}$ m/s,
$\mathbf{a}_C = \{38{,}4\mathbf{i} - 64{,}8\mathbf{j} + 40{,}8\mathbf{k}\}$ m/s^2

16.37. $v_C = 2{,}50$ m/s, $a_C = 13{,}1$ m/s^2

16.38. $v_A = 40$ mm/s
$v_w = 34{,}6$ mm/s

16.39. $\omega = \dfrac{rv_A}{y\sqrt{y^2 - r^2}}$
$\alpha = \dfrac{rv_A^2(2y^2 - r^2)}{y^2(y^2 - r^2)^{3/2}}$

16.41. $\omega = 8{,}70$ rad/s
$\alpha = -50{,}5$ rad/s^2

16.42. $\omega = -19{,}2$ rad/s
$\alpha = -183$ rad/s^2

16.43. $\omega_{AB} = 0$

16.45. $v = -\left(\dfrac{r_1^2\omega \operatorname{sen} 2\theta}{2\sqrt{r_1^2\cos^2\theta + r_2^2 + 2r_1r_2}} + r_1\omega \operatorname{sen}\theta\right)$

16.46. $v = \omega d\left(\operatorname{sen}\theta + \dfrac{d\operatorname{sen} 2\theta}{2\sqrt{(R+r)^2 - d^2\operatorname{sen}^2\theta}}\right)$

16.47. $v = -r\omega \operatorname{sen}\theta$

16.49. $v_C = L\omega\uparrow$, $a_C = 0{,}577\,L\omega^2\uparrow$

16.50. $\omega = \dfrac{2v_0}{r}\operatorname{sen}^2\theta/2$, $\alpha = \dfrac{2v_0^2}{r^2}(\operatorname{sen}\theta)(\operatorname{sen}^2\theta/2)$

16.51. $v_B = \left(\dfrac{h}{d}\right)v_A$

16.53. $\dot\theta = \dfrac{v\operatorname{sen}\phi}{L\cos(\phi - \theta)}$

16.54. $\omega = \dfrac{v}{2r}$

16.55. $\omega' = \dfrac{(R+r)\omega}{r}$, $\alpha' = \dfrac{(R+r)\alpha}{r}$

16.57. $v_A = 2{,}4$ m/s

16.58. $\omega_{BC} = 2{,}83$ rad/s $\circlearrowright$, $\omega_{AB} = 2{,}83$ rad/s $\circlearrowleft$

16.59. $v_G = -9{,}00$ m/s

16.61. $v_C = 1{,}06$ m/s $\leftarrow$, $\omega_{BC} = 0{,}707$ rad/s $\circlearrowright$

16.62. $v_A = 2{,}45$ m/s $\uparrow$

16.63. $v_C = 2{,}45$ m/s, $\omega_{BC} = 7{,}81$ rad/s

16.65. $\omega_{BC} = 10{,}6$ rad/s $\circlearrowright$, $v_C = 29{,}0$ m/s $\rightarrow$

16.66. $v_C = -1{,}64$ m/s

16.67. $v_C = -1{,}70$ m/s

16.69. $\omega_{BC} = 2{,}69$ rad/s, $\omega_{AB} = 4{,}39$ rad/s

16.70. $\mathbf{v}_O = \left(\dfrac{R}{R-r}\right)v \rightarrow$

16.71. $v_A = \left(\dfrac{2R}{R-r}\right)v \rightarrow$

16.73. $\omega_B = 90$ rad/s $\circlearrowleft$, $\omega_A = 180$ rad/s $\circlearrowright$

16.74. $v_B = 3{,}00$ m/s,
$v_C = 0{,}587$ m/s,
$v_B = 3{,}00$ m/s,
$v_C = 0{,}587$ m/s

16.75. $v_E = 4{,}00$ m/s, $\theta = 52{,}7°$ ↘

16.77. $v_E = 312$ mm/s, $\phi = 8{,}13°$
$v_E = 312$ mm/s, $\phi = 8{,}13°$

16.78. $v_P = 4{,}88$ m/s $\leftarrow$

16.79. $\omega_D = 105$ rad/s $\circlearrowleft$

16.82. $v_O = 1{,}04$ m/s $\rightarrow$

16.83. $v_C = 8{,}69$ m/s

16.85. $\omega_{BC} = 6{,}79$ rad/s

16.86. $v_A = 0$, $v_B = 1{,}2$ m/s,
$v_C = 0{,}849$ m/s ↘ $45°$

16.87. $\omega_{BPD} = 3{,}00$ rad/s $\circlearrowleft$, $v_D = 1{,}20$ m/s ↗,
$\omega_{CD} = 6{,}00$ rad/s $\circlearrowright$

16.89. $\omega_{BC} = 8{,}66$ rad/s $\circlearrowright$, $\omega_{AB} = 4{,}00$ rad/s $\circlearrowleft$

16.90. $v_C = 1{,}34$ m/s $\leftarrow$

16.91. $v_C = 0{,}897$ m/s

16.93. $v_A = \omega(r_2 - r_1)$

16.94. $v_C = 2{,}40$ m/s $\leftarrow$

16.95. $\omega_B = 6{,}67$ rad/s

16.97. $\omega_S = 57{,}5$ rad/s $\circlearrowright$, $\omega_{OA} = 10{,}6$ rad/s $\circlearrowright$

16.98. $\omega_S = 15{,}0$ rad/s, $\omega_R = 3{,}00$ rad/s

16.99. $\omega_{CD} = 57{,}7$ rad/s $\circlearrowright$

16.101. $\omega_R = 4$ rad/s

16.102. $\omega_R = 4$ rad/s

16.103. $\alpha_B = 1{,}43 \text{ rad/s}^2$
16.105. $a_C = 13{,}0 \text{ m/s}^2 \swarrow, \alpha_{BC} = 12{,}4 \text{ rad/s}^2$
16.106. $\omega = 6{,}67 \text{ rad/s} \circlearrowright, v_B = 4{,}00 \text{ m/s} \searrow$
$\alpha = 15{,}7 \text{ rad/s}^2 \circlearrowright, a_B = 24{,}8 \text{ m/s}^2 \nwarrow$
16.107. $v_C = 3{,}86 \text{ m/s} \leftarrow, a_C = 17{,}7 \text{ m/s}^2 \leftarrow$
16.109. $v_B = 4v \rightarrow,$
$v_A = 2\sqrt{2}v, \theta = 45° \measuredangle,$
$a_B = \dfrac{2v^2}{r} \downarrow, a_A = \dfrac{2v^2}{r} \rightarrow$
16.110. $v_A = 0{,}424 \text{ m/s}, \theta_v = 45°, \measuredangle$
$a_A = 0{,}806 \text{ m/s}^2, \theta_a = 7{,}13° \measuredangle$
16.111. $v_B = 0{,}6 \text{ m/s} \downarrow$
$a_B = 1{,}84 \text{ m/s}^2, \theta = 60{,}6° \measuredangle$
16.113. $a_C = 10{,}0 \text{ m/s}^2, \theta = 2{,}02° \measuredangle$
16.114. $\omega_{BC} = 0, v_C = v_B;$
$\omega_{CD}(0{,}1) = 0{,}4, \omega_{CD} = 4{,}00 \text{ rad/s} \circlearrowright,$
$\alpha_{BC} = 6{,}16 \text{ rad/s}^2 \circlearrowright, \alpha_{CD} = 21{,}9 \text{ rad/s}^2 \circlearrowright$
16.115. $\alpha_{CD} = 474 \text{ rad/s}^2 \circlearrowright,$
16.117. $\omega_C = 20{,}0 \text{ rad/s} \circlearrowright, \alpha_C = 127 \text{ rad/s} \circlearrowright$
16.118. $a_A = 1{,}34 \text{ m/s}^2, \theta = 26{,}6° \measuredangle$
16.119. $\omega_{CD} = 7{,}79 \text{ rad/s} \circlearrowright, \alpha_{CD} = 136 \text{ rad/s}^2 \circlearrowright$
16.121. $v_B = 1{,}58\omega a, a_B = 1{,}58\alpha a - 1{,}77\omega^2 a$
16.122. $\alpha = 40{,}0 \text{ rad/s}^2, a_A = 2{,}00 \text{ m/s}^2 \leftarrow$
16.123. $\omega_C = 4{,}40 \text{ rad/s} \circlearrowright, \alpha_C = 8374 \text{ rad/s}^2 \circlearrowright$
16.125. $\alpha = 60 \text{ rad/s}^2$
$a_B = 167 \text{ m/s}^2$
16.126. $\mathbf{a_A} = \{-3{,}50\mathbf{i} - 4{,}80\mathbf{j}\} \text{ m/s}^2, |\mathbf{a_A}| = 5{,}94 \text{ m/s}^2$
16.127. $\alpha_{AB} = -36 \dfrac{\text{rad}}{\text{s}^2}$
16.129. $\mathbf{v}_B = \{0{,}6\mathbf{i} + 2{,}4\mathbf{j}\} \text{ m/s},$
$\mathbf{a}_B = \{-14{,}2\mathbf{i} + 8{,}40\mathbf{j}\} \text{ m/s}^2$
16.130. $\mathbf{a}_A = \{-5{,}60\mathbf{i} - 16\mathbf{j}\} \text{ m/s}^2$
16.131. $\mathbf{v}_C = [0{,}6\mathbf{i}] \text{ m/s}, \mathbf{a}_C = [-1{,}2\mathbf{j}] \text{ m/s}^2$
16.133. $v_C = 2{,}40 \text{ m/s}, \theta = 60° \measuredangle$
16.134. $v_C = 2{,}40 \text{ m/s}, a_C = \{-14{,}4\mathbf{j}\} \text{ m/s}^2$
16.135. $\mathbf{a}_B = \{-1\mathbf{i} + 0{,}2\mathbf{j}\} \text{ m/s}^2,$
$\mathbf{a}_B = \{-1{,}69\mathbf{i} + 0{,}6\mathbf{j}\} \text{ m/s}^2$
16.137. $\mathbf{v}_A = \{-17{,}2\mathbf{i} + 12{,}5\mathbf{j}\} \text{ m/s},$
$\mathbf{a}_A = \{349\mathbf{i} + 597\mathbf{j}\} \text{ m/s}^2$
16.138. $\omega_{AB} = 5 \text{ rad/s} \circlearrowright, \alpha_{AB} = 2{,}5 \text{ rad/s}^2 \circlearrowright$
16.139. $\omega_{CD} = 3{,}00 \text{ rad/s} \circlearrowright, \alpha_{CD} = 12{,}0 \text{ rad/s}^2 \circlearrowright$
16.141. $\omega_{CD} = 6{,}93 \text{ rad/s}$
16.142. $v_B = 7{,}7 \text{ m/s}, a_B = 201 \text{ m/s}^2$
16.143. $\omega_{CB} = 1{,}33 \text{ rad/s} \circlearrowright, \alpha_{CD} = 3{,}08 \text{ rad/s}^2 \circlearrowright$
16.145. $\mathbf{v}_C = \{-3{,}5\mathbf{i} + 8{,}66\mathbf{j}\} \text{ m/s}^2,$
$\mathbf{a}_C = \{-19{,}42\mathbf{i} - 3{,}42\mathbf{j}\} \text{ m/s}^2$
16.146. $\omega_{AB} = 0{,}667 \text{ rad/s} \circlearrowright, \alpha_{AB} = 3{,}08 \text{ rad/s}^2 \circlearrowright$
16.147. $(\mathbf{v}_{rel})_{xyz} = [27\mathbf{i} + 25\mathbf{j}] \text{ m/s},$
$(\mathbf{a}_{rel})_{xyz} = [2{,}4\mathbf{i} + 0{,}38\mathbf{j}] \text{ m/s}$
16.149. $\mathbf{v}_B = \{7{,}13\mathbf{j}\} \text{ m/s}, |\mathbf{v}_B| = 7{,}13 \text{ m/s}^2,$
$\mathbf{a}_B = \{-15{,}94\mathbf{i}\} \text{ m/s}^2, |\mathbf{a}_B| = 15{,}94 \text{ m/s}^2$
16.150. $\omega_{DC} = 2{,}96 \text{ rad/s} \circlearrowright$
16.151. $\omega_{AC} = 0, \alpha_{AC} = 14{,}4 \text{ rad/s}^2 \circlearrowright$

Capítulo 17

17.1. $I_y = \dfrac{1}{3}ml^2$
17.2. $k_x = 57{,}7 \text{ mm}$
17.3. $I_z = \dfrac{\pi h R^4}{2}[k + \dfrac{2aR^2}{3}]$
$m = \pi h R^2(k + \dfrac{aR^2}{2})$
17.5. $I_y = \dfrac{2}{5}mr^2$
17.6. $I_x = \dfrac{93}{70}mb^2$
17.7. $I_x = \dfrac{2}{5}mr^2$
17.9. $I_z = m(R^2 + \dfrac{3}{4}a^2)$
17.10. $I_G = 0{,}230 \text{ kg} \cdot \text{m}^2$
17.11. $I_O = 0{,}560 \text{ kg} \cdot \text{m}^2$
17.13. $I_y = \dfrac{m}{6}(a^2 + h^2)$
17.14. $I_A = 7{,}67 \text{ kg} \cdot \text{m}^2$
17.15. $I_O = 1{,}36 \text{ kg} \cdot \text{m}^2$
17.17. $k_O = 2{,}17 \text{ m}$
17.18. $I_O = 6{,}23 \text{ kg} \cdot \text{m}^2$
17.19. $\bar{y} = 0{,}888 \text{ m}, I_G = 5{,}61 \text{ kg} \cdot \text{m}^2$
17.21. $\bar{y} = 1{,}78 \text{ m}, I_G = 4{,}45 \text{ kg} \cdot \text{m}^2$
17.22. $I_x = 3{,}25 \text{ g} \cdot \text{m}^2$
17.23. $I_{x'} = 7{,}19 \text{ g} \cdot \text{m}^2$
17.25. $T_{AB} = T_{CD} = T = 23{,}6 \text{ kN},$
$T_{EF} = T_{GH} = T' = 27{,}6 \text{ kN}$
17.26. $a_{máx} = 4{,}73 \text{ m/s}^2$
17.27. $F_{CD} = 289 \text{ kN}$
17.29. $t = 3{,}94 \text{ s}$
17.30. $P = 314 \text{ N}$
17.31. $P = 785 \text{ N}$
17.33. $N = 29{,}6 \text{ kN}, V = 0, M = 51{,}2 \text{ kN} \cdot \text{m}$
17.34. $a = 5{,}61 \text{ m/s}^2$
17.35. $N_B = 237 \text{ N}$
$N_A = 744 \text{ N}$
17.37. $a = 4{,}33 \text{ m/s}^2 \leftarrow, N_A = 113 \text{ N}, N_B = 325 \text{ N}$
17.38. $P = 579 \text{ N}$
17.39. $F_{AB} = 112 \text{ N}, C_x = 26{,}2 \text{ N}, C_y = 49{,}8 \text{ N}$
17.41. $\theta = \text{tg}^{-1}\left(\dfrac{a}{g}\right)$
17.42. Visto que o atrito exigido $F_f > (F_f)_{máx} = \mu_k N_B = 0{,}6(14715) = 8829 \text{ N}$, **não é possível levantar as rodas dianteiras do solo.**
17.43. $N_A = 1{,}78 \text{ kN},$
$N_B = 5{,}58 \text{ kN},$
$F_B = 4{,}50 \text{ kN}$
17.45. $N_A = 568 \text{ N},$
$N_B = 544 \text{ N},$
17.46. $a = 3{,}96 \text{ m/s}^2$
17.47. $a = 2{,}01 \text{ m/s}^2.$
A caixa desliza.
17.49. $a = 9{,}81 \text{ m/s}^2, C_x = 12{,}3 \text{ kN}, C_y = 12{,}3 \text{ kN}$
17.50. $N = 0{,}433wx, V = 0{,}25wx, M = 0{,}125wx^2$
17.51. $T = 1{,}52 \text{ kN}, \theta = 18{,}6°$
17.53. $\alpha = 2{,}62 \text{ rad/s}^2$
17.54. $V_E = 43{,}7 \text{ N}, N_E = 27{,}5 \text{ N}, M_E = 32{,}8 \text{ N} \cdot \text{m}$
17.55. $\alpha = 5{,}95 \text{ rad/s}^2$
17.57. $\omega = 56{,}2 \text{ rad/s}, A_x = 0, A_y = 98{,}1 \text{ N}$
17.58. $\alpha = 14{,}7 \text{ rad/s}^2, A_x = 88{,}3 \text{ N}, A_y = 147 \text{ N}$
17.59. $F_A = \dfrac{3}{2}mg$

17.61. $\alpha = 0{,}694 \text{ rad/s}^2$
17.62. $\alpha = 7{,}28 \text{ rad/s}^2$
17.63. $F = 22{,}1 \text{ N}$
17.65. $\omega_A = 38{,}3 \text{ rad/s}, \omega_B = 57{,}5 \text{ rad/s}$
17.66. $\omega = 0{,}474 \text{ rad/s}$
17.67. $\omega = 2{,}71 \text{ rad/s}$
17.69. $\alpha = 8{,}68 \text{ rad/s}^2, A_n = 0, A_t = 106 \text{ N}$
17.70. $I_A = 175 \text{ kg}\cdot\text{m}^2, \alpha = 1{,}25 \text{ rad/s}^2$
17.71. $\omega = 65{,}6 \text{ rad/s}$
17.73. $a = 2{,}97 \text{ m/s}^2$
17.74. $a = \dfrac{g(m_B - m_A)}{\left(\dfrac{1}{2}M + m_B + m_A\right)}$
17.75. $A_x = 294 \text{ N}, A_y = 294 \text{ N}, t = 1{,}91 \text{ s}$
17.77. $F_{CB} = 193 \text{ N}, t = 3{,}11 \text{ s}$
17.78. $\alpha = 14{,}2 \text{ rad/s}^2$
17.79. $t = 6{,}71 \text{ s}$
17.81. $v = 0{,}548 \text{ m/s}$
17.82. $\alpha = 12{,}5 \text{ rad/s}\circlearrowright, a_G = 18{,}75 \text{ m/s}^2 \downarrow$
17.83. $N = wx\left[\dfrac{\omega^2}{g}\left(L - \dfrac{x}{2}\right) + \cos\theta\right],$
$V = wx\operatorname{sen}\theta, M = \dfrac{1}{2}wx^2 \operatorname{sen}\theta$
17.85. $N_A = 177 \text{ kN}, V_A = 5{,}86 \text{ kN}, M_A = 50{,}7 \text{ kN}\cdot\text{m}$
17.86. $M = 0{,}3gml$
17.87. $N_B = 2{,}89 \text{ kN},$
$A_x = 0, A_y = 2{,}89 \text{ kN}$
17.89. $\omega = 800 \text{ rad/s}$
17.90. $\Sigma M_{CI} = I_{CI}\alpha$
17.91. $\alpha = 2{,}45 \text{ rad/s}^2 \circlearrowright, N_B = 2{,}23 \text{ N}, N_A = 33{,}3 \text{ N}$
17.93. $\alpha = 1{,}25 \text{ rad/s}, T = 2{,}32 \text{ N}$
17.94. $T = 3{,}13 \text{ kN}, \alpha = 1{,}684 \text{ rad/s}, a_C = 1{,}35 \text{ m/s}^2$
17.95. $\alpha = 5{,}62 \text{ rad/s}^2, T = 196 \text{ N}$
17.97. Visto que $F_C = 13{,}08 \text{ N} > F_{máx} = 10{,}19 \text{ N}$ então nossa hipótese de não deslizamento está errada e sabemos que haverá deslizamento.
$\alpha = 5{,}66 \text{ rad/s}^2$
17.98. $\alpha = 0{,}560 \text{ rad/s}^2 \circlearrowright, a_G = 0{,}224 \text{ m/s}^2 \rightarrow$
17.99. $F = 42{,}3 \text{ N}$
17.101. $\alpha = 1{,}30 \text{ rad/s}^2$
17.102. $\alpha = 0{,}500 \text{ rad/s}^2$
17.103. $\alpha = 15{,}6 \text{ rad/s}^2$
17.105. $\alpha = \dfrac{6(P - \mu_k mg)}{mL}, a_B = \dfrac{2(P - \mu_k mg)}{m}$
17.106. $a_{Gx} = -1{,}82 \text{ m/s}^2, a_{Gy} = -1{,}69 \text{ m/s}^2,$
$\alpha = -0{,}283 \text{ rad/s}^2$
17.107. $\alpha = 3 \text{ rad/s}^2$
17.109. Visto que $F_f < (F_f)_{máx} = \mu_s N = 0{,}5(91{,}32) = 45{,}66 \text{ N}$ então **disco semicircular não desliza.**
17.110. $a_G = \mu_k g \leftarrow, \alpha = \dfrac{2\mu_k g}{r}\circlearrowright$
17.111. $\omega = \dfrac{1}{3}\omega_0, t = \dfrac{\omega_0 r}{3\mu_k g}$
17.113. $\alpha = 6{,}67 \text{ rad/s}^2$
17.114. $\alpha = 3{,}33 \text{ rad/s}^2$
17.115. $\alpha = \dfrac{10g}{13\sqrt{2}\,r}$
17.117. $\alpha = \dfrac{2g}{3r}\operatorname{sen}\theta, N = m\left(\dfrac{\omega^2 r^2}{R - r} + g\cos\theta\right)$
17.118. $\alpha_A = 43{,}6 \text{ rad/s}^2, \alpha_B = 43{,}6 \text{ rad/s}^2, T = 15{,}7 \text{ N}$
17.119. $T_A = \dfrac{4}{7}W$

Capítulo 18

18.2. $\omega = 2{,}02 \text{ rad/s}$
18.3. $\omega = 1{,}78 \text{ rad/s}$
18.5. $\omega = 14{,}1 \text{ rad/s}$
18.6. $\omega = 3{,}96 \text{ rad/s}$
18.7. $v_C = 5{,}20 \text{ m/s} \uparrow$
18.9. $\omega = 3{,}16 \text{ rad/s}$
18.10. $v = 2{,}10 \text{ m/s}$
18.11. $\omega = 21{,}5 \text{ rad/s}$
18.13. $\omega = 8{,}64 \text{ rad/s}$
18.14. $s = 5{,}16 \text{ m}, T = 78{,}5 \text{ N}$
18.15. $\omega = 14{,}9 \text{ rad/s}$
18.17. $\theta_0 = 1{,}66 \text{ rad}$
18.18. $\omega = 3{,}13 \text{ rad/s}$
18.19. $s_G = 1{,}60 \text{ m}$
18.21. $\omega = \sqrt{\omega_0^2 + \dfrac{g}{r^2}s\operatorname{sen}\theta}$
18.22. $U = 237 \text{ J}$
18.23. $\omega = 6{,}92 \text{ rad/s}$
18.25. $\omega_2 = 4{,}97 \text{ rad/s}$
18.26. $\omega_2 = 2{,}06 \text{ rad/s}$
18.27. $\omega = 5{,}40 \text{ rad/s}$
18.29. $\omega = 2{,}50 \text{ rad/s}$
18.30. $\omega = 44{,}6 \text{ rad/s}$
18.31. $\omega = 3{,}62 \text{ rad/s}$
18.33. $\omega = 4{,}60 \text{ rad/s}$
18.34. $\omega = \sqrt{\dfrac{3g}{l}}\operatorname{sen}\theta$
18.35. $\theta = 8{,}53°$
18.37. $v_b = 2{,}52 \text{ m/s}$
18.38. $\omega = 19{,}8 \text{ rad/s}$
18.39. $s = 0{,}301 \text{ m}, T = 163 \text{ N}$
18.41. $v_C = 1{,}52 \text{ m/s}$
18.42. $s_C = 78{,}0 \text{ mm}$
18.43. $\mathbf{v_A} = \{-2{,}48\mathbf{i} - 2{,}48\mathbf{j}\} \text{ m/s}, |\mathbf{v_A}| = 3{,}50 \text{ m/s}$
18.45. $v_D = 3{,}67 \text{ m/s}$
18.46. $(\omega_{BC})_2 = 2{,}91 \text{ rad/s}$
$(\omega_{AB})_2 = 2{,}91 \text{ rad/s}$
18.47. $(\omega_{AB})_2 = (\omega_{BC})_2 = 1{,}12 \text{ rad/s}$
18.49. $\theta_0 = 8{,}94 \text{ rev}$
18.50. $\omega = 3{,}28 \text{ rad/s}$
18.51. $\omega = 3{,}78 \text{ rad/s}$
18.53. $(\omega_{ABC})_2 = 7{,}24 \text{ rad/s}$
18.54. $k = 18{,}4 \text{ N/m}$
18.55. $(\omega_{BC})_2 = 0$
18.57. $\omega_2 = 3{,}09 \text{ rad/s}$
18.58. $v_A = 4{,}00 \text{ m/s}$
18.59. $\omega = 3{,}44 \text{ rad/s}$
18.61. $\omega_A = 19{,}7 \text{ rad/s}$
18.62. $\omega = 3{,}92 \text{ rad/s}$
18.63. $s = 0{,}301 \text{ m}, T = 163 \text{ N}$
18.65. $s = 0{,}708 \text{ m}$
18.66. $\omega = 1{,}82 \text{ rad/s}$
18.67. $(v_A)_2 = 7{,}24 \text{ m/s}$

Capítulo 19

19.1. $r_{P/G} = \dfrac{k_G^2}{r_{G/O}}$

19.3. Visto que ω é um vetor livre, o mesmo ocorre com $\mathbf{H}_P$.

19.5. $\omega = 36{,}3$ rad/s

19.6. $t = 0{,}6125$ s

19.7. $\omega = 245$ rad/s

19.9. $h = \dfrac{7}{5} r$

19.10. $\displaystyle\int M\,dt = 0{,}833$ kg·m²/s

19.11. $\omega_0 = 2{,}5 \left(\dfrac{v_0}{r} \right)$

19.13. $y = \dfrac{\sqrt{2}}{3} a$

19.14. $y = \dfrac{2}{3} l$

19.15. $t = 9{,}74$ s

19.17. $\omega = 18{,}4$ rad/s $\circlearrowright$
$T = 313{,}59$ N

19.18. $v_A = 24{,}1$ m/s

19.19. (a) $\omega_{BC} = 68{,}7$ rad/s,
(b) $\omega_{BC} = 66{,}8$ rad/s,
(c) $\omega_{BC} = 68{,}7$ rad/s

19.21. $\omega = 27{,}9$ rad/s
Visto que $F_f = 51$ N $< F_{máx} = 238$ N então nossa hipótese de não deslizamento está correta.

19.22. $v_0 = \sqrt{(2\, g\,\mathrm{sen}\,\theta\, d)\left(\dfrac{m_c}{m}\right)}$

19.23. $F = 0{,}214$ N, $\omega_A = 63{,}3$ rad/s,
$\omega_B = 127$ rad/s

19.25. $\omega = 16$ rad/s, $v = 4$ m/s

19.26. $v_B = 1{,}59$ m/s

19.27. $\omega = 21{,}0$ rad/s

19.29. $\omega_M = 0$, $\omega_M = \dfrac{I}{I_z}\omega$, $\omega_M = \dfrac{2I}{I_y}\omega$

19.30. $(\omega_z)_2 = 5{,}10$ rad/s

19.31. $\omega_B = 10{,}9$ rad/s

19.33. $\omega_2 = 2{,}55$ rev/s

19.34. $\omega = 1{,}91$ rad/s

19.35. $\omega_2 = 0{,}656$ rad/s, $\theta = 18{,}8°$

19.37. $y = \dfrac{1}{2} a$

19.38. $\omega = 3{,}23$ rad/s, $\theta = 32{,}8°$

19.39. $\omega_2 = 57$ rad/s, $U_F = 367$ J

19.41. $\omega = \dfrac{1}{4}\omega_0$, $\omega = 1$ rad/s

19.42. $h = \dfrac{7}{5} r$

19.43. $\omega = 6{,}45$ rad/s

19.45. $\omega_T = 1{,}19 \times 10^{-3}$ rad/s

19.46. $\omega_2 = 1{,}01$ rad/s

19.47. $\omega = \sqrt{7{,}5\dfrac{g}{L}}$

19.49. $\omega_1 = 3{,}98$ rad/s

19.50. $\omega_3 = 2{,}73$ rad/s

19.51. $\omega_2 = 3{,}371$ rad/s, $\theta = 47{,}4°$

19.53. $\omega_1 = 7{,}17$ rad/s

19.54. $\theta = 50{,}2°$

19.55. $\omega_2 = 2{,}41$ rad/s, $\omega_3 = 1{,}86$ rad/s

19.57. $(v_G)_{y2} = e(v_G)_{y1}\uparrow$,
$(v_G)_{x2} = \dfrac{5}{7}\left((v_G)_{x1} - \dfrac{2}{5}\omega_1 r\right)\leftarrow$

19.58. $v_2 = 0{,}195$ m/s

Capítulo 20

20.1. $\omega = \{-8{,}24\mathbf{j}\}$ rad/s, $\alpha = \{24{,}7\mathbf{i} - 5{,}49\mathbf{j}\}$ rad/s²

20.2. $\mathbf{v}_A = \{-2{,}60\mathbf{i} - 0{,}750\mathbf{j} + 1{,}30\mathbf{k}\}$ m/s,
$\mathbf{a}_A = \{2{,}77\mathbf{i} - 11{,}7\mathbf{j} + 2{,}34\mathbf{k}\}$ m/s²

20.3. (a) $\alpha = \omega_s\omega_t\mathbf{j}$,
(b) $\alpha = -\omega_s\omega_t\mathbf{k}$

20.5. $\mathbf{v}_B = [-124\mathbf{i} - 15\mathbf{j} + 26{,}0\mathbf{k}]$ m/s,
$\mathbf{a}_B = [569\mathbf{i} - 2608\mathbf{j} - 75\mathbf{k}]$ m/s²

20.6. $\mathbf{v}_B = [4876\mathbf{i} - 15\mathbf{j} + 26{,}0\mathbf{k}]$ m/s,
$\mathbf{a}_B = [1069\mathbf{i} - 2608\mathbf{j} - 75\mathbf{k}]$ m/s²

20.7. $v_B = 0$, $v_C = 0{,}283$ m/s, $a_B = 1{,}13$ m/s²,
$a_C = 1{,}60$ m/s²

20.9. $\omega = \{2\mathbf{i} + 42{,}4\mathbf{j} + 43{,}4\mathbf{k}\}$ rad/s,
$\alpha = \{-42{,}4\mathbf{i} - 82{,}9\mathbf{j} + 84{,}9\mathbf{k}\}$ rad/s²

20.10. $(\omega_C)_{DE} = 40$ rad/s, $(\omega_{DE})_y = 5$ rad/s

20.11. $\omega = \{-4{,}00\mathbf{j}\}$ rad/s, $\alpha = \{16{,}0\mathbf{i}\}$ rad/s²
$\mathbf{v}_A = \{-0{,}283\mathbf{i}\}$ m/s, $\mathbf{a}_A = \{-1{,}13\mathbf{j} - 1{,}13\mathbf{k}\}$ m/s²

20.13. $\mathbf{v}_B = \{-0{,}4\mathbf{i} - 2\mathbf{j} - 2\mathbf{k}\}$ m/s,
$\mathbf{a}_B = \{-8{,}20\mathbf{i} + 40{,}6\mathbf{j} - \mathbf{k}\}$ rad/s²

20.14. $\mathbf{v}_A = \{0{,}083\mathbf{i} - 0{,}464\mathbf{j} + 0{,}124\mathbf{k}\}$ m/s,
$\mathbf{a}_A = \{-0{,}371\mathbf{i} - 0{,}108\mathbf{j} - 0{,}278\mathbf{k}\}$ m/s²

20.15. $\omega = [30\mathbf{j} - 15\mathbf{k}]$ rad/s, $\alpha = [450\mathbf{i}]$ rad/s²

20.17. $\omega = [6\mathbf{j} + 15\mathbf{k}]$ rad/s,
$\mathbf{v}_B = [-27\mathbf{i} - 4{,}5\mathbf{j} + 1{,}8\mathbf{k}]$ m/s
$\mathbf{a}_B = [72{,}9\mathbf{i} - 405{,}9\mathbf{j} + 0{,}45\mathbf{k}]$ m/s²

20.18. $\mathbf{v}_B = [-473\mathbf{i} - 4{,}5\mathbf{j} + 1{,}8\mathbf{k}]$ m/s
$\mathbf{a}_B = [122{,}9\mathbf{i} - 405{,}9\mathbf{j} + 0{,}45\mathbf{k}]$ m/s²

20.19. $\mathbf{v}_P = \{-1{,}60\mathbf{i}\}$ m/s
$\mathbf{a}_P = \{-0{,}640\mathbf{i} - 12{,}0\mathbf{j} - 8{,}00\mathbf{k}\}$ m/s²

20.20. $\mathbf{v}_C = \{1{,}8\mathbf{j} - 1{,}5\mathbf{k}\}$ m/s,
$\mathbf{a}_C = \{-36{,}6\mathbf{i} + 0{,}45\mathbf{j} - 0{,}9\mathbf{k}\}$ m/s²

20.21. $\omega = \{4{,}35\mathbf{i} + 12{,}7\mathbf{j}\}$ rad/s,
$\alpha = \{-26{,}1\mathbf{k}\}$ rad/s²

20.22. $\omega = 41{,}2$ rad/s,
$v_P = 4{,}00$ m/s, $\alpha = \dot\omega = 400$ rad/s²,
$a_P = 100$ m/s²

20.23. $\omega_A = 47{,}8$ rad/s, $\omega_B = 7{,}78$ rad/s

20.25. $\mathbf{v}_B = \{-1{,}92\mathbf{j} + 2{,}56\mathbf{k}\}$ m/s

20.26. $v_B = 5{,}00$ m/s,
$\omega_{AB} = \{-4{,}00\mathbf{i} - 0{,}600\mathbf{j} - 1{,}20\mathbf{k}\}$ rad/s

20.27. $v_B = 5{,}00$ m/s,
$\omega_{AB} = \{-4{,}00\mathbf{i} - 0{,}600\mathbf{j} - 1{,}20\mathbf{k}\}$ rad/s

20.29. $\mathbf{a}_A = [-13{,}9\mathbf{k}]$ m/s²

20.30. $\omega_{BC} = \{0{,}204\mathbf{i} - 0{,}612\mathbf{j} + 1{,}36\mathbf{k}\}$ rad/s,
$\mathbf{v}_B = \{-0{,}333\mathbf{j}\}$ m/s

20.31. $\omega_{AB} = \{-1{,}00\mathbf{i} - 0{,}500\mathbf{j} + 2{,}50\mathbf{k}\}$ rad/s,
$\mathbf{v}_B = \{-2{,}50\mathbf{j} - 2{,}50\mathbf{k}\}$ m/s

20.33. $\omega_{BD} = \{-1{,}20\mathbf{j}\}$ rad/s

20.34. $\alpha_{BD} = \{-8{,}00\mathbf{j}\}$ rad/s²

20.35. $\omega_{BC} = \{0{,}769\mathbf{i} - 2{,}31\mathbf{j} + 0{,}513\mathbf{k}\}$ rad/s
$\mathbf{v}_B = \{-0{,}333\mathbf{j}\}$ m/s

20.37. $\mathbf{v}_C = \{-1{,}00\mathbf{i} + 5{,}00\mathbf{j} + 0{,}800\mathbf{k}\}$ m/s,
$\mathbf{a}_C = \{-28{,}8\mathbf{i} - 5{,}45\mathbf{j} + 32{,}3\mathbf{k}\}$ m/s²

Respostas de problemas selecionados 667

20.38. $\mathbf{v}_C = \{-1\mathbf{i} + 5\mathbf{j} + 0{,}8\mathbf{k}\}$ m/s,
$\mathbf{a}_C = \{-28{,}2\mathbf{i} - 5{,}45\mathbf{j} + 32{,}3\mathbf{k}\}$ m/s^2

20.39. $\mathbf{v}_A = \{-5{,}70\mathbf{i} + 1{,}20\mathbf{j} - 1{,}60\mathbf{k}\}$ m/s,
$\mathbf{a}_A = \{-1{,}44\mathbf{i} - 3{,}74\mathbf{j} - 0{,}240\mathbf{k}\}$ m/s^2

20.41. $\mathbf{v}_P = \{7{,}50\mathbf{i} + 1{,}50\mathbf{j} - 3{,}00\mathbf{k}\}$ m/s,
$\mathbf{a}_P = \{4{,}50\mathbf{i} - 40{,}5\mathbf{j} - 2{,}00\mathbf{k}\}$ m/s^2

20.42. $\mathbf{v}_A = \{-8{,}66\mathbf{i} + 2{,}26\mathbf{j} + 2{,}26\mathbf{k}\}$ m/s,
$\mathbf{a}_A = \{-22{,}6\mathbf{i} - 47{,}8\mathbf{j} + 45{,}3\mathbf{k}\}$ m/s^2

20.43. $\mathbf{v}_A = \{-8{,}66\mathbf{i} + 2{,}26\mathbf{j} + 2{,}26\mathbf{k}\}$ m/s,
$\mathbf{a}_A = \{-26{,}1\mathbf{i} - 44{,}4\mathbf{j} + 7{,}92\mathbf{k}\}$ m/s^2

20.45. $\mathbf{v}_B = \{-17{,}8\mathbf{i} - 3\mathbf{j} + 5{,}20\mathbf{k}\}$ m/s,
$\mathbf{a}_B = \{3{,}05\mathbf{i} - 30{,}9\mathbf{j} + 1{,}10\mathbf{k}\}$ m/s^2

20.46. $\mathbf{v}_C = \{3\mathbf{i} + 6\mathbf{j} - 3\mathbf{k}\}$ m/s,
$\mathbf{a}_C = \{-13{,}0\mathbf{i} + 28{,}5\mathbf{j} - 10{,}2\mathbf{k}\}$ m/s^2

20.47. $\mathbf{v}_P = \{-0{,}849\mathbf{i} + 0{,}849\mathbf{j} + 0{,}566\mathbf{k}\}$ m/s,
$\mathbf{a}_P = \{-5{,}09\mathbf{i} - 7{,}35\mathbf{j} + 6{,}79\mathbf{k}\}$ m/s^2

20.49. $\mathbf{v}_C = \{-6{,}75\mathbf{i} - 6{,}25\mathbf{j}\}$ m/s,
$\mathbf{a}_C = \{28{,}75\mathbf{i} - 26{,}25\mathbf{j} - 4\mathbf{k}\}$ m/s^2

20.50. $\mathbf{v}_B = \{-10{,}2\mathbf{i} - 30\mathbf{j} + 52{,}0\mathbf{k}\}$ m/s,
$\mathbf{a}_B = \{-31{,}0\mathbf{i} - 161\mathbf{j} - 90\mathbf{k}\}$ m/s^2

20.51. $\mathbf{v}_B = \{-10{,}2\mathbf{i} - 28\mathbf{j} + 52{,}0\mathbf{k}\}$ m/s,
$\mathbf{a}_B = \{-33{,}0\mathbf{i} - 159\mathbf{j} - 90\mathbf{k}\}$ m/s^2

20.53. $\mathbf{v}_C = \{2{,}80\mathbf{j} - 5{,}60\mathbf{k}\}$ m/s,
$\mathbf{a}_C = \{-56{,}0\mathbf{i} + 2{,}10\mathbf{j} - 1{,}40\mathbf{k}\}$ m/s^2

20.54. $\mathbf{v}_C = \{-2{,}7\mathbf{i} - 6\mathbf{k}\}$ m/s
$\mathbf{a}_C = \{-72\mathbf{i} - 13{,}5\mathbf{j} + 7{,}8\mathbf{k}\}$ m/s^2

Capítulo 21

21.2. $I_{\bar{y}} = \dfrac{3m}{80}(h^2 + 4a^2)$, $I_{y'} = \dfrac{m}{20}(2h^2 + 3a^2)$

21.3. $I_y = \dfrac{1}{3} mr^2$, $I_x = \dfrac{m}{6}(r^2 + 3a^2)$

21.5. $I_{xy} = \dfrac{m}{12} a^2$

21.6. $\begin{pmatrix} \frac{2}{3} ma^2 & \frac{1}{4} ma^2 & \frac{1}{4} ma^2 \\ \frac{1}{4} ma^2 & \frac{2}{3} ma^2 & -\frac{1}{4} ma^2 \\ \frac{1}{4} ma^2 & -\frac{1}{4} ma^2 & \frac{2}{3} ma^2 \end{pmatrix}$

21.7. $I_{xy} = 4{,}08$ kg·m^2, $I_{yz} = 1{,}10$ kg·m^2,
$I_{xz} = 0{,}785$ kg·m^2

21.9. $I_{Z'} = 3{,}094$ kg·m^2

21.10. $I_Z = 0{,}0915$ kg·m^2

21.11. $I_{aa} = \dfrac{m}{12}(3a^2 + 4h^2)$

21.13. $I_{xx} = 0{,}626$ kg·m^2, $I_{yy} = 0{,}547$ kg·m^2,
$I_{zz} = 1{,}09$ kg·m^2

21.14. $I_{xy} = 0{,}32$ kg·m^2, $I_{yz} = 0{,}08$ kg·m^2, $I_{xz} = 0$

21.15. $I_{z'} = 0{,}0595$ kg·m^2

21.17. $x' = 0{,}2$ m, $y' = 0{,}15$ m, $I_{x'} = 0{,}1337$ kg·m^2,
$I_{y'} = 0{,}0764$ kg·m^2, $I_{z'} = 0{,}2101$ kg·m^2

21.18. $I_z = 0{,}429$ kg·m^2

21.19. $I_x = 80$ kg·m^2, $I_y = 128$ kg·m^2,
$I_z = 176$ kg·m^2, $I_{xy} = 72$ kg·m^2,
$I_{yz} = -24$ kg·m^2, $I_{xz} = -24$ kg·m^2

21.21. $I_x = 4{,}50$ kg·m^2, $I_y = 4{,}38$ kg·m^2,
$I_z = 0{,}125$ kg·m^2

21.22. $I^3 - (I_{xx} + I_{yy} + I_{zz})I^2 + (I_{xx} I_{yy} + I_{yy} I_{zz} + I_{zz} I_{xx} - I_{xy}^2 - I_{yz}^2 - I_{zx}^2)I - (I_{xx} I_{yy} I_{zz} - 2I_{xy} I_{yz} I_{zx} - I_{xx} I_{yz}^2 - I_{yy} I_{zx}^2 - I_{zz} I_{xy}^2) = 0$

21.23. $\mathbf{H}_A = (\rho_{G/A} \times m\mathbf{v}_G) + \mathbf{H}_G$

21.25. $\omega_{OA} = 20{,}2$ rad/s
21.26. $\omega_{OA} = 17{,}3$ rad/s
21.27. $\omega_x = 10{,}8$ rad/s
21.29. $\omega = \{8{,}73\mathbf{i} - 122\mathbf{j}\}$ rad/s
21.30. $\omega_p = 4{,}82$ rad/s
21.31. $\omega = \{-0{,}0625\mathbf{i} - 0{,}119\mathbf{j} + 0{,}106\mathbf{k}\}$ rad/s
21.33. $\omega_y = 26{,}2$ rad/s
21.34. $\mathbf{H}_O = [0{,}375\mathbf{i} + 7{,}575\mathbf{k}]$ kg·m^2/s
$T = 25{,}5$ J
21.35. $\mathbf{H}_A = [-2000\mathbf{i} - 55000\mathbf{j} + 22500\mathbf{k}]$ kg·m^2/s
21.37. $T = 1{,}14$ J
21.38. $H_z = 0{,}4575$ kg·m^2/s
21.39. $\omega_{AB} = 21{,}4$ rad/s
21.41. $\Sigma M_x = (I_x \dot{\omega}_x - I_{xy} \dot{\omega}_y - I_{xz} \dot{\omega}_z),$
$- \Omega_z(I_y \omega_y - I_{yz} \omega_z - I_{yx} \omega_x),$
$+ \Omega_y(I_z \omega_z - I_{zx} \omega_x - I_{zy} \omega_y)$
De modo semelhante para ΣM_y e ΣM_z.
21.42. $\Sigma M_x = I_x \dot{\omega}_x - I_y \Omega_z \omega_y + I_z \Omega_y \omega_z$
21.43. $\theta = \cos^{-1}\left(\dfrac{3g}{2L\omega^2}\right)$
21.45. $F_A = 277$ N, $F_B = 166$ N
21.46. $\dot{\omega}_x = -14{,}7$ rad/s^2, $B_z = 77{,}7$ N, $B_y = 3{,}33$ N,
$A_x = 0$, $A_y = 6{,}67$ N, $A_z = 81{,}75$ N
21.47. $\dot{\omega}_x = 9{,}285$ rad/s^2, $B_z = 97{,}7$ N, $B_y = 3{,}33$ N,
$A_x = 0$, $A_y = 6{,}67$ N, $A_z = 122$ N
21.49. $A_y = 0$, $B_x = 3{,}75$ kN
21.50. $\dot{\omega}_z = 200$ rad/s^2, $D_y = -12{,}9$ N, $D_x = -37{,}5$ N,
$C_x = -37{,}5$ N, $C_y = -11{,}1$ N, $C_z = 36{,}8$ N
21.51. $B_x = -250$ N, $A_z = B_z = 24{,}5$ N
21.53. $M_x = -\dfrac{4}{3} ml^2 \omega_s \omega_p \cos \theta,$
$M_y = \dfrac{1}{3} ml^2 \omega_p^2 \operatorname{sen} 2\theta$, $M_z = 0$
21.54. $T = 23{,}3$ N, $F_A = 41{,}3$ N
21.55. $\Sigma M_x = 0$, $\Sigma M_y = (-0{,}036 \operatorname{sen} \theta)$ N·m,
$\Sigma M_z = (0{,}003 \operatorname{sen} 2\theta)$ N·m
21.57. $F_A = F_B = 19{,}5$ N
21.58. $(M_0)_x = 72{,}0$ N·m, $(M_0)_z = 0$
21.59. $N = 148$ N, $F_f = 0$
21.61. $\alpha = 69{,}3°$, $\beta = 128°$, $\gamma = 45°$.
Não, a orientação não será a mesma para qualquer ordem. Rotações finitas não são vetores.
21.62. $\omega_P = 27{,}9$ rad/s
21.63. $\omega_R = 368$ rad/s
21.65. $\omega_p = 10{,}9$ rad/s ou $-1{,}76$ rad/s
21.66. $\omega_s = 105$ rad/s
21.67. $\dot{\phi} = \left(\dfrac{2g \cos \theta}{a + r \cos \theta}\right)^{1/2}$
21.69. $\omega_s = 3{,}63(10^3)$ rad/s
21.70. $H_G = 12{,}5$ Mg·m^2/s
21.71. $\dot{\phi} = 81{,}7$ rad/s, $\dot{\psi} = 212$ rad/s,
precessão regular
21.73. $\operatorname{tg} \theta = \dfrac{I}{I_z} \operatorname{tg} \beta$
21.74. $\dot{\psi} = 2{,}35$ rev/h
21.75. $\alpha = 90°$, $\beta = 9{,}12°$, $\gamma = 80{,}9°$
21.77. $\beta = 0{,}673°$
Precessão Regular
Visto que $I_z < I$.
21.78. $\dot{\phi} = 3{,}32$ rad/s

Capítulo 22

22.1. $\ddot{y} + 56{,}1\,y = 0,\ y|_{t=0{,}22\,s} = 0{,}192\text{ m}$

22.2. $x = -0{,}05\cos(20t)$

22.3. $y = 0{,}107\,\text{sen}(7{,}00t) + 0{,}100\cos(7{,}00t)$,
$\phi = 43{,}0°$

22.5. $\omega_n = 49{,}5\text{ rad/s},\ \tau = 0{,}127\text{ s}$

22.6. $x = \{-0{,}126\,\text{sen}(3{,}16t) - 0{,}09\cos(3{,}16t)\}$ m,
$C = 0{,}155$ m

22.7. $\theta = A\,\text{sen}(\omega_n t) + B\cos(\omega_n t)$,
$A = -0{,}101$ rad, $B = 0{,}30$ rad, $\omega_n = 4{,}95$ rad/s

22.9. $\omega_n = 8{,}16\text{ rad/s},\ x = -0{,}05\cos(8{,}16t),\ C = 50$ mm

22.10. $\tau = 2\pi\sqrt{\dfrac{2mL}{3mg + 6kL}}$

22.11. $\tau = 2\pi\sqrt{\dfrac{k_G^2 + d^2}{gd}}$

22.13. $\tau = 2\pi\sqrt{\dfrac{m}{3k}}$

22.14. $k = 1{,}36\text{ N/m},\ m_B = 3{,}58$ kg

22.15. $\tau = 2\pi\sqrt{\dfrac{2r}{g}}$

22.17. $k_1 = 2067\text{ N/m},\ k_2 = 302\text{ N/m}$, ou vice-versa

22.18. $m_B = 21{,}2\text{ kg},\ k = 609\text{ N/m}$

22.19. $y = 503$ mm

22.21. $\omega_n = 9{,}47$ rad/s

22.22. $\omega_n = \sqrt{\dfrac{3g(4R^2 - l^2)^{1/2}}{6R^2 - l^2}}$

22.23. $\tau = 1{,}66$ s

22.25. $f = 0{,}900$ Hz

22.26. $\tau = 2\pi k_O\sqrt{\dfrac{m}{C}}$

22.27. $k_B = a\sqrt{\dfrac{m}{M}\left(\dfrac{\tau_2^2}{\tau_1^2 - \tau_2^2}\right)}$

$k = \dfrac{4\pi^2}{\tau_1^2 - \tau_2^2}m$

22.29. $\tau = 2\pi\sqrt{\dfrac{l}{2g}}$

22.30. $\ddot{x} + 333x = 0$

22.31. $\tau = 2\pi\sqrt{\dfrac{m}{3k}}$

22.33. $\tau = 0{,}774$ s

22.34. $\ddot{\theta} + 468\theta = 0$

22.35. $\tau = 0{,}487$ s

22.37. $\tau = 2\pi\sqrt{\dfrac{m(r^2 + k_O^2)}{r^2(k_1 + k_2)}}$

22.38. $\tau = \pi\sqrt{\dfrac{m}{k}}$

22.39. $\theta'' + \omega_n^2\theta = 0$ onde $\omega_n^2 = 468$ rad/s^2

22.41. $y = A\,\text{sen}\,\omega_n + B\cos\omega_n + \left(\dfrac{F_0}{(k - m\omega^2)}\right)\cos\omega t$

22.42. $y = A\,\text{sen}\,\omega_n t + B\cos\omega_n t + \dfrac{F_0}{k}$

22.43. $c = 18{,}9$ N·s/m

22.45. $y = A\,\text{sen}\,\omega_n t + B\cos\omega_n t + \dfrac{\delta_0}{1 - (\omega/\omega_n)^2}\text{sen}\,\omega t$

22.46. $y = \big(361\,\text{sen}\,7{,}75t + 100\cos 7{,}75t$
$- 350\,\text{sen}\,8t\big)$ mm

22.47. $C = \dfrac{3F_O}{\tfrac{3}{2}(mg + Lk) - mL\omega^2}$

22.49. $(x_p)_{máx} = 29{,}5$ mm

22.50. $\ddot{\theta} + \dfrac{4c}{m}\dot{\theta} + \dfrac{k}{m}\dot{\theta} = 0$

22.51. $(v_p)_{máx} = 0{,}3125$ m/s

22.53. $(x_p)_{máx} = 14{,}6$ mm

22.54. $(x_p)_{máx} = 35{,}5$ mm

22.55. $Y = \dfrac{mr\omega^2 L^3}{48EI - M\omega^2 L^3}$

22.57. $C = 21{,}92$ mm

22.58. $\omega = 19{,}2$ rad/s

22.59. $v_R = 1{,}20$ m.s

22.61. $y_{máx} = 0{,}00357$ rad

22.62. $\omega = 12{,}2\text{ rad/s},\ \omega = 7{,}07$ rad/s

22.63. $k = 417\text{ N/m},\ k = 1250$ N/m

22.65. MF = 0,997

22.66. $y = \{-0{,}0702\,e^{-3{,}57t}\,\text{sen}(8{,}540)\}$ m

22.67. $x = 0{,}119\cos(6t - 83{,}9°)$ m

22.69. $\ln\left(\dfrac{x_1}{x_2}\right) = \dfrac{2\pi\left(\dfrac{c}{c_c}\right)}{\sqrt{1 - \left(\dfrac{c}{c_c}\right)^2}}$

22.70. $y = [33{,}8\,e^{-7{,}5t}\,\text{sen}(8{,}87t)]$ mm

22.71. $\ddot{y} + 16\dot{y} + 12y = 0$
Visto que $c > c_c$, o sistema não vibrará.
Portanto, ele está **superamortecido.**

22.73. $c_c = \sqrt{8(m + M)k},\ x_{máx} = \left[\dfrac{m}{e}\sqrt{\dfrac{1}{2k(m + M)}}\right]v_0$

22.74. $x_{máx} = \dfrac{2mv_0}{\sqrt{8k(m + M) - c^2}}\,e^{-\pi c/(2\sqrt{8k(m+M)-c^2})}$

22.75. $\ddot{y} + 16\dot{y} + 12y = 0$
Visto que $c > c_c$, o sistema não vibrará.
Portanto, ele está **superamortecido**

22.77. $L\ddot{q} + R\dot{q} + \left(\dfrac{2}{C}\right)q = 0$

22.78. $L\ddot{q} + R\dot{q} + \dfrac{1}{C}q = 0$

Índice

A

Aceleração (a), 4-5, 16-18, 29-30, 31-32, 49-50, 63, 81-82, 95, 101--159, 287, 288, 290-291, 330-338, 347-349, 359, 363-418, 501-502, 517-518
   absoluta, 81, 330
   análise de movimento relativo e, 81, 330-338, 347-349, 359, 517-518
   angular (α), 64, 288-289, 363, 501-502
   centrípeta, 50
   cinemática de partículas e, 4-5, 29-30, 48-50, 63, 81-82, 95
   cinemática plano de corpos rígidos e, 287, 288, 290-291, 330--338, 359
   cinemática retilínea e, 4-5, 16-18, 95
   cinética de partículas, 101-159
   cinética plano de corpos rígidos, 363-418
   componentes cilíndricos e, 64, 135-140, 157
   componentes normais (n) da, 48-50, 123-127, 157, 290-291, 390-391
   componentes retangulares e, 31-32, 107-113, 157
   componentes tangenciais (t) da, 48-50, 123-127, 157, 290-291, 390-391
   constante, 5, 289
   convenção de sinal para, 3
   Coriolis, 348, 360
   derivada de tempo e, 503-506
   eixos de rotação, 347-349, 358, 517-518
   eixos transladando, 84, 330-338, 358, 517-518
   equações do movimento para, 103-113, 123-127, 135-140, 157, 374-382, 390-396, 404-409, 416
   força (**F**) e 101-159, 363-418
   força normal (N) e, 135-140
   força tangencial (tg) e, 136-140
   gráficos de variáveis, 16-18, 95
   gravitacional (g), 102
   hodógrafa e, 30
   inércia e, 101
   instantânea, 4, 30
   intensidade, 32, 49-50, 63, 330, 347, 390-391
   massa (m) e, 101
   média, 4, 29
   momento de inércia (I) e, 363-370, 391, 404-405, 416
   movimento circular e, 290-291, 330-332
   movimento contínuo e, 2-3
   movimento curvilíneo, 29, 31, 49-50, 63
   movimento de corpo rígido tridimensional, 499, 517-518
   movimento irregular e, 16-18
   movimento plano geral e, 330-338, 347-349, 358, 404-409, 416
   procedimento para análise de, 333
   relativa, 81-82
   resistência do corpo à, 363
   rotação de eixo fixo e, 288, 290-291, 358, 390-396, 416
   rotação de ponto fixo e, 501-502
   rotação e, 289, 290-291, 330-338, 358, 374, 390-396, 416
   translação e, 287, 358, 374, 377-382, 416
   velocidade (v) e, 3-4
Aceleração absoluta, 81-82, 330
Aceleração angular (ω), 64, 288, 363, 501-502
Aceleração centrípeta, 50
Aceleração constante, 5, 289
Aceleração de Coriolis, 348, 360
Aceleração gravitacional (g), 102
Aceleração instantânea, 4, 30
Aceleração média, 4, 29
Aceleração relativa, 81-82, 359
Amortecedor, 595

Amplitude de vibração, 577
Análise de movimento dependente, 76-80, 97
   coordenadas de posição para, 76, 97
   derivadas de tempo para, 76, 97
   partículas, 76-80, 95
   procedimento para, 77
Análise de movimento dependente absoluto, *Ver* Análise de movimento dependente
Análise de movimento relativo, 81-85, 97, 308-311, 320-325, 330--338, 345-352, 359, 516-522, 526
   aceleração (a) e, 81-82, 330-338, 347-349, 359, 517-518
   centro instantâneo (CI) de velocidade nula, 320-325, 359
   cinemática de uma partícula, 81-85, 97
   coordenando sistemas de referência fixos e transladando, 308-311, 330-338, 359
   deslocamento e, 308
   eixos de rotação, 345-352, 359, 516-522, 526
   eixos de translação, 81-85, 97, 308-311, 330-338, 359, 516--522, 526
   membros com pinos nas extremidades, 308-311, 330-338
   movimento circular, 309-310, 320-325, 330-332, 359
   movimento de corpo rígido tridimensional, 516-522, 526
   movimento plano de corpo rígido, 308-311, 320-325, 330-338, 345-352, 359
   procedimentos para análise usando, 82, 311, 333, 349, 518-519
   rotação e, 308-311, 330-338, 359
   sistema de coordenadas de translação para, 516
   velocidade (v) e, 81, 308-311, 320-325, 345-347, 359, 516
   vetores de posição (**r**) e, 81, 308, 345, 516
Análise do movimento absoluto, 302-305, 359
Análise vetorial, 611-614
Analogia com circuito elétrico, vibrações e, 600-601, 608
Ângulo de fase (ϕ), 577
Ângulo direcional (ψ), 136
Ângulos de Euler, 559
Apogeu, 152
Atração gravitacional (G), 102-103, 149-150
   lei de Newton da, 102-103
   movimento de força central e, 149-150

B

Braço do momento, 364

C

Calor, forças de atrito pelo deslizamento e, 167
Centro de curvatura, 48
Centro de massa (G), 106, 460-461, 536-537, 540
Centro instantâneo (CI), 320-325, 359, 404
   centrodo, 322
   equação do momento em torno do, 404
   movimento circular e, 320-325, 359
   movimento plano geral, 404
   posição do, 320-325procedimento para análise de, 322
   velocidade nula, 320-325, 359, 404
Centrodo, 322
Ciclo, 578
Cinemática, 1-99, 285-361, 499-526. *Ver também* Movimento plano
   análise de movimento dependente, 76-80, 95
   análise de movimento relativo, 81-85, 97, 308-311, 330-338, 345-352, 358-359, 516-522, 526
   componentes cilíndricos, 62-69, 96
   convenções de sinal para, 2-4
   coordenada radial (r), 62-63
   coordenada transversa (θ), 62-63
   coordenadas cilíndricas (r, θ, z), 64
   coordenadas para, 30-32, 48-50, 62-69, 96-97, 506-509

coordenadas polares, 62-63
coordenadas retangulares (x, y, z), 30-34, 96-97
corpos rígidos, 285-361, 499-526
derivada no tempo, 503-506
eixos de rotação, 345-352, 359, 503-506, 516-522, 526
eixos de translação, 81-85, 97, 345-352, 516-522, 526
eixos normais (n), 48-54, 96
eixos tangenciais (t), 48-54, 96
gráficos para solução de, 16-21, 95
movimento contínuo, 2-11
movimento curvilíneo, 28-34, 48-54, 62-69, 96-97, 285-287
movimento de projétil, 35-39, 96
movimento irregular, 16-25
movimento tridimensional, 499-526
partículas e, 1-99
plana, 285-361
procedimentos para análise de, 6, 32, 36, 51, 77, 82, 292-293, 302, 311, 322, 333, 349, 518-519
retilínea, 2-11, 16-21, 95, 285-287
rotação de eixo fixo, 285, 287-294, 358
rotação de ponto fixo, 499-509, 526
rotação e, 285, 287-294, 302-305, 308-311, 358
sistemas transladando e rotacionando, 503-506
translação e, 285-287, 302-305, 308-314, 358-359
Cinemática retilínea, 2-11, 16-21, 95
aceleração (a), 4-5, 16-18, 95
convenções de sinais para, 2-4
deslocamento (Δ), 3
gráficos para solução de, 16-21, 95
movimento contínuo, 2-11
movimento irregular, 16-21
partículas e, 2-11, 16-21, 95
posição (s), 3, 5, 16-18, 95
procedimento para análise de, 6
tempo (t) e, 5, 16-17, 95
velocidade (v), 3-5, 16-18, 95
Cinética, 1, 101-159, 161-210, 211-284, 363-418, 419-457, 459-499, 527-573. *Ver também* Movimento plano; Mecânica espacial
aceleração (a) e, 101-159, 363-418
conservação de energia, 193-197, 208
conservação de quantidade de movimento, 225-232, 255-256, 281, 479-482, 495
coordenadas cilíndricas (r, θ, z), 135-140, 158
coordenadas normais (n), 123-127, 158
coordenadas retangulares (x, y, z), 107-113, 157, 538, 548--550, 573
coordenadas tangenciais (t), 123-127, 158
corpos rígidos tridimensionais, 527-573
corpos rígidos, 363-418, 419-457, 459-499, 527-573
diagramas de corpo livre para, 103, 157, 374-378
eficiência (e) e, 182-185, 208
energia (E) e, 161-210, 419-457, 539-542
equações de movimento, 101-103, 123-127, 135-140, 374-382, 390-396, 404-409, 416, 546-555
fluxo constante, 264-269, 283
força (F) e, 101-159, 161-166, 190-197, 207-208, 363-418
forças conservativas e, 190-197, 208
impacto e, 236-244, 282, 483-486, 495
impulso e quantidade de movimento, 211-284, 459-499, 572
inércia (I), 363-370, 404-405, 416, 527-532, 572
leis de Newton e, 101-103, 157
momentos de inércia de massa, 363-370, 416
movimento de força central, 147-153, 157
movimento giroscópico, 549-550, 559-564, 573
movimento livre de torque, 564-567, 573
movimento plano, 363-418, 419-457, 459-499
partículas, 101-159, 161-210, 211-284
potência (P), 182-185, 208
princípio de, 1
princípio de impulso e quantidade de movimento, 464-471, 572
princípio de trabalho e energia, 165-173, 208, 540, 572-573
procedimentos para análise de, 107-108, 123-124, 137, 166, 183, 194, 214-215, 227, 240, 256, 266-267, 365, 378-379, 392, 404-405, 426-427, 466-467, 550-551
propulsão, 269-273, 282

quantidade de movimento angular (**H**), 251-259, 282, 459-464, 464-466, 479-482, 494-495, 536-539, 572
quantidade de movimento linear, 459, 464-466, 479-482
rotação e, 375-377, 390-396, 416, 462-463, 494
sistema de referência inercial para, 104-105, 157
trabalho (U) e, 161-210, 419-457, 540, 572-573
trajetórias, 147-153, 157
translação e, 374, 377-382, 416, 462-463, 494
volumes de controle, 264-273, 283
Coeficiente de amortecimento crítico, 596
Coeficiente de amortecimento viscoso, 595
Coeficiente de restituição, 237-240, 266, 281-282, 483-486, 495
Componente radial ($\mathbf{v}_r$), 63
Componente transversal ($\mathbf{v}_\theta$), 63
Componentes cilíndricos, 62-69, 95-97, 135-140, 157-158
aceleração (a) e, 63, 135-140, 157-158
ângulo direcional (ψ), 136
coordenadas cilíndricas (r, θ, z), 64, 135-140, 157-158
coordenadas polares para, 62, 97
derivadas de tempo de, 64-65
equações do movimento e, 135-140, 157-158
força normal (N) e, 135-140
força tangencial e, 135-140
movimento curvilíneo, 62-69, 97
procedimentos para análise usando, 65, 137
velocidade (v) e, 63
vetor posicional (**r**) para, 62
Cone do corpo, 566
Cone do espaço, 566
Conservação da quantidade de movimento, 225-232, 237, 239-240, 255-256, 282, 479-482, 495
angular, 255-256, 479-482, 495
cinética das partículas, 225-232, 237, 239-240, 255-256, 264-266
forças impulsivas e, 226
impacto e, 237, 239-240, 282
linear, 225-232, 237, 239-240, 282, 479-482, 495
movimento plano de corpo rígido, 479-482, 495
sistemas de partículas, 225-232, 255
procedimentos para análise de, 227, 239, 256, 480
Conservação de energia, 193-197, 208, 440-445, 455, 587-590, 607
cinética de uma partícula, 193-197, 208
energia cinética e, 193-194
energia potencial (V) e, 193-197, 208, 440-445, 455
energia potencial elástica, 441, 455
energia potencial gravitacional, 440, 455
equações diferenciais para, 587
forças conservativas e, 193-197, 208, 440-445, 587
frequência natural (ω_n) da, 587-588, 607
movimento plano de corpo rígido, 440-445, 455
peso (W), deslocamento de, 193
procedimentos para análise usando, 194, 442, 588
sistema de partículas, 194
trabalho (W) e, 193-197, 208, 440-445, 455
vibração e, 587, 607
Coordenada radial (r), 62-63
Coordenada transversal (θ), 62-65
Coordenadas, 3, 30-34, 48-50, 62-69, 76-80, 96-97, 107-113, 123--127, 135-140, 157-158, 287, 289-291, 308, 359, 374-377, 506-509, 516, 536-539, 548-550, 572-573
aceleração (**a**) e, 31-32, 49-50, 63-64, 107-113, 123-127, 135--140, 157, 290-291
análise de movimento dependente e, 76-80, 97
análise de movimento relativo e, 81, 97, 308, 516
ângulo direcional (ψ), 136-137
cilíndricas (r, θ, z), 64, 135-140, 158
cinemática de uma partícula, 3, 30-34, 48-50, 62-69, 76-80, 96-97
cinética de uma partícula, 107-113, 123-127, 135-140, 157
coordenando sistemas de referência fixos e em translação, 308, 359
eixos de translação e, 81, 97
equações de movimento e, 107-113, 123-127, 135-140, 157--158, 374-377, 548-550, 573
equações de posição-coordenada, 76-80, 95-97
força (F) e, 107-113, 123-127
força centrípeta, 123-127

forças de atrito (**F**) e, 136
forças normais (**N**) e, 136
forças tangenciais (tg) e, 136-137
movimento angular, 287
movimento circular, 289-291
movimento contínuo, 2
movimento curvilíneo, 30-34, 48-50, 62-69, 96-97
movimento plano, 48-50
movimento plano de corpo rígido, 374-377
movimento tridimensional, 50, 506-509, 516, 536-539, 548--550, 572-573
normais (n), 48-50, 96, 123-127, 157, 290-291
origem fixa (O), 3
polares, 62
posição (s), 3
procedimentos para análise usando, 32, 51, 65, 107-108, 123--124, 137
quantidade de movimento angular (**H**) e, 536-539
radiais (r), 62-65
retangulares (x, y, z), 30-34, 96, 107-113, 157, 374-377, 536--539, 548-550, 572-573
sistemas de translação, 506-509, 516
tangenciais (t), 48-50, 96, 123-127, 157, 290-291
transversais (θ), 62-65
velocidade (**v**) e, 31, 48-49, 63, 288
vetor de posição (**r**), 30, 63, 81, 290
Coordenadas normais (n), 48-54, 123-127, 157, 290-291, 390-391
aceleração (a) e, 49-50, 290-291, 390-391
cinética da partícula, 123-127, 157
componentes do movimento circular, 290-291
componentes do movimento curvilíneo, 48-54
equações de movimento e, 123-127, 157
movimento plano de corpo rígido, 290-291, 390-391
movimento plano e, 48
movimento tridimensional, 50
procedimento para análise de, 51
rotação em torno de um eixo fixo, 290-291, 390-391
velocidade (v) e, 48
Coordenadas polares, 62-63, 97
Coordenadas retangulares (x, y, z), 30-34, 96, 107-113, 157, 538, 548-550, 572-573
cinemática de uma partícula, 30-34, 96
cinética de uma partícula, 107-113, 157-158
componentes da quantidade de movimento angular, 538
equações de movimento e, 107-113, 157-158, 548-550, 572-573
movimento curvilíneo, 30-34, 96
movimento no plano rígido tridimensional e, 538, 548-550, 572-573
notação com pontos para, 31
procedimentos para análise usando, 32, 107-108
Coordenadas tangenciais (t), 48-54, 123-127, 157, 290-291, 390-396
aceleração (a) e, 49-50, 290-291, 390-396
cinética da partícula, 123-127, 157
componentes do movimento circular, 290-291
componentes do movimento curvilíneo, 48-54
equações de movimento e, 123-127, 157, 390-396
movimento plano de corpo rígido, 290-291, 390-396
movimento plano e, 48
movimento tridimensional, 50
procedimento para análise de, 51
rotação em torno de um eixo fixo, 290-291, 390-391
velocidade (v) e, 48
Corpos compostos, momento de inércia para, 368
Corpos não rígidos, princípio de trabalho e energia para, 167-168
Corpos rígidos, 167-168, 285-361, 363-418, 419-457, 459-499, 499--526, 527-573
aceleração (a) e, 287, 288, 290-291, 330-338, 347-349, 358-359, 363-418, 517-518
análise de movimento absoluto (dependente), 302-305, 358
análise de movimento relativo, 308-311, 330-338, 345-352, 359, 516-522, 526
centro instantâneo (CI) de velocidade nula, 320-325, 359, 404
cinemática de, 285-361, 499-526
cinética de, 363-418, 419-457, 459-499, 527-573
conservação de energia, 440-445, 455
conservação de quantidade de movimento, 479-482, 495
derivada no tempos para, 503-506, 526
deslocamento (Δ) de, 288, 290, 422-423, 454
diagramas de corpo livre para, 374-378
eixos de rotação, 345-352, 359, 516-522, 526
eixos de translação, 345-352, 359, 516-522, 526
energia (E) e, 419-457
energia cinética e, 419-421, 454, 539-542, 572-573
energia potencial (V) de, 440-445, 455
equações de movimento para, 380-382, 390-396, 409-409, 416, 546-555, 572
força (F) e, 363-418, 422-425, 454
impacto (excêntrico), 483-486, 495
impulso e quantidade de movimento, 459-499, 536-539, 572
inércia e, 527-532, 572
momento de binário (M) em, 424-425, 454
momentos de inércia (I) para, 363-370, 391, 404-405, 416
movimento angular, 287, 292, 499-502
movimento circular, 287-290, 309-310, 320-325, 330-332, 358-359
movimento giroscópico, 559-564, 573
movimento livre de torque, 564-567, 573
movimento plano geral, 285, 302-314, 409-409, 416, 421, 454, 462-463, 494
movimento plano, 285-361, 363-418, 419-457
posição (**r**), 286, 288, 290, 345, 516
princípio de impulso e quantidade de movimento, 464-471
princípio de trabalho e energia, 167-168, 425-431, 455
procedimentos para análise de, 292, 302, 311, 322, 333, 349, 378-379, 392, 404-405, 426, 442, 466-467, 480, 518-519, 550
rotação de eixo fixo, 285, 287-294, 358, 390-396, 416, 421, 454, 494
rotação de ponto fixo, 499-502, 526, 537, 540
rotação de, 285, 287-294, 302-305, 308-311, 330-338, 358-359, 374-375, 390-396, 416, 421, 454, 462, 494
sistema de partículas e, 167-168, 422
trabalho (U) e, 419-457
translação de, 285-287, 302-305, 308-311, 330-338, 358-359, 374, 377-382, 416, 421, 454, 462, 494
tridimensionais, 499-526, 527-573
velocidade (v), 286, 288, 290, 308-311, 320-325, 345-347, 358--359, 517
velocidade nula, 320-325, 359
Corrente de fluido, fluxo contínuo de, 264-269, 283

D

Deformação, 167-168, 236-243, 483-486
coeficiente de restituição (e), 237-238, 483-486
fase de restituição, 237-240, 483
força de atrito e, 167-168
impacto e, 236-244, 483-486
impacto excêntrico e, 483-486
localizada, 167-168
máxima, 237
período de, 237
princípios de trabalho e energia e, 167-168
separação de pontos de contato, 485
velocidade angular (ω) e, 483-486
Deformação máxima, 237
Derivadas temporais, 64-65, 77, 96-97, 503-506, 526
movimento curvilíneo, 64, 97
movimento dependente absoluto, 77, 97
movimento tridimensional, 503-506, 526
rotação do ponto fixo, 503-506, 526
sistemas transladando e rotacionando, 503-506, 526
Desaceleração, 4
Deslizamento, 310, 331, 404, 423, 454
análise de movimento relativo e, 310, 330
equações de movimento e, 404
forças que não realizam trabalho, 423, 454
movimento circular e, 310, 331
movimento plano de corpo rígido, 423, 454
movimento plano geral, 404
velocidade nula e, 310, 423
Deslocamento (Δ), 3, 17, 29, 161-162, 288, 290, 308, 422-423, 454, 576-582, 594
amplitude, 577

análise de movimento relativo e, 308
angular (*dθ*), 288
cinemática de uma partícula, 3, 17, 29
cinemática plano de corpos rígidos e, 288, 290, 308
força de mola, 423
momento de binário (*M*) e, 424, 454
movimento circular e, 289
movimento curvilíneo, 29
movimento irregular, 16
movimento harmônico simples, 576
mudança de posição como, 3, 288, 290
regra da mão direita para direção de, 288, 290
rotação em torno de um ponto fixo, 288, 290
suporte periódico e, 594
trabalho de um peso e, 422
trabalho de uma força e, 161-162, 422
translação e rotação causando, 308
vertical, 422
vibrações e, 575-582, 594
Deslocamento angular (*dθ*), 288
Deslocamento periódico do suporte, 594
Deslocamento vertical (Δ), 422
Diagrama cinético, 103
Diagramas de corpo livre, 103, 157, 227, 251-252, 256, 374-378
    cinética de partículas usando, 103, 157
    equações de movimento e, 103, 374-378
    movimento plano de corpo rígido, 374-378
    movimento rotacional, 374-375
    movimento translacional, 374, 377-379
    quantidade de movimento angular, 251-252, 256
    quantidade de movimento linear, 227
    sistemas de referência inercial, 103, 374-378
Diagramas para impulso e quantidade de movimento, 213
Dinâmica, 1-2
    estudo, 1-2
    princípios de, 2
    procedimento para resolver problema, 2
Diretriz, 149

E
Eficiência (*e*), 182-185, 208
    energia (*E*) e, 182-185, 208
    mecânica, 183
    potência (*P*) e, 182-185, 208
    procedimento para análise de, 183
Eficiência mecânica, 183
Eixo de rotação, 501-503, 506
Eixos, 81-85, 97, 285, 287-294, 308-311, 330-338, 345-349, 358-359, 390-396, 416, 421, 454, 462, 494, 529-530, 546-550
    análise de movimento relativo de, 81-85, 97, 308-311, 330--333, 345-349, 359
    cinemática de corpos rígidos, 285, 287-294, 308-314, 330-338, 345-349, 359-360
    cinemática de uma partícula, 81-85, 97
    coordenando sistemas de referência fixos e em translação, 308-311, 330-338, 358-359
    eixos de giro simétricos, 549
    energia cinética e, 421, 454
    equações de Euler para, 549-550
    equações de movimento para, 390-396, 416, 547-550
    fixos, rotação em torno de, 285, 287-292, 360, 390-396, 416, 421, 548-550
    girando, 345-352, 359, 546-548
    impulso e quantidade de movimento de, 461, 494
    inércia (*I*), eixos principais de, 528-529
    membros com pinos nas extremidades, 308-311, 330-338
    momentos de inércia (*I*) em torno, 391, 528-529
    movimento angular e, 287, 292
    movimento circular e, 287-290, 330-332
    movimento de corpo rígido tridimensional, 528-530, 546-550
    movimento plano de corpo rígido, 390-396, 416, 421, 454, 461-462, 494
    planos de simetria, 529
    rotação em torno, 285, 287-294, 308-311, 330-338, 359, 390--396, 416, 421, 454, 462-463, 494
    sistema de referência fixo, 81-85
    translação para, 308-311, 330-338, 359
    transladando, 81-85, 97, 345-352, 358
Eixos de giro, equações de movimento para, 548-550
Eixos de giro simétricos, *Ver* Movimento giroscópico
Eixos de inércia (*I*) principais, 530, 538
Eixos de rotação, 345-352, 359, 503-506, 516-522, 526
    aceleração (*a*) de, 347-349, 517-518
    aceleração de Coriolis dos, 393, 360
    análise de movimento relativo para, 345-352, 359, 516-522, 526
    derivadas temporais para, 503-506
    eixo de rotação, 503
    movimento tridimensional e, 503-506, 516-522, 526
    procedimento para análise de, 349, 518-519
    sistema de referência fixa, 503-506
    sistemas transladando e rotacionando, 503-506
    variações de intensidade e, 346, 347
    velocidade (*v*) de, 345-347, 517
    vetores de posição (**r**) para, 345, 516
Eixos de translação, 81-85, 97, 308-311, 330-338, 359, 503-506, 516-522, 526
    aceleração (*a*), 81-82, 330-338, 517-518
    análise de movimento relativo de, 81-85, 97, 308-311, 330--338, 359, 516-522, 526
    cinemática de partículas, 81-85, 97
    coordenadas para, 81
    corpos rígidos tridimensionais, 503-506, 516-522, 526
    derivadas temporais para sistemas, 503-506
    movimento plano de corpo rígido, 81-85, 97, 308-311, 330--338, 359, 503-506, 516-522
    observadores, 81-82, 97
    procedimentos para análise de, 82, 302, 311, 333, 518-519
    rotação e, 302-305, 308-311, 330-338, 358
    sistema de referência fixo, 81-85
    sistemas transladando e rotacionando, 503-506, 526
    velocidade (*v*) de, 81, 308-311, 359, 517
    vetores de posição (**r**) para, 81, 308, 516
Elementos de casca, momento de inércia para, 364
Elementos de disco, momento de inércia para, 364
Elementos de volume, integração de momentos de inércia usando, 364
Empuxo, 269-270
Energia (*E*), 161-210, 419-457, 539-542, 572-573, 587-590
    cinética de uma partícula, 161-210
    cinética, 165-166, 190-191, 193-197, 207, 419-421, 425-431, 442, 454, 539-542, 572
    conservação de, 193-197, 208, 440-445, 455-456, 587-590
    corpos rígidos tridimensionais, 539-542, 572-573
    eficiência (*e*) e, 183-186, 208
    frequência natural (ω_n) e, 587-590, 607
    interna, 168
    movimento plano de corpo rígido e, 419-457
    potência (*P*) e, 183-186, 208
    potencial (*V*), 190-197, 208, 440-445, 455
    potencial elástica, 191, 441, 455
    potencial gravitacional, 191, 441, 455
    princípio de trabalho e, 165-173, 207, 425-431, 455, 549, 572-573
    procedimentos para análise de, 166, 183, 194, 426, 442
    sistema de partículas, 167-173
    trabalho (*U*) e, 161-210, 419-457
    vibração e, 587-590
Energia cinética, 165-166, 190, 193-194, 207, 419-421, 425-431, 454, 539-542, 572-573
    centro de massa (*G*) para, 540
    conservação de, 193-194
    energia potencial e, 190, 193-194
    integração para, 539-540
    movimento de corpo rígido tridimensional, 539-542, 572-573
    movimento plano de corpo rígido e, 419-421, 425-431, 454
    movimento plano geral e, 421, 454
    partículas, 165-166, 190, 193-194, 207
    placa na referência inercial para, 419
    ponto fixo *O* para, 540
    princípio de trabalho e energia, 165-166, 207, 425-431, 540, 572-573
    procedimento para análise de, 426-427
    rotação em torno de um eixo fixo e, 421, 454

Índice **673**

sistema de corpos, 421
translação para, 420, 454
Energia interna, 168
Energia mecânica, 193-197. *Ver também* Conservação de energia
Energia potencial (V), 190-197, 208, 440-445, 455
    conservação de energia e, 193-197, 208, 440-445, 455
    elástica, 191, 208, 441, 455
    energia cinética e, 190, 193-194
    equações para conservação de, 441-442
    força de mola e, 190-192, 208, 441, 455
    forças conservativas e, 190-192, 208, 440-445, 455
    função de potencial para, 191-192
    gravitacional, 190-191, 208, 441, 455
    movimento plano de corpo rígido, 440-445, 455
    partículas, 190-192, 208
    peso (W), deslocamento de, 190, 191-192, 208, 441
    procedimento para análise de, 194, 442
    trabalho (U) e, 190-192
Energia potencial elástica, 191, 208, 441-442, 455
Energia potencial gravitacional, 190, 208, 440, 455
Equações de Euler, 548-549
Equações de movimento, 101-103, 104-113, 123-127, 135-140, 147-153, 157-158, 211-213, 374-382, 390-396, 404-409, 416, 546-555, 573
    aceleração (a) e, 101-113, 123-127, 135-140, 374-382, 390-396, 416
    atração gravitacional, 102-103
    centro instantâneo (CI) de velocidade nula e, 404
    cinética de uma partícula, 101-113, 123-127, 135-140, 147-153, 157
    condições de equilíbrio estático, 103-104
    coordenadas cilíndricas (r, θ, z), 135-140, 158
    coordenadas normais (n), 123-127, 158, 390-391
    coordenadas retangulares (x, y, z), 107-113, 157, 374-377, 546-550, 572-573
    coordenadas tangenciais (t), 123-127, 158, 390-391
    corpos rígidos tridimensionais, 546-555, 573
    deslizamento e, 404
    diagrama cinético para, 103
    diagramas de corpo livre para, 103, 157, 374-379
    eixos de rotação simétricos, 548-550
    equações de movimento, 390, 404
    equilíbrio e, 103
    força (**F**) e, 101-113, 123-127, 135-140, 374-382, 390-396, 416
    força centrípeta, 123-127
    força de atrito (**F**), 108, 136
    força de mola, 108
    força externa, 105-106, 375-377
    força interna, 105-106, 375-377
    força normal (**N**), 135-140, 158
    força tangencial, 135-140, 158
    impulso linear e quantidade de movimento, 211-213
    massa (m) e, 101-103, 105-106
    momentos de inércia (I) e, 391, 404-405
    movimento de força central, 147-150, 158
    movimento de translação, 374, 377-382, 416, 546, 573
    movimento plano de corpo rígido, 374-382, 390-396, 404-409, 416
    movimento plano geral, 377, 404-409, 416
    movimento rotacional, 375-376, 390-396, 416, 547-548, 573
    procedimentos para análise usando, 107-108, 123-124, 137, 378-379, 392, 404-405, 550-551
    rotação de eixo fixo, 390-396, 416, 548-550
    segunda lei de Newton, 101, 157
    simetria de sistemas de referência para, 374-377
    sistema de referência inercial para, 104, 157, 374-377, 546-548
    sistemas de partículas, 105-106
    trajetórias, 147-150
Equações derivadas, 609
Equações diferenciais no tempo, 302
Equações integrais, 610
Equilíbrio dinâmico, 103
Equilíbrio estático, 103
Equilíbrio, equações de movimento e, 103
Esferas, rotação de ponto fixo e, 499, 526
Estática, estudo da, 1

Excentricidade (e), 149-150
Expansões de série de potência, 609
Expressões matemáticas, 609-610

F

Fator de amortecimento, 597
Fator de ampliação (FA), 593, 599
Fluxo constante, 264-269, 282
    correntes de fluido, 264-269
    fluxo de massa, 265-266
    fluxo volumétrico (descarga), 266
    impulso e quantidade de movimento angular, 264-265
    impulso e quantidade de movimento linear, 264-265
    princípios de impulso e quantidade de movimento para, 264-269, 282
    procedimento para análise de, 266
    volume de controle, 264, 282
    volume fechado, 264
Fluxo de massa, 265-266, 269-271
Fluxo volumétrico (descarga), 266
Foco (F), 149-150
Força (**F**), 101-159, 161-173, 190-197, 287-288, 225-226, 252-253, 269-273, 363-418, 422-425, 440-445, 454, 575-576, 587, 592-594. *Ver também* Movimento de força central
    aceleração (a) e, 101-159, 363-418
    amortecimento viscoso, 595
    atração gravitacional e, 102-103
    atrito (**F**), 108, 136, 167-168, 190, 208
    centrípeta, 123-127
    cinética da partícula, 101-159, 161-173, 190-192, 207-208, 252-254
    cinética de corpo rígido, 363-418, 422-425, 454
    conservação de energia e, 193-197, 208, 440-445, 587
    conservação de quantidade de movimento linear e, 225-226
    conservativa, 190-197, 208, 440-445, 587
    constante, 162-163, 190, 207, 422, 454
    deslizamento (sem trabalho) e, 404, 423, 454
    deslocamento (Δ) de, 424, 454
    desequilibrada, 101
    diagramas de corpo livre para, 103, 157, 374-378
    empuxo, 269-270
    energia potencial (V) e, 190-192, 208
    energia potencial (V) e, 190-192, 208, 441-445
    equações de movimento para, 102, 103-113, 123-127, 135-140, 374-382, 390-396, 404-409, 416
    externa, 105-106, 214, 253, 374-376
    impulsiva, 225-226
    interna, 105-106, 253, 374-375
    leis de Newton e, 101-103, 157
    massa (m) e, 101-103
    mola, 108, 163-164, 191, 207-208, 423, 455, 575-576
    momento de binário (M) e, 424-425, 454
    momentos de inércia (I) e, 363-370, 404-405, 416
    momentos de uma, 252-253
    movimento de força central e, 147-153
    movimento no plano geral e, 404-409
    movimento plano e, 363-418, 422-425, 454
    normal (**N**), 136
    periódica, 592-594
    peso (W), 102, 163, 190, 191-192, 207-208, 423, 454
    propulsão, 269-273
    relações de quantidade de movimento angular com, 252-253
    resultante, 103, 167, 252
    rotação de eixo fixo e, 390-396, 416
    rotação e, 375, 390-396, 416
    sistema de partículas, 105-106, 165-173, 225-227
    tangencial, 136
    trabalho (U) de, 161-173, 190-192, 207, 422-425, 454
    trajetórias, 147-153, 157
    translação e, 374, 377-382, 416
    unidades de, 162
    variável, 162, 422
    vetor força inercial, 103
    vibrações e, 575, 587, 592-594
Força centrípeta, 123-127
Força conservativa, 190-197, 208, 440-445, 455, 587

conservação de energia, 193-197, 208, 440-445, 455, 587
energia potencial (V) e, 190-192, 208, 440-445, 455
energia potencial elástica, 191, 441, 455
energia potencial gravitacional, 190, 440, 455
força de atrito comparada com, 190, 208
força de mola como, 190-192 208, 441, 455
função potencial para, 191-192
peso (W), deslocamento de, 190, 191-192, 208
trabalho (U) e, 190-192, 440-445, 455
vibração e, 587
Força constante, trabalho de, 162-163, 193, 207, 422, 454-455
Força de amortecimento viscosa, 595, 607-608
Força de atrito (F), 108, 136, 167-168, 190, 208
equações de movimento para, 108, 136
forças conservativas comparadas com, 190, 208
trabalho causado pelo deslizamento, 167-168
Força de mola, 108, 163-164, 190-192, 207, 423, 441, 455, 576
cinética da partícula, 108, 163-164, 190-192, 207
conservação de energia e, 441, 455
deslocamento por, 423
energia potencial elástica e, 191, 207, 441, 455
equações de movimento para, 108
força conservativa da, 190-192
movimento plano de corpo rígido, 423, 441, 454-455
peso e, 191-192
trabalho da, 163-164, 190-192, 207, 423, 441, 454
vibrações e, 576
Força desequilibrada, 101
Força externa, 105-106, 253, 214, 374-378
Força interna, 105-106, 253, 375-377
Força não conservativa, 190
Força normal (N), 136
Força periódica, 592-594
Força resultante, 103, 168, 252
Força tangencial, 136, 157
Força variável, trabalho de, 162, 422
Forças impulsivas, 226
Forças não impulsivas, 226
Fórmula quadrática, 609
Formulação escalar de quantidade de movimento angular, 251, 255
Formulação vetorial da quantidade de movimento angular, 251, 255
Frequência (f), 576, 578, 587-590, 592-593, 597, 607-608
forçando (ω_0), 592-593, 607
natural (ω_n), 576, 578, 587-590, 607
natural amortecida (ω_d), 597
vibração e, 576, 578, 587-590, 607
Frequência natural (ω_n), 576, 578-579, 597-590, 607
conservação de energia e, 597-590
procedimentos para análise de, 579, 588
vibração livre não amortecida, 575, 578-579, 607
Funções hiperbólicas, 609
Funções vetoriais, 614

G
Giro, 559, 564-565
Gráficos, 16-21, 95, 213-214, 281
impulso representado por, 213-214, 281
intensidade representada por, 213-214
movimento irregular representado por, 16-21
soluções cinemáticas retilíneas usando, 16-21, 95
Gráficos a–s (aceleração – posição), 17-18
Gráficos a–t (aceleração – tempo), 16-17
Gráficos s–t (posição-tempo), 16-17
Gráficos v–s (velocidade-posição), 17-18
Gráficos v–t (velocidade-tempo), 16-17

H
Hertz (Hz), unidade de, 578
Hodógrafa, aceleração de partículas e, 30

I
Identidades trigonométricas, 609
Impacto, 236-244, 282, 483-486, 495
central, 236-238, 282
cinética de uma partícula, 236-244, 282
coeficiente de restituição (e), 238-239, 282, 483-486, 495
conservação de quantidade de movimento, 238-239, 239--244, 282
deformação e, 236-244, 483-486
elástico, 239
excêntrico, 483-486, 495
linha de impacto, 236, 239, 282, 483
movimento plano de corpo rígido, 483-486, 495
oblíquo, 236, 239, 282
perda de energia pelo, 239, 541-542
plástico (inelástico), 239
procedimentos para análise de, 239
restituição de, 237-240, 483
separação de pontos de contato devida ao, 485
Impacto central, 236-238, 239, 282
Impacto elástico, 239
Impacto excêntrico, 483-486, 495
Impacto oblíquo, 236, 240, 282
Impacto plástico (inelástico), 239
Impulso, 211-284, 459-497, 539, 572
angular, 254-256, 266, 281, 464-465
cinética de uma partícula, 211-284
conservação de quantidade de movimento angular e, 255-256
conservação de quantidade de movimento linear e, 225-226
corpos rígidos tridimensionais, 539, 572
diagramas, 212-213
equações de movimento, 211-213
fluxo constante e, 265-269, 281
forças externas, 214, 225-226
forças internas, 226
impacto e, 236-244, 282, 483-485
intensidade de, 212-213
linear, 211-218, 265-266, 282, 464
movimento plano de corpo rígido, 459-497
princípio da quantidade de movimento e, 211-218, 254-256, 264-269, 282, 464-471, 494, 539, 572
procedimentos para análise de, 227, 227, 256, 466-467
propulsão e, 269-273, 283
quantidade de movimento e, 211-284, 459-497
representação gráfica de, 213, 282
restituição, 237, 484
volumes de controle, 264-273, 283
Impulso angular, 254-256
Impulso linear e quantidade de movimento, 211-217, 225-232, 282, 459, 461-464, 464-467, 479-482, 494-495
cinética de uma partícula, 211-218, 225-232, 282
conservação de quantidade de movimento, 225-232, 479--482, 495
diagramas para, 213-214
força (F) e, 211-218
força externa e, 214
forças impulsivas e, 225-226
movimento plano de corpo rígido, 459, 460-461, 479-482
movimento plano geral e, 462, 494
princípio de impulso e, 211-218, 464-467, 494
procedimentos para análise de, 214-215, 227, 480
rotação de eixo fixo e, 462, 494
sistemas de partículas, 213-218, 225-232, 282
translação e, 461, 494
vetor, 213
Impulsos externos, 225-226
Impulsos internos, 225-226
Inércia (I), 363-370, 404-405, 416, 527-532, 538-539, 572
aceleração (a) e, 363-370, 404-405, 416
aceleração angular (α) e, 363
corpos compostos, 368
eixos principais de, 529-530, 538
elementos de volume para integração de, 364
equações de movimento e, 404-405
integração de, 364, 527-528
momento de inércia em torno de eixo arbitrário, 531
momento de, 363-370, 404-405, 416, 527-532, 572
momentos de massa, 363-370
movimento de corpo rígido tridimensional, 527-532, 572
movimento plano do corpo rígido e, 363-370, 404-405, 416
procedimento para análise de, 365
produto de, 528-529, 572

raio de giração, 368
resistência do corpo à aceleração, 363
tensor, 530
teorema dos eixos paralelos, 367, 529-530
teorema dos planos paralelos, 529-530
Integração de equações, 17, 364, 528-529, 539-540
  energia cinética, 539-540
  momento de inércia, 364, 528-529
  movimento irregular, 17
Intensidade, 2-4, 29, 30-31, 48-50, 63-64, 96, 212, 251, 288, 321, 331, 346, 347, 390-391, 424, 455
  aceleração (a), 4, 31-32, 49-50, 63-64, 330, 347-349, 390-391
  análise de movimento relativo e, 330, 346, 347
  cinemática retilínea e, 2-4
  constante, 424, 455
  deslocamento angular e, 288
  distância como, 3
  eixos de rotação, variações no movimento de, 346-347
  impulso, 212
  local do centro instantâneo (CI), 321
  momento de binário (M), trabalho do, 424, 455
  movimento curvilíneo e, 29, 30-31, 48-50, 63-64, 96
  quantidade de movimento angular (**H**), 251
  representação gráfica de, 212
  rotação de eixo fixo e, 390-391
  rotação, variações no movimento de, 288
  taxa de variação no tempo de, 50
  velocidade (v), 3, 29, 31, 48-49, 63, 321, 345-346
  velocidade como, 3, 29, 31, 48-49, 63
  velocidade média, 3
  vetor de posição (**r**) e, 31

L

Leis de Kepler, 153
  mecânica espacial e, 147-153
  trajetória do movimento, 148
  trajetória parabólica, 151
  trajetórias, 147-153, 157-158
Leis de Newton, 101-103, 157
  atração gravitacional, 102-103
  cinética de partículas e, 101-103, 157
  equação do movimento, 103, 157
  equilíbrio estático e, 103
  massa e peso de um corpo, 102-103
  primeira lei do movimento, 103
  segunda lei do movimento, 101-103, 157
Linha de ação, 321, 376
Linha de impacto, 236, 239, 282, 483

M

Massa (m), 101-103, 105-106, 265-266, 269-273, 283, 363-370, 459-464
  atração gravitacional e, 102-103
  centro (G) de, 106, 460-461
  continuidade de, 266
  corpo da partícula, 101-103
  equações de movimento e, 102-103, 105-106
  fluxo constante de sistemas de fluidos e, 265-266, 283
  ganho de, 270-271, 283
  leis de Newton e, 101-103
  momentos (M) de inércia (I), 363-370
  movimento plano de corpo rígido, 363-370, 459-464
  perda de, 269-270, 283
  propulsão e, 269-273, 283
  quantidade de movimento e, 459-464
  sistema de partículas e, 105-106
  volumes de controle e, 265-266, 269-273, 283
Mecânica, estudo da, 1
Mecânica espacial, 147-153, 157, 269-273, 282, 527-532, 564-567, 573
  cinética de partículas e, 147-153, 157
  fluxo de massa, 269-270
  impulso, 269-270
  inércia (I) e, 527-532
  leis de Kepler, 153

movimento de corpo rígido tridimensional e, 527-532, 564--567, 573
movimento de força central e, 147-153, 157
movimento livre de torque, 564-567, 573
órbita circular, 151
órbita elíptica, 152-153
propulsão, 269-273, 282
trajetória de voo com propulsão, 149
trajetória de voo livre, 149
trajetória parabólica, 151
trajetórias, 147-153, 157
volume de controle de partículas, 269-273, 282
Membros com pinos nas extremidades, 308-311, 330-338
  aceleração (a) e, 330-338
  análise de movimento relativo de, 308-311, 330-338
  velocidade (v) e, 308-311
Momento de binário (M), trabalho (W) de um, 424-425, 454
Momento de inércia, 363-370, 391, 404-405, 416, 527-532, 572
  aceleração (a) e, 363-370, 391, 404, 416
  corpos compostos, 368
  deslizamento e, 404
  elementos de casca, 365
  elementos de disco, 365
  elementos de volume para integração de, 364
  em torno de eixo arbitrário, 531
  equações de movimento e, 390-391, 404-409
  força (F) e, 404-405
  integração de, 364, 527
  massa, 363-366
  movimento de corpo rígido tridimensional, 527-532, 572
  movimento plano de corpo rígido, 363-370, 391, 404-409, 416
  principal, 530, 572
  procedimento para análise de, 365
  raio de giração para, 368
  resistência do corpo à aceleração, 363
  rotação de eixo fixo, 390-391
  teorema do plano paralelo para, 529
  teorema dos eixos paralelos para, 367, 529-530
Momentos de inércia principais, 530, 572
Momentos, trabalho de um binário, 424-425, 454
Movimento angular, 287, 292-293, 302, 359-359, 501-502
Movimento circular, 287-290, 310, 320-325, 330-332, 359
  aceleração (a), 290-291, 330-332
  análise de movimento relativo de, 310, 330-332
  centro instantâneo (CI) de velocidade nula, 320-322, 359
  deslizamento e, 310, 332
  movimento de corpo rígido plano, 289-291, 309-310, 330-332
  posição e deslocamento de, 288
  procedimentos para análise de, 292, 322
  rotação em torno de um eixo fixo, 287-292
  velocidade (v), 288, 309-310, 320-325, 359
  velocidade relativa, 309-310
Movimento contínuo, 2-6, 95-96
  aceleração (a), 4-5
  cinemática retilínea da partícula e, 2-6
  cinemática retilínea do, 2-6, 95-96
  deslocamento (Δ), 3
  posição (s), 3, 5
  procedimento para análise de, 6
  velocidade (v), 3-5
Movimento curvilíneo, 28-34, 48-54, 62-69, 96-97
  aceleração (a), 29-30, 31-32, 49-50, 63-64
  centro de curvatura, 48
  cinemática de uma partícula, 28-34, 48-54, 62-69, 96-97
  componentes cilíndricos, 62-69, 97
  coordenada radial (r), 62-63
  coordenadas cilíndricas (r, θ, z), 64
  coordenadas para, 30-34, 48-51, 62-69, 95-97
  coordenadas polares, 62-, 95-97
  coordenadas retangulares (x, y, z), 30-34, 95-97
  coordenadas transversas (θ), 62
  derivadas temporais do, 64-65
  deslocamento (Δ), 29
  eixos normais (n), 48-54, 95-97
  eixos tangenciais (t), 48-54, 95-97

geral, 28-34
movimento plano, 48-50
movimento tridimensional, 50
posição (s), 29, 30, 62
procedimentos para análise de, 32, 51, 65
raio de curvatura (ρ), 48
velocidade (v), 29-32, 48-49, 63
Movimento de força central, 147-153, 158
atração gravitacional (G), 149
diretriz, 149
equações de movimento, 147-150
excentricidade (e), 149-150
foco (F), 149
órbita circular, 151
órbita elíptica, 152-153
velocidade areolar, 148
Movimento de projétil, 35-39, 96
cinemática de partículas e, 35-39, 96
horizontal, 35
procedimento para análise de, 36
vertical, 35-36
Movimento giroscópico, 549-550, 559-564, 573
ângulos de Euler para, 559
efeito giroscópico, 562
eixos de rotação simétricos, 549-550
equações de movimento para, 549-550
giroscópio, 562
quantidade de movimento angular (**H**) e, 562
velocidade angular (ω) e, 559-564
Movimento harmônico simples, 576, 607
Movimento horizontal de projétil, 35-39
Movimento irregular, 16-21, 95
a–s (aceleração-posição), 17-18
a–t (aceleração-tempo), 16-17
cinemática retilínea da partícula para, 16-21, 95
integração de equações para, 17
s–t (posição-tempo), 16-17
v–s (velocidade-posição), 17-18
v–t (velocidade-tempo), 16-17
Movimento livre de torque, 564-567, 573
Movimento plano, 48-50, 285-361, 363-418, 419-457, 459-497
aceleração (a) e, 49-50, 287, 288-289, 290-291, 330-338, 347--349, 358, 363-418
análise de movimento absoluto (dependente), 302-305, 359
análise de movimento relativo, 308-314, 330-338, 345-352, 359
centro instantâneo de velocidade nula, 320-325, 359, 404-405
cinemática, 48-50, 285-361
cinética, 363-418, 419-457, 459-499
conservação de energia, 440-445, 455
conservação de quantidade de movimento, 479-482, 495
coordenadas de componente normal (n), 48-50, 390-391
coordenadas de componente tangencial (t), 48-50, 390-391
corpos rígidos, 285-361, 363-418, 419-457
curvilíneo, 48-50
deslocamento, 288, 308
eixos de rotação, 345-352, 359
energia (E) e, 419-457
energia cinética e, 419-421, 425-426, 454
energia potencial (V) de, 440-445, 455
equações de movimento para, 374-382, 390-396, 409-409, 416
força (F) e, 363-418, 422-425, 454
geral, 285, 302-396, 358-359, 409-409, 416, 462-463, 494
impacto (excêntrico), 483-486, 495
impulso e quantidade de movimento, 459-499
momento de binário (M) no, 424-425, 454
momento de inércia (I) para, 363-370, 391, 404-405, 416
movimento angular e, 287, 358
posição (**r**) e, 286, 288, 290, 308, 345
princípio de trabalho e energia, 425-431, 455
princípios de impulso e quantidade de movimento, 464-471, 494
procedimentos para análise de, 292-293, 302, 311, 322, 333, 349, 365, 378-379, 392, 404-405, 426-427, 442, 466-467, 480
rotação de eixo fixo, 285, 287-294, 358, 390-396, 416, 462, 494
rotação e, 285, 287-294, 302-305, 308-311, 330-338, 358-359, 375, 390-396, 416, 462

trabalho (U) e, 419-457
translação, 286-287, 302-305, 308-311, 330-338, 358-359, 374, 377-382, 416, 462, 494
velocidade (v) e, 48-49, 287, 288, 290, 308-311, 320-325, 345-347, 358-359
Movimento plano geral, 285, 302-396, 359, 404-409, 416, 421, 454, 462-463, 494. *Ver também* Movimento plano
aceleração (a), 330-338, 347-349, 359, 404-409
análise de movimento absoluto para, 302-305, 359
análise de movimento relativo para, 308-311, 330-338, 345-352, 359
centro instantâneo (CI) de velocidade nula, 320-325, 359, 404
cinemática de corpo rígido, 285, 302-314
cinética de corpo rígido, 404-409, 416, 421, 454, 462, 494
deslizamento e, 404
deslocamento (Δ) de, 308
eixos em rotação, 345-352, 359
energia cinética e, 421, 454
equação do momento em torno do centro instantâneo (CI), 404
equações de movimento para, 404-409, 416
força (**F**) e, 404-409
impulso e quantidade de movimento para, 462, 494
procedimento para análise de, 302, 311, 333, 349, 378-379
rotação e translação de, 302-305
velocidade (v), 308-311, 320-325, 345-347, 359
Movimento tridimensional, 50, 499-526, 527-573
análise de movimento relativo de, 516-522, 526
angular, 499-502
cinemática de, 50, 499-526
cinética de, 527-573
coordenadas inerciais para, 536
coordenadas retangulares (x, y, z), 538, 548-550, 573
curvilíneo, 50
derivada temporal para, 503-506, 526
eixos de rotação, 503-506, 516-522, 526
eixos de translação, 516-522
energia cinética de, 539-542, 572-573
equações de Euler para, 548-549
equações de movimento para, 546-555, 573
inércia, momentos e produtos de, 527-532, 572
movimento geral de, 506-509, 526
movimento giroscópico, 549, 559-564, 573
movimento livre de torque, 564-567, 573
partículas, 50
princípio de trabalho e energia de, 540, 572-573
princípio do impulso e quantidade de movimento, 539, 572
procedimentos para análise de, 518-519, 550-551
quantidade de movimento angular de, 536-539, 562, 572
rotação de ponto fixo, 499-502, 526, 559-564
sistemas de coordenadas de translação para, 506-509
sistemas de referência para, 503-506
sistemas transladando e rotacionando, 503-506, 526
Movimento tridimensional geral, 503-506, 526
Movimento vertical de projétil, 35-39

N
Notação com pontos, 31
Notação de vetor cartesiano, 611
Nutação, 559-560

O
Órbita, trajetória e, 151-153
Órbita circular, 151
Órbita elíptica, 152-153
Origem da coordenada de posição (O), 3
Origem fixa (O), 3

P
Partículas, 1-99, 101-159, 161-210, 211-285
aceleração (a), 4-5, 30, 31-33, 49-50, 63-64, 81-82, 95, 101-159
análise de movimento dependente, 76-80, 97
análise de movimento relativo, 81-85, 97
atração gravitacional (G), 102-103, 149-150
cinemática de, 1-99
cinemática retilínea de, 2-6, 16-21, 95
cinética de, 101-159, 161-210, 211-284

conservação de energia, 193-197, 208
conservação de quantidade de movimento angular, 255-256, 282
conservação de quantidade de movimento linear, 225-226, 237-238, 239-244, 282
coordenadas para, 30-34, 48-50, 62-69, 96-97, 107-113, 123-127, 135-140
deformação de, 167-168, 236-243
derivadas temporais, 64-65, 77
deslocamento (Δ), 3, 29
diagramas de corpo livre, 103, 157
eixos de translação, duas partículas em, 81-85, 97
energia (E) e, 161-210
energia cinética de, 165-166, 190, 193-194
energia potencial de, 190-197
equações de coordenada de posição, 76-80
equações de movimento, 101-113, 123-127, 135-140, 147--150, 157
força (**F**) e, 211-284, 161-166, 190-197, 208
forças conservativas e, 190-197, 208
hodógrafa, 30
impacto, 236-243, 282
impulso e quantidade de movimento de, 211-284
massa (m), 101-103
movimento contínuo de, 2-6
movimento curvilíneo de, 28-34, 48-54, 62-69, 96-97
movimento de força central de, 147-153, 158
movimento de projétil de, 35-39, 96
movimento irregular de, 16-21, 95
movimento plano de, 48-50
movimento tridimensional de, 50
posição (s), 3, 5, 29, 30, 62, 81, 95
potência (P) e, 182-185, 208
princípio de trabalho e energia para, 165-173, 208
princípios de impulso e quantidade de movimento, 211-218, 254-256
procedimentos para análise de, 6, 32, 36, 51, 65, 77, 82, 107-108, 123-124, 137, 166, 183, 194, 215, 227, 239-240, 256, 266-267
propulsão de, 269-273, 282
quantidade de movimento angular (H) de, 251-252, 281
segunda lei de Newton do movimento, 101-103, 157
sistema de, 105-106, 167-173, 213-218, 225-232, 281
sistema de referência inercial, 104, 157
trabalho (U) e, 161-210
velocidade (intensidade), 3-4, 29, 31, 32, 63
velocidade (v), 3-5, 29-32, 48-49, 63, 81, 95
volume de controle, 264-273, 281-282
Perigeu, 152
Período de deformação, 237
Período de vibração, 577-578
Peso (W), 102, 163, 190, 193-194, 207, 423, 441, 454
atração gravitacional e, 102
conservação de energia e, 193, 208, 441
constante, 190
deslocamento vertical (Δ) de, 423
energia potencial (V) e, 190, 191-192, 441
energia potencial gravitacional e, 190, 441
força de mola e, 191-192
forças conservativas e deslocamento de, 190, 191-192, 208
trabalho (U) de um, 181, 190, 191-192, 207, 423, 441, 454
Plano osculador, 48
Posição (s), 3, 5, 16-18, 29, 30, 62, 76-80, 81-85, 95, 97, 286, 288, 290, 308, 345, 516
análise de movimento relativo e, 81-85, 97, 308, 345, 516
análise dependente de movimento e, 76-80, 97
angular (θ), 288
cinemática de partículas e, 2, 5, 28, 62-63, 81-85
cinemática plana de corpos rígidos e, 286, 288, 290, 308, 345
cinemática retilínea e, 3, 5, 16-18, 95
como uma função da velocidade (v), 5, 81
como uma função do tempo (t), 5
componentes retangulares, 30
coordenada, 3
deslocamento (Δ) por variações de, 3, 287, 288
eixos de rotação, 345, 516

eixos de translação, 81-85, 516
equações de coordenada de posição, 76-80, 97
gráficos de variáveis, 16-18
intensidade e, 30
movimento contínuo e, 3, 5
movimento curvilíneo e, 28, 30, 62-63
movimento de corpo rígido tridimensional, 516
movimento dependente absoluto e, 76-80
movimento irregular e, 16-18
rotação em torno de eixo fixo, 287, 288, 308
translação e, 286, 308
vetores (**r**), 28, 30, 62-63, 81, 286, 308, 345
Posição angular (θ), 288
Posição de equilíbrio, vibrações, 575-579
Potência (P), 182-185, 208
eficiência (e) e, 182-185, 208
energia (E) e, 182-185, 208
procedimento para análise de, 183
unidades de, 182
Precessão, 559, 565-566
Precessão retrógrada, 566
Princípio de D'Alembert, 103
Princípio de trabalho e energia, 165-173, 207, 425-431, 455, 539, 572-573
cinética de partículas, 165-173, 207
corpos rígidos tridimensionais, 539, 572-573
deformação e, 167-168
energia cinética e, 165-166, 207, 425-431, 455, 539, 572-573
equação para, 165, 207
movimento plano de corpo rígido, 425-431, 455
procedimentos para análise usando, 166, 426-427
sistemas de partículas, 167-173
trabalho de atrito causado pelo deslizamento, 167-168
unidades de, 166
Princípios de impulso e quantidade de movimento, 211-218, 254--256, 264-269, 282, 464-471, 494, 539, 572
angular, 254-256, 266, 282, 464-471, 494
cinética de partículas, 211-218, 254-256, 282
diagramas para, 213
fluxo constante e, 264-269
forças externas, 214
lineares, 211-218, 265, 282, 464-471, 494
movimento de corpo rígido tridimensional, 539, 572
procedimentos para análise usando, 214-215, 256, 466-467
sistemas de partículas, 213-218
Procedimento para solução de problemas, 2
Produto de inércia, 528-529, 572
Produto escalar, 161, 613
Produto vetorial, 612-613
Propulsão, 269-273, 283. *Ver também* Volume de controle

Q
Quantidade de movimento (**H**), 251-259, 281-282, 459-461, 464--466, 479-482, 483-486, 494, 536-539, 562, 572
centro de massa (G) para, 537
cinética de uma partícula, 251-259
componentes retangulares da quantidade de movimento, 538
conservação de, 255-256, 479-482, 495
corpos rígidos tridimensionais, 537-539, 562, 572
diagramas de corpo livre para, 251-252, 256
eixos principais de inércia da, 538
formulação escalar, 251, 255
formulação vetorial, 251, 255
impacto excêntrico e, 483-486, 495
impulso angular e, 254-256, 281-282
intensidade de, 251
momento da quantidade de movimento, 251, 282
movimento giroscópico e, 559, 573
movimento plano de corpo rígido, 459-460, 464-466, 479--480, 494
movimento plano geral e, 462-463, 494
ponto arbitrário A para, 537
ponto fixo O para, 537
princípio do impulso e, 254-256, 282, 464-467, 539, 572
procedimento para análise de, 256, 480
regra da mão direita, 251

relações do momento de uma força com, 252-253
rotação de eixo fixo e, 462, 494
sistema de partículas, 253-256
translação e, 461, 494
unidades de, 251
Quantidade de movimento, 211-284, 459-497, 536-539, 572
    angular (H), 251-252, 264-266, 281, 459-461, 465-466, 479-482, 494, 536-539, 572
    cinética de uma partícula, 211-284
    conservação de, 225-232, 237, 239-240, 255-256, 282, 479--482, 494
    corpos rígidos tridimensionais, 536-539, 572
    diagramas, 207
    equações de, 212-213
    fluxo constante e, 264-269, 283
    forma vetorial, 213
    impacto (excêntrico) e, 236-238, 282, 483-486, 495
    impulso e, 211-284, 459-497
    linear (L), 211-218, 225-232, 265-266, 282, 459, 461-464, 464--466, 479-482, 494
    momentos de força e, 213-214
    movimento plano de corpo rígido, 459-497
    movimento plano geral e, 465
    princípio do impulso e, 211-218, 254-256, 264-269, 282, 464--471, 494, 539, 572
    procedimentos para análise de, 214-215, 227, 239-240, 256, 466-467, 480
    propulsão e, 269-273, 283
    rotação de eixo fixo e, 462
    sistemas de partículas, 213-218, 225-232, 253, 282
    translação e, 461
    volumes de controle, 264-273, 283
Quantidade vetorial, posição e deslocamento da partícula como, 3, 30-31

R

Raio de curvatura (ρ), 48
Raio de giração, 368
Regra da cadeia, 615-616
Regra da mão direita, 251, 288, 290
Ressonância, 593, 607
Restituição, 237-240, 483-486
    coeficiente (e) de, 237-240, 483-486
    deformação pelo impacto, 237-240, 483-486
    impacto excêntrico e, 483-486
    impulso, 237, 484
    movimento plano de corpo rígido, 483-486
    período de, 237, 483
    velocidade angular (ω) e, 483-486
Rotação de eixo fixo, 285, 287-294, 358, 390-396, 416, 421, 454, 462, 494, 548-550
    aceleração (a) de, 287, 290-292, 358, 390-396, 416
    aceleração angular (α) 288-289
    coordenadas normais (n), 290-292, 390-391
    coordenadas tangenciais (t), 290-292, 390-391
    corpos rígidos tridimensionais, 548-550
    deslocamento angular ($d\theta$), 288
    energia cinética e, 421, 454
    equação do momento em torno do ponto O, 391
    equações de Euler para, 548-549
    equações de movimento para, 390-396, 416, 548-550
    força (F) de, 390-396, 416
    impulso e quantidade de movimento para, 462, 494
    intensidade de, 390-391
    movimento angular e, 287, 292, 358
    movimento circular, 289-292
    movimento plano de corpo rígido, 285, 287-294, 358, 390-396, 421, 454, 462, 494
    posição angular (θ), 288
    posição e deslocamento, 288, 290
    procedimento para análise de, 292, 392
    regra da mão direita para, 288, 290
    trajetória circular de um ponto, 289-292, 390
    velocidade (v) de, 288, 290, 358
    velocidade angular (ω), 288
Rotação de ponto fixo, 499-502, 526, 537, 540, 559-564

    aceleração (a) e, 502
    aceleração angular (α) de, 501-502
    ângulos de Euler para, 559
    corpos rígidos tridimensionais, 499-502, 526, 537, 540, 559-564
    derivadas de tempo para, 503-506, 526
    deslocamentos rotacionais, 499-502
    energia cinética e, 540
    quantidade de movimento angular ($\mathbf{H}$) e, 538
    rotação finita, 500
    rotação infinitesimal, 500-501
    teorema de Euler para, 499
    velocidade (v) e, 502
    velocidade angular (ω) de, 501, 559-560
Rotação, 285, 287-294, 302-305, 308-311, 320-325, 358-359, 375--376, 390-396, 416, 421, 454, 462, 494, 499-509, 526, 547-550, 572
    aceleração (a) e, 288, 290-291, 375-376, 390-396
    análise de movimento absoluto (dependente), 302-305, 358
    análise de movimento relativo, 308-311, 359
    centro instantâneo de velocidade nula, 320-325, 359
    corpos rígidos tridimensionais, 499-502, 526, 547-550, 572
    derivada no tempos para, 503-506, 526
    deslocamento e, 288, 288, 308
    eixo fixo, 285, 287-294, 358, 390-396, 416, 421, 454, 462, 547-550
    eixo instantâneo de, 501
    eixos de giro simétricos, 548-550
    energia cinética e, 421, 454
    equações de movimento para, 375-376, 390-396, 416, 547--550, 572
    finita, 500
    força (F) e, 375-376, 390-396, 416
    impulso e quantidade de movimento de, 462, 494
    infinitesimal, 500-501
    linha de ação, 321, 376, 391
    momento de inércia de, 391
    movimento angular e, 287, 292, 503-506
    movimento circular e, 287-290, 320-325, 358-359
    movimento plano de corpo rígido e, 285, 287-294, 302-305, 308-311, 358-359, 375-376, 390-396, 416, 421, 454, 462, 494
    movimento tridimensional geral, 503-506
    ponto fixo, 499-502, 526
    posição e, 286, 288, 308
    procedimentos para análise de, 292-293, 302, 311, 322, 550-551
    regra da mão direita para, 288
    simetria de sistemas de referência para, 375-376
    teorema de Euler para, 499
    translação e, 302-305, 308-311
    velocidade (v) e, 288, 290, 308-311, 320-325
Rotação finita, 500
Rotação infinitesimal, 500

S

Separação de pontos de contato após impacto, 485
Sistema de referência fixo, 81-85
Sistemas de coordenadas transladando, 506-509, 516, 526
Sistemas de referência, 81-85, 103-104, 157, 287-294, 308-311, 358--359, 374-377, 503-506
    análise de movimento relativo, 308-311
    cinética de partículas, 103-104, 157
    coordenando eixos fixos e transladando, 308-311, 359
    derivada no tempo de, 503-506
    eixo de rotação, 503
    equações de movimento e, 103-104, 157, 374-377
    fixos, 81-85, 287-294, 358, 503-506
    inerciais, 103-104, 157, 374
    movimento angular e, 287
    movimento de corpo rígido tridimensional, 503-506
    movimento de rotação, 375-376
    movimento de translação, 374
    movimento plano de corpo rígido, 374-376
    movimento relativo de partículas usando, 81-85
    rotação em torno de eixo fixo, 287-294
    simetria de, 374-377
    sistemas transladando e rotacionando, 503-506
    trajetória circular, 289-290
    transladando, 81-85
Sistemas de referência inerciais, 104-105, 157, 374-377, 419-420,

546
  cinética de uma partícula, 104-105, 157
  energia cinética, 419-420
  equações de movimento, 104-105, 157, 374-377, 546-547
  movimento de corpo rígido tridimensional, 546
  movimento de rotação, 375-376
  movimento de translação, 374
  movimento plano de corpo rígido, 374-377, 419
  placa em, 419-420
  quantidade de movimento angular (**H**), 536
  simetria de, 374-377
  vetor força, 103
Sistemas, 105-106, 167-173, 194, 213-218, 253, 421, 503-506, 526
  centro de massa (G), 106
  cinética da partícula, 105-106, 167-173, 213-218, 253
  conservação de energia, 194
  corpos não rígidos, 167-168
  corpos rígidos, 167-168, 421, 503-506, 526
  deformação em corpos, 167-168
  derivadas temporais para, 503-506, 526
  deslizamento e, 167-168
  energia cinética e, 421
  energia potencial (V) e, 194
  equações de movimento para, 105-106
  fixos em rotação, 503-506
  forças conservativas e, 194
  forças externas, 105-106, 214
  forças internas, 105-106
  princípio de trabalho e energia para, 167-173
  princípio do impulso e quantidade de movimento para, 213-218
  quantidade de movimento angular de, 253
  trabalho do atrito e, 167-168
  translação-rotação, 503-506, 526
Sistemas de vibração criticamente amortecidos, 596-597
Sistemas de vibração não amortecidos, 597
Sistemas de vibração superamortecidos, 596

T

Tempo (t), 5, 16-17, 95, 153, 578
  ciclo, 578
  cinemática retilínea e, 5, 16-17, 95
  gráficos de variáveis, 16-17, 95
  movimento contínuo e, 5
  movimento irregular e, 16-17
  período, 578
  posição (s), em função do, 5
  trajetória orbital, 153
  velocidade (v) em função do, 5
  vibração e, 578
Teorema de Euler, 499
Teorema dos eixos paralelos, 367, 529-530
Teorema dos planos paralelos, 529-530
Trabalho (U), 161-210, 419-457, 540, 572-573
  atrito causado pelo deslizamento, 167
  cinética de uma partícula, 161-210
  conservação de energia e, 193-197, 208, 440-445, 455
  corpos rígidos tridimensionais, 540, 572-573
  deformação e, 167-168
  deslizamento e, 423
  deslocamento (Δ) e, 161-162, 423, 454
  energia (E) e, 161-210, 419-457, 540
  energia cinética e, 540
  energia potencial (V) e, 190-192, 440-445, 455
  externo, 168
  força (**F**) como, 161-166, 167-173, 207, 422-425, 454
  força constante, 162-163, 288, 422, 454
  força de mola como, 163-164, 190-192, 208, 423, 454
  força variável de um, 162, 422
  forças conservativas e, 190-192, 208
  função potencial e, 191-192
  interno, 168
  momento de binário (M) de um, 424-425, 454
  movimento plano de corpo rígido, 419-457
  peso (W) como, 162-163, 190, 191-192, 208, 423, 454
  princípio de energia e, 165-173, 207, 425-431, 455, 540, 572-573
  procedimentos para análise de, 166, 426, 442

  sistema de partículas, 167-173
  unidades de, 162
  velocidade nula (nenhum trabalho) e, 423
Trabalho externo, 168
Trajetória circular de um ponto, 289-291, 320, 332, 390
Trajetória de movimento, 148
Trajetória de voo com propulsão, 149
Trajetória de voo livre, 149
Trajetória parabólica, 151
Trajetórias, 147-153, 157
  atração gravitacional e, 149-150
  excentricidade de, 149-150, 157
  órbita circular, 151
  órbita elíptica, 152-153
  trajetória parabólica, 151
  voo com propulsão, 149
  voo livre, 149
Translação, 285-287, 302-305, 345-352, 358-359, 374, 377-382, 416, 421, 454, 462, 494, 547, 572
  aceleração (a) e, 287, 347-349, 358
  análise de movimento absoluto (dependente), 302-305, 358
  análise de movimento relativo, 345-352, 359
  curvilínea, 285-287, 358, 378, 416
  deslocamento e, 308
  eixos de rotação com, 345-352, 359
  eixos do sistema de coordenadas, 308-311, 358
  energia cinética e, 421, 454
  equações de movimento para, 374, 377-382, 416, 547, 572
  impulso e quantidade de movimento, 462, 494
  movimento circular e, 309-310
  movimento de corpo rígido tridimensional, 547, 573
  movimento plano de corpo rígido, 285-287, 302-305, 345-352, 358-359, 374, 377-382, 416, 421, 454, 462, 494, 573
  procedimentos para análise usando, 349, 378-379, 550-551
  retilínea, 285-287, 358, 377-378, 416
  simetria dos sistemas de referência para, 374
  trajetórias de, 285
  velocidade (v) e, 287, 345-347, 358
  vetores de posição (**r**), 287, 345
Translação curvilínea, 285, 358, 378, 416
Translação retilínea, 285-287, 358, 377-378, 416

V

Velocidade (v), 3-5, 16-18, 29-32, 48-49, 63, 81, 95, 148, 151, 286, 288, 290, 308-311, 320-325, 345-347, 358-359, 423, 483-486, 501--502, 517, 559-561
  absoluta, 81, 309-310
  aceleração (a) e, 4-5
  análise de movimento relativo e, 81, 308-311, 345-347, 359, 516
  angular (ω), 63, 288, 483-486, 501, 559-561
  areolar, 148
  centro instantâneo (CI) de velocidade nula, 320-325, 359
  cinemática de partículas e, 3-5, 16-18, 29-32, 48, 63, 81, 95
  cinemática retilínea e, 3-5, 16-18, 95
  componente radial ($\mathbf{v}_r$), 63
  componente transversa ($\mathbf{v}_q$), 63
  componentes cilíndricas e, 63
  componentes retangulares e, 31
  constante, 4
  convenção de sinais para, 2-4
  coordenadas de componente normal (n), 48, 358
  coordenadas de componente tangencial (t), 48, 63, 358
  derivada no tempo e, 501
  deslizamento e, 310, 423
  eixo de rotação, 345-347, 359, 516
  eixos de translação e, 81, 308-311, 359, 516
  em função do tempo (t), 5
  escape, 151
  força não realizando trabalho, 423
  gráficos de variáveis, 16-18, 95
  impacto excêntrico e, 483-486
  instantânea, 3, 29
  intensidade de, 3, 29, 31, 48, 63, 346, 358
  média, 3, 29
  movimento circular e, 288, 309-310
  movimento contínuo e, 3-5

movimento curvilíneo e, 29-32, 48-49, 63
movimento de corpo rígido tridimensional, 501, 516, 559-561
movimento de força central e, 148, 151
movimento giroscópico e, 559-561
movimento irregular e, 16-18
movimento plano de corpo rígido, 286, 288, 290, 308-311, 320-325, 345-347, 358-359, 483-486
nula, 310, 320-325, 359, 423
posição (s), em função da, 5
procedimentos para análise de, 311, 322
relativa, 81, 309
rotação do ponto fixo e, 288, 288, 358, 501-502, 559-561
rotação e, 288, 290, 308-311, 358-359
translação e, 287, 345-347, 358
velocidade escalar (intensidade), 3, 29, 31, 63
Velocidade absoluta, 81, 309
Velocidade angular (ω), 63, 288, 483-486, 501, 559, 560
Velocidade areolar, 148
Velocidade constante, 4
Velocidade de escape, 151
Velocidade escalar, 3, 29, 50. *Ver também* Intensidade
Velocidade escalar média, 4
Velocidade instantânea, 3, 29
Velocidade média, 3, 29
Velocidade nula, 310, 320-325, 359, 404, 423
   análise de movimento relativo, 310
   centro instantâneo (CI) de, 320-325, 359
   deslizamento (nenhum trabalho) e, 310, 423
   movimento plano geral, 404
Velocidade relativa, 81, 309-310, 359
Vetores unitários, 611
Vibração em regime permanente, 598
Vibração viscosa, 595-600, 607-608
   amortecidos, 595-600, 607-608
   coeficiente de amortecimento, 595
   estado constante, 598
   força de amortecimento, 595
   forçada, 598-600, 607-608
   livre, 595-597, 607-608
   sistemas criticamente amortecidos, 596
   sistemas subamortecidos, 597
   sistemas superamortecidos, 596
Vibrações, 575-608
   amortecidas, 575, 595-600, 607
   amortecidas viscosas, 595-600, 607
   amplitude de, 577
   analogia com circuitos elétricos, 600-601, 607
   ângulo de fase (ϕ), 578
   ciclo, 578
   deslocamento e, 575-582
   deslocamento de suporte periódico de, 599
   fator de ampliação (FA) para, 593, 599 força periódica e, 592-594
   forçadas, 575, 592-594, 598-600, 607-608
   forçadas não amortecidas, 592-594, 607
   frequência (f), 576, 578, 592, 597
   frequência de forçamento (ω_u), 592-594, 607
   frequência natural (ω_n), 576, 578, 587-590, 607
   livres, 575-582, 595-597, 607-608
   livres não amortecidas, 575-582, 607
   métodos de energia para a conservação de, 587-590, 607
   movimento harmônico simples de, 576
   período, 578
   posição de equilíbrio, 575-579
   procedimentos para análise de, 579, 588
   ressonância, 599, 607-608
   sistemas criticamente amortecidos, 596
   sistemas subamortecidos, 594
   sistemas superamortecidos, 596
Vibrações amortecidas, 575, 595-600, 607
   força viscosa, 598-600, 607
   movimento de, 575
   ressonância de, 599, 607-608
   sem viscosidade, 596-597, 607-608
   sistemas criticamente amortecidos, 596
   sistemas subamortecidos, 597
   sistemas superamortecidos, 596
Vibrações forçadas, 575, 592-594, 598-600, 607-608
   amortecidas viscosas, 598-600, 607-608
   deslocamento de suporte periódico de, 594
   força periódica e, 592-594
   frequência forçada (ω_0) para, 592-594, 607
   movimento de, 575
   não amortecidas, 592-594, 607
Vibrações livres, 575-582, 595-597, 607-608
   amortecidas viscosas, 595-597, 608
   movimento de, 575
   não amortecidas, 575-582, 607
Vibrações não amortecidas, 575-582, 592-594, 607
   deslocamento de suporte periódico de, 594
   força periódica e, 592-594
   forçadas, 592-594, 607
   frequência de forçamento (ω_u) para, 592-593, 607
   frequência natural (ω_n) para, 576, 578, 607
   livres, 575-582, 607
   procedimento para análise de, 579
Volume de controle, 264-273, 281-282
   cinemática de uma partícula, 264-273, 281-282
   correntes de fluidos, 264-269
   empuxo (**T**), 269-270
   fluxo constante, 264-269, 281-282
   fluxo de massa, 266, 269-270
   fluxo volumétrico (descarga), 266
   ganho de massa (m), 270-271, 282
   perda de massa (m), 270-271, 282
   princípios de impulso e quantidade de movimento para, 264-269
   procedimento para análise de, 266
   propulsão e, 269-273, 282
   Volume fechado, 264

W

Watt (W), unidade de, 183